危险化学品企业
落实安全生产主体责任大全
（通用卷）

《企业落实安全生产主体责任培训教材》编委会　编著

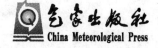

气象出版社
China Meteorological Press

内容简介

本书是《危险化学品企业落实安全生产主体责任大全》的通用卷，配备光盘，内容包括安全生产主体责任相关法律法规、国务院及安全生产委员会规范性文件、国家安监总局及相关部门规章、国家安监总局及相关部门规范性文件和产业政策五个部分，并收录了相关标准与规范，汇编了危险化学品企业落实安全生产主体责任过程中所需要的最新法律法规和标准规范，可供危险化学品企业负责人和安全生产管理人员培训使用或者在工作中参考，也可供危险化学品安全监管人员参考。

图书在版编目（CIP）数据

危险化学品企业落实安全生产主体责任大全.通用卷/《企业
落实安全生产主体责任培训教材》编委会编著.—北京：气象出版社，2012.12
　ISBN 978-7-5029-5546-5

Ⅰ.①危…　Ⅱ.①企…　Ⅲ.①化学工业-危险品-安全生产-生产责任制-
中国　Ⅳ.①TQ086.5

中国版本图书馆 CIP 数据核字（2012）第 190219 号

Weixian Huaxuepin Qiye Luoshi Anquan Shengchan Zhuti Zeren Daquan (Tongyong Juan)
危险化学品企业落实安全生产主体责任大全（通用卷）
《企业落实安全生产主体责任培训教材》编委会　编著

出版发行：气象出版社	
地　　址：北京市海淀区中关村南大街 46 号	邮政编码：100081
总 编 室：010-68407112	发 行 部：010-68407948　68406961
网　　址：http://www.cmp.cma.gov.cn	E-mail：qxcbs@cma.gov.cn
责任编辑：张盼娟　彭淑凡	终　　审：汪勤模
封面设计：燕　彤	责任技编：吴庭芳
责任校对：赵　瑗	
印　　刷：北京奥鑫印刷厂	
开　　本：787 mm×1092 mm　1/16	印　　张：63.5
字　　数：1708 千字	
版　　次：2013 年 1 月第 1 版	印　　次：2013 年 1 月第 1 次印刷
定　　价：198.00 元	

本书如存在文字不清、漏印以及缺页、倒页、脱页等，请与本社发行部联系调换。

本书编委会

主　　编：张朝显

副 主 编：徐晓航

编写人员：（按姓氏拼音排序）

　　　　冯　伟　金瑞科　刘慧鹏　王建新　王　鹏

　　　　王亚辉　王永贵　谢晓宁　徐彩菊　徐晓航

　　　　张朝显　张景伟　祝　峰

紧紧扭住企业安全生产主体责任不放松

（代序）

安全生产事关人民群众生命财产安全,事关改革开放、经济发展和社会稳定大局,事关党和政府的形象和声誉。做好安全生产工作,是深入学习贯彻科学发展观、实施可持续发展战略的题中之义,是全面建成小康社会、统筹经济社会发展的重要内容,是政府履行社会管理和市场监管职能的基本任务,更是企业生存发展的基本要求。

危险化学品高温高压、易燃易爆、有毒有害,历来是安全生产监管监察的重中之重。近年来,我省紧紧围绕"安全第一,预防为主,综合治理"的总体要求,认真贯彻国家和省委、省政府决策部署,持续强化危化安全制度建设、许可审批、隐患查治和安全达标,强力推进生产企业进园区、经营单位进市场、设备改造提升和重点工序监控,促进了危化生产经营安全防范水平的提升。高危行业对人机物环管有着更高的安全要求,但当前我省危险化学品安全投入不足、现场管理不严、防护距离不够等问题还比较突出,基层基础管理仍然十分薄弱,绝不敢轻言形势稳定好转。

全面加强和改进危险化学品安全管理,必须以强化企业安全生产主体责任为抓手,坚持高标准严要求,突出重点抓住关键,采取有力有效措施狠抓安全生产法律法规和标准规程的贯彻落实。要强化重点管理,对关键部位、危险工序、重点岗位实施"零违章、零隐患"控制,确保万无一失。要强化达标管理,对照标准查找整改人员素质、设备设施、规章制度、现场管理等方面存在问题,切实做到岗位达标、专业达标和企业整体达标。要强化预控管理,抓好规划选址布局、工艺技术论证、"三同时"管理,切实从源头上避免和消除安全隐患、灾害风险。要强化全员管理,监督企业主要负责人和副职带头履行好"一把手"负责和副职"一岗双责",建立健全全员安全责任制,强力推进安全生产全过程全方位防控。要强化机制建设,着力完善安全生产宣传教育培训、隐患排查治理、打击非法违法等长效机制,切实推动安全生产实现从运动式检查、靠事故推动工作向事前主动预防、机制常态管理的重大转变。

落实是安全之本,不落实是事故之源。法律法规和标准规程关于安全生产的要求,都是在汲取事故教训基础上科学总结提炼形成的,每一条都是用血的代价换来的,必须倍加珍惜、严格贯彻、切实落实。企业是安全生产的责任主体,安全生产所有方针政策、法律法规和规程标准,归根到底都要最终由企业及其员工来贯彻执行,能在企业落实才是真落实,能让企业安全上水平才是真水平。企业特别是主要负责人要深入贯彻科学发展安全发展原则,真正了解掌握、学懂弄透并严格执行安全生产法律法规和标准规程,内化于心,外践于行,切实推动企业安全生产主体责任的全面落实。

假舆马者行千里,假舟楫者绝江河。为方便广大危险化学品生产经营单位和安全生产监管部门学法用法守法,依法加强企业安全管理和政府安全执法,切实推动企业安全生产主体责任落实,省安全生产监督管理局组织专家学者,用一年多时间整理收集形成了《危险化学品落实安全生产主体责任大全》。这套书共分上下两册,汇编了国家和我省近年来颁布的涉及危险化学品安全的法律法规和标准规范,分类清晰,内容全面,是广大危险化学品企事业单位、中介服务机构、安全监管部门不可多得的学习参考书。

认真学习、严格遵守法律法规和标准规程,是安全生产一项基础性经常性工作。希望各级各单位以学习贯彻党的十八大精神和国务院安委会"安全生产基础年"为契机,进一步掀起学习遵守安全生产法律法规和标准规程的热潮。也希望这套参考书能够对各级、各单位加强危险化学品安全管理学习有所帮助。

河南省安全生产监督管理局党组书记、局长

二〇一二年十一月二十一日

前　言

企业是社会主义市场经济和生产经营活动的主体,当然也是安全生产的责任主体。企业只有做好安全生产工作,切实履行安全生产主体责任,才能真正消除各种不安全因素,保障广大职工群众的健康与安全,为当今社会的安全发展提供良好的保障。

为切实落实危险化学品企业安全生产主体责任,进一步规范企业安全生产行为,近年来,在党中央、国务院的统一部署下,各级政府和有关部门健全完善了危险化学品企业安全生产制度体系,提高了企业本质安全,有效地预防了重特大事故的发生。为使危险化学品企业安全生产持续好转,我们将近年来有关危险化学品企业安全生产法律法规及规范性文件汇编成册,供各级安全监管部门、广大危险化学品企事业单位参考使用。

本书内容主要包括危险化学品企业安全生产相关法律法规、产业政策和相关规范性文件、标准规范等六部分,并附光盘。本书所收集的法律法规等内容作为安全监管行政管理机关执法的依据,也是企业生产、经营者从事合法生产、经营活动时依法维护自身权益的法律依据。

本书由多位从事危险化学品安全管理的专家参与编写,多次修改,力求全面、系统、实用,在此对各位编写人员的辛勤工作表示感谢!由于本书涉及面广,编者能力有限,书中遗漏、不妥之处在所难免,请广大读者不吝指正!

编者

目　录

紧紧扭住企业安全生产主体责任不放松(代序)

前言

第一部分　安全生产主体责任相关法律法规

第二部分　国务院及安委会规范性文件

第三部分　国家安监总局及相关部门规章

第四部分　国家安监总局及相关部门规范性文件

第五部分　产业政策

附录　相关标准与规范

第一部分
安全生产主体责任
相关法律法规

中华人民共和国主席令

第 70 号

《中华人民共和国安全生产法》已由中华人民共和国第九届全国人民代表大会常务委员会第二十八次会议于 2002 年 6 月 29 日通过,现予公布,自 2002 年 11 月 1 日起施行。

中华人民共和国主席　江泽民

2002 年 6 月 29 日

中华人民共和国安全生产法

(2002 年 6 月 29 日第九届全国人民代表大会常务委员会第二十八次会议通过)

第一章　总　则

第一条　为了加强安全生产监督管理,防止和减少生产安全事故,保障人民群众生命和财产安全,促进经济发展,制定本法。

第二条　在中华人民共和国领域内从事生产经营活动的单位(以下统称生产经营单位)的安全生产,适用本法;有关法律、行政法规对消防安全和道路交通安全、铁路交通安全、水上交通安全、民用航空安全另有规定的,适用其规定。

第三条　安全生产管理,坚持安全第一、预防为主的方针。

第四条　生产经营单位必须遵守本法和其他有关安全生产的法律、法规,加强安全生产管理,建立、健全安全生产责任制度,完善安全生产条件,确保安全生产。

第五条　生产经营单位的主要负责人对本单位的安全生产工作全面负责。

第六条　生产经营单位的从业人员有依法获得安全生产保障的权利,并应当依法履行安全生产方面的义务。

第七条　工会依法组织职工参加本单位安全生产工作的民主管理和民主监督,维护职工在安全生产方面的合法权益。

第八条　国务院和地方各级人民政府应当加强对安全生产工作的领导,支持、督促各有关部门依法履行安全生产监督管理职责。

县级以上人民政府对安全生产监督管理中存在的重大问题应当及时予以协调、解决。

第九条　国务院负责安全生产监督管理的部门依照本法,对全国安全生产工作实施综合监督管理;县级以上地方各级人民政府负责安全生产监督管理的部门依照本法,对本行政区域内安全生产工作实施综合监督管理。

国务院有关部门依照本法和其他有关法律、行政法规的规定,在各自的职责范围内对有关的安全生产工作实施监督管理;县级以上地方各级人民政府有关部门依照本法和其他有关法律、法规的规定,在各自的职责范围内对有关的安全生产工作实施监督管理。

第十条　国务院有关部门应当按照保障安全生产的要求,依法及时制定有关的国家标准或者行业标准,并根据科技进步和经济发展适时修订。

生产经营单位必须执行依法制定的保障安全生产的国家标准或者行业标准。

第十一条　各级人民政府及其有关部门应当采取多种形式,加强对有关安全生产的法律、法规和安全生产知识的宣传,提高职工的安全生产意识。

第十二条　依法设立的为安全生产提供技术服务的中介机构,依照法律、行政法规和执业准则,接受生产经营单位的委托为其安全生产工作提供技术服务。

第十三条　国家实行生产安全事故责任追究制度,依照本法和有关法律、法规的规定,追究生产安全事故责任人员的法律责任。

第十四条　国家鼓励和支持安全生产科学技术研究和安全生产先进技术的推广应用,提高安全生产水平。

第十五条　国家对在改善安全生产条件、防止生产安全事故、参加抢险救护等方面取得显著成绩的单位和个人,给予奖励。

第二章　生产经营单位的安全生产保障

第十六条　生产经营单位应当具备本法和有关法律、行政法规和国家标准或者行业标准规定的安全生产条件;不具备安全生产条件的,不得从事生产经营活动。

第十七条　生产经营单位的主要负责人对本单位安全生产工作负有下列职责:

(一)建立、健全本单位安全生产责任制;

(二)组织制定本单位安全生产规章制度和操作规程;

(三)保证本单位安全生产投入的有效实施;

(四)督促、检查本单位的安全生产工作,及时消除生产安全事故隐患;

(五)组织制定并实施本单位的生产安全事故应急救援预案;

(六)及时、如实报告生产安全事故。

第十八条　生产经营单位应当具备的安全生产条件所必需的资金投入,由生产经营单位的决策机构、主要负责人或者个人经营的投资人予以保证,并对由于安全生产所必需的资金投入不足导致的后果承担责任。

第十九条　矿山、建筑施工单位和危险物品的生产、经营、储存单位,应当设置安全生产管理机构或者配备专职安全生产管理人员。

前款规定以外的其他生产经营单位,从业人员超过三百人的,应当设置安全生产管理机构或者配备专职安全生产管理人员;从业人员在三百人以下的,应当配备专职或者兼职的安全生产管理人员,或者委托具有国家规定的相关专业技术资格的工程技术人员提供安全生产管理服务。

生产经营单位依照前款规定委托工程技术人员提供安全生产管理服务的,保证安全生产的责任仍由本单位负责。

第二十条　生产经营单位的主要负责人和安全生产管理人员必须具备与本单位所从事的生产经营活动相应的安全生产知识和管理能力。

危险物品的生产、经营、储存单位以及矿山、建筑施工单位的主要负责人和安全生产管理人员,应当由有关主管部门对其安全生产知识和管理能力考核合格后方可任职。考核不得收费。

第二十一条　生产经营单位应当对从业人员进行安全生产教育和培训,保证从业人员具备必要的安全生产知识,熟悉有关的安全生产规章制度和安全操作规程,掌握本岗位的安全操作技能。未经安全生产教育和培训合格的从业人员,不得上岗作业。

第二十二条　生产经营单位采用新工艺、新技术、新材料或者使用新设备，必须了解、掌握其安全技术特性，采取有效的安全防护措施，并对从业人员进行专门的安全生产教育和培训。

第二十三条　生产经营单位的特种作业人员必须按照国家有关规定经专门的安全作业培训，取得特种作业操作资格证书，方可上岗作业。

特种作业人员的范围由国务院负责安全生产监督管理的部门会同国务院有关部门确定。

第二十四条　生产经营单位新建、改建、扩建工程项目（以下统称建设项目）的安全设施，必须与主体工程同时设计、同时施工、同时投入生产和使用。安全设施投资应当纳入建设项目概算。

第二十五条　矿山建设项目和用于生产、储存危险物品的建设项目，应当分别按照国家有关规定进行安全条件论证和安全评价。

第二十六条　建设项目安全设施的设计人、设计单位应当对安全设施设计负责。

矿山建设项目和用于生产、储存危险物品的建设项目的安全设施设计应当按照国家有关规定报经有关部门审查，审查部门及其负责审查的人员对审查结果负责。

第二十七条　矿山建设项目和用于生产、储存危险物品的建设项目的施工单位必须按照批准的安全设施设计施工，并对安全设施的工程质量负责。

矿山建设项目和用于生产、储存危险物品的建设项目竣工投入生产或者使用前，必须依照有关法律、行政法规的规定对安全设施进行验收；验收合格后，方可投入生产和使用。验收部门及其验收人员对验收结果负责。

第二十八条　生产经营单位应当在有较大危险因素的生产经营场所和有关设施、设备上，设置明显的安全警示标志。

第二十九条　安全设备的设计、制造、安装、使用、检测、维修、改造和报废，应当符合国家标准或者行业标准。

生产经营单位必须对安全设备进行经常性维护、保养，并定期检测，保证正常运转。维护、保养、检测应当作好记录，并由有关人员签字。

第三十条　生产经营单位使用的涉及生命安全、危险性较大的特种设备，以及危险物品的容器、运输工具，必须按照国家有关规定，由专业生产单位生产，并经取得专业资质的检测、检验机构检测、检验合格，取得安全使用证或者安全标志，方可投入使用。检测、检验机构对检测、检验结果负责。

涉及生命安全、危险性较大的特种设备的目录由国务院负责特种设备安全监督管理的部门制定，报国务院批准后执行。

第三十一条　国家对严重危及生产安全的工艺、设备实行淘汰制度。

生产经营单位不得使用国家明令淘汰、禁止使用的危及生产安全的工艺、设备。

第三十二条　生产、经营、运输、储存、使用危险物品或者处置废弃危险物品的，由有关主管部门依照有关法律、法规的规定和国家标准或者行业标准审批并实施监督管理。

生产经营单位生产、经营、运输、储存、使用危险物品或者处置废弃危险物品，必须执行有关法律、法规和国家标准或者行业标准，建立专门的安全管理制度，采取可靠的安全措施，接受有关主管部门依法实施的监督管理。

第三十三条　生产经营单位对重大危险源应当登记建档，进行定期检测、评估、监控，并制定应急预案，告知从业人员和相关人员在紧急情况下应当采取的应急措施。

生产经营单位应当按照国家有关规定将本单位重大危险源及有关安全措施、应急措施报有关地方人民政府负责安全生产监督管理的部门和有关部门备案。

第三十四条　生产、经营、储存、使用危险物品的车间、商店、仓库不得与员工宿舍在同一座建筑物内,并应当与员工宿舍保持安全距离。

生产经营场所和员工宿舍应当设有符合紧急疏散要求、标志明显、保持畅通的出口。禁止封闭、堵塞生产经营场所或者员工宿舍的出口。

第三十五条　生产经营单位进行爆破、吊装等危险作业,应当安排专门人员进行现场安全管理,确保操作规程的遵守和安全措施的落实。

第三十六条　生产经营单位应当教育和督促从业人员严格执行本单位的安全生产规章制度和安全操作规程;并向从业人员如实告知作业场所和工作岗位存在的危险因素、防范措施以及事故应急措施。

第三十七条　生产经营单位必须为从业人员提供符合国家标准或者行业标准的劳动防护用品,并监督、教育从业人员按照使用规则佩戴、使用。

第三十八条　生产经营单位的安全生产管理人员应当根据本单位的生产经营特点,对安全生产状况进行经常性检查;对检查中发现的安全问题,应当立即处理;不能处理的,应当及时报告本单位有关负责人。检查及处理情况应当记录在案。

第三十九条　生产经营单位应当安排用于配备劳动防护用品、进行安全生产培训的经费。

第四十条　两个以上生产经营单位在同一作业区域内进行生产经营活动,可能危及对方生产安全的,应当签订安全生产管理协议,明确各自的安全生产管理职责和应当采取的安全措施,并指定专职安全生产管理人员进行安全检查与协调。

第四十一条　生产经营单位不得将生产经营项目、场所、设备发包或者出租给不具备安全生产条件或者相应资质的单位或者个人。

生产经营项目、场所有多个承包单位、承租单位的,生产经营单位应当与承包单位、承租单位签订专门的安全生产管理协议,或者在承包合同、租赁合同中约定各自的安全生产管理职责;生产经营单位对承包单位、承租单位的安全生产工作统一协调、管理。

第四十二条　生产经营单位发生重大生产安全事故时,单位的主要负责人应当立即组织抢救,并不得在事故调查处理期间擅离职守。

第四十三条　生产经营单位必须依法参加工伤社会保险,为从业人员缴纳保险费。

第三章　从业人员的权利和义务

第四十四条　生产经营单位与从业人员订立的劳动合同,应当载明有关保障从业人员劳动安全、防止职业危害的事项,以及依法为从业人员办理工伤社会保险的事项。

生产经营单位不得以任何形式与从业人员订立协议,免除或者减轻其对从业人员因生产安全事故伤亡依法应承担的责任。

第四十五条　生产经营单位的从业人员有权了解其作业场所和工作岗位存在的危险因素、防范措施及事故应急措施,有权对本单位的安全生产工作提出建议。

第四十六条　从业人员有权对本单位安全生产工作中存在的问题提出批评、检举、控告;有权拒绝违章指挥和强令冒险作业。

生产经营单位不得因从业人员对本单位安全生产工作提出批评、检举、控告或者拒绝违章指挥、强令冒险作业而降低其工资、福利等待遇或者解除与其订立的劳动合同。

第四十七条　从业人员发现直接危及人身安全的紧急情况时,有权停止作业或者在采取可能的应急措施后撤离作业场所。

生产经营单位不得因从业人员在前款紧急情况下停止作业或者采取紧急撤离措施而降低其

工资、福利等待遇或者解除与其订立的劳动合同。

第四十八条　因生产安全事故受到损害的从业人员，除依法享有工伤社会保险外，依照有关民事法律尚有获得赔偿的权利的，有权向本单位提出赔偿要求。

第四十九条　从业人员在作业过程中，应当严格遵守本单位的安全生产规章制度和操作规程，服从管理，正确佩戴和使用劳动防护用品。

第五十条　从业人员应当接受安全生产教育和培训，掌握本职工作所需的安全生产知识，提高安全生产技能，增强事故预防和应急处理能力。

第五十一条　从业人员发现事故隐患或者其他不安全因素，应当立即向现场安全生产管理人员或者本单位负责人报告；接到报告的人员应当及时予以处理。

第五十二条　工会有权对建设项目的安全设施与主体工程同时设计、同时施工、同时投入生产和使用进行监督，提出意见。

工会对生产经营单位违反安全生产法律、法规，侵犯从业人员合法权益的行为，有权要求纠正；发现生产经营单位违章指挥、强令冒险作业或者发现事故隐患时，有权提出解决的建议，生产经营单位应当及时研究答复；发现危及从业人员生命安全的情况时，有权向生产经营单位建议组织从业人员撤离危险场所，生产经营单位必须立即作出处理。

工会有权依法参加事故调查，向有关部门提出处理意见，并要求追究有关人员的责任。

第四章　安全生产的监督管理

第五十三条　县级以上地方各级人民政府应当根据本行政区域内的安全生产状况，组织有关部门按照职责分工，对本行政区域内容易发生重大生产安全事故的生产经营单位进行严格检查；发现事故隐患，应当及时处理。

第五十四条　依照本法第九条规定对安全生产负有监督管理职责的部门（以下统称负有安全生产监督管理职责的部门）依照有关法律、法规的规定，对涉及安全生产的事项需要审查批准（包括批准、核准、许可、注册、认证、颁发证照等，下同）或者验收的，必须严格依照有关法律、法规和国家标准或者行业标准规定的安全生产条件和程序进行审查；不符合有关法律、法规和国家标准或者行业标准规定的安全生产条件的，不得批准或者验收通过。对未依法取得批准或者验收合格的单位擅自从事有关活动的，负责行政审批的部门发现或者接到举报后应当立即予以取缔，并依法予以处理。对已经依法取得批准的单位，负责行政审批的部门发现其不再具备安全生产条件的，应当撤销原批准。

第五十五条　负有安全生产监督管理职责的部门对涉及安全生产的事项进行审查、验收，不得收取费用；不得要求接受审查、验收的单位购买其指定品牌或者指定生产、销售单位的安全设备、器材或者其他产品。

第五十六条　负有安全生产监督管理职责的部门依法对生产经营单位执行有关安全生产的法律、法规和国家标准或者行业标准的情况进行监督检查，行使以下职权：

（一）进入生产经营单位进行检查，调阅有关资料，向有关单位和人员了解情况。

（二）对检查中发现的安全生产违法行为，当场予以纠正或者要求限期改正；对依法应当给予行政处罚的行为，依照本法和其他有关法律、行政法规的规定作出行政处罚决定。

（三）对检查中发现的事故隐患，应当责令立即排除；重大事故隐患排除前或者排除过程中无法保证安全的，应当责令从危险区域内撤出作业人员，责令暂时停产停业或者停止使用；重大事故隐患排除后，经审查同意，方可恢复生产经营和使用。

（四）对有根据认为不符合保障安全生产的国家标准或者行业标准的设施、设备、器材予以查封或者扣押,并应当在十五日内依法作出处理决定。

监督检查不得影响被检查单位的正常生产经营活动。

第五十七条　生产经营单位对负有安全生产监督管理职责的部门的监督检查人员(以下统称安全生产监督检查人员)依法履行监督检查职责,应当予以配合,不得拒绝、阻挠。

第五十八条　安全生产监督检查人员应当忠于职守,坚持原则,秉公执法。

安全生产监督检查人员执行监督检查任务时,必须出示有效的监督执法证件;对涉及被检查单位的技术秘密和业务秘密,应当为其保密。

第五十九条　安全生产监督检查人员应当将检查的时间、地点、内容、发现的问题及其处理情况,作出书面记录,并由检查人员和被检查单位的负责人签字;被检查单位的负责人拒绝签字的,检查人员应当将情况记录在案,并向负有安全生产监督管理职责的部门报告。

第六十条　负有安全生产监督管理职责的部门在监督检查中,应当互相配合,实行联合检查;确需分别进行检查的,应当互通情况,发现存在的安全问题应当由其他有关部门进行处理的,应当及时移送其他有关部门并形成记录备查,接受移送的部门应当及时进行处理。

第六十一条　监察机关依照行政监察法的规定,对负有安全生产监督管理职责的部门及其工作人员履行安全生产监督管理职责实施监察。

第六十二条　承担安全评价、认证、检测、检验的机构应当具备国家规定的资质条件,并对其作出的安全评价、认证、检测、检验的结果负责。

第六十三条　负有安全生产监督管理职责的部门应当建立举报制度,公开举报电话、信箱或者电子邮件地址,受理有关安全生产的举报;受理的举报事项经调查核实后,应当形成书面材料;需要落实整改措施的,报经有关负责人签字并督促落实。

第六十四条　任何单位或者个人对事故隐患或者安全生产违法行为,均有权向负有安全生产监督管理职责的部门报告或者举报。

第六十五条　居民委员会、村民委员会发现其所在区域内的生产经营单位存在事故隐患或者安全生产违法行为时,应当向当地人民政府或者有关部门报告。

第六十六条　县级以上各级人民政府及其有关部门对报告重大事故隐患或者举报安全生产违法行为的有功人员,给予奖励。具体奖励办法由国务院负责安全生产监督管理的部门会同国务院财政部门制定。

第六十七条　新闻、出版、广播、电影、电视等单位有进行安全生产宣传教育的义务,有对违反安全生产法律、法规的行为进行舆论监督的权利。

第五章　生产安全事故的应急救援与调查处理

第六十八条　县级以上地方各级人民政府应当组织有关部门制定本行政区域内特大生产安全事故应急救援预案,建立应急救援体系。

第六十九条　危险物品的生产、经营、储存单位以及矿山、建筑施工单位应当建立应急救援组织;生产经营规模较小,可以不建立应急救援组织的,应当指定兼职的应急救援人员。

危险物品的生产、经营、储存单位以及矿山、建筑施工单位应当配备必要的应急救援器材、设备,并进行经常性维护、保养,保证正常运转。

第七十条　生产经营单位发生生产安全事故后,事故现场有关人员应当立即报告本单位负责人。

单位负责人接到事故报告后,应当迅速采取有效措施,组织抢救,防止事故扩大,减少人员伤亡和财产损失,并按照国家有关规定立即如实报告当地负有安全生产监督管理职责的部门,不得隐瞒不报、谎报或者拖延不报,不得故意破坏事故现场、毁灭有关证据。

第七十一条 负有安全生产监督管理职责的部门接到事故报告后,应当立即按照国家有关规定上报事故情况。负有安全生产监督管理职责的部门和有关地方人民政府对事故情况不得隐瞒不报、谎报或者拖延不报。

第七十二条 有关地方人民政府和负有安全生产监督管理职责的部门的负责人接到重大生产安全事故报告后,应当立即赶到事故现场,组织事故抢救。

任何单位和个人都应当支持、配合事故抢救,并提供一切便利条件。

第七十三条 事故调查处理应当按照实事求是、尊重科学的原则,及时、准确地查清事故原因,查明事故性质和责任,总结事故教训,提出整改措施,并对事故责任者提出处理意见。事故调查和处理的具体办法由国务院制定。

第七十四条 生产经营单位发生生产安全事故,经调查确定为责任事故的,除了应当查明事故单位的责任并依法予以追究外,还应当查明对安全生产的有关事项负有审查批准和监督职责的行政部门的责任,对有失职、渎职行为的,依照本法第七十七条的规定追究法律责任。

第七十五条 任何单位和个人不得阻挠和干涉对事故的依法调查处理。

第七十六条 县级以上地方各级人民政府负责安全生产监督管理的部门应当定期统计分析本行政区域内发生生产安全事故的情况,并定期向社会公布。

第六章 法律责任

第七十七条 负有安全生产监督管理职责的部门的工作人员,有下列行为之一的,给予降级或者撤职的行政处分;构成犯罪的,依照刑法有关规定追究刑事责任:

(一)对不符合法定安全生产条件的涉及安全生产的事项予以批准或者验收通过的;

(二)发现未依法取得批准、验收的单位擅自从事有关活动或者接到举报后不予取缔或者不依法予以处理的;

(三)对已经依法取得批准的单位不履行监督管理职责,发现其不再具备安全生产条件而不撤销原批准或者发现安全生产违法行为不予查处的。

第七十八条 负有安全生产监督管理职责的部门,要求被审查、验收的单位购买其指定的安全设备、器材或者其他产品的,在对安全生产事项的审查、验收中收取费用的,由其上级机关或者监察机关责令改正,责令退还收取的费用;情节严重的,对直接负责的主管人员和其他直接责任人员依法给予行政处分。

第七十九条 承担安全评价、认证、检测、检验工作的机构,出具虚假证明,构成犯罪的,依照刑法有关规定追究刑事责任;尚不够刑事处罚的,没收违法所得,违法所得在五千元以上的,并处违法所得二倍以上五倍以下的罚款,没有违法所得或者违法所得不足五千元的,单处或者并处五千元以上二万元以下的罚款,对其直接负责的主管人员和其他直接责任人员处五千元以上五万元以下的罚款;给他人造成损害的,与生产经营单位承担连带赔偿责任。

对有前款违法行为的机构,撤销其相应资格。

第八十条 生产经营单位的决策机构、主要负责人、个人经营的投资人不依照本法规定保证安全生产所必需的资金投入,致使生产经营单位不具备安全生产条件的,责令限期改正,提供必需的资金;逾期未改正的,责令生产经营单位停产停业整顿。

有前款违法行为,导致发生生产安全事故,构成犯罪的,依照刑法有关规定追究刑事责任;尚不够刑事处罚的,对生产经营单位的主要负责人给予撤职处分,对个人经营的投资人处二万元以上二十万元以下的罚款。

第八十一条 生产经营单位的主要负责人未履行本法规定的安全生产管理职责的,责令限期改正;逾期未改正的,责令生产经营单位停产停业整顿。

生产经营单位的主要负责人有前款违法行为,导致发生生产安全事故,构成犯罪的,依照刑法有关规定追究刑事责任;尚不够刑事处罚的,给予撤职处分或者处二万元以上二十万元以下的罚款。

生产经营单位的主要负责人依照前款规定受刑事处罚或者撤职处分的,自刑罚执行完毕或者受处分之日起,五年内不得担任任何生产经营单位的主要负责人。

第八十二条 生产经营单位有下列行为之一的,责令限期改正;逾期未改正的,责令停产停业整顿,可以并处二万元以下的罚款:

(一)未按照规定设立安全生产管理机构或者配备安全生产管理人员的;

(二)危险物品的生产、经营、储存单位以及矿山、建筑施工单位的主要负责人和安全生产管理人员未按照规定经考核合格的;

(三)未按照本法第二十一条、第二十二条的规定对从业人员进行安全生产教育和培训,或者未按照本法第三十六条的规定如实告知从业人员有关的安全生产事项的;

(四)特种作业人员未按照规定经专门的安全作业培训并取得特种作业操作资格证书,上岗作业的。

第八十三条 生产经营单位有下列行为之一的,责令限期改正;逾期未改正的,责令停止建设或者停产停业整顿,可以并处五万元以下的罚款;造成严重后果,构成犯罪的,依照刑法有关规定追究刑事责任:

(一)矿山建设项目或者用于生产、储存危险物品的建设项目没有安全设施设计或者安全设施设计未按照规定报经有关部门审查同意的;

(二)矿山建设项目或者用于生产、储存危险物品的建设项目的施工单位未按照批准的安全设施设计施工的;

(三)矿山建设项目或者用于生产、储存危险物品的建设项目竣工投入生产或者使用前,安全设施未经验收合格的;

(四)未在有较大危险因素的生产经营场所和有关设施、设备上设置明显的安全警示标志的;

(五)安全设备的安装、使用、检测、改造和报废不符合国家标准或者行业标准的;

(六)未对安全设备进行经常性维护、保养和定期检测的;

(七)未为从业人员提供符合国家标准或者行业标准的劳动防护用品的;

(八)特种设备以及危险物品的容器、运输工具未经取得专业资质的机构检测、检验合格,取得安全使用证或者安全标志,投入使用的;

(九)使用国家明令淘汰、禁止使用的危及生产安全的工艺、设备的。

第八十四条 未经依法批准,擅自生产、经营、储存危险物品的,责令停止违法行为或者予以关闭,没收违法所得,违法所得十万元以上的,并处违法所得一倍以上五倍以下的罚款,没有违法所得或者违法所得不足十万元的,单处或者并处二万元以上十万元以下的罚款;造成严重后果,构成犯罪的,依照刑法有关规定追究刑事责任。

第八十五条 生产经营单位有下列行为之一的,责令限期改正;逾期未改正的,责令停产停业整顿,可以并处二万元以上十万元以下的罚款;造成严重后果,构成犯罪的,依照刑法有关规定追究刑事责任:

(一)生产、经营、储存、使用危险物品,未建立专门安全管理制度、未采取可靠的安全措施或者不接受有关主管部门依法实施的监督管理的;

（二）对重大危险源未登记建档，或者未进行评估、监控，或者未制定应急预案的；

（三）进行爆破、吊装等危险作业，未安排专门管理人员进行现场安全管理的。

第八十六条　生产经营单位将生产经营项目、场所、设备发包或者出租给不具备安全生产条件或者相应资质的单位或者个人的，责令限期改正，没收违法所得；违法所得五万元以上的，并处违法所得一倍以上五倍以下的罚款；没有违法所得或者违法所得不足五万元的，单处或者并处一万元以上五万元以下的罚款；导致发生生产安全事故给他人造成损害的，与承包方、承租方承担连带赔偿责任。

生产经营单位未与承包单位、承租单位签订专门的安全生产管理协议或者未在承包合同、租赁合同中明确各自的安全生产管理职责，或者未对承包单位、承租单位的安全生产统一协调、管理的，责令限期改正；逾期未改正的，责令停产停业整顿。

第八十七条　两个以上生产经营单位在同一作业区域内进行可能危及对方安全生产的生产经营活动，未签订安全生产管理协议或者未指定专职安全生产管理人员进行安全检查与协调的，责令限期改正；逾期未改正的，责令停产停业。

第八十八条　生产经营单位有下列行为之一的，责令限期改正；逾期未改正的，责令停产停业整顿；造成严重后果，构成犯罪的，依照刑法有关规定追究刑事责任：

（一）生产、经营、储存、使用危险物品的车间、商店、仓库与员工宿舍在同一座建筑内，或者与员工宿舍的距离不符合安全要求的；

（二）生产经营场所和员工宿舍未设有符合紧急疏散需要、标志明显、保持畅通的出口，或者封闭、堵塞生产经营场所或者员工宿舍出口的。

第八十九条　生产经营单位与从业人员订立协议，免除或者减轻其对从业人员因生产安全事故伤亡依法应承担的责任的，该协议无效；对生产经营单位的主要负责人、个人经营的投资人处二万元以上十万元以下的罚款。

第九十条　生产经营单位的从业人员不服从管理，违反安全生产规章制度或者操作规程的，由生产经营单位给予批评教育，依照有关规章制度给予处分；造成重大事故，构成犯罪的，依照刑法有关规定追究刑事责任。

第九十一条　生产经营单位主要负责人在本单位发生重大生产安全事故时，不立即组织抢救或者在事故调查处理期间擅离职守或者逃匿的，给予降职、撤职的处分，对逃匿的处十五日以下拘留；构成犯罪的，依照刑法有关规定追究刑事责任。

生产经营单位主要负责人对生产安全事故隐瞒不报、谎报或者拖延不报的，依照前款规定处罚。

第九十二条　有关地方人民政府、负有安全生产监督管理职责的部门，对生产安全事故隐瞒不报、谎报或者拖延不报的，对直接负责的主管人员和其他直接责任人员依法给予行政处分；构成犯罪的，依照刑法有关规定追究刑事责任。

第九十三条　生产经营单位不具备本法和其他有关法律、行政法规和国家标准或者行业标准规定的安全生产条件，经停产停业整顿仍不具备安全生产条件的，予以关闭；有关部门应当依法吊销其有关证照。

第九十四条　本法规定的行政处罚，由负责安全生产监督管理的部门决定；予以关闭的行政处罚由负责安全生产监督管理的部门报请县级以上人民政府按照国务院规定的权限决定；给予拘留的行政处罚由公安机关依照治安管理处罚条例的规定决定。有关法律、行政法规对行政处罚的决定机关另有规定的，依照其规定。

第九十五条　生产经营单位发生生产安全事故造成人员伤亡、他人财产损失的，应当依法承担赔偿责任;拒不承担或者其负责人逃匿的,由人民法院依法强制执行。

生产安全事故的责任人未依法承担赔偿责任,经人民法院依法采取执行措施后,仍不能对受害人给予足额赔偿的,应当继续履行赔偿义务;受害人发现责任人有其他财产的,可以随时请求人民法院执行。

第七章 附 则

第九十六条 本法下列用语的含义:

危险物品,是指易燃易爆物品、危险化学品、放射性物品等能够危及人身安全和财产安全的物品。

重大危险源,是指长期地或者临时地生产、搬运、使用或者储存危险物品,且危险物品的数量等于或者超过临界量的单元(包括场所和设施)。

第九十七条 本法自 2002 年 11 月 1 日起施行。

中华人民共和国主席令

第 28 号

《中华人民共和国劳动法》已由中华人民共和国第八届全国人民代表大会常务委员会第八次会议于 1994 年 7 月 5 日通过,现予公布,自 1995 年 1 月 1 日起施行。

中华人民共和国主席　江泽民

1994 年 7 月 5 日

中华人民共和国劳动法

(1994 年 7 月 5 日第八届全国人民代表大会常务委员会第八次会议通过)

第一章　总　则

第一条　为了保护劳动者的合法权益,调整劳动关系,建立和维护适应社会主义市场经济的劳动制度,促进经济发展和社会进步,根据宪法,制定本法。

第二条　在中华人民共和国境内的企业、个体经济组织(以下统称用人单位)和与之形成劳动关系的劳动者,适用本法。

国家机关、事业组织、社会团体和与之建立劳动合同关系的劳动者,依照本法执行。

第三条　劳动者享有平等就业和选择职业的权利、取得劳动报酬的权利、休息休假的权利、获得劳动安全卫生保护的权利、接受职业技能培训的权利、享受社会保险和福利的权利、提请劳动争议处理的权利以及法律规定的其他劳动权利。

劳动者应当完成劳动任务,提高职业技能,执行劳动安全卫生规程,遵守劳动纪律和职业道德。

第四条　用人单位应当依法建立和完善规章制度,保障劳动者享有劳动权利和履行劳动义务。

第五条　国家采取各种措施,促进劳动就业,发展职业教育,制定劳动标准,调节社会收入,完善社会保险,协调劳动关系,逐步提高劳动者的生活水平。

第六条　国家提倡劳动者参加社会义务劳动,开展劳动竞赛和合理化建议活动,鼓励和保护劳动者进行科学研究、技术革新和发明创造,表彰和奖励劳动模范和先进工作者。

第七条　劳动者有权依法参加和组织工会。

工会代表和维护劳动者的合法权益,依法独立自主地开展活动。

第八条　劳动者依照法律规定,通过职工大会、职工代表大会或者其他形式,参与民主管理或者就保护劳动者合法权益与用人单位进行平等协商。

第九条　国务院劳动行政部门主管全国劳动工作。

县级以上地方人民政府劳动行政部门主管本行政区域内的劳动工作。

第二章　促进就业

第十条　国家通过促进经济和社会发展,创造就业条件,扩大就业机会。

国家鼓励企业、事业组织、社会团体在法律、行政法规规定的范围内兴办产业或者拓展经营,增加就业。

国家支持劳动者自愿组织起来就业和从事个体经营实现就业。

第十一条　地方各级人民政府应当采取措施,发展多种类型的职业介绍机构,提供就业服务。

第十二条　劳动者就业,不因民族、种族、性别、宗教信仰不同而受歧视。

第十三条　妇女享有与男子平等的就业权利。在录用职工时,除国家规定的不适合妇女的工种或者岗位外,不得以性别为由拒绝录用妇女或者提高对妇女的录用标准。

第十四条　残疾人、少数民族人员、退出现役的军人的就业,法律、法规有特别规定的,从其规定。

第十五条　禁止用人单位招用未满十六周岁的未成年人。

文艺、体育和特种工艺单位招用未满十六周岁的未成年人,必须依照国家有关规定,履行审批手续,并保障其接受义务教育的权利。

第三章　劳动合同和集体合同

第十六条　劳动合同是劳动者与用人单位确立劳动关系、明确双方权利和义务的协议。

建立劳动关系应当订立劳动合同。

第十七条　订立和变更劳动合同,应当遵循平等自愿、协商一致的原则,不得违反法律、行政法规的规定。

劳动合同依法订立即具有法律约束力,当事人必须履行劳动合同规定的义务。

第十八条　下列劳动合同无效:

(一)违反法律、行政法规的劳动合同;

(二)采取欺诈、威胁等手段订立的劳动合同。

无效的劳动合同,从订立的时候起,就没有法律约束力。确认劳动合同部分无效的,如果不影响其余部分的效力,其余部分仍然有效。

劳动合同的无效,由劳动争议仲裁委员会或者人民法院确认。

第十九条　劳动合同应当以书面形式订立,并具备以下条款:

(一)劳动合同期限;

(二)工作内容;

(三)劳动保护和劳动条件;

(四)劳动报酬;

(五)劳动纪律;

(六)劳动合同终止的条件;

(七)违反劳动合同的责任。

劳动合同除前款规定的必备条款外,当事人可以协商约定其他内容。

第二十条　劳动合同的期限分为有固定期限、无固定期限和以完成一定的工作为期限。

劳动者在同一用人单位连续工作满十年以上,当事人双方同意续延劳动合同的,如果劳动者提出订立无固定期限的劳动合同,应当订立无固定期限的劳动合同。

第二十一条　劳动合同可以约定试用期。试用期最长不得超过六个月。

第二十二条　劳动合同当事人可以在劳动合同中约定保守用人单位商业秘密的有关事项。

第二十三条　劳动合同期满或者当事人约定的劳动合同终止条件出现，劳动合同即行终止。

第二十四条　经劳动合同当事人协商一致，劳动合同可以解除。

第二十五条　劳动者有下列情形之一的，用人单位可以解除劳动合同：

（一）在试用期间被证明不符合录用条件的；

（二）严重违反劳动纪律或者用人单位规章制度的；

（三）严重失职，营私舞弊，对用人单位利益造成重大损害的；

（四）被依法追究刑事责任的。

第二十六条　有下列情形之一的，用人单位可以解除劳动合同，但是应当提前三十日以书面形式通知劳动者本人：

（一）劳动者患病或者非因工负伤，医疗期满后，不能从事原工作也不能从事由用人单位另行安排的工作的；

（二）劳动者不能胜任工作，经过培训或者调整工作岗位，仍不能胜任工作的；

（三）劳动合同订立时所依据的客观情况发生重大变化，致使原劳动合同无法履行，经当事人协商不能就变更劳动合同达成协议的。

第二十七条　用人单位濒临破产进行法定整顿期间或者生产经营状况发生严重困难，确需裁减人员的，应当提前三十日向工会或者全体职工说明情况，听取工会或者职工的意见，经向劳动行政部门报告后，可以裁减人员。

用人单位依据本条规定裁减人员，在六个月内录用人员的，应当优先录用被裁减的人员。

第二十八条　用人单位依据本法第二十四条、第二十六条、第二十七条的规定解除劳动合同的，应当依照国家有关规定给予经济补偿。

第二十九条　劳动者有下列情形之一的，用人单位不得依据本法第二十六条、第二十七条的规定解除劳动合同：

（一）患职业病或者因工负伤并被确认丧失或者部分丧失劳动能力的；

（二）患病或者负伤，在规定的医疗期内的；

（三）女职工在孕期、产期、哺乳期内的；

（四）法律、行政法规规定的其他情形。

第三十条　用人单位解除劳动合同，工会认为不适当的，有权提出意见。如果用人单位违反法律、法规或者劳动合同，工会有权要求重新处理；劳动者申请仲裁或者提起诉讼的，工会应当依法给予支持和帮助。

第三十一条　劳动者解除劳动合同，应当提前三十日以书面形式通知用人单位。

第三十二条　有下列情形之一的，劳动者可以随时通知用人单位解除劳动合同：

（一）在试用期内的；

（二）用人单位以暴力、威胁或者非法限制人身自由的手段强迫劳动的；

（三）用人单位未按照劳动合同约定支付劳动报酬或者提供劳动条件的。

第三十三条　企业职工一方与企业可以就劳动报酬、工作时间、休息休假、劳动安全卫生、保险福利等事项，签订集体合同。集体合同草案应当提交职工代表大会或者全体职工讨论通过。

集体合同由工会代表职工与企业签订；没有建立工会的企业，由职工推举的代表与企业签订。

第三十四条　集体合同签订后应当报送劳动行政部门；劳动行政部门自收到集体合同文本

之日起十五日内未提出异议的,集体合同即行生效。

第三十五条　依法签订的集体合同对企业和企业全体职工具有约束力。职工个人与企业订立的劳动合同中劳动条件和劳动报酬等标准不得低于集体合同的规定。

第四章　工作时间和休息休假

第三十六条　国家实行劳动者每日工作时间不超过八小时、平均每周工作时间不超过四十四小时的工时制度。

第三十七条　对实行计件工作的劳动者,用人单位应当根据本法第三十六条规定的工时制度合理确定其劳动定额和计件报酬标准。

第三十八条　用人单位应当保证劳动者每周至少休息一日。

第三十九条　企业因生产特点不能实行本法第三十六条、第三十八条规定的,经劳动行政部门批准,可以实行其他工作和休息办法。

第四十条　用人单位在下列节日期间应当依法安排劳动者休假:

(一)元旦;

(二)春节;

(三)国际劳动节;

(四)国庆节;

(五)法律、法规规定的其他休假节日。

第四十一条　用人单位由于生产经营需要,经与工会和劳动者协商后可以延长工作时间,一般每日不得超过一小时;因特殊原因需要延长工作时间的,在保障劳动者身体健康的条件下延长工作时间每日不得超过三小时,但是每月不得超过三十六小时。

第四十二条　有下列情形之一的,延长工作时间不受本法第四十一条的限制:

(一)发生自然灾害、事故或者因其他原因,威胁劳动者生命健康和财产安全,需要紧急处理的;

(二)生产设备、交通运输线路、公共设施发生故障,影响生产和公众利益,必须及时抢修的;

(三)法律、行政法规规定的其他情形。

第四十三条　用人单位不得违反本法规定延长劳动者的工作时间。

第四十四条　有下列情形之一的,用人单位应当按照下列标准支付高于劳动者正常工作时间工资的工资报酬:

(一)安排劳动者延长工作时间的,支付不低于工资的百分之一百五十的工资报酬;

(二)休息日安排劳动者工作又不能安排补休的,支付不低于工资的百分之二百的工资报酬;

(三)法定休假日安排劳动者工作的,支付不低于工资的百分之三百的工资报酬。

第四十五条　国家实行带薪年休假制度。

劳动者连续工作一年以上的,享受带薪年休假。具体办法由国务院规定。

第五章　工　资

第四十六条　工资分配应当遵循按劳分配原则,实行同工同酬。

工资水平在经济发展的基础上逐步提高。国家对工资总量实行宏观调控。

第四十七条　用人单位根据本单位的生产经营特点和经济效益,依法自主确定本单位的工资分配方式和工资水平。

第四十八条　国家实行最低工资保障制度。最低工资的具体标准由省、自治区、直辖市人民政府规定,报国务院备案。

用人单位支付劳动者的工资不得低于当地最低工资标准。

第四十九条 确定和调整最低工资标准应当综合参考下列因素:

(一)劳动者本人及平均赡养人口的最低生活费用;

(二)社会平均工资水平;

(三)劳动生产率;

(四)就业状况;

(五)地区之间经济发展水平的差异。

第五十条 工资应当以货币形式按月支付给劳动者本人。不得克扣或者无故拖欠劳动者的工资。

第五十一条 劳动者在法定休假日和婚丧假期间以及依法参加社会活动期间,用人单位应当依法支付工资。

第六章　劳动安全卫生

第五十二条 用人单位必须建立、健全劳动安全卫生制度,严格执行国家劳动安全卫生规程和标准,对劳动者进行劳动安全卫生教育,防止劳动过程中的事故,减少职业危害。

第五十三条 劳动安全卫生设施必须符合国家规定的标准。

新建、改建、扩建工程的劳动安全卫生设施必须与主体工程同时设计、同时施工、同时投入生产和使用。

第五十四条 用人单位必须为劳动者提供符合国家规定的劳动安全卫生条件和必要的劳动防护用品,对从事有职业危害作业的劳动者应当定期进行健康检查。

第五十五条 从事特种作业的劳动者必须经过专门培训并取得特种作业资格。

第五十六条 劳动者在劳动过程中必须严格遵守安全操作规程。

劳动者对用人单位管理人员违章指挥、强令冒险作业,有权拒绝执行;对危害生命安全和身体健康的行为,有权提出批评、检举和控告。

第五十七条 国家建立伤亡事故和职业病统计报告和处理制度。县级以上各级人民政府劳动行政部门、有关部门和用人单位应当依法对劳动者在劳动过程中发生的伤亡事故和劳动者的职业病状况,进行统计、报告和处理。

第七章　女职工和未成年工特殊保护

第五十八条 国家对女职工和未成年工实行特殊劳动保护。

未成年工是指年满十六周岁未满十八周岁的劳动者。

第五十九条 禁止安排女职工从事矿山井下、国家规定的第四级体力劳动强度的劳动和其他禁忌从事的劳动。

第六十条 不得安排女职工在经期从事高处、低温、冷水作业和国家规定的第三级体力劳动强度的劳动。

第六十一条 不得安排女职工在怀孕期间从事国家规定的第三级体力劳动强度的劳动和孕期禁忌从事的劳动。对怀孕七个月以上的女职工,不得安排其延长工作时间和夜班劳动。

第六十二条 女职工生育享受不少于九十天的产假。

第六十三条 不得安排女职工在哺乳未满一周岁的婴儿期间从事国家规定的第三级体力劳动强度的劳动和哺乳期禁忌从事的其他劳动,不得安排其延长工作时间和夜班劳动。

第六十四条 不得安排未成年工从事矿山井下、有毒有害、国家规定的第四级体力劳动强度的劳动和其他禁忌从事的劳动。

第六十五条 用人单位应当对未成年工定期进行健康检查。

第八章　职业培训

第六十六条 国家通过各种途径,采取各种措施,发展职业培训事业,开发劳动者的职业技能,提高劳动者素质,增强劳动者的就业能力和工作能力。

第六十七条 各级人民政府应当把发展职业培训纳入社会经济发展的规划,鼓励和支持有条件的企业、事业组织、社会团体和个人进行各种形式的职业培训。

第六十八条 用人单位应当建立职业培训制度,按照国家规定提取和使用职业培训经费,根据本单位实际,有计划地对劳动者进行职业培训。

从事技术工种的劳动者,上岗前必须经过培训。

第六十九条 国家确定职业分类,对规定的职业制定职业技能标准,实行职业资格证书制度,由经过政府批准的考核鉴定机构负责对劳动者实施职业技能考核鉴定。

第九章　社会保险和福利

第七十条 国家发展社会保险事业,建立社会保险制度,设立社会保险基金,使劳动者在年老、患病、工伤、失业、生育等情况下获得帮助和补偿。

第七十一条 社会保险水平应当与社会经济发展水平和社会承受能力相适应。

第七十二条 社会保险基金按照保险类型确定资金来源,逐步实行社会统筹。用人单位和劳动者必须依法参加社会保险,缴纳社会保险费。

第七十三条 劳动者在下列情形下,依法享受社会保险待遇:

(一)退休;

(二)患病、负伤;

(三)因工伤残或者患职业病;

(四)失业;

(五)生育。

劳动者死亡后,其遗属依法享受遗属津贴。

劳动者享受社会保险待遇的条件和标准由法律、法规规定。

劳动者享受的社会保险金必须按时足额支付。

第七十四条 社会保险基金经办机构依照法律规定收支、管理和运营社会保险基金,并负有使社会保险基金保值增值的责任。

社会保险基金监督机构依照法律规定,对社会保险基金的收支、管理和运营实施监督。

社会保险基金经办机构和社会保险基金监督机构的设立和职能由法律规定。

任何组织和个人不得挪用社会保险基金。

第七十五条 国家鼓励用人单位根据本单位实际情况为劳动者建立补充保险。

国家提倡劳动者个人进行储蓄性保险。

第七十六条 国家发展社会福利事业,兴建公共福利设施,为劳动者休息、休养和疗养提供条件。

用人单位应当创造条件,改善集体福利,提高劳动者的福利待遇。

第十章 劳动争议

第七十七条 用人单位与劳动者发生劳动争议,当事人可以依法申请调解、仲裁、提起诉讼,也可以协商解决。

调解原则适用于仲裁和诉讼程序。

第七十八条 解决劳动争议,应当根据合法、公正、及时处理的原则,依法维护劳动争议当事人的合法权益。

第七十九条 劳动争议发生后,当事人可以向本单位劳动争议调解委员会申请调解;调解不成,当事人一方要求仲裁的,可以向劳动争议仲裁委员会申请仲裁。当事人一方也可以直接向劳动争议仲裁委员会申请仲裁。对仲裁裁决不服的,可以向人民法院提起诉讼。

第八十条 在用人单位内,可以设立劳动争议调解委员会。劳动争议调解委员会由职工代表、用人单位代表和工会代表组成。劳动争议调解委员会主任由工会代表担任。

劳动争议经调解达成协议的,当事人应当履行。

第八十一条 劳动争议仲裁委员会由劳动行政部门代表、同级工会代表、用人单位方面的代表组成。劳动争议仲裁委员会主任由劳动行政部门代表担任。

第八十二条 提出仲裁要求的一方应当自劳动争议发生之日起六十日内向劳动争议仲裁委员会提出书面申请。仲裁裁决一般应在收到仲裁申请的六十日内作出。对仲裁裁决无异议的,当事人必须履行。

第八十三条 劳动争议当事人对仲裁裁决不服的,可以自收到仲裁裁决书之日起十五日内向人民法院提起诉讼。一方当事人在法定期限内不起诉又不履行仲裁裁决的,另一方当事人可以申请人民法院强制执行。

第八十四条 因签订集体合同发生争议,当事人协商解决不成的,当地人民政府劳动行政部门可以组织有关各方协调处理。

因履行集体合同发生争议,当事人协商解决不成的,可以向劳动争议仲裁委员会申请仲裁;对仲裁裁决不服的,可以自收到仲裁裁决书之日起十五日内向人民法院提起诉讼。

第十一章 监督检查

第八十五条 县级以上各级人民政府劳动行政部门依法对用人单位遵守劳动法律、法规的情况进行监督检查,对违反劳动法律、法规的行为有权制止,并责令改正。

第八十六条 县级以上各级人民政府劳动行政部门监督检查人员执行公务,有权进入用人单位了解执行劳动法律、法规的情况,查阅必要的资料,并对劳动场所进行检查。

县级以上各级人民政府劳动行政部门监督检查人员执行公务,必须出示证件,秉公执法并遵守有关规定。

第八十七条 县级以上各级人民政府有关部门在各自职责范围内,对用人单位遵守劳动法律、法规的情况进行监督。

第八十八条 各级工会依法维护劳动者的合法权益,对用人单位遵守劳动法律、法规的情况进行监督。

任何组织和个人对于违反劳动法律、法规的行为有权检举和控告。

第十二章 法律责任

第八十九条 用人单位制定的劳动规章制度违反法律、法规规定的,由劳动行政部门给予警告,责令改正;对劳动者造成损害的,应当承担赔偿责任。

第九十条　用人单位违反本法规定,延长劳动者工作时间的,由劳动行政部门给予警告,责令改正,并可以处以罚款。

第九十一条　用人单位有下列侵害劳动者合法权益情形之一的,由劳动行政部门责令支付劳动者的工资报酬、经济补偿,并可以责令支付赔偿金:

(一)克扣或者无故拖欠劳动者工资的;

(二)拒不支付劳动者延长工作时间工资报酬的;

(三)低于当地最低工资标准支付劳动者工资的;

(四)解除劳动合同后,未依照本法规定给予劳动者经济补偿的。

第九十二条　用人单位的劳动安全设施和劳动卫生条件不符合国家规定或者未向劳动者提供必要的劳动防护用品和劳动保护设施的,由劳动行政部门或者有关部门责令改正,可以处以罚款;情节严重的,提请县级以上人民政府决定责令停产整顿;对事故隐患不采取措施,致使发生重大事故,造成劳动者生命和财产损失的,对责任人员比照刑法第一百八十七条的规定追究刑事责任。

第九十三条　用人单位强令劳动者违章冒险作业,发生重大伤亡事故,造成严重后果的,对责任人员依法追究刑事责任。

第九十四条　用人单位非法招用未满十六周岁的未成年人的,由劳动行政部门责令改正,处以罚款;情节严重的,由工商行政管理部门吊销营业执照。

第九十五条　用人单位违反本法对女职工和未成年工的保护规定,侵害其合法权益的,由劳动行政部门责令改正,处以罚款;对女职工或者未成年工造成损害的,应当承担赔偿责任。

第九十六条　用人单位有下列行为之一,由公安机关对责任人员处以十五日以下拘留、罚款或者警告;构成犯罪的,对责任人员依法追究刑事责任:

(一)以暴力、威胁或者非法限制人身自由的手段强迫劳动的;

(二)侮辱、体罚、殴打、非法搜查和拘禁劳动者的。

第九十七条　由于用人单位的原因订立的无效合同,对劳动者造成损害的,应当承担赔偿责任。

第九十八条　用人单位违反本法规定的条件解除劳动合同或者故意拖延不订立劳动合同的,由劳动行政部门责令改正;对劳动者造成损害的,应当承担赔偿责任。

第九十九条　用人单位招用尚未解除劳动合同的劳动者,对原用人单位造成经济损失的,该用人单位应当依法承担连带赔偿责任。

第一百条　用人单位无故不缴纳社会保险费的,由劳动行政部门责令其限期缴纳,逾期不缴的,可以加收滞纳金。

第一百零一条　用人单位无理阻挠劳动行政部门、有关部门及其工作人员行使监督检查权,打击报复举报人员的,由劳动行政部门或者有关部门处以罚款;构成犯罪的,对责任人员依法追究刑事责任。

第一百零二条　劳动者违反本法规定的条件解除劳动合同或者违反劳动合同中约定的保密事项,对用人单位造成经济损失的,应当依法承担赔偿责任。

第一百零三条　劳动行政部门或者有关部门的工作人员滥用职权、玩忽职守、徇私舞弊,构成犯罪的,依法追究刑事责任;不构成犯罪的,给予行政处分。

第一百零四条　国家工作人员和社会保险基金经办机构的工作人员挪用社会保险基金,构成犯罪的,依法追究刑事责任。

第一百零五条 违反本法规定侵害劳动者合法权益,其他法律、法规已规定处罚的,依照该法律、行政法规的规定处罚。

第十三章 附 则

第一百零六条 省、自治区、直辖市人民政府根据本法和本地区的实际情况,规定劳动合同制度的实施步骤,报国务院备案。

第一百零七条 本法自 1995 年 1 月 1 日起施行。

中华人民共和国工会法

(中华人民共和国主席令第 62 号发布

1992 年 4 月 3 日第七届全国人民代表大会第五次会议通过

根据 2001 年 10 月 27 日第九届全国人民代表大会常务委员会第二十四次会议

《关于修改〈中华人民共和国工会法〉的决定》修正)

第一章 总 则

第一条 为保障工会在国家政治、经济和社会生活中的地位,确定工会的权利与义务,发挥工会在社会主义现代化建设事业中的作用,根据宪法,制定本法。

第二条 工会是职工自愿结合的工人阶级的群众组织。

中华全国总工会及其各工会组织代表职工的利益,依法维护职工的合法权益。

第三条 在中国境内的企业、事业单位、机关中以工资收入为主要生活来源的体力劳动者和脑力劳动者,不分民族、种族、性别、职业、宗教信仰、教育程度,都有依法参加和组织工会的权利。任何组织和个人不得阻挠和限制。

第四条 工会必须遵守和维护宪法,以宪法为根本的活动准则,以经济建设为中心,坚持社会主义道路、坚持人民民主专政、坚持中国共产党的领导、坚持马克思列宁主义毛泽东思想邓小平理论,坚持改革开放,依照工会章程独立自主地开展工作。

工会会员全国代表大会制定或者修改《中国工会章程》,章程不得与宪法和法律相抵触。

国家保护工会的合法权益不受侵犯。

第五条 工会组织和教育职工依照宪法和法律的规定行使民主权利,发挥国家主人翁的作用,通过各种途径和形式,参与管理国家事务、管理经济和文化事业、管理社会事务;协助人民政府开展工作,维护工人阶级领导的、以工农联盟为基础的人民民主专政的社会主义国家政权。

第六条 维护职工合法权益是工会的基本职责。工会在维护全国人民总体利益的同时,代表和维护职工的合法权益。

工会通过平等协商和集体合同制度,协调劳动关系,维护企业职工劳动权益。

工会依照法律规定通过职工代表大会或者其他形式,组织职工参与本单位的民主决策、民主管理和民主监督。

工会必须密切联系职工,听取和反映职工的意见和要求,关心职工的生活,帮助职工解决困难,全心全意为职工服务。

第七条 工会动员和组织职工积极参加经济建设,努力完成生产任务和工作任务。教育职工不断提高思想道德、技术业务和科学文化素质,建设有理想、有道德、有文化、有纪律的职工队伍。

第八条 中华全国总工会根据独立、平等、互相尊重、互不干涉内部事务的原则,加强同各国工会组织的友好合作关系。

第二章 工会组织

第九条 工会各级组织按照民主集中制原则建立。

各级工会委员会由会员大会或者会员代表大会民主选举产生。企业主要负责人的近亲属不得作为本企业基层工会委员会成员的人选。

各级工会委员会向同级会员大会或者会员代表大会负责并报告工作,接受其监督。

工会会员大会或者会员代表大会有权撤换或者罢免其所选举的代表或者工会委员会组成人员。

上级工会组织领导下级工会组织。

第十条　企业、事业单位、机关有会员二十五人以上的,应当建立基层工会委员会;不足二十五人的,可以单独建立基层工会委员会,也可以由两个以上单位的会员联合建立基层工会委员会,也可以选举组织员一人,组织会员开展活动。女职工人数较多的,可以建立工会女职工委员会,在同级工会领导下开展工作;女职工人数较少的,可以在工会委员会中设女职工委员。

企业职工较多的乡镇、城市街道,可以建立基层工会的联合会。

县级以上地方建立地方各级总工会。

同一行业或者性质相近的几个行业,可以根据需要建立全国的或者地方的产业工会。

全国建立统一的中华全国总工会。

第十一条　基层工会、地方各级总工会、全国或者地方产业工会组织的建立,必须报上一级工会批准。

上级工会可以派员帮助和指导企业职工组建工会,任何单位和个人不得阻挠。

第十二条　任何组织和个人不得随意撤销、合并工会组织。

基层工会所在的企业终止或者所在的事业单位、机关被撤销,该工会组织相应撤销,并报告上一级工会。

依前款规定被撤销的工会,其会员的会籍可以继续保留,具体管理办法由中华全国总工会制定。

第十三条　职工二百人以上的企业、事业单位的工会,可以设专职工会主席。工会专职工作人员的人数由工会与企业、事业单位协商确定。

第十四条　中华全国总工会、地方总工会、产业工会具有社会团体法人资格。

基层工会组织具备民法通则规定的法人条件的,依法取得社会团体法人资格。

第十五条　基层工会委员会每届任期三年或者五年。各级地方总工会委员会和产业工会委员会每届任期五年。

第十六条　基层工会委员会定期召开会员大会或者会员代表大会,讨论决定工会工作的重大问题。经基层工会委员会或者三分之一以上的工会会员提议,可以临时召开会员大会或者会员代表大会。

第十七条　工会主席、副主席任期未满时,不得随意调动其工作。因工作需要调动时,应当征得本级工会委员会和上一级工会的同意。

罢免工会主席、副主席必须召开会员大会或者会员代表大会讨论,非经会员大会全体会员或者会员代表大会全体代表过半数通过,不得罢免。

第十八条　基层工会专职主席、副主席或者委员自任职之日起,其劳动合同期限自动延长,延长期限相当于其任职期间;非专职主席、副主席或者委员自任职之日起,其尚未履行的劳动合同期限短于任期的,劳动合同期限自动延长至任期期满。但是,任职期间个人严重过失或者达到法定退休年龄的除外。

第三章　工会的权利和义务

第十九条　企业、事业单位违反职工代表大会制度和其他民主管理制度,工会有权要求纠正,保障职工依法行使民主管理的权利。

法律、法规规定应当提交职工大会或者职工代表大会审议、通过、决定的事项,企业、事业单位应当依法办理。

第二十条　工会帮助、指导职工与企业以及实行企业化管理的事业单位签订劳动合同。

工会代表职工与企业以及实行企业化管理的事业单位进行平等协商,签订集体合同。集体合同草案应当提交职工代表大会或者全体职工讨论通过。

工会签订集体合同,上级工会应当给予支持和帮助。

企业违反集体合同,侵犯职工劳动权益的,工会可以依法要求企业承担责任;因履行集体合同发生争议,经协商解决不成的,工会可以向劳动争议仲裁机构提请仲裁,仲裁机构不予受理或者对仲裁裁决不服的,可以向人民法院提起诉讼。

第二十一条　企业、事业单位处分职工,工会认为不适当的,有权提出意见。

企业单方面解除职工劳动合同时,应当事先将理由通知工会,工会认为企业违反法律、法规和有关合同,要求重新研究处理时,企业应当研究工会的意见,并将处理结果书面通知工会。

职工认为企业侵犯其劳动权益而申请劳动争议仲裁或者向人民法院提起诉讼的,工会应当给予支持和帮助。

第二十二条　企业、事业单位违反劳动法律、法规规定,有下列侵犯职工劳动权益情形,工会应当代表职工与企业、事业单位交涉,要求企业、事业单位采取措施予以改正;企业、事业单位应当予以研究处理,并向工会作出答复;企业、事业单位拒不改正的,工会可以请求当地人民政府依法作出处理:

(一)克扣职工工资的;

(二)不提供劳动安全卫生条件的;

(三)随意延长劳动时间的;

(四)侵犯女职工和未成年工特殊权益的;

(五)其他严重侵犯职工劳动权益的。

第二十三条　工会依照国家规定对新建、扩建企业和技术改造工程中的劳动条件和安全卫生设施与主体工程同时设计、同时施工、同时投产使用进行监督。对工会提出的意见,企业或者主管部门应当认真处理,并将处理结果书面通知工会。

第二十四条　工会发现企业违章指挥、强令工人冒险作业,或者生产过程中发现明显重大事故隐患和职业危害,有权提出解决的建议,企业应当及时研究答复;发现危及职工生命安全的情况时,工会有权向企业建议组织职工撤离危险现场,企业必须及时作出处理决定。

第二十五条　工会有权对企业、事业单位侵犯职工合法权益的问题进行调查,有关单位应当予以协助。

第二十六条　职工因工伤亡事故和其他严重危害职工健康问题的调查处理,必须有工会参加。工会应当向有关部门提出处理意见,并有权要求追究直接负责的主管人员和有关责任人员的责任。对工会提出的意见,应当及时研究,给予答复。

第二十七条　企业、事业单位发生停工、怠工事件,工会应当代表职工同企业、事业单位或者有关方面协商,反映职工的意见和要求并提出解决意见。对于职工的合理要求,企业、事业单位应当予以解决。工会协助企业、事业单位做好工作,尽快恢复生产、工作秩序。

第二十八条　工会参加企业的劳动争议调解工作。

地方劳动争议仲裁组织应当有同级工会代表参加。

第二十九条　县级以上各级总工会可以为所属工会和职工提供法律服务。

第三十条　工会协助企业、事业单位、机关办好职工集体福利事业，做好工资、劳动安全卫生和社会保险工作。

第三十一条　工会会同企业、事业单位教育职工以国家主人翁态度对待劳动，爱护国家和企业的财产，组织职工开展群众性的合理化建议、技术革新活动，进行业余文化技术学习和职工培训，组织职工开展文娱、体育活动。

第三十二条　根据政府委托，工会与有关部门共同做好劳动模范和先进生产（工作）者的评选、表彰、培养和管理工作。

第三十三条　国家机关在组织起草或者修改直接涉及职工切身利益的法律、法规、规章时，应当听取工会意见。

县级以上各级人民政府制定国民经济和社会发展计划，对涉及职工利益的重大问题，应当听取同级工会的意见。

县级以上各级人民政府及其有关部门研究制定劳动就业、工资、劳动安全卫生、社会保险等涉及职工切身利益的政策、措施时，应当吸收同级工会参加研究，听取工会意见。

第三十四条　县级以上地方各级人民政府可以召开会议或者采取适当方式，向同级工会通报政府的重要的工作部署和与工会工作有关的行政措施，研究解决工会反映的职工群众的意见和要求。

各级人民政府劳动行政部门应当会同同级工会和企业方面代表，建立劳动关系三方协商机制，共同研究解决劳动关系方面的重大问题。

第四章　基层工会组织

第三十五条　国有企业职工代表大会是企业实行民主管理的基本形式，是职工行使民主管理权力的机构，依照法律规定行使职权。

国有企业的工会委员会是职工代表大会的工作机构，负责职工代表大会的日常工作，检查、督促职工代表大会决议的执行。

第三十六条　集体企业的工会委员会，应当支持和组织职工参加民主管理和民主监督，维护职工选举和罢免管理人员、决定经营管理的重大问题的权力。

第三十七条　本法第三十五条、第三十六条规定以外的其他企业、事业单位的工会委员会，依照法律规定组织职工采取与企业、事业单位相适应的形式，参与企业、事业单位民主管理。

第三十八条　企业、事业单位研究经营管理和发展的重大问题应当听取工会的意见；召开讨论有关工资、福利、劳动安全卫生、社会保险等涉及职工切身利益的会议，必须有工会代表参加。

企业、事业单位应当支持工会依法开展工作，工会应当支持企业、事业单位依法行使经营管理权。

第三十九条　公司的董事会、监事会中职工代表的产生，依照公司法有关规定执行。

第四十条　基层工会委员会召开会议或者组织职工活动，应当在生产或者工作时间以外进行，需要占用生产或者工作时间的，应当事先征得企业、事业单位的同意。

基层工会的非专职委员占用生产或者工作时间参加会议或者从事工会工作，每月不超过三个工作日，其工资照发，其他待遇不受影响。

第四十一条　企业、事业单位、机关工会委员会的专职工作人员的工资、奖励、补贴，由所在单位支付。社会保险和其他福利待遇等,享受本单位职工同等待遇。

第五章　工会的经费和财产

第四十二条　工会经费的来源:

(一)工会会员缴纳的会费;

(二)建立工会组织的企业、事业单位、机关按每月全部职工工资总额的百分之二向工会拨缴的经费;

(三)工会所属的企业、事业单位上缴的收入;

(四)人民政府的补助;

(五)其他收入。

前款第二项规定的企业、事业单位拨缴的经费在税前列支。

工会经费主要用于为职工服务和工会活动。经费使用的具体办法由中华全国总工会制定。

第四十三条　企业、事业单位无正当理由拖延或者拒不拨缴工会经费,基层工会或者上级工会可以向当地人民法院申请支付令;拒不执行支付令的,工会可以依法申请人民法院强制执行。

第四十四条　工会应当根据经费独立原则,建立预算、决算和经费审查监督制度。

各级工会建立经费审查委员会。

各级工会经费收支情况应当由同级工会经费审查委员会审查,并且定期向会员大会或者会员代表大会报告,接受监督。工会会员大会或者会员代表大会有权对经费使用情况提出意见。

工会经费的使用应当依法接受国家的监督。

第四十五条　各级人民政府和企业、事业单位、机关应当为工会办公和开展活动,提供必要的设施和活动场所等物质条件。

第四十六条　工会的财产、经费和国家拨给工会使用的不动产,任何组织和个人不得侵占、挪用和任意调拨。

第四十七条　工会所属的为职工服务的企业、事业单位,其隶属关系不得随意改变。

第四十八条　县级以上各级工会的离休、退休人员的待遇,与国家机关工作人员同等对待。

第六章　法律责任

第四十九条　工会对违反本法规定侵犯其合法权益的,有权提请人民政府或者有关部门予以处理,或者向人民法院提起诉讼。

第五十条　违反本法第三条、第十一条规定,阻挠职工依法参加和组织工会或者阻挠上级工会帮助、指导职工筹建工会的,由劳动行政部门责令其改正;拒不改正的,由劳动行政部门提请县级以上人民政府处理;以暴力、威胁等手段阻挠造成严重后果,构成犯罪的,依法追究刑事责任。

第五十一条　违反本法规定,对依法履行职责的工会工作人员无正当理由调动工作岗位,进行打击报复的,由劳动行政部门责令改正、恢复原工作;造成损失的,给予赔偿。

对依法履行职责的工会工作人员进行侮辱、诽谤或者进行人身伤害,构成犯罪的,依法追究刑事责任;尚未构成犯罪的,由公安机关依照治安管理处罚条例的规定处罚。

第五十二条　违反本法规定,有下列情形之一的,由劳动行政部门责令恢复其工作,并补发被解除劳动合同期间应得的报酬,或者责令给予本人年收入二倍的赔偿:

(一)职工因参加工会活动而被解除劳动合同的;

(二)工会工作人员因履行本法规定的职责而被解除劳动合同的。

第五十三条　违反本法规定,有下列情形之一的,由县级以上人民政府责令改正,依法处理:

（一）妨碍工会组织职工通过职工代表大会和其他形式依法行使民主权利的；

（二）非法撤销、合并工会组织的；

（三）妨碍工会参加职工因工伤亡事故以及其他侵犯职工合法权益问题的调查处理的；

（四）无正当理由拒绝进行平等协商的。

第五十四条　违反本法第四十六条规定，侵占工会经费和财产拒不返还的，工会可以向人民法院提起诉讼，要求返还，并赔偿损失。

第五十五条　工会工作人员违反本法规定，损害职工或者工会权益的，由同级工会或者上级工会责令改正，或者予以处分；情节严重的，依照《中国工会章程》予以罢免；造成损失的，应当承担赔偿责任；构成犯罪的，依法追究刑事责任。

第七章　附　　则

第五十六条　中华全国总工会会同有关国家机关制定机关工会实施本法的具体办法。

第五十七条　本法自公布之日起施行。1950 年 6 月 29 日中央人民政府颁布的《中华人民共和国工会法》同时废止。

中华人民共和国主席令

第 6 号

《中华人民共和国消防法》已由中华人民共和国第十一届全国人民代表大会常务委员会第五次会议于 2008 年 10 月 28 日修订通过，现将修订后的《中华人民共和国消防法》公布，自 2009 年 5 月 1 日起施行。

中华人民共和国主席　胡锦涛

2008 年 10 月 28 日

中华人民共和国消防法

（1998 年 4 月 29 日第九届全国人民代表大会常务委员会第二次会议通过
2008 年 10 月 28 日第十一届全国人民代表大会常务委员会第五次会议修订）

第一章　总　则

第一条　为了预防火灾和减少火灾危害，加强应急救援工作，保护人身、财产安全，维护公共安全，制定本法。

第二条　消防工作贯彻预防为主、防消结合的方针，按照政府统一领导、部门依法监管、单位全面负责、公民积极参与的原则，实行消防安全责任制，建立健全社会化的消防工作网络。

第三条　国务院领导全国的消防工作。地方各级人民政府负责本行政区域内的消防工作。

各级人民政府应当将消防工作纳入国民经济和社会发展计划，保障消防工作与经济社会发展相适应。

第四条　国务院公安部门对全国的消防工作实施监督管理。县级以上地方人民政府公安机关对本行政区域内的消防工作实施监督管理，并由本级人民政府公安机关消防机构负责实施。军事设施的消防工作，由其主管单位监督管理，公安机关消防机构协助；矿井地下部分、核电厂、海上石油天然气设施的消防工作，由其主管单位监督管理。

县级以上人民政府其他有关部门在各自的职责范围内，依照本法和其他相关法律、法规的规定做好消防工作。

法律、行政法规对森林、草原的消防工作另有规定的，从其规定。

第五条　任何单位和个人都有维护消防安全、保护消防设施、预防火灾、报告火警的义务。任何单位和成年人都有参加有组织的灭火工作的义务。

第六条　各级人民政府应当组织开展经常性的消防宣传教育，提高公民的消防安全意识。

机关、团体、企业、事业等单位，应当加强对本单位人员的消防宣传教育。

公安机关及其消防机构应当加强消防法律、法规的宣传，并督促、指导、协助有关单位做好消防宣传教育工作。

教育、人力资源行政主管部门和学校、有关职业培训机构应当将消防知识纳入教育、教学、培训的内容。

新闻、广播、电视等有关单位,应当有针对性地面向社会进行消防宣传教育。

工会、共产主义青年团、妇女联合会等团体应当结合各自工作对象的特点,组织开展消防宣传教育。

村民委员会、居民委员会应当协助人民政府以及公安机关等部门,加强消防宣传教育。

第七条 国家鼓励、支持消防科学研究和技术创新,推广使用先进的消防和应急救援技术、设备;鼓励、支持社会力量开展消防公益活动。

对在消防工作中有突出贡献的单位和个人,应当按照国家有关规定给予表彰和奖励。

第二章　火灾预防

第八条 地方各级人民政府应当将包括消防安全布局、消防站、消防供水、消防通信、消防车通道、消防装备等内容的消防规划纳入城乡规划,并负责组织实施。

城乡消防安全布局不符合消防安全要求的,应当调整、完善;公共消防设施、消防装备不足或者不适应实际需要的,应当增建、改建、配置或者进行技术改造。

第九条 建设工程的消防设计、施工必须符合国家工程建设消防技术标准。建设、设计、施工、工程监理等单位依法对建设工程的消防设计、施工质量负责。

第十条 按照国家工程建设消防技术标准需要进行消防设计的建设工程,除本法第十一条另有规定的外,建设单位应当自依法取得施工许可之日起七个工作日内,将消防设计文件报公安机关消防机构备案,公安机关消防机构应当进行抽查。

第十一条 国务院公安部门规定的大型的人员密集场所和其他特殊建设工程,建设单位应当将消防设计文件报送公安机关消防机构审核。公安机关消防机构依法对审核的结果负责。

第十二条 依法应当经公安机关消防机构进行消防设计审核的建设工程,未经依法审核或者审核不合格的,负责审批该工程施工许可的部门不得给予施工许可,建设单位、施工单位不得施工;其他建设工程取得施工许可后经依法抽查不合格的,应当停止施工。

第十三条 按照国家工程建设消防技术标准需要进行消防设计的建设工程竣工,依照下列规定进行消防验收、备案:

(一)本法第十一条规定的建设工程,建设单位应当向公安机关消防机构申请消防验收;

(二)其他建设工程,建设单位在验收后应当报公安机关消防机构备案,公安机关消防机构应当进行抽查。

依法应当进行消防验收的建设工程,未经消防验收或者消防验收不合格的,禁止投入使用;其他建设工程经依法抽查不合格的,应当停止使用。

第十四条 建设工程消防设计审核、消防验收、备案和抽查的具体办法,由国务院公安部门规定。

第十五条 公众聚集场所在投入使用、营业前,建设单位或者使用单位应当向场所所在地的县级以上地方人民政府公安机关消防机构申请消防安全检查。

公安机关消防机构应当自受理申请之日起十个工作日内,根据消防技术标准和管理规定,对该场所进行消防安全检查。未经消防安全检查或者经检查不符合消防安全要求的,不得投入使用、营业。

第十六条 机关、团体、企业、事业等单位应当履行下列消防安全职责:

(一)落实消防安全责任制,制定本单位的消防安全制度、消防安全操作规程,制定灭火和应

急疏散预案;

(二)按照国家标准、行业标准配置消防设施、器材,设置消防安全标志,并定期组织检验、维修,确保完好有效;

(三)对建筑消防设施每年至少进行一次全面检测,确保完好有效,检测记录应当完整准确,存档备查;

(四)保障疏散通道、安全出口、消防车通道畅通,保证防火防烟分区、防火间距符合消防技术标准;

(五)组织防火检查,及时消除火灾隐患;

(六)组织进行有针对性的消防演练;

(七)法律、法规规定的其他消防安全职责。

单位的主要负责人是本单位的消防安全责任人。

第十七条　县级以上地方人民政府公安机关消防机构应当将发生火灾可能性较大以及发生火灾可能造成重大的人身伤亡或者财产损失的单位,确定为本行政区域内的消防安全重点单位,并由公安机关报本级人民政府备案。

消防安全重点单位除应当履行本法第十六条规定的职责外,还应当履行下列消防安全职责:

(一)确定消防安全管理人,组织实施本单位的消防安全管理工作;

(二)建立消防档案,确定消防安全重点部位,设置防火标志,实行严格管理;

(三)实行每日防火巡查,并建立巡查记录;

(四)对职工进行岗前消防安全培训,定期组织消防安全培训和消防演练。

第十八条　同一建筑物由两个以上单位管理或者使用的,应当明确各方的消防安全责任,并确定责任人对共用的疏散通道、安全出口、建筑消防设施和消防车通道进行统一管理。

住宅区的物业服务企业应当对管理区域内的共用消防设施进行维护管理,提供消防安全防范服务。

第十九条　生产、储存、经营易燃易爆危险品的场所不得与居住场所设置在同一建筑物内,并应当与居住场所保持安全距离。

生产、储存、经营其他物品的场所与居住场所设置在同一建筑物内的,应当符合国家工程建设消防技术标准。

第二十条　举办大型群众性活动,承办人应当依法向公安机关申请安全许可,制定灭火和应急疏散预案并组织演练,明确消防安全责任分工,确定消防安全管理人员,保持消防设施和消防器材配置齐全、完好有效,保证疏散通道、安全出口、疏散指示标志、应急照明和消防车通道符合消防技术标准和管理规定。

第二十一条　禁止在具有火灾、爆炸危险的场所吸烟、使用明火。因施工等特殊情况需要使用明火作业的,应当按照规定事先办理审批手续,采取相应的消防安全措施;作业人员应当遵守消防安全规定。

进行电焊、气焊等具有火灾危险作业的人员和自动消防系统的操作人员,必须持证上岗,并遵守消防安全操作规程。

第二十二条　生产、储存、装卸易燃易爆危险品的工厂、仓库和专用车站、码头的设置,应当符合消防技术标准。易燃易爆气体和液体的充装站、供应站、调压站,应当设置在符合消防安全要求的位置,并符合防火防爆要求。

已经设置的生产、储存、装卸易燃易爆危险品的工厂、仓库和专用车站、码头,易燃易爆气体和液体的充装站、供应站、调压站,不再符合前款规定的,地方人民政府应当组织、协调有关部门、单位限期解决,消除安全隐患。

第二十三条　生产、储存、运输、销售、使用、销毁易燃易爆危险品,必须执行消防技术标准和管理规定。

进入生产、储存易燃易爆危险品的场所,必须执行消防安全规定。禁止非法携带易燃易爆危险品进入公共场所或者乘坐公共交通工具。

储存可燃物资仓库的管理,必须执行消防技术标准和管理规定。

第二十四条　消防产品必须符合国家标准;没有国家标准的,必须符合行业标准。禁止生产、销售或者使用不合格的消防产品以及国家明令淘汰的消防产品。

依法实行强制性产品认证的消防产品,由具有法定资质的认证机构按照国家标准、行业标准的强制性要求认证合格后,方可生产、销售、使用。实行强制性产品认证的消防产品目录,由国务院产品质量监督部门会同国务院公安部门制定并公布。

新研制的尚未制定国家标准、行业标准的消防产品,应当按照国务院产品质量监督部门会同国务院公安部门规定的办法,经技术鉴定符合消防安全要求的,方可生产、销售、使用。

依照本条规定经强制性产品认证合格或者技术鉴定合格的消防产品,国务院公安部门消防机构应当予以公布。

第二十五条　产品质量监督部门、工商行政管理部门、公安机关消防机构应当按照各自职责加强对消防产品质量的监督检查。

第二十六条　建筑构件、建筑材料和室内装修、装饰材料的防火性能必须符合国家标准;没有国家标准的,必须符合行业标准。

人员密集场所室内装修、装饰,应当按照消防技术标准的要求,使用不燃、难燃材料。

第二十七条　电器产品、燃气用具的产品标准,应当符合消防安全的要求。

电器产品、燃气用具的安装、使用及其线路、管路的设计、敷设、维护保养、检测,必须符合消防技术标准和管理规定。

第二十八条　任何单位、个人不得损坏、挪用或者擅自拆除、停用消防设施、器材,不得埋压、圈占、遮挡消火栓或者占用防火间距,不得占用、堵塞、封闭疏散通道、安全出口、消防车通道。人员密集场所的门窗不得设置影响逃生和灭火救援的障碍物。

第二十九条　负责公共消防设施维护管理的单位,应当保持消防供水、消防通信、消防车通道等公共消防设施的完好有效。在修建道路以及停电、停水、截断通信线路时有可能影响消防队灭火救援的,有关单位必须事先通知当地公安机关消防机构。

第三十条　地方各级人民政府应当加强对农村消防工作的领导,采取措施加强公共消防设施建设,组织建立和督促落实消防安全责任制。

第三十一条　在农业收获季节、森林和草原防火期间、重大节假日期间以及火灾多发季节,地方各级人民政府应当组织开展有针对性的消防宣传教育,采取防火措施,进行消防安全检查。

第三十二条　乡镇人民政府、城市街道办事处应当指导、支持和帮助村民委员会、居民委员会开展群众性的消防工作。村民委员会、居民委员会应当确定消防安全管理人,组织制定防火安全公约,进行防火安全检查。

第三十三条　国家鼓励、引导公众聚集场所和生产、储存、运输、销售易燃易爆危险品的企业投保火灾公众责任保险;鼓励保险公司承保火灾公众责任保险。

第三十四条　消防产品质量认证、消防设施检测、消防安全监测等消防技术服务机构和执业人员,应当依法获得相应的资质、资格;依照法律、行政法规、国家标准、行业标准和执业准则,接受委托提供消防技术服务,并对服务质量负责。

第三章　消防组织

第三十五条　各级人民政府应当加强消防组织建设,根据经济社会发展的需要,建立多种形式的消防组织,加强消防技术人才培养,增强火灾预防、扑救和应急救援的能力。

第三十六条　县级以上地方人民政府应当按照国家规定建立公安消防队、专职消防队,并按照国家标准配备消防装备,承担火灾扑救工作。

乡镇人民政府应当根据当地经济发展和消防工作的需要,建立专职消防队、志愿消防队,承担火灾扑救工作。

第三十七条　公安消防队、专职消防队按照国家规定承担重大灾害事故和其他以抢救人员生命为主的应急救援工作。

第三十八条　公安消防队、专职消防队应当充分发挥火灾扑救和应急救援专业力量的骨干作用;按照国家规定,组织实施专业技能训练,配备并维护保养装备器材,提高火灾扑救和应急救援的能力。

第三十九条　下列单位应当建立单位专职消防队,承担本单位的火灾扑救工作:

(一)大型核设施单位、大型发电厂、民用机场、主要港口;

(二)生产、储存易燃易爆危险品的大型企业;

(三)储备可燃的重要物资的大型仓库、基地;

(四)第一项、第二项、第三项规定以外的火灾危险性较大、距离公安消防队较远的其他大型企业;

(五)距离公安消防队较远、被列为全国重点文物保护单位的古建筑群的管理单位。

第四十条　专职消防队的建立,应当符合国家有关规定,并报当地公安机关消防机构验收。

专职消防队的队员依法享受社会保险和福利待遇。

第四十一条　机关、团体、企业、事业等单位以及村民委员会、居民委员会根据需要,建立志愿消防队等多种形式的消防组织,开展群众性自防自救工作。

第四十二条　公安机关消防机构应当对专职消防队、志愿消防队等消防组织进行业务指导;根据扑救火灾的需要,可以调动指挥专职消防队参加火灾扑救工作。

第四章　灭火救援

第四十三条　县级以上地方人民政府应当组织有关部门针对本行政区域内的火灾特点制定应急预案,建立应急反应和处置机制,为火灾扑救和应急救援工作提供人员、装备等保障。

第四十四条　任何人发现火灾都应当立即报警。任何单位、个人都应当无偿为报警提供便利,不得阻拦报警。严禁谎报火警。

人员密集场所发生火灾,该场所的现场工作人员应当立即组织、引导在场人员疏散。

任何单位发生火灾,必须立即组织力量扑救。邻近单位应当给予支援。

消防队接到火警,必须立即赶赴火灾现场,救助遇险人员,排除险情,扑灭火灾。

第四十五条　公安机关消防机构统一组织和指挥火灾现场扑救,应当优先保障遇险人员的生命安全。

火灾现场总指挥根据扑救火灾的需要,有权决定下列事项:

(一)使用各种水源;

(二)截断电力、可燃气体和可燃液体的输送,限制用火用电;

(三)划定警戒区,实行局部交通管制;

（四）利用邻近建筑物和有关设施；

（五）为了抢救人员和重要物资，防止火势蔓延，拆除或者破损毗邻火灾现场的建筑物、构筑物或者设施等；

（六）调动供水、供电、供气、通信、医疗救护、交通运输、环境保护等有关单位协助灭火救援。

根据扑救火灾的紧急需要，有关地方人民政府应当组织人员、调集所需物资支援灭火。

第四十六条　公安消防队、专职消防队参加火灾以外的其他重大灾害事故的应急救援工作，由县级以上人民政府统一领导。

第四十七条　消防车、消防艇前往执行火灾扑救或者应急救援任务，在确保安全的前提下，不受行驶速度、行驶路线、行驶方向和指挥信号的限制，其他车辆、船舶以及行人应当让行，不得穿插超越；收费公路、桥梁免收车辆通行费。交通管理指挥人员应当保证消防车、消防艇迅速通行。

赶赴火灾现场或者应急救援现场的消防人员和调集的消防装备、物资，需要铁路、水路或者航空运输的，有关单位应当优先运输。

第四十八条　消防车、消防艇以及消防器材、装备和设施，不得用于与消防和应急救援工作无关的事项。

第四十九条　公安消防队、专职消防队扑救火灾、应急救援，不得收取任何费用。

单位专职消防队、志愿消防队参加扑救外单位火灾所损耗的燃料、灭火剂和器材、装备等，由火灾发生地的人民政府给予补偿。

第五十条　对因参加扑救火灾或者应急救援受伤、致残或者死亡的人员，按照国家有关规定给予医疗、抚恤。

第五十一条　公安机关消防机构有权根据需要封闭火灾现场，负责调查火灾原因，统计火灾损失。

火灾扑灭后，发生火灾的单位和相关人员应当按照公安机关消防机构的要求保护现场，接受事故调查，如实提供与火灾有关的情况。

公安机关消防机构根据火灾现场勘验、调查情况和有关的检验、鉴定意见，及时制作火灾事故认定书，作为处理火灾事故的证据。

第五章　监督检查

第五十二条　地方各级人民政府应当落实消防工作责任制，对本级人民政府有关部门履行消防安全职责的情况进行监督检查。

县级以上地方人民政府有关部门应当根据本系统的特点，有针对性地开展消防安全检查，及时督促整改火灾隐患。

第五十三条　公安机关消防机构应当对机关、团体、企业、事业等单位遵守消防法律、法规的情况依法进行监督检查。公安派出所可以负责日常消防监督检查、开展消防宣传教育，具体办法由国务院公安部门规定。

公安机关消防机构、公安派出所的工作人员进行消防监督检查，应当出示证件。

第五十四条　公安机关消防机构在消防监督检查中发现火灾隐患的，应当通知有关单位或者个人立即采取措施消除隐患；不及时消除隐患可能严重威胁公共安全的，公安机关消防机构应当依照规定对危险部位或者场所采取临时查封措施。

第五十五条　公安机关消防机构在消防监督检查中发现城乡消防安全布局、公共消防设施不符合消防安全要求，或者发现本地区存在影响公共安全的重大火灾隐患的，应当由公安机关书面报告本级人民政府。

接到报告的人民政府应当及时核实情况,组织或者责成有关部门、单位采取措施,予以整改。

第五十六条 公安机关消防机构及其工作人员应当按照法定的职权和程序进行消防设计审核、消防验收和消防安全检查,做到公正、严格、文明、高效。

公安机关消防机构及其工作人员进行消防设计审核、消防验收和消防安全检查等,不得收取费用,不得利用消防设计审核、消防验收和消防安全检查谋取利益。公安机关消防机构及其工作人员不得利用职务为用户、建设单位指定或者变相指定消防产品的品牌、销售单位或者消防技术服务机构、消防设施施工单位。

第五十七条 公安机关消防机构及其工作人员执行职务,应当自觉接受社会和公民的监督。

任何单位和个人都有权对公安机关消防机构及其工作人员在执法中的违法行为进行检举、控告。收到检举、控告的机关,应当按照职责及时查处。

第六章　法律责任

第五十八条 违反本法规定,有下列行为之一的,责令停止施工、停止使用或者停产停业,并处三万元以上三十万元以下罚款:

(一)依法应当经公安机关消防机构进行消防设计审核的建设工程,未经依法审核或者审核不合格,擅自施工的;

(二)消防设计经公安机关消防机构依法抽查不合格,不停止施工的;

(三)依法应当进行消防验收的建设工程,未经消防验收或者消防验收不合格,擅自投入使用的;

(四)建设工程投入使用后经公安机关消防机构依法抽查不合格,不停止使用的;

(五)公众聚集场所未经消防安全检查或者经检查不符合消防安全要求,擅自投入使用、营业的。

建设单位未依照本法规定将消防设计文件报公安机关消防机构备案,或者在竣工后未依照本法规定报公安机关消防机构备案的,责令限期改正,处五千元以下罚款。

第五十九条 违反本法规定,有下列行为之一的,责令改正或者停止施工,并处一万元以上十万元以下罚款:

(一)建设单位要求建筑设计单位或者建筑施工企业降低消防技术标准设计、施工的;

(二)建筑设计单位不按照消防技术标准强制性要求进行消防设计的;

(三)建筑施工企业不按照消防设计文件和消防技术标准施工,降低消防施工质量的;

(四)工程监理单位与建设单位或者建筑施工企业串通,弄虚作假,降低消防施工质量的。

第六十条 单位违反本法规定,有下列行为之一的,责令改正,处五千元以上五万元以下罚款:

(一)消防设施、器材或者消防安全标志的配置、设置不符合国家标准、行业标准,或者未保持完好有效的;

(二)损坏、挪用或者擅自拆除、停用消防设施、器材的;

(三)占用、堵塞、封闭疏散通道、安全出口或者有其他妨碍安全疏散行为的;

(四)埋压、圈占、遮挡消火栓或者占用防火间距的;

(五)占用、堵塞、封闭消防车通道,妨碍消防车通行的;

(六)人员密集场所在门窗上设置影响逃生和灭火救援的障碍物的;

(七)对火灾隐患经公安机关消防机构通知后不及时采取措施消除的。

个人有前款第二项、第三项、第四项、第五项行为之一的,处警告或者五百元以下罚款。

有本条第一款第三项、第四项、第五项、第六项行为，经责令改正拒不改正的，强制执行，所需费用由违法行为人承担。

第六十一条　生产、储存、经营易燃易爆危险品的场所与居住场所设置在同一建筑物内，或者未与居住场所保持安全距离的，责令停产停业，并处五千元以上五万元以下罚款。

生产、储存、经营其他物品的场所与居住场所设置在同一建筑物内，不符合消防技术标准的，依照前款规定处罚。

第六十二条　有下列行为之一的，依照《中华人民共和国治安管理处罚法》的规定处罚：

（一）违反有关消防技术标准和管理规定生产、储存、运输、销售、使用、销毁易燃易爆危险品的；

（二）非法携带易燃易爆危险品进入公共场所或者乘坐公共交通工具的；

（三）谎报火警的；

（四）阻碍消防车、消防艇执行任务的；

（五）阻碍公安机关消防机构的工作人员依法执行职务的。

第六十三条　违反本法规定，有下列行为之一的，处警告或者五百元以下罚款；情节严重的，处五日以下拘留：

（一）违反消防安全规定进入生产、储存易燃易爆危险品场所的；

（二）违反规定使用明火作业或者在具有火灾、爆炸危险的场所吸烟、使用明火的。

第六十四条　违反本法规定，有下列行为之一，尚不构成犯罪的，处十日以上十五日以下拘留，可以并处五百元以下罚款；情节较轻的，处警告或者五百元以下罚款：

（一）指使或者强令他人违反消防安全规定，冒险作业的；

（二）过失引起火灾的；

（三）在火灾发生后阻拦报警，或者负有报告职责的人员不及时报警的；

（四）扰乱火灾现场秩序，或者拒不执行火灾现场指挥员指挥，影响灭火救援的；

（五）故意破坏或者伪造火灾现场的；

（六）擅自拆封或者使用被公安机关消防机构查封的场所、部位的。

第六十五条　违反本法规定，生产、销售不合格的消防产品或者国家明令淘汰的消防产品的，由产品质量监督部门或者工商行政管理部门依照《中华人民共和国产品质量法》的规定从重处罚。

人员密集场所使用不合格的消防产品或者国家明令淘汰的消防产品的，责令限期改正；逾期不改正的，处五千元以上五万元以下罚款，并对其直接负责的主管人员和其他直接责任人员处五百元以上二千元以下罚款；情节严重的，责令停产停业。

公安机关消防机构对于本条第二款规定的情形，除依法对使用者予以处罚外，应当将发现不合格的消防产品和国家明令淘汰的消防产品的情况通报产品质量监督部门、工商行政管理部门。产品质量监督部门、工商行政管理部门应当对生产者、销售者依法及时查处。

第六十六条　电器产品、燃气用具的安装、使用及其线路、管路的设计、敷设、维护保养、检测不符合消防技术标准和管理规定的，责令限期改正；逾期不改正的，责令停止使用，可以并处一千元以上五千元以下罚款。

第六十七条　机关、团体、企业、事业等单位违反本法第十六条、第十七条、第十八条、第二十一条第二款规定的，责令限期改正；逾期不改正的，对其直接负责的主管人员和其他直接责任人员依法给予处分或者给予警告处罚。

第六十八条　人员密集场所发生火灾，该场所的现场工作人员不履行组织、引导在场人员疏散的义务，情节严重，尚不构成犯罪的，处五日以上十日以下拘留。

第六十九条　消防产品质量认证、消防设施检测等消防技术服务机构出具虚假文件的,责令改正,处五万元以上十万元以下罚款,并对直接负责的主管人员和其他直接责任人员处一万元以上五万元以下罚款;有违法所得的,并处没收违法所得;给他人造成损失的,依法承担赔偿责任;情节严重的,由原许可机关依法责令停止执业或者吊销相应资质、资格。

前款规定的机构出具失实文件,给他人造成损失的,依法承担赔偿责任;造成重大损失的,由原许可机关依法责令停止执业或者吊销相应资质、资格。

第七十条　本法规定的行政处罚,除本法另有规定的外,由公安机关消防机构决定;其中拘留处罚由县级以上公安机关依照《中华人民共和国治安管理处罚法》的有关规定决定。

公安机关消防机构需要传唤消防安全违法行为人的,依照《中华人民共和国治安管理处罚法》的有关规定执行。

被责令停止施工、停止使用、停产停业的,应当在整改后向公安机关消防机构报告,经公安机关消防机构检查合格,方可恢复施工、使用、生产、经营。

当事人逾期不执行停产停业、停止使用、停止施工决定的,由作出决定的公安机关消防机构强制执行。

责令停产停业,对经济和社会生活影响较大的,由公安机关消防机构提出意见,并由公安机关报请本级人民政府依法决定。本级人民政府组织公安机关等部门实施。

第七十一条　公安机关消防机构的工作人员滥用职权、玩忽职守、徇私舞弊,有下列行为之一,尚不构成犯罪的,依法给予处分:

(一)对不符合消防安全要求的消防设计文件、建设工程、场所准予审核合格、消防验收合格、消防安全检查合格的;

(二)无故拖延消防设计审核、消防验收、消防安全检查,不在法定期限内履行职责的;

(三)发现火灾隐患不及时通知有关单位或者个人整改的;

(四)利用职务为用户、建设单位指定或者变相指定消防产品的品牌、销售单位或者消防技术服务机构、消防设施施工单位的;

(五)将消防车、消防艇以及消防器材、装备和设施用于与消防和应急救援无关的事项的;

(六)其他滥用职权、玩忽职守、徇私舞弊的行为。

建设、产品质量监督、工商行政管理等其他有关行政主管部门的工作人员在消防工作中滥用职权、玩忽职守、徇私舞弊,尚不构成犯罪的,依法给予处分。

第七十二条　违反本法规定,构成犯罪的,依法追究刑事责任。

第七章　附　则

第七十三条　本法下列用语的含义:

(一)消防设施,是指火灾自动报警系统、自动灭火系统、消火栓系统、防烟排烟系统以及应急广播和应急照明、安全疏散设施等。

(二)消防产品,是指专门用于火灾预防、灭火救援和火灾防护、避难、逃生的产品。

(三)公众聚集场所,是指宾馆、饭店、商场、集贸市场、客运车站候车室、客运码头候船厅、民用机场航站楼、体育场馆、会堂以及公共娱乐场所等。

(四)人员密集场所,是指公众聚集场所,医院的门诊楼、病房楼,学校的教学楼、图书馆、食堂和集体宿舍,养老院,福利院,托儿所,幼儿园,公共图书馆的阅览室,公共展览馆、博物馆的展示厅,劳动密集型企业的生产加工车间和员工集体宿舍,旅游、宗教活动场所等。

第七十四条　本法自 2009 年 5 月 1 日起施行。

中华人民共和国主席令

第 52 号

　　《全国人民代表大会常务委员会关于修改〈中华人民共和国职业病防治法〉的决定》已由中华人民共和国第十一届全国人民代表大会常务委员会第二十四次会议于 2011 年 12 月 31 日通过，现予公布，自公布之日起施行。

中华人民共和国主席　胡锦涛

2011 年 12 月 31 日

中华人民共和国职业病防治法

　　（2001 年 10 月 27 日第九届全国人民代表大会常务委员会第二十四次会议通过
根据 2011 年 12 月 31 日第十一届全国人民代表大会常务委员会第二十四次会议
《关于修改〈中华人民共和国职业病防治法〉的决定》修正）

第一章　总　则

　　第一条　为了预防、控制和消除职业病危害，防治职业病，保护劳动者健康及其相关权益，促进经济社会发展，根据宪法，制定本法。

　　第二条　本法适用于中华人民共和国领域内的职业病防治活动。

　　本法所称职业病，是指企业、事业单位和个体经济组织等用人单位的劳动者在职业活动中，因接触粉尘、放射性物质和其他有毒、有害因素而引起的疾病。

　　职业病的分类和目录由国务院卫生行政部门会同国务院安全生产监督管理部门、劳动保障行政部门制定、调整并公布。

　　第三条　职业病防治工作坚持预防为主、防治结合的方针，建立用人单位负责、行政机关监管、行业自律、职工参与和社会监督的机制，实行分类管理、综合治理。

　　第四条　劳动者依法享有职业卫生保护的权利。

　　用人单位应当为劳动者创造符合国家职业卫生标准和卫生要求的工作环境和条件，并采取措施保障劳动者获得职业卫生保护。

　　工会组织依法对职业病防治工作进行监督，维护劳动者的合法权益。用人单位制定或者修改有关职业病防治的规章制度，应当听取工会组织的意见。

　　第五条　用人单位应当建立、健全职业病防治责任制，加强对职业病防治的管理，提高职业病防治水平，对本单位产生的职业病危害承担责任。

　　第六条　用人单位的主要负责人对本单位的职业病防治工作全面负责。

　　第七条　用人单位必须依法参加工伤保险。

　　国务院和县级以上地方人民政府劳动保障行政部门应当加强对工伤保险的监督管理，确保劳动者依法享受工伤保险待遇。

第八条　国家鼓励和支持研制、开发、推广、应用有利于职业病防治和保护劳动者健康的新技术、新工艺、新设备、新材料,加强对职业病的机理和发生规律的基础研究,提高职业病防治科学技术水平;积极采用有效的职业病防治技术、工艺、设备、材料;限制使用或者淘汰职业病危害严重的技术、工艺、设备、材料。

国家鼓励和支持职业病医疗康复机构的建设。

第九条　国家实行职业卫生监督制度。

国务院安全生产监督管理部门、卫生行政部门、劳动保障行政部门依照本法和国务院确定的职责,负责全国职业病防治的监督管理工作。国务院有关部门在各自的职责范围内负责职业病防治的有关监督管理工作。

县级以上地方人民政府安全生产监督管理部门、卫生行政部门、劳动保障行政部门依据各自职责,负责本行政区域内职业病防治的监督管理工作。县级以上地方人民政府有关部门在各自的职责范围内负责职业病防治的有关监督管理工作。

县级以上人民政府安全生产监督管理部门、卫生行政部门、劳动保障行政部门(以下统称职业卫生监督管理部门)应当加强沟通,密切配合,按照各自职责分工,依法行使职权,承担责任。

第十条　国务院和县级以上地方人民政府应当制定职业病防治规划,将其纳入国民经济和社会发展计划,并组织实施。

县级以上地方人民政府统一负责、领导、组织、协调本行政区域的职业病防治工作,建立健全职业病防治工作体制、机制,统一领导、指挥职业卫生突发事件应对工作;加强职业病防治能力建设和服务体系建设,完善、落实职业病防治工作责任制。

乡、民族乡、镇的人民政府应当认真执行本法,支持职业卫生监督管理部门依法履行职责。

第十一条　县级以上人民政府职业卫生监督管理部门应当加强对职业病防治的宣传教育,普及职业病防治的知识,增强用人单位的职业病防治观念,提高劳动者的职业健康意识、自我保护意识和行使职业卫生保护权利的能力。

第十二条　有关防治职业病的国家职业卫生标准,由国务院卫生行政部门组织制定并公布。

国务院卫生行政部门应当组织开展重点职业病监测和专项调查,对职业健康风险进行评估,为制定职业卫生标准和职业病防治政策提供科学依据。

县级以上地方人民政府卫生行政部门应当定期对本行政区域的职业病防治情况进行统计和调查分析。

第十三条　任何单位和个人有权对违反本法的行为进行检举和控告。有关部门收到相关的检举和控告后,应当及时处理。

对防治职业病成绩显著的单位和个人,给予奖励。

第二章　前期预防

第十四条　用人单位应当依照法律、法规要求,严格遵守国家职业卫生标准,落实职业病预防措施,从源头上控制和消除职业病危害。

第十五条　产生职业病危害的用人单位的设立除应当符合法律、行政法规规定的设立条件外,其工作场所还应当符合下列职业卫生要求:

(一)职业病危害因素的强度或者浓度符合国家职业卫生标准;

(二)有与职业病危害防护相适应的设施;

(三)生产布局合理,符合有害与无害作业分开的原则;

（四）有配套的更衣间、洗浴间、孕妇休息间等卫生设施；

（五）设备、工具、用具等设施符合保护劳动者生理、心理健康的要求；

（六）法律、行政法规和国务院卫生行政部门、安全生产监督管理部门关于保护劳动者健康的其他要求。

第十六条 国家建立职业病危害项目申报制度。

用人单位工作场所存在职业病目录所列职业病的危害因素的，应当及时、如实向所在地安全生产监督管理部门申报危害项目，接受监督。

职业病危害因素分类目录由国务院卫生行政部门会同国务院安全生产监督管理部门制定、调整并公布。职业病危害项目申报的具体办法由国务院安全生产监督管理部门制定。

第十七条 新建、扩建、改建建设项目和技术改造、技术引进项目（以下统称建设项目）可能产生职业病危害的，建设单位在可行性论证阶段应当向安全生产监督管理部门提交职业病危害预评价报告。安全生产监督管理部门应当自收到职业病危害预评价报告之日起三十日内，作出审核决定并书面通知建设单位。未提交预评价报告或者预评价报告未经安全生产监督管理部门审核同意的，有关部门不得批准该建设项目。

职业病危害预评价报告应当对建设项目可能产生的职业病危害因素及其对工作场所和劳动者健康的影响作出评价，确定危害类别和职业病防护措施。

建设项目职业病危害分类管理办法由国务院安全生产监督管理部门制定。

第十八条 建设项目的职业病防护设施所需费用应当纳入建设项目工程预算，并与主体工程同时设计，同时施工，同时投入生产和使用。

职业病危害严重的建设项目的防护设施设计，应当经安全生产监督管理部门审查，符合国家职业卫生标准和卫生要求的，方可施工。

建设项目在竣工验收前，建设单位应当进行职业病危害控制效果评价。建设项目竣工验收时，其职业病防护设施经安全生产监督管理部门验收合格后，方可投入正式生产和使用。

第十九条 职业病危害预评价、职业病危害控制效果评价由依法设立的取得国务院安全生产监督管理部门或者设区的市级以上地方人民政府安全生产监督管理部门按照职责分工给予资质认可的职业卫生技术服务机构进行。职业卫生技术服务机构所作评价应当客观、真实。

第二十条 国家对从事放射性、高毒、高危粉尘等作业实行特殊管理。具体管理办法由国务院制定。

第三章 劳动过程中的防护与管理

第二十一条 用人单位应当采取下列职业病防治管理措施：

（一）设置或者指定职业卫生管理机构或者组织，配备专职或者兼职的职业卫生管理人员，负责本单位的职业病防治工作；

（二）制定职业病防治计划和实施方案；

（三）建立、健全职业卫生管理制度和操作规程；

（四）建立、健全职业卫生档案和劳动者健康监护档案；

（五）建立、健全工作场所职业病危害因素监测及评价制度；

（六）建立、健全职业病危害事故应急救援预案。

第二十二条 用人单位应当保障职业病防治所需的资金投入，不得挤占、挪用，并对因资金投入不足导致的后果承担责任。

第二十三条 用人单位必须采用有效的职业病防护设施，并为劳动者提供个人使用的职业病防护用品。

用人单位为劳动者个人提供的职业病防护用品必须符合防治职业病的要求；不符合要求的，不得使用。

第二十四条　用人单位应当优先采用有利于防治职业病和保护劳动者健康的新技术、新工艺、新设备、新材料，逐步替代职业病危害严重的技术、工艺、设备、材料。

第二十五条　产生职业病危害的用人单位，应当在醒目位置设置公告栏，公布有关职业病防治的规章制度、操作规程、职业病危害事故应急救援措施和工作场所职业病危害因素检测结果。

对产生严重职业病危害的作业岗位，应当在其醒目位置，设置警示标识和中文警示说明。警示说明应当载明产生职业病危害的种类、后果、预防以及应急救治措施等内容。

第二十六条　对可能发生急性职业损伤的有毒、有害工作场所，用人单位应当设置报警装置，配置现场急救用品、冲洗设备、应急撤离通道和必要的泄险区。

对放射工作场所和放射性同位素的运输、贮存，用人单位必须配置防护设备和报警装置，保证接触放射线的工作人员佩戴个人剂量计。

对职业病防护设备、应急救援设施和个人使用的职业病防护用品，用人单位应当进行经常性的维护、检修，定期检测其性能和效果，确保其处于正常状态，不得擅自拆除或者停止使用。

第二十七条　用人单位应当实施由专人负责的职业病危害因素日常监测，并确保监测系统处于正常运行状态。

用人单位应当按照国务院安全生产监督管理部门的规定，定期对工作场所进行职业病危害因素检测、评价。检测、评价结果存入用人单位职业卫生档案，定期向所在地安全生产监督管理部门报告并向劳动者公布。

职业病危害因素检测、评价由依法设立的取得国务院安全生产监督管理部门或者设区的市级以上地方人民政府安全生产监督管理部门按照职责分工给予资质认可的职业卫生技术服务机构进行。职业卫生技术服务机构所作检测、评价应当客观、真实。

发现工作场所职业病危害因素不符合国家职业卫生标准和卫生要求时，用人单位应当立即采取相应治理措施，仍然达不到国家职业卫生标准和卫生要求的，必须停止存在职业病危害因素的作业；职业病危害因素经治理后，符合国家职业卫生标准和卫生要求的，方可重新作业。

第二十八条　职业卫生技术服务机构依法从事职业病危害因素检测、评价工作，接受安全生产监督管理部门的监督检查。安全生产监督管理部门应当依法履行监督职责。

第二十九条　向用人单位提供可能产生职业病危害的设备的，应当提供中文说明书，并在设备的醒目位置设置警示标识和中文警示说明。警示说明应当载明设备性能、可能产生的职业病危害、安全操作和维护注意事项、职业病防护以及应急救治措施等内容。

第三十条　向用人单位提供可能产生职业病危害的化学品、放射性同位素和含有放射性物质的材料的，应当提供中文说明书。说明书应当载明产品特性、主要成份、存在的有害因素、可能产生的危害后果、安全使用注意事项、职业病防护以及应急救治措施等内容。产品包装应当有醒目的警示标识和中文警示说明。贮存上述材料的场所应当在规定的部位设置危险物品标识或者放射性警示标识。

国内首次使用或者首次进口与职业病危害有关的化学材料，使用单位或者进口单位按照国家规定经国务院有关部门批准后，应当向国务院卫生行政部门、安全生产监督管理部门报送该化学材料的毒性鉴定以及经有关部门登记注册或者批准进口的文件等资料。

进口放射性同位素、射线装置和含有放射性物质的物品的，按照国家有关规定办理。

第三十一条　任何单位和个人不得生产、经营、进口和使用国家明令禁止使用的可能产生职业病危害的设备或者材料。

第三十二条　任何单位和个人不得将产生职业病危害的作业转移给不具备职业病防护条件的单位和个人。不具备职业病防护条件的单位和个人不得接受产生职业病危害的作业。

第三十三条　用人单位对采用的技术、工艺、设备、材料，应当知悉其产生的职业病危害，对有职业病危害的技术、工艺、设备、材料隐瞒其危害而采用的，对所造成的职业病危害后果承担责任。

第三十四条　用人单位与劳动者订立劳动合同（含聘用合同，下同）时，应当将工作过程中可能产生的职业病危害及其后果、职业病防护措施和待遇等如实告知劳动者，并在劳动合同中写明，不得隐瞒或者欺骗。

劳动者在已订立劳动合同期间因工作岗位或者工作内容变更，从事与所订立劳动合同中未告知的存在职业病危害的作业时，用人单位应当依照前款规定，向劳动者履行如实告知的义务，并协商变更原劳动合同相关条款。

用人单位违反前两款规定的，劳动者有权拒绝从事存在职业病危害的作业，用人单位不得因此解除与劳动者所订立的劳动合同。

第三十五条　用人单位的主要负责人和职业卫生管理人员应当接受职业卫生培训，遵守职业病防治法律、法规，依法组织本单位的职业病防治工作。

用人单位应当对劳动者进行上岗前的职业卫生培训和在岗期间的定期职业卫生培训，普及职业卫生知识，督促劳动者遵守职业病防治法律、法规、规章和操作规程，指导劳动者正确使用职业病防护设备和个人使用的职业病防护用品。

劳动者应当学习和掌握相关的职业卫生知识，增强职业病防范意识，遵守职业病防治法律、法规、规章和操作规程，正确使用、维护职业病防护设备和个人使用的职业病防护用品，发现职业病危害事故隐患应当及时报告。

劳动者不履行前款规定义务的，用人单位应当对其进行教育。

第三十六条　对从事接触职业病危害的作业的劳动者，用人单位应当按照国务院安全生产监督管理部门、卫生行政部门的规定组织上岗前、在岗期间和离岗时的职业健康检查，并将检查结果书面告知劳动者。职业健康检查费用由用人单位承担。

用人单位不得安排未经上岗前职业健康检查的劳动者从事接触职业病危害的作业；不得安排有职业禁忌的劳动者从事其所禁忌的作业；对在职业健康检查中发现有与所从事的职业相关的健康损害的劳动者，应当调离原工作岗位，并妥善安置；对未进行离岗前职业健康检查的劳动者不得解除或者终止与其订立的劳动合同。

职业健康检查应当由省级以上人民政府卫生行政部门批准的医疗卫生机构承担。

第三十七条　用人单位应当为劳动者建立职业健康监护档案，并按照规定的期限妥善保存。

职业健康监护档案应当包括劳动者的职业史、职业病危害接触史、职业健康检查结果和职业病诊疗等有关个人健康资料。

劳动者离开用人单位时，有权索取本人职业健康监护档案复印件，用人单位应当如实、无偿提供，并在所提供的复印件上签章。

第三十八条　发生或者可能发生急性职业病危害事故时，用人单位应当立即采取应急救援和控制措施，并及时报告所在地安全生产监督管理部门和有关部门。安全生产监督管理部门接到报告后，应当及时会同有关部门组织调查处理；必要时，可以采取临时控制措施。卫生行政部门应当组织做好医疗救治工作。

对遭受或者可能遭受急性职业病危害的劳动者，用人单位应当及时组织救治、进行健康检查和医学观察,所需费用由用人单位承担。

第三十九条　用人单位不得安排未成年工从事接触职业病危害的作业;不得安排孕期、哺乳期的女职工从事对本人和胎儿、婴儿有危害的作业。

第四十条　劳动者享有下列职业卫生保护权利:

(一)获得职业卫生教育、培训;

(二)获得职业健康检查、职业病诊疗、康复等职业病防治服务;

(三)了解工作场所产生或者可能产生的职业病危害因素、危害后果和应当采取的职业病防护措施;

(四)要求用人单位提供符合防治职业病要求的职业病防护设施和个人使用的职业病防护用品,改善工作条件;

(五)对违反职业病防治法律、法规以及危及生命健康的行为提出批评、检举和控告;

(六)拒绝违章指挥和强令进行没有职业病防护措施的作业;

(七)参与用人单位职业卫生工作的民主管理,对职业病防治工作提出意见和建议。

用人单位应当保障劳动者行使前款所列权利。因劳动者依法行使正当权利而降低其工资、福利等待遇或者解除、终止与其订立的劳动合同的,其行为无效。

第四十一条　工会组织应当督促并协助用人单位开展职业卫生宣传教育和培训,有权对用人单位的职业病防治工作提出意见和建议,依法代表劳动者与用人单位签订劳动安全卫生专项集体合同,与用人单位就劳动者反映的有关职业病防治的问题进行协调并督促解决。

工会组织对用人单位违反职业病防治法律、法规,侵犯劳动者合法权益的行为,有权要求纠正;产生严重职业病危害时,有权要求采取防护措施,或者向政府有关部门建议采取强制性措施;发生职业病危害事故时,有权参与事故调查处理;发现危及劳动者生命健康的情形时,有权向用人单位建议组织劳动者撤离危险现场,用人单位应当立即作出处理。

第四十二条　用人单位按照职业病防治要求,用于预防和治理职业病危害、工作场所卫生检测、健康监护和职业卫生培训等费用,按照国家有关规定,在生产成本中据实列支。

第四十三条　职业卫生监督管理部门应当按照职责分工,加强对用人单位落实职业病防护管理措施情况的监督检查,依法行使职权,承担责任。

第四章　职业病诊断与职业病病人保障

第四十四条　医疗卫生机构承担职业病诊断,应当经省、自治区、直辖市人民政府卫生行政部门批准。省、自治区、直辖市人民政府卫生行政部门应当向社会公布本行政区域内承担职业病诊断的医疗卫生机构的名单。

承担职业病诊断的医疗卫生机构应当具备下列条件:

(一)持有《医疗机构执业许可证》;

(二)具有与开展职业病诊断相适应的医疗卫生技术人员;

(三)具有与开展职业病诊断相适应的仪器、设备;

(四)具有健全的职业病诊断质量管理制度。

承担职业病诊断的医疗卫生机构不得拒绝劳动者进行职业病诊断的要求。

第四十五条　劳动者可以在用人单位所在地、本人户籍所在地或者经常居住地依法承担职业病诊断的医疗卫生机构进行职业病诊断。

第四十六条　职业病诊断标准和职业病诊断、鉴定办法由国务院卫生行政部门制定。职业病伤残等级的鉴定办法由国务院劳动保障行政部门会同国务院卫生行政部门制定。

第四十七条 职业病诊断,应当综合分析下列因素:

(一)病人的职业史;

(二)职业病危害接触史和工作场所职业病危害因素情况;

(三)临床表现以及辅助检查结果等。

没有证据否定职业病危害因素与病人临床表现之间的必然联系的,应当诊断为职业病。

承担职业病诊断的医疗卫生机构在进行职业病诊断时,应当组织三名以上取得职业病诊断资格的执业医师集体诊断。

职业病诊断证明书应当由参与诊断的医师共同签署,并经承担职业病诊断的医疗卫生机构审核盖章。

第四十八条 用人单位应当如实提供职业病诊断、鉴定所需的劳动者职业史和职业病危害接触史、工作场所职业病危害因素检测结果等资料;安全生产监督管理部门应当监督检查和督促用人单位提供上述资料;劳动者和有关机构也应当提供与职业病诊断、鉴定有关的资料。

职业病诊断、鉴定机构需要了解工作场所职业病危害因素情况时,可以对工作场所进行现场调查,也可以向安全生产监督管理部门提出,安全生产监督管理部门应当在十日内组织现场调查。用人单位不得拒绝、阻挠。

第四十九条 职业病诊断、鉴定过程中,用人单位不提供工作场所职业病危害因素检测结果等资料的,诊断、鉴定机构应当结合劳动者的临床表现、辅助检查结果和劳动者的职业史、职业病危害接触史,并参考劳动者的自述、安全生产监督管理部门提供的日常监督检查信息等,作出职业病诊断、鉴定结论。

劳动者对用人单位提供的工作场所职业病危害因素检测结果等资料有异议,或者因劳动者的用人单位解散、破产,无用人单位提供上述资料的,诊断、鉴定机构应当提请安全生产监督管理部门进行调查,安全生产监督管理部门应当自接到申请之日起三十日内对存在异议的资料或者工作场所职业病危害因素情况作出判定;有关部门应当配合。

第五十条 职业病诊断、鉴定过程中,在确认劳动者职业史、职业病危害接触史时,当事人对劳动关系、工种、工作岗位或者在岗时间有争议的,可以向当地的劳动人事争议仲裁委员会申请仲裁;接到申请的劳动人事争议仲裁委员会应当受理,并在三十日内作出裁决。

当事人在仲裁过程中对自己提出的主张,有责任提供证据。劳动者无法提供由用人单位掌握管理的与仲裁主张有关的证据的,仲裁庭应当要求用人单位在指定期限内提供;用人单位在指定期限内不提供的,应当承担不利后果。

劳动者对仲裁裁决不服的,可以依法向人民法院提起诉讼。

用人单位对仲裁裁决不服的,可以在职业病诊断、鉴定程序结束之日起十五日内依法向人民法院提起诉讼;诉讼期间,劳动者的治疗费用按照职业病待遇规定的途径支付。

第五十一条 用人单位和医疗卫生机构发现职业病病人或者疑似职业病病人时,应当及时向所在地卫生行政部门和安全生产监督管理部门报告。确诊为职业病的,用人单位还应当向所在地劳动保障行政部门报告。接到报告的部门应当依法作出处理。

第五十二条 县级以上地方人民政府卫生行政部门负责本行政区域内的职业病统计报告的管理工作,并按照规定上报。

第五十三条 当事人对职业病诊断有异议的,可以向作出诊断的医疗卫生机构所在地地方人民政府卫生行政部门申请鉴定。

职业病诊断争议由设区的市级以上地方人民政府卫生行政部门根据当事人的申请,组织职业病诊断鉴定委员会进行鉴定。

当事人对设区的市级职业病诊断鉴定委员会的鉴定结论不服的,可以向省、自治区、直辖市人民政府卫生行政部门申请再鉴定。

第五十四条　职业病诊断鉴定委员会由相关专业的专家组成。

省、自治区、直辖市人民政府卫生行政部门应当设立相关的专家库,需要对职业病争议作出诊断鉴定时,由当事人或者当事人委托有关卫生行政部门从专家库中以随机抽取的方式确定参加诊断鉴定委员会的专家。

职业病诊断鉴定委员会应当按照国务院卫生行政部门颁布的职业病诊断标准和职业病诊断、鉴定办法进行职业病诊断鉴定,向当事人出具职业病诊断鉴定书。职业病诊断、鉴定费用由用人单位承担。

第五十五条　职业病诊断鉴定委员会组成人员应当遵守职业道德,客观、公正地进行诊断鉴定,并承担相应的责任。职业病诊断鉴定委员会组成人员不得私下接触当事人,不得收受当事人的财物或者其他好处,与当事人有利害关系的,应当回避。

人民法院受理有关案件需要进行职业病鉴定时,应当从省、自治区、直辖市人民政府卫生行政部门依法设立的相关的专家库中选取参加鉴定的专家。

第五十六条　医疗卫生机构发现疑似职业病病人时,应当告知劳动者本人并及时通知用人单位。

用人单位应当及时安排对疑似职业病病人进行诊断;在疑似职业病病人诊断或者医学观察期间,不得解除或者终止与其订立的劳动合同。

疑似职业病病人在诊断、医学观察期间的费用,由用人单位承担。

第五十七条　用人单位应当保障职业病病人依法享受国家规定的职业病待遇。

用人单位应当按照国家有关规定,安排职业病病人进行治疗、康复和定期检查。

用人单位对不适宜继续从事原工作的职业病病人,应当调离原岗位,并妥善安置。

用人单位对从事接触职业病危害的作业的劳动者,应当给予适当岗位津贴。

第五十八条　职业病病人的诊疗、康复费用,伤残以及丧失劳动能力的职业病病人的社会保障,按照国家有关工伤保险的规定执行。

第五十九条　职业病病人除依法享有工伤保险外,依照有关民事法律,尚有获得赔偿的权利的,有权向用人单位提出赔偿要求。

第六十条　劳动者被诊断患有职业病,但用人单位没有依法参加工伤保险的,其医疗和生活保障由该用人单位承担。

第六十一条　职业病病人变动工作单位,其依法享有的待遇不变。

用人单位在发生分立、合并、解散、破产等情形时,应当对从事接触职业病危害的作业的劳动者进行健康检查,并按照国家有关规定妥善安置职业病病人。

第六十二条　用人单位已经不存在或者无法确认劳动关系的职业病病人,可以向地方人民政府民政部门申请医疗救助和生活等方面的救助。

地方各级人民政府应当根据本地区的实际情况,采取其他措施,使前款规定的职业病病人获得医疗救治。

第五章　监督检查

第六十三条　县级以上人民政府职业卫生监督管理部门依照职业病防治法律、法规、国家职业卫生标准和卫生要求,依据职责划分,对职业病防治工作进行监督检查。

第六十四条　安全生产监督管理部门履行监督检查职责时,有权采取下列措施:

（一）进入被检查单位和职业病危害现场，了解情况，调查取证；

（二）查阅或者复制与违反职业病防治法律、法规的行为有关的资料和采集样品；

（三）责令违反职业病防治法律、法规的单位和个人停止违法行为。

第六十五条　发生职业病危害事故或者有证据证明危害状态可能导致职业病危害事故发生时，安全生产监督管理部门可以采取下列临时控制措施：

（一）责令暂停导致职业病危害事故的作业；

（二）封存造成职业病危害事故或者可能导致职业病危害事故发生的材料和设备；

（三）组织控制职业病危害事故现场。

在职业病危害事故或者危害状态得到有效控制后，安全生产监督管理部门应当及时解除控制措施。

第六十六条　职业卫生监督执法人员依法执行职务时，应当出示监督执法证件。

职业卫生监督执法人员应当忠于职守，秉公执法，严格遵守执法规范；涉及用人单位的秘密的，应当为其保密。

第六十七条　职业卫生监督执法人员依法执行职务时，被检查单位应当接受检查并予以支持配合，不得拒绝和阻碍。

第六十八条　安全生产监督管理部门及其职业卫生监督执法人员履行职责时，不得有下列行为：

（一）对不符合法定条件的，发给建设项目有关证明文件、资质证明文件或者予以批准；

（二）对已经取得有关证明文件的，不履行监督检查职责；

（三）发现用人单位存在职业病危害的，可能造成职业病危害事故，不及时依法采取控制措施；

（四）其他违反本法的行为。

第六十九条　职业卫生监督执法人员应当依法经过资格认定。

职业卫生监督管理部门应当加强队伍建设，提高职业卫生监督执法人员的政治、业务素质，依照本法和其他有关法律、法规的规定，建立、健全内部监督制度，对其工作人员执行法律、法规和遵守纪律的情况，进行监督检查。

第六章　法律责任

第七十条　建设单位违反本法规定，有下列行为之一的，由安全生产监督管理部门给予警告，责令限期改正；逾期不改正的，处十万元以上五十万元以下的罚款；情节严重的，责令停止产生职业病危害的作业，或者提请有关人民政府按照国务院规定的权限责令停建、关闭：

（一）未按照规定进行职业病危害预评价或者未提交职业病危害预评价报告，或者职业病危害预评价报告未经安全生产监督管理部门审核同意，开工建设的；

（二）建设项目的职业病防护设施未按照规定与主体工程同时投入生产和使用的；

（三）职业病危害严重的建设项目，其职业病防护设施设计未经安全生产监督管理部门审查，或者不符合国家职业卫生标准和卫生要求施工的；

（四）未按照规定对职业病防护设施进行职业病危害控制效果评价、未经安全生产监督管理部门验收或者验收不合格，擅自投入使用的。

第七十一条　违反本法规定，有下列行为之一的，由安全生产监督管理部门给予警告，责令限期改正；逾期不改正的，处十万元以下的罚款：

（一）工作场所职业病危害因素检测、评价结果没有存档、上报、公布的；

（二）未采取本法第二十一条规定的职业病防治管理措施的；

（三）未按照规定公布有关职业病防治的规章制度、操作规程、职业病危害事故应急救援措施的；

（四）未按照规定组织劳动者进行职业卫生培训，或者未对劳动者个人职业病防护采取指导、督促措施的；

（五）国内首次使用或者首次进口与职业病危害有关的化学材料，未按照规定报送毒性鉴定资料以及经有关部门登记注册或者批准进口的文件的。

第七十二条　用人单位违反本法规定，有下列行为之一的，由安全生产监督管理部门责令限期改正，给予警告，可以并处五万元以上十万元以下的罚款：

（一）未按照规定及时、如实向安全生产监督管理部门申报产生职业病危害的项目的；

（二）未实施由专人负责的职业病危害因素日常监测，或者监测系统不能正常监测的；

（三）订立或者变更劳动合同时，未告知劳动者职业病危害真实情况的；

（四）未按照规定组织职业健康检查、建立职业健康监护档案或者未将检查结果书面告知劳动者的；

（五）未依照本法规定在劳动者离开用人单位时提供职业健康监护档案复印件的。

第七十三条　用人单位违反本法规定，有下列行为之一的，由安全生产监督管理部门给予警告，责令限期改正，逾期不改正的，处五万元以上二十万元以下的罚款；情节严重的，责令停止产生职业病危害的作业，或者提请有关人民政府按照国务院规定的权限责令关闭：

（一）工作场所职业病危害因素的强度或者浓度超过国家职业卫生标准的；

（二）未提供职业病防护设施和个人使用的职业病防护用品，或者提供的职业病防护设施和个人使用的职业病防护用品不符合国家职业卫生标准和卫生要求的；

（三）对职业病防护设备、应急救援设施和个人使用的职业病防护用品未按照规定进行维护、检修、检测，或者不能保持正常运行、使用状态的；

（四）未按照规定对工作场所职业病危害因素进行检测、评价的；

（五）工作场所职业病危害因素经治理仍然达不到国家职业卫生标准和卫生要求时，未停止存在职业病危害因素的作业的；

（六）未按照规定安排职业病病人、疑似职业病病人进行诊治的；

（七）发生或者可能发生急性职业病危害事故时，未立即采取应急救援和控制措施或者未按照规定及时报告的；

（八）未按照规定在产生严重职业病危害的作业岗位醒目位置设置警示标识和中文警示说明的；

（九）拒绝职业卫生监督管理部门监督检查的；

（十）隐瞒、伪造、篡改、毁损职业健康监护档案、工作场所职业病危害因素检测评价结果等相关资料，或者拒不提供职业病诊断、鉴定所需资料的；

（十一）未按照规定承担职业病诊断、鉴定费用和职业病病人的医疗、生活保障费用的。

第七十四条　向用人单位提供可能产生职业病危害的设备、材料，未按照规定提供中文说明书或者设置警示标识和中文警示说明的，由安全生产监督管理部门责令限期改正，给予警告，并处五万元以上二十万元以下的罚款。

第七十五条　用人单位和医疗卫生机构未按照规定报告职业病、疑似职业病的，由有关主管部门依据职责分工责令限期改正，给予警告，可以并处一万元以下的罚款；弄虚作假的，并处二万元以上五万元以下的罚款；对直接负责的主管人员和其他直接责任人员，可以依法给予降级或者撤职的处分。

第七十六条　违反本法规定，有下列情形之一的，由安全生产监督管理部门责令限期治理，并处五万元以上三十万元以下的罚款；情节严重的，责令停止产生职业病危害的作业，或者提请有关人民政府按照国务院规定的权限责令关闭：

（一）隐瞒技术、工艺、设备、材料所产生的职业病危害而采用的；

（二）隐瞒本单位职业卫生真实情况的；

（三）可能发生急性职业损伤的有毒、有害工作场所、放射工作场所或者放射性同位素的运输、贮存不符合本法第二十六条规定的；

（四）使用国家明令禁止使用的可能产生职业病危害的设备或者材料的；

（五）将产生职业病危害的作业转移给没有职业病防护条件的单位和个人，或者没有职业病防护条件的单位和个人接受产生职业病危害的作业的；

（六）擅自拆除、停止使用职业病防护设备或者应急救援设施的；

（七）安排未经职业健康检查的劳动者、有职业禁忌的劳动者、未成年工或者孕期、哺乳期女职工从事接触职业病危害的作业或者禁忌作业的；

（八）违章指挥和强令劳动者进行没有职业病防护措施的作业的。

第七十七条　生产、经营或者进口国家明令禁止使用的可能产生职业病危害的设备或者材料的，依照有关法律、行政法规的规定给予处罚。

第七十八条　用人单位违反本法规定，已经对劳动者生命健康造成严重损害的，由安全生产监督管理部门责令停止产生职业病危害的作业，或者提请有关人民政府按照国务院规定的权限责令关闭，并处十万元以上五十万元以下的罚款。

第七十九条　用人单位违反本法规定，造成重大职业病危害事故或者其他严重后果，构成犯罪的，对直接负责的主管人员和其他直接责任人员，依法追究刑事责任。

第八十条　未取得职业卫生技术服务资质认可擅自从事职业卫生技术服务的，或者医疗卫生机构未经批准擅自从事职业健康检查、职业病诊断的，由安全生产监督管理部门和卫生行政部门依据职责分工责令立即停止违法行为，没收违法所得；违法所得五千元以上的，并处违法所得二倍以上十倍以下的罚款；没有违法所得或者违法所得不足五千元的，并处五千元以上五万元以下的罚款；情节严重的，对直接负责的主管人员和其他直接责任人员，依法给予降级、撤职或者开除的处分。

第八十一条　从事职业卫生技术服务的机构和承担职业健康检查、职业病诊断的医疗卫生机构违反本法规定，有下列行为之一的，由安全生产监督管理部门和卫生行政部门依据职责分工责令立即停止违法行为，给予警告，没收违法所得；违法所得五千元以上的，并处违法所得二倍以上五倍以下的罚款；没有违法所得或者违法所得不足五千元的，并处五千元以上二万元以下的罚款；情节严重的，由原认可或者批准机关取消其相应的资格；对直接负责的主管人员和其他直接责任人员，依法给予降级、撤职或者开除的处分；构成犯罪的，依法追究刑事责任：

（一）超出资质认可或者批准范围从事职业卫生技术服务或者职业健康检查、职业病诊断的；

（二）不按照本法规定履行法定职责的；

（三）出具虚假证明文件的。

第八十二条　职业病诊断鉴定委员会组成人员收受职业病诊断争议当事人的财物或者其他好处的，给予警告，没收收受的财物，可以并处三千元以上五万元以下的罚款，取消其担任职业病诊断鉴定委员会组成人员的资格，并从省、自治区、直辖市人民政府卫生行政部门设立的专家库中予以除名。

第八十三条　卫生行政部门、安全生产监督管理部门不按照规定报告职业病和职业病危害事故的，由上一级行政部门责令改正，通报批评，给予警告；虚报、瞒报的，对单位负责人、直接负责的主管人员和其他直接责任人员依法给予降级、撤职或者开除的处分。

第八十四条　违反本法第十七条、第十八条规定，有关部门擅自批准建设项目或者发放施工许可的，对该部门直接负责的主管人员和其他直接责任人员，由监察机关或者上级机关依法给予记过直至开除的处分。

第八十五条　县级以上地方人民政府在职业病防治工作中未依照本法履行职责，本行政区域出现重大职业病危害事故、造成严重社会影响的，依法对直接负责的主管人员和其他直接责任人员给予记大过直至开除的处分。

县级以上人民政府职业卫生监督管理部门不履行本法规定的职责，滥用职权、玩忽职守、徇私舞弊，依法对直接负责的主管人员和其他直接责任人员给予记大过或者降级的处分；造成职业病危害事故或者其他严重后果的，依法给予撤职或者开除的处分。

第八十六条　违反本法规定，构成犯罪的，依法追究刑事责任。

第七章　附　则

第八十七条　本法下列用语的含义：

职业病危害，是指对从事职业活动的劳动者可能导致职业病的各种危害。职业病危害因素包括：职业活动中存在的各种有害的化学、物理、生物因素以及在作业过程中产生的其他职业有害因素。

职业禁忌，是指劳动者从事特定职业或者接触特定职业病危害因素时，比一般职业人群更易于遭受职业病危害和罹患职业病或者可能导致原有自身疾病病情加重，或者在从事作业过程中诱发可能导致对他人生命健康构成危险的疾病的个人特殊生理或者病理状态。

第八十八条　本法第二条规定的用人单位以外的单位，产生职业病危害的，其职业病防治活动可以参照本法执行。

劳务派遣用工单位应当履行本法规定的用人单位的义务。

中国人民解放军参照执行本法的办法，由国务院、中央军事委员会制定。

第八十九条　对医疗机构放射性职业病危害控制的监督管理，由卫生行政部门依照本法的规定实施。

第九十条　本法自 2002 年 5 月 1 日起施行。

中华人民共和国环境保护法

(1989 年 12 月 26 日中华人民共和国主席令第 22 号发布)

第一章　总　则

第一条　为保护和改善生活环境与生态环境，防治污染和其他公害，保障人体健康，促进社会主义现代化建设的发展，制定本法。

第二条　本法所称环境，是指影响人类社会生存和发展的各种天然的和经过人工改造的自然因素总体，包括大气、水、海洋、土地、矿藏、森林、草原、野生动物、自然古迹、人文遗迹、自然保护区、风景名胜区、城市和乡村等。

第三条　本法适用于中华人民共和国领域和中华人民共和国管辖的其他海域。

第四条　国家制定的环境保护规划必须纳入国民经济和社会发展计划，国家采取有利于环境保护的经济、技术政策和措施。是环境保护工作同经济建设和社会发展相协调。

第五条　国家鼓励环境保护科学教育事业的发展，加强环境保护科学技术的研究和开发，提高保护科学技术水平，普及环境保护的科学知识。

第六条　一切单位和个人都有保护环境的义务，并有权对污染和破坏环境单位和蔼个人进行检举和控告。

第七条　县级以上地方人民政府环境保护行政主管部门，对本辖区的环境保护工作实施统一管理。

国家海洋行政主管部门港务监督、渔政渔港监督、军队环境保护部门和各级公安、交通、铁道、民航管理部门，依照有关法律的规定对环境污染防治实施监督管理。

县级以上人民政府的土地、矿产、林业、水利行政主管部门，依照有关法律的规定对资源的保护实施监督管理。

第八条　对保护和改善环境有显著成绩的单位和个人，由人民政府给予奖励。

第二章　环境监督管理

第九条　国务院环境保护行政主管部门制定国家环境质量标准。

省、自治区、直辖市人民政府对国家环境质量标准中未作规定的项目，可以制定地方环境标准，并报国务院环境保护行政主管部门备案。

第十条　国务院环境保护行政主管部门根据国家环境质量标准和国家经济、技术条件。制定国家污染物排放标准。

省、自治区、直辖市人民政府对国家污染物排放标准中未作规定的项目，可以制定地方污染物排放标准；对国家污染物排放标准中已作规定的项目，可以制定严于国家污染物排放标准。地方污染物排放标准须报国务院环境保护行政主管部门备案。

凡是向已有地方污染物排放标准的区域排放污染物的，应当执行地方污染物排放标准。

第十一条　国务院环境保护行政主管部门建立监测制度，制定监测规范，会同有关部门组织监测网络，加强对环境监测的管理。

国务院和省、自治区、直辖市人民政府的环境保护行政主管部门，应当定期发布环境公报。

第十二条 县级以上人民政府的环境保护行政主管部门,应当会同有关部门对管辖范围内的环境状况进行调查和评价,拟订环境保护计划,经计划部门综合平衡后,报同级人民政府批准实施。

第十三条 建设污染环境项目,必须遵守国家有关建设项目环境保护管理的规定。

建设项目的环境影响报告书,必须对建设项目产生的污染和对环境的影响作出评价,规定防治措施,经项目主管部门预审并依照规定的程序报环境保护行政主管部门批准。环境影响报告书经批准后,计划部门方可批准建设项目设计书。

第十四条 县级以上人民政府环境保护行政主管部门或者其他依照法律规定行使环境监督管理权的部门,有权对管辖范围内的排污单位进行现场检查。被检查的单位应当如实反映情况,提供必要的资料。检查机关应为被检查机关保守技术秘密和业务秘密。

第十五条 跨行政区的环境污染和环境破坏的防治工作,由有关地方人民政府协商解决,或者由上级人民政府协调解决,作出决定。

第三章 保护和改善环境

第十六条 地方各级人民政府,应当对本辖区的环境质量负责,采取措施改善环境质量。

第十七条 各级人民政府对具有代表性的各种类型的自然生态系统区域,珍稀、濒危的野生动物自然分布区域,重要的水源涵养区域,具有重大科学文化价值的地质构造、著名的溶洞和化石分布区、冰川、火山、温泉等自然遗迹,以及人文遗迹、古树名木,应当采取措施加以保护,严禁破坏。

第十八条 在国务院、国务院有关部门和省、自治区、直辖市人民政府规定的风景名胜区、自然保护区和其他需要特别保护的区域内,不得建设污染环境的工业生产设施;建设其他设施,其污染物排放不得超过规定的排放标准。已经建成的设施,其污染物排放超过规定排放标准的,限期治理。

第十九条 开发利用自然资源,必须采取措施保护生态环境。

第二十条 各级人民政府应当加强对农业环境的保护,防治土壤污染、土地沙化、盐渍化、贫瘠化、沼泽化、地面沉降和防治植被破坏、水土流失、水源枯竭、种源灭绝以及其他生态失调现象的发生和发展,推广植物病虫害的综合防治,合理利用化肥、农药及植物生长激素。

第二十一条 国务院和沿海地方人民政府应当加强对海洋环境的保护。向海洋排放污染物、倾倒废弃物,进行海岸工程建设和海洋石油勘探开发,必须依照法律的规定,防止对海洋环境的污染损害。

第二十二条 制定城市规划,应当确定保护和改善环境的目标和任务。

第二十三条 城乡建设应当结合当地自然环境的特点,保护植被、水域和自然景观,加强城市园林、绿地和风景名胜区的建设。

第四章 防治环境污染和其他公害

第二十四条 产生环境污染和其他公害的单位,必须把环境保护工作纳入计划,建立环境保护责任制度;采取有效措施,防治在生产建设或者其他活动中产生的废气、废水、废渣、粉尘、恶臭气体、放射性物质以及噪声振动、电磁波辐射等对环境的污染和危害。

第二十五条 新建工业企业、和现有工业企业的技术改造,应当采用资源利用率高、污染物排放量少的设备和工艺,采用经济合理的废弃物综合利用技术和污染物处理技术。

第二十六条 建设项目中防治污染的措施,必须与主体工程同时设计、同时施工、同时投产使用。防治污染的设施必须经原审批环境影响报告书的环境保护行政主管部门验收合格后,该建设项目方可投入生产或者使用。

防治污染的设施不得擅自拆除或者闲置,确有必要拆除或者闲置的,必须征得所在地的环境保护行政主管部门的同意。

第二十七条　排放污染物的企业事业单位,必须依照国务院环境保护行政主管部门的规定申报登记。

第二十八条　排放污染物超过国家或者地方规定的污染物排放标准的企业事业单位,依照国家规定缴纳超标准排污费,并负责治理。水污染防治法另有规定的,依照水污染防治发的规定执行。

征收的超标准排污费必须用语污染的防治,不得挪作他用,具体使用办法由国务院规定。

第二十九条　对造成环境严重污染的企业事业单位,限期治理。

中央或省、自治区、直辖市人民政府直接管辖的企业事业单位的限期治理,省、自治区、直辖市人民政府决定。市、县或者市、县以下人民政府管辖的企业事业单位的限期治理,由市、县人民政府决定。被限期治理的企业事业单位必须如期完成治理任务。

第三十条　禁止引进不符合我国环境保护规定要求的技术和设备。

第三十一条　因发生事故或者其他突然性事件,造成或者可能造成污染事故的单位,必须立即采取措施处理,及时通报可能受到污染危害的单位和居民,并向当地环境保护行政主管部门和有关部门报告,接受调查处理。

可能发生重大污染事故的企业事业单位,应当采取措施,加强防范。

第三十二条　县级以上人民政府环境保护政主管部门,在环境受到严重污染威胁居民生命财产安全时,必须立即向当地人民政府报告,有人民政府采取有效措施,解除或者减轻危害。

第三十三条　生产、储存、运输、销售、使用有毒化学物品和含有放射性物质的物品,必须遵守国家有关规定,防止污染环境。

第三十四条　任何单位不得将产生严重污染的生产设备转移给没有污染防治能力的单位使用。

第五章　法律责任

第三十五条　违反本法规定,有下列行为之一的,环境保护行政主管部门或者其他依照法律规定行使环境监督管理权的部门可以根据不同情节,给予警告或者处以罚款。

(一)拒绝环境保护行政主管部门或者其他依照法律规定行使环境监督管理权的部门现场检查或者在被检查时弄虚作假的。

(二)据报或者谎报国务院环境保护行政主管部门规定的有关污染物排放申报事项的。

(三)不按国家规定缴纳超标准排污费的。

(四)引进不符合我国环境保护规定要求的技术和设备的。

(五)将产生严重污染的生产设备转移给没有污染防治能力的单位使用的。

第三十六条　建设项目的防止污染设施没有建成或者没有达到国家规定的要求,投入生产或者使用的,由批准该建设项目的环境影响报告书的环境保护行政主管部门责令停止生产或者使用,可以并处罚款。

第三十七条　未经环境保护行政主管部门同意,擅自拆除或者闲置防治污染的设施,污染物排放超过规定的排放标准的,由环境保护行政主管部门责令重新安装使用,并处罚款。

第三十八条　对违反本法规定,造成环境污染事故的企业事业单位,有环境保护行政主管部门或者其他依照法律规定行使环境监督管理权的部门根据所造成的危害后果处以罚款;情节严重的,对有关责任人员由其所在单位或者政府主观机关给予行政处分。

第三十九条 对经限期治理逾期未完成治理任务的企业事业单位,除依照国家规定加收超标准排污费外,可以根据所造成的危害后果处以罚款,或者责令停业、关闭。

前款规定的罚款由环境保护行政主管部门决定。责令停业、关闭,由作出限期治理决定的人民政府决定;责令中央直接管辖的企业事业单位停业、关闭,须报国务院批准。

第四十条 当事人对行政处罚不服的,可以在接到处罚通知之日起 15 日内,向作出处罚决定的机关的上一级机关申请复议;对复议决定不服的,可以在接到复议通知之日起 15 日内,向人民法院起诉。当事人也可以在接到处罚通知之日起 15 日内,直接向人民法院起诉。当事人逾期不申请复议、也不向人民法院起诉、又不履行处罚决定的,由作出处罚决定的机关申请人民法院强制执行。

第四十一条 造成环境污染危害的,有责任排除危害,并对直接受到损害的单位或者个人赔偿损失。

赔偿责任和赔偿金额的纠纷,可以根据当事人的请求,有环境保护行政主管部门或者其他依照法律规定行使环境监督管理权的部门处理,当事人对处理决定不服的,可以向人民法院起诉。当事人也可以直接向人民法院起诉。

完全由于不可抗拒的自然灾害,并经及时采取合理措施,仍然不能避免造成环境污染损害的,免于承担责任。

第四十二条 因环境污染损害赔偿提起诉讼的时效期间为 3 年,从当事人知道或者应当知道受到污染损害起时计算。

第四十三条 违反本法规定,造成重大环境污染事故,导致公私财产重大损失或者人身伤亡的严重后果的,对直接责任人员依法追究刑事责任。

第四十四条 违反本法规定,造成土地、森林、草原、水、矿产、渔业、野生动物、等资源的破坏的,依照有关法律的规定承担法律责任。

第四十五条 环境保护监督管理人员滥用职权、玩忽职守、徇私舞弊的、由其所在单位或者上级主管机关给予行政处分;构成犯罪的,依法追究刑事责任。

第六章　附　则

第四十六条 中华人民共和国缔结或者参加的与环境保护有关的国际公约,同中华人民共和国的法律有不同规定的,适用国际公约的规定,但中华人民共和国声明保留的条款除外。

第四十七条 本法自发布之日起施行。《中华人民共和国环境保护法(试行)》同时废止。

中华人民共和国主席令

第 47 号

《全国人民代表大会常务委员会关于修改〈中华人民共和国道路交通安全法〉的决定》已由中华人民共和国第十一届全国人民代表大会常务委员会第二十次会议于 2011 年 4 月 22 日通过，现予公布，自 2011 年 5 月 1 日起施行。

中华人民共和国主席　胡锦涛

2011 年 4 月 22 日

中华人民共和国道路交通安全法

（2003 年 10 月 28 日第十届全国人民代表大会常务委员会第五次会议通过

根据 2007 年 12 月 29 日第十届全国人民代表大会常务委员会第三十一次会议

《关于修改〈中华人民共和国道路交通安全法〉的决定》第一次修正

根据 2011 年 4 月 22 日第十一届全国人民代表大会常务委员会第二十次会议

《关于修改〈中华人民共和国道路交通安全法〉的决定》第二次修正）

第一章　总　则

第一条　为了维护道路交通秩序，预防和减少交通事故，保护人身安全，保护公民、法人和其他组织的财产安全及其他合法权益，提高通行效率，制定本法。

第二条　中华人民共和国境内的车辆驾驶人、行人、乘车人以及与道路交通活动有关的单位和个人，都应当遵守本法。

第三条　道路交通安全工作，应当遵循依法管理、方便群众的原则，保障道路交通有序、安全、畅通。

第四条　各级人民政府应当保障道路交通安全管理工作与经济建设和社会发展相适应。

县级以上地方各级人民政府应当适应道路交通发展的需要，依据道路交通安全法律、法规和国家有关政策，制定道路交通安全管理规划，并组织实施。

第五条　国务院公安部门负责全国道路交通安全管理工作。县级以上地方各级人民政府公安机关交通管理部门负责本行政区域内的道路交通安全管理工作。

县级以上各级人民政府交通、建设管理部门依据各自职责，负责有关的道路交通工作。

第六条　各级人民政府应当经常进行道路交通安全教育，提高公民的道路交通安全意识。

公安机关交通管理部门及其交通警察执行职务时，应当加强道路交通安全法律、法规的宣传，并模范遵守道路交通安全法律、法规。

机关、部队、企业事业单位、社会团体以及其他组织，应当对本单位的人员进行道路交通安全教育。

教育行政部门、学校应当将道路交通安全教育纳入法制教育的内容。

新闻、出版、广播、电视等有关单位,有进行道路交通安全教育的义务。

第七条 对道路交通安全管理工作,应当加强科学研究,推广、使用先进的管理方法、技术、设备。

第二章 车辆和驾驶人

第一节 机动车、非机动车

第八条 国家对机动车实行登记制度。机动车经公安机关交通管理部门登记后,方可上道路行驶。尚未登记的机动车,需要临时上道路行驶的,应当取得临时通行牌证。

第九条 申请机动车登记,应当提交以下证明、凭证:

(一)机动车所有人的身份证明;

(二)机动车来历证明;

(三)机动车整车出厂合格证明或者进口机动车进口凭证;

(四)车辆购置税的完税证明或者免税凭证;

(五)法律、行政法规规定应当在机动车登记时提交的其他证明、凭证。

公安机关交通管理部门应当自受理申请之日起五个工作日内完成机动车登记审查工作,对符合前款规定条件的,应当发放机动车登记证书、号牌和行驶证;对不符合前款规定条件的,应当向申请人说明不予登记的理由。

公安机关交通管理部门以外的任何单位或者个人不得发放机动车号牌或者要求机动车悬挂其他号牌,本法另有规定的除外。

机动车登记证书、号牌、行驶证的式样由国务院公安部门规定并监制。

第十条 准予登记的机动车应当符合机动车国家安全技术标准。申请机动车登记时,应当接受对该机动车的安全技术检验。但是,经国家机动车产品主管部门依据机动车国家安全技术标准认定的企业生产的机动车型,该车型的新车在出厂时经检验符合机动车国家安全技术标准,获得检验合格证的,免予安全技术检验。

第十一条 驾驶机动车上道路行驶,应当悬挂机动车号牌,放置检验合格标志、保险标志,并随车携带机动车行驶证。

机动车号牌应当按照规定悬挂并保持清晰、完整,不得故意遮挡、污损。

任何单位和个人不得收缴、扣留机动车号牌。

第十二条 有下列情形之一的,应当办理相应的登记:

(一)机动车所有权发生转移的;

(二)机动车登记内容变更的;

(三)机动车用作抵押的;

(四)机动车报废的。

第十三条 对登记后上道路行驶的机动车,应当依照法律、行政法规的规定,根据车辆用途、载客载货数量、使用年限等不同情况,定期进行安全技术检验。对提供机动车行驶证和机动车第三者责任强制保险单的,机动车安全技术检验机构应当予以检验,任何单位不得附加其他条件。对符合机动车国家安全技术标准的,公安机关交通管理部门应当发给检验合格标志。

对机动车的安全技术检验实行社会化。具体办法由国务院规定。

机动车安全技术检验实行社会化的地方,任何单位不得要求机动车到指定的场所进行检验。

公安机关交通管理部门、机动车安全技术检验机构不得要求机动车到指定的场所进行维修、保养。

机动车安全技术检验机构对机动车检验收取费用,应当严格执行国务院价格主管部门核定的收费标准。

第十四条　国家实行机动车强制报废制度,根据机动车的安全技术状况和不同用途,规定不同的报废标准。

应当报废的机动车必须及时办理注销登记。

达到报废标准的机动车不得上道路行驶。报废的大型客、货车及其他营运车辆应当在公安机关交通管理部门的监督下解体。

第十五条　警车、消防车、救护车、工程救险车应当按照规定喷涂标志图案,安装警报器、标志灯具。其他机动车不得喷涂、安装、使用上述车辆专用的或者与其相类似的标志图案、警报器或者标志灯具。

警车、消防车、救护车、工程救险车应当严格按照规定的用途和条件使用。

公路监督检查的专用车辆,应当依照公路法的规定,设置统一的标志和示警灯。

第十六条　任何单位或者个人不得有下列行为:

(一)拼装机动车或者擅自改变机动车已登记的结构、构造或者特征;

(二)改变机动车型号、发动机号、车架号或者车辆识别代号;

(三)伪造、变造或者使用伪造、变造的机动车登记证书、号牌、行驶证、检验合格标志、保险标志;

(四)使用其他机动车的登记证书、号牌、行驶证、检验合格标志、保险标志。

第十七条　国家实行机动车第三者责任强制保险制度,设立道路交通事故社会救助基金。具体办法由国务院规定。

第十八条　依法应当登记的非机动车,经公安机关交通管理部门登记后,方可上道路行驶。依法应当登记的非机动车的种类,由省、自治区、直辖市人民政府根据当地实际情况规定。

非机动车的外形尺寸、质量、制动器、车铃和夜间反光装置,应当符合非机动车安全技术标准。

第二节　机动车驾驶人

第十九条　驾驶机动车,应当依法取得机动车驾驶证。

申请机动车驾驶证,应当符合国务院公安部门规定的驾驶许可条件;经考试合格后,由公安机关交通管理部门发给相应类别的机动车驾驶证。

持有境外机动车驾驶证的人,符合国务院公安部门规定的驾驶许可条件,经公安机关交通管理部门考核合格的,可以发给中国的机动车驾驶证。

驾驶人应当按照驾驶证载明的准驾车型驾驶机动车;驾驶机动车时,应当随身携带机动车驾驶证。

公安机关交通管理部门以外的任何单位或者个人,不得收缴、扣留机动车驾驶证。

第二十条　机动车的驾驶培训实行社会化,由交通主管部门对驾驶培训学校、驾驶培训班实行资格管理,其中专门的拖拉机驾驶培训学校、驾驶培训班由农业(农业机械)主管部门实行资格管理。

驾驶培训学校、驾驶培训班应当严格按照国家有关规定,对学员进行道路交通安全法律、法规、驾驶技能的培训,确保培训质量。

任何国家机关以及驾驶培训和考试主管部门不得举办或者参与举办驾驶培训学校、驾驶培训班。

第二十一条　驾驶人驾驶机动车上道路行驶前,应当对机动车的安全技术性能进行认真检查;不得驾驶安全设施不全或者机件不符合技术标准等具有安全隐患的机动车。

第二十二条　机动车驾驶人应当遵守道路交通安全法律、法规的规定,按照操作规范安全驾驶、文明驾驶。

饮酒、服用国家管制的精神药品或者麻醉药品,或者患有妨碍安全驾驶机动车的疾病,或者过度疲劳影响安全驾驶的,不得驾驶机动车。

任何人不得强迫、指使、纵容驾驶人违反道路交通安全法律、法规和机动车安全驾驶要求驾驶机动车。

第二十三条　公安机关交通管理部门依照法律、行政法规的规定,定期对机动车驾驶证实施审验。

第二十四条　公安机关交通管理部门对机动车驾驶人违反道路交通安全法律、法规的行为,除依法给予行政处罚外,实行累积记分制度。公安机关交通管理部门对累积记分达到规定分值的机动车驾驶人,扣留机动车驾驶证,对其进行道路交通安全法律、法规教育,重新考试;考试合格的,发还其机动车驾驶证。

对遵守道路交通安全法律、法规,在一年内无累积记分的机动车驾驶人,可以延长机动车驾驶证的审验期。具体办法由国务院公安部门规定。

第三章　道路通行条件

第二十五条　全国实行统一的道路交通信号。

交通信号包括交通信号灯、交通标志、交通标线和交通警察的指挥。

交通信号灯、交通标志、交通标线的设置应当符合道路交通安全、畅通的要求和国家标准,并保持清晰、醒目、准确、完好。

根据通行需要,应当及时增设、调换、更新道路交通信号。增设、调换、更新限制性的道路交通信号,应当提前向社会公告,广泛进行宣传。

第二十六条　交通信号灯由红灯、绿灯、黄灯组成。红灯表示禁止通行,绿灯表示准许通行,黄灯表示警示。

第二十七条　铁路与道路平面交叉的道口,应当设置警示灯、警示标志或者安全防护设施。无人看守的铁路道口,应当在距道口一定距离处设置警示标志。

第二十八条　任何单位和个人不得擅自设置、移动、占用、损毁交通信号灯、交通标志、交通标线。

道路两侧及隔离带上种植的树木或者其他植物,设置的广告牌、管线等,应当与交通设施保持必要的距离,不得遮挡路灯、交通信号灯、交通标志,不得妨碍安全视距,不得影响通行。

第二十九条　道路、停车场和道路配套设施的规划、设计、建设,应当符合道路交通安全、畅通的要求,并根据交通需求及时调整。

公安机关交通管理部门发现已经投入使用的道路存在交通事故频发路段,或者停车场、道路配套设施存在交通安全严重隐患的,应当及时向当地人民政府报告,并提出防范交通事故、消除隐患的建议,当地人民政府应当及时作出处理决定。

第三十条　道路出现坍塌、坑槽、水毁、隆起等损毁或者交通信号灯、交通标志、交通标线等交通设施损毁、灭失的,道路、交通设施的养护部门或者管理部门应当设置警示标志并及时修复。

公安机关交通管理部门发现前款情形,危及交通安全,尚未设置警示标志的,应当及时采取安全措施,疏导交通,并通知道路、交通设施的养护部门或者管理部门。

第三十一条　未经许可,任何单位和个人不得占用道路从事非交通活动。

第三十二条　因工程建设需要占用、挖掘道路,或者跨越、穿越道路架设、增设管线设施,应当事先征得道路主管部门的同意;影响交通安全的,还应当征得公安机关交通管理部门的同意。

施工作业单位应当在经批准的路段和时间内施工作业,并在距离施工作业地点来车方向安全距离处设置明显的安全警示标志,采取防护措施;施工作业完毕,应当迅速清除道路上的障碍物,消除安全隐患,经道路主管部门和公安机关交通管理部门验收合格,符合通行要求后,方可恢复通行。

对未中断交通的施工作业道路,公安机关交通管理部门应当加强交通安全监督检查,维护道路交通秩序。

第三十三条　新建、改建、扩建的公共建筑、商业街区、居住区、大(中)型建筑等,应当配建、增建停车场;停车泊位不足的,应当及时改建或者扩建;投入使用的停车场不得擅自停止使用或者改作他用。

在城市道路范围内,在不影响行人、车辆通行的情况下,政府有关部门可以施划停车泊位。

第三十四条　学校、幼儿园、医院、养老院门前的道路没有行人过街设施的,应当施划人行横道线,设置提示标志。

城市主要道路的人行道,应当按照规划设置盲道。盲道的设置应当符合国家标准。

第四章　道路通行规定

第一节　一般规定

第三十五条　机动车、非机动车实行右侧通行。

第三十六条　根据道路条件和通行需要,道路划分为机动车道、非机动车道和人行道的,机动车、非机动车、行人实行分道通行。没有划分机动车道、非机动车道和人行道的,机动车在道路中间通行,非机动车和行人在道路两侧通行。

第三十七条　道路划设专用车道的,在专用车道内,只准许规定的车辆通行,其他车辆不得进入专用车道内行驶。

第三十八条　车辆、行人应当按照交通信号通行;遇有交通警察现场指挥时,应当按照交通警察的指挥通行;在没有交通信号的道路上,应当在确保安全、畅通的原则下通行。

第三十九条　公安机关交通管理部门根据道路和交通流量的具体情况,可以对机动车、非机动车、行人采取疏导、限制通行、禁止通行等措施。遇有大型群众性活动、大范围施工等情况,需要采取限制交通的措施,或者作出与公众的道路交通活动直接有关的决定,应当提前向社会公告。

第四十条　遇有自然灾害、恶劣气象条件或者重大交通事故等严重影响交通安全的情形,采取其他措施难以保证交通安全时,公安机关交通管理部门可以实行交通管制。

第四十一条　有关道路通行的其他具体规定,由国务院规定。

第二节　机动车通行规定

第四十二条　机动车上道路行驶,不得超过限速标志标明的最高时速。在没有限速标志的路段,应当保持安全车速。

夜间行驶或者在容易发生危险的路段行驶,以及遇有沙尘、冰雹、雨、雪、雾、结冰等气象条件时,应当降低行驶速度。

第四十三条　同车道行驶的机动车,后车应当与前车保持足以采取紧急制动措施的安全距

离。有下列情形之一的,不得超车:

(一)前车正在左转弯、掉头、超车的;

(二)与对面来车有会车可能的;

(三)前车为执行紧急任务的警车、消防车、救护车、工程救险车的;

(四)行经铁路道口、交叉路口、窄桥、弯道、陡坡、隧道、人行横道、市区交通流量大的路段等没有超车条件的。

第四十四条 机动车通过交叉路口,应当按照交通信号灯、交通标志、交通标线或者交通警察的指挥通过;通过没有交通信号灯、交通标志、交通标线或者交通警察指挥的交叉路口时,应当减速慢行,并让行人和优先通行的车辆先行。

第四十五条 机动车遇有前方车辆停车排队等候或者缓慢行驶时,不得借道超车或者占用对面车道,不得穿插等候的车辆。

在车道减少的路段、路口,或者在没有交通信号灯、交通标志、交通标线或者交通警察指挥的交叉路口遇到停车排队等候或者缓慢行驶时,机动车应当依次交替通行。

第四十六条 机动车通过铁路道口时,应当按照交通信号或者管理人员的指挥通行;没有交通信号或者管理人员的,应当减速或者停车,在确认安全后通过。

第四十七条 机动车行经人行横道时,应当减速行驶;遇行人正在通过人行横道,应当停车让行。

机动车行经没有交通信号的道路时,遇行人横过道路,应当避让。

第四十八条 机动车载物应当符合核定的载质量,严禁超载;载物的长、宽、高不得违反装载要求,不得遗洒、飘散载运物。

机动车运载超限的不可解体的物品,影响交通安全的,应当按照公安机关交通管理部门指定的时间、路线、速度行驶,悬挂明显标志。在公路上运载超限的不可解体的物品,并应当依照公路法的规定执行。

机动车载运爆炸物品、易燃易爆化学物品以及剧毒、放射性等危险物品,应当经公安机关批准后,按指定的时间、路线、速度行驶,悬挂警示标志并采取必要的安全措施。

第四十九条 机动车载人不得超过核定的人数,客运机动车不得违反规定载货。

第五十条 禁止货运机动车载客。

货运机动车需要附载作业人员的,应当设置保护作业人员的安全措施。

第五十一条 机动车行驶时,驾驶人、乘坐人员应当按规定使用安全带,摩托车驾驶人及乘坐人员应当按规定戴安全头盔。

第五十二条 机动车在道路上发生故障,需要停车排除故障时,驾驶人应当立即开启危险报警闪光灯,将机动车移至不妨碍交通的地方停放;难以移动的,应当持续开启危险报警闪光灯,并在来车方向设置警告标志等措施扩大示警距离,必要时迅速报警。

第五十三条 警车、消防车、救护车、工程救险车执行紧急任务时,可以使用警报器、标志灯具;在确保安全的前提下,不受行驶路线、行驶方向、行驶速度和信号灯的限制,其他车辆和行人应当让行。

警车、消防车、救护车、工程救险车非执行紧急任务时,不得使用警报器、标志灯具,不享有前款规定的道路优先通行权。

第五十四条 道路养护车辆、工程作业车进行作业时,在不影响过往车辆通行的前提下,其行驶路线和方向不受交通标志、标线限制,过往车辆和人员应当注意避让。

洒水车、清扫车等机动车应当按照安全作业标准作业;在不影响其他车辆通行的情况下,可以不受车辆分道行驶的限制,但是不得逆向行驶。

第五十五条　高速公路、大中城市中心城区内的道路,禁止拖拉机通行。其他禁止拖拉机通行的道路,由省、自治区、直辖市人民政府根据当地实际情况规定。

在允许拖拉机通行的道路上,拖拉机可以从事货运,但是不得用于载人。

第五十六条　机动车应当在规定地点停放。禁止在人行道上停放机动车;但是,依照本法第三十三条规定施划的停车泊位除外。

在道路上临时停车的,不得妨碍其他车辆和行人通行。

第三节　非机动车通行规定

第五十七条　驾驶非机动车在道路上行驶应当遵守有关交通安全的规定。非机动车应当在非机动车道内行驶;在没有非机动车道的道路上,应当靠车行道的右侧行驶。

第五十八条　残疾人机动轮椅车、电动自行车在非机动车道内行驶时,最高时速不得超过十五公里。

第五十九条　非机动车应当在规定地点停放。未设停放地点的,非机动车停放不得妨碍其他车辆和行人通行。

第六十条　驾驭畜力车,应当使用驯服的牲畜;驾驭畜力车横过道路时,驾驭人应当下车牵引牲畜;驾驭人离开车辆时,应当拴系牲畜。

第四节　行人和乘车人通行规定

第六十一条　行人应当在人行道内行走,没有人行道的靠路边行走。

第六十二条　行人通过路口或者横过道路,应当走人行横道或者过街设施;通过有交通信号灯的人行横道,应当按照交通信号灯指示通行;通过没有交通信号灯、人行横道的路口,或者在没有过街设施的路段横过道路,应当在确认安全后通过。

第六十三条　行人不得跨越、倚坐道路隔离设施,不得扒车、强行拦车或者实施妨碍道路交通安全的其他行为。

第六十四条　学龄前儿童以及不能辨认或者不能控制自己行为的精神疾病患者、智力障碍者在道路上通行,应当由其监护人、监护人委托的人或者对其负有管理、保护职责的人带领。

盲人在道路上通行,应当使用盲杖或者采取其他导盲手段,车辆应当避让盲人。

第六十五条　行人通过铁路道口时,应当按照交通信号或者管理人员的指挥通行;没有交通信号和管理人员的,应当在确认无火车驶临后,迅速通过。

第六十六条　乘车人不得携带易燃易爆等危险物品,不得向车外抛洒物品,不得有影响驾驶人安全驾驶的行为。

第五节　高速公路的特别规定

第六十七条　行人、非机动车、拖拉机、轮式专用机械车、铰接式客车、全挂拖斗车以及其他设计最高时速低于七十公里的机动车,不得进入高速公路。高速公路限速标志标明的最高时速不得超过一百二十公里。

第六十八条　机动车在高速公路上发生故障时,应当依照本法第五十二条的有关规定办理;但是,警告标志应当设置在故障车来车方向一百五十米以外,车上人员应当迅速转移到右侧路肩上或者应急车道内,并且迅速报警。

机动车在高速公路上发生故障或者交通事故,无法正常行驶的,应当由救援车、清障车拖曳、牵引。

第六十九条　任何单位、个人不得在高速公路上拦截检查行驶的车辆,公安机关的人民警察依法执行紧急公务除外。

第五章　交通事故处理

第七十条　在道路上发生交通事故，车辆驾驶人应当立即停车，保护现场；造成人身伤亡的，车辆驾驶人应当立即抢救受伤人员，并迅速报告执勤的交通警察或者公安机关交通管理部门。因抢救受伤人员变动现场的，应当标明位置。乘车人、过往车辆驾驶人、过往行人应当予以协助。

在道路上发生交通事故，未造成人身伤亡，当事人对事实及成因无争议的，可以即行撤离现场，恢复交通，自行协商处理损害赔偿事宜；不即行撤离现场的，应当迅速报告执勤的交通警察或者公安机关交通管理部门。

在道路上发生交通事故，仅造成轻微财产损失，并且基本事实清楚的，当事人应当先撤离现场再进行协商处理。

第七十一条　车辆发生交通事故后逃逸的，事故现场目击人员和其他知情人员应当向公安机关交通管理部门或者交通警察举报。举报属实的，公安机关交通管理部门应当给予奖励。

第七十二条　公安机关交通管理部门接到交通事故报警后，应当立即派交通警察赶赴现场，先组织抢救受伤人员，并采取措施，尽快恢复交通。

交通警察应当对交通事故现场进行勘验、检查，搜集证据；因搜集证据的需要，可以扣留事故车辆，但是应当妥善保管，以备核查。

对当事人的生理、精神状况等专业性较强的检验，公安机关交通管理部门应当委托专门机构进行鉴定。鉴定结论应当由鉴定人签名。

第七十三条　公安机关交通管理部门应当根据交通事故现场勘验、检查、调查情况和有关的检验、鉴定结论，及时制作交通事故认定书，作为处理交通事故的证据。交通事故认定书应当载明交通事故的基本事实、成因和当事人的责任，并送达当事人。

第七十四条　对交通事故损害赔偿的争议，当事人可以请求公安机关交通管理部门调解，也可以直接向人民法院提起民事诉讼。

经公安机关交通管理部门调解，当事人未达成协议或者调解书生效后不履行的，当事人可以向人民法院提起民事诉讼。

第七十五条　医疗机构对交通事故中的受伤人员应当及时抢救，不得因抢救费用未及时支付而拖延救治。肇事车辆参加机动车第三者责任强制保险的，由保险公司在责任限额范围内支付抢救费用；抢救费用超过责任限额的，未参加机动车第三者责任强制保险或者肇事后逃逸的，由道路交通事故社会救助基金先行垫付部分或者全部抢救费用，道路交通事故社会救助基金管理机构有权向交通事故责任人追偿。

第七十六条　机动车发生交通事故造成人身伤亡、财产损失的，由保险公司在机动车第三者责任强制保险责任限额范围内予以赔偿；不足的部分，按照下列规定承担赔偿责任：

（一）机动车之间发生交通事故的，由有过错的一方承担赔偿责任；双方都有过错的，按照各自过错的比例分担责任。

（二）机动车与非机动车驾驶人、行人之间发生交通事故，非机动车驾驶人、行人没有过错的，由机动车一方承担赔偿责任；有证据证明非机动车驾驶人、行人有过错的，根据过错程度适当减轻机动车一方的赔偿责任；机动车一方没有过错的，承担不超过百分之十的赔偿责任。

交通事故的损失是由非机动车驾驶人、行人故意碰撞机动车造成的，机动车一方不承担赔偿责任。

第七十七条　车辆在道路以外通行时发生的事故，公安机关交通管理部门接到报案的，参照本法有关规定办理。

第六章　执法监督

第七十八条　公安机关交通管理部门应当加强对交通警察的管理,提高交通警察的素质和管理道路交通的水平。

公安机关交通管理部门应当对交通警察进行法制和交通安全管理业务培训、考核。交通警察经考核不合格的,不得上岗执行职务。

第七十九条　公安机关交通管理部门及其交通警察实施道路交通安全管理,应当依据法定的职权和程序,简化办事手续,做到公正、严格、文明、高效。

第八十条　交通警察执行职务时,应当按照规定着装,佩戴人民警察标志,持有人民警察证件,保持警容严整,举止端庄,指挥规范。

第八十一条　依照本法发放牌证等收取工本费,应当严格执行国务院价格主管部门核定的收费标准,并全部上缴国库。

第八十二条　公安机关交通管理部门依法实施罚款的行政处罚,应当依照有关法律、行政法规的规定,实施罚款决定与罚款收缴分离;收缴的罚款以及依法没收的违法所得,应当全部上缴国库。

第八十三条　交通警察调查处理道路交通安全违法行为和交通事故,有下列情形之一的,应当回避:

(一)是本案的当事人或者当事人的近亲属;

(二)本人或者其近亲属与本案有利害关系;

(三)与本案当事人有其他关系,可能影响案件的公正处理。

第八十四条　公安机关交通管理部门及其交通警察的行政执法活动,应当接受行政监察机关依法实施的监督。

公安机关督察部门应当对公安机关交通管理部门及其交通警察执行法律、法规和遵守纪律的情况依法进行监督。

上级公安机关交通管理部门应当对下级公安机关交通管理部门的执法活动进行监督。

第八十五条　公安机关交通管理部门及其交通警察执行职务,应当自觉接受社会和公民的监督。

任何单位和个人都有权对公安机关交通管理部门及其交通警察不严格执法以及违法违纪行为进行检举、控告。收到检举、控告的机关,应当依据职责及时查处。

第八十六条　任何单位不得给公安机关交通管理部门下达或者变相下达罚款指标;公安机关交通管理部门不得以罚款数额作为考核交通警察的标准。

公安机关交通管理部门及其交通警察对超越法律、法规规定的指令,有权拒绝执行,并同时向上级机关报告。

第七章　法律责任

第八十七条　公安机关交通管理部门及其交通警察对道路交通安全违法行为,应当及时纠正。

公安机关交通管理部门及其交通警察应当依据事实和本法的有关规定对道路交通安全违法行为予以处罚。对于情节轻微,未影响道路通行的,指出违法行为,给予口头警告后放行。

第八十八条　对道路交通安全违法行为的处罚种类包括:警告、罚款、暂扣或者吊销机动车驾驶证、拘留。

第八十九条　行人、乘车人、非机动车驾驶人违反道路交通安全法律、法规关于道路通行规定的,处警告或者五元以上五十元以下罚款;非机动车驾驶人拒绝接受罚款处罚的,可以扣留其非机动车。

第九十条　机动车驾驶人违反道路交通安全法律、法规关于道路通行规定的,处警告或者二十元以上二百元以下罚款。本法另有规定的,依照规定处罚。

第九十一条　饮酒后驾驶机动车的,处暂扣六个月机动车驾驶证,并处一千元以上二千元以下罚款。因饮酒后驾驶机动车被处罚,再次饮酒后驾驶机动车的,处十日以下拘留,并处一千元以上二千元以下罚款,吊销机动车驾驶证。

醉酒驾驶机动车的,由公安机关交通管理部门约束至酒醒,吊销机动车驾驶证,依法追究刑事责任;五年内不得重新取得机动车驾驶证。

饮酒后驾驶营运机动车的,处十五日拘留,并处五千元罚款,吊销机动车驾驶证,五年内不得重新取得机动车驾驶证。

醉酒驾驶营运机动车的,由公安机关交通管理部门约束至酒醒,吊销机动车驾驶证,依法追究刑事责任;十年内不得重新取得机动车驾驶证,重新取得机动车驾驶证后,不得驾驶营运机动车。

饮酒后或者醉酒驾驶机动车发生重大交通事故,构成犯罪的,依法追究刑事责任,并由公安机关交通管理部门吊销机动车驾驶证,终生不得重新取得机动车驾驶证。

第九十二条　公路客运车辆载客超过额定乘员的,处二百元以上五百元以下罚款;超过额定乘员百分之二十或者违反规定载货的,处五百元以上二千元以下罚款。

货运机动车超过核定载质量的,处二百元以上五百元以下罚款;超过核定载质量百分之三十或者违反规定载客的,处五百元以上二千元以下罚款。

有前两款行为的,由公安机关交通管理部门扣留机动车至违法状态消除。

运输单位的车辆有本条第一款、第二款规定的情形,经处罚不改的,对直接负责的主管人员处二千元以上五千元以下罚款。

第九十三条　对违反道路交通安全法律、法规关于机动车停放、临时停车规定的,可以指出违法行为,并予以口头警告,令其立即驶离。

机动车驾驶人不在现场或者虽在现场但拒绝立即驶离,妨碍其他车辆、行人通行的,处二十元以上二百元以下罚款,并可以将该机动车拖移至不妨碍交通的地点或者公安机关交通管理部门指定的地点停放。公安机关交通管理部门拖车不得向当事人收取费用,并应当及时告知当事人停放地点。

因采取不正确的方法拖车造成机动车损坏的,应当依法承担补偿责任。

第九十四条　机动车安全技术检验机构实施机动车安全技术检验超过国务院价格主管部门核定的收费标准收取费用的,退还多收取的费用,并由价格主管部门依照《中华人民共和国价格法》的有关规定给予处罚。

机动车安全技术检验机构不按照机动车国家安全技术标准进行检验,出具虚假检验结果的,由公安机关交通管理部门处所收检验费用五倍以上十倍以下罚款,并依法撤销其检验资格;构成犯罪的,依法追究刑事责任。

第九十五条　上道路行驶的机动车未悬挂机动车号牌,未放置检验合格标志、保险标志,或者未随车携带行驶证、驾驶证的,公安机关交通管理部门应当扣留机动车,通知当事人提供相应的牌证、标志或者补办相应手续,并可以依照本法第九十条的规定予以处罚。当事人提供相应的牌证、标志或者补办相应手续的,应当及时退还机动车。

故意遮挡、污损或者不按规定安装机动车号牌的,依照本法第九十条的规定予以处罚。

第九十六条　伪造、变造或者使用伪造、变造的机动车登记证书、号牌、行驶证、驾驶证的,由公安机关交通管理部门予以收缴,扣留该机动车,处十五日以下拘留,并处二千元以上五千元以下罚款;构成犯罪的,依法追究刑事责任。

伪造、变造或者使用伪造、变造的检验合格标志、保险标志的,由公安机关交通管理部门予以收缴,扣留该机动车,处十日以下拘留,并处一千元以上三千元以下罚款;构成犯罪的,依法追究刑事责任。

使用其他车辆的机动车登记证书、号牌、行驶证、检验合格标志、保险标志的,由公安机关交通管理部门予以收缴,扣留该机动车,处二千元以上五千元以下罚款。

当事人提供相应的合法证明或者补办相应手续的,应当及时退还机动车。

第九十七条　非法安装警报器、标志灯具的,由公安机关交通管理部门强制拆除,予以收缴,并处二百元以上二千元以下罚款。

第九十八条　机动车所有人、管理人未按照国家规定投保机动车第三者责任强制保险的,由公安机关交通管理部门扣留车辆至依照规定投保后,并处依照规定投保最低责任限额应缴纳的保险费的二倍罚款。

依照前款缴纳的罚款全部纳入道路交通事故社会救助基金。具体办法由国务院规定。

第九十九条　有下列行为之一的,由公安机关交通管理部门处二百元以上二千元以下罚款:

(一)未取得机动车驾驶证、机动车驾驶证被吊销或者机动车驾驶证被暂扣期间驾驶机动车的;

(二)将机动车交由未取得机动车驾驶证或者机动车驾驶证被吊销、暂扣的人驾驶的;

(三)造成交通事故后逃逸,尚不构成犯罪的;

(四)机动车行驶超过规定时速百分之五十的;

(五)强迫机动车驾驶人违反道路交通安全法律、法规和机动车安全驾驶要求驾驶机动车,造成交通事故,尚不构成犯罪的;

(六)违反交通管制的规定强行通行,不听劝阻的;

(七)故意损毁、移动、涂改交通设施,造成危害后果,尚不构成犯罪的;

(八)非法拦截、扣留机动车辆,不听劝阻,造成交通严重阻塞或者较大财产损失的。

行为人有前款第二项、第四项情形之一的,可以并处吊销机动车驾驶证;有第一项、第三项、第五项至第八项情形之一的,可以并处十五日以下拘留。

第一百条　驾驶拼装的机动车或者已达到报废标准的机动车上道路行驶的,公安机关交通管理部门应当予以收缴,强制报废。

对驾驶前款所列机动车上道路行驶的驾驶人,处二百元以上二千元以下罚款,并吊销机动车驾驶证。

出售已达到报废标准的机动车的,没收违法所得,处销售金额等额的罚款,对该机动车依照本条第一款的规定处理。

第一百零一条　违反道路交通安全法律、法规的规定,发生重大交通事故,构成犯罪的,依法追究刑事责任,并由公安机关交通管理部门吊销机动车驾驶证。

造成交通事故后逃逸的,由公安机关交通管理部门吊销机动车驾驶证,且终生不得重新取得机动车驾驶证。

第一百零二条　对六个月内发生二次以上特大交通事故负有主要责任或者全部责任的专业

运输单位,由公安机关交通管理部门责令消除安全隐患,未消除安全隐患的机动车,禁止上道路行驶。

第一百零三条　国家机动车产品主管部门未按照机动车国家安全技术标准严格审查,许可不合格机动车型投入生产的,对负有责任的主管人员和其他直接责任人员给予降级或者撤职的行政处分。

机动车生产企业经国家机动车产品主管部门许可生产的机动车型,不执行机动车国家安全技术标准或者不严格进行机动车成品质量检验,致使质量不合格的机动车出厂销售的,由质量技术监督部门依照《中华人民共和国产品质量法》的有关规定给予处罚。

擅自生产、销售未经国家机动车产品主管部门许可生产的机动车型的,没收非法生产、销售的机动车成品及配件,可以并处非法产品价值三倍以上五倍以下罚款;有营业执照的,由工商行政管理部门吊销营业执照,没有营业执照的,予以查封。

生产、销售拼装的机动车或者生产、销售擅自改装的机动车的,依照本条第三款的规定处罚。

有本条第二款、第三款、第四款所列违法行为,生产或者销售不符合机动车国家安全技术标准的机动车,构成犯罪的,依法追究刑事责任。

第一百零四条　未经批准,擅自挖掘道路、占用道路施工或者从事其他影响道路交通安全活动的,由道路主管部门责令停止违法行为,并恢复原状,可以依法给予罚款;致使通行的人员、车辆及其他财产遭受损失的,依法承担赔偿责任。

有前款行为,影响道路交通安全活动的,公安机关交通管理部门可以责令停止违法行为,迅速恢复交通。

第一百零五条　道路施工作业或者道路出现损毁,未及时设置警示标志、未采取防护措施,或者应当设置交通信号灯、交通标志、交通标线而没有设置或者应当及时变更交通信号灯、交通标志、交通标线而没有及时变更,致使通行的人员、车辆及其他财产遭受损失的,负有相关职责的单位应当依法承担赔偿责任。

第一百零六条　在道路两侧及隔离带上种植树木、其他植物或者设置广告牌、管线等,遮挡路灯、交通信号灯、交通标志,妨碍安全视距的,由公安机关交通管理部门责令行为人排除妨碍;拒不执行的,处二百元以上二千元以下罚款,并强制排除妨碍,所需费用由行为人负担。

第一百零七条　对道路交通违法行为人予以警告、二百元以下罚款,交通警察可以当场作出行政处罚决定,并出具行政处罚决定书。

行政处罚决定书应当载明当事人的违法事实、行政处罚的依据、处罚内容、时间、地点以及处罚机关名称,并由执法人员签名或者盖章。

第一百零八条　当事人应当自收到罚款的行政处罚决定书之日起十五日内,到指定的银行缴纳罚款。

对行人、乘车人和非机动车驾驶人的罚款,当事人无异议的,可以当场予以收缴罚款。

罚款应当开具省、自治区、直辖市财政部门统一制发的罚款收据;不出具财政部门统一制发的罚款收据的,当事人有权拒绝缴纳罚款。

第一百零九条　当事人逾期不履行行政处罚决定的,作出行政处罚决定的行政机关可以采取下列措施:

(一)到期不缴纳罚款的,每日按罚款数额的百分之三加处罚款;

(二)申请人民法院强制执行。

第一百一十条　执行职务的交通警察认为应当对道路交通违法行为人给予暂扣或者吊销机动车驾驶证处罚的,可以先予扣留机动车驾驶证,并在二十四小时内将案件移交公安机关交通管理部门处理。

道路交通违法行为人应当在十五日内到公安机关交通管理部门接受处理。无正当理由逾期未接受处理的,吊销机动车驾驶证。

公安机关交通管理部门暂扣或者吊销机动车驾驶证的,应当出具行政处罚决定书。

第一百一十一条　对违反本法规定予以拘留的行政处罚,由县、市公安局、公安分局或者相当于县一级的公安机关裁决。

第一百一十二条　公安机关交通管理部门扣留机动车、非机动车,应当当场出具凭证,并告知当事人在规定期限内到公安机关交通管理部门接受处理。

公安机关交通管理部门对被扣留的车辆应当妥善保管,不得使用。

逾期不来接受处理,并且经公告三个月仍不来接受处理的,对扣留的车辆依法处理。

第一百一十三条　暂扣机动车驾驶证的期限从处罚决定生效之日起计算;处罚决定生效前先予扣留机动车驾驶证的,扣留一日折抵暂扣期限一日。

吊销机动车驾驶证后重新申请领取机动车驾驶证的期限,按照机动车驾驶证管理规定办理。

第一百一十四条　公安机关交通管理部门根据交通技术监控记录资料,可以对违法的机动车所有人或者管理人依法予以处罚。对能够确定驾驶人的,可以依照本法的规定依法予以处罚。

第一百一十五条　交通警察有下列行为之一的,依法给予行政处分:

(一)为不符合法定条件的机动车发放机动车登记证书、号牌、行驶证、检验合格标志的;

(二)批准不符合法定条件的机动车安装、使用警车、消防车、救护车、工程救险车的警报器、标志灯具,喷涂标志图案的;

(三)为不符合驾驶许可条件、未经考试或者考试不合格人员发放机动车驾驶证的;

(四)不执行罚款决定与罚款收缴分离制度或者不按规定将依法收取的费用、收缴的罚款及没收的违法所得全部上缴国库的;

(五)举办或者参与举办驾驶学校或者驾驶培训班、机动车修理厂或者收费停车场等经营活动的;

(六)利用职务上的便利收受他人财物或者谋取其他利益的;

(七)违法扣留车辆、机动车行驶证、驾驶证、车辆号牌的;

(八)使用依法扣留的车辆的;

(九)当场收取罚款不开具罚款收据或者不如实填写罚款额的;

(十)徇私舞弊,不公正处理交通事故的;

(十一)故意刁难,拖延办理机动车牌证的;

(十二)非执行紧急任务时使用警报器、标志灯具的;

(十三)违反规定拦截、检查正常行驶的车辆的;

(十四)非执行紧急公务时拦截搭乘机动车的;

(十五)不履行法定职责的。

公安机关交通管理部门有前款所列行为之一的,对直接负责的主管人员和其他直接责任人员给予相应的行政处分。

第一百一十六条　依照本法第一百一十五条的规定,给予交通警察行政处分的,在作出行政处分决定前,可以停止其执行职务;必要时,可以予以禁闭。

依照本法第一百一十五条的规定,交通警察受到降级或者撤职行政处分的,可以予以辞退。

交通警察受到开除处分或者被辞退的,应当取消警衔;受到撤职以下行政处分的交通警察,应当降低警衔。

第一百一十七条 交通警察利用职权非法占有公共财物，索取、收受贿赂，或者滥用职权、玩忽职守，构成犯罪的，依法追究刑事责任。

第一百一十八条 公安机关交通管理部门及其交通警察有本法第一百一十五条所列行为之一，给当事人造成损失的，应当依法承担赔偿责任。

第八章 附 则

第一百一十九条 本法中下列用语的含义：

（一）"道路"，是指公路、城市道路和虽在单位管辖范围但允许社会机动车通行的地方，包括广场、公共停车场等用于公众通行的场所。

（二）"车辆"，是指机动车和非机动车。

（三）"机动车"，是指以动力装置驱动或者牵引，上道路行驶的供人员乘用或者用于运送物品以及进行工程专项作业的轮式车辆。

（四）"非机动车"，是指以人力或者畜力驱动，上道路行驶的交通工具，以及虽有动力装置驱动但设计最高时速、空车质量、外形尺寸符合有关国家标准的残疾人机动轮椅车、电动自行车等交通工具。

（五）"交通事故"，是指车辆在道路上因过错或者意外造成的人身伤亡或者财产损失的事件。

第一百二十条 中国人民解放军和中国人民武装警察部队在编机动车牌证、在编机动车检验以及机动车驾驶人考核工作，由中国人民解放军、中国人民武装警察部队有关部门负责。

第一百二十一条 对上道路行驶的拖拉机，由农业（农业机械）主管部门行使本法第八条、第九条、第十三条、第十九条、第二十三条规定的公安机关交通管理部门的管理职权。

农业（农业机械）主管部门依照前款规定行使职权，应当遵守本法有关规定，并接受公安机关交通管理部门的监督；对违反规定的，依照本法有关规定追究法律责任。

本法施行前由农业（农业机械）主管部门发放的机动车牌证，在本法施行后继续有效。

第一百二十二条 国家对入境的境外机动车的道路交通安全实施统一管理。

第一百二十三条 省、自治区、直辖市人民代表大会常务委员会可以根据本地区的实际情况，在本法规定的罚款幅度内，规定具体的执行标准。

第一百二十四条 本法自 2004 年 5 月 1 日起施行。

中华人民共和国主席令

第 69 号

《中华人民共和国突发事件应对法》已由中华人民共和国第十届全国人民代表大会常务委员会第二十九次会议于 2007 年 8 月 30 日通过,现予公布,自 2007 年 11 月 1 日起施行。

中华人民共和国主席　胡锦涛

2007 年 8 月 30 日

中华人民共和国突发事件应对法

(2007 年 8 月 30 日第十届全国人民代表大会常务委员会第二十九次会议通过)

第一章　总　则

第一条　为了预防和减少突发事件的发生,控制、减轻和消除突发事件引起的严重社会危害,规范突发事件应对活动,保护人民生命财产安全,维护国家安全、公共安全、环境安全和社会秩序,制定本法。

第二条　突发事件的预防与应急准备、监测与预警、应急处置与救援、事后恢复与重建等应对活动,适用本法。

第三条　本法所称突发事件,是指突然发生,造成或者可能造成严重社会危害,需要采取应急处置措施予以应对的自然灾害、事故灾难、公共卫生事件和社会安全事件。

按照社会危害程度、影响范围等因素,自然灾害、事故灾难、公共卫生事件分为特别重大、重大、较大和一般四级。法律、行政法规或者国务院另有规定的,从其规定。

突发事件的分级标准由国务院或者国务院确定的部门制定。

第四条　国家建立统一领导、综合协调、分类管理、分级负责、属地管理为主的应急管理体制。

第五条　突发事件应对工作实行预防为主、预防与应急相结合的原则。国家建立重大突发事件风险评估体系,对可能发生的突发事件进行综合性评估,减少重大突发事件的发生,最大限度地减轻重大突发事件的影响。

第六条　国家建立有效的社会动员机制,增强全民的公共安全和防范风险的意识,提高全社会的避险救助能力。

第七条　县级人民政府对本行政区域内突发事件的应对工作负责;涉及两个以上行政区域的,由有关行政区域共同的上一级人民政府负责,或者由各有关行政区域的上一级人民政府共同负责。

突发事件发生后,发生地县级人民政府应当立即采取措施控制事态发展,组织开展应急救援和处置工作,并立即向上一级人民政府报告,必要时可以越级上报。

突发事件发生地县级人民政府不能消除或者不能有效控制突发事件引起的严重社会危害的,应当及时向上级人民政府报告。上级人民政府应当及时采取措施,统一领导应急处置工作。

法律、行政法规规定由国务院有关部门对突发事件的应对工作负责的,从其规定;地方人民政府应当积极配合并提供必要的支持。

第八条　国务院在总理领导下研究、决定和部署特别重大突发事件的应对工作;根据实际需要,设立国家突发事件应急指挥机构,负责突发事件应对工作;必要时,国务院可以派出工作组指导有关工作。

县级以上地方各级人民政府设立由本级人民政府主要负责人、相关部门负责人、驻当地中国人民解放军和中国人民武装警察部队有关负责人组成的突发事件应急指挥机构,统一领导、协调本级人民政府各有关部门和下级人民政府开展突发事件应对工作;根据实际需要,设立相关类别突发事件应急指挥机构,组织、协调、指挥突发事件应对工作。

上级人民政府主管部门应当在各自职责范围内,指导、协助下级人民政府及其相应部门做好有关突发事件的应对工作。

第九条　国务院和县级以上地方各级人民政府是突发事件应对工作的行政领导机关,其办事机构及具体职责由国务院规定。

第十条　有关人民政府及其部门作出的应对突发事件的决定、命令,应当及时公布。

第十一条　有关人民政府及其部门采取的应对突发事件的措施,应当与突发事件可能造成的社会危害的性质、程度和范围相适应;有多种措施可供选择的,应当选择有利于最大限度地保护公民、法人和其他组织权益的措施。

公民、法人和其他组织有义务参与突发事件应对工作。

第十二条　有关人民政府及其部门为应对突发事件,可以征用单位和个人的财产。被征用的财产在使用完毕或者突发事件应急处置工作结束后,应当及时返还。财产被征用或者征用后毁损、灭失的,应当给予补偿。

第十三条　因采取突发事件应对措施,诉讼、行政复议、仲裁活动不能正常进行的,适用有关时效中止和程序中止的规定,但法律另有规定的除外。

第十四条　中国人民解放军、中国人民武装警察部队和民兵组织依照本法和其他有关法律、行政法规、军事法规的规定以及国务院、中央军事委员会的命令,参加突发事件的应急救援和处置工作。

第十五条　中华人民共和国政府在突发事件的预防、监测与预警、应急处置与救援、事后恢复与重建等方面,同外国政府和有关国际组织开展合作与交流。

第十六条　县级以上人民政府做出应对突发事件的决定、命令,应当报本级人民代表大会常务委员会备案;突发事件应急处置工作结束后,应当向本级人民代表大会常务委员会作出专项工作报告。

第二章　预防与应急准备

第十七条　国家建立健全突发事件应急预案体系。

国务院制定国家突发事件总体应急预案,组织制定国家突发事件专项应急预案;国务院有关部门根据各自的职责和国务院相关应急预案,制定国家突发事件部门应急预案。

地方各级人民政府和县级以上地方各级人民政府有关部门根据有关法律、法规、规章、上级人民政府及其有关部门的应急预案以及本地区的实际情况,制定相应的突发事件应急预案。

应急预案制定机关应当根据实际需要和情势变化,适时修订应急预案。应急预案的制定、修订程序由国务院规定。

第十八条　应急预案应当根据本法和其他有关法律、法规的规定，针对突发事件的性质、特点和可能造成的社会危害，具体规定突发事件应急管理工作的组织指挥体系与职责和突发事件的预防与预警机制、处置程序、应急保障措施以及事后恢复与重建措施等内容。

第十九条　城乡规划应当符合预防、处置突发事件的需要，统筹安排应对突发事件所必需的设备和基础设施建设，合理确定应急避难场所。

第二十条　县级人民政府应当对本行政区域内容易引发自然灾害、事故灾难和公共卫生事件的危险源、危险区域进行调查、登记、风险评估，定期进行检查、监控，并责令有关单位采取安全防范措施。

省级和设区的市级人民政府应当对本行政区域内容易引发特别重大、重大突发事件的危险源、危险区域进行调查、登记、风险评估，组织进行检查、监控，并责令有关单位采取安全防范措施。

县级以上地方各级人民政府按照本法规定登记的危险源、危险区域，应当按照国家规定及时向社会公布。

第二十一条　县级人民政府及其有关部门、乡级人民政府、街道办事处、居民委员会、村民委员会应当及时调解处理可能引发社会安全事件的矛盾纠纷。

第二十二条　所有单位应当建立健全安全管理制度，定期检查本单位各项安全防范措施的落实情况，及时消除事故隐患；掌握并及时处理本单位存在的可能引发社会安全事件的问题，防止矛盾激化和事态扩大；对本单位可能发生的突发事件和采取安全防范措施的情况，应当按照规定及时向所在地人民政府或者人民政府有关部门报告。

第二十三条　矿山、建筑施工单位和易燃易爆物品、危险化学品、放射性物品等危险物品的生产、经营、储运、使用单位，应当制定具体应急预案，并对生产经营场所、有危险物品的建筑物、构筑物及周边环境开展隐患排查，及时采取措施消除隐患，防止发生突发事件。

第二十四条　公共交通工具、公共场所和其他人员密集场所的经营单位或者管理单位应当制定具体应急预案，为交通工具和有关场所配备报警装置和必要的应急救援设备、设施，注明其使用方法，并显著标明安全撤离的通道、路线，保证安全通道、出口的畅通。

有关单位应当定期检测、维护其报警装置和应急救援设备、设施，使其处于良好状态，确保正常使用。

第二十五条　县级以上人民政府应当建立健全突发事件应急管理培训制度，对人民政府及其有关部门负有处置突发事件职责的工作人员定期进行培训。

第二十六条　县级以上人民政府应当整合应急资源，建立或者确定综合性应急救援队伍。人民政府有关部门可以根据实际需要设立专业应急救援队伍。

县级以上人民政府及其有关部门可以建立由成年志愿者组成的应急救援队伍。单位应当建立由本单位职工组成的专职或者兼职应急救援队伍。

县级以上人民政府应当加强专业应急救援队伍与非专业应急救援队伍的合作，联合培训、联合演练，提高合成应急、协同应急的能力。

第二十七条　国务院有关部门、县级以上地方各级人民政府及其有关部门、有关单位应当为专业应急救援人员购买人身意外伤害保险，配备必要的防护装备和器材，减少应急救援人员的人身风险。

第二十八条　中国人民解放军、中国人民武装警察部队和民兵组织应当有计划地组织开展应急救援的专门训练。

第二十九条　县级人民政府及其有关部门、乡级人民政府、街道办事处应当组织开展应急知识的宣传普及活动和必要的应急演练。

居民委员会、村民委员会、企业事业单位应当根据所在地人民政府的要求，结合各自的实际情况，开展有关突发事件应急知识的宣传普及活动和必要的应急演练。

新闻媒体应当无偿开展突发事件预防与应急、自救与互救知识的公益宣传。

第三十条　各级各类学校应当把应急知识教育纳入教学内容，对学生进行应急知识教育，培养学生的安全意识和自救与互救能力。

教育主管部门应当对学校开展应急知识教育进行指导和监督。

第三十一条　国务院和县级以上地方各级人民政府应当采取财政措施，保障突发事件应对工作所需经费。

第三十二条　国家建立健全应急物资储备保障制度，完善重要应急物资的监管、生产、储备、调拨和紧急配送体系。

设区的市级以上人民政府和突发事件易发、多发地区的县级人民政府应当建立应急救援物资、生活必需品和应急处置装备的储备制度。

县级以上地方各级人民政府应当根据本地区的实际情况，与有关企业签订协议，保障应急救援物资、生活必需品和应急处置装备的生产、供给。

第三十三条　国家建立健全应急通信保障体系，完善公用通信网，建立有线与无线相结合、基础电信网络与机动通信系统相配套的应急通信系统，确保突发事件应对工作的通信畅通。

第三十四条　国家鼓励公民、法人和其他组织为人民政府应对突发事件工作提供物资、资金、技术支持和捐赠。

第三十五条　国家发展保险事业，建立国家财政支持的巨灾风险保险体系，并鼓励单位和公民参加保险。

第三十六条　国家鼓励、扶持具备相应条件的教学科研机构培养应急管理专门人才，鼓励、扶持教学科研机构和有关企业研究开发用于突发事件预防、监测、预警、应急处置与救援的新技术、新设备和新工具。

第三章　监测与预警

第三十七条　国务院建立全国统一的突发事件信息系统。

县级以上地方各级人民政府应当建立或者确定本地区统一的突发事件信息系统，汇集、储存、分析、传输有关突发事件的信息，并与上级人民政府及其有关部门、下级人民政府及其有关部门、专业机构和监测网点的突发事件信息系统实现互联互通，加强跨部门、跨地区的信息交流与情报合作。

第三十八条　县级以上人民政府及其有关部门、专业机构应当通过多种途径收集突发事件信息。

县级人民政府应当在居民委员会、村民委员会和有关单位建立专职或者兼职信息报告员制度。

获悉突发事件信息的公民、法人或者其他组织，应当立即向所在地人民政府、有关主管部门或者指定的专业机构报告。

第三十九条　地方各级人民政府应当按照国家有关规定向上级人民政府报送突发事件信息。县级以上人民政府有关主管部门应当向本级人民政府相关部门通报突发事件信息。专业机构、监测网点和信息报告员应当及时向所在地人民政府及其有关主管部门报告突发事件信息。

有关单位和人员报送、报告突发事件信息,应当做到及时、客观、真实,不得迟报、谎报、瞒报、漏报。

第四十条　县级以上地方各级人民政府应当及时汇总分析突发事件隐患和预警信息,必要时组织相关部门、专业技术人员、专家学者进行会商,对发生突发事件的可能性及其可能造成的影响进行评估;认为可能发生重大或者特别重大突发事件的,应当立即向上级人民政府报告,并向上级人民政府有关部门、当地驻军和可能受到危害的毗邻或者相关地区的人民政府通报。

第四十一条　国家建立健全突发事件监测制度。

县级以上人民政府及其有关部门应当根据自然灾害、事故灾难和公共卫生事件的种类和特点,建立健全基础信息数据库,完善监测网络,划分监测区域,确定监测点,明确监测项目,提供必要的设备、设施,配备专职或者兼职人员,对可能发生的突发事件进行监测。

第四十二条　国家建立健全突发事件预警制度。

可以预警的自然灾害、事故灾难和公共卫生事件的预警级别,按照突发事件发生的紧急程度、发展势态和可能造成的危害程度分为一级、二级、三级和四级,分别用红色、橙色、黄色和蓝色标示,一级为最高级别。

预警级别的划分标准由国务院或者国务院确定的部门制定。

第四十三条　可以预警的自然灾害、事故灾难或者公共卫生事件即将发生或者发生的可能性增大时,县级以上地方各级人民政府应当根据有关法律、行政法规和国务院规定的权限和程序,发布相应级别的警报,决定并宣布有关地区进入预警期,同时向上一级人民政府报告,必要时可以越级上报,并向当地驻军和可能受到危害的毗邻或者相关地区的人民政府通报。

第四十四条　发布三级、四级警报,宣布进入预警期后,县级以上地方各级人民政府应当根据即将发生的突发事件的特点和可能造成的危害,采取下列措施:

(一)启动应急预案;

(二)责令有关部门、专业机构、监测网点和负有特定职责的人员及时收集、报告有关信息,向社会公布反映突发事件信息的渠道,加强对突发事件发生、发展情况的监测、预报和预警工作;

(三)组织有关部门和机构、专业技术人员、有关专家学者,随时对突发事件信息进行分析评估,预测发生突发事件可能性的大小、影响范围和强度以及可能发生的突发事件的级别;

(四)定时向社会发布与公众有关的突发事件预测信息和分析评估结果,并对相关信息的报道工作进行管理;

(五)及时按照有关规定向社会发布可能受到突发事件危害的警告,宣传避免、减轻危害的常识,公布咨询电话。

第四十五条　发布一级、二级警报,宣布进入预警期后,县级以上地方各级人民政府除采取本法第四十四条规定的措施外,还应当针对即将发生的突发事件的特点和可能造成的危害,采取下列一项或者多项措施:

(一)责令应急救援队伍、负有特定职责的人员进入待命状态,并动员后备人员做好参加应急救援和处置工作的准备;

(二)调集应急救援所需物资、设备、工具,准备应急设施和避难场所,并确保其处于良好状态、随时可以投入正常使用;

(三)加强对重点单位、重要部位和重要基础设施的安全保卫,维护社会治安秩序;

(四)采取必要措施,确保交通、通信、供水、排水、供电、供气、供热等公共设施的安全和正常运行;

(五)及时向社会发布有关采取特定措施避免或者减轻危害的建议、劝告;

（六）转移、疏散或者撤离易受突发事件危害的人员并予以妥善安置，转移重要财产；

（七）关闭或者限制使用易受突发事件危害的场所，控制或者限制容易导致危害扩大的公共场所的活动；

（八）法律、法规、规章规定的其他必要的防范性、保护性措施。

第四十六条　对即将发生或者已经发生的社会安全事件，县级以上地方各级人民政府及其有关主管部门应当按照规定向上一级人民政府及其有关主管部门报告，必要时可以越级上报。

第四十七条　发布突发事件警报的人民政府应当根据事态的发展，按照有关规定适时调整预警级别并重新发布。

有事实证明不可能发生突发事件或者危险已经解除的，发布警报的人民政府应当立即宣布解除警报，终止预警期，并解除已经采取的有关措施。

第四章　应急处置与救援

第四十八条　突发事件发生后，履行统一领导职责或者组织处置突发事件的人民政府应当针对其性质、特点和危害程度，立即组织有关部门，调动应急救援队伍和社会力量，依照本章的规定和有关法律、法规、规章的规定采取应急处置措施。

第四十九条　自然灾害、事故灾难或者公共卫生事件发生后，履行统一领导职责的人民政府可以采取下列一项或者多项应急处置措施：

（一）组织营救和救治受害人员，疏散、撤离并妥善安置受到威胁的人员以及采取其他救助措施；

（二）迅速控制危险源，标明危险区域，封锁危险场所，划定警戒区，实行交通管制以及其他控制措施；

（三）立即抢修被损坏的交通、通信、供水、排水、供电、供气、供热等公共设施，向受到危害的人员提供避难场所和生活必需品，实施医疗救护和卫生防疫以及其他保障措施；

（四）禁止或者限制使用有关设备、设施，关闭或者限制使用有关场所，中止人员密集的活动或者可能导致危害扩大的生产经营活动以及采取其他保护措施；

（五）启用本级人民政府设置的财政预备费和储备的应急救援物资，必要时调用其他急需物资、设备、设施、工具；

（六）组织公民参加应急救援和处置工作，要求具有特定专长的人员提供服务；

（七）保障食品、饮用水、燃料等基本生活必需品的供应；

（八）依法从严惩处囤积居奇、哄抬物价、制假售假等扰乱市场秩序的行为，稳定市场价格，维护市场秩序；

（九）依法从严惩处哄抢财物、干扰破坏应急处置工作等扰乱社会秩序的行为，维护社会治安；

（十）采取防止发生次生、衍生事件的必要措施。

第五十条　社会安全事件发生后，组织处置工作的人民政府应当立即组织有关部门并由公安机关针对事件的性质和特点，依照有关法律、行政法规和国家其他有关规定，采取下列一项或者多项应急处置措施：

（一）强制隔离使用器械相互对抗或者以暴力行为参与冲突的当事人，妥善解决现场纠纷和争端，控制事态发展；

（二）对特定区域内的建筑物、交通工具、设备、设施以及燃料、燃气、电力、水的供应进行控制；

（三）封锁有关场所、道路，查验现场人员的身份证件，限制有关公共场所内的活动；

（四）加强对易受冲击的核心机关和单位的警卫，在国家机关、军事机关、国家通讯社、广播电台、电视台、外国驻华使领馆等单位附近设置临时警戒线；

（五）法律、行政法规和国务院规定的其他必要措施。

严重危害社会治安秩序的事件发生时，公安机关应当立即依法出动警力，根据现场情况依法采取相应的强制性措施，尽快使社会秩序恢复正常。

第五十一条　发生突发事件，严重影响国民经济正常运行时，国务院或者国务院授权的有关主管部门可以采取保障、控制等必要的应急措施，保障人民群众的基本生活需要，最大限度地减轻突发事件的影响。

第五十二条　履行统一领导职责或者组织处置突发事件的人民政府，必要时可以向单位和个人征用应急救援所需设备、设施、场地、交通工具和其他物资，请求其他地方人民政府提供人力、物力、财力或者技术支援，要求生产、供应生活必需品和应急救援物资的企业组织生产、保证供给，要求提供医疗、交通等公共服务的组织提供相应的服务。

履行统一领导职责或者组织处置突发事件的人民政府，应当组织协调运输经营单位，优先运送处置突发事件所需物资、设备、工具、应急救援人员和受到突发事件危害的人员。

第五十三条　履行统一领导职责或者组织处置突发事件的人民政府，应当按照有关规定统一、准确、及时发布有关突发事件事态发展和应急处置工作的信息。

第五十四条　任何单位和个人不得编造、传播有关突发事件事态发展或者应急处置工作的虚假信息。

第五十五条　突发事件发生地的居民委员会、村民委员会和其他组织应当按照当地人民政府的决定、命令，进行宣传动员，组织群众开展自救和互救，协助维护社会秩序。

第五十六条　受到自然灾害危害或者发生事故灾难、公共卫生事件的单位，应当立即组织本单位应急救援队伍和工作人员营救受害人员，疏散、撤离、安置受到威胁的人员，控制危险源，标明危险区域，封锁危险场所，并采取其他防止危害扩大的必要措施，同时向所在地县级人民政府报告；对因本单位的问题引发的或者主体是本单位人员的社会安全事件，有关单位应当按照规定上报情况，并迅速派出负责人赶赴现场开展劝解、疏导工作。

突发事件发生地的其他单位应当服从人民政府发布的决定、命令，配合人民政府采取的应急处置措施，做好本单位的应急救援工作，并积极组织人员参加所在地的应急救援和处置工作。

第五十七条　突发事件发生地的公民应当服从人民政府、居民委员会、村民委员会或者所属单位的指挥和安排，配合人民政府采取的应急处置措施，积极参加应急救援工作，协助维护社会秩序。

第五章　事后恢复与重建

第五十八条　突发事件的威胁和危害得到控制或者消除后，履行统一领导职责或者组织处置突发事件的人民政府应当停止执行依照本法规定采取的应急处置措施，同时采取或者继续实施必要措施，防止发生自然灾害、事故灾难、公共卫生事件的次生、衍生事件或者重新引发社会安全事件。

第五十九条　突发事件应急处置工作结束后，履行统一领导职责的人民政府应当立即组织对突发事件造成的损失进行评估，组织受影响地区尽快恢复生产、生活、工作和社会秩序，制定恢复重建计划，并向上一级人民政府报告。

受突发事件影响地区的人民政府应当及时组织和协调公安、交通、铁路、民航、邮电、建设等有关部门恢复社会治安秩序,尽快修复被损坏的交通、通信、供水、排水、供电、供气、供热等公共设施。

第六十条 受突发事件影响地区的人民政府开展恢复重建工作需要上一级人民政府支持的,可以向上一级人民政府提出请求。上一级人民政府应当根据受影响地区遭受的损失和实际情况,提供资金、物资支持和技术指导,组织其他地区提供资金、物资和人力支援。

第六十一条 国务院根据受突发事件影响地区遭受损失的情况,制定扶持该地区有关行业发展的优惠政策。

受突发事件影响地区的人民政府应当根据本地区遭受损失的情况,制定救助、补偿、抚慰、抚恤、安置等善后工作计划并组织实施,妥善解决因处置突发事件引发的矛盾和纠纷。

公民参加应急救援工作或者协助维护社会秩序期间,其在本单位的工资待遇和福利不变;表现突出、成绩显著的,由县级以上人民政府给予表彰或者奖励。

县级以上人民政府对在应急救援工作中伤亡的人员依法给予抚恤。

第六十二条 履行统一领导职责的人民政府应当及时查明突发事件的发生经过和原因,总结突发事件应急处置工作的经验教训,制定改进措施,并向上一级人民政府提出报告。

第六章　法律责任

第六十三条 地方各级人民政府和县级以上各级人民政府有关部门违反本法规定,不履行法定职责的,由其上级行政机关或者监察机关责令改正;有下列情形之一的,根据情节对直接负责的主管人员和其他直接责任人员依法给予处分:

(一)未按规定采取预防措施,导致发生突发事件,或者未采取必要的防范措施,导致发生次生、衍生事件的;

(二)迟报、谎报、瞒报、漏报有关突发事件的信息,或者通报、报送、公布虚假信息,造成后果的;

(三)未按规定及时发布突发事件警报、采取预警期的措施,导致损害发生的;

(四)未按规定及时采取措施处置突发事件或者处置不当,造成后果的;

(五)不服从上级人民政府对突发事件应急处置工作的统一领导、指挥和协调的;

(六)未及时组织开展生产自救、恢复重建等善后工作的;

(七)截留、挪用、私分或者变相私分应急救援资金、物资的;

(八)不及时归还征用的单位和个人的财产,或者对被征用财产的单位和个人不按规定给予补偿的。

第六十四条 有关单位有下列情形之一的,由所在地履行统一领导职责的人民政府责令停产停业,暂扣或者吊销许可证或者营业执照,并处五万元以上二十万元以下的罚款;构成违反治安管理行为的,由公安机关依法给予处罚:

(一)未按规定采取预防措施,导致发生严重突发事件的;

(二)未及时消除已发现的可能引发突发事件的隐患,导致发生严重突发事件的;

(三)未做好应急设备、设施日常维护、检测工作,导致发生严重突发事件或者突发事件危害扩大的;

(四)突发事件发生后,不及时组织开展应急救援工作,造成严重后果的。

前款规定的行为,其他法律、行政法规规定由人民政府有关部门依法决定处罚的,从其规定。

第六十五条 违反本法规定,编造并传播有关突发事件事态发展或者应急处置工作的虚假信息,或者明知是有关突发事件事态发展或者应急处置工作的虚假信息而进行传播的,责令改正,给予警告;造成严重后果的,依法暂停其业务活动或者吊销其执业许可证;负有直接责任的人员是国家工作人员的,还应当对其依法给予处分;构成违反治安管理行为的,由公安机关依法给予处罚。

第六十六条　单位或者个人违反本法规定,不服从所在地人民政府及其有关部门发布的决定、命令或者不配合其依法采取的措施,构成违反治安管理行为的,由公安机关依法给予处罚。

第六十七条　单位或者个人违反本法规定,导致突发事件发生或者危害扩大,给他人人身、财产造成损害的,应当依法承担民事责任。

第六十八条　违反本法规定,构成犯罪的,依法追究刑事责任。

第七章　附　则

第六十九条　发生特别重大突发事件,对人民生命财产安全、国家安全、公共安全、环境安全或者社会秩序构成重大威胁,采取本法和其他有关法律、法规、规章规定的应急处置措施不能消除或者有效控制、减轻其严重社会危害,需要进入紧急状态的,由全国人民代表大会常务委员会或者国务院依照宪法和其他有关法律规定的权限和程序决定。

紧急状态期间采取的非常措施,依照有关法律规定执行或者由全国人民代表大会常务委员会另行规定。

第七十条　本法自 2007 年 11 月 1 日起施行。

中华人民共和国石油天然气管道保护法

(中华人民共和国主席令第 30 号发布
2010 年 6 月 25 日第十一届全国人民代表大会常务委员会第十五次会议通过)

第一章 总 则

第一条 为了保护石油、天然气管道,保障石油、天然气输送安全,维护国家能源安全和公共安全,制定本法。

第二条 中华人民共和国境内输送石油、天然气的管道的保护,适用本法。

城镇燃气管道和炼油、化工等企业厂区内管道的保护,不适用本法。

第三条 本法所称石油包括原油和成品油,所称天然气包括天然气、煤层气和煤制气。

本法所称管道包括管道及管道附属设施。

第四条 国务院能源主管部门依照本法规定主管全国管道保护工作,负责组织编制并实施全国管道发展规划,统筹协调全国管道发展规划与其他专项规划的衔接,协调跨省、自治区、直辖市管道保护的重大问题。国务院其他有关部门依照有关法律、行政法规的规定,在各自职责范围内负责管道保护的相关工作。

第五条 省、自治区、直辖市人民政府能源主管部门和设区的市级、县级人民政府指定的部门,依照本法规定主管本行政区域的管道保护工作,协调处理本行政区域管道保护的重大问题,指导、监督有关单位履行管道保护义务,依法查处危害管道安全的违法行为。县级以上地方人民政府其他有关部门依照有关法律、行政法规的规定,在各自职责范围内负责管道保护的相关工作。

省、自治区、直辖市人民政府能源主管部门和设区的市级、县级人民政府指定的部门,统称县级以上地方人民政府主管管道保护工作的部门。

第六条 县级以上地方人民政府应当加强对本行政区域管道保护工作的领导,督促、检查有关部门依法履行管道保护职责,组织排除管道的重大外部安全隐患。

第七条 管道企业应当遵守本法和有关规划、建设、安全生产、质量监督、环境保护等法律、行政法规,执行国家技术规范的强制性要求,建立、健全本企业有关管道保护的规章制度和操作规程并组织实施,宣传管道安全与保护知识,履行管道保护义务,接受人民政府及其有关部门依法实施的监督,保障管道安全运行。

第八条 任何单位和个人不得实施危害管道安全的行为。

对危害管道安全的行为,任何单位和个人有权向县级以上地方人民政府主管管道保护工作的部门或者其他有关部门举报。接到举报的部门应当在职责范围内及时处理。

第九条 国家鼓励和促进管道保护新技术的研究开发和推广应用。

第二章 管道规划与建设

第十条 管道的规划、建设应当符合管道保护的要求,遵循安全、环保、节约用地和经济合理的原则。

第十一条 国务院能源主管部门根据国民经济和社会发展的需要组织编制全国管道发展规

划。组织编制全国管道发展规划应当征求国务院有关部门以及有关省、自治区、直辖市人民政府的意见。

全国管道发展规划应当符合国家能源规划,并与土地利用总体规划、城乡规划以及矿产资源、环境保护、水利、铁路、公路、航道、港口、电信等规划相协调。

第十二条　管道企业应当根据全国管道发展规划编制管道建设规划,并将管道建设规划确定的管道建设选线方案报送拟建管道所在地县级以上地方人民政府城乡规划主管部门审核;经审核符合城乡规划的,应当依法纳入当地城乡规划。

纳入城乡规划的管道建设用地,不得擅自改变用途。

第十三条　管道建设的选线应当避开地震活动断层和容易发生洪灾、地质灾害的区域,与建筑物、构筑物、铁路、公路、航道、港口、市政设施、军事设施、电缆、光缆等保持本法和有关法律、行政法规以及国家技术规范的强制性要求规定的保护距离。

新建管道通过的区域受地理条件限制,不能满足前款规定的管道保护要求的,管道企业应当提出防护方案,经管道保护方面的专家评审论证,并经管道所在地县级以上地方人民政府主管管道保护工作的部门批准后,方可建设。

管道建设项目应当依法进行环境影响评价。

第十四条　管道建设使用土地,依照《中华人民共和国土地管理法》等法律、行政法规的规定执行。

依法建设的管道通过集体所有的土地或者他人取得使用权的国有土地,影响土地使用的,管道企业应当按照管道建设时土地的用途给予补偿。

第十五条　依照法律和国务院的规定,取得行政许可或者已报送备案并符合开工条件的管道项目的建设,任何单位和个人不得阻碍。

第十六条　管道建设应当遵守法律、行政法规有关建设工程质量管理的规定。

管道企业应当依照有关法律、行政法规的规定,选择具备相应资质的勘察、设计、施工、工程监理单位进行管道建设。

管道的安全保护设施应当与管道主体工程同时设计、同时施工、同时投入使用。

管道建设使用的管道产品及其附件的质量,应当符合国家技术规范的强制性要求。

第十七条　穿跨越水利工程、防洪设施、河道、航道、铁路、公路、港口、电力设施、通信设施、市政设施的管道的建设,应当遵守本法和有关法律、行政法规,执行国家技术规范的强制性要求。

第十八条　管道企业应当按照国家技术规范的强制性要求在管道沿线设置管道标志。管道标志毁损或者安全警示不清的,管道企业应当及时修复或者更新。

第十九条　管道建成后应当按照国家有关规定进行竣工验收。竣工验收应当审查管道是否符合本法规定的管道保护要求,经验收合格方可正式交付使用。

第二十条　管道企业应当自管道竣工验收合格之日起六十日内,将竣工测量图报管道所在地县级以上地方人民政府主管管道保护工作的部门备案;县级以上地方人民政府主管管道保护工作的部门应当将管道企业报送的管道竣工测量图分送本级人民政府规划、建设、国土资源、铁路、交通、水利、公安、安全生产监督管理等部门和有关军事机关。

第二十一条　地方各级人民政府编制、调整土地利用总体规划和城乡规划,需要管道改建、搬迁或者增加防护设施的,应当与管道企业协商确定补偿方案。

第三章　管道运行中的保护

第二十二条　管道企业应当建立、健全管道巡护制度,配备专门人员对管道线路进行日常巡护。管道巡护人员发现危害管道安全的情形或者隐患,应当按照规定及时处理和报告。

第二十三条　管道企业应当定期对管道进行检测、维修,确保其处于良好状态;对管道安全风险较大的区段和场所应当进行重点监测,采取有效措施防止管道事故的发生。

对不符合安全使用条件的管道,管道企业应当及时更新、改造或者停止使用。

第二十四条　管道企业应当配备管道保护所必需的人员和技术装备,研究开发和使用先进适用的管道保护技术,保证管道保护所必需的经费投入,并对在管道保护中做出突出贡献的单位和个人给予奖励。

第二十五条　管道企业发现管道存在安全隐患,应当及时排除。对管道存在的外部安全隐患,管道企业自身排除确有困难的,应当向县级以上地方人民政府主管管道保护工作的部门报告。接到报告的主管管道保护工作的部门应当及时协调排除或者报请人民政府及时组织排除安全隐患。

第二十六条　管道企业依法取得使用权的土地,任何单位和个人不得侵占。

为合理利用土地,在保障管道安全的条件下,管道企业可以与有关单位、个人约定,同意有关单位、个人种植浅根农作物。但是,因管道巡护、检测、维修造成的农作物损失,除另有约定外,管道企业不予赔偿。

第二十七条　管道企业对管道进行巡护、检测、维修等作业,管道沿线的有关单位、个人应当给予必要的便利。

因管道巡护、检测、维修等作业给土地使用权人或者其他单位、个人造成损失的,管道企业应当依法给予赔偿。

第二十八条　禁止下列危害管道安全的行为:

(一)擅自开启、关闭管道阀门;

(二)采用移动、切割、打孔、砸撬、拆卸等手段损坏管道;

(三)移动、毁损、涂改管道标志;

(四)在埋地管道上方巡查便道上行驶重型车辆;

(五)在地面管道线路、架空管道线路和管桥上行走或者放置重物。

第二十九条　禁止在本法第五十八条第一项所列管道附属设施的上方架设电力线路、通信线路或者在储气库构造区域范围内进行工程挖掘、工程钻探、采矿。

第三十条　在管道线路中心线两侧各五米地域范围内,禁止下列危害管道安全的行为:

(一)种植乔木、灌木、藤类、芦苇、竹子或者其他根系深达管道埋设部位可能损坏管道防腐层的深根植物;

(二)取土、采石、用火、堆放重物、排放腐蚀性物质、使用机械工具进行挖掘施工;

(三)挖塘、修渠、修晒场、修建水产养殖场、建温室、建家畜棚圈、建房以及修建其他建筑物、构筑物。

第三十一条　在管道线路中心线两侧和本法第五十八条第一项所列管道附属设施周边修建下列建筑物、构筑物的,建筑物、构筑物与管道线路和管道附属设施的距离应当符合国家技术规范的强制性要求:

(一)居民小区、学校、医院、娱乐场所、车站、商场等人口密集的建筑物;

(二)变电站、加油站、加气站、储油罐、储气罐等易燃易爆物品的生产、经营、存储场所。

前款规定的国家技术规范的强制性要求,应当按照保障管道及建筑物、构筑物安全和节约用地的原则确定。

第三十二条　在穿越河流的管道线路中心线两侧各五百米地域范围内,禁止抛锚、拖锚、挖砂、挖泥、采石、水下爆破。但是,在保障管道安全的条件下,为防洪和航道通畅而进行的养护疏浚作业除外。

第三十三条 在管道专用隧道中心线两侧各一千米地域范围内,除本条第二款规定的情形外,禁止采石、采矿、爆破。

在前款规定的地域范围内,因修建铁路、公路、水利工程等公共工程,确需实施采石、爆破作业的,应当经管道所在地县级人民政府主管管道保护工作的部门批准,并采取必要的安全防护措施,方可实施。

第三十四条 未经管道企业同意,其他单位不得使用管道专用伴行道路、管道水工防护设施、管道专用隧道等管道附属设施。

第三十五条 进行下列施工作业,施工单位应当向管道所在地县级人民政府主管管道保护工作的部门提出申请:

(一)穿跨越管道的施工作业;

(二)在管道线路中心线两侧各五米至五十米和本法第五十八条第一项所列管道附属设施周边一百米地域范围内,新建、改建、扩建铁路、公路、河渠,架设电力线路,埋设地下电缆、光缆,设置安全接地体、避雷接地体;

(三)在管道线路中心线两侧各二百米和本法第五十八条第一项所列管道附属设施周边五百米地域范围内,进行爆破、地震法勘探或者工程挖掘、工程钻探、采矿。

县级人民政府主管管道保护工作的部门接到申请后,应当组织施工单位与管道企业协商确定施工作业方案,并签订安全防护协议;协商不成的,主管管道保护工作的部门应当组织进行安全评审,作出是否批准作业的决定。

第三十六条 申请进行本法第三十三条第二款、第三十五条规定的施工作业,应当符合下列条件:

(一)具有符合管道安全和公共安全要求的施工作业方案;

(二)已制定事故应急预案;

(三)施工作业人员具备管道保护知识;

(四)具有保障安全施工作业的设备、设施。

第三十七条 进行本法第三十三条第二款、第三十五条规定的施工作业,应当在开工七日前书面通知管道企业。管道企业应当指派专门人员到现场进行管道保护安全指导。

第三十八条 管道企业在紧急情况下进行管道抢修作业,可以先行使用他人土地或者设施,但应当及时告知土地或者设施的所有权人或者使用权人。给土地或者设施的所有权人或者使用权人造成损失的,管道企业应当依法给予赔偿。

第三十九条 管道企业应当制定本企业管道事故应急预案,并报管道所在地县级人民政府主管管道保护工作的部门备案;配备抢险救援人员和设备,并定期进行管道事故应急救援演练。

发生管道事故,管道企业应当立即启动本企业管道事故应急预案,按照规定及时通报可能受到事故危害的单位和居民,采取有效措施消除或者减轻事故危害,并依照有关事故调查处理的法律、行政法规的规定,向事故发生地县级人民政府主管管道保护工作的部门、安全生产监督管理部门和其他有关部门报告。

接到报告的主管管道保护工作的部门应当按照规定及时上报事故情况,并根据管道事故的实际情况组织采取事故处置措施或者报请人民政府及时启动本行政区域管道事故应急预案,组织进行事故应急处置与救援。

第四十条 管道泄漏的石油和因管道抢修排放的石油造成环境污染的,管道企业应当及时治理。因第三人的行为致使管道泄漏造成环境污染的,管道企业有权向第三人追偿治理费用。

环境污染损害的赔偿责任,适用《中华人民共和国侵权责任法》和防治环境污染的法律的有关规定。

第四十一条 管道泄漏的石油和因管道抢修排放的石油,由管道企业回收、处理,任何单位和个人不得侵占、盗窃、哄抢。

第四十二条 管道停止运行、封存、报废的,管道企业应当采取必要的安全防护措施,并报县级以上地方人民政府主管管道保护工作的部门备案。·

第四十三条 管道重点保护部位,需要由中国人民武装警察部队负责守卫的,依照《中华人民共和国人民武装警察法》和国务院、中央军事委员会的有关规定执行。

第四章 管道建设工程与其他建设工程相遇关系的处理

第四十四条 管道建设工程与其他建设工程的相遇关系,依照法律的规定处理;法律没有规定的,由建设工程双方按照下列原则协商处理,并为对方提供必要的便利:

(一)后开工的建设工程服从先开工或者已建成的建设工程;

(二)同时开工的建设工程,后批准的建设工程服从先批准的建设工程。

依照前款规定,后开工或者后批准的建设工程,应当符合先开工、已建成或者先批准的建设工程的安全防护要求;需要先开工、已建成或者先批准的建设工程改建、搬迁或者增加防护设施的,后开工或者后批准的建设工程一方应当承担由此增加的费用。

管道建设工程与其他建设工程相遇的,建设工程双方应当协商确定施工作业方案并签订安全防护协议,指派专门人员现场监督、指导对方施工。

第四十五条 经依法批准的管道建设工程,需要通过正在建设的其他建设工程的,其他工程建设单位应当按照管道建设工程的需要,预留管道通道或者预建管道通过设施,管道企业应当承担由此增加的费用。

经依法批准的其他建设工程,需要通过正在建设的管道建设工程的,管道建设单位应当按照其他建设工程的需要,预留通道或者预建相关设施,其他工程建设单位应当承担由此增加的费用。

第四十六条 管道建设工程通过矿产资源开采区域的,管道企业应当与矿产资源开采企业协商确定管道的安全防护方案,需要矿产资源开采企业按照管道安全防护要求预建防护设施或者采取其他防护措施的,管道企业应当承担由此增加的费用。

矿产资源开采企业未按照约定预建防护设施或者采取其他防护措施,造成地面塌陷、裂缝、沉降等地质灾害,致使管道需要改建、搬迁或者采取其他防护措施的,矿产资源开采企业应当承担由此增加的费用。

第四十七条 铁路、公路等建设工程修建防洪、分流等水工防护设施,可能影响管道保护的,应当事先通知管道企业并注意保护下游已建成的管道水工防护设施。

建设工程修建防洪、分流等水工防护设施,使下游已建成的管道水工防护设施的功能受到影响,需要新建、改建、扩建管道水工防护设施的,工程建设单位应当承担由此增加的费用。

第四十八条 县级以上地方人民政府水行政主管部门制定防洪、泄洪方案应当兼顾管道的保护。

需要在管道通过的区域泄洪的,县级以上地方人民政府水行政主管部门应当在泄洪方案确定后,及时将泄洪量和泄洪时间通知本级人民政府主管管道保护工作的部门和管道企业或者向社会公告。主管管道保护工作的部门和管道企业应当对管道采取防洪保护措施。

第四十九条　管道与航道相遇,确需在航道中修建管道防护设施的,应当进行通航标准技术论证,并经航道主管部门批准。管道防护设施完工后,应经航道主管部门验收。

进行前款规定的施工作业,应当在批准的施工区域内设置航标,航标的设置和维护费用由管道企业承担。

第五章　法律责任

第五十条　管道企业有下列行为之一的,由县级以上地方人民政府主管管道保护工作的部门责令限期改正;逾期不改正的,处二万元以上十万元以下的罚款;对直接负责的主管人员和其他直接责任人员给予处分:

(一)未依照本法规定对管道进行巡护、检测和维修的;

(二)对不符合安全使用条件的管道未及时更新、改造或者停止使用的;

(三)未依照本法规定设置、修复或者更新有关管道标志的;

(四)未依照本法规定将管道竣工测量图报人民政府主管管道保护工作的部门备案的;

(五)未制定本企业管道事故应急预案,或者未将本企业管道事故应急预案报人民政府主管管道保护工作的部门备案的;

(六)发生管道事故,未采取有效措施消除或者减轻事故危害的;

(七)未对停止运行、封存、报废的管道采取必要的安全防护措施的。

管道企业违反本法规定的行为同时违反建设工程质量管理、安全生产、消防等其他法律的,依照其他法律的规定处罚。

管道企业给他人合法权益造成损害的,依法承担民事责任。

第五十一条　采用移动、切割、打孔、砸撬、拆卸等手段损坏管道或者盗窃、哄抢管道输送、泄漏、排放的石油、天然气,尚不构成犯罪的,依法给予治安管理处罚。

第五十二条　违反本法第二十九条、第三十条、第三十二条或者第三十三条第一款的规定,实施危害管道安全行为的,由县级以上地方人民政府主管管道保护工作的部门责令停止违法行为;情节较重的,对单位处一万元以上十万元以下的罚款,对个人处二百元以上二千元以下的罚款;对违法修建的建筑物、构筑物或者其他设施限期拆除;逾期未拆除的,由县级以上地方人民政府主管管道保护工作的部门组织拆除,所需费用由违法行为人承担。

第五十三条　未经依法批准,进行本法第三十三条第二款或者第三十五条规定的施工作业的,由县级以上地方人民政府主管管道保护工作的部门责令停止违法行为;情节较重的,处一万元以上五万元以下的罚款;对违法修建的危害管道安全的建筑物、构筑物或者其他设施限期拆除;逾期未拆除的,由县级以上地方人民政府主管管道保护工作的部门组织拆除,所需费用由违法行为人承担。

第五十四条　违反本法规定,有下列行为之一的,由县级以上地方人民政府主管管道保护工作的部门责令改正;情节严重的,处二百元以上一千元以下的罚款:

(一)擅自开启、关闭管道阀门的;

(二)移动、毁损、涂改管道标志的;

(三)在埋地管道上方巡查便道上行驶重型车辆的;

(四)在地面管道线路、架空管道线路和管桥上行走或者放置重物的;

(五)阻碍依法进行的管道建设的。

第五十五条　违反本法规定,实施危害管道安全的行为,给管道企业造成损害的,依法承担民事责任。

第五十六条 县级以上地方人民政府及其主管管道保护工作的部门或者其他有关部门，违反本法规定，对应当组织排除的管道外部安全隐患不及时组织排除，发现危害管道安全的行为或者接到对危害管道安全行为的举报后不依法予以查处，或者有其他不依照本法规定履行职责的行为的，由其上级机关责令改正，对直接负责的主管人员和其他直接责任人员依法给予处分。

第五十七条 违反本法规定，构成犯罪的，依法追究刑事责任。

第六章 附 则

第五十八条 本法所称管道附属设施包括：

（一）管道的加压站、加热站、计量站、集油站、集气站、输油站、输气站、配气站、处理场、清管站、阀室、阀井、放空设施、油库、储气库、装卸栈桥、装卸场；

（二）管道的水工防护设施、防风设施、防雷设施、抗震设施、通信设施、安全监控设施、电力设施、管堤、管桥以及管道专用涵洞、隧道等穿跨越设施；

（三）管道的阴极保护站、阴极保护测试桩、阳极地床、杂散电流排流站等防腐设施；

（四）管道穿越铁路、公路的检漏装置；

（五）管道的其他附属设施。

第五十九条 本法施行前在管道保护距离内已建成的人口密集场所和易燃易爆物品的生产、经营、存储场所，应当由所在地人民政府根据当地的实际情况，有计划、分步骤地进行搬迁、清理或者采取必要的防护措施。需要已建成的管道改建、搬迁或者采取必要的防护措施的，应当与管道企业协商确定补偿方案。

第六十条 国务院可以根据海上石油、天然气管道的具体情况，制定海上石油、天然气管道保护的特别规定。

第六十一条 本法自 2010 年 10 月 1 日起施行。

中华人民共和国主席令

第 7 号

《中华人民共和国行政许可法》已由中华人民共和国第十届全国人民代表大会常务委员会第四次会议于 2003 年 8 月 27 日通过，现予公布，自 2004 年 7 月 1 日起施行。

中华人民共和国主席　胡锦涛

2003 年 8 月 27 日

中华人民共和国行政许可法

（2003 年 8 月 27 日第十届全国人民代表大会常务委员会第四次会议通过）

第一章　总　则

第一条　为了规范行政许可的设定和实施，保护公民、法人和其他组织的合法权益，维护公共利益和社会秩序，保障和监督行政机关有效实施行政管理，根据宪法，制定本法。

第二条　本法所称行政许可，是指行政机关根据公民、法人或者其他组织的申请，经依法审查，准予其从事特定活动的行为。

第三条　行政许可的设定和实施，适用本法。

有关行政机关对其他机关或者对其直接管理的事业单位的人事、财务、外事等事项的审批，不适用本法。

第四条　设定和实施行政许可，应当依照法定的权限、范围、条件和程序。

第五条　设定和实施行政许可，应当遵循公开、公平、公正的原则。有关行政许可的规定应当公布；未经公布的，不得作为实施行政许可的依据。行政许可的实施和结果，除涉及国家秘密、商业秘密或者个人隐私的外，应当公开。

符合法定条件、标准的，申请人有依法取得行政许可的平等权利，行政机关不得歧视。

第六条　实施行政许可，应当遵循便民的原则，提高办事效率，提供优质服务。

第七条　公民、法人或者其他组织对行政机关实施行政许可，享有陈述权、申辩权；有权依法申请行政复议或者提起行政诉讼；其合法权益因行政机关违法实施行政许可受到损害的，有权依法要求赔偿。

第八条　公民、法人或者其他组织依法取得的行政许可受法律保护，行政机关不得擅自改变已经生效的行政许可。

行政许可所依据的法律、法规、规章修改或者废止，或者准予行政许可所依据的客观情况发生重大变化的，为了公共利益的需要，行政机关可以依法变更或者撤回已经生效的行政许可。由此给公民、法人或者其他组织造成财产损失的，行政机关应当依法给予补偿。

第九条　依法取得的行政许可，除法律、法规规定依照法定条件和程序可以转让的外，不得转让。

第十条 县级以上人民政府应当建立健全对行政机关实施行政许可的监督制度，加强对行政机关实施行政许可的监督检查。行政机关应当对公民、法人或者其他组织从事行政许可事项的活动实施有效监督。

第二章 行政许可的设定

第十一条 设定行政许可，应当遵循经济和社会发展规律，有利于发挥公民、法人或者其他组织的积极性、主动性，维护公共利益和社会秩序，促进经济、社会和生态环境协调发展。

第十二条 下列事项可以设定行政许可：

（一）直接涉及国家安全、公共安全、经济宏观调控、生态环境保护以及直接关系人身健康、生命财产安全等特定活动，需要按照法定条件予以批准的事项；

（二）有限自然资源开发利用、公共资源配置以及直接关系公共利益的特定行业的市场准入等，需要赋予特定权利的事项；

（三）提供公众服务并且直接关系公共利益的职业、行业，需要确定具备特殊信誉、特殊条件或者特殊技能等资格、资质的事项；

（四）直接关系公共安全、人身健康、生命财产安全的重要设备、设施、产品、物品，需要按照技术标准、技术规范，通过检验、检测、检疫等方式进行审定的事项；

（五）企业或者其他组织的设立等，需要确定主体资格的事项；

（六）法律、行政法规规定可以设定行政许可的其他事项。

第十三条 本法第十二条所列事项，通过下列方式能够予以规范的，可以不设行政许可：

（一）公民、法人或者其他组织能够自主决定的；

（二）市场竞争机制能够有效调节的；

（三）行业组织或者中介机构能够自律管理的；

（四）行政机关采用事后监督等其他行政管理方式能够解决的。

第十四条 本法第十二条所列事项，法律可以设定行政许可。尚未制定法律的，行政法规可以设定行政许可。

必要时，国务院可以采用发布决定的方式设定行政许可。实施后，除临时性行政许可事项外，国务院应当及时提请全国人民代表大会及其常务委员会制定法律，或者自行制定行政法规。

第十五条 本法第十二条所列事项，尚未制定法律、行政法规的，地方性法规可以设定行政许可；尚未制定法律、行政法规和地方性法规的，因行政管理的需要，确需立即实施行政许可的，省、自治区、直辖市人民政府规章可以设定临时性的行政许可。临时性的行政许可实施满一年需要继续实施的，应当提请本级人民代表大会及其常务委员会制定地方性法规。地方性法规和省、自治区、直辖市人民政府规章，不得设定应当由国家统一确定的公民、法人或者其他组织的资格、资质的行政许可；不得设定企业或者其他组织的设立登记及其前置性行政许可。其设定的行政许可，不得限制其他地区的个人或者企业到本地区从事生产经营和提供服务，不得限制其他地区的商品进入本地区市场。

第十六条 行政法规可以在法律设定的行政许可事项范围内，对实施该行政许可作出具体规定。

地方性法规可以在法律、行政法规设定的行政许可事项范围内，对实施该行政许可作出具体规定。

规章可以在上位法设定的行政许可事项范围内，对实施该行政许可作出具体规定。

法规、规章对实施上位法设定的行政许可作出的具体规定,不得增设行政许可;对行政许可条件作出的具体规定,不得增设违反上位法的其他条件。

第十七条　除本法第十四条、第十五条规定的外,其他规范性文件一律不得设定行政许可。

第十八条　设定行政许可,应当规定行政许可的实施机关、条件、程序、期限。

第十九条　起草法律草案、法规草案和省、自治区、直辖市人民政府规章草案,拟设定行政许可的,起草单位应当采取听证会、论证会等形式听取意见,并向制定机关说明设定该行政许可的必要性、对经济和社会可能产生的影响以及听取和采纳意见的情况。

第二十条　行政许可的设定机关应当定期对其设定的行政许可进行评价;对已设定的行政许可,认为通过本法第十三条所列方式能够解决的,应当对设定该行政许可的规定及时予以修改或者废止。

行政许可的实施机关可以对已设定的行政许可的实施情况及存在的必要性适时进行评价,并将意见报告该行政许可的设定机关。公民、法人或者其他组织可以向行政许可的设定机关和实施机关就行政许可的设定和实施提出意见和建议。

第二十一条　省、自治区、直辖市人民政府对行政法规设定的有关经济事务的行政许可,根据本行政区域经济和社会发展情况,认为通过本法第十三条所列方式能够解决的,报国务院批准后,可以在本行政区域内停止实施该行政许可。

第三章　行政许可的实施机关

第二十二条　行政许可由具有行政许可权的行政机关在其法定职权范围内实施。

第二十三条　法律、法规授权的具有管理公共事务职能的组织,在法定授权范围内,以自己的名义实施行政许可。被授权的组织适用本法有关行政机关的规定。

第二十四条　行政机关在其法定职权范围内,依照法律、法规、规章的规定,可以委托其他行政机关实施行政许可。委托机关应当将受委托行政机关和受委托实施行政许可的内容予以公告。

委托行政机关对受委托行政机关实施行政许可的行为应当负责监督,并对该行为的后果承担法律责任。

受委托行政机关在委托范围内,以委托行政机关名义实施行政许可;不得再委托其他组织或者个人实施行政许可。

第二十五条　经国务院批准,省、自治区、直辖市人民政府根据精简、统一、效能的原则,可以决定一个行政机关行使有关行政机关的行政许可权。

第二十六条　行政许可需要行政机关内设的多个机构办理的,该行政机关应当确定一个机构统一受理行政许可申请,统一送达行政许可决定。行政许可依法由地方人民政府两个以上部门分别实施的,本级人民政府可以确定一个部门受理行政许可申请并转告有关部门分别提出意见后统一办理,或者组织有关部门联合办理、集中办理。

第二十七条　行政机关实施行政许可,不得向申请人提出购买指定商品、接受有偿服务等不正当要求。

行政机关工作人员办理行政许可,不得索取或者收受申请人的财物,不得谋取其他利益。

第二十八条　对直接关系公共安全、人身健康、生命财产安全的设备、设施、产品、物品的检验、检测、检疫,除法律、行政法规规定由行政机关实施的外,应当逐步由符合法定条件的专业技术组织实施。专业技术组织及其有关人员对所实施的检验、检测、检疫结论承担法律责任。

第四章　行政许可的实施程序

第一节　申请与受理

第二十九条　公民、法人或者其他组织从事特定活动,依法需要取得行政许可的,应当向行政机关提出申请。申请书需要采用格式文本的,行政机关应当向申请人提供行政许可申请书格式文本。申请书格式文本中不得包含与申请行政许可事项没有直接关系的内容。

申请人可以委托代理人提出行政许可申请。但是,依法应当由申请人到行政机关办公场所提出行政许可申请的除外。

行政许可申请可以通过信函、电报、电传、传真、电子数据交换和电子邮件等方式提出。

第三十条　行政机关应当将法律、法规、规章规定的有关行政许可的事项、依据、条件、数量、程序、期限以及需要提交的全部材料的目录和申请书示范文本等在办公场所公示。

申请人要求行政机关对公示内容予以说明、解释的,行政机关应当说明、解释,提供准确、可靠的信息。

第三十一条　申请人申请行政许可,应当如实向行政机关提交有关材料和反映真实情况,并对其申请材料实质内容的真实性负责。行政机关不得要求申请人提交与其申请的行政许可事项无关的技术资料和其他材料。

第三十二条　行政机关对申请人提出的行政许可申请,应当根据下列情况分别作出处理:

(一)申请事项依法不需要取得行政许可的,应当即时告知申请人不受理;

(二)申请事项依法不属于本行政机关职权范围的,应当即时作出不予受理的决定,并告知申请人向有关行政机关申请;

(三)申请材料存在可以当场更正的错误的,应当允许申请人当场更正;

(四)申请材料不齐全或者不符合法定形式的,应当当场或者在五日内一次告知申请人需要补正的全部内容,逾期不告知的,自收到申请材料之日起即为受理;

(五)申请事项属于本行政机关职权范围,申请材料齐全、符合法定形式,或者申请人按照本行政机关的要求提交全部补正申请材料的,应当受理行政许可申请。

行政机关受理或者不予受理行政许可申请,应当出具加盖本行政机关专用印章和注明日期的书面凭证。

第三十三条　行政机关应当建立和完善有关制度,推行电子政务,在行政机关的网站上公布行政许可事项,方便申请人采取数据电文等方式提出行政许可申请;应当与其他行政机关共享有关行政许可信息,提高办事效率。

第二节　审查与决定

第三十四条　行政机关应当对申请人提交的申请材料进行审查。申请人提交的申请材料齐全、符合法定形式,行政机关能够当场作出决定的,应当当场作出书面的行政许可决定。

根据法定条件和程序,需要对申请材料的实质内容进行核实的,行政机关应当指派两名以上工作人员进行核查。

第三十五条　依法应当先经下级行政机关审查后报上级行政机关决定的行政许可,下级行政机关应当在法定期限内将初步审查意见和全部申请材料直接报送上级行政机关。上级行政机关不得要求申请人重复提供申请材料。

第三十六条　行政机关对行政许可申请进行审查时,发现行政许可事项直接关系他人重大利益的,应当告知该利害关系人。申请人、利害关系人有权进行陈述和申辩。行政机关应当听取申请人、利害关系人的意见。

第三十七条 行政机关对行政许可申请进行审查后,除当场作出行政许可决定的外,应当在法定期限内按照规定程序作出行政许可决定。

第三十八条 申请人的申请符合法定条件、标准的,行政机关应当依法作出准予行政许可的书面决定。

行政机关依法作出不予行政许可的书面决定的,应当说明理由,并告知申请人享有依法申请行政复议或者提起行政诉讼的权利。

第三十九条 行政机关作出准予行政许可的决定,需要颁发行政许可证件的,应当向申请人颁发加盖本行政机关印章的下列行政许可证件:

(一)许可证、执照或者其他许可证书;

(二)资格证、资质证或者其他合格证书;

(三)行政机关的批准文件或者证明文件;

(四)法律、法规规定的其他行政许可证件。

行政机关实施检验、检测、检疫的,可以在检验、检测、检疫合格的设备、设施、产品、物品上加贴标签或者加盖检验、检测、检疫印章。

第四十条 行政机关作出的准予行政许可决定,应当予以公开,公众有权查阅。

第四十一条 法律、行政法规设定的行政许可,其适用范围没有地域限制的,申请人取得的行政许可在全国范围内有效。

第三节 期 限

第四十二条 除可以当场作出行政许可决定的外,行政机关应当自受理行政许可申请之日起二十日内作出行政许可决定。二十日内不能作出决定的,经本行政机关负责人批准,可以延长十日,并应当将延长期限的理由告知申请人。但是,法律、法规另有规定的,依照其规定。依照本法第二十六条的规定,行政许可采取统一办理或者联合办理、集中办理的,办理的时间不得超过四十五日;四十五日内不能办结的,经本级人民政府负责人批准,可以延长十五日,并应当将延长期限的理由告知申请人。

第四十三条 依法应当先经下级行政机关审查后报上级行政机关决定的行政许可,下级行政机关应当自其受理行政许可申请之日起二十日内审查完毕。但是,法律、法规另有规定的,依照其规定。

第四十四条 行政机关作出准予行政许可的决定,应当自作出决定之日起十日内向申请人颁发、送达行政许可证件,或者加贴标签、加盖检验、检测、检疫印章。

第四十五条 行政机关作出行政许可决定,依法需要听证、招标、拍卖、检验、检测、检疫、鉴定和专家评审的,所需时间不计算在本节规定的期限内。行政机关应当将所需时间书面告知申请人。

第四节 听 证

第四十六条 法律、法规、规章规定实施行政许可应当听证的事项,或者行政机关认为需要听证的其他涉及公共利益的重大行政许可事项,行政机关应当向社会公告,并举行听证。

第四十七条 行政许可直接涉及申请人与他人之间重大利益关系的,行政机关在作出行政许可决定前,应当告知申请人、利害关系人享有要求听证的权利;申请人、利害关系人在被告知听证权利之日起五日内提出听证申请的,行政机关应当在二十日内组织听证。

申请人、利害关系人不承担行政机关组织听证的费用。

第四十八条 听证按照下列程序进行:

(一)行政机关应当于举行听证的七日前将举行听证的时间、地点通知申请人、利害关系人,必要时予以公告;

(二)听证应当公开举行;

(三)行政机关应当指定审查该行政许可申请的工作人员以外的人员为听证主持人,申请人、利害关系人认为主持人与该行政许可事项有直接利害关系的,有权申请回避;

(四)举行听证时,审查该行政许可申请的工作人员应当提供审查意见的证据、理由,申请人、利害关系人可以提出证据,并进行申辩和质证;

(五)听证应当制作笔录,听证笔录应当交听证参加人确认无误后签字或者盖章。

行政机关应当根据听证笔录,作出行政许可决定。

第五节 变更与延续

第四十九条 被许可人要求变更行政许可事项的,应当向作出行政许可决定的行政机关提出申请;符合法定条件、标准的,行政机关应当依法办理变更手续。

第五十条 被许可人需要延续依法取得的行政许可的有效期的,应当在该行政许可有效期届满三十日前向作出行政许可决定的行政机关提出申请。但是,法律、法规、规章另有规定的,依照其规定。行政机关应当根据被许可人的申请,在该行政许可有效期届满前作出是否准予延续的决定;逾期未作决定的,视为准予延续。

第六节 特别规定

第五十一条 实施行政许可的程序,本节有规定的,适用本节规定;本节没有规定的,适用本章其他有关规定。

第五十二条 国务院实施行政许可的程序,适用有关法律、行政法规的规定。

第五十三条 实施本法第十二条第二项所列事项的行政许可的,行政机关应当通过招标、拍卖等公平竞争的方式作出决定。但是,法律、行政法规另有规定的,依照其规定。

行政机关通过招标、拍卖等方式作出行政许可决定的具体程序,依照有关法律、行政法规的规定。

行政机关按照招标、拍卖程序确定中标人、买受人后,应当作出准予行政许可的决定,并依法向中标人、买受人颁发行政许可证件。行政机关违反本条规定,不采用招标、拍卖方式,或者违反招标、拍卖程序,损害申请人合法权益的,申请人可以依法申请行政复议或者提起行政诉讼。

第五十四条 实施本法第十二条第三项所列事项的行政许可,赋予公民特定资格,依法应当举行国家考试的,行政机关根据考试成绩和其他法定条件作出行政许可决定;赋予法人或者其他组织特定的资格、资质的,行政机关根据申请人的专业人员构成、技术条件、经营业绩和管理水平等的考核结果作出行政许可决定。但是,法律、行政法规另有规定的,依照其规定。公民特定资格的考试依法由行政机关或者行业组织实施,公开举行。行政机关或者行业组织应当事先公布资格考试的报名条件、报考办法、考试科目以及考试大纲。但是,不得组织强制性的资格考试的考前培训,不得指定教材或者其他助考材料。

第五十五条 实施本法第十二条第四项所列事项的行政许可的,应当按照技术标准、技术规范依法进行检验、检测、检疫,行政机关根据检验、检测、检疫的结果作出行政许可决定。

行政机关实施检验、检测、检疫,应当自受理申请之日起五日内指派两名以上工作人员按照技术标准、技术规范进行检验、检测、检疫。不需要对检验、检测、检疫结果作进一步技术分析即可认定设备、设施、产品、物品是否符合技术标准、技术规范的,行政机关应当当场作出行政许可决定。行政机关根据检验、检测、检疫结果，作出不予行政许可决定的，应当书面说明不予行政许可所依据的技术标准、技术规范。

第五十六条　实施本法第十二条第五项所列事项的行政许可，申请人提交的申请材料齐全、符合法定形式的，行政机关应当当场予以登记。需要对申请材料的实质内容进行核实的，行政机关依照本法第三十四条第三款的规定办理。

第五十七条　有数量限制的行政许可，两个或者两个以上申请人的申请均符合法定条件、标准的，行政机关应当根据受理行政许可申请的先后顺序作出准予行政许可的决定。但是，法律、行政法规另有规定的，依照其规定。

第五章　行政许可的费用

第五十八条　行政机关实施行政许可和对行政许可事项进行监督检查，不得收取任何费用。但是，法律、行政法规另有规定的，依照其规定。行政机关提供行政许可申请书格式文本，不得收费。行政机关实施行政许可所需经费应当列入本行政机关的预算，由本级财政予以保障，按照批准的预算予以核拨。

第五十九条　行政机关实施行政许可，依照法律、行政法规收取费用的，应当按照公布的法定项目和标准收费；所收取的费用必须全部上缴国库，任何机关或者个人不得以任何形式截留、挪用、私分或者变相私分。财政部门不得以任何形式向行政机关返还或者变相返还实施行政许可所收取的费用。

第六章　监督检查

第六十条　上级行政机关应当加强对下级行政机关实施行政许可的监督检查，及时纠正行政许可实施中的违法行为。

第六十一条　行政机关应当建立健全监督制度，通过核查反映被许可人从事行政许可事项活动情况的有关材料，履行监督责任。行政机关依法对被许可人从事行政许可事项的活动进行监督检查时，应当将监督检查的情况和处理结果予以记录，由监督检查人员签字后归档。公众有权查阅行政机关监督检查记录。

行政机关应当创造条件，实现与被许可人、其他有关行政机关的计算机档案系统互联，核查被许可人从事行政许可事项活动情况。

第六十二条　行政机关可以对被许可人生产经营的产品依法进行抽样检查、检验、检测，对其生产经营场所依法进行实地检查。检查时，行政机关可以依法查阅或者要求被许可人报送有关材料；被许可人应当如实提供有关情况和材料。

行政机关根据法律、行政法规的规定，对直接关系公共安全、人身健康、生命财产安全的重要设备、设施进行定期检验。对检验合格的，行政机关应当发给相应的证明文件。

第六十三条　行政机关实施监督检查，不得妨碍被许可人正常的生产经营活动，不得索取或者收受被许可人的财物，不得谋取其他利益。

第六十四条　被许可人在作出行政许可决定的行政机关管辖区域外违法从事行政许可事项活动的，违法行为发生地的行政机关应当依法将被许可人的违法事实、处理结果抄告作出行政许可决定的行政机关。

第六十五条　个人和组织发现违法从事行政许可事项的活动，有权向行政机关举报，行政机关应当及时核实、处理。

第六十六条　被许可人未依法履行开发利用自然资源义务或者未依法履行利用公共资源义

务的,行政机关应当责令限期改正;被许可人在规定期限内不改正的,行政机关应当依照有关法律、行政法规的规定予以处理。

第六十七条　取得直接关系公共利益的特定行业的市场准入行政许可的被许可人,应当按照国家规定的服务标准、资费标准和行政机关依法规定的条件,向用户提供安全、方便、稳定和价格合理的服务,并履行普遍服务的义务;未经作出行政许可决定的行政机关批准,不得擅自停业、歇业。被许可人不履行前款规定的义务的,行政机关应当责令限期改正,或者依法采取有效措施督促其履行义务。

第六十八条　对直接关系公共安全、人身健康、生命财产安全的重要设备、设施,行政机关应当督促设计、建造、安装和使用单位建立相应的自检制度。

行政机关在监督检查时,发现直接关系公共安全、人身健康、生命财产安全的重要设备、设施存在安全隐患的,应当责令停止建造、安装和使用,并责令设计、建造、安装和使用单位立即改正。

第六十九条　有下列情形之一的,作出行政许可决定的行政机关或者其上级行政机关,根据利害关系人的请求或者依据职权,可以撤销行政许可:

(一)行政机关工作人员滥用职权、玩忽职守作出准予行政许可决定的;

(二)超越法定职权作出准予行政许可决定的;

(三)违反法定程序作出准予行政许可决定的;

(四)对不具备申请资格或者不符合法定条件的申请人准予行政许可的;

(五)依法可以撤销行政许可的其他情形。

被许可人以欺骗、贿赂等不正当手段取得行政许可的,应当予以撤销。

依照前两款的规定撤销行政许可,可能对公共利益造成重大损害的,不予撤销。

依照本条第一款的规定撤销行政许可,被许可人的合法权益受到损害的,行政机关应当依法给予赔偿。依照本条第二款的规定撤销行政许可的,被许可人基于行政许可取得的利益不受保护。

第七十条　有下列情形之一的,行政机关应当依法办理有关行政许可的注销手续:

(一)行政许可有效期届满未延续的;

(二)赋予公民特定资格的行政许可,该公民死亡或者丧失行为能力的;

(三)法人或者其他组织依法终止的;

(四)行政许可依法被撤销、撤回,或者行政许可证件依法被吊销的;

(五)因不可抗力导致行政许可事项无法实施的;

(六)法律、法规规定的应当注销行政许可的其他情形。

第七章　法律责任

第七十一条　违反本法第十七条规定设定的行政许可,有关机关应当责令设定该行政许可的机关改正,或者依法予以撤销。

第七十二条　行政机关及其工作人员违反本法的规定,有下列情形之一的,由其上级行政机关或者监察机关责令改正;情节严重的,对直接负责的主管人员和其他直接责任人员依法给予行政处分:

(一)对符合法定条件的行政许可申请不予受理的;

(二)不在办公场所公示依法应当公示的材料的;

(三)在受理、审查、决定行政许可过程中,未向申请人、利害关系人履行法定告知义务的;

(四)申请人提交的申请材料不齐全、不符合法定形式,不一次告知申请人必须补正的全部内容的；

（五）未依法说明不受理行政许可申请或者不予行政许可的理由的；

（六）依法应当举行听证而不举行听证的。

第七十三条 行政机关工作人员办理行政许可、实施监督检查，索取或者收受他人财物或者谋取其他利益，构成犯罪的，依法追究刑事责任；尚不构成犯罪的，依法给予行政处分。

第七十四条 行政机关实施行政许可，有下列情形之一的，由其上级行政机关或者监察机关责令改正，对直接负责的主管人员和其他直接责任人员依法给予行政处分；构成犯罪的，依法追究刑事责任：

（一）对不符合法定条件的申请人准予行政许可或者超越法定职权作出准予行政许可决定的；

（二）对符合法定条件的申请人不予行政许可或者不在法定期限内作出准予行政许可决定的；

（三）依法应当根据招标、拍卖结果或者考试成绩择优作出准予行政许可决定，未经招标、拍卖或者考试，或者不根据招标、拍卖结果或者考试成绩择优作出准予行政许可决定的。

第七十五条 行政机关实施行政许可，擅自收费或者不按照法定项目和标准收费的，由其上级行政机关或者监察机关责令退还非法收取的费用；对直接负责的主管人员和其他直接责任人员依法给予行政处分。截留、挪用、私分或者变相私分实施行政许可依法收取的费用的，予以追缴；对直接负责的主管人员和其他直接责任人员依法给予行政处分；构成犯罪的，依法追究刑事责任。

第七十六条 行政机关违法实施行政许可，给当事人的合法权益造成损害的，应当依照国家赔偿法的规定给予赔偿。

第七十七条 行政机关不依法履行监督职责或者监督不力，造成严重后果的，由其上级行政机关或者监察机关责令改正，对直接负责的主管人员和其他直接责任人员依法给予行政处分；构成犯罪的，依法追究刑事责任。

第七十八条 行政许可申请人隐瞒有关情况或者提供虚假材料申请行政许可的，行政机关不予受理或者不予行政许可，并给予警告；行政许可申请属于直接关系公共安全、人身健康、生命财产安全事项的，申请人在一年内不得再次申请该行政许可。

第七十九条 被许可人以欺骗、贿赂等不正当手段取得行政许可的，行政机关应当依法给予行政处罚；取得的行政许可属于直接关系公共安全、人身健康、生命财产安全事项的，申请人在三年内不得再次申请该行政许可；构成犯罪的，依法追究刑事责任。

第八十条 被许可人有下列行为之一的，行政机关应当依法给予行政处罚；构成犯罪的，依法追究刑事责任：

（一）涂改、倒卖、出租、出借行政许可证件，或者以其他形式非法转让行政许可的；

（二）超越行政许可范围进行活动的；

（三）向负责监督检查的行政机关隐瞒有关情况、提供虚假材料或者拒绝提供反映其活动情况的真实材料的；

（四）法律、法规、规章规定的其他违法行为。

第八十一条 公民、法人或者其他组织未经行政许可，擅自从事依法应当取得行政许可的活动的，行政机关应当依法采取措施予以制止，并依法给予行政处罚；构成犯罪的，依法追究刑事责任。

第八章　附　则

第八十二条　本法规定的行政机关实施行政许可的期限以工作日计算,不含法定节假日。

第八十三条　本法自 2004 年 7 月 1 日起施行。

本法施行前有关行政许可的规定,制定机关应当依照本法规定予以清理;不符合本法规定的,自本法施行之日起停止执行。

中华人民共和国主席令

第 63 号

《中华人民共和国行政处罚法》已由中华人民共和国第八届全国人民代表大会第四次会议于1996 年 3 月 17 日通过,现予公布,自 1996 年 10 月 1 日起施行。

中华人民共和国主席　江泽民

1996 年 3 月 17 日

中华人民共和国行政处罚法

第一章　总　则

第一条　为了规范行政处罚的设定和实施,保障和监督行政机关有效实施行政管理,维护公共利益和社会秩序,保护公民、法人或者其他组织的合法权益,根据宪法,制定本法。

第二条　行政处罚的设定和实施,适用本法。

第三条　公民、法人或者其他组织违反行政管理秩序的行为,应当给予行政处罚的,依照本法由法律、法规或者规章规定,并由行政机关依照本法规定的程序实施。

没有法定依据或者不遵守法定程序的,行政处罚无效。

第四条　行政处罚遵循公正、公开的原则。

设定和实施行政处罚必须以事实为依据,与违法行为的事实、性质、情节以及社会危害程度相当。

对违法行为给予行政处罚的规定必须公布;未经公布的,不得作为行政处罚的依据。

第五条　实施行政处罚,纠正违法行为,应当坚持处罚与教育相结合,教育公民、法人或者其他组织自觉守法。

第六条　公民、法人或者其他组织对行政机关所给予的行政处罚,享有陈述权、申辩权;对行政处罚不服的,有权依法申请行政复议或者提起行政诉讼。

公民、法人或者其他组织因行政机关违法给予行政处罚受到损害的,有权依法提出赔偿要求。

第七条　公民、法人或者其他组织因违法受到行政处罚,其违法行为对他人造成损害的,应当依法承担民事责任。

违法行为构成犯罪,应当依法追究刑事责任,不得以行政处罚代替刑事处罚。

第二章　行政处罚的种类和设定

第八条　行政处罚的种类:

(一)警告;

(二)罚款;

(三)没收违法所得、没收非法财物;

(四)责令停产停业;

(五)暂扣或者吊销许可证、暂扣或者吊销执照;

(六)行政拘留;

(七)法律、行政法规规定的其他行政处罚。

第九条 法律可以设定各种行政处罚。

限制人身自由的行政处罚,只能由法律设定。

第十条 行政法规可以设定除限制人身自由以外的行政处罚。

法律对违法行为已经作出行政处罚规定,行政法规需要作出具体规定的,必须在法律规定的给予行政处罚的行为、种类和幅度的范围内规定。

第十一条 地方性法规可以设定除限制人身自由、吊销企业营业执照以外的行政处罚。

法律、行政法规对违法行为已经作出行政处罚规定,地方性法规需要作出具体规定的,必须在法律、行政法规规定的给予行政处罚的行为、种类和幅度的范围内规定。

第十二条 国务院部、委员会制定的规章可以在法律、行政法规规定的给予行政处罚的行为、种类和幅度的范围内作出具体规定。

尚未制定法律、行政法规的,前款规定的国务院部、委员会制定的规章对违反行政管理秩序的行为,可以设定警告或者一定数量罚款的行政处罚。罚款的限额由国务院规定。

国务院可以授权具有行政处罚权的直属机构依照本条第一款、第二款的规定,规定行政处罚。

第十三条 省、自治区、直辖市人民政府和省、自治区人民政府所在地的市人民政府以及经国务院批准的较大的市人民政府制定的规章可以在法律、法规规定的给予行政处罚的行为、种类和幅度的范围内作出具体规定。

尚未制定法律、法规的,前款规定的人民政府制定的规章对违反行政管理秩序的行为,可以设定警告或者一定数量罚款的行政处罚。罚款的限额由省、自治区、直辖市人民代表大会常务委员会规定。

第十四条 除本法第九条、第十条、第十一条、第十二条以及第十三条的规定外,其他规范性文件不得设定行政处罚。

第三章 行政处罚的实施机关

第十五条 行政处罚由具有行政处罚权的行政机关在法定职权范围内实施。

第十六条 国务院或者经国务院授权的省、自治区、直辖市人民政府可以决定一个行政机关行使有关行政机关的行政处罚权,但限制人身自由的行政处罚权只能由公安机关行使。

第十七条 法律、法规授权的具有管理公共事务职能的组织可以在法定授权范围内实施行政处罚。

第十八条 行政机关依照法律、法规或者规章的规定,可以在其法定权限内委托符合本法第十九条规定条件的组织实施行政处罚。行政机关不得委托其他组织或者个人实施行政处罚。

委托行政机关对受委托的组织实施行政处罚的行为应当负责监督,并对该行为的后果承担法律责任。

受委托组织在委托范围内,以委托行政机关名义实施行政处罚;不得再委托其他任何组织或者个人实施行政处罚。

第十九条　受委托组织必须符合以下条件：

（一）依法成立的管理公共事务的事业组织；

（二）具有熟悉有关法律、法规、规章和业务的工作人员；

（三）对违法行为需要进行技术检查或者技术鉴定的，应当有条件组织进行相应的技术检查或者技术鉴定。

第四章　行政处罚的管辖和适用

第二十条　行政处罚由违法行为发生地的县级以上地方人民政府具有行政处罚权的行政机关管辖。法律、行政法规另有规定的除外。

第二十一条　对管辖发生争议的，报请共同的上一级行政机关指定管辖。

第二十二条　违法行为构成犯罪的，行政机关必须将案件移送司法机关，依法追究刑事责任。

第二十三条　行政机关实施行政处罚时，应当责令当事人改正或者限期改正违法行为。

第二十四条　对当事人的同一个违法行为，不得给予两次以上罚款的行政处罚。

第二十五条　不满十四周岁的人有违法行为的，不予行政处罚，责令监护人加以管教；已满十四周岁不满十八周岁的人有违法行为的，从轻或者减轻行政处罚。

第二十六条　精神病人在不能辨认或者不能控制自己行为时有违法行为的，不予行政处罚，但应当责令其监护人严加看管和治疗。间歇性精神病人在精神正常时有违法行为的，应当给予行政处罚。

第二十七条　当事人有下列情形之一的，应当依法从轻或者减轻行政处罚：

（一）主动消除或者减轻违法行为危害后果的；

（二）受他人胁迫有违法行为的；

（三）配合行政机关查处违法行为有立功表现的；

（四）其他依法从轻或者减轻行政处罚的。

违法行为轻微并及时纠正，没有造成危害后果的，不予行政处罚。

第二十八条　违法行为构成犯罪，人民法院判处拘役或者有期徒刑时，行政机关已经给予当事人行政拘留的，应当依法折抵相应刑期。

违法行为构成犯罪，人民法院判处罚金时，行政机关已经给予当事人罚款的，应当折抵相应罚金。

第二十九条　违法行为在二年内未被发现的，不再给予行政处罚。法律另有规定的除外。

前款规定的期限，从违法行为发生之日起计算；违法行为有连续或者继续状态的，从行为终了之日起计算。

第五章　行政处罚的决定

第三十条　公民、法人或者其他组织违反行政管理秩序的行为，依法应当给予行政处罚的，行政机关必须查明事实；违法事实不清的，不得给予行政处罚。

第三十一条　行政机关在作出行政处罚决定之前，应当告知当事人作出行政处罚决定的事实、理由及依据，并告知当事人依法享有的权利。

第三十二条　当事人有权进行陈述和申辩。行政机关必须充分听取当事人的意见，对当事人提出的事实、理由和证据，应当进行复核；当事人提出的事实、理由或者证据成立的，行政机关应当采纳。

行政机关不得因当事人申辩而加重处罚。

第一节　简易程序

第三十三条　违法事实确凿并有法定依据,对公民处以五十元以下、对法人或者其他组织处以一千元以下罚款或者警告的行政处罚的,可以当场作出行政处罚决定。当事人应当依照本法第四十六条、第四十七条、第四十八条的规定履行行政处罚决定。

第三十四条　执法人员当场作出行政处罚决定的,应当向当事人出示执法身份证件,填写预定格式、编有号码的行政处罚决定书。行政处罚决定书应当当场交付当事人。

前款规定的行政处罚决定书应当载明当事人的违法行为、行政处罚依据、罚款数额、时间、地点以及行政机关名称,并由执法人员签名或者盖章。

执法人员当场作出的行政处罚决定,必须报所属行政机关备案。

第三十五条　当事人对当场作出的行政处罚决定不服的,可以依法申请行政复议或者提起行政诉讼。

第二节　一般程序

第三十六条　除本法第三十三条规定的可以当场作出的行政处罚外,行政机关发现公民、法人或者其他组织有依法应当给予行政处罚的行为的,必须全面、客观、公正地调查,收集有关证据;必要时,依照法律、法规的规定,可以进行检查。

第三十七条　行政机关在调查或者进行检查时,执法人员不得少于两人,并应当向当事人或者有关人员出示证件。当事人或者有关人员应当如实回答询问,并协助调查或者检查,不得阻挠。询问或者检查应当制作笔录。

行政机关在搜集证据时,可以采取抽样取证的方法;在证据可能灭失或者以后难以取得的情况下,经行政机关负责人批准,可以先行登记保存,并应当在七日内及时作出处理决定,在此期间,当事人或者有关人员不得销毁或者转移证据。

执法人员与当事人有直接利害关系的,应当回避。

第三十八条　调查终结,行政机关负责人应当对调查结果进行审查,根据不同情况,分别作出如下决定:

(一)确有应受行政处罚的违法行为的,根据情节轻重及具体情况,作出行政处罚决定;

(二)违法行为轻微,依法可以不予行政处罚的,不予行政处罚;

(三)违法事实不能成立的,不得给予行政处罚;

(四)违法行为已构成犯罪的,移送司法机关。

对情节复杂或者重大违法行为给予较重的行政处罚,行政机关的负责人应当集体讨论决定。

第三十九条　行政机关依照本法第三十八条的规定给予行政处罚,应当制作行政处罚决定书。行政处罚决定书应当载明下列事项:

(一)当事人的姓名或者名称、地址;

(二)违反法律、法规或者规章的事实和证据;

(三)行政处罚的种类和依据;

(四)行政处罚的履行方式和期限;

(五)不服行政处罚决定,申请行政复议或者提起行政诉讼的途径和期限;

(六)作出行政处罚决定的行政机关名称和作出决定的日期。

行政处罚决定书必须盖有作出行政处罚决定的行政机关的印章。

第四十条　行政处罚决定书应当在宣告后当场交付当事人;当事人不在场的,行政机关应当在七日内依照民事诉讼法的有关规定,将行政处罚决定书送达当事人。

　　第四十一条　行政机关及其执法人员在作出行政处罚决定之前,不依照本法第三十一条、第三十二条的规定向当事人告知给予行政处罚的事实、理由和依据,或者拒绝听取当事人的陈述、申辩,行政处罚决定不能成立;当事人放弃陈述或者申辩权利的除外。

第三节　听证程序

　　第四十二条　行政机关作出责令停产停业、吊销许可证或者执照、较大数额罚款等行政处罚决定之前,应当告知当事人有要求举行听证的权利;当事人要求听证的,行政机关应当组织听证。当事人不承担行政机关组织听证的费用。听证依照以下程序组织:

　　(一)当事人要求听证的,应当在行政机关告知后三日内提出;

　　(二)行政机关应当在听证的七日前,通知当事人举行听证的时间、地点;

　　(三)除涉及国家秘密、商业秘密或者个人隐私外,听证公开举行;

　　(四)听证由行政机关指定的非本案调查人员主持;当事人认为主持人与本案有直接利害关系的,有权申请回避;

　　(五)当事人可以亲自参加听证,也可以委托一至二人代理;

　　(六)举行听证时,调查人员提出当事人违法的事实、证据和行政处罚建议;当事人进行申辩和质证;

　　(七)听证应当制作笔录;笔录应当交当事人审核无误后签字或者盖章。

　　当事人对限制人身自由的行政处罚有异议的,依照治安管理处罚条例有关规定执行。

　　第四十三条　听证结束后,行政机关依照本法第三十八条的规定,作出决定。

第六章　行政处罚的执行

　　第四十四条　行政处罚决定依法作出后,当事人应当在行政处罚决定的期限内,予以履行。

　　第四十五条　当事人对行政处罚决定不服申请行政复议或者提起行政诉讼的,行政处罚不停止执行,法律另有规定的除外。

　　第四十六条　作出罚款决定的行政机关应当与收缴罚款的机构分离。

　　除依照本法第四十七条、第四十八条的规定当场收缴的罚款外,作出行政处罚决定的行政机关及其执法人员不得自行收缴罚款。

　　当事人应当自收到行政处罚决定书之日起十五日内,到指定的银行缴纳罚款。银行应当收受罚款,并将罚款直接上缴国库。

　　第四十七条　依照本法第三十三条的规定当场作出行政处罚决定,有下列情形之一的,执法人员可以当场收缴罚款:

　　(一)依法给予二十元以下的罚款的;

　　(二)不当场收缴事后难以执行的。

　　第四十八条　在边远、水上、交通不便地区,行政机关及其执法人员依照本法第三十三条、第三十八条的规定作出罚款决定后,当事人向指定的银行缴纳罚款确有困难,经当事人提出,行政机关及其执法人员可以当场收缴罚款。

　　第四十九条　行政机关及其执法人员当场收缴罚款的,必须向当事人出具省、自治区、直辖市财政部门统一制发的罚款收据;不出具财政部门统一制发的罚款收据的,当事人有权拒绝缴纳罚款。

　　第五十条　执法人员当场收缴的罚款,应当自收缴罚款之日起二日内,交至行政机关;在水上当场收缴的罚款,应当自抵岸之日起二日内交至行政机关;行政机关应当在二日内将罚款缴付指定的银行。

第五十一条 当事人逾期不履行行政处罚决定的，作出行政处罚决定的行政机关可以采取下列措施：

（一）到期不缴纳罚款的，每日按罚款数额的百分之三加处罚款；

（二）根据法律规定，将查封、扣押的财物拍卖或者将冻结的存款划拨抵缴罚款；

（三）申请人民法院强制执行。

第五十二条 当事人确有经济困难，需要延期或者分期缴纳罚款的，经当事人申请和行政机关批准，可以暂缓或者分期缴纳。

第五十三条 除依法应当予以销毁的物品外，依法没收的非法财物必须按照国家规定公开拍卖或者按照国家有关规定处理。

罚款、没收违法所得或者没收非法财物拍卖的款项，必须全部上缴国库，任何行政机关或者个人不得以任何形式截留、私分或者变相私分；财政部门不得以任何形式向作出行政处罚决定的行政机关返还罚款、没收的违法所得或者返还没收非法财物的拍卖款项。

第五十四条 行政机关应当建立健全对行政处罚的监督制度。县级以上人民政府应当加强对行政处罚的监督检查。

公民、法人或者其他组织对行政机关作出的行政处罚，有权申诉或者检举；行政机关应当认真审查，发现行政处罚有错误的，应当主动改正。

第七章 法律责任

第五十五条 行政机关实施行政处罚，有下列情形之一的，由上级行政机关或者有关部门责令改正，可以对直接负责的主管人员和其他直接责任人员依法给予行政处分：

（一）没有法定的行政处罚依据的；

（二）擅自改变行政处罚种类、幅度的；

（三）违反法定的行政处罚程序的；

（四）违反本法第十八条关于委托处罚的规定的。

第五十六条 行政机关对当事人进行处罚不使用罚款、没收财物单据或者使用非法定部门制发的罚款、没收财物单据的，当事人有权拒绝处罚，并有权予以检举。上级行政机关或者有关部门对使用的非法单据予以收缴销毁，对直接负责的主管人员和其他直接责任人员依法给予行政处分。

第五十七条 行政机关违反本法第四十六条的规定自行收缴罚款的，财政部门违反本法第五十三条的规定向行政机关返还罚款或者拍卖款项的，由上级行政机关或者有关部门责令改正，对直接负责的主管人员和其他直接责任人员依法给予行政处分。

第五十八条 行政机关将罚款、没收的违法所得或者财物截留、私分或者变相私分的，由财政部门或者有关部门予以追缴，对直接负责的主管人员和其他直接责任人员依法给予行政处分；情节严重构成犯罪的，依法追究刑事责任。

执法人员利用职务上的便利，索取或者收受他人财物、收缴罚款据为己有，构成犯罪的，依法追究刑事责任；情节轻微不构成犯罪的，依法给予行政处分。

第五十九条 行政机关使用或者损毁扣押的财物，对当事人造成损失的，应当依法予以赔偿，对直接负责的主管人员和其他直接责任人员依法给予行政处分。

第六十条 行政机关违法实行检查措施或者执行措施，给公民人身或者财产造成损害、给法人或者其他组织造成损失的，应当依法予以赔偿，对直接负责的主管人员和其他直接责任人员依法给予行政处分;情节严重构成犯罪的,依法追究刑事责任。

第六十一条　行政机关为牟取本单位私利,对应当依法移交司法机关追究刑事责任的不移交,以行政处罚代替刑罚,由上级行政机关或者有关部门责令纠正;拒不纠正的,对直接负责的主管人员给予行政处分;徇私舞弊、包庇纵容违法行为的,比照刑法第一百八十八条的规定追究刑事责任。

第六十二条　执法人员玩忽职守,对应当予以制止和处罚的违法行为不予制止、处罚,致使公民、法人或者其他组织的合法权益、公共利益和社会秩序遭受损害的,对直接负责的主管人员和其他直接责任人员依法给予行政处分;情节严重构成犯罪的,依法追究刑事责任。

第八章　附　则

第六十三条　本法第四十六条罚款决定与罚款收缴分离的规定,由国务院制定具体实施办法。

第六十四条　本法自 1996 年 10 月 1 日起施行。

本法公布前制定的法规和规章关于行政处罚的规定与本法不符合的,应当自本法公布之日起,依照本法规定予以修订,在 1997 年 12 月 31 日前修订完毕。

附:刑法有关条文

第一百八十八条　司法工作人员徇私舞弊,对明知是无罪的人而使他受追诉、对明知是有罪的人而故意包庇不使他受追诉,或者故意颠倒黑白做枉法裁判的,处五年以下有期徒刑、拘役或者剥夺政治权利;情节特别严重的,处五年以上有期徒刑。

中华人民共和国国务院令

第 397 号

《安全生产许可证条例》已经 2004 年 1 月 7 日国务院第 34 次常务会议通过，现予公布，自公布之日起施行。

总理 温家宝

二○○四年一月十三日

安全生产许可证条例

第一条 为了严格规范安全生产条件，进一步加强安全生产监督管理，防止和减少生产安全事故，根据《中华人民共和国安全生产法》的有关规定，制定本条例。

第二条 国家对矿山企业、建筑施工企业和危险化学品、烟花爆竹、民用爆破器材生产企业（以下统称企业）实行安全生产许可制度。

企业未取得安全生产许可证的，不得从事生产活动。

第三条 国务院安全生产监督管理部门负责中央管理的非煤矿矿山企业和危险化学品、烟花爆竹生产企业安全生产许可证的颁发和管理。

省、自治区、直辖市人民政府安全生产监督管理部门负责前款规定以外的非煤矿矿山企业和危险化学品、烟花爆竹生产企业安全生产许可证的颁发和管理，并接受国务院安全生产监督管理部门的指导和监督。

国家煤矿安全监察机构负责中央管理的煤矿企业安全生产许可证的颁发和管理。

在省、自治区、直辖市设立的煤矿安全监察机构负责前款规定以外的其他煤矿企业安全生产许可证的颁发和管理，并接受国家煤矿安全监察机构的指导和监督。

第四条 国务院建设主管部门负责中央管理的建筑施工企业安全生产许可证的颁发和管理。

省、自治区、直辖市人民政府建设主管部门负责前款规定以外的建筑施工企业安全生产许可证的颁发和管理，并接受国务院建设主管部门的指导和监督。

第五条 国务院国防科技工业主管部门负责民用爆破器材生产企业安全生产许可证的颁发和管理。

第六条 企业取得安全生产许可证，应当具备下列安全生产条件：

（一）建立、健全安全生产责任制，制定完备的安全生产规章制度和操作规程；

（二）安全投入符合安全生产要求；

（三）设置安全生产管理机构，配备专职安全生产管理人员；

（四）主要负责人和安全生产管理人员经考核合格；

（五）特种作业人员经有关业务主管部门考核合格，取得特种作业操作资格证书；

（六）从业人员经安全生产教育和培训合格；

（七）依法参加工伤保险，为从业人员缴纳保险费；

（八）厂房、作业场所和安全设施、设备、工艺符合有关安全生产法律、法规、标准和规程的要求；

（九）有职业危害防治措施，并为从业人员配备符合国家标准或者行业标准的劳动防护用品；

（十）依法进行安全评价；

（十一）有重大危险源检测、评估、监控措施和应急预案；

（十二）有生产安全事故应急救援预案、应急救援组织或者应急救援人员，配备必要的应急救援器材、设备；

（十三）法律、法规规定的其他条件。

第七条　企业进行生产前，应当依照本条例的规定向安全生产许可证颁发管理机关申请领取安全生产许可证，并提供本条例第六条规定的相关文件、资料。安全生产许可证颁发管理机关应当自收到申请之日起45日内审查完毕，经审查符合本条例规定的安全生产条件的，颁发安全生产许可证；不符合本条例规定的安全生产条件的，不予颁发安全生产许可证，书面通知企业并说明理由。

煤矿企业应当以矿（井）为单位，在申请领取煤炭生产许可证前，依照本条例的规定取得安全生产许可证。

第八条　安全生产许可证由国务院安全生产监督管理部门规定统一的式样。

第九条　安全生产许可证的有效期为3年。安全生产许可证有效期满需要延期的，企业应当于期满前3个月向原安全生产许可证颁发管理机关办理延期手续。

企业在安全生产许可证有效期内，严格遵守有关安全生产的法律法规，未发生死亡事故的，安全生产许可证有效期届满时，经原安全生产许可证颁发管理机关同意，不再审查，安全生产许可证有效期延期3年。

第十条　安全生产许可证颁发管理机关应当建立、健全安全生产许可证档案管理制度，并定期向社会公布企业取得安全生产许可证的情况。

第十一条　煤矿企业安全生产许可证颁发管理机关、建筑施工企业安全生产许可证颁发管理机关、民用爆破器材生产企业安全生产许可证颁发管理机关，应当每年向同级安全生产监督管理部门通报其安全生产许可证颁发和管理情况。

第十二条　国务院安全生产监督管理部门和省、自治区、直辖市人民政府安全生产监督管理部门对建筑施工企业、民用爆破器材生产企业、煤矿企业取得安全生产许可证的情况进行监督。

第十三条　企业不得转让、冒用安全生产许可证或者使用伪造的安全生产许可证。

第十四条　企业取得安全生产许可证后，不得降低安全生产条件，并应当加强日常安全生产管理，接受安全生产许可证颁发管理机关的监督检查。

安全生产许可证颁发管理机关应当加强对取得安全生产许可证的企业的监督检查，发现其不再具备本条例规定的安全生产条件的，应当暂扣或者吊销安全生产许可证。

第十五条　安全生产许可证颁发管理机关工作人员在安全生产许可证颁发、管理和监督检查工作中，不得索取或者接受企业的财物，不得谋取其他利益。

第十六条　监察机关依照《中华人民共和国行政监察法》的规定，对安全生产许可证颁发管理机关及其工作人员履行本条例规定的职责实施监察。

第十七条　任何单位或者个人对违反本条例规定的行为，有权向安全生产许可证颁发管理机关或者监察机关等有关部门举报。

第十八条 安全生产许可证颁发管理机关工作人员有下列行为之一的，给予降级或者撤职的行政处分；构成犯罪的，依法追究刑事责任：

（一）向不符合本条例规定的安全生产条件的企业颁发安全生产许可证的；

（二）发现企业未依法取得安全生产许可证擅自从事生产活动，不依法处理的；

（三）发现取得安全生产许可证的企业不再具备本条例规定的安全生产条件，不依法处理的；

（四）接到对违反本条例规定行为的举报后，不及时处理的；

（五）在安全生产许可证颁发、管理和监督检查工作中，索取或者接受企业的财物，或者谋取其他利益的。

第十九条 违反本条例规定，未取得安全生产许可证擅自进行生产的，责令停止生产，没收违法所得，并处 10 万元以上 50 万元以下的罚款；造成重大事故或者其他严重后果，构成犯罪的，依法追究刑事责任。

第二十条 违反本条例规定，安全生产许可证有效期满未办理延期手续，继续进行生产的，责令停止生产，限期补办延期手续，没收违法所得，并处 5 万元以上 10 万元以下的罚款；逾期仍不办理延期手续，继续进行生产的，依照本条例第十九条的规定处罚。

第二十一条 违反本条例规定，转让安全生产许可证的，没收违法所得，处 10 万元以上 50 万元以下的罚款，并吊销其安全生产许可证；构成犯罪的，依法追究刑事责任；接受转让的，依照本条例第十九条的规定处罚。

冒用安全生产许可证或者使用伪造的安全生产许可证的，依照本条例第十九条的规定处罚。

第二十二条 本条例施行前已经进行生产的企业，应当自本条例施行之日起 1 年内，依照本条例的规定向安全生产许可证颁发管理机关申请办理安全生产许可证；逾期不办理安全生产许可证，或者经审查不符合本条例规定的安全生产条件，未取得安全生产许可证，继续进行生产的，依照本条例第十九条的规定处罚。

第二十三条 本条例规定的行政处罚，由安全生产许可证颁发管理机关决定。

第二十四条 本条例自公布之日起施行。

中华人民共和国国务院令

第 591 号

《危险化学品安全管理条例》已经 2011 年 2 月 16 日国务院第 144 次常务会议修订通过,现将修订后的《危险化学品安全管理条例》公布,自 2011 年 12 月 1 日起施行。

总理　温家宝

二〇一一年三月二日

危险化学品安全管理条例

(2002 年 1 月 26 日中华人民共和国国务院令第 344 号公布
2011 年 2 月 16 日国务院第 144 次常务会议修订通过)

第一章　总　则

第一条　为了加强危险化学品的安全管理,预防和减少危险化学品事故,保障人民群众生命财产安全,保护环境,制定本条例。

第二条　危险化学品生产、储存、使用、经营和运输的安全管理,适用本条例。

废弃危险化学品的处置,依照有关环境保护的法律、行政法规和国家有关规定执行。

第三条　本条例所称危险化学品,是指具有毒害、腐蚀、爆炸、燃烧、助燃等性质,对人体、设施、环境具有危害的剧毒化学品和其他化学品。

危险化学品目录,由国务院安全生产监督管理部门会同国务院工业和信息化、公安、环境保护、卫生、质量监督检验检疫、交通运输、铁路、民用航空、农业主管部门,根据化学品危险特性的鉴别和分类标准确定、公布,并适时调整。

第四条　危险化学品安全管理,应当坚持安全第一、预防为主、综合治理的方针,强化和落实企业的主体责任。

生产、储存、使用、经营、运输危险化学品的单位(以下统称危险化学品单位)的主要负责人对本单位的危险化学品安全管理工作全面负责。

危险化学品单位应当具备法律、行政法规规定和国家标准、行业标准要求的安全条件,建立、健全安全管理规章制度和岗位安全责任制度,对从业人员进行安全教育、法制教育和岗位技术培训。从业人员应当接受教育和培训,考核合格后上岗作业;对有资格要求的岗位,应当配备依法取得相应资格的人员。

第五条　任何单位和个人不得生产、经营、使用国家禁止生产、经营、使用的危险化学品。

国家对危险化学品的使用有限制性规定的,任何单位和个人不得违反限制性规定使用危险化学品。

第六条　对危险化学品的生产、储存、使用、经营、运输实施安全监督管理的有关部门(以下

统称负有危险化学品安全监督管理职责的部门),依照下列规定履行职责:

(一)安全生产监督管理部门负责危险化学品安全监督管理综合工作,组织确定、公布、调整危险化学品目录,对新建、改建、扩建生产、储存危险化学品(包括使用长输管道输送危险化学品,下同)的建设项目进行安全条件审查,核发危险化学品安全生产许可证、危险化学品安全使用许可证和危险化学品经营许可证,并负责危险化学品登记工作。

(二)公安机关负责危险化学品的公共安全管理,核发剧毒化学品购买许可证、剧毒化学品道路运输通行证,并负责危险化学品运输车辆的道路交通安全管理。

(三)质量监督检验检疫部门负责核发危险化学品及其包装物、容器(不包括储存危险化学品的固定式大型储罐,下同)生产企业的工业产品生产许可证,并依法对其产品质量实施监督,负责对进出口危险化学品及其包装实施检验。

(四)环境保护主管部门负责废弃危险化学品处置的监督管理,组织危险化学品的环境危害性鉴定和环境风险程度评估,确定实施重点环境管理的危险化学品,负责危险化学品环境管理登记和新化学物质环境管理登记;依照职责分工调查相关危险化学品环境污染事故和生态破坏事件,负责危险化学品事故现场的应急环境监测。

(五)交通运输主管部门负责危险化学品道路运输、水路运输的许可以及运输工具的安全管理,对危险化学品水路运输安全实施监督,负责危险化学品道路运输企业、水路运输企业驾驶人员、船员、装卸管理人员、押运人员、申报人员、集装箱装箱现场检查员的资格认定。铁路主管部门负责危险化学品铁路运输的安全管理,负责危险化学品铁路运输承运人、托运人的资质审批及其运输工具的安全管理。民用航空主管部门负责危险化学品航空运输以及航空运输企业及其运输工具的安全管理。

(六)卫生主管部门负责危险化学品毒性鉴定的管理,负责组织、协调危险化学品事故受伤人员的医疗卫生救援工作。

(七)工商行政管理部门依据有关部门的许可证件,核发危险化学品生产、储存、经营、运输企业营业执照,查处危险化学品经营企业违法采购危险化学品的行为。

(八)邮政管理部门负责依法查处寄递危险化学品的行为。

第七条 负有危险化学品安全监督管理职责的部门依法进行监督检查,可以采取下列措施:

(一)进入危险化学品作业场所实施现场检查,向有关单位和人员了解情况,查阅、复制有关文件、资料;

(二)发现危险化学品事故隐患,责令立即消除或者限期消除;

(三)对不符合法律、行政法规、规章规定或者国家标准、行业标准要求的设施、设备、装置、器材、运输工具,责令立即停止使用;

(四)经本部门主要负责人批准,查封违法生产、储存、使用、经营危险化学品的场所,扣押违法生产、储存、使用、经营、运输的危险化学品以及用于违法生产、使用、运输危险化学品的原材料、设备、运输工具;

(五)发现影响危险化学品安全的违法行为,当场予以纠正或者责令限期改正。

负有危险化学品安全监督管理职责的部门依法进行监督检查,监督检查人员不得少于2人,并应当出示执法证件;有关单位和个人对依法进行的监督检查应当予以配合,不得拒绝、阻碍。

第八条 县级以上人民政府应当建立危险化学品安全监督管理工作协调机制,支持、督促负有危险化学品安全监督管理职责的部门依法履行职责,协调、解决危险化学品安全监督管理工作中的重大问题。

负有危险化学品安全监督管理职责的部门应当相互配合、密切协作,依法加强对危险化学品的安全监督管理。

第九条　任何单位和个人对违反本条例规定的行为,有权向负有危险化学品安全监督管理职责的部门举报。负有危险化学品安全监督管理职责的部门接到举报,应当及时依法处理;对不属于本部门职责的,应当及时移送有关部门处理。

第十条　国家鼓励危险化学品生产企业和使用危险化学品从事生产的企业采用有利于提高安全保障水平的先进技术、工艺、设备以及自动控制系统,鼓励对危险化学品实行专门储存、统一配送、集中销售。

第二章　生产、储存安全

第十一条　国家对危险化学品的生产、储存实行统筹规划、合理布局。

国务院工业和信息化主管部门以及国务院其他有关部门依据各自职责,负责危险化学品生产、储存的行业规划和布局。

地方人民政府组织编制城乡规划,应当根据本地区的实际情况,按照确保安全的原则,规划适当区域专门用于危险化学品的生产、储存。

第十二条　新建、改建、扩建生产、储存危险化学品的建设项目(以下简称建设项目),应当由安全生产监督管理部门进行安全条件审查。

建设单位应当对建设项目进行安全条件论证,委托具备国家规定的资质条件的机构对建设项目进行安全评价,并将安全条件论证和安全评价的情况报告报建设项目所在地设区的市级以上人民政府安全生产监督管理部门;安全生产监督管理部门应当自收到报告之日起 45 日内作出审查决定,并书面通知建设单位。具体办法由国务院安全生产监督管理部门制定。

新建、改建、扩建储存、装卸危险化学品的港口建设项目,由港口行政管理部门按照国务院交通运输主管部门的规定进行安全条件审查。

第十三条　生产、储存危险化学品的单位,应当对其铺设的危险化学品管道设置明显标志,并对危险化学品管道定期检查、检测。

进行可能危及危险化学品管道安全的施工作业,施工单位应当在开工的 7 日前书面通知管道所属单位,并与管道所属单位共同制定应急预案,采取相应的安全防护措施。管道所属单位应当指派专门人员到现场进行管道安全保护指导。

第十四条　危险化学品生产企业进行生产前,应当依照《安全生产许可证条例》的规定,取得危险化学品安全生产许可证。

生产列入国家实行生产许可证制度的工业产品目录的危险化学品的企业,应当依照《中华人民共和国工业产品生产许可证管理条例》的规定,取得工业产品生产许可证。

负责颁发危险化学品安全生产许可证、工业产品生产许可证的部门,应当将其颁发许可证的情况及时向同级工业和信息化主管部门、环境保护主管部门和公安机关通报。

第十五条　危险化学品生产企业应当提供与其生产的危险化学品相符的化学品安全技术说明书,并在危险化学品包装(包括外包装件)上粘贴或者挂挂与包装内危险化学品相符的化学品安全标签。化学品安全技术说明书和化学品安全标签所载明的内容应当符合国家标准的要求。

危险化学品生产企业发现其生产的危险化学品有新的危险特性的,应当立即公告,并及时修订其化学品安全技术说明书和化学品安全标签。

第十六条　生产实施重点环境管理的危险化学品的企业,应当按照国务院环境保护主管部门的规定,将该危险化学品向环境中释放等相关信息向环境保护主管部门报告。环境保护主管部门可以根据情况采取相应的环境风险控制措施。

第十七条 危险化学品的包装应当符合法律、行政法规、规章的规定以及国家标准、行业标准的要求。

危险化学品包装物、容器的材质以及危险化学品包装的型式、规格、方法和单件质量(重量),应当与所包装的危险化学品的性质和用途相适应。

第十八条 生产列入国家实行生产许可证制度的工业产品目录的危险化学品包装物、容器的企业,应当依照《中华人民共和国工业产品生产许可证管理条例》的规定,取得工业产品生产许可证;其生产的危险化学品包装物、容器经国务院质量监督检验检疫部门认定的检验机构检验合格,方可出厂销售。

运输危险化学品的船舶及其配载的容器,应当按照国家船舶检验规范进行生产,并经海事管理机构认定的船舶检验机构检验合格,方可投入使用。

对重复使用的危险化学品包装物、容器,使用单位在重复使用前应当进行检查;发现存在安全隐患的,应当维修或者更换。使用单位应当对检查情况作出记录,记录的保存期限不得少于2年。

第十九条 危险化学品生产装置或者储存数量构成重大危险源的危险化学品储存设施(运输工具加油站、加气站除外),与下列场所、设施、区域的距离应当符合国家有关规定:

(一)居住区以及商业中心、公园等人员密集场所;

(二)学校、医院、影剧院、体育场(馆)等公共设施;

(三)饮用水源、水厂以及水源保护区;

(四)车站、码头(依法经许可从事危险化学品装卸作业的除外)、机场以及通信干线、通信枢纽、铁路线路、道路交通干线、水路交通干线、地铁风亭以及地铁站出入口;

(五)基本农田保护区、基本草原、畜禽遗传资源保护区、畜禽规模化养殖场(养殖小区)、渔业水域以及种子、种畜禽、水产苗种生产基地;

(六)河流、湖泊、风景名胜区、自然保护区;

(七)军事禁区、军事管理区;

(八)法律、行政法规规定的其他场所、设施、区域。

已建的危险化学品生产装置或者储存数量构成重大危险源的危险化学品储存设施不符合前款规定的,由所在地设区的市级人民政府安全生产监督管理部门会同有关部门监督其所属单位在规定期限内进行整改;需要转产、停产、搬迁、关闭的,由本级人民政府决定并组织实施。

储存数量构成重大危险源的危险化学品储存设施的选址,应当避开地震活动断层和容易发生洪灾、地质灾害的区域。

本条例所称重大危险源,是指生产、储存、使用或者搬运危险化学品,且危险化学品的数量等于或者超过临界量的单元(包括场所和设施)。

第二十条 生产、储存危险化学品的单位,应当根据其生产、储存的危险化学品的种类和危险特性,在作业场所设置相应的监测、监控、通风、防晒、调温、防火、灭火、防爆、泄压、防毒、中和、防潮、防雷、防静电、防腐、防泄漏以及防护围堤或者隔离操作等安全设施、设备,并按照国家标准、行业标准或者国家有关规定对安全设施、设备进行经常性维护、保养,保证安全设施、设备的正常使用。

生产、储存危险化学品的单位,应当在其作业场所和安全设施、设备上设置明显的安全警示标志。

第二十一条 生产、储存危险化学品的单位,应当在其作业场所设置通信、报警装置,并保证处于适用状态。

第二十二条 生产、储存危险化学品的企业,应当委托具备国家规定的资质条件的机构,对本企业的安全生产条件每3年进行一次安全评价,提出安全评价报告。安全评价报告的内容应当包括对安全生产条件存在的问题进行整改的方案。

生产、储存危险化学品的企业,应当将安全评价报告以及整改方案的落实情况报所在地县级人民政府安全生产监督管理部门备案。在港区内储存危险化学品的企业,应当将安全评价报告以及整改方案的落实情况报港口行政管理部门备案。

第二十三条 生产、储存剧毒化学品或者国务院公安部门规定的可用于制造爆炸物品的危险化学品(以下简称易制爆危险化学品)的单位,应当如实记录其生产、储存的剧毒化学品、易制爆危险化学品的数量、流向,并采取必要的安全防范措施,防止剧毒化学品、易制爆危险化学品丢失或者被盗;发现剧毒化学品、易制爆危险化学品丢失或者被盗的,应当立即向当地公安机关报告。

生产、储存剧毒化学品、易制爆危险化学品的单位,应当设置治安保卫机构,配备专职治安保卫人员。

第二十四条 危险化学品应当储存在专用仓库、专用场地或者专用储存室(以下统称专用仓库)内,并由专人负责管理;剧毒化学品以及储存数量构成重大危险源的其他危险化学品,应当在专用仓库内单独存放,并实行双人收发、双人保管制度。

危险化学品的储存方式、方法以及储存数量应当符合国家标准或者国家有关规定。

第二十五条 储存危险化学品的单位应当建立危险化学品出入库核查、登记制度。

对剧毒化学品以及储存数量构成重大危险源的其他危险化学品,储存单位应当将其储存数量、储存地点以及管理人员的情况,报所在地县级人民政府安全生产监督管理部门(在港区内储存的,报港口行政管理部门)和公安机关备案。

第二十六条 危险化学品专用仓库应当符合国家标准、行业标准的要求,并设置明显的标志。储存剧毒化学品、易制爆危险化学品的专用仓库,应当按照国家有关规定设置相应的技术防范设施。

储存危险化学品的单位应当对其危险化学品专用仓库的安全设施、设备定期进行检测、检验。

第二十七条 生产、储存危险化学品的单位转产、停产、停业或者解散的,应当采取有效措施,及时、妥善处置其危险化学品生产装置、储存设施以及库存的危险化学品,不得丢弃危险化学品;处置方案应当报所在地县级人民政府安全生产监督管理部门、工业和信息化主管部门、环境保护主管部门和公安机关备案。安全生产监督管理部门应当会同环境保护主管部门和公安机关对处置情况进行监督检查,发现未依照规定处置的,应当责令其立即处置。

第三章 使用安全

第二十八条 使用危险化学品的单位,其使用条件(包括工艺)应当符合法律、行政法规的规定和国家标准、行业标准的要求,并根据所使用的危险化学品的种类、危险特性以及使用量和使用方式,建立、健全使用危险化学品的安全管理规章制度和安全操作规程,保证危险化学品的安全使用。

第二十九条 使用危险化学品从事生产并且使用量达到规定数量的化工企业(属于危险化学品生产企业的除外,下同),应当依照本条例的规定取得危险化学品安全使用许可证。

前款规定的危险化学品使用量的数量标准,由国务院安全生产监督管理部门会同国务院公安部门、农业主管部门确定并公布。

第三十条 　申请危险化学品安全使用许可证的化工企业,除应当符合本条例第二十八条的规定外,还应当具备下列条件:

(一)有与所使用的危险化学品相适应的专业技术人员;

(二)有安全管理机构和专职安全管理人员;

(三)有符合国家规定的危险化学品事故应急预案和必要的应急救援器材、设备;

(四)依法进行了安全评价。

第三十一条 　申请危险化学品安全使用许可证的化工企业,应当向所在地设区的市级人民政府安全生产监督管理部门提出申请,并提交其符合本条例第三十条规定条件的证明材料。设区的市级人民政府安全生产监督管理部门应当依法进行审查,自收到证明材料之日起 45 日内作出批准或者不予批准的决定。予以批准的,颁发危险化学品安全使用许可证;不予批准的,书面通知申请人并说明理由。

安全生产监督管理部门应当将其颁发危险化学品安全使用许可证的情况及时向同级环境保护主管部门和公安机关通报。

第三十二条 　本条例第十六条关于生产实施重点环境管理的危险化学品的企业的规定,适用于使用实施重点环境管理的危险化学品从事生产的企业;第二十条、第二十一条、第二十三条第一款、第二十七条关于生产、储存危险化学品的单位的规定,适用于使用危险化学品的单位;第二十二条关于生产、储存危险化学品的企业的规定,适用于使用危险化学品从事生产的企业。

第四章　经营安全

第三十三条 　国家对危险化学品经营(包括仓储经营,下同)实行许可制度。未经许可,任何单位和个人不得经营危险化学品。

依法设立的危险化学品生产企业在其厂区范围内销售本企业生产的危险化学品,不需要取得危险化学品经营许可。

依照《中华人民共和国港口法》的规定取得港口经营许可证的港口经营人,在港区内从事危险化学品仓储经营,不需要取得危险化学品经营许可。

第三十四条 　从事危险化学品经营的企业应当具备下列条件:

(一)有符合国家标准、行业标准的经营场所,储存危险化学品的,还应当有符合国家标准、行业标准的储存设施;

(二)从业人员经过专业技术培训并经考核合格;

(三)有健全的安全管理规章制度;

(四)有专职安全管理人员;

(五)有符合国家规定的危险化学品事故应急预案和必要的应急救援器材、设备;

(六)法律、法规规定的其他条件。

第三十五条 　从事剧毒化学品、易制爆危险化学品经营的企业,应当向所在地设区的市级人民政府安全生产监督管理部门提出申请,从事其他危险化学品经营的企业,应当向所在地县级人民政府安全生产监督管理部门提出申请(有储存设施的,应当向所在地设区的市级人民政府安全生产监督管理部门提出申请)。申请人应当提交其符合本条例第三十四条规定条件的证明材料。设区的市级人民政府安全生产监督管理部门或者县级人民政府安全生产监督管理部门应当依法进行审查,并对申请人的经营场所、储存设施进行现场核查,自收到证明材料之日起 30 日内作出批准或者不予批准的决定。予以批准的,颁发危险化学品经营许可证;不予批准的,书面通知申请人并说明理由。

设区的市级人民政府安全生产监督管理部门和县级人民政府安全生产监督管理部门应当将其颁发危险化学品经营许可证的情况及时向同级环境保护主管部门和公安机关通报。

申请人持危险化学品经营许可证向工商行政管理部门办理登记手续后,方可从事危险化学品经营活动。法律、行政法规或者国务院规定经营危险化学品还需要经其他有关部门许可的,申请人向工商行政管理部门办理登记手续时还应当持相应的许可证件。

第三十六条　危险化学品经营企业储存危险化学品的,应当遵守本条例第二章关于储存危险化学品的规定。危险化学品商店内只能存放民用小包装的危险化学品。

第三十七条　危险化学品经营企业不得向未经许可从事危险化学品生产、经营活动的企业采购危险化学品,不得经营没有化学品安全技术说明书或者化学品安全标签的危险化学品。

第三十八条　依法取得危险化学品安全生产许可证、危险化学品安全使用许可证、危险化学品经营许可证的企业,凭相应的许可证件购买剧毒化学品、易制爆危险化学品。民用爆炸物品生产企业凭民用爆炸物品生产许可证购买易制爆危险化学品。

前款规定以外的单位购买剧毒化学品的,应当向所在地县级人民政府公安机关申请取得剧毒化学品购买许可证;购买易制爆危险化学品的,应当持本单位出具的合法用途说明。

个人不得购买剧毒化学品(属于剧毒化学品的农药除外)和易制爆危险化学品。

第三十九条　申请取得剧毒化学品购买许可证,申请人应当向所在地县级人民政府公安机关提交下列材料:

(一)营业执照或者法人证书(登记证书)的复印件;

(二)拟购买的剧毒化学品品种、数量的说明;

(三)购买剧毒化学品用途的说明;

(四)经办人的身份证明。

县级人民政府公安机关应当自收到前款规定的材料之日起 3 日内,作出批准或者不予批准的决定。予以批准的,颁发剧毒化学品购买许可证;不予批准的,书面通知申请人并说明理由。

剧毒化学品购买许可证管理办法由国务院公安部门制定。

第四十条　危险化学品生产企业、经营企业销售剧毒化学品、易制爆危险化学品,应当查验本条例第三十八条第一款、第二款规定的相关许可证件或者证明文件,不得向不具有相关许可证件或者证明文件的单位销售剧毒化学品、易制爆危险化学品。对持剧毒化学品购买许可证购买剧毒化学品的,应当按照许可证载明的品种、数量销售。

禁止向个人销售剧毒化学品(属于剧毒化学品的农药除外)和易制爆危险化学品。

第四十一条　危险化学品生产企业、经营企业销售剧毒化学品、易制爆危险化学品,应当如实记录购买单位的名称、地址、经办人的姓名、身份证号码以及所购买的剧毒化学品、易制爆危险化学品的品种、数量、用途。销售记录以及经办人的身份证明复印件、相关许可证件复印件或者证明文件的保存期限不得少于 1 年。

剧毒化学品、易制爆危险化学品的销售企业、购买单位应当在销售、购买后 5 日内,将所销售、购买的剧毒化学品、易制爆危险化学品的品种、数量以及流向信息报所在地县级人民政府公安机关备案,并输入计算机系统。

第四十二条　使用剧毒化学品、易制爆危险化学品的单位不得出借、转让其购买的剧毒化学品、易制爆危险化学品;因转产、停产、搬迁、关闭等确需转让的,应当向具有本条例第三十八条第一款、第二款规定的相关许可证件或者证明文件的单位转让,并在转让后将有关情况及时向所在地县级人民政府公安机关报告。

第五章　运输安全

第四十三条　从事危险化学品道路运输、水路运输的，应当分别依照有关道路运输、水路运输的法律、行政法规的规定，取得危险货物道路运输许可、危险货物水路运输许可，并向工商行政管理部门办理登记手续。

危险化学品道路运输企业、水路运输企业应当配备专职安全管理人员。

第四十四条　危险化学品道路运输企业、水路运输企业的驾驶人员、船员、装卸管理人员、押运人员、申报人员、集装箱装箱现场检查员应当经交通运输主管部门考核合格，取得从业资格。具体办法由国务院交通运输主管部门制定。

危险化学品的装卸作业应当遵守安全作业标准、规程和制度，并在装卸管理人员的现场指挥或者监控下进行。水路运输危险化学品的集装箱装箱作业应当在集装箱装箱现场检查员的指挥或者监控下进行，并符合积载、隔离的规范和要求；装箱作业完毕后，集装箱装箱现场检查员应当签署装箱证明书。

第四十五条　运输危险化学品，应当根据危险化学品的危险特性采取相应的安全防护措施，并配备必要的防护用品和应急救援器材。

用于运输危险化学品的槽罐以及其他容器应当封口严密，能够防止危险化学品在运输过程中因温度、湿度或者压力的变化发生渗漏、洒漏；槽罐以及其他容器的溢流和泄压装置应当设置准确、起闭灵活。

运输危险化学品的驾驶人员、船员、装卸管理人员、押运人员、申报人员、集装箱装箱现场检查员，应当了解所运输的危险化学品的危险特性及其包装物、容器的使用要求和出现危险情况时的应急处置方法。

第四十六条　通过道路运输危险化学品的，托运人应当委托依法取得危险货物道路运输许可的企业承运。

第四十七条　通过道路运输危险化学品的，应当按照运输车辆的核定载质量装载危险化学品，不得超载。

危险化学品运输车辆应当符合国家标准要求的安全技术条件，并按照国家有关规定定期进行安全技术检验。

危险化学品运输车辆应当悬挂或者喷涂符合国家标准要求的警示标志。

第四十八条　通过道路运输危险化学品的，应当配备押运人员，并保证所运输的危险化学品处于押运人员的监控之下。

运输危险化学品途中因住宿或者发生影响正常运输的情况，需要较长时间停车的，驾驶人员、押运人员应当采取相应的安全防范措施；运输剧毒化学品或者易制爆危险化学品的，还应当向当地公安机关报告。

第四十九条　未经公安机关批准，运输危险化学品的车辆不得进入危险化学品运输车辆限制通行的区域。危险化学品运输车辆限制通行的区域由县级人民政府公安机关划定，并设置明显的标志。

第五十条　通过道路运输剧毒化学品的，托运人应当向运输始发地或者目的地县级人民政府公安机关申请剧毒化学品道路运输通行证。

申请剧毒化学品道路运输通行证，托运人应当向县级人民政府公安机关提交下列材料：

（一）拟运输的剧毒化学品品种、数量的说明；

（二）运输始发地、目的地、运输时间和运输路线的说明；

（三）承运人取得危险货物道路运输许可、运输车辆取得营运证以及驾驶人员、押运人员取得上岗资格的证明文件；

（四）本条例第三十八条第一款、第二款规定的购买剧毒化学品的相关许可证件，或者海关出具的进出口证明文件。

县级人民政府公安机关应当自收到前款规定的材料之日起 7 日内，作出批准或者不予批准的决定。予以批准的，颁发剧毒化学品道路运输通行证；不予批准的，书面通知申请人并说明理由。

剧毒化学品道路运输通行证管理办法由国务院公安部门制定。

第五十一条　剧毒化学品、易制爆危险化学品在道路运输途中丢失、被盗、被抢或者出现流散、泄漏等情况的，驾驶人员、押运人员应当立即采取相应的警示措施和安全措施，并向当地公安机关报告。公安机关接到报告后，应当根据实际情况立即向安全生产监督管理部门、环境保护主管部门、卫生主管部门通报。有关部门应当采取必要的应急处置措施。

第五十二条　通过水路运输危险化学品的，应当遵守法律、行政法规以及国务院交通运输主管部门关于危险货物水路运输安全的规定。

第五十三条　海事管理机构应当根据危险化学品的种类和危险特性，确定船舶运输危险化学品的相关安全运输条件。

拟交付船舶运输的化学品的相关安全运输条件不明确的，应当经国家海事管理机构认定的机构进行评估，明确相关安全运输条件并经海事管理机构确认后，方可交付船舶运输。

第五十四条　禁止通过内河封闭水域运输剧毒化学品以及国家规定禁止通过内河运输的其他危险化学品。

前款规定以外的内河水域，禁止运输国家规定禁止通过内河运输的剧毒化学品以及其他危险化学品。

禁止通过内河运输的剧毒化学品以及其他危险化学品的范围，由国务院交通运输主管部门会同国务院环境保护主管部门、工业和信息化主管部门、安全生产监督管理部门，根据危险化学品的危险特性、危险化学品对人体和水环境的危害程度以及消除危害后果的难易程度等因素规定并公布。

第五十五条　国务院交通运输主管部门应当根据危险化学品的危险特性，对通过内河运输本条例第五十四条规定以外的危险化学品（以下简称通过内河运输危险化学品）实行分类管理，对各类危险化学品的运输方式、包装规范和安全防护措施等分别作出规定并监督实施。

第五十六条　通过内河运输危险化学品，应当由依法取得危险货物水路运输许可的水路运输企业承运，其他单位和个人不得承运。托运人应当委托依法取得危险货物水路运输许可的水路运输企业承运，不得委托其他单位和个人承运。

第五十七条　通过内河运输危险化学品，应当使用依法取得危险货物适装证书的运输船舶。水路运输企业应当针对所运输的危险化学品的危险特性，制定运输船舶危险化学品事故应急救援预案，并为运输船舶配备充足、有效的应急救援器材和设备。

通过内河运输危险化学品的船舶，其所有人或者经营人应当取得船舶污染损害责任保险证书或者财务担保证明。船舶污染损害责任保险证书或者财务担保证明的副本应当随船携带。

第五十八条　通过内河运输危险化学品，危险化学品包装物的材质、型式、强度以及包装方法应当符合水路运输危险化学品包装规范的要求。国务院交通运输主管部门对单船运输的危险化学品数量有限制性规定的，承运人应当按照规定安排运输数量。

第五十九条　用于危险化学品运输作业的内河码头、泊位应当符合国家有关安全规范，与饮用水取水口保持国家规定的距离。有关管理单位应当制定码头、泊位危险化学品事故应急预案，并为码头、泊位配备充足、有效的应急救援器材和设备。

用于危险化学品运输作业的内河码头、泊位，经交通运输主管部门按照国家有关规定验收合格后方可投入使用。

第六十条　船舶载运危险化学品进出内河港口，应当将危险化学品的名称、危险特性、包装以及进出港时间等事项，事先报告海事管理机构。海事管理机构接到报告后，应当在国务院交通运输主管部门规定的时间内作出是否同意的决定，通知报告人，同时通报港口行政管理部门。定船舶、定航线、定货种的船舶可以定期报告。

在内河港口内进行危险化学品的装卸、过驳作业，应当将危险化学品的名称、危险特性、包装和作业的时间、地点等事项报告港口行政管理部门。港口行政管理部门接到报告后，应当在国务院交通运输主管部门规定的时间内作出是否同意的决定，通知报告人，同时通报海事管理机构。

载运危险化学品的船舶在内河航行，通过过船建筑物的，应当提前向交通运输主管部门申报，并接受交通运输主管部门的管理。

第六十一条　载运危险化学品的船舶在内河航行、装卸或者停泊，应当悬挂专用的警示标志，按照规定显示专用信号。

载运危险化学品的船舶在内河航行，按照国务院交通运输主管部门的规定需要引航的，应当申请引航。

第六十二条　载运危险化学品的船舶在内河航行，应当遵守法律、行政法规和国家其他有关饮用水水源保护的规定。内河航道发展规划应当与依法经批准的饮用水水源保护区划定方案相协调。

第六十三条　托运危险化学品的，托运人应当向承运人说明所托运的危险化学品的种类、数量、危险特性以及发生危险情况的应急处置措施，并按照国家有关规定对所托运的危险化学品妥善包装，在外包装上设置相应的标志。

运输危险化学品需要添加抑制剂或者稳定剂的，托运人应当添加，并将有关情况告知承运人。

第六十四条　托运人不得在托运的普通货物中夹带危险化学品，不得将危险化学品匿报或者谎报为普通货物托运。

任何单位和个人不得交寄危险化学品或者在邮件、快件内夹带危险化学品，不得将危险化学品匿报或者谎报为普通物品交寄。邮政企业、快递企业不得收寄危险化学品。

对涉嫌违反本条第一款、第二款规定的，交通运输主管部门、邮政管理部门可以依法开拆查验。

第六十五条　通过铁路、航空运输危险化学品的安全管理，依照有关铁路、航空运输的法律、行政法规、规章的规定执行。

第六章　危险化学品登记与事故应急救援

第六十六条　国家实行危险化学品登记制度，为危险化学品安全管理以及危险化学品事故预防和应急救援提供技术、信息支持。

第六十七条　危险化学品生产企业、进口企业，应当向国务院安全生产监督管理部门负责危险化学品登记的机构（以下简称危险化学品登记机构）办理危险化学品登记。

危险化学品登记包括下列内容：

（一）分类和标签信息；

（二）物理、化学性质；

（三）主要用途；

（四）危险特性；

（五）储存、使用、运输的安全要求；

（六）出现危险情况的应急处置措施。

对同一企业生产、进口的同一品种的危险化学品，不进行重复登记。危险化学品生产企业、进口企业发现其生产、进口的危险化学品有新的危险特性的，应当及时向危险化学品登记机构办理登记内容变更手续。

危险化学品登记的具体办法由国务院安全生产监督管理部门制定。

第六十八条　危险化学品登记机构应当定期向工业和信息化、环境保护、公安、卫生、交通运输、铁路、质量监督检验检疫等部门提供危险化学品登记的有关信息和资料。

第六十九条　县级以上地方人民政府安全生产监督管理部门应当会同工业和信息化、环境保护、公安、卫生、交通运输、铁路、质量监督检验检疫等部门，根据本地区实际情况，制定危险化学品事故应急预案，报本级人民政府批准。

第七十条　危险化学品单位应当制定本单位危险化学品事故应急预案，配备应急救援人员和必要的应急救援器材、设备，并定期组织应急救援演练。

危险化学品单位应当将其危险化学品事故应急预案报所在地设区的市级人民政府安全生产监督管理部门备案。

第七十一条　发生危险化学品事故，事故单位主要负责人应当立即按照本单位危险化学品应急预案组织救援，并向当地安全生产监督管理部门和环境保护、公安、卫生主管部门报告；道路运输、水路运输过程中发生危险化学品事故的，驾驶人员、船员或者押运人员还应当向事故发生地交通运输主管部门报告。

第七十二条　发生危险化学品事故，有关地方人民政府应当立即组织安全生产监督管理、环境保护、公安、卫生、交通运输等有关部门，按照本地区危险化学品事故应急预案组织实施救援，不得拖延、推诿。

有关地方人民政府及其有关部门应当按照下列规定，采取必要的应急处置措施，减少事故损失，防止事故蔓延、扩大：

（一）立即组织营救和救治受害人员，疏散、撤离或者采取其他措施保护危害区域内的其他人员；

（二）迅速控制危害源，测定危险化学品的性质、事故的危害区域及危害程度；

（三）针对事故对人体、动植物、土壤、水源、大气造成的现实危害和可能产生的危害，迅速采取封闭、隔离、洗消等措施；

（四）对危险化学品事故造成的环境污染和生态破坏状况进行监测、评估，并采取相应的环境污染治理和生态修复措施。

第七十三条　有关危险化学品单位应当为危险化学品事故应急救援提供技术指导和必要的协助。

第七十四条　危险化学品事故造成环境污染的，由设区的市级以上人民政府环境保护主管部门统一发布有关信息。

第七章　法律责任

第七十五条　生产、经营、使用国家禁止生产、经营、使用的危险化学品的，由安全生产监督管理部门责令停止生产、经营、使用活动,处 20 万元以上 50 万元以下的罚款,有违法所得的,没收违法所得;构成犯罪的,依法追究刑事责任。

有前款规定行为的,安全生产监督管理部门还应当责令其对所生产、经营、使用的危险化学品进行无害化处理。

违反国家关于危险化学品使用的限制性规定使用危险化学品的,依照本条第一款的规定处理。

第七十六条 未经安全条件审查,新建、改建、扩建生产、储存危险化学品的建设项目的,由安全生产监督管理部门责令停止建设,限期改正;逾期不改正的,处 50 万元以上 100 万元以下的罚款;构成犯罪的,依法追究刑事责任。

未经安全条件审查,新建、改建、扩建储存、装卸危险化学品的港口建设项目的,由港口行政管理部门依照前款规定予以处罚。

第七十七条 未依法取得危险化学品安全生产许可证从事危险化学品生产,或者未依法取得工业产品生产许可证从事危险化学品及其包装物、容器生产的,分别依照《安全生产许可证条例》、《中华人民共和国工业产品生产许可证管理条例》的规定处罚。

违反本条例规定,化工企业未取得危险化学品安全使用许可证,使用危险化学品从事生产的,由安全生产监督管理部门责令限期改正,处 10 万元以上 20 万元以下的罚款;逾期不改正的,责令停产整顿。

违反本条例规定,未取得危险化学品经营许可证从事危险化学品经营的,由安全生产监督管理部门责令停止经营活动,没收违法经营的危险化学品以及违法所得,并处 10 万元以上 20 万元以下的罚款;构成犯罪的,依法追究刑事责任。

第七十八条 有下列情形之一的,由安全生产监督管理部门责令改正,可以处 5 万元以下的罚款;拒不改正的,处 5 万元以上 10 万元以下的罚款;情节严重的,责令停产停业整顿:

(一)生产、储存危险化学品的单位未对其铺设的危险化学品管道设置明显的标志,或者未对危险化学品管道定期检查、检测的;

(二)进行可能危及危险化学品管道安全的施工作业,施工单位未按照规定书面通知管道所属单位,或者未与管道所属单位共同制定应急预案、采取相应的安全防护措施,或者管道所属单位未指派专门人员到现场进行管道安全保护指导的;

(三)危险化学品生产企业未提供化学品安全技术说明书,或者未在包装(包括外包装件)上粘贴、拴挂化学品安全标签的;

(四)危险化学品生产企业提供的化学品安全技术说明书与其生产的危险化学品不相符,或者在包装(包括外包装件)粘贴、拴挂的化学品安全标签与包装内危险化学品不相符,或者化学品安全技术说明书、化学品安全标签所载明的内容不符合国家标准要求的;

(五)危险化学品生产企业发现其生产的危险化学品有新的危险特性不立即公告,或者不及时修订其化学品安全技术说明书和化学品安全标签的;

(六)危险化学品经营企业经营没有化学品安全技术说明书和化学品安全标签的危险化学品的;

(七)危险化学品包装物、容器的材质以及包装的型式、规格、方法和单件质量(重量)与所包装的危险化学品的性质和用途不相适应的;

(八)生产、储存危险化学品的单位未在作业场所和安全设施、设备上设置明显的安全警示标志,或者未在作业场所设置通信、报警装置的;

(九)危险化学品专用仓库未设专人负责管理,或者对储存的剧毒化学品以及储存数量构成重大危险源的其他危险化学品未实行双人收发、双人保管制度的；

（十）储存危险化学品的单位未建立危险化学品出入库核查、登记制度的；

（十一）危险化学品专用仓库未设置明显标志的；

（十二）危险化学品生产企业、进口企业不办理危险化学品登记，或者发现其生产、进口的危险化学品有新的危险特性不办理危险化学品登记内容变更手续的。

从事危险化学品仓储经营的港口经营人有前款规定情形的，由港口行政管理部门依照前款规定予以处罚。储存剧毒化学品、易制爆危险化学品的专用仓库未按照国家有关规定设置相应的技术防范设施的，由公安机关依照前款规定予以处罚。

生产、储存剧毒化学品、易制爆危险化学品的单位未设置治安保卫机构、配备专职治安保卫人员的，依照《企业事业单位内部治安保卫条例》的规定处罚。

第七十九条　危险化学品包装物、容器生产企业销售未经检验或者经检验不合格的危险化学品包装物、容器的，由质量监督检验检疫部门责令改正，处 10 万元以上 20 万元以下的罚款，有违法所得的，没收违法所得；拒不改正的，责令停产停业整顿；构成犯罪的，依法追究刑事责任。

将未经检验合格的运输危险化学品的船舶及其配载的容器投入使用的，由海事管理机构依照前款规定予以处罚。

第八十条　生产、储存、使用危险化学品的单位有下列情形之一的，由安全生产监督管理部门责令改正，处 5 万元以上 10 万元以下的罚款；拒不改正的，责令停产停业整顿直至由原发证机关吊销其相关许可证件，并由工商行政管理部门责令其办理经营范围变更登记或者吊销其营业执照；有关责任人员构成犯罪的，依法追究刑事责任：

（一）对重复使用的危险化学品包装物、容器，在重复使用前不进行检查的；

（二）未根据其生产、储存的危险化学品的种类和危险特性，在作业场所设置相关安全设施、设备，或者未按照国家标准、行业标准或者国家有关规定对安全设施、设备进行经常性维护、保养的；

（三）未依照本条例规定对其安全生产条件定期进行安全评价的；

（四）未将危险化学品储存在专用仓库内，或者未将剧毒化学品以及储存数量构成重大危险源的其他危险化学品在专用仓库内单独存放的；

（五）危险化学品的储存方式、方法或者储存数量不符合国家标准或者国家有关规定的；

（六）危险化学品专用仓库不符合国家标准、行业标准的要求的；

（七）未对危险化学品专用仓库的安全设施、设备定期进行检测、检验的。

从事危险化学品仓储经营的港口经营人有前款规定情形的，由港口行政管理部门依照前款规定予以处罚。

第八十一条　有下列情形之一的，由公安机关责令改正，可以处 1 万元以下的罚款；拒不改正的，处 1 万元以上 5 万元以下的罚款：

（一）生产、储存、使用剧毒化学品、易制爆危险化学品的单位不如实记录生产、储存、使用的剧毒化学品、易制爆危险化学品的数量、流向的；

（二）生产、储存、使用剧毒化学品、易制爆危险化学品的单位发现剧毒化学品、易制爆危险化学品丢失或者被盗，不立即向公安机关报告的；

（三）储存剧毒化学品的单位未将剧毒化学品的储存数量、储存地点以及管理人员的情况报所在地县级人民政府公安机关备案的；

（四）危险化学品生产企业、经营企业不如实记录剧毒化学品、易制爆危险化学品购买单位的名称、地址、经办人的姓名、身份证号码以及所购买的剧毒化学品、易制爆危险化学品的品种、数

量、用途,或者保存销售记录和相关材料的时间少于1年的;

(五)剧毒化学品、易制爆危险化学品的销售企业、购买单位未在规定的时限内将所销售、购买的剧毒化学品、易制爆危险化学品的品种、数量以及流向信息报所在地县级人民政府公安机关备案的;

(六)使用剧毒化学品、易制爆危险化学品的单位依照本条例规定转让其购买的剧毒化学品、易制爆危险化学品,未将有关情况向所在地县级人民政府公安机关报告的。

生产、储存危险化学品的企业或者使用危险化学品从事生产的企业未按照本条例规定将安全评价报告以及整改方案的落实情况报安全生产监督管理部门或者港口行政管理部门备案,或者储存危险化学品的单位未将其剧毒化学品以及储存数量构成重大危险源的其他危险化学品的储存数量、储存地点以及管理人员的情况报安全生产监督管理部门或者港口行政管理部门备案的,分别由安全生产监督管理部门或者港口行政管理部门依照前款规定予以处罚。

生产实施重点环境管理的危险化学品的企业或者使用实施重点环境管理的危险化学品从事生产的企业未按照规定将相关信息向环境保护主管部门报告的,由环境保护主管部门依照本条第一款的规定予以处罚。

第八十二条　生产、储存、使用危险化学品的单位转产、停产、停业或者解散,未采取有效措施及时、妥善处置其危险化学品生产装置、储存设施以及库存的危险化学品,或者丢弃危险化学品的,由安全生产监督管理部门责令改正,处5万元以上10万元以下的罚款;构成犯罪的,依法追究刑事责任。

生产、储存、使用危险化学品的单位转产、停产、停业或者解散,未依照本条例规定将其危险化学品生产装置、储存设施以及库存危险化学品的处置方案报有关部门备案的,分别由有关部门责令改正,可以处1万元以下的罚款;拒不改正的,处1万元以上5万元以下的罚款。

第八十三条　危险化学品经营企业向未经许可违法从事危险化学品生产、经营活动的企业采购危险化学品的,由工商行政管理部门责令改正,处10万元以上20万元以下的罚款;拒不改正的,责令停业整顿直至由原发证机关吊销其危险化学品经营许可证,并由工商行政管理部门责令其办理经营范围变更登记或者吊销其营业执照。

第八十四条　危险化学品生产企业、经营企业有下列情形之一的,由安全生产监督管理部门责令改正,没收违法所得,并处10万元以上20万元以下的罚款;拒不改正的,责令停产停业整顿直至吊销其危险化学品安全生产许可证、危险化学品经营许可证,并由工商行政管理部门责令其办理经营范围变更登记或者吊销其营业执照:

(一)向不具有本条例第三十八条第一款、第二款规定的相关许可证件或者证明文件的单位销售剧毒化学品、易制爆危险化学品的;

(二)不按照剧毒化学品购买许可证载明的品种、数量销售剧毒化学品的;

(三)向个人销售剧毒化学品(属于剧毒化学品的农药除外)、易制爆危险化学品的。

不具有本条例第三十八条第一款、第二款规定的相关许可证件或者证明文件的单位购买剧毒化学品、易制爆危险化学品,或者个人购买剧毒化学品(属于剧毒化学品的农药除外)、易制爆危险化学品的,由公安机关没收所购买的剧毒化学品、易制爆危险化学品,可以并处5000元以下的罚款。

使用剧毒化学品、易制爆危险化学品的单位出借或者向不具有本条例第三十八条第一款、第二款规定的相关许可证件的单位转让其购买的剧毒化学品、易制爆危险化学品,或者向个人转让其购买的剧毒化学品(属于剧毒化学品的农药除外)、易制爆危险化学品的,由公安机关责令改正,处10万元以上20万元以下的罚款;拒不改正的,责令停产停业整顿。

第八十五条 未依法取得危险货物道路运输许可、危险货物水路运输许可,从事危险化学品道路运输、水路运输的,分别依照有关道路运输、水路运输的法律、行政法规的规定处罚。

第八十六条 有下列情形之一的,由交通运输主管部门责令改正,处5万元以上10万元以下的罚款;拒不改正的,责令停产停业整顿;构成犯罪的,依法追究刑事责任:

(一)危险化学品道路运输企业、水路运输企业的驾驶人员、船员、装卸管理人员、押运人员、申报人员、集装箱装箱现场检查员未取得从业资格上岗作业的;

(二)运输危险化学品,未根据危险化学品的危险特性采取相应的安全防护措施,或者未配备必要的防护用品和应急救援器材的;

(三)使用未依法取得危险货物适装证书的船舶,通过内河运输危险化学品的;

(四)通过内河运输危险化学品的承运人违反国务院交通运输主管部门对单船运输的危险化学品数量的限制性规定运输危险化学品的;

(五)用于危险化学品运输作业的内河码头、泊位不符合国家有关安全规范,或者未与饮用水取水口保持国家规定的安全距离,或者未经交通运输主管部门验收合格投入使用的;

(六)托运人不向承运人说明所托运的危险化学品的种类、数量、危险特性以及发生危险情况的应急处置措施,或者未按照国家有关规定对所托运的危险化学品妥善包装并在外包装上设置相应标志的;

(七)运输危险化学品需要添加抑制剂或者稳定剂,托运人未添加或者未将有关情况告知承运人的。

第八十七条 有下列情形之一的,由交通运输主管部门责令改正,处10万元以上20万元以下的罚款,有违法所得的,没收违法所得;拒不改正的,责令停产停业整顿;构成犯罪的,依法追究刑事责任:

(一)委托未依法取得危险货物道路运输许可、危险货物水路运输许可的企业承运危险化学品的;

(二)通过内河封闭水域运输剧毒化学品以及国家规定禁止通过内河运输的其他危险化学品的;

(三)通过内河运输国家规定禁止通过内河运输的剧毒化学品以及其他危险化学品的;

(四)在托运的普通货物中夹带危险化学品,或者将危险化学品谎报或者匿报为普通货物托运的。

在邮件、快件内夹带危险化学品,或者将危险化学品谎报为普通物品交寄的,依法给予治安管理处罚;构成犯罪的,依法追究刑事责任。

邮政企业、快递企业收寄危险化学品的,依照《中华人民共和国邮政法》的规定处罚。

第八十八条 有下列情形之一的,由公安机关责令改正,处5万元以上10万元以下的罚款;构成违反治安管理行为的,依法给予治安管理处罚;构成犯罪的,依法追究刑事责任:

(一)超过运输车辆的核定载质量装载危险化学品的;

(二)使用安全技术条件不符合国家标准要求的车辆运输危险化学品的;

(三)运输危险化学品的车辆未经公安机关批准进入危险化学品运输车辆限制通行的区域的;

(四)未取得剧毒化学品道路运输通行证,通过道路运输剧毒化学品的。

第八十九条 有下列情形之一的,由公安机关责令改正,处1万元以上5万元以下的罚款;构成违反治安管理行为的,依法给予治安管理处罚:

(一)危险化学品运输车辆未悬挂或者喷涂警示标志,或者悬挂或者喷涂的警示标志不符合

国家标准要求的;

　　(二)通过道路运输危险化学品,不配备押运人员的;

　　(三)运输剧毒化学品或者易制爆危险化学品途中需要较长时间停车,驾驶人员、押运人员不向当地公安机关报告的;

　　(四)剧毒化学品、易制爆危险化学品在道路运输途中丢失、被盗、被抢或者发生流散、泄露等情况,驾驶人员、押运人员不采取必要的警示措施和安全措施,或者不向当地公安机关报告的。

　　第九十条　对发生交通事故负有全部责任或者主要责任的危险化学品道路运输企业,由公安机关责令消除安全隐患,未消除安全隐患的危险化学品运输车辆,禁止上道路行驶。

　　第九十一条　有下列情形之一的,由交通运输主管部门责令改正,可以处 1 万元以下的罚款;拒不改正的,处 1 万元以上 5 万元以下的罚款:

　　(一)危险化学品道路运输企业、水路运输企业未配备专职安全管理人员的;

　　(二)用于危险化学品运输作业的内河码头、泊位的管理单位未制定码头、泊位危险化学品事故应急救援预案,或者未为码头、泊位配备充足、有效的应急救援器材和设备的。

　　第九十二条　有下列情形之一的,依照《中华人民共和国内河交通安全管理条例》的规定处罚:

　　(一)通过内河运输危险化学品的水路运输企业未制定运输船舶危险化学品事故应急救援预案,或者未为运输船舶配备充足、有效的应急救援器材和设备的;

　　(二)通过内河运输危险化学品的船舶的所有人或者经营人未取得船舶污染损害责任保险证书或者财务担保证明的;

　　(三)船舶载运危险化学品进出内河港口,未将有关事项事先报告海事管理机构并经其同意的;

　　(四)载运危险化学品的船舶在内河航行、装卸或者停泊,未悬挂专用的警示标志,或者未按照规定显示专用信号,或者未按照规定申请引航的。

　　未向港口行政管理部门报告并经其同意,在港口内进行危险化学品的装卸、过驳作业的,依照《中华人民共和国港口法》的规定处罚。

　　第九十三条　伪造、变造或者出租、出借、转让危险化学品安全生产许可证、工业产品生产许可证,或者使用伪造、变造的危险化学品安全生产许可证、工业产品生产许可证的,分别依照《安全生产许可证条例》、《中华人民共和国工业产品生产许可证管理条例》的规定处罚。

　　伪造、变造或者出租、出借、转让本条例规定的其他许可证,或者使用伪造、变造的本条例规定的其他许可证的,分别由相关许可证的颁发管理机关处 10 万元以上 20 万元以下的罚款,有违法所得的,没收违法所得;构成违反治安管理行为的,依法给予治安管理处罚;构成犯罪的,依法追究刑事责任。

　　第九十四条　危险化学品单位发生危险化学品事故,其主要负责人不立即组织救援或者不立即向有关部门报告的,依照《生产安全事故报告和调查处理条例》的规定处罚。

　　危险化学品单位发生危险化学品事故,造成他人人身伤害或者财产损失的,依法承担赔偿责任。

　　第九十五条　发生危险化学品事故,有关地方人民政府及其有关部门不立即组织实施救援,或者不采取必要的应急处置措施减少事故损失,防止事故蔓延、扩大的,对直接负责的主管人员和其他直接责任人员依法给予处分;构成犯罪的,依法追究刑事责任。

　　第九十六条　负有危险化学品安全监督管理职责的部门的工作人员,在危险化学品安全监督管理工作中滥用职权、玩忽职守、徇私舞弊,构成犯罪的,依法追究刑事责任;尚不构成犯罪的,依法给予处分。

第八章　附　　则

第九十七条　监控化学品、属于危险化学品的药品和农药的安全管理，依照本条例的规定执行；法律、行政法规另有规定的，依照其规定。

民用爆炸物品、烟花爆竹、放射性物品、核能物质以及用于国防科研生产的危险化学品的安全管理，不适用本条例。

法律、行政法规对燃气的安全管理另有规定的，依照其规定。

危险化学品容器属于特种设备的，其安全管理依照有关特种设备安全的法律、行政法规的规定执行。

第九十八条　危险化学品的进出口管理，依照有关对外贸易的法律、行政法规、规章的规定执行；进口的危险化学品的储存、使用、经营、运输的安全管理，依照本条例的规定执行。

危险化学品环境管理登记和新化学物质环境管理登记，依照有关环境保护的法律、行政法规、规章的规定执行。危险化学品环境管理登记，按照国家有关规定收取费用。

第九十九条　公众发现、捡拾的无主危险化学品，由公安机关接收。公安机关接收或者有关部门依法没收的危险化学品，需要进行无害化处理的，交由环境保护主管部门组织其认定的专业单位进行处理，或者交由有关危险化学品生产企业进行处理。处理所需费用由国家财政负担。

第一百条　化学品的危险特性尚未确定的，由国务院安全生产监督管理部门、国务院环境保护主管部门、国务院卫生主管部门分别负责组织对该化学品的物理危险性、环境危害性、毒理特性进行鉴定。根据鉴定结果，需要调整危险化学品目录的，依照本条例第三条第二款的规定办理。

第一百零一条　本条例施行前已经使用危险化学品从事生产的化工企业，依照本条例规定需要取得危险化学品安全使用许可证的，应当在国务院安全生产监督管理部门规定的期限内，申请取得危险化学品安全使用许可证。

第一百零二条　本条例自 2011 年 12 月 1 日起施行。

中华人民共和国国务院令

第 445 号

《易制毒化学品管理条例》已经 2005 年 8 月 17 日国务院第 102 次常务会议通过,现予公布,自 2005 年 11 月 1 日起施行。

总理　温家宝

二〇〇五年八月二十六日

易制毒化学品管理条例

第一章　总　则

第一条　为了加强易制毒化学品管理,规范易制毒化学品的生产、经营、购买、运输和进口、出口行为,防止易制毒化学品被用于制造毒品,维护经济和社会秩序,制定本条例。

第二条　国家对易制毒化学品的生产、经营、购买、运输和进口、出口实行分类管理和许可制度。

易制毒化学品分为三类。第一类是可以用于制毒的主要原料,第二类、第三类是可以用于制毒的化学配剂。易制毒化学品的具体分类和品种,由本条例附表列示。

易制毒化学品的分类和品种需要调整的,由国务院公安部门会同国务院食品药品监督管理部门、安全生产监督管理部门、商务主管部门、卫生主管部门和海关总署提出方案,报国务院批准。

省、自治区、直辖市人民政府认为有必要在本行政区域内调整分类或者增加本条例规定以外的品种的,应当向国务院公安部门提出,由国务院公安部门会同国务院有关行政主管部门提出方案,报国务院批准。

第三条　国务院公安部门、食品药品监督管理部门、安全生产监督管理部门、商务主管部门、卫生主管部门、海关总署、价格主管部门、铁路主管部门、交通主管部门、工商行政管理部门、环境保护主管部门在各自的职责范围内,负责全国的易制毒化学品有关管理工作;县级以上地方各级人民政府有关行政主管部门在各自的职责范围内,负责本行政区域内的易制毒化学品有关管理工作。

县级以上地方各级人民政府应当加强对易制毒化学品管理工作的领导,及时协调解决易制毒化学品管理工作中的问题。

第四条　易制毒化学品的产品包装和使用说明书,应当标明产品的名称(含学名和通用名)、化学分子式和成分。

第五条　易制毒化学品的生产、经营、购买、运输和进口、出口,除应当遵守本条例的规定外,属于药品和危险化学品的,还应当遵守法律、其他行政法规对药品和危险化学品的有关规定。

禁止走私或者非法生产、经营、购买、转让、运输易制毒化学品。

禁止使用现金或者实物进行易制毒化学品交易。但是，个人合法购买第一类中的药品类易制毒化学品药品制剂和第三类易制毒化学品的除外。

生产、经营、购买、运输和进口、出口易制毒化学品的单位，应当建立单位内部易制毒化学品管理制度。

第六条　国家鼓励向公安机关等有关行政主管部门举报涉及易制毒化学品的违法行为。接到举报的部门应当为举报者保密。对举报属实的，县级以上人民政府及有关行政主管部门应当给予奖励。

第二章　生产、经营管理

第七条　申请生产第一类易制毒化学品，应当具备下列条件，并经本条例第八条规定的行政主管部门审批，取得生产许可证后，方可进行生产：

（一）属依法登记的化工产品生产企业或者药品生产企业；

（二）有符合国家标准的生产设备、仓储设施和污染物处理设施；

（三）有严格的安全生产管理制度和环境突发事件应急预案；

（四）企业法定代表人和技术、管理人员具有安全生产和易制毒化学品的有关知识，无毒品犯罪记录；

（五）法律、法规、规章规定的其他条件。

申请生产第一类中的药品类易制毒化学品，还应当在仓储场所等重点区域设置电视监控设施以及与公安机关联网的报警装置。

第八条　申请生产第一类中的药品类易制毒化学品的，由国务院食品药品监督管理部门审批；申请生产第一类中的非药品类易制毒化学品的，由省、自治区、直辖市人民政府安全生产监督管理部门审批。

前款规定的行政主管部门应当自收到申请之日起60日内，对申请人提交的申请材料进行审查。对符合规定的，发给生产许可证，或者在企业已经取得的有关生产许可证件上标注；不予许可的，应当书面说明理由。

审查第一类易制毒化学品生产许可申请材料时，根据需要，可以进行实地核查和专家评审。

第九条　申请经营第一类易制毒化学品，应当具备下列条件，并经本条例第十条规定的行政主管部门审批，取得经营许可证后，方可进行经营：

（一）属依法登记的化工产品经营企业或者药品经营企业；

（二）有符合国家规定的经营场所，需要储存、保管易制毒化学品的，还应当有符合国家技术标准的仓储设施；

（三）有易制毒化学品的经营管理制度和健全的销售网络；

（四）企业法定代表人和销售、管理人员具有易制毒化学品的有关知识，无毒品犯罪记录；

（五）法律、法规、规章规定的其他条件。

第十条　申请经营第一类中的药品类易制毒化学品的，由国务院食品药品监督管理部门审批；申请经营第一类中的非药品类易制毒化学品的，由省、自治区、直辖市人民政府安全生产监督管理部门审批。

前款规定的行政主管部门应当自收到申请之日起30日内，对申请人提交的申请材料进行审查。对符合规定的，发给经营许可证，或者在企业已经取得的有关经营许可证件上标注；不予许可的，应当书面说明理由。

审查第一类易制毒化学品经营许可申请材料时,根据需要,可以进行实地核查。

第十一条 取得第一类易制毒化学品生产许可或者依照本条例第十三条第一款规定已经履行第二类、第三类易制毒化学品备案手续的生产企业,可以经销自产的易制毒化学品。但是,在厂外设立销售网点经销第一类易制毒化学品的,应当依照本条例的规定取得经营许可。

第一类中的药品类易制毒化学品药品单方制剂,由麻醉药品定点经营企业经销,且不得零售。

第十二条 取得第一类易制毒化学品生产、经营许可的企业,应当凭生产、经营许可证到工商行政管理部门办理经营范围变更登记。未经变更登记,不得进行第一类易制毒化学品的生产、经营。

第一类易制毒化学品生产、经营许可证被依法吊销的,行政主管部门应当自作出吊销决定之日起 5 日内通知工商行政管理部门;被吊销许可证的企业,应当及时到工商行政管理部门办理经营范围变更或者企业注销登记。

第十三条 生产第二类、第三类易制毒化学品的,应当自生产之日起 30 日内,将生产的品种、数量等情况,向所在地的设区的市级人民政府安全生产监督管理部门备案。

经营第二类易制毒化学品的,应当自经营之日起 30 日内,将经营的品种、数量、主要流向等情况,向所在地的设区的市级人民政府安全生产监督管理部门备案;经营第三类易制毒化学品的,应当自经营之日起 30 日内,将经营的品种、数量、主要流向等情况,向所在地的县级人民政府安全生产监督管理部门备案。

前两款规定的行政主管部门应当于收到备案材料的当日发给备案证明。

第三章 购买管理

第十四条 申请购买第一类易制毒化学品,应当提交下列证件,经本条例第十五条规定的行政主管部门审批,取得购买许可证:

(一)经营企业提交企业营业执照和合法使用需要证明;

(二)其他组织提交登记证书(成立批准文件)和合法使用需要证明。

第十五条 申请购买第一类中的药品类易制毒化学品的,由所在地的省、自治区、直辖市人民政府食品药品监督管理部门审批;申请购买第一类中的非药品类易制毒化学品的,由所在地的省、自治区、直辖市人民政府公安机关审批。

前款规定的行政主管部门应当自收到申请之日起 10 日内,对申请人提交的申请材料和证件进行审查。对符合规定的,发给购买许可证;不予许可的,应当书面说明理由。

审查第一类易制毒化学品购买许可申请材料时,根据需要,可以进行实地核查。

第十六条 持有麻醉药品、第一类精神药品购买印鉴卡的医疗机构购买第一类中的药品类易制毒化学品的,无须申请第一类易制毒化学品购买许可证。

个人不得购买第一类、第二类易制毒化学品。

第十七条 购买第二类、第三类易制毒化学品的,应当在购买前将所需购买的品种、数量,向所在地的县级人民政府公安机关备案。个人自用购买少量高锰酸钾的,无须备案。

第十八条 经营单位销售第一类易制毒化学品时,应当查验购买许可证和经办人的身份证明。对委托代购的,还应当查验购买人持有的委托文书。

经营单位在查验无误、留存上述证明材料的复印件后,方可出售第一类易制毒化学品;发现可疑情况的,应当立即向当地公安机关报告。

第十九条 经营单位应当建立易制毒化学品销售台账,如实记录销售的品种、数量、日期、购买方等情况。销售台账和证明材料复印件应当保存 2 年备查。

第一类易制毒化学品的销售情况,应当自销售之日起 5 日内报当地公安机关备案;第一类易制毒化学品的使用单位,应当建立使用台账,并保存 2 年备查。

第二类、第三类易制毒化学品的销售情况,应当自销售之日起 30 日内报当地公安机关备案。

第四章　运输管理

第二十条　跨设区的市级行政区域(直辖市为跨市界)或者在国务院公安部门确定的禁毒形势严峻的重点地区跨县级行政区域运输第一类易制毒化学品的,由运出地的设区的市级人民政府公安机关审批;运输第二类易制毒化学品的,由运出地的县级人民政府公安机关审批。经审批取得易制毒化学品运输许可证后,方可运输。

运输第三类易制毒化学品的,应当在运输前向运出地的县级人民政府公安机关备案。公安机关应当于收到备案材料的当日发给备案证明。

第二十一条　申请易制毒化学品运输许可,应当提交易制毒化学品的购销合同,货主是企业的,应当提交营业执照;货主是其他组织的,应当提交登记证书(成立批准文件);货主是个人的,应当提交其个人身份证明。经办人还应当提交本人的身份证明。

公安机关应当自收到第一类易制毒化学品运输许可申请之日起 10 日内,收到第二类易制毒化学品运输许可申请之日起 3 日内,对申请人提交的申请材料进行审查。对符合规定的,发给运输许可证;不予许可的,应当书面说明理由。

审查第一类易制毒化学品运输许可申请材料时,根据需要,可以进行实地核查。

第二十二条　对许可运输第一类易制毒化学品的,发给一次有效的运输许可证。

对许可运输第二类易制毒化学品的,发给 3 个月有效的运输许可证;6 个月内运输安全状况良好的,发给 12 个月有效的运输许可证。

易制毒化学品运输许可证应当载明拟运输的易制毒化学品的品种、数量、运入地、货主及收货人、承运人情况以及运输许可证种类。

第二十三条　运输供教学、科研使用的 100 克以下的麻黄素样品和供医疗机构制剂配方使用的小包装麻黄素以及医疗机构或者麻醉药品经营企业购买麻黄素片剂 6 万片以下、注射剂 1.5 万支以下,货主或者承运人持有依法取得的购买许可证明或者麻醉药品调拨单的,无须申请易制毒化学品运输许可。

第二十四条　接受货主委托运输的,承运人应当查验货主提供的运输许可证或者备案证明,并查验所运货物与运输许可证或者备案证明载明的易制毒化学品品种等情况是否相符;不相符的,不得承运。

运输易制毒化学品,运输人员应当自启运起全程携带运输许可证或者备案证明。公安机关应当在易制毒化学品的运输过程中进行检查。

运输易制毒化学品,应当遵守国家有关货物运输的规定。

第二十五条　因治疗疾病需要,患者、患者近亲属或者患者委托的人凭医疗机构出具的医疗诊断书和本人的身份证明,可以随身携带第一类中的药品类易制毒化学品药品制剂,但是不得超过医用单张处方的最大剂量。

医用单张处方最大剂量,由国务院卫生主管部门规定、公布。

第五章　进口、出口管理

第二十六条　申请进口或者出口易制毒化学品,应当提交下列材料,经国务院商务主管部门

或者其委托的省、自治区、直辖市人民政府商务主管部门审批,取得进口或者出口许可证后,方可从事进口、出口活动:

（一）对外贸易经营者备案登记证明（外商投资企业联合年检合格证书）复印件;

（二）营业执照副本;

（三）易制毒化学品生产、经营、购买许可证或者备案证明;

（四）进口或者出口合同（协议）副本;

（五）经办人的身份证明。

申请易制毒化学品出口许可的,还应当提交进口方政府主管部门出具的合法使用易制毒化学品的证明或者进口方合法使用的保证文件。

第二十七条　受理易制毒化学品进口、出口申请的商务主管部门应当自收到申请材料之日起 20 日内,对申请材料进行审查,必要时可以进行实地核查。对符合规定的,发给进口或者出口许可证;不予许可的,应当书面说明理由。

对进口第一类中的药品类易制毒化学品的,有关的商务主管部门在作出许可决定前,应当征得国务院食品药品监督管理部门的同意。

第二十八条　麻黄素等属于重点监控物品范围的易制毒化学品,由国务院商务主管部门会同国务院有关部门核定的企业进口、出口。

第二十九条　国家对易制毒化学品的进口、出口实行国际核查制度。易制毒化学品国际核查目录及核查的具体办法,由国务院商务主管部门会同国务院公安部门规定、公布。

国际核查所用时间不计算在许可期限之内。

对向毒品制造、贩运情形严重的国家或者地区出口易制毒化学品以及本条例规定品种以外的化学品的,可以在国际核查措施以外实施其他管制措施,具体办法由国务院商务主管部门会同国务院公安部门、海关总署等有关部门规定、公布。

第三十条　进口、出口或者过境、转运、通运易制毒化学品的,应当如实向海关申报,并提交进口或者出口许可证。海关凭许可证办理通关手续。

易制毒化学品在境外与保税区、出口加工区等海关特殊监管区域、保税场所之间进出的,适用前款规定。

易制毒化学品在境内与保税区、出口加工区等海关特殊监管区域、保税场所之间进出的,或者在上述海关特殊监管区域、保税场所之间进出的,无须申请易制毒化学品进口或者出口许可证。

进口第一类中的药品类易制毒化学品,还应当提交食品药品监督管理部门出具的进口药品通关单。

第三十一条　进出境人员随身携带第一类中的药品类易制毒化学品药品制剂和高锰酸钾,应当以自用且数量合理为限,并接受海关监管。

进出境人员不得随身携带前款规定以外的易制毒化学品。

第六章　监督检查

第三十二条　县级以上人民政府公安机关、食品药品监督管理部门、安全生产监督管理部门、商务主管部门、卫生主管部门、价格主管部门、铁路主管部门、交通主管部门、工商行政管理部门、环境保护主管部门和海关,应当依照本条例和有关法律、行政法规的规定,在各自的职责范围内,加强对易制毒化学品生产、经营、购买、运输、价格以及进口、出口的监督检查;对非法生产、经营、购买、运输易制毒化学品,或者走私易制毒化学品的行为,依法予以查处。

前款规定的行政主管部门在进行易制毒化学品监督检查时,可以依法查看现场、查阅和复制有关资料、记录有关情况、扣押相关的证据材料和违法物品;必要时,可以临时查封有关场所。

被检查的单位或者个人应当如实提供有关情况和材料、物品,不得拒绝或者隐匿。

第三十三条 对依法收缴、查获的易制毒化学品,应当在省、自治区、直辖市或者设区的市级人民政府公安机关、海关或者环境保护主管部门的监督下,区别易制毒化学品的不同情况进行保管、回收,或者依照环境保护法律、行政法规的有关规定,由有资质的单位在环境保护主管部门的监督下销毁。其中,对收缴、查获的第一类中的药品类易制毒化学品,一律销毁。

易制毒化学品违法单位或者个人无力提供保管、回收或者销毁费用的,保管、回收或者销毁的费用在回收所得中开支,或者在有关行政主管部门的禁毒经费中列支。

第三十四条 易制毒化学品丢失、被盗、被抢的,发案单位应当立即向当地公安机关报告,并同时报告当地的县级人民政府食品药品监督管理部门、安全生产监督管理部门、商务主管部门或者卫生主管部门。接到报案的公安机关应当及时立案查处,并向上级公安机关报告;有关行政主管部门应当逐级上报并配合公安机关的查处。

第三十五条 有关行政主管部门应当将易制毒化学品许可以及依法吊销许可的情况通报有关公安机关和工商行政管理部门;工商行政管理部门应当将生产、经营易制毒化学品企业依法变更或者注销登记的情况通报有关公安机关和行政主管部门。

第三十六条 生产、经营、购买、运输或者进口、出口易制毒化学品的单位,应当于每年3月31日前向许可或者备案的行政主管部门和公安机关报告本单位上年度易制毒化学品的生产、经营、购买、运输或者进口、出口情况;有条件的生产、经营、购买、运输或者进口、出口单位,可以与有关行政主管部门建立计算机联网,及时通报有关经营情况。

第三十七条 县级以上人民政府有关行政主管部门应当加强协调合作,建立易制毒化学品管理情况、监督检查情况以及案件处理情况的通报、交流机制。

第七章 法律责任

第三十八条 违反本条例规定,未经许可或者备案擅自生产、经营、购买、运输易制毒化学品,伪造申请材料骗取易制毒化学品生产、经营、购买或者运输许可证,使用他人的或者伪造、变造、失效的许可证生产、经营、购买、运输易制毒化学品的,由公安机关没收非法生产、经营、购买或者运输的易制毒化学品、用于非法生产易制毒化学品的原料以及非法生产、经营、购买或者运输易制毒化学品的设备、工具,处非法生产、经营、购买或者运输的易制毒化学品货值10倍以上20倍以下的罚款,货值的20倍不足1万元的,按1万元罚款;有违法所得的,没收违法所得;有营业执照的,由工商行政管理部门吊销营业执照;构成犯罪的,依法追究刑事责任。

对有前款规定违法行为的单位或者个人,有关行政主管部门可以自作出行政处罚决定之日起3年内,停止受理其易制毒化学品生产、经营、购买、运输或者进口、出口许可申请。

第三十九条 违反本条例规定,走私易制毒化学品的,由海关没收走私的易制毒化学品;有违法所得的,没收违法所得,并依照海关法律、行政法规给予行政处罚;构成犯罪的,依法追究刑事责任。

第四十条 违反本条例规定,有下列行为之一的,由负有监督管理职责的行政主管部门给予警告,责令限期改正,处1万元以上5万元以下的罚款;对违反规定生产、经营、购买的易制毒化学品可以予以没收;逾期不改正的,责令限期停产停业整顿;逾期整顿不合格的,吊销相应的许可证:

(一)易制毒化学品生产、经营、购买、运输或者进口、出口单位未按规定建立安全管理制度的；

（二）将许可证或者备案证明转借他人使用的；

（三）超出许可的品种、数量生产、经营、购买易制毒化学品的；

（四）生产、经营、购买单位不记录或者不如实记录交易情况、不按规定保存交易记录或者不如实、不及时向公安机关和有关行政主管部门备案销售情况的；

（五）易制毒化学品丢失、被盗、被抢后未及时报告，造成严重后果的；

（六）除个人合法购买第一类中的药品类易制毒化学品药品制剂以及第三类易制毒化学品外，使用现金或者实物进行易制毒化学品交易的；

（七）易制毒化学品的产品包装和使用说明书不符合本条例规定要求的；

（八）生产、经营易制毒化学品的单位不如实或者不按时向有关行政主管部门和公安机关报告年度生产、经销和库存等情况的。

企业的易制毒化学品生产经营许可被依法吊销后，未及时到工商行政管理部门办理经营范围变更或者企业注销登记的，依照前款规定，对易制毒化学品予以没收，并处罚款。

第四十一条 运输的易制毒化学品与易制毒化学品运输许可证或者备案证明载明的品种、数量、运入地、货主及收货人、承运人等情况不符，运输许可证种类不当，或者运输人员未全程携带运输许可证或者备案证明的，由公安机关责令停运整改，处 5000 元以上 5 万元以下的罚款；有危险物品运输资质的，运输主管部门可以依法吊销其运输资质。

个人携带易制毒化学品不符合品种、数量规定的，没收易制毒化学品，处 1000 元以上 5000元以下的罚款。

第四十二条 生产、经营、购买、运输或者进口、出口易制毒化学品的单位或者个人拒不接受有关行政主管部门监督检查的，由负有监督管理职责的行政主管部门责令改正，对直接负责的主管人员以及其他直接责任人员给予警告；情节严重的，对单位处 1 万元以上 5 万元以下的罚款，对直接负责的主管人员以及其他直接责任人员处 1000 元以上 5000 元以下的罚款；有违反治安管理行为的，依法给予治安管理处罚；构成犯罪的，依法追究刑事责任。

第四十三条 易制毒化学品行政主管部门工作人员在管理工作中有应当许可而不许可、不应当许可而滥许可，不依法受理备案，以及其他滥用职权、玩忽职守、徇私舞弊行为的，依法给予行政处分；构成犯罪的，依法追究刑事责任。

第八章 附 则

第四十四条 易制毒化学品生产、经营、购买、运输和进口、出口许可证，由国务院有关行政主管部门根据各自的职责规定式样并监制。

第四十五条 本条例自 2005 年 11 月 1 日起施行。

本条例施行前已经从事易制毒化学品生产、经营、购买、运输或者进口、出口业务的，应当自本条例施行之日起 6 个月内，依照本条例的规定重新申请许可。

附表：易制毒化学品的分类和品种目录

第一类

1.1-苯基-2-丙酮

2.3,4-亚甲基二氧苯基-2-丙酮

3. 胡椒醛

4. 黄樟素

5. 黄樟油

6. 异黄樟素

7. N-乙酰邻氨基苯酸

8. 邻氨基苯甲酸

9. 麦角酸＊

10. 麦角胺＊

11. 麦角新碱＊

12. 麻黄素、伪麻黄素、消旋麻黄素、去甲麻黄素、甲基麻黄素、麻黄浸膏、麻黄浸膏粉等麻黄素类物质＊

第二类

1. 苯乙酸

2. 醋酸酐

3. 三氯甲烷

4. 乙醚

5. 哌啶

第三类

1. 甲苯

2. 丙酮

3. 甲基乙基酮

4. 高锰酸钾

5. 硫酸

6. 盐酸

说明：

一、第一类、第二类所列物质可能存在的盐类，也纳入管制。

二、带有＊标记的品种为第一类中的药品类易制毒化学品，第一类中的药品类易制毒化学品包括原料药及其单方制剂。

中华人民共和国国务院令

第 352 号

《使用有毒物品作业场所劳动保护条例》已经 2002 年 4 月 30 日国务院第 57 次常务会议通过，现予公布，自公布之日起施行。

总理　朱镕基

二〇〇二年五月十二日

使用有毒物品作业场所劳动保护条例

第一章　总　则

第一条　为了保证作业场所安全使用有毒物品，预防、控制和消除职业中毒危害，保护劳动者的生命安全、身体健康及其相关权益，根据职业病防治法和其他有关法律、行政法规的规定，制定本条例。

第二条　作业场所使用有毒物品可能产生职业中毒危害的劳动保护，适用本条例。

第三条　按照有毒物品产生的职业中毒危害程度，有毒物品分为一般有毒物品和高毒物品。国家对作业场所使用高毒物品实行特殊管理。

一般有毒物品目录、高毒物品目录由国务院卫生行政部门会同有关部门依据国家标准制定、调整并公布。

第四条　从事使用有毒物品作业的用人单位（以下简称用人单位）应当使用符合国家标准的有毒物品，不得在作业场所使用国家明令禁止使用的有毒物品或者使用不符合国家标准的有毒物品。

用人单位应当尽可能使用无毒物品；需要使用有毒物品的，应当优先选择使用低毒物品。

第五条　用人单位应当依照本条例和其他有关法律、行政法规的规定，采取有效的防护措施，预防职业中毒事故的发生，依法参加工伤保险，保障劳动者的生命安全和身体健康。

第六条　国家鼓励研制、开发、推广、应用有利于预防、控制、消除职业中毒危害和保护劳动者健康的新技术、新工艺、新材料；限制使用或者淘汰有关职业中毒危害严重的技术、工艺、材料；加强对有关职业病的机理和发生规律的基础研究，提高有关职业病防治科学技术水平。

第七条　禁止使用童工。

用人单位不得安排未成年人和孕期、哺乳期的女职工从事使用有毒物品的作业。

第八条　工会组织应当督促并协助用人单位开展职业卫生宣传教育和培训，对用人单位的职业卫生工作提出意见和建议，与用人单位就劳动者反映的职业病防治问题进行协调并督促解决。

工会组织对用人单位违反法律、法规，侵犯劳动者合法权益的行为，有权要求纠正；产生严重职业中毒危害时,有权要求用人单位采取防护措施,或者向政府有关部门建议采取强制性措施;发生职业中毒事故时,有权参与事故调查处理;发现危及劳动者生命、健康的情形时,有权建议用人单位组织劳动者撤离危险现场,用人单位应当立即作出处理。

第九条 县级以上人民政府卫生行政部门及其他有关行政部门应当依据各自的职责,监督用人单位严格遵守本条例和其他有关法律、法规的规定,加强作业场所使用有毒物品的劳动保护,防止职业中毒事故发生,确保劳动者依法享有的权利。

第十条 各级人民政府应当加强对使用有毒物品作业场所职业卫生安全及相关劳动保护工作的领导,督促、支持卫生行政部门及其他有关行政部门依法履行监督检查职责,及时协调、解决有关重大问题;在发生职业中毒事故时,应当采取有效措施,控制事故危害的蔓延并消除事故危害,并妥善处理有关善后工作。

第二章 作业场所的预防措施

第十一条 用人单位的设立,应当符合有关法律、行政法规规定的设立条件,并依法办理有关手续,取得营业执照。

用人单位的使用有毒物品作业场所,除应当符合职业病防治法规定的职业卫生要求外,还必须符合下列要求:

(一)作业场所与生活场所分开,作业场所不得住人;

(二)有害作业与无害作业分开,高毒作业场所与其他作业场所隔离;

(三)设置有效的通风装置;可能突然泄漏大量有毒物品或者易造成急性中毒的作业场所,设置自动报警装置和事故通风设施;

(四)高毒作业场所设置应急撤离通道和必要的泄险区。

用人单位及其作业场所符合前两款规定的,由卫生行政部门发给职业卫生安全许可证,方可从事使用有毒物品的作业。

第十二条 使用有毒物品作业场所应当设置黄色区域警示线、警示标识和中文警示说明。警示说明应当载明产生职业中毒危害的种类、后果、预防以及应急救治措施等内容。

高毒作业场所应当设置红色区域警示线、警示标识和中文警示说明,并设置通讯报警设备。

第十三条 新建、扩建、改建的建设项目和技术改造、技术引进项目(以下统称建设项目),可能产生职业中毒危害的,应当依照职业病防治法的规定进行职业中毒危害预评价,并经卫生行政部门审核同意;可能产生职业中毒危害的建设项目的职业中毒危害防护设施应当与主体工程同时设计,同时施工,同时投入生产和使用;建设项目竣工,应当进行职业中毒危害控制效果评价,并经卫生行政部门验收合格。

存在高毒作业的建设项目的职业中毒危害防护设施设计,应当经卫生行政部门进行卫生审查;经审查,符合国家职业卫生标准和卫生要求的,方可施工。

第十四条 用人单位应当按照国务院卫生行政部门的规定,向卫生行政部门及时、如实申报存在职业中毒危害项目。

从事使用高毒物品作业的用人单位,在申报使用高毒物品作业项目时,应当向卫生行政部门提交下列有关资料:

(一)职业中毒危害控制效果评价报告;

(二)职业卫生管理制度和操作规程等材料;

(三)职业中毒事故应急救援预案。

从事使用高毒物品作业的用人单位变更所使用的高毒物品品种的,应当依照前款规定向原受理申报的卫生行政部门重新申报。

第十五条　用人单位变更名称、法定代表人或者负责人的,应当向原受理申报的卫生行政部门备案。

第十六条　从事使用高毒物品作业的用人单位,应当配备应急救援人员和必要的应急救援器材、设备,制定事故应急救援预案,并根据实际情况变化对应急救援预案适时进行修订,定期组织演练。事故应急救援预案和演练记录应当报当地卫生行政部门、安全生产监督管理部门和公安部门备案。

第三章　劳动过程的防护

第十七条　用人单位应当依照职业病防治法的有关规定,采取有效的职业卫生防护管理措施,加强劳动过程中的防护与管理。

从事使用高毒物品作业的用人单位,应当配备专职的或者兼职的职业卫生医师和护士;不具备配备专职的或者兼职的职业卫生医师和护士条件的,应当与依法取得资质认证的职业卫生技术服务机构签订合同,由其提供职业卫生服务。

第十八条　用人单位应当与劳动者订立劳动合同,将工作过程中可能产生的职业中毒危害及其后果、职业中毒危害防护措施和待遇等如实告知劳动者,并在劳动合同中写明,不得隐瞒或者欺骗。

劳动者在已订立劳动合同期间因工作岗位或者工作内容变更,从事劳动合同中未告知的存在职业中毒危害的作业时,用人单位应当依照前款规定,如实告知劳动者,并协商变更原劳动合同有关条款。

用人单位违反前两款规定的,劳动者有权拒绝从事存在职业中毒危害的作业,用人单位不得因此单方面解除或者终止与劳动者所订立的劳动合同。

第十九条　用人单位有关管理人员应当熟悉有关职业病防治的法律、法规以及确保劳动者安全使用有毒物品作业的知识。

用人单位应当对劳动者进行上岗前的职业卫生培训和在岗期间的定期职业卫生培训,普及有关职业卫生知识,督促劳动者遵守有关法律、法规和操作规程,指导劳动者正确使用职业中毒危害防护设备和个人使用的职业中毒危害防护用品。

劳动者经培训考核合格,方可上岗作业。

第二十条　用人单位应当确保职业中毒危害防护设备、应急救援设施、通讯报警装置处于正常适用状态,不得擅自拆除或者停止运行。

用人单位应当对前款所列设施进行经常性的维护、检修,定期检测其性能和效果,确保其处于良好运行状态。

职业中毒危害防护设备、应急救援设施和通讯报警装置处于不正常状态时,用人单位应当立即停止使用有毒物品作业;恢复正常状态后,方可重新作业。

第二十一条　用人单位应当为从事使用有毒物品作业的劳动者提供符合国家职业卫生标准的防护用品,并确保劳动者正确使用。

第二十二条　有毒物品必须附具说明书,如实载明产品特性、主要成分、存在的职业中毒危害因素、可能产生的危害后果、安全使用注意事项、职业中毒危害防护以及应急救治措施等内容;没有说明书或者说明书不符合要求的,不得向用人单位销售。

用人单位有权向生产、经营有毒物品的单位索取说明书。

第二十三条　有毒物品的包装应当符合国家标准,并以易于劳动者理解的方式加贴或者拴挂有毒物品安全标签。有毒物品的包装必须有醒目的警示标识和中文警示说明。

经营、使用有毒物品的单位,不得经营、使用没有安全标签、警示标识和中文警示说明的有毒物品。

第二十四条　用人单位维护、检修存在高毒物品的生产装置,必须事先制订维护、检修方案,明确职业中毒危害防护措施,确保维护、检修人员的生命安全和身体健康。

维护、检修存在高毒物品的生产装置,必须严格按照维护、检修方案和操作规程进行。维护、检修现场应当有专人监护,并设置警示标志。

第二十五条　需要进入存在高毒物品的设备、容器或者狭窄封闭场所作业时,用人单位应当事先采取下列措施:

(一)保持作业场所良好的通风状态,确保作业场所职业中毒危害因素浓度符合国家职业卫生标准;

(二)为劳动者配备符合国家职业卫生标准的防护用品;

(三)设置现场监护人员和现场救援设备。

未采取前款规定措施或者采取的措施不符合要求的,用人单位不得安排劳动者进入存在高毒物品的设备、容器或者狭窄封闭场所作业。

第二十六条　用人单位应当按照国务院卫生行政部门的规定,定期对使用有毒物品作业场所职业中毒危害因素进行检测、评价。检测、评价结果存入用人单位职业卫生档案,定期向所在地卫生行政部门报告并向劳动者公布。

从事使用高毒物品作业的用人单位应当至少每一个月对高毒作业场所进行一次职业中毒危害因素检测;至少每半年进行一次职业中毒危害控制效果评价。

高毒作业场所职业中毒危害因素不符合国家职业卫生标准和卫生要求时,用人单位必须立即停止高毒作业,并采取相应的治理措施;经治理,职业中毒危害因素符合国家职业卫生标准和卫生要求的,方可重新作业。

第二十七条　从事使用高毒物品作业的用人单位应当设置淋浴间和更衣室,并设置清洗、存放或者处理从事使用高毒物品作业劳动者的工作服、工作鞋帽等物品的专用间。

劳动者结束作业时,其使用的工作服、工作鞋帽等物品必须存放在高毒作业区域内,不得穿戴到非高毒作业区域。

第二十八条　用人单位应当按照规定对从事使用高毒物品作业的劳动者进行岗位轮换。

用人单位应当为从事使用高毒物品作业的劳动者提供岗位津贴。

第二十九条　用人单位转产、停产、停业或者解散、破产的,应当采取有效措施,妥善处理留存或者残留有毒物品的设备、包装物和容器。

第三十条　用人单位应当对本单位执行本条例规定的情况进行经常性的监督检查;发现问题,应当及时依照本条例规定的要求进行处理。

第四章　职业健康监护

第三十一条　用人单位应当组织从事使用有毒物品作业的劳动者进行上岗前职业健康检查。

用人单位不得安排未经上岗前职业健康检查的劳动者从事使用有毒物品的作业,不得安排有职业禁忌的劳动者从事其所禁忌的作业。

第三十二条　用人单位应当对从事使用有毒物品作业的劳动者进行定期职业健康检查。

用人单位发现有职业禁忌或者有与所从事职业相关的健康损害的劳动者,应当将其及时调离原工作岗位,并妥善安置。

用人单位对需要复查和医学观察的劳动者,应当按照体检机构的要求安排其复查和医学观察。

第三十三条 用人单位应当对从事使用有毒物品作业的劳动者进行离岗时的职业健康检查;对离岗时未进行职业健康检查的劳动者,不得解除或者终止与其订立的劳动合同。

用人单位发生分立、合并、解散、破产等情形的,应当对从事使用有毒物品作业的劳动者进行健康检查,并按照国家有关规定妥善安置职业病病人。

第三十四条 用人单位对受到或者可能受到急性职业中毒危害的劳动者,应当及时组织进行健康检查和医学观察。

第三十五条 劳动者职业健康检查和医学观察的费用,由用人单位承担。

第三十六条 用人单位应当建立职业健康监护档案。

职业健康监护档案应当包括下列内容:

(一)劳动者的职业史和职业中毒危害接触史;

(二)相应作业场所职业中毒危害因素监测结果;

(三)职业健康检查结果及处理情况;

(四)职业病诊疗等劳动者健康资料。

第五章 劳动者的权利与义务

第三十七条 从事使用有毒物品作业的劳动者在存在威胁生命安全或者身体健康危险的情况下,有权通知用人单位并从使用有毒物品造成的危险现场撤离。

用人单位不得因劳动者依据前款规定行使权利,而取消或者减少劳动者在正常工作时享有的工资、福利待遇。

第三十八条 劳动者享有下列职业卫生保护权利:

(一)获得职业卫生教育、培训;

(二)获得职业健康检查、职业病诊疗、康复等职业病防治服务;

(三)了解工作场所产生或者可能产生的职业中毒危害因素、危害后果和应当采取的职业中毒危害防护措施;

(四)要求用人单位提供符合防治职业病要求的职业中毒危害防护设施和个人使用的职业中毒危害防护用品,改善工作条件;

(五)对违反职业病防治法律、法规,危及生命、健康的行为提出批评、检举和控告;

(六)拒绝违章指挥和强令进行没有职业中毒危害防护措施的作业;

(七)参与用人单位职业卫生工作的民主管理,对职业病防治工作提出意见和建议。

用人单位应当保障劳动者行使前款所列权利。禁止因劳动者依法行使正当权利而降低其工资、福利等待遇或者解除、终止与其订立的劳动合同。

第三十九条 劳动者有权在正式上岗前从用人单位获得下列资料:

(一)作业场所使用的有毒物品的特性、有害成分、预防措施、教育和培训资料;

(二)有毒物品的标签、标识及有关资料;

(三)有毒物品安全使用说明书;

(四)可能影响安全使用有毒物品的其他有关资料。

第四十条 劳动者有权查阅、复印其本人职业健康监护档案。

劳动者离开用人单位时,有权索取本人健康监护档案复印件;用人单位应当如实、无偿提供,并在所提供的复印件上签章。

第四十一条　用人单位按照国家规定参加工伤保险的,患职业病的劳动者有权按照国家有关工伤保险的规定,享受下列工伤保险待遇:

(一)医疗费:因患职业病进行诊疗所需费用,由工伤保险基金按照规定标准支付;

(二)住院伙食补助费:由用人单位按照当地因公出差伙食标准的一定比例支付;

(三)康复费:由工伤保险基金按照规定标准支付;

(四)残疾用具费:因残疾需要配置辅助器具的,所需费用由工伤保险基金按照普及型辅助器具标准支付;

(五)停工留薪期待遇:原工资、福利待遇不变,由用人单位支付;

(六)生活护理补助费:经评残并确认需要生活护理的,生活护理补助费由工伤保险基金按照规定标准支付;

(七)一次性伤残补助金:经鉴定为十级至一级伤残的,按照伤残等级享受相当于 6 个月至 24 个月的本人工资的一次性伤残补助金,由工伤保险基金支付;

(八)伤残津贴:经鉴定为四级至一级伤残的,按照规定享受相当于本人工资 75％至 90％的伤残津贴,由工伤保险基金支付;

(九)死亡补助金:因职业中毒死亡的,由工伤保险基金按照不低于 48 个月的统筹地区上年度职工月平均工资的标准一次支付;

(十)丧葬补助金:因职业中毒死亡的,由工伤保险基金按照 6 个月的统筹地区上年度职工月平均工资的标准一次支付;

(十一)供养亲属抚恤金:因职业中毒死亡的,对由死者生前提供主要生活来源的亲属由工伤保险基金支付抚恤金:对其配偶每月按照统筹地区上年度职工月平均工资的 40％发给,对其生前供养的直系亲属每人每月按照统筹地区上年度职工月平均工资的 30％发给;

(十二)国家规定的其他工伤保险待遇。

本条例施行后,国家对工伤保险待遇的项目和标准作出调整时,从其规定。

第四十二条　用人单位未参加工伤保险的,其劳动者从事有毒物品作业患职业病的,用人单位应当按照国家有关工伤保险规定的项目和标准,保证劳动者享受工伤待遇。

第四十三条　用人单位无营业执照以及被依法吊销营业执照,其劳动者从事使用有毒物品作业患职业病的,应当按照国家有关工伤保险规定的项目和标准,给予劳动者一次性赔偿。

第四十四条　用人单位分立、合并的,承继单位应当承担由原用人单位对患职业病的劳动者承担的补偿责任。

用人单位解散、破产的,应当依法从其清算财产中优先支付患职业病的劳动者的补偿费用。

第四十五条　劳动者除依法享有工伤保险外,依照有关民事法律的规定,尚有获得赔偿的权利的,有权向用人单位提出赔偿要求。

第四十六条　劳动者应当学习和掌握相关职业卫生知识,遵守有关劳动保护的法律、法规和操作规程,正确使用和维护职业中毒危害防护设施及其用品;发现职业中毒事故隐患时,应当及时报告。

作业场所出现使用有毒物品产生的危险时,劳动者应当采取必要措施,按照规定正确使用防护设施,将危险加以消除或者减少到最低限度。

第六章　监督管理

第四十七条　县级以上人民政府卫生行政部门应当依照本条例的规定和国家有关职业卫生

要求，依据职责划分，对作业场所使用有毒物品作业及职业中毒危害检测、评价活动进行监督检查。

卫生行政部门实施监督检查，不得收取费用，不得接受用人单位的财物或者其他利益。

第四十八条　卫生行政部门应当建立、健全监督制度，核查反映用人单位有关劳动保护的材料，履行监督责任。

用人单位应当向卫生行政部门如实、具体提供反映有关劳动保护的材料；必要时，卫生行政部门可以查阅或者要求用人单位报送有关材料。

第四十九条　卫生行政部门应当监督用人单位严格执行有关职业卫生规范。

卫生行政部门应当依照本条例的规定对使用有毒物品作业场所的职业卫生防护设备、设施的防护性能进行定期检验和不定期的抽查；发现职业卫生防护设备、设施存在隐患时，应当责令用人单位立即消除隐患；消除隐患期间，应当责令其停止作业。

第五十条　卫生行政部门应当采取措施，鼓励对用人单位的违法行为进行举报、投诉、检举和控告。

卫生行政部门对举报、投诉、检举和控告应当及时核实，依法作出处理，并将处理结果予以公布。

卫生行政部门对举报人、投诉人、检举人和控告人负有保密的义务。

第五十一条　卫生行政部门执法人员依法执行职务时，应当出示执法证件。

卫生行政部门执法人员应当忠于职守，秉公执法；涉及用人单位秘密的，应当为其保密。

第五十二条　卫生行政部门依法实施罚款的行政处罚，应当依照有关法律、行政法规的规定，实施罚款决定与罚款收缴分离；收缴的罚款以及依法没收的经营所得，必须全部上缴国库。

第五十三条　卫生行政部门履行监督检查职责时，有权采取下列措施：

（一）进入用人单位和使用有毒物品作业场所现场，了解情况，调查取证，进行抽样检查、检测、检验，进行实地检查；

（二）查阅或者复制与违反本条例行为有关的资料，采集样品；

（三）责令违反本条例规定的单位和个人停止违法行为。

第五十四条　发生职业中毒事故或者有证据证明职业中毒危害状态可能导致事故发生时，卫生行政部门有权采取下列临时控制措施：

（一）责令暂停导致职业中毒事故的作业；

（二）封存造成职业中毒事故或者可能导致事故发生的物品；

（三）组织控制职业中毒事故现场。

在职业中毒事故或者危害状态得到有效控制后，卫生行政部门应当及时解除控制措施。

第五十五条　卫生行政部门执法人员依法执行职务时，被检查单位应当接受检查并予以支持、配合，不得拒绝和阻碍。

第五十六条　卫生行政部门应当加强队伍建设，提高执法人员的政治、业务素质，依照本条例的规定，建立、健全内部监督制度，对执法人员执行法律、法规和遵守纪律的情况进行监督检查。

第七章　罚　则

第五十七条　卫生行政部门的工作人员有下列行为之一，导致职业中毒事故发生的，依照刑法关于滥用职权罪、玩忽职守罪或者其他罪的规定，依法追究刑事责任；造成职业中毒危害但尚未导致职业中毒事故发生，不够刑事处罚的，根据不同情节，依法给予降级、撤职或者开除的行政处分：

（一）对不符合本条例规定条件的涉及使用有毒物品作业事项，予以批准的；

（二）发现用人单位擅自从事使用有毒物品作业，不予取缔的；

（三）对依法取得批准的用人单位不履行监督检查职责，发现其不再具备本条例规定的条件而不撤销原批准或者发现违反本条例的其他行为不予查处的；

（四）发现用人单位存在职业中毒危害，可能造成职业中毒事故，不及时依法采取控制措施的。

第五十八条　用人单位违反本条例的规定，有下列情形之一的，由卫生行政部门给予警告，责令限期改正，处 10 万元以上 50 万元以下的罚款；逾期不改正的，提请有关人民政府按照国务院规定的权限责令停建、予以关闭；造成严重职业中毒危害或者导致职业中毒事故发生的，对负有责任的主管人员和其他直接责任人员依照刑法关于重大劳动安全事故罪或者其他罪的规定，依法追究刑事责任：

（一）可能产生职业中毒危害的建设项目，未依照职业病防治法的规定进行职业中毒危害预评价，或者预评价未经卫生行政部门审核同意，擅自开工的；

（二）职业卫生防护设施未与主体工程同时设计，同时施工，同时投入生产和使用的；

（三）建设项目竣工，未进行职业中毒危害控制效果评价，或者未经卫生行政部门验收或者验收不合格，擅自投入使用的；

（四）存在高毒作业的建设项目的防护设施设计未经卫生行政部门审查同意，擅自施工的。

第五十九条　用人单位违反本条例的规定，有下列情形之一的，由卫生行政部门给予警告，责令限期改正，处 5 万元以上 20 万元以下的罚款；逾期不改正的，提请有关人民政府按照国务院规定的权限予以关闭；造成严重职业中毒危害或者导致职业中毒事故发生的，对负有责任的主管人员和其他直接责任人员依照刑法关于重大劳动安全事故罪或者其他罪的规定，依法追究刑事责任：

（一）使用有毒物品作业场所未按照规定设置警示标识和中文警示说明的；

（二）未对职业卫生防护设备、应急救援设施、通讯报警装置进行维护、检修和定期检测，导致上述设施处于不正常状态的；

（三）未依照本条例的规定进行职业中毒危害因素检测和职业中毒危害控制效果评价的；

（四）高毒作业场所未按照规定设置撤离通道和泄险区的；

（五）高毒作业场所未按照规定设置警示线的；

（六）未向从事使用有毒物品作业的劳动者提供符合国家职业卫生标准的防护用品，或者未保证劳动者正确使用的。

第六十条　用人单位违反本条例的规定，有下列情形之一的，由卫生行政部门给予警告，责令限期改正，处 5 万元以上 30 万元以下的罚款；逾期不改正的，提请有关人民政府按照国务院规定的权限予以关闭；造成严重职业中毒危害或者导致职业中毒事故发生的，对负有责任的主管人员和其他直接责任人员依照刑法关于重大责任事故罪、重大劳动安全事故罪或者其他罪的规定，依法追究刑事责任：

（一）使用有毒物品作业场所未设置有效通风装置的，或者可能突然泄漏大量有毒物品或者易造成急性中毒的作业场所未设置自动报警装置或者事故通风设施的；

（二）职业卫生防护设备、应急救援设施、通讯报警装置处于不正常状态而不停止作业，或者擅自拆除或者停止运行职业卫生防护设备、应急救援设施、通讯报警装置的。

第六十一条　从事使用高毒物品作业的用人单位违反本条例的规定，有下列行为之一的，由卫生行政部门给予警告,责令限期改正,处5万元以上20万元以下的罚款;逾期不改正的,提请有关人民政府按照国务院规定的权限予以关闭;造成严重职业中毒危害或者导致职业中毒事故发生的,对负有责任的主管人员和其他直接责任人员依照刑法关于重大责任事故罪或者其他罪的规定,依法追究刑事责任:

(一)作业场所职业中毒危害因素不符合国家职业卫生标准和卫生要求而不立即停止高毒作业并采取相应的治理措施的,或者职业中毒危害因素治理不符合国家职业卫生标准和卫生要求重新作业的;

(二)未依照本条例的规定维护、检修存在高毒物品的生产装置的;

(三)未采取本条例规定的措施,安排劳动者进入存在高毒物品的设备、容器或者狭窄封闭场所作业的。

第六十二条　在作业场所使用国家明令禁止使用的有毒物品或者使用不符合国家标准的有毒物品的,由卫生行政部门责令立即停止使用,处5万元以上30万元以下的罚款;情节严重的,责令停止使用有毒物品作业,或者提请有关人民政府按照国务院规定的权限予以关闭;造成严重职业中毒危害或者导致职业中毒事故发生的,对负有责任的主管人员和其他直接责任人员依照刑法关于危险物品肇事罪、重大责任事故罪或者其他罪的规定,依法追究刑事责任。

第六十三条　用人单位违反本条例的规定,有下列行为之一的,由卫生行政部门给予警告,责令限期改正;逾期不改正的,处5万元以上30万元以下的罚款;造成严重职业中毒危害或者导致职业中毒事故发生的,对负有责任的主管人员和其他直接责任人员依照刑法关于重大责任事故罪或者其他罪的规定,依法追究刑事责任:

(一)使用未经培训考核合格的劳动者从事高毒作业的;

(二)安排有职业禁忌的劳动者从事所禁忌的作业的;

(三)发现有职业禁忌或有与所从事职业相关的健康损害的劳动者,未及时调离原工作岗位,并妥善安置的;

(四)安排未成年人或者孕期、哺乳期的女职工从事使用有毒物品作业的;

(五)使用童工的。

第六十四条　违反本条例的规定,未经许可,擅自从事使用有毒物品作业的,由工商行政管理部门、卫生行政部门依据各自职权予以取缔;造成职业中毒事故的,依照刑法关于危险物品肇事罪或者其他罪的规定,依法追究刑事责任;尚不够刑事处罚的,由卫生行政部门没收经营所得,并处经营所得3倍以上5倍以下的罚款;对劳动者造成人身伤害的,依法承担赔偿责任。

第六十五条　从事使用有毒物品作业的用人单位违反本条例的规定,在转产、停产、停业或者解散、破产时未采取有效措施,妥善处理留存或者残留高毒物品的设备、包装物和容器的,由卫生行政部门责令改正,处2万元以上10万元以下的罚款;触犯刑律的,对负有责任的主管人员和其他直接责任人员依照刑法关于重大环境污染事故罪、危险物品肇事罪或者其他罪的规定,依法追究刑事责任。

第六十六条　用人单位违反本条例的规定,有下列情形之一的,由卫生行政部门给予警告,责令限期改正,处5000元以上2万元以下的罚款;逾期不改正的,责令停止使用有毒物品作业,或者提请有关人民政府按照国务院规定的权限予以关闭;造成严重职业中毒危害或者导致职业中毒事故发生的,对负有责任的主管人员和其他直接责任人员依照刑法关于重大劳动安全事故罪、危险物品肇事罪或者其他罪的规定,依法追究刑事责任:

(一)使用有毒物品作业场所未与生活场所分开或者在作业场所住人的;

(二)未将有害作业与无害作业分开的;

（三）高毒作业场所未与其他作业场所有效隔离的；

（四）从事高毒作业未按照规定配备应急救援设施或者制定事故应急救援预案的。

第六十七条 用人单位违反本条例的规定，有下列情形之一的，由卫生行政部门给予警告，责令限期改正，处2万元以上5万元以下的罚款；逾期不改正的，提请有关人民政府按照国务院规定的权限予以关闭：

（一）未按照规定向卫生行政部门申报高毒作业项目的；

（二）变更使用高毒物品品种，未按照规定向原受理申报的卫生行政部门重新申报，或者申报不及时、有虚假的。

第六十八条 用人单位违反本条例的规定，有下列行为之一的，由卫生行政部门给予警告，责令限期改正，处2万元以上5万元以下的罚款；逾期不改正的，责令停止使用有毒物品作业，或者提请有关人民政府按照国务院规定的权限予以关闭：

（一）未组织从事使用有毒物品作业的劳动者进行上岗前职业健康检查，安排未经上岗前职业健康检查的劳动者从事使用有毒物品作业的；

（二）未组织从事使用有毒物品作业的劳动者进行定期职业健康检查的；

（三）未组织从事使用有毒物品作业的劳动者进行离岗职业健康检查的；

（四）对未进行离岗职业健康检查的劳动者，解除或者终止与其订立的劳动合同的；

（五）发生分立、合并、解散、破产情形，未对从事使用有毒物品作业的劳动者进行健康检查，并按照国家有关规定妥善安置职业病病人的；

（六）对受到或者可能受到急性职业中毒危害的劳动者，未及时组织进行健康检查和医学观察的；

（七）未建立职业健康监护档案的；

（八）劳动者离开用人单位时，用人单位未如实、无偿提供职业健康监护档案的；

（九）未依照职业病防治法和本条例的规定将工作过程中可能产生的职业中毒危害及其后果、有关职业卫生防护措施和待遇等如实告知劳动者并在劳动合同中写明的；

（十）劳动者在存在威胁生命、健康危险的情况下，从危险现场中撤离，而被取消或者减少应当享有的待遇的。

第六十九条 用人单位违反本条例的规定，有下列行为之一的，由卫生行政部门给予警告，责令限期改正，处5000元以上2万元以下的罚款；逾期不改正的，责令停止使用有毒物品作业，或者提请有关人民政府按照国务院规定的权限予以关闭：

（一）未按照规定配备或者聘请职业卫生医师和护士的；

（二）未为从事使用高毒物品作业的劳动者设置淋浴间、更衣室或者未设置清洗、存放和处理工作服、工作鞋帽等物品的专用间，或者不能正常使用的；

（三）未安排从事使用高毒物品作业一定年限的劳动者进行岗位轮换的。

第八章 附 则

第七十条 涉及作业场所使用有毒物品可能产生职业中毒危害的劳动保护的有关事项，本条例未作规定的，依照职业病防治法和其他有关法律、行政法规的规定执行。

有毒物品的生产、经营、储存、运输、使用和废弃处置的安全管理，依照危险化学品安全管理条例执行。

第七十一条 本条例自公布之日起施行。

中华人民共和国国务院令

第 430 号

《铁路运输安全保护条例》已经 2004 年 12 月 22 日国务院第 74 次常务会议通过,现予公布,自 2005 年 4 月 1 日起施行。

总理 温家宝

二〇〇四年十二月二十七日

铁路运输安全管理条例

第一章 总 则

第一条 为了加强铁路运输安全管理,保障铁路运输安全和畅通,保护人身安全、财产安全及其他合法权益,根据《中华人民共和国铁路法》和《中华人民共和国安全生产法》,制定本条例。

第二条 中华人民共和国境内的铁路运输安全保护及与铁路运输安全保护有关的活动,适用本条例。

第三条 铁路运输安全管理坚持安全第一、预防为主的方针。

第四条 国务院铁路主管部门负责全国的铁路运输安全监督管理工作。

国务院铁路主管部门设立的铁路管理机构(以下简称铁路管理机构)负责本区域内的铁路运输安全监督管理工作。

第五条 铁路沿线地方各级人民政府及县级以上地方人民政府安全生产监督管理等部门应当按照各自职责,做好与铁路运输安全有关的工作,加强铁路运输安全教育,落实护路联防责任制,防范和制止危害铁路运输安全的行为,协调和处理有关铁路运输安全事项。

第六条 公安机关按照职责分工,维护车站、列车等铁路场所的治安秩序和铁路沿线的治安秩序。

第七条 铁路运输企业应当加强铁路运输安全管理,建立、健全安全生产管理制度,设置安全管理机构,保证铁路运输安全所必需的资金投入。

铁路运输工作人员应当坚守岗位,按程序实行标准作业,尽职尽责,保证运输安全。

第八条 国务院铁路主管部门及铁路管理机构应当对突发公共卫生事件、突发铁路治安事件、重大自然灾害及火灾事故、重大铁路运输安全事故及其他影响铁路运输安全、畅通的突发性事件,制定应急预案。

铁路运输企业应当按照国家有关规定,建立、健全本企业的应急预案,明确应急指挥、救援等事项。

第九条 任何单位和个人不得破坏、损坏或者非法占用铁路运输的设施、设备、铁路标志及铁路用地。

任何单位和个人都有保护铁路运输的设施、设备、铁路标志及铁路用地的义务,发现破坏、损坏或者非法占用铁路运输的设施、设备、铁路标志、铁路用地及其他影响铁路运输安全的行为,应当向国务院铁路主管部门、铁路管理机构、公安机关、地方各级人民政府或者有关部门检举、报告,或者及时通知铁路运输企业。接到检举、报告的部门或者接到通知的铁路运输企业应当根据各自职责及时予以处理。

对维护铁路运输安全作出突出贡献的单位或者个人,应当给予表彰奖励。

第二章　铁路线路安全

第十条　铁路线路两侧应当设立铁路线路安全保护区。铁路线路安全保护区的范围,从铁路线路路堤坡脚、路堑坡顶或者铁路桥梁外侧起向外的距离分别为:

(一)城市市区,不少于 8 米;

(二)城市郊区居民居住区,不少于 10 米;

(三)村镇居民居住区,不少于 12 米;

(四)其他地区,不少于 15 米。

铁路线路安全保护区的具体范围,由铁路管理机构提出方案,县级以上地方人民政府按照保障铁路运输安全和节约用地的原则划定。铁路用地能满足前款要求的,由铁路管理机构在铁路用地范围内划定铁路线路安全保护区。

铁路线路安全保护区与公路建筑控制区、河道管理范围或者水利工程管理和保护范围重叠的,由铁路管理机构和公路管理机构、水利行政主管部门协商后,报县级以上地方人民政府划定。

铁路运输企业应当在铁路线路安全保护区边界设立标桩,并根据需要设置围墙、栅栏等防护设施。

企业或者单位内部的专用铁路需要划定铁路线路安全保护区的,参照本条第一款的规定划定。

第十一条　在铁路线路安全保护区内,除必要的铁路施工、作业、抢险活动外,任何单位和个人不得实施下列行为:

(一)建造建筑物、构筑物;

(二)取土、挖砂、挖沟;

(三)采空作业;

(四)堆放、悬挂物品。

任何单位和个人不得在铁路线路安全保护区内烧荒、放养牲畜、种植影响铁路线路安全和行车瞭望的树木等植物。

任何单位和个人不得向铁路线路安全保护区排污、排水,倾倒垃圾及其他有害物质。

第十二条　铁路线路安全保护区内已有的建筑物、构筑物,危及铁路运输安全的,由国务院铁路主管部门及铁路管理机构或者县级以上地方人民政府责令采取必要的安全防护措施。对采取安全防护措施后仍不能满足安全要求的,应当按照国家有关规定限期拆除。

拆除铁路线路安全保护区内的建筑物、构筑物的,应当依法给予合理补偿。但是,拆除非法建设的建筑物、构筑物的除外。

第十三条　铁路运输企业的安全生产管理人员应当对铁路线路进行经常性巡查和维护。对巡查中发现的安全问题,应当立即处理;不能处理的,应当及时报告本企业有关负责人。巡查及处理情况应当留存记录。

第十四条　铁路线路及其邻近的建筑物、构筑物、设备等(与机车车辆有直接互相作用的设备除外),不得进入国家规定的铁路建筑接近限界。进入铁路建筑接近限界的,铁路管理机构有权制止、拆除。

第十五条　任何单位和个人不得在铁路桥梁(含道路、铁路两用桥,下同)跨越的河道上下游各 1000 米范围内围垦造田、抽取地下水、拦河筑坝、架设浮桥,及修建其他影响或者危害铁路桥梁安全的设施。

在前款规定的范围内,确需进行围垦造田、抽取地下水、拦河筑坝、架设浮桥等活动的,应当进行安全论证,有关行政管理部门在批准之前应当征求有关铁路管理机构的意见。

第十六条　任何单位和个人不得在铁路桥梁跨越的河道上下游的下列范围内采砂:

(一)桥长 500 米以上的铁路桥梁,河道上游 500 米,下游 3000 米;

(二)桥长 100 米以上 500 米以下的铁路桥梁,河道上游 500 米,下游 2000 米;

(三)桥长 100 米以下的铁路桥梁,河道上游 500 米,下游 1000 米。

有关部门依法在铁路桥梁跨越的河道上下游划定的禁采区大于前款规定的禁采范围的,依照其划定的禁采范围执行。

第十七条　任何单位和个人不得在铁路线路两侧距路堤坡脚、路堑坡顶、铁路桥梁外侧 200 米范围内,或者铁路车站及周围 200 米范围内,及铁路隧道上方中心线两侧各 200 米范围内,建造、设立生产、加工、储存和销售易燃、易爆或者放射性物品等危险物品的场所、仓库。但是,根据国家有关规定设立的为铁路运输工具补充燃料的设施及办理危险货物运输的除外。

第十八条　在铁路线路两侧路堤坡脚、路堑坡顶、铁路桥梁外侧起各 1000 米范围内,及在铁路隧道上方中心线两侧各 1000 米范围内,禁止从事采矿、采石及爆破作业。

在前款规定的范围内,因修建道路、水利工程等公共工程,确需实施采石、爆破作业的,应当与铁路运输企业协商后,采取必要的安全防护措施。

第十九条　道路、铁路两用桥由所在地铁路运输企业和道路管理部门或者道路经营企业定期检查、共同维护,保证道路、铁路两用桥处于安全的技术状态。

道路、铁路两用桥的墩、梁等共用部分的检测、维修由铁路运输企业和道路管理部门或者道路经营企业共同负责,所需的费用根据公平合理的原则分担。

第二十条　铁路的重要桥梁和隧道,按照国家有关规定由中国人民武装警察部队负责守卫。

第二十一条　在铁路桥梁跨越的河道上下游进行疏浚作业,影响铁路桥梁安全的,应当进行安全技术评估,有关河道、航道管理部门在批准前应当征求国务院铁路主管部门或者铁路管理机构的意见,确认安全或者采取安全技术措施后,依法进行疏浚作业。但进行河道、航道日常养护、疏浚作业的除外。

第二十二条　铁路建设单位新建、改建、扩建工程项目的安全设施,必须与主体工程同时设计、同时施工、同时投入生产和使用。安全设施投资应当纳入建设项目概算。

第二十三条　跨越、穿越铁路线路、站场,架设、铺设桥梁、人行过道、管道、渡槽和电力线路、通信线路、油气管线等设施,或者在铁路线路安全保护区内架设、铺设人行过道、管道、渡槽和电力线路、通信线路、油气管线等设施,涉及铁路运输安全的,按照国家有关规定办理;没有规定的,由建设工程项目单位与铁路运输企业协商,不得危及铁路运输安全。

实施前款工程的施工单位应当遵守铁路施工安全规范,不得影响铁路行车安全及运输设施安全。工程项目设计、施工作业方案应当通报铁路运输企业。铁路运输企业应当派员对施工现场实行安全监督。

铁路线路安全保护区内已铺设的油气管线,及临近电气化铁路铺设的通信线路,存在安全隐患的,应当采取必要的安全防护措施。

　　第二十四条　船舶通过铁路桥梁时,应当符合桥梁的通航净空高度并严格遵守航行规则。

　　桥区航标中的桥梁航标、桥柱标、桥梁水尺标由铁路运输企业负责设置、维护。水面航标由铁路运输企业负责设置,航道管理部门负责维护,所需维护费用按照国家有关规定执行。

　　第二十五条　下穿铁路桥梁、涵洞的道路,应当按照国家有关标准设置车辆通过限高标志及限高防护架。城市道路的限高标志,由公安机关交通管理部门或者当地人民政府指定的部门设置并维护;公路的限高标志,由公路管理部门设置并维护。限高防护架在铁路桥梁、涵洞、道路建设时设置,由铁路运输企业负责维护。

　　机动车通过下穿铁路桥梁、涵洞的道路时,应当遵守限高、限宽规定,不得冲击限高防护架。

　　下穿铁路的涵洞的管理单位负责涵洞的日常管理、维护,防止淤塞、积水,保证正常通行。

　　第二十六条　铁路线路安全保护区内的道路及路堑上的道路,道路管理部门或者道路经营企业应当设置防止车辆进入铁路线路的安全防护设施并负责维护。

　　跨越铁路线路的道路桥梁,道路管理部门或者道路经营企业应当设置防止车辆及其他物体坠入铁路线路的安全防护设施并负责维护。

　　第二十七条　埋设、铺设、架设铁路信号、通信光(电)缆应当符合国家规定的标准,并接受国务院信息产业主管部门的监督管理。

　　铁路运输企业、为铁路运输提供服务的电信企业,应当加强对铁路信号、通信光(电)缆的维护和管理。

　　第二十八条　任何单位和个人不得擅自设置或者拓宽铁路道口、人行过道。

　　设置或者拓宽铁路道口、人行过道,应当向铁路管理机构提出申请,并按如下程序审批:城市内设置或者拓宽铁路道口、人行过道,由铁路管理机构会同城市规划部门根据国家有关规定自收到申请之日起30日内共同作出批准或者不予批准的决定;城市外设置或者拓宽铁路道口、人行过道,由铁路管理机构会同当地人民政府根据国家有关规定自收到申请之日起30日内共同作出批准或者不予批准的决定。

　　决定予以批准的,由铁路管理机构发给批准文件;不予批准的,由铁路管理机构书面通知申请人并说明理由。

　　第二十九条　列车行驶速度达到国家规定标准时,新建、改建的铁路与道路交叉的,应当设置立体交叉。

　　道路交通流量、列车行驶速度达到国家规定标准时,新建、改建的道路与铁路交叉的,应当设置立体交叉。

　　既有的一级公路、二级公路、城市道路与铁路交叉的平交道口,应当逐步改造为立体交叉。

　　设置铁路立体交叉和平交道口,应当符合国家规定的安全技术标准。

　　第三十条　铁路与道路交叉处设置立体交叉所需费用按照下列原则确定:

　　(一)新建、改建铁路与既有道路交叉的,由铁路部门承担建设费用;道路部门提出超过既有的道路建设标准建设而增加的费用,由道路部门承担;

　　(二)新建、改建道路与既有铁路交叉的,由道路部门承担建设费用;铁路部门提出超过既有的铁路线路建设标准建设而增加的费用,由铁路部门承担;

　　(三)现有铁路与道路平交道口改建立体交叉的,由铁路部门和道路部门按照公平合理的原则分担建设费用。

　　第三十一条　铁路与道路交叉处的有人看守平交道口,应当设置警示灯、警示标志、铁路平交道口路段标线或者安全防护设施;无人看守的铁路道口,应当按照国家规定标准设置警示标志。

警示灯、安全防护设施由铁路运输企业设置、维护；警示标志、铁路平交道口路段标线由铁路道口所在地的道路管理部门设置、维护。

第三十二条 机动车在铁路道口内发生故障或者装载物掉落时，应当立即将故障车辆或者掉落的装载物移至铁路道口停止线以外或者铁路线路最外侧钢轨 5 米以外的安全地点。对无法立即移走的，应当立即报告铁路道口看守人员；在无人看守道口处，应当立即在道口两端采取措施拦停列车，并通知就近铁路车站采取紧急措施。

第三十三条 履带车辆通过铁路平交道口，应当提前通知铁路道口管理部门，并在其协助、指导下通过。

第三十四条 在下列地点，铁路运输企业应当按照标准设置易于识别的警示、保护标志：

（一）铁路桥梁、隧道的两端；

（二）铁路信号、通信光（电）缆埋设、铺设地点；

（三）电气化铁路接触网、自动闭塞供电线路和电力贯通线路等电力设施附近易发生危险的地方。

第三章　铁路营运安全

第三十五条 设计、生产、维修或者进口新型的铁路机车车辆，应当符合国家规定的标准，并分别向国务院铁路主管部门申请领取型号合格证、生产许可证、维修合格证或者型号认可证，经国务院铁路主管部门审查合格的，发给相应的证书。

第三十六条 按照国家有关规定生产、维修或者进口的铁路机车车辆，在投入使用前，应当经国务院铁路主管部门验收合格。

第三十七条 申请领取型号合格证、生产许可证、维修合格证、型号认可证和铁路机车车辆验收的具体程序由国务院铁路主管部门另行规定。

第三十八条 生产铁路道岔及其转辙设备、铁路通信信号控制软件及控制设备、铁路牵引供电设备的企业，应当符合下列条件并由国务院铁路主管部门认定：

（一）有按照国家规定标准检测、检验合格的专业生产设备；

（二）有相应的专业技术人员；

（三）有完善的产品质量保证体系和管理制度；

（四）近 3 年内无产品质量责任事故。

铁路道岔及其转辙设备、铁路通信信号控制软件及控制设备、铁路牵引供电设备经符合国家规定条件的专业检测、检验机构检测、检验合格，方可使用。

用于危险化学品和放射性物质铁路运输的罐车及其他容器的生产和检测、检验，依照有关法律、行政法规的规定管理。

第三十九条 本条例第三十八条规定以外的其他直接关系铁路运输安全的铁路专用设备、器材、工具和安全检测设备，实行产品强制认证制度（已实行工业产品生产许可证制度的铁路专用产品除外），相关产品的认证实施规则由国务院认证认可监督管理部门会同国务院铁路主管部门依法共同制定。

第四十条 用于铁路运输的安全防护设施、设备、集装箱和集装化用具等运输器具，篷布、装载加固材料或者装置、运输包装及货物装载加固，应当符合国家有关技术标准和规范。

第四十一条 铁路运输企业应当建立、健全并严格执行铁路运输的设施、设备的安全管理和检查防护的规章制度，加强对铁路运输的设施、设备的检测、维修，对不符合安全要求的应当及时更换，确保铁路运输的设施、设备性能完好和安全运行。

　　在法定假日和传统节日等铁路运输高峰期间,铁路运输企业应当加强铁路运输安全检查,确保运输安全。

　　第四十二条　铁路机车车辆和自轮运转车辆的驾驶人员应当经国务院铁路主管部门考试合格后,方可上岗。具体办法由国务院铁路主管部门制定。

　　第四十三条　铁路运输企业应当加强对从业人员的安全教育和培训。铁路运输企业的从业人员应当严格按照国家规定的操作规程,使用、管理铁路运输的设施、设备。

　　第四十四条　铁路运输企业应当将有关旅客、列车工作人员及其他进入车站的人员遵守的安全管理规定在列车内、车站等场所公告。

　　第四十五条　铁路运输企业应当使用国务院铁路主管部门认定的符合国家安全技术标准的铁路运输管理信息系统,并配备专门的安全管理人员,负责系统安全保护工作。

　　第四十六条　铁路运输企业应当按照法律、行政法规和国务院铁路主管部门的规定,对旅客携带物品和托运的行李进行安全检查。

　　从事安全检查的工作人员,应当佩戴安全检查标志,依法履行检查职责,并有权拒绝不接受安全检查的旅客进站乘车。

　　第四十七条　旅客应当接受并配合铁路运输企业在车站、列车实施的安全检查,不得违法携带、夹带匕首、弹簧刀及其他管制刀具,或者违法携带、随身托运烟花爆竹、枪支弹药等危险物品、违禁物品。旅客进站乘车、出站应当接受铁路工作人员的引导。

　　第四十八条　铁路运输托运人托运货物、行李、包裹时不得有下列行为:

　　(一)匿报、谎报货物品名、性质;

　　(二)在普通货物中夹带危险货物,或者在危险货物中夹带禁止配装的货物;

　　(三)匿报、谎报货物重量或者装车、装箱超过规定重量;

　　(四)其他危及铁路运输安全的行为。

　　第四十九条　铁路运输企业应当对承运的货物进行安全检查,并不得有下列行为:

　　(一)在非危险品办理站、专用线、专用铁路承运危险货物;

　　(二)未经批准承运超限、超长、超重、集重货物;

　　(三)承运拒不接受安全检查的物品;

　　(四)承运不符合安全规定、可能危害铁路运输安全的其他物品。

　　第五十条　办理危险货物铁路运输的承运人,应当具备下列条件:

　　(一)有按国家规定标准检测、检验合格的专用设施、设备;

　　(二)有符合国家规定条件的驾驶人员、技术管理人员、装卸人员;

　　(三)有健全的安全管理制度;

　　(四)有事故处理应急预案。

　　第五十一条　办理危险货物铁路运输的托运人,应当具备下列条件:

　　(一)具有国家规定的危险物品生产、储存、使用或者经营销售的资格;

　　(二)运输工具、运输包装、装载加固条件及专用设施、设备符合国家规定的技术标准和安全条件;

　　(三)有符合国家规定条件的掌握危险货物铁路运输业务和相关知识的专业技术人员、运输经办人员和押运人员;

　　(四)有事故处理应急预案。

　　第五十二条　申请从事危险货物承运、托运业务的,应当向铁路管理机构提交证明符合第五十条、第五十一条规定条件的证明文件。铁路管理机构应当自收到申请之日起 20 日内作出批准或者不予批准的决定。决定批准的,发给相应的资格证明;不予批准的,应当书面通知申请人并说明理由。

第五十三条 办理超限、超长、超重、集重货物运输的承运人,应当具备下列条件:

(一)装载加固、运输工具及其他设施、设备符合国家有关技术标准和安全要求;

(二)有符合国家规定条件的专业技术人员、管理人员和作业人员;

(三)有健全的安全管理制度;

(四)有事故处理应急预案。

第五十四条 办理超限、超长、超重、集重货物运输的,承运人应当按照国家有关规定向国务院铁路主管部门或者铁路管理机构提出申请。国务院铁路主管部门或者铁路管理机构应当自收到申请之日起7日内作出批准或者不予批准的决定。决定批准的,发给相应的资格证明;不予批准的,应当书面通知申请人并说明理由。

第五十五条 运输危险货物应当按照国家规定,使用专用的设施、设备,托运人应当配备必要的押运人员和应急处理器材、设备、防护用品,并且使危险货物始终处于押运人员的监管之下,发生被盗、丢失、泄漏等情况,应当按照国家有关规定及时报告。

第五十六条 办理危险货物运输的工作人员及装卸人员、押运人员应当掌握危险货物的性质、危害特性、包装容器的使用特性和发生意外时的应急措施。

危险货物承运单位的主要负责人和安全生产管理人员,应当经铁路管理机构对其安全生产知识和管理能力考核合格后方可任职。

第五十七条 危险货物的托运人和承运人应当按照国家规定的操作规程包装、装卸、运输,防止危险货物泄漏、爆炸。

第五十八条 特殊药品的托运人和承运人应当按照国家规定包装、装载、押运,防止特殊药品在运输过程中被盗、被劫或者发生丢失。

第四章 社会公众的义务

第五十九条 任何单位或者个人不得实施下列危害铁路运输安全的行为:

(一)非法拦截列车、阻断铁路运输;

(二)扰乱铁路运输调度机构、运输指挥部门及车站、列车的正常秩序;

(三)毁坏铁路线路、站台等设施、设备及路基、护坡、排水沟和防护林木、护坡草坪;

(四)在铁路线路上放置、遗弃障碍物;

(五)击打列车;

(六)擅自移动线路上的机车车辆,或者擅自开启列车车门;

(七)拆盗、损毁或者擅自移动铁路设施、设备、机车车辆配件和安全标志;

(八)在铁路线路上行走、坐卧或者在未设平交道口、人行过道的铁路线路上通过;

(九)在未设置行人通道的铁路桥梁上、隧道内通行;

(十)翻越、损毁、移动铁路线路两侧防护围墙、栅栏或者其他防护设施和标桩;

(十一)开启、关闭列车中货车阀、盖及破坏施封状态;

(十二)开启列车中集装箱箱门,破坏箱体、盖、阀及施封状态;

(十三)松动、解开、移动列车中货物装载加固材料和加固装置;

(十四)钻车、扒车、跳车;

(十五)从列车上抛扔杂物;

(十六)非法出售或者收购铁路器材;

（十七）其他危害铁路运输安全的行为。

第六十条　任何单位或者个人不得实施下列危及铁路通信、信号设施安全的行为：

（一）在埋有地下光（电）缆设施的地面上方进行钻探，堆放重物、垃圾，焚烧物品，倾倒腐蚀性物质；

（二）在地下光（电）缆两侧各 1 米的范围内建造、搭建建筑物、构筑物；

（三）在地下光（电）缆两侧各 1 米的范围内挖砂、取土和设置可能引起光（电）缆腐蚀的设施；

（四）在设有过河光（电）缆标志两侧各 100 米内进行挖砂、抛锚及其他危及光（电）缆安全的作业；

（五）其他可能危及铁路通信、信号设施安全的行为。

第六十一条　任何单位或者个人不得实施下列危害电气化铁路设施的行为：

（一）向电气化铁路接触网抛掷物品；

（二）在铁路电力线路导线两侧各 300 米的区域内升放风筝、气球；

（三）攀登杆塔、铁路机车车辆或者在杆塔上架设、安装其他设施；

（四）在杆塔、拉线周围 20 米范围内取土、打桩、钻探或者倾倒有害化学物品；

（五）触碰电气化铁路接触网；

（六）其他危害铁路电力线路设施的行为。

第五章　监督检查

第六十二条　国务院铁路主管部门及铁路管理机构应当对有关铁路安全的法律、法规执行情况进行监督检查。

第六十三条　国务院铁路主管部门及铁路管理机构有权检查、制止各种侵占、损坏铁路运输的设施、设备、标志、用地及其他违反本条例的行为。

第六十四条　国务院铁路主管部门及铁路管理机构应当加强对铁路运输高峰时期的运输安全的监督检查，加强对铁路运输的关键环节、要害设施、设备的安全状况，及安全运输突发事件应急预案的建立和落实情况的监督检查。

第六十五条　国务院铁路主管部门及铁路管理机构和地方各级人民政府应当按照《地质灾害防治条例》的有关规定加强对铁路沿线地质灾害的预防、应急处理和治理等工作。

第六十六条　国务院铁路主管部门及铁路管理机构与国务院安全生产监督管理部门、县级以上地方人民政府安全生产监督管理部门应当建立相应的定期信息通报制度和运输安全生产协调机制。发现重大安全隐患，铁路运输企业应当及时向有关铁路管理机构和地方人民政府报告。地方人民政府获悉铁路沿线有危及铁路运输安全的重要情况，应当及时向有关的铁路运输企业和铁路管理机构通报。

第六十七条　国务院铁路主管部门及铁路管理机构对发现的安全隐患，应当责令立即排除。重大安全隐患排除前或者排除过程中无法保证运输安全的，应当责令从危险区域内撤出作业人员，责令暂时停产停业或者停止使用；重大安全隐患排除后方可恢复运输。

第六十八条　发生铁路运输安全事故，铁路运输企业应当按照国家有关规定及时报告。发生重大、特大铁路运输安全事故，应当立即报告铁路管理机构、国务院铁路主管部门和县级以上地方人民政府安全生产监督管理部门、国务院安全生产监督管理部门。

发生铁路运输安全事故，国务院铁路主管部门、铁路管理机构及县级以上地方人民政府、铁路运输企业应当按照有关规定及时启动事故处理应急预案。

事故调查处理按照国家有关事故调查处理的规定执行。

第六十九条　铁路运输安全监督检查人员履行安全检查职责时,任何单位和个人不得阻挠。铁路运输安全监督检查人员执行公务,应当佩戴标志或者出示证件。

第六章　法律责任

第七十条　违反本条例第十一条规定的,由铁路管理机构责令改正,给予警告,对单位可以并处 5000 元以上 5 万元以下的罚款,对个人可以并处 200 元以上 2000 元以下的罚款。

第七十一条　违反本条例第十四条规定的,由国务院铁路主管部门或者铁路管理机构责令改正,处 5000 元以上 5 万元以下的罚款。

第七十二条　违反本条例第十五条规定的,由铁路桥梁所在地的有关水行政主管部门依法给予行政处罚。

第七十三条　违反本条例第十六条规定的,由铁路桥梁所在地的有关部门责令改正,处 1 万元以上 10 万元以下的罚款;构成犯罪的,依法追究刑事责任。

第七十四条　违反本条例第十七条规定的,由铁路管理机构责令限期拆除;逾期不拆除的,强制拆除,对单位处 2 万元以上 20 万元以下的罚款,对个人处 1 万元以上 10 万元以下的罚款;构成犯罪的,依法追究刑事责任。

第七十五条　违反本条例第十八条规定,在铁路线路两侧路堤坡脚、路堑坡顶、铁路桥梁外侧起各 1000 米范围内,及在铁路隧道上方中心线两侧各 1000 米范围内,从事采矿的,由地质矿产主管部门依照国家有关矿产资源管理的法律、法规给予行政处罚;从事采石及爆破作业的,由铁路管理机构责令改正,处 2 万元以上 10 万元以下的罚款;构成犯罪的,依法追究刑事责任。

第七十六条　违反本条例第十九条规定的,由铁路管理机构或者上级道路管理部门责令改正;拒不改正的,由铁路管理机构或者上级道路管理部门指定其他单位进行养护和维修,养护和维修费用由拒不履行义务的道路管理部门、铁路运输企业或者道路经营企业承担。

第七十七条　违反本条例第二十一条规定的,由上级河道、航道管理部门责令改正,对直接负责的主管人员和其他直接责任人员,给予记大过直至撤职的行政处分。

第七十八条　违反本条例第二十三条规定的,由国务院铁路主管部门或者铁路管理机构责令改正,可以处 2 万元以上 10 万元以下的罚款。

第七十九条　违反本条例第二十四条第二款规定的,由国务院铁路主管部门或者上级交通主管部门责令改正,对直接负责的主管人员和其他直接责任人员,给予记过或者记大过的处分。

第八十条　违反本条例第二十五条第二款规定的,由公安机关交通管理部门依法给予行政处罚。

违反本条例第二十五条第三款规定的,由铁路管理机构责令改正,处 1000 元以上 5000 元以下的罚款。

第八十一条　道路经营企业不按照本条例第二十六条规定设置、维护安全防护设施的,由铁路管理机构责令改正,处 1 万元以上 10 万元以下的罚款。

道路管理部门不按照本条例第二十六条规定设置、维护安全防护设施的,由上级道路管理部门责令改正,对直接负责的主管人员和其他直接责任人员处 500 元以上 5000 元以下的罚款。

第八十二条　违反本条例第二十八条第一款规定的,由公安机关责令限期拆除,依法给予行政处罚。

第八十三条　违反本条例第三十一条规定的,由铁路管理机构或者上级道路管理部门责令改正,对直接负责的主管人员和其他直接责任人员处 500 元以上 5000 元以下的罚款。

第八十四条　违反本条例第三十二条、第三十三条规定的,由铁路管理机构处 500 元以上

5000 元以下的罚款;构成犯罪的,依法追究刑事责任。

第八十五条 违反本条例第三十四条规定的,由国务院铁路主管部门责令铁路运输企业改正,处 1000 元以上 1 万元以下的罚款。

第八十六条 违反本条例第三十六条规定的,由国务院铁路主管部门责令改正,处 2 万元以上 20 万元以下的罚款。

第八十七条 违反本条例第三十八条规定,使用未经检测、检验合格的铁路道岔及其转辙设备、铁路通信信号控制软件及控制设备、铁路牵引供电设备的,由国务院铁路主管部门责令改正,处 2 万元以上 20 万元以下的罚款。

第八十八条 违反本条例第三十九条规定,使用未经强制性产品认证的直接关系铁路运输安全的铁路专用设备、器材、工具和安全检测设备的,依照有关法律、行政法规的规定予以处罚。

第八十九条 违反本条例第四十条规定的,由国务院铁路主管部门或者铁路管理机构责令改正,处 1 万元以上 10 万元以下的罚款。

第九十条 违反本条例第四十七条规定,旅客违法携带、夹带或者随身托运危险物品、违禁物品进站、上车的,由公安机关依法给予行政处罚。

第九十一条 违反本条例第四十八条规定,铁路运输托运人托运货物、行李、包裹时匿报、谎报货物品名、性质,匿报、谎报货物重量或者装车、装箱超过规定重量,或者有其他危及铁路运输安全的行为的,由铁路管理机构处 1000 元以上 1 万元以下的罚款;在普通货物中夹带危险货物,或者在危险货物中夹带禁止配装的货物的,处 5000 元以上 5 万元以下的罚款;构成犯罪的,依法追究刑事责任。

第九十二条 违反本条例第四十九条规定的,由国务院铁路主管部门处 2 万元以上 10 万元以下的罚款。

第九十三条 违反本条例第五十二条规定,未经批准擅自承运、托运危险货物的,由国务院铁路主管部门或者铁路管理机构处 2 万元以上 10 万元以下的罚款。

第九十四条 违反本条例第五十四条规定,未经批准擅自办理超限、超长、超重、集重货物运输的,由国务院铁路主管部门或者铁路管理机构处 2 万元以上 10 万元以下的罚款。

第九十五条 违反本条例第五十五条规定的,由公安机关依法给予行政处罚。

第九十六条 违反本条例第五十七条、第五十八条规定的,由国务院铁路主管部门或者铁路管理机构处 2 万元以上 10 万元以下的罚款。

第九十七条 违反本条例第五十九条、第六十一条规定的,由公安机关对个人处警告,可以并处 50 元以上 200 元以下的罚款,情节严重的,处 200 元以上 2000 元以下的罚款;对单位处警告,并处 5000 元以上 2 万元以下的罚款,对直接负责的主管人员和其他直接责任人员处 200 元以上 2000 元以下的罚款;构成违反治安管理行为的,由公安机关依法给予行政处罚;构成犯罪的,依法追究刑事责任。

第九十八条 违反本条例第六十条规定的,由公安机关责令改正,对违法的个人处 200 元以上 2000 元以下的罚款;对违法的单位处 5000 元以上 5 万元以下的罚款,对直接负责的主管人员和其他直接责任人员处 200 元以上 2000 元以下的罚款;构成犯罪的,依法追究刑事责任。

第九十九条 违反本条例规定,给铁路运输企业或者其他单位、个人财产造成损失的,依法承担赔偿责任。

第一百条 铁路运输企业不履行本条例规定义务的,除本条例另有规定外,由国务院铁路主管部门或者铁路管理机构责令改正,根据情节轻重可以处 1 万元以上 10 万元以下的罚款,对直接负责的主管人员和其他直接责任人员,处 1000 元以上 1 万元以下的罚款。

第一百零一条 违反本条例的规定，国务院铁路主管部门、铁路管理机构、公安机关、县级以上地方人民政府及其有关部门发现铁路运输安全隐患不及时依法处理，对违法行为不依法予以处罚，或者不履行本条例规定的其他职责的，对负有责任的主管人员和其他直接责任人员根据情节轻重，依法给予降级直至开除的行政处分；构成犯罪的，依法追究刑事责任。

第一百零二条 国务院铁路主管部门及铁路管理机构发现违反本条例规定的行为，但本部门无权处理的，应当及时移送或者通报有权处理的部门，有权处理的部门应当根据职责及时予以处理，并将处理情况通报移送部门。拒不依法处理的，对负有责任的主管人员和其他直接责任人员根据情节轻重，依法给予降级直至开除的行政处分；构成犯罪的，依法追究刑事责任。

第七章 附 则

第一百零三条 本条例自 2005 年 4 月 1 日起施行。1989 年 8 月 15 日国务院发布的《铁路运输安全保护条例》同时废止。

特种设备安全监察条例

(2003 年 3 月 11 日中华人民共和国国务院令第 373 号公布
根据 2009 年 1 月 24 日《国务院关于修改〈特种设备安全监察条例〉的决定》修订
国务院令第 549 号发布)

第一章 总 则

第一条 为了加强特种设备的安全监察,防止和减少事故,保障人民群众生命和财产安全,促进经济发展,制定本条例。

第二条 本条例所称特种设备是指涉及生命安全、危险性较大的锅炉、压力容器(含气瓶,下同)、压力管道、电梯、起重机械、客运索道、大型游乐设施和场(厂)内专用机动车辆。

前款特种设备的目录由国务院负责特种设备安全监督管理的部门(以下简称国务院特种设备安全监督管理部门)制订,报国务院批准后执行。

第三条 特种设备的生产(含设计、制造、安装、改造、维修,下同)、使用、检验检测及其监督检查,应当遵守本条例,但本条例另有规定的除外。

军事装备、核设施、航空航天器、铁路机车、海上设施和船舶以及矿山井下使用的特种设备、民用机场专用设备的安全监察不适用本条例。

房屋建筑工地和市政工程工地用起重机械、场(厂)内专用机动车辆的安装、使用的监督管理,由建设行政主管部门依照有关法律、法规的规定执行。

第四条 国务院特种设备安全监督管理部门负责全国特种设备的安全监察工作,县以上地方负责特种设备安全监督管理的部门对本行政区域内特种设备实施安全监察(以下统称特种设备安全监督管理部门)。

第五条 特种设备生产、使用单位应当建立健全特种设备安全、节能管理制度和岗位安全、节能责任制度。

特种设备生产、使用单位的主要负责人应当对本单位特种设备的安全和节能全面负责。

特种设备生产、使用单位和特种设备检验检测机构,应当接受特种设备安全监督管理部门依法进行的特种设备安全监察。

第六条 特种设备检验检测机构,应当依照本条例规定,进行检验检测工作,对其检验检测结果、鉴定结论承担法律责任。

第七条 县级以上地方人民政府应当督促、支持特种设备安全监督管理部门依法履行安全监察职责,对特种设备安全监察中存在的重大问题及时予以协调、解决。

第八条 国家鼓励推行科学的管理方法,采用先进技术,提高特种设备安全性能和管理水平,增强特种设备生产、使用单位防范事故的能力,对取得显著成绩的单位和个人,给予奖励。

国家鼓励特种设备节能技术的研究、开发、示范和推广,促进特种设备节能技术创新和应用。

特种设备生产、使用单位和特种设备检验检测机构,应当保证必要的安全和节能投入。

国家鼓励实行特种设备责任保险制度,提高事故赔付能力。

第九条 任何单位和个人对违反本条例规定的行为,有权向特种设备安全监督管理部门和行政监察等有关部门举报。

特种设备安全监督管理部门应当建立特种设备安全监察举报制度，公布举报电话、信箱或者电子邮件地址，受理对特种设备生产、使用和检验检测违法行为的举报，并及时予以处理。

特种设备安全监督管理部门和行政监察等有关部门应当为举报人保密，并按照国家有关规定给予奖励。

第二章　特种设备的生产

第十条　特种设备生产单位，应当依照本条例规定以及国务院特种设备安全监督管理部门制订并公布的安全技术规范（以下简称安全技术规范）的要求，进行生产活动。

特种设备生产单位对其生产的特种设备的安全性能和能效指标负责，不得生产不符合安全性能要求和能效指标的特种设备，不得生产国家产业政策明令淘汰的特种设备。

第十一条　压力容器的设计单位应当经国务院特种设备安全监督管理部门许可，方可从事压力容器的设计活动。

压力容器的设计单位应当具备下列条件：

（一）有与压力容器设计相适应的设计人员、设计审核人员；

（二）有与压力容器设计相适应的场所和设备；

（三）有与压力容器设计相适应的健全的管理制度和责任制度。

第十二条　锅炉、压力容器中的气瓶（以下简称气瓶）、氧舱和客运索道、大型游乐设施以及高耗能特种设备的设计文件，应当经国务院特种设备安全监督管理部门核准的检验检测机构鉴定，方可用于制造。

第十三条　按照安全技术规范的要求，应当进行型式试验的特种设备产品、部件或者试制特种设备新产品、新部件、新材料，必须进行型式试验和能效测试。

第十四条　锅炉、压力容器、电梯、起重机械、客运索道、大型游乐设施及其安全附件、安全保护装置的制造、安装、改造单位，以及压力管道用管子、管件、阀门、法兰、补偿器、安全保护装置等（以下简称压力管道元件）的制造单位和场（厂）内专用机动车辆的制造、改造单位，应当经国务院特种设备安全监督管理部门许可，方可从事相应的活动。

前款特种设备的制造、安装、改造单位应当具备下列条件：

（一）有与特种设备制造、安装、改造相适应的专业技术人员和技术工人；

（二）有与特种设备制造、安装、改造相适应的生产条件和检测手段；

（三）有健全的质量管理制度和责任制度。

第十五条　特种设备出厂时，应当附有安全技术规范要求的设计文件、产品质量合格证明、安装及使用维修说明、监督检验证明等文件。

第十六条　锅炉、压力容器、电梯、起重机械、客运索道、大型游乐设施、场（厂）内专用机动车辆的维修单位，应当有与特种设备维修相适应的专业技术人员和技术工人以及必要的检测手段，并经省、自治区、直辖市特种设备安全监督管理部门许可，方可从事相应的维修活动。

第十七条　锅炉、压力容器、起重机械、客运索道、大型游乐设施的安装、改造、维修以及场（厂）内专用机动车辆的改造、维修，必须由依照本条例取得许可的单位进行。

电梯的安装、改造、维修，必须由电梯制造单位或者其通过合同委托、同意的依照本条例取得许可的单位进行。电梯制造单位对电梯质量以及安全运行涉及的质量问题负责。

特种设备安装、改造、维修的施工单位应当在施工前将拟进行的特种设备安装、改造、维修情况书面告知直辖市或者设区的市的特种设备安全监督管理部门，告知后即可施工。

第十八条　电梯井道的土建工程必须符合建筑工程质量要求。电梯安装施工过程中，电梯安装单位应当遵守施工现场的安全生产要求,落实现场安全防护措施。电梯安装施工过程中,施工现场的安全生产监督,由有关部门依照有关法律、行政法规的规定执行。

电梯安装施工过程中,电梯安装单位应当服从建筑施工总承包单位对施工现场的安全生产管理,并订立合同,明确各自的安全责任。

第十九条　电梯的制造、安装、改造和维修活动,必须严格遵守安全技术规范的要求。电梯制造单位委托或者同意其他单位进行电梯安装、改造、维修活动的,应当对其安装、改造、维修活动进行安全指导和监控。电梯的安装、改造、维修活动结束后,电梯制造单位应当按照安全技术规范的要求对电梯进行校验和调试,并对校验和调试的结果负责。

第二十条　锅炉、压力容器、电梯、起重机械、客运索道、大型游乐设施的安装、改造、维修以及场(厂)内专用机动车辆的改造、维修竣工后,安装、改造、维修的施工单位应当在验收后 30 日内将有关技术资料移交使用单位,高耗能特种设备还应当按照安全技术规范的要求提交能效测试报告。使用单位应当将其存入该特种设备的安全技术档案。

第二十一条　锅炉、压力容器、压力管道元件、起重机械、大型游乐设施的制造过程和锅炉、压力容器、电梯、起重机械、客运索道、大型游乐设施的安装、改造、重大维修过程,必须经国务院特种设备安全监督管理部门核准的检验检测机构按照安全技术规范的要求进行监督检验;未经监督检验合格的不得出厂或者交付使用。

第二十二条　移动式压力容器、气瓶充装单位应当经省、自治区、直辖市的特种设备安全监督管理部门许可,方可从事充装活动。

充装单位应当具备下列条件:

(一)有与充装和管理相适应的管理人员和技术人员;

(二)有与充装和管理相适应的充装设备、检测手段、场地厂房、器具、安全设施;

(三)有健全的充装管理制度、责任制度、紧急处理措施。

气瓶充装单位应当向气体使用者提供符合安全技术规范要求的气瓶,对使用者进行气瓶安全使用指导,并按照安全技术规范的要求办理气瓶使用登记,提出气瓶的定期检验要求。

第三章　特种设备的使用

第二十三条　特种设备使用单位,应当严格执行本条例和有关安全生产的法律、行政法规的规定,保证特种设备的安全使用。

第二十四条　特种设备使用单位应当使用符合安全技术规范要求的特种设备。特种设备投入使用前,使用单位应当核对其是否附有本条例第十五条规定的相关文件。

第二十五条　特种设备在投入使用前或者投入使用后 30 日内,特种设备使用单位应当向直辖市或者设区的市的特种设备安全监督管理部门登记。登记标志应当置于或者附着于该特种设备的显著位置。

第二十六条　特种设备使用单位应当建立特种设备安全技术档案。安全技术档案应当包括以下内容:

(一)特种设备的设计文件、制造单位、产品质量合格证明、使用维护说明等文件以及安装技术文件和资料;

(二)特种设备的定期检验和定期自行检查的记录;

(三)特种设备的日常使用状况记录;

(四)特种设备及其安全附件、安全保护装置、测量调控装置及有关附属仪器仪表的日常维护保养记录;

(五)特种设备运行故障和事故记录;

(六)高耗能特种设备的能效测试报告、能耗状况记录以及节能改造技术资料。

第二十七条　特种设备使用单位应当对在用特种设备进行经常性日常维护保养,并定期自行检查。

特种设备使用单位对在用特种设备应当至少每月进行一次自行检查,并作出记录。特种设备使用单位在对在用特种设备进行自行检查和日常维护保养时发现异常情况的,应当及时处理。

特种设备使用单位应当对在用特种设备的安全附件、安全保护装置、测量调控装置及有关附属仪器仪表进行定期校验、检修,并作出记录。

锅炉使用单位应当按照安全技术规范的要求进行锅炉水(介)质处理,并接受特种设备检验检测机构实施的水(介)质处理定期检验。

从事锅炉清洗的单位,应当按照安全技术规范的要求进行锅炉清洗,并接受特种设备检验检测机构实施的锅炉清洗过程监督检验。

第二十八条　特种设备使用单位应当按照安全技术规范的定期检验要求,在安全检验合格有效期届满前 1 个月向特种设备检验检测机构提出定期检验要求。

检验检测机构接到定期检验要求后,应当按照安全技术规范的要求及时进行安全性能检验和能效测试。

未经定期检验或者检验不合格的特种设备,不得继续使用。

第二十九条　特种设备出现故障或者发生异常情况,使用单位应当对其进行全面检查,消除事故隐患后,方可重新投入使用。

特种设备不符合能效指标的,特种设备使用单位应当采取相应措施进行整改。

第三十条　特种设备存在严重事故隐患,无改造、维修价值,或者超过安全技术规范规定使用年限,特种设备使用单位应当及时予以报废,并应当向原登记的特种设备安全监督管理部门办理注销。

第三十一条　电梯的日常维护保养必须由依照本条例取得许可的安装、改造、维修单位或者电梯制造单位进行。

电梯应当至少每 15 日进行一次清洁、润滑、调整和检查。

第三十二条　电梯的日常维护保养单位应当在维护保养中严格执行国家安全技术规范的要求,保证其维护保养的电梯的安全技术性能,并负责落实现场安全防护措施,保证施工安全。

电梯的日常维护保养单位,应当对其维护保养的电梯的安全性能负责。接到故障通知后,应当立即赶赴现场,并采取必要的应急救援措施。

第三十三条　电梯、客运索道、大型游乐设施等为公众提供服务的特种设备运营使用单位,应当设置特种设备安全管理机构或者配备专职的安全管理人员;其他特种设备使用单位,应当根据情况设置特种设备安全管理机构或者配备专职、兼职的安全管理人员。

特种设备的安全管理人员应当对特种设备使用状况进行经常性检查,发现问题的应当立即处理;情况紧急时,可以决定停止使用特种设备并及时报告本单位有关负责人。

第三十四条　客运索道、大型游乐设施的运营使用单位在客运索道、大型游乐设施每日投入使用前,应当进行试运行和例行安全检查,并对安全装置进行检查确认。

电梯、客运索道、大型游乐设施的运营使用单位应当将电梯、客运索道、大型游乐设施的安全注意事项和警示标志置于易于为乘客注意的显著位置。

第三十五条　客运索道、大型游乐设施的运营使用单位的主要负责人应当熟悉客运索道、大型游乐设施的相关安全知识,并全面负责客运索道、大型游乐设施的安全使用。

客运索道、大型游乐设施的运营使用单位的主要负责人至少应当每月召开一次会议,督促、检查客运索道、大型游乐设施的安全使用工作。

客运索道、大型游乐设施的运营使用单位,应当结合本单位的实际情况,配备相应数量的营救装备和急救物品。

第三十六条　电梯、客运索道、大型游乐设施的乘客应当遵守使用安全注意事项的要求,服从有关工作人员的指挥。

第三十七条　电梯投入使用后,电梯制造单位应当对其制造的电梯的安全运行情况进行跟踪调查和了解,对电梯的日常维护保养单位或者电梯的使用单位在安全运行方面存在的问题,提出改进建议,并提供必要的技术帮助。发现电梯存在严重事故隐患的,应当及时向特种设备安全监督管理部门报告。电梯制造单位对调查和了解的情况,应当作出记录。

第三十八条　锅炉、压力容器、电梯、起重机械、客运索道、大型游乐设施、场(厂)内专用机动车辆的作业人员及其相关管理人员(以下统称特种设备作业人员),应当按照国家有关规定经特种设备安全监督管理部门考核合格,取得国家统一格式的特种作业人员证书,方可从事相应的作业或者管理工作。

第三十九条　特种设备使用单位应当对特种设备作业人员进行特种设备安全、节能教育和培训,保证特种设备作业人员具备必要的特种设备安全、节能知识。

特种设备作业人员在作业中应当严格执行特种设备的操作规程和有关的安全规章制度。

第四十条　特种设备作业人员在作业过程中发现事故隐患或者其他不安全因素,应当立即向现场安全管理人员和单位有关负责人报告。

第四章　检验检测

第四十一条　从事本条例规定的监督检验、定期检验、型式试验以及专门为特种设备生产、使用、检验检测提供无损检测服务的特种设备检验检测机构,应当经国务院特种设备安全监督管理部门核准。

特种设备使用单位设立的特种设备检验检测机构,经国务院特种设备安全监督管理部门核准,负责本单位核准范围内的特种设备定期检验工作。

第四十二条　特种设备检验检测机构,应当具备下列条件:

(一)有与所从事的检验检测工作相适应的检验检测人员;

(二)有与所从事的检验检测工作相适应的检验检测仪器和设备;

(三)有健全的检验检测管理制度、检验检测责任制度。

第四十三条　特种设备的监督检验、定期检验、型式试验和无损检测应当由依照本条例经核准的特种设备检验检测机构进行。

特种设备检验检测工作应当符合安全技术规范的要求。

第四十四条　从事本条例规定的监督检验、定期检验、型式试验和无损检测的特种设备检验检测人员应当经国务院特种设备安全监督管理部门组织考核合格,取得检验检测人员证书,方可从事检验检测工作。

检验检测人员从事检验检测工作,必须在特种设备检验检测机构执业,但不得同时在两个以上检验检测机构中执业。

第四十五条　特种设备检验检测机构和检验检测人员进行特种设备检验检测,应当遵循诚信原则和方便企业的原则,为特种设备生产、使用单位提供可靠、便捷的检验检测服务。

特种设备检验检测机构和检验检测人员对涉及的被检验检测单位的商业秘密,负有保密义务。

第四十六条　特种设备检验检测机构和检验检测人员应当客观、公正、及时地出具检验检测结果、鉴定结论。检验检测结果、鉴定结论经检验检测人员签字后,由检验检测机构负责人签署。

特种设备检验检测机构和检验检测人员对检验检测结果、鉴定结论负责。

国务院特种设备安全监督管理部门应当组织对特种设备检验检测机构的检验检测结果、鉴定结论进行监督抽查。县以上地方负责特种设备安全监督管理的部门在本行政区域内也可以组织监督抽查,但是要防止重复抽查。监督抽查结果应当向社会公布。

第四十七条　特种设备检验检测机构和检验检测人员不得从事特种设备的生产、销售,不得以其名义推荐或者监制、监销特种设备。

第四十八条　特种设备检验检测机构进行特种设备检验检测,发现严重事故隐患或者能耗严重超标的,应当及时告知特种设备使用单位,并立即向特种设备安全监督管理部门报告。

第四十九条　特种设备检验检测机构和检验检测人员利用检验检测工作故意刁难特种设备生产、使用单位,特种设备生产、使用单位有权向特种设备安全监督管理部门投诉,接到投诉的特种设备安全监督管理部门应当及时进行调查处理。

第五章　监督检查

第五十条　特种设备安全监督管理部门依照本条例规定,对特种设备生产、使用单位和检验检测机构实施安全监察。

对学校、幼儿园以及车站、客运码头、商场、体育场馆、展览馆、公园等公众聚集场所的特种设备,特种设备安全监督管理部门应当实施重点安全监察。

第五十一条　特种设备安全监督管理部门根据举报或者取得的涉嫌违法证据,对涉嫌违反本条例规定的行为进行查处时,可以行使下列职权:

(一)向特种设备生产、使用单位和检验检测机构的法定代表人、主要负责人和其他有关人员调查、了解与涉嫌从事违反本条例的生产、使用、检验检测有关的情况;

(二)查阅、复制特种设备生产、使用单位和检验检测机构的有关合同、发票、账簿以及其他有关资料;

(三)对有证据表明不符合安全技术规范要求的或者有其他严重事故隐患、能耗严重超标的特种设备,予以查封或者扣押。

第五十二条　依照本条例规定实施许可、核准、登记的特种设备安全监督管理部门,应当严格依照本条例规定条件和安全技术规范要求对有关事项进行审查;不符合本条例规定条件和安全技术规范要求的,不得许可、核准、登记;在申请办理许可、核准期间,特种设备安全监督管理部门发现申请人未经许可从事特种设备相应活动或者伪造许可、核准证书的,不予受理或者不予许可、核准,并在1年内不再受理其新的许可、核准申请。

未依法取得许可、核准、登记的单位擅自从事特种设备的生产、使用或者检验检测活动的,特种设备安全监督管理部门应当依法予以处理。

违反本条例规定,被依法撤销许可的,自撤销许可之日起3年内,特种设备安全监督管理部门不予受理其新的许可申请。

第五十三条　特种设备安全监督管理部门在办理本条例规定的有关行政审批事项时,其受理、审查、许可、核准的程序必须公开,并应当自受理申请之日起30日内,作出许可、核准或者不予许可、核准的决定;不予许可、核准的,应当书面向申请人说明理由。

第五十四条　地方各级特种设备安全监督管理部门不得以任何形式进行地方保护和地区封

锁,不得对已经依照本条例规定在其他地方取得许可的特种设备生产单位重复进行许可,也不得要求对依照本条例规定在其他地方检验检测合格的特种设备,重复进行检验检测。

第五十五条　特种设备安全监督管理部门的安全监察人员(以下简称特种设备安全监察人员)应当熟悉相关法律、法规、规章和安全技术规范,具有相应的专业知识和工作经验,并经国务院特种设备安全监督管理部门考核,取得特种设备安全监察人员证书。

特种设备安全监察人员应当忠于职守、坚持原则、秉公执法。

第五十六条　特种设备安全监督管理部门对特种设备生产、使用单位和检验检测机构实施安全监察时,应当有两名以上特种设备安全监察人员参加,并出示有效的特种设备安全监察人员证件。

第五十七条　特种设备安全监督管理部门对特种设备生产、使用单位和检验检测机构实施安全监察,应当对每次安全监察的内容、发现的问题及处理情况,作出记录,并由参加安全监察的特种设备安全监察人员和被检查单位的有关负责人签字后归档。被检查单位的有关负责人拒绝签字的,特种设备安全监察人员应当将情况记录在案。

第五十八条　特种设备安全监督管理部门对特种设备生产、使用单位和检验检测机构进行安全监察时,发现有违反本条例规定和安全技术规范要求的行为或者在用的特种设备存在事故隐患、不符合能效指标的,应当以书面形式发出特种设备安全监察指令,责令有关单位及时采取措施,予以改正或者消除事故隐患。紧急情况下需要采取紧急处置措施的,应当随后补发书面通知。

第五十九条　特种设备安全监督管理部门对特种设备生产、使用单位和检验检测机构进行安全监察,发现重大违法行为或者严重事故隐患时,应当在采取必要措施的同时,及时向上级特种设备安全监督管理部门报告。接到报告的特种设备安全监督管理部门应当采取必要措施,及时予以处理。

对违法行为、严重事故隐患或者不符合能效指标的处理需要当地人民政府和有关部门的支持、配合时,特种设备安全监督管理部门应当报告当地人民政府,并通知其他有关部门。当地人民政府和其他有关部门应当采取必要措施,及时予以处理。

第六十条　国务院特种设备安全监督管理部门和省、自治区、直辖市特种设备安全监督管理部门应当定期向社会公布特种设备安全以及能效状况。

公布特种设备安全以及能效状况,应当包括下列内容:

(一)特种设备质量安全状况;

(二)特种设备事故的情况、特点、原因分析、防范对策;

(三)特种设备能效状况;

(四)其他需要公布的情况。

第六章　事故预防和调查处理

第六十一条　有下列情形之一的,为特别重大事故:

(一)特种设备事故造成30人以上死亡,或者100人以上重伤(包括急性工业中毒,下同),或者1亿元以上直接经济损失的;

(二)600兆瓦以上锅炉爆炸的;

(三)压力容器、压力管道有毒介质泄漏,造成15万人以上转移的;

(四)客运索道、大型游乐设施高空滞留100人以上并且时间在48小时以上的。

第六十二条　有下列情形之一的,为重大事故:

（一）特种设备事故造成 10 人以上 30 人以下死亡，或者 50 人以上 100 人以下重伤，或者 5000 万元以上 1 亿元以下直接经济损失的；

（二）600 兆瓦以上锅炉因安全故障中断运行 240 小时以上的；

（三）压力容器、压力管道有毒介质泄漏，造成 5 万人以上 15 万人以下转移的；

（四）客运索道、大型游乐设施高空滞留 100 人以上并且时间在 24 小时以上 48 小时以下的。

第六十三条　有下列情形之一的，为较大事故：

（一）特种设备事故造成 3 人以上 10 人以下死亡，或者 10 人以上 50 人以下重伤，或者 1000 万元以上 5000 万元以下直接经济损失的；

（二）锅炉、压力容器、压力管道爆炸的；

（三）压力容器、压力管道有毒介质泄漏，造成 1 万人以上 5 万人以下转移的；

（四）起重机械整体倾覆的；

（五）客运索道、大型游乐设施高空滞留人员 12 小时以上的。

第六十四条　有下列情形之一的，为一般事故：

（一）特种设备事故造成 3 人以下死亡，或者 10 人以下重伤，或者 1 万元以上 1000 万元以下直接经济损失的；

（二）压力容器、压力管道有毒介质泄漏，造成 500 人以上 1 万人以下转移的；

（三）电梯轿厢滞留人员 2 小时以上的；

（四）起重机械主要受力结构件折断或者起升机构坠落的；

（五）客运索道高空滞留人员 3.5 小时以上 12 小时以下的；

（六）大型游乐设施高空滞留人员 1 小时以上 12 小时以下的。

除前款规定外，国务院特种设备安全监督管理部门可以对一般事故的其他情形做出补充规定。

第六十五条　特种设备安全监督管理部门应当制定特种设备应急预案。特种设备使用单位应当制定事故应急专项预案，并定期进行事故应急演练。

压力容器、压力管道发生爆炸或者泄漏，在抢险救援时应当区分介质特性，严格按照相关预案规定程序处理，防止二次爆炸。

第六十六条　特种设备事故发生后，事故发生单位应当立即启动事故应急预案，组织抢救，防止事故扩大，减少人员伤亡和财产损失，并及时向事故发生地县以上特种设备安全监督管理部门和有关部门报告。

县以上特种设备安全监督管理部门接到事故报告，应当尽快核实有关情况，立即向所在地人民政府报告，并逐级上报事故情况。必要时，特种设备安全监督管理部门可以越级上报事故情况。对特别重大事故、重大事故，国务院特种设备安全监督管理部门应当立即报告国务院并通报国务院安全生产监督管理部门等有关部门。

第六十七条　特别重大事故由国务院或者国务院授权有关部门组织事故调查组进行调查。

重大事故由国务院特种设备安全监督管理部门会同有关部门组织事故调查组进行调查。

较大事故由省、自治区、直辖市特种设备安全监督管理部门会同有关部门组织事故调查组进行调查。

一般事故由设区的市的特种设备安全监督管理部门会同有关部门组织事故调查组进行调查。

第六十八条　事故调查报告应当由负责组织事故调查的特种设备安全监督管理部门的所在地人民政府批复，并报上一级特种设备安全监督管理部门备案。

有关机关应当按照批复,依照法律、行政法规规定的权限和程序,对事故责任单位和有关人员进行行政处罚,对负有事故责任的国家工作人员进行处分。

第六十九条　特种设备安全监督管理部门应当在有关地方人民政府的领导下,组织开展特种设备事故调查处理工作。

有关地方人民政府应当支持、配合上级人民政府或者特种设备安全监督管理部门的事故调查处理工作,并提供必要的便利条件。

第七十条　特种设备安全监督管理部门应当对发生事故的原因进行分析,并根据特种设备的管理和技术特点、事故情况对相关安全技术规范进行评估;需要制定或者修订相关安全技术规范的,应当及时制定或者修订。

第七十一条　本章所称的"以上"包括本数,所称的"以下"不包括本数。

第七章　法律责任

第七十二条　未经许可,擅自从事压力容器设计活动的,由特种设备安全监督管理部门予以取缔,处 5 万元以上 20 万元以下罚款;有违法所得的,没收违法所得;触犯刑律的,对负有责任的主管人员和其他直接责任人员依照刑法关于非法经营罪或者其他罪的规定,依法追究刑事责任。

第七十三条　锅炉、气瓶、氧舱和客运索道、大型游乐设施以及高耗能特种设备的设计文件,未经国务院特种设备安全监督管理部门核准的检验检测机构鉴定,擅自用于制造的,由特种设备安全监督管理部门责令改正,没收非法制造的产品,处 5 万元以上 20 万元以下罚款;触犯刑律的,对负有责任的主管人员和其他直接责任人员依照刑法关于生产、销售伪劣产品罪、非法经营罪或者其他罪的规定,依法追究刑事责任。

第七十四条　按照安全技术规范的要求应当进行型式试验的特种设备产品、部件或者试制特种设备新产品、新部件,未进行整机或者部件型式试验的,由特种设备安全监督管理部门责令限期改正;逾期未改正的,处 2 万元以上 10 万元以下罚款。

第七十五条　未经许可,擅自从事锅炉、压力容器、电梯、起重机械、客运索道、大型游乐设施、场(厂)内专用机动车辆及其安全附件、安全保护装置的制造、安装、改造以及压力管道元件的制造活动的,由特种设备安全监督管理部门予以取缔,没收非法制造的产品,已经实施安装、改造的,责令恢复原状或者责令限期由取得许可的单位重新安装、改造,处 10 万元以上 50 万元以下罚款;触犯刑律的,对负有责任的主管人员和其他直接责任人员依照刑法关于生产、销售伪劣产品罪、非法经营罪、重大责任事故罪或者其他罪的规定,依法追究刑事责任。

第七十六条　特种设备出厂时,未按照安全技术规范的要求附有设计文件、产品质量合格证明、安装及使用维修说明、监督检验证明等文件的,由特种设备安全监督管理部门责令改正;情节严重的,责令停止生产、销售,处违法生产、销售货值金额 30％以下罚款;有违法所得的,没收违法所得。

第七十七条　未经许可,擅自从事锅炉、压力容器、电梯、起重机械、客运索道、大型游乐设施、场(厂)内专用机动车辆的维修或者日常维护保养的,由特种设备安全监督管理部门予以取缔,处 1 万元以上 5 万元以下罚款;有违法所得的,没收违法所得;触犯刑律的,对负有责任的主管人员和其他直接责任人员依照刑法关于非法经营罪、重大责任事故罪或者其他罪的规定,依法追究刑事责任。

第七十八条　锅炉、压力容器、电梯、起重机械、客运索道、大型游乐设施的安装、改造、维修的施工单位以及场(厂)内专用机动车辆的改造、维修单位,在施工前未将拟进行的特种设备安装、改造、维修情况书面告知直辖市或者设区的市的特种设备安全监督管理部门即行施工的,或者在验收后 30 日内未将有关技术资料移交锅炉、压力容器、电梯、起重机械、客运索道、大型游乐设施的使用单位的,由特种设备安全监督管理部门责令限期改正;逾期未改正的,处 2000 元以上 1 万元以下罚款。

第七十九条　锅炉、压力容器、压力管道元件、起重机械、大型游乐设施的制造过程和锅炉、压力容器、电梯、起重机械、客运索道、大型游乐设施的安装、改造、重大维修过程,以及锅炉清洗过程,未经国务院特种设备安全监督管理部门核准的检验检测机构按照安全技术规范的要求进行监督检验的,由特种设备安全监督管理部门责令改正,已经出厂的,没收违法生产、销售的产品,已经实施安装、改造、重大维修或者清洗的,责令限期进行监督检验,处 5 万元以上 20 万元以下罚款;有违法所得的,没收违法所得;情节严重的,撤销制造、安装、改造或者维修单位已经取得的许可,并由工商行政管理部门吊销其营业执照;触犯刑律的,对负有责任的主管人员和其他直接责任人员依照刑法关于生产、销售伪劣产品罪或者其他罪的规定,依法追究刑事责任。

第八十条　未经许可,擅自从事移动式压力容器或者气瓶充装活动的,由特种设备安全监督管理部门予以取缔,没收违法充装的气瓶,处 10 万元以上 50 万元以下罚款;有违法所得的,没收违法所得;触犯刑律的,对负有责任的主管人员和其他直接责任人员依照刑法关于非法经营罪或者其他罪的规定,依法追究刑事责任。

移动式压力容器、气瓶充装单位未按照安全技术规范的要求进行充装活动的,由特种设备安全监督管理部门责令改正,处 2 万元以上 10 万元以下罚款;情节严重的,撤销其充装资格。

第八十一条　电梯制造单位有下列情形之一的,由特种设备安全监督管理部门责令限期改正;逾期未改正的,予以通报批评:

(一)未依照本条例第十九条的规定对电梯进行校验、调试的;

(二)对电梯的安全运行情况进行跟踪调查和了解时,发现存在严重事故隐患,未及时向特种设备安全监督管理部门报告的。

第八十二条　已经取得许可、核准的特种设备生产单位、检验检测机构有下列行为之一的,由特种设备安全监督管理部门责令改正,处 2 万元以上 10 万元以下罚款;情节严重的,撤销其相应资格:

(一)未按照安全技术规范的要求办理许可证变更手续的;

(二)不再符合本条例规定或者安全技术规范要求的条件,继续从事特种设备生产、检验检测的;

(三)未依照本条例规定或者安全技术规范要求进行特种设备生产、检验检测的;

(四)伪造、变造、出租、出借、转让许可证书或者监督检验报告的。

第八十三条　特种设备使用单位有下列情形之一的,由特种设备安全监督管理部门责令限期改正;逾期未改正的,处 2000 元以上 2 万元以下罚款;情节严重的,责令停止使用或者停产停业整顿:

(一)特种设备投入使用前或者投入使用后 30 日内,未向特种设备安全监督管理部门登记,擅自将其投入使用的;

(二)未依照本条例第二十六条的规定,建立特种设备安全技术档案的;

(三)未依照本条例第二十七条的规定,对在用特种设备进行经常性日常维护保养和定期自行检查的,或者对在用特种设备的安全附件、安全保护装置、测量调控装置及有关附属仪器仪表进行定期校验、检修,并作出记录的;

(四)未按照安全技术规范的定期检验要求,在安全检验合格有效期届满前 1 个月向特种设备检验检测机构提出定期检验要求的;

（五）使用未经定期检验或者检验不合格的特种设备的；

（六）特种设备出现故障或者发生异常情况，未对其进行全面检查、消除事故隐患，继续投入使用的；

（七）未制定特种设备事故应急专项预案的；

（八）未依照本条例第三十一条第二款的规定，对电梯进行清洁、润滑、调整和检查的；

（九）未按照安全技术规范要求进行锅炉水（介）质处理的；

（十）特种设备不符合能效指标，未及时采取相应措施进行整改的。

特种设备使用单位使用未取得生产许可的单位生产的特种设备或者将非承压锅炉、非压力容器作为承压锅炉、压力容器使用的，由特种设备安全监督管理部门责令停止使用，予以没收，处2万元以上10万元以下罚款。

第八十四条　特种设备存在严重事故隐患，无改造、维修价值，或者超过安全技术规范规定的使用年限，特种设备使用单位未予以报废，并向原登记的特种设备安全监督管理部门办理注销的，由特种设备安全监督管理部门责令限期改正；逾期未改正的，处5万元以上20万元以下罚款。

第八十五条　电梯、客运索道、大型游乐设施的运营使用单位有下列情形之一的，由特种设备安全监督管理部门责令限期改正；逾期未改正的，责令停止使用或者停产停业整顿，处1万元以上5万元以下罚款：

（一）客运索道、大型游乐设施每日投入使用前，未进行试运行和例行安全检查，并对安全装置进行检查确认的；

（二）未将电梯、客运索道、大型游乐设施的安全注意事项和警示标志置于易于为乘客注意的显著位置的。

第八十六条　特种设备使用单位有下列情形之一的，由特种设备安全监督管理部门责令限期改正；逾期未改正的，责令停止使用或者停产停业整顿，处2000元以上2万元以下罚款：

（一）未依照本条例规定设置特种设备安全管理机构或者配备专职、兼职的安全管理人员的；

（二）从事特种设备作业的人员，未取得相应特种作业人员证书，上岗作业的；

（三）未对特种设备作业人员进行特种设备安全教育和培训的。

第八十七条　发生特种设备事故，有下列情形之一的，对单位，由特种设备安全监督管理部门处5万元以上20万元以下罚款；对主要负责人，由特种设备安全监督管理部门处4000元以上2万元以下罚款；属于国家工作人员的，依法给予处分；触犯刑律的，依照刑法关于重大责任事故罪或者其他罪的规定，依法追究刑事责任：

（一）特种设备使用单位的主要负责人在本单位发生特种设备事故时，不立即组织抢救或者在事故调查处理期间擅离职守或者逃匿的；

（二）特种设备使用单位的主要负责人对特种设备事故隐瞒不报、谎报或者拖延不报的。

第八十八条　对事故发生负有责任的单位，由特种设备安全监督管理部门依照下列规定处以罚款：

（一）发生一般事故的，处10万元以上20万元以下罚款；

（二）发生较大事故的，处20万元以上50万元以下罚款；

（三）发生重大事故的，处50万元以上200万元以下罚款。

第八十九条　对事故发生负有责任的单位的主要负责人未依法履行职责，导致事故发生的，由特种设备安全监督管理部门依照下列规定处以罚款；属于国家工作人员的，并依法给予处分；触犯刑律的，依照刑法关于重大责任事故罪或者其他罪的规定，依法追究刑事责任：

(一)发生一般事故的,处上一年年收入 30％的罚款;

(二)发生较大事故的,处上一年年收入 40％的罚款;

(三)发生重大事故的,处上一年年收入 60％的罚款。

第九十条　特种设备作业人员违反特种设备的操作规程和有关的安全规章制度操作,或者在作业过程中发现事故隐患或者其他不安全因素,未立即向现场安全管理人员和单位有关负责人报告的,由特种设备使用单位给予批评教育、处分;情节严重的,撤销特种设备作业人员资格;触犯刑律的,依照刑法关于重大责任事故罪或者其他罪的规定,依法追究刑事责任。

第九十一条　未经核准,擅自从事本条例所规定的监督检验、定期检验、型式试验以及无损检测等检验检测活动的,由特种设备安全监督管理部门予以取缔,处 5 万元以上 20 万元以下罚款;有违法所得的,没收违法所得;触犯刑律的,对负有责任的主管人员和其他直接责任人员依照刑法关于非法经营罪或者其他罪的规定,依法追究刑事责任。

第九十二条　特种设备检验检测机构,有下列情形之一的,由特种设备安全监督管理部门处 2 万元以上 10 万元以下罚款;情节严重的,撤销其检验检测资格:

(一)聘用未经特种设备安全监督管理部门组织考核合格并取得检验检测人员证书的人员,从事相关检验检测工作的;

(二)在进行特种设备检验检测中,发现严重事故隐患或者能耗严重超标,未及时告知特种设备使用单位,并立即向特种设备安全监督管理部门报告的。

第九十三条　特种设备检验检测机构和检验检测人员,出具虚假的检验检测结果、鉴定结论或者检验检测结果、鉴定结论严重失实的,由特种设备安全监督管理部门对检验检测机构没收违法所得,处 5 万元以上 20 万元以下罚款,情节严重的,撤销其检验检测资格;对检验检测人员处 5000 元以上 5 万元以下罚款,情节严重的,撤销其检验检测资格,触犯刑律的,依照刑法关于中介组织人员提供虚假证明文件罪、中介组织人员出具证明文件重大失实罪或者其他罪的规定,依法追究刑事责任。

特种设备检验检测机构和检验检测人员,出具虚假的检验检测结果、鉴定结论或者检验检测结果、鉴定结论严重失实,造成损害的,应当承担赔偿责任。

第九十四条　特种设备检验检测机构或者检验检测人员从事特种设备的生产、销售,或者以其名义推荐或者监制、监销特种设备的,由特种设备安全监督管理部门撤销特种设备检验检测机构和检验检测人员的资格,处 5 万元以上 20 万元以下罚款;有违法所得的,没收违法所得。

第九十五条　特种设备检验检测机构和检验检测人员利用检验检测工作故意刁难特种设备生产、使用单位,由特种设备安全监督管理部门责令改正;拒不改正的,撤销其检验检测资格。

第九十六条　检验检测人员,从事检验检测工作,不在特种设备检验检测机构执业或者同时在两个以上检验检测机构中执业的,由特种设备安全监督管理部门责令改正,情节严重的,给予停止执业 6 个月以上 2 年以下的处罚;有违法所得的,没收违法所得。

第九十七条　特种设备安全监督管理部门及其特种设备安全监察人员,有下列违法行为之一的,对直接负责的主管人员和其他直接责任人员,依法给予降级或者撤职的处分;触犯刑律的,依照刑法关于受贿罪、滥用职权罪、玩忽职守罪或者其他罪的规定,依法追究刑事责任:

(一)不按照本条例规定的条件和安全技术规范要求,实施许可、核准、登记的;

(二)发现未经许可、核准、登记擅自从事特种设备的生产、使用或者检验检测活动不予取缔或者不依法予以处理的;

(三)发现特种设备生产、使用单位不再具备本条例规定的条件而不撤销其原许可,或者发现特种设备生产、使用违法行为不予查处的;

（四）发现特种设备检验检测机构不再具备本条例规定的条件而不撤销其原核准，或者对其出具虚假的检验检测结果、鉴定结论或者检验检测结果、鉴定结论严重失实的行为不予查处的；

（五）对依照本条例规定在其他地方取得许可的特种设备生产单位重复进行许可，或者对依照本条例规定在其他地方检验检测合格的特种设备，重复进行检验检测的；

（六）发现有违反本条例和安全技术规范的行为或者在用的特种设备存在严重事故隐患，不立即处理的；

（七）发现重大的违法行为或者严重事故隐患，未及时向上级特种设备安全监督管理部门报告，或者接到报告的特种设备安全监督管理部门不立即处理的；

（八）迟报、漏报、瞒报或者谎报事故的；

（九）妨碍事故救援或者事故调查处理的。

第九十八条　特种设备的生产、使用单位或者检验检测机构，拒不接受特种设备安全监督管理部门依法实施的安全监察的，由特种设备安全监督管理部门责令限期改正；逾期未改正的，责令停产停业整顿，处 2 万元以上 10 万元以下罚款；触犯刑律的，依照刑法关于妨害公务罪或者其他罪的规定，依法追究刑事责任。

特种设备生产、使用单位擅自动用、调换、转移、损毁被查封、扣押的特种设备或者其主要部件的，由特种设备安全监督管理部门责令改正，处 5 万元以上 20 万元以下罚款；情节严重的，撤销其相应资格。

第八章　附　则

第九十九条　本条例下列用语的含义是：

（一）锅炉，是指利用各种燃料、电或者其他能源，将所盛装的液体加热到一定的参数，并对外输出热能的设备，其范围规定为容积大于或者等于 30 L 的承压蒸汽锅炉；出口水压大于或者等于 0.1 MPa（表压），且额定功率大于或者等于 0.1 MW 的承压热水锅炉；有机热载体锅炉。

（二）压力容器，是指盛装气体或者液体，承载一定压力的密闭设备，其范围规定为最高工作压力大于或者等于 0.1 MPa（表压），且压力与容积的乘积大于或者等于 2.5 MPa·L 的气体、液化气体和最高工作温度高于或者等于标准沸点的液体的固定式容器和移动式容器；盛装公称工作压力大于或者等于 0.2 MPa（表压），且压力与容积的乘积大于或者等于 1.0 MPa·L 的气体、液化气体和标准沸点等于或者低于 60℃ 液体的气瓶；氧舱等。

（三）压力管道，是指利用一定的压力，用于输送气体或者液体的管状设备，其范围规定为最高工作压力大于或者等于 0.1 MPa（表压）的气体、液化气体、蒸汽介质或者可燃、易爆、有毒、有腐蚀性、最高工作温度高于或者等于标准沸点的液体介质，且公称直径大于 25 mm 的管道。

（四）电梯，是指动力驱动，利用沿刚性导轨运行的箱体或者沿固定线路运行的梯级（踏步），进行升降或者平行运送人、货物的机电设备，包括载人（货）电梯、自动扶梯、自动人行道等。

（五）起重机械，是指用于垂直升降或者垂直升降并水平移动重物的机电设备，其范围规定为额定起重量大于或者等于 0.5 t 的升降机；额定起重量大于或者等于 1 t，且提升高度大于或者等于 2 m 的起重机和承重形式固定的电动葫芦等。

（六）客运索道，是指动力驱动，利用柔性绳索牵引箱体等运载工具运送人员的机电设备，包括客运架空索道、客运缆车、客运拖牵索道等。

（七）大型游乐设施，是指用于经营目的，承载乘客游乐的设施，其范围规定为设计最大运行线速度大于或者等于 2 m/s，或者运行高度距地面高于或者等于 2 m 的载人大型游乐设施。

（八）场（厂）内专用机动车辆，是指除道路交通、农用车辆以外仅在工厂厂区、旅游景区、游乐场所等特定区域使用的专用机动车辆。

特种设备包括其所用的材料、附属的安全附件、安全保护装置和与安全保护装置相关的设施。

第一百条　压力管道设计、安装、使用的安全监督管理办法由国务院另行制定。

第一百零一条　国务院特种设备安全监督管理部门可以授权省、自治区、直辖市特种设备安全监督管理部门负责本条例规定的特种设备行政许可工作，具体办法由国务院特种设备安全监督管理部门制定。

第一百零二条　特种设备行政许可、检验检测，应当按照国家有关规定收取费用。

第一百零三条　本条例自 2003 年 6 月 1 日起施行。1982 年 2 月 6 日国务院发布的《锅炉压力容器安全监察暂行条例》同时废止。

中华人民共和国国务院令

第 493 号

《生产安全事故报告和调查处理条例》已经 2007 年 3 月 28 日国务院第 172 次常务会议通过，现予公布，自 2007 年 6 月 1 日起施行。

总理　温家宝

二〇〇七年四月九日

生产安全事故报告和调查处理条例

第一章　总　则

第一条　为了规范生产安全事故的报告和调查处理，落实生产安全事故责任追究制度，防止和减少生产安全事故，根据《中华人民共和国安全生产法》和有关法律，制定本条例。

第二条　生产经营活动中发生的造成人身伤亡或者直接经济损失的生产安全事故的报告和调查处理，适用本条例；环境污染事故、核设施事故、国防科研生产事故的报告和调查处理不适用本条例。

第三条　根据生产安全事故（以下简称事故）造成的人员伤亡或者直接经济损失，事故一般分为以下等级：

（一）特别重大事故，是指造成 30 人以上死亡，或者 100 人以上重伤（包括急性工业中毒，下同），或者 1 亿元以上直接经济损失的事故；

（二）重大事故，是指造成 10 人以上 30 人以下死亡，或者 50 人以上 100 人以下重伤，或者 5000 万元以上 1 亿元以下直接经济损失的事故；

（三）较大事故，是指造成 3 人以上 10 人以下死亡，或者 10 人以上 50 人以下重伤，或者 1000 万元以上 5000 万元以下直接经济损失的事故；

（四）一般事故，是指造成 3 人以下死亡，或者 10 人以下重伤，或者 1000 万元以下直接经济损失的事故。

国务院安全生产监督管理部门可以会同国务院有关部门，制定事故等级划分的补充性规定。

本条第一款所称的"以上"包括本数，所称的"以下"不包括本数。

第四条　事故报告应当及时、准确、完整，任何单位和个人对事故不得迟报、漏报、谎报或者瞒报。

事故调查处理应当坚持实事求是、尊重科学的原则，及时、准确地查清事故经过、事故原因和事故损失，查明事故性质，认定事故责任，总结事故教训，提出整改措施，并对事故责任者依法追究责任。

第五条　县级以上人民政府应当依照本条例的规定，严格履行职责，及时、准确地完成事故调查处理工作。

事故发生地有关地方人民政府应当支持、配合上级人民政府或者有关部门的事故调查处理工作,并提供必要的便利条件。

参加事故调查处理的部门和单位应当互相配合,提高事故调查处理工作的效率。

第六条　工会依法参加事故调查处理,有权向有关部门提出处理意见。

第七条　任何单位和个人不得阻挠和干涉对事故的报告和依法调查处理。

第八条　对事故报告和调查处理中的违法行为,任何单位和个人有权向安全生产监督管理部门、监察机关或者其他有关部门举报,接到举报的部门应当依法及时处理。

第二章　事故报告

第九条　事故发生后,事故现场有关人员应当立即向本单位负责人报告;单位负责人接到报告后,应当于1小时内向事故发生地县级以上人民政府安全生产监督管理部门和负有安全生产监督管理职责的有关部门报告。

情况紧急时,事故现场有关人员可以直接向事故发生地县级以上人民政府安全生产监督管理部门和负有安全生产监督管理职责的有关部门报告。

第十条　安全生产监督管理部门和负有安全生产监督管理职责的有关部门接到事故报告后,应当依照下列规定上报事故情况,并通知公安机关、劳动保障行政部门、工会和人民检察院:

(一)特别重大事故、重大事故逐级上报至国务院安全生产监督管理部门和负有安全生产监督管理职责的有关部门;

(二)较大事故逐级上报至省、自治区、直辖市人民政府安全生产监督管理部门和负有安全生产监督管理职责的有关部门;

(三)一般事故上报至设区的市级人民政府安全生产监督管理部门和负有安全生产监督管理职责的有关部门。

安全生产监督管理部门和负有安全生产监督管理职责的有关部门依照前款规定上报事故情况,应当同时报告本级人民政府。国务院安全生产监督管理部门和负有安全生产监督管理职责的有关部门以及省级人民政府接到发生特别重大事故、重大事故的报告后,应当立即报告国务院。

必要时,安全生产监督管理部门和负有安全生产监督管理职责的有关部门可以越级上报事故情况。

第十一条　安全生产监督管理部门和负有安全生产监督管理职责的有关部门逐级上报事故情况,每级上报的时间不得超过2小时。

第十二条　报告事故应当包括下列内容:

(一)事故发生单位概况;

(二)事故发生的时间、地点以及事故现场情况;

(三)事故的简要经过;

(四)事故已经造成或者可能造成的伤亡人数(包括下落不明的人数)和初步估计的直接经济损失;

(五)已经采取的措施;

(六)其他应当报告的情况。

第十三条　事故报告后出现新情况的,应当及时补报。

自事故发生之日起30日内,事故造成的伤亡人数发生变化的,应当及时补报。道路交通事故、火灾事故自发生之日起 7 日内，事故造成的伤亡人数发生变化的，应当及时补报。

第十四条　事故发生单位负责人接到事故报告后，应当立即启动事故相应应急预案，或者采取有效措施，组织抢救，防止事故扩大，减少人员伤亡和财产损失。

第十五条　事故发生地有关地方人民政府、安全生产监督管理部门和负有安全生产监督管理职责的有关部门接到事故报告后，其负责人应当立即赶赴事故现场，组织事故救援。

第十六条　事故发生后，有关单位和人员应当妥善保护事故现场以及相关证据，任何单位和个人不得破坏事故现场、毁灭相关证据。

因抢救人员、防止事故扩大以及疏通交通等原因，需要移动事故现场物件的，应当做出标志，绘制现场简图并做出书面记录，妥善保存现场重要痕迹、物证。

第十七条　事故发生地公安机关根据事故的情况，对涉嫌犯罪的，应当依法立案侦查，采取强制措施和侦查措施。犯罪嫌疑人逃匿的，公安机关应当迅速追捕归案。

第十八条　安全生产监督管理部门和负有安全生产监督管理职责的有关部门应当建立值班制度，并向社会公布值班电话，受理事故报告和举报。

第三章　事故调查

第十九条　特别重大事故由国务院或者国务院授权有关部门组织事故调查组进行调查。

重大事故、较大事故、一般事故分别由事故发生地省级人民政府、设区的市级人民政府、县级人民政府负责调查。省级人民政府、设区的市级人民政府、县级人民政府可以直接组织事故调查组进行调查，也可以授权或者委托有关部门组织事故调查组进行调查。

未造成人员伤亡的一般事故，县级人民政府也可以委托事故发生单位组织事故调查组进行调查。

第二十条　上级人民政府认为必要时，可以调查由下级人民政府负责调查的事故。

自事故发生之日起 30 日内（道路交通事故、火灾事故自发生之日起 7 日内），因事故伤亡人数变化导致事故等级发生变化，依照本条例规定应当由上级人民政府负责调查的，上级人民政府可以另行组织事故调查组进行调查。

第二十一条　特别重大事故以下等级事故，事故发生地与事故发生单位不在同一个县级以上行政区域的，由事故发生地人民政府负责调查，事故发生单位所在地人民政府应当派人参加。

第二十二条　事故调查组的组成应当遵循精简、效能的原则。

根据事故的具体情况，事故调查组由有关人民政府、安全生产监督管理部门、负有安全生产监督管理职责的有关部门、监察机关、公安机关以及工会派人组成，并应当邀请人民检察院派人参加。

事故调查组可以聘请有关专家参与调查。

第二十三条　事故调查组成员应当具有事故调查所需要的知识和专长，并与所调查的事故没有直接利害关系。

第二十四条　事故调查组组长由负责事故调查的人民政府指定。事故调查组组长主持事故调查组的工作。

第二十五条　事故调查组履行下列职责：

（一）查明事故发生的经过、原因、人员伤亡情况及直接经济损失；

（二）认定事故的性质和事故责任；

（三）提出对事故责任者的处理建议；

（四）总结事故教训，提出防范和整改措施；

（五）提交事故调查报告。

第二十六条　事故调查组有权向有关单位和个人了解与事故有关的情况,并要求其提供相关文件、资料,有关单位和个人不得拒绝。

事故发生单位的负责人和有关人员在事故调查期间不得擅离职守,并应当随时接受事故调查组的询问,如实提供有关情况。

事故调查中发现涉嫌犯罪的,事故调查组应当及时将有关材料或者其复印件移交司法机关处理。

第二十七条　事故调查中需要进行技术鉴定的,事故调查组应当委托具有国家规定资质的单位进行技术鉴定。必要时,事故调查组可以直接组织专家进行技术鉴定。技术鉴定所需时间不计入事故调查期限。

第二十八条　事故调查组成员在事故调查工作中应当诚信公正、恪尽职守,遵守事故调查组的纪律,保守事故调查的秘密。

未经事故调查组组长允许,事故调查组成员不得擅自发布有关事故的信息。

第二十九条　事故调查组应当自事故发生之日起 60 日内提交事故调查报告;特殊情况下,经负责事故调查的人民政府批准,提交事故调查报告的期限可以适当延长,但延长的期限最长不超过 60 日。

第三十条　事故调查报告应当包括下列内容:

（一）事故发生单位概况;

（二）事故发生经过和事故救援情况;

（三）事故造成的人员伤亡和直接经济损失;

（四）事故发生的原因和事故性质;

（五）事故责任的认定以及对事故责任者的处理建议;

（六）事故防范和整改措施。

事故调查报告应当附具有关证据材料。事故调查组成员应当在事故调查报告上签名。

第三十一条　事故调查报告报送负责事故调查的人民政府后,事故调查工作即告结束。事故调查的有关资料应当归档保存。

第四章　事故处理

第三十二条　重大事故、较大事故、一般事故,负责事故调查的人民政府应当自收到事故调查报告之日起 15 日内做出批复;特别重大事故,30 日内做出批复,特殊情况下,批复时间可以适当延长,但延长的时间最长不超过 30 日。

有关机关应当按照人民政府的批复,依照法律、行政法规规定的权限和程序,对事故发生单位和有关人员进行行政处罚,对负有事故责任的国家工作人员进行处分。

事故发生单位应当按照负责事故调查的人民政府的批复,对本单位负有事故责任的人员进行处理。

负有事故责任的人员涉嫌犯罪的,依法追究刑事责任。

第三十三条　事故发生单位应当认真吸取事故教训,落实防范和整改措施,防止事故再次发生。防范和整改措施的落实情况应当接受工会和职工的监督。

安全生产监督管理部门和负有安全生产监督管理职责的有关部门应当对事故发生单位落实防范和整改措施的情况进行监督检查。

第三十四条　事故处理的情况由负责事故调查的人民政府或者其授权的有关部门、机构向社会公布,依法应当保密的除外。

第五章　法律责任

第三十五条　事故发生单位主要负责人有下列行为之一的,处上一年年收入40%至80%的罚款;属于国家工作人员的,并依法给予处分;构成犯罪的,依法追究刑事责任:

(一)不立即组织事故抢救的;

(二)迟报或者漏报事故的;

(三)在事故调查处理期间擅离职守的。

第三十六条　事故发生单位及其有关人员有下列行为之一的,对事故发生单位处100万元以上500万元以下的罚款;对主要负责人、直接负责的主管人员和其他直接责任人员处上一年年收入60%至100%的罚款;属于国家工作人员的,并依法给予处分;构成违反治安管理行为的,由公安机关依法给予治安管理处罚;构成犯罪的,依法追究刑事责任:

(一)谎报或者瞒报事故的;

(二)伪造或者故意破坏事故现场的;

(三)转移、隐匿资金、财产,或者销毁有关证据、资料的;

(四)拒绝接受调查或者拒绝提供有关情况和资料的;

(五)在事故调查中作伪证或者指使他人作伪证的;

(六)事故发生后逃匿的。

第三十七条　事故发生单位对事故发生负有责任的,依照下列规定处以罚款:

(一)发生一般事故的,处10万元以上20万元以下的罚款;

(二)发生较大事故的,处20万元以上50万元以下的罚款;

(三)发生重大事故的,处50万元以上200万元以下的罚款;

(四)发生特别重大事故的,处200万元以上500万元以下的罚款。

第三十八条　事故发生单位主要负责人未依法履行安全生产管理职责,导致事故发生的,依照下列规定处以罚款;属于国家工作人员的,并依法给予处分;构成犯罪的,依法追究刑事责任:

(一)发生一般事故的,处上一年年收入30%的罚款;

(二)发生较大事故的,处上一年年收入40%的罚款;

(三)发生重大事故的,处上一年年收入60%的罚款;

(四)发生特别重大事故的,处上一年年收入80%的罚款。

第三十九条　有关地方人民政府、安全生产监督管理部门和负有安全生产监督管理职责的有关部门有下列行为之一的,对直接负责的主管人员和其他直接责任人员依法给予处分;构成犯罪的,依法追究刑事责任:

(一)不立即组织事故抢救的;

(二)迟报、漏报、谎报或者瞒报事故的;

(三)阻碍、干涉事故调查工作的;

(四)在事故调查中作伪证或者指使他人作伪证的。

第四十条　事故发生单位对事故发生负有责任的,由有关部门依法暂扣或者吊销其有关证照;对事故发生单位负有事故责任的有关人员,依法暂停或者撤销其与安全生产有关的执业资格、岗位证书;事故发生单位主要负责人受到刑事处罚或者撤职处分的,自刑罚执行完毕或者受处分之日起,5年内不得担任任何生产经营单位的主要负责人。

为发生事故的单位提供虚假证明的中介机构,由有关部门依法暂扣或者吊销其有关证照及其相关人员的执业资格；构成犯罪的，依法追究刑事责任。

第四十一条　参与事故调查的人员在事故调查中有下列行为之一的，依法给予处分；构成犯罪的，依法追究刑事责任：

（一）对事故调查工作不负责任，致使事故调查工作有重大疏漏的；

（二）包庇、祖护负有事故责任的人员或者借机打击报复的。

第四十二条　违反本条例规定，有关地方人民政府或者有关部门故意拖延或者拒绝落实经批复的对事故责任人的处理意见的，由监察机关对有关责任人员依法给予处分。

第四十三条　本条例规定的罚款的行政处罚，由安全生产监督管理部门决定。

法律、行政法规对行政处罚的种类、幅度和决定机关另有规定的，依照其规定。

第六章　附　则

第四十四条　没有造成人员伤亡，但是社会影响恶劣的事故，国务院或者有关地方人民政府认为需要调查处理的，依照本条例的有关规定执行。

国家机关、事业单位、人民团体发生的事故的报告和调查处理，参照本条例的规定执行。

第四十五条　特别重大事故以下等级事故的报告和调查处理，有关法律、行政法规或者国务院另有规定的，依照其规定。

第四十六条　本条例自 2007 年 6 月 1 日起施行。国务院 1989 年 3 月 29 日公布的《特别重大事故调查程序暂行规定》和 1991 年 2 月 22 日公布的《企业职工伤亡事故报告和处理规定》同时废止。

中华人民共和国国务院令

第 313 号

《石油天然气管道保护条例》已经 2001 年 7 月 26 日国务院第 43 次常务会议通过，现予公布，自公布之日起施行。

总理　朱镕基

二〇〇一年八月二日

石油天然气管道保护条例

第一章　总　则

第一条　为了保障石油（包括原油、成品油，下同）、天然气（含煤层气，下同）管道及其附属设施的安全运行，维护公共安全，制定本条例。

第二条　本条例适用于中华人民共和国境内输送石油、天然气的管道及其附属设施（以下简称管道设施）的保护。

输送石油、天然气的城市管网和石油化工企业厂区内部管网的保护不适用本条例。

第三条　本条例所称管道设施，包括：

（一）输送石油、天然气的管道；

（二）管道防腐保护设施，包括阴极保护站、阴极保护测试桩、阳极地床和杂散电流排流站；

（三）管道水工防护构筑物、抗震设施、管堤、管桥及管道专用涵洞和隧道；

（四）加压站、加热站、计量站、集油（气）站、输气站、配气站、处理场（站）、清管站、各类阀室（井）及放空设施、油库、装卸栈桥及装卸场；

（五）管道标志、标识和穿越公（铁）路检漏装置。

第四条　管道设施是重要的基础设施，受法律保护，任何单位和个人不得侵占、破坏、盗窃、哄抢。

任何单位和个人都有保护管道设施和管道输送的石油、天然气的义务。对于侵占、破坏、盗窃、哄抢管道设施和管道输送的石油、天然气以及其他危害管道设施安全的行为，任何单位和个人都有权制止并向有关部门举报。

第五条　国务院经济贸易管理部门负责全国管道设施保护的监督管理工作；县级以上地方各级人民政府指定的部门负责对本行政区域内管道设施保护实施监督管理。

第六条　管道设施沿线地方各级人民政府，应当对沿线群众进行有关管道设施安全保护的宣传教育，并负责协调解决有关管道设施巡查、维修和事故抢修的临时用地、用工等事项。

第七条　管道设施沿线地方各级人民政府，应当加强对管道设施保护工作的组织领导，采取有效措施，保证管道设施安全，及时组织有关部门制止、查处本行政区域内发生的侵占、破坏、盗窃、哄抢管道设施和管道输送的石油、天然气以及其他危害管道设施安全的行为。

管道设施沿线地方各级人民政府、有关部门及其工作人员,不得包庇、纵容侵占、破坏、盗窃、哄抢管道设施和管道输送的石油、天然气以及其他危害管道设施安全的行为,不得阻挠、干预对侵占、破坏、盗窃、哄抢管道设施和管道输送的石油、天然气以及其他危害管道设施安全的行为依法进行查处。

第八条 管道设施沿线各级公安机关负责依法查处破坏、盗窃、哄抢管道设施和管道输送的石油、天然气以及其他危害管道设施安全的案件。

第九条 国家有关部门以及管道企业对维护管道设施安全做出突出贡献的单位和个人,给予奖励。

第二章 管道设施的保护

第十条 管道企业负责其管道设施的安全运行,并履行下列义务:

(一)严格按照国家管道设施工程建设质量标准设计、施工和验收;

(二)对管道外敷防腐绝缘层,并加设阴极保护装置;

(三)管道建成后,设置永久性标志,并对易遭车辆碰撞和人畜破坏的局部管道采取防护措施,设置标志;

(四)严格执行管道运输技术操作规程和安全规章制度;

(五)对管道设施定期巡查,及时维修保养;

(六)配合当地人民政府向管道设施沿线群众进行有关管道设施安全保护的宣传教育;

(七)配合公安机关做好管道设施的安全保卫工作。

第十一条 管道设施发生事故时,管道企业应当及时组织抢修,任何单位和个人不得以任何方式阻挠、妨碍抢修工作。

第十二条 管道泄漏和排放的石油,由管道企业负责回收和处理,任何单位和个人不得据为己有。

第十三条 管道企业对其使用的经依法征用的土地,享有土地使用权,任何单位和个人不得非法侵占。当地农民在征得管道企业同意后,可以在征地范围内种植浅根农作物,但管道企业对在管道巡查、维护、事故抢修过程中造成农作物的损失,不予赔偿。

第十四条 管道企业可以根据需要配置专职护线员或者聘任兼职护线员。

第十五条 禁止任何单位和个人从事下列危及管道设施安全的活动:

(一)移动、拆除、损坏管道设施以及为保护管道设施安全而设置的标志、标识;

(二)在管道中心线两侧各 5 米范围内,取土、挖塘、修渠、修建养殖水场,排放腐蚀性物质,堆放大宗物资,采石、盖房、建温室、垒家畜棚圈、修筑其他建筑物、构筑物或者种植深根植物;

(三)在管道中心线两侧或者管道设施场区外各 50 米范围内,爆破、开山和修筑大型建筑物、构筑物工程;

(四)在埋地管道设施上方巡查便道上行驶机动车辆或者在地面管道设施、架空管道设施上行走;

(五)危害管道设施安全的其他行为。

第十六条 在管道中心线两侧各 50 米至 500 米范围内进行爆破的,应当事先征得管道企业同意,在采取安全保护措施后方可进行。

第十七条 穿越河流的管道设施,由管道企业与河道、航道管理单位根据国家有关规定确定安全保护范围,并设置标志。

在依照前款确定的安全保护范围内,除在保障管道设施安全的条件下为防洪和航道通航而采取的疏浚作业外,不得修建码头,不得抛锚、拖锚、淘沙、挖泥、炸鱼、进行水下爆破或者可能危及管道设施安全的其他水下作业。

第三章　管道设施与其他建设工程相遇关系的处理

第十八条　管道企业应当将已建管道设施的有关资料和新建、改(扩)建管道设施规划或者计划报送当地规划主管部门;当地规划主管部门应当将管道设施的新建、改(扩)建计划纳入当地的总体规划。

前款规定的有关资料、规划或者计划依照法律、行政法规的规定需要报送当地其他有关主管部门的,管道企业应当依法报送。

第十九条　管道企业进行管道设施维修作业和建设保护工程时,管道穿越区域的有关单位和个人应当给予必要的协助。上述作业对有关单位或者个人的合法权益造成损失的,管道企业应当依法给予补偿。

第二十条　后建、改(扩)建的建设工程与已有的管道设施相遇而产生的管道设施保护问题,由后建、改(扩)建的建设工程项目单位与管道企业协商解决。后建、改(扩)建的建设工程需要管道设施改线、搬迁或者增加防护设施的,所需费用由后建、改(扩)建的建设工程项目单位承担。

第二十一条　水利部门在制定防洪措施、修筑堤坝时,应当注意保护管道设施的安全;需要在管道设施通过的区域泄洪时,应当及时将泄洪量和泄洪时间通知管道企业。

第二十二条　建设跨(穿)越河道、河堤、航道的管道设施以及在河道中砌筑管道防护设施工程,必须符合国家防洪标准、通航标准。

第二十三条　任何单位在管道设施安全保护范围内进行下列施工时,应当事先通知管道企业,并采取相应的保护措施:

(一)新建、改(扩)建铁路、公路、桥梁、河渠、架空电力线路;

(二)埋设地下电(光)缆;

(三)设置安全或者避雷接地体。

第四章　法律责任

第二十四条　违反本条例的规定,移动、拆除、损坏管道设施,构成犯罪的,依法追究刑事责任;尚不构成犯罪的,由县级以上地方人民政府指定的部门责令改正,对个人可以处1万元以下的罚款,对单位可以处10万元以下的罚款;违反治安管理规定的,由公安机关依法给予治安管理处罚。

第二十五条　违反本条例的规定,破坏管道设施或者盗窃、哄抢管道输送的石油、天然气,构成犯罪的,依法追究刑事责任;尚不构成犯罪的,由公安机关没收违法所得,违法所得1万元以上的,并处违法所得2倍以上5倍以下的罚款;没有违法所得或者违法所得不足1万元的,处2万元以下的罚款;违反治安管理规定的,依法给予治安管理处罚。

第二十六条　违反本条例的规定,在管道中心线两侧或者管道设施场区外各50米范围内爆破、开山和修筑大型建筑物、构筑物工程,构成犯罪的,依法追究刑事责任;尚不构成犯罪的,由县级以上地方人民政府指定的部门责令改正,处1万元以上10万元以下的罚款;违反治安管理规定的,由公安机关依法给予治安管理处罚。

第二十七条　违反本条例的规定,在管道设施安全保护范围内新建、改(扩)建铁路、公路、桥梁、河渠、架空电力线路,埋设地下电(光)缆,设置安全或者避雷接地体,事先未通知管道企业并采取相应的保护措施的,由县级以上地方人民政府指定的部门责令改正,处1万元以上5万元以下的罚款。

第二十八条　违反本条例的规定,阻挠、妨碍管道企业正常巡查、维护、抢修管道设施的,由县级以上地方人民政府指定的部门责令改正,对个人可以处2000元以下的罚款,对单位可以处5万元以下的罚款;违反治安管理规定的,由公安机关依法给予治安管理处罚。

第二十九条　违反本条例的规定,在管道中心线两侧各5米范围内取土、挖塘、修渠、修建养殖水场,排放腐蚀性物质,堆放大宗物资,采石、盖房、建温室、垒家畜棚圈、修筑其他建筑物、构筑物或者种植深根植物的,由县级以上地方人民政府指定的部门责令改正,对个人可以处2000元以下的罚款,对单位可以处5万元以下的罚款。

第三十条　有本条例第二十四条至第二十九条所列行为之一,造成管道设施破坏、损坏的,除依法给予行政处罚或者刑事处罚外,还应当依法承担赔偿责任。

第三十一条　管道企业违反本条例的规定,不履行管道设施安全运行义务,致使管道设施遭受损坏,构成犯罪的,依法追究刑事责任;尚不构成犯罪的,由县级以上地方人民政府指定的部门责令改正,处2万元以上10万元以下的罚款。

第三十二条　管道企业职工与他人相互勾结,破坏、盗窃管道设施和管道输送的石油、天然气,构成犯罪的,依法追究刑事责任;尚不构成犯罪的,依照本条例第二十五条的规定从重处罚。

第三十三条　地方人民政府或者有关部门不履行管道设施保护职责,致使本地区侵占、破坏、盗窃、哄抢管道设施和管道输送的石油、天然气以及其他危害管道设施安全的活动长期得不到制止,造成严重后果的,对负责的主管人员和其他直接责任人员,根据情节轻重,依法给予记大过、降级或者撤职的行政处分;构成犯罪的,依法追究刑事责任。

第三十四条　国家机关工作人员有下列行为之一,构成犯罪的,依法追究刑事责任;尚不构成犯罪的,依法给予降级、撤职直至开除公职的行政处分:

(一)包庇、纵容侵占、破坏、盗窃、哄抢管道设施和管道输送的石油、天然气以及其他危害管道设施安全的行为的;

(二)向侵占、破坏、盗窃、哄抢管道设施和管道输送的石油、天然气以及其他危害管道设施安全的行为的当事人通风报信,帮助其逃避查处的;

(三)阻挠、干预有关部门依法对侵占、破坏、盗窃、哄抢管道设施和管道输送的石油、天然气以及其他危害管道设施安全的行为进行查处的。

第五章　附　则

第三十五条　海上石油、天然气管道设施的保护,参照本条例的有关规定执行。

第三十六条　本条例自公布之日起施行。1989年3月12日国务院发布的《石油、天然气管道保护条例》同时废止。

中华人民共和国国务院令

第 449 号

《放射性同位素与射线装置安全和防护条例》已经 2005 年 8 月 31 日国务院第 104 次常务会议通过,现予公布,自 2005 年 12 月 1 日起施行。

总理　温家宝

二〇〇五年九月十四日

放射性同位素与射线装置安全和防护条例

第一章　总　　则

第一条　为了加强对放射性同位素、射线装置安全和防护的监督管理,促进放射性同位素、射线装置的安全应用,保障人体健康,保护环境,制定本条例。

第二条　在中华人民共和国境内生产、销售、使用放射性同位素和射线装置,以及转让、进出口放射性同位素的,应当遵守本条例。

本条例所称放射性同位素包括放射源和非密封放射性物质。

第三条　国务院环境保护主管部门对全国放射性同位素、射线装置的安全和防护工作实施统一监督管理。

国务院公安、卫生等部门按照职责分工和本条例的规定,对有关放射性同位素、射线装置的安全和防护工作实施监督管理。

县级以上地方人民政府环境保护主管部门和其他有关部门,按照职责分工和本条例的规定,对本行政区域内放射性同位素、射线装置的安全和防护工作实施监督管理。

第四条　国家对放射源和射线装置实行分类管理。根据放射源、射线装置对人体健康和环境的潜在危害程度,从高到低将放射源分为Ⅰ类、Ⅱ类、Ⅲ类、Ⅳ类、Ⅴ类,具体分类办法由国务院环境保护主管部门制定;将射线装置分为Ⅰ类、Ⅱ类、Ⅲ类,具体分类办法由国务院环境保护主管部门商国务院卫生主管部门制定。

第二章　许可和备案

第五条　生产、销售、使用放射性同位素和射线装置的单位,应当依照本章规定取得许可证。

第六条　生产放射性同位素、销售和使用Ⅰ类放射源、销售和使用Ⅰ类射线装置的单位的许可证,由国务院环境保护主管部门审批颁发。

前款规定之外的单位的许可证,由省、自治区、直辖市人民政府环境保护主管部门审批颁发。

国务院环境保护主管部门向生产放射性同位素的单位颁发许可证前,应当将申请材料印送其行业主管部门征求意见。

　　环境保护主管部门应当将审批颁发许可证的情况通报同级公安部门、卫生主管部门。

　　第七条　生产、销售、使用放射性同位素和射线装置的单位申请领取许可证,应当具备下列条件:

　　(一)有与所从事的生产、销售、使用活动规模相适应的,具备相应专业知识和防护知识及健康条件的专业技术人员;

　　(二)有符合国家环境保护标准、职业卫生标准和安全防护要求的场所、设施和设备;

　　(三)有专门的安全和防护管理机构或者专职、兼职安全和防护管理人员,并配备必要的防护用品和监测仪器;

　　(四)有健全的安全和防护管理规章制度、辐射事故应急措施;

　　(五)产生放射性废气、废液、固体废物的,具有确保放射性废气、废液、固体废物达标排放的处理能力或者可行的处理方案。

　　第八条　生产、销售、使用放射性同位素和射线装置的单位,应当事先向有审批权的环境保护主管部门提出许可申请,并提交符合本条例第七条规定条件的证明材料。

　　使用放射性同位素和射线装置进行放射诊疗的医疗卫生机构,还应当获得放射源诊疗技术和医用辐射机构许可。

　　第九条　环境保护主管部门应当自受理申请之日起 20 个工作日内完成审查,符合条件的,颁发许可证,并予以公告;不符合条件的,书面通知申请单位并说明理由。

　　第十条　许可证包括下列主要内容:

　　(一)单位的名称、地址、法定代表人;

　　(二)所从事活动的种类和范围;

　　(三)有效期限;

　　(四)发证日期和证书编号。

　　第十一条　持证单位变更单位名称、地址、法定代表人的,应当自变更登记之日起 20 日内,向原发证机关申请办理许可证变更手续。

　　第十二条　有下列情形之一的,持证单位应当按照原申请程序,重新申请领取许可证:

　　(一)改变所从事活动的种类或者范围的;

　　(二)新建或者改建、扩建生产、销售、使用设施或者场所的。

　　第十三条　许可证有效期为 5 年。有效期届满,需要延续的,持证单位应当于许可证有效期届满 30 日前,向原发证机关提出延续申请。原发证机关应当自受理延续申请之日起,在许可证有效期届满前完成审查,符合条件的,予以延续;不符合条件的,书面通知申请单位并说明理由。

　　第十四条　持证单位部分终止或者全部终止生产、销售、使用放射性同位素和射线装置活动的,应当向原发证机关提出部分变更或者注销许可证申请,由原发证机关核查合格后,予以变更或者注销许可证。

　　第十五条　禁止无许可证或者不按照许可证规定的种类和范围从事放射性同位素和射线装置的生产、销售、使用活动。

　　禁止伪造、变造、转让许可证。

　　第十六条　国务院对外贸易主管部门会同国务院环境保护主管部门、海关总署、国务院质量监督检验检疫部门和生产放射性同位素的单位的行业主管部门制定并公布限制进出口放射性同位素目录和禁止进出口放射性同位素目录。

　　进口列入限制进出口目录的放射性同位素,应当在国务院环境保护主管部门审查批准后,由国务院对外贸易主管部门依据国家对外贸易的有关规定签发进口许可证。进口限制进出口目录和禁止进出口目录之外的放射性同位素,依据国家对外贸易的有关规定办理进口手续。

第十七条　申请进口列入限制进出口目录的放射性同位素,应当符合下列要求:

(一)进口单位已经取得与所从事活动相符的许可证;

(二)进口单位具有进口放射性同位素使用期满后的处理方案,其中,进口Ⅰ类、Ⅱ类、Ⅲ类放射源的,应当具有原出口方负责回收的承诺文件;

(三)进口的放射源应当有明确标号和必要说明文件,其中,Ⅰ类、Ⅱ类、Ⅲ类放射源的标号应当刻制在放射源本体或者密封包壳体上,Ⅳ类、Ⅴ类放射源的标号应当记录在相应说明文件中;

(四)将进口的放射性同位素销售给其他单位使用的,还应当具有与使用单位签订的书面协议以及使用单位取得的许可证复印件。

第十八条　进口列入限制进出口目录的放射性同位素的单位,应当向国务院环境保护主管部门提出进口申请,并提交符合本条例第十七条规定要求的证明材料。

国务院环境保护主管部门应当自受理申请之日起 10 个工作日内完成审查,符合条件的,予以批准;不符合条件的,书面通知申请单位并说明理由。

海关验凭放射性同位素进口许可证办理有关进口手续。进口放射性同位素的包装材料依法需要实施检疫的,依照国家有关检疫法律、法规的规定执行。

对进口的放射源,国务院环境保护主管部门还应当同时确定与其标号相对应的放射源编码。

第十九条　申请转让放射性同位素,应当符合下列要求:

(一)转出、转入单位持有与所从事活动相符的许可证;

(二)转入单位具有放射性同位素使用期满后的处理方案;

(三)转让双方已经签订书面转让协议。

第二十条　转让放射性同位素,由转入单位向其所在地省、自治区、直辖市人民政府环境保护主管部门提出申请,并提交符合本条例第十九条规定要求的证明材料。

省、自治区、直辖市人民政府环境保护主管部门应当自受理申请之日起 15 个工作日内完成审查,符合条件的,予以批准;不符合条件的,书面通知申请单位并说明理由。

第二十一条　放射性同位素的转出、转入单位应当在转让活动完成之日起 20 日内,分别向其所在地省、自治区、直辖市人民政府环境保护主管部门备案。

第二十二条　生产放射性同位素的单位,应当建立放射性同位素产品台账,并按照国务院环境保护主管部门制定的编码规则,对生产的放射源统一编码。放射性同位素产品台账和放射源编码清单应当报国务院环境保护主管部门备案。

生产的放射源应当有明确标号和必要说明文件。其中,Ⅰ类、Ⅱ类、Ⅲ类放射源的标号应当刻制在放射源本体或者密封包壳体上,Ⅳ类、Ⅴ类放射源的标号应当记录在相应说明文件中。

国务院环境保护主管部门负责建立放射性同位素备案信息管理系统,与有关部门实行信息共享。

未列入产品台账的放射性同位素和未编码的放射源,不得出厂和销售。

第二十三条　持有放射源的单位将废旧放射源交回生产单位、返回原出口方或者送交放射性废物集中贮存单位贮存的,应当在该活动完成之日起 20 日内向其所在地省、自治区、直辖市人民政府环境保护主管部门备案。

第二十四条　本条例施行前生产和进口的放射性同位素,由放射性同位素持有单位在本条例施行之日起 6 个月内,到其所在地省、自治区、直辖市人民政府环境保护主管部门办理备案手续,省、自治区、直辖市人民政府环境保护主管部门应当对放射源进行统一编码。

第二十五条　使用放射性同位素的单位需要将放射性同位素转移到外省、自治区、直辖市使用的,应当持许可证复印件向使用地省、自治区、直辖市人民政府环境保护主管部门备案,并接受当地环境保护主管部门的监督管理。

第二十六条　出口列入限制进出口目录的放射性同位素,应当提供进口方可以合法持有放射性同位素的证明材料,并由国务院环境保护主管部门依照有关法律和我国缔结或者参加的国际条约、协定的规定,办理有关手续。

出口放射性同位素应当遵守国家对外贸易的有关规定。

第三章　安全和防护

第二十七条　生产、销售、使用放射性同位素和射线装置的单位,应当对本单位的放射性同位素、射线装置的安全和防护工作负责,并依法对其造成的放射性危害承担责任。

生产放射性同位素的单位的行业主管部门,应当加强对生产单位安全和防护工作的管理,并定期对其执行法律、法规和国家标准的情况进行监督检查。

第二十八条　生产、销售、使用放射性同位素和射线装置的单位,应当对直接从事生产、销售、使用活动的工作人员进行安全和防护知识教育培训,并进行考核;考核不合格的,不得上岗。

辐射安全关键岗位应当由注册核安全工程师担任。辐射安全关键岗位名录由国务院环境保护主管部门商国务院有关部门制定并公布。

第二十九条　生产、销售、使用放射性同位素和射线装置的单位,应当严格按照国家关于个人剂量监测和健康管理的规定,对直接从事生产、销售、使用活动的工作人员进行个人剂量监测和职业健康检查,建立个人剂量档案和职业健康监护档案。

第三十条　生产、销售、使用放射性同位素和射线装置的单位,应当对本单位的放射性同位素、射线装置的安全和防护状况进行年度评估。发现安全隐患的,应当立即进行整改。

第三十一条　生产、销售、使用放射性同位素和射线装置的单位需要终止的,应当事先对本单位的放射性同位素和放射性废物进行清理登记,作出妥善处理,不得留有安全隐患。生产、销售、使用放射性同位素和射线装置的单位发生变更的,由变更后的单位承担处理责任。变更前当事人对此另有约定的,从其约定;但是,约定中不得免除当事人的处理义务。

在本条例施行前已经终止的生产、销售、使用放射性同位素和射线装置的单位,其未安全处理的废旧放射源和放射性废物,由所在地省、自治区、直辖市人民政府环境保护主管部门提出处理方案,及时进行处理。所需经费由省级以上人民政府承担。

第三十二条　生产、进口放射源的单位销售Ⅰ类、Ⅱ类、Ⅲ类放射源给其他单位使用的,应当与使用放射源的单位签订废旧放射源返回协议;使用放射源的单位应当按照废旧放射源返回协议规定将废旧放射源交回生产单位或者返回原出口方。确实无法交回生产单位或者返回原出口方的,送交有相应资质的放射性废物集中贮存单位贮存。

使用放射源的单位应当按照国务院环境保护主管部门的规定,将Ⅳ类、Ⅴ类废旧放射源进行包装整备后送交有相应资质的放射性废物集中贮存单位贮存。

第三十三条　使用Ⅰ类、Ⅱ类、Ⅲ类放射源的场所和生产放射性同位素的场所,以及终结运行后产生放射性污染的射线装置,应当依法实施退役。

第三十四条　生产、销售、使用、贮存放射性同位素和射线装置的场所,应当按照国家有关规定设置明显的放射性标志,其入口处应当按照国家有关安全和防护标准的要求,设置安全和防护设施以及必要的防护安全联锁、报警装置或者工作信号。射线装置的生产调试和使用场所,应当具有防止误操作、防止工作人员和公众受到意外照射的安全措施。

放射性同位素的包装容器、含放射性同位素的设备和射线装置,应当设置明显的放射性标识和中文警示说明；放射源上能够设置放射性标识的，应当一并设置。运输放射性同位素和含放射源的射线装置的工具，应当按照国家有关规定设置明显的放射性标志或者显示危险信号。

第三十五条　放射性同位素应当单独存放，不得与易燃、易爆、腐蚀性物品等一起存放，并指定专人负责保管。贮存、领取、使用、归还放射性同位素时，应当进行登记、检查，做到账物相符。对放射性同位素贮存场所应当采取防火、防水、防盗、防丢失、防破坏、防射线泄漏的安全措施。

对放射源还应当根据其潜在危害的大小，建立相应的多层防护和安全措施，并对可移动的放射源定期进行盘存，确保其处于指定位置，具有可靠的安全保障。

第三十六条　在室外、野外使用放射性同位素和射线装置的，应当按照国家安全和防护标准的要求划出安全防护区域，设置明显的放射性标志，必要时设专人警戒。

在野外进行放射性同位素示踪试验的，应当经省级以上人民政府环境保护主管部门商同级有关部门批准方可进行。

第三十七条　辐射防护器材、含放射性同位素的设备和射线装置，以及含有放射性物质的产品和伴有产生 X 射线的电器产品，应当符合辐射防护要求。不合格的产品不得出厂和销售。

第三十八条　使用放射性同位素和射线装置进行放射诊疗的医疗卫生机构，应当依据国务院卫生主管部门有关规定和国家标准，制定与本单位从事的诊疗项目相适应的质量保证方案，遵守质量保证监测规范，按照医疗照射正当化和辐射防护最优化的原则，避免一切不必要的照射，并事先告知患者和受检者辐射对健康的潜在影响。

第三十九条　金属冶炼厂回收冶炼废旧金属时，应当采取必要的监测措施，防止放射性物质熔入产品中。监测中发现问题的，应当及时通知所在地设区的市级以上人民政府环境保护主管部门。

第四章　辐射事故应急处理

第四十条　根据辐射事故的性质、严重程度、可控性和影响范围等因素，从重到轻将辐射事故分为特别重大辐射事故、重大辐射事故、较大辐射事故和一般辐射事故四个等级。

特别重大辐射事故，是指Ⅰ类、Ⅱ类放射源丢失、被盗、失控造成大范围严重辐射污染后果，或者放射性同位素和射线装置失控导致 3 人以上（含 3 人）急性死亡。

重大辐射事故，是指Ⅰ类、Ⅱ类放射源丢失、被盗、失控，或者放射性同位素和射线装置失控导致 2 人以下（含 2 人）急性死亡或者 10 人以上（含 10 人）急性重度放射病、局部器官残疾。

较大辐射事故，是指Ⅲ类放射源丢失、被盗、失控，或者放射性同位素和射线装置失控导致 9 人以下（含 9 人）急性重度放射病、局部器官残疾。

一般辐射事故，是指Ⅳ类、Ⅴ类放射源丢失、被盗、失控，或者放射性同位素和射线装置失控导致人员受到超过年剂量限值的照射。

第四十一条　县级以上人民政府环境保护主管部门应当会同同级公安、卫生、财政等部门编制辐射事故应急预案，报本级人民政府批准。辐射事故应急预案应当包括下列内容：

（一）应急机构和职责分工；

（二）应急人员的组织、培训以及应急和救助的装备、资金、物资准备；

（三）辐射事故分级与应急响应措施；

（四）辐射事故调查、报告和处理程序。

生产、销售、使用放射性同位素和射线装置的单位，应当根据可能发生的辐射事故的风险，制定本单位的应急方案，做好应急准备。

第四十二条　发生辐射事故时，生产、销售、使用放射性同位素和射线装置的单位应当立即启动本单位的应急方案,采取应急措施,并立即向当地环境保护主管部门、公安部门、卫生主管部门报告。

环境保护主管部门、公安部门、卫生主管部门接到辐射事故报告后,应当立即派人赶赴现场,进行现场调查,采取有效措施,控制并消除事故影响,同时将辐射事故信息报告本级人民政府和上级人民政府环境保护主管部门、公安部门、卫生主管部门。

县级以上地方人民政府及其有关部门接到辐射事故报告后,应当按照事故分级报告的规定及时将辐射事故信息报告上级人民政府及其有关部门。发生特别重大辐射事故和重大辐射事故后,事故发生地省、自治区、直辖市人民政府和国务院有关部门应当在 4 小时内报告国务院;特殊情况下,事故发生地人民政府及其有关部门可以直接向国务院报告,并同时报告上级人民政府及其有关部门。

禁止缓报、瞒报、谎报或者漏报辐射事故。

第四十三条 在发生辐射事故或者有证据证明辐射事故可能发生时,县级以上人民政府环境保护主管部门有权采取下列临时控制措施:

(一)责令停止导致或者可能导致辐射事故的作业;

(二)组织控制事故现场。

第四十四条 辐射事故发生后,有关县级以上人民政府应当按照辐射事故的等级,启动并组织实施相应的应急预案。

县级以上人民政府环境保护主管部门、公安部门、卫生主管部门,按照职责分工做好相应的辐射事故应急工作:

(一)环境保护主管部门负责辐射事故的应急响应、调查处理和定性定级工作,协助公安部门监控追缴丢失、被盗的放射源;

(二)公安部门负责丢失、被盗放射源的立案侦查和追缴;

(三)卫生主管部门负责辐射事故的医疗应急。

环境保护主管部门、公安部门、卫生主管部门应当及时相互通报辐射事故应急响应、调查处理、定性定级、立案侦查和医疗应急情况。国务院指定的部门根据环境保护主管部门确定的辐射事故的性质和级别,负责有关国际信息通报工作。

第四十五条 发生辐射事故的单位应当立即将可能受到辐射伤害的人员送至当地卫生主管部门指定的医院或者有条件救治辐射损伤病人的医院,进行检查和治疗,或者请求医院立即派人赶赴事故现场,采取救治措施。

第五章　监督检查

第四十六条 县级以上人民政府环境保护主管部门和其他有关部门应当按照各自职责对生产、销售、使用放射性同位素和射线装置的单位进行监督检查。

被检查单位应当予以配合,如实反映情况,提供必要的资料,不得拒绝和阻碍。

第四十七条 县级以上人民政府环境保护主管部门应当配备辐射防护安全监督员。辐射防护安全监督员由从事辐射防护工作,具有辐射防护安全知识并经省级以上人民政府环境保护主管部门认可的专业人员担任。辐射防护安全监督员应当定期接受专业知识培训和考核。

第四十八条 县级以上人民政府环境保护主管部门在监督检查中发现生产、销售、使用放射性同位素和射线装置的单位有不符合原发证条件的情形的,应当责令其限期整改。

监督检查人员依法进行监督检查时,应当出示证件,并为被检查单位保守技术秘密和业务秘密。

第四十九条 任何单位和个人对违反本条例的行为,有权向环境保护主管部门和其他有关部门检举;对环境保护主管部门和其他有关部门未依法履行监督管理职责的行为,有权向本级人民政府、上级人民政府有关部门检举。接到举报的有关人民政府、环境保护主管部门和其他有关部门对有关举报应当及时核实、处理。

第六章 法律责任

第五十条 违反本条例规定,县级以上人民政府环境保护主管部门有下列行为之一的,对直接负责的主管人员和其他直接责任人员,依法给予行政处分;构成犯罪的,依法追究刑事责任:

(一)向不符合本条例规定条件的单位颁发许可证或者批准不符合本条例规定条件的单位进口、转让放射性同位素的;

(二)发现未依法取得许可证的单位擅自生产、销售、使用放射性同位素和射线装置,不予查处或者接到举报后不依法处理的;

(三)发现未经依法批准擅自进口、转让放射性同位素,不予查处或者接到举报后不依法处理的;

(四)对依法取得许可证的单位不履行监督管理职责或者发现违反本条例规定的行为不予查处的;

(五)在放射性同位素、射线装置安全和防护监督管理工作中有其他渎职行为的。

第五十一条 违反本条例规定,县级以上人民政府环境保护主管部门和其他有关部门有下列行为之一的,对直接负责的主管人员和其他直接责任人员,依法给予行政处分;构成犯罪的,依法追究刑事责任:

(一)缓报、瞒报、谎报或者漏报辐射事故的;

(二)未按照规定编制辐射事故应急预案或者不依法履行辐射事故应急职责的。

第五十二条 违反本条例规定,生产、销售、使用放射性同位素和射线装置的单位有下列行为之一的,由县级以上人民政府环境保护主管部门责令停止违法行为,限期改正;逾期不改正的,责令停产停业或者由原发证机关吊销许可证;有违法所得的,没收违法所得;违法所得10万元以上的,并处违法所得1倍以上5倍以下的罚款;没有违法所得或者违法所得不足10万元的,并处1万元以上10万元以下的罚款:

(一)无许可证从事放射性同位素和射线装置生产、销售、使用活动的;

(二)未按照许可证的规定从事放射性同位素和射线装置生产、销售、使用活动的;

(三)改变所从事活动的种类或者范围以及新建、改建或者扩建生产、销售、使用设施或者场所,未按照规定重新申请领取许可证的;

(四)许可证有效期届满,需要延续而未按照规定办理延续手续的;

(五)未经批准,擅自进口或者转让放射性同位素的。

第五十三条 违反本条例规定,生产、销售、使用放射性同位素和射线装置的单位变更单位名称、地址、法定代表人,未依法办理许可证变更手续的,由县级以上人民政府环境保护主管部门责令限期改正,给予警告;逾期不改正的,由原发证机关暂扣或者吊销许可证。

第五十四条 违反本条例规定,生产、销售、使用放射性同位素和射线装置的单位部分终止或者全部终止生产、销售、使用活动,未按照规定办理许可证变更或者注销手续的,由县级以上人民政府环境保护主管部门责令停止违法行为,限期改正;逾期不改正的,处1万元以上10万元以下的罚款;造成辐射事故,构成犯罪的,依法追究刑事责任。

第五十五条 违反本条例规定,伪造、变造、转让许可证的,由县级以上人民政府环境保护主管部门收缴伪造、变造的许可证或者由原发证机关吊销许可证,并处 5 万元以上 10 万元以下的罚款;构成犯罪的,依法追究刑事责任。

违反本条例规定,伪造、变造、转让放射性同位素进口和转让批准文件的,由县级以上人民政府环境保护主管部门收缴伪造、变造的批准文件或者由原批准机关撤销批准文件,并处 5 万元以上 10 万元以下的罚款;情节严重的,可以由原发证机关吊销许可证;构成犯罪的,依法追究刑事责任。

第五十六条　违反本条例规定,生产、销售、使用放射性同位素的单位有下列行为之一的,由县级以上人民政府环境保护主管部门责令限期改正,给予警告;逾期不改正的,由原发证机关暂扣或者吊销许可证:

(一)转入、转出放射性同位素未按照规定备案的;

(二)将放射性同位素转移到外省、自治区、直辖市使用,未按照规定备案的;

(三)将废旧放射源交回生产单位、返回原出口方或者送交放射性废物集中贮存单位贮存,未按照规定备案的。

第五十七条　违反本条例规定,生产、销售、使用放射性同位素和射线装置的单位有下列行为之一的,由县级以上人民政府环境保护主管部门责令停止违法行为,限期改正;逾期不改正的,处 1 万元以上 10 万元以下的罚款:

(一)在室外、野外使用放射性同位素和射线装置,未按照国家有关安全和防护标准的要求划出安全防护区域和设置明显的放射性标志的;

(二)未经批准擅自在野外进行放射性同位素示踪试验的。

第五十八条　违反本条例规定,生产放射性同位素的单位有下列行为之一的,由县级以上人民政府环境保护主管部门责令限期改正,给予警告;逾期不改正的,依法收缴其未备案的放射性同位素和未编码的放射源,处 5 万元以上 10 万元以下的罚款,并可以由原发证机关暂扣或者吊销许可证:

(一)未建立放射性同位素产品台账的;

(二)未按照国务院环境保护主管部门制定的编码规则,对生产的放射源进行统一编码的;

(三)未将放射性同位素产品台账和放射源编码清单报国务院环境保护主管部门备案的;

(四)出厂或者销售未列入产品台账的放射性同位素和未编码的放射源的。

第五十九条　违反本条例规定,生产、销售、使用放射性同位素和射线装置的单位有下列行为之一的,由县级以上人民政府环境保护主管部门责令停止违法行为,限期改正;逾期不改正的,由原发证机关指定有处理能力的单位代为处理或者实施退役,费用由生产、销售、使用放射性同位素和射线装置的单位承担,并处 1 万元以上 10 万元以下的罚款:

(一)未按照规定对废旧放射源进行处理的;

(二)未按照规定对使用Ⅰ类、Ⅱ类、Ⅲ类放射源的场所和生产放射性同位素的场所,以及终结运行后产生放射性污染的射线装置实施退役的。

第六十条　违反本条例规定,生产、销售、使用放射性同位素和射线装置的单位有下列行为之一的,由县级以上人民政府环境保护主管部门责令停止违法行为,限期改正;逾期不改正的,责令停产停业,并处 2 万元以上 20 万元以下的罚款;构成犯罪的,依法追究刑事责任:

(一)未按照规定对本单位的放射性同位素、射线装置安全和防护状况进行评估或者发现安全隐患不及时整改的;

(二)生产、销售、使用、贮存放射性同位素和射线装置的场所未按照规定设置安全和防护设施以及放射性标志的。

第六十一条　违反本条例规定,造成辐射事故的,由原发证机关责令限期改正,并处 5 万元以上 20 万元以下的罚款;情节严重的,由原发证机关吊销许可证;构成违反治安管理行为的,由公安机关依法予以治安处罚;构成犯罪的,依法追究刑事责任。

因辐射事故造成他人损害的,依法承担民事责任。

第六十二条　生产、销售、使用放射性同位素和射线装置的单位被责令限期整改,逾期不整改或者经整改仍不符合原发证条件的,由原发证机关暂扣或者吊销许可证。

第六十三条　违反本条例规定,被依法吊销许可证的单位或者伪造、变造许可证的单位,5年内不得申请领取许可证。

第六十四条　县级以上地方人民政府环境保护主管部门的行政处罚权限的划分,由省、自治区、直辖市人民政府确定。

第七章　附　则

第六十五条　军用放射性同位素、射线装置安全和防护的监督管理,依照《中华人民共和国放射性污染防治法》第六十条的规定执行。

第六十六条　劳动者在职业活动中接触放射性同位素和射线装置造成的职业病的防治,依照《中华人民共和国职业病防治法》和国务院有关规定执行。

第六十七条　放射性同位素的运输,放射性同位素和射线装置生产、销售、使用过程中产生的放射性废物的处置,依照国务院有关规定执行。

第六十八条　本条例中下列用语的含义:

放射性同位素,是指某种发生放射性衰变的元素中具有相同原子序数但质量不同的核素。

放射源,是指除研究堆和动力堆核燃料循环范畴的材料以外,永久密封在容器中或者有严密包层并呈固态的放射性材料。

射线装置,是指 X 线机、加速器、中子发生器以及含放射源的装置。

非密封放射性物质,是指非永久密封在包壳里或者紧密地固结在覆盖层里的放射性物质。

转让,是指除进出口、回收活动之外,放射性同位素所有权或者使用权在不同持有者之间的转移。

伴有产生 X 射线的电器产品,是指不以产生 X 射线为目的,但在生产或者使用过程中产生 X 射线的电器产品。

辐射事故,是指放射源丢失、被盗、失控,或者放射性同位素和射线装置失控导致人员受到意外的异常照射。

第六十九条　本条例自 2005 年 12 月 1 日起施行。1989 年 10 月 24 日国务院发布的《放射性同位素与射线装置放射防护条例》同时废止。

中华人民共和国国务院令

第 583 号

《城镇燃气管理条例》已经 2010 年 10 月 19 日国务院第 129 次常务会议通过,现予公布,自 2011 年 3 月 1 日起施行。

总理 温家宝
二〇一〇年十一月十九日

城镇燃气管理条例

第一章 总 则

第一条 为了加强城镇燃气管理,保障燃气供应,防止和减少燃气安全事故,保障公民生命、财产安全和公共安全,维护燃气经营者和燃气用户的合法权益,促进燃气事业健康发展,制定本条例。

第二条 城镇燃气发展规划与应急保障、燃气经营与服务、燃气使用、燃气设施保护、燃气安全事故预防与处理及相关管理活动,适用本条例。

天然气、液化石油气的生产和进口,城市门站以外的天然气管道输送,燃气作为工业生产原料的使用,沼气、秸秆气的生产和使用,不适用本条例。

本条例所称燃气,是指作为燃料使用并符合一定要求的气体燃料,包括天然气(含煤层气)、液化石油气和人工煤气等。

第三条 燃气工作应当坚持统筹规划、保障安全、确保供应、规范服务、节能高效的原则。

第四条 县级以上人民政府应当加强对燃气工作的领导,并将燃气工作纳入国民经济和社会发展规划。

第五条 国务院建设主管部门负责全国的燃气管理工作。

县级以上地方人民政府燃气管理部门负责本行政区域内的燃气管理工作。

县级以上人民政府其他有关部门依照本条例和其他有关法律、法规的规定,在各自职责范围内负责有关燃气管理工作。

第六条 国家鼓励、支持燃气科学技术研究,推广使用安全、节能、高效、环保的燃气新技术、新工艺和新产品。

第七条 县级以上人民政府有关部门应当建立健全燃气安全监督管理制度,宣传普及燃气法律、法规和安全知识,提高全民的燃气安全意识。

第二章 燃气发展规划与应急保障

第八条 国务院建设主管部门应当会同国务院有关部门,依据国民经济和社会发展规划、土地利用总体规划、城乡规划以及能源规划,结合全国燃气资源总量平衡情况,组织编制全国燃气发展规划并组织实施。

县级以上地方人民政府燃气管理部门应当会同有关部门,依据国民经济和社会发展规划、土地利用总体规划、城乡规划、能源规划以及上一级燃气发展规划,组织编制本行政区域的燃气发展规划,报本级人民政府批准后组织实施,并报上一级人民政府燃气管理部门备案。

第九条 燃气发展规划的内容应当包括:燃气气源、燃气种类、燃气供应方式和规模、燃气设施布局和建设时序、燃气设施建设用地、燃气设施保护范围、燃气供应保障措施和安全保障措施等。

第十条 县级以上地方人民政府应当根据燃气发展规划的要求,加大对燃气设施建设的投入,并鼓励社会资金投资建设燃气设施。

第十一条 进行新区建设、旧区改造,应当按照城乡规划和燃气发展规划配套建设燃气设施或者预留燃气设施建设用地。

对燃气发展规划范围内的燃气设施建设工程,城乡规划主管部门在依法核发选址意见书时,应当就燃气设施建设是否符合燃气发展规划征求燃气管理部门的意见;不需要核发选址意见书的,城乡规划主管部门在依法核发建设用地规划许可证或者乡村建设规划许可证时,应当就燃气设施建设是否符合燃气发展规划征求燃气管理部门的意见。

燃气设施建设工程竣工后,建设单位应当依法组织竣工验收,并自竣工验收合格之日起15日内,将竣工验收情况报燃气管理部门备案。

第十二条 县级以上地方人民政府应当建立健全燃气应急储备制度,组织编制燃气应急预案,采取综合措施提高燃气应急保障能力。

燃气应急预案应当明确燃气应急气源和种类、应急供应方式、应急处置程序和应急救援措施等内容。

县级以上地方人民政府燃气管理部门应当会同有关部门对燃气供求状况实施监测、预测和预警。

第十三条 燃气供应严重短缺、供应中断等突发事件发生后,县级以上地方人民政府应当及时采取动用储备、紧急调度等应急措施,燃气经营者以及其他有关单位和个人应当予以配合,承担相关应急任务。

第三章 燃气经营与服务

第十四条 政府投资建设的燃气设施,应当通过招标投标方式选择燃气经营者。

社会资金投资建设的燃气设施,投资方可以自行经营,也可以另行选择燃气经营者。

第十五条 国家对燃气经营实行许可证制度。从事燃气经营活动的企业,应当具备下列条件:

(一)符合燃气发展规划要求;

(二)有符合国家标准的燃气气源和燃气设施;

(三)有固定的经营场所、完善的安全管理制度和健全的经营方案;

(四)企业的主要负责人、安全生产管理人员以及运行、维护和抢修人员经专业培训并考核合格;

(五)法律、法规规定的其他条件。

符合前款规定条件的,由县级以上地方人民政府燃气管理部门核发燃气经营许可证。

申请人凭燃气经营许可证到工商行政管理部门依法办理登记手续。

第十六条　禁止个人从事管道燃气经营活动。

个人从事瓶装燃气经营活动的,应当遵守省、自治区、直辖市的有关规定。

第十七条　燃气经营者应当向燃气用户持续、稳定、安全供应符合国家质量标准的燃气,指导燃气用户安全用气、节约用气,并对燃气设施定期进行安全检查。

燃气经营者应当公示业务流程、服务承诺、收费标准和服务热线等信息,并按照国家燃气服务标准提供服务。

第十八条　燃气经营者不得有下列行为:

(一)拒绝向市政燃气管网覆盖范围内符合用气条件的单位或者个人供气;

(二)倒卖、抵押、出租、出借、转让、涂改燃气经营许可证;

(三)未履行必要告知义务擅自停止供气、调整供气量,或者未经审批擅自停业或者歇业;

(四)向未取得燃气经营许可证的单位或者个人提供用于经营的燃气;

(五)在不具备安全条件的场所储存燃气;

(六)要求燃气用户购买其指定的产品或者接受其提供的服务;

(七)擅自为非自有气瓶充装燃气;

(八)销售未经许可的充装单位充装的瓶装燃气或者销售充装单位擅自为非自有气瓶充装的瓶装燃气;

(九)冒用其他企业名称或者标识从事燃气经营、服务活动。

第十九条　管道燃气经营者对其供气范围内的市政燃气设施、建筑区划内业主专有部分以外的燃气设施,承担运行、维护、抢修和更新改造的责任。

管道燃气经营者应当按照供气、用气合同的约定,对单位燃气用户的燃气设施承担相应的管理责任。

第二十条　管道燃气经营者因施工、检修等原因需要临时调整供气量或者暂停供气的,应当将作业时间和影响区域提前48小时予以公告或者书面通知燃气用户,并按照有关规定及时恢复正常供气;因突发事件影响供气的,应当采取紧急措施并及时通知燃气用户。

燃气经营者停业、歇业的,应当事先对其供气范围内的燃气用户的正常用气作出妥善安排,并在90个工作日前向所在地燃气管理部门报告,经批准方可停业、歇业。

第二十一条　有下列情况之一的,燃气管理部门应当采取措施,保障燃气用户的正常用气:

(一)管道燃气经营者临时调整供气量或者暂停供气未及时恢复正常供气的;

(二)管道燃气经营者因突发事件影响供气未采取紧急措施的;

(三)燃气经营者擅自停业、歇业的;

(四)燃气管理部门依法撤回、撤销、注销、吊销燃气经营许可的。

第二十二条　燃气经营者应当建立健全燃气质量检测制度,确保所供应的燃气质量符合国家标准。

县级以上地方人民政府质量监督、工商行政管理、燃气管理等部门应当按照职责分工,依法加强对燃气质量的监督检查。

第二十三条　燃气销售价格,应当根据购气成本、经营成本和当地经济社会发展水平合理确定并适时调整。县级以上地方人民政府价格主管部门确定和调整管道燃气销售价格,应当征求管道燃气用户、管道燃气经营者和有关方面的意见。

第二十四条　通过道路、水路、铁路运输燃气的,应当遵守法律、行政法规有关危险货物运输安全的规定以及国务院交通运输部门、国务院铁路部门的有关规定;通过道路或者水路运输燃气的,还应当分别依照有关道路运输、水路运输的法律、行政法规的规定,取得危险货物道路运输许可或者危险货物水路运输许可。

第二十五条　燃气经营者应当对其从事瓶装燃气送气服务的人员和车辆加强管理,并承担相应的责任。

从事瓶装燃气充装活动,应当遵守法律、行政法规和国家标准有关气瓶充装的规定。

第二十六条　燃气经营者应当依法经营,诚实守信,接受社会公众的监督。

燃气行业协会应当加强行业自律管理,促进燃气经营者提高服务质量和技术水平。

第四章　燃气使用

第二十七条　燃气用户应当遵守安全用气规则,使用合格的燃气燃烧器具和气瓶,及时更换国家明令淘汰或者使用年限已届满的燃气燃烧器具、连接管等,并按照约定期限支付燃气费用。

单位燃气用户还应当建立健全安全管理制度,加强对操作维护人员燃气安全知识和操作技能的培训。

第二十八条　燃气用户及相关单位和个人不得有下列行为:

(一)擅自操作公用燃气阀门;

(二)将燃气管道作为负重支架或者接地引线;

(三)安装、使用不符合气源要求的燃气燃烧器具;

(四)擅自安装、改装、拆除户内燃气设施和燃气计量装置;

(五)在不具备安全条件的场所使用、储存燃气;

(六)盗用燃气;

(七)改变燃气用途或者转供燃气。

第二十九条　燃气用户有权就燃气收费、服务等事项向燃气经营者进行查询,燃气经营者应当自收到查询申请之日起5个工作日内予以答复。

燃气用户有权就燃气收费、服务等事项向县级以上地方人民政府价格主管部门、燃气管理部门以及其他有关部门进行投诉,有关部门应当自收到投诉之日起15个工作日内予以处理。

第三十条　安装、改装、拆除户内燃气设施的,应当按照国家有关工程建设标准实施作业。

第三十一条　燃气管理部门应当向社会公布本行政区域内的燃气种类和气质成分等信息。

燃气燃烧器具生产单位应当在燃气燃烧器具上明确标识所适应的燃气种类。

第三十二条　燃气燃烧器具生产单位、销售单位应当设立或者委托设立售后服务站点,配备经考核合格的燃气燃烧器具安装、维修人员,负责售后的安装、维修服务。

燃气燃烧器具的安装、维修,应当符合国家有关标准。

第五章　燃气设施保护

第三十三条　县级以上地方人民政府燃气管理部门应当会同城乡规划等有关部门按照国家有关标准和规定划定燃气设施保护范围,并向社会公布。

在燃气设施保护范围内,禁止从事下列危及燃气设施安全的活动:

(一)建设占压地下燃气管线的建筑物、构筑物或者其他设施;

(二)进行爆破、取土等作业或者动用明火;

(三)倾倒、排放腐蚀性物质;

(四)放置易燃易爆危险物品或者种植深根植物;

(五)其他危及燃气设施安全的活动。

第三十四条　在燃气设施保护范围内,有关单位从事敷设管道、打桩、顶进、挖掘、钻探等可能影响燃气设施安全活动的,应当与燃气经营者共同制定燃气设施保护方案,并采取相应的安全保护措施。

第三十五条 燃气经营者应当按照国家有关工程建设标准和安全生产管理的规定,设置燃气设施防腐、绝缘、防雷、降压、隔离等保护装置和安全警示标志,定期进行巡查、检测、维修和维护,确保燃气设施的安全运行。

第三十六条 任何单位和个人不得侵占、毁损、擅自拆除或者移动燃气设施,不得毁损、覆盖、涂改、擅自拆除或者移动燃气设施安全警示标志。

任何单位和个人发现有可能危及燃气设施和安全警示标志的行为,有权予以劝阻、制止;经劝阻、制止无效的,应当立即告知燃气经营者或者向燃气管理部门、安全生产监督管理部门和公安机关报告。

第三十七条 新建、扩建、改建建设工程,不得影响燃气设施安全。

建设单位在开工前,应当查明建设工程施工范围内地下燃气管线的相关情况;燃气管理部门以及其他有关部门和单位应当及时提供相关资料。

建设工程施工范围内有地下燃气管线等重要燃气设施的,建设单位应当会同施工单位与管道燃气经营者共同制定燃气设施保护方案。建设单位、施工单位应采取相应的安全保护措施,确保燃气设施运行安全;管道燃气经营者应当派专业人员进行现场指导。法律、法规另有规定的,依照有关法律、法规的规定执行。

第三十八条 燃气经营者改动市政燃气设施,应当制定改动方案,报县级以上地方人民政府燃气管理部门批准。

改动方案应当符合燃气发展规划,明确安全施工要求,有安全防护和保障正常用气的措施。

第六章 燃气安全事故预防与处理

第三十九条 燃气管理部门应当会同有关部门制定燃气安全事故应急预案,建立燃气事故统计分析制度,定期通报事故处理结果。

燃气经营者应当制定本单位燃气安全事故应急预案,配备应急人员和必要的应急装备、器材,并定期组织演练。

第四十条 任何单位和个人发现燃气安全事故或者燃气安全事故隐患等情况,应当立即告知燃气经营者,或者向燃气管理部门、公安机关消防机构等有关部门和单位报告。

第四十一条 燃气经营者应当建立健全燃气安全评估和风险管理体系,发现燃气安全事故隐患的,应当及时采取措施消除隐患。

燃气管理部门以及其他有关部门和单位应当根据各自职责,对燃气经营、燃气使用的安全状况等进行监督检查,发现燃气安全事故隐患的,应当通知燃气经营者、燃气用户及时采取措施消除隐患;不及时消除隐患可能严重威胁公共安全的,燃气管理部门以及其他有关部门和单位应当依法采取措施,及时组织消除隐患,有关单位和个人应当予以配合。

第四十二条 燃气安全事故发生后,燃气经营者应当立即启动本单位燃气安全事故应急预案,组织抢险、抢修。

燃气安全事故发生后,燃气管理部门、安全生产监督管理部门和公安机关消防机构等有关部门和单位,应当根据各自职责,立即采取措施防止事故扩大,根据有关情况启动燃气安全事故应急预案。

第四十三条 燃气安全事故经调查确定为责任事故的,应当查明原因、明确责任,并依法予以追究。

对燃气生产安全事故,依照有关生产安全事故报告和调查处理的法律、行政法规的规定报告和调查处理。

第七章　法律责任

第四十四条　违反本条例规定,县级以上地方人民政府及其燃气管理部门和其他有关部门,不依法作出行政许可决定或者办理批准文件的,发现违法行为或者接到对违法行为的举报不予查处的,或者有其他未依照本条例规定履行职责的行为的,对直接负责的主管人员和其他直接责任人员,依法给予处分;直接负责的主管人员和其他直接责任人员的行为构成犯罪的,依法追究刑事责任。

第四十五条　违反本条例规定,未取得燃气经营许可证从事燃气经营活动的,由燃气管理部门责令停止违法行为,处 5 万元以上 50 万元以下罚款;有违法所得的,没收违法所得;构成犯罪的,依法追究刑事责任。

违反本条例规定,燃气经营者不按照燃气经营许可证的规定从事燃气经营活动的,由燃气管理部门责令限期改正,处 3 万元以上 20 万元以下罚款;有违法所得的,没收违法所得;情节严重的,吊销燃气经营许可证;构成犯罪的,依法追究刑事责任。

第四十六条　违反本条例规定,燃气经营者有下列行为之一的,由燃气管理部门责令限期改正,处 1 万元以上 10 万元以下罚款;有违法所得的,没收违法所得;情节严重的,吊销燃气经营许可证;造成损失的,依法承担赔偿责任;构成犯罪的,依法追究刑事责任:

(一)拒绝向市政燃气管网覆盖范围内符合用气条件的单位或者个人供气的;

(二)倒卖、抵押、出租、出借、转让、涂改燃气经营许可证的;

(三)未履行必要告知义务擅自停止供气、调整供气量,或者未经审批擅自停业或者歇业的;

(四)向未取得燃气经营许可证的单位或者个人提供用于经营的燃气的;

(五)在不具备安全条件的场所储存燃气的;

(六)要求燃气用户购买其指定的产品或者接受其提供的服务;

(七)燃气经营者未向燃气用户持续、稳定、安全供应符合国家质量标准的燃气,或者未对燃气用户的燃气设施定期进行安全检查。

第四十七条　违反本条例规定,擅自为非自有气瓶充装燃气或者销售未经许可的充装单位充装的瓶装燃气的,依照国家有关气瓶安全监察的规定进行处罚。

违反本条例规定,销售充装单位擅自为非自有气瓶充装的瓶装燃气的,由燃气管理部门责令改正,可以处 1 万元以下罚款。

违反本条例规定,冒用其他企业名称或者标识从事燃气经营、服务活动,依照有关反不正当竞争的法律规定进行处罚。

第四十八条　违反本条例规定,燃气经营者未按照国家有关工程建设标准和安全生产管理的规定,设置燃气设施防腐、绝缘、防雷、降压、隔离等保护装置和安全警示标志的,或者未定期进行巡查、检测、维修和维护的,或者未采取措施及时消除燃气安全事故隐患的,由燃气管理部门责令限期改正,处 1 万元以上 10 万元以下罚款。

第四十九条　违反本条例规定,燃气用户及相关单位和个人有下列行为之一的,由燃气管理部门责令限期改正;逾期不改正的,对单位可以处 10 万元以下罚款,对个人可以处 1000 元以下罚款;造成损失的,依法承担赔偿责任;构成犯罪的,依法追究刑事责任:

(一)擅自操作公用燃气阀门的;

(二)将燃气管道作为负重支架或者接地引线的;

（三）安装、使用不符合气源要求的燃气燃烧器具的；

（四）擅自安装、改装、拆除户内燃气设施和燃气计量装置的；

（五）在不具备安全条件的场所使用、储存燃气的；

（六）改变燃气用途或者转供燃气的；

（七）未设立售后服务站点或者未配备经考核合格的燃气燃烧器具安装、维修人员的；

（八）燃气燃烧器具的安装、维修不符合国家有关标准的。

盗用燃气的，依照有关治安管理处罚的法律规定进行处罚。

第五十条　违反本条例规定，在燃气设施保护范围内从事下列活动之一的，由燃气管理部门责令停止违法行为，限期恢复原状或者采取其他补救措施，对单位处 5 万元以上 10 万元以下罚款，对个人处 5000 元以上 5 万元以下罚款；造成损失的，依法承担赔偿责任；构成犯罪的，依法追究刑事责任：

（一）进行爆破、取土等作业或者动用明火的；

（二）倾倒、排放腐蚀性物质的；

（三）放置易燃易爆物品或者种植深根植物的；

（四）未与燃气经营者共同制定燃气设施保护方案，采取相应的安全保护措施，从事敷设管道、打桩、顶进、挖掘、钻探等可能影响燃气设施安全活动的。

违反本条例规定，在燃气设施保护范围内建设占压地下燃气管线的建筑物、构筑物或者其他设施的，依照有关城乡规划的法律、行政法规的规定进行处罚。

第五十一条　违反本条例规定，侵占、毁损、擅自拆除、移动燃气设施或者擅自改动市政燃气设施的，由燃气管理部门责令限期改正，恢复原状或者采取其他补救措施，对单位处 5 万元以上 10 万元以下罚款，对个人处 5000 元以上 5 万元以下罚款；造成损失的，依法承担赔偿责任；构成犯罪的，依法追究刑事责任。

违反本条例规定，毁损、覆盖、涂改、擅自拆除或者移动燃气设施安全警示标志的，由燃气管理部门责令限期改正，恢复原状，可以处 5000 元以下罚款。

第五十二条　违反本条例规定，建设工程施工范围内有地下燃气管线等重要燃气设施，建设单位未会同施工单位与管道燃气经营者共同制定燃气设施保护方案，或者建设单位、施工单位未采取相应的安全保护措施的，由燃气管理部门责令改正，处 1 万元以上 10 万元以下罚款；造成损失的，依法承担赔偿责任；构成犯罪的，依法追究刑事责任。

第八章　附　则

第五十三条　本条例下列用语的含义：

（一）燃气设施，是指人工煤气生产厂、燃气储配站、门站、气化站、混气站、加气站、灌装站、供应站、调压站、市政燃气管网等的总称，包括市政燃气设施、建筑区划内业主专有部分以外的燃气设施以及户内燃气设施等。

（二）燃气燃烧器具，是指以燃气为燃料的燃烧器具，包括居民家庭和商业用户所使用的燃气灶、热水器、沸水器、采暖器、空调器等器具。

第五十四条　农村的燃气管理参照本条例的规定执行。

第五十五条　本条例自 2011 年 3 月 1 日起施行。

中华人民共和国国务院令

第 586 号

《国务院关于修改〈工伤保险条例〉的决定》已经 2010 年 12 月 8 日国务院第 136 次常务会议通过,现予公布,自 2011 年 1 月 1 日起施行。

总　理　温家宝
二〇一〇年十二月二十日

工伤保险条例

(2003 年 4 月 27 日中华人民共和国国务院令第 375 号公布
根据 2010 年 12 月 20 日《国务院关于修改〈工伤保险条例〉的决定》修订)

第一章　总　则

第一条　为了保障因工作遭受事故伤害或者患职业病的职工获得医疗救治和经济补偿,促进工伤预防和职业康复,分散用人单位的工伤风险,制定本条例。

第二条　中华人民共和国境内的企业、事业单位、社会团体、民办非企业单位、基金会、律师事务所、会计师事务所等组织和有雇工的个体工商户(以下称用人单位)应当依照本条例规定参加工伤保险,为本单位全部职工或者雇工(以下称职工)缴纳工伤保险费。

中华人民共和国境内的企业、事业单位、社会团体、民办非企业单位、基金会、律师事务所、会计师事务所等组织的职工和个体工商户的雇工,均有依照本条例的规定享受工伤保险待遇的权利。

第三条　工伤保险费的征缴按照《社会保险费征缴暂行条例》关于基本养老保险费、基本医疗保险费、失业保险费的征缴规定执行。

第四条　用人单位应当将参加工伤保险的有关情况在本单位内公示。

用人单位和职工应当遵守有关安全生产和职业病防治的法律法规,执行安全卫生规程和标准,预防工伤事故发生,避免和减少职业病危害。

职工发生工伤时,用人单位应当采取措施使工伤职工得到及时救治。

第五条　国务院社会保险行政部门负责全国的工伤保险工作。

县级以上地方各级人民政府社会保险行政部门负责本行政区域内的工伤保险工作。

社会保险行政部门按照国务院有关规定设立的社会保险经办机构(以下称经办机构)具体承办工伤保险事务。

第六条　社会保险行政部门等部门制定工伤保险的政策、标准,应当征求工会组织、用人单位代表的意见。

第二章　工伤保险基金

第七条　工伤保险基金由用人单位缴纳的工伤保险费、工伤保险基金的利息和依法纳入工伤保险基金的其他资金构成。

第八条　工伤保险费根据以支定收、收支平衡的原则，确定费率。

国家根据不同行业的工伤风险程度确定行业的差别费率，并根据工伤保险费使用、工伤发生率等情况在每个行业内确定若干费率档次。行业差别费率及行业内费率档次由国务院社会保险行政部门制定，报国务院批准后公布施行。

统筹地区经办机构根据用人单位工伤保险费使用、工伤发生率等情况，适用所属行业内相应的费率档次确定单位缴费费率。

第九条　国务院社会保险行政部门应当定期了解全国各统筹地区工伤保险基金收支情况，及时提出调整行业差别费率及行业内费率档次的方案，报国务院批准后公布施行。

第十条　用人单位应当按时缴纳工伤保险费。职工个人不缴纳工伤保险费。

用人单位缴纳工伤保险费的数额为本单位职工工资总额乘以单位缴费费率之积。

对难以按照工资总额缴纳工伤保险费的行业，其缴纳工伤保险费的具体方式，由国务院社会保险行政部门规定。

第十一条　工伤保险基金逐步实行省级统筹。

跨地区、生产流动性较大的行业，可以采取相对集中的方式异地参加统筹地区的工伤保险。具体办法由国务院社会保险行政部门会同有关行业的主管部门制定。

第十二条　工伤保险基金存入社会保障基金财政专户，用于本条例规定的工伤保险待遇，劳动能力鉴定，工伤预防的宣传、培训等费用，以及法律、法规规定的用于工伤保险的其他费用的支付。

工伤预防费用的提取比例、使用和管理的具体办法，由国务院社会保险行政部门会同国务院财政、卫生行政、安全生产监督管理等部门规定。

任何单位或者个人不得将工伤保险基金用于投资运营、兴建或者改建办公场所、发放奖金，或者挪作其他用途。

第十三条　工伤保险基金应当留有一定比例的储备金，用于统筹地区重大事故的工伤保险待遇支付；储备金不足支付的，由统筹地区的人民政府垫付。储备金占基金总额的具体比例和储备金的使用办法，由省、自治区、直辖市人民政府规定。

第三章　工伤认定

第十四条　职工有下列情形之一的，应当认定为工伤：

（一）在工作时间和工作场所内，因工作原因受到事故伤害的；

（二）工作时间前后在工作场所内，从事与工作有关的预备性或者收尾性工作受到事故伤害的；

（三）在工作时间和工作场所内，因履行工作职责受到暴力等意外伤害的；

（四）患职业病的；

（五）因工外出期间，由于工作原因受到伤害或者发生事故下落不明的；

（六）在上下班途中，受到非本人主要责任的交通事故或者城市轨道交通、客运轮渡、火车事故伤害的；

（七）法律、行政法规规定应当认定为工伤的其他情形。

第十五条 职工有下列情形之一的,视同工伤:

(一)在工作时间和工作岗位,突发疾病死亡或者在 48 小时之内经抢救无效死亡的;

(二)在抢险救灾等维护国家利益、公共利益活动中受到伤害的;

(三)职工原在军队服役,因战、因公负伤致残,已取得革命伤残军人证,到用人单位后旧伤复发的。

职工有前款第(一)项、第(二)项情形的,按照本条例的有关规定享受工伤保险待遇;职工有前款第(三)项情形的,按照本条例的有关规定享受除一次性伤残补助金以外的工伤保险待遇。

第十六条 职工符合本条例第十四条、第十五条的规定,但是有下列情形之一的,不得认定为工伤或者视同工伤:

(一)故意犯罪的;

(二)醉酒或者吸毒的;

(三)自残或者自杀的。

第十七条 职工发生事故伤害或者按照职业病防治法规定被诊断、鉴定为职业病,所在单位应当自事故伤害发生之日或者被诊断、鉴定为职业病之日起 30 日内,向统筹地区社会保险行政部门提出工伤认定申请。遇有特殊情况,经报社会保险行政部门同意,申请时限可以适当延长。

用人单位未按前款规定提出工伤认定申请的,工伤职工或者其近亲属、工会组织在事故伤害发生之日或者被诊断、鉴定为职业病之日起 1 年内,可以直接向用人单位所在地统筹地区社会保险行政部门提出工伤认定申请。

按照本条第一款规定应当由省级社会保险行政部门进行工伤认定的事项,根据属地原则由用人单位所在地的设区的市级社会保险行政部门办理。

用人单位未在本条第一款规定的时限内提交工伤认定申请,在此期间发生符合本条例规定的工伤待遇等有关费用由该用人单位负担。

第十八条 提出工伤认定申请应当提交下列材料:

(一)工伤认定申请表;

(二)与用人单位存在劳动关系(包括事实劳动关系)的证明材料;

(三)医疗诊断证明或者职业病诊断证明书(或者职业病诊断鉴定书)。

工伤认定申请表应当包括事故发生的时间、地点、原因以及职工伤害程度等基本情况。

工伤认定申请人提供材料不完整的,社会保险行政部门应当一次性书面告知工伤认定申请人需要补正的全部材料。申请人按照书面告知要求补正材料后,社会保险行政部门应当受理。

第十九条 社会保险行政部门受理工伤认定申请后,根据审核需要可以对事故伤害进行调查核实,用人单位、职工、工会组织、医疗机构以及有关部门应当予以协助。职业病诊断和诊断争议的鉴定,依照职业病防治法的有关规定执行。对依法取得职业病诊断证明书或者职业病诊断鉴定书的,社会保险行政部门不再进行调查核实。

职工或者其近亲属认为是工伤,用人单位不认为是工伤的,由用人单位承担举证责任。

第二十条 社会保险行政部门应当自受理工伤认定申请之日起 60 日内作出工伤认定的决定,并书面通知申请工伤认定的职工或者其近亲属和该职工所在单位。

社会保险行政部门对受理的事实清楚、权利义务明确的工伤认定申请,应当在 15 日内作出工伤认定的决定。

作出工伤认定决定需要以司法机关或者有关行政主管部门的结论为依据的,在司法机关或者有关行政主管部门尚未作出结论期间,作出工伤认定决定的时限中止。

社会保险行政部门工作人员与工伤认定申请人有利害关系的,应当回避。

第四章　劳动能力鉴定

第二十一条　职工发生工伤,经治疗伤情相对稳定后存在残疾、影响劳动能力的,应当进行劳动能力鉴定。

第二十二条　劳动能力鉴定是指劳动功能障碍程度和生活自理障碍程度的等级鉴定。

劳动功能障碍分为十个伤残等级,最重的为一级,最轻的为十级。

生活自理障碍分为三个等级:生活完全不能自理、生活大部分不能自理和生活部分不能自理。

劳动能力鉴定标准由国务院社会保险行政部门会同国务院卫生行政部门等部门制定。

第二十三条　劳动能力鉴定由用人单位、工伤职工或者其近亲属向设区的市级劳动能力鉴定委员会提出申请,并提供工伤认定决定和职工工伤医疗的有关资料。

第二十四条　省、自治区、直辖市劳动能力鉴定委员会和设区的市级劳动能力鉴定委员会分别由省、自治区、直辖市和设区的市级社会保险行政部门、卫生行政部门、工会组织、经办机构代表以及用人单位代表组成。

劳动能力鉴定委员会建立医疗卫生专家库。列入专家库的医疗卫生专业技术人员应当具备下列条件:

(一)具有医疗卫生高级专业技术职务任职资格;

(二)掌握劳动能力鉴定的相关知识;

(三)具有良好的职业品德。

第二十五条　设区的市级劳动能力鉴定委员会收到劳动能力鉴定申请后,应当从其建立的医疗卫生专家库中随机抽取 3 名或者 5 名相关专家组成专家组,由专家组提出鉴定意见。设区的市级劳动能力鉴定委员会根据专家组的鉴定意见作出工伤职工劳动能力鉴定结论;必要时,可以委托具备资格的医疗机构协助进行有关的诊断。

设区的市级劳动能力鉴定委员会应当自收到劳动能力鉴定申请之日起 60 日内作出劳动能力鉴定结论,必要时,作出劳动能力鉴定结论的期限可以延长 30 日。劳动能力鉴定结论应当及时送达申请鉴定的单位和个人。

第二十六条　申请鉴定的单位或者个人对设区的市级劳动能力鉴定委员会作出的鉴定结论不服的,可以在收到该鉴定结论之日起 15 日内向省、自治区、直辖市劳动能力鉴定委员会提出再次鉴定申请。省、自治区、直辖市劳动能力鉴定委员会作出的劳动能力鉴定结论为最终结论。

第二十七条　劳动能力鉴定工作应当客观、公正。劳动能力鉴定委员会组成人员或者参加鉴定的专家与当事人有利害关系的,应当回避。

第二十八条　自劳动能力鉴定结论作出之日起 1 年后,工伤职工或者其近亲属、所在单位或者经办机构认为伤残情况发生变化的,可以申请劳动能力复查鉴定。

第二十九条　劳动能力鉴定委员会依照本条例第二十六条和第二十八条的规定进行再次鉴定和复查鉴定的期限,依照本条例第二十五条第二款的规定执行。

第五章　工伤保险待遇

第三十条　职工因工作遭受事故伤害或者患职业病进行治疗,享受工伤医疗待遇。

职工治疗工伤应当在签订服务协议的医疗机构就医,情况紧急时可以先到就近的医疗机构急救。

治疗工伤所需费用符合工伤保险诊疗项目目录、工伤保险药品目录、工伤保险住院服务标准的,从工伤保险基金支付。工伤保险诊疗项目目录、工伤保险药品目录、工伤保险住院服务标准,由国务院社会保险行政部门会同国务院卫生行政部门、食品药品监督管理部门等部门规定。

职工住院治疗工伤的伙食补助费,以及经医疗机构出具证明,报经办机构同意,工伤职工到统筹地区以外就医所需的交通、食宿费用从工伤保险基金支付,基金支付的具体标准由统筹地区人民政府规定。

工伤职工治疗非工伤引发的疾病,不享受工伤医疗待遇,按照基本医疗保险办法处理。

工伤职工到签订服务协议的医疗机构进行工伤康复的费用,符合规定的,从工伤保险基金支付。

第三十一条　社会保险行政部门作出认定为工伤的决定后发生行政复议、行政诉讼的,行政复议和行政诉讼期间不停止支付工伤职工治疗工伤的医疗费用。

第三十二条　工伤职工因日常生活或者就业需要,经劳动能力鉴定委员会确认,可以安装假肢、矫形器、假眼、义齿和配置轮椅等辅助器具,所需费用按照国家规定的标准从工伤保险基金支付。

第三十三条　职工因工作遭受事故伤害或者患职业病需要暂停工作接受工伤医疗的,在停工留薪期内,原工资福利待遇不变,由所在单位按月支付。

停工留薪期一般不超过 12 个月。伤情严重或者情况特殊,经设区的市级劳动能力鉴定委员会确认,可以适当延长,但延长不得超过 12 个月。工伤职工评定伤残等级后,停发原待遇,按照本章的有关规定享受伤残待遇。工伤职工在停工留薪期满后仍需治疗的,继续享受工伤医疗待遇。

生活不能自理的工伤职工在停工留薪期需要护理的,由所在单位负责。

第三十四条　工伤职工已经评定伤残等级并经劳动能力鉴定委员会确认需要生活护理的,从工伤保险基金按月支付生活护理费。

生活护理费按照生活完全不能自理、生活大部分不能自理或者生活部分不能自理 3 个不同等级支付,其标准分别为统筹地区上年度职工月平均工资的 50%、40% 或者 30%。

第三十五条　职工因工致残被鉴定为一级至四级伤残的,保留劳动关系,退出工作岗位,享受以下待遇:

(一)从工伤保险基金按伤残等级支付一次性伤残补助金,标准为:一级伤残为 27 个月的本人工资,二级伤残为 25 个月的本人工资,三级伤残为 23 个月的本人工资,四级伤残为 21 个月的本人工资;

(二)从工伤保险基金按月支付伤残津贴,标准为:一级伤残为本人工资的 90%,二级伤残为本人工资的 85%,三级伤残为本人工资的 80%,四级伤残为本人工资的 75%。伤残津贴实际金额低于当地最低工资标准的,由工伤保险基金补足差额;

(三)工伤职工达到退休年龄并办理退休手续后,停发伤残津贴,按照国家有关规定享受基本养老保险待遇。基本养老保险待遇低于伤残津贴的,由工伤保险基金补足差额。

职工因工致残被鉴定为一级至四级伤残的,由用人单位和职工个人以伤残津贴为基数,缴纳基本医疗保险费。

第三十六条　职工因工致残被鉴定为五级、六级伤残的,享受以下待遇:

(一)从工伤保险基金按伤残等级支付一次性伤残补助金,标准为:五级伤残为 18 个月的本人工资,六级伤残为 16 个月的本人工资;

(二)保留与用人单位的劳动关系,由用人单位安排适当工作。难以安排工作的,由用人单位按月发给伤残津贴,标准为:五级伤残为本人工资的 70%,六级伤残为本人工资的 60%,并由用人单位按照规定为其缴纳应缴纳的各项社会保险费。伤残津贴实际金额低于当地最低工资标准的,由用人单位补足差额。

经工伤职工本人提出,该职工可以与用人单位解除或者终止劳动关系,由工伤保险基金支付一次性工伤医疗补助金,由用人单位支付一次性伤残就业补助金。一次性工伤医疗补助金和一次性伤残就业补助金的具体标准由省、自治区、直辖市人民政府规定。

第三十七条 职工因工致残被鉴定为七级至十级伤残的,享受以下待遇:

(一)从工伤保险基金按伤残等级支付一次性伤残补助金,标准为:七级伤残为 13 个月的本人工资,八级伤残为 11 个月的本人工资,九级伤残为 9 个月的本人工资,十级伤残为 7 个月的本人工资;

(二)劳动、聘用合同期满终止,或者职工本人提出解除劳动、聘用合同的,由工伤保险基金支付一次性工伤医疗补助金,由用人单位支付一次性伤残就业补助金。一次性工伤医疗补助金和一次性伤残就业补助金的具体标准由省、自治区、直辖市人民政府规定。

第三十八条 工伤职工工伤复发,确认需要治疗的,享受本条例第三十条、第三十二条和第三十三条规定的工伤待遇。

第三十九条 职工因工死亡,其近亲属按照下列规定从工伤保险基金领取丧葬补助金、供养亲属抚恤金和一次性工亡补助金:

(一)丧葬补助金为 6 个月的统筹地区上年度职工月平均工资;

(二)供养亲属抚恤金按照职工本人工资的一定比例发给由因工死亡职工生前提供主要生活来源、无劳动能力的亲属。标准为:配偶每月 40%,其他亲属每人每月 30%,孤寡老人或者孤儿每人每月在上述标准的基础上增加 10%。核定的各供养亲属的抚恤金之和不应高于因工死亡职工生前的工资。供养亲属的具体范围由国务院社会保险行政部门规定;

(三)一次性工亡补助金标准为上一年度全国城镇居民人均可支配收入的 20 倍。

伤残职工在停工留薪期内因工伤导致死亡的,其近亲属享受本条第一款规定的待遇。

一级至四级伤残职工在停工留薪期满后死亡的,其近亲属可以享受本条第一款第(一)项、第(二)项规定的待遇。

第四十条 伤残津贴、供养亲属抚恤金、生活护理费由统筹地区社会保险行政部门根据职工平均工资和生活费用变化等情况适时调整。调整办法由省、自治区、直辖市人民政府规定。

第四十一条 职工因工外出期间发生事故或者在抢险救灾中下落不明的,从事故发生当月起 3 个月内照发工资,从第 4 个月起停发工资,由工伤保险基金向其供养亲属按月支付供养亲属抚恤金。生活有困难的,可以预支一次性工亡补助金的 50%。职工被人民法院宣告死亡的,按照本条例第三十九条职工因工死亡的规定处理。

第四十二条 工伤职工有下列情形之一的,停止享受工伤保险待遇:

(一)丧失享受待遇条件的;

(二)拒不接受劳动能力鉴定的;

(三)拒绝治疗的。

第四十三条 用人单位分立、合并、转让的,承继单位应当承担原用人单位的工伤保险责任;原用人单位已经参加工伤保险的,承继单位应当到当地经办机构办理工伤保险变更登记。

用人单位实行承包经营的,工伤保险责任由职工劳动关系所在单位承担。

职工被借调期间受到工伤事故伤害的,由原用人单位承担工伤保险责任,但原用人单位与借调单位可以约定补偿办法。

企业破产的,在破产清算时依法拨付应当由单位支付的工伤保险待遇费用。

第四十四条　职工被派遣出境工作,依据前往国家或者地区的法律应当参加当地工伤保险的,参加当地工伤保险,其国内工伤保险关系中止;不能参加当地工伤保险的,其国内工伤保险关系不中止。

第四十五条　职工再次发生工伤,根据规定应当享受伤残津贴的,按照新认定的伤残等级享受伤残津贴待遇。

第六章　监督管理

第四十六条　经办机构具体承办工伤保险事务,履行下列职责:

(一)根据省、自治区、直辖市人民政府规定,征收工伤保险费;

(二)核查用人单位的工资总额和职工人数,办理工伤保险登记,并负责保存用人单位缴费和职工享受工伤保险待遇情况的记录;

(三)进行工伤保险的调查、统计;

(四)按照规定管理工伤保险基金的支出;

(五)按照规定核定工伤保险待遇;

(六)为工伤职工或者其近亲属免费提供咨询服务。

第四十七条　经办机构与医疗机构、辅助器具配置机构在平等协商的基础上签订服务协议,并公布签订服务协议的医疗机构、辅助器具配置机构的名单。具体办法由国务院社会保险行政部门分别会同国务院卫生行政部门、民政部门等部门制定。

第四十八条　经办机构按照协议和国家有关目录、标准对工伤职工医疗费用、康复费用、辅助器具费用的使用情况进行核查,并按时足额结算费用。

第四十九条　经办机构应当定期公布工伤保险基金的收支情况,及时向社会保险行政部门提出调整费率的建议。

第五十条　社会保险行政部门、经办机构应当定期听取工伤职工、医疗机构、辅助器具配置机构以及社会各界对改进工伤保险工作的意见。

第五十一条　社会保险行政部门依法对工伤保险费的征缴和工伤保险基金的支付情况进行监督检查。

财政部门和审计机关依法对工伤保险基金的收支、管理情况进行监督。

第五十二条　任何组织和个人对有关工伤保险的违法行为,有权举报。社会保险行政部门对举报应当及时调查,按照规定处理,并为举报人保密。

第五十三条　工会组织依法维护工伤职工的合法权益,对用人单位的工伤保险工作实行监督。

第五十四条　职工与用人单位发生工伤待遇方面的争议,按照处理劳动争议的有关规定处理。

第五十五条　有下列情形之一的,有关单位或者个人可以依法申请行政复议,也可以依法向人民法院提起行政诉讼:

(一)申请工伤认定的职工或者其近亲属、该职工所在单位对工伤认定申请不予受理的决定不服的;

(二)申请工伤认定的职工或者其近亲属、该职工所在单位对工伤认定结论不服的;

(三)用人单位对经办机构确定的单位缴费费率不服的;

(四)签订服务协议的医疗机构、辅助器具配置机构认为经办机构未履行有关协议或者规定的;

（五）工伤职工或者其近亲属对经办机构核定的工伤保险待遇有异议的。

第七章 法律责任

第五十六条 单位或者个人违反本条例第十二条规定挪用工伤保险基金，构成犯罪的，依法追究刑事责任；尚不构成犯罪的，依法给予处分或者纪律处分。被挪用的基金由社会保险行政部门追回，并入工伤保险基金；没收的违法所得依法上缴国库。

第五十七条 社会保险行政部门工作人员有下列情形之一的，依法给予处分；情节严重，构成犯罪的，依法追究刑事责任：

（一）无正当理由不受理工伤认定申请，或者弄虚作假将不符合工伤条件的人员认定为工伤职工的；

（二）未妥善保管申请工伤认定的证据材料，致使有关证据灭失的；

（三）收受当事人财物的。

第五十八条 经办机构有下列行为之一的，由社会保险行政部门责令改正，对直接负责的主管人员和其他责任人员依法给予纪律处分；情节严重，构成犯罪的，依法追究刑事责任；造成当事人经济损失的，由经办机构依法承担赔偿责任：

（一）未按规定保存用人单位缴费和职工享受工伤保险待遇情况记录的；

（二）不按规定核定工伤保险待遇的；

（三）收受当事人财物的。

第五十九条 医疗机构、辅助器具配置机构不按服务协议提供服务的，经办机构可以解除服务协议。

经办机构不按时足额结算费用的，由社会保险行政部门责令改正；医疗机构、辅助器具配置机构可以解除服务协议。

第六十条 用人单位、工伤职工或者其近亲属骗取工伤保险待遇，医疗机构、辅助器具配置机构骗取工伤保险基金支出的，由社会保险行政部门责令退还，处骗取金额2倍以上5倍以下的罚款；情节严重，构成犯罪的，依法追究刑事责任。

第六十一条 从事劳动能力鉴定的组织或者个人有下列情形之一的，由社会保险行政部门责令改正，处2000元以上1万元以下的罚款；情节严重，构成犯罪的，依法追究刑事责任：

（一）提供虚假鉴定意见的；

（二）提供虚假诊断证明的；

（三）收受当事人财物的。

第六十二条 用人单位依照本条例规定应当参加工伤保险而未参加的，由社会保险行政部门责令限期参加，补缴应当缴纳的工伤保险费，并自欠缴之日起，按日加收万分之五的滞纳金；逾期仍不缴纳的，处欠缴数额1倍以上3倍以下的罚款。

依照本条例规定应当参加工伤保险而未参加工伤保险的用人单位职工发生工伤的，由该用人单位按照本条例规定的工伤保险待遇项目和标准支付费用。

用人单位参加工伤保险并补缴应当缴纳的工伤保险费、滞纳金后，由工伤保险基金和用人单位依照本条例的规定支付新发生的费用。

第六十三条 用人单位违反本条例第十九条的规定，拒不协助社会保险行政部门对事故进行调查核实的，由社会保险行政部门责令改正，处2000元以上2万元以下的罚款。

第八章　附　则

第六十四条　本条例所称工资总额,是指用人单位直接支付给本单位全部职工的劳动报酬总额。

本条例所称本人工资,是指工伤职工因工作遭受事故伤害或者患职业病前 12 个月平均月缴费工资。本人工资高于统筹地区职工平均工资 300％的,按照统筹地区职工平均工资的 300％计算;本人工资低于统筹地区职工平均工资 60％的,按照统筹地区职工平均工资的 60％计算。

第六十五条　公务员和参照公务员法管理的事业单位、社会团体的工作人员因工作遭受事故伤害或者患职业病的,由所在单位支付费用。具体办法由国务院社会保险行政部门会同国务院财政部门规定。

第六十六条　无营业执照或者未经依法登记、备案的单位以及被依法吊销营业执照或者撤销登记、备案的单位的职工受到事故伤害或者患职业病的,由该单位向伤残职工或者死亡职工的近亲属给予一次性赔偿,赔偿标准不得低于本条例规定的工伤保险待遇;用人单位不得使用童工,用人单位使用童工造成童工伤残、死亡的,由该单位向童工或者童工的近亲属给予一次性赔偿,赔偿标准不得低于本条例规定的工伤保险待遇。具体办法由国务院社会保险行政部门规定。

前款规定的伤残职工或者死亡职工的近亲属就赔偿数额与单位发生争议的,以及前款规定的童工或者童工的近亲属就赔偿数额与单位发生争议的,按照处理劳动争议的有关规定处理。

第六十七条　本条例自 2004 年 1 月 1 日起施行。本条例施行前已受到事故伤害或者患职业病的职工尚未完成工伤认定的,按照本条例的规定执行。

中华人民共和国国务院令

第 393 号

《建设工程安全生产管理条例》已经 2003 年 11 月 12 日国务院第 28 次常务会议通过，现予公布，自 2004 年 2 月 1 日起施行。

总理　温家宝
二○○三年十一月二十四日

建设工程安全生产管理条例

第一章　总　则

第一条　为了加强建设工程安全生产监督管理，保障人民群众生命和财产安全，根据《中华人民共和国建筑法》、《中华人民共和国安全生产法》，制定本条例。

第二条　在中华人民共和国境内从事建设工程的新建、扩建、改建和拆除等有关活动及实施对建设工程安全生产的监督管理，必须遵守本条例。

本条例所称建设工程，是指土木工程、建筑工程、线路管道和设备安装工程及装修工程。

第三条　建设工程安全生产管理，坚持安全第一、预防为主的方针。

第四条　建设单位、勘察单位、设计单位、施工单位、工程监理单位及其他与建设工程安全生产有关的单位，必须遵守安全生产法律、法规的规定，保证建设工程安全生产，依法承担建设工程安全生产责任。

第五条　国家鼓励建设工程安全生产的科学技术研究和先进技术的推广应用，推进建设工程安全生产的科学管理。

第二章　建设单位的安全责任

第六条　建设单位应当向施工单位提供施工现场及毗邻区域内供水、排水、供电、供气、供热、通信、广播电视等地下管线资料，气象和水文观测资料，相邻建筑物和构筑物、地下工程的有关资料，并保证资料的真实、准确、完整。

建设单位因建设工程需要，向有关部门或者单位查询前款规定的资料时，有关部门或者单位应当及时提供。

第七条　建设单位不得对勘察、设计、施工、工程监理等单位提出不符合建设工程安全生产法律、法规和强制性标准规定的要求，不得压缩合同约定的工期。

第八条　建设单位在编制工程概算时，应当确定建设工程安全作业环境及安全施工措施所需费用。

第九条　建设单位不得明示或者暗示施工单位购买、租赁、使用不符合安全施工要求的安全防护用具、机械设备、施工机具及配件、消防设施和器材。

第十条　建设单位在申请领取施工许可证时,应当提供建设工程有关安全施工措施的资料。

依法批准开工报告的建设工程,建设单位应当自开工报告批准之日起 15 日内,将保证安全施工的措施报送建设工程所在地的县级以上地方人民政府建设行政主管部门或者其他有关部门备案。

第十一条　建设单位应当将拆除工程发包给具有相应资质等级的施工单位。

建设单位应当在拆除工程施工 15 日前,将下列资料报送建设工程所在地的县级以上地方人民政府建设行政主管部门或者其他有关部门备案:

(一)施工单位资质等级证明;

(二)拟拆除建筑物、构筑物及可能危及毗邻建筑的说明;

(三)拆除施工组织方案;

(四)堆放、清除废弃物的措施。

实施爆破作业的,应当遵守国家有关民用爆炸物品管理的规定。

第三章　勘察、设计、工程监理及其他有关单位的安全责任

第十二条　勘察单位应当按照法律、法规和工程建设强制性标准进行勘察,提供的勘察文件应当真实、准确,满足建设工程安全生产的需要。

勘察单位在勘察作业时,应当严格执行操作规程,采取措施保证各类管线、设施和周边建筑物、构筑物的安全。

第十三条　设计单位应当按照法律、法规和工程建设强制性标准进行设计,防止因设计不合理导致生产安全事故的发生。

设计单位应当考虑施工安全操作和防护的需要,对涉及施工安全的重点部位和环节在设计文件中注明,并对防范生产安全事故提出指导意见。

采用新结构、新材料、新工艺的建设工程和特殊结构的建设工程,设计单位应当在设计中提出保障施工作业人员安全和预防生产安全事故的措施建议。

设计单位和注册建筑师等注册执业人员应当对其设计负责。

第十四条　工程监理单位应当审查施工组织设计中的安全技术措施或者专项施工方案是否符合工程建设强制性标准。

工程监理单位在实施监理过程中,发现存在安全事故隐患的,应当要求施工单位整改;情况严重的,应当要求施工单位暂时停止施工,并及时报告建设单位。施工单位拒不整改或者不停止施工的,工程监理单位应当及时向有关主管部门报告。

工程监理单位和监理工程师应当按照法律、法规和工程建设强制性标准实施监理,并对建设工程安全生产承担监理责任。

第十五条　为建设工程提供机械设备和配件的单位,应当按照安全施工的要求配备齐全有效的保险、限位等安全设施和装置。

第十六条　出租的机械设备和施工机具及配件,应当具有生产(制造)许可证、产品合格证。

出租单位应当对出租的机械设备和施工机具及配件的安全性能进行检测,在签订租赁协议时,应当出具检测合格证明。

禁止出租检测不合格的机械设备和施工机具及配件。

第十七条　在施工现场安装、拆卸施工起重机械和整体提升脚手架、模板等自升式架设设施,必须由具有相应资质的单位承担。

安装、拆卸施工起重机械和整体提升脚手架、模板等自升式架设设施,应当编制拆装方案、制定安全施工措施,并由专业技术人员现场监督。

施工起重机械和整体提升脚手架、模板等自升式架设设施安装完毕后,安装单位应当自检,出具自检合格证明,并向施工单位进行安全使用说明,办理验收手续并签字。

第十八条　施工起重机械和整体提升脚手架、模板等自升式架设设施的使用达到国家规定的检验检测期限的,必须经具有专业资质的检验检测机构检测。经检测不合格的,不得继续使用。

第十九条　检验检测机构对检测合格的施工起重机械和整体提升脚手架、模板等自升式架设设施,应当出具安全合格证明文件,并对检测结果负责。

第四章　施工单位的安全责任

第二十条　施工单位从事建设工程的新建、扩建、改建和拆除等活动,应当具备国家规定的注册资本、专业技术人员、技术装备和安全生产等条件,依法取得相应等级的资质证书,并在其资质等级许可的范围内承揽工程。

第二十一条　施工单位主要负责人依法对本单位的安全生产工作全面负责。施工单位应当建立健全安全生产责任制度和安全生产教育培训制度,制定安全生产规章制度和操作规程,保证本单位安全生产条件所需资金的投入,对所承担的建设工程进行定期和专项安全检查,并做好安全检查记录。

施工单位的项目负责人应当由取得相应执业资格的人员担任,对建设工程项目的安全施工负责,落实安全生产责任制度、安全生产规章制度和操作规程,确保安全生产费用的有效使用,并根据工程的特点组织制定安全施工措施,消除安全事故隐患,及时、如实报告生产安全事故。

第二十二条　施工单位对列入建设工程概算的安全作业环境及安全施工措施所需费用,应当用于施工安全防护用具及设施的采购和更新、安全施工措施的落实、安全生产条件的改善,不得挪作他用。

第二十三条　施工单位应当设立安全生产管理机构,配备专职安全生产管理人员。

专职安全生产管理人员负责对安全生产进行现场监督检查。发现安全事故隐患,应当及时向项目负责人和安全生产管理机构报告;对违章指挥、违章操作的,应当立即制止。

专职安全生产管理人员的配备办法由国务院建设行政主管部门会同国务院其他有关部门制定。

第二十四条　建设工程实行施工总承包的,由总承包单位对施工现场的安全生产负总责。

总承包单位应当自行完成建设工程主体结构的施工。

总承包单位依法将建设工程分包给其他单位的,分包合同中应当明确各自的安全生产方面的权利、义务。总承包单位和分包单位对分包工程的安全生产承担连带责任。

分包单位应当服从总承包单位的安全生产管理,分包单位不服从管理导致生产安全事故的,由分包单位承担主要责任。

第二十五条　垂直运输机械作业人员、安装拆卸工、爆破作业人员、起重信号工、登高架设作业人员等特种作业人员,必须按照国家有关规定经过专门的安全作业培训,并取得特种作业操作资格证书后,方可上岗作业。

第二十六条　施工单位应当在施工组织设计中编制安全技术措施和施工现场临时用电方案,对下列达到一定规模的危险性较大的分部分项工程编制专项施工方案,并附具安全验算结果,经施工单位技术负责人、总监理工程师签字后实施,由专职安全生产管理人员进行现场监督:

（一）基坑支护与降水工程；

（二）土方开挖工程；

（三）模板工程；

（四）起重吊装工程；

（五）脚手架工程；

（六）拆除、爆破工程；

（七）国务院建设行政主管部门或者其他有关部门规定的其他危险性较大的工程。

对前款所列工程中涉及深基坑、地下暗挖工程、高大模板工程的专项施工方案，施工单位还应当组织专家进行论证、审查。

本条第一款规定的达到一定规模的危险性较大工程的标准，由国务院建设行政主管部门会同国务院其他有关部门制定。

第二十七条 建设工程施工前，施工单位负责项目管理的技术人员应当对有关安全施工的技术要求向施工作业班组、作业人员作出详细说明，并由双方签字确认。

第二十八条 施工单位应当在施工现场入口处、施工起重机械、临时用电设施、脚手架、出入通道口、楼梯口、电梯井口、孔洞口、桥梁口、隧道口、基坑边沿、爆破物及有害危险气体和液体存放处等危险部位，设置明显的安全警示标志。安全警示标志必须符合国家标准。

施工单位应当根据不同施工阶段和周围环境及季节、气候的变化，在施工现场采取相应的安全施工措施。施工现场暂时停止施工的，施工单位应当做好现场防护，所需费用由责任方承担，或者按照合同约定执行。

第二十九条 施工单位应当将施工现场的办公、生活区与作业区分开设置，并保持安全距离；办公、生活区的选址应当符合安全性要求。职工的膳食、饮水、休息场所等应当符合卫生标准。施工单位不得在尚未竣工的建筑物内设置员工集体宿舍。

施工现场临时搭建的建筑物应当符合安全使用要求。施工现场使用的装配式活动房屋应当具有产品合格证。

第三十条 施工单位对因建设工程施工可能造成损害的毗邻建筑物、构筑物和地下管线等，应当采取专项防护措施。

施工单位应当遵守有关环境保护法律、法规的规定，在施工现场采取措施，防止或者减少粉尘、废气、废水、固体废物、噪声、振动和施工照明对人和环境的危害和污染。

在城市市区内的建设工程，施工单位应当对施工现场实行封闭围挡。

第三十一条 施工单位应当在施工现场建立消防安全责任制度，确定消防安全责任人，制定用火、用电、使用易燃易爆材料等各项消防安全管理制度和操作规程，设置消防通道、消防水源，配备消防设施和灭火器材，并在施工现场入口处设置明显标志。

第三十二条 施工单位应当向作业人员提供安全防护用具和安全防护服装，并书面告知危险岗位的操作规程和违章操作的危害。

作业人员有权对施工现场的作业条件、作业程序和作业方式中存在的安全问题提出批评、检举和控告，有权拒绝违章指挥和强令冒险作业。

在施工中发生危及人身安全的紧急情况时，作业人员有权立即停止作业或者在采取必要的应急措施后撤离危险区域。

第三十三条 作业人员应当遵守安全施工的强制性标准、规章制度和操作规程，正确使用安全防护用具、机械设备等。

第三十四条 施工单位采购、租赁的安全防护用具、机械设备、施工机具及配件，应当具有生产（制造）许可证、产品合格证，并在进入施工现场前进行查验。

施工现场的安全防护用具、机械设备、施工机具及配件必须由专人管理，定期进行检查、维修和保养，建立相应的资料档案，并按照国家有关规定及时报废。

第三十五条　施工单位在使用施工起重机械和整体提升脚手架、模板等自升式架设设施前，应当组织有关单位进行验收，也可以委托具有相应资质的检验检测机构进行验收；使用承租的机械设备和施工机具及配件的，由施工总承包单位、分包单位、出租单位和安装单位共同进行验收。验收合格的方可使用。

《特种设备安全监察条例》规定的施工起重机械，在验收前应当经有相应资质的检验检测机构监督检验合格。

施工单位应当自施工起重机械和整体提升脚手架、模板等自升式架设设施验收合格之日起30日内，向建设行政主管部门或者其他有关部门登记。登记标志应当置于或者附着于该设备的显著位置。

第三十六条　施工单位的主要负责人、项目负责人、专职安全生产管理人员应当经建设行政主管部门或者其他有关部门考核合格后方可任职。

施工单位应当对管理人员和作业人员每年至少进行一次安全生产教育培训，其教育培训情况记入个人工作档案。安全生产教育培训考核不合格的人员，不得上岗。

第三十七条　作业人员进入新的岗位或者新的施工现场前，应当接受安全生产教育培训。未经教育培训或者教育培训考核不合格的人员，不得上岗作业。

施工单位在采用新技术、新工艺、新设备、新材料时，应当对作业人员进行相应的安全生产教育培训。

第三十八条　施工单位应当为施工现场从事危险作业的人员办理意外伤害保险。

意外伤害保险费由施工单位支付。实行施工总承包的，由总承包单位支付意外伤害保险费。意外伤害保险期限自建设工程开工之日起至竣工验收合格止。

第五章　监督管理

第三十九条　国务院负责安全生产监督管理的部门依照《中华人民共和国安全生产法》的规定，对全国建设工程安全生产工作实施综合监督管理。

县级以上地方人民政府负责安全生产监督管理的部门依照《中华人民共和国安全生产法》的规定，对本行政区域内建设工程安全生产工作实施综合监督管理。

第四十条　国务院建设行政主管部门对全国的建设工程安全生产实施监督管理。国务院铁路、交通、水利等有关部门按照国务院规定的职责分工，负责有关专业建设工程安全生产的监督管理。

县级以上地方人民政府建设行政主管部门对本行政区域内的建设工程安全生产实施监督管理。县级以上地方人民政府交通、水利等有关部门在各自的职责范围内，负责本行政区域内的专业建设工程安全生产的监督管理。

第四十一条　建设行政主管部门和其他有关部门应当将本条例第十条、第十一条规定的有关资料的主要内容抄送同级负责安全生产监督管理的部门。

第四十二条　建设行政主管部门在审核发放施工许可证时，应当对建设工程是否有安全施工措施进行审查，对没有安全施工措施的，不得颁发施工许可证。

建设行政主管部门或者其他有关部门对建设工程是否有安全施工措施进行审查时，不得收取费用。

第四十三条 县级以上人民政府负有建设工程安全生产监督管理职责的部门在各自的职责范围内履行安全监督检查职责时,有权采取下列措施:

(一)要求被检查单位提供有关建设工程安全生产的文件和资料;

(二)进入被检查单位施工现场进行检查;

(三)纠正施工中违反安全生产要求的行为;

(四)对检查中发现的安全事故隐患,责令立即排除;重大安全事故隐患排除前或者排除过程中无法保证安全的,责令从危险区域内撤出作业人员或者暂时停止施工。

第四十四条 建设行政主管部门或者其他有关部门可以将施工现场的监督检查委托给建设工程安全监督机构具体实施。

第四十五条 国家对严重危及施工安全的工艺、设备、材料实行淘汰制度。具体目录由国务院建设行政主管部门会同国务院其他有关部门制定并公布。

第四十六条 县级以上人民政府建设行政主管部门和其他有关部门应当及时受理对建设工程生产安全事故及安全事故隐患的检举、控告和投诉。

第六章 生产安全事故的应急救援和调查处理

第四十七条 县级以上地方人民政府建设行政主管部门应当根据本级人民政府的要求,制定本行政区域内建设工程特大生产安全事故应急救援预案。

第四十八条 施工单位应当制定本单位生产安全事故应急救援预案,建立应急救援组织或者配备应急救援人员,配备必要的应急救援器材、设备,并定期组织演练。

第四十九条 施工单位应当根据建设工程施工的特点、范围,对施工现场易发生重大事故的部位、环节进行监控,制定施工现场生产安全事故应急救援预案。实行施工总承包的,由总承包单位统一组织编制建设工程生产安全事故应急救援预案,工程总承包单位和分包单位按照应急救援预案,各自建立应急救援组织或者配备应急救援人员,配备救援器材、设备,并定期组织演练。

第五十条 施工单位发生生产安全事故,应当按照国家有关伤亡事故报告和调查处理的规定,及时、如实地向负责安全生产监督管理的部门、建设行政主管部门或者其他有关部门报告;特种设备发生事故的,还应当同时向特种设备安全监督管理部门报告。接到报告的部门应当按照国家有关规定,如实上报。

实行施工总承包的建设工程,由总承包单位负责上报事故。

第五十一条 发生生产安全事故后,施工单位应当采取措施防止事故扩大,保护事故现场。需要移动现场物品时,应当做出标记和书面记录,妥善保管有关证物。

第五十二条 建设工程生产安全事故的调查、对事故责任单位和责任人的处罚与处理,按照有关法律、法规的规定执行。

第七章 法律责任

第五十三条 违反本条例的规定,县级以上人民政府建设行政主管部门或者其他有关行政管理部门的工作人员,有下列行为之一的,给予降级或者撤职的行政处分;构成犯罪的,依照刑法有关规定追究刑事责任:

(一)对不具备安全生产条件的施工单位颁发资质证书的;

(二)对没有安全施工措施的建设工程颁发施工许可证的;

(三)发现违法行为不予查处的;

(四)不依法履行监督管理职责的其他行为。

第五十四条　违反本条例的规定,建设单位未提供建设工程安全生产作业环境及安全施工措施所需费用的,责令限期改正;逾期未改正的,责令该建设工程停止施工。

建设单位未将保证安全施工的措施或者拆除工程的有关资料报送有关部门备案的,责令限期改正,给予警告。

第五十五条　违反本条例的规定,建设单位有下列行为之一的,责令限期改正,处 20 万元以上 50 万元以下的罚款;造成重大安全事故,构成犯罪的,对直接责任人员,依照刑法有关规定追究刑事责任;造成损失的,依法承担赔偿责任:

(一)对勘察、设计、施工、工程监理等单位提出不符合安全生产法律、法规和强制性标准规定的要求的;

(二)要求施工单位压缩合同约定的工期的;

(三)将拆除工程发包给不具有相应资质等级的施工单位的。

第五十六条　违反本条例的规定,勘察单位、设计单位有下列行为之一的,责令限期改正,处 10 万元以上 30 万元以下的罚款;情节严重的,责令停业整顿,降低资质等级,直至吊销资质证书;造成重大安全事故,构成犯罪的,对直接责任人员,依照刑法有关规定追究刑事责任;造成损失的,依法承担赔偿责任:

(一)未按照法律、法规和工程建设强制性标准进行勘察、设计的;

(二)采用新结构、新材料、新工艺的建设工程和特殊结构的建设工程,设计单位未在设计中提出保障施工作业人员安全和预防生产安全事故的措施建议的。

第五十七条　违反本条例的规定,工程监理单位有下列行为之一的,责令限期改正;逾期未改正的,责令停业整顿,并处 10 万元以上 30 万元以下的罚款;情节严重的,降低资质等级,直至吊销资质证书;造成重大安全事故,构成犯罪的,对直接责任人员,依照刑法有关规定追究刑事责任;造成损失的,依法承担赔偿责任:

(一)未对施工组织设计中的安全技术措施或者专项施工方案进行审查的;

(二)发现安全事故隐患未及时要求施工单位整改或者暂时停止施工的;

(三)施工单位拒不整改或者不停止施工,未及时向有关主管部门报告的;

(四)未依照法律、法规和工程建设强制性标准实施监理的。

第五十八条　注册执业人员未执行法律、法规和工程建设强制性标准的,责令停止执业 3 个月以上 1 年以下;情节严重的,吊销执业资格证书,5 年内不予注册;造成重大安全事故的,终身不予注册;构成犯罪的,依照刑法有关规定追究刑事责任。

第五十九条　违反本条例的规定,为建设工程提供机械设备和配件的单位,未按照安全施工的要求配备齐全有效的保险、限位等安全设施和装置的,责令限期改正,处合同价款 1 倍以上 3 倍以下的罚款;造成损失的,依法承担赔偿责任。

第六十条　违反本条例的规定,出租单位出租未经安全性能检测或者经检测不合格的机械设备和施工机具及配件的,责令停业整顿,并处 5 万元以上 10 万元以下的罚款;造成损失的,依法承担赔偿责任。

第六十一条　违反本条例的规定,施工起重机械和整体提升脚手架、模板等自升式架设设施安装、拆卸单位有下列行为之一的,责令限期改正,处 5 万元以上 10 万元以下的罚款;情节严重的,责令停业整顿,降低资质等级,直至吊销资质证书;造成损失的,依法承担赔偿责任:

(一)未编制拆装方案、制定安全施工措施的;

(二)未由专业技术人员现场监督的;

（三）未出具自检合格证明或者出具虚假证明的；

（四）未向施工单位进行安全使用说明，办理移交手续的。

施工起重机械和整体提升脚手架、模板等自升式架设设施安装、拆卸单位有前款规定的第（一）项、第（三）项行为，经有关部门或者单位职工提出后，对事故隐患仍不采取措施，因而发生重大伤亡事故或者造成其他严重后果，构成犯罪的，对直接责任人员，依照刑法有关规定追究刑事责任。

第六十二条 违反本条例的规定，施工单位有下列行为之一的，责令限期改正；逾期未改正的，责令停业整顿，依照《中华人民共和国安全生产法》的有关规定处以罚款；造成重大安全事故，构成犯罪的，对直接责任人员，依照刑法有关规定追究刑事责任：

（一）未设立安全生产管理机构、配备专职安全生产管理人员或者分部分项工程施工时无专职安全生产管理人员现场监督的；

（二）施工单位的主要负责人、项目负责人、专职安全生产管理人员、作业人员或者特种作业人员，未经安全教育培训或者经考核不合格即从事相关工作的；

（三）未在施工现场的危险部位设置明显的安全警示标志，或者未按照国家有关规定在施工现场设置消防通道、消防水源、配备消防设施和灭火器材的；

（四）未向作业人员提供安全防护用具和安全防护服装的；

（五）未按照规定在施工起重机械和整体提升脚手架、模板等自升式架设设施验收合格后登记的；

（六）使用国家明令淘汰、禁止使用的危及施工安全的工艺、设备、材料的。

第六十三条 违反本条例的规定，施工单位挪用列入建设工程概算的安全生产作业环境及安全施工措施所需费用的，责令限期改正，处挪用费用20%以上50%以下的罚款；造成损失的，依法承担赔偿责任。

第六十四条 违反本条例的规定，施工单位有下列行为之一的，责令限期改正；逾期未改正的，责令停业整顿，并处5万元以上10万元以下的罚款；造成重大安全事故，构成犯罪的，对直接责任人员，依照刑法有关规定追究刑事责任：

（一）施工前未对有关安全施工的技术要求作出详细说明的；

（二）未根据不同施工阶段和周围环境及季节、气候的变化，在施工现场采取相应的安全施工措施，或者在城市市区内的建设工程的施工现场未实行封闭围挡的；

（三）在尚未竣工的建筑物内设置员工集体宿舍的；

（四）施工现场临时搭建的建筑物不符合安全使用要求的；

（五）未对因建设工程施工可能造成损害的毗邻建筑物、构筑物和地下管线等采取专项防护措施的。

施工单位有前款规定第（四）项、第（五）项行为，造成损失的，依法承担赔偿责任。

第六十五条 违反本条例的规定，施工单位有下列行为之一的，责令限期改正；逾期未改正的，责令停业整顿，并处10万元以上30万元以下的罚款；情节严重的，降低资质等级，直至吊销资质证书；造成重大安全事故，构成犯罪的，对直接责任人员，依照刑法有关规定追究刑事责任；造成损失的，依法承担赔偿责任：

（一）安全防护用具、机械设备、施工机具及配件在进入施工现场前未经查验或者查验不合格即投入使用的；

（二）使用未经验收或者验收不合格的施工起重机械和整体提升脚手架、模板等自升式架设设施的；

(三)委托不具有相应资质的单位承担施工现场安装、拆卸施工起重机械和整体提升脚手架、模板等自升式架设设施的;

(四)在施工组织设计中未编制安全技术措施、施工现场临时用电方案或者专项施工方案的。

第六十六条 违反本条例的规定,施工单位的主要负责人、项目负责人未履行安全生产管理职责的,责令限期改正;逾期未改正的,责令施工单位停业整顿;造成重大安全事故、重大伤亡事故或者其他严重后果,构成犯罪的,依照刑法有关规定追究刑事责任。

作业人员不服管理、违反规章制度和操作规程冒险作业造成重大伤亡事故或者其他严重后果,构成犯罪的,依照刑法有关规定追究刑事责任。

施工单位的主要负责人、项目负责人有前款违法行为,尚不够刑事处罚的,处 2 万元以上 20 万元以下的罚款或者按照管理权限给予撤职处分;自刑罚执行完毕或者受处分之日起,5 年内不得担任任何施工单位的主要负责人、项目负责人。

第六十七条 施工单位取得资质证书后,降低安全生产条件的,责令限期改正;经整改仍未达到与其资质等级相适应的安全生产条件的,责令停业整顿,降低其资质等级直至吊销资质证书。

第六十八条 本条例规定的行政处罚,由建设行政主管部门或者其他有关部门依照法定职权决定。

违反消防安全管理规定的行为,由公安消防机构依法处罚。

有关法律、行政法规对建设工程安全生产违法行为的行政处罚决定机关另有规定的,从其规定。

第八章 附 则

第六十九条 抢险救灾和农民自建低层住宅的安全生产管理,不适用本条例。

第七十条 军事建设工程的安全生产管理,按照中央军事委员会的有关规定执行。

第七十一条 本条例自 2004 年 2 月 1 日起施行。

中华人民共和国国务院令

第 370 号

《无照经营查处取缔办法》已经 2002 年 12 月 18 日国务院第 67 次常务会议通过,现予公布,自 2003 年 3 月 1 日起施行。

总理 朱镕基

二○○三年一月六日

无照经营查处取缔办法

第一条 为了维护社会主义市场经济秩序,促进公平竞争,保护经营者和消费者的合法权益,制定本办法。

第二条 任何单位和个人不得违反法律、法规的规定,从事无照经营。

第三条 对于依照法律、法规规定,须经许可审批的涉及人体健康、公共安全、安全生产、环境保护、自然资源开发利用等的经营活动,许可审批部门必须严格依照法律、法规规定的条件和程序进行许可审批。工商行政管理部门必须凭许可审批部门颁发的许可证或者其他批准文件办理注册登记手续,核发营业执照。

第四条 下列违法行为,由工商行政管理部门依照本办法的规定予以查处:

(一)应当取得而未依法取得许可证或者其他批准文件和营业执照,擅自从事经营活动的无照经营行为;

(二)无须取得许可证或者其他批准文件即可取得营业执照而未依法取得营业执照,擅自从事经营活动的无照经营行为;

(三)已经依法取得许可证或者其他批准文件,但未依法取得营业执照,擅自从事经营活动的无照经营行为;

(四)已经办理注销登记或者被吊销营业执照,以及营业执照有效期届满后未按照规定重新办理登记手续,擅自继续从事经营活动的无照经营行为;

(五)超出核准登记的经营范围、擅自从事应当取得许可证或者其他批准文件方可从事的经营活动的违法经营行为。

前款第(一)项、第(五)项规定的行为,公安、国土资源、建设、文化、卫生、质检、环保、新闻出版、药监、安全生产监督管理等许可审批部门(以下简称许可审批部门)亦应当依照法律、法规赋予的职责予以查处。但是,对当事人的同一个违法行为,不得给予两次以上罚款的行政处罚。

第五条 各级工商行政管理部门应当依法履行职责,及时查处其管辖范围内的无照经营行为。

第六条 对于已经取得营业执照,但未依法取得许可证或者其他批准文件,或者已经取得的许可证或者其他批准文件被吊销、撤销或者有效期届满后未依法重新办理许可审批手续,擅自从事相关经营活动，法律、法规规定应当撤销注册登记或者吊销营业执照的，工商行政管理部门应当撤销注册登记或者吊销营业执照。

第七条　许可审批部门在营业执照有效期内依法吊销、撤销许可证或者其他批准文件，或者许可证、其他批准文件有效期届满的，应当在吊销、撤销许可证、其他批准文件或者许可证、其他批准文件有效期届满后 5 个工作日内通知工商行政管理部门，由工商行政管理部门撤销注册登记或者吊销营业执照，或者责令当事人依法办理变更登记。

第八条　工商行政管理部门依法查处无照经营行为，实行查处与引导相结合、处罚与教育相结合，对于下岗失业人员或者经营条件、经营范围、经营项目符合法律、法规规定的，应当督促、引导其依法办理相应手续，合法经营。

第九条　县级以上工商行政管理部门对涉嫌无照经营行为进行查处取缔时，可以行使下列职权：

（一）责令停止相关经营活动；

（二）向与无照经营行为有关的单位和个人调查、了解有关情况；

（三）进入无照经营场所实施现场检查；

（四）查阅、复制、查封、扣押与无照经营行为有关的合同、票据、账簿以及其他资料；

（五）查封、扣押专门用于从事无照经营活动的工具、设备、原材料、产品（商品）等财物；

（六）查封有证据表明危害人体健康、存在重大安全隐患、威胁公共安全、破坏环境资源的无照经营场所。

第十条　工商行政管理部门依照本办法第九条的规定实施查封、扣押，必须经县级以上工商行政管理部门主要负责人批准。

工商行政管理部门的执法人员实施查封、扣押，应当向当事人出示执法证件，并当场交付查封、扣押决定书和查封、扣押财物及资料清单。

在交通不便地区或者不及时实施查封、扣押可能影响案件查处的，可以先行实施查封、扣押，并应当在 24 小时内补办查封、扣押决定书，送达当事人。

第十一条　工商行政管理部门实施查封、扣押的期限不得超过 15 日；案件情况复杂的，经县级以上工商行政管理部门主要负责人批准，可以延长 15 日。

对被查封、扣押的财物，工商行政管理部门应当妥善保管，不得使用或者损毁。被查封、扣押的财物易腐烂、变质的，经县级以上工商行政管理部门主要负责人批准，工商行政管理部门可以在留存证据后先行拍卖或者变卖。

第十二条　工商行政管理部门应当在查封、扣押期间作出处理决定。工商行政管理部门逾期未作出处理决定的，视为解除查封、扣押。

对于经调查核实没有违法行为或者不再需要查封、扣押的，工商行政管理部门在作出处理决定后应当立即解除查封、扣押。被查封、扣押的易腐烂、变质的财物根据本办法第十一条第二款的规定，已经先行拍卖或者变卖的，应当返还拍卖或者变卖所得的全部价款。

依照本办法规定，被查封、扣押的财物应当予以没收的，依法没收。

第十三条　工商行政管理部门违反本办法的规定使用或者损毁被查封、扣押的财物，造成当事人经济损失的，应当承担赔偿责任。

第十四条　对于无照经营行为，由工商行政管理部门依法予以取缔，没收违法所得；触犯刑律的，依照刑法关于非法经营罪、重大责任事故罪、重大劳动安全事故罪、危险物品肇事罪或者其他罪的规定，依法追究刑事责任；尚不够刑事处罚的，并处 2 万元以下的罚款；无照经营行为规模较大、社会危害严重的，并处 2 万元以上 20 万元以下的罚款；无照经营行为危害人体健康、存在重大安全隐患、威胁公共安全、破坏环境资源的,没收专门用于从事无照经营的工具、设备、原材料、产品(商品)等财物,并处 5 万元以上 50 万元以下的罚款。

对无照经营行为的处罚,法律、法规另有规定的,从其规定。

第十五条　知道或者应当知道属于本办法规定的无照经营行为而为其提供生产经营场所、运输、保管、仓储等条件的,由工商行政管理部门责令立即停止违法行为,没收违法所得,并处 2 万元以下的罚款;为危害人体健康、存在重大安全隐患、威胁公共安全、破坏环境资源的无照经营行为提供生产经营场所、运输、保管、仓储等条件的,并处 5 万元以上 50 万元以下的罚款。

第十六条　当事人擅自动用、调换、转移、损毁被查封、扣押财物的,由工商行政管理部门责令改正,处被动用、调换、转移、损毁财物价值 5% 以上 20% 以下的罚款;拒不改正的,处被动用、调换、转移、损毁财物价值 1 倍以上 3 倍以下的罚款。

第十七条　许可审批部门查处本办法第四条第一款第(一)项、第(五)项规定的违法行为,应当依照相关法律、法规的规定处罚;相关法律、法规对违法行为的处罚没有规定的,许可审批部门应当依照本办法第十四条、第十五条、第十六条的规定处罚。

第十八条　拒绝、阻碍工商行政管理部门依法查处无照经营行为,构成违反治安管理行为的,由公安机关依照《中华人民共和国治安管理处罚法》的规定予以处罚;构成犯罪的,依法追究刑事责任。

第十九条　工商行政管理部门、许可审批部门及其工作人员滥用职权、玩忽职守、徇私舞弊,未依照法律、法规的规定核发营业执照、许可证或者其他批准文件,未依照法律、法规的规定吊销营业执照、撤销注册登记、许可证或者其他批准文件,未依照本办法规定的职责和程序查处无照经营行为,或者发现无照经营行为不予查处,或者支持、包庇、纵容无照经营行为,触犯刑律的,对直接负责的主管人员和其他直接责任人员依照刑法关于受贿罪、滥用职权罪、玩忽职守罪或者其他罪的规定,依法追究刑事责任;尚不够刑事处罚的,依法给予降级、撤职直至开除的行政处分。

第二十条　任何单位和个人有权向工商行政管理部门举报无照经营行为,工商行政管理部门一经接到举报,应当立即调查核实,并依法查处。

工商行政管理部门应当为举报人保密,并按照国家有关规定给予奖励。

第二十一条　农民在集贸市场或者地方人民政府指定区域内销售自产的农副产品,不属于本办法规定的无照经营行为。

第二十二条　本办法自 2003 年 3 月 1 日起施行。

中华人民共和国国务院令

第 190 号

现发布《中华人民共和国监控化学品管理条例》，自发布之日起施行。

总理　李　鹏

1995 年 12 月 27 日

监控化学品管理条例

第一条　为了加强对监控化学品的管理，保障公民的人身安全和保护环境，制定本条例。

第二条　在中华人民共和国境内从事监控化学品的生产、经营和使用活动，必须遵守本条例。

第三条　本条例所称监控化学品，是指下列各类化学品：

第一类：可作为化学武器的化学品；

第二类：可作为生产化学武器前体的化学品；

第三类：可作为生产化学武器主要原料的化学品；

第四类：除炸药和纯碳氢化合物外的特定有机化学品。

前款各类监控化学品的名录由国务院化学工业主管部门提出，报国务院批准后公布。

第四条　国务院化学工业主管部门负责全国监控化学品的管理工作。省、自治区、直辖市人民政府化学工业主管部门负责本行政区域内监控化学品的管理工作。

第五条　生产、经营或者使用监控化学品的，应当依照本条例和国家有关规定向国务院化学工业主管部门或者省、自治区、直辖市人民政府化学工业主管部门申报生产、经营或者使用监控化学品的有关资料、数据和使用目的，接受化学工业主管部门的检查监督。

第六条　国家严格控制第一类监控化学品的生产。科研、医疗、制造药物或者防护目的需要生产第一类监控化学品的，应当报国务院化学工业主管部门批准，在国务院化学工业主管部门指定的小型设施中生产。

严禁在未经国务院化学工业主管部门指定的设施中生产第一类监控化学品。

第七条　国家对第二类、第三类监控化学品和第四类监控化学品中含磷、硫、氟的特定有机化学品的生产，实行特别许可制度；未经特别许可的，任何单位和个人均不得生产。特别许可办法，由国务院化学工业主管部门制定。

第八条　新建、扩建或者改建用于生产第二类、第三类监控化学品和第四类监控化学品中含磷、硫、氟的特定有机化学品的设施，应当向所在地省、自治区、直辖市人民政府化学工业主管部门提出申请，经省、自治区、直辖市人民政府化学工业主管部门审查签署意见，报国务院化学工业主管部门批准后，方可开工建设；工程竣工后，经所在地省、自治区、直辖市人民政府化学工业主管部门验收合格，并报国务院化学工业主管部门批准后，方可投产使用。

新建、扩建或者改建用于生产第四类监控化学品中不含磷、硫、氟的特定有机化学品的设施，应当在开工生产前向所在地省、自治区、直辖市人民政府化学工业主管部门备案。

第九条　监控化学品应当在专用的化工仓库中储存，并设专人管理。监控化学品的储存条件应当符合国家有关规定。

第十条　储存监控化学品的单位，应当建立严格的出库、入库检查制度和登记制度；发现丢失、被盗时，应当立即报告当地公安机关和所在地省、自治区、直辖市人民政府化学工业主管部门；省、自治区、直辖市人民政府化学工业主管部门应当积极配合公安机关进行查处。

第十一条　对变质或者过期失效的监控化学品，应当及时处理。处理方案报所在地省、自治区、直辖市人民政府化学工业主管部门批准后实施。

第十二条　为科研、医疗、制造药物或者防护目的需要使用第一类监控化学品的，应当向国务院化学工业主管部门提出申请，经国务院化学工业主管部门审查批准后，凭批准文件同国务院化学工业主管部门指定的生产单位签订合同，并将合同副本报送国务院化学工业主管部门备案。

第十三条　需要使用第二类监控化学品的，应当向所在地省、自治区、直辖市人民政府化学工业主管部门提出申请，经省、自治区、直辖市人民政府化学工业主管部门审查批准后，凭批准文件同国务院化学工业主管部门指定的经销单位签订合同，并将合同副本报送所在地省、自治区、直辖市人民政府化学工业主管部门备案。

第十四条　国务院化学工业主管部门会同国务院对外经济贸易主管部门指定的单位（以下简称被指定单位），可以从事第一类监控化学品和第二类、第三类监控化学品及其生产技术、专用设备的进出口业务。

需要进口或者出口第一类监控化学品和第二类、第三类监控化学品及其生产技术、专用设备的，应当委托被指定单位代理进口或者出口。除被指定单位外，任何单位和个人均不得从事这类进出口业务。

第十五条　国家严格控制第一类监控化学品的进口和出口。非为科研、医疗、制造药物或者防护目的，不得进口第一类监控化学品。

接受委托进口第一类监控化学品的被指定单位，应当向国务院化学工业主管部门提出申请，并提交产品最终用途的说明和证明；经国务院化学工业主管部门审查签署意见后，报国务院审查批准。被指定单位凭国务院的批准文件向国务院对外经济贸易主管部门申请领取进口许可证。

第十六条　接受委托进口第二类、第三类监控化学品及其生产技术、专用设备的被指定单位，应当向国务院化学工业主管部门提出申请，并提交所进口的化学品、生产技术或者专用设备最终用途的说明和证明；经国务院化学工业主管部门审查批准后，被指定单位凭国务院化学工业主管部门的批准文件向国务院对外经济贸易主管部门申请领取进口许可证。

第十七条　接受委托出口第一类监控化学品的被指定单位，应当向国务院化学工业主管部门提出申请，并提交进口国政府或者政府委托机构出具的所进口的化学品仅用于科研、医疗、制造药物或者防护目的和不转口第三国的保证书；经国务院化学工业主管部门审查签署意见后，报国务院审查批准。被指定单位凭国务院的批准文件向国务院对外经济贸易主管部门申请领取出口许可证。

第十八条　接受委托出口第二类、第三类监控化学品及其生产技术、专用设备的被指定单位，应当向国务院化学工业主管部门提出申请，并提交进口国政府或者政府委托机构出具的所进口的化学品、生产技术、专用设备不用于生产化学武器和不转口第三国的保证书；经国务院化学工业主管部门审查批准后，被指定单位凭国务院化学工业主管部门的批准文件向国务院对外经济贸易主管部门申请领取出口许可证。

第十九条　使用监控化学品的,应当与其申报的使用目的相一致;需要改变使用目的的,应当报原审批机关批准。

第二十条　使用第一类、第二类监控化学品的,应当按照国家有关规定,定期向所在地省、自治区、直辖市人民政府化学工业主管部门报告消耗此类监控化学品的数量和使用此类监控化学品生产最终产品的数量。

第二十一条　违反本条例规定,生产监控化学品的,由省、自治区、直辖市人民政府化学工业主管部门责令限期改正;逾期不改正的,可以处20万元以下的罚款;情节严重的,可以提请省、自治区、直辖市人民政府责令停产整顿。

第二十二条　违反本条例规定,使用监控化学品的,由省、自治区、直辖市人民政府化学工业主管部门责令限期改正;逾期不改正的,可以处5万元以下的罚款。

第二十三条　违反本条例规定,经营监控化学品的,由省、自治区、直辖市人民政府化学工业主管部门没收其违法经营的监控化学品和违法所得,可以并处违法经营额一倍以上二倍以下的罚款。

第二十四条　违反本条例规定,隐瞒、拒报有关监控化学品的资料、数据,或者妨碍、阻挠化学工业主管部门依照本条例的规定履行检查监督职责的,由省、自治区、直辖市人民政府化学工业主管部门处以5万元以下的罚款。

第二十五条　违反本条例规定,构成违反治安管理行为的,依照《中华人民共和国治安管理处罚条例》的有关规定处罚;构成犯罪的,依法追究刑事责任。

第二十六条　在本条例施行前已经从事生产、经营或者使用监控化学品的,应当依照本条例的规定,办理有关手续。

第二十七条　本条例自发布之日起施行。

中华人民共和国国务院令

第 326 号

现公布《国务院关于修改〈农药管理条例〉的决定》，自公布之日起施行。

总理　朱镕基

二〇〇一年十一月二十九日

农药管理条例

(1997 年 5 月 8 日国务院发布
根据 2001 年 11 月 29 日《国务院关于修改〈农药管理条例〉的决定》修订)

第一章　总　则

第一条　为了加强对农药生产、经营和使用的监督管理，保证农药质量，保护农业、林业生产和生态环境，维护人畜安全，制定本条例。

第二条　本条例所称农药，是指用于预防、消灭或者控制危害农业、林业的病、虫、草和其他有害生物以及有目的地调节植物、昆虫生长的化学合成或者来源于生物、其他天然物质的一种物质或者几种物质的混合物及其制剂。

前款农药包括用于不同目的、场所的下列各类：

(一)预防、消灭或者控制危害农业、林业的病、虫(包括昆虫、蜱、螨)、草和鼠、软体动物等有害生物的；

(二)预防、消灭或者控制仓储病、虫、鼠和其他有害生物的；

(三)调节植物、昆虫生长的；

(四)用于农业、林业产品防腐或者保鲜的；

(五)预防、消灭或者控制蚊、蝇、蜚蠊、鼠和其他有害生物的；

(六)预防、消灭或者控制危害河流堤坝、铁路、机场、建筑物和其他场所的有害生物的。

第三条　在中华人民共和国境内生产、经营和使用农药的，应当遵守本条例。

第四条　国家鼓励和支持研制、生产和使用安全、高效、经济的农药。

第五条　国务院农业行政主管部门负责全国的农药登记和农药监督管理工作。省、自治区、直辖市人民政府农业行政主管部门协助国务院农业行政主管部门做好本行政区域内的农药登记，并负责本行政区域内的农药监督管理工作。县级人民政府和设区的市、自治州人民政府的农业行政主管部门负责本行政区域内的农药监督管理工作。

县级以上各级人民政府其他有关部门在各自的职责范围内负责有关的农药监督管理工作。

第二章　农药登记

第六条　国家实行农药登记制度。

生产(包括原药生产、制剂加工和分装,下同)农药和进口农药,必须进行登记。

第七条　国内首次生产的农药和首次进口的农药的登记,按照下列三个阶段进行:

(一)田间试验阶段:申请登记的农药,由其研制者提出田间试验申请,经批准,方可进行田间试验;田间试验阶段的农药不得销售。

(二)临时登记阶段:田间试验后,需要进行田间试验示范、试销的农药以及在特殊情况下需要使用的农药,由其生产者申请临时登记,经国务院农业行政主管部门发给农药临时登记证后,方可在规定的范围内进行田间试验示范、试销。

(三)正式登记阶段:经田间试验示范、试销可以作为正式商品流通的农药,由其生产者申请正式登记,经国务院农业行政主管部门发给农药登记证后,方可生产、销售。

农药登记证和农药临时登记证应当规定登记有效期限;登记有效期限届满,需要继续生产或者继续向中国出售农药产品的,应当在登记有效期限届满前申请续展登记。

经正式登记和临时登记的农药,在登记有效期限内改变剂型、含量或者使用范围、使用方法的,应当申请变更登记。

第八条　依照本条例第七条的规定申请农药登记时,其研制者、生产者或者向中国出售农药的外国企业应当向国务院农业行政主管部门或者经由省、自治区、直辖市人民政府农业行政主管部门向国务院农业行政主管部门提供农药样品,并按照国务院农业行政主管部门规定的农药登记要求,提供农药的产品化学、毒理学、药效、残留、环境影响、标签等方面的资料。

国务院农业行政主管部门所属的农药检定机构负责全国的农药具体登记工作。省、自治区、直辖市人民政府农业行政主管部门所属的农药检定机构协助做好本行政区域内的农药具体登记工作。

第九条　国务院农业、林业、工业产品许可管理、卫生、环境保护、粮食部门和全国供销合作总社等部门推荐的农药管理专家和农药技术专家,组成农药登记评审委员会。

农药正式登记的申请资料分别经国务院农业、工业产品许可管理、卫生、环境保护部门和全国供销合作总社审查并签署意见后,由农药登记评审委员会对农药的产品化学、毒理学、药效、残留、环境影响等作出评价。根据农药登记评审委员会的评价,符合条件的,由国务院农业行政主管部门发给农药登记证。

第十条　国家对获得首次登记的、含有新化合物的农药的申请人提交的其自己所取得且未披露的试验数据和其他数据实施保护。

自登记之日起 6 年内,对其他申请人未经已获得登记的申请人同意,使用前款数据申请农药登记的,登记机关不予登记;但是,其他申请人提交其自己所取得的数据的除外。

除下列情况外,登记机关不得披露第一款规定的数据:

(一)公共利益需要;

(二)已采取措施确保该类信息不会被不正当地进行商业使用。

第十一条　生产其他厂家已经登记的相同农药产品的,其生产者应当申请办理农药登记,提供农药样品和本条例第八条规定的资料,由国务院农业行政主管部门发给农药登记证。

第三章　农药生产

第十二条　农药生产应当符合国家农药工业的产业政策。

第十三条 开办农药生产企业（包括联营、设立分厂和非农药生产企业设立农药生产车间），应当具备下列条件，并经企业所在地的省、自治区、直辖市工业产品许可管理部门审核同意后，报国务院工业产品许可管理部门批准；但是，法律、行政法规对企业设立的条件和审核或者批准机关另有规定的，从其规定：

（一）有与其生产的农药相适应的技术人员和技术工人；

（二）有与其生产的农药相适应的厂房、生产设施和卫生环境；

（三）有符合国家劳动安全、卫生标准的设施和相应的劳动安全、卫生管理制度；

（四）有产品质量标准和产品质量保证体系；

（五）所生产的农药是依法取得农药登记的农药；

（六）有符合国家环境保护要求的污染防治设施和措施，并且污染物排放不超过国家和地方规定的排放标准。

农药生产企业经批准后，方可依法向工商行政管理机关申请领取营业执照。

第十四条 国家实行农药生产许可制度。

生产有国家标准或者行业标准的农药的，应当向国务院工业产品许可管理部门申请农药生产许可证。

生产尚未制定国家标准、行业标准但已有企业标准的农药的，应当经省、自治区、直辖市工业产品许可管理部门审核同意后，报国务院工业产品许可管理部门批准，发给农药生产批准文件。

第十五条 农药生产企业应当按照农药产品质量标准、技术规程进行生产，生产记录必须完整、准确。

第十六条 农药产品包装必须贴有标签或者附具说明书。标签应当紧贴或者印制在农药包装物上。标签或者说明书上应当注明农药名称、企业名称、产品批号和农药登记证号或者农药临时登记证号、农药生产许可证号或者农药生产批准文件号以及农药的有效成分、含量、重量、产品性能、毒性、用途、使用技术、使用方法、生产日期、有效期和注意事项等；农药分装的，还应当注明分装单位。

第十七条 农药产品出厂前，应当经过质量检验并附具产品质量检验合格证；不符合产品质量标准的，不得出厂。

第四章 农药经营

第十八条 下列单位可以经营农药：

（一）供销合作社的农业生产资料经营单位；

（二）植物保护站；

（三）土壤肥料站；

（四）农业、林业技术推广机构；

（五）森林病虫害防治机构；

（六）农药生产企业；

（七）国务院规定的其他经营单位。经营的农药属于化学危险物品的，应当按照国家有关规定办理经营许可证。

第十九条 农药经营单位应当具备下列条件和有关法律、行政法规规定的条件，并依法向工商行政管理机关申请领取营业执照后，方可经营农药：

（一）有与其经营的农药相适应的技术人员；

（二）有与其经营的农药相适应的营业场所、设备、仓储设施、安全防护措施和环境污染防治

设施、措施;

(三)有与其经营的农药相适应的规章制度;

(四)有与其经营的农药相适应的质量管理制度和管理手段。

第二十条 农药经营单位购进农药,应当将农药产品与产品标签或者说明书、产品质量合格证核对无误,并进行质量检验。

禁止收购、销售无农药登记证或者农药临时登记证、无农药生产许可证或者农药生产批准文件、无产品质量标准和产品质量合格证和检验不合格的农药。

第二十一条 农药经营单位应当按照国家有关规定做好农药储备工作。

贮存农药应当建立和执行仓储保管制度,确保农药产品的质量和安全。

第二十二条 农药经营单位销售农药,必须保证质量,农药产品与产品标签或者说明书、产品质量合格证应当核对无误。

农药经营单位应当向使用农药的单位和个人正确说明农药的用途、使用方法、用量、中毒急救措施和注意事项。

第二十三条 超过产品质量保证期限的农药产品,经省级以上人民政府农业行政主管部门所属的农药检定机构检验,符合标准的,可以在规定期限内销售;但是,必须注明"过期农药"字样,并附具使用方法和用量。

第五章 农药使用

第二十四条 县级以上各级人民政府农业行政主管部门应当根据"预防为主,综合防治"的植保方针,组织推广安全、高效农药,开展培训活动,提高农民施药技术水平,并做好病虫害预测预报工作。

第二十五条 县级以上地方各级人民政府农业行政主管部门应当加强对安全、合理使用农药的指导,根据本地区农业病、虫、草、鼠害发生情况,制定农药轮换使用规划,有计划地轮换使用农药,减缓病、虫、草、鼠的抗药性,提高防治效果。

第二十六条 使用农药应当遵守农药防毒规程,正确配药、施药,做好废弃物处理和安全防护工作,防止农药污染环境和农药中毒事故。

第二十七条 使用农药应当遵守国家有关农药安全、合理使用的规定,按照规定的用药量、用药次数、用药方法和安全间隔期施药,防止污染农副产品。

剧毒、高毒农药不得用于防治卫生害虫,不得用于蔬菜、瓜果、茶叶和中草药材。

第二十八条 使用农药应当注意保护环境、有益生物和珍稀物种。

严禁用农药毒鱼、虾、鸟、兽等。

第二十九条 林业、粮食、卫生行政部门应当加强对林业、储粮、卫生用农药的安全、合理使用的指导。

第六章 其他规定

第三十条 任何单位和个人不得生产未取得农药生产许可证或者农药生产批准文件的农药。

任何单位和个人不得生产、经营、进口或者使用未取得农药登记证或者农药临时登记证的农药。

进口农药应当遵守国家有关规定,货主或者其代理人应当向海关出示其取得的中国农药登记证或者农药临时登记证。

第三十一条　禁止生产、经营和使用假农药。

下列农药为假农药：

（一）以非农药冒充农药或者以此种农药冒充他种农药的；

（二）所含有效成分的种类、名称与产品标签或者说明书上注明的农药有效成分的种类、名称不符的。

第三十二条　禁止生产、经营和使用劣质农药。

下列农药为劣质农药：

（一）不符合农药产品质量标准的；

（二）失去使用效能的；

（三）混有导致药害等有害成分的。

第三十三条　禁止经营产品包装上未附标签或者标签残缺不清的农药。

第三十四条　未经登记的农药，禁止刊登、播放、设置、张贴广告。

农药广告内容必须与农药登记的内容一致，并依照广告法和国家有关农药广告管理的规定接受审查。

第三十五条　经登记的农药，在登记有效期内发现对农业、林业、人畜安全、生态环境有严重危害的，经农药登记评审委员会审议，由国务院农业行政主管部门宣布限制使用或者撤销登记。

第三十六条　任何单位和个人不得生产、经营和使用国家明令禁止生产或者撤销登记的农药。

第三十七条　县级以上各级人民政府有关部门应当做好农副产品中农药残留量的检测工作，并公布检测结果。

第三十八条　禁止销售农药残留量超过标准的农副产品。

第三十九条　处理假农药、劣质农药、过期报废农药、禁用农药、废弃农药包装和其他含农药的废弃物，必须严格遵守环境保护法律、法规的有关规定，防止污染环境。

第七章　罚　　则

第四十条　有下列行为之一的，依照刑法关于非法经营罪或者危险物品肇事罪的规定，依法追究刑事责任；尚不够刑事处罚的，由农业行政主管部门按照以下规定给予处罚：

（一）未取得农药登记证或者农药临时登记证，擅自生产、经营农药的，或者生产、经营已撤销登记的农药的，责令停止生产、经营，没收违法所得，并处违法所得 1 倍以上 10 倍以下的罚款；没有违法所得的，并处 10 万元以下的罚款；

（二）农药登记证或者农药临时登记证有效期限届满未办理续展登记，擅自继续生产该农药的，责令限期补办续展手续，没收违法所得，可以并处违法所得 5 倍以下的罚款；没有违法所得的，可以并处 5 万元以下的罚款；逾期不补办的，由原发证机关责令停止生产、经营，吊销农药登记证或者农药临时登记证；

（三）生产、经营产品包装上未附标签、标签残缺不清或者擅自修改标签内容的农药产品的，给予警告，没收违法所得，可以并处违法所得 3 倍以下的罚款；没有违法所得的，可以并处 3 万元以下的罚款；

（四）不按照国家有关农药安全使用的规定使用农药的，根据所造成的危害后果，给予警告，可以并处 3 万元以下的罚款。

第四十一条　有下列行为之一的，由省级以上人民政府工业产品许可管理部门按照以下规定给予处罚：

（一）未经批准，擅自开办农药生产企业的，或者未取得农药生产许可证或者农药生产批准文件，擅自生产农药的，责令停止生产，没收违法所得，并处违法所得 1 倍以上 10 倍以下的罚款；没有违法所得的，并处 10 万元以下的罚款；

（二）未按照农药生产许可证或者农药生产批准文件的规定，擅自生产农药的，责令停止生产，没收违法所得，并处违法所得 1 倍以上 5 倍以下的罚款；没有违法所得的，并处 5 万元以下的罚款；情节严重的，由原发证机关吊销农药生产许可证或者农药生产批准文件。

第四十二条 假冒、伪造或者转让农药登记证或者农药临时登记证、农药登记证号或者农药临时登记证号、农药生产许可证或者农药生产批准文件、农药生产许可证号或者农药生产批准文件号的，依照刑法关于非法经营罪或者伪造、变造、买卖国家机关公文、证件、印章罪的规定，依法追究刑事责任；尚不够刑事处罚的，由农业行政主管部门收缴或者吊销农药登记证或者农药临时登记证，由工业产品许可管理部门收缴或者吊销农药生产许可证或者农药生产批准文件，由农业行政主管部门或者工业产品许可管理部门没收违法所得，可以并处违法所得 10 倍以下的罚款；没有违法所得的，可以并处 10 万元以下的罚款。

第四十三条 生产、经营假农药、劣质农药的，依照刑法关于生产、销售伪劣产品罪或者生产、销售伪劣农药罪的规定，依法追究刑事责任；尚不够刑事处罚的，由农业行政主管部门或者法律、行政法规规定的其他有关部门没收假农药、劣质农药和违法所得，并处违法所得 1 倍以上 10 倍以下的罚款；没有违法所得的，并处 10 万元以下的罚款；情节严重的，由农业行政主管部门吊销农药登记证或者农药临时登记证，由工业产品许可管理部门吊销农药生产许可证或者农药生产批准文件。

第四十四条 违反工商行政管理法律、法规，生产、经营农药的，或者违反农药广告管理规定的，依照刑法关于非法经营罪或者虚假广告罪的规定，依法追究刑事责任；尚不够刑事处罚的，由工商行政管理机关依照有关法律、法规的规定给予处罚。

第四十五条 违反本条例规定，造成农药中毒、环境污染、药害等事故或者其他经济损失的，应当依法赔偿。

第四十六条 违反本条例规定，在生产、储存、运输、使用农药过程中发生重大事故的，对直接负责的主管人员和其他直接责任人员，依照刑法关于危险物品肇事罪的规定，依法追究刑事责任；尚不够刑事处罚的，依法给予行政处分。

第四十七条 农药管理工作人员滥用职权、玩忽职守、徇私舞弊、索贿受贿的，依照刑法关于滥用职权罪、玩忽职守罪或者受贿罪的规定，依法追究刑事责任；尚不够刑事处罚的，依法给予行政处分。

第八章 附 则

第四十八条 中华人民共和国缔结或者参加的与农药有关的国际条约与本条例有不同规定的，适用国际条约的规定；但是，中华人民共和国声明保留的条款除外。

第四十九条 本条例自 1997 年 5 月 8 日起施行。

中华人民共和国国务院令

第 406 号

《中华人民共和国道路运输条例》已经 2004 年 4 月 14 日国务院第 48 次常务会议通过，现予公布，自 2004 年 7 月 1 日起施行。

总理 温家宝

二○○四年四月三十日

中华人民共和国道路运输条例

第一章 总 则

第一条 为了维护道路运输市场秩序，保障道路运输安全，保护道路运输有关各方当事人的合法权益，促进道路运输业的健康发展，制定本条例。

第二条 从事道路运输经营以及道路运输相关业务的，应当遵守本条例。

前款所称道路运输经营包括道路旅客运输经营（以下简称客运经营）和道路货物运输经营（以下简称货运经营）；道路运输相关业务包括站（场）经营、机动车维修经营、机动车驾驶员培训。

第三条 从事道路运输经营以及道路运输相关业务，应当依法经营，诚实信用，公平竞争。

第四条 道路运输管理，应当公平、公正、公开和便民。

第五条 国家鼓励发展乡村道路运输，并采取必要的措施提高乡镇和行政村的通班车率，满足广大农民的生活和生产需要。

第六条 国家鼓励道路运输企业实行规模化、集约化经营。任何单位和个人不得封锁或者垄断道路运输市场。

第七条 国务院交通主管部门主管全国道路运输管理工作。

县级以上地方人民政府交通主管部门负责组织领导本行政区域的道路运输管理工作。

县级以上道路运输管理机构负责具体实施道路运输管理工作。

第二章 道路运输经营

第一节 客 运

第八条 申请从事客运经营的，应当具备下列条件：

（一）有与其经营业务相适应并经检测合格的车辆；

（二）有符合本条例第九条规定条件的驾驶人员；

（三）有健全的安全生产管理制度。

申请从事班线客运经营的，还应当有明确的线路和站点方案。

第九条　从事客运经营的驾驶人员,应当符合下列条件:

(一)取得相应的机动车驾驶证;

(二)年龄不超过60周岁;

(三)3年内无重大以上交通责任事故记录;

(四)经设区的市级道路运输管理机构对有关客运法律法规、机动车维修和旅客急救基本知识考试合格。

第十条　申请从事客运经营的,应当按照下列规定提出申请并提交符合本条例第八条规定条件的相关材料:

(一)从事县级行政区域内客运经营的,向县级道路运输管理机构提出申请;

(二)从事省、自治区、直辖市行政区域内跨2个县级以上行政区域客运经营的,向其共同的上一级道路运输管理机构提出申请;

(三)从事跨省、自治区、直辖市行政区域客运经营的,向所在地的省、自治区、直辖市道路运输管理机构提出申请。

依照前款规定收到申请的道路运输管理机构,应当自受理申请之日起20日内审查完毕,作出许可或者不予许可的决定。予以许可的,向申请人颁发道路运输经营许可证,并向申请人投入运输的车辆配发车辆营运证;不予许可的,应当书面通知申请人并说明理由。

对从事跨省、自治区、直辖市行政区域客运经营的申请,有关省、自治区、直辖市道路运输管理机构依照本条第二款规定颁发道路运输经营许可证前,应当与运输线路目的地的省、自治区、直辖市道路运输管理机构协商;协商不成的,应当报国务院交通主管部门决定。

客运经营者应当持道路运输经营许可证依法向工商行政管理机关办理有关登记手续。

第十一条　取得道路运输经营许可证的客运经营者,需要增加客运班线的,应当依照本条例第十条的规定办理有关手续。

第十二条　县级以上道路运输管理机构在审查客运申请时,应当考虑客运市场的供求状况、普遍服务和方便群众等因素。

同一线路有3个以上申请人时,可以通过招标的形式作出许可决定。

第十三条　县级以上道路运输管理机构应当定期公布客运市场供求状况。

第十四条　客运班线的经营期限为4年到8年。经营期限届满需要延续客运班线经营许可的,应当重新提出申请。

第十五条　客运经营者需要终止客运经营的,应当在终止前30日内告知原许可机关。

第十六条　客运经营者应当为旅客提供良好的乘车环境,保持车辆清洁、卫生,并采取必要的措施防止在运输过程中发生侵害旅客人身、财产安全的违法行为。

第十七条　旅客应当持有效客票乘车,遵守乘车秩序,讲究文明卫生,不得携带国家规定的危险物品及其他禁止携带的物品乘车。

第十八条　班线客运经营者取得道路运输经营许可证后,应当向公众连续提供运输服务,不得擅自暂停、终止或者转让班线运输。

第十九条　从事包车客运的,应当按照约定的起始地、目的地和线路运输。

从事旅游客运的,应当在旅游区域按照旅游线路运输。

第二十条　客运经营者不得强迫旅客乘车,不得甩客、敲诈旅客;不得擅自更换运输车辆。

第二十一条　客运经营者在运输过程中造成旅客人身伤亡,行李毁损、灭失,当事人对赔偿数额有约定的,依照其约定;没有约定的,参照国家有关港口间海上旅客运输和铁路旅客运输赔偿责任限额的规定办理。

第二节　货　运

第二十二条　申请从事货运经营的,应当具备下列条件:

(一)有与其经营业务相适应并经检测合格的车辆;

(二)有符合本条例第二十三条规定条件的驾驶人员;

(三)有健全的安全生产管理制度。

第二十三条　从事货运经营的驾驶人员,应当符合下列条件:

(一)取得相应的机动车驾驶证;

(二)年龄不超过 60 周岁;

(三)经设区的市级道路运输管理机构对有关货运法律法规、机动车维修和货物装载保管基本知识考试合格。

第二十四条　申请从事危险货物运输经营的,还应当具备下列条件:

(一)有 5 辆以上经检测合格的危险货物运输专用车辆、设备;

(二)有经所在地设区的市级人民政府交通主管部门考试合格,取得上岗资格证的驾驶人员、装卸管理人员、押运人员;

(三)危险货物运输专用车辆配有必要的通讯工具;

(四)有健全的安全生产管理制度。

第二十五条　申请从事货运经营的,应当按照下列规定提出申请并分别提交符合本条例第二十二条、第二十四条规定条件的相关材料:

(一)从事危险货物运输经营以外的货运经营的,向县级道路运输管理机构提出申请;

(二)从事危险货物运输经营的,向设区的市级道路运输管理机构提出申请。

依照前款规定收到申请的道路运输管理机构,应当自受理申请之日起 20 日内审查完毕,作出许可或者不予许可的决定。予以许可的,向申请人颁发道路运输经营许可证,并向申请人投入运输的车辆配发车辆营运证;不予许可的,应当书面通知申请人并说明理由。

货运经营者应当持道路运输经营许可证依法向工商行政管理机关办理有关登记手续。

第二十六条　货运经营者不得运输法律、行政法规禁止运输的货物。

法律、行政法规规定必须办理有关手续后方可运输的货物,货运经营者应当查验有关手续。

第二十七条　国家鼓励货运经营者实行封闭式运输,保证环境卫生和货物运输安全。

货运经营者应当采取必要措施,防止货物脱落、扬撒等。

运输危险货物应当采取必要措施,防止危险货物燃烧、爆炸、辐射、泄漏等。

第二十八条　运输危险货物应当配备必要的押运人员,保证危险货物处于押运人员的监管之下,并悬挂明显的危险货物运输标志。

托运危险货物的,应当向货运经营者说明危险货物的品名、性质、应急处置方法等情况,并严格按照国家有关规定包装,设置明显标志。

第三节　客运和货运的共同规定

第二十九条　客运经营者、货运经营者应当加强对从业人员的安全教育、职业道德教育,确保道路运输安全。

道路运输从业人员应当遵守道路运输操作规程,不得违章作业。驾驶人员连续驾驶时间不得超过 4 个小时。

第三十条　生产(改装)客运车辆、货运车辆的企业应当按照国家规定标定车辆的核定人数或者载重量,严禁多标或者少标车辆的核定人数或者载重量。

客运经营者、货运经营者应当使用符合国家规定标准的车辆从事道路运输经营。

第三十一条 客运经营者、货运经营者应当加强对车辆的维护和检测,确保车辆符合国家规定的技术标准;不得使用报废的、擅自改装的和其他不符合国家规定的车辆从事道路运输经营。

第三十二条 客运经营者、货运经营者应当制定有关交通事故、自然灾害以及其他突发事件的道路运输应急预案。应急预案应当包括报告程序、应急指挥、应急车辆和设备的储备以及处置措施等内容。

第三十三条 发生交通事故、自然灾害以及其他突发事件,客运经营者和货运经营者应当服从县级以上人民政府或者有关部门的统一调度、指挥。

第三十四条 道路运输车辆应当随车携带车辆营运证,不得转让、出租。

第三十五条 道路运输车辆运输旅客的,不得超过核定的人数,不得违反规定载货;运输货物的,不得运输旅客,运输的货物应当符合核定的载重量,严禁超载;载物的长、宽、高不得违反装载要求。

违反前款规定的,由公安机关交通管理部门依照《中华人民共和国道路交通安全法》的有关规定进行处罚。

第三十六条 客运经营者、危险货物运输经营者应当分别为旅客或者危险货物投保承运人责任险。

第三章 道路运输相关业务

第三十七条 申请从事道路运输站(场)经营的,应当具备下列条件:

(一)有经验收合格的运输站(场);

(二)有相应的专业人员和管理人员;

(三)有相应的设备、设施;

(四)有健全的业务操作规程和安全管理制度。

第三十八条 申请从事机动车维修经营的,应当具备下列条件:

(一)有相应的机动车维修场地;

(二)有必要的设备、设施和技术人员;

(三)有健全的机动车维修管理制度;

(四)有必要的环境保护措施。

第三十九条 申请从事机动车驾驶员培训的,应当具备下列条件:

(一)有健全的培训机构和管理制度;

(二)有与培训业务相适应的教学人员、管理人员;

(三)有必要的教学车辆和其他教学设施、设备、场地。

第四十条 申请从事道路运输站(场)经营、机动车维修经营和机动车驾驶员培训业务的,应当向所在地县级道路运输管理机构提出申请,并分别附送符合本条例第三十七条、第三十八条、第三十九条规定条件的相关材料。县级道路运输管理机构应当自受理申请之日起15日内审查完毕,作出许可或者不予许可的决定,并书面通知申请人。

道路运输站(场)经营者、机动车维修经营者和机动车驾驶员培训机构,应当持许可证明依法向工商行政管理机关办理有关登记手续。

第四十一条 道路运输站(场)经营者应当对出站的车辆进行安全检查,禁止无证经营的车辆进站从事经营活动,防止超载车辆或者未经安全检查的车辆出站。

道路运输站(场)经营者应当公平对待使用站(场)的客运经营者和货运经营者,无正当理由不得拒绝道路运输车辆进站从事经营活动。

道路运输站（场）经营者应当向旅客和货主提供安全、便捷、优质的服务；保持站（场）卫生、清洁；不得随意改变站（场）用途和服务功能。

第四十二条 道路旅客运输站（场）经营者应当为客运经营者合理安排班次，公布其运输线路、起止经停站点、运输班次、始发时间、票价，调度车辆进站、发车，疏导旅客，维持上下车秩序。

道路旅客运输站（场）经营者应当设置旅客购票、候车、行李寄存和托运等服务设施，按照车辆核定载客限额售票，并采取措施防止携带危险品的人员进站乘车。

第四十三条 道路货物运输站（场）经营者应当按照国务院交通主管部门规定的业务操作规程装卸、储存、保管货物。

第四十四条 机动车维修经营者应当按照国家有关技术规范对机动车进行维修，保证维修质量，不得使用假冒伪劣配件维修机动车。

机动车维修经营者应当公布机动车维修工时定额和收费标准，合理收取费用。

第四十五条 机动车维修经营者对机动车进行二级维护、总成修理或者整车修理的，应当进行维修质量检验。检验合格的，维修质量检验人员应当签发机动车维修合格证。

机动车维修实行质量保证期制度。质量保证期内因维修质量原因造成机动车无法正常使用的，机动车维修经营者应当无偿返修。

机动车维修质量保证期制度的具体办法，由国务院交通主管部门制定。

第四十六条 机动车维修经营者不得承修已报废的机动车，不得擅自改装机动车。

第四十七条 机动车驾驶员培训机构应当按照国务院交通主管部门规定的教学大纲进行培训，确保培训质量。培训结业的，应当向参加培训的人员颁发培训结业证书。

第四章 国际道路运输

第四十八条 国务院交通主管部门应当及时向社会公布中国政府与有关国家政府签署的双边或者多边道路运输协定确定的国际道路运输线路。

第四十九条 申请从事国际道路运输经营的，应当具备下列条件：

（一）依照本条例第十条、第二十五条规定取得道路运输经营许可证的企业法人；

（二）在国内从事道路运输经营满3年，且未发生重大以上道路交通责任事故。

第五十条 申请从事国际道路运输的，应当向省、自治区、直辖市道路运输管理机构提出申请并提交符合本条例第四十九条规定条件的相关材料。省、自治区、直辖市道路运输管理机构应当自受理申请之日起20日内审查完毕，作出批准或者不予批准的决定。予以批准的，应当向国务院交通主管部门备案；不予批准的，应当向当事人说明理由。

国际道路运输经营者应当持批准文件依法向有关部门办理相关手续。

第五十一条 中国国际道路运输经营者应当在其投入运输车辆的显著位置，标明中国国籍识别标志。

外国国际道路运输经营者的车辆在中国境内运输，应当标明本国国籍识别标志，并按照规定的运输线路行驶；不得擅自改变运输线路，不得从事起止地都在中国境内的道路运输经营。

第五十二条 在口岸设立的国际道路运输管理机构应当加强对出入口岸的国际道路运输的监督管理。

第五十三条 外国国际道路运输经营者经国务院交通主管部门批准，可以依法在中国境内设立常驻代表机构。常驻代表机构不得从事经营活动。

第五章　执法监督

第五十四条　县级以上人民政府交通主管部门应当加强对道路运输管理机构实施道路运输管理工作的指导监督。

第五十五条　道路运输管理机构应当加强执法队伍建设，提高其工作人员的法制、业务素质。

道路运输管理机构的工作人员应当接受法制和道路运输管理业务培训、考核，考核不合格的，不得上岗执行职务。

第五十六条　上级道路运输管理机构应当对下级道路运输管理机构的执法活动进行监督。

道路运输管理机构应当建立健全内部监督制度，对其工作人员执法情况进行监督检查。

第五十七条　道路运输管理机构及其工作人员执行职务时，应当自觉接受社会和公民的监督。

第五十八条　道路运输管理机构应当建立道路运输举报制度，公开举报电话号码、通信地址或者电子邮件信箱。

任何单位和个人都有权对道路运输管理机构的工作人员滥用职权、徇私舞弊的行为进行举报。交通主管部门、道路运输管理机构及其他有关部门收到举报后，应当依法及时查处。

第五十九条　道路运输管理机构的工作人员应当严格按照职责权限和程序进行监督检查，不得乱设卡、乱收费、乱罚款。

道路运输管理机构的工作人员应当重点在道路运输及相关业务经营场所、客货集散地进行监督检查。

道路运输管理机构的工作人员在公路路口进行监督检查时，不得随意拦截正常行驶的道路运输车辆。

第六十条　道路运输管理机构的工作人员实施监督检查时，应当有2名以上人员参加，并向当事人出示执法证件。

第六十一条　道路运输管理机构的工作人员实施监督检查时，可以向有关单位和个人了解情况，查阅、复制有关资料。但是，应当保守被调查单位和个人的商业秘密。

被监督检查的单位和个人应当接受依法实施的监督检查，如实提供有关资料或者情况。

第六十二条　道路运输管理机构的工作人员在实施道路运输监督检查过程中，发现车辆超载行为的，应当立即予以制止，并采取相应措施安排旅客改乘或者强制卸货。

第六十三条　道路运输管理机构的工作人员在实施道路运输监督检查过程中，对没有车辆营运证又无法当场提供其他有效证明的车辆予以暂扣的，应当妥善保管，不得使用，不得收取或者变相收取保管费用。

第六章　法律责任

第六十四条　违反本条例的规定，未取得道路运输经营许可，擅自从事道路运输经营的，由县级以上道路运输管理机构责令停止经营；有违法所得的，没收违法所得，处违法所得2倍以上10倍以下的罚款；没有违法所得或者违法所得不足2万元的，处3万元以上10万元以下的罚款；构成犯罪的，依法追究刑事责任。

第六十五条　不符合本条例第九条、第二十三条规定条件的人员驾驶道路运输经营车辆的，由县级以上道路运输管理机构责令改正，处200元以上2000元以下的罚款；构成犯罪的，依法追究刑事责任。

第六十六条　违反本条例的规定,未经许可擅自从事道路运输站(场)经营、机动车维修经营、机动车驾驶员培训的,由县级以上道路运输管理机构责令停止经营;有违法所得的,没收违法所得,处违法所得 2 倍以上 10 倍以下的罚款;没有违法所得或者违法所得不足 1 万元的,处 2 万元以上 5 万元以下的罚款;构成犯罪的,依法追究刑事责任。

第六十七条　违反本条例的规定,客运经营者、货运经营者、道路运输相关业务经营者非法转让、出租道路运输许可证件的,由县级以上道路运输管理机构责令停止违法行为,收缴有关证件,处 2000 元以上 1 万元以下的罚款;有违法所得的,没收违法所得。

第六十八条　违反本条例的规定,客运经营者、危险货物运输经营者未按规定投保承运人责任险的,由县级以上道路运输管理机构责令限期投保;拒不投保的,由原许可机关吊销道路运输经营许可证。

第六十九条　违反本条例的规定,客运经营者、货运经营者不按照规定携带车辆营运证的,由县级以上道路运输管理机构责令改正,处警告或者 20 元以上 200 元以下的罚款。

第七十条　违反本条例的规定,客运经营者、货运经营者有下列情形之一的,由县级以上道路运输管理机构责令改正,处 1000 元以上 3000 元以下的罚款;情节严重的,由原许可机关吊销道路运输经营许可证:

(一)不按批准的客运站点停靠或者不按规定的线路、公布的班次行驶的;

(二)强行招揽旅客、货物的;

(三)在旅客运输途中擅自变更运输车辆或者将旅客移交他人运输的;

(四)未报告原许可机关,擅自终止客运经营的;

(五)没有采取必要措施防止货物脱落、扬撒等的。

第七十一条　违反本条例的规定,客运经营者、货运经营者不按规定维护和检测运输车辆的,由县级以上道路运输管理机构责令改正,处 1000 元以上 5000 元以下的罚款。

违反本条例的规定,客运经营者、货运经营者擅自改装已取得车辆营运证的车辆的,由县级以上道路运输管理机构责令改正,处 5000 元以上 2 万元以下的罚款。

第七十二条　违反本条例的规定,道路运输站(场)经营者允许无证经营的车辆进站从事经营活动以及超载车辆、未经安全检查的车辆出站或者无正当理由拒绝道路运输车辆进站从事经营活动的,由县级以上道路运输管理机构责令改正,处 1 万元以上 3 万元以下的罚款。

违反本条例的规定,道路运输站(场)经营者擅自改变道路运输站(场)的用途和服务功能,或者不公布运输线路、起止经停站点、运输班次、始发时间、票价的,由县级以上道路运输管理机构责令改正;拒不改正的,处 3000 元的罚款;有违法所得的,没收违法所得。

第七十三条　违反本条例的规定,机动车维修经营者使用假冒伪劣配件维修机动车,承修已报废的机动车或者擅自改装机动车的,由县级以上道路运输管理机构责令改正;有违法所得的,没收违法所得,处违法所得 2 倍以上 10 倍以下的罚款;没有违法所得或者违法所得不足 1 万元的,处 2 万元以上 5 万元以下的罚款,没收假冒伪劣配件及报废车辆;情节严重的,由原许可机关吊销其经营许可;构成犯罪的,依法追究刑事责任。

第七十四条　违反本条例的规定,机动车维修经营者签发虚假的机动车维修合格证,由县级以上道路运输管理机构责令改正;有违法所得的,没收违法所得,处违法所得 2 倍以上 10 倍以下的罚款;没有违法所得或者违法所得不足 3000 元的,处 5000 元以上 2 万元以下的罚款;情节严重的,由原许可机关吊销其经营许可;构成犯罪的,依法追究刑事责任。

第七十五条　违反本条例的规定,机动车驾驶员培训机构不严格按照规定进行培训或者在培训结业证书发放时弄虚作假的,由县级以上道路运输管理机构责令改正;拒不改正的,由原许可机关吊销其经营许可。

第七十六条　违反本条例的规定,外国国际道路运输经营者未按照规定的线路运输,擅自从事中国境内道路运输或者未标明国籍识别标志的,由省、自治区、直辖市道路运输管理机构责令停止运输;有违法所得的,没收违法所得,处违法所得2倍以上10倍以下的罚款;没有违法所得或者违法所得不足1万元的,处3万元以上6万元以下的罚款。

第七十七条　违反本条例的规定,道路运输管理机构的工作人员有下列情形之一的,依法给予行政处分;构成犯罪的,依法追究刑事责任:

(一)不依照本条例规定的条件、程序和期限实施行政许可的;

(二)参与或者变相参与道路运输经营以及道路运输相关业务的;

(三)发现违法行为不及时查处的;

(四)违反规定拦截、检查正常行驶的道路运输车辆的;

(五)违法扣留运输车辆、车辆营运证的;

(六)索取、收受他人财物,或者谋取其他利益的;

(七)其他违法行为。

第七章　附　则

第七十八条　内地与香港特别行政区、澳门特别行政区之间的道路运输,参照本条例的有关规定执行。

第七十九条　外商可以依照有关法律、行政法规和国家有关规定,在中华人民共和国境内采用中外合资、中外合作、独资形式投资有关的道路运输经营以及道路运输相关业务。

第八十条　从事非经营性危险货物运输的,应当遵守本条例有关规定。

第八十一条　道路运输管理机构依照本条例发放经营许可证件和车辆营运证,可以收取工本费。工本费的具体收费标准由省、自治区、直辖市人民政府财政部门、价格主管部门会同同级交通主管部门核定。

第八十二条　出租车客运和城市公共汽车客运的管理办法由国务院另行规定。

第八十三条　本条例自2004年7月1日起施行。

第二部分
国务院及安委会规范性文件

国务院关于进一步加强安全生产工作的决定

国发〔2004〕2 号

安全生产关系人民群众的生命财产安全,关系改革发展和社会稳定大局。党中央、国务院高度重视安全生产工作,建国以来特别是改革开放以来,采取了一系列重大举措加强安全生产工作。颁布实施了《中华人民共和国安全生产法》(以下简称《安全生产法》)等法律法规,明确了安全生产责任;初步建立了安全生产监管体系,安全生产监督管理得到加强;对重点行业和领域集中开展了安全生产专项整治,生产经营秩序和安全生产条件有所改善,安全生产状况总体上趋于稳定好转。但是,目前全国的安全生产形势依然严峻,煤矿、道路交通运输、建筑等领域伤亡事故多发的状况尚未根本扭转;安全生产基础比较薄弱,保障体系和机制不健全;部分地方和生产经营单位安全意识不强,责任不落实,投入不足;安全生产监督管理机构、队伍建设以及监管工作亟待加强。为了进一步加强安全生产工作,尽快实现我国安全生产局面的根本好转,特作如下决定。

一、提高认识,明确指导思想和奋斗目标

1. 充分认识安全生产工作的重要性。搞好安全生产工作,切实保障人民群众的生命财产安全,体现了最广大人民群众的根本利益,反映了先进生产力的发展要求和先进文化的前进方向。做好安全生产工作是全面建设小康社会、统筹经济社会全面发展的重要内容,是实施可持续发展战略的组成部分,是政府履行社会管理和市场监管职能的基本任务,是企业生存发展的基本要求。我国目前尚处于社会主义初级阶段,要实现安全生产状况的根本好转,必须付出持续不懈的努力。各地区、各部门要把安全生产作为一项长期艰巨的任务,警钟长鸣,常抓不懈,从全面贯彻落实"三个代表"重要思想,维护人民群众生命财产安全的高度,充分认识加强安全生产工作的重要意义和现实紧迫性,动员全社会力量,齐抓共管,全力推进。

2. 指导思想。认真贯彻"三个代表"重要思想,适应全面建设小康社会的要求和完善社会主义市场经济体制的新形势,坚持"安全第一,预防为主"的基本方针,进一步强化政府对安全生产工作的领导,大力推进安全生产各项工作,落实生产经营单位安全生产主体责任,加强安全生产监督管理;大力推进安全生产监管体制、安全生产法制和执法队伍"三项建设",建立安全生产长效机制,实施科技兴安战略,积极采用先进的安全管理方法和安全生产技术,努力实现全国安全生产状况的根本好转。

3. 奋斗目标。到 2007 年,建立起较为完善的安全生产监管体系,全国安全生产状况稳定好转,矿山、危险化学品、建筑等重点行业和领域事故多发状况得到扭转,工矿企业事故死亡人数、煤矿百万吨死亡率、道路交通运输万车死亡率等指标均有一定幅度的下降。到 2010 年,初步形成规范完善的安全生产法治秩序,全国安全生产状况明显好转,重特大事故得到有效遏制,各类生产安全事故和死亡人数有较大幅度的下降。力争到 2020 年,我国安全生产状况实现根本性好转,亿元国内生产总值死亡率、十万人死亡率等指标达到或者接近世界中等发达国家水平。

二、完善政策,大力推进安全生产各项工作

4. 加强产业政策的引导。制定和完善产业政策,调整和优化产业结构。逐步淘汰技术落

后、浪费资源和环境污染严重的工艺技术、装备及不具备安全生产条件的企业。通过兼并、联合、重组等措施，积极发展跨区域、跨行业经营的大公司、大集团和大型生产供应基地，提高有安全生产保障企业的生产能力。

5. 加大政府对安全生产的投入。加强安全生产基础设施建设和支撑体系建设，加大对企业安全生产技术改造的支持力度。运用长期建设国债和预算内基本建设投资，支持大中型国有煤炭企业的安全生产技术改造。各级地方人民政府要重视安全生产基础设施建设资金的投入，并积极支持企业安全技术改造，对国家安排的安全生产专项资金，地方政府要加强监督管理，确保专款专用，并安排配套资金予以保障。

6. 深化安全生产专项整治。坚持把矿山，道路和水上交通运输、危险化学品、民用爆破器材和烟花爆竹、人员密集场所消防安全等方面的安全生产专项整治，作为整顿和规范社会主义市场经济秩序的一项重要任务，持续不懈地抓下去。继续关闭取缔非法和不具备安全生产条件的小矿小厂，经营网点，遏制低水平重复建设。开展公路货车超限超载治理，保障道路交通运输安全。把安全生产专项整治与依法落实生产经营单位安全生产保障制度、加强日常监督管理以及建立安全生产长效机制结合起来，确保整治工作取得实效。

7. 健全完善安全生产法制。对《安全生产法》确立的各项法律制度，要抓紧制定配套法规规章。认真做好各项安全生产技术规范、标准的制定修订工作。各地区要结合本地实际，制定和完善《安全生产法》配套实施办法和措施。加大安全生产法律法规的学习宣传和贯彻力度，普及安全生产法律知识，增强全民安全生产法制观念。

8. 建立生产安全应急救援体系。加快全国生产安全应急救援体系建设，尽快建立国家生产安全应急救援指挥中心，充分利用现有的应急救援资源，建立具有快速反应能力的专业化救援队伍，提高救援装备水平，增强生产安全事故的抢险救援能力。加强区域性生产安全应急救援基地建设。搞好重大危险源的普查登记，加强国家、省（区、市）、市（地）、县（市）四级重大危险源监控工作，建立应急救援预案和生产安全预警机制。

9. 加强安全生产科技和技术开发。加强安全生产科学学科建设，积极发展安全生产普通高等教育，培养和造就更多的安全生产科技和管理人才。加大科技投入力度，充分利用高等院校、科研机构、社会团体等安全生产科研资源，加强安全生产基础研究和应用研究。建立国家安全生产信息管理系统，提高安全生产信息统计的准确性、科学性和权威性。积极开展安全生产领域的国际交流与合作，加快先进的生产安全技术引进、消化、吸收和自主创新步伐。

三、强化管理，落实生产经营单位安全生产主体责任

10. 依法加强和改进生产经营单位安全管理。强化生产经营单位安全生产主体地位，进一步明确安全生产责任，全面落实安全保障的各项法律法规。生产经营单位要根据《安全生产法》等有关法律规定，设置安全生产管理机构或者配备专职（或兼职）安全生产管理人员。保证安全生产的必要投入，积极采用安全性能可靠的新技术、新工艺、新设备和新材料，不断改善安全生产条件。改进生产经营单位安全管理，积极采用职业安全健康管理体系认证、风险评估、安全评价等方法，落实各项安全防范措施，提高安全生产管理水平。

11. 开展安全质量标准化活动。制定和颁布重点行业、领域安全生产技术规范和安全生产质量工作标准，在全国所有的工矿、商贸、交通、建筑施工等企业普遍开展安全质量标准化活动。企业生产流程各环节、各岗位要建立严格的安全生产质量责任制。生产经营活动和行为，必须符合安全生产有关法律法规和安全生产技术规范的要求，做到规范化和标准化。

12. 搞好安全生产技术培训。加强安全生产培训工作，整合培训资源，完善培训网络，加大

培训力度,提高培训质量。生产经营单位必须对所有从业人员进行必要的安全生产技术培训,其主要负责人及有关经营管理人员、重要工种人员必须按照有关法律、法规的规定,接受规范的安全生产培训,经考试合格,持证上岗。完善注册安全工程师考试、任职、考核制度。

13. 建立企业提取安全费用制度。为了保证安全生产所需资金投入,形成企业安全生产投入的长效机制,借鉴煤矿提取安全费用的经验,在条件成熟后,逐步建立对高危行业生产企业提取安全费用制度。企业安全费用的提取,要根据地区和行业的特点,分别确定提取标准,由企业自行提取,专户储存,专项用于安全生产。

14. 依法加大生产经营单位对伤亡事故的经济赔偿。生产经营单位必须认真执行工伤保险制度,依法参加工伤保险,及时为从业人员交纳保险费。同时,依据《安全生产法》等有关法律法规,向受到生产安全事故伤害的员工或家属支付赔偿金。进一步提高企业生产安全事故伤亡赔偿标准,建立企业负责人自觉保障安全投入,努力减少事故的机制。

四、完善制度,加强安全生产监督管理

15. 加强地方各级安全生产监管机构和执法队伍建设。县级以上各级地方人民政府要依照《安全生产法》的规定,建立健全安全生产监管机构,充实必要的人员,加强安全生产监管队伍建设,提高安全生产监管工作的权威,切实履行安全生产监管职能。完善煤矿安全生产监察体制,进一步加强煤矿安全生产监察队伍建设和监察执法工作。

16. 建立安全生产控制指标体系。要制订全国安全生产中长期发展规划,明确年度安全生产控制指标,建立全国和分省(区、市)的控制指标体系,对安全生产情况实行定量控制和考核。从 2004 年起,国家向各省(区、市)人民政府下达年度安全生产各项控制指标,并进行跟踪检查和监督考核。对各省(区、市)安全生产控制指标完成情况,国家安全生产监督管理部门将通过新闻发布会、政府公告、简报等形式,每季度公布一次。

17. 建立安全生产行政许可制度。把安全生产纳入国家行政许可的范围,在各行业的行政许可制度中,把安全生产作为一项重要内容,从源头上制止不具备安全生产条件的企业进入市场。开办企业必须具备法律规定的安全生产条件,依法向政府有关部门申请、办理安全生产许可证,持证生产经营。新建、改建、扩建项目的安全设施必须与主体工程同时设计、同时施工、同时投入生产和使用(简称"三同时"),对未通过"三同时"审查的建设项目,有关部门不予办理行政许可手续,企业不准开工投产。

18. 建立企业安全生产风险抵押金制度。为强化生产经营单位的安全生产责任,各地区可结合实际,依法对矿山、道路交通运输、建筑施工、危险化学品、烟花爆竹等领域从事生产经营活动的企业,收取一定数额的安全生产风险抵押金,企业生产经营期间发生生产安全事故的,转作事故抢险救灾和善后处理所需资金。具体办法由国家安全生产监督管理部门会同财政部研究制定。

19. 强化安全生产监管监察行政执法。各级安全生产监管监察机构要增强执法意识,做到严格、公正、文明执法。依法对生产经营单位安全生产情况进行监督检查,指导督促生产经营单位建立健全安全生产责任制,落实各项防范措施。组织开展好企业安全评估,搞好分类指导和重点监管。对严重忽视安全生产的企业及其负责人或业主,要依法加大行政执法和经济处罚的力度。认真查处各类事故,坚持事故原因未查清不放过、责任人员未处理不放过、整改措施未落实不放过、有关人员未受到教育不放过的"四不放过"原则,不仅要追究事故直接责任人的责任,同时要追究有关负责人的领导责任。

20. 加强对小企业的安全生产监管。小企业是安全生产管理的薄弱环节,各地要高度重视

小企业的安全生产工作,切实加强监督管理。从组织领导、工作机制和安全投入等方面入手,逐步探索出一套行之有效的监管办法。坚持寓监督管理于服务之中,积极为小企业提供安全技术、人才、政策咨询等方面的服务,加强检查指导,督促帮助小企业搞好安全生产。要重视解决小煤矿安全生产投入问题,对乡镇及个体煤矿,要严格监督其按照有关规定提取安全费用。

五、加强领导,形成齐抓共管的合力

21. 认真落实各级领导安全生产责任。地方各级人民政府要建立健全领导干部安全生产责任制,把安全生产作为干部政绩考核的重要内容,逐级抓好落实。特别要加强县乡两级领导干部安全生产责任制的落实。加强对地方领导干部的安全知识培训和安全生产监管人员的执法业务培训。国家组织对市(地)、县(市)两级政府分管安全生产工作的领导干部进行培训;各省(区、市)要对县级以上安全生产监管部门负责人,分期分批进行执法能力培训。依法严肃查处事故责任,对存在失职、渎职行为,或对事故发生负有领导责任的地方政府、企业领导人,要依照有关法律法规严格追究责任。严厉惩治安全生产领域的腐败现象和黑恶势力。

22. 构建全社会齐抓共管的安全生产工作格局。地方各级人民政府每季度至少召开一次安全生产例会,分析、部署、督促和检查本地区的安全生产工作;大力支持并帮助解决安全生产监管部门在行政执法中遇到的困难和问题。各级安全生产委员会及其办公室要积极发挥综合协调作用。安全生产综合监管及其他负有安全生产监督管理职责的部门要在政府的统一领导下,依照有关法律法规的规定,各负其责,密切配合,切实履行安全监管职能。各级工会、共青团组织要围绕安全生产,发挥各自优势,开展群众性安全生产活动。充分发挥各类协会、学会、中心等中介机构和社团组织的作用,构建信息、法律、技术装备、宣传教育、培训和应急救援等安全生产支撑体系。强化社会监督、群众监督和新闻媒体监督,丰富全国"安全生产月"、"安全生产万里行"等活动内容,努力构建"政府统一领导、部门依法监管、企业全面负责、群众参与监督、全社会广泛支持"的安全生产工作格局。

23. 做好宣传教育和舆论引导工作。把安全生产宣传教育纳入宣传思想工作的总体布局,坚持正确的舆论导向,大力宣传党和国家安全生产方针政策、法律法规和加强安全生产工作的重大举措,宣传安全生产工作的先进典型和经验;对严重忽视安全生产、导致重特大事故发生的典型事例要予以曝光。在大中专院校和中小学开设安全知识课程,提高青少年在道路交通、消防、城市燃气等方面的识灾和防灾能力。通过广泛深入的宣传教育,不断增强群众依法自我安全保护的意识。

各地区、各部门和各单位要加强调查研究,注意发现安全生产工作中出现的新情况,研究新问题,推进安全生产理论、监管体制和机制、监管方式和手段、安全科技、安全文化等方面的创新,不断增强安全生产工作的针对性和实效性,努力开创我国安全生产工作的新局面,为了完善社会主义市场经济体制,实现党的十六大提出的全面建设小康社会的宏伟目标创造安全稳定的环境。

国务院关于进一步加强企业安全生产工作的通知

国发〔2010〕23 号

各省、自治区、直辖市人民政府，国务院各部委、各直属机构：

　　近年来，全国生产安全事故逐年下降，安全生产状况总体稳定、趋于好转，但形势依然十分严峻，事故总量仍然很大，非法违法生产现象严重，重特大事故多发频发，给人民群众生命财产安全造成重大损失，暴露出一些企业重生产轻安全、安全管理薄弱、主体责任不落实，一些地方和部门安全监管不到位等突出问题。为进一步加强安全生产工作，全面提高企业安全生产水平，现就有关事项通知如下：

一、总体要求

　　1. 工作要求。深入贯彻落实科学发展观，坚持以人为本，牢固树立安全发展的理念，切实转变经济发展方式，调整产业结构，提高经济发展的质量和效益，把经济发展建立在安全生产有可靠保障的基础上；坚持"安全第一、预防为主、综合治理"的方针，全面加强企业安全管理，健全规章制度，完善安全标准，提高企业技术水平，夯实安全生产基础；坚持依法依规生产经营，切实加强安全监管，强化企业安全生产主体责任落实和责任追究，促进我国安全生产形势实现根本好转。

　　2. 主要任务。以煤矿、非煤矿山、交通运输、建筑施工、危险化学品、烟花爆竹、民用爆炸物品、冶金等行业（领域）为重点，全面加强企业安全生产工作。要通过更加严格的目标考核和责任追究，采取更加有效的管理手段和政策措施，集中整治非法违法生产行为，坚决遏制重特大事故发生；要尽快建成完善的国家安全生产应急救援体系，在高危行业强制推行一批安全适用的技术装备和防护设施，最大程度减少事故造成的损失；要建立更加完善的技术标准体系，促进企业安全生产技术装备全面达到国家和行业标准，实现我国安全生产技术水平的提高；要进一步调整产业结构，积极推进重点行业的企业重组和矿产资源开发整合，彻底淘汰安全性能低下、危及安全生产的落后产能；以更加有力的政策引导，形成安全生产长效机制。

二、严格企业安全管理

　　3. 进一步规范企业生产经营行为。企业要健全完善严格的安全生产规章制度，坚持不安全不生产。加强对生产现场监督检查，严格查处违章指挥、违规作业、违反劳动纪律的"三违"行为。凡超能力、超强度、超定员组织生产的，要责令停产停工整顿，并对企业和企业主要负责人依法给予规定上限的经济处罚。对以整合、技改名义违规组织生产，以及规定期限内未实施改造或故意拖延工期的矿井，由地方政府依法予以关闭。要加强对境外中资企业安全生产工作的指导和管理，严格落实境内投资主体和派出企业的安全生产监督责任。

　　4. 及时排查治理安全隐患。企业要经常性开展安全隐患排查，并切实做到整改措施、责任、资金、时限和预案"五到位"。建立以安全生产专业人员为主导的隐患整改效果评价制度，确保整改到位。对隐患整改不力造成事故的，要依法追究企业和企业相关负责人的责任。对停产整改逾期未完成的不得复产。

　　5. 强化生产过程管理的领导责任。企业主要负责人和领导班子成员要轮流现场带班。煤矿、非煤矿山要有矿领导带班并与工人同时下井、同时升井，对无企业负责人带班下井或该带班而未带班的，对有关责任人按擅离职守处理，同时给予规定上限的经济处罚。发生事故而没有领导现场带班的，对企业给予规定上限的经济处罚，并依法从重追究企业主要负责人的责任。

6. 强化职工安全培训。企业主要负责人和安全生产管理人员、特殊工种人员一律严格考核，按国家有关规定持职业资格证书上岗；职工必须全部经过培训合格后上岗。企业用工要严格依照劳动合同法与职工签订劳动合同。凡存在不经培训上岗、无证上岗的企业，依法停产整顿。没有对井下作业人员进行安全培训教育，或存在特种作业人员无证上岗的企业，情节严重的要依法予以关闭。

7. 全面开展安全达标。深入开展以岗位达标、专业达标和企业达标为内容的安全生产标准化建设，凡在规定时间内未实现达标的企业要依法暂扣其生产许可证、安全生产许可证，责令停产整顿；对整改逾期未达标的，地方政府要依法予以关闭。

三、建设坚实的技术保障体系

8. 加强企业生产技术管理。强化企业技术管理机构的安全职能，按规定配备安全技术人员，切实落实企业负责人安全生产技术管理负责制，强化企业主要技术负责人技术决策和指挥权。因安全生产技术问题不解决产生重大隐患的，要对企业主要负责人、主要技术负责人和有关人员给予处罚；发生事故的，依法追究责任。

9. 强制推行先进适用的技术装备。煤矿、非煤矿山要制定和实施生产技术装备标准，安装监测监控系统、井下人员定位系统、紧急避险系统、压风自救系统、供水施救系统和通信联络系统等技术装备，并于 3 年之内完成。逾期未安装的，依法暂扣安全生产许可证、生产许可证。运输危险化学品、烟花爆竹、民用爆炸物品的道路专用车辆，旅游包车和三类以上的班线客车要安装使用具有行驶记录功能的卫星定位装置，于 2 年之内全部完成；鼓励有条件的渔船安装防撞自动识别系统，在大型尾矿库安装全过程在线监控系统，大型起重机械要安装安全监控管理系统；积极推进信息化建设，努力提高企业安全防护水平。

10. 加快安全生产技术研发。企业在年度财务预算中必须确定必要的安全投入。国家鼓励企业开展安全科技研发，加快安全生产关键技术装备的换代升级。进一步落实《国家中长期科学和技术发展规划纲要（2006—2020 年）》等，加大对高危行业安全技术、装备、工艺和产品研发的支持力度，引导高危行业提高机械化、自动化生产水平，合理确定生产一线用工。"十二五"期间要继续组织研发一批提升我国重点行业领域安全生产保障能力的关键技术和装备项目。

四、实施更加有力的监督管理

11. 进一步加大安全监管力度。强化安全生产监管部门对安全生产的综合监管，全面落实公安、交通、国土资源、建设、工商、质检等部门的安全生产监督管理及工业主管部门的安全生产指导职责，形成安全生产综合监管与行业监管指导相结合的工作机制，加强协作，形成合力。在各级政府统一领导下，严厉打击非法违法生产、经营、建设等影响安全生产的行为，安全生产综合监管和行业管理部门要会同司法机关联合执法，以强有力措施查处、取缔非法企业。对重大安全隐患治理实行逐级挂牌督办、公告制度，重大隐患治理由省级安全生产监管部门或行业主管部门挂牌督办，国家相关部门加强督促检查。对拒不执行监管监察指令的企业，要依法依规从重处罚。进一步加强监管力量建设，提高监管人员专业素质和技术装备水平，强化基层站点监管能力，加强对企业安全生产的现场监管和技术指导。

12. 强化企业安全生产属地管理。安全生产监管监察部门、负有安全生产监管职责的有关部门和行业管理部门要按职责分工,对当地企业包括中央、省属企业实行严格的安全生产监督检查和管理,组织对企业安全生产状况进行安全标准化分级考核评价,评价结果向社会公开,并向银行业、证券业、保险业、担保业等主管部门通报,作为企业信用评级的重要参考依据。

13. 加强建设项目安全管理。强化项目安全设施核准审批,加强建设项目的日常安全监管,严格落实审批、监管的责任。企业新建、改建、扩建工程项目的安全设施,要包括安全监控设施和防瓦斯等有害气体、防尘、排水、防火、防爆等设施,并与主体工程同时设计、同时施工、同时投入生产和使用。安全设施与建设项目主体工程未做到同时设计的一律不予审批,未做到同时施工的责令立即停止施工,未同时投入使用的不得颁发安全生产许可证,并视情节追究有关单位负责人的责任。严格落实建设、设计、施工、监理、监管等各方安全责任。对项目建设生产经营单位存在违法分包、转包等行为的,立即依法停工停产整顿,并追究项目业主、承包方等各方责任。

14. 加强社会监督和舆论监督。要充分发挥工会、共青团、妇联组织的作用,依法维护和落实企业职工对安全生产的参与权与监督权,鼓励职工监督举报各类安全隐患,对举报者予以奖励。有关部门和地方要进一步畅通安全生产的社会监督渠道,设立举报箱,公布举报电话,接受人民群众的公开监督。要发挥新闻媒体的舆论监督,对舆论反映的客观问题要深查原因,切实整改。

五、建设更加高效的应急救援体系

15. 加快国家安全生产应急救援基地建设。按行业类型和区域分布,依托大型企业,在中央预算内基建投资支持下,先期抓紧建设 7 个国家矿山应急救援队,配备性能可靠、机动性强的装备和设备,保障必要的运行维护费用。推进公路交通、铁路运输、水上搜救、船舶溢油、油气田、危险化学品等行业(领域)国家救援基地和队伍建设。鼓励和支持各地区、各部门、各行业依托大型企业和专业救援力量,加强服务周边的区域性应急救援能力建设。

16. 建立完善企业安全生产预警机制。企业要建立完善安全生产动态监控及预警预报体系,每月进行一次安全生产风险分析。发现事故征兆要立即发布预警信息,落实防范和应急处置措施。对重大危险源和重大隐患要报当地安全生产监管监察部门、负有安全生产监管职责的有关部门和行业管理部门备案。涉及国家秘密的,按有关规定执行。

17. 完善企业应急预案。企业应急预案要与当地政府应急预案保持衔接,并定期进行演练。赋予企业生产现场带班人员、班组长和调度人员在遇到险情时第一时间下达停产撤人命令的直接决策权和指挥权。因撤离不及时导致人身伤亡事故的,要从重追究相关人员的法律责任。

六、严格行业安全准入

18. 加快完善安全生产技术标准。各行业管理部门和负有安全生产监管职责的有关部门要根据行业技术进步和产业升级的要求,加快制定修订生产、安全技术标准,制定和实施高危行业从业人员资格标准。对实施许可证管理制度的危险性作业要制定落实专项安全技术作业规程和岗位安全操作规程。

19. 严格安全生产准入前置条件。把符合安全生产标准作为高危行业企业准入的前置条件,实行严格的安全标准核准制度。矿山建设项目和用于生产、储存危险物品的建设项目,应当分别按照国家有关规定进行安全条件论证和安全评价,严把安全生产准入关。凡不符合安全生产条件违规建设的,要立即停止建设,情节严重的由本级人民政府或主管部门实施关闭取缔。降低标准造成隐患的,要追究相关人员和负责人的责任。

20. 发挥安全生产专业服务机构的作用。依托科研院所,结合事业单位改制,推动安全生产评价、技术支持、安全培训、技术改造等服务性机构的规范发展。制定完善安全生产专业服务机构管理办法,保证专业服务机构从业行为的专业性、独立性和客观性。专业服务机构对相关评价、鉴定结论承担法律责任,对违法违规、弄虚作假的,要依法依规从严追究相关人员和机构的法律责任,并降低或取消相关资质。

七、加强政策引导

21. 制定促进安全技术装备发展的产业政策。要鼓励和引导企业研发、采用先进适用的安全技术和产品,鼓励安全生产适用技术和新装备、新工艺、新标准的推广应用。把安全检测监控、安全避险、安全保护、个人防护、灾害监控、特种安全设施及应急救援等安全生产专用设备的研发制造,作为安全产业加以培育,纳入国家振兴装备制造业的政策支持范畴。大力发展安全装备融资租赁业务,促进高危行业企业加快提升安全装备水平。

22. 加大安全专项投入。切实做好尾矿库治理、扶持煤矿安全技改建设、瓦斯防治和小煤矿整顿关闭等各类中央资金的安排使用,落实地方和企业配套资金。加强对高危行业企业安全生产费用提取和使用管理的监督检查,进一步完善高危行业企业安全生产费用财务管理制度,研究提高安全生产费用提取下限标准,适当扩大适用范围。依法加强道路交通事故社会救助基金制度建设,加快建立完善水上搜救奖励与补偿机制。高危行业企业探索实行全员安全风险抵押金制度。完善落实工伤保险制度,积极稳妥推行安全生产责任保险制度。

23. 提高工伤事故死亡职工一次性赔偿标准。从 2011 年 1 月 1 日起,依照《工伤保险条例》的规定,对因生产安全事故造成的职工死亡,其一次性工亡补助金标准调整为按全国上一年度城镇居民人均可支配收入的 20 倍计算,发放给工亡职工近亲属。同时,依法确保工亡职工一次性丧葬补助金、供养亲属抚恤金的发放。

24. 鼓励扩大专业技术和技能人才培养。进一步落实完善校企合作办学、对口单招、订单式培养等政策,鼓励高等院校、职业学校逐年扩大采矿、机电、地质、通风、安全等相关专业人才的招生培养规模,加快培养高危行业专业人才和生产一线急需技能型人才。

八、更加注重经济发展方式转变

25. 制定落实安全生产规划。各地区、各有关部门要把安全生产纳入经济社会发展的总体布局,在制定国家、地区发展规划时,要同步明确安全生产目标和专项规划。企业要把安全生产工作的各项要求落实在企业发展和日常工作之中,在制定企业发展规划和年度生产经营计划中要突出安全生产,确保安全投入和各项安全措施到位。

26. 强制淘汰落后技术产品。不符合有关安全标准、安全性能低下、职业危害严重、危及安全生产的落后技术、工艺和装备要列入国家产业结构调整指导目录,予以强制性淘汰。各省级人民政府也要制订本地区相应的目录和措施,支持有效消除重大安全隐患的技术改造和搬迁项目,遏制安全水平低、保障能力差的项目建设和延续。对存在落后技术装备、构成重大安全隐患的企业,要予以公布,责令限期整改,逾期未整改的依法予以关闭。

27. 加快产业重组步伐。要充分发挥产业政策导向和市场机制的作用,加大对相关高危行业企业重组力度,进一步整合或淘汰浪费资源、安全保障低的落后产能,提高安全基础保障能力。

九、实行更加严格的考核和责任追究

28. 严格落实安全目标考核。对各地区、各有关部门和企业完成年度生产安全事故控制指标情况进行严格考核,并建立激励约束机制。加大重特大事故的考核权重,发生特别重大生产安

全事故的,要根据情节轻重,追究地市级分管领导或主要领导的责任;后果特别严重、影响特别恶劣的,要按规定追究省部级相关领导的责任。加强安全生产基础工作考核,加快推进安全生产长效机制建设,坚决遏制重特大事故的发生。

29. 加大对事故企业负责人的责任追究力度。企业发生重大生产安全责任事故,追究事故企业主要负责人责任;触犯法律的,依法追究事故企业主要负责人或企业实际控制人的法律责任。发生特别重大事故,除追究企业主要负责人和实际控制人责任外,还要追究上级企业主要负责人的责任;触犯法律的,依法追究企业主要负责人、企业实际控制人和上级企业负责人的法律责任。对重大、特别重大生产安全责任事故负有主要责任的企业,其主要负责人终身不得担任本行业企业的矿长(厂长、经理)。对非法违法生产造成人员伤亡的,以及瞒报事故、事故后逃逸等情节特别恶劣的,要依法从重处罚。

30. 加大对事故企业的处罚力度。对于发生重大、特别重大生产安全责任事故或一年内发生 2 次以上较大生产安全责任事故并负主要责任的企业,以及存在重大隐患整改不力的企业,由省级及以上安全监管监察部门会同有关行业主管部门向社会公告,并向投资、国土资源、建设、银行、证券等主管部门通报,一年内严格限制新增的项目核准、用地审批、证券融资等,并作为银行贷款等的重要参考依据。

31. 对打击非法生产不力的地方实行严格的责任追究。在所辖区域对群众举报、上级督办、日常检查发现的非法生产企业(单位)没有采取有效措施予以查处,致使非法生产企业(单位)存在的,对县(市、区)、乡(镇)人民政府主要领导以及相关责任人,根据情节轻重,给予降级、撤职或者开除的行政处分,涉嫌犯罪的,依法追究刑事责任。国家另有规定的,从其规定。

32. 建立事故查处督办制度。依法严格事故查处,对事故查处实行地方各级安全生产委员会层层挂牌督办,重大事故查处实行国务院安全生产委员会挂牌督办。事故查处结案后,要及时予以公告,接受社会监督。

各地区、各部门和各有关单位要做好对加强企业安全生产工作的组织实施,制订部署本地区本行业贯彻落实本通知要求的具体措施,加强监督检查和指导,及时研究、协调解决贯彻实施中出现的突出问题。国务院安全生产委员会办公室和国务院有关部门要加强工作督查,及时掌握各地区、各部门和本行业(领域)工作进展情况,确保各项规定、措施执行落实到位。省级人民政府和国务院有关部门要将加强企业安全生产工作情况及时报送国务院安全生产委员会办公室。

国务院

二〇一〇年七月十九日

国务院关于坚持科学发展安全发展
促进安全生产形势持续稳定好转的意见

国发〔2011〕40 号

各省、自治区、直辖市人民政府,国务院各部委、各直属机构:

安全生产事关人民群众生命财产安全,事关改革开放、经济发展和社会稳定大局,事关党和政府形象和声誉。为深入贯彻落实科学发展观,实现安全发展,促进全国安全生产形势持续稳定好转,提出以下意见:

一、充分认识坚持科学发展安全发展的重大意义

(一)坚持科学发展安全发展是对安全生产实践经验的科学总结。多年来,各地区、各部门、各单位深入贯彻落实科学发展观,按照党中央、国务院的决策部署,大力推进安全发展,全国安全生产工作取得了积极进展和明显成效。"十一五"期间,事故总量和重特大事故大幅度下降,全国各类事故死亡人数年均减少约 1 万人,反映安全生产状况的各项指标显著改善,安全生产形势持续稳定好转。实践表明,坚持科学发展安全发展,是对新时期安全生产客观规律的科学认识和准确把握,是保障人民群众生命财产安全的必然选择。

(二)坚持科学发展安全发展是解决安全生产问题的根本途径。我国正处于工业化、城镇化快速发展进程中,处于生产安全事故易发多发的高峰期,安全基础仍然比较薄弱,重特大事故尚未得到有效遏制,非法违法生产经营建设行为屡禁不止,安全责任不落实、防范和监督管理不到位等问题在一些地方和企业还比较突出。安全生产工作既要解决长期积累的深层次、结构性和区域性问题,又要应对不断出现的新情况、新问题,根本出路在于坚持科学发展安全发展。要把这一重要思想和理念落实到生产经营建设的每一个环节,使之成为衡量各行业领域、各生产经营单位安全生产工作的基本标准,自觉做到不安全不生产,实现安全与发展的有机统一。

(三)坚持科学发展安全发展是经济发展社会进步的必然要求。随着经济发展和社会进步,全社会对安全生产的期待不断提高,广大从业人员"体面劳动"意识不断增强,对加强安全监管监察、改善作业环境、保障职业安全健康权益等方面的要求越来越高。这就要求各地区、各部门、各单位必须始终把安全生产摆在经济社会发展重中之重的位置,自觉坚持科学发展安全发展,把安全真正作为发展的前提和基础,使经济社会发展切实建立在安全保障能力不断增强、劳动者生命安全和身体健康得到切实保障的基础之上,确保人民群众平安幸福地享有经济发展和社会进步的成果。

二、指导思想和基本原则

(四)指导思想。坚持以邓小平理论和"三个代表"重要思想为指导,深入贯彻落实科学发展观,牢固树立以人为本、安全发展的理念,始终把保障人民群众生命财产安全放在首位,大力实施安全发展战略,紧紧围绕科学发展主题和加快转变经济发展方式主线,自觉坚持"安全第一、预防为主、综合治理"方针,坚持速度、质量、效益与安全的有机统一,以强化和落实企业主体责任为重点,以事故预防为主攻方向,以规范生产为保障,以科技进步为支撑,认真落实安全生产各项措施,标本兼治、综合治理,有效防范和坚决遏制重特大事故,促进安全生产与经济社会同步协调

发展。

（五）基本原则。——统筹兼顾，协调发展。正确处理安全生产与经济社会发展、与速度质量效益的关系，坚持把安全生产放在首要位置，促进区域、行业领域的科学、安全、可持续发展。——依法治安，综合治理。健全完善安全生产法律法规、制度标准体系，严格安全生产执法，严厉打击非法违法行为，综合运用法律、行政、经济等手段，推动安全生产工作规范、有序、高效开展。——突出预防，落实责任。加大安全投入，严格安全准入，深化隐患排查治理，筑牢安全生产基础，全面落实企业安全生产主体责任、政府及部门监管责任和属地管理责任。——依靠科技，创新管理。加快安全科技研发应用，加强专业技术人才队伍和高素质的职工队伍培养，创新安全管理体制机制和方式方法，不断提升安全保障能力和安全管理水平。

三、进一步加强安全生产法制建设

（六）健全完善安全生产法律制度体系。加快推进安全生产法等相关法律法规的修订制定工作。适应经济社会快速发展的新要求，制定高速铁路、高速公路、大型桥梁隧道、超高层建筑、城市轨道交通和地下管网等建设、运行、管理方面的安全法规规章。根据技术进步和产业升级需要，抓紧修订完善国家和行业安全技术标准，尽快健全覆盖各行业领域的安全生产标准体系。进一步建立完善安全生产激励约束、督促检查、行政问责、区域联动等制度，形成规范有力的制度保障体系。

（七）加大安全生产普法执法力度。加强安全生产法制教育，普及安全生产法律知识，提高全民安全法制意识，增强依法生产经营建设的自觉性。加强安全生产日常执法、重点执法和跟踪执法，强化相关部门及与司法机关的联合执法，确保执法实效。继续依法严厉打击各类非法违法生产经营建设行为，切实落实停产整顿、关闭取缔、严格问责的惩治措施。强化地方人民政府特别是县乡级人民政府责任，对打击非法生产不力的，要严肃追究责任。

（八）依法严肃查处各类事故。严格按照"科学严谨、依法依规、实事求是、注重实效"的原则，认真调查处理每一起事故，查明原因，依法严肃追究事故单位和有关责任人的责任，严厉查处事故背后的腐败行为，及时向社会公布调查进展和处理结果。认真落实事故查处分级挂牌督办、跟踪督办、警示通报、诚勉约谈和现场分析制度，深刻吸取事故教训，查找安全漏洞，完善相关管理措施，切实改进安全生产工作。

四、全面落实安全生产责任

（九）认真落实企业安全生产主体责任。企业必须严格遵守和执行安全生产法律法规、规章制度与技术标准，依法依规加强安全生产，加大安全投入，健全安全管理机构，加强班组安全建设，保持安全设备设施完好有效。企业主要负责人、实际控制人要切实承担安全生产第一责任人的责任，带头执行现场带班制度，加强现场安全管理。强化企业技术负责人技术决策和指挥权，注重发挥注册安全工程师对企业安全状况诊断、评估、整改方面的作用。企业主要负责人、安全管理人员、特种作业人员一律经严格考核、持证上岗。企业用工要严格依照劳动合同法与职工签订劳动合同，职工必须全部经培训合格后上岗。

（十）强化地方人民政府安全监管责任。地方各级人民政府要健全完善安全生产责任制，把安全生产作为衡量地方经济发展、社会管理、文明建设成效的重要指标，切实履行属地管理职责，对辖区内各类企业包括中央、省属企业实施严格的安全生产监督检查和管理。严格落实地方行政首长安全生产第一责任人的责任，建立健全政府领导班子成员安全生产"一岗双责"制度。省、市、县级政府主要负责人要定期研究部署安全生产工作，组织解决安全生产重点难点问题。

(十一)切实履行部门安全生产管理和监督职责。健全完善安全生产综合监管与行业监管相结合的工作机制,强化安全生产监管部门对安全生产的综合监管,全面落实行业主管部门的专业监管、行业管理和指导职责。相关部门、境内投资主体和派出企业要切实加强对境外中资企业安全生产工作的指导和管理。要不断探索创新与经济运行、社会管理相适应的安全监管模式,建立健全与企业信誉、项目核准、用地审批、证券融资、银行贷款等方面相挂钩的安全生产约束机制。

五、着力强化安全生产基础

(十二)严格安全生产准入条件。要认真执行安全生产许可制度和产业政策,严格技术和安全质量标准,严把行业安全准入关。强化建设项目安全核准,把安全生产条件作为高危行业建设项目审批的前置条件,未通过安全评估的不准立项;未经批准擅自开工建设的,要依法取缔。严格执行建设项目安全设施"三同时"(同时设计、同时施工、同时投产和使用)制度。制定和实施高危行业从业人员资格标准。加强对安全生产专业服务机构管理,实行严格的资格认证制度,确保其评价、检测结果的专业性和客观性。

(十三)加强安全生产风险监控管理。充分运用科技和信息手段,建立健全安全生产隐患排查治理体系,强化监测监控、预报预警,及时发现和消除安全隐患。企业要定期进行安全风险评估分析,重大隐患要及时报安全监管监察和行业主管部门备案。各级政府要对重大隐患实行挂牌督办,确保监控、整改、防范等措施落实到位。各地区要建立重大危险源管理档案,实施动态全程监控。

(十四)推进安全生产标准化建设。在工矿商贸和交通运输行业领域普遍开展岗位达标、专业达标和企业达标建设,对在规定期限内未实现达标的企业,要依据有关规定暂扣其生产许可证、安全生产许可证,责令停产整顿;对整改逾期仍未达标的,要依法予以关闭。加强安全标准化分级考核评价,将评价结果向银行、证券、保险、担保等主管部门通报,作为企业信用评级的重要参考依据。

(十五)加强职业病危害防治工作。要严格执行职业病防治法,认真实施国家职业病防治规划,深入落实职业危害防护设施"三同时"制度,切实抓好煤(矽)尘、热害、高毒物质等职业危害防范治理。对可能产生职业病危害的建设项目,必须进行严格的职业病危害预评价,未提交预评价报告或预评价报告未经审核同意的,一律不得批准建设;对职业病危害防控措施不到位的企业,要依法责令其整改,情节严重的要依法予以关闭。切实做好职业病诊断、鉴定和治疗,保障职工安全健康权益。

六、深化重点行业领域安全专项整治

(十六)深入推进煤矿瓦斯防治和整合技改。加快建设"通风可靠、抽采达标、监控有效、管理到位"的瓦斯综合治理工作体系,完善落实瓦斯抽采利用扶持政策,推进瓦斯防治技术创新。严格控制高瓦斯和煤与瓦斯突出矿井建设项目审批。建立完善煤矿瓦斯防治能力评估制度,对不具备防治能力的高瓦斯和煤与瓦斯突出矿井,要严格按规定停产整改、重组或依法关闭。继续运用中央预算内投资扶持煤矿安全技术改造,支持煤矿整顿关闭和兼并重组。加强对整合技改煤矿的安全管理,加快推进煤矿井下安全避险系统建设和小煤矿机械化改造。

(十七)加大交通运输安全综合治理力度。加强道路长途客运安全管理,修订完善长途客运车辆安全技术标准,逐步淘汰安全性能差的运营车型。强化交通运输企业安全主体责任,禁止客运车辆挂靠运营,禁止非法改装车辆从事旅客运输。严格长途客运、危险品车辆驾驶人资格准入,研究建立长途客车驾驶人强制休息制度,持续严厉整治超载、超限、超速、酒后驾驶、高速公路违规停车等违法行为。加强道路运输车辆动态监管,严格按规定强制安装具有行驶记录功能的卫星定位装置并实行联网联控。提高道路建设质量,完善安全防护设施,加强桥梁、隧道、码头安全隐患排查治理。加强高速铁路和城市轨道交通建设运营安全管理。继续强化民航、农村和山区交通、水上交通的安全监管,特别要抓紧完善校车安全法规和标准,依法强化校车安全监管。

(十八)严格危险化学品安全管理。全面开展危险化学品安全管理现状普查评估,建立危险化学品安全管理信息系统。科学规划化工园区,优化化工企业布局,严格控制城镇涉及危险化学品的建设项目。各地区要积极研究制定鼓励支持政策,加快城区高风险危险化学品生产、储存企业搬迁。地方各级人民政府要组织开展地下危险化学品输送管道设施安全整治,加强和规范城镇地面开挖作业管理。继续推进化工装置自动控制系统改造。切实加强烟花爆竹和民用爆炸物品的安全监管,深入开展"三超一改"(超范围、超定员、超药量和擅自改变工房用途)和礼花弹等高危产品专项治理。

(十九)深化非煤矿山安全整治。进一步完善矿产资源开发整合常态化管理机制,制定实施非煤矿山主要矿种最小开采规模和最低服务年限标准。研究制定充填开采标准和规定。积极推行尾矿库一次性筑坝、在线监测技术,搞好尾矿综合利用。全面加强矿井安全避险系统建设,组织实施非煤矿山采空区监测监控等科技示范工程。加强陆地和海洋石油天然气勘探开采的安全管理,重点防范井喷失控、硫化氢中毒、海上溢油等事故。

(二十)加强建筑施工安全生产管理。按照"谁发证、谁审批、谁负责"的原则,进一步落实建筑工程招投标、资质审批、施工许可、现场作业等各环节安全监管责任。强化建筑工程参建各方企业安全生产主体责任。严密排查治理起重机、吊罐、脚手架等设施设备安全隐患。建立建筑工程安全生产信息系统,健全施工企业和从业人员安全信用体系,完善失信惩戒制度。建立完善铁路、公路、水利、核电等重点工程项目安全风险评估制度。严厉打击超越资质范围承揽工程、违法分包转包工程等不法行为。

(二十一)加强消防、冶金等其他行业领域的安全监管。地方各级人民政府要把消防规划纳入当地城乡规划,切实加强公共消防设施建设。大力实施社会消防安全"防火墙"工程,落实建设项目消防安全设计审核、验收和备案抽查制度,严禁使用不符合消防安全要求的装修装饰材料和建筑外保温材料。严格落实人员密集场所、大型集会活动等安全责任制,严防拥挤踩踏事故。加强冶金、有色等其他工贸行业企业安全专项治理,严格执行压力容器、电梯、游乐设施等特种设备安全管理制度,加强电力、农机和渔船安全管理。

七、大力加强安全保障能力建设

(二十二)持续加大安全生产投入。探索建立中央、地方、企业和社会共同承担的安全生产长效投入机制,加大对贫困地区和高危行业领域倾斜。完善有利于安全生产的财政、税收、信贷政策,强化政府投资对安全生产投入的引导和带动作用。企业在年度财务预算中必须确定必要的安全投入,提足用好安全生产费用。完善落实工伤保险制度,积极稳妥推行安全生产责任保险制度,发挥保险机制的预防和促进作用。

(二十三)充分发挥科技支撑作用。整合安全科技优势资源,建立完善以企业为主体、以市场为导向、产学研用相结合的安全技术创新体系。加快推进安全生产关键技术及装备的研发,在事故预防预警、防治控制、抢险处置等方面尽快推出一批具有自主知识产权的科技成果。积极推广应用安全性能可靠、先进适用的新技术、新工艺、新设备和新材料。企业必须加快国家规定的各项安全系统和装备建设,提高生产安全防护水平。加强安全生产信息化建设,建立健全信息科技支撑服务体系。

(二十四)加强产业政策引导。加大高危行业企业重组力度,进一步整合浪费资源、安全保障低的落后产能,加快淘汰不符合安全标准、职业危害严重、危及安全生产的落后技术、工艺和装备。地方各级人民政府要制定相关政策,遏制安全水平低、保障能力差的项目的建设和延续。对存在落后技术设备、构成重大安全隐患的企业,要予以公布,责令其限期整改,逾期未整改的依法予以关闭。把安全产业纳入国家重点支持的战略产业,积极发展安全装备融资租赁业务,促进企业加快提升安全装备水平。

(二十五)加强安全人才和监管监察队伍建设。加强安全科学与工程学科建设,办好安全工程类高等教育和职业教育,重点培养中高级安全工程与管理人才。鼓励高等院校、职业学校进一步落实完善校企合作办学、对口单招、订单式培养等政策,加快培养高危行业专业人才和生产一线急需技能型人才。加快建设专业化的安全监管监察队伍,建立以岗位职责为基础的能力评价体系,加强在岗人员业务培训。进一步充实基层监管力量,改善监管监察装备和条件,创新安全监管监察机制,切实做到严格、公正、廉洁、文明执法。

八、建设更加高效的应急救援体系

(二十六)加强应急救援队伍和基地建设。抓紧7个国家级、14个区域性矿山应急救援基地建设,加快推进重点行业领域的专业应急救援队伍建设。县级以上地方人民政府要结合实际,整合应急资源,依托大型企业、公安消防等救援力量,加强本地区应急救援队伍建设。建立紧急医学救援体系,提升事故医疗救治能力。建立救援队伍社会化服务补偿机制,鼓励和引导社会力量参与应急救援。

(二十七)完善应急救援机制和基础条件。健全省、市、县及中央企业安全生产应急管理体系,加快建设应急平台,完善应急救援协调联动机制。建立健全自然灾害预报预警联合处置机制,加强安监、气象、地震、海洋等部门的协调配合,严防自然灾害引发事故灾难。建立完善企业安全生产动态监控及预警预报体系。加强应急救援装备建设,强化应急物资和紧急运输能力储备,提高应急处置效率。

(二十八)加强预案管理和应急演练。建立健全安全生产应急预案体系,加强动态修订完善。落实省、市、县三级安全生产预案报备制度,加强企业预案与政府相关应急预案的衔接。定期开展应急预案演练,切实提高事故救援实战能力。企业生产现场带班人员、班组长和调度人员在遇到险情时,要按照预案规定,立即组织停产撤人。

九、积极推进安全文化建设

(二十九)加强安全知识普及和技能培训。加强安全教育基地建设,充分利用电视、互联网、报纸、广播等多种形式和手段普及安全常识,增强全社会科学发展、安全发展的思想意识。在中小学广泛普及安全基础教育,加强防灾避险演练。全面开展安全生产、应急避险和职业健康知识进企业、进学校、进乡村、进社区、进家庭活动,努力提升全民安全素质。大力开展企业全员安全培训,重点强化高危行业和中小企业一线员工安全培训。完善农民工向产业工人转化过程中的安全教育培训机制。建立完善安全技术人员继续教育制度。大型企业要建立健全职业教育和培训机构。加强地方政府安全生产分管领导干部的安全培训,提高安全管理水平。

(三十)推动安全文化发展繁荣。充分利用社会资源和市场机制,培育发展安全文化产业,打造安全文化精品,促进安全文化市场繁荣。加强安全公益宣传,大力倡导"关注安全、关爱生命"的安全文化。建设安全文化主题公园、主题街道和安全社区,创建若干安全文化示范企业和安全发展示范城市。推进安全文化理论和建设手段创新,构建自我约束、持续改进的长效机制,不断提高安全文化建设水平,切实发挥其对安全生产工作的引领和推动作用。

十、切实加强组织领导和监督

(三十一)健全完善安全生产工作格局。各地区要进一步健全完善政府统一领导、部门依法监管、企业全面负责、群众参与监督、全社会广泛支持的安全生产工作格局,形成各方面齐抓共管的合力。要切实加强安全生产工作的组织领导,充分发挥各级政府安全生产委员会及其办公室的指导协调作用,落实各成员单位工作责任。县级以上人民政府要依法健全完善安全生产、职业健康监管体系,安全生产任务较重的乡镇要加强安全监管力量建设,确保事有人做、责有人负。

(三十二)加强安全生产绩效考核。把安全生产考核控制指标纳入经济社会发展考核评价指标体系,加大各级领导干部政绩业绩考核中安全生产的权重和考核力度。把安全生产工作纳入社会主义精神文明和党风廉政建设、社会管理综合治理体系之中。制定完善安全生产奖惩制度,对成效显著的单位和个人要以适当形式予以表扬和奖励,对违法违规、失职渎职的,依法严格追究责任。

(三十三)发挥社会公众的参与监督作用。推进安全生产政务公开,健全行政许可网上申请、受理、审批制度。落实安全生产新闻发布制度和救援工作报道机制,完善隐患、事故举报奖励制度,加强社会监督、舆论监督和群众监督。支持各级工会、共青团、妇联等群众组织动员广大职工开展群众性安全生产监督和隐患排查,落实职工岗位安全责任,推进群防群治。

国务院

二〇一一年十一月二十六日

国务院安委会办公室关于进一步加强危险化学品安全生产工作的指导意见

安委办〔2008〕26 号

各省、自治区、直辖市及新疆生产建设兵团安全生产委员会，有关中央企业：

近年来，各地区、各部门、各单位高度重视危险化学品安全生产工作，采取了一系列强化安全监管的措施，全国危险化学品安全生产形势呈现稳定好转的发展态势。但是，我国部分危险化学品从业单位工艺落后，设备简陋陈旧，自动控制水平低，本质安全水平低，从业人员素质低，安全管理不到位；有关危险化学品安全管理的法规和标准不健全，监管力量薄弱，危险化学品事故总量大，较大、重大事故时有发生，安全生产形势依然严峻。为深入贯彻党的十七大精神，全面落实科学发展观，坚持安全发展的理念和"安全第一、预防为主、综合治理"的方针，按照"合理规划、严格准入，改造提升、固本强基，完善法规、加大投入，落实责任、强化监管"的要求，构建危险化学品安全生产长效机制，实现危险化学品安全生产形势明显好转，现就加强危险化学品安全生产工作提出以下指导意见：

一、科学制定发展规划，严格安全许可条件

1. 合理规划产业安全发展布局。县级以上地方人民政府要制定化工行业安全发展规划，按照"产业集聚"与"集约用地"的原则，确定化工集中区域或化工园区，明确产业定位，完善水电气风、污水处理等公用工程配套和安全保障设施。2009 年底前，完成化工行业安全发展规划编制工作，确定危险化学品生产、储存的专门区域。从 2010 年起，危险化学品生产、储存建设项目必须在依法规划的专门区域内建设，负责固定资产投资管理部门和安全监管部门不再受理没有划定危险化学品生产、储存专门区域的地区提出的立项申请和安全审查申请。要通过财政、税收、差别水电价等经济手段，引导和推动企业结构调整、产业升级和技术进步。新的化工建设项目必须进入产业集中区或化工园区，逐步推动现有化工企业进区入园。

2. 严格危险化学品安全生产、经营许可。危险化学品安全生产、经营许可证发证机关要严格按照有关规定，认真审核危险化学品企业安全生产、经营条件。对首次申请安全生产许可证或申请经营许可证且带有储存设施的企业，许可证发证机关要组织专家进行现场审核，符合条件的，方可颁发许可证。申请延期换发安全生产许可证的一级或二级安全生产标准化的企业，许可证发证机关可直接为其办理延期换证手续，并提出该企业下次换证时的安全生产条件。要把涉及硝化、氧化、磺化、氯化、氟化或重氮化反应等危险工艺（以下统称危险工艺）的生产装置实现自动控制，纳入换（发）安全生产许可证的条件。地方各级安全监管部门要结合本地区实际，制定工作计划，指导和督促企业开展涉及危险工艺的生产装置自动化改造工作，在 2010 年底前必须完成，否则一律不予换（发）安全生产许可证。

要规范危险化学品生产企业人员从业条件。各省（自治区、直辖市）安全监管部门要会同行业主管部门研究制定本地区危险化学品生产企业人员从业条件，提高从业人员的准入门槛。从 2009 年起，安全监管部门要把从业人员是否达到从业条件纳入危险化学品生产企业行政许可条件。

3. 严格建设项目安全许可。地方各级人民政府投资管理部门要把危险化学品建设项目设

立安全审查纳入建设项目立项审批程序,建立由投资管理部门牵头、安全监管等部门参加的危险化学品建设项目会审制度。危险化学品建设项目未经安全监管部门安全审查通过的,投资管理部门不予批准。

要从严审批剧毒化学品、易燃易爆化学品、合成氨和涉及危险工艺的建设项目,严格限制涉及光气的建设项目。安全监管部门组织建设项目安全设施设计审查时,要严格审查高温、高压、易燃、易爆和使用危险工艺的新建化工装置是否设计装备集散控制系统,大型和高度危险的化工装置是否设计装备紧急停车系统;进行建设项目试生产(使用)方案备案时,要认真了解试生产装置生产准备和应急措施等情况,必要时组织有关专家对试生产方案进行审查;组织建设项目安全设施验收时,要同时验收安全设施投入使用情况与装置自动控制系统安装投入使用情况。

4. 继续关闭工艺落后、设备设施简陋、不符合安全生产条件的危险化学品生产企业。安全监管部门检查发现不符合安全生产条件的危险化学品企业,要责令其限期整改;整改不合格或在规定期限内未进行整改的,应依法吊销许可证并提请企业所在地人民政府依法予以关闭。对使用淘汰工艺和设备、不符合安全生产条件的危险化学品生产企业,企业所在地设区的市级安全监管部门要提请同级或县级人民政府依法予以关闭,有关人民政府要组织限期予以关闭。

二、加强企业安全基础管理,提高安全管理水平

5. 完善并落实安全生产责任制。危险化学品从业单位主要负责人要认真履行安全生产第一责任人职责,完善全员安全生产责任制、安全生产管理制度和岗位操作规程,健全安全生产管理机构,保障安全投入,建立内部监督机制,确保企业安全生产主体责任落实到位。

6. 严格执行建设项目安全设施"三同时"制度。企业要加强建设项目特别是改扩建项目的安全管理,安全设施要与主体工程同时设计、同时施工、同时投入使用,确保采用安全、可靠的工艺技术和装备,确保建设项目工艺可靠、安全设施齐全有效、自动化控制水平满足安全生产需要。要严格遵守设计规范、标准和有关规定,委托具备相应资质的单位负责设计、施工、监理。建设项目试生产前,要组织设计、施工、监理和建设单位的工程技术人员进行"三查四定"(查设计漏项、查工程质量、查工程隐患,定任务、定人员、定时间、定整改措施),制定试车方案,严格按试车方案和有关规范、标准组织试生产。操作人员经上岗考核合格,方可参加试生产操作。工程项目验收时,要同时验收安全设施。

7. 全面开展安全生产标准化工作。要按照《危险化学品从业单位安全标准化规范》,全面开展安全生产标准化工作,规范企业安全生产管理。要将安全生产标准化工作与贯彻落实安全生产法律法规、深化安全生产专项整治相结合,纳入企业安全管理工作计划和目标考核,通过实施安全生产标准化工作,强化企业安全生产"双基"工作,建立企业安全生产长效机制。剧毒化学品、易燃易爆化学品生产企业和涉及危险工艺的企业(以下称重点企业)要在 2010 年底前,实现安全生产标准化全面达标。

8. 建立规范化的隐患排查治理制度。危险化学品从业单位要建立健全定期隐患排查制度,把隐患排查治理纳入企业的日常安全管理,形成全面覆盖、全员参与的隐患排查治理工作机制,使隐患排查治理工作制度化和常态化。

危险化学品从业单位要根据生产特点和季节变化,组织开展综合性检查、季节性检查、专业性检查、节假日检查以及操作工和生产班组的日常检查。对检查出的问题和隐患,要及时整改;对不能及时整改的,要制定整改计划,采取防范措施,限期解决。

9. 认真落实危险化学品登记制度。危险化学品生产、储存、使用单位应做好危险化学品普查工作,向所在省(自治区、直辖市)危险化学品登记机构提交登记材料,办理登记手续,取得危险

化学品登记证书，在 2009 年底前完成危险化学品登记工作。危险化学品生产单位必须向用户提供危险化学品"一书一签"（安全技术说明书和安全标签）。

10. 提高事故应急能力。危险化学品从业单位要按照有关标准和规范，编制危险化学品事故应急预案，配备必要的应急装备和器材，建立应急救援队伍。要定期开展事故应急演练，对演练效果进行评估，适时修订完善应急预案。中小危险化学品从业单位应与当地政府应急管理部门、应急救援机构、大型石油化工企业建立联系机制，通过签订应急服务协议，提高应急处置能力。

11. 建立安全生产情况报告制度。每年第一季度，重点企业要向当地县级安全监管部门、行业主管部门报告上年度安全生产情况，有关中央企业要向所在地设区的市级安全监管部门、行业主管部门报告上年度安全生产情况，并接受有关部门的现场核查。企业发生伤亡事故时，要按有关规定及时报告。受县级人民政府委托组织一般危险化学品事故调查的企业，调查工作结束后要向县级人民政府及其安全监管、行业主管部门报送事故调查报告。

12. 加强安全生产教育培训。要按照《安全生产培训管理办法》（原国家安全监管局令第 20 号）、《生产经营单位安全培训规定》（国家安全监管总局令第 3 号）的要求，健全并落实安全教育培训制度，建立安全教育培训档案，实行全员培训，严格持证上岗。要制定切实可行的安全教育培训计划，采取多种有效措施，分类别、分层次开展安全意识、法律法规、安全管理规章制度、操作规程、安全技能、事故案例、应急管理、职业危害与防护、遵章守纪、杜绝"三违"（违章指挥、违章操作、违反劳动纪律）等教育培训活动。企业每年至少进行一次全员安全培训考核，考核成绩记入员工教育培训档案。

三、加大安全投入，提升本质安全水平

13. 建立企业安全生产投入保障机制。要严格执行财政部、国家安全监管总局《高危行业企业安全生产费用财务管理暂行办法》（财企〔2006〕478 号），完善安全投入保障制度，足额提取安全费用，保证用于安全生产的资金投入和有效实施，通过技术改造，不断提高企业本质安全水平。

14. 改造提升现有企业，逐步提高安全技术水平。重点企业要积极采用新技术改造提升现有装置以满足安全生产的需要。工艺技术自动控制水平低的重点企业要制定技术改造计划，加大安全生产投入，在 2010 年底前，完成自动化控制技术改造，通过装备集散控制和紧急停车系统，提高生产装置自动化控制水平。新开发的危险化学品生产工艺必须在小试、中试、工业化试验的基础上逐步放大到工业化生产。

新建的涉及危险工艺的化工装置必须装备自动化控制系统，选用安全可靠的仪表、联锁控制系统，配备必要的有毒有害、易燃易爆气体泄漏检测报警系统和火灾报警系统，提高装置安全可靠性。

15. 加强重大危险源安全监控。危险化学品生产、经营单位要定期开展危险源识别、检查、评估工作，建立重大危险源档案，加强对重大危险源的监控，按照有关规定或要求做好重大危险源备案工作。重大危险源涉及的压力、温度、液位、泄漏报警等要有远传和连续记录，液化气体、剧毒液体等重点储罐要设置紧急切断装置。要建立并严格执行重大危险源安全监控责任制，定期检查重大危险源压力容器及附件、应急预案修订及演练、应急器材准备等情况。

16. 积极推动安全生产科技进步工作。鼓励和支持科研机构、大专院校和有关企业开发化工安全生产技术和危险化学品储存、运输、使用安全技术。在危险化学品槽车充装环节，推广使用万向充装管道系统代替充装软管，禁止使用软管充装液氯、液氨、液化石油气、液化天然气等液化危险化学品。指导有关中央企业开展风险评估，提高事故风险控制管理水平；组织有条件的中

央企业应用危险与可操作性分析技术(HAZOP),提高化工生产装置潜在风险辨识能力。

四、深化专项整治,完善法规标准

17. 深化危险化学品安全生产专项整治。各地区要继续开展化工企业安全生产整治工作,通过相关部门联合执法,运用法律、行政、经济等手段,采取鼓励转产、关闭、搬迁、部门托管或企业兼并等多种措施,进一步淘汰不符合产业规划、周边安全防护距离不符合要求、能耗高、污染重和安全生产没有保障的化工企业。化工企业搬迁任务重的地区要研究制定化工企业搬迁政策,对周边安全防护距离不符合要求和在城区的化工企业搬迁给予政策扶持。

18. 加强危险化学品道路运输安全监控和协查。各省(自治区、直辖市)交通管理部门要统筹规划并在 2009 年 6 月底前完成本地区危险化学品道路运输安全监控平台建设工作,保证监控覆盖范围,减少监管盲点,共享监控资源,实时动态监控危险化学品运输车辆运行安全状况。在 2009 年底前,危险化学品道路运输车辆都要安装符合标准规范要求的车载监控终端。

推进危险化学品道路运输联合执法和协查机制。县级以上地方人民政府要建立和完善本地区公安、交通、环保、质监、安全监管等部门联合执法工作制度,形成合力,提高监督检查效果。要针对危险化学品道路运输活动跨行政区的特点,建立地区间有关部门的协查机制,认真查处危险化学品违法违规运输活动和道路运输事故。要在危险化学品主要运输道路沿线建立重点危险化学品超载车辆卸载基地。

19. 推进危险化学品经营市场专业化。贸易管理、安全监管部门要积极推广建立危险化学品集中交易市场的成功经验,推进集仓储、配送、物流、销售和商品展示为一体的危险化学品交易市场建设,指导企业完善危险化学品集中交易、统一管理、指定储存、专业配送、信息服务。

20. 加强危险化学品安全生产法制建设。加强调查研究,进一步完善危险化学品安全管理部门规章和规范性文件,健全危险化学品安全生产法规体系。各省(自治区、直辖市)安全监管部门要认真总结近年来危险化学品安全管理工作的经验和教训,以《危险化学品安全管理条例(修订)》即将发布施行为契机,积极通过地方立法,结合本地区实际,制定和完善危险化学品安全生产地方性法规和规章,提高危险化学品领域安全生产准入条件,完善安全管理体制、机制,保障危险化学品安全生产有法可依。

21. 加快制修订安全技术标准。全国安全生产标准化技术委员会要组织研究、规划我国危险化学品安全技术标准体系,优先制定和修订当前亟需的危险化学品安全技术标准。有关部门和单位要制定工作计划,组织修订现行的化工行业与石油、石化行业建设标准,提高新建化工装置安全设防水平。

五、落实监管责任,提高执法能力

22. 加强安全生产执法检查,规范执法工作。各省(自治区、直辖市)安全监管部门、行业主管部门要结合本地区危险化学品从业单位实际,制定年度执法检查工作计划,明确检查频次、程序、内容、标准、要求。要重点检查企业主要负责人组织制定安全生产责任制、安全生产管理规章制度和应急预案并监督执行的情况,企业员工安全教育培训、重大危险源监控、安全生产隐患排查治理、安全费用提取与有效使用、安全生产标准化实施等情况。

安全生产执法机构要严格按照安全生产法律法规和有关标准规范,开展执法检查工作。要提高执法检查的能力,保证执法检查的客观性,严格规范执法检查工作,提高执法的权威性。要充分发挥专业应急救援队伍和专家的作用,提高事故应急救援能力和应急管理水平,参与安全监管、行业主管部门组织的执法检查工作。要加大对违法违规企业处罚的力度,推动企业进一步落实安全生产主体责任。

23. 严格执行事故调查处理"四不放过"原则,加强对事故调查工作的监督检查。发生生产安全事故的企业所在地县级以上地方人民政府要严格按照《生产安全事故报告和调查处理条例》的规定,认真履行职责,做好事故调查处理工作,查清事故原因,制定防范措施,严格责任追究,开展警示教育。安全监管部门、行业主管部门要加强对企业受县级人民政府委托组织的一般危险化学品事故调查处理工作的监督,检查防范措施和责任人处理意见落实情况。

县级以上安全监管部门要在每年3月底以前,向上一级安全监管部门报送本地区上年度危险化学品死亡事故的调查报告、负责事故调查的人民政府批复文件(复印件);省级安全监管部门要将一次死亡6人以上的危险化学品事故调查报告、负责事故调查的人民政府批复文件(复印件)报送国家安全监管总局。

24. 加强事故统计分析,及时通报典型事故。各级安全监管部门要认真做好危险化学品事故统计工作,按时逐级上报统计数据;同时收集没有造成人员伤亡的危险化学品事故及其他行业、领域发生的危险化学品事故信息;定期分析本地区危险化学品事故的特点和规律,更好地指导安全监管工作。安全监管、行业主管等部门对典型危险化学品事故,要及时向相关企业和部门发出事故通报,吸取事故教训,举一反三,防止发生同类事故。

25. 加强安全监管队伍建设,提高执法水平。地方各级人民政府要加强安全监管机构和监管队伍建设,重点地区要在安全监管部门设立危险化学品安全监管机构,专门负责本行政区危险化学品安全监督管理工作;要结合本地区危险化学品从业单位的数量和分布情况,为危险化学品安全监管机构配备相应的专业人员和技术装备;要加强业务培训,提高危险化学品安全监管人员依法行政能力和执法水平。

26. 进一步发挥中介组织和专家作用。各级安全监管部门要指导专业协会、中介组织积极开展危险化学品安全管理咨询服务,帮助指导危险化学品从业单位健全安全生产责任制、安全生产管理制度,加强基础管理,提高安全管理水平。有条件的地方可依法成立注册安全工程师事务所,为中小化工企业安全生产提供咨询服务。

各级安全监管部门要建立危险化学品安全生产专家数据库,为专家参与危险化学品安全生产工作创造条件;建立重大问题研究和重要制度、措施实施前的专家咨询制度;鼓励和督促中小化工企业聘请专家(注册安全工程师)指导,加强企业安全生产工作。

六、加强组织领导,着力建立危险化学品安全生产长效机制

27. 加强对危险化学品安全生产工作的领导。地方各级人民政府及其有关部门要从建设社会主义和谐社会、维护社会稳定、保障人民群众安全健康的高度,在地方党委的领导下,发挥政府监督管理作用,加强对危险化学品安全生产工作的领导,把危险化学品安全生产纳入本地区经济社会发展规划,定期研究危险化学品安全生产工作,协调解决危险化学品安全生产工作中的重大问题,构建党委领导、政府监管、企业负责的危险化学品安全生产长效机制。

28. 建立和完善危险化学品安全监管部门联席会议制度。危险化学品安全监管涉及部门多、环节多。县级以上地方人民政府要建立并逐步完善由负有危险化学品安全监管责任的单位参加的部门联席会议制度,进一步加强对本地区危险化学品安全生产工作的协调,研究解决危险化学品安全管理的深层次问题;督促各相关部门相互配合,密切协作,提高执法检查效果。

29. 加强危险化学品安全监督管理综合工作。各级安全监管部门要加强综合监管职能,协调负有危险化学品安全监管职责的各个部门,各负其责、通力协作,强化危险化学品生产、储存、经营、运输、使用、处置废弃各个环节的安全监管。上级安全监管部门要指导、协调下级安全监管

部门充分发挥危险化学品综合监管职能的作用,构建管理有力、监督有效的危险化学品综合监管网络。

　　各省、自治区、直辖市及新疆生产建设兵团安全生产委员会要迅速把本指导意见转发给本辖区各相关部门和单位,结合本地区情况制定实施意见,认真组织贯彻落实;加强综合协调,开展现状调研,注意树立典型,推广先进经验,把指导意见提出的各项措施落到实处,取得实效,推动危险化学品安全生产形势稳定好转。

国务院安全生产委员会办公室

二〇〇八年九月十四日

国务院关于投资体制改革的决定

国发〔2004〕20 号

改革开放以来,国家对原有的投资体制进行了一系列改革,打破了传统计划经济体制下高度集中的投资管理模式,初步形成了投资主体多元化、资金来源多渠道、投资方式多样化、项目建设市场化的新格局。但是,现行的投资体制还存在不少问题,特别是企业的投资决策权没有完全落实,市场配置资源的基础性作用尚未得到充分发挥,政府投资决策的科学化、民主化水平需要进一步提高,投资宏观调控和监管的有效性需要增强。为此,国务院决定进一步深化投资体制改革。

一、深化投资体制改革的指导思想和目标

（一）深化投资体制改革的指导思想是:按照完善社会主义市场经济体制的要求,在国家宏观调控下充分发挥市场配置资源的基础性作用,确立企业在投资活动中的主体地位,规范政府投资行为,保护投资者的合法权益,营造有利于各类投资主体公平、有序竞争的市场环境,促进生产要素的合理流动和有效配置,优化投资结构,提高投资效益,推动经济协调发展和社会全面进步。

（二）深化投资体制改革的目标是:改革政府对企业投资的管理制度,按照"谁投资、谁决策、谁收益、谁承担风险"的原则,落实企业投资自主权;合理界定政府投资职能,提高投资决策的科学化、民主化水平,建立投资决策责任追究制度;进一步拓宽项目融资渠道,发展多种融资方式;培育规范的投资中介服务组织,加强行业自律,促进公平竞争;健全投资宏观调控体系,改进调控方式,完善调控手段;加快投资领域的立法进程;加强投资监管,维护规范的投资和建设市场秩序。通过深化改革和扩大开放,最终建立起市场引导投资、企业自主决策、银行独立审贷、融资方式多样、中介服务规范、宏观调控有效的新型投资体制。

二、转变政府管理职能,确立企业的投资主体地位

（一）改革项目审批制度,落实企业投资自主权。彻底改革现行不分投资主体、不分资金来源、不分项目性质,一律按投资规模大小分别由各级政府及有关部门审批的企业投资管理办法。对于企业不使用政府投资建设的项目,一律不再实行审批制,区别不同情况实行核准制和备案制。其中,政府仅对重大项目和限制类项目从维护社会公共利益角度进行核准,其他项目无论规模大小,均改为备案制,项目的市场前景、经济效益、资金来源和产品技术方案等均由企业自主决策、自担风险,并依法办理环境保护、土地使用、资源利用、安全生产、城市规划等许可手续和减免税确认手续。对于企业使用政府补助、转贷、贴息投资建设的项目,政府只审批资金申请报告。各地区、各部门要相应改进管理办法,规范管理行为,不得以任何名义截留下放给企业的投资决策权利。

（二）规范政府核准制。要严格限定实行政府核准制的范围,并根据变化的情况适时调整。《政府核准的投资项目目录》（以下简称《目录》）由国务院投资主管部门会同有关部门研究提出,报国务院批准后实施。未经国务院批准,各地区、各部门不得擅自增减《目录》规定的范围。

企业投资建设实行核准制的项目,仅需向政府提交项目申请报告,不再经过批准项目建议书、可行性研究报告和开工报告的程序。政府对企业提交的项目申请报告,主要从维护经济安

全、合理开发利用资源、保护生态环境、优化重大布局、保障公共利益、防止出现垄断等方面进行核准。对于外商投资项目，政府还要从市场准入、资本项目管理等方面进行核准。政府有关部门要制定严格规范的核准制度，明确核准的范围、内容、申报程序和办理时限，并向社会公布，提高办事效率，增强透明度。

（三）健全备案制。对于《目录》以外的企业投资项目，实行备案制，除国家另有规定外，由企业按照属地原则向地方政府投资主管部门备案。备案制的具体实施办法由省级人民政府自行制定。国务院投资主管部门要对备案工作加强指导和监督，防止以备案的名义变相审批。

（四）扩大大型企业集团的投资决策权。基本建立现代企业制度的特大型企业集团，投资建设《目录》内的项目，可以按项目单独申报核准，也可编制中长期发展建设规划，规划经国务院或国务院投资主管部门批准后，规划中属于《目录》内的项目不再另行申报核准，只须办理备案手续。企业集团要及时向国务院有关部门报告规划执行和项目建设情况。

（五）鼓励社会投资。放宽社会资本的投资领域，允许社会资本进入法律法规未禁入的基础设施、公用事业及其他行业和领域。逐步理顺公共产品价格，通过注入资本金、贷款贴息、税收优惠等措施，鼓励和引导社会资本以独资、合资、合作、联营、项目融资等方式，参与经营性的公益事业、基础设施项目建设。对于涉及国家垄断资源开发利用、需要统一规划布局的项目，政府在确定建设规划后，可向社会公开招标选定项目业主。鼓励和支持有条件的各种所有制企业进行境外投资。

（六）进一步拓宽企业投资项目的融资渠道。允许各类企业以股权融资方式筹集投资资金，逐步建立起多种募集方式相互补充的多层次资本市场。经国务院投资主管部门和证券监管机构批准，选择一些收益稳定的基础设施项目进行试点，通过公开发行股票、可转换债券等方式筹集建设资金。在严格防范风险的前提下，改革企业债券发行管理制度，扩大企业债券发行规模，增加企业债券品种。按照市场化原则改进和完善银行的固定资产贷款审批和相应的风险管理制度，运用银团贷款、融资租赁、项目融资、财务顾问等多种业务方式，支持项目建设。允许各种所有制企业按照有关规定申请使用国外贷款。制定相关法规，组织建立中小企业融资和信用担保体系，鼓励银行和各类合格担保机构对项目融资的担保方式进行研究创新，采取多种形式增强担保机构资本实力，推动设立中小企业投资公司，建立和完善创业投资机制。规范发展各类投资基金。鼓励和促进保险资金间接投资基础设施和重点建设工程项目。

（七）规范企业投资行为。各类企业都应严格遵守国土资源、环境保护、安全生产、城市规划等法律法规，严格执行产业政策和行业准入标准，不得投资建设国家禁止发展的项目；应诚信守法，维护公共利益，确保工程质量，提高投资效益。国有和国有控股企业应按照国有资产管理体制改革和现代企业制度的要求，建立和完善国有资产出资人制度、投资风险约束机制、科学民主的投资决策制度和重大投资责任追究制度。严格执行投资项目的法人责任制、资本金制、招标投标制、工程监理制和合同管理制。

三、完善政府投资体制，规范政府投资行为

（一）合理界定政府投资范围。政府投资主要用于关系国家安全和市场不能有效配置资源的经济和社会领域，包括加强公益性和公共基础设施建设，保护和改善生态环境，促进欠发达地区的经济和社会发展，推进科技进步和高新技术产业化。能够由社会投资建设的项目，尽可能利用社会资金建设。合理划分中央政府与地方政府的投资事权。中央政府投资除本级政权等建设外，主要安排跨地区、跨流域以及对经济和社会发展全局有重大影响的项目。

（二）健全政府投资项目决策机制。进一步完善和坚持科学的决策规则和程序，提高政府投

资项目决策的科学化、民主化水平;政府投资项目一般都要经过符合资质要求的咨询中介机构的评估论证,咨询评估要引入竞争机制,并制定合理的竞争规则;特别重大的项目还应实行专家评议制度;逐步实行政府投资项目公示制度,广泛听取各方面的意见和建议。

(三)规范政府投资资金管理。编制政府投资的中长期规划和年度计划,统筹安排、合理使用各类政府投资资金,包括预算内投资、各类专项建设基金、统借国外贷款等。政府投资资金按项目安排,根据资金来源、项目性质和调控需要,可分别采取直接投资、资本金注入、投资补助、转贷和贷款贴息等方式。以资本金注入方式投入的,要确定出资人代表。要针对不同的资金类型和资金运用方式,确定相应的管理办法,逐步实现政府投资的决策程序和资金管理的科学化、制度化和规范化。

(四)简化和规范政府投资项目审批程序,合理划分审批权限。按照项目性质、资金来源和事权划分,合理确定中央政府与地方政府之间、国务院投资主管部门与有关部门之间的项目审批权限。对于政府投资项目,采用直接投资和资本金注入方式的,从投资决策角度只审批项目建议书和可行性研究报告,除特殊情况外不再审批开工报告,同时应严格政府投资项目的初步设计、概算审批工作;采用投资补助、转贷和贷款贴息方式的,只审批资金申请报告。具体的权限划分和审批程序由国务院投资主管部门会同有关方面研究制定,报国务院批准后颁布实施。

(五)加强政府投资项目管理,改进建设实施方式。规范政府投资项目的建设标准,并根据情况变化及时修订完善。按项目建设进度下达投资资金计划。加强政府投资项目的中介服务管理,对咨询评估、招标代理等中介机构实行资质管理,提高中介服务质量。对非经营性政府投资项目加快推行"代建制",即通过招标等方式,选择专业化的项目管理单位负责建设实施,严格控制项目投资、质量和工期,竣工验收后移交给使用单位。增强投资风险意识,建立和完善政府投资项目的风险管理机制。

(六)引入市场机制,充分发挥政府投资的效益。各级政府要创造条件,利用特许经营、投资补助等多种方式,吸引社会资本参与有合理回报和一定投资回收能力的公益事业和公共基础设施项目建设。对于具有垄断性的项目,试行特许经营,通过业主招标制度,开展公平竞争,保护公众利益。已经建成的政府投资项目,具备条件的经过批准可以依法转让产权或经营权,以回收的资金滚动投资于社会公益等各类基础设施建设。

四、加强和改善投资的宏观调控

(一)完善投资宏观调控体系。国家发展和改革委员会要在国务院领导下会同有关部门,按照职责分工,密切配合、相互协作、有效运转、依法监督,调控全社会的投资活动,保持合理投资规模,优化投资结构,提高投资效益,促进国民经济持续快速协调健康发展和社会全面进步。

(二)改进投资宏观调控方式。综合运用经济的、法律的和必要的行政手段,对全社会投资进行以间接调控方式为主的有效调控。国务院有关部门要依据国民经济和社会发展中长期规划,编制教育、科技、卫生、交通、能源、农业、林业、水利、生态建设、环境保护、战略资源开发等重要领域的发展建设规划,包括必要的专项发展建设规划,明确发展的指导思想、战略目标、总体布局和主要建设项目等。按照规定程序批准的发展建设规划是投资决策的重要依据。各级政府及其有关部门要努力提高政府投资效益,引导社会投资。制定并适时调整国家固定资产投资指导目录、外商投资产业指导目录,明确国家鼓励、限制和禁止投资的项目。建立投资信息发布制度,及时发布政府对投资的调控目标、主要调控政策、重点行业投资状况和发展趋势等信息,引导全社会投资活动。建立科学的行业准入制度,规范重点行业的环保标准、安全标准、能耗水耗标准和产品技术、质量标准,防止低水平重复建设。

（三）协调投资宏观调控手段。根据国民经济和社会发展要求以及宏观调控需要,合理确定政府投资规模,保持国家对全社会投资的积极引导和有效调控。灵活运用投资补助、贴息、价格、利率、税收等多种手段,引导社会投资,优化投资的产业结构和地区结构。适时制定和调整信贷政策,引导中长期贷款的总量和投向。严格和规范土地使用制度,充分发挥土地供应对社会投资的调控和引导作用。

（四）加强和改进投资信息、统计工作。加强投资统计工作,改革和完善投资统计制度,进一步及时、准确、全面地反映全社会固定资产存量和投资的运行态势,并建立各类信息共享机制,为投资宏观调控提供科学依据。建立投资风险预警和防范体系,加强对宏观经济和投资运行的监测分析。

五、加强和改进投资的监督管理

（一）建立和完善政府投资监管体系。建立政府投资责任追究制度,工程咨询、投资项目决策、设计、施工、监理等部门和单位,都应有相应的责任约束,对不遵守法律法规给国家造成重大损失的,要依法追究有关责任人的行政和法律责任。完善政府投资制衡机制,投资主管部门、财政主管部门以及有关部门,要依据职能分工,对政府投资的管理进行相互监督。审计机关要依法全面履行职责,进一步加强对政府投资项目的审计监督,提高政府投资管理水平和投资效益。完善重大项目稽察制度,建立政府投资项目后评价制度,对政府投资项目进行全过程监管。建立政府投资项目的社会监督机制,鼓励公众和新闻媒体对政府投资项目进行监督。

（二）建立健全协同配合的企业投资监管体系。国土资源、环境保护、城市规划、质量监督、银行监管、证券监管、外汇管理、工商管理、安全生产监管等部门,要依法加强对企业投资活动的监管,凡不符合法律法规和国家政策规定的,不得办理相关许可手续。在建设过程中不遵守有关法律法规的,有关部门要责令其及时改正,并依法严肃处理。各级政府投资主管部门要加强对企业投资项目的事中和事后监督检查,对于不符合产业政策和行业准入标准的项目,以及不按规定履行相应核准或许可手续而擅自开工建设的项目,要责令其停止建设,并依法追究有关企业和人员的责任。审计机关依法对国有企业的投资进行审计监督,促进国有资产保值增值。建立企业投资诚信制度,对于在项目申报和建设过程中提供虚假信息、违反法律法规的,要予以惩处,并公开披露,在一定时间内限制其投资建设活动。

（三）加强对投资中介服务机构的监管。各类投资中介服务机构均须与政府部门脱钩,坚持诚信原则,加强自我约束,为投资者提供高质量、多样化的中介服务。鼓励各种投资中介服务机构采取合伙制、股份制等多种形式改组改造。健全和完善投资中介服务机构的行业协会,确立法律规范、政府监督、行业自律的行业管理体制。打破地区封锁和行业垄断,建立公开、公平、公正的投资中介服务市场,强化投资中介服务机构的法律责任。

（四）完善法律法规,依法监督管理。建立健全与投资有关的法律法规,依法保护投资者的合法权益,维护投资主体公平、有序竞争,投资要素合理流动、市场发挥配置资源的基础性作用的市场环境,规范各类投资主体的投资行为和政府的投资管理活动。认真贯彻实施有关法律法规,严格财经纪律,堵塞管理漏洞,降低建设成本,提高投资效益。加强执法检查,培育和维护规范的建设市场秩序。

附件:政府核准的投资项目目录(2004 年本)

二〇〇四年七月十六日

附件:

政府核准的投资项目目录(2004 年本)

简要说明:

(一)本目录所列项目,是指企业不使用政府性资金投资建设的重大和限制类固定资产投资项目。

(二)企业不使用政府性资金投资建设本目录以外的项目,除国家法律法规和国务院专门规定禁止投资的项目以外,实行备案管理。

(三)国家法律法规和国务院有专门规定的项目的审批或核准,按有关规定执行。

(四)本目录对政府核准权限作出了规定。其中:

1. 目录规定"由国务院投资主管部门核准"的项目,由国务院投资主管部门会同行业主管部门核准,其中重要项目报国务院核准。

2. 目录规定"由地方政府投资主管部门核准"的项目,由地方政府投资主管部门会同同级行业主管部门核准。省级政府可根据当地情况和项目性质,具体划分各级地方政府投资主管部门的核准权限,但目录明确规定"由省级政府投资主管部门核准"的,其核准权限不得下放。

3. 根据促进经济发展的需要和不同行业的实际情况,可对特大型企业的投资决策权限特别授权。

(五)本目录为 2004 年本。根据情况变化,将适时调整。

一、农林水利

农业:涉及开荒的项目由省级政府投资主管部门核准。

水库:国际河流和跨省(区、市)河流上的水库项目由国务院投资主管部门核准,其余项目由地方政府投资主管部门核准。

其他水事工程:需中央政府协调的国际河流、涉及跨省(区、市)水资源配置调整的项目由国务院投资主管部门核准,其余项目由地方政府投资主管部门核准。

二、能　源

(一)电　力

水电站:在主要河流上建设的项目和总装机容量 25 万千瓦及以上项目由国务院投资主管部门核准,其余项目由地方政府投资主管部门核准。

抽水蓄能电站:由国务院投资主管部门核准。

火电站:由国务院投资主管部门核准。

热电站:燃煤项目由国务院投资主管部门核准,其余项目由地方政府投资主管部门核准。

风电站:总装机容量 5 万千瓦及以上项目由国务院投资主管部门核准,其余项目由地方政府投资主管部门核准。

核电站:由国务院核准。

电网工程:330 千伏及以上电压等级的电网工程由国务院投资主管部门核准,其余项目由地方政府投资主管部门核准。

(二)煤　炭

煤矿：国家规划矿区内的煤炭开发项目由国务院投资主管部门核准，其余一般煤炭开发项目由地方政府投资主管部门核准。

煤炭液化：年产 50 万吨及以上项目由国务院投资主管部门核准，其他项目由地方政府投资主管部门核准。

(三)石油、天然气

原油：年产 100 万吨及以上的新油田开发项目由国务院投资主管部门核准，其他项目由具有石油开采权的企业自行决定，报国务院投资主管部门备案。

天然气：年产 20 亿立方米及以上新气田开发项目由国务院投资主管部门核准，其他项目由具有天然气开采权的企业自行决定，报国务院投资主管部门备案。

液化石油气接收、存储设施（不含油气田、炼油厂的配套项目）：由省级政府投资主管部门核准。

进口液化天然气接收、储运设施：由国务院投资主管部门核准。

国家原油存储设施：由国务院投资主管部门核准。

输油管网（不含油田集输管网）：跨省（区、市）干线管网项目由国务院投资主管部门核准。

输气管网（不含油气田集输管网）：跨省（区、市）或年输气能力 5 亿立方米及以上项目由国务院投资主管部门核准，其余项目由省级政府投资主管部门核准。

三、交通运输

(一)铁　道

新建（含增建）铁路：跨省（区、市）或 100 公里及以上项目由国务院投资主管部门核准，其余项目按隶属关系分别由国务院行业主管部门或省级政府投资主管部门核准。

(二)公　路

公路：国道主干线、西部开发公路干线、国家高速公路网、跨省（区、市）的项目由国务院投资主管部门核准，其余项目由地方政府投资主管部门核准。

独立公路桥梁、隧道：跨境、跨海湾、跨大江大河（通航段）的项目由国务院投资主管部门核准，其余项目由地方政府投资主管部门核准。

(三)水　运

煤炭、矿石、油气专用泊位：新建港区和年吞吐能力 200 万吨及以上项目由国务院投资主管部门核准，其余项自由省级政府投资主管部门核准。

集装箱专用码头：由国务院投资主管部门核准。

内河航运：千吨级以上通航建筑物项目由国务院投资主管部门核准，其余项目由地方政府投资主管部门核准。

(四)民　航

新建机场：由国务院核准。

扩建机场：总投资 10 亿元及以上项目由国务院投资主管部门核准，其余项目按隶属关系由国务院行业主管部门或地方政府投资主管部门核准。

扩建军民合用机场：由国务院投资主管部门会同军队有关部门核准。

四、信息产业

电信：国内干线传输网（含广播电视网）、国际电信传输电路、国际关口站、专用电信网的国际通信设施及其他涉及信息安全的电信基础设施项目由国务院投资主管部门核准。

邮政：国际关口站及其他涉及信息安全的邮政基础设施项目由国务院投资主管部门核准。

电子信息产品制造：卫星电视接收机及关键件、国家特殊规定的移动通信系统及终端等生产项目由国务院投资主管部门核准。

五、原材料

钢铁：已探明工业储量 5000 万吨及以上规模的铁矿开发项目和新增生产能力的炼铁、炼钢、轧钢项目由国务院投资主管部门核准，其他铁矿开发项目由省级政府投资主管部门核准。

有色：新增生产能力的电解铝项目、新建氧化铝项目和总投资 5 亿元及以上的矿山开发项目由国务院投资主管部门核准，其他矿山开发项目由省级政府投资主管部门核准。

石化：新建炼油及扩建一次炼油项目、新建乙烯及改扩建新增能力超过年产 20 万吨乙烯项目，由国务院投资主管部门核准。

化工原料：新建 PTA、PX、MDI、TDI 项目，以及 PTA、PX 改造能力超过年产 10 万吨的项目，由国务院投资主管部门核准。

化肥：年产 50 万吨及以上钾矿肥项目由国务院投资主管部门核准，其他磷、钾矿肥项目由地方政府投资主管部门核准。

水泥：除禁止类项目外，由省级政府投资主管部门核准。

稀土：矿山开发、冶炼分离和总投资 1 亿元及以上稀土深加工项目由国务院投资主管部门核准，其余稀土深加工项目由省级政府投资主管部门核准。黄金：日采选矿石 500 吨及以上项目由国务院投资主管部门核准，其他采选矿项目由省级政府投资主管部门核准。

六、机械制造

汽车：按照国务院批准的专项规定执行。船舶：新建 10 万吨级以上造船设施（船台、船坞）和民用船舶中、低速柴油机生产项目由国务院投资主管部门核准。

城市轨道交通：城市轨道交通车辆、信号系统和牵引传动控制系统制造项目由国务院投资主管部门核准。

七、轻工烟草

纸浆：年产 10 万吨及以上纸浆项目由国务院投资主管部门核准，年产 3.4（含）万吨～10（不含）万吨纸浆项目由省级政府投资主管部门核准，其他纸浆项目禁止建设。

变性燃料乙醇：由国务院投资主管部门核准。聚酯：日产 300 吨及以上项目由国务院投资主管部门核准。

制盐：由国务院投资主管部门核准。糖：日处理糖料 1500 吨及以上项目由省级政府投资主管部门核准，其他糖料项目禁止建设。烟草：卷烟、烟用二醋酸纤维素及丝束项目由国务院投资主管部门核准。

八、高新技术

民用航空航天：民用飞机（含直升机）制造、民用卫星制造、民用遥感卫星地面站建设项目由国务院投资主管部门核准。

九、城　建

城市快速轨道交通:由国务院核准。城市供水:跨省(区、市)日调水 50 万吨及以上项目由国务院投资主管部门核准,其他城市供水项目由地方政府投资主管部门核准。

城市道路桥梁:跨越大江大河(通航段)、重要海湾的桥梁、隧道项目由国务院投资主管部门核准。其他城建项目:由地方政府投资主管部门核准。

十、社会事业

教育、卫生、文化、广播电影电视:大学城、医学城及其他园区性建设项目由国务院投资主管部门核准。旅游:国家重点风景名胜区、国家自然保护区、国家重点文物保护单位区域内总投资 5000 万元及以上旅游开发和资源保护设施,世界自然、文化遗产保护区内总投资 3000 万元及以上项目由国务院投资主管部门核准。体育:F1 赛车场由国务院投资主管部门核准。娱乐:大型主题公园由国务院核准。其他社会事业项目:按隶属关系由国务院行业主管部门或地方政府投资主管部门核准。

十一、金　融

印钞、造币、钞票纸项目由国务院投资主管部门核准。

十二、外商投资

《外商投资产业指导目录》中总投资(包括增资)1 亿美元及以上鼓励类、允许类项目由国家发展和改革委员会核准。

《外商投资产业指导目录》中总投资(包括增资)5000 万美元及以上限制类项目由国家发展和改革委员会核准。

国家规定的限额以上、限制投资和涉及配额、许可证管理的外商投资企业的设立及其变更事项;大型外商投资项目的合同、章程及法律特别规定的重大变更(增资减资、转股、合并)事项,由商务部核准。上述项目之外的外商投资项目由地方政府按照有关法规办理核准。

十三、境外投资

中方投资 3000 万美元及以上资源开发类境外投资项目由国家发展和改革委员会核准。中方投资用汇额 1000 万美元及以上的非资源类境外投资项目由国家发展和改革委员会核准。上述项目之外的境外投资项目,中央管理企业投资的项目报国家发展和改革委员会、商务部备案;其他企业投资的项目由地方政府按照有关法规办理核准。国内企业对外投资开办企业(金融企业除外)由商务部核准。

国务院办公厅关于加强和规范新开工项目管理的通知

国办发〔2007〕64号

各省、自治区、直辖市人民政府,国务院各部委、各直属机构:

新开工项目管理是投资管理的重要环节,也是宏观调控的重要手段。近年来,新开工项目过多,特别是一些项目开工建设有法不依、执法不严、监管不力,加剧了投资增长过快、投资规模过大、低水平重复建设等矛盾,扰乱了投资建设秩序,成为影响经济稳定运行的突出问题。为深入贯彻落实科学发展观,加强和改善宏观调控,各地区、各有关部门要根据《国务院关于投资体制改革的决定》(国发〔2004〕20号)和国家法律法规有关规定,进一步深化投资体制改革,依法加强和规范新开工项目管理,切实从源头上把好项目开工建设关,维护投资建设秩序,以促进国民经济又好又快发展。经国务院同意,现就有关事项通知如下:

一、严格规范投资项目新开工条件

各类投资项目开工建设必须符合下列条件:

(一)符合国家产业政策、发展建设规划、土地供应政策和市场准入标准。

(二)已经完成审批、核准或备案手续。实行审批制的政府投资项目已经批准可行性研究报告,其中需审批初步设计及概算的项目已经批准初步设计及概算;实行核准制的企业投资项目,已经核准项目申请报告;实行备案制的企业投资项目,已经完成备案手续。

(三)规划区内的项目选址和布局必须符合城乡规划,并依照城乡规划法的有关规定办理相关规划许可手续。

(四)需要申请使用土地的项目必须依法取得用地批准手续,并已经签订国有土地有偿使用合同或取得国有土地划拨决定书。其中,工业、商业、旅游、娱乐和商品住宅等经营性投资项目,应当依法以招标、拍卖或挂牌出让方式取得土地。

(五)已经按照建设项目环境影响评价分类管理、分级审批的规定完成环境影响评价审批。

(六)已经按照规定完成固定资产投资项目节能评估和审查。

(七)建筑工程开工前,建设单位依照建筑法的有关规定,已经取得施工许可证或者开工报告,并采取保证建设项目工程质量安全的具体措施。

(八)符合国家法律法规的其他相关要求。

二、建立新开工项目管理联动机制

各级发展改革、城乡规划、国土资源、环境保护、建设和统计等部门要加强沟通,密切配合,明确工作程序和责任,建立新开工项目管理联动机制。

实行审批制的政府投资项目,项目单位应首先向发展改革等项目审批部门报送项目建议书,依据项目建议书批复文件分别向城乡规划、国土资源和环境保护部门申请办理规划选址、用地预审和环境影响评价审批手续。完成相关手续后,项目单位根据项目论证情况向发展改革等项目审批部门报送可行性研究报告,并附规划选址、用地预审和环评审批文件。项目单位依据可行性研究报告批复文件向城乡规划部门申请办理规划许可手续,向国土资源部门申请办理正式用地手续。

实行核准制的企业投资项目,项目单位分别向城乡规划、国土资源和环境保护部门申请办理规划选址、用地预审和环评审批手续。完成相关手续后,项目单位向发展改革等项目核准部门报送项目申请报告,并附规划选址、用地预审和环评审批文件。项目单位依据项目核准文件向城乡规划部门申请办理规划许可手续,向国土资源部门申请办理正式用地手续。

实行备案制的企业投资项目,项目单位必须首先向发展改革等备案管理部门办理备案手续,备案后,分别向城乡规划、国土资源和环境保护部门申请办理规划选址、用地和环评审批手续。

各级发展改革等项目审批(核准、备案)部门和城乡规划、国土资源、环境保护、建设等部门都要严格遵守上述程序和规定,加强相互衔接,确保各个工作环节按规定程序进行。对未取得规划选址、用地预审和环评审批文件的项目,发展改革等部门不得予以审批或核准。对于未履行备案手续或者未予备案的项目,城乡规划、国土资源、环境保护等部门不得办理相关手续。对应以招标、拍卖或挂牌出让方式取得土地的项目,国土资源管理部门要会同发展改革、城乡规划、环境保护等部门将有关要求纳入土地出让方案。对未按规定取得项目审批(核准、备案)、规划许可、环评审批、用地管理等相关文件的建筑工程项目,建设行政主管部门不得发放施工许可证。对于未按程序和规定办理审批和许可手续的,要撤销有关审批和许可文件,并依法追究相关人员的责任。

三、加强新开工项目统计和信息管理

各级发展改革、城乡规划、国土资源、环境保护、建设等部门要加快完善本部门的信息系统,并建立信息互通制度,将各自办理的项目审批、核准、备案和城乡规划、土地利用、环境影响评价等文件相互送达,同时抄送同级统计部门。统计部门要依据相关信息加强对新开工项目的统计检查,及时将统计的新开工项目信息抄送同级发展改革、城乡规划、国土资源、环境保护、建设等部门。部门之间要充分利用网络信息技术,逐步建立新开工项目信息共享平台,及时交换项目信息,实现资源共享。有关部门应制定实施细则,明确信息交流的内容、时间和具体方式等。

各级统计部门要坚持依法统计,以现行规定的标准为依据,切实做好新开工项目统计工作。要加强培训工作,不断提高基层统计人员的业务素质,保证新开工项目统计数据的质量。地方各级政府要树立科学发展观和正确的政绩观,不得干预统计工作。

各级发展改革部门应在信息互通制度的基础上,为总投资 5000 万元以上的拟建项目建立管理档案,包括项目基本情况、有关手续办理情况(文件名称和文号)等内容,定期向上级发展改革部门报送项目信息。在项目完成各项审批和许可手续后,各省级发展改革部门应将项目名称、主要建设内容和规模、各项审批和许可文件的名称和文号等情况,通过本单位的门户网站及其他方式,从 2008 年 1 月起按月向社会公告。

四、强化新开工项目的监督检查

各级发展改革、城乡规划、国土资源、环境保护、建设、统计等部门要切实负起责任,严格管理,强化对新开工项目事中、事后的监督检查。要建立部门联席会议制度等协调机制,对新开工项目管理及有关制度、规定执行情况进行交流和检查,不断完善管理办法。

各类投资主体要严格执行国家法律、法规、政策规定和投资建设程序。项目开工前,必须履行完各项建设程序,并自觉接受监督。对于以化整为零、提供虚假材料等不正当手段取得审批、核准或备案文件的项目,发展改革等项目审批(核准、备案)部门要依法撤销该项目的审批、核准或备案文件,并责令其停止建设。对于违反城乡规划、土地管理、环境保护、施工许可等法律法规和国家相关规定擅自开工建设的项目,一经发现,即应停止建设,并由城乡规划、国土资源、环境保护、建设部门依法予以处罚，由此造成的损失均由项目投资者承担。对于在建设过程中不遵守城乡规划、土地管理、环境保护和施工许可要求的项目，城乡规划、国土资源、环境保护、建设部门要依法予以处罚，责令其停止建设或停止生产，并追究有关单位和人员的责任。对于篡改、编造虚假数据和虚报、瞒报、拒报统计资料等行为，要依法追究有关单位和个人的责任。对于存在上述问题且情节严重、性质恶劣的项目单位和个人，除依法惩处外，还应将相关情况通过新闻媒体向社会公布。

上级发展改革、城乡规划、国土资源、环境保护、建设等部门要对下级部门加强指导和监督。对项目建设程序的政策规定执行不力并已造成严重影响的地区，要及时予以通报批评。

五、提高服务意识和工作效率

各级发展改革、城乡规划、国土资源、环境保护、建设等部门要严格执行国家法律法规和政策规定，努力提高工作效率，不断增强服务意识。对于符合国家产业政策、发展建设规划、市场准入标准和土地供应政策、环境保护政策，符合城乡规划、土地利用总体规划且纳入年度土地利用计划的项目，要积极给予指导和支持，尽快办理各项手续，主动帮助解决项目建设过程中遇到的问题和困难。要坚决贯彻有保有压、分类指导的宏观调控方针，引导投资向国家鼓励的产业和地区倾斜，加大对重点建设项目的扶持力度，推动投资结构优化升级，提高投资质量和效益。要切实加强投资建设法律法规的宣传培训工作，引导各类投资主体依法投资建设，营造和维护正常的投资建设秩序。

各地区、各有关部门要高度重视新开工项目管理工作，认真贯彻执行上述规定，抓紧制定相关配套措施和实施细则，不断提高投资管理水平。

国务院办公厅

二〇〇七年十一月十七日

国务院安委会关于深入开展
企业安全生产标准化建设的指导意见

安委〔2011〕4 号

各省、自治区、直辖市人民政府,新疆生产建设兵团,国务院安全生产委员会各有关成员单位:

为深入贯彻落实《国务院关于进一步加强企业安全生产工作的通知》(国发〔2010〕23 号,以下简称《国务院通知》)和《国务院办公厅关于继续深化"安全生产年"活动的通知》(国办发〔2011〕11 号,以下简称《国办通知》)精神,全面推进企业安全生产标准化建设,进一步规范企业安全生产行为,改善安全生产条件,强化安全基础管理,有效防范和坚决遏制重特大事故发生,经报国务院领导同志同意,现就深入开展企业安全生产标准化建设提出如下指导意见:

一、充分认识深入开展企业安全生产标准化建设的重要意义

(一)是落实企业安全生产主体责任的必要途径。国家有关安全生产法律法规和规定明确要求,要严格企业安全管理,全面开展安全达标。企业是安全生产的责任主体,也是安全生产标准化建设的主体,要通过加强企业每个岗位和环节的安全生产标准化建设,不断提高安全管理水平,促进企业安全生产主体责任落实到位。

(二)是强化企业安全生产基础工作的长效制度。安全生产标准化建设涵盖了增强人员安全素质、提高装备设施水平、改善作业环境、强化岗位责任落实等各个方面,是一项长期的、基础性的系统工程,有利于全面促进企业提高安全生产保障水平。

(三)是政府实施安全生产分类指导、分级监管的重要依据。实施安全生产标准化建设考评,将企业划分为不同等级,能够客观真实地反映出各地区企业安全生产状况和不同安全生产水平的企业数量,为加强安全监管提供有效的基础数据。

(四)是有效防范事故发生的重要手段。深入开展安全生产标准化建设,能够进一步规范从业人员的安全行为,提高机械化和信息化水平,促进现场各类隐患的排查治理,推进安全生产长效机制建设,有效防范和坚决遏制事故发生,促进全国安全生产状况持续稳定好转。

各地区、各有关部门和企业要把深入开展企业安全生产标准化建设的思想行动统一到《国务院通知》的规定要求上来,充分认识深入开展安全生产标准化建设对加强安全生产工作的重要意义,切实增强推动企业安全生产标准化建设的自觉性和主动性,确保取得实效。

二、总体要求和目标任务

(一)总体要求。深入贯彻落实科学发展观,坚持"安全第一、预防为主、综合治理"的方针,牢固树立以人为本、安全发展理念,全面落实《国务院通知》和《国办通知》精神,按照《企业安全生产标准化基本规范》(AQ/T 9006－2010,以下简称《基本规范》)和相关规定,制定完善安全生产标准和制度规范。严格落实企业安全生产责任制,加强安全科学管理,实现企业安全管理的规范化。加强安全教育培训,强化安全意识、技术操作和防范技能,杜绝"三违"。加大安全投入,提高专业技术装备水平,深化隐患排查治理,改进现场作业条件。通过安全生产标准化建设,实现岗位达标、专业达标和企业达标,各行业(领域)企业的安全生产水平明显提高,安全管理和事故防范能力明显增强。

(二)目标任务。在工矿商贸和交通运输行业(领域)深入开展安全生产标准化建设,重点突出煤矿、非煤矿山、交通运输、建筑施工、危险化学品、烟花爆竹、民用爆炸物品、冶金等行业(领域)。其中,煤矿要在2011年底前,危险化学品、烟花爆竹企业要在2012年底前,非煤矿山和冶金、机械等工贸行业(领域)规模以上企业要在2013年底前,冶金、机械等工贸行业(领域)规模以下企业要在2015年前实现达标。要建立健全各行业(领域)企业安全生产标准化评定标准和考评体系;进一步加强企业安全生产规范化管理,推进全员、全方位、全过程安全管理;加强安全生产科技装备,提高安全保障能力;严格把关,分行业(领域)开展达标考评验收;不断完善工作机制,将安全生产标准化建设纳入企业生产经营全过程,促进安全生产标准化建设的动态化、规范化和制度化,有效提高企业本质安全水平。

三、实施方法

(一)打基础,建章立制。按照《基本规范》要求,将企业安全生产标准化等级规范为一、二、三级。各地区、各有关部门要分行业(领域)制定安全生产标准化建设实施方案,完善达标标准和考评办法,并于2011年5月底以前将本地区、本行业(领域)安全生产标准化建设实施方案报国务院安委会办公室。企业要从组织机构、安全投入、规章制度、教育培训、装备设施、现场管理、隐患排查治理、重大危险源监控、职业健康、应急管理以及事故报告、绩效评定等方面,严格对应评定标准要求,建立完善安全生产标准化建设实施方案。

(二)重建设,严加整改。企业要对照规定要求,深入开展自检自查,建立企业达标建设基础档案,加强动态管理,分类指导,严抓整改。对评为安全生产标准化一级的企业要重点抓巩固、二级企业着力抓提升、三级企业督促抓改进,对不达标的企业要限期抓整顿。各地区和有关部门要加强对安全生产标准化建设工作的指导和督促检查,对问题集中、整改难度大的企业,要组织专业技术人员进行"会诊",提出具体办法和措施,集中力量,重点解决;要督促企业做到隐患排查治理的措施、责任、资金、时限和预案"五到位",对存在重大隐患的企业,要责令停产整顿,并跟踪督办。对发生较大以上生产安全事故、存在非法违法生产经营建设行为、重大隐患限期整顿仍达不到安全要求,以及未按规定要求开展安全生产标准化建设且在规定限期内未及时整改的,取消其安全生产标准化达标参评资格。

(三)抓达标,严格考评。各地区、各有关部门要加强对企业安全生产标准化建设的督促检查,严格组织开展达标考评。对安全生产标准化一级企业的评审、公告、授牌等有关事项,由国家有关部门或授权单位组织实施;二级、三级企业的评审、公告、授牌等具体办法,由省级有关部门制定。各地区、各有关部门在企业安全生产标准化创建中不得收取费用。要严格达标等级考评,明确企业的专业达标最低等级为企业达标等级,有一个专业不达标则该企业不达标。

各地区、各有关部门要结合本地区、本行业(领域)企业的实际情况,对安全生产标准化建设工作作出具体安排,积极推进,成熟一批、考评一批、公告一批、授牌一批。对在规定时间内经整改仍不具备最低安全生产标准化等级的企业,地方政府要依法责令其停产整改直至依法关闭。各地区、各有关部门要将考评结果汇总后报送国务院安委会办公室备案,国务院安委会办公室将适时组织抽检。

四、工作要求

(一)加强领导,落实责任。按照属地管理和"谁主管、谁负责"的原则,企业安全生产标准化建设工作由地方各级人民政府统一领导,明确相关部门负责组织实施。国家有关部门负责指导和推动本行业(领域)企业安全生产标准化建设,制定实施方案和达标细则。企业是安全生产标准化建设工作的责任主体,要坚持高标准、严要求,全面落实安全生产法律法规和标准规范,加大投入,规范管理,加快实现企业高标准达标。

(二)分类指导,重点推进。对于尚未制定企业安全生产标准化评定标准和考评办法的行业(领域),要抓紧制定;已经制定的,要按照《基本规范》和相关规定进行修改完善,规范已达标企业的等级认定。要针对不同行业(领域)的特点,加强工作指导,把影响安全生产的重大隐患排查治理、重大危险源监控、安全生产系统改造、产业技术升级、应急能力提升、消防安全保障等作为重点,在达标建设过程中切实做到"六个结合",即与深入开展执法行动相结合,依法严厉打击各类非法违法生产经营建设行为;与安全专项整治相结合,深化重点行业(领域)隐患排查治理;与推进落实企业安全生产主体责任相结合,强化安全生产基层和基础建设;与促进提高安全生产保障能力相结合,着力提高先进安全技术装备和物联网技术应用等信息化水平;与加强职业安全健康工作相结合,改善从业人员的作业环境和条件;与完善安全生产应急救援体系相结合,加快救援基地和相关专业队伍标准化建设,切实提高实战救援能力。

(三)严抓整改,规范管理。严格安全生产行政许可制度,促进隐患整改。对达标的企业,要深入分析二级与一级、三级与二级之间的差距,找准薄弱点,完善工作措施,推进达标升级;对未达标的企业,要盯住抓紧,督促加强整改,限期达标。通过安全生产标准化建设,实现"四个一批":对在规定期限内仍达不到最低标准、不具备安全生产条件、不符合国家产业政策、破坏环境、浪费资源,以及发生各类非法违法生产经营建设行为的企业,要依法关闭取缔一批;对在规定时间内未实现达标的,要依法暂扣其生产许可证、安全生产许可证,责令停产整顿一批;对具备基本达标条件,但安全技术装备相对落后的,要促进达标升级,改造提升一批;对在本行业(领域)具有示范带动作用的企业,要加大支持力度,巩固发展一批。

(四)创新机制,注重实效。各地区、各有关部门要加强协调联动,建立推进安全生产标准化建设工作机制,及时发现解决建设过程中出现的突出矛盾和问题,对重大问题要组织相关部门开展联合执法,切实把安全生产标准化建设工作作为促进落实和完善安全生产法规规章、推广应用先进技术装备、强化先进安全理念、提高企业安全管理水平的重要途径,作为落实安全生产企业主体责任、部门监管责任、属地管理责任的重要手段,作为调整产业结构、加快转变经济发展方式的重要方式,扎实推进。要把安全生产标准化建设纳入安全生产"十二五"规划及有关行业(领域)发展规划。要积极研究采取相关激励政策措施,将达标结果向银行、证券、保险、担保等主管部门通报,作为企业绩效考核、信用评级、投融资和评先推优等的重要参考依据,促进提高达标建设的质量和水平。

(五)严格监督,加强宣传。各地区、各有关部门要分行业(领域)、分阶段组织实施,加强对安全生产标准化建设工作的督促检查,严格对有关评审和咨询单位进行规范管理。要深入基层、企业,加强对重点地区和重点企业的专题服务指导。加强安全专题教育,提高企业安全管理人员和从业人员的技能素质。充分利用各类舆论媒体,积极宣传安全生产标准化建设的重要意义和具体标准要求,营造安全生产标准化建设的浓厚社会氛围。国务院安委会办公室以及各地区、各有关部门要建立公告制度,定期发布安全生产标准化建设进展情况和达标企业、关闭取缔企业名单;及时总结推广有关地区、有关部门和企业的经验做法,培育典型,示范引导,推进安全生产标准化建设工作广泛深入、扎实有效开展。

国务院安全生产委员会

二〇一一年五月三日

国务院安委会办公室关于大力推进
安全生产文化建设的指导意见

安委办〔2012〕34 号

各省、自治区、直辖市及新疆生产建设兵团安全生产委员会,国务院安委会各成员单位,有关中央企业:

为深入贯彻落实《中共中央关于深化文化体制改革推动社会主义文化大发展大繁荣若干重大问题的决定》(以下简称《决定》)精神,进一步加强安全生产文化(以下简称安全文化)建设,强化安全生产思想基础和文化支撑,大力推进实施安全发展战略,根据《国务院关于坚持科学发展安全发展促进安全生产形势持续稳定好转的意见》(国发〔2011〕40 号,以下简称国务院《意见》)和《安全文化建设"十二五"规划》(安监总政法〔2011〕172 号),现提出以下指导意见:

一、充分认识推进安全文化建设的重要意义

(一)推进安全文化建设是社会主义文化大发展大繁荣的必然要求。坚持以人为本,更加关注和维护经济社会发展中人的生命安全和健康,是安全文化建设的主旨目标,体现了社会主义文化核心价值的基本要求。党的十七届六中全会《决定》,为我们加强安全文化建设提供了坚强有力的指导方针、工作纲领和努力方向。各地区、各有关部门和单位要自觉地把安全文化建设纳入社会主义文化建设总体布局,准确把握经济社会发展对安全生产工作的新要求,准确把握推动安全文化事业繁荣发展的新任务,准确把握广大人民群众对安全文化需要的新期待,紧密结合安全生产工作实际,抓住机遇,乘势而上,不断把安全文化建设推向深入。

(二)推进安全文化建设是实施安全发展战略的必然要求。从"安全生产"到"安全发展"、从"安全发展理念"到"安全发展战略",充分表明了党中央、国务院对保障人民群众生命财产安全的坚强决心,反映了经济社会发展的客观规律和内在要求。各地区、各有关部门和单位要围绕安全发展战略的本质要求、原则目标、工程体系和保障措施,加强培训教育和宣传推动,既要强化安全发展的思想基础和文化环境,更要强化必须付诸实践的精神动力和战略行动,切实做到在谋划发展思路、制定发展目标、推进发展进程时以安全为前提、基础和保障,实现安全与速度、质量、效益相统一,确保人民群众平安幸福享有改革发展和社会进步的成果。

(三)推进安全文化建设是汇集参与和支持安全生产工作力量的必然要求。目前,我国正处于生产安全事故易发多发的特殊阶段,安全基础依然比较薄弱,重特大事故尚未得到有效遏制,职业病多发,非法违法、违规违章行为屡禁不止等问题在一些地方和企业还比较突出。进一步加强安全生产工作,需要着力推进安全文化建设,创新方式方法,积极培育先进的安全文化理念,大力开展丰富多彩的安全文化建设活动,注重用文化的力量凝聚共识、集中智慧,齐心协力、持之以恒,推动社会各界重视、参与和支持安全生产工作,不断促进安全生产形势持续稳定好转。

二、安全文化建设的指导思想和总体目标

(四)指导思想。以邓小平理论和"三个代表"重要思想为指导,深入贯彻落实科学发展观,坚持社会主义先进文化前进方向,牢固树立科学发展、安全发展理念,紧紧围绕贯彻党的十七届六中全会《决定》和国务院《意见》精神,全面落实《安全文化建设"十二五"规划》,以"以人为本、关爱

生命、安全发展"为核心,以促进企业落实安全生产主体责任、提高全民安全意识为重点,以改革创新为动力,坚持"安全第一、预防为主、综合治理"的方针,围绕中心、服务大局,不断提升安全文化建设水平,切实发挥安全文化对安全生产工作的引领和推动作用,为促进全国安全生产形势持续稳定好转,提供坚强的思想保证、强大的精神动力和有力的舆论支持。

（五）总体目标。大力开展安全文化建设,坚持科学发展、安全发展,全面实施安全发展战略的主动性明显提高;安全生产法制意识不断强化,依法依规从事生产经营建设行为的自觉性明显增强;安全生产知识得到广泛普及,全民安全素质和防灾避险能力明显提升;安全发展理念深入人心,有利于安全生产工作的舆论氛围更加浓厚;安全生产管理和监督的职业道德精神切实践行,科学、公正、严格、清廉的工作作风更加强化;反映安全生产的精品力作不断涌现,安全文化产业发展更加充满活力;高素质的安全文化人才队伍发展壮大,自我约束和持续改进的安全文化建设机制进一步完善,安全生产工作的保障基础更加坚实。

三、切实强化科学发展、安全发展理念

（六）加强安全生产宣传工作。广泛深入宣传科学发展、安全发展理念,积极组织各方力量,通过多种形式和有效途径,大力宣传、全面落实党中央、国务院关于加强安全生产工作的方针政策和决策部署。积极营造关爱生命、关注安全的社会舆论氛围,宣传推动将科学发展、安全发展作为衡量各地区、各行业领域、各生产经营单位安全生产工作的基本标准,实现安全生产与经济社会发展有机统一。

（七）深入开展群众性安全文化活动。坚持贴近实际、贴近生活、贴近群众,认真组织开展好全国"安全生产月"、"安全生产万里行"、"安康杯"、"青年示范岗"等主题实践活动,增强活动实效。广泛组织安全发展公益宣传活动,充分利用演讲、展览、征文、书画、歌咏、文艺汇演、移动媒体等群众喜闻乐见的形式,加强安全生产理念和知识、技能的宣传,提高城市、社区、村镇、企业、校园安全文化建设水平,不断强化安全意识。

（八）着力提高全民安全素质。加强安全教育培训法规标准、基地、教材和信息化建设,加强地方政府分管安全生产工作的负责人、安全监管监察人员及企业"三项岗位"人员、班组长和农民工安全教育培训。积极开展全民公共安全教育、警示教育和应急避险教育。探索在中小学开设安全知识和应急防范课程,在高等院校开设选修课程。

（九）加强安全文化理论研究。充分发挥安全生产科研院所和高等院校的作用,加强安全学科建设,以安全发展为核心,组织研究、推出一批有价值和广泛社会影响力的安全文化理论成果。鼓励各地区和企业单位结合自身特点,探索安全文化建设的新方法、新途径,加大安全文化理论成果转化力度,更好地服务安全生产工作。

四、大力推动安全生产职业道德建设

（十）强化安全生产法制观念。结合中宣部、司法部和全国普法办联合开展的"法律六进"主题活动,深入开展安全生产相关法律法规、规章标准的宣传,坚持以案说法,加强安全生产法制教育,切实增强各类生产经营单位和广大从业人员的安全生产法律意识,推进"依法治安"。进一步加强安全生产综合监管、安全监察、行业主管等部门领导干部的法制教育,推进依法行政。

（十一）弘扬高尚的安全监管监察职业精神。以忠于职守、公正廉明、执法为民、甘于奉献为核心内容,深入宣传全国安全监管监察系统先进单位和先进个人的典型事迹,进一步激发各级党员干部立足岗位、牢记宗旨、爱党奉献的工作热情,坚定做好安全生产工作、维护人民群众生命财产安全的信心和决心,建设一支政治坚定、业务精通、作风过硬、执法公正的安全监管监察队伍,

争做安全发展忠诚卫士。

(十二)增强全民安全自觉性。以"不伤害自己、不伤害他人、不被别人伤害、不使他人受到伤害"为主要内容,将安全生产价值观、道德观教育纳入思想政治工作和精神文明建设内容,注重加强日常性的安全教育,强化安全自律意识,使尊重生命价值、维护职业安全与健康成为广大职工群众生产生活中的精神追求和基本行为准则。

(十三)继续开展企业安全诚信建设。把安全诚信建设纳入社会诚信建设重要内容,形成安全生产守信光荣、失信可耻的氛围,促进企业自觉主动地践行安全生产法律法规和规章制度,强化企业安全生产主体责任落实。健全完善安全生产失信惩戒制度,及时公布生产安全事故责任企业"黑名单",督促各行业领域企业全面履行安全生产法定义务和社会责任,不断完善自我约束、持续改进的安全生产长效机制。

五、深入开展安全文化创建活动

(十四)大力推进企业安全文化建设。坚持与企业安全生产标准化建设、职业病危害治理工作相结合,完善安全文化创建评价标准和相关管理办法,严格规范申报程序。"全国安全文化建设示范企业"申报工作统一由省级安全监管监察机构负责,凡未取得省级安全文化建设示范企业称号、未达到安全生产标准化一级企业的,不得申报。积极开展企业安全文化建设培训,加强基层班组安全文化建设,提高一线职工自觉抵制"三违"行为和应急处置的能力。

(十五)扎实推进安全社区建设。积极倡导"安全、健康、和谐"的理念,健全安全社区创建工作机制,逐步由经济发达地区向中西部地区推进,进一步扩大建设成果。大力推动工业园区和经济技术开发区等安全社区建设,继续推进企业主导型社区以及国家级和省级经济开发区、工业园区安全社区建设。

(十六)积极推进城市安全文化建设。充分发挥政府的主导推动作用,将安全生产与城市规划、建设和管理密切结合,研究制定安全发展示范城市创建标准、评价机制和工作方案,积极推进创建工作。创新城市安全管理模式,加强社会公众安全教育,完善应急防范机制,有效化解人民群众生命健康和财产安全风险,提高城市整体安全水平。

六、加快推进安全文化产业发展

(十七)深化相关事业单位改革。以突出公益、强化服务、增强活力为重点,大力发展公益性安全文化事业,探索建立事业单位法人治理结构。按有关规定要求,加快推进安全监管监察系统的文艺院团、非时政类报刊社、新闻网站等转企改制,拓展有关出版、发行、影视企业改革成果,鼓励经营性文化单位建立现代企业制度,形成面向市场、体现安全文化价值的经营机制。支持有实力的安全文化单位进行重组改制,引导社会资本进入,着力发展主业突出、核心竞争力强的骨干安全文化企业。

(十八)鼓励创作安全文化精品。坚持以宣传安全发展、强化安全意识为中心的创作导向,面向社会推出一批优秀安全生产宣传产品,满足人民群众对安全生产多方面、多层次、多样化的精神文化需求。调动文艺创作的积极性和创造性,鼓励社会各界参与创作更多反映安全生产工作、倡导科学发展安全发展理念的优秀剧目、图书、影视片、宣传画、音乐作品及公益广告等,丰富群众性安全文化,增强安全文化产品的影响力和渗透力。

(十九)支持安全文化产业发展。协调社会安全文化资源,参与安全文化开发建设,提高新闻媒体、行业协会、科研院所、文艺团体、中介机构、文化公司等参与安全文化产业的积极性,加快发展出版发行、影视制作、印刷、广告、演艺、会展、动漫等安全文化产业。充分发挥文化与科技相互促进的作用,利用数字、移动媒体、微博客等新兴渠道,加快安全文化产品推广。

七、切实提高安全生产舆论引导能力

(二十)把握正确的舆论导向。坚持马克思主义新闻观,贯彻团结稳定鼓劲、正面宣传为主的方针,广泛宣传有关安全生产重大政策措施、重大理论成果、典型经验和显著成效。准确把握新形势下安全宣传工作规律,完善政府部门、企业与新闻单位的沟通机制,有力引导正确的社会舆论。进一步加强安全生产信息化建设,推进舆情分析研判,提高网络舆论引导能力。

(二十一)规范信息发布制度。严格执行安全生产信息公开制度,不断拓宽渠道,公开透明、实事求是、及时主动地做好事故应急处置和调查处理情况、打击非法违法生产经营建设行为、隐患排查治理、安全生产标准化建设以及安全生产重点工作进展等情况的公告发布,对典型非法违法、违规违章行为进行公开曝光。完善安全生产新闻发言人制度,健全突发生产安全事故新闻报道应急工作机制,增强安全生产信息发布的权威性和公信力。

(二十二)加强社会舆论和群众监督。健全安全生产社会监督网络,扩大全国统一的"12350"安全生产举报电话覆盖面,通过设立电子信箱和网络微博客等方式,拓宽监督举报途径。健全新闻媒体和社会公众广泛参与的安全生产监督机制,落实安全生产举报奖励制度,保障公众的知情权和监督权。建立监督举报事项登记制度,及时回复查处整改情况,切实增强安全生产社会监督、舆论监督和群众监督效果。

八、全面加强安全文化宣传阵地建设

(二十三)加强新闻媒体阵地建设。以安全监管监察系统专业新闻媒体为主体,加强与主流媒体深度合作,形成中央、地方和安全监管监察系统内媒体,以及传统媒体与新兴媒体、平面媒体与立体媒体的宣传互动,构建功能互补、影响广泛、富有效率的安全文化传播平台,提高安全文化传播能力。

(二十四)加强互联网安全文化阵地建设。按照"积极利用、科学发展、依法管理、确保安全"的方针,开展具有网络特点的安全文化建设。结合安全生产的新形势、新任务,大力发展数字出版、手机报纸、手机网络、移动多媒体等新兴传播载体,拓展传播平台,扩大安全文化影响覆盖面。

(二十五)加强安全监管监察系统宣传阵地建设。加快建立健全国家、省、市、县四级安全生产宣传教育工作体系,推动安全文化工作日常化、制度化建设,着力提高安全宣传教育能力。加强安全监管监察机构与相关部门间的沟通协作,充分利用思想文化资源,协调各方面力量,形成统一领导、组织协调、社会力量广泛参与的安全文化建设工作格局。

(二十六)加强安全文化教育基地建设。推进国家和地方安全教育(警示)基地,以及安全文化主题公园、主题街道建设。积极应用现代科技手段,融知识性、直观性、趣味性为一体,鼓励推动各地区、各行业领域及企业建设特色鲜明、形象逼真、触动心灵、效果突出的安全生产宣传教育展馆,提高社会公众对安全知识的感性认识,增强安全防范意识和技能。

九、强化安全文化建设保障措施

(二十七)加强组织领导。各地区、各有关部门和单位领导干部要从贯彻落实党的十七届六中全会《决定》精神的政治高度、从提高安全生产水平的实际需要出发,研究制定安全文化建设规划和政策措施,明确职能部门,完善支撑体系。扩大社会资源进入安全文化建设的有效途径,动员全社会力量参与安全文化建设。

(二十八)加大安全文化建设投入。加强与相关部门的沟通协调,完善有利于安全文化的财政政策,将公益性安全文化活动纳入公共财政经常性支出预算;认真执行新修订的安全生产费用提取使用管理办法,加强安全宣传教育培训投入;推动落实从安全生产责任险、工伤保险基金中支出适当费用,支持安全文化研究、教育培训、传播推广等活动的开展。

（二十九）加强安全文化人才队伍建设。加大安全生产宣传教育人员的培训力度,提升安全文化建设的业务水平。加强安全文化建设人才培养,提高组织协调、宣传教育和活动策划的能力,造就高层次、高素质的安全文化建设领军人才。建立安全文化建设专家库,加强基层安全文化队伍建设。

（三十）加大安全文化建设成果交流推广。深入开展地区间、行业领域及企业间的安全文化建设成果推广,提高安全文化对安全生产的促进作用,激励全社会积极参与安全文化建设。积极开展多渠道多层次的安全文化建设对外交流,加强安全文化建设成果的对外宣传,鼓励相关单位与国际组织、外国政府和民间机构等进行项目合作,学习借鉴和运用国际先进的安全文化推动安全生产工作。

国务院安委会办公室

2012 年 7 月 30 日

国务院安委会办公室关于
进一步加强化工园区安全管理的指导意见

安委办〔2012〕37 号

各省、自治区、直辖市及新疆生产建设兵团安全生产委员会：

为贯彻落实《危险化学品安全管理条例》(国务院令第 591 号)、《国务院关于坚持科学发展安全发展促进安全生产形势持续稳定好转的意见》(国发〔2011〕40 号)要求，进一步加强专门发展化工产业的化工园区、化工企业聚集的集中区或工业区(以下统称园区)安全管理，降低园区系统安全风险，增强园区安全应急保障能力，提升园区本质安全水平，现提出以下指导意见：

一、指导思想

(一)指导思想。以科学发展观为指导，加快实施安全发展战略，坚持"安全第一、预防为主、综合治理"的方针，贯彻落实有关安全生产法律、法规、标准，按照"统一规划、合理布局、严格准入、一体化管理"的原则，做好园区的规划选址和企业布局，严格园区内化工企业安全准入，加强园区一体化监管，推动园区与社会协调发展；建立"责任明确、管理高效、资源共享、保障有力"的园区安全管理工作机制，将园区内企业之间的相互影响降到最低，强化园区内企业的安全生产管控，夯实安全生产基础，加强应急救援综合能力建设，促进园区安全生产和安全发展。

二、科学规划与建设，从源头上提升园区本质安全水平

(二)统筹规划。各地区要结合本地区经济社会发展规划、产业结构特点、化工产业资源、自然环境条件、安全生产状况及安全生产规划，制定化工行业发展规划，确定专门区域发展化工产业，并将园区规划纳入当地城乡发展规划。园区选址应把安全放在首位，使园区规划与城市发展规划相协调、园区功能与其他主体功能区相协调，使园区与城市建成区、人口密集区、重要设施、敏感目标之间保持足够的安全及卫生防护距离、留有适当的发展空间，将园区安全与周边公共安全的相互影响降到最小。

(三)合理布局。园区内各企业的布局应满足安全防护距离的要求，并综合考虑主导风向、地势高低落差、企业装置之间的相互影响、产品类别、生产工艺、物料互供、公用设施保障、应急救援等因素，合理布置功能分区。科学评估园区安全风险，确定安全容量，实施总量控制，降低区域风险，预防连锁事故发生。

(四)严格准入。规划设立园区的当地人民政府要建立园区内的企业准入和退出机制。要充分考虑园区产业链的安全性和科学性，有选择地接纳危险化学品企业入园。把符合安全生产标准、园区产业链安全和安全风险容量要求，作为危险化学品企业准入的前置条件，大力支持产业匹配、工艺先进的企业入园建设，严格禁止工艺设备设施落后的项目入园，严格限制本质安全水平低的项目建设。凡入园企业，应依法实施建设项目安全审查，严格安全设计管理，严格控制涉及光气、剧毒化学品生产企业的建设项目，从严审批涉及重点监管的危险化工工艺企业、重点监管危险化学品生产储存装置或危险化学品重大危险源(以下简称"两重点一重大")的建设项目。新建化工生产储存装置应当依照有关法律、法规、规章和标准的规定装备自动化控制系统，涉及

易燃易爆、有毒有害气体的生产储存装置必须装备易燃易爆、有毒有害气体泄漏报警系统，涉及"两重点一重大"的生产储存装置应装备安全联锁系统。劳动力密集型的非化工企业不得与化工企业混建在同一园区内。

（五）科学建设。负责园区管理的当地人民政府要结合本地区化工行业发展特点，统筹考虑产业发展、安全环保、公用设施、物流输送、维修服务、应急管理等各方面的需求。园区的建设以有利于生产安全为原则，完善水、电、汽、风、污水处理、公用管廊、道路交通、应急救援设施等公用工程配套和安全保障设施，实现基础设施、公共配套设施和安全保障设施的专业化共建共享。

三、建立园区安全生产一体化管理体系

（六）建立健全园区安全生产管理机构。负责园区管理的当地人民政府应设置或指定园区安全生产管理机构，实施园区安全生产一体化管理，协调解决园区内企业之间的安全生产重大问题，统筹指挥园区的应急救援工作，指导企业落实安全生产主体责任，全面加强安全生产工作，定期组织园区企业开展安全管理情况检查或互查。园区安全生产管理机构应当配备满足园区安全管理需要的人员，其中要有一定数量的具有化工安全生产实践经验的人员。当地人民政府或上级人民政府的安全监管部门可向园区派出安全生产监管机构或专职安全监管人员，切实落实园区安全监管责任。

（七）树立园区整体安全风险意识。园区安全生产管理机构原则上应委托具有甲级资质的安全评价机构开展园区整体性安全风险评价工作，科学评估园区安全风险，提出消除、降低或控制安全风险的对策措施，并将该方案报园区主管部门备案。已建成投用的园区每5年要开展一次园区整体性安全风险评价。园区安全生产管理机构应建立园区企业安全生产工作例会制度，并明确紧急状况下各企业的联络方式、通报机制和指挥体制。园区内企业应树立整体安全意识，防范系统风险，防止企业生产安全事故影响周边企业，产生"多米诺"效应。企业生产出现异常状况或较大安全风险时，应及时报告园区安全生产管理机构或园区管委会，通报周边企业，周边企业应采取相应防范措施。

（八）强化园区应急保障能力建设，构建一体化应急管理系统。园区安全生产管理机构要全面掌握园区及企业应急救援相关信息，制定园区总体应急救援预案及专项预案。督促企业修订完善应急救援预案并与园区总体应急救援预案相衔接，做好预案登记、备案、评审等工作。园区应建立健全园区内企业及公共应急物资储备保障制度，建立完善应急物资保障体系。要明确安全生产应急管理的分级原则、响应方法和程序，建立快速响应机制，做到应急救援功能健全、统一指挥、反应灵敏、运转高效。园区安全生产管理机构要在因地制宜、合理规划、节约资源的原则下，整合园区内各企业所配置的压力、温度、液位、泄漏报警等自动化监控措施，构建园区一体化应急管理信息平台，并依托信息平台，对园区安全生产状况实施动态监控及预警预报，定期进行安全生产风险分析，建立与园区周边社区危险性告知和应急联动体系，及时发布预警信息，落实防范和应急处置措施。要加强应急基础设施建设，可采取企企联合、政企联合或相关职能部门单独出资投入等方式，整合和优化园区专业的危险化学品应急救援资源，组建园区专业应急救援队伍，并组织开展地方应急救援力量和企业应急救援力量共同参与的应急演练。

四、严格园区安全生产监督管理

（九）指导督促园区企业切实落实主体责任。要督促园区企业认真贯彻落实《国务院关于进一步加强企业安全生产工作的通知》（国发〔2010〕23号）、《国家安全监管总局工业和信息化部关于危险化学品企业贯彻落实〈国务院关于进一步加强企业安全生产工作的通知〉的实施意见》（安

监总管三〔2010〕186号)的要求,通过全面开展安全生产标准化建设工作,全面加强安全管理,提升企业安全生产水平。

(十)突出重点、强化监管。园区安全生产管理机构要建立园区企业的安全生产行政许可、隐患排查治理、自动化控制、重大危险源管理、安全培训等方面的安全监管信息档案。加强对园区内涉及"两重点一重大"企业的安全监管,强化对危险化学品重大危险源的监控,严格落实重大危险源辨识、评价、登记、申报以及备案等规定。督促园区内使用危险化工工艺的企业开展危险与可操作性分析(HAZOP),强化在役生产装置安全诊断,及时消除安全隐患,提高装置本质安全水平。

(十一)持续深化隐患排查整治。园区安全生产管理机构要督促企业把隐患排查治理作为安全生产风险管理要素的重要内容,建立健全全员参与的隐患排查治理工作制度,定期组织开展隐患排查治理,做到横向到边、纵向到底、全面覆盖,确保各类安全生产隐患能够及时发现、及时整改,防止隐患演变为事故。对不符合安全生产要求,隐患严重而且难以整改的企业,要及时淘汰退出园区。

(十二)切实加强园区承包商管理。园区安全生产管理机构要建立完善承包商管理制度,对进入园区施工、检维修及提供专业技术服务等作业的承包商进行登记,建立相关档案、台账,并加强监督检查,制定各项安全防范措施。要督促企业切实加强对企业内部承包商作业的现场安全管理,落实危险性作业的安全措施。

(十三)推进园区封闭化管理。要按照"分类控制、分级管理、分步实施"的要求,结合园区产业结构、产业链特点、安全风险类型等实际情况,逐步推进园区封闭化管理。原则上要按照核心控制区、关键控制区、一般控制区的防护等级,通过采取不同的封闭监控管理手段,实行封闭化管理。要建立完善的园区门禁系统和视频监控系统,严格控制人员、危险化学品车辆进入园区。进出园区的危险化学品车辆都要安装带有定位功能的监控终端,实行专用道路、专用车道和限时限速行驶措施,由园区安全生产管理机构实施统一监控管理。对暂时无法进行封闭化管理的园区,要首先对重大危险源和关键生产区域进行封闭化管理,加强安全防控。

五、切实加强组织领导

(十四)提高认识,加强领导。各地区和各有关部门要充分认识加强园区安全生产工作的重要性,将其纳入重要议事日程,切实加强组织领导,明确职责分工,采取科学有效措施,降低园区系统安全风险。要建立健全园区安全生产部门联动机制,及时研究解决园区安全生产问题,有效保障园区安全发展。

(十五)落实保障措施,加强舆论监督。各地区要加强园区安全生产规范化建设和安全生产管理机构建设,从政策、资金等方面给予大力支持,以专业人员充实基层监管力量,加强技术装备和资金投入、创新安全监管工作机制,加强业务培训,提高园区安全生产及应急保障能力。要充分发挥新闻媒体的宣传引导和监督作用,注重宣传园区安全生产先进经验,充分发挥典型的示范带头作用;对严重忽视安全生产和存在重大隐患的园区要予以曝光,接受社会监督。

各省级安委会要迅速将本指导意见精神传达至本辖区各有关部门和单位,结合本地区实际制定园区安全管理细则并抓好贯彻落实,强化园区安全管理,促进全国危险化学品安全生产形势持续稳定好转。

国务院安委会办公室

2012年8月7日

第三部分
国家安监总局及相关部门规章

国家安全生产监督管理总局令

第 53 号

《危险化学品登记管理办法》已经 2012 年 5 月 21 日国家安全生产监督管理总局局长办公会议审议通过,现予公布,自 2012 年 8 月 1 日起施行。原国家经济贸易委员会 2002 年 10 月 8 日公布的《危险化学品登记管理办法》同时废止。

国家安全监管总局局长　杨栋梁

2012 年 7 月 1 日

危险化学品登记管理办法

第一章　总　则

第一条　为了加强对危险化学品的安全管理,规范危险化学品登记工作,为危险化学品事故预防和应急救援提供技术、信息支持,根据《危险化学品安全管理条例》,制定本办法。

第二条　本办法适用于危险化学品生产企业、进口企业(以下统称登记企业)生产或者进口《危险化学品目录》所列危险化学品的登记和管理工作。

第三条　国家实行危险化学品登记制度。危险化学品登记实行企业申请、两级审核、统一发证、分级管理的原则。

第四条　国家安全生产监督管理总局负责全国危险化学品登记的监督管理工作。

县级以上地方各级人民政府安全生产监督管理部门负责本行政区域内危险化学品登记的监督管理工作。

第二章　登记机构

第五条　国家安全生产监督管理总局化学品登记中心(以下简称登记中心),承办全国危险化学品登记的具体工作和技术管理工作。

省、自治区、直辖市人民政府安全生产监督管理部门设立危险化学品登记办公室或者危险化学品登记中心(以下简称登记办公室),承办本行政区域内危险化学品登记的具体工作和技术管理工作。

第六条　登记中心履行下列职责:

(一)组织、协调和指导全国危险化学品登记工作;

(二)负责全国危险化学品登记内容审核、危险化学品登记证的颁发和管理工作;

(三)负责管理与维护全国危险化学品登记信息管理系统(以下简称登记系统)以及危险化学品登记信息的动态统计分析工作;

(四)负责管理与维护国家危险化学品事故应急咨询电话,并提供 24 小时应急咨询服务;

（五）组织化学品危险性评估，对未分类的化学品统一进行危险性分类；

（六）对登记办公室进行业务指导，负责全国登记办公室危险化学品登记人员的培训工作；

（七）定期将危险化学品的登记情况通报国务院有关部门，并向社会公告。

第七条 登记办公室履行下列职责：

（一）组织本行政区域内危险化学品登记工作；

（二）对登记企业申报材料的规范性、内容一致性进行审查；

（三）负责本行政区域内危险化学品登记信息的统计分析工作；

（四）提供危险化学品事故预防与应急救援信息支持；

（五）协助本行政区域内安全生产监督管理部门开展登记培训，指导登记企业实施危险化学品登记工作。

第八条 登记中心和登记办公室（以下统称登记机构）从事危险化学品登记的工作人员（以下简称登记人员）应当具有化工、化学、安全工程等相关专业大学专科以上学历，并经统一业务培训，取得培训合格证，方可上岗作业。

第九条 登记办公室应当具备下列条件：

（一）有3名以上登记人员；

（二）有严格的责任制度、保密制度、档案管理制度和数据库维护制度；

（三）配备必要的办公设备、设施。

第三章 登记的时间、内容和程序

第十条 新建的生产企业应当在竣工验收前办理危险化学品登记。

进口企业应当在首次进口前办理危险化学品登记。

第十一条 同一企业生产、进口同一品种危险化学品的，按照生产企业进行一次登记，但应当提交进口危险化学品的有关信息。

进口企业进口不同制造商的同一品种危险化学品的，按照首次进口制造商的危险化学品进行一次登记，但应当提交其他制造商的危险化学品的有关信息。

生产企业、进口企业多次进口同一制造商的同一品种危险化学品的，只进行一次登记。

第十二条 危险化学品登记应当包括下列内容：

（一）分类和标签信息，包括危险化学品的危险性类别、象形图、警示词、危险性说明、防范说明等；

（二）物理、化学性质，包括危险化学品的外观与性状、溶解性、熔点、沸点等物理性质，闪点、爆炸极限、自燃温度、分解温度等化学性质；

（三）主要用途，包括企业推荐的产品合法用途、禁止或者限制的用途等；

（四）危险特性，包括危险化学品的物理危险性、环境危害性和毒理特性；

（五）储存、使用、运输的安全要求，其中，储存的安全要求包括对建筑条件、库房条件、安全条件、环境卫生条件、温度和湿度条件的要求，使用的安全要求包括使用时的操作条件、作业人员防护措施、使用现场危害控制措施等，运输的安全要求包括对运输或者输送方式的要求、危害信息向有关运输人员的传递手段、装卸及运输过程中的安全措施等；

（六）出现危险情况的应急处置措施，包括危险化学品在生产、使用、储存、运输过程中发生火灾、爆炸、泄漏、中毒、窒息、灼伤等化学品事故时的应急处理方法，应急咨询服务电话等。

第十三条 危险化学品登记按照下列程序办理：

（一）登记企业通过登记系统提出申请；

（二）登记办公室在 3 个工作日内对登记企业提出的申请进行初步审查，符合条件的，通过登记系统通知登记企业办理登记手续；

（三）登记企业接到登记办公室通知后，按照有关要求在登记系统中如实填写登记内容，并向登记办公室提交有关纸质登记材料；

（四）登记办公室在收到登记企业的登记材料之日起 20 个工作日内，对登记材料和登记内容逐项进行审查，必要时可进行现场核查，符合要求的，将登记材料提交给登记中心；不符合要求的，通过登记系统告知登记企业并说明理由；

（五）登记中心在收到登记办公室提交的登记材料之日起 15 个工作日内，对登记材料和登记内容进行审核，符合要求的，通过登记办公室向登记企业发放危险化学品登记证；不符合要求的，通过登记系统告知登记办公室、登记企业并说明理由。

登记企业修改登记材料和整改问题所需时间，不计算在前款规定的期限内。

第十四条　登记企业办理危险化学品登记时，应当提交下列材料，并对其内容的真实性负责：

（一）危险化学品登记表一式 2 份；

（二）生产企业的工商营业执照，进口企业的对外贸易经营者备案登记表、中华人民共和国进出口企业资质证书、中华人民共和国外商投资企业批准证书或者台港澳侨投资企业批准证书复制件 1 份；

（三）与其生产、进口的危险化学品相符并符合国家标准的化学品安全技术说明书、化学品安全标签各 1 份；

（四）满足本办法第二十二条规定的应急咨询服务电话号码或者应急咨询服务委托书复制件 1 份；

（五）办理登记的危险化学品产品标准（采用国家标准或者行业标准的，提供所采用的标准编号）。

第十五条　登记企业在危险化学品登记证有效期内，企业名称、注册地址、登记品种、应急咨询服务电话发生变化，或者发现其生产、进口的危险化学品有新的危险特性的，应当在 15 个工作日内向登记办公室提出变更申请，并按照下列程序办理登记内容变更手续：

（一）通过登记系统填写危险化学品登记变更申请表，并向登记办公室提交涉及变更事项的证明材料 1 份；

（二）登记办公室初步审查登记企业的登记变更申请，符合条件的，通知登记企业提交变更后的登记材料，并对登记材料进行审查，符合要求的，提交给登记中心；不符合要求的，通过登记系统告知登记企业并说明理由；

（三）登记中心对登记办公室提交的登记材料进行审核，符合要求且属于危险化学品登记证载明事项的，通过登记办公室向登记企业发放登记变更后的危险化学品登记证并收回原证；符合要求但不属于危险化学品登记证载明事项的，通过登记办公室向登记企业提供书面证明文件。

第十六条　危险化学品登记证有效期为 3 年。登记证有效期满后，登记企业继续从事危险化学品生产或者进口的，应当在登记证有效期届满前 3 个月提出复核换证申请，并按下列程序办理复核换证：

（一）通过登记系统填写危险化学品复核换证申请表；

（二）登记办公室审查登记企业的复核换证申请，符合条件的，通过登记系统告知登记企业提交本规定第十四条规定的登记材料；不符合条件的，通过登记系统告知登记企业并说明理由；

（三）按照本办法第十三条第一款第三项、第四项、第五项规定的程序办理复核换证手续。

第十七条　危险化学品登记证分为正本、副本，正本为悬挂式，副本为折页式。正本、副本具有同等法律效力。

危险化学品登记证正本、副本应当载明证书编号、企业名称、注册地址、企业性质、登记品种、有效期、发证机关、发证日期等内容。其中，企业性质应当注明危险化学品生产企业、危险化学品进口企业或者危险化学品生产企业（兼进口）。

第四章　登记企业的职责

第十八条　登记企业应当对本企业的各类危险化学品进行普查，建立危险化学品管理档案。

危险化学品管理档案应当包括危险化学品名称、数量、标识信息、危险性分类和化学品安全技术说明书、化学品安全标签等内容。

第十九条　登记企业应当按照规定向登记机构办理危险化学品登记，如实填报登记内容和提交有关材料，并接受安全生产监督管理部门依法进行的监督检查。

第二十条　登记企业应当指定人员负责危险化学品登记的相关工作，配合登记人员在必要时对本企业危险化学品登记内容进行核查。

登记企业从事危险化学品登记的人员应当具备危险化学品登记相关知识和能力。

第二十一条　对危险特性尚未确定的化学品，登记企业应当按照国家关于化学品危险性鉴定的有关规定，委托具有国家规定资质的机构对其进行危险性鉴定；属于危险化学品的，应当依照本办法的规定进行登记。

第二十二条　危险化学品生产企业应当设立由专职人员24小时值守的国内固定服务电话，针对本办法第十二条规定的内容向用户提供危险化学品事故应急咨询服务，为危险化学品事故应急救援提供技术指导和必要的协助。专职值守人员应当熟悉本企业危险化学品的危险特性和应急处置技术，准确回答有关咨询问题。

危险化学品生产企业不能提供前款规定应急咨询服务的，应当委托登记机构代理应急咨询服务。

危险化学品进口企业应当自行或者委托进口代理商、登记机构提供符合本条第一款要求的应急咨询服务，并在其进口的危险化学品安全标签上标明应急咨询服务电话号码。

从事代理应急咨询服务的登记机构，应当设立由专职人员24小时值守的国内固定服务电话，建有完善的化学品应急救援数据库，配备在线数字录音设备和8名以上专业人员，能够同时受理3起以上应急咨询，准确提供化学品泄漏、火灾、爆炸、中毒等事故应急处置有关信息和建议。

第二十三条　登记企业不得转让、冒用或者使用伪造的危险化学品登记证。

第五章　监督管理

第二十四条　安全生产监督管理部门应当将危险化学品登记情况纳入危险化学品安全执法检查内容，对登记企业未按照规定予以登记的，依法予以处理。

第二十五条　登记办公室应当对本行政区域内危险化学品的登记数据及时进行汇总、统计、分析，并报告省、自治区、直辖市人民政府安全生产监督管理部门。

第二十六条　登记中心应当定期向国务院工业和信息化、环境保护、公安、卫生、交通运输、铁路、质量监督检验检疫等部门提供危险化学品登记的有关信息和资料，并向社会公告。

第二十七条　登记办公室应当在每年1月31日前向所属省、自治区、直辖市人民政府安全生产监督管理部门和登记中心书面报告上一年度本行政区域内危险化学品登记的情况。

登记中心应当在每年 2 月 15 日前向国家安全生产监督管理总局书面报告上一年度全国危险化学品登记的情况。

第六章　法律责任

第二十八条　登记机构的登记人员违规操作、弄虚作假、滥发证书，在规定限期内无故不予登记且无明确答复，或者泄露登记企业商业秘密的，责令改正，并追究有关责任人员的责任。

第二十九条　登记企业不办理危险化学品登记，登记品种发生变化或者发现其生产、进口的危险化学品有新的危险特性不办理危险化学品登记内容变更手续的，责令改正，可以处 5 万元以下的罚款；拒不改正的，处 5 万元以上 10 万元以下的罚款；情节严重的，责令停产停业整顿。

第三十条　登记企业有下列行为之一的，责令改正，可以处 3 万元以下的罚款：

（一）未向用户提供应急咨询服务或者应急咨询服务不符合本办法第二十二条规定的；

（二）在危险化学品登记证有效期内企业名称、注册地址、应急咨询服务电话发生变化，未按规定按时办理危险化学品登记变更手续的；

（三）危险化学品登记证有效期满后，未按规定申请复核换证，继续进行生产或者进口的；

（四）转让、冒用或者使用伪造的危险化学品登记证，或者不如实填报登记内容、提交有关材料的。

（五）拒绝、阻挠登记机构对本企业危险化学品登记情况进行现场核查的。

第七章　附则

第三十一条　本办法所称危险化学品进口企业，是指依法设立且取得工商营业执照，并取得下列证明文件之一，从事危险化学品进口的企业：

（一）对外贸易经营者备案登记表；

（二）中华人民共和国进出口企业资质证书；

（三）中华人民共和国外商投资企业批准证书；

（四）台港澳侨投资企业批准证书。

第三十二条　登记企业在本办法施行前已经取得的危险化学品登记证，其有效期不变；有效期满后继续从事危险化学品生产、进口活动的，应当依照本办法的规定办理危险化学品登记证复核换证手续。

第三十三条　危险化学品登记证由国家安全生产监督管理总局统一印制。

第三十四条　本办法自 2012 年 8 月 1 日起施行。原国家经济贸易委员会 2002 年 10 月 8 日公布的《危险化学品登记管理办法》同时废止。

附件

国家安全监管总局解读《危险化学品登记管理办法》

新修订的《危险化学品登记管理办法》（以下简称《办法》）已经 2012 年 5 月 21 日国家安全监管总局局长办公会议审议通过，并于 7 月 1 日以国家安全监管总局令第 53 号公布，自 2012 年 8 月 1 日起施行。

一、《办法》的修订背景

新修订的《危险化学品安全管理条例》(国务院令第 591 号,以下简称《条例》)将危险化学品登记的主体调整为危险化学品的生产企业和进口企业,并对危险化学品登记的具体内容作了明确规定。为全面贯彻落实《条例》,加强危险化学品登记管理工作,根据近年来登记工作的实践,需要对登记机构的职责和条件,登记变更、复核换证程序等内容进一步进行明确,并对登记企业的职责进行规定。同时,全国危险化学品生产企业的首轮登记工作已基本完成,也需要按照实际情况和监管需求,对登记机构、登记企业的行为进一步规范和细化。对《危险化学品登记管理办法》(原国家经贸委第 35 号)进行修订势在必行。

二、《办法》的修订过程

国家安全监管总局在前期广泛、深入调研的基础上,于 2010 年 5 月开始组织进行《办法》的修订工作。新修订的《条例》出台后,修订进度明显加快,于 2011 年 9 月起草完成了《办法(征求意见稿)》,并通过国务院法制办网站向社会公开征求意见。经多次修改,《办法(征求意见稿)》逐步成熟完善,前后历经近 2 年时间,经反复研究、协商和修改完善,经国家安全监管总局局长办公会议审议通过。

三、《办法》的主要内容及修订变化

《办法》在原登记办法相关要求的基础上,对危险化学品登记从多个方面进行了修订完善,明确了国家实行危险化学品登记制度的原则和登记工作的具体程序。重点说明如下:

《办法》分 7 章,共 34 条。包括总则、登记机构、登记的时间内容和程序、登记企业的职责、监督管理、法律责任、附则。总体看,《办法》在《安全生产法》、《条例》等相关法律法规框架要求下,针对危险化学品登记的特点,规范了登记机构的条件,登记的时间、内容和程序,并且明确了危险化学品登记的主体,登记企业的职责,安全生产监督管理部门、登记机构、登记企业等相关各方的责任和义务。这次修订主要体现在以下五个方面:

(一)调整了危险化学品登记的主体

根据《条例》第六十七条第一款"危险化学品生产企业、进口企业应当向国务院安全生产监督管理部门负责危险化学品登记的机构办理危险化学品登记"规定,《办法》第二条将危险化学品登记的主体调整为危险化学品生产企业、进口企业。危险化学品储存单位、使用单位不再进行登记。

《办法》第三条明确了危险化学品登记的原则,即"企业申请、两级审核、统一发证、分级管理的原则"。两级审核是指登记企业的登记材料需要经过当地登记办公室初审和化学品登记中心审核;统一发证是指经登记中心终审合格后,由登记中心统一发放危险化学品登记证;分级管理是指各级安全生产监督管理部门分别负责本行政区域内危险化学品登记的监督管理工作。

(二)细化了危险化学品登记的具体内容

《办法》第十二条将危险化学品登记的具体内容调整为——分类和标签信息、物理化学性质、主要用途、危险特性、储存使用运输的安全要求、应急处置措施等六个方面,并根据加强危险化学品安全管理需要,对各项内容进行了适当细化。

分类和标签信息,主要包括危险化学品的危险性类别、象形图、警示词等信息;物理、化学性质,主要包括危险化学品的熔点、沸点、闪点、爆炸极限等性质;主要用途,包括企业推荐的产品合法用途、禁止或者限制的用途;危险特性,包括危险化学品的物理危险性、环境危害性和毒理特性；储存、使用、运输的安全要求，包括储存的温度和湿度条件、使用时的操作条件、作业人员防护措施等；出现危险情况的应急处置措施，主要包括危险化学品在生产、使用、储存、运输过程中发生火灾、爆炸、泄漏、中毒、窒息、灼伤等化学品事故时的应急处理方法，应急咨询服务电话等。

(三)完善了危险化学品登记的程序

根据近年来的登记工作实践，《办法》对危险化学品登记程序进行了完善和补充。一是对登记程序进行了调整，部分内容进行细化。二是调整了申请危险化学品登记需要提交的材料种类，增加了进口企业需要提交材料的规定，删除了提交危险性鉴别报告要求。三是增加了登记变更的具体要求和程序。四是明确了危险化学品登记证复核换证程序。

《办法》第十三条规定了危险化学品登记的程序。首先，登记企业通过登记系统提出申请，经登记办公室审查合格后，填写并上报登记材料；其次，登记办公室和登记中心依次对登记材料进行审查，符合要求的，由化学品登记中心通过登记办公室向登记企业发放危险化学品登记证。

《办法》第十四条规定了危险化学品登记的需要提交的材料。包括危险化学品登记表，生产企业的工商营业执照、进口企业的证明证书，"一书一签"，有关应急咨询服务电话号码或者应急咨询服务委托书，有关产品标准编号。

《办法》第十五条规定了危险化学品登记的登记内容变更手续。首先，登记企业通过登记系统填写危险化学品登记变更申请表并上报变更后的登记材料；其次，登记办公室和登记中心依次对企业上报的登记材料进行审查，符合要求的，通过登记办公室向登记企业发放登记变更后的危险化学品登记证或变更书面证明文件。

《办法》第十六条规定了危险化学品复核换证的程序。首先，登记企业通过登记系统填写危险化学品复核换证申请表并上报《办法》第十四条规定的登记材料；登记机构按照《办法》第十三条第一款第三项、第四项、第五项规定的程序办理复核换证手续。

(四)规范了登记企业的应急咨询服务

《办法》第二十二条第一款规定了登记企业自行设立的应急咨询服务电话应具备的条件，一是要由专职人员 24 小时值守，主要是确保一旦发生事故，能够及时联系到企业；二是该电话必须是国内的服务电话，主要是确保如果需要企业赴现场协助救援，企业可以快速响应；三是服务电话必须是固定电话，若是移动电话，如果一旦发生事故，则不能保证接听电话人员能够及时响应，并向事故现场提供准确、有价值的应急信息，会贻误处置时机；四是专职值守人员应当熟悉本企业危险化学品的危险特性和应急处置技术，能准确回答有关咨询问题。

对危险化学品登记企业不能提供《办法》第二十二条第一款规定应急咨询服务的，《办法》第二十二条第二款、第三款规定了登记企业应当委托登记机构代理应急咨询服务。

登记机构的应急咨询服务，应当建有完善的化学品应急救援数据库，配备在线数字录音设备和 8 名以上专业人员，能够同时受理 3 起以上应急咨询，准确提供化学品泄漏、火灾、爆炸、中毒等事故应急处置有关信息和建议等。

(五)增加了监督管理要求

为督促企业及时如实登记危险化学品，更好地为危险化学品安全管理、应急救援提供技术支撑，《办法》增加了监督管理一章。一是规定安全监管部门将危险化学品登记情况纳入危险化学品安全执法检查内容。二是规定登记办公室要及时向省级安全监管部门提供危险化学品登记信息和有关情况。三是规定化学品登记中心要定期向同级工业和信息化、环境保护、公安、卫生、交通运输、铁路、质量监督检验检疫等部门提供危险化学品登记的有关信息和资料，并向社会公告。

四、实施《办法》的意义

《办法》的颁布实施将进一步规范危险化学品登记及其监督管理工作，可以逐步掌握我国危险化学品生产、进口企业信息及其化学品信息,完善全国危险化学品动态数据库,更好地为化学品安全监管和事故应急救援提供信息支持,进一步促进全国危险化学品安全生产形势的稳定好转。

各级安全监管部门和登记机构要正确理解《办法》的主要内容,贯彻好、执行好《办法》的各项规定,进一步结合本地区实际情况,细化登记工作程序,强调职责,突出重点,认真开展新一轮危险化学品登记工作。

国家安全生产监督管理总局令

第 55 号

《危险化学品经营许可证管理办法》已经 2012 年 5 月 21 日国家安全生产监督管理总局局长办公会议审议通过,现予公布,自 2012 年 9 月 1 日起施行。原国家经济贸易委员会 2002 年 10 月 8 日公布的《危险化学品经营许可证管理办法》同时废止。

国家安全监管总局局长　杨栋梁
2012 年 7 月 17 日

危险化学品经营许可证管理办法

第一章　总　则

第一条　为了严格危险化学品经营安全条件,规范危险化学品经营活动,保障人民群众生命、财产安全,根据《中华人民共和国安全生产法》和《危险化学品安全管理条例》,制定本办法。

第二条　在中华人民共和国境内从事列入《危险化学品目录》的危险化学品的经营(包括仓储经营)活动,适用本办法。

民用爆炸物品、放射性物品、核能物质和城镇燃气的经营活动,不适用本办法。

第三条　国家对危险化学品经营实行许可制度。经营危险化学品的企业,应当依照本办法取得危险化学品经营许可证(以下简称经营许可证)。未取得经营许可证,任何单位和个人不得经营危险化学品。

从事下列危险化学品经营活动,不需要取得经营许可证:

(一)依法取得危险化学品安全生产许可证的危险化学品生产企业在其厂区范围内销售本企业生产的危险化学品的;

(二)依法取得港口经营许可证的港口经营人在港区内从事危险化学品仓储经营的。

第四条　经营许可证的颁发管理工作实行企业申请、两级发证、属地监管的原则。

第五条　国家安全生产监督管理总局指导、监督全国经营许可证的颁发和管理工作。

省、自治区、直辖市人民政府安全生产监督管理部门指导、监督本行政区域内经营许可证的颁发和管理工作。

设区的市级人民政府安全生产监督管理部门(以下简称市级发证机关)负责下列企业的经营许可证审批、颁发:

(一)经营剧毒化学品的企业;

(二)经营易制爆危险化学品的企业;

(三)经营汽油加油站的企业;

(四)专门从事危险化学品仓储经营的企业;

(五)从事危险化学品经营活动的中央企业所属省级、设区的市级公司(分公司);

(六)带有储存设施经营除剧毒化学品、易制爆危险化学品以外的其他危险化学品的企业。

县级人民政府安全生产监督管理部门(以下简称县级发证机关)负责本行政区域内本条第三款规定以外企业的经营许可证审批、颁发;没有设立县级发证机关的,其经营许可证由市级发证机关审批、颁发。

第二章　申请经营许可证的条件

第六条　从事危险化学品经营的单位(以下统称申请人)应当依法登记注册为企业,并具备下列基本条件:

(一)经营和储存场所、设施、建筑物符合《建筑设计防火规范》(GB 50016)、《石油化工企业设计防火规范》(GB 50160)、《汽车加油加气站设计与施工规范》(GB 50156)、《石油库设计规范》(GB 50074)等相关国家标准、行业标准的规定;

(二)企业主要负责人和安全生产管理人员具备与本企业危险化学品经营活动相适应的安全生产知识和管理能力,经专门的安全生产培训和安全生产监督管理部门考核合格,取得相应安全资格证书;特种作业人员经专门的安全作业培训,取得特种作业操作证;其他从业人员依照有关规定经安全生产教育和专业技术培训合格;

(三)有健全的安全生产规章制度和岗位操作规程;

(四)有符合国家规定的危险化学品事故应急预案,并配备必要的应急救援器材、设备;

(五)法律、法规和国家标准或者行业标准规定的其他安全生产条件。

前款规定的安全生产规章制度,是指全员安全生产责任制度、危险化学品购销管理制度、危险化学品安全管理制度(包括防火、防爆、防中毒、防泄漏管理等内容)、安全投入保障制度、安全生产奖惩制度、安全生产教育培训制度、隐患排查治理制度、安全风险管理制度、应急管理制度、事故管理制度、职业卫生管理制度等。

第七条　申请人经营剧毒化学品的,除符合本办法第六条规定的条件外,还应当建立剧毒化学品双人验收、双人保管、双人发货、双把锁、双本账等管理制度。

第八条　申请人带有储存设施经营危险化学品的,除符合本办法第六条规定的条件外,还应当具备下列条件:

(一)新设立的专门从事危险化学品仓储经营的,其储存设施建立在地方人民政府规划的用于危险化学品储存的专门区域内;

(二)储存设施与相关场所、设施、区域的距离符合有关法律、法规、规章和标准的规定;

(三)依照有关规定进行安全评价,安全评价报告符合《危险化学品经营企业安全评价细则》的要求;

(四)专职安全生产管理人员具备国民教育化工化学类或者安全工程类中等职业教育以上学历,或者化工化学类中级以上专业技术职称,或者危险物品安全类注册安全工程师资格;

(五)符合《危险化学品安全管理条例》、《危险化学品重大危险源监督管理暂行规定》、《常用危险化学品贮存通则》(GB 15603)的相关规定。

申请人储存易燃、易爆、有毒、易扩散危险化学品的,除符合本条第一款规定的条件外,还应当符合《石油化工可燃气体和有毒气体检测报警设计规范》(GB 50493)的规定。

第三章　经营许可证的申请与颁发

第九条　申请人申请经营许可证,应当依照本办法第五条规定向所在地市级或者县级发证

机关(以下统称发证机关)提出申请,提交下列文件、资料,并对其真实性负责:

(一)申请经营许可证的文件及申请书;

(二)安全生产规章制度和岗位操作规程的目录清单;

(三)企业主要负责人、安全生产管理人员、特种作业人员的相关资格证书(复制件)和其他从业人员培训合格的证明材料;

(四)经营场所产权证明文件或者租赁证明文件(复制件);

(五)工商行政管理部门颁发的企业性质营业执照或者企业名称预先核准文件(复制件);

(六)危险化学品事故应急预案备案登记表(复制件)。

带有储存设施经营危险化学品的,申请人还应当提交下列文件、资料:

(一)储存设施相关证明文件(复制件);租赁储存设施的,需要提交租赁证明文件(复制件);储存设施新建、改建、扩建的,需要提交危险化学品建设项目安全设施竣工验收意见书(复制件);

(二)重大危险源备案证明材料、专职安全生产管理人员的学历证书、技术职称证书或者危险物品安全类注册安全工程师资格证书(复制件);

(三)安全评价报告。

第十条 发证机关收到申请人提交的文件、资料后,应当按照下列情况分别作出处理:

(一)申请事项不需要取得经营许可证的,当场告知申请人不予受理;

(二)申请事项不属于本发证机关职责范围的,当场作出不予受理的决定,告知申请人向相应的发证机关申请,并退回申请文件、资料;

(三)申请文件、资料存在可以当场更正的错误的,允许申请人当场更正,并受理其申请;

(四)申请文件、资料不齐全或者不符合要求的,当场告知或者在5个工作日内出具补正告知书,一次告知申请人需要补正的全部内容;逾期不告知的,自收到申请文件、资料之日起即为受理;

(五)申请文件、资料齐全,符合要求,或者申请人按照发证机关要求提交全部补正材料的,立即受理其申请。

发证机关受理或者不予受理经营许可证申请,应当出具加盖本机关印章和注明日期的书面凭证。

第十一条 发证机关受理经营许可证申请后,应当组织对申请人提交的文件、资料进行审查,指派2名以上工作人员对申请人的经营场所、储存设施进行现场核查,并自受理之日起30日内作出是否准予许可的决定。

发证机关现场核查以及申请人整改现场核查发现的有关问题和修改有关申请文件、资料所需时间,不计算在前款规定的期限内。

第十二条 发证机关作出准予许可决定的,应当自决定之日起10个工作日内颁发经营许可证;发证机关作出不予许可决定的,应当在10个工作日内书面告知申请人并说明理由,告知书应当加盖本机关印章。

第十三条 经营许可证分为正本、副本,正本为悬挂式,副本为折页式。正本、副本具有同等法律效力。

经营许可证正本、副本应当分别载明下列事项:

(一)企业名称;

(二)企业住所(注册地址、经营场所、储存场所);

(三)企业法定代表人姓名;

(四)经营方式;

（五）许可范围；

（六）发证日期和有效期限；

（七）证书编号；

（八）发证机关；

（九）有效期延续情况。

第十四条　已经取得经营许可证的企业变更企业名称、主要负责人、注册地址或者危险化学品储存设施及其监控措施的，应当自变更之日起 20 个工作日内，向本办法第五条规定的发证机关提出书面变更申请，并提交下列文件、资料：

（一）经营许可证变更申请书；

（二）变更后的工商营业执照副本（复制件）；

（三）变更后的主要负责人安全资格证书（复制件）；

（四）变更注册地址的相关证明材料；

（五）变更后的危险化学品储存设施及其监控措施的专项安全评价报告。

第十五条　发证机关受理变更申请后，应当组织对企业提交的文件、资料进行审查，并自收到申请文件、资料之日起 10 个工作日内作出是否准予变更的决定。

发证机关作出准予变更决定的，应当重新颁发经营许可证，并收回原经营许可证；不予变更的，应当说明理由并书面通知企业。

经营许可证变更的，经营许可证有效期的起始日和截止日不变，但应当载明变更日期。

第十六条　已经取得经营许可证的企业有新建、改建、扩建危险化学品储存设施建设项目的，应当自建设项目安全设施竣工验收合格之日起 20 个工作日内，向本办法第五条规定的发证机关提出变更申请，并提交危险化学品建设项目安全设施竣工验收意见书（复制件）等相关文件、资料。发证机关应当按照本办法第十条、第十五条的规定进行审查，办理变更手续。

第十七条　已经取得经营许可证的企业，有下列情形之一的，应当按照本办法的规定重新申请办理经营许可证，并提交相关文件、资料：

（一）不带有储存设施的经营企业变更其经营场所的；

（二）带有储存设施的经营企业变更其储存场所的；

（三）仓储经营的企业异地重建的；

（四）经营方式发生变化的；

（五）许可范围发生变化的。

第十八条　经营许可证的有效期为 3 年。有效期满后，企业需要继续从事危险化学品经营活动的，应当在经营许可证有效期满 3 个月前，向本办法第五条规定的发证机关提出经营许可证的延期申请，并提交延期申请书及本办法第九条规定的申请文件、资料。

企业提出经营许可证延期申请时，可以同时提出变更申请，并向发证机关提交相关文件、资料。

第十九条　符合下列条件的企业，申请经营许可证延期时，经发证机关同意，可以不提交本办法第九条规定的文件、资料：

（一）严格遵守有关法律、法规和本办法；

（二）取得经营许可证后，加强日常安全生产管理，未降低安全生产条件；

（三）未发生死亡事故或者对社会造成较大影响的生产安全事故。

带有储存设施经营危险化学品的企业，除符合前款规定条件的外，还需要取得并提交危险化学品企业安全生产标准化二级达标证书（复制件）。

第二十条　发证机关受理延期申请后,应当依照本办法第十条、第十一条、第十二条的规定,对延期申请进行审查,并在经营许可证有效期满前作出是否准予延期的决定;发证机关逾期未作出决定的,视为准予延期。

发证机关作出准予延期决定的,经营许可证有效期顺延 3 年。

第二十一条　任何单位和个人不得伪造、变造经营许可证,或者出租、出借、转让其取得的经营许可证,或者使用伪造、变造的经营许可证。

第四章　经营许可证的监督管理

第二十二条　发证机关应当坚持公开、公平、公正的原则,严格依照法律、法规、规章、国家标准、行业标准和本办法规定的条件及程序,审批、颁发经营许可证。

发证机关及其工作人员在经营许可证的审批、颁发和监督管理工作中,不得索取或者接受当事人的财物,不得谋取其他利益。

第二十三条　发证机关应当加强对经营许可证的监督管理,建立、健全经营许可证审批、颁发档案管理制度,并定期向社会公布企业取得经营许可证的情况,接受社会监督。

第二十四条　发证机关应当及时向同级公安机关、环境保护部门通报经营许可证的发放情况。

第二十五条　安全生产监督管理部门在监督检查中,发现已经取得经营许可证的企业不再具备法律、法规、规章、国家标准、行业标准和本办法规定的安全生产条件,或者存在违反法律、法规、规章和本办法规定的行为的,应当依法作出处理,并及时告知原发证机关。

第二十六条　发证机关发现企业以欺骗、贿赂等不正当手段取得经营许可证的,应当撤销已经颁发的经营许可证。

第二十七条　已经取得经营许可证的企业有下列情形之一的,发证机关应当注销其经营许可证:

(一)经营许可证有效期届满未被批准延期的;

(二)终止危险化学品经营活动的;

(三)经营许可证被依法撤销的;

(四)经营许可证被依法吊销的。

发证机关注销经营许可证后,应当在当地主要新闻媒体或者本机关网站上发布公告,并通报企业所在地人民政府和县级以上安全生产监督管理部门。

第二十八条　县级发证机关应当将本行政区域内上一年度经营许可证的审批、颁发和监督管理情况报告市级发证机关。

市级发证机关应当将本行政区域内上一年度经营许可证的审批、颁发和监督管理情况报告省、自治区、直辖市人民政府安全生产监督管理部门。

省、自治区、直辖市人民政府安全生产监督管理部门应当按照有关统计规定,将本行政区域内上一年度经营许可证的审批、颁发和监督管理情况报告国家安全生产监督管理总局。

第五章　法律责任

第二十九条　未取得经营许可证从事危险化学品经营的,依照《中华人民共和国安全生产法》有关未经依法批准擅自生产、经营、储存危险物品的法律责任条款并处罚款;构成犯罪的,依法追究刑事责任。

企业在经营许可证有效期届满后,仍然从事危险化学品经营的,依照前款规定给予处罚。

第三十条　带有储存设施的企业违反《危险化学品安全管理条例》规定,有下列情形之一的,责令改正,处 5 万元以上 10 万元以下的罚款;拒不改正的,责令停产停业整顿;经停产停业整顿仍不具备法律、法规、规章、国家标准和行业标准规定的安全生产条件的,吊销其经营许可证:

(一)对重复使用的危险化学品包装物、容器,在重复使用前不进行检查的;

(二)未根据其储存的危险化学品的种类和危险特性,在作业场所设置相关安全设施、设备,或者未按照国家标准、行业标准或者国家有关规定对安全设施、设备进行经常性维护、保养的;

(三)未将危险化学品储存在专用仓库内,或者未将剧毒化学品以及储存数量构成重大危险源的其他危险化学品在专用仓库内单独存放的;

(四)未对其安全生产条件定期进行安全评价的;

(五)危险化学品的储存方式、方法或者储存数量不符合国家标准或者国家有关规定的;

(六)危险化学品专用仓库不符合国家标准、行业标准的要求的;

(七)未对危险化学品专用仓库的安全设施、设备定期进行检测、检验的。

第三十一条　伪造、变造或者出租、出借、转让经营许可证,或者使用伪造、变造的经营许可证的,处 10 万元以上 20 万元以下的罚款,有违法所得的,没收违法所得;构成违反治安管理行为的,依法给予治安管理处罚;构成犯罪的,依法追究刑事责任。

第三十二条　已经取得经营许可证的企业不再具备法律、法规和本办法规定的安全生产条件的,责令改正;逾期不改正的,责令停产停业整顿;经停产停业整顿仍不具备法律、法规、规章、国家标准和行业标准规定的安全生产条件的,吊销其经营许可证。

第三十三条　已经取得经营许可证的企业出现本办法第十四条、第十六条规定的情形之一,未依照本办法的规定申请变更的,责令限期改正,处 1 万元以下的罚款;逾期仍不申请变更的,处 1 万元以上 3 万元以下的罚款。

第三十四条　安全生产监督管理部门的工作人员徇私舞弊、滥用职权、弄虚作假、玩忽职守,未依法履行危险化学品经营许可证审批、颁发和监督管理职责的,依照有关规定给予处分。

第三十五条　承担安全评价的机构和安全评价人员出具虚假评价报告的,依照有关法律、法规、规章的规定给予行政处罚;构成犯罪的,依法追究刑事责任。

第三十六条　本办法规定的行政处罚,由安全生产监督管理部门决定。其中,本办法第三十一条规定的行政处罚和第三十条、第三十二条规定的吊销经营许可证的行政处罚,由发证机关决定。

第六章　附　则

第三十七条　购买危险化学品进行分装、充装或者加入非危险化学品的溶剂进行稀释,然后销售的,依照本办法执行。

使用长输管道输送并经营危险化学品的,应当向经营地点所在地发证机关申请经营许可证。

本办法所称储存设施,是指按照《危险化学品重大危险源辨识》(GB 18218)确定,储存的危险化学品数量构成重大危险源的设施。

第三十八条　本办法施行前已取得经营许可证的企业,在其经营许可证有效期内可以继续从事危险化学品经营;经营许可证有效期届满后需要继续从事危险化学品经营的,应当依照本办法的规定重新申请经营许可证。

本办法施行前取得经营许可证的非企业的单位或者个人,在其经营许可证有效期内可以继续从事危险化学品经营;经营许可证有效期届满后需要继续从事危险化学品经营的,应当先依法登记为企业,再依照本办法的规定申请经营许可证。

第三十九条　经营许可证由国家安全生产监督管理总局统一印制。

第四十条　本办法自 2012 年 9 月 1 日起施行。原国家经济贸易委员会 2002 年 10 月 8 日公布的《危险化学品经营许可证管理办法》同时废止。

附件

国家安全监管总局解读《危险化学品经营许可证管理办法》

新修订的《危险化学品经营许可证管理办法》(以下简称《办法》)已经 2012 年 5 月 21 日国家安全监管总局局长办公会议审议通过,7 月 17 日以国家安全监管总局令第 55 号予以公布,自 2012 年 9 月 1 日起施行。

一、《办法》的出台背景及修订原则

修订后的《危险化学品安全管理条例》(国务院令第 591 号,以下简称《条例》),进一步完善了危险化学品经营许可的条件和许可证颁发、管理的有关规定。为落实《条例》的新要求,加强危险化学品经营企业安全监督管理工作,需对现行《危险化学品经营许可证管理办法》(原国家经贸委令第 36 号)进行修订。这次修订主要基于以下原则:一是使《办法》符合修订后的《条例》有关危险化学品经营的规定要求。二是根据《条例》要求,进一步对危险化学品经营许可的范围、调整对象、许可权限、程序、发证条件等事项做出明确规定。

二、《办法》的起草过程

新修订的《条例》出台后,在前期调研论证、征求各地安全监管局和有关中央企业意见的基础上,2011 年 7 月,国家安全监管总局组织起草完成了《办法(修订草案)》,并通过国务院法制办网站和国家安全监管总局网站向社会公开征求意见。经多次修改,《办法(修订草案)》逐步完善,最后经国家安全监管总局局长办公会议审议通过。

三、《办法》的主要内容及修订变化

原《办法》发布实施 10 年多来,对严格危险化学品经营企业安全条件,规范危险化学品经营许可证颁发管理工作,发挥了重要作用。新《办法》是在原《办法》的基础上,从多个方面修订完善了危险化学品经营许可证的管理措施,进一步提高了危险化学品经营企业的安全准入门槛。

原《办法》5 章 28 条,修订后的《办法》共 6 章、40 条,分别是总则、申请经营许可证的条件、经营许可证的申请与颁发、经营许可证的监督管理、法律责任和附则。条文增加较多的是发证程序和法律责任两章。

这次修订主要体现在以下五个方面:

（一）关于适用范围的调整

《办法》第二条规定:"在中华人民共和国境内从事列入《危险化学品目录》的危险化学品的经营(包括仓储经营)活动,适用本办法。民用爆炸物品、放射性物品、核能物质和城镇燃气的经营活动,不适用本办法。"主要考虑:

一是根据《城镇燃气管理条例》(国务院令第 583 号)的规定,城镇燃气的经营被纳入该条例

的调整范围。因此为避免交叉管理、重复许可，《办法》规定不适用于城镇燃气（含运输工具用燃气）经营活动。

二是按照《条例》第三十三条规定，依法取得危险化学品安全生产许可证的危险化学品生产企业在其厂区范围内销售本企业生产的危险化学品，以及依法取得港口经营许可证的港口经营人在港区内从事危险化学品仓储经营的，不需要取得危险化学品经营许可。《办法》第三条对此做了衔接性规定。

三是由于原《条例》未对危险化学品仓储经营进行安全许可，各级安全监管部门一直在努力探索规范和加强危险化学品仓储经营安全管理过程与方法。实践证明，原《条例》关于危险化学品经营安全的制度和措施对危险化学品仓储经营安全管理同样有效可行。这次修订时根据危险化学品经营安全管理实际情况，《办法》明确将危险化学品仓储经营纳入危险化学品经营的范畴，填补了制度上的空白，强化了危险化学品仓储经营安全管理。同时，根据危险化学品安全管理实践，《办法》第三十七条明确规定，"购买危险化学品进行分装、充装或者加入非危险化学品的溶剂进行稀释，然后销售的"，以及"使用长输管道输送并经营危险化学品的"，按照本办法执行。

（二）关于许可权限调整

为贯彻落实国务院办公厅《关于进一步清理取消和调整行政审批项目的通知》（国办发〔2007〕22号）中"对省级以下机关可以实施的，必须按照方便申请人、便于监管的原则，下放管理层级"的有关要求，考虑到危险化学品经营企业数量很多，都集中到省级或者市级政府部门办证，有关部门负担重，企业办事也不方便，而且目前市、县两级安全监管部门在机构设置上也已经健全，能够承担起危险化学品经营许可证颁发管理的责任。因此，根据《条例》第三十五条有关经营许可发证权限的规定，《办法》将经营许可证的颁发机关由原来的省、市两级安全监管部门调整为设区的市、县两级安全监管部门。国家和省级安全监管部门负责监督指导危险化学品经营许可证的颁发管理工作；市级安全监管部门负责实施《办法》第五条第三款所列六类企业的经营许可证审批、颁发；县级安全监管部门负责《办法》第五条第三款所列六类以外企业的经营许可证审批、颁发。

（三）关于发证的条件

为了进一步明确发证条件，《办法》将发证条件单列一章，从企业选址、布局、设备、储存条件、制度、管理人员资质以及安全投入等方面，提出了比原《办法》更具有可操作性和更为严格的要求。（第六条）

此外，《办法》专门规定了经营剧毒化学品、带有储存设施经营危险化学品的企业应当具备的特殊条件，设置了较高门槛，以加强对重点危险化学品经营企业的管理。（第七、八条）

（四）关于与安全生产标准化的衔接

为了贯彻落实《国务院关于进一步加强企业安全生产工作的通知》（国发〔2010〕23号）关于企业开展安全生产标准化的要求，《办法》在经营许可证直接延期的条件中增加了"带有危险学品储存设施的企业，应当提交安全生产标准化二级达标证书（复制件）"的规定。（第十九条第二款）

（五）关于经营许可证的变更

根据十年来执法实践经验，《办法》细化了危险化学品经营许可证变更的具体情形，规定了办理变更手续的时限，以及需要提交资料等要求。（第十四、十五、十六条）

（六）关于行政处罚

修订后的《办法》，细化了有关法律责任的规定，加大了对违法违规企业的处罚力度，提高其违法成本。

《办法》对安全评价机构和安全评价人员法律责任给予了明确，规定承担安全评价的机构和安全评价人员出具虚假评价报告的,依照有关法律、法规、规章的规定给予行政处罚;构成犯罪的,依法追究刑事责任。(第三十五条)

针对"打非治违"重点,加大了处罚力度。《办法》规定了未取得经营许可证从事危险化学品经营的,依照《中华人民共和国安全生产法》有关未经依法批准擅自生产、经营、储存危险物品的法律责任条款并处罚款。(第二十九条)

四、实施《办法》的意义

《办法》的制订与颁布实施将进一步规范危险化学品经营许可证的颁发管理及监督管理工作,有利于从源头上消除安全监管漏洞,进一步落实属地管理责任,有效防范危险化学品经营企业生产安全事故的发生,进一步促进全国危险化学品安全生产形势的稳定好转。

各级安全监管部门要以新《办法》的实施为契机,细化许可条件,规范许可程序,提高工作质量,按照《办法》的要求,依法实施监督,做到事前、事中、事后全过程监管,持续提高危险化学品经营安全监管工作水平。

国家安全生产监督管理总局令

第 41 号

新修订的《危险化学品生产企业安全生产许可证实施办法》已经 2011 年 7 月 22 日国家安全生产监督管理总局局长办公会议审议通过,现予公布,自 2011 年 12 月 1 日起施行。原国家安全生产监督管理局(国家煤矿安全监察局)2004 年 5 月 17 日公布的《危险化学品生产企业安全生产许可证实施办法》[原国家安全生产监督管理局(国家煤矿安全监察局)令第 10 号]同时废止。

国家安全生产监督管理总局局长　骆琳

二〇一一年八月五日

危险化学品生产企业安全生产许可证实施办法

第一章　总　　则

第一条　为了严格规范危险化学品生产企业安全生产条件,做好危险化学品生产企业安全生产许可证的颁发和管理工作,根据《安全生产许可证条例》、《危险化学品安全管理条例》等法律、行政法规,制定本实施办法。

第二条　本办法所称危险化学品生产企业(以下简称企业),是指依法设立且取得工商营业执照或者工商核准文件从事生产最终产品或者中间产品列入《危险化学品目录》的企业。

第三条　企业应当依照本办法的规定取得危险化学品安全生产许可证(以下简称安全生产许可证)。未取得安全生产许可证的企业,不得从事危险化学品的生产活动。

企业涉及使用有毒物品的,除安全生产许可证外,还应当依法取得职业卫生安全许可证。

第四条　安全生产许可证的颁发管理工作实行企业申请、两级发证、属地监管的原则。

第五条　国家安全生产监督管理总局指导、监督全国安全生产许可证的颁发管理工作,并负责涉及危险化学品生产的中央企业及其直接控股涉及危险化学品生产的企业(总部)安全生产许可证的颁发管理。

省、自治区、直辖市安全生产监督管理部门(以下简称省级安全生产监督管理部门)负责本行政区域内本条第一款规定以外的企业安全生产许可证的颁发管理。

第六条　省级安全生产监督管理部门可以将其负责的安全生产许可证颁发工作,委托企业所在地设区的市级或者县级安全生产监督管理部门实施。涉及剧毒化学品生产的企业安全生产许可证颁发工作,不得委托实施。国家安全生产监督管理总局公布的涉及危险化工工艺和重点监管危险化学品的企业安全生产许可证颁发工作,不得委托县级安全生产监督管理部门实施。

受委托的设区的市级或者县级安全生产监督管理部门在受委托的范围内,以省级安全生产监督管理部门的名义实施许可,但不得再委托其他组织和个人实施。

国家安全生产监督管理总局、省级安全生产监督管理部门和受委托的设区的市级或者县级安全生产监督管理部门统称实施机关。

第七条　省级安全生产监督管理部门应当将受委托的设区的市级或者县级安全生产监督管理部门以及委托事项予以公告。

省级安全生产监督管理部门应当指导、监督受委托的设区的市级或者县级安全生产监督管理部门颁发安全生产许可证，并对其法律后果负责。

第二章　申请安全生产许可证的条件

第八条　企业选址布局、规划设计以及与重要场所、设施、区域的距离应当符合下列要求：

（一）国家产业政策；当地县级以上（含县级）人民政府的规划和布局；新设立企业建在地方人民政府规划的专门用于危险化学品生产、储存的区域内；

（二）危险化学品生产装置或者储存危险化学品数量构成重大危险源的储存设施，与《危险化学品安全管理条例》第十九条第一款规定的八类场所、设施、区域的距离符合有关法律、法规、规章和国家标准或者行业标准的规定；

（三）总体布局符合《化工企业总图运输设计规范》（GB 50489）、《工业企业总平面设计规范》（GB 50187）、《建筑设计防火规范》（GB 50016）等标准的要求。

石油化工企业除符合本条第一款规定条件外，还应当符合《石油化工企业设计防火规范》（GB 50160）的要求。

第九条　企业的厂房、作业场所、储存设施和安全设施、设备、工艺应当符合下列要求：

（一）新建、改建、扩建建设项目经具备国家规定资质的单位设计、制造和施工建设；涉及危险化工工艺、重点监管危险化学品的装置，由具有综合甲级资质或者化工石化专业甲级设计资质的化工石化设计单位设计；

（二）不得采用国家明令淘汰、禁止使用和危及安全生产的工艺、设备；新开发的危险化学品生产工艺必须在小试、中试、工业化试验的基础上逐步放大到工业化生产；国内首次使用的化工工艺，必须经过省级人民政府有关部门组织的安全可靠性论证；

（三）涉及危险化工工艺、重点监管危险化学品的装置装设自动化控制系统；涉及危险化工工艺的大型化工装置装设紧急停车系统；涉及易燃易爆、有毒有害气体化学品的场所装设易燃易爆、有毒有害介质泄漏报警等安全设施；

（四）生产区与非生产区分开设置，并符合国家标准或者行业标准规定的距离；

（五）危险化学品生产装置和储存设施之间及其与建（构）筑物之间的距离符合有关标准规范的规定。

同一厂区内的设备、设施及建（构）筑物的布置必须适用同一标准的规定。

第十条　企业应当有相应的职业危害防护设施，并为从业人员配备符合国家标准或者行业标准的劳动防护用品。

第十一条　企业应当依据《危险化学品重大危险源辨识》（GB 18218），对本企业的生产、储存和使用装置、设施或者场所进行重大危险源辨识。

对已确定为重大危险源的生产和储存设施，应当执行《危险化学品重大危险源监督管理暂行规定》。

第十二条　企业应当依法设置安全生产管理机构，配备专职安全生产管理人员。配备的专职安全生产管理人员必须能够满足安全生产的需要。

第十三条　企业应当建立全员安全生产责任制，保证每位从业人员的安全生产责任与职务、岗位相匹配。

第十四条　企业应当根据化工工艺、装置、设施等实际情况，制定完善下列主要安全生产规章制度：

（一）安全生产例会等安全生产会议制度；

（二）安全投入保障制度；

（三）安全生产奖惩制度；

（四）安全培训教育制度；

（五）领导干部轮流现场带班制度；

（六）特种作业人员管理制度；

（七）安全检查和隐患排查治理制度；

（八）重大危险源评估和安全管理制度；

（九）变更管理制度；

（十）应急管理制度；

（十一）生产安全事故或者重大事件管理制度；

（十二）防火、防爆、防中毒、防泄漏管理制度；

（十三）工艺、设备、电气仪表、公用工程安全管理制度；

（十四）动火、进入受限空间、吊装、高处、盲板抽堵、动土、断路、设备检维修等作业安全管理制度；

（十五）危险化学品安全管理制度；

（十六）职业健康相关管理制度；

（十七）劳动防护用品使用维护管理制度；

（十八）承包商管理制度；

（十九）安全管理制度及操作规程定期修订制度。

第十五条　企业应当根据危险化学品的生产工艺、技术、设备特点和原辅料、产品的危险性编制岗位操作安全规程。

第十六条　企业主要负责人、分管安全负责人和安全生产管理人员必须具备与其从事的生产经营活动相适应的安全生产知识和管理能力，依法参加安全生产培训，并经考核合格，取得安全资格证书。

企业分管安全负责人、分管生产负责人、分管技术负责人应当具有一定的化工专业知识或者相应的专业学历，专职安全生产管理人员应当具备国民教育化工化学类（或安全工程）中等职业教育以上学历或者化工化学类中级以上专业技术职称，或者具备危险物品安全类注册安全工程师资格。

特种作业人员应当依照《特种作业人员安全技术培训考核管理规定》，经专门的安全技术培训并考核合格，取得特种作业操作证书。

本条第一、二、三款规定以外的其他从业人员应当按照国家有关规定，经安全教育培训合格。

第十七条　企业应当按照国家规定提取与安全生产有关的费用，并保证安全生产所必需的资金投入。

第十八条　企业应当依法参加工伤保险，为从业人员缴纳保险费。

第十九条　企业应当依法委托具备国家规定资质的安全评价机构进行安全评价，并按照安全评价报告的意见对存在的安全生产问题进行整改。

第二十条　企业应当依法进行危险化学品登记，为用户提供化学品安全技术说明书，并在危险化学品包装（包括外包装件）上粘贴或者拴挂与包装内危险化学品相符的化学品安全标签。

第二十一条 企业应当符合下列应急管理要求：

（一）按照国家有关规定编制危险化学品事故应急预案并报有关部门备案；

（二）建立应急救援组织或者明确应急救援人员，配备必要的应急救援器材、设备设施，并定期进行演练。

生产、储存和使用氯气、氨气、光气、硫化氢等吸入性有毒有害气体的企业，除符合本条第一款的规定外，还应当配备至少两套以上全封闭防化服；构成重大危险源的，还应当设立气体防护站（组）。

第二十二条 企业除符合本章规定的安全生产条件，还应当符合有关法律、行政法规和国家标准或者行业标准规定的其他安全生产条件。

第三章 安全生产许可证的申请

第二十三条 中央企业及其直接控股涉及危险化学品生产的企业（总部）向国家安全生产监督管理总局申请安全生产许可证。

本条第一款规定以外的企业向所在地省级安全生产监督管理部门或其委托的安全生产监督管理部门申请安全生产许可证。

第二十四条 新建企业安全生产许可证的申请，应当在危险化学品生产建设项目安全设施竣工验收通过后 10 个工作日内提出。

第二十五条 企业申请安全生产许可证时，应当提交下列文件、资料，并对其内容的真实性负责：

（一）申请安全生产许可证的文件及申请书；

（二）安全生产责任制文件，安全生产规章制度、岗位操作安全规程清单；

（三）设置安全生产管理机构，配备专职安全生产管理人员的文件复制件；

（四）主要负责人、分管安全负责人、安全生产管理人员和特种作业人员的安全资格证或者特种作业操作证复制件；

（五）与安全生产有关的费用提取和使用情况报告，新建企业提交有关安全生产费用提取和使用规定的文件；

（六）为从业人员缴纳工伤保险费的证明材料；

（七）危险化学品事故应急救援预案的备案证明文件；

（八）危险化学品登记证复制件；

（九）工商营业执照副本或者工商核准文件复制件；

（十）具备资质的中介机构出具的安全评价报告；

（十一）新建企业的竣工验收意见书复制件；

（十二）应急救援组织或者应急救援人员，以及应急救援器材、设备设施清单。

中央企业及其直接控股涉及危险化学品生产的企业（总部）提交除本条第一款第四项中的特种作业操作证复制件和第八项、第十项、第十一项规定以外的文件、资料。

有危险化学品重大危险源的企业，除提交本条第一款规定的文件、资料外，还应当提供重大危险源及其应急预案的备案证明文件、资料。

第四章 安全生产许可证的颁发

第二十六条 实施机关收到企业申请文件、资料后，应当按照下列情况分别作出处理：

（一）申请事项依法不需要取得安全生产许可证的，即时告知企业不予受理；

(二)申请事项依法不属于本实施机关职责范围的,即时作出不予受理的决定,并告知企业向相应的实施机关申请;

(三)申请材料存在可以当场更正的错误的,允许企业当场更正,并受理其申请;

(四)申请材料不齐全或者不符合法定形式的,当场告知或者在5个工作日内出具补正告知书,一次告知企业需要补正的全部内容;逾期不告知的,自收到申请材料之日起即为受理;

(五)企业申请材料齐全、符合法定形式,或者按照实施机关要求提交全部补正材料的,立即受理其申请。

实施机关受理或者不予受理行政许可申请,应当出具加盖本机关专用印章和注明日期的书面凭证。

第二十七条 安全生产许可证申请受理后,实施机关应当组织对企业提交的申请文件、资料进行审查。对企业提交的文件、资料实质内容存在疑问,需要到现场核查的,应当指派工作人员就有关内容进行现场核查。工作人员应当如实提出现场核查意见。

第二十八条 实施机关应当在受理之日起45个工作日内作出是否准予许可的决定。审查过程中的现场核查所需时间不计算在本条规定的期限内。

第二十九条 实施机关作出准予许可决定的,应当自决定之日起10个工作日内颁发安全生产许可证。

实施机关作出不予许可的决定的,应当在10个工作日内书面告知企业并说明理由。

第三十条 企业在安全生产许可证有效期内变更主要负责人、企业名称或者注册地址的,应当自工商营业执照或者隶属关系变更之日起10个工作日内向实施机关提出变更申请,并提交下列文件、资料:

(一)变更后的工商营业执照副本复制件;

(二)变更主要负责人的,还应当提供主要负责人经安全生产监督管理部门考核合格后颁发的安全资格证复制件;

(三)变更注册地址的,还应当提供相关证明材料。

对已经受理的变更申请,实施机关应当在对企业提交的文件、资料审查无误后,方可办理安全生产许可证变更手续。

企业在安全生产许可证有效期内变更隶属关系的,仅需提交隶属关系变更证明材料报实施机关备案。

第三十一条 企业在安全生产许可证有效期内,当原生产装置新增产品或者改变工艺技术对企业的安全生产产生重大影响时,应当对该生产装置或者工艺技术进行专项安全评价,并对安全评价报告中提出的问题进行整改;在整改完成后,向原实施机关提出变更申请,提交安全评价报告。实施机关按照本办法第三十条的规定办理变更手续。

第三十二条 企业在安全生产许可证有效期内,有危险化学品新建、改建、扩建建设项目(以下简称建设项目)的,应当在建设项目安全设施竣工验收合格之日起10个工作日内向原实施机关提出变更申请,并提交建设项目安全设施竣工验收意见书等相关文件、资料。实施机关按照本办法第二十七条、第二十八条和第二十九条的规定办理变更手续。

第三十三条 安全生产许可证有效期为3年。企业安全生产许可证有效期届满后继续生产危险化学品的,应当在安全生产许可证有效期届满前3个月提出延期申请,并提交延期申请书和本办法第二十五条规定的申请文件、资料。

实施机关按照本办法第二十六条、第二十七条、第二十八条、第二十九条的规定进行审查,并作出是否准予延期的决定。

第三十四条　企业在安全生产许可证有效期内,符合下列条件的,其安全生产许可证届满时,经原实施机关同意,可不提交第二十五条第一款第二、七、八、十、十一项规定的文件、资料,直接办理延期手续:

(一)严格遵守有关安全生产的法律、法规和本办法的;

(二)取得安全生产许可证后,加强日常安全生产管理,未降低安全生产条件,并达到安全生产标准化等级二级以上的;

(三)未发生死亡事故的。

第三十五条　安全生产许可证分为正、副本,正本为悬挂式,副本为折页式,正、副本具有同等法律效力。

实施机关应当分别在安全生产许可证正、副本上载明编号、企业名称、主要负责人、注册地址、经济类型、许可范围、有效期、发证机关、发证日期等内容。其中,正本上的"许可范围"应当注明"危险化学品生产",副本上的"许可范围"应当载明生产场所地址和对应的具体品种、生产能力。

安全生产许可证有效期的起始日为实施机关作出许可决定之日,截止日为起始日至三年后同一日期的前一日。有效期内有变更事项的,起始日和截止日不变,载明变更日期。

第三十六条　企业不得出租、出借、买卖或者以其他形式转让其取得的安全生产许可证,或者冒用他人取得的安全生产许可证、使用伪造的安全生产许可证。

第五章　监督管理

第三十七条　实施机关应当坚持公开、公平、公正的原则,依照本办法和有关安全生产行政许可的法律、法规规定,颁发安全生产许可证。

实施机关工作人员在安全生产许可证颁发及其监督管理工作中,不得索取或者接受企业的财物,不得谋取其他非法利益。

第三十八条　实施机关应当加强对安全生产许可证的监督管理,建立、健全安全生产许可证档案管理制度。

第三十九条　有下列情形之一的,实施机关应当撤销已经颁发的安全生产许可证:

(一)超越职权颁发安全生产许可证的;

(二)违反本办法规定的程序颁发安全生产许可证的;

(三)以欺骗、贿赂等不正当手段取得安全生产许可证的。

第四十条　企业取得安全生产许可证后有下列情形之一的,实施机关应当注销其安全生产许可证:

(一)安全生产许可证有效期届满未被批准延续的;

(二)终止危险化学品生产活动的;

(三)安全生产许可证被依法撤销的;

(四)安全生产许可证被依法吊销的。

安全生产许可证注销后,实施机关应当在当地主要新闻媒体或者本机关网站上发布公告,并通报企业所在地人民政府和县级以上安全生产监督管理部门。

第四十一条　省级安全生产监督管理部门应当在每年1月15日前,将本行政区域内上年度安全生产许可证的颁发和管理情况报国家安全生产监督管理总局。

国家安全生产监督管理总局、省级安全生产监督管理部门应当定期向社会公布企业取得安全生产许可的情况,接受社会监督。

第六章　法律责任

第四十二条　实施机关工作人员有下列行为之一的,给予降级或者撤职的处分;构成犯罪的,依法追究刑事责任:

(一)向不符合本办法第二章规定的安全生产条件的企业颁发安全生产许可证的;

(二)发现企业未依法取得安全生产许可证擅自从事危险化学品生产活动,不依法处理的;

(三)发现取得安全生产许可证的企业不再具备本办法第二章规定的安全生产条件,不依法处理的;

(四)接到对违反本办法规定行为的举报后,不及时依法处理的;

(五)在安全生产许可证颁发和监督管理工作中,索取或者接受企业的财物,或者谋取其他非法利益的。

第四十三条　企业取得安全生产许可证后发现其不具备本办法规定的安全生产条件的,依法暂扣其安全生产许可证1个月以上6个月以下;暂扣期满仍不具备本办法规定的安全生产条件的,依法吊销其安全生产许可证。

第四十四条　企业出租、出借或者以其他形式转让安全生产许可证的,没收违法所得,处10万元以上50万元以下的罚款,并吊销安全生产许可证;构成犯罪的,依法追究刑事责任。

第四十五条　企业有下列情形之一的,责令停止生产危险化学品,没收违法所得,并处10万元以上50万元以下的罚款;构成犯罪的,依法追究刑事责任:

(一)未取得安全生产许可证,擅自进行危险化学品生产的;

(二)接受转让的安全生产许可证的;

(三)冒用或者使用伪造的安全生产许可证的。

第四十六条　企业在安全生产许可证有效期届满未办理延期手续,继续进行生产的,责令停止生产,限期补办延期手续,没收违法所得,并处5万元以上10万元以下的罚款;逾期仍不办理延期手续,继续进行生产的,依照本办法第四十五条的规定进行处罚。

第四十七条　企业在安全生产许可证有效期内主要负责人、企业名称、注册地址、隶属关系发生变更或者新增产品、改变工艺技术对企业安全生产产生重大影响,未按照本办法第三十条规定的时限提出安全生产许可证变更申请的,责令限期申请,处1万元以上3万元以下的罚款。

第四十八条　企业在安全生产许可证有效期内,其危险化学品建设项目安全设施竣工验收合格后,未按照本办法第三十二条规定的时限提出安全生产许可证变更申请并且擅自投入运行的,责令停止生产,限期申请,没收违法所得,并处1万元以上3万元以下的罚款。

第四十九条　发现企业隐瞒有关情况或者提供虚假材料申请安全生产许可证的,实施机关不予受理或者不予颁发安全生产许可证,并给予警告,该企业在1年内不得再次申请安全生产许可证。

企业以欺骗、贿赂等不正当手段取得安全生产许可证的,自实施机关撤销其安全生产许可证之日起3年内,该企业不得再次申请安全生产许可证。

第五十条　安全评价机构有下列情形之一的,给予警告,并处1万元以下的罚款;情节严重的,暂停资质半年,并处1万元以上3万元以下的罚款;对相关责任人依法给予处理:

(一)从业人员不到现场开展安全评价活动的;

(二)安全评价报告与实际情况不符,或者安全评价报告存在重大疏漏,但尚未造成重大损失的;

(三)未按照有关法律、法规、规章和国家标准或者行业标准的规定从事安全评价活动的。

第五十一条　承担安全评价、检测、检验的机构出具虚假报告和证明，构成犯罪的，依照刑法有关规定追究刑事责任；尚不够刑事处罚的，没收违法所得，违法所得在 5 千元以上的，并处违法所得 2 倍以上 5 倍以下的罚款，没有违法所得或者违法所得不足 5 千元的，单处或者并处 5 千元以上 2 万元以下的罚款，对其直接负责的主管人员和其他直接责任人员处 5 千元以上 5 万元以下的罚款；给他人造成损害的，与企业承担连带赔偿责任。

对有本条第一款违法行为的机构，依法撤销其相应资格；该机构取得的资质由其他部门颁发的，将其违法行为通报相关部门。

第五十二条　本办法规定的行政处罚，由国家安全生产监督管理总局、省级安全生产监督管理部门决定。省级安全生产监督管理部门可以委托设区的市级或者县级安全生产监督管理部门实施。

第七章　附　　则

第五十三条　将纯度较低的化学品提纯至纯度较高的危险化学品的，适用本办法。购买某种危险化学品进行分装（包括充装）或者加入非危险化学品的溶剂进行稀释，然后销售或者使用的，不适用本办法。

第五十四条　本办法下列用语的含义：

（一）危险化学品目录，是指国家安全生产监督管理总局会同国务院工业和信息化、公安、环境保护、卫生、质量监督检验检疫、交通运输、铁路、民用航空、农业主管部门，依据《危险化学品安全管理条例》公布的危险化学品目录。

（二）中间产品，是指为满足生产的需要，生产一种或者多种产品为下一个生产过程参与化学反应的原料。

（三）作业场所，是指可能使从业人员接触危险化学品的任何作业活动场所，包括从事危险化学品的生产、操作、处置、储存、装卸等场所。

第五十五条　安全生产许可证由国家安全生产监督管理总局统一印制。

危险化学品安全生产许可的文书、安全生产许可证的格式、内容和编号办法，由国家安全生产监督管理总局另行规定。

第五十六条　省级安全生产监督管理部门可以根据当地实际情况制定安全生产许可证颁发管理的细则，并报国家安全生产监督管理总局备案。

第五十七条　本办法自 2011 年 12 月 1 日起施行。原国家安全生产监督管理局（国家煤矿安全监察局）2004 年 5 月 17 日公布的《危险化学品生产企业安全生产许可证实施办法》同时废止。

国家安全生产监督管理总局令

第 1 号

　　《劳动防护用品监督管理规定》已经 2005 年 7 月 8 日国家安全生产监督管理总局局务会议审议通过,现予公布,自 2005 年 9 月 1 日起施行。

局长　李毅中

二〇〇五年七月二十二日

劳动防护用品监督管理规定

第一章　总　则

　　第一条　为加强和规范劳动防护用品的监督管理,保障从业人员的安全与健康,根据安全生产法及有关法律、行政法规,制定本规定。

　　第二条　在中华人民共和国境内生产、检验、经营和使用劳动防护用品,适用本规定。

　　第三条　本规定所称劳动防护用品,是指由生产经营单位为从业人员配备的,使其在劳动过程中免遭或者减轻事故伤害及职业危害的个人防护装备。

　　第四条　劳动防护用品分为特种劳动防护用品和一般劳动防护用品。

　　特种劳动防护用品目录由国家安全生产监督管理总局确定并公布;未列入目录的劳动防护用品为一般劳动防护用品。

　　第五条　国家安全生产监督管理总局对全国劳动防护用品的生产、检验、经营和使用的情况实施综合监督管理。

　　省级安全生产监督管理部门对本行政区域内劳动防护用品的生产、检验、经营和使用的情况实施综合监督管理。

　　煤矿安全监察机构对监察区域内煤矿企业劳动防护用品使用情况实施监察。

　　第六条　特种劳动防护用品实行安全标志管理。特种劳动防护用品安全标志管理工作由国家安全生产监督管理总局指定的特种劳动防护用品安全标志管理机构实施,受指定的特种劳动防护用品安全标志管理机构对其核发的安全标志负责。

第二章　劳动防护用品的生产、检验、经营

　　第七条　生产劳动防护用品的企业应当具备下列条件:

　　(一)有工商行政管理部门核发的营业执照;

　　(二)有满足生产需要的生产场所和技术人员;

　　(三)有保证产品安全防护性能的生产设备;

　　(四)有满足产品安全防护性能要求的检验与测试手段;

（五）有完善的质量保证体系；

（六）有产品标准和相关技术文件；

（七）产品符合国家标准或者行业标准的要求；

（八）法律、法规规定的其他条件。

第八条　生产劳动防护用品的企业应当按其产品所依据的国家标准或者行业标准进行生产和自检，出具产品合格证，并对产品的安全防护性能负责。

第九条　新研制和开发的劳动防护用品，应当对其安全防护性能进行严格的科学试验，并经具有安全生产检测检验资质的机构（以下简称检测检验机构）检测检验合格后，方可生产、使用。

第十条　生产劳动防护用品的企业生产的特种劳动防护用品，必须取得特种劳动防护用品安全标志。

第十一条　检测检验机构必须取得国家安全生产监督管理总局认可的安全生产检测检验资质，并在批准的业务范围内开展劳动防护用品检测检验工作。

第十二条　检测检验机构应当严格按照有关标准和规范对劳动防护用品的安全防护性能进行检测检验，并对所出具的检测检验报告负责。

第十三条　经营劳动防护用品的单位应有工商行政管理部门核发的营业执照、有满足需要的固定场所和了解相关防护用品知识的人员。经营劳动防护用品的单位不得经营假冒伪劣劳动防护用品和无安全标志的特种劳动防护用品。

第三章　劳动防护用品的配备与使用

第十四条　生产经营单位应当按照《劳动防护用品选用规则》（GB 11651）和国家颁发的劳动防护用品配备标准以及有关规定，为从业人员配备劳动防护用品。

第十五条　生产经营单位应当安排用于配备劳动防护用品的专项经费。

生产经营单位不得以货币或者其他物品替代应当按规定配备的劳动防护用品。

第十六条　生产经营单位为从业人员提供的劳动防护用品，必须符合国家标准或者行业标准，不得超过使用期限。

生产经营单位应当督促、教育从业人员正确佩戴和使用劳动防护用品。

第十七条　生产经营单位应当建立健全劳动防护用品的采购、验收、保管、发放、使用、报废等管理制度。

第十八条　生产经营单位不得采购和使用无安全标志的特种劳动防护用品；购买的特种劳动防护用品须经本单位的安全生产技术部门或者管理人员检查验收。

第十九条　从业人员在作业过程中，必须按照安全生产规章制度和劳动防护用品使用规则，正确佩戴和使用劳动防护用品；未按规定佩戴和使用劳动防护用品的，不得上岗作业。

第四章　监督管理

第二十条　安全生产监督管理部门、煤矿安全监察机构依法对劳动防护用品使用情况和特种劳动防护用品安全标志进行监督检查，督促生产经营单位按照国家有关规定为从业人员配备符合国家标准或者行业标准的劳动防护用品。

第二十一条　安全生产监督管理部门、煤矿安全监察机构对有下列行为之一的生产经营单位，应当依法查处：

（一）不配发劳动防护用品的；

（二）不按有关规定或者标准配发劳动防护用品的；

（三）配发无安全标志的特种劳动防护用品的；

（四）配发不合格的劳动防护用品的；

（五）配发超过使用期限的劳动防护用品的；

（六）劳动防护用品管理混乱，由此对从业人员造成事故伤害及职业危害的；

（七）生产或者经营假冒伪劣劳动防护用品和无安全标志的特种劳动防护用品的；

（八）其他违反劳动防护用品管理有关法律、法规、规章、标准的行为。

第二十二条　特种劳动防护用品安全标志管理机构及其工作人员应当坚持公开、公平、公正的原则，严格审查、核发安全标志，并应接受安全生产监督管理部门、煤矿安全监察机构的监督。

第二十三条　生产经营单位的从业人员有权依法向本单位提出配备所需劳动防护用品的要求；有权对本单位劳动防护用品管理的违法行为提出批评、检举、控告。

安全生产监督管理部门、煤矿安全监察机构对从业人员提出的批评、检举、控告，经查实后应当依法处理。

第二十四条　生产经营单位应当接受工会的监督。工会对生产经营单位劳动防护用品管理的违法行为有权要求纠正，并对纠正情况进行监督。

第五章　罚　则

第二十五条　生产经营单位未按国家有关规定为从业人员提供符合国家标准或者行业标准的劳动防护用品，有本规定第二十一条第（一）（二）（三）（四）（五）（六）项行为的，安全生产监督管理部门或者煤矿安全监察机构责令限期改正；逾期未改正的，责令停产停业整顿，可以并处五万元以下的罚款；造成严重后果，构成犯罪的，依法追究刑事责任。

第二十六条　生产或者经营劳动防护用品的企业或者单位有本规定第二十一条第（七）（八）项行为的，安全生产监督管理部门或者煤矿安全监察机构责令停止违法行为，可以并处三万元以下的罚款。

第二十七条　检测检验机构出具虚假证明，构成犯罪的，依照刑法有关规定追究刑事责任；尚不够刑事处罚的，由安全生产监督管理部门没收违法所得，违法所得在五千元以上的，并处违法所得二倍以上五倍以下罚款，没有违法所得或者违法所得不足五千元的，单处或者并处五千元以上二万元以下的罚款，对其直接负责的主管人员和直接责任人员处五千元以上五万元以下的罚款；给他人造成损害的，与生产经营单位承担连带赔偿责任。

对有前款违法行为的检测检验机构，由国家安全生产监督管理总局撤销其检测检验资质。

第二十八条　特种劳动防护用品安全标志管理机构的工作人员滥用职权、玩忽职守、弄虚作假、徇私舞弊的，依照有关规定给予行政处分；构成犯罪的，依法追究刑事责任。

第六章　附　则

第二十九条　进口的一般劳动防护用品的安全防护性能不得低于我国相关标准，并向国家安全生产监督管理总局指定的特种劳动防护用品安全标志管理机构申请办理准用手续；进口的特种劳动防护用品应当按照本规定取得安全标志。

第三十条　各省、自治区、直辖市安全生产监督管理部门可以根据本规定，制定劳动防护用品监督管理实施细则，并报国家安全生产监督管理总局备案。

第三十一条　本规定自 2005 年 9 月 1 日起施行。

国家安全生产监督管理总局令

第 3 号

　　《生产经营单位安全培训规定》已经 2005 年 12 月 28 日国家安全生产监督管理总局局长办公会议审议通过,现予公布,自 2006 年 3 月 1 日起施行。

局长　李毅中

二〇〇六年一月十七日

生产经营单位安全培训规定

第一章　总　　则

　　第一条　为加强和规范生产经营单位安全培训工作,提高从业人员安全素质,防范伤亡事故,减轻职业危害,根据安全生产法和有关法律、行政法规,制定本规定。

　　第二条　工矿商贸生产经营单位(以下简称生产经营单位)从业人员的安全培训,适用本规定。

　　第三条　生产经营单位负责本单位从业人员安全培训工作。

　　生产经营单位应当按照安全生产法和有关法律、行政法规和本规定,建立健全安全培训工作制度。

　　第四条　生产经营单位应当进行安全培训的从业人员包括主要负责人、安全生产管理人员、特种作业人员和其他从业人员。

　　生产经营单位从业人员应当接受安全培训,熟悉有关安全生产规章制度和安全操作规程,具备必要的安全生产知识,掌握本岗位的安全操作技能,增强预防事故、控制职业危害和应急处理的能力。

　　未经安全生产培训合格的从业人员,不得上岗作业。

　　第五条　国家安全生产监督管理总局指导全国安全培训工作,依法对全国的安全培训工作实施监督管理。

　　国务院有关主管部门按照各自职责指导监督本行业安全培训工作,并按照本规定制定实施办法。

　　国家煤矿安全监察局指导监督检查全国煤矿安全培训工作。

　　各级安全生产监督管理部门和煤矿安全监察机构(以下简称安全生产监管监察部门)按照各自的职责,依法对生产经营单位的安全培训工作实施监督管理。

第二章　主要负责人、安全生产管理人员的安全培训

　　第六条　生产经营单位主要负责人和安全生产管理人员应当接受安全培训,具备与所从事

的生产经营活动相适应的安全生产知识和管理能力。

煤矿、非煤矿山、危险化学品、烟花爆竹等生产经营单位主要负责人和安全生产管理人员,必须接受专门的安全培训,经安全生产监管监察部门对其安全生产知识和管理能力考核合格,取得安全资格证书后,方可任职。

第七条　生产经营单位主要负责人安全培训应当包括下列内容:

(一)国家安全生产方针、政策和有关安全生产的法律、法规、规章及标准;

(二)安全生产管理基本知识、安全生产技术、安全生产专业知识;

(三)重大危险源管理、重大事故防范、应急管理和救援组织以及事故调查处理的有关规定;

(四)职业危害及其预防措施;

(五)国内外先进的安全生产管理经验;

(六)典型事故和应急救援案例分析;

(七)其他需要培训的内容。

第八条　生产经营单位安全生产管理人员安全培训应当包括下列内容:

(一)国家安全生产方针、政策和有关安全生产的法律、法规、规章及标准;

(二)安全生产管理、安全生产技术、职业卫生等知识;

(三)伤亡事故统计、报告及职业危害的调查处理方法;

(四)应急管理、应急预案编制以及应急处置的内容和要求;

(五)国内外先进的安全生产管理经验;

(六)典型事故和应急救援案例分析;

(七)其他需要培训的内容。

第九条　生产经营单位主要负责人和安全生产管理人员初次安全培训时间不得少于 32 学时。每年再培训时间不得少于 12 学时。

煤矿、非煤矿山、危险化学品、烟花爆竹等生产经营单位主要负责人和安全生产管理人员安全资格培训时间不得少于 48 学时;每年再培训时间不得少于 16 学时。

第十条　生产经营单位主要负责人和安全生产管理人员的安全培训必须依照安全生产监管监察部门制定的安全培训大纲实施。

非煤矿山、危险化学品、烟花爆竹等生产经营单位主要负责人和安全生产管理人员的安全培训大纲及考核标准由国家安全生产监督管理总局统一制定。

煤矿主要负责人和安全生产管理人员的安全培训大纲及考核标准由国家煤矿安全监察局制定。

煤矿、非煤矿山、危险化学品、烟花爆竹以外的其他生产经营单位主要负责人和安全管理人员的安全培训大纲及考核标准,由省、自治区、直辖市安全生产监督管理部门制定。

第十一条　煤矿、非煤矿山、危险化学品、烟花爆竹等生产经营单位主要负责人和安全管理人员安全资格培训,必须由安全生产监管监察部门认定的具备相应资质的安全培训机构实施。

第十二条　煤矿、非煤矿山、危险化学品、烟花爆竹等生产经营单位主要负责人和安全生产管理人员,经安全资格培训考核合格,由安全生产监管监察部门发给安全资格证书。

其他生产经营单位主要负责人和安全生产管理人员经安全生产监管监察部门认定的具备相应资质的培训机构培训合格后,由培训机构发给相应的培训合格证书。

第三章　其他从业人员的安全培训

第十三条　煤矿、非煤矿山、危险化学品、烟花爆竹等生产经营单位必须对新上岗的临时工、合同工、劳务工、轮换工、协议工等进行强制性安全培训,保证其具备本岗位安全操作、自救互救以及应急处置所需的知识和技能后,方能安排上岗作业。

第十四条　加工、制造业等生产单位的其他从业人员,在上岗前必须经过厂(矿)、车间(工段、区、队)、班组三级安全培训教育。

生产经营单位可以根据工作性质对其他从业人员进行安全培训,保证其具备本岗位安全操作、应急处置等知识和技能。

第十五条　生产经营单位新上岗的从业人员,岗前培训时间不得少于 24 学时。

煤矿、非煤矿山、危险化学品、烟花爆竹等生产经营单位新上岗的从业人员安全培训时间不得少于 72 学时,每年接受再培训的时间不得少于 20 学时。

第十六条　厂(矿)级岗前安全培训内容应当包括:

(一)本单位安全生产情况及安全生产基本知识;

(二)本单位安全生产规章制度和劳动纪律;

(三)从业人员安全生产权利和义务;

(四)有关事故案例等。

煤矿、非煤矿山、危险化学品、烟花爆竹等生产经营单位厂(矿)级安全培训除包括上述内容外,应当增加事故应急救援、事故应急预案演练及防范措施等内容。

第十七条　车间(工段、区、队)级岗前安全培训内容应当包括:

(一)工作环境及危险因素;

(二)所从事工种可能遭受的职业伤害和伤亡事故;

(三)所从事工种的安全职责、操作技能及强制性标准;

(四)自救互救、急救方法、疏散和现场紧急情况的处理;

(五)安全设备设施、个人防护用品的使用和维护;

(六)本车间(工段、区、队)安全生产状况及规章制度;

(七)预防事故和职业危害的措施及应注意的安全事项;

(八)有关事故案例;

(九)其他需要培训的内容。

第十八条　班组级岗前安全培训内容应当包括:

(一)岗位安全操作规程;

(二)岗位之间工作衔接配合的安全与职业卫生事项;

(三)有关事故案例;

(四)其他需要培训的内容。

第十九条　从业人员在本生产经营单位内调整工作岗位或离岗一年以上重新上岗时,应当重新接受车间(工段、区、队)和班组级的安全培训。

生产经营单位实施新工艺、新技术或者使用新设备、新材料时,应当对有关从业人员重新进行有针对性的安全培训。

第二十条　生产经营单位的特种作业人员,必须按照国家有关法律、法规的规定接受专门的安全培训,经考核合格,取得特种作业操作资格证书后,方可上岗作业。

特种作业人员的范围和培训考核管理办法,另行规定。

第四章　安全培训的组织实施

第二十一条　国家安全生产监督管理总局组织、指导和监督中央管理的生产经营单位的总公司(集团公司、总厂)的主要负责人和安全生产管理人员的安全培训工作。

国家煤矿安全监察局组织、指导和监督中央管理的煤矿企业集团公司(总公司)的主要负责人和安全生产管理人员的安全培训工作。

省级安全生产监督管理部门组织、指导和监督省属生产经营单位及所辖区域内中央管理的工矿商贸生产经营单位的分公司、子公司主要负责人和安全生产管理人员的培训工作;组织、指导和监督特种作业人员的培训工作。

省级煤矿安全监察机构组织、指导和监督所辖区域内煤矿企业的主要负责人、安全生产管理人员和特种作业人员(含煤矿矿井使用的特种设备作业人员)的安全培训工作。

市级、县级安全生产监督管理部门组织、指导和监督本行政区域内除中央企业、省属生产经营单位以外的其他生产经营单位的主要负责人和安全生产管理人员的安全培训工作。

生产经营单位除主要负责人、安全生产管理人员、特种作业人员以外的从业人员的安全培训工作,由生产经营单位组织实施。

第二十二条　具备安全培训条件的生产经营单位,应当以自主培训为主;可以委托具有相应资质的安全培训机构,对从业人员进行安全培训。

不具备安全培训条件的生产经营单位,应当委托具有相应资质的安全培训机构,对从业人员进行安全培训。

第二十三条　生产经营单位应当将安全培训工作纳入本单位年度工作计划。保证本单位安全培训工作所需资金。

第二十四条　生产经营单位应建立健全从业人员安全培训档案,详细、准确记录培训考核情况。

第二十五条　生产经营单位安排从业人员进行安全培训期间,应当支付工资和必要的费用。

第五章　监督管理

第二十六条　安全生产监管监察部门依法对生产经营单位安全培训情况进行监督检查,督促生产经营单位按照国家有关法律法规和本规定开展安全培训工作。

县级以上地方人民政府负责煤矿安全生产监督管理的部门对煤矿井下作业人员的安全培训情况进行监督检查。煤矿安全监察机构对煤矿特种作业人员安全培训及其持证上岗的情况进行监督检查。

第二十七条　各级安全生产监管监察部门对生产经营单位安全培训及其持证上岗的情况进行监督检查,主要包括以下内容:

(一)安全培训制度、计划的制定及其实施的情况;

(二)煤矿、非煤矿山、危险化学品、烟花爆竹等生产经营单位主要负责人和安全生产管理人员安全资格证持证上岗的情况;其他生产经营单位主要负责人和安全生产管理人员培训的情况;

(三)特种作业人员操作资格证持证上岗的情况;

(四)建立安全培训档案的情况;

(五)其他需要检查的内容。

第二十八条　安全生产监管监察部门对煤矿、非煤矿山、危险化学品、烟花爆竹等生产经营单位的主要负责人、安全管理人员应当按照本规定严格考核和颁发安全资格证书。考核不得收费。

安全生产监管监察部门负责考核、发证的有关人员不得玩忽职守和滥用职权。

第六章　罚　则

第二十九条　生产经营单位有下列行为之一的,由安全生产监管监察部门责令其限期改正,并处 2 万元以下的罚款:

(一)未将安全培训工作纳入本单位工作计划并保证安全培训工作所需资金的;

(二)未建立健全从业人员安全培训档案的;

(三)从业人员进行安全培训期间未支付工资并承担安全培训费用的。

第三十条　生产经营单位有下列行为之一的,由安全生产监管监察部门责令其限期改正;逾期未改正的,责令停产停业整顿,并处 2 万元以下的罚款:

(一)煤矿、非煤矿山、危险化学品、烟花爆竹等生产经营单位主要负责人和安全管理人员未按本规定经考核合格的;

(二)非煤矿山、危险化学品、烟花爆竹等生产经营单位未按照本规定对其他从业人员进行安全培训的;

(三)非煤矿山、危险化学品、烟花爆竹等生产经营单位未如实告知从业人员有关安全生产事项的;

(四)生产经营单位特种作业人员未按照规定经专门的安全培训机构培训并取得特种作业人员操作资格证书,上岗作业的。

县级以上地方人民政府负责煤矿安全生产监督管理的部门发现煤矿未按照本规定对井下作业人员进行安全培训的,责令限期改正,处 10 万元以上 50 万元以下的罚款;逾期未改正的,责令停产停业整顿。

煤矿安全监察机构发现煤矿特种作业人员无证上岗作业的,责令限期改正,处 10 万元以上 50 万元以下的罚款;逾期未改正的,责令停产停业整顿。

第三十一条　生产经营单位有下列行为之一的,由安全生产监管监察部门给予警告,吊销安全资格证书,并处 3 万元以下的罚款:

(一)编造安全培训记录、档案的;

(二)骗取安全资格证书的。

第三十二条　安全生产监管监察部门有关人员在考核、发证工作中玩忽职守、滥用职权的,由上级安全生产监管监察部门或者行政监察部门给予记过、记大过的行政处分。

第七章　附　则

第三十三条　生产经营单位主要负责人是指有限责任公司或者股份有限公司的董事长、总经理,其他生产经营单位的厂长、经理、(矿务局)局长、矿长(含实际控制人)等。

生产经营单位安全生产管理人员是指生产经营单位分管安全生产的负责人、安全生产管理机构负责人及其管理人员,以及未设安全生产管理机构的生产经营单位专、兼职安全生产管理人员等。

生产经营单位其他从业人员是指除主要负责人、安全生产管理人员和特种作业人员以外,该单位从事生产经营活动的所有人员,包括其他负责人、其他管理人员、技术人员和各岗位的工人以及临时聘用的人员。

第三十四条　省、自治区、直辖市安全生产监督管理部门和省级煤矿安全监察机构可以根据本规定制定实施细则,报国家安全生产监督管理总局和国家煤矿安全监察局备案。

第三十五条　本规定自 2006 年 3 月 1 日起施行。

国家安全生产监督管理总局令

第 5 号

　　《非药品类易制毒化学品生产、经营许可办法》已经 2006 年 3 月 21 日国家安全生产监督管理总局局长办公会议审议通过，现予公布，自 2006 年 4 月 15 日起施行。

局长　李毅中

二〇〇六年四月五日

非药品类易制毒化学品生产、经营许可办法

第一章　总　则

　　第一条　为加强非药品类易制毒化学品管理，规范非药品类易制毒化学品生产、经营行为，防止非药品类易制毒化学品被用于制造毒品，维护经济和社会秩序，根据《易制毒化学品管理条例》（以下简称《条例》）和有关法律、行政法规，制定本办法。

　　第二条　本办法所称非药品类易制毒化学品，是指《条例》附表确定的可以用于制毒的非药品类主要原料和化学配剂。

　　非药品类易制毒化学品的分类和品种，见本办法附表《非药品类易制毒化学品分类和品种目录》。

　　《条例》附表《易制毒化学品的分类和品种目录》调整或者《危险化学品目录》调整涉及本办法附表时，《非药品类易制毒化学品分类和品种目录》随之进行调整并公布。

　　第三条　国家对非药品类易制毒化学品的生产、经营实行许可制度。对第一类非药品类易制毒化学品的生产、经营实行许可证管理，对第二类、第三类易制毒化学品的生产、经营实行备案证明管理。

　　省、自治区、直辖市人民政府安全生产监督管理部门负责本行政区域内第一类非药品类易制毒化学品生产、经营的审批和许可证的颁发工作。

　　设区的市级人民政府安全生产监督管理部门负责本行政区域内第二类非药品类易制毒化学品生产、经营和第三类非药品类易制毒化学品生产的备案证明颁发工作。

　　县级人民政府安全生产监督管理部门负责本行政区域内第三类非药品类易制毒化学品经营的备案证明颁发工作。

　　第四条　国家安全生产监督管理总局监督、指导全国非药品类易制毒化学品生产、经营许可和备案管理工作。

　　县级以上人民政府安全生产监督管理部门负责本行政区域内执行非药品类易制毒化学品生产、经营许可制度的监督管理工作。

第二章　生产、经营许可

第五条　生产、经营第一类非药品类易制毒化学品的,必须取得非药品类易制毒化学品生产、经营许可证方可从事生产、经营活动。

第六条　生产、经营第一类非药品类易制毒化学品的,应当分别符合《条例》第七条、第九条规定的条件。

第七条　生产单位申请非药品类易制毒化学品生产许可证,应当向所在地的省级人民政府安全生产监督管理部门提交下列文件、资料,并对其真实性负责:

(一)非药品类易制毒化学品生产许可证申请书(一式两份);

(二)生产设备、仓储设施和污染物处理设施情况说明材料;

(三)易制毒化学品管理制度和环境突发事件应急预案;

(四)安全生产管理制度;

(五)单位法定代表人或者主要负责人和技术、管理人员具有相应安全生产知识的证明材料;

(六)单位法定代表人或者主要负责人和技术、管理人员具有相应易制毒化学品知识的证明材料及无毒品犯罪记录证明材料;

(七)工商营业执照副本(复印件);

(八)产品包装说明和使用说明书。

属于危险化学品生产单位的,还应当提交危险化学品生产企业安全生产许可证和危险化学品登记证(复印件),免于提交本条第(四)、(五)、(七)项所要求的文件、资料。

第八条　经营单位申请非药品类易制毒化学品经营许可证,应当向所在地的省级人民政府安全生产监督管理部门提交下列文件、资料,并对其真实性负责:

(一)非药品类易制毒化学品经营许可证申请书(一式两份);

(二)经营场所、仓储设施情况说明材料;

(三)易制毒化学品经营管理制度和包括销售机构、销售代理商、用户等内容的销售网络文件;

(四)单位法定代表人或者主要负责人和销售、管理人员具有相应易制毒化学品知识的证明材料及无毒品犯罪记录证明材料;

(五)工商营业执照副本(复印件);

(六)产品包装说明和使用说明书。

属于危险化学品经营单位的,还应当提交危险化学品经营许可证(复印件),免于提交本条第(五)项所要求的文件、资料。

第九条　省、自治区、直辖市人民政府安全生产监督管理部门对申请人提交的申请书及文件、资料,应当按照下列规定分别处理:

(一)申请事项不属于本部门职权范围的,应当即时出具不予受理的书面凭证;

(二)申请材料存在可以当场更正的错误的,应当允许或者要求申请人当场更正;

(三)申请材料不齐全或者不符合要求的,应当当场或者在 5 个工作日内书面一次告知申请人需要补正的全部内容,逾期不告知的,自收到申请材料之日起即为受理;

(四)申请材料齐全、符合要求或者按照要求全部补正的,自收到申请材料或者全部补正材料之日起为受理。

第十条　对已经受理的申请材料,省、自治区、直辖市人民政府安全生产监督管理部门应当进行审查,根据需要可以进行实地核查。

第十一条　自受理之日起,对非药品类易制毒化学品的生产许可证申请在 60 个工作日内、对经营许可证申请在 30 个工作日内,省、自治区、直辖市人民政府安全生产监督管理部门应当作出颁发或者不予颁发许可证的决定。

对决定颁发的,应当自决定之日起 10 个工作日内送达或者通知申请人领取许可证;对不予颁发的,应当在 10 个工作日内书面通知申请人并说明理由。

第十二条　非药品类易制毒化学品生产、经营许可证有效期为 3 年。许可证有效期满后需继续生产、经营第一类非药品类易制毒化学品的,应当于许可证有效期满前 3 个月内向原许可证颁发管理部门提出换证申请并提交相应资料,经审查合格后换领新证。

第十三条　第一类非药品类易制毒化学品生产、经营单位在非药品类易制毒化学品生产、经营许可证有效期内出现下列情形之一的,应当向原许可证颁发管理部门申请变更许可证:

(一)单位法定代表人或者主要负责人改变;

(二)单位名称改变;

(三)许可品种主要流向改变;

(四)需要增加许可品种、数量。

属于本条第(一)、(三)项的变更,应当自发生改变之日起 20 个工作日内提出申请;属于本条第(二)项的变更,应当自工商营业执照变更后提出申请。

申请本条第(一)项的变更,应当提供变更后的法定代表人或者主要负责人符合本办法第七条第(五)、(六)项或第八条第(四)项要求的有关证明材料;申请本条第(二)项的变更,应当提供变更后的工商营业执照副本(复印件);申请本条第(三)项的变更,生产、经营单位应当分别提供主要流向改变说明、第八条第(三)项要求的有关资料;申请本条第(四)项的变更,应当提供本办法第七条第(二)、(三)、(八)项或第八条第(二)、(三)、(六)项要求的有关资料。

第十四条　对已经受理的本办法第十三条第(一)、(二)、(三)项的变更申请,许可证颁发管理部门在对申请人提交的文件、资料审核后,即可办理非药品类易制毒化学品生产、经营许可证变更手续。

对已经受理的本办法第十三条第(四)项的变更申请,许可证颁发管理部门应当按照本办法第十条、第十一条的规定,办理非药品类易制毒化学品生产、经营许可证变更手续。

第十五条　非药品类易制毒化学品生产、经营单位原有技术或者销售人员、管理人员变动的,变动人员应当具有相应的安全生产和易制毒化学品知识。

第十六条　第一类非药品类易制毒化学品生产、经营单位不再生产、经营非药品类易制毒化学品时,应当在停止生产、经营后 3 个月内办理注销许可手续。

第三章　生产、经营备案

第十七条　生产、经营第二类、第三类非药品类易制毒化学品的,必须进行非药品类易制毒化学品生产、经营备案。

第十八条　生产第二类、第三类非药品类易制毒化学品的,应当自生产之日起 30 个工作日内,将生产的品种、数量等情况,向所在地的设区的市级人民政府安全生产监督管理部门备案。

经营第二类非药品类易制毒化学品的,应当自经营之日起 30 个工作日内,将经营的品种、数量、主要流向等情况,向所在地的设区的市级人民政府安全生产监督管理部门备案。

经营第三类非药品类易制毒化学品的,应当自经营之日起 30 个工作日内,将经营的品种、数量、主要流向等情况,向所在地的县级人民政府安全生产监督管理部门备案。

第十九条　第二类、第三类非药品类易制毒化学品生产单位进行备案时,应当提交下列资料：

（一）非药品类易制毒化学品品种、产量、销售量等情况的备案申请书；

（二）易制毒化学品管理制度；

（三）产品包装说明和使用说明书；

（四）工商营业执照副本（复印件）。

属于危险化学品生产单位的，还应当提交危险化学品生产企业安全生产许可证和危险化学品登记证（复印件），免于提交本条第（四）项所要求的文件、资料。

第二十条　第二类、第三类非药品类易制毒化学品经营单位进行备案时，应当提交下列资料：

（一）非药品类易制毒化学品销售品种、销售量、主要流向等情况的备案申请书；

（二）易制毒化学品管理制度；

（三）产品包装说明和使用说明书；

（四）工商营业执照副本（复印件）。

属于危险化学品经营单位的，还应当提交危险化学品经营许可证，免于提交本条第（四）项所要求的文件、资料。

第二十一条　第二类、第三类非药品类易制毒化学品生产、经营备案主管部门收到本办法第十九条、第二十条规定的备案材料后，应当于当日发给备案证明。

第二十二条　第二类、第三类非药品类易制毒化学品生产、经营备案证明有效期为 3 年。有效期满后需继续生产、经营的，应当在备案证明有效期满前 3 个月内重新办理备案手续。

第二十三条　第二类、第三类非药品类易制毒化学品生产、经营单位的法定代表人或者主要负责人、单位名称、单位地址发生变化的，应当自工商营业执照变更之日起 30 个工作日内重新办理备案手续；生产或者经营的备案品种增加、主要流向改变的，在发生变化后 30 个工作日内重新办理备案手续。

第二十四条　第二类、第三类非药品类易制毒化学品生产、经营单位不再生产、经营非药品类易制毒化学品时，应当在终止生产、经营后 3 个月内办理备案注销手续。

第四章　监督管理

第二十五条　县级以上人民政府安全生产监督管理部门应当加强非药品类易制毒化学品生产、经营的监督检查工作。

县级以上人民政府安全生产监督管理部门对非药品类易制毒化学品的生产、经营活动进行监督检查时，可以查看现场、查阅和复制有关资料、记录有关情况、扣押相关的证据材料和违法物品；必要时，可以临时查封有关场所。

被检查的单位或者个人应当如实提供有关情况和资料、物品，不得拒绝或者隐匿。

第二十六条　生产、经营单位应当于每年 3 月 31 日前，向许可或者备案的安全生产监督管理部门报告本单位上年度非药品类易制毒化学品生产经营的品种、数量和主要流向等情况。

安全生产监督管理部门应当自收到报告后 10 个工作日内将本行政区域内上年度非药品类易制毒化学品生产、经营汇总情况报上级安全生产监督管理部门。

第二十七条　各级安全生产监督管理部门应当建立非药品类易制毒化学品许可和备案档案并加强信息管理。

第二十八条　安全生产监督管理部门应当及时将非药品类易制毒化学品生产、经营许可及吊销许可情况，向同级公安机关和工商行政管理部门通报；向商务主管部门通报许可证和备案证明颁发等有关情况。

第五章 罚 则

第二十九条 对于有下列行为之一的,县级以上人民政府安全生产监督管理部门可以自《条例》第三十八条规定的部门作出行政处罚决定之日起的 3 年内,停止受理其非药品类易制毒化学品生产、经营许可或备案申请:

(一)未经许可或者备案擅自生产、经营非药品类易制毒化学品的;

(二)伪造申请材料骗取非药品类易制毒化学品生产、经营许可证或者备案证明的;

(三)使用他人的非药品类易制毒化学品生产、经营许可证或者备案证明的;

(四)使用伪造、变造、失效的非药品类易制毒化学品生产、经营许可证或者备案证明的。

第三十条 对于有下列行为之一的,由县级以上人民政府安全生产监督管理部门给予警告,责令限期改正,处 1 万元以上 5 万元以下的罚款;对违反规定生产、经营的非药品类易制毒化学品,可以予以没收;逾期不改正的,责令限期停产停业整顿;逾期整顿不合格的,吊销相应的许可证:

(一)易制毒化学品生产、经营单位未按规定建立易制毒化学品的管理制度和安全管理制度的;

(二)将许可证或者备案证明转借他人使用的;

(三)超出许可的品种、数量,生产、经营非药品类易制毒化学品的;

(四)易制毒化学品的产品包装和使用说明书不符合《条例》规定要求的;

(五)生产、经营非药品类易制毒化学品的单位不如实或者不按时向安全生产监督管理部门报告年度生产、经营等情况的。

第三十一条 生产、经营非药品类易制毒化学品的单位或者个人拒不接受安全生产监督管理部门监督检查的,由县级以上人民政府安全生产监督管理部门责令改正,对直接负责的主管人员以及其他直接责任人员给予警告;情节严重的,对单位处 1 万元以上 5 万元以下的罚款,对直接负责的主管人员以及其他直接责任人员处 1000 元以上 5000 元以下的罚款。

第三十二条 安全生产监督管理部门工作人员在管理工作中,有滥用职权、玩忽职守、徇私舞弊行为或泄露企业商业秘密的,依法给予行政处分;构成犯罪的,依法追究刑事责任。

第六章 附 则

第三十三条 非药品类易制毒化学品生产许可证、经营许可证和备案证明由国家安全生产监督管理总局监制。

非药品类易制毒化学品年度报告表及许可、备案、变更申请书由国家安全生产监督管理总局规定式样。

第三十四条 本办法自 2006 年 4 月 15 日起施行。

附表：

非药品类易制毒化学品分类和品种目录

第一类

1. 1-苯基-2-丙酮

2. 3,4-亚甲基二氧苯基-2-丙酮

3. 胡椒醛

4. 黄樟素

5. 黄樟油

6. 异黄樟素

7. N-乙酰邻氨基苯酸

8. 邻氨基苯甲酸

第二类

1. 苯乙酸

2. 醋酸酐☆

3. 三氯甲烷☆

4. 乙醚☆

5. 哌啶☆

第三类

1. 甲苯☆

2. 丙酮☆

3. 甲基乙基酮☆

4. 高锰酸钾☆

5. 硫酸☆

6. 盐酸☆

说明：一、第一类、第二类所列物质可能存在的盐类，也纳入管制。

　　　二、带有☆标记的品种为危险化学品。

国家安全生产监督管理总局令

第 45 号

　　《危险化学品建设项目安全监督管理办法》已经 2012 年 1 月 4 日国家安全生产监督管理总局局长办公会议审议通过,现予公布,自 2012 年 4 月 1 日起施行。国家安全生产监督管理总局 2006 年 9 月 2 日公布的《危险化学品建设项目安全许可实施办法》同时废止。

国家安全生产监督管理总局　骆琳

二〇一二年一月三十日

危险化学品建设项目安全监督管理办法

第一章　总　则

　　第一条　为了加强危险化学品建设项目安全监督管理,规范危险化学品建设项目安全审查,根据《中华人民共和国安全生产法》和《危险化学品安全管理条例》等法律、行政法规,制定本办法。

　　第二条　中华人民共和国境内新建、改建、扩建危险化学品生产、储存的建设项目以及伴有危险化学品产生的化工建设项目(包括危险化学品长输管道建设项目,以下统称建设项目),其安全审查及其监督管理,适用本办法。

　　危险化学品的勘探、开采及其辅助的储存,原油和天然气勘探、开采的配套输送及储存,城镇燃气的输送及储存等建设项目,不适用本办法。

　　第三条　本办法所称建设项目安全审查,是指建设项目安全条件审查、安全设施的设计审查和竣工验收。

　　建设项目的安全审查由建设单位申请,安全生产监督管理部门根据本办法分级负责实施。建设项目未经安全审查的,不得开工建设或者投入生产(使用)。

　　第四条　国家安全生产监督管理总局指导、监督全国建设项目安全审查的实施工作,并负责实施下列建设项目的安全审查:

　　(一)国务院审批(核准、备案)的;

　　(二)跨省、自治区、直辖市的。

　　省、自治区、直辖市人民政府安全生产监督管理部门(以下简称省级安全生产监督管理部门)指导、监督本行政区域内建设项目安全审查的监督管理工作,确定并公布本部门和本行政区域内由设区的市级人民政府安全生产监督管理部门(以下简称市级安全生产监督管理部门)实施的前款规定以外的建设项目范围,并报国家安全生产监督管理总局备案。

　　第五条　建设项目有下列情形之一的,应当由省级安全生产监督管理部门负责安全审查:

　　(一)国务院投资主管部门审批(核准、备案)的;

（二）生产剧毒化学品的；

（三）省级安全生产监督管理部门确定的本办法第四条第一款规定以外的其他建设项目。

第六条 负责实施建设项目安全审查的安全生产监督管理部门根据工作需要，可以将其负责实施的建设项目安全审查工作，委托下一级安全生产监督管理部门实施。委托实施安全审查的，审查结果由委托的安全生产监督管理部门负责。跨省、自治区、直辖市的建设项目和生产剧毒化学品的建设项目，不得委托实施安全审查。

建设项目有下列情形之一的，不得委托县级人民政府安全生产监督管理部门实施安全审查：

（一）涉及国家安全生产监督管理总局公布的重点监管危险化工工艺的；

（二）涉及国家安全生产监督管理总局公布的重点监管危险化学品中的有毒气体、液化气体、易燃液体、爆炸品，且构成重大危险源的。

接受委托的安全生产监督管理部门不得将其受托的建设项目安全审查工作再委托其他单位实施。

第七条 建设项目的设计、施工、监理单位和安全评价机构应当具备相应的资质，并对其工作成果负责。

涉及重点监管危险化工工艺、重点监管危险化学品或者危险化学品重大危险源的建设项目，应当由具有石油化工医药行业相应资质的设计单位设计。

第二章 建设项目安全条件审查

第八条 建设单位应当在建设项目的可行性研究阶段，对下列安全条件进行论证，编制安全条件论证报告：

（一）建设项目是否符合国家和当地政府产业政策与布局；

（二）建设项目是否符合当地政府区域规划；

（三）建设项目选址是否符合《工业企业总平面设计规范》（GB 50187）、《化工企业总图运输设计规范》（GB 50489）等相关标准；涉及危险化学品长输管道的，是否符合《输气管道工程设计规范》（GB 50251）、《石油天然气工程设计防火规范》（GB 50183）等相关标准；

（四）建设项目周边重要场所、区域及居民分布情况，建设项目的设施分布和连续生产经营活动情况及其相互影响情况，安全防范措施是否科学、可行；

（五）当地自然条件对建设项目安全生产的影响和安全措施是否科学、可行；

（六）主要技术、工艺是否成熟可靠；

（七）依托原有生产、储存条件的，其依托条件是否安全可靠。

第九条 建设单位应当在建设项目的可行性研究阶段，委托具备相应资质的安全评价机构对建设项目进行安全评价。

安全评价机构应当根据有关安全生产法律、法规、规章和国家标准、行业标准，对建设项目进行安全评价，出具建设项目安全评价报告。安全评价报告应当符合《危险化学品建设项目安全评价细则》的要求。

第十条 建设项目有下列情形之一的，应当由甲级安全评价机构进行安全评价：

（一）国务院及其投资主管部门审批（核准、备案）的；

（二）生产剧毒化学品的；

（三）跨省、自治区、直辖市的；

（四）法律、法规、规章另有规定的。

第十一条 建设单位应当在建设项目开始初步设计前，向与本办法第四条、第五条规定相应

的安全生产监督管理部门申请建设项目安全条件审查,提交下列文件、资料,并对其真实性负责:

(一)建设项目安全条件审查申请书及文件;

(二)建设项目安全条件论证报告;

(三)建设项目安全评价报告;

(四)建设项目批准、核准或者备案文件和规划相关文件(复制件);

(五)工商行政管理部门颁发的企业营业执照或者企业名称预先核准通知书(复制件)。

第十二条 建设单位申请安全条件审查的文件、资料齐全,符合法定形式的,安全生产监督管理部门应当当场予以受理,并书面告知建设单位。

建设单位申请安全条件审查的文件、资料不齐全或者不符合法定形式的,安全生产监督管理部门应当自收到申请文件、资料之日起五个工作日内一次性书面告知建设单位需要补正的全部内容;逾期不告知的,收到申请文件、资料之日起即为受理。

第十三条 对已经受理的建设项目安全条件审查申请,安全生产监督管理部门应当指派有关人员或者组织专家对申请文件、资料进行审查,并自受理申请之日起四十五日内向建设单位出具建设项目安全条件审查意见书。建设项目安全条件审查意见书的有效期为两年。

根据法定条件和程序,需要对申请文件、资料的实质内容进行核实的,安全生产监督管理部门应当指派两名以上工作人员对建设项目进行现场核查。

建设单位整改现场核查发现的有关问题和修改申请文件、资料所需时间不计算在本条规定的期限内。

第十四条 建设项目有下列情形之一的,安全条件审查不予通过:

(一)安全条件论证报告或者安全评价报告存在重大缺陷、漏项的,包括建设项目主要危险、有害因素辨识和评价不全或者不准确的;

(二)建设项目与周边场所、设施的距离或者拟建场址自然条件不符合有关安全生产法律、法规、规章和国家标准、行业标准的规定的;

(三)主要技术、工艺未确定,或者不符合有关安全生产法律、法规、规章和国家标准、行业标准的规定的;

(四)国内首次使用的化工工艺,未经省级人民政府有关部门组织的安全可靠性论证的;

(五)对安全设施设计提出的对策与建议不符合法律、法规、规章和国家标准、行业标准的规定的;

(六)未委托具备相应资质的安全评价机构进行安全评价的;

(七)隐瞒有关情况或者提供虚假文件、资料的。

建设项目未通过安全条件审查的,建设单位经过整改后可以重新申请建设项目安全条件审查。

第十五条 已经通过安全条件审查的建设项目有下列情形之一的,建设单位应当重新进行安全条件论证和安全评价,并申请审查:

(一)建设项目周边条件发生重大变化的;

(二)变更建设地址的;

(三)主要技术、工艺路线、产品方案或者装置规模发生重大变化的;

(四)建设项目在安全条件审查意见书有效期内未开工建设,期限届满后需要开工建设的。

第三章 建设项目安全设施设计审查

第十六条 设计单位应当根据有关安全生产的法律、法规、规章和国家标准、行业标准以及建设项目安全条件审查意见书,按照《化工建设项目安全设计管理导则》(AQ/T 3033),对建设项目安全设施进行设计,并编制建设项目安全设施设计专篇。建设项目安全设施设计专篇应当符合《危险化学品建设项目安全设施设计专篇编制导则》的要求。

第十七条　建设单位应当在建设项目初步设计完成后、详细设计开始前,向出具建设项目安全条件审查意见书的安全生产监督管理部门申请建设项目安全设施设计审查,提交下列文件、资料,并对其真实性负责:

(一)建设项目安全设施设计审查申请书及文件;

(二)设计单位的设计资质证明文件(复制件);

(三)建设项目安全设施设计专篇。

第十八条　建设单位申请安全设施设计审查的文件、资料齐全,符合法定形式的,安全生产监督管理部门应当当场予以受理;未经安全条件审查或者审查未通过的,不予受理。受理或者不予受理的情况,安全生产监督管理部门应当书面告知建设单位。

安全设施设计审查申请文件、资料不齐全或者不符合要求的,安全生产监督管理部门应当自收到申请文件、资料之日起五个工作日内一次性书面告知建设单位需要补正的全部内容;逾期不告知的,收到申请文件、资料之日起即为受理。

第十九条　对已经受理的建设项目安全设施设计审查申请,安全生产监督管理部门应当指派有关人员或者组织专家对申请文件、资料进行审查,并在受理申请之日起二十个工作日内作出同意或者不同意建设项目安全设施设计专篇的决定,向建设单位出具建设项目安全设施设计的审查意见书;二十个工作日内不能出具审查意见的,经本部门负责人批准,可以延长十个工作日,并应当将延长的期限和理由告知建设单位。

根据法定条件和程序,需要对申请文件、资料的实质内容进行核实的,安全生产监督管理部门应当指派两名以上工作人员进行现场核查。

建设单位整改现场核查发现的有关问题和修改申请文件、资料所需时间不计算在本条规定的期限内。

第二十条　建设项目安全设施设计有下列情形之一的,审查不予通过:

(一)设计单位资质不符合相关规定的;

(二)未按照有关安全生产的法律、法规、规章和国家标准、行业标准的规定进行设计的;

(三)对未采纳的建设项目安全评价报告中的安全对策和建议,未作充分论证说明的;

(四)隐瞒有关情况或者提供虚假文件、资料的。

建设项目安全设施设计审查未通过的,建设单位经过整改后可以重新申请建设项目安全设施设计的审查。

第二十一条　已经审查通过的建设项目安全设施设计有下列情形之一的,建设单位应当向原审查部门申请建设项目安全设施变更设计的审查:

(一)改变安全设施设计且可能降低安全性能的;

(二)在施工期间重新设计的。

第四章　建设项目试生产(使用)

第二十二条　建设项目安全设施施工完成后,建设单位应当按照有关安全生产法律、法规、规章和国家标准、行业标准的规定,对建设项目安全设施进行检验、检测,保证建设项目安全设施满足危险化学品生产、储存的安全要求,并处于正常适用状态。

第二十三条　建设单位应当组织建设项目的设计、施工、监理等有关单位和专家,研究提出建设项目试生产(使用)(以下简称试生产〈使用〉)可能出现的安全问题及对策,并按照有关安全生产法律、法规、规章和国家标准、行业标准的规定,制定周密的试生产(使用)方案。试生产(使用)方案应当包括下列有关安全生产的内容:

(一)建设项目设备及管道试压、吹扫、气密、单机试车、仪表调校、联动试车等生产准备的完成情况;

(二)投料试车方案;

(三)试生产(使用)过程中可能出现的安全问题、对策及应急预案;

(四)建设项目周边环境与建设项目安全试生产(使用)相互影响的确认情况;

(五)危险化学品重大危险源监控措施的落实情况;

(六)人力资源配置情况;

(七)试生产(使用)起止日期。

第二十四条　建设单位在采取有效安全生产措施后,方可将建设项目安全设施与生产、储存、使用的主体装置、设施同时进行试生产(使用)。

试生产(使用)前,建设单位应当组织专家对试生产(使用)方案进行审查。

试生产(使用)时,建设单位应当组织专家对试生产(使用)条件进行确认,对试生产(使用)过程进行技术指导。

第二十五条　建设单位应当在试生产(使用)前,将试生产(使用)方案,报送出具安全设施设计审查意见书的安全生产监督管理部门备案,提交下列文件、资料,并对其真实性负责:

(一)试生产(使用)方案备案表;

(二)试生产(使用)方案;

(三)设计、施工、监理单位对试生产(使用)方案以及是否具备试生产(使用)条件的意见;

(四)专家对试生产(使用)方案的审查意见;

(五)安全设施设计重大变更情况的报告;

(六)施工过程中安全设施设计落实情况的报告;

(七)组织设计漏项、工程质量、工程隐患的检查情况,以及整改措施的落实情况报告;

(八)建设项目施工、监理单位资质证书(复制件);

(九)建设项目质量监督手续(复制件);

(十)主要负责人、安全生产管理人员、注册安全工程师资格证书(复制件),以及特种作业人员名单;

(十一)从业人员安全教育、培训合格的证明材料;

(十二)劳动防护用品配备情况说明;

(十三)安全生产责任制文件,安全生产规章制度清单、岗位操作安全规程清单;

(十四)设置安全生产管理机构和配备专职安全生产管理人员的文件(复制件)。

第二十六条　安全生产监督管理部门应当对建设单位报送备案的文件、资料进行审查;符合法定形式的,应当自收到备案文件、资料之日起五个工作日内出具试生产(使用)备案意见书。

第二十七条　建设项目试生产期限应当不少于三十日,不超过一年。需要延期的,可以向原备案部门提出申请。经两次延期后仍不能稳定生产的,建设单位应当立即停止试生产,组织设计、施工、监理等有关单位和专家分析原因,整改问题后,按照本章的规定重新制定试生产(使用)方案并报安全生产监督管理部门备案。

第五章 建设项目安全设施竣工验收

第二十八条 建设项目安全设施施工完成后,施工单位应当编制建设项目安全设施施工情况报告。建设项目安全设施施工情况报告应当包括下列内容:

(一)施工单位的基本情况,包括施工单位以往所承担的建设项目施工情况;

(二)施工单位的资质情况(提供相关资质证明材料复印件);

(三)施工依据和执行的有关法律、法规、规章和国家标准、行业标准;

(四)施工质量控制情况;

(五)施工变更情况,包括建设项目在施工和试生产期间有关安全生产的设施改动情况。

第二十九条 建设项目试生产期间,建设单位应当按照本办法的规定委托有相应资质的安全评价机构对建设项目及其安全设施试生产(使用)情况进行安全验收评价,且不得委托在可行性研究阶段进行安全评价的同一安全评价机构。

安全评价机构应当根据有关安全生产的法律、法规、规章和国家标准、行业标准进行评价。建设项目安全验收评价报告应当符合《危险化学品建设项目安全评价细则》的要求。

第三十条 建设单位应当在建设项目试生产期限结束前向出具建设项目安全设施设计审查意见书的安全生产监督管理部门申请建设项目安全设施竣工验收,提交下列文件、资料,并对其真实性负责:

(一)建设项目安全设施竣工验收申请书及文件;

(二)建设项目安全设施施工、监理情况报告;

(三)建设项目安全验收评价报告;

(四)试生产(使用)期间是否发生事故、采取的防范措施以及整改情况报告;

(五)为从业人员缴纳工伤保险费的证明材料(复制件);

(六)危险化学品事故应急预案备案登记表(复制件);

(七)构成危险化学品重大危险源的,还应当提交危险化学品重大危险源备案证明文件(复制件)。

第三十一条 建设单位提交的建设项目安全设施竣工验收申请文件、资料齐全,符合法定形式的,安全生产监督管理部门应当予以受理,并书面告知建设单位。

建设项目安全设施竣工验收申请文件、资料不齐全或者不符合法定形式的,安全生产监督管理部门应当自收到申请文件、资料之日起五个工作日内一次性书面告知建设单位需要补正的全部内容;逾期不告知的,收到申请文件、资料之日即为受理。

第三十二条 已经受理的建设项目安全设施竣工验收申请,安全生产监督管理部门应当指派有关人员或者组织专家对申请文件、资料进行审查,并自受理申请之日起二十个工作日内作出同意或者不同意建设项目安全设施投入生产(使用)的决定,向建设单位出具建设项目安全设施竣工验收意见书;二十个工作日内不能出具验收意见书的,经本部门负责人批准,可以延长十个工作日,但应当将延长的期限和理由告知建设单位。

根据法定条件和程序,需要对申请文件、资料的实质内容进行核实的,安全生产监督管理部门应当指派两名以上工作人员进行现场核查。

建设单位整改现场核查发现的有关问题和修改申请文件、资料所需时间不计算在本条规定的期限内。

第三十三条 建设项目安全设施有下列情形之一的,建设项目安全设施竣工验收不予通过:

(一)未委托具备相应资质的施工单位施工的;

(二)未按照已经通过审查的建设项目安全设施设计施工或者施工质量未达到建设项目安全设施设计文件要求的;

(三)建设项目安全设施的施工不符合国家标准、行业标准的规定的;

(四)建设项目安全设施竣工后未按照本办法的规定进行检验、检测,或者经检验、检测不合格的;

(五)未委托具备相应资质的安全评价机构进行安全验收评价的;

(六)安全设施和安全生产条件不符合或者未达到有关安全生产法律、法规、规章和国家标准、行业标准的规定的;

(七)安全验收评价报告存在重大缺陷、漏项,包括建设项目主要危险、有害因素辨识和评价不正确的;

(八)隐瞒有关情况或者提供虚假文件、资料的。

建设项目安全设施竣工验收未通过的,建设单位经过整改后可以再次向原验收部门申请建设项目安全设施竣工验收。

第三十四条　建设单位应当自收到同意投入生产(使用)的建设项目安全设施竣工验收意见书之日起十个工作日内,按照有关法律法规及其配套规章的规定申请有关危险化学品的其他安全许可。

建设项目安全设施竣工验收意见,可以作为生产、经营、使用安全许可的现场核查意见。

第六章　监督管理

第三十五条　建设项目在通过安全条件审查之后、安全设施竣工验收之前,建设单位发生变更的,变更后的建设单位应当及时将证明材料和有关情况报送负责建设项目安全审查的安全生产监督管理部门。

第三十六条　有下列情形之一的,负责审查的安全生产监督管理部门或者其上级安全生产监督管理部门可以撤销建设项目的安全审查:

(一)滥用职权、玩忽职守的;

(二)超越法定职权的;

(三)违反法定程序的;

(四)申请人不具备申请资格或者不符合法定条件的;

(五)依法可以撤销的其他情形。

建设单位以欺骗、贿赂等不正当手段通过安全审查的,应当予以撤销。

第三十七条　安全生产监督管理部门应当建立健全建设项目安全审查档案及其管理制度,并及时将建设项目的安全审查情况通报有关部门。

第三十八条　各级安全生产监督管理部门应当按照各自职责,依法对建设项目安全审查情况进行监督检查,对检查中发现的违反本办法的情况,应当依法作出处理,并通报实施安全审查的安全生产监督管理部门。

第三十九条　市级安全生产监督管理部门应当在每年 1 月 31 日前,将本行政区域内上一年度建设项目安全审查的实施情况报告省级安全生产监督管理部门。

省级安全生产监督管理部门应当在每年 2 月 15 日前,将本行政区域内上一年度建设项目安全审查的实施情况报告国家安全生产监督管理总局。

第七章 法律责任

第四十条 安全生产监督管理部门工作人员徇私舞弊、滥用职权、玩忽职守,未依法履行危险化学品建设项目安全审查和监督管理职责的,依法给予处分。

第四十一条 未经安全条件审查或者安全条件审查未通过,新建、改建、扩建生产、储存危险化学品的建设项目的,责令停止建设,限期改正;逾期不改正的,处五十万元以上一百万元以下的罚款;构成犯罪的,依法追究刑事责任。

建设项目发生本办法第十五条规定的变化后,未重新申请安全条件审查,以及审查未通过擅自建设的,依照前款规定处罚。

第四十二条 建设单位有下列行为之一的,依照《中华人民共和国安全生产法》有关建设项目安全设施设计审查、竣工验收的法律责任条款给予处罚:

(一)建设项目安全设施设计未经审查或者审查未通过,擅自建设的;

(二)建设项目安全设施设计发生本办法第二十一条规定的情形之一,未经变更设计审查或者变更设计审查未通过,擅自建设的;

(三)建设项目的施工单位未根据批准的安全设施设计施工的;

(四)建设项目安全设施未经竣工验收或者验收不合格,擅自投入生产(使用)的。

第四十三条 建设单位有下列行为之一的,责令改正,可以处一万元以下的罚款;逾期未改正的,处一万元以上三万元以下的罚款:

(一)建设项目安全设施竣工后未进行检验、检测的;

(二)在申请建设项目安全审查时提供虚假文件、资料的;

(三)未组织有关单位和专家研究提出试生产(使用)可能出现的安全问题及对策,或者未制定周密的试生产(使用)方案,进行试生产(使用)的;

(四)未组织有关专家对试生产(使用)方案进行审查、对试生产(使用)条件进行检查确认的;

(五)试生产(使用)方案未报安全生产监督管理部门备案的。

第四十四条 建设单位隐瞒有关情况或者提供虚假材料申请建设项目安全审查的,不予受理或者审查不予通过,给予警告,并自安全生产监督管理部门发现之日起一年内不得再次申请该审查。

建设单位采用欺骗、贿赂等不正当手段取得建设项目安全审查的,自安全生产监督管理部门撤销建设项目安全审查之日起三年内不得再次申请该审查。

第四十五条 承担安全评价、检验、检测工作的机构出具虚假报告、证明的,依照《中华人民共和国安全生产法》的有关规定给予处罚。

第八章 附 则

第四十六条 对于规模较小、危险程度较低和工艺路线简单的建设项目,安全生产监督管理部门可以适当简化建设项目安全审查的程序和内容。

第四十七条 建设项目分期建设的,安全生产监督管理部门可以分期进行安全条件审查、安全设施设计审查、试生产方案备案及安全设施竣工验收。

第四十八条 本办法所称新建项目,是指有下列情形之一的项目:

(一)新设立的企业建设危险化学品生产、储存装置(设施),或者现有企业建设与现有生产、储存活动不同的危险化学品生产、储存装置(设施)的;

(二)新设立的企业建设伴有危险化学品产生的化学品生产装置(设施),或者现有企业建设与现有生产活动不同的伴有危险化学品产生的化学品生产装置(设施)的。

第四十九条 本办法所称改建项目,是指有下列情形之一的项目:

(一)企业对在役危险化学品生产、储存装置(设施),在原址更新技术、工艺、主要装置(设施)、危险化学品种类的;

(二)企业对在役伴有危险化学品产生的化学品生产装置(设施),在原址更新技术、工艺、主要装置(设施)的。

第五十条 本办法所称扩建项目,是指有下列情形之一的项目:

(一)企业建设与现有技术、工艺、主要装置(设施)、危险化学品品种相同,但生产、储存装置(设施)相对独立的;

(二)企业建设与现有技术、工艺、主要装置(设施)相同,但生产装置(设施)相对独立的伴有危险化学品产生的。

第五十一条 实施建设项目安全审查所需的有关文书的内容和格式,由国家安全生产监督管理总局另行规定。

第五十二条 省级安全生产监督管理部门可以根据本办法的规定,制定和公布本行政区域内需要简化安全条件审查和分期安全条件审查的建设项目范围及其审查内容,并报国家安全生产监督管理总局备案。

第五十三条 本办法施行后,负责实施建设项目安全审查的安全生产监督管理部门发生变化的(已通过安全设施竣工验收的建设项目除外),原安全生产监督管理部门应当将建设项目安全审查实施情况及档案移交根据本办法负责实施建设项目安全审查的安全生产监督管理部门。

第五十四条 本办法自 2012 年 4 月 1 日起施行。国家安全生产监督管理总局 2006 年 9 月 2 日公布的《危险化学品建设项目安全许可实施办法》同时废止。

国家安全生产监督管理总局令

第 15 号

　　新修订的《安全生产违法行为行政处罚办法》已经 2007 年 11 月 9 日国家安全生产监督管理总局局长办公会议审议通过,现予公布,自 2008 年 1 月 1 日起施行。原国家安全生产监督管理局(国家煤矿安全监察局)2003 年 5 月 19 日公布的《安全生产违法行为行政处罚办法》、2001 年 4 月 27 日公布的《煤矿安全监察程序暂行规定》同时废止。

局长　李毅中

二〇〇七年十一月三十日

安全生产违法行为行政处罚办法

第一章　总　则

　　第一条　为了制裁安全生产违法行为,规范安全生产行政处罚工作,依照行政处罚法、安全生产法及其他有关法律、行政法规的规定,制定本办法。

　　第二条　县级以上人民政府安全生产监督管理部门对生产经营单位及其有关人员在生产经营活动中违反有关安全生产的法律、行政法规、部门规章、国家标准、行业标准和规程的违法行为(以下统称安全生产违法行为)实施行政处罚,适用本办法。

　　煤矿安全监察机构依照本办法和煤矿安全监察行政处罚办法,对煤矿、煤矿安全生产中介机构等生产经营单位及其有关人员的安全生产违法行为实施行政处罚。

　　有关法律、行政法规对安全生产违法行为行政处罚的种类、幅度或者决定机关另有规定的,依照其规定。

　　第三条　对安全生产违法行为实施行政处罚,应当遵循公平、公正、公开的原则。

　　安全生产监督管理部门或者煤矿安全监察机构(以下统称安全监管监察部门)及其行政执法人员实施行政处罚,必须以事实为依据。行政处罚应当与安全生产违法行为的事实、性质、情节以及社会危害程度相当。

　　第四条　生产经营单位及其有关人员对安全监管监察部门给予的行政处罚,依法享有陈述权、申辩权和听证权;对行政处罚不服的,有权依法申请行政复议或者提起行政诉讼;因违法给予行政处罚受到损害的,有权依法申请国家赔偿。

第二章　行政处罚的种类、管辖

　　第五条　安全生产违法行为行政处罚的种类:

　　(一)警告;

　　(二)罚款;

(三)责令改正、责令限期改正、责令停止违法行为;

(四)没收违法所得、没收非法开采的煤炭产品、采掘设备;

(五)责令停产停业整顿、责令停产停业、责令停止建设、责令停止施工;

(六)暂扣或者吊销有关许可证,暂停或者撤销有关执业资格、岗位证书;

(七)关闭;

(八)拘留;

(九)安全生产法律、行政法规规定的其他行政处罚。

法律、行政法规将前款的责令改正、责令限期改正、责令停止违法行为规定为现场处理措施的除外。

第六条 县级以上安全监管监察部门应当按照本章的规定,在各自的职责范围内对安全生产违法行为行政处罚行使管辖权。

安全生产违法行为的行政处罚,由安全生产违法行为发生地的县级以上安全监管监察部门管辖。中央企业及其所属企业、有关人员的安全生产违法行为的行政处罚,由安全生产违法行为发生地的设区的市级以上安全监管监察部门管辖。

暂扣、吊销有关许可证和暂停、撤销有关执业资格、岗位证书的行政处罚,由发证机关决定。其中,暂扣有关许可证和暂停有关执业资格、岗位证书的期限一般不得超过6个月;法律、行政法规另有规定的,依照其规定。

给予关闭的行政处罚,由县级以上安全监管监察部门报请县级以上人民政府按照国务院规定的权限决定。

给予拘留的行政处罚,由县级以上安全监管监察部门建议公安机关依照治安管理处罚法的规定决定。

第七条 两个以上安全监管监察部门因行政处罚管辖权发生争议的,由其共同的上一级安全监管监察部门指定管辖。

第八条 对报告或者举报的安全生产违法行为,安全监管监察部门应当受理;发现不属于自己管辖的,应当及时移送有管辖权的部门。

受移送的安全监管监察部门对管辖权有异议的,应当报请共同的上一级安全监管监察部门指定管辖。

第九条 安全生产违法行为构成犯罪的,安全监管监察部门应当将案件移送司法机关,依法追究刑事责任;尚不够刑事处罚但依法应当给予行政处罚的,由安全监管监察部门管辖。

第十条 上级安全监管监察部门可以直接查处下级安全监管监察部门管辖的案件,也可以将自己管辖的案件交由下级安全监管监察部门管辖。

下级安全监管监察部门可以将重大、疑难案件报请上级安全监管监察部门管辖。

第十一条 上级安全监管监察部门有权对下级安全监管监察部门违法或者不适当的行政处罚予以纠正或者撤销。

第十二条 安全监管监察部门根据需要,可以在其法定职权范围内委托符合行政处罚法第十九条规定条件的组织或者乡镇人民政府、城市街道办事处设立的安全生产监督管理机构实施行政处罚。受委托的单位在委托范围内,以委托的安全监管监察部门名义实施行政处罚。

委托的安全监管监察部门应当监督检查受委托的单位实施行政处罚,并对其实施行政处罚的后果承担法律责任。

第三章 行政处罚的程序

第十三条 安全生产行政执法人员在执行公务时,必须出示省级以上安全生产监督管理部门或者县级以上地方人民政府统一制作的有效行政执法证件。其中对煤矿进行安全监察,必须出示国家安全生产监督管理总局统一制作的煤矿安全监察员证。

第十四条 安全监管监察部门及其行政执法人员在监督检查时发现生产经营单位存在事故隐患的,应当按照下列规定采取现场处理措施:

(一)能够立即排除的,应当责令立即排除;

(二)重大事故隐患排除前或者排除过程中无法保证安全的,应当责令从危险区域撤出作业人员,并责令暂时停产停业、停止建设、停止施工或者停止使用,限期排除隐患。

隐患排除后,经安全监管监察部门审查同意,方可恢复生产经营和使用。

本条第一款第(二)项规定的责令暂时停产停业、停止建设、停止施工或者停止使用的期限一般不超过 6 个月;法律、行政法规另有规定的,依照其规定。

第十五条 对有根据认为不符合安全生产的国家标准或者行业标准的在用设施、设备、器材,安全监管监察部门应当依法予以查封或者扣押,并在 15 日内按照下列规定作出处理决定:

(一)能够修理、更换的,责令予以修理、更换;不能修理、更换的,不准使用;

(二)依法采取其他行政强制措施或者现场处理措施;

(三)依法给予行政处罚;

(四)经核查予以查封或者扣押的设备、设施、器材符合国家标准或者行业标准的,解除查封或者扣押。

实施查封、扣押,应当当场下达查封、扣押决定书和被查封、扣押的财物清单。在交通不便地区,或者不及时查封、扣押可能影响案件查处,或者存在事故隐患可能导致生产安全事故的,可以先行实施查封、扣押,并在 48 小时内补办查封、扣押决定书,送达当事人。

第十六条 生产经营单位被责令限期改正或者限期进行隐患排除治理的,应当在规定限期内完成。因不可抗力无法在规定限期内完成的,应当在进行整改或者治理的同时,于限期届满前 10 日内提出书面延期申请,安全监管监察部门应当在收到申请之日起 5 日内书面答复是否准予延期。

生产经营单位提出复查申请或者整改、治理限期届满的,安全监管监察部门应当自申请或者限期届满之日起 10 日内进行复查,填写复查意见书,由被复查单位和安全监管监察部门复查人员签名后存档。逾期未整改、未治理或者整改、治理不合格的,安全监管监察部门应当依法给予行政处罚。

第十七条 安全监管监察部门在作出行政处罚决定前,应当填写行政处罚告知书,告知当事人作出行政处罚决定的事实、理由、依据,以及当事人依法享有的权利,并送达当事人。当事人应当在收到行政处罚告知书之日起 3 日内进行陈述、申辩,或者依法提出听证要求,逾期视为放弃上述权利。

第十八条 安全监管监察部门应当充分听取当事人的陈述和申辩,对当事人提出的事实、理由和证据,应当进行复核;当事人提出的事实、理由和证据成立的,安全监管监察部门应当采纳。

安全监管监察部门不得因当事人陈述或者申辩而加重处罚。

第十九条 安全监管监察部门对安全生产违法行为实施行政处罚,应当符合法定程序,制作行政执法文书。

第一节　简易程序

第二十条　违法事实确凿并有法定依据,对个人处以 50 元以下罚款、对生产经营单位处以 1 千元以下罚款或者警告的行政处罚的,安全生产行政执法人员可以当场作出行政处罚决定。

第二十一条　安全生产行政执法人员当场作出行政处罚决定,应当填写预定格式、编有号码的行政处罚决定书并当场交付当事人。

安全生产行政执法人员当场作出行政处罚决定后应当及时报告,并在 5 日内报所属安全监管监察部门备案。

第二节　一般程序

第二十二条　除依照简易程序当场作出的行政处罚外,安全监管监察部门发现生产经营单位及其有关人员有应当给予行政处罚的行为的,应当予以立案,填写立案审批表,并全面、客观、公正地进行调查,收集有关证据。对确需立即查处的安全生产违法行为,可以先行调查取证,并在 5 日内补办立案手续。

第二十三条　对已经立案的案件,由立案审批人指定两名或者两名以上安全生产行政执法人员进行调查。

有下列情形之一的,承办案件的安全生产行政执法人员应当回避:

(一)本人是本案的当事人或者当事人的近亲属的;

(二)本人或者其近亲属与本案有利害关系的;

(三)与本人有其他利害关系,可能影响案件的公正处理的。

安全生产行政执法人员的回避,由派出其进行调查的安全监管监察部门的负责人决定。进行调查的安全监管监察部门负责人的回避,由该部门负责人集体讨论决定。回避决定作出之前,承办案件的安全生产行政执法人员不得擅自停止对案件的调查。

第二十四条　进行案件调查时,安全生产行政执法人员不得少于两名。当事人或者有关人员应当如实回答安全生产行政执法人员的询问,并协助调查或者检查,不得拒绝、阻挠或者提供虚假情况。

询问或者检查应当制作笔录。笔录应当记载时间、地点、询问和检查情况,并由被询问人、被检查单位和安全生产行政执法人员签名或者盖章;被询问人、被检查单位要求补正的,应当允许。被询问人或者被检查单位拒绝签名或者盖章的,安全生产行政执法人员应当在笔录上注明原因并签名。

第二十五条　安全生产行政执法人员应当收集、调取与案件有关的原始凭证作为证据。调取原始凭证确有困难的,可以复制,复制件应当注明"经核对与原件无异"的字样和原始凭证存放的单位及其处所,并由出具证据的人员签名或者单位盖章。

第二十六条　安全生产行政执法人员在收集证据时,可以采取抽样取证的方法;在证据可能灭失或者以后难以取得的情况下,经本单位负责人批准,可以先行登记保存,并应当在 7 日内作出处理决定:

(一)违法事实成立依法应当没收的,作出行政处罚决定,予以没收;依法应当扣留或者封存的,予以扣留或者封存;

(二)违法事实不成立,或者依法不应当予以没收、扣留、封存的,解除登记保存。

第二十七条　安全生产行政执法人员对与案件有关的物品、场所进行勘验检查时,应当通知当事人到场,制作勘验笔录,并由当事人核对无误后签名或者盖章。当事人拒绝到场的,可以邀请在场的其他人员作证,并在勘验笔录中注明;也可以采用录音、录像等方式记录有关物品、场所的情况后,再进行勘验检查。

第二十八条 案件调查终结后,负责承办案件的安全生产行政执法人员应当填写案件处理呈批表,连同有关证据材料一并报本部门负责人审批。

安全监管监察部门负责人应当及时对案件调查结果进行审查,根据不同情况,分别作出以下决定:

(一)确有应受行政处罚的违法行为的,根据情节轻重及具体情况,作出行政处罚决定;

(二)违法行为轻微,依法可以不予行政处罚的,不予行政处罚;

(三)违法事实不能成立,不得给予行政处罚;

(四)违法行为涉嫌犯罪的,移送司法机关处理。

对严重安全生产违法行为给予责令停产停业整顿、责令停产停业、责令停止建设、责令停止施工、吊销有关许可证、撤销有关执业资格或者岗位证书、3 万元以上罚款、没收违法所得、没收非法开采的煤炭产品或者采掘设备价值 3 万元以上的行政处罚的,应当由安全监管监察部门的负责人集体讨论决定。

第二十九条 安全监管监察部门依照本办法第二十八条的规定给予行政处罚,应当制作行政处罚决定书。行政处罚决定书应当载明下列事项:

(一)当事人的姓名或者名称、地址或者住址;

(二)违法事实和证据;

(三)行政处罚的种类和依据;

(四)行政处罚的履行方式和期限;

(五)不服行政处罚决定,申请行政复议或者提起行政诉讼的途径和期限;

(六)作出行政处罚决定的安全监管监察部门的名称和作出决定的日期。

行政处罚决定书必须盖有作出行政处罚决定的安全监管监察部门的印章。

第三十条 行政处罚决定书应当在宣告后当场交付当事人;当事人不在场的,安全监管监察部门应当在 7 日内依照民事诉讼法的有关规定,将行政处罚决定书送达当事人或者其他的法定受送达人:

(一)送达必须有送达回执,由受送达人在送达回执上注明收到日期,签名或者盖章;

(二)送达应当直接送交受送达人。受送达人是个人的,本人不在交他的同住成年家属签收,并在行政处罚决定书送达回执的备注栏内注明与受送达人的关系;

(三)受送达人是法人或者其他组织的,应当由法人的法定代表人、其他组织的主要负责人或者该法人、组织负责收件的人签收;

(四)受送达人指定代收人的,交代收人签收并注明受当事人委托的情况;

(五)直接送达确有困难的,可以挂号邮寄送达,也可以委托当地安全监管监察部门代为送达,代为送达的安全监管监察部门收到文书后,必须立即交受送达人签收;

(六)当事人或者他的同住成年家属拒绝接收的,送达人应当邀请有关基层组织的代表或者有关人员到场,注明情况,在行政处罚决定书送达回执上注明拒收的事由和日期,由送达人、见证人签名或者盖章,将文书留在当事人的收发部门或者住所,即视为送达;

(七)受送达人下落不明,或者用以上方式无法送达的,可以公告送达,自公告发布之日起经过 60 日,即视为送达。公告送达,应当在案卷中注明原因和经过。

安全监管监察部门送达其他行政处罚执法文书,按照前款规定办理。

第三十一条 行政处罚案件应当自立案之日起 30 日内办理完毕;由于客观原因不能完成的,经安全监管监察部门负责人同意,可以延长,但不得超过 90 日;特殊情况需进一步延长的,应当经上一级安全监管监察部门批准，可延长至 180 日。

第三节　听证程序

第三十二条　安全监管监察部门作出责令停产停业整顿、责令停产停业、吊销有关许可证、撤销有关执业资格、岗位证书或者较大数额罚款的行政处罚决定之前，应当告知当事人有要求举行听证的权利；当事人要求听证的，安全监管监察部门应当组织听证，不得向当事人收取听证费用。

前款所称较大数额罚款，为省、自治区、直辖市人大常委会或者人民政府规定的数额；没有规定数额的，其数额对个人罚款为 1 万元以上，对生产经营单位罚款为 3 万元以上。

第三十三条　当事人要求听证的，应当在安全监管监察部门依照本办法第十七条规定告知后 3 日内以书面方式提出。

第三十四条　当事人提出听证要求后，安全监管监察部门应当在举行听证会的 7 日前，通知当事人举行听证的时间、地点。

当事人应当按期参加听证。当事人有正当理由要求延期的，经组织听证的安全监管监察部门负责人批准可以延期 1 次；当事人未按期参加听证，并且未事先说明理由的，视为放弃听证权利。

第三十五条　听证参加人由听证主持人、听证员、案件调查人员、当事人及其委托代理人、书记员组成。

听证主持人、听证员、书记员应当由组织听证的安全监管监察部门负责人指定的非本案调查人员担任。

当事人可以委托 1 至 2 名代理人参加听证，并提交委托书。

第三十六条　除涉及国家秘密、商业秘密或者个人隐私外，听证应当公开举行。

第三十七条　当事人在听证中的权利和义务：

（一）有权对案件涉及的事实、适用法律及有关情况进行陈述和申辩；

（二）有权对案件调查人员提出的证据质证并提出新的证据；

（三）如实回答主持人的提问；

（四）遵守听证会场纪律，服从听证主持人指挥。

第三十八条　听证按照下列程序进行：

（一）书记员宣布听证会场纪律、当事人的权利和义务。听证主持人宣布案由，核实听证参加人名单，宣布听证开始；

（二）案件调查人员提出当事人的违法事实、出示证据，说明拟作出的行政处罚的内容及法律依据；

（三）当事人或者其委托代理人对案件的事实、证据、适用的法律等进行陈述和申辩，提交新的证据材料；

（四）听证主持人就案件的有关问题向当事人、案件调查人员、证人询问；

（五）案件调查人员、当事人或者其委托代理人相互辩论；

（六）当事人或者其委托代理人作最后陈述；

（七）听证主持人宣布听证结束。

听证笔录应当当场交当事人核对无误后签名或者盖章。

第三十九条　有下列情形之一的，应当中止听证：

（一）需要重新调查取证的；

（二）需要通知新证人到场作证的；

（三）因不可抗力无法继续进行听证的。

第四十条 有下列情形之一的,应当终止听证:

（一）当事人撤回听证要求的;

（二）当事人无正当理由不按时参加听证的;

（三）拟作出的行政处罚决定已经变更,不适用听证程序的。

第四十一条 听证结束后,听证主持人应当依据听证情况,填写听证会报告书,提出处理意见并附听证笔录报安全监管监察部门负责人审查。安全监管监察部门依照本办法第二十八条的规定作出决定。

第四章 行政处罚的适用

第四十二条 生产经营单位的决策机构、主要负责人、个人经营的投资人(包括实际控制人,下同)未依法保证下列安全生产所必需的资金投入,致使生产经营单位不具备安全生产条件的,责令限期改正,提供必需的资金,并可以对生产经营单位处 1 万元以上 3 万元以下罚款,对生产经营单位的主要负责人、个人经营的投资人处 5 千元以上 1 万元以下罚款;逾期未改正的,责令生产经营单位停产停业整顿:

（一）未按规定缴存和使用安全生产风险抵押金的;

（二）未按规定足额提取和使用安全生产费用的;

（三）国家规定的其他安全生产所必需的资金投入。

生产经营单位主要负责人、个人经营的投资人有前款违法行为,导致发生生产安全事故的,依照《生产安全事故报告和调查处理条例》的规定给予处罚。

第四十三条 生产经营单位的主要负责人未依法履行安全生产管理职责,导致生产安全事故发生的,依照《生产安全事故报告和调查处理条例》的规定给予处罚。

第四十四条 生产经营单位及其主要负责人或者其他人员有下列行为之一的,给予警告,并可以对生产经营单位处 1 万元以上 3 万元以下罚款,对其主要负责人、其他有关人员处 1 千元以上 1 万元以下的罚款:

（一）违反操作规程或者安全管理规定作业的;

（二）违章指挥从业人员或者强令从业人员违章、冒险作业的;

（三）发现从业人员违章作业不加制止的;

（四）超过核定的生产能力、强度或者定员进行生产的;

（五）对被查封或者扣押的设施、设备、器材,擅自启封或者使用的;

（六）故意提供虚假情况或者隐瞒存在的事故隐患以及其他安全问题的;

（七）对事故预兆或者已发现的事故隐患不及时采取措施的;

（八）拒绝、阻碍安全生产行政执法人员监督检查的;

（九）拒绝、阻碍安全监管监察部门聘请的专家进行现场检查的;

（十）拒不执行安全监管监察部门及其行政执法人员的安全监管监察指令的。

第四十五条 危险物品的生产、经营、储存单位以及矿山企业、建筑施工单位有下列行为之一的,责令改正,并可以处 1 万元以上 3 万元以下的罚款:

（一）未建立应急救援组织或者未按规定签订救护协议的;

（二）未配备必要的应急救援器材、设备,并进行经常性维护、保养,保证正常运转的。

第四十六条 生产经营单位与从业人员订立协议,免除或者减轻其对从业人员因生产安全事故伤亡依法应承担的责任的,该协议无效;对生产经营单位的主要负责人、个人经营的投资人按照下列规定处以罚款：

（一）在协议中减轻因生产安全事故伤亡对从业人员依法应承担的责任的，处 2 万元以上 5 万元以下的罚款；

（二）在协议中免除因生产安全事故伤亡对从业人员依法应承担的责任的，处 5 万元以上 10 万元以下的罚款。

第四十七条　生产经营单位不具备法律、行政法规和国家标准、行业标准规定的安全生产条件，经责令停产停业整顿仍不具备安全生产条件的，安全监管监察部门应当提请有管辖权的人民政府予以关闭；人民政府决定关闭的，安全监管监察部门应当依法吊销其有关许可证。

第四十八条　生产经营单位转让安全生产许可证的，没收违法所得，吊销安全生产许可证，并按照下列规定处以罚款：

（一）接受转让的单位和个人未发生生产安全事故的，处 10 万元以上 30 万元以下的罚款；

（二）接受转让的单位和个人发生生产安全事故但没有造成人员死亡的，处 30 万元以上 40 万元以下的罚款；

（三）接受转让的单位和个人发生人员死亡生产安全事故的，处 40 万元以上 50 万元以下的罚款。

第四十九条　知道或者应当知道生产经营单位未取得安全生产许可证或者其他批准文件擅自从事生产经营活动，仍为其提供生产经营场所、运输、保管、仓储等条件的，责令立即停止违法行为，有违法所得的，没收违法所得，并处违法所得 1 倍以上 3 倍以下的罚款，但是最高不得超过 3 万元；没有违法所得的，并处 5 千元以上 1 万元以下的罚款。

第五十条　生产经营单位及其有关人员弄虚作假，骗取或者勾结、串通行政审批工作人员取得安全生产许可证书及其他批准文件的，撤销许可及批准文件，并按照下列规定处以罚款：

（一）生产经营单位有违法所得的，没收违法所得，并处违法所得 1 倍以上 3 倍以下的罚款，但是最高不得超过 3 万元；没有违法所得的，并处 5 千元以上 1 万元以下的罚款；

（二）对有关人员处 1 千元以上 1 万元以下的罚款。

有前款规定违法行为的生产经营单位及其有关人员在 3 年内不得再次申请该行政许可。

生产经营单位及其有关人员未依法办理安全生产许可证书变更手续的，责令限期改正，并对生产经营单位处 1 万元以上 3 万元以下的罚款，对有关人员处 1 千元以上 5 千元以下的罚款。

第五十一条　未取得相应资格、资质证书的机构及其有关人员从事安全评价、认证、检测、检验工作，责令停止违法行为，并按照下列规定处以罚款：

（一）机构有违法所得的，没收违法所得，并处违法所得 1 倍以上 3 倍以下的罚款，但是最高不得超过 3 万元；没有违法所得的，并处 5 千元以上 1 万元以下的罚款；

（二）有关人员处 5 千元以上 1 万元以下的罚款。

第五十二条　生产经营单位及其有关人员触犯不同的法律规定，有两个以上应当给予行政处罚的安全生产违法行为的，安全监管监察部门应当适用不同的法律规定，分别裁量，合并处罚。

第五十三条　对同一生产经营单位及其有关人员的同一安全生产违法行为，不得给予两次以上罚款的行政处罚。

第五十四条　生产经营单位及其有关人员有下列情形之一的，应当从重处罚：

（一）危及公共安全或者其他生产经营单位安全的，经责令限期改正，逾期未改正的；

（二）一年内因同一违法行为受到两次以上行政处罚的；

（三）拒不整改或者整改不力，其违法行为呈持续状态的；

（四）拒绝、阻碍或者以暴力威胁行政执法人员的。

第五十五条　生产经营单位及其有关人员有下列情形之一的,应当从轻或者减轻行政处罚:

(一)主动消除或者减轻安全生产违法行为危害后果的;

(二)受他人胁迫实施安全生产违法行为的;

(三)配合安全监管监察部门查处安全生产违法行为有立功表现的;

(四)其他依法应予从轻或者减轻行政处罚的。

安全生产违法行为轻微并及时纠正,没有造成危害后果的,不予行政处罚。

第五章　行政处罚的执行和备案

第五十六条　安全监管监察部门实施行政处罚时,应当同时责令生产经营单位及其有关人员停止、改正或者限期改正违法行为。

第五十七条　本办法所称的违法所得,按照下列规定计算:

(一)生产、加工产品的,以生产、加工产品的销售收入作为违法所得;

(二)销售商品的,以销售收入作为违法所得;

(三)提供安全生产中介、租赁等服务的,以服务收入或者报酬作为违法所得;

(四)销售收入无法计算的,按当地同类同等规模的生产经营单位的平均销售收入计算;

(五)服务收入、报酬无法计算的,按照当地同行业同种服务的平均收入或者报酬计算。

第五十八条　行政处罚决定依法作出后,当事人应当在行政处罚决定的期限内,予以履行;当事人逾期不履的,作出行政处罚决定的安全监管监察部门可以采取下列措施:

(一)到期不缴纳罚款的,每日按罚款数额的 3% 加处罚款;

(二)根据法律规定,将查封、扣押的设施、设备、器材拍卖所得价款抵缴罚款;

(三)申请人民法院强制执行。

当事人对行政处罚决定不服申请行政复议或者提起行政诉讼的,行政处罚不停止执行,法律另有规定的除外。

第五十九条　安全生产行政执法人员当场收缴罚款的,应当出具省、自治区、直辖市财政部门统一制发的罚款收据;当场收缴的罚款,应当自收缴罚款之日起 2 日内,交至所属安全监管监察部门;安全监管监察部门应当在 2 日内将罚款缴付指定的银行。

第六十条　除依法应当予以销毁的物品外,需要将查封、扣押的设施、设备、器材拍卖抵缴罚款的,依照法律或者国家有关规定处理。销毁物品,依照国家有关规定处理;没有规定的,经县级以上安全监管监察部门负责人批准,由两名以上安全生产行政执法人员监督销毁,并制作销毁记录。处理物品,应当制作清单。

第六十一条　罚款、没收违法所得的款项和没收非法开采的煤炭产品、采掘设备,必须按照有关规定上缴,任何单位和个人不得截留、私分或者变相私分。

第六十二条　县级安全生产监督管理部门处以 2 万元以上罚款、没收违法所得、没收非法生产的煤炭产品或者采掘设备价值 2 万元以上、责令停产停业、停止建设、停止施工、停产停业整顿、撤销有关资格、岗位证书或者吊销有关许可证的行政处罚的,应当自作出行政处罚决定之日起 10 日内报设区的市级安全生产监督管理部门备案。

第六十三条　设区的市级安全生产监督管理部门、煤矿安全监察分局处以 5 万元以上罚款、没收违法所得、没收非法生产的煤炭产品或者采掘设备价值 5 万元以上、责令停产停业、停止建设、停止施工、停产停业整顿、撤销有关资格、岗位证书或者吊销有关许可证的行政处罚的,应当自作出行政处罚决定之日起 10 日内报省级安全监管监察部门备案。

第六十四条　省级安全监管监察部门处以 10 万元以上罚款、没收违法所得、没收非法生产的煤炭产品或者采掘设备价值 10 万元以上、责令停产停业、停止建设、停止施工、停产停业整顿、撤销有关资格、岗位证书或者吊销有关许可证的行政处罚的,应当自作出行政处罚决定之日起10 日内报国家安全生产监督管理总局或者国家煤矿安全监察局备案。

对上级安全监管监察部门交办案件给予行政处罚的,由决定行政处罚的安全监管监察部门自作出行政处罚决定之日起 10 日内报上级安全监管监察部门备案。

第六十五条　行政处罚执行完毕后,案件材料应当按照有关规定立卷归档。

案卷立案归档后,任何单位和个人不得擅自增加、抽取、涂改和销毁案卷材料。未经安全监管监察部门负责人批准,任何单位和个人不得借阅案卷。

第六章　附　则

第六十六条　安全生产监督管理部门所用的行政处罚文书式样,由国家安全生产监督管理总局统一制定。

煤矿安全监察机构所用的行政处罚文书式样,由国家煤矿安全监察局统一制定。

第六十七条　本办法所称的生产经营单位,是指合法和非法从事生产或者经营活动的基本单元,包括企业法人、不具备企业法人资格的合伙组织、个体工商户和自然人等生产经营主体。

本办法所称的“以上”包括本数,所称的“以下”不包括本数。

第六十八条　本办法自 2008 年 1 月 1 日起施行。原国家安全生产监督管理局（国家煤矿安全监察局）2003 年 5 月 19 日公布的《安全生产违法行为行政处罚办法》、2001 年 4 月 27 日公布的《煤矿安全监察程序暂行规定》同时废止。

国家安全生产监督管理总局令

第 16 号

《安全生产事故隐患排查治理暂行规定》已经 2007 年 12 月 22 日国家安全生产监督管理总局局长办公会议审议通过,现予公布,自 2008 年 2 月 1 日起施行。

局长 李毅中
二〇〇七年十二月二十八日

安全生产事故隐患排查治理暂行规定

第一章 总 则

第一条 为了建立安全生产事故隐患排查治理长效机制,强化安全生产主体责任,加强事故隐患监督管理,防止和减少事故,保障人民群众生命财产安全,根据安全生产法等法律、行政法规,制定本规定。

第二条 生产经营单位安全生产事故隐患排查治理和安全生产监督管理部门、煤矿安全监察机构(以下统称安全监管监察部门)实施监管监察,适用本规定。

有关法律、行政法规对安全生产事故隐患排查治理另有规定的,依照其规定。

第三条 本规定所称安全生产事故隐患(以下简称事故隐患),是指生产经营单位违反安全生产法律、法规、规章、标准、规程和安全生产管理制度的规定,或者因其他因素在生产经营活动中存在可能导致事故发生的物的危险状态、人的不安全行为和管理上的缺陷。

事故隐患分为一般事故隐患和重大事故隐患。一般事故隐患,是指危害和整改难度较小,发现后能够立即整改排除的隐患。重大事故隐患,是指危害和整改难度较大,应当全部或者局部停产停业,并经过一定时间整改治理方能排除的隐患,或者因外部因素影响致使生产经营单位自身难以排除的隐患。

第四条 生产经营单位应当建立健全事故隐患排查治理制度。

生产经营单位主要负责人对本单位事故隐患排查治理工作全面负责。

第五条 各级安全监管监察部门按照职责对所辖区域内生产经营单位排查治理事故隐患工作依法实施综合监督管理;各级人民政府有关部门在各自职责范围内对生产经营单位排查治理事故隐患工作依法实施监督管理。

第六条 任何单位和个人发现事故隐患,均有权向安全监管监察部门和有关部门报告。

安全监管监察部门接到事故隐患报告后,应当按照职责分工立即组织核实并予以查处;发现所报告事故隐患应当由其他有关部门处理的,应当立即移送有关部门并记录备查。

第二章　生产经营单位的职责

第七条　生产经营单位应当依照法律、法规、规章、标准和规程的要求从事生产经营活动。严禁非法从事生产经营活动。

第八条　生产经营单位是事故隐患排查、治理和防控的责任主体。

生产经营单位应当建立健全事故隐患排查治理和建档监控等制度,逐级建立并落实从主要负责人到每个从业人员的隐患排查治理和监控责任制。

第九条　生产经营单位应当保证事故隐患排查治理所需的资金,建立资金使用专项制度。

第十条　生产经营单位应当定期组织安全生产管理人员、工程技术人员和其他相关人员排查本单位的事故隐患。对排查出的事故隐患,应当按照事故隐患的等级进行登记,建立事故隐患信息档案,并按照职责分工实施监控治理。

第十一条　生产经营单位应当建立事故隐患报告和举报奖励制度,鼓励、发动职工发现和排除事故隐患,鼓励社会公众举报。对发现、排除和举报事故隐患的有功人员,应当给予物质奖励和表彰。

第十二条　生产经营单位将生产经营项目、场所、设备发包、出租的,应当与承包、承租单位签订安全生产管理协议,并在协议中明确各方对事故隐患排查、治理和防控的管理职责。生产经营单位对承包、承租单位的事故隐患排查治理负有统一协调和监督管理的职责。

第十三条　安全监管监察部门和有关部门的监督检查人员依法履行事故隐患监督检查职责时,生产经营单位应当积极配合,不得拒绝和阻挠。

第十四条　生产经营单位应当每季、每年对本单位事故隐患排查治理情况进行统计分析,并分别于下一季度 15 日前和下一年 1 月 31 日前向安全监管监察部门和有关部门报送书面统计分析表。统计分析表应当由生产经营单位主要负责人签字。

对于重大事故隐患,生产经营单位除依照前款规定报送外,应当及时向安全监管监察部门和有关部门报告。重大事故隐患报告内容应当包括:

(一)隐患的现状及其产生原因;

(二)隐患的危害程度和整改难易程度分析;

(三)隐患的治理方案。

第十五条　对于一般事故隐患,由生产经营单位(车间、分厂、区队等)负责人或者有关人员立即组织整改。

对于重大事故隐患,由生产经营单位主要负责人组织制定并实施事故隐患治理方案。重大事故隐患治理方案应当包括以下内容:

(一)治理的目标和任务;

(二)采取的方法和措施;

(三)经费和物资的落实;

(四)负责治理的机构和人员;

(五)治理的时限和要求;

(六)安全措施和应急预案。

第十六条　生产经营单位在事故隐患治理过程中,应当采取相应的安全防范措施,防止事故发生。事故隐患排除前或者排除过程中无法保证安全的,应当从危险区域内撤出作业人员,并疏散可能危及的其他人员,设置警戒标志,暂时停产停业或者停止使用;对暂时难以停产或者停止使用的相关生产储存装置、设施、设备,应当加强维护和保养,防止事故发生。

第十七条　生产经营单位应当加强对自然灾害的预防。对于因自然灾害可能导致事故灾难的隐患，应当按照有关法律、法规、标准和本规定的要求排查治理，采取可靠的预防措施，制定应急预案。在接到有关自然灾害预报时，应当及时向下属单位发出预警通知；发生自然灾害可能危及生产经营单位和人员安全的情况时，应当采取撤离人员、停止作业、加强监测等安全措施，并及时向当地人民政府及其有关部门报告。

第十八条　地方人民政府或者安全监管监察部门及有关部门挂牌督办并责令全部或者局部停产停业治理的重大事故隐患，治理工作结束后，有条件的生产经营单位应当组织本单位的技术人员和专家对重大事故隐患的治理情况进行评估；其他生产经营单位应当委托具备相应资质的安全评价机构对重大事故隐患的治理情况进行评估。

经治理后符合安全生产条件的，生产经营单位应当向安全监管监察部门和有关部门提出恢复生产的书面申请，经安全监管监察部门和有关部门审查同意后，方可恢复生产经营。申请报告应当包括治理方案的内容、项目和安全评价机构出具的评价报告等。

第三章　监督管理

第十九条　安全监管监察部门应当指导、监督生产经营单位按照有关法律、法规、规章、标准和规程的要求，建立健全事故隐患排查治理等各项制度。

第二十条　安全监管监察部门应当建立事故隐患排查治理监督检查制度，定期组织对生产经营单位事故隐患排查治理情况开展监督检查；应当加强对重点单位的事故隐患排查治理情况的监督检查。对检查过程中发现的重大事故隐患，应当下达整改指令书，并建立信息管理台账。必要时，报告同级人民政府并对重大事故隐患实行挂牌督办。

安全监管监察部门应当配合有关部门做好对生产经营单位事故隐患排查治理情况开展的监督检查，依法查处事故隐患排查治理的非法和违法行为及其责任者。

安全监管监察部门发现属于其他有关部门职责范围内的重大事故隐患的，应该及时将有关资料移送有管辖权的有关部门，并记录备查。

第二十一条　已经取得安全生产许可证的生产经营单位，在其被挂牌督办的重大事故隐患治理结束前，安全监管监察部门应当加强监督检查。必要时，可以提请原许可证颁发机关依法暂扣其安全生产许可证。

第二十二条　安全监管监察部门应当会同有关部门把重大事故隐患整改纳入重点行业领域的安全专项整治中加以治理，落实相应责任。

第二十三条　对挂牌督办并采取全部或者局部停产停业治理的重大事故隐患，安全监管监察部门收到生产经营单位恢复生产的申请报告后，应当在 10 日内进行现场审查。审查合格的，对事故隐患进行核销，同意恢复生产经营；审查不合格的，依法责令改正或者下达停产整改指令。对整改无望或者生产经营单位拒不执行整改指令的，依法实施行政处罚；不具备安全生产条件的，依法提请县级以上人民政府按照国务院规定的权限予以关闭。

第二十四条　安全监管监察部门应当每季将本行政区域重大事故隐患的排查治理情况和统计分析表逐级报至省级安全监管监察部门备案。

省级安全监管监察部门应当每半年将本行政区域重大事故隐患的排查治理情况和统计分析表报国家安全生产监督管理总局备案。

第四章　罚　　则

第二十五条　生产经营单位及其主要负责人未履行事故隐患排查治理职责，导致发生生产安全事故的,依法给予行政处罚。

第二十六条 生产经营单位违反本规定,有下列行为之一的,由安全监管监察部门给予警告,并处三万元以下的罚款:

(一)未建立安全生产事故隐患排查治理等各项制度的;

(二)未按规定上报事故隐患排查治理统计分析表的;

(三)未制定事故隐患治理方案的;

(四)重大事故隐患不报或者未及时报告的;

(五)未对事故隐患进行排查治理擅自生产经营的;

(六)整改不合格或者未经安全监管监察部门审查同意擅自恢复生产经营的。

第二十七条 承担检测检验、安全评价的中介机构,出具虚假评价证明,尚不够刑事处罚的,没收违法所得,违法所得在五千元以上的,并处违法所得二倍以上五倍以下的罚款,没有违法所得或者违法所得不足五千元的,单处或者并处五千元以上二万元以下的罚款,同时可对其直接负责的主管人员和其他直接责任人员处五千元以上五万元以下的罚款;给他人造成损害的,与生产经营单位承担连带赔偿责任。

对有前款违法行为的机构,撤销其相应的资质。

第二十八条 生产经营单位事故隐患排查治理过程中违反有关安全生产法律、法规、规章、标准和规程规定的,依法给予行政处罚。

第二十九条 安全监管监察部门的工作人员未依法履行职责的,按照有关规定处理。

第五章 附 则

第三十条 省级安全监管监察部门可以根据本规定,制定事故隐患排查治理和监督管理实施细则。

第三十一条 事业单位、人民团体以及其他经济组织的事故隐患排查治理,参照本规定执行。

第三十二条 本规定自 2008 年 2 月 1 日起施行。

国家安全生产监督管理总局令

第 17 号

《生产安全事故应急预案管理办法》已经 2009 年 3 月 20 日国家安全生产监督管理总局局长办公会议审议通过,现予公布,自 2009 年 5 月 1 日起施行。

局长　骆琳

二〇〇九年四月一日

生产安全事故应急预案管理办法

第一章　总　则

第一条　为了规范生产安全事故应急预案的管理,完善应急预案体系,增强应急预案的科学性、针对性、实效性,依据《中华人民共和国突发事件应对法》、《中华人民共和国安全生产法》和国务院有关规定,制定本办法。

第二条　生产安全事故应急预案(以下简称应急预案)的编制、评审、发布、备案、培训、演练和修订等工作,适用本办法。

法律、行政法规和国务院另有规定的,依照其规定。

第三条　应急预案的管理遵循综合协调、分类管理、分级负责、属地为主的原则。

第四条　国家安全生产监督管理总局负责应急预案的综合协调管理工作。国务院其他负有安全生产监督管理职责的部门按照各自的职责负责本行业、本领域内应急预案的管理工作。

县级以上地方各级人民政府安全生产监督管理部门负责本行政区域内应急预案的综合协调管理工作。县级以上地方各级人民政府其他负有安全生产监督管理职责的部门按照各自的职责负责辖区内本行业、本领域应急预案的管理工作。

第二章　应急预案的编制

第五条　应急预案的编制应当符合下列基本要求:

(一)符合有关法律、法规、规章和标准的规定;

(二)结合本地区、本部门、本单位的安全生产实际情况;

(三)结合本地区、本部门、本单位的危险性分析情况;

(四)应急组织和人员的职责分工明确,并有具体的落实措施;

(五)有明确、具体的事故预防措施和应急程序,并与其应急能力相适应;

(六)有明确的应急保障措施,并能满足本地区、本部门、本单位的应急工作要求;

(七)预案基本要素齐全、完整,预案附件提供的信息准确;

(八)预案内容与相关应急预案相互衔接。

第六条　地方各级安全生产监督管理部门应当根据法律、法规、规章和同级人民政府以及上一级安全生产监督管理部门的应急预案,结合工作实际,组织制定相应的部门应急预案。

第七条　生产经营单位应当根据有关法律、法规和《生产经营单位安全生产事故应急预案编制导则》(AQ/T 9002—2006),结合本单位的危险源状况、危险性分析情况和可能发生的事故特点,制定相应的应急预案。

生产经营单位的应急预案按照针对情况的不同,分为综合应急预案、专项应急预案和现场处置方案。

第八条　生产经营单位风险种类多、可能发生多种事故类型的,应当组织编制本单位的综合应急预案。

综合应急预案应当包括本单位的应急组织机构及其职责、预案体系及响应程序、事故预防及应急保障、应急培训及预案演练等主要内容。

第九条　对于某一种类的风险,生产经营单位应当根据存在的重大危险源和可能发生的事故类型,制定相应的专项应急预案。

专项应急预案应当包括危险性分析、可能发生的事故特征、应急组织机构与职责、预防措施、应急处置程序和应急保障等内容。

第十条　对于危险性较大的重点岗位,生产经营单位应当制定重点工作岗位的现场处置方案。

现场处置方案应当包括危险性分析、可能发生的事故特征、应急处置程序、应急处置要点和注意事项等内容。

第十一条　生产经营单位编制的综合应急预案、专项应急预案和现场处置方案之间应当相互衔接,并与所涉及的其他单位的应急预案相互衔接。

第十二条　应急预案应当包括应急组织机构和人员的联系方式、应急物资储备清单等附件信息。附件信息应当经常更新,确保信息准确有效。

第三章　应急预案的评审

第十三条　地方各级安全生产监督管理部门应当组织有关专家对本部门编制的应急预案进行审定;必要时,可以召开听证会,听取社会有关方面的意见。涉及相关部门职能或者需要有关部门配合的,应当征得有关部门同意。

第十四条　矿山、建筑施工单位和易燃易爆物品、危险化学品、放射性物品等危险物品的生产、经营、储存、使用单位和中型规模以上的其他生产经营单位,应当组织专家对本单位编制的应急预案进行评审。评审应当形成书面纪要并附有专家名单。

前款规定以外的其他生产经营单位应当对本单位编制的应急预案进行论证。

第十五条　参加应急预案评审的人员应当包括应急预案涉及的政府部门工作人员和有关安全生产及应急管理方面的专家。

评审人员与所评审预案的生产经营单位有利害关系的,应当回避。

第十六条　应急预案的评审或者论证应当注重应急预案的实用性、基本要素的完整性、预防措施的针对性、组织体系的科学性、响应程序的操作性、应急保障措施的可行性、应急预案的衔接性等内容。

第十七条　生产经营单位的应急预案经评审或者论证后,由生产经营单位主要负责人签署公布。

第四章　应急预案的备案

第十八条　地方各级安全生产监督管理部门的应急预案,应当报同级人民政府和上一级安全生产监督管理部门备案。

其他负有安全生产监督管理职责的部门的应急预案,应当抄送同级安全生产监督管理部门。

第十九条　中央管理的总公司(总厂、集团公司、上市公司)的综合应急预案和专项应急预案,报国务院国有资产监督管理部门、国务院安全生产监督管理部门和国务院有关主管部门备案;其所属单位的应急预案分别抄送所在地的省、自治区、直辖市或者设区的市人民政府安全生产监督管理部门和有关主管部门备案。

前款规定以外的其他生产经营单位中涉及实行安全生产许可的,其综合应急预案和专项应急预案,按照隶属关系报所在地县级以上地方人民政府安全生产监督管理部门和有关主管部门备案;未实行安全生产许可的,其综合应急预案和专项应急预案的备案,由省、自治区、直辖市人民政府安全生产监督管理部门确定。

煤矿企业的综合应急预案和专项应急预案除按照本条第一款、第二款的规定报安全生产监督管理部门和有关主管部门备案外,还应当抄报所在地的煤矿安全监察机构。

第二十条　生产经营单位申请应急预案备案,应当提交以下材料:

(一)应急预案备案申请表;

(二)应急预案评审或者论证意见;

(三)应急预案文本及电子文档。

第二十一条　受理备案登记的安全生产监督管理部门应当对应急预案进行形式审查,经审查符合要求的,予以备案并出具应急预案备案登记表;不符合要求的,不予备案并说明理由。

对于实行安全生产许可的生产经营单位,已经进行应急预案备案登记的,在申请安全生产许可证时,可以不提供相应的应急预案,仅提供应急预案备案登记表。

第二十二条　各级安全生产监督管理部门应当指导、督促检查生产经营单位做好应急预案的备案登记工作,建立应急预案备案登记建档制度。

第五章　应急预案的实施

第二十三条　各级安全生产监督管理部门、生产经营单位应当采取多种形式开展应急预案的宣传教育,普及生产安全事故预防、避险、自救和互救知识,提高从业人员安全意识和应急处置技能。

第二十四条　各级安全生产监督管理部门应当将应急预案的培训纳入安全生产培训工作计划,并组织实施本行政区域内重点生产经营单位的应急预案培训工作。

生产经营单位应当组织开展本单位的应急预案培训活动,使有关人员了解应急预案内容,熟悉应急职责、应急程序和岗位应急处置方案。

应急预案的要点和程序应当张贴在应急地点和应急指挥场所,并设有明显的标志。

第二十五条　各级安全生产监督管理部门应当定期组织应急预案演练,提高本部门、本地区生产安全事故应急处置能力。

第二十六条　生产经营单位应当制定本单位的应急预案演练计划,根据本单位的事故预防重点,每年至少组织一次综合应急预案演练或者专项应急预案演练,每半年至少组织一次现场处置方案演练。

第二十七条　应急预案演练结束后,应急预案演练组织单位应当对应急预案演练效果进行评估,撰写应急预案演练评估报告,分析存在的问题,并对应急预案提出修订意见。

第二十八条 各级安全生产监督管理部门应当每年对应急预案的管理情况进行总结。应急预案管理工作总结应当报上一级安全生产监督管理部门。

其他负有安全生产监督管理职责的部门的应急预案管理工作总结应当抄送同级安全生产监督管理部门。

第二十九条 地方各级安全生产监督管理部门制定的应急预案,应当根据预案演练、机构变化等情况适时修订。

生产经营单位制定的应急预案应当至少每三年修订一次,预案修订情况应有记录并归档。

第三十条 有下列情形之一的,应急预案应当及时修订:

(一)生产经营单位因兼并、重组、转制等导致隶属关系、经营方式、法定代表人发生变化的;

(二)生产经营单位生产工艺和技术发生变化的;

(三)周围环境发生变化,形成新的重大危险源的;

(四)应急组织指挥体系或者职责已经调整的;

(五)依据的法律、法规、规章和标准发生变化的;

(六)应急预案演练评估报告要求修订的;

(七)应急预案管理部门要求修订的。

第三十一条 生产经营单位应当及时向有关部门或者单位报告应急预案的修订情况,并按照有关应急预案报备程序重新备案。

第三十二条 生产经营单位应当按照应急预案的要求配备相应的应急物资及装备,建立使用状况档案,定期检测和维护,使其处于良好状态。

第三十三条 生产经营单位发生事故后,应当及时启动应急预案,组织有关力量进行救援,并按照规定将事故信息及应急预案启动情况报告安全生产监督管理部门和其他负有安全生产监督管理职责的部门。

第六章 奖励与处罚

第三十四条 对于在应急预案编制和管理工作中做出显著成绩的单位和人员,安全生产监督管理部门、生产经营单位可以给予表彰和奖励。

第三十五条 生产经营单位应急预案未按照本办法规定备案的,由县级以上安全生产监督管理部门给予警告,并处三万元以下罚款。

第三十六条 生产经营单位未制定应急预案或者未按照应急预案采取预防措施,导致事故救援不力或者造成严重后果的,由县级以上安全生产监督管理部门依照有关法律、法规和规章的规定,责令停产停业整顿,并依法给予行政处罚。

第七章 附 则

第三十七条 《生产经营单位生产安全事故应急预案备案申请表》、《生产经营单位生产安全事故应急预案备案登记表》由国家安全生产应急救援指挥中心统一制定。

第三十八条 各省、自治区、直辖市安全生产监督管理部门可以依据本办法的规定,结合本地区实际制定实施细则。

第三十九条 本办法自2009年5月1日起施行。

国家安全生产监督管理总局令

第 21 号

《生产安全事故信息报告和处置办法》已经 2009 年 5 月 27 日国家安全生产监督管理总局局长办公会议审议通过，现予公布，自 2009 年 7 月 1 日起施行。

局长　骆琳

二○○九年六月十六日

生产安全事故信息报告和处置办法

第一章　总　则

第一条　为了规范生产安全事故信息的报告和处置工作，根据《安全生产法》、《生产安全事故报告和调查处理条例》等有关法律、行政法规，制定本办法。

第二条　生产经营单位报告生产安全事故信息和安全生产监督管理部门、煤矿安全监察机构对生产安全事故信息的报告和处置工作，适用本办法。

第三条　本办法规定的应当报告和处置的生产安全事故信息（以下简称事故信息），是指已经发生的生产安全事故和较大涉险事故的信息。

第四条　事故信息的报告应当及时、准确和完整，信息的处置应当遵循快速高效、协同配合、分级负责的原则。

安全生产监督管理部门负责各类生产经营单位的事故信息报告和处置工作。煤矿安全监察机构负责煤矿的事故信息报告和处置工作。

第五条　安全生产监督管理部门、煤矿安全监察机构应当建立事故信息报告和处置制度，设立事故信息调度机构，实行 24 小时不间断调度值班，并向社会公布值班电话，受理事故信息报告和举报。

第二章　事故信息的报告

第六条　生产经营单位发生生产安全事故或者较大涉险事故，其单位负责人接到事故信息报告后应当于 1 小时内报告事故发生地县级安全生产监督管理部门、煤矿安全监察分局。

发生较大以上生产安全事故的，事故发生单位在依照第一款规定报告的同时，应当在 1 小时内报告省级安全生产监督管理部门、省级煤矿安全监察机构。

发生重大、特别重大生产安全事故的，事故发生单位在依照本条第一款、第二款规定报告的同时，可以立即报告国家安全生产监督管理总局、国家煤矿安全监察局。

第七条　安全生产监督管理部门、煤矿安全监察机构接到事故发生单位的事故信息报告后，应当按照下列规定上报事故情况，同时书面通知同级公安机关、劳动保障部门、工会、人民检察院和有关部门：

（一）一般事故和较大涉险事故逐级上报至设区的市级安全生产监督管理部门、省级煤矿安全监察机构；

（二）较大事故逐级上报至省级安全生产监督管理部门、省级煤矿安全监察机构；

（三）重大事故、特别重大事故逐级上报至国家安全生产监督管理总局、国家煤矿安全监察局。

前款规定的逐级上报，每一级上报时间不得超过2小时。安全生产监督管理部门依照前款规定上报事故情况时，应当同时报告本级人民政府。

第八条　发生较大生产安全事故或者社会影响重大的事故的，县级、市级安全生产监督管理部门或者煤矿安全监察分局接到事故报告后，在依照本办法第七条规定逐级上报的同时，应当在1小时内先用电话快报省级安全生产监督管理部门、省级煤矿安全监察机构，随后补报文字报告；乡镇安监站（办）可以根据事故情况越级直接报告省级安全生产监督管理部门、省级煤矿安全监察机构。

第九条　发生重大、特别重大生产安全事故或者社会影响恶劣的事故的，县级、市级安全生产监督管理部门或者煤矿安全监察分局接到事故报告后，在依照本办法第七条规定逐级上报的同时，应当在1小时内先用电话快报省级安全生产监督管理部门、省级煤矿安全监察机构，随后补报文字报告；必要时，可以直接用电话报告国家安全生产监督管理总局、国家煤矿安全监察局。

省级安全生产监督管理部门、省级煤矿安全监察机构接到事故报告后，应当在1小时内先用电话快报国家安全生产监督管理总局、国家煤矿安全监察局，随后补报文字报告。

国家安全生产监督管理总局、国家煤矿安全监察局接到事故报告后，应当在1小时内先用电话快报国务院总值班室，随后补报文字报告。

第十条　报告事故信息，应当包括下列内容：

（一）事故发生单位的名称、地址、性质、产能等基本情况；

（二）事故发生的时间、地点以及事故现场情况；

（三）事故的简要经过（包括应急救援情况）；

（四）事故已经造成或者可能造成的伤亡人数（包括下落不明、涉险的人数）和初步估计的直接经济损失；

（五）已经采取的措施；

（六）其他应当报告的情况。

使用电话快报，应当包括下列内容：

（一）事故发生单位的名称、地址、性质；

（二）事故发生的时间、地点；

（三）事故已经造成或者可能造成的伤亡人数（包括下落不明、涉险的人数）。

第十一条　事故具体情况暂时不清楚的，负责事故报告的单位可以先报事故概况，随后补报事故全面情况。

事故信息报告后出现新情况的，负责事故报告的单位应当依照本办法第六条、第七条、第八条、第九条的规定及时续报。较大涉险事故、一般事故、较大事故每日至少续报1次；重大事故、特别重大事故每日至少续报2次。

自事故发生之日起30日内（道路交通、火灾事故自发生之日起7日内），事故造成的伤亡人数发生变化的，应于当日续报。

第十二条　安全生产监督管理部门、煤矿安全监察机构接到任何单位或者个人的事故信息举报后,应当立即与事故单位或者下一级安全生产监督管理部门、煤矿安全监察机构联系,并进行调查核实。

下一级安全生产监督管理部门、煤矿安全监察机构接到上级安全生产监督管理部门、煤矿安全监察机构的事故信息举报核查通知后,应当立即组织查证核实,并在 2 个月内向上一级安全生产监督管理部门、煤矿安全监察机构报告核实结果。

对发生较大涉险事故的,安全生产监督管理部门、煤矿安全监察机构依照本条第二款规定向上一级安全生产监督管理部门、煤矿安全监察机构报告核实结果;对发生生产安全事故的,安全生产监督管理部门、煤矿安全监察机构应当在 5 日内对事故情况进行初步查证,并将事故初步查证的简要情况报告上一级安全生产监督管理部门、煤矿安全监察机构,详细核实结果在 2 个月内报告。

第十三条　事故信息经初步查证后,负责查证的安全生产监督管理部门、煤矿安全监察机构应当立即报告本级人民政府和上一级安全生产监督管理部门、煤矿安全监察机构,并书面通知公安机关、劳动保障部门、工会、人民检察院和有关部门。

第十四条　安全生产监督管理部门与煤矿安全监察机构之间,安全生产监督管理部门、煤矿安全监察机构与其他负有安全生产监督管理职责的部门之间,应当建立有关事故信息的通报制度,及时沟通事故信息。

第十五条　对于事故信息的每周、每月、每年的统计报告,按照有关规定执行。

第三章　事故信息的处置

第十六条　安全生产监督管理部门、煤矿安全监察机构应当建立事故信息处置责任制,做好事故信息的核实、跟踪、分析、统计工作。

第十七条　发生生产安全事故或者较大涉险事故后,安全生产监督管理部门、煤矿安全监察机构应当立即研究、确定并组织实施相关处置措施。安全生产监督管理部门、煤矿安全监察机构负责人按照职责分工负责相关工作。

第十八条　安全生产监督管理部门、煤矿安全监察机构接到生产安全事故报告后,应当按照下列规定派员立即赶赴事故现场:

(一)发生一般事故的,县级安全生产监督管理部门、煤矿安全监察分局负责人立即赶赴事故现场;

(二)发生较大事故的,设区的市级安全生产监督管理部门、省级煤矿安全监察局负责人应当立即赶赴事故现场;

(三)发生重大事故的,省级安全监督管理部门、省级煤矿安全监察局负责人立即赶赴事故现场;

(四)发生特别重大事故的,国家安全生产监督管理总局、国家煤矿安全监察局负责人立即赶赴事故现场。

上级安全生产监督管理部门、煤矿安全监察机构认为必要的,可以派员赶赴事故现场。

第十九条　安全生产监督管理部门、煤矿安全监察机构负责人及其有关人员赶赴事故现场后,应当随时保持与本单位的联系。有关事故信息发生重大变化的,应当依照本办法有关规定及时向本单位或者上级安全生产监督管理部门、煤矿安全监察机构报告。

第二十条　安全生产监督管理部门、煤矿安全监察机构应当依照有关规定定期向社会公布事故信息。

任何单位和个人不得擅自发布事故信息。

第二十一条　安全生产监督管理部门、煤矿安全监察机构应当根据事故信息报告的情况，启动相应的应急救援预案，或者组织有关应急救援队伍协助地方人民政府开展应急救援工作。

第二十二条　安全生产监督管理部门、煤矿安全监察机构按照有关规定组织或者参加事故调查处理工作。

第四章　罚　则

第二十三条　安全生产监督管理部门、煤矿安全监察机构及其工作人员未依法履行事故信息报告和处置职责的，依照有关规定予以处理。

第二十四条　生产经营单位及其有关人员对生产安全事故迟报、漏报、谎报或者瞒报的，依照有关规定予以处罚。

第二十五条　生产经营单位对较大涉险事故迟报、漏报、谎报或者瞒报的，给予警告，并处3万元以下的罚款。

第五章　附　则

第二十六条　本办法所称的较大涉险事故是指：

（一）涉险 10 人以上的事故；

（二）造成 3 人以上被困或者下落不明的事故；

（三）紧急疏散人员 500 人以上的事故；

（四）因生产安全事故对环境造成严重污染（人员密集场所、生活水源、农田、河流、水库、湖泊等）的事故；

（五）危及重要场所和设施安全（电站、重要水利设施、危化品库、油气站和车站、码头、港口、机场及其他人员密集场所等）的事故；

（六）其他较大涉险事故。

第二十七条　省级安全生产监督管理部门、省级煤矿安全监察机构可以根据本办法的规定，制定具体的实施办法。

第二十八条　本办法自 2009 年 7 月 1 日起施行。

国家安全生产监督管理总局令

第 22 号

　　新修订的《安全评价机构管理规定》已经 2009 年 6 月 15 日国家安全生产监督管理总局局长办公会议审议通过,现予公布,自 2009 年 10 月 1 日起施行。原国家安全生产监督管理局(国家煤矿安全监察局)2004 年 10 月 20 日公布的《安全评价机构管理规定》同时废止。

局长　骆琳

二〇〇九年七月一日

安全评价机构管理规定

第一章　总　则

　　第一条　为加强安全评价机构的管理,规范安全评价行为,建立公正、公平、竞争、有序的安全评价技术服务体系,根据《安全生产法》、《行政许可法》和有关规定,制定本规定。

　　第二条　在中华人民共和国境内申请安全评价资质、从事法定安全评价活动以及安全生产监督管理部门、煤矿安全监察机构实施安全评价机构资质监督管理,适用本规定。

　　第三条　国家对安全评价机构实行资质许可制度。安全评价机构应当取得相应的安全评价资质证书(以下简称资质证书),并在资质证书确定的业务范围内从事安全评价活动。

　　未取得资质证书的安全评价机构,不得从事法定安全评价活动。

　　本规定所称的安全评价机构,是指依法从事安全评价活动的社会中介组织。

　　第四条　安全评价机构的资质分为甲级、乙级两种,根据其专业人员构成、技术条件确定各自的业务范围。安全评价机构业务范围划分标准见附件1。

　　甲级资质由省、自治区、直辖市安全生产监督管理部门(以下简称省级安全生产监督管理部门)、省级煤矿安全监察机构审核,国家安全生产监督管理总局审批、颁发证书;乙级资质由设区的市级安全生产监督管理部门、煤矿安全监察分局审核,省级安全生产监督管理部门、省级煤矿安全监察机构审批、颁发证书。

　　省级安全生产监督管理部门、设区的市级安全生产监督管理部门负责除煤矿以外的安全评价机构资质的审批、审核工作,省级煤矿安全监察机构、煤矿安全监察分局负责煤矿的安全评价机构资质的审批、审核工作。

　　未设立煤矿安全监察机构的省、自治区、直辖市,由省级安全生产监督管理部门、设区的市级安全生产监督管理部门负责煤矿的安全评价机构资质的审批、审核工作。

　　第五条　根据社会经济发展水平、区域经济结构和安全评价工作的需要,国家对安全评价机构的设置实行统筹规划、合理布局和总量控制。

　　第六条　取得甲级资质的安全评价机构,可以根据确定的业务范围在全国范围内从事安全评价活动;取得乙级资质的安全评价机构,可以根据确定的业务范围在其所在的省、自治区、直辖市内从事安全评价活动。

下列建设项目或者企业的安全评价,必须由取得甲级资质的安全评价机构承担:

(一)国务院及其投资主管部门审批(核准、备案)的建设项目;

(二)跨省、自治区、直辖市的建设项目;

(三)生产剧毒化学品的建设项目;

(四)生产剧毒化学品的企业和其他大型生产企业。

法律、法规和国务院或其有关部门对安全评价有特殊规定的,依照其规定。

第七条　国家安全生产监督管理总局、省级安全生产监督管理部门、省级煤矿安全监察机构定期向社会公布取得甲级、乙级资质的安全评价机构的名称、业务范围、从业人员、技术装备等相关信息,并接受社会监督。

第二章　取得资质的条件和程序

第八条　安全评价机构申请甲级资质,应当具备下列条件:

(一)具有法人资格,注册资金 500 万元以上,固定资产 400 万元以上;

(二)有与其开展工作相适应的固定工作场所和设施、设备,具有必要的技术支撑条件;

(三)取得安全评价机构乙级资质 3 年以上,且没有违法行为记录;

(四)有健全的内部管理制度和安全评价过程控制体系;

(五)有 25 名以上专职安全评价师,其中一级安全评价师 20％以上、二级安全评价师 30％以上。按照不少于专职安全评价师 30％的比例配备注册安全工程师。安全评价师、注册安全工程师有与其申报业务相适应的专业能力;

(六)法定代表人通过一级资质培训机构组织的相关安全生产和安全评价知识培训,并考试合格;

(七)设有专职技术负责人和过程控制负责人。专职技术负责人有二级以上安全评价师和注册安全工程师资格,并具有与所申报业务相适应的高级专业技术职称;

(八)法律、行政法规、规章规定的其他条件。

第九条　安全评价机构申请乙级资质,应当具备下列条件:

(一)具有法人资格,注册资金 300 万元以上,固定资产 200 万元以上;

(二)有与其开展工作相适应的固定工作场所和设施设备,具有必要的技术支撑条件;

(三)有健全的内部管理制度和安全评价过程控制体系;

(四)有 16 名以上专职安全评价师,其中一级安全评价师 20％以上、二级安全评价师 30％以上。按照不少于专职安全评价师 30％的比例配备注册安全工程师。安全评价师、注册安全工程师有与其申报业务相适应的专业能力;

(五)法定代表人通过二级资质以上培训机构组织的相关安全生产和安全评价知识培训,并考试合格;

(六)设有专职技术负责人和过程控制负责人。专职技术负责人有二级以上安全评价师和注册安全工程师资格,并具有与所申报业务相适应的高级专业技术职称;

(七)法律、行政法规、规章规定的其他条件。

第十条　申请甲级、乙级资质的机构,应当按照本规定第四条的规定,于每年 6 月向国家安全生产监督管理总局、省级安全生产监督管理部门、省级煤矿安全监察机构(以下简称资质审批机关)提出申请。

第十一条　申请甲级资质,按照下列程序办理:

(一)申请人将安全评价机构资质申请表和本规定第八条规定的证明材料,报所在地省级安全生产监督管理部门、省级煤矿安全监察机构审核;

(二)省级安全生产监督管理部门、省级煤矿安全监察机构应当在 5 日内对申请人提供的证明材料进行预审以决定是否受理。予以受理的,自受理申请之日起 20 日内完成审核工作,并将审核报告和证明材料报国家安全生产监督管理总局;不予受理的,向申请人书面说明理由;

(三)国家安全生产监督管理总局接到审核报告和证明材料后,应当按照本规定的要求进行审批,并在 20 日内完成审批工作。经审批合格的,颁发资质证书;不合格的,不予颁发资质证书,并书面说明理由。

第十二条　申请乙级资质,按照下列程序办理:

(一)申请人将安全评价机构资质申请表和本规定第九条规定的证明材料,报所在地设区的市级安全生产监督管理部门、煤矿安全监察分局审核;

(二)设区的市级安全生产监督管理部门、煤矿安全监察分局应当在 5 日内对申请人提供的证明材料进行预审并决定是否受理。予以受理的,自受理申请之日起 20 日内完成审核工作,并将审核报告和证明材料报省级安全生产监督管理部门、省级煤矿安全监察机构;不予受理的,向申请人书面说明理由;

(三)省级安全生产监督管理部门、省级煤矿安全监察机构接到审核报告和证明材料后,应当按照本规定的要求进行审批,并在 20 日内完成审批工作。经审批合格的,颁发资质证书,并填写乙级资质安全评价机构审批备案表(式样见附件 2),自颁发资质证书之日起 30 日内报国家安全生产监督管理总局备案;不合格的,不予颁发资质证书,并书面说明理由。

第十三条　安全生产监督管理部门、煤矿安全监察机构进行资质审核、审批时,可以采用形式审查、现场审查、综合审查相结合的方式。

形式审查,是指对申请人提供的文件、材料是否符合规定要求所进行的审查。

现场审查,是指对申请人提供的文件、材料的实质内容进行的现场核查。

综合审查,是指对申请人提供的文件、材料及其真实性的综合评定。

安全生产监督管理部门、煤矿安全监察机构需要对申请材料的实质内容进行核实的,应当指派两名以上工作人员进行现场审查。现场审查所需时间不计入资质审核、审批期限。

第十四条　安全评价机构取得资质 1 年以上,需要增加业务范围的,应当按照本规定第四条的规定于每年 9 月向资质审批机关提出申请。

申请增加业务范围的程序按照本规定第十一条、第十二条、第十三条的规定办理。

第十五条　安全评价机构的资质证书遗失的,应当及时在有关电视、报刊等媒体上予以声明,并向原资质审批机关申请补发。

第十六条　甲级、乙级资质证书的有效期均为 3 年。资质证书有效期满需要延期的,安全评价机构应当于期满前 3 个月向原资质审批机关提出申请,经复审合格后予以办理延期手续;不合格的,不予办理延期手续。

第十七条　安全评价机构有下列情形之一的,应当在发生变化之日起 30 日内向原资质审批机关申请办理资质证书变更手续:

(一)机构分立或者合并的;

(二)机构名称或者地址发生变化的;

(三)法定代表人、技术负责人发生变化的。

第十八条　安全评价机构有下列情形之一的,资质审批机关应当注销其资质:

（一）资质证书有效期届满未申请延期或者申请延期但不予批准的；

（二）被依法终止的；

（三）自行申请注销的。

第十九条 安全评价机构甲级、乙级资质证书由国家安全生产监督管理总局统一印制。

第三章 安全评价活动

第二十条 安全评价机构应当依照法律、法规、规章、国家标准或者行业标准的规定，遵循客观公正、诚实守信、公平竞争的原则，遵守执业准则，恪守职业道德，依法独立开展安全评价活动，客观、如实地反映所评价的安全事项，并对作出的安全评价结果承担法律责任。

被评价对象的安全生产条件发生重大变化的，被评价对象应当及时委托有资质的安全评价机构重新进行安全评价；未委托重新进行安全评价的，由被评价对象对其产生的后果负责。

第二十一条 安全评价机构开展安全评价业务活动时，应当依法与委托方签订安全评价技术服务合同，明确评价对象、评价范围以及双方的权利、义务和责任。

安全评价机构与被评价对象有利害关系的，应当回避。

建设项目的安全预评价和安全验收评价不得委托同一个安全评价机构。

第二十二条 安全评价机构从事安全评价活动的收费，必须符合法律、法规和有关财政收费的规定。法律、法规和有关财政收费没有规定的，应当按照行业自律标准或者指导性标准收费；没有行业自律和指导性收费标准的，双方可以通过合同协商确定。

省级安全生产监督管理部门、省级煤矿安全监察机构可以根据本行政区域经济发展水平、产业结构以及周边区域收费情况，出台本行政区域的收费指导意见，报国家安全生产监督管理总局备案。

第二十三条 安全评价机构及其从业人员在从事安全评价活动中，不得有下列行为：

（一）泄露被评价对象的技术秘密和商业秘密；

（二）伪造、转让或者租借资质、资格证书；

（三）超出资质证书业务范围从事安全评价活动；

（四）出具虚假或者严重失实的安全评价报告；

（五）转包安全评价项目；

（六）擅自更改、简化评价程序和相关内容；

（七）同时在两个以上安全评价机构从业；

（八）故意贬低、诋毁其他安全评价机构；

（九）从业人员不到现场开展安全评价活动；

（十）法律、法规和规章规定的其他违法、违规行为。

第二十四条 安全评价机构应当建立健全内部管理制度和安全评价过程控制体系。安全评价过程控制记录、被评价对象现场勘查记录、影像资料及相关证明材料，应当及时归档，妥善保管。技术负责人和过程控制负责人应当按照法律、法规、规章和国家标准、行业标准的规定，加强安全评价活动全过程管理。

安全评价机构应当依法与从业人员签订劳动合同，并为其提供必要的劳动防护用品。

第二十五条 取得甲级资质的安全评价机构跨省、自治区、直辖市开展安全评价活动，应当填写甲级资质安全评价机构跨省（自治区、直辖市）开展评价工作报告表（式样见附件3），报送评价项目所在地的省级安全生产监督管理部门、省级煤矿安全监察机构备案，并接受其监督检查。

第二十六条 从事安全评价活动的安全评价师、注册安全工程师应当每年参加必要的继续教育,不断提高安全评价水平。

第二十七条 安全评价行业组织应当加强自律管理,维护安全评价市场秩序,推进安全评价诚信体系建设,建立并完善从业人员管理制度,强化对从业人员的监督。

第四章 监督管理

第二十八条 安全生产监督管理部门、煤矿安全监察机构及其工作人员应当坚持公开、公平、公正的原则,严格按照法律、法规和本规定,审核、审批和颁发资质证书。

第二十九条 对已经取得资质证书的安全评价机构,安全生产监督管理部门、煤矿安全监察机构应当加强监督检查;发现安全评价机构不具备资质条件的,依照规定予以处理。监督检查记录应当经检查人员和安全评价机构负责人签字后归档。

安全评价机构及其从业人员应当接受安全生产监督管理部门、煤矿安全监察机构及其工作人员的监督检查。

对违法违规的安全评价机构和从业人员,安全生产监督管理部门、煤矿安全监察机构应当建立"黑名单"制度,及时向社会公告。

第三十条 安全生产监督管理部门、煤矿安全监察机构应当建立健全安全评价的申诉、投诉和举报制度,受理社会和个人的申诉、投诉和举报,并依法处理。

第三十一条 国家对安全评价机构实行定期考核。

安全评价机构应当每年填写安全评价工作业绩表,经被评价对象确认后,分别报国家安全生产监督管理总局、省级安全生产监督管理部门、省级煤矿安全监察机构备案。安全评价工作业绩表列入安全评价机构考核的重要内容。

对安全评价机构在资质证书有效期内没有开展相应活动的,核减相应的业务范围;定期考核不合格的,依照本规定予以处理。

第三十二条 安全生产监督管理部门、煤矿安全监察机构及其工作人员不得有下列行为:

(一)要求被评价对象接受指定的安全评价机构进行安全评价;

(二)以备案为由,变相设立法律、法规规定以外的行政许可;

(三)采取任何形式的地区保护,限制外地评价机构到本地区开展评价活动;

(四)干预安全评价机构开展正常活动;

(五)以任何理由或者任何方式向安全评价机构收取费用或者变相收取费用;

(六)向安全评价机构摊派财物;

(七)在安全评价机构报销任何费用。

第三十三条 监察机关依照《行政监察法》的规定,对安全生产监督管理部门、煤矿安全监察机构及其工作人员履行安全评价资质监督管理职责实施监察。

第五章 罚 则

第三十四条 安全生产监督管理部门、煤矿安全监察机构工作人员在对安全评价机构实施行政许可和监督检查工作中滥用职权、玩忽职守、徇私舞弊的,依照有关规定给予处理。

第三十五条 安全评价机构未取得相应资质证书,或者冒用资质证书、使用伪造的资质证书从事安全评价活动的,给予警告,并处2万元以上3万元以下的罚款。

转让、租借资质证书或者转包安全评价项目的,给予警告,并处1万元以上2万元以下的罚款。

安全评价机构的资质证书有效期届满未办理延期或者未经批准延期擅自从事安全评价活动

的,依照本条第一款的规定处罚。

第三十六条　安全评价机构有下列情形之一的,给予警告,并处 1 万元以下的罚款;情节严重的,暂停资质半年,并处 3 万元以下的罚款;对相关责任人依法给予处理:

(一)从业人员不到现场开展评价活动的;

(二)安全评价报告与实际情况不符,或者评价报告存在重大疏漏,但尚未造成重大损失的;

(三)未按照有关法律、法规、规章和国家标准、行业标准的规定从事安全评价活动的;

(四)泄露被评价对象的技术秘密和商业秘密的;

(五)采取不正当竞争手段,故意贬低、诋毁其他安全评价机构,并造成严重影响的;

(六)未按规定办理资质证书变更手续的;

(七)定期考核不合格,经整改后仍达不到规定要求的;

(八)内部管理混乱,安全评价过程控制未有效实施的;

(九)未依法与委托方签订安全评价技术服务合同的;

(十)拒绝、阻碍安全生产监督管理部门、煤矿安全监察机构依法监督检查的。

第三十七条　安全评价机构出具虚假证明或者虚假评价报告,尚不构成刑事处罚的,没收违法所得,违法所得在 5000 元以上的,并处违法所得二倍以上五倍以下的罚款;没有违法所得或者违法所得不足 5000 元的,单处或者并处 5000 元以上 2 万元以下的罚款,对其直接负责的主管人员和其他责任人员处 5000 元以上 5 万元以下的罚款;给他人造成损害的,与被评价对象承担连带赔偿责任。

对有前款违法行为的,撤销其相应的资质。

第三十八条　安全评价机构有下列情形之一的,撤销其相应资质:

(一)不符合本规定第八条、第九条规定的资质条件的;

(二)弄虚作假骗取资质证书的;

(三)有其他依法应当撤销资质的情形的。

第三十九条　本规定所规定的行政处罚,由省级以上安全生产监督管理部门、煤矿安全监察机构决定。对甲级资质评价机构的处罚,国家安全生产监督管理总局可以委托省级安全生产监督管理部门、省级煤矿安全监察机构实施。

撤销资质证书的行政处罚由原资质审批机关决定。

第六章　附　则

第四十条　本规定所称安全评价师,是指取得国家职业资格,专门从事安全评价活动的人员。

第四十一条　本规定施行前已经取得相应资质的安全评价机构,应于其资质证书有效期满前 3 个月,按照本规定的条件和程序,重新申请取得相应的安全评价资质;逾期不申请或者经复审不符合规定的相应资质条件,继续从事安全评价活动的,依照本规定第三十五条第一款的规定处罚。

申请海洋石油天然气开采安全评价机构资质的,由国家安全生产监督管理总局直接受理,其资质条件参照本规定执行。

第四十二条　本规定所称的"以上"、"以下",均包括本数。

第四十三条　本规定自 2009 年 10 月 1 日起施行。原国家安全生产监督管理局(国家煤矿安全监察局)2004 年 10 月 20 日公布的《安全评价机构管理规定》同时废止。

国家安全生产监督管理总局令

第 23 号

《作业场所职业健康监督管理暂行规定》已经 2009 年 6 月 15 日国家安全生产监督管理总局局长办公会议审议通过,现予公布,自 2009 年 9 月 1 日起施行。

局长　骆琳
二〇〇九年七月一日

作业场所职业健康监督管理暂行规定

第一章　总　则

第一条　为了加强工矿商贸生产经营单位作业场所职业健康的监督管理,强化生产经营单位职业危害防治的主体责任,预防、控制和消除职业危害,保障从业人员生命安全和健康,根据《职业病防治法》、《安全生产法》等法律、行政法规和国务院有关职业健康监督检查职责调整的规定,制定本规定。

第二条　除煤矿企业以外的工矿商贸生产经营单位(以下简称生产经营单位)作业场所的职业危害防治和安全生产监督管理部门对其实施监督管理工作,适用本规定。

煤矿企业作业场所的职业危害防治和煤矿安全监察机构对其实施监察工作,另行规定。

第三条　生产经营单位应当加强作业场所的职业危害防治工作,为从业人员提供符合法律、法规、规章和国家标准、行业标准的工作环境和条件,采取有效措施,保障从业人员的职业健康。

第四条　生产经营单位是职业危害防治的责任主体。

生产经营单位的主要负责人对本单位作业场所的职业危害防治工作全面负责。

第五条　国家安全生产监督管理总局负责全国生产经营单位作业场所职业健康的监督管理工作。

县级以上地方人民政府安全生产监督管理部门负责本行政区域内生产经营单位作业场所职业健康的监督管理工作。

第六条　为作业场所职业危害防治提供技术服务的职业健康技术服务机构,应当依照法律、法规、规章和执业准则,为生产经营单位提供技术服务。

第七条　任何单位和个人均有权向安全生产监督管理部门举报生产经营单位违反本规定的行为和职业危害事故。

第二章　生产经营单位的职责

第八条　存在职业危害的生产经营单位应当设置或者指定职业健康管理机构,配备专职或者兼职的职业健康管理人员,负责本单位的职业危害防治工作。

第九条　生产经营单位的主要负责人和职业健康管理人员应当具备与本单位所从事的生产经营活动相适应的职业健康知识和管理能力,并接受安全生产监督管理部门组织的职业健康培训。

第十条　生产经营单位应当对从业人员进行上岗前的职业健康培训和在岗期间的定期职业健康培训,普及职业健康知识,督促从业人员遵守职业危害防治的法律、法规、规章、国家标准、行业标准和操作规程。

第十一条　存在职业危害的生产经营单位应当建立、健全下列职业危害防治制度和操作规程:

(一)职业危害防治责任制度;

(二)职业危害告知制度;

(三)职业危害申报制度;

(四)职业健康宣传教育培训制度;

(五)职业危害防护设施维护检修制度;

(六)从业人员防护用品管理制度;

(七)职业危害日常监测管理制度;

(八)从业人员职业健康监护档案管理制度;

(九)岗位职业健康操作规程;

(十)法律、法规、规章规定的其他职业危害防治制度。

第十二条　存在职业危害的生产经营单位的作业场所应当符合下列要求:

(一)生产布局合理,有害作业与无害作业分开;

(二)作业场所与生活场所分开,作业场所不得住人;

(三)有与职业危害防治工作相适应的有效防护设施;

(四)职业危害因素的强度或者浓度符合国家标准、行业标准;

(五)法律、法规、规章和国家标准、行业标准的其他规定。

第十三条　存在职业危害的生产经营单位,应当按照有关规定及时、如实将本单位的职业危害因素向安全生产监督管理部门申报,并接受安全生产监督管理部门的监督检查。

第十四条　新建、改建、扩建的工程建设项目和技术改造、技术引进项目(以下统称建设项目)可能产生职业危害的,建设单位应当按照有关规定,在可行性论证阶段委托具有相应资质的职业健康技术服务机构进行预评价。职业危害预评价报告应当报送建设项目所在地安全生产监督管理部门备案。

第十五条　产生职业危害的建设项目应当在初步设计阶段编制职业危害防治专篇。职业危害防治专篇应当报送建设项目所在地安全生产监督管理部门备案。

第十六条　建设项目的职业危害防护设施应当与主体工程同时设计、同时施工、同时投入生产和使用(以下简称"三同时")。职业危害防护设施所需费用应当纳入建设项目工程预算。

第十七条　建设项目在竣工验收前,建设单位应当按照有关规定委托具有相应资质的职业健康技术服务机构进行职业危害控制效果评价。建设项目竣工验收时,其职业危害防护设施依法经验收合格,取得职业危害防护设施验收批复文件后,方可投入生产和使用。

职业危害控制效果评价报告、职业危害防护设施验收批复文件应当报送建设项目所在地安全生产监督管理部门备案。

第十八条　存在职业危害的生产经营单位,应当在醒目位置设置公告栏,公布有关职业危害防治的规章制度、操作规程和作业场所职业危害因素监测结果。

对产生严重职业危害的作业岗位,应当在醒目位置设置警示标识和中文警示说明。警示说明应当载明产生职业危害的种类、后果、预防和应急处置措施等内容。

第十九条　生产经营单位必须为从业人员提供符合国家标准、行业标准的职业危害防护用品，并督促、教育、指导从业人员按照使用规则正确佩戴、使用，不得发放钱物替代发放职业危害防护用品。

生产经营单位应当对职业危害防护用品进行经常性的维护、保养，确保防护用品有效。不得使用不符合国家标准、行业标准或者已经失效的职业危害防护用品。

第二十条　生产经营单位对职业危害防护设施应当进行经常性的维护、检修和保养，定期检测其性能和效果，确保其处于正常状态。不得擅自拆除或者停止使用职业危害防护设施。

第二十一条　存在职业危害的生产经营单位应当设有专人负责作业场所职业危害因素日常监测，保证监测系统处于正常工作状态。监测的结果应当及时向从业人员公布。

第二十二条　存在职业危害的生产经营单位应当委托具有相应资质的中介技术服务机构，每年至少进行一次职业危害因素检测，每三年至少进行一次职业危害现状评价。定期检测、评价结果应当存入本单位的职业危害防治档案，向从业人员公布，并向所在地安全生产监督管理部门报告。

第二十三条　生产经营单位在日常的职业危害监测或者定期检测、评价过程中，发现作业场所职业危害因素的强度或者浓度不符合国家标准、行业标准的，应当立即采取措施进行整改和治理，确保其符合职业健康环境和条件的要求。

第二十四条　向生产经营单位提供可能产生职业危害的设备的，应当提供中文说明书，并在设备的醒目位置设置警示标识和中文警示说明。警示说明应当载明设备性能、可能产生的职业危害、安全操作和维护注意事项、职业危害防护措施等内容。

第二十五条　向生产经营单位提供可能产生职业危害的化学品等材料的，应当提供中文说明书。说明书应当载明产品特性、主要成分、存在的有害因素、可能产生的危害后果、安全使用注意事项、职业危害防护和应急处置措施等内容。产品包装应当有醒目的警示标识和中文警示说明。贮存场所应当设置危险物品标识。

第二十六条　任何生产经营单位不得使用国家明令禁止使用的可能产生职业危害的设备或者材料。

第二十七条　任何单位和个人不得将产生职业危害的作业转移给不具备职业危害防护条件的单位和个人。不具备职业危害防护条件的单位和个人不得接受产生职业危害的作业。

第二十八条　生产经营单位应当优先采用有利于防治职业危害和保护从业人员健康的新技术、新工艺、新材料、新设备，逐步替代产生职业危害的技术、工艺、材料、设备。

第二十九条　生产经营单位对采用的技术、工艺、材料、设备，应当知悉其可能产生的职业危害，并采取相应的防护措施。对可能产生职业危害的技术、工艺、材料、设备故意隐瞒其危害而采用的，生产经营单位主要负责人对其所造成的职业危害后果承担责任。

第三十条　生产经营单位与从业人员订立劳动合同（含聘用合同，下同）时，应当将工作过程中可能产生的职业危害及其后果、职业危害防护措施和待遇等如实告知从业人员，并在劳动合同中写明，不得隐瞒或者欺骗。生产经营单位应当依法为从业人员办理工伤保险，缴纳保险费。

从业人员在履行劳动合同期间因工作岗位或者工作内容变更，从事与所订立劳动合同中未告知的存在职业危害的作业的，生产经营单位应当依照前款规定，向从业人员履行如实告知的义务，并协商变更原劳动合同相关条款。

生产经营单位违反本条第一款、第二款规定的，从业人员有权拒绝作业。生产经营单位不得因从业人员拒绝作业而解除或者终止与从业人员所订立的劳动合同。

第三十一条　对接触职业危害的从业人员，生产经营单位应当按照国家有关规定组织上岗前、在岗期间和离岗时的职业健康检查,并将检查结果如实告知从业人员。职业健康检查费用由生产经营单位承担。

　　生产经营单位不得安排未经上岗前职业健康检查的从业人员从事接触职业危害的作业;不得安排有职业禁忌的从业人员从事其所禁忌的作业;对在职业健康检查中发现有与所从事职业相关的健康损害的从业人员,应当调离原工作岗位,并妥善安置;对未进行离岗前职业健康检查的从业人员,不得解除或者终止与其订立的劳动合同。

　　第三十二条　生产经营单位应当为从业人员建立职业健康监护档案,并按照规定的期限妥善保存。

　　从业人员离开生产经营单位时,有权索取本人职业健康监护档案复印件,生产经营单位应当如实、无偿提供,并在所提供的复印件上签章。

　　第三十三条　生产经营单位不得安排未成年工从事接触职业危害的作业;不得安排孕期、哺乳期的女职工从事对本人和胎儿、婴儿有危害的作业。

　　第三十四条　生产经营单位发生职业危害事故,应当及时向所在地安全生产监督管理部门和有关部门报告,并采取有效措施,减少或者消除职业危害因素,防止事故扩大。对遭受职业危害的从业人员,及时组织救治,并承担所需费用。

　　生产经营单位及其从业人员不得迟报、漏报、谎报或者瞒报职业危害事故。

　　第三十五条　作业场所使用有毒物品的生产经营单位,应当按照有关规定向安全生产监督管理部门申请办理职业卫生安全许可证。

　　第三十六条　生产经营单位在安全生产监督管理部门行政执法人员依法履行监督检查职责时,应当予以配合,不得拒绝、阻挠。

第三章　监督管理

　　第三十七条　安全生产监督管理部门依法对生产经营单位执行有关职业危害防治的法律、法规、规章和国家标准、行业标准的下列情况进行监督检查:

　　(一)职业健康管理机构设置、人员配备情况;

　　(二)职业危害防治制度和规程的建立、落实及公布情况;

　　(三)主要负责人、职业健康管理人员、从业人员的职业健康教育培训情况;

　　(四)作业场所职业危害因素申报情况;

　　(五)作业场所职业危害因素监测、检测及结果公布情况;

　　(六)职业危害防护设施的设置、维护、保养情况,以及个体防护用品的发放、管理及从业人员佩戴使用情况;

　　(七)职业危害因素及危害后果告知情况;

　　(八)职业危害事故报告情况;

　　(九)依法应当监督检查的其他情况。

　　第三十八条　安全生产监督管理部门应当建立健全职业危害的监督检查制度,加强行政执法人员职业健康知识的培训,提高行政执法人员的业务素质。

　　第三十九条　安全生产监督管理部门应当建立健全职业危害防护设施"三同时"的备案管理制度,加强职业危害相关资料的档案管理。

　　第四十条　安全生产监督管理部门对从事职业危害防治工作的职业健康技术服务机构实行登记备案管理制度。依法取得相应资质的职业健康技术服务机构,应当向安全生产监督管理部门登记备案。

从事作业场所职业危害检测、评价等工作的中介技术服务机构应当客观、真实、准确地开展检测、评价工作,并对其检测、评价的结果负责。

第四十一条　安全生产监督管理部门应当加强对职业健康技术服务机构的监督检查,发现存在违法违规行为的,及时向有关部门通报。

第四十二条　安全生产监督管理部门行政执法人员依法履行监督检查职责时,应当出示有效的执法证件。

行政执法人员应当忠于职守,秉公执法,严格遵守执法规范;对涉及被检查单位的技术秘密和业务秘密的,应当为其保密。

第四十三条　安全生产监督管理部门履行监督检查职责时,有权采取下列措施:

(一)进入被检查单位及作业场所,进行职业危害检测,了解有关情况,调查取证;

(二)查阅、复制被检查单位有关职业危害防治的文件、资料,采集有关样品;

(三)对有根据认为不符合职业危害防治的国家标准、行业标准的设施、设备、器材予以查封或者扣押,并应当在15日内依法作出处理决定。

第四十四条　发生职业危害事故的,安全生产监督管理部门应当并依照国家有关规定报告事故和组织事故的调查处理。

第四章　罚　则

第四十五条　生产经营单位有下列情形之一的,给予警告,责令限期改正;逾期未改正的,处2万元以下的罚款:

(一)未按照规定设置或者指定职业健康管理机构,或者未配备专职或者兼职的职业健康管理人员的;

(二)未按照规定建立职业危害防治制度和操作规程的;

(三)未按照规定公布有关职业危害防治的规章制度和操作规程的;

(四)生产经营单位主要负责人、职业健康管理人员未按照规定接受职业健康培训的;

(五)生产经营单位未按照规定组织从业人员进行职业健康培训的;

(六)作业场所职业危害因素监测、检测和评价结果未按照规定存档、报告和公布的。

第四十六条　生产经营单位有下列情形之一的,责令限期改正,给予警告,可以并处2万元以上5万元以下的罚款:

(一)未按照规定及时、如实申报职业危害因素的;

(二)未按照规定设有专人负责作业场所职业危害因素日常监测,或者监测系统不能正常监测的;

(三)订立或者变更劳动合同时,未告知从业人员职业危害真实情况的;

(四)未按照规定组织从业人员进行职业健康检查、建立职业健康监护档案,或者未将检查结果如实告知从业人员的。

第四十七条　生产经营单位有下列情形之一的,给予警告,责令限期改正;逾期未改正的,处5万元以上20万元以下的罚款;情节严重的,责令停止产生职业危害的作业,或者提请有关人民政府按照国务院规定的权限责令关闭:

(一)作业场所职业危害因素的强度或者浓度超过国家标准、行业标准的;

(二)未提供职业危害防护设施和从业人员使用的职业危害防护用品,或者提供的职业危害防护设施和从业人员使用的职业危害防护用品不符合国家标准、行业标准的;

(三)未按照规定对职业危害防护设施和从业人员职业危害防护用品进行维护、检修、检测,

并保持正常运行、使用状态的;

(四)未按照规定对作业场所职业危害因素进行检测、评价的;

(五)作业场所职业危害因素经治理仍然达不到国家标准、行业标准的;

(六)发生职业危害事故,未采取有效措施,或者未按照规定及时报告的;

(七)未按照规定在产生职业危害的作业岗位醒目位置公布操作规程、设置警示标识和中文警示说明的;

(八)拒绝安全生产监督管理部门依法履行监督检查职责的。

第四十八条 生产经营单位有下列情形之一的,责令限期改正,并处 5 万元以上 30 万元以下的罚款;情节严重的,责令停止产生职业危害的作业,或者提请有关人民政府按照国务院规定的权限责令关闭:

(一)隐瞒技术、工艺、材料所产生的职业危害而采用的;

(二)使用国家明令禁止使用的可能产生职业危害的设备或者材料的;

(三)将产生职业危害的作业转移给没有职业危害防护条件的单位和个人,或者没有职业危害防护条件的单位和个人接受产生职业危害作业的;

(四)擅自拆除、停止使用职业危害防护设施的;

(五)安排未经职业健康检查的从业人员、有职业禁忌的从业人员、未成年工或者孕期、哺乳期女职工从事接触产生职业危害作业或者禁忌作业的。

第四十九条 生产经营单位违反有关职业危害防治法律、法规、规章和国家标准、行业标准的规定,已经对从业人员生命健康造成严重损害的,责令停止产生职业危害的作业,或者提请有关人民政府按照国务院规定的权限责令关闭,并处 10 万元以上 30 万元以下的罚款。

第五十条 建设项目职业危害预评价报告、职业危害防治专篇、职业危害控制效果评价报告和职业危害防护设施验收批复文件未按照本规定要求备案的,给予警告,并处 3 万元以下的罚款。

第五十一条 向生产经营单位提供可能产生职业危害的设备或者材料,未按照规定提供中文说明书或者设置警示标识和中文警示说明的,责令限期改正,给予警告,并处 5 万元以上 20 万元以下的罚款。

第五十二条 安全生产监督管理部门及其行政执法人员未按照规定报告职业危害事故的,依照有关规定给予处理;构成犯罪的,依法追究刑事责任。

第五十三条 本规定所规定的对作业场所职业健康违法行为的处罚,由县级以上安全生产监督管理部门决定。法律、行政法规和国务院有关规定对行政处罚决定机关另有规定的,依照其规定。

第五章 附 则

第五十四条 本规定下列用语的含义:

作业场所,是指从业人员进行职业活动的所有地点,包括建设单位施工场所。

职业危害,是指从业人员在从事职业活动中,由于接触粉尘、毒物等有害因素而对身体健康所造成的各种损害。

职业禁忌,是指从业人员从事特定职业或者接触特定职业危害因素时,比一般职业人群更易于遭受职业危害损伤和罹患职业病,或者可能导致原有自身疾病病情加重,或者在从事作业过程中诱发可能导致对他人生命健康构成危险的疾病的个人特殊生理或者病理状态。

第五十五条 本规定未规定的职业危害防治的其他有关事项,依照《职业病防治法》和其他有关法律、行政法规的规定执行。

第五十六条 本规定自 2009 年 9 月 1 日起施行。

国家安全生产监督管理总局令

第 24 号

《安全生产监管监察职责和行政执法责任追究的暂行规定》已经 2009 年 5 月 27 日国家安全生产监督管理总局局长办公会议审议通过,现予公布,自 2009 年 10 月 1 日起施行。

局长　骆琳

二○○九年七月二十五日

安全生产监管监察职责和行政执法责任追究的暂行规定

第一章　总　则

第一条　为促进安全生产监督管理部门、煤矿安全监察机构及其行政执法人员依法履行职责,落实行政执法责任,保障公民、法人和其他组织合法权益,根据《公务员法》、《安全生产法》、《安全生产许可证条例》等法律法规和国务院有关规定,制定本规定。

第二条　县级以上人民政府安全生产监督管理部门、煤矿安全监察机构(以下统称安全监管监察部门)及其内设机构、行政执法人员履行安全生产监管监察职责和实施行政执法责任追究,适用本规定;法律、法规对行政执法责任追究或者党政领导干部问责另有规定的,依照其规定。

本规定所称行政执法责任追究,是指对作出违法、不当的安全监管监察行政执法行为(以下简称行政执法行为),或者未履行法定职责的安全监管监察部门及其内设机构、行政执法人员,实施行政责任追究(以下简称责任追究)。

第三条　责任追究应当遵循公正公平、有错必究、责罚相当、惩教结合的原则,做到事实清楚、证据确凿、定性准确、处理适当、程序合法、手续完备。

第四条　责任追究实行回避制度。与违法、不当行政执法行为或者责任人有利害关系,或者有其他特殊关系,可能影响公正处理的人员,实施责任追究时应当回避。

安全监管监察部门负责人的回避由该部门负责人集体讨论决定,其他人员的回避由该部门负责人决定。

第二章　安全生产监管监察和行政执法职责

第五条　县级以上人民政府安全生产监督管理部门依法对本行政区域内安全生产工作实施综合监督管理,指导协调和监督检查本级人民政府有关部门依法履行安全生产监督管理职责;对本行政区域内没有其他行政主管部门负责安全生产监督管理的生产经营单位实施安全生产监督管理;对下级人民政府安全生产工作进行监督检查。

煤矿安全监察机构依法履行国家煤矿安全监察职责,实施煤矿安全监察行政执法,对煤矿安全进行重点监察、专项监察和定期监察,对地方人民政府依法履行煤矿安全生产监督管理职责的情况进行监督检查。

　　第六条　安全监管监察部门应当依照法律、法规、规章和本级人民政府、上级安全监管监察部门规定的安全监管监察职责,根据各自的监管监察权限、行政执法人员数量、监管监察的生产经营单位状况、技术装备和经费保障等实际情况,制定本部门年度安全监管或者煤矿安全监察执法工作计划。

　　安全监管执法工作计划应当报本级人民政府批准后实施,并报上一级安全监管部门备案;煤矿安全监察执法工作计划应当报上一级煤矿安全监察机构批准后实施。安全监管和煤矿安全监察执法工作计划因特殊情况需要作出重大调整或者变更的,应当及时报原批准单位批准,并按照批准后的计划执行。

　　安全监管和煤矿安全监察执法工作计划应当包括监管监察的对象、时间、次数、主要事项、方式和职责分工等内容。根据安全监管监察工作需要,安全监管监察部门可以按照安全监管和煤矿安全监察执法工作计划编制现场检查方案,对作业现场的安全生产实施监督检查。

　　第七条　安全监管监察部门应当按照各自权限,依照法律、法规、规章和国家标准或者行业标准规定的安全生产条件和程序,履行下列行政许可职责:

　　(一)矿山建设项目和用于生产、储存危险物品的建设项目安全设施的设计审查、竣工验收;

　　(二)矿山企业、危险化学品和烟花爆竹生产企业的安全生产许可;

　　(三)危险化学品经营许可;

　　(四)非药品类易制毒化学品生产、经营许可;

　　(五)烟花爆竹经营(批发、零售)许可;

　　(六)矿山、危险化学品、烟花爆竹生产经营单位主要负责人、安全生产管理人员的安全资格认定和特种作业人员(特种设备作业人员除外)操作资格认定;

　　(七)煤矿矿用产品安全标志认证机构资质的认可;

　　(八)矿山救护队资质认定;

　　(九)安全生产检测检验、安全评价机构资质的认可;

　　(十)安全培训机构资质的认可;

　　(十一)使用有毒物品作业场所职业卫生安全许可;

　　(十二)注册助理安全工程师资格、注册安全工程师执业资格的考试和注册;

　　(十三)法律、行政法规和国务院设定的其他行政许可。

　　行政许可申请人对其申请材料实质内容的真实性负责。安全监管监察部门对符合法定条件的申请,应当依法予以受理,并作出准予或者不予行政许可的决定。根据法定条件和程序,需要对申请材料的实质内容进行核实的,应当指派两名以上行政执法人员进行核查。

　　对未依法取得行政许可或者验收合格擅自从事有关活动的生产经营单位,安全监管监察部门发现或者接到举报后,属于本部门行政许可职责范围的,应当及时依法查处;属于其他部门行政许可职责范围的,应当及时移送相关部门。对已经依法取得本部门行政许可的生产经营单位,发现其不再具备安全生产条件的,安全监管监察部门应当依法暂扣或者吊销原行政许可证件。

　　第八条　安全监管监察部门应当按照年度安全监管和煤矿安全监察执法工作计划、现场检查方案,对生产经营单位是否具备有关法律、法规、规章和国家标准或者行业标准规定的安全生产条件进行监督检查,重点监督检查下列事项:

　　(一)依法取得有关安全生产行政许可的情况;

　　(二)作业场所职业危害防治的情况;

（三）建立和落实安全生产责任制、安全生产规章制度和操作规程、作业规程的情况；

（四）按照国家规定提取和使用安全生产费用、安全生产风险抵押金，以及其他安全生产投入的情况；

（五）依法设置安全生产管理机构和配备安全生产管理人员的情况；

（六）从业人员受到安全生产教育、培训，取得有关安全资格证书的情况；

（七）新建、改建、扩建工程项目的安全设施与主体工程同时设计、同时施工、同时投入生产和使用，以及按规定办理设计审查和竣工验收的情况；

（八）在有较大危险因素的生产经营场所和有关设施、设备上，设置安全警示标志的情况；

（九）对安全设备设施的维护、保养、定期检测的情况；

（十）重大危险源登记建档、定期检测、评估、监控和制定应急预案的情况；

（十一）教育和督促从业人员严格执行本单位的安全生产规章制度和安全操作规程，并向从业人员如实告知作业场所和工作岗位存在的危险因素、防范措施以及事故应急措施的情况；

（十二）为从业人员提供符合国家标准或者行业标准的劳动防护用品，并监督、教育从业人员按照使用规则正确佩戴和使用的情况；

（十三）在同一作业区域内进行生产经营活动，可能危及对方生产安全的，与对方签订安全生产管理协议，明确各自的安全生产管理职责和应当采取的安全措施，并指定专职安全生产管理人员进行安全检查与协调的情况；

（十四）对承包单位、承租单位的安全生产工作实行统一协调、管理的情况；

（十五）组织安全生产检查，及时排查治理生产安全事故隐患的情况；

（十六）制定、实施生产安全事故应急预案，以及有关应急预案备案的情况；

（十七）危险物品的生产、经营、储存单位以及矿山企业建立应急救援组织或者兼职救援队伍、签订应急救援协议，以及应急救援器材、设备的配备、维护、保养的情况；

（十八）按照规定报告生产安全事故的情况；

（十九）依法应当监督检查的其他情况。

第九条　安全监管监察部门在监督检查中，发现生产经营单位存在安全生产违法行为或者事故隐患的，应当依法采取下列现场处理措施：

（一）当场予以纠正；

（二）责令限期改正、责令限期达到要求；

（三）责令立即停止作业（施工）、责令立即停止使用、责令立即排除事故隐患；

（四）责令从危险区域撤出作业人员；

（五）责令暂时停产停业、停止建设、停止施工或者停止使用；

（六）依法应当采取的其他现场处理措施。

第十条　被责令限期改正、限期达到要求、暂时停产停业、停止建设、停止施工或者停止使用的生产经营单位提出复查申请或者整改、治理限期届满的，安全监管监察部门应当自收到申请或者限期届满之日起 10 日内进行复查，并填写复查意见书，由被复查单位和安全监管监察部门复查人员签名后存档。

煤矿安全监察机构依照有关规定将复查工作移交给县级以上地方人民政府负责煤矿安全生产监督管理的部门的，应当及时将相应的执法文书抄送该部门并备案。县级以上地方人民政府负责煤矿安全生产监督管理的部门应当自收到煤矿申请或者限期届满之日起 10 日内进行复查，并填写复查意见书，由被复查煤矿和复查人员签名后存档，并将复查意见书及时抄送移交复查的煤矿安全监察机构。

对逾期未整改、治理或者整改、治理不合格的生产经营单位，安全监管监察部门应当依法给予行政处罚，并依法提请县级以上地方人民政府按照规定的权限决定关闭。

第十一条 安全监管监察部门在监督检查中，发现生产经营单位存在安全生产非法、违法行为的，有权依法采取下列行政强制措施：

（一）对有根据认为不符合安全生产的国家标准或者行业标准的在用设施、设备、器材，予以查封或者扣押，并应当在作出查封、扣押决定之日起 15 日内依法作出处理决定；

（二）扣押相关的证据材料和违法物品，临时查封有关场所；

（三）法律、法规规定的其他行政强制措施。

实施查封、扣押的，应当当场下达查封、扣押决定书和被查封、扣押的财物清单。在交通不便地区，或者不及时查封、扣押可能影响案件查处，或者存在事故隐患可能造成生产安全事故的，可以先行实施查封、扣押，并在 48 小时内补办查封、扣押决定书，送达当事人。

第十二条 安全监管监察部门在监督检查中，发现生产经营单位存在的安全问题涉及有关地方人民政府或其有关部门的，应当及时向有关地方人民政府报告或其有关部门通报。

第十三条 安全监管监察部门应当严格依照法律、法规和规章规定的行政处罚的行为、种类、幅度和程序，按照各自的管辖权限，对监督检查中发现的生产经营单位及有关人员的安全生产非法、违法行为实施行政处罚。

对到期不缴纳罚款的，安全监管监察部门可以每日按罚款数额的百分之三加处罚款。

生产经营单位拒不执行安全监管监察部门行政处罚决定的，作出行政处罚决定的安全监管监察部门可以依法申请人民法院强制执行；拒不执行处罚决定可能导致生产安全事故的，应当及时向有关地方人民政府报告或其有关部门通报。

第十四条 安全监管监察部门对生产经营单位及其从业人员作出现场处理措施、行政强制措施和行政处罚决定等行政执法行为前，应当充分听取当事人的陈述、申辩，对其提出的事实、理由和证据，应当进行复核。当事人提出的事实、理由和证据成立的，应当予以采纳。

安全监管监察部门对生产经营单位及其从业人员作出现场处理措施、行政强制措施和行政处罚决定等行政执法行为时，应当依法制作有关法律文书，并按照规定送达当事人。

第十五条 安全监管监察部门应当依法履行下列生产安全事故报告和调查处理职责：

（一）建立值班制度，并向社会公布值班电话，受理事故报告和举报；

（二）按照法定的时限、内容和程序逐级上报和补报事故；

（三）接到事故报告后，按照规定派人立即赶赴事故现场，组织或者指导协调事故救援；

（四）按照规定组织或者参加事故调查处理；

（五）对事故发生单位落实事故防范和整改措施的情况进行监督检查；

（六）依法对事故责任单位和有关责任人员实施行政处罚；

（七）依法应当履行的其他职责。

第十六条 安全监管监察部门应当依法受理、调查和处理本部门法定职责范围内的举报事项，并形成书面材料。调查处理情况应当答复举报人，但举报人的姓名、名称、住址不清的除外。对不属于本部门职责范围的举报事项，应当依法予以登记，并告知举报人向有权机关提出。

第十七条 安全监管监察部门应当依法受理行政复议申请，审理行政复议案件，并作出处理或者决定。

第三章 责任追究的范围与承担责任的主体

第十八条 安全监管监察部门及其内设机构、行政执法人员履行本规定第二章规定的行政执法职责,有下列违法或者不当的情形之一,致使行政执法行为被撤销、变更、确认违法,或者被责令履行法定职责、承担行政赔偿责任的,应当实施责任追究:

（一）超越、滥用法定职权的;

（二）主要事实不清、证据不足的;

（三）适用依据错误的;

（四）行政裁量明显不当的;

（五）违反法定程序的;

（六）未按照年度安全监管或者煤矿安全监察执法工作计划、现场检查方案履行法定职责的;

（七）其他违法或者不当的情形。

前款所称的行政执法行为被撤销、变更、确认违法,或者被责令履行法定职责、承担行政赔偿责任,是指行政执法行为被人民法院生效的判决、裁定,或者行政复议机关等有权机关的决定予以撤销、变更、确认违法或者被责令履行法定职责、承担行政赔偿责任的情形。

第十九条　有下列情形之一的,安全监管监察部门及其内设机构、行政执法人员不承担责任:

（一）因生产经营单位、中介机构等行政管理相对人的行为,致使安全监管监察部门及其内设机构、行政执法人员无法作出正确行政执法行为的;

（二）因有关行政执法依据规定不一致,致使行政执法行为适用法律、法规和规章依据不当的;

（三）因不能预见、不能避免并不能克服的不可抗力致使行政执法行为违法、不当或者未履行法定职责的;

（四）违法、不当的行政执法行为情节轻微并及时纠正,没有造成不良后果或者不良后果被及时消除的;

（五）按照批准、备案的安全监管或者煤矿安全监察执法工作计划、现场检查方案和法律、法规、规章规定的方式、程序已经履行安全生产监管监察职责的;

（六）对发现的安全生产非法、违法行为和事故隐患已经依法查处,因生产经营单位及其从业人员拒不执行安全生产监管监察指令导致生产安全事故的;

（七）生产经营单位非法生产或者经责令停产停业整顿后仍不具备安全生产条件,安全监管监察部门已经依法提请县级以上地方人民政府决定取缔或者关闭的;

（八）对拒不执行行政处罚决定的生产经营单位,安全监管监察部门已经依法申请人民法院强制执行的;

（九）安全监管监察部门已经依法向县级以上地方人民政府提出加强和改善安全生产监督管理建议的;

（十）依法不承担责任的其他情形。

第二十条　承办人直接作出违法或者不当行政执法行为的,由承办人承担责任。

第二十一条　对安全监管监察部门应当经审核、批准作出的行政执法行为,分别按照下列情形区分并承担责任:

（一）承办人未经审核人、批准人审批擅自作出行政执法行为,或者不按审核、批准的内容实施,致使行政执法行为违法或者不当的,由承办人承担责任;

（二）承办人弄虚作假、徇私舞弊,或者承办人提出的意见错误,审核人、批准人没有发现或者发现后未予以纠正,致使行政执法行为违法或者不当的,由承办人承担主要责任,审核人、批准人承担次要责任;

(三)审核人改变或者不采纳承办人的正确意见,批准人批准该审核意见,致使行政执法行为违法或者不当的,由审核人承担主要责任,批准人承担次要责任;

(四)审核人未报请批准人批准而擅自作出决定,致使行政执法行为违法或者不当的,由审核人承担责任;

(五)审核人弄虚作假、徇私舞弊,致使批准人作出错误决定的,由审核人承担责任;

(六)批准人改变或者不采纳承办人、审核人的正确意见,致使行政执法行为违法或者不当的,由批准人承担责任;

(七)未经承办人拟办、审核人审核,批准人直接作出违法或者不当的行政执法行为的,由批准人承担责任。

第二十二条　因安全监管监察部门指派不具有行政执法资格的单位或者人员执法,致使行政执法行为违法或者不当的,由指派部门及其负责人承担责任。

第二十三条　因安全监管监察部门负责人集体研究决定,致使行政执法行为违法或者不当的,主要负责人应当承担主要责任,参与作出决定的其他负责人应当分别承担相应的责任。

安全监管监察部门负责人擅自改变集体决定,致使行政执法行为违法或者不当的,由该负责人承担全部责任。

第二十四条　两名以上行政执法人员共同作出违法或者不当行政执法行为的,由主办人员承担主要责任,其他人员承担次要责任;不能区分主要、次要责任人的,共同承担责任。

因安全监管监察部门内设机构单独决定,致使行政执法行为违法或者不当的,由该机构承担全部责任;因两个以上内设机构共同决定,致使行政执法行为违法或者不当的,由有关内设机构共同承担责任。

第二十五条　经安全监管监察部门内设机构会签作出的行政执法行为,分别按照下列情形区分并承担责任:

(一)主办机构提供的有关事实、证据不真实、不准确或者不完整,会签机构通过审查能够提出正确意见但没有提出,致使行政执法行为违法或者不当的,由主办机构承担主要责任,会签机构承担次要责任;

(二)主办机构没有采纳会签机构提出的正确意见,致使行政执法行为违法或者不当的,由主办机构承担责任。

第二十六条　因执行上级安全监管监察部门的指示、批复,致使行政执法行为违法或者不当的,由作出指示、批复的上级安全监管监察部门承担责任。

因请示、报告单位隐瞒事实或者未完整提供真实情况等原因,致使上级安全监管监察部门作出错误指示、批复的,由请示、报告单位承担责任。

第二十七条　下级安全监管监察部门认为上级的决定或者命令有错误的,可以向上级提出改正、撤销该决定或者命令的意见;上级不改变该决定或者命令,或者要求立即执行的,下级安全监管监察部门应当执行该决定或者命令,其不当或者违法责任由上级安全监管监察部门承担。

第二十八条　上级安全监管监察部门改变、撤销下级安全监管监察部门作出的行政执法行为,致使行政执法行为违法或者不当的,由上级安全监管监察部门及其有关内设机构、行政执法人员依照本章规定分别承担相应责任。

第二十九条　安全监管监察部门及其内设机构、行政执法人员不履行法定职责的,应当根据各自的职责分工,依照本章规定区分并承担责任。

第四章　责任追究的方式与适用

第三十条　对安全监管监察部门及其内设机构的责任追究包括下列方式：

（一）责令限期改正；

（二）通报批评；

（三）取消当年评优评先资格；

（四）法律、法规和规章规定的其他方式。

对行政执法人员的责任追究包括下列方式：

（一）批评教育；

（二）离岗培训；

（三）取消当年评优评先资格；

（四）暂扣行政执法证件；

（五）调离执法岗位；

（六）法律、法规和规章规定的其他方式。

本条第一款和第二款规定的责任追究方式，可以单独或者合并适用。

第三十一条　对安全监管监察部门及其内设机构、行政执法人员实施责任追究的时候，应当根据违法、不当行政执法行为的事实、性质、情节和对于社会的危害程度，依照本规定的有关条款决定。

第三十二条　违法或者不当行政执法行为的情节较轻、危害较小的，对安全监管监察部门责令限期改正，对行政执法人员予以批评教育或者离岗培训，并取消当年评优评先资格。

违法或者不当行政执法行为的情节较重、危害较大的，对安全监管监察部门责令限期改正，予以通报批评，并取消当年评优评先资格；对行政执法人员予以调离执法岗位或者暂扣行政执法证件，并取消当年评优评先资格。

第三十三条　安全监管监察部门及其内设机构在年度行政执法评议考核中被确定为不合格的，责令限期改正，并予以通报批评、取消当年评优评先资格。

行政执法人员在年度行政执法评议考核中被确定为不称职的，予以离岗培训、暂扣行政执法证件，并取消当年评优评先资格。

第三十四条　一年内被申请行政复议或者被提起行政诉讼的行政执法行为中，被撤销、变更、确认违法的比例占 20％以上（含本数，下同）的，应当责令有关安全监管监察部门限期改正，并取消当年评优评先资格。

第三十五条　安全监管监察部门承担行政赔偿责任的，应当依照《国家赔偿法》第十四条的规定，责令有故意或者重大过失的行政执法人员承担全部或者部分行政赔偿费用。

第三十六条　对实施违法或者不当的行政执法行为，或者未履行法定职责的行政执法人员，依照《公务员法》、《行政机关公务员处分条例》等的规定应当给予行政处分或者辞退处理的，依照其规定。

第三十七条　行政执法人员的行政执法行为涉嫌犯罪的，移交司法机关处理。

第三十八条　有下列情形之一的，可以从轻或者减轻追究责任：

（一）违反本规定第十一条至第十四条所规定的职责，未造成严重后果的；

（二）主动采取措施，有效避免损失或者挽回影响的；

（三）积极配合责任追究，并且主动承担责任的；

（四）依法可以从轻的其他情形。

第三十九条　有下列情形之一的,应当从重追究责任:

(一)因违法、不当行政执法行为或者不履行法定职责,严重损害国家声誉,或者造成恶劣社会影响,或者致使公共财产、国家和人民利益遭受重大损失的;

(二)滥用职权、玩忽职守、徇私舞弊,致使行政执法行为违法、不当的;

(三)弄虚作假、隐瞒真相,干扰、阻碍责任追究的;

(四)对检举人、控告人、申诉人和实施责任追究的人员打击、报复、陷害的;

(五)一年内出现两次以上应当追究责任的情形的;

(六)依法应当从重追究责任的其他情形。

第五章　责任追究的机关与程序

第四十条　安全生产监督管理部门及其负责人的责任,按照干部管理权限,由其上级安全生产监督管理部门或者本级人民政府行政监察机关追究;所属内设机构和其他行政执法人员的责任,由所在安全生产监督管理部门追究。

煤矿安全监察机构及其负责人的责任,按照干部管理权限,由其上级煤矿安全监察机构追究;所属内设机构及其行政执法人员的责任,由所在煤矿安全监察机构追究。

第四十一条　安全监管监察部门进行责任追究,按照下列程序办理:

(一)负责法制工作的机构自行政执法行为被确认违法、不当之日起15日内,将有关当事人的情况书面通报本部门负责行政监察工作的机构;

(二)负责行政监察工作的机构自收到法制工作机构通报或者直接收到有关行政执法行为违法、不当的举报之日起60日内调查核实有关情况,提出责任追究的建议,报本部门领导班子集体讨论决定;

(三)负责人事工作的机构自责任追究决定作出之日起15日内落实决定事项。

法律、法规对责任追究的程序另有规定的,依照其规定。

第四十二条　安全监管监察部门实施责任追究应当制作《行政执法责任追究决定书》。《行政执法责任追究决定书》由负责行政监察工作的机构草拟,安全监管监察部门作出决定。

《行政执法责任追究决定书》应当写明责任追究的事实、依据、方式、批准机关、生效时间、当事人的申诉期限及受理机关等。离岗培训和暂扣行政执法证件的,还应当写明培训和暂扣的期限等。

第四十三条　安全监管监察部门作出责任追究决定前,负责行政监察工作的机构应当将追究责任的有关事实、理由和依据告知当事人,并听取其陈述和申辩。对其合理意见,应当予以采纳。

《行政执法责任追究决定书》应当送到当事人,以及当事人所在的单位和内设机构。责任追究决定作出后,作出决定的安全监管监察部门应当派人与当事人谈话,做好思想工作,督促其做好工作交接等后续工作。

当事人对责任追究决定不服的,可以依照《公务员法》等规定申请复核和提出申诉。申诉期间,不停止责任追究决定的执行。

第四十四条　对当事人的责任追究情况应当作为其考核、奖惩、任免的重要依据。安全监管监察部门负责人事工作的机构应当将责任追究的有关材料记入当事人个人档案。

第六章　附　则

第四十五条　本规定所称的安全生产非法行为,是指公民、法人或者其他组织未依法取得安全监管监察部门的行政许可,擅自从事生产经营活动的行为,或者该行政许可已经失效,继续从事生产经营活动的行为。

本规定所称的安全生产违法行为,是指公民、法人或者其他组织违反有关安全生产的法律、法规、规章、国家标准、行业标准的规定,从事生产经营活动的行为。

本规定所称的违法的行政执法行为,是指违反法律、法规、规章规定的职责、程序所作出的具体行政行为。

本规定所称的不当的行政执法行为,是指违反客观、适度、公平、公正、合理等适用法律的一般原则所作出的具体行政行为。

第四十六条 依法授权或者委托行使安全生产行政执法职责的单位及其行政执法人员的责任追究,参照本规定执行。

第四十七条 本规定自 2009 年 10 月 1 日起施行。省、自治区、直辖市人民代表大会及其常务委员会或者省、自治区、直辖市人民政府对地方安全生产监督管理部门及其内设机构、行政执法人员的责任追究另有规定的,依照其规定。

国家安全生产监督管理总局令

第 26 号

《冶金企业安全生产监督管理规定》已经 2009 年 8 月 24 日国家安全生产监督管理总局局长办公会议审议通过,现予公布,自 2009 年 11 月 1 日起施行。

局长　骆琳

二〇〇九年九月八日

冶金企业安全生产监督管理规定

第一章　总　则

第一条　为了加强冶金企业安全生产监督管理工作,防止和减少生产安全事故和职业危害,保障从业人员的生命安全与健康,根据安全生产法等法律、行政法规,制定本规定。

第二条　从事炼铁、炼钢、轧钢、铁合金生产作业活动和钢铁企业内与主工艺流程配套的辅助工艺环节的安全生产及其监督管理,适用本规定。

第三条　国家安全生产监督管理总局对全国冶金安全生产工作实施监督管理。

县级以上地方人民政府安全生产监督管理部门按照属地监管、分级负责的原则,对本行政区域内的冶金安全生产工作实施监督管理。

第四条　冶金企业是安全生产的责任主体,其主要负责人是本单位安全生产第一责任人,相关负责人在各自职责内对本单位安全生产工作负责。集团公司对其所属分公司、子公司、控股公司的安全生产工作负管理责任。

第二章　安全保障

第五条　冶金企业应当遵守有关安全生产法律、法规、规章和国家标准或者行业标准的规定。

焦化、氧气及相关气体制备、煤气生产(不包括回收)等危险化学品生产单位应当按照国家有关规定,取得危险化学品生产企业安全生产许可证。

第六条　冶金企业应当建立健全安全生产责任制和安全生产管理制度,完善各工种、岗位的安全技术操作规程。

第七条　冶金企业的从业人员超过 300 人的,应当设置安全生产管理机构,配备不少于从业人员 3‰比例的专职安全生产管理人员;从业人员在 300 人以下的,应当配备专职或者兼职安全生产管理人员。

第八条　冶金企业应当保证安全生产所必需的资金投入,并用于下列范围:

(一)完善、改造和维护安全防护设备设施;

（二）安全生产教育培训和配备劳动防护用品；

（三）安全评价、重大危险源监控、重大事故隐患评估和整改；

（四）职业危害防治，职业危害因素检测、监测和职业健康体检；

（五）设备设施安全性能检测检验；

（六）应急救援器材、装备的配备及应急救援演练；

（七）其他与安全生产直接相关的物品或者活动。

第九条 冶金企业主要负责人、安全生产管理人员应当接受安全生产教育和培训，具备与本单位所从事的生产经营活动相适应的安全生产知识和管理能力。特种作业人员必须按照国家有关规定经专门的安全培训考核合格，取得特种作业操作资格证书后，方可上岗作业。

冶金企业应当定期对从业人员进行安全生产教育和培训，保证从业人员具备必要的安全生产知识，了解有关的安全生产法律法规，熟悉规章制度和安全技术操作规程，掌握本岗位的安全操作技能。未经安全生产教育和培训合格的从业人员，不得上岗作业。

冶金企业应当按照有关规定对从事煤气生产、储存、输送、使用、维护检修的人员进行专门的煤气安全基本知识、煤气安全技术、煤气监测方法、煤气中毒紧急救护技术等内容的培训，并经考核合格后，方可安排其上岗作业。

第十条 冶金企业的新建、改建、扩建工程项目（以下统称建设项目）的安全设施、职业危害防护设施必须符合有关安全生产法律、法规、规章和国家标准或者行业标准的规定，并与主体工程同时设计、同时施工、同时投入生产和使用（以下统称"三同时"）。安全设施和职业危害防护设施的投资应当纳入建设项目概算。

建设单位对建设项目的安全设施"三同时"负责。

建设单位应当按照有关规定组织建设项目安全设施的设计审查和竣工验收。

第十一条 建设项目在可行性研究阶段应当委托具有相应资质的中介机构进行安全预评价。

建设项目进行初步设计时，应当选择具有相应资质的设计单位按照规定编制安全专篇。安全专篇应当包括有关安全预评价报告的内容，符合有关安全生产法律、法规、规章和国家标准或者行业标准的规定。

第十二条 建设项目安全设施应当由具有相应资质的施工单位施工。施工单位应当按照设计方案进行施工，并对安全设施的施工质量负责。

建设项目安全设施设计作重大变更的，应当经原设计单位同意，并报安全生产监督管理部门备案。

第十三条 建设项目安全设施竣工后，应当委托具有相应资质的中介机构进行安全验收评价。建设项目安全设施经验收合格后，方可投入生产和使用。

安全预评价报告、安全专篇、安全验收评价报告应当报安全生产监督管理部门备案。

第十四条 冶金企业应当对本单位存在的各类危险源进行辨识，实行分级管理。对于构成重大危险源的，应当登记建档，进行定期检测、评估和监控，并报安全生产监督管理部门备案。

第十五条 冶金企业应当按照国家有关规定，加强职业危害的防治与职业健康监护工作，采取有效措施控制职业危害，保证作业场所的职业卫生条件符合法律、行政法规和国家标准或者行业标准的规定。

计量检测用的放射源应当按照有关规定取得放射物品使用许可证。

第十六条 冶金企业应当建立隐患排查治理制度，开展安全检查；对检查中发现的事故隐患，应当及时整改；暂时不能整改完毕的，应当制定具体整改计划，并采取可靠的安全保障措施。

检查及整改情况应当记录在案。

第十七条 冶金企业应当加强对施工、检修等工程项目和生产经营项目、场所(以下简称工程项目)承包单位的安全管理,不得将工程项目发包给不具备相应资质的单位。工程项目承包协议应当明确规定双方的安全生产责任和义务。安全措施费用应当纳入工程项目承包费用。

冶金企业应当全面负责工程项目的安全生产工作,承包单位应当服从统一管理,并对工程项目的现场安全管理具体负责。

工程项目不得违法转包、分包。

第十八条 冶金企业应当从合法的劳务公司录用劳务人员,并与劳务公司签订合同,对劳务人员进行统一的安全生产教育和培训。

第十九条 冶金企业应当建立健全事故应急救援体系,制定相应的事故应急预案,配备必要的应急救援装备与器材,定期开展应急宣传、教育、培训、演练,并按照规定对事故应急预案进行评审和备案。

第二十条 冶金企业应当建立安全检查与隐患整改记录、安全培训记录、事故记录、从业人员健康监护记录、危险源管理记录、安全资金投入和使用记录、安全管理台账、劳动防护用品发放台账、"三同时"审查和验收资料、有关设计资料及图纸、安全预评价报告、安全专篇、安全验收评价报告等档案管理制度,对有关安全生产的文件、报告、记录等及时归档。

第二十一条 冶金企业的会议室、活动室、休息室、更衣室等人员密集场所应当设置在安全地点,不得设置在高温液态金属的吊运影响范围内。

第二十二条 冶金企业内承受重荷载和受高温辐射、热渣喷溅、酸碱腐蚀等危害的建(构)筑物,应当按照有关规定定期进行安全鉴定。

第二十三条 冶金企业应当在煤气储罐区等可能发生煤气泄漏、聚集的场所,设置固定式煤气检测报警仪,建立预警系统,悬挂醒目的安全警示牌,并加强通风换气。

进入煤气区域作业的人员,应当携带煤气检测报警仪器;在作业前,应当检查作业场所的煤气含量,并采取可靠的安全防护措施,经检查确认煤气含量符合规定后,方可进入作业。

第二十四条 氧气系统应当采取可靠的安全措施,防止氧气燃爆事故以及氮气、氩气、珠光砂窒息事故。

第二十五条 冶金企业应当为从业人员配备与工作岗位相适应的符合国家标准或者行业标准的劳动防护用品,并监督、教育从业人员按照使用规则佩戴、使用。

从业人员在作业过程中,应当严格遵守本单位的安全生产规章制度和操作规程,服从管理,正确佩戴和使用劳动防护用品。

第二十六条 冶金企业对涉及煤气、氧气、氢气等危险化学品生产、输送、使用、储存的设施以及油库、电缆隧道(沟)等重点防火部位,应当按照有关规定采取有效、可靠的防火防爆措施。

第二十七条 冶金企业应当根据本单位的安全生产实际状况,科学、合理确定煤气柜容积,按照《工业企业煤气安全规程》(GB 6222)的规定,合理选择柜址位置,设置安全保护装置,制定煤气柜事故应急预案。

第二十八条 冶金企业应当定期对安全设备设施和安全保护装置进行检查、校验。对超过使用年限和不符合国家产业政策的设备,及时予以报废。对现有设备设施进行更新或者改造的,不得降低其安全技术性能。

第二十九条 冶金企业从事检修作业前,应当制定相应的安全技术措施及应急预案,并组织落实。对危险性较大的检修作业,其安全技术措施和应急预案应当经本单位负责安全生产管理的机构审查同意。在可能发生火灾、爆炸的区域进行动火作业,应当按照有关规定执行动火审批制度。

第三十条　冶金企业应当积极开展安全生产标准化工作,逐步提高企业的安全生产水平。

冶金企业发生生产安全事故后,应当按照有关规定及时报告安全生产监督管理部门和有关部门,并组织事故应急救援。

第三章　监督管理

第三十一条　安全生产监督管理部门及其监督检查人员应当加强对冶金企业安全生产的监督检查,对违反安全生产法律、法规、规章、国家标准或者行业标准和本规定的安全生产违法行为,依法实施行政处罚。

第三十二条　安全生产监督管理部门应当建立健全建设项目安全预评价、安全专篇、安全验收评价的备案管理制度,加强建设项目安全设施的"三同时"的监督检查。

第三十三条　安全生产监督管理部门应当加强对监督检查人员的冶金专业知识培训,提高行政执法能力。

安全生产监督管理部门应当为进入冶金企业特定作业场所进行监督检查的人员,配备必需的个体防护用品和监测检查仪器。

第三十四条　监督检查人员执行监督检查任务时,必须出示有效的执法证件,并由 2 人以上共同进行;检查及处理情况应当依法记录在案。对涉及被检查单位的技术秘密和业务秘密,应当为其保密。

第三十五条　安全生产监督管理部门应当加强本行政区域内冶金企业应急预案的备案管理,并将重大冶金事故应急救援纳入地方人民政府整体应急救援体系。

第四章　罚　则

第三十六条　监督检查人员在对冶金企业进行监督检查时,滥用职权、玩忽职守、徇私舞弊的,依照有关规定给予行政处分;构成犯罪的,依法追究刑事责任。

第三十七条　冶金企业违反本规定第二十一条、第二十三条、第二十四条、第二十七条规定的,给予警告,并处 1 万元以上 3 万元以下的罚款。

第三十八条　冶金企业有下列行为之一的,责令限期改正;逾期未改正的,处 2 万元以下的罚款:

(一)安全预评价报告、安全专篇、安全验收评价报告未按照规定备案的;

(二)煤气生产、输送、使用、维护检修人员未经培训合格上岗作业的;

(三)未从合法的劳务公司录用劳务人员,或者未与劳务公司签订合同,或者未对劳务人员进行统一安全生产教育和培训的。

第五章　附　则

第三十九条　本规定自 2009 年 11 月 1 日起施行。

国家安全生产监督管理总局令

第 30 号

《特种作业人员安全技术培训考核管理规定》已经 2010 年 4 月 26 日国家安全生产监督管理总局局长办公会议审议通过，现予以公布，自 2010 年 7 月 1 日起施行。1999 年 7 月 12 日原国家经济贸易委员会发布的《特种作业人员安全技术培训考核管理办法》同时废止。

局长　骆琳
二〇一〇年五月二十四日

特种作业人员安全技术培训考核管理规定

第一章　总　则

第一条　为了规范特种作业人员的安全技术培训考核工作，提高特种作业人员的安全技术水平，防止和减少伤亡事故，根据《安全生产法》、《行政许可法》等有关法律、行政法规，制定本规定。

第二条　生产经营单位特种作业人员的安全技术培训、考核、发证、复审及其监督管理工作，适用本规定。

有关法律、行政法规和国务院对有关特种作业人员管理另有规定的，从其规定。

第三条　本规定所称特种作业，是指容易发生事故，对操作者本人、他人的安全健康及设备、设施的安全可能造成重大危害的作业。特种作业的范围由特种作业目录规定。

本规定所称特种作业人员，是指直接从事特种作业的从业人员。

第四条　特种作业人员应当符合下列条件：

（一）年满 18 周岁，且不超过国家法定退休年龄；

（二）经社区或者县级以上医疗机构体检健康合格，并无妨碍从事相应特种作业的器质性心脏病、癫痫病、美尼尔氏症、眩晕症、癔病、震颤麻痹症、精神病、痴呆症以及其他疾病和生理缺陷；

（三）具有初中及以上文化程度；

（四）具备必要的安全技术知识与技能；

（五）相应特种作业规定的其他条件。

危险化学品特种作业人员除符合前款第（一）项、第（二）项、第（四）项和第（五）项规定的条件外，应当具备高中或者相当于高中及以上文化程度。

第五条　特种作业人员必须经专门的安全技术培训并考核合格，取得《中华人民共和国特种作业操作证》（以下简称特种作业操作证）后，方可上岗作业。

第六条　特种作业人员的安全技术培训、考核、发证、复审工作实行统一监管、分级实施、教考分离的原则。

第七条 国家安全生产监督管理总局(以下简称安全监管总局)指导、监督全国特种作业人员的安全技术培训、考核、发证、复审工作;省、自治区、直辖市人民政府安全生产监督管理部门负责本行政区域特种作业人员的安全技术培训、考核、发证、复审工作。

国家煤矿安全监察局(以下简称煤矿安监局)指导、监督全国煤矿特种作业人员(含煤矿矿井使用的特种设备作业人员)的安全技术培训、考核、发证、复审工作;省、自治区、直辖市人民政府负责煤矿特种作业人员考核发证工作的部门或者指定的机构负责本行政区域煤矿特种作业人员的安全技术培训、考核、发证、复审工作。

省、自治区、直辖市人民政府安全生产监督管理部门和负责煤矿特种作业人员考核发证工作的部门或者指定的机构(以下统称考核发证机关)可以委托设区的市人民政府安全生产监督管理部门和负责煤矿特种作业人员考核发证工作的部门或者指定的机构实施特种作业人员的安全技术培训、考核、发证、复审工作。

第八条 对特种作业人员安全技术培训、考核、发证、复审工作中的违法行为,任何单位和个人均有权向安全监管总局、煤矿安监局和省、自治区、直辖市及设区的市人民政府安全生产监督管理部门、负责煤矿特种作业人员考核发证工作的部门或者指定的机构举报。

第二章 培 训

第九条 特种作业人员应当接受与其所从事的特种作业相应的安全技术理论培训和实际操作培训。

已经取得职业高中、技工学校及中专以上学历的毕业生从事与其所学专业相应的特种作业,持学历证明经考核发证机关同意,可以免予相关专业的培训。

跨省、自治区、直辖市从业的特种作业人员,可以在户籍所在地或者从业所在地参加培训。

第十条 从事特种作业人员安全技术培训的机构(以下统称培训机构),必须按照有关规定取得安全生产培训资质证书后,方可从事特种作业人员的安全技术培训。

培训机构开展特种作业人员的安全技术培训,应当制定相应的培训计划、教学安排,并报有关考核发证机关审查、备案。

第十一条 培训机构应当按照安全监管总局、煤矿安监局制定的特种作业人员培训大纲和煤矿特种作业人员培训大纲进行特种作业人员的安全技术培训。

第三章 考核发证

第十二条 特种作业人员的考核包括考试和审核两部分。考试由考核发证机关或其委托的单位负责;审核由考核发证机关负责。

安全监管总局、煤矿安监局分别制定特种作业人员、煤矿特种作业人员的考核标准,并建立相应的考试题库。

考核发证机关或其委托的单位应当按照安全监管总局、煤矿安监局统一制定的考核标准进行考核。

第十三条 参加特种作业操作资格考试的人员,应当填写考试申请表,由申请人或者申请人的用人单位持学历证明或者培训机构出具的培训证明向申请人户籍所在地或者从业所在地的考核发证机关或其委托的单位提出申请。

考核发证机关或其委托的单位收到申请后,应当在60日内组织考试。

特种作业操作资格考试包括安全技术理论考试和实际操作考试两部分。考试不及格的,允许补考1次。经补考仍不及格的,重新参加相应的安全技术培训。

第十四条 考核发证机关委托承担特种作业操作资格考试的单位应当具备相应的场所、设施、设备等条件,建立相应的管理制度,并公布收费标准等信息。

第十五条 考核发证机关或其委托承担特种作业操作资格考试的单位,应当在考试结束后10个工作日内公布考试成绩。

第十六条 符合本规定第四条规定并经考试合格的特种作业人员,应当向其户籍所在地或者从业所在地的考核发证机关申请办理特种作业操作证,并提交身份证复印件、学历证书复印件、体检证明、考试合格证明等材料。

第十七条 收到申请的考核发证机关应当在5个工作日内完成对特种作业人员所提交申请材料的审查,作出受理或者不予受理的决定。能够当场作出受理决定的,应当当场作出受理决定;申请材料不齐全或者不符合要求的,应当当场或者在5个工作日内一次告知申请人需要补正的全部内容,逾期不告知的,视为自收到申请材料之日起即已被受理。

第十八条 对已经受理的申请,考核发证机关应当在20个工作日内完成审核工作。符合条件的,颁发特种作业操作证;不符合条件的,应当说明理由。

第十九条 特种作业操作证有效期为6年,在全国范围内有效。

特种作业操作证由安全监管总局统一式样、标准及编号。

第二十条 特种作业操作证遗失的,应当向原考核发证机关提出书面申请,经原考核发证机关审查同意后,予以补发。

特种作业操作证所记载的信息发生变化或者损毁的,应当向原考核发证机关提出书面申请,经原考核发证机关审查确认后,予以更换或者更新。

第四章 复 审

第二十一条 特种作业操作证每3年复审1次。

特种作业人员在特种作业操作证有效期内,连续从事本工种10年以上,严格遵守有关安全生产法律法规的,经原考核发证机关或者从业所在地考核发证机关同意,特种作业操作证的复审时间可以延长至每6年1次。

第二十二条 特种作业操作证需要复审的,应当在期满前60日内,由申请人或者申请人的用人单位向原考核发证机关或者从业所在地考核发证机关提出申请,并提交下列材料:

(一)社区或者县级以上医疗机构出具的健康证明;

(二)从事特种作业的情况;

(三)安全培训考试合格记录。

特种作业操作证有效期届满需要延期换证的,应当按照前款的规定申请延期复审。

第二十三条 特种作业操作证申请复审或者延期复审前,特种作业人员应当参加必要的安全培训并考试合格。

安全培训时间不少于8个学时,主要培训法律、法规、标准、事故案例和有关新工艺、新技术、新装备等知识。

第二十四条 申请复审的,考核发证机关应当在收到申请之日起20个工作日内完成复审工作。复审合格的,由考核发证机关签章、登记,予以确认;不合格的,说明理由。

申请延期复审的,经复审合格后,由考核发证机关重新颁发特种作业操作证。

第二十五条 特种作业人员有下列情形之一的,复审或者延期复审不予通过:

(一)健康体检不合格的;

（二）违章操作造成严重后果或者有 2 次以上违章行为，并经查证确实的；

（三）有安全生产违法行为，并给予行政处罚的；

（四）拒绝、阻碍安全生产监管监察部门监督检查的；

（五）未按规定参加安全培训，或者考试不合格的；

（六）具有本规定第三十条、第三十一条规定情形的。

第二十六条　特种作业操作证复审或者延期复审符合本规定第二十五条第（二）项、第（三）项、第（四）项、第（五）项情形的，按照本规定经重新安全培训考试合格后，再办理复审或者延期复审手续。

再复审、延期复审仍不合格，或者未按期复审的，特种作业操作证失效。

第二十七条　申请人对复审或者延期复审有异议的，可以依法申请行政复议或者提起行政诉讼。

第五章　监督管理

第二十八条　考核发证机关或其委托的单位及其工作人员应当忠于职守、坚持原则、廉洁自律，按照法律、法规、规章的规定进行特种作业人员的考核、发证、复审工作，接受社会的监督。

第二十九条　考核发证机关应当加强对特种作业人员的监督检查，发现其具有本规定第三十条规定情形的，及时撤销特种作业操作证；对依法应当给予行政处罚的安全生产违法行为，按照有关规定依法对生产经营单位及其特种作业人员实施行政处罚。

考核发证机关应当建立特种作业人员管理信息系统，方便用人单位和社会公众查询；对于注销特种作业操作证的特种作业人员，应当及时向社会公告。

第三十条　有下列情形之一的，考核发证机关应当撤销特种作业操作证：

（一）超过特种作业操作证有效期未延期复审的；

（二）特种作业人员的身体条件已不适合继续从事特种作业的；

（三）对发生生产安全事故负有责任的；

（四）特种作业操作证记载虚假信息的；

（五）以欺骗、贿赂等不正当手段取得特种作业操作证的。

特种作业人员违反前款第（四）项、第（五）项规定的，3 年内不得再次申请特种作业操作证。

第三十一条　有下列情形之一的，考核发证机关应当注销特种作业操作证：

（一）特种作业人员死亡的；

（二）特种作业人员提出注销申请的；

（三）特种作业操作证被依法撤销的。

第三十二条　离开特种作业岗位 6 个月以上的特种作业人员，应当重新进行实际操作考试，经确认合格后方可上岗作业。

第三十三条　省、自治区、直辖市人民政府安全生产监督管理部门和负责煤矿特种作业人员考核发证工作的部门或者指定的机构应当每年分别向安全监管总局、煤矿安监局报告特种作业人员的考核发证情况。

第三十四条　培训机构应当按照有关规定组织实施特种作业人员的安全技术培训，不得向任何机构或者个人转借、出租安全生产培训资质证书。

第三十五条　生产经营单位应当加强对本单位特种作业人员的管理，建立健全特种作业人员培训、复审档案，做好申报、培训、考核、复审的组织工作和日常的检查工作。

第三十六条　特种作业人员在劳动合同期满后变动工作单位的，原工作单位不得以任何理由扣押其特种作业操作证。

跨省、自治区、直辖市从业的特种作业人员应当接受从业所在地考核发证机关的监督管理。

第三十七条 生产经营单位不得印制、伪造、倒卖特种作业操作证,或者使用非法印制、伪造、倒卖的特种作业操作证。

特种作业人员不得伪造、涂改、转借、转让、冒用特种作业操作证或者使用伪造的特种作业操作证。

第六章 罚 则

第三十八条 考核发证机关或其委托的单位及其工作人员在特种作业人员考核、发证和复审工作中滥用职权、玩忽职守、徇私舞弊的,依法给予行政处分;构成犯罪的,依法追究刑事责任。

第三十九条 生产经营单位未建立健全特种作业人员档案的,给予警告,并处 1 万元以下的罚款。

第四十条 生产经营单位使用未取得特种作业操作证的特种作业人员上岗作业的,责令限期改正;逾期未改正的,责令停产停业整顿,可以并处 2 万元以下的罚款。

煤矿企业使用未取得特种作业操作证的特种作业人员上岗作业的,依照《国务院关于预防煤矿生产安全事故的特别规定》的规定处罚。

第四十一条 生产经营单位非法印制、伪造、倒卖特种作业操作证,或者使用非法印制、伪造、倒卖的特种作业操作证的,给予警告,并处 1 万元以上 3 万元以下的罚款;构成犯罪的,依法追究刑事责任。

第四十二条 特种作业人员伪造、涂改特种作业操作证或者使用伪造的特种作业操作证的,给予警告,并处 1000 元以上 5000 元以下的罚款。

特种作业人员转借、转让、冒用特种作业操作证的,给予警告,并处 2000 元以上 10000 元以下的罚款。

第四十三条 培训机构违反有关规定从事特种作业人员安全技术培训的,按照有关规定依法给予行政处罚。

第七章 附 则

第四十四条 特种作业人员培训、考试的收费标准,由省、自治区、直辖市人民政府安全生产监督管理部门会同负责煤矿特种作业人员考核发证工作的部门或者指定的机构统一制定,报同级人民政府物价、财政部门批准后执行,证书工本费由考核发证机关列入同级财政预算。

第四十五条 省、自治区、直辖市人民政府安全生产监督管理部门和负责煤矿特种作业人员考核发证工作的部门或者指定的机构可以结合本地区实际,制定实施细则,报安全监管总局、煤矿安监局备案。

第四十六条 本规定自 2010 年 7 月 1 日起施行。1999 年 7 月 12 日原国家经贸委发布的《特种作业人员安全技术培训考核管理办法》(原国家经贸委令第 13 号)同时废止。

附件

特种作业目录

1　电工作业

指对电气设备进行运行、维护、安装、检修、改造、施工、调试等作业(不含电力系统进网作业)。

1.1　高压电工作业

指对1千伏(kV)及以上的高压电气设备进行运行、维护、安装、检修、改造、施工、调试、试验及绝缘工、器具进行试验的作业。

1.2　低压电工作业

指对1千伏(kV)以下的低压电器设备进行安装、调试、运行操作、维护、检修、改造施工和试验的作业。

1.3　防爆电气作业

指对各种防爆电气设备进行安装、检修、维护的作业。

适用于除煤矿井下以外的防爆电气作业。

2　焊接与热切割作业

指运用焊接或者热切割方法对材料进行加工的作业(不含《特种设备安全监察条例》规定的有关作业)。

2.1　熔化焊接与热切割作业

指使用局部加热的方法将连接处的金属或其他材料加热至熔化状态而完成焊接与切割的作业。

适用于气焊与气割、焊条电弧焊与碳弧气刨、埋弧焊、气体保护焊、等离子弧焊、电渣焊、电子束焊、激光焊、氧熔剂切割、激光切割、等离子切割等作业。

2.2　压力焊作业

指利用焊接时施加一定压力而完成的焊接作业。

适用于电阻焊、气压焊、爆炸焊、摩擦焊、冷压焊、超声波焊、锻焊等作业。

2.3　钎焊作业

指使用比母材熔点低的材料作钎料,将焊件和钎料加热到高于钎料熔点,但低于母材熔点的温度,利用液态钎料润湿母材,填充接头间隙并与母材相互扩散而实现连接焊件的作业。

适用于火焰钎焊作业、电阻钎焊作业、感应钎焊作业、浸渍钎焊作业、炉中钎焊作业,不包括烙铁钎焊作业。

3　高处作业

指专门或经常在坠落高度基准面2米及以上有可能坠落的高处进行的作业。

3.1　登高架设作业

指在高处从事脚手架、跨越架架设或拆除的作业。

3.2　高处安装、维护、拆除作业

指在高处从事安装、维护、拆除的作业。

适用于利用专用设备进行建筑物内外装饰、清洁、装修，电力、电信等线路架设，高处管道架设，小型空调高处安装、维修，各种设备设施与户外广告设施的安装、检修、维护以及在高处从事建筑物、设备设施拆除作业。

4　制冷与空调作业

指对大中型制冷与空调设备运行操作、安装与修理的作业。

4.1　制冷与空调设备运行操作作业

指对各类生产经营企业和事业等单位的大中型制冷与空调设备运行操作的作业。

适用于化工类（石化、化工、天然气液化、工艺性空调）生产企业，机械类（冷加工、冷处理、工艺性空调）生产企业，食品类（酿造、饮料、速冻或冷冻调理食品、工艺性空调）生产企业，农副产品加工类（屠宰及肉食品加工、水产加工、果蔬加工）生产企业，仓储类（冷库、速冻加工、制冰）生产经营企业，运输类（冷藏运输）经营企业，服务类（电信机房、体育场馆、建筑的集中空调）经营企业和事业等单位的大中型制冷与空调设备运行操作作业。

4.2　制冷与空调设备安装修理作业

指对 4.1 所指制冷与空调设备整机、部件及相关系统进行安装、调试与维修的作业。

5　煤矿安全作业

5.1　煤矿井下电气作业

指从事煤矿井下机电设备的安装、调试、巡检、维修和故障处理，保证本班机电设备安全运行的作业。

适用于与煤共生、伴生的坑探、矿井建设、开采过程中的井下电钳等作业。

5.2　煤矿井下爆破作业

指在煤矿井下进行爆破的作业。

5.3　煤矿安全监测监控作业

指从事煤矿井下安全监测监控系统的安装、调试、巡检、维修，保证其安全运行的作业。

适用于与煤共生、伴生的坑探、矿井建设、开采过程中的安全监测监控作业。

5.4　煤矿瓦斯检查作业

指从事煤矿井下瓦斯巡检工作，负责管辖范围内通风设施的完好及通风、瓦斯情况检查，按规定填写各种记录，及时处理或汇报发现的问题的作业。

适用于与煤共生、伴生的矿井建设、开采过程中的煤矿井下瓦斯检查作业。

5.5　煤矿安全检查作业

指从事煤矿安全监督检查，巡检生产作业场所的安全设施和安全生产状况，检查并督促处理相应事故隐患的作业。

5.6　煤矿提升机操作作业

指操作煤矿的提升设备运送人员、矿石、矸石和物料，并负责巡检和运行记录的作业。

适用于操作煤矿提升机，包括立井、暗立井提升机，斜井、暗斜井提升机以及露天矿山斜坡卷扬提升的提升机作业。

5.7　煤矿采煤机（掘进机）操作作业

指在采煤工作面、掘进工作面操作采煤机、掘进机，从事落煤、装煤、掘进工作，负责采煤机、

掘进机巡检和运行记录,保证采煤机、掘进机安全运行的作业。

适用于煤矿开采、掘进过程中的采煤机、掘进机作业。

5.8　煤矿瓦斯抽采作业

指从事煤矿井下瓦斯抽采钻孔施工、封孔、瓦斯流量测定及瓦斯抽采设备操作等,保证瓦斯抽采工作安全进行的作业。

适用于煤矿、与煤共生和伴生的矿井建设、开采过程中的煤矿地面和井下瓦斯抽采作业。

5.9　煤矿防突作业

指从事煤与瓦斯突出的预测预报、相关参数的收集与分析、防治突出措施的实施与检查、防突效果检验等,保证防突工作安全进行的作业。

适用于煤矿、与煤共生和伴生的矿井建设、开采过程中的煤矿井下煤与瓦斯防突作业。

5.10　煤矿探放水作业

指从事煤矿探放水的预测预报、相关参数的收集与分析、探放水措施的实施与检查、效果检验等,保证探放水工作安全进行的作业。

适用于煤矿、与煤共生和伴生的矿井建设、开采过程中的煤矿井下探放水作业。

6　金属非金属矿山安全作业

6.1　金属非金属矿井通风作业

指安装井下局部通风机,操作地面主要扇风机、井下局部通风机和辅助通风机,操作、维护矿井通风构筑物,进行井下防尘,使矿井通风系统正常运行,保证局部通风,以预防中毒窒息和除尘等的作业。

6.2　尾矿作业

指从事尾矿库放矿、筑坝、巡坝、抽洪和排渗设施的作业。

适用于金属非金属矿山的尾矿作业。

6.3　金属非金属矿山安全检查作业

指从事金属非金属矿山安全监督检查,巡检生产作业场所的安全设施和安全生产状况,检查并督促处理相应事故隐患的作业。

6.4　金属非金属矿山提升机操作作业

指操作金属非金属矿山的提升设备运送人员、矿石、矸石和物料,及负责巡检和运行记录的作业。

适用于金属非金属矿山的提升机,包括竖井、盲竖井提升机,斜井、盲斜井提升机以及露天矿山斜坡卷扬提升的提升机作业。

6.5　金属非金属矿山支柱作业

指在井下检查井巷和采场顶、帮的稳定性,撬浮石,进行支护的作业。

6.6　金属非金属矿山井下电气作业

指从事金属非金属矿山井下机电设备的安装、调试、巡检、维修和故障处理,保证机电设备安全运行的作业。

6.7　金属非金属矿山排水作业

指从事金属非金属矿山排水设备日常使用、维护、巡检的作业。

6.8　金属非金属矿山爆破作业

指在露天和井下进行爆破的作业。

7　石油天然气安全作业

7.1　司钻作业

指石油、天然气开采过程中操作钻机起升钻具的作业。

适用于陆上石油、天然气司钻（含钻井司钻、作业司钻及勘探司钻）作业。

8　冶金（有色）生产安全作业

8.1　煤气作业

指冶金、有色企业内从事煤气生产、储存、输送、使用、维护检修的作业。

9　危险化学品安全作业

指从事危险化工工艺过程操作及化工自动化控制仪表安装、维修、维护的作业。

9.1　光气及光气化工艺作业

指光气合成以及厂内光气储存、输送和使用岗位的作业。

适用于一氧化碳与氯气反应得到光气，光气合成双光气、三光气，采用光气作单体合成聚碳酸酯，甲苯二异氰酸酯（TDI）制备，4,4′-二苯基甲烷二异氰酸酯（MDI）制备等工艺过程的操作作业。

9.2　氯碱电解工艺作业

指氯化钠和氯化钾电解、液氯储存和充装岗位的作业。

适用于氯化钠（食盐）水溶液电解生产氯气、氢氧化钠、氢气，氯化钾水溶液电解生产氯气、氢氧化钾、氢气等工艺过程的操作作业。

9.3　氯化工艺作业

指液氯储存、气化和氯化反应岗位的作业。

适用于取代氯化，加成氯化，氧氯化等工艺过程的操作作业。

9.4　硝化工艺作业

指硝化反应、精馏分离岗位的作业。

适用于直接硝化法，间接硝化法，亚硝化法等工艺过程的操作作业。

9.5　合成氨工艺作业

指压缩、氨合成反应、液氨储存岗位的作业。

适用于节能氨五工艺法（AMV），德士古水煤浆加压气化法、凯洛格法，甲醇与合成氨联合生产的联醇法，纯碱与合成氨联合生产的联碱法，采用变换催化剂、氧化锌脱硫剂和甲烷催化剂的"三催化"气体净化法工艺过程的操作作业。

9.6　裂解（裂化）工艺作业

指石油系的烃类原料裂解（裂化）岗位的作业。

适用于热裂解制烯烃工艺，重油催化裂化制汽油、柴油、丙烯、丁烯，乙苯裂解制苯乙烯，二氟一氯甲烷（HCFC-22）热裂解制得四氟乙烯（TFE），二氟一氯乙烷（HCFC-142b）热裂解制得偏氟乙烯（VDF），四氟乙烯和八氟环丁烷热裂解制得六氟乙烯（HFP）工艺过程的操作作业。

9.7　氟化工艺作业

指氟化反应岗位的作业。

适用于直接氟化，金属氟化物或氟化氢气体氟化，置换氟化以及其他氟化物的制备等工艺过程的操作作业。

9.8　加氢工艺作业

指加氢反应岗位的作业。

适用于不饱和炔烃、烯烃的三键和双键加氢,芳烃加氢,含氧化合物加氢,含氮化合物加氢以及油品加氢等工艺过程的操作作业。

9.9　重氮化工艺作业

指重氮化反应、重氮盐后处理岗位的作业。

适用于顺法、反加法、亚硝酰硫酸法、硫酸铜触媒法以及盐析法等工艺过程的操作作业。

9.10　氧化工艺作业

指氧化反应岗位的作业。

适用于乙烯氧化制环氧乙烷,甲醇氧化制备甲醛,对二甲苯氧化制备对苯二甲酸,异丙苯经氧化—酸解联产苯酚和丙酮,环己烷氧化制环己酮,天然气氧化制乙炔,丁烯、丁烷、C4 馏分或苯的氧化制顺丁烯二酸酐,邻二甲苯或萘的氧化制备邻苯二甲酸酐,均四甲苯的氧化制备均苯四甲酸二酐,苊的氧化制 1,8-萘二甲酸酐,3-甲基吡啶氧化制 3-吡啶甲酸(烟酸),4-甲基吡啶氧化制 4-吡啶甲酸(异烟酸),2-乙基已醇(异辛醇)氧化制备 2-乙基己酸(异辛酸),对氯甲苯氧化制备对氯苯甲醛和对氯苯甲酸,甲苯氧化制备苯甲醛、苯甲酸,对硝基甲苯氧化制备对硝基苯甲酸,环十二醇/酮混合物的开环氧化制备十二碳二酸,环己酮/醇混合物的氧化制己二酸,乙二醛硝酸氧化法合成乙醛酸,以及丁醛氧化制丁酸以及氨氧化制硝酸等工艺过程的操作作业。

9.11　过氧化工艺作业

指过氧化反应、过氧化物储存岗位的作业。

适用于双氧水的生产,乙酸在硫酸存在下与双氧水作用制备过氧乙酸水溶液,酸酐与双氧水作用直接制备过氧二酸,苯甲酰氯与双氧水的碱性溶液作用制备过氧化苯甲酰,以及异丙苯经空气氧化生产过氧化氢异丙苯等工艺过程的操作作业。

9.12　胺基化工艺作业

指胺基化反应岗位的作业。

适用于邻硝基氯苯与氨水反应制备邻硝基苯胺,对硝基氯苯与氨水反应制备对硝基苯胺,间甲酚与氯化铵的混合物在催化剂和氨水作用下生成间甲苯胺,甲醇在催化剂和氨气作用下制备甲胺,1-硝基蒽醌与过量的氨水在氯苯中制备 1-氨基蒽醌,2,6-蒽醌二磺酸氨解制备 2,6-二氨基蒽醌,苯乙烯与胺反应制备 N-取代苯乙胺,环氧乙烷或亚乙基亚胺与胺或氨发生开环加成反应制备氨基乙醇或二胺,甲苯经氨氧化制备苯甲腈,以及丙烯氨氧化制备丙烯腈等工艺过程的操作作业。

9.13　磺化工艺作业

指磺化反应岗位的作业。

适用于三氧化硫磺化法,共沸去水磺化法,氯磺酸磺化法,烘焙磺化法,以及亚硫酸盐磺化法等工艺过程的操作作业。

9.14　聚合工艺作业

指聚合反应岗位的作业。

适用于聚烯烃、聚氯乙烯、合成纤维、橡胶、乳液、涂料粘合剂生产以及氟化物聚合等工艺过程的操作作业。

9.15　烷基化工艺作业

指烷基化反应岗位的作业。

适用于 C-烷基化反应,N-烷基化反应,O-烷基化反应等工艺过程的操作作业。

9.16　化工自动化控制仪表作业

指化工自动化控制仪表系统安装、维修、维护的作业。

10　烟花爆竹安全作业

指从事烟花爆竹生产、储存中的药物混合、造粒、筛选、装药、筑药、压药、搬运等危险工序的作业。

10.1　烟火药制造作业

指从事烟火药的粉碎、配药、混合、造粒、筛选、干燥、包装等作业。

10.2　黑火药制造作业

指从事黑火药的潮药、浆硝、包片、碎片、油压、抛光和包浆等作业。

10.3　引火线制造作业

指从事引火线的制引、浆引、漆引、切引等作业。

10.4 烟花爆竹产品涉药作业

指从事烟花爆竹产品加工中的压药、装药、筑药、褙药剂、已装药的钻孔等作业。

10.5 烟花爆竹储存作业

指从事烟花爆竹仓库保管、守护、搬运等作业。

11　安全监管总局认定的其他作业

国家安全生产监督管理总局令

第 36 号

《建设项目安全设施"三同时"监督管理暂行办法》已经 2010 年 11 月 3 日国家安全生产监督管理总局局长办公会议审议通过,现予公布,自 2011 年 2 月 1 日起施行。

局长　骆琳
二○一○年十二月十四日

建设项目安全设施"三同时"监督管理暂行办法

第一章　总　则

第一条　为加强建设项目安全管理,预防和减少生产安全事故,保障从业人员生命和财产安全,根据《中华人民共和国安全生产法》和《国务院关于进一步加强企业安全生产工作的通知》等法律、行政法规和规定,制定本办法。

第二条　经县级以上人民政府及其有关主管部门依法审批、核准或者备案的生产经营单位新建、改建、扩建工程项目(以下统称建设项目)安全设施的建设及其监督管理,适用本办法。

法律、行政法规及国务院对建设项目安全设施建设及其监督管理另有规定的,依照其规定。

第三条　本办法所称的建设项目安全设施,是指生产经营单位在生产经营活动中用于预防生产安全事故的设备、设施、装置、构(建)筑物和其他技术措施的总称。

第四条　生产经营单位是建设项目安全设施建设的责任主体。建设项目安全设施必须与主体工程同时设计、同时施工、同时投入生产和使用(以下简称"三同时")。安全设施投资应当纳入建设项目概算。

第五条　国家安全生产监督管理总局对全国建设项目安全设施"三同时"实施综合监督管理,并在国务院规定的职责范围内承担国务院及其有关主管部门审批、核准或者备案的建设项目安全设施"三同时"的监督管理。

县级以上地方各级安全生产监督管理部门对本行政区域内的建设项目安全设施"三同时"实施综合监督管理,并在本级人民政府规定的职责范围内承担本级人民政府及其有关主管部门审批、核准或者备案的建设项目安全设施"三同时"的监督管理。

跨两个及两个以上行政区域的建设项目安全设施"三同时"由其共同的上一级人民政府安全生产监督管理部门实施监督管理。

上一级人民政府安全生产监督管理部门根据工作需要,可以将其负责监督管理的建设项目安全设施"三同时"工作委托下一级人民政府安全生产监督管理部门实施监督管理。

第六条　安全生产监督管理部门应当加强建设项目安全设施建设的日常安全监管,落实有关行政许可及其监管责任,督促生产经营单位落实安全设施建设责任。

第二章　建设项目安全条件论证与安全预评价

第七条　下列建设项目在进行可行性研究时,生产经营单位应当分别对其安全生产条件进行论证和安全预评价:

(一)非煤矿矿山建设项目;

(二)生产、储存危险化学品(包括使用长输管道输送危险化学品,下同)的建设项目;

(三)生产、储存烟花爆竹的建设项目;

(四)化工、冶金、有色、建材、机械、轻工、纺织、烟草、商贸、军工、公路、水运、轨道交通、电力等行业的国家和省级重点建设项目;

(五)法律、行政法规和国务院规定的其他建设项目。

第八条　生产经营单位对本办法第七条规定的建设项目进行安全条件论证时,应当编制安全条件论证报告。安全条件论证报告应当包括下列内容:

(一)建设项目内在的危险和有害因素及对安全生产的影响;

(二)建设项目与周边设施(单位)生产、经营活动和居民生活在安全方面的相互影响;

(三)当地自然条件对建设项目安全生产的影响;

(四)其他需要论证的内容。

第九条　生产经营单位应当委托具有相应资质的安全评价机构,对其建设项目进行安全预评价,并编制安全预评价报告。

建设项目安全预评价报告应当符合国家标准或者行业标准的规定。

生产、储存危险化学品的建设项目安全预评价报告除符合本条第二款的规定外,还应当符合有关危险化学品建设项目的规定。

第十条　本办法第七条规定以外的其他建设项目,生产经营单位应当对其安全生产条件和设施进行综合分析,形成书面报告,并按照本办法第五条的规定报安全生产监督管理部门备案。

第三章　建设项目安全设施设计审查

第十一条　生产经营单位在建设项目初步设计时,应当委托有相应资质的设计单位对建设项目安全设施进行设计,编制安全专篇。

安全设施设计必须符合有关法律、法规、规章和国家标准或者行业标准、技术规范的规定,并尽可能采用先进适用的工艺、技术和可靠的设备、设施。本办法第七条规定的建设项目安全设施设计还应当充分考虑建设项目安全预评价报告提出的安全对策措施。

安全设施设计单位、设计人应当对其编制的设计文件负责。

第十二条　建设项目安全专篇应当包括下列内容:

(一)设计依据;

(二)建设项目概述;

(三)建设项目涉及的危险、有害因素和危险、有害程度及周边环境安全分析;

(四)建筑及场地布置;

(五)重大危险源分析及检测监控;

(六)安全设施设计采取的防范措施;

(七)安全生产管理机构设置或者安全生产管理人员配备情况;

(八)从业人员教育培训情况;

（九）工艺、技术和设备、设施的先进性和可靠性分析；

（十）安全设施专项投资概算；

（十一）安全预评价报告中的安全对策及建议采纳情况；

（十二）预期效果以及存在的问题与建议；

（十三）可能出现的事故预防及应急救援措施；

（十四）法律、法规、规章、标准规定需要说明的其他事项。

第十三条　本办法第七条第（一）项、第（二）项、第（三）项规定的建设项目安全设施设计完成后，生产经营单位应当按照本办法第五条的规定向安全生产监督管理部门提出审查申请，并提交下列文件资料：

（一）建设项目审批、核准或者备案的文件；

（二）建设项目安全设施设计审查申请；

（三）设计单位的设计资质证明文件；

（四）建设项目初步设计报告及安全专篇；

（五）建设项目安全预评价报告及相关文件资料；

（六）法律、行政法规、规章规定的其他文件资料。

安全生产监督管理部门收到申请后，对属于本部门职责范围内的，应当及时进行审查，并在收到申请后 5 个工作日内作出受理或者不予受理的决定，书面告知申请人；对不属于本部门职责范围内的，应当将有关文件资料转送有审查权的安全生产监督管理部门，并书面告知申请人。

本办法第七条第（四）项规定的建设项目安全设施设计完成后，生产经营单位应当按照本办法第五条的规定向安全生产监督管理部门备案，并提交下列文件资料：

（一）建设项目审批、核准或者备案的文件；

（二）建设项目初步设计报告及安全专篇；

（三）建设项目安全预评价报告及相关文件资料。

第十四条　对已经受理的建设项目安全设施设计审查申请，安全生产监督管理部门应当自受理之日起 20 个工作日内作出是否批准的决定，并书面告知申请人。20 个工作日内不能作出决定的，经本部门负责人批准，可以延长 10 个工作日，并应当将延长期限的理由书面告知申请人。

第十五条　建设项目安全设施设计有下列情形之一的，不予批准，并不得开工建设：

（一）无建设项目审批、核准或者备案文件的；

（二）未委托具有相应资质的设计单位进行设计的；

（三）安全预评价报告由未取得相应资质的安全评价机构编制的；

（四）未按照有关安全生产的法律、法规、规章和国家标准或者行业标准、技术规范的规定进行设计的；

（五）未采纳安全预评价报告中的安全对策和建议，且未作充分论证说明的；

（六）不符合法律、行政法规规定的其他条件的。

建设项目安全设施设计审查未予批准的，生产经营单位经过整改后可以向原审查部门申请再审。

第十六条　已经批准的建设项目及其安全设施设计有下列情形之一的，生产经营单位应当报原批准部门审查同意；未经审查同意的，不得开工建设：

（一）建设项目的规模、生产工艺、原料、设备发生重大变更的；

（二）改变安全设施设计且可能降低安全性能的；

（三）在施工期间重新设计的。

第十七条　本办法第七条规定以外的建设项目安全设施设计,由生产经营单位组织审查,形成书面报告,并按照本办法第五条的规定报安全生产监督管理部门备案。

第四章　建设项目安全设施施工和竣工验收

第十八条　建设项目安全设施的施工应当由取得相应资质的施工单位进行,并与建设项目主体工程同时施工。

施工单位应当在施工组织设计中编制安全技术措施和施工现场临时用电方案,同时对危险性较大的分部分项工程依法编制专项施工方案,并附具安全验算结果,经施工单位技术负责人、总监理工程师签字后实施。

施工单位应当严格按照安全设施设计和相关施工技术标准、规范施工,并对安全设施的工程质量负责。

第十九条　施工单位发现安全设施设计文件有错漏的,应当及时向生产经营单位、设计单位提出。生产经营单位、设计单位应当及时处理。

施工单位发现安全设施存在重大事故隐患时,应当立即停止施工并报告生产经营单位进行整改。整改合格后,方可恢复施工。

第二十条　工程监理单位应当审查施工组织设计中的安全技术措施或者专项施工方案是否符合工程建设强制性标准。

工程监理单位在实施监理过程中,发现存在事故隐患的,应当要求施工单位整改;情况严重的,应当要求施工单位暂时停止施工,并及时报告生产经营单位。施工单位拒不整改或者不停止施工的,工程监理单位应当及时向有关主管部门报告。

工程监理单位、监理人员应当按照法律、法规和工程建设强制性标准实施监理,并对安全设施工程的工程质量承担监理责任。

第二十一条　建设项目安全设施建成后,生产经营单位应当对安全设施进行检查,对发现的问题及时整改。

第二十二条　本办法第七条规定的建设项目竣工后,根据规定建设项目需要试运行(包括生产、使用,下同)的,应当在正式投入生产或者使用前进行试运行。

试运行时间应当不少于30日,最长不得超过180日,国家有关部门有规定或者特殊要求的行业除外。

生产、储存危险化学品的建设项目,应当在建设项目试运行前将试运行方案报负责建设项目安全许可的安全生产监督管理部门备案。

第二十三条　建设项目安全设施竣工或者试运行完成后,生产经营单位应当委托具有相应资质的安全评价机构对安全设施进行验收评价,并编制建设项目安全验收评价报告。

建设项目安全验收评价报告应当符合国家标准或者行业标准的规定。

生产、储存危险化学品的建设项目安全验收评价报告除符合本条第二款的规定外,还应当符合有关危险化学品建设项目的规定。

第二十四条　本办法第七条第(一)项、第(二)项、第(三)项规定的建设项目竣工投入生产或者使用前,生产经营单位应当按照本办法第五条的规定向安全生产监督管理部门申请安全设施竣工验收,并提交下列文件资料:

(一)安全设施竣工验收申请;

(二)安全设施设计审查意见书(复印件);

(三)施工单位的资质证明文件(复印件);

（四）建设项目安全验收评价报告及其存在问题的整改确认材料；

（五）安全生产管理机构设置或者安全生产管理人员配备情况；

（六）从业人员安全培训教育及资格情况；

（七）法律、行政法规、规章规定的其他文件资料。

安全设施需要试运行（生产、使用）的，还应当提供自查报告。

安全生产监督管理部门收到申请后，对属于本部门职责范围内的，应当及时审查，并在收到申请后5个工作日内作出受理或者不予受理的决定，并书面告知申请人；对不属于本部门职责范围内的，应当将有关文件资料转送有审查权的安全生产监督管理部门，并书面告知申请人。

本办法第七条第（四）项规定的建设项目竣工投入生产或者使用前，生产经营单位应当按照本办法第五条的规定向安全生产监督管理部门备案，并提交下列文件资料：

（一）安全设施设计备案意见书（复印件）；

（二）施工单位的施工资质证明文件（复印件）；

（三）建设项目安全验收评价报告及其存在问题的整改确认材料；

（四）安全生产管理机构设置或者安全生产管理人员配备情况；

（五）从业人员安全教育培训及资格情况。

安全设施需要试运行（生产、使用）的，还应当提供自查报告。

第二十五条　对已经受理的建设项目安全设施竣工验收申请，安全生产监督管理部门应当自受理之日起20个工作日内作出是否合格的决定，并书面告知申请人。20个工作日内不能作出决定的，经本部门负责人批准，可以延长10个工作日，并应当将延长期限的理由书面告知申请人。

第二十六条　建设项目的安全设施有下列情形之一的，竣工验收不合格，并不得投入生产或者使用：

（一）未选择具有相应资质的施工单位施工的；

（二）未按照建设项目安全设施设计文件施工或者施工质量未达到建设项目安全设施设计文件要求的；

（三）建设项目安全设施的施工不符合国家有关施工技术标准的；

（四）未选择具有相应资质的安全评价机构进行安全验收评价或者安全验收评价不合格的；

（五）安全设施和安全生产条件不符合有关安全生产法律、法规、规章和国家标准或者行业标准、技术规范规定的；

（六）发现建设项目试运行期间存在事故隐患未整改的；

（七）未依法设置安全生产管理机构或者配备安全生产管理人员的；

（八）从业人员未经过安全教育培训或者不具备相应资格的；

（九）不符合法律、行政法规规定的其他条件的。

建设项目安全设施竣工验收未通过的，生产经营单位经过整改后可以向原验收部门再次申请验收。

第二十七条　本办法第七条规定以外的建设项目安全设施竣工验收，由生产经营单位组织实施，形成书面报告，并按照本办法第五条的规定报安全生产监督管理部门备案。

第二十八条　生产经营单位应当按照档案管理的规定，建立建设项目安全设施"三同时"文件资料档案，并妥善保存。

第二十九条　建设项目安全设施未与主体工程同时设计、同时施工或者同时投入使用的，安全生产监督管理部门对与此有关的行政许可一律不予审批，同时责令生产经营单位立即停止施工、限期改正违法行为，对有关生产经营单位和人员依法给予行政处罚。

第五章　法律责任

第三十条　建设项目安全设施"三同时"违反本办法的规定，安全生产监督管理部门及其工作人员给予审批通过或者颁发有关许可证的，依法给予行政处分。

第三十一条　生产经营单位违反本办法的规定，对本办法第七条规定的建设项目未进行安全生产条件论证和安全预评价的，给予警告，可以并处1万元以上3万元以下的罚款。

生产经营单位违反本办法的规定，对本办法第七条规定以外的建设项目未进行安全生产条件和设施综合分析，形成书面报告，并报安全生产监督管理部门备案的，给予警告，可以并处5000元以上2万元以下的罚款。

第三十二条　本办法第七条第（一）项、第（二）项、第（三）项规定的建设项目有下列情形之一的，责令限期改正；逾期未改正的，责令停止建设或者停产停业整顿，可以并处5万元以下的罚款：

（一）没有安全设施设计或者安全设施设计未按照规定报经安全生产监督管理部门审查同意，擅自开工的；

（二）施工单位未按照批准的安全设施设计施工的；

（三）投入生产或者使用前，安全设施未经验收合格的。

第三十三条　本办法第七条第（四）项规定的建设项目有下列情形之一的，给予警告，并处1万元以上3万元以下的罚款：

（一）没有安全设施设计或者安全设施设计未按照规定向安全生产监督管理部门备案的；

（二）施工单位未按照安全设施设计施工的；

（三）投入生产或者使用前，安全设施竣工验收情况未按照规定向安全生产监督管理部门备案的。

第三十四条　已经批准的建设项目安全设施设计发生重大变更，生产经营单位未报原批准部门审查同意擅自开工建设的，责令限期改正，可以并处1万元以上3万元以下的罚款。

第三十五条　本办法第七条规定以外的建设项目有下列情形之一的，对生产经营单位责令限期改正，可以并处5000元以上3万元以下的罚款：

（一）没有安全设施设计的；

（二）安全设施设计未组织审查，形成书面审查报告，并报安全生产监督管理部门备案的；

（三）施工单位未按照安全设施设计施工的；

（四）未组织安全设施竣工验收，形成书面报告，并报安全生产监督管理部门备案的。

第三十六条　承担建设项目安全评价的机构弄虚作假、出具虚假报告，尚未构成犯罪的，没收违法所得，违法所得在5000元以上的，并处违法所得二倍以上五倍以下的罚款；没有违法所得或者违法所得不足5000元的，单处或者并处5000元以上2万元以下的罚款，对其直接负责的主管人员和其他直接责任人员处5000元以上5万元以下的罚款；给他人造成损害的，与生产经营单位承担连带赔偿责任。

对有前款违法行为的机构，撤销其相应资格。

第三十七条　本办法规定的行政处罚由安全生产监督管理部门决定。法律、行政法规对行政处罚的种类、幅度和决定机关另有规定的，依照其规定。

安全生产监督管理部门对应当由其他有关部门进行处理的"三同时"问题，应当及时移送有关部门并形成记录备查。

第六章　附　则

第三十八条　本办法自2011年2月1日起施行。

仓库防火安全管理规则

（公安部令第 6 号,1990）

第一章　总　则

第一条　为了加强仓库消防安全管理,保护仓库免受火灾危害。根据《中华人民共和国消防条例》及其实施细则的有关规定,制定本规则。

第二条　仓库消防安全必须贯彻"预防为主,防消结合"的方针,实行"谁主管,谁负责"的原则。仓库消防安全由本单位及其上级主管部门负责。

第三条　本规则由县级以上公安机关消防监督机构负责监督。

第四条　本规则适用于国家、集体和个体经营的储存物品的各类仓库、堆栈、货场。

储存火药、炸药、火工品和军工物资的仓库,按照国家有关规定执行。

第二章　组织管理

第五条　新建、扩建和改建的仓库建筑设计,要符合国家建筑设计防火规范的有关规定,并经公安消防监督机构审核。仓库竣工时,其主管部门应当会同公安消防监督等有关部门进行验收;验收不合格的,不得交付使用。

第六条　仓库应当确定一名主要领导人为防火负责人,全面负责仓库的消防安全管理工作。

第七条　仓库防火负责人负有下列职责:

一、组织学习贯彻消防法规,完成上级部署的消防工作;

二、组织制定电源、火源、易燃易爆物品的安全管理和值班巡逻等制度,落实逐级防火责任制和岗位防火责任制;

三、组织对职工进行消防宣传、业务培训和考核,提高职工的安全素质;

四、组织开展防火检查,消除火险隐患;

五、领导专职、义务消防队组织和专职、兼职消防人员,制定灭火应急方案,组织扑救火灾;

六、定期总结消防安全工作,实施奖惩。

第八条　国家储备库、专业仓库应当配备专职消防干部;其他仓库可以根据需要配备专职或兼职消防人员。

第九条　国家储备库、专业仓库和火灾危险性大、距公安消防队较远的其他大型仓库,应当按照有关规定建立专职消防队。

第十条　各类仓库都应当建立义务消防组织,定期进行业务培训,开展自防自救工作。

第十一条　仓库防火负责人的确定和变动,应当向当地公安消防监督机构备案;专职消防干部、人员和专职消防队长的配备与更换,应当征求当地公安消防监督机构的意见。

第十二条　仓库保管员应当熟悉储存物品的分类、性质、保管业务知识和防火安全制度,掌握消防器材的操作使用和维护保养方法,做好本岗位的防火工作。

第十三条　对仓库新职工应当进行仓储业务和消防知识的培训,经考试合格,方可上岗作业。

第十四条　仓库严格执行夜间值班、巡逻制度,带班人员应当认真检查,督促落实。

第三章　储存管理

第十五条　依据国家《建筑设计防火规范》的规定,按照仓库储存物品的火灾危险程度分为甲、乙、丙、丁、戊五类(详见附表)。

第十六条　露天存放物品应当分类、分堆、分组和分垛,并留出必要的防火间距。堆场的总储量以及与建筑物等之间的防火距离,必须符合建筑设计防火规范的规定。

第十七条　甲、乙类桶装液体,不宜露天存放。必须露天存放时,在炎热季节必须采取降温措施。

第十八条　库存物品应当分类、分垛储存,每垛占地面积不宜大于一百平方米,垛与垛间距不小于一米,垛与墙间距不小于零点五米,垛与梁、柱间距不小于零点三米,主要通道的宽度不小于二米。

第十九条　甲、乙类物品和一般物品以及容易相互发生化学反应或者灭火方法不同的物品,必须分间、分库储存,并在醒目处标明储存物品的名称、性质和灭火方法。

第二十条　易自燃或者遇水分解的物品,必须在温度较低、通风良好和空气干燥的场所储存,并安装专用仪器定时检测,严格控制湿度与温度。

第二十一条　物品入库前应当有专人负责检查,确定无火种等隐患后,方准入库。

第二十二条　甲、乙类物品的包装容器应当牢固、密封,发现破损、残缺,变形和物品变质、分解等情况时,应当及时进行安全处理,严防跑、冒、滴、漏。

第二十三条　使用过的油棉纱、油手套等沾油纤维物品以及可燃包装,应当存放在安全地点,定期处理。

第二十四条　库房内因物品防冻必须采暖时,应当采用水暖,其散热器、供暖管道与储存物品的距离不小于零点三米。

第二十五条　甲、乙类物品库房内不准设办公室、休息室。其他库房必需设办公室时,可以贴邻库房一角设置无孔洞的一、二级耐火等级的建筑,其门窗直通库外,具体实施,应征得当地公安消防监督机构的同意。

第二十六条　储存甲、乙、丙类物品的库房布局、储存类别不得擅自改变。如确需改变的,应当报经当地公安消防监督机构同意。

第四章　装卸管理

第二十七条　进入库区的所有机动车辆,必须安装防火罩。

第二十八条　蒸汽机车驶入库区时,应当关闭灰箱和送风器,并不得在库区清炉。仓库应当派专人负责监护。

第二十九条　汽车、拖拉机不准进入甲、乙、丙类物品库房。

第三十条　进入甲、乙类物品库房的电瓶车、铲车必须是防爆型的;进入丙类物品库房的电瓶车、铲车,必须装有防止火花溅出的安全装置。

第三十一条　各种机动车辆装卸物品后,不准在库区、库房、货场内停放和修理。

第三十二条　库区内不得搭建临时建筑和构筑物。因装卸作业确需搭建时,必须经单位防火负责人批准,装卸作业结束后立即拆除。

第三十三条　装卸甲、乙类物品时,操作人员不得穿戴易产生静电的工作服、帽和使用易产生火花的工具,严防震动、撞击、重压、摩擦和倒置。对易产生静电的装卸设备要采取消除静电的措施。

第三十四条　库房内固定的吊装设备需要维修时，应当采取防火安全措施，经防火负责人批准后，方可进行。

第三十五条　装卸作业结束后，应当对库区、库房进行检查，确认安全后，方可离人。

第五章　电器管理

第三十六条　仓库的电气装置必须符合国家现行的有关电气设计和施工安装验收标准规范的规定。

第三十七条　甲、乙类物品库房和丙类液体库房的电气装置，必须符合国家现行的有关爆炸危险场所的电气安全规定。

第三十八条　储存丙类固体物品的库房，不准使用碘钨灯和超过六十瓦以上的白炽灯等高温照明灯具。当使用日光灯等低温照明灯具和其他防燃型照明灯具时，应当对镇流器采取隔热、散热等防火保护措施，确保安全。

第三十九条　库房内不准设置移动式照明灯具。照明灯具下方不准堆放物品，其垂直下方与储存物品水平间距离不得小于零点五米。

第四十条　库房内敷设的配电线路，需穿金属管或用非燃硬塑料管保护。

第四十一条　库区的每个库房应当在库房外单独安装开关箱，保管人员离库时，必须拉闸断电。

禁止使用不合规格的保险装置。

第四十二条　库房内不准使用电炉、电烙铁、电熨斗等电热器具和电视机、电冰箱等家用电器。

第四十三条　仓库电器设备的周围和架空线路的下方严禁堆放物品。对提升、码垛等机械设备易产生火花的部位，要设置防护罩。

第四十四条　仓库必须按照国家有关防雷设计安装规范的规定，设置防雷装置，并定期检测，保证有效。

第四十五条　仓库的电器设备，必须由持合格证的电工进行安装、检查和维修保养。电工应当严格遵守各项电器操作规程。

第六章　火源管理

第四十六条　仓库应当设置醒目的防火标志。进入甲、乙类物品库区的人员，必须登记，并交出携带的火种。

第四十七条　库房内严禁使用明火。库房外动用明火作业时，必须办理动火证，经仓库或单位防火负责人批准，并采取严格的安全措施。动火证应当注明动火地点、时间、动火人、现场监护人、批准人和防火措施等内容。

第四十八条　库房内不准使用火炉取暖。在库区使用时，应当经防火负责人批准。

第四十九条　防火负责人在审批火炉的使用地点时，必须根据储存物品的分类，按照有关防火间距的规定审批，并制定防火安全管理制度，落实到人。

第五十条　库区以及周围五十米内，严禁燃放烟花爆竹。

第七章　消防设施和器材管理

第五十一条　仓库内应当按照国家有关消防技术规范，设置、配备消防设施和器材。

第五十二条　消防器材应当设置在明显和便于取用的地点，周围不准堆放物品和杂物。

第五十三条　仓库的消防设施、器材,应当由专人管理,负责检查、维修、保养、更换和添置,保证完好有效,严禁圈占、埋压和挪用。

第五十四条　甲、乙、丙类物品国家储备库、专业性仓库以及其他大型物资仓库,应当按照国家有关技术规范的规定安装相应的报警装置,附近有公安消防队的宜设置与其直通的报警电话。

第五十五条　对消防水池、消火栓、灭火器等消防设施、器材,应当经常进行检查,保持完整好用。地处寒区的仓库,寒冷季节要采取防冻措施。

第五十六条　库区的消防车道和仓库的安全出口、疏散楼梯等消防通道,严禁堆放物品。

第八章　奖　惩

第五十七条　仓库消防工作成绩显著的单位和个人,由公安机关、上级主管部门或者本单位给予表彰、奖励。

第五十八条　对违反本规则的单位和人员,国家法现有规定的,应当按照国家法规予以处罚;国家法规没有规定的,可以按照地方有关法规、规章进行处罚;触犯刑律的,由司法机关追究刑事责任。

第九章　附　则

第五十九条　储存丁、戊类物品的库房或露天堆栈、货场,执行本规则时,在确保安全并征得当地公安消防监督机构同意的情况下,可以适当放宽。

第六十条　铁路车站、交通港口码头等昼夜作业的中转性仓库,可以按照本规则的原则要求,由铁路、交通等部门自行制定管理办法。

第六十一条　各省、自治区、直辖市和国务院有关部、委根据本规则制订的具体管理办法,应当送公安部备案。

第六十二条　本规则自发布之日起施行。一九八〇年八月一日经国务院批准、同年八月十五日公安部公布施行的《仓库防火安全管理规则》即行废止。

附表(略)

中华人民共和国公安部令

第 107 号

修订后的《消防监督检查规定》已经 2009 年 4 月 30 日公安部部长办公会议通过,现予发布,自 2009 年 5 月 1 日起施行。

公安部部长　孟建柱

二○○九年四月三十日

消防监督检查规定

第一章　总　则

第一条　为了加强和规范消防监督检查工作,督促机关、团体、企业、事业等单位(以下简称单位)履行消防安全职责,依据《中华人民共和国消防法》,制定本规定。

第二条　本规定适用于公安机关消防机构和公安派出所依法对单位遵守消防法律、法规情况进行消防监督检查。

第三条　直辖市、市(地区、州、盟)、县(市辖区、县级市、旗)公安机关消防机构具体实施消防监督检查,确定本辖区内的消防安全重点单位并由所属公安机关报本级人民政府备案。

公安派出所可以对居民住宅区的物业服务企业、居民委员会、村民委员会履行消防安全职责的情况和上级公安机关确定的单位实施日常消防监督检查。

公安派出所日常消防监督检查的单位范围由省级公安机关消防机构、公安派出所工作主管部门共同研究拟定,报省级公安机关确定。

第四条　上级公安机关消防机构应当对下级公安机关消防机构实施消防监督检查的情况进行指导和监督。

公安机关消防机构应当与公安派出所共同做好辖区消防监督工作,并对公安派出所开展日常消防监督检查工作进行指导,定期对公安派出所民警进行消防监督业务培训。

第五条　对消防监督检查的结果,公安机关消防机构可以通过适当方式向社会公告;对检查发现的影响公共安全的火灾隐患应当定期公布,提示公众注意消防安全。

第二章　消防监督检查的形式和内容

第六条　消防监督检查的形式有:

(一)对公众聚集场所在投入使用、营业前的消防安全检查;

(二)对单位履行法定消防安全职责情况的监督抽查;

(三)对举报投诉的消防安全违法行为的核查;

(四)对大型群众性活动举办前的消防安全检查;

(五)根据需要进行的其他消防监督检查。

第七条 公安机关消防机构根据本地区火灾规律、特点等消防安全需要组织监督抽查;在火灾多发季节、重大节日、重大活动前或者期间,应当组织监督抽查。

消防安全重点单位应当作为监督抽查的重点,非消防安全重点单位必须在监督抽查的单位数量中占有一定比例。对属于人员密集场所的消防安全重点单位每年至少监督检查一次。

第八条 公众聚集场所在投入使用、营业前,建设单位或者使用单位应当向场所所在地的县级以上人民政府公安机关消防机构申请消防安全检查,并提交下列材料:

(一)消防安全检查申报表;

(二)营业执照复印件或者工商行政管理机关出具的企业名称预先核准通知书;

(三)依法取得的建设工程消防验收或者进行消防竣工验收备案的法律文件复印件;

(四)消防安全制度、灭火和应急疏散预案;

(五)员工岗前消防安全教育培训记录和自动消防系统操作人员取得的消防行业特有工种职业资格证书复印件;

(六)其他依法应当申报的材料。

对依法进行消防竣工验收备案且没有进行备案抽查的公众聚集场所申请消防安全检查的,还应当提交场所室内装修消防设计施工图、消防产品质量合格证明文件,以及装修装饰材料防火性能符合消防技术标准的证明文件、出厂合格证。

公安机关消防机构对消防安全检查的申请,应当按照行政许可有关规定受理。

第九条 对公众聚集场所投入使用、营业前进行消防安全检查,应当检查下列内容:

(一)场所是否依法通过消防验收合格或者进行消防竣工验收备案抽查合格;依法进行消防竣工验收备案且没有进行备案抽查的场所是否符合消防技术标准;

(二)消防安全管理制度、灭火和应急疏散预案是否制定;

(三)自动消防系统操作人员是否持证上岗,员工是否经过岗前消防安全培训;

(四)消防设施、器材是否符合消防技术标准并完好有效;

(五)疏散通道、安全出口和消防车通道是否畅通;

(六)室内装修装饰材料是否符合消防技术标准。

第十条 对单位履行法定消防安全职责情况的监督抽查,应当根据单位的实际情况检查下列内容:

(一)建筑物或者场所是否依法通过消防验收或者进行消防竣工验收备案,公众聚集场所是否通过投入使用、营业前的消防安全检查;

(二)建筑物或者场所的使用情况是否与消防验收或者进行消防竣工验收备案时确定的使用性质相符;

(三)单位消防安全制度、灭火和应急疏散预案是否制定;

(四)建筑消防设施是否定期进行全面检测,消防设施、器材和消防安全标志是否定期组织检验、维修,是否完好有效;

(五)电器线路、燃气管路是否定期维护保养、检测;

(六)疏散通道、安全出口、消防车通道是否畅通,防火分区是否改变,防火间距是否被占用;

(七)是否组织防火检查、消防演练和员工消防安全教育培训,自动消防系统操作人员是否持证上岗;

(八)生产、储存、经营易燃易爆危险品的场所是否与居住场所设置在同一建筑物内;

(九)生产、储存、经营其他物品的场所与居住场所设置在同一建筑物内的,是否符合消防技术标准；

（十）其他依法需要检查的内容。

对人员密集场所还应当抽查室内装修装饰材料是否符合消防技术标准。

第十一条　对消防安全重点单位履行法定消防安全职责情况的监督抽查，除检查本规定第十条规定的内容外，还应当检查下列内容：

（一）是否确定消防安全管理人；

（二）是否开展每日防火巡查并建立巡查记录；

（三）是否定期组织消防安全培训和消防演练；

（四）是否建立消防档案、确定消防安全重点部位。

对属于人员密集场所的消防安全重点单位，还应当检查单位灭火和应急疏散预案中承担灭火和组织疏散任务的人员是否确定。

第十二条　在大型群众性活动举办前对活动现场进行消防安全检查，应当重点检查下列内容：

（一）室内活动使用的建筑物（场所）是否依法通过消防验收或者进行消防竣工验收备案，公众聚集场所是否通过使用、营业前的消防安全检查；

（二）临时搭建的建筑物是否符合消防安全要求；

（三）是否制定灭火和应急疏散预案并组织演练；

（四）是否明确消防安全责任分工并确定消防安全管理人员；

（五）活动现场消防设施、器材是否配备齐全并完好有效；

（六）活动现场的疏散通道、安全出口和消防车通道是否畅通；

（七）活动现场的疏散指示标志和应急照明是否符合消防技术标准并完好有效。

第十三条　对大型的人员密集场所和其他特殊建设工程的施工工地进行消防监督检查，应当重点检查施工单位履行下列消防安全职责的情况：

（一）是否制定施工现场消防安全制度、灭火和应急疏散预案；

（二）对电焊、气焊等明火作业是否有相应的消防安全防护措施；

（三）是否设置与施工进度相适应的临时消防水源、安装消火栓并配备水带水枪，消防器材是否配备并完好有效；

（四）是否设有消防车通道并畅通；

（五）是否组织员工消防安全教育培训和消防演练；

（六）员工集体宿舍是否与施工作业区分开设置，员工集体宿舍是否存在违章用火、用电、用油、用气。

第三章　消防监督检查的程序

第十四条　公安机关消防机构实施消防监督检查时，检查人员不得少于两人，并出示执法身份证件。

消防监督检查应当填写检查记录，如实记录检查情况。

第十五条　对公众聚集场所投入使用、营业前的消防安全检查，公安机关消防机构应当自受理申请之日起十个工作日内进行检查，自检查之日起三个工作日内作出同意或者不同意投入使用或者营业的决定，并送达申请人。

第十六条　对大型群众性活动现场在举办前进行的消防安全检查，公安机关消防机构应当在接到本级公安机关治安部门通知之日起三个工作日内进行检查，并将检查记录移交本级公安机关治安部门。

第十七条 公安机关消防机构接到对消防安全违法行为的举报投诉,应当及时受理、登记,并按照《公安机关办理行政案件程序规定》第三十八条的规定处理。

第十八条 公安机关消防机构应当按照下列时限,对举报投诉的消防安全违法行为进行实地核查:

(一)对举报投诉占用、堵塞、封闭疏散通道、安全出口或者其他妨碍安全疏散行为,以及擅自停用消防设施的,应当在接到举报投诉后二十四小时内进行核查;

(二)对举报投诉本款第一项以外的消防安全违法行为,应当在接到举报投诉之日起三个工作日内进行核查。

核查后,对消防安全违法行为应当依法处理。处理情况应当及时告知举报投诉人;无法告知的,应当在受理登记中注明。

第十九条 在消防监督检查中,公安机关消防机构对发现的依法应当责令限期改正或者责令改正的消防安全违法行为,应当当场制作责令改正通知书,并依法予以处罚。

对违法行为轻微并当场改正完毕,依法可以不予行政处罚的,可以口头责令改正,并在检查记录上注明。

第二十条 对依法责令限期改正的,应当根据改正违法行为的难易程度合理确定改正期限。

公安机关消防机构应当在责令改正期限届满或者收到当事人的复查申请之日起三个工作日内进行复查。对逾期不改正的,依法予以处罚。

第二十一条 在消防监督检查中,发现城乡消防安全布局、公共消防设施不符合消防安全要求,或者发现本地区存在影响公共安全的重大火灾隐患的,公安机关消防机构应当组织集体研究确定,自检查之日起七个工作日内提出处理意见,由所属公安机关书面报告本级人民政府解决;对影响公共安全的重大火灾隐患,还应当在确定之日起三个工作日内书面通知存在重大火灾隐患的单位进行整改。

重大火灾隐患判定涉及复杂或者疑难技术问题的,公安机关消防机构应当在确定前组织专家论证。组织专家论证的,前款规定的期限可以延长十个工作日。

第二十二条 公安机关消防机构在消防监督检查中发现火灾隐患,应当通知有关单位或者个人立即采取措施消除;对具有下列情形之一,不及时消除可能严重威胁公共安全的,应当对危险部位或者场所予以临时查封:

(一)疏散通道、安全出口数量不足或者严重堵塞,已不具备安全疏散条件的;

(二)建筑消防设施严重损坏,不再具备防火灭火功能的;

(三)人员密集场所违反消防安全规定,使用、储存易燃易爆危险品的;

(四)公众聚集场所违反消防技术标准,采用易燃、可燃材料装修装饰,可能导致重大人员伤亡的;

(五)其他可能严重威胁公共安全的火灾隐患。

临时查封期限不得超过一个月。但逾期未消除火灾隐患的,不受查封期限的限制。

第二十三条 临时查封应当按照下列程序决定和实施:

(一)告知当事人拟作出临时查封的事实、理由及依据,并告知当事人依法享有的权利,听取并记录当事人的陈述和申辩。

(二)公安机关消防机构负责人应当组织集体研究决定是否实施临时查封。决定临时查封的,应当明确临时查封危险部位或者场所的范围、期限和实施方法,并自检查之日起三个工作日内制作和送达临时查封决定。

（三）实施临时查封的，应当在被查封的单位或者场所的醒目位置张贴临时查封决定，并在危险部位或者场所及其有关设施、设备上加贴封条或者采取其他措施，使危险部位或者场所停止生产、经营或者使用。

（四）对实施临时查封情况制作笔录。必要时，可以进行现场照相或者录音录像。

情况危急、不立即查封可能严重威胁公共安全的，消防监督检查人员可以在口头报请公安机关消防机构负责人同意后立即对危险部位或者场所实施临时查封，并在临时查封后二十四小时内按照前款第二项规定作出临时查封决定，送达当事人。

临时查封由公安机关消防机构负责人组织实施。需要公安机关其他部门或者公安派出所配合的，公安机关消防机构应当报请所属公安机关组织实施。

实施临时查封后，当事人请求进入被查封的危险部位或者场所整改火灾隐患的，应当允许。但不得在被查封的危险部位或者场所生产、经营或者使用。

第二十四条 火灾隐患消除后，当事人应当向作出临时查封决定的公安机关消防机构申请解除临时查封。公安机关消防机构应当自收到申请之日起三个工作日内进行检查，自检查之日起三个工作日内作出是否同意解除临时查封的决定，并送达当事人。

对检查确认火灾隐患已消除的，应当作出解除临时查封的决定。

第二十五条 对当事人有消防法第六十条第一款第三项、第四项、第五项、第六项规定的消防安全违法行为，经责令改正拒不改正的，公安机关消防机构应当组织强制清除或者拆除相关障碍物、妨碍物，所需费用由违法行为人承担。

当事人逾期不执行公安机关消防机构作出的停产停业、停止使用、停止施工决定的，公安机关消防机构应当对有关场所、部位、设施或者设备予以查封，使被处罚的单位或者场所停止生产、经营、使用或者施工。

第二十六条 强制执行应当按照下列程序决定和实施：

（一）告知当事人拟作出强制执行决定的事实、理由及依据，并告知当事人依法享有的权利，听取当事人的陈述和申辩并记录。

（二）公安机关消防机构负责人应当组织集体研究强制执行方案，在当事人拒不改正或者处罚决定执行期限届满之日起五个工作日内制作并送达强制执行决定。

（三）实施强制执行的，应当在被强制执行的单位或者场所的醒目位置张贴强制执行决定，并按照强制执行决定载明的强制执行方法执行。

（四）对实施强制执行过程制作笔录。必要时，可以进行现场照相或者录音录像。

强制执行应当由作出决定的公安机关消防机构负责人组织实施。需要公安机关其他部门或者公安派出所配合的，公安机关消防机构应当报请所属公安机关组织实施；需要其他行政部门配合的，公安机关消防机构应当提出意见，并由所属公安机关报请本级人民政府组织实施。

第二十七条 对被责令停止施工、停止使用、停产停业处罚的当事人申请恢复施工、使用、生产、经营的，公安机关消防机构应当自收到书面申请之日起三个工作日内进行检查，自检查之日起三个工作日内作出决定，送达当事人。

对当事人已改正消防安全违法行为、具备消防安全条件的，公安机关消防机构应当同意恢复施工、使用、生产、经营；对违法行为尚未改正、不具备消防安全条件的，应当不同意恢复施工、使用、生产、经营，并说明理由。

第四章 公安派出所日常消防监督检查

第二十八条 公安派出所对其日常监督检查范围的单位，应当每年至少进行一次日常消防监督检查。

公安派出所对群众举报投诉的消防安全违法行为,应当及时受理,依法处理;对属于公安机关消防机构管辖的,应当依照《公安机关办理行政案件程序规定》在受理后及时移送公安机关消防机构处理。

第二十九条　公安派出所对单位进行日常消防监督检查,应当检查下列内容:

(一)建筑物或者场所是否依法通过消防验收或者进行消防竣工验收备案,公众聚集场所是否依法通过投入使用、营业前的消防安全检查;

(二)是否制定消防安全制度;

(三)是否组织防火检查、消防安全宣传教育培训、灭火和应急疏散演练;

(四)消防车通道、疏散通道、安全出口是否畅通,室内消火栓、疏散指示标志、应急照明、灭火器是否完好有效;

(五)生产、储存、经营易燃易爆危险品的场所是否与居住场所设置在同一建筑物内。

对设有消防设施的单位,公安派出所还应当检查单位是否每年对建筑消防设施至少进行一次全面检测。

对居民住宅区的物业服务企业进行日常消防监督检查,公安派出所除检查本条第一款第(二)至(四)项内容外,还应当检查物业服务企业对管理区域内共用消防设施是否进行维护管理。

第三十条　公安派出所对居民委员会、村民委员会进行日常消防监督检查,应当检查下列内容:

(一)消防安全管理人是否确定;

(二)消防安全工作制度、村(居)民防火安全公约是否制定;

(三)是否开展消防宣传教育、防火安全检查;

(四)是否对社区、村庄消防水源(消火栓)、消防车通道、消防器材进行维护管理;

(五)是否建立志愿消防队等多种形式消防组织。

第三十一条　公安派出所民警在日常消防监督检查时,发现被检查单位有下列行为之一的,应当责令依法改正:

(一)未制定消防安全制度、未组织防火检查和消防安全教育培训、消防演练的;

(二)占用、堵塞、封闭疏散通道、安全出口的;

(三)占用、堵塞、封闭消防车通道,妨碍消防车通行的;

(四)埋压、圈占、遮挡消火栓或者占用防火间距的;

(五)室内消火栓、灭火器、疏散指示标志和应急照明未保持完好有效的;

(六)人员密集场所在门窗上设置影响逃生和灭火救援的障碍物的;

(七)违反消防安全规定进入生产、储存易燃易爆危险品场所的;

(八)违反规定使用明火作业或者在具有火灾、爆炸危险的场所吸烟、使用明火的;

(九)生产、储存和经营易燃易爆危险品的场所与居住场所设置在同一建筑物内的;

(十)未对建筑消防设施定期进行全面检测的。

公安派出所发现被检查单位的建筑物未依法通过消防验收,或者进行消防竣工验收备案,擅自投入使用的;公众聚集场所未依法通过使用、营业前的消防安全检查,擅自使用、营业的,应当在检查之日起五个工作日内书面移交公安机关消防机构处理。

公安派出所民警进行日常消防监督检查,应当填写检查记录,记录发现的消防安全违法行为、责令改正的情况。

第三十二条　公安派出所在日常消防监督检查中,发现存在严重威胁公共安全的火灾隐患,应当在责令改正的同时书面报告乡镇人民政府或者街道办事处和公安机关消防机构。

第五章 执法监督

第三十三条 公安机关消防机构应当健全消防监督检查工作制度,建立执法档案,定期进行执法质量考评,落实执法过错责任追究。

公安机关消防机构及其工作人员进行消防监督检查,应当自觉接受单位和公民的监督。

第三十四条 公安机关消防机构及其工作人员在消防监督检查中有下列情形的,对直接负责的主管人员和其他直接责任人员应当依法给予处分;构成犯罪的,依法追究刑事责任:

(一)不按规定制作、送达法律文书,不按照本规定履行消防监督检查职责,拒不改正的;

(二)对不符合消防安全条件的公众聚集场所准予消防安全检查合格的;

(三)无故拖延消防安全检查,不在法定期限内履行职责的;

(四)未按照本规定组织开展消防监督抽查的;

(五)发现火灾隐患不及时通知有关单位或者个人整改的;

(六)利用消防监督检查职权为用户指定消防产品的品牌、销售单位或者指定消防安全技术服务机构、消防设施施工、维修保养单位的;

(七)接受被检查单位、个人财物或者其他不正当利益的;

(八)其他滥用职权、玩忽职守、徇私舞弊的行为。

第三十五条 公安机关消防机构工作人员的近亲属严禁在其管辖的区域或者业务范围内经营消防公司、承揽消防工程、推销消防产品。

违反前款规定的,按照有关规定对公安机关消防机构工作人员予以处分。

第六章 附 则

第三十六条 具有下列情形之一的,应当确定为火灾隐患:

(一)影响人员安全疏散或者灭火救援行动,不能立即改正的;

(二)消防设施未保持完好有效,影响防火灭火功能的;

(三)擅自改变防火分区,容易导致火势蔓延、扩大的;

(四)在人员密集场所违反消防安全规定,使用、储存易燃易爆危险品,不能立即改正的;

(五)不符合城市消防安全布局要求,影响公共安全的;

(六)其他可能增加火灾实质危险性或者危害性的情形。

重大火灾隐患按照国家有关标准认定。

第三十七条 有固定生产经营场所且具有一定规模的个体工商户,应当纳入消防监督检查范围。具体标准由省、自治区、直辖市公安机关消防机构确定并公告。

第三十八条 铁路、交通运输、民航、森林公安机关在管辖范围内实施消防监督检查参照本规定执行。

第三十九条 执行本规定所需要的法律文书式样,由公安部制定。

第四十条 本规定自2009年5月1日起施行。2004年6月9日发布的《消防监督检查规定》(公安部令第73号)同时废止。

中华人民共和国国家发展和改革委员会令

第 23 号

　　《农药生产管理办法》已经国家发展和改革委员会主任办公会议审议通过，现予发布，自2005 年 1 月 1 日起施行。原国家经济贸易委员会颁布的《农药生产管理办法》同时废止。

国家发展和改革委员会主任　马凯

二〇〇四年十月十一日

农药生产管理办法

第一章　总　则

　　第一条　为加强农药生产管理，促进农药行业健康发展，根据《农药管理条例》，制定本办法。

　　第二条　在中华人民共和国境内生产农药，应当遵守本办法。

　　第三条　国家发展和改革委员会（以下简称国家发展改革委）对全国农药生产实施监督管理，负责开办农药生产企业的核准和农药产品生产的审批。

　　第四条　省、自治区、直辖市发展改革部门（或经济贸易管理部门等农药生产行政管理部门，以下简称省级主管部门）对本行政区域内的农药生产实施监督管理。

　　第五条　农药生产应当符合国家农药工业的产业政策。

第二章　农药生产企业核准

　　第六条　开办农药生产企业（包括联营、设立分厂和非农药生产企业设立农药生产车间），应当经省级主管部门初审后，向国家发展改革委申报核准，核准后方可依法向工商行政管理机关申请领取营业执照或变更工商营业执照的营业范围。

　　第七条　申报核准，应当具备下列条件：

　　（一）有与其生产的农药相适应的技术人员和技术工人；

　　（二）有与其生产的农药相适应的厂房、生产设施和卫生环境；

　　（三）有符合国家劳动安全、卫生标准的设施和相应的劳动安全、卫生管理制度；

　　（四）有产品质量标准和产品质量保证体系；

　　（五）所生产的农药是依法取得过农药登记的农药；

　　（六）有符合国家环境保护要求的污染防治设施和措施，并且污染物排放不超过国家和地方规定的排放标准；

　　（七）国家发展改革委规定的其他条件。

　　第八条　申报核准，应当提交以下材料：

　　（一）农药企业核准申请表（见附件一）；

（二）工商营业执照（现有企业）或者工商行政管理机关核发的《企业名称预先核准通知书》（新办企业）复印件；

（三）项目可行性研究报告（原药项目需乙级以上资质的单位编制）；

（四）企业所在地（地市级以上）环境保护部门的审核意见（原药项目需提供项目的环境影响评价报告和环评批复意见）；

（五）国家发展改革委规定的其他材料。

第九条　申请企业应当按照本办法第八条规定将所需材料报送省级主管部门。省级主管部门负责对企业申报材料进行初审，将经过初审的企业申报材料报送国家发展改革委。

第十条　国家发展改革委应当自受理企业申报材料之日起二十个工作日内（不含现场审查和专家审核时间）完成审核并作出决定。二十日内不能作出决定的，经国家发展改革委主要领导批准，可以延长十日。

对通过审核的企业，国家发展改革委确认其农药生产资格，并予以公示。

未通过审核的申报材料，不再作为下一次核准申请的依据。

第十一条　农药生产企业核准有效期限为五年。五年后要求延续保留农药生产企业资格的企业，应当在有效期届满三个月前向国家发展改革委提出申请。

第十二条　申请农药生产企业资格延续的企业，应当提交以下材料：

（一）农药企业生产资格延续申请表（见附件二）；

（二）工商营业执照复印件；

（三）五年来企业生产、销售和财务状况；

（四）企业所在地（地市级以上）环境保护部门的审核意见；

（五）国家发展改革委规定的其他材料。

第十三条　申请企业应当按照本办法第十二条规定将所需材料报送省级主管部门。省级主管部门负责对企业申请材料进行初审，将经过初审的企业申请材料报送国家发展改革委。

第十四条　国家发展改革委根据企业是否满足核准时的条件，自受理企业申请材料之日起二十个工作日内（不含现场审查和专家评审时间）做出是否准予延续的决定，并公示。二十日内不能作出决定的，经国家发展改革委主要领导批准，可以延长十日。

逾期不申请延续的企业，将被认为自动取消其已获得的农药企业资格，国家发展改革委将注销其农药生产资格，并予以公示。未通过延续的申请材料，不再作为下一次申请延续的依据。

第十五条　生产农药企业的省外迁址须经国家发展改革委核准；省内迁址由省级主管部门审核同意后报国家发展改革委备案。

第十六条　农药企业更名由工商登记部门审核同意后报国家发展改革委备案，并予以公示。

第三章　农药产品生产审批

第十七条　生产尚未制定国家标准和行业标准的农药产品的，应当经省级主管部门初审后，报国家发展改革委批准，发给农药生产批准证书。企业获得生产批准证书后，方可生产所批准的产品。

第十八条　申请批准证书，应当具备以下条件：

（一）具有已核准的农药生产企业资格；

（二）产品有效成分确切，依法取得过农药登记；

（三）具有一支足以保证该产品质量和进行正常生产的专业技术人员、熟练技术工人及计量、检验人员队伍；

（四）具备保证该产品质量的相应工艺技术、生产设备、厂房、辅助设施及计量和质量检测手段；

（五）具有与该产品相适应的安全生产、劳动卫生设施和相应的管理制度；

（六）具有与该产品相适应的"三废"治理设施和措施，污染物处理后达到国家和地方规定的排放标准；

（七）国家发展改革委规定的其他条件。

第十九条　申请批准证书应当提交以下材料：

（一）农药生产批准证书申请表（见附件三）；

（二）工商营业执照复印件；

（三）产品标准及编制说明；

（四）具备相应资质的省级质量检测机构出具的距申请日一年以内的产品质量检测报告；

（五）新增原药生产装置由具有乙级以上资质的单位编制的建设项目可行性研究报告及有关部门的审批意见；

（六）生产装置所在地环境保护部门同意项目建设的审批意见（申请证书的产品与企业现有剂型相同的可不提供）；

（七）加工、复配产品的原药距申请日两年以内的来源证明（格式见附件八）；

（八）分装产品距申请日两年以内的分装授权协议书；

（九）农药登记证；

（十）国家发展改革委规定的其他材料。

申请新增原药产品的，应当提交前款（一）、（二）、（三）、（四）、（五）、（六）项规定的材料。

申请新增加工、复配产品的，应当提交第一款（一）、（二）、（三）、（四）、（六）、（七）项规定的材料。

申请新增分装产品的，应当提交第一款（一）、（二）、（三）、（四）、（八）项规定的材料。

申请换发农药生产批准证书的，应当提交第一款（一）、（二）、（三）、（四）、（七）、（九）项规定的材料。

分装产品申请换发农药生产批准证书的，应当提交第一款（一）、（二）、（三）、（四）、（五）、（八）、（九）项规定的材料。

第二十条　企业生产国内首次投产的农药产品的，应当先办理农药登记，生产其他企业已经取得过登记的产品的，应在申请表上注明登记企业名称和登记证号、本企业该产品的登记状况，并可在办理农药登记的同时办理生产批准证书。

第二十一条　申请批准程序：

（一）申请企业应当按照本办法第十九条的规定，备齐所需材料向省级主管部门提出申请；

（二）省级主管部门负责组织现场审查和产品质量抽样检测工作，并如实填写农药生产批准证书生产条件审查表（见附件四）；

（三）省级主管部门负责对企业申报材料进行初审，并将经过初审的企业申报材料及农药生产批准证书生产条件审查表报送国家发展改革委；

（四）国家发展改革委自受理申报材料之日起，应在二十个工作日内完成审查并作出决定，二十日内不能作出决定的，经国家发展改革委主要领导批准，可以延长十日。对通过审查决定的，发给农药生产批准证书并公示。

第二十二条　申请本企业现有相同剂型产品的，两年内可以不再进行现场审查。但出现以下情况的可以进行现场审查：

（一）企业生产条件发生重大变化的；

（二）省级主管部门认为有必要进行现场审查的。

第二十三条　省级主管部门在受理企业申请时，应当书面告知申请人是否需要现场审查和产品质量抽样检测及其所需要的时间。现场审查和产品质量检测所需的时间不在法定的工作期限内。

第二十四条　现场审查应当由两名以上工作人员及具有生产、质量、安全等方面经验的行业内专家进行。现场审查分合格、基本合格、不合格三类。对现场审查结果为基本合格、不合格的，审查小组应当场告知原因及整顿、改造的措施建议并如实记录于农药生产批准证书生产条件审查表中。

第二十五条　申请颁发农药生产批准证书的，可由企业提供有资质单位出具的产品质量检测报告；申请换发农药生产批准证书的，应当进行产品质量抽检或提供一年内有效的抽检报告。产品质量抽检由省级主管部门现场考核时抽样封样，企业自主选择具备相应资质的省级质量检测机构检测并出具检测报告。

第四章　监督管理

第二十六条　农药产品出厂必须标明农药生产批准证书的编号。

第二十七条　首次颁发的农药生产批准证书的有效期为两年（试产期）；换发的农药生产批准证书的有效期原药产品为五年，复配加工及分装产品为三年。

第二十八条　申请变更农药生产批准证书的企业名称，应当向省级主管部门提出申请，省级主管部门对申报材料进行初审后，报国家发展改革委核发新证书。企业需提交以下材料：

（一）农药生产批准证书更改企业名称申请表（见附件五）；

（二）新、旧营业执照或者工商行政管理机关核发的《企业名称预先核准通知书》复印件；

（三）原农药生产批准证书。

第二十九条　企业农药生产批准证书遗失或者因毁坏等原因造成无法辨认的，可向省级主管部门申请补办。

省级主管部门对申报材料进行初审后，上报国家发展改革委补发农药生产批准证书。

申请补办农药生产批准证书应当提交以下材料：

（一）农药生产批准证书遗失补办申请表（见附件六）；

（二）工商营业执照复印件。

第三十条　变更农药生产批准证书的企业名称和补办农药生产批准证书，省级主管部门应当在二十个工作日内完成对申报材料的初审及上报工作。对申报材料符合要求的，国家发展改革委应当在五个工作日内办理完成相关工作。

第三十一条　农药生产企业应当按照农药产品质量标准、技术规程进行生产，生产记录必须完整、准确。每年的二月十五日前，企业应当将其上年农药生产经营情况如实填报农药生产年报表（见附件七），报送省级主管部门，省级主管部门汇总后上报国家发展改革委。

第三十二条　申请企业应当如实向行政机关提交有关材料和反映真实情况，并对其申请材料实质内容的真实性负责。

第五章　罚　则

第三十三条　有下列情形之一的，由国家发展改革委撤销其农药生产资格：

（一）已核准企业的实际情况与上报材料严重不符的；

(二)擅自变更核准内容的。

第三十四条　有下列情形之一的,由国家发展改革委撤销或注销其农药生产批准证书:

(一)经复查不符合发证条件的;

(二)连续两次经省级以上监督管理部门抽查,产品质量不合格的;

(三)将农药生产批准证书转让其他企业使用或者用于其他产品的;

(四)在农药生产批准证书有效期内,国家决定停止生产该产品的;

(五)制售假冒伪劣农药的。

第三十五条　承担农药产品质量检测工作的机构违反有关规定弄虚作假的,由省级主管部门或者国家发展改革委提请有关部门取消其承担农药产品质量检测工作的资格。

第三十六条　农药管理工作人员滥用职权、玩忽职守、徇私舞弊、索贿受贿的,依照刑法关于滥用职权罪、玩忽职守罪或者受贿罪的规定,依法追究刑事责任;尚不够刑事处罚的,依法给予行政处分。

第六章　附　则

第三十七条　本办法第七条、第八条、第十二条、第十八条、第十九条规定的其他材料,国家发展改革委应当至少提前半年向社会公告后,方能要求申请人提供相关材料。

第三十八条　农药生产企业核准和农药生产批准证书的审批结果及农药生产管理方面的相关公告、产业政策在国家发展改革委互联网上公示。

第三十九条　本办法由国家发展改革委负责解释。

第四十条　本办法自 2005 年 1 月 1 日起施行。原国家经济贸易委员会颁布的《农药生产管理办法》同时废止。

附件(略):一、农药企业核准申请表;

　　　　　二、农药企业生产资格延续申请表;

　　　　　三、农药生产批准证书申请表;

　　　　　四、农药生产批准证书生产条件审查表;

　　　　　五、农药生产批准证书更改企业名称申请表;

　　　　　六、农药生产批准证书遗失补办申请表;

　　　　　七、农药生产年报表;

　　　　　八、农药原药来源证明文件格式。

成品油市场管理办法

（商务部令 2006 年第 23 号
2006 年 11 月 16 日经中华人民共和国商务部第 9 次部务会讨论通过
自 2007 年 1 月 1 日起施行）

第一章　总则

第一条　为加强成品油市场监督管理，规范成品油经营行为，维护成品油市场秩序，保护成品油经营者和消费者的合法权益，根据《国务院对确需保留的行政审批项目设定行政许可的决定》（国务院令第 412 号）和有关法律、行政法规，制定本办法。

第二条　在中华人民共和国境内从事成品油批发、零售、仓储经营活动，应当遵守有关法律法规和本办法。

第三条　国家对成品油经营实行许可制度。

商务部负责起草成品油市场管理的法律法规，拟定部门规章并组织实施，依法对全国成品油市场进行监督管理。

省、自治区、直辖市及计划单列市人民政府商务主管部门（以下简称省级人民政府商务主管部门）负责制定本辖区内加油站和仓储行业发展规划，组织协调本辖区内成品油经营活动的监督管理。

第四条　本办法所称成品油是指汽油、煤油、柴油及其他符合国家产品质量标准、具有相同用途的乙醇汽油和生物柴油等替代燃料。

第二章　成品油经营许可的申请与受理

第五条　申请从事成品油批发、仓储经营资格的企业，应当向所在地省级人民政府商务主管部门提出申请，省级人民政府商务主管部门审查后，将初步审查意见及申请材料上报商务部，由商务部决定是否给予成品油批发、仓储经营许可。

第六条　申请从事成品油零售经营资格的企业，应当向所在地市级（设区的市，下同）人民政府商务主管部门提出申请。地市级人民政府商务主管部门审查后，将初步审查意见及申请材料报省级人民政府商务主管部门。由省级人民政府商务主管部门决定是否给予成品油零售经营许可。

第七条　申请成品油批发经营资格的企业，应当具备下列条件：

（一）具有长期、稳定的成品油供应渠道：

1. 拥有符合国家产业政策、原油一次加工能力 100 万吨以上、符合国家产品质量标准的汽油和柴油年生产量在 50 万吨以上的炼油企业，或者

2. 具有成品油进口经营资格的进口企业，或者

3. 与具有成品油批发经营资格且成品油年经营量在 20 万吨以上的企业签订 1 年以上的与其经营规模相适应的成品油供油协议，或者

4. 与成品油年进口量在 10 万吨以上的进口企业签订 1 年以上的与其经营规模相适应的成品油供油协议；

（二）申请主体应具有中国企业法人资格，且注册资本不低于 3000 万元人民币；

（三）申请主体是中国企业法人分支机构的，其法人应具有成品油批发经营资格；

（四）拥有库容不低于 10000 立方米的成品油油库，油库建设符合城乡规划、油库布局规划，并通过国土资源、规划建设、安全监管、公安消防、环境保护、气象、质检等部门的验收；

（五）拥有接卸成品油的输送管道或铁路专用线或公路运输车辆或 1 万吨以上的成品油水运码头等设施。

第八条 申请成品油零售经营资格的企业，应当具备下列条件：

（一）符合当地加油站行业发展规划和相关技术规范要求；

（二）具有长期、稳定的成品油供应渠道，与具有成品油批发经营资格的企业签订 3 年以上的与其经营规模相适应的成品油供油协议；

（三）加油站的设计、施工符合相应的国家标准，并通过国土资源、规划建设、安全监管、公安消防、环境保护、气象、质检等部门的验收；

（四）具有成品油检验、计量、储运、消防、安全生产等专业技术人员；

（五）从事船用成品油供应经营的水上加油站（船）和岸基加油站（点），除符合上述规定外，还应当符合港口、水上交通安全和防止水域污染等有关规定；

（六）面向农村、只销售柴油的加油点，省级人民政府商务主管部门可根据本办法规定具体的设立条件。

第九条 申请成品油仓储经营资格的企业，应当具备下列条件：

（一）拥有库容不低于 10000 立方米的成品油油库，油库建设符合城乡规划、油库布局规划，并通过国土资源、规划建设、安全监管、公安消防、环境保护、气象、质检等部门的验收；

（二）申请主体应具有中国企业法人资格，且注册资本不低于 1000 万元人民币；

（三）拥有接卸成品油的输送管道或铁路专用线或公路运输车辆或 1 万吨以上的成品油水运码头等设施；

（四）申请主体是中国企业法人分支机构的，其法人应具有成品油仓储经营资格。

第十条 设立外商投资成品油经营企业，应当遵守本办法及国家有关政策、外商投资法律、法规、规章的规定。

同一外国投资者在中国境内从事成品油零售经营超过 30 座及以上加油站的（含投资建设加油站、控股和租赁站），销售来自多个供应商的不同种类和品牌的成品油的，不允许外方控股。

第十一条 申请成品油经营资格的企业，应当提交下列文件：

（一）申请文件；

（二）油库、加油站（点）及其配套设施的产权证明文件；国土资源、规划建设、安全监管、公安消防、环境保护、气象、质检等部门核发的油库、加油站（点）及其他设施的批准证书及验收合格文件；

（三）工商部门核发的《企业法人营业执照》或《企业名称预先核准通知书》；

（四）安全监管部门核发的《危险化学品经营许可证》；

（五）外商投资企业还应提交《中华人民共和国外商投资企业批准证书》；

（六）审核机关要求的其他文件。

第十二条 申请成品油批发经营资格的企业，除提交本办法第十一条规定的文件外，还应当提供具有长期、稳定成品油供应渠道的法律文件及相关材料。

第十三条 申请从事成品油零售经营资格的企业，除提交本办法第十一条规定的文件外，还应当提交具有长期、稳定成品油供应渠道的法律文件及相关材料以及省级人民政府商务主管部门核发的加油站(点)规划确认文件。

通过招标、拍卖、挂牌方式取得加油站(点)土地使用权的,还应提供省级人民政府商务主管部门同意申请人投标或竞买的预核准文件及国土资源部门核发的国有土地使用权拍卖(招标、挂牌)《成交确认书》。

水上加油站(船)还需提供水域监管部门签署的《加油船经营条件审核意见书》。

第十四条　申请从事成品油仓储经营资格的企业,除提交本办法第十一条规定的文件外,还应当提交省级人民政府商务主管部门核发的油库规划确认文件。

通过招标、拍卖、挂牌方式取得油库土地使用权的,还应提供省级人民政府商务主管部门出具的同意申请人投标或竞买的预核准文件及国土资源部门核发的国有土地使用权拍卖(招标、挂牌)《成交确认书》。

第十五条　商务主管部门应当在办公场所公示成品油经营许可申请的条件、程序、期限以及需提交的材料目录和申请书规范文本。

第十六条　接受申请的商务主管部门认为申请材料不齐全或者不符合规定的,应当在收到申请之日起5个工作日内一次告知申请人所需补正的全部内容。逾期不告知的,自收到申请材料之日起即为受理。

第十七条　商务主管部门在申请人申请材料齐全、符合法定形式,或者申请人按照要求提交全部补正申请材料时,应当受理成品油经营许可申请。

商务主管部门受理成品油经营许可申请,应当出具加盖本行政机关专用印章和注明日期的书面凭证。

不受理成品油经营许可申请,应当出具加盖本行政机关专用印章、说明不受理理由和注明日期的书面凭证,并告知申请人享有依法申请行政复议或者提起行政诉讼的权利。

第十八条　受理申请的商务主管部门应当对申请人提交的材料认真审核,提出处理意见。需报上级商务主管部门审核的,将初步审查意见及申请材料报上级商务主管部门。

第三章　成品油经营许可审查的程序与期限

第十九条　省级人民政府商务主管部门收到成品油批发、仓储经营资格申请后,应当在20个工作日内完成审查,并将初步审查意见及申请材料上报商务部。

商务部自收到省级人民政府商务主管部门上报的材料之日起,20个工作日内完成审核。对符合本办法第七条规定条件的,应当给予成品油批发经营许可,并颁发《成品油批发经营批准证书》;对符合本办法第九条规定条件的,应当给予成品油仓储经营许可,并颁发《成品油仓储经营批准证书》;对不符合条件的,将不予许可的决定及理由书面通知申请人。

第二十条　地市级人民政府商务主管部门收到成品油零售经营资格申请后,应当在20个工作日内完成审查,并将初步审查意见及申请材料上报省级人民政府商务主管部门。

省级人民政府商务主管部门自收到地市级人民政府商务主管部门上报的材料之日起,20个工作日内完成审核。对符合本办法第八条规定条件的,应当给予成品油零售经营许可,并颁发《成品油零售经营批准证书》;对不符合条件的,将不予许可的决定及理由书面通知申请人。

第二十一条　成品油批发、仓储经营企业进行新建、迁建、扩建油库等仓储设施,须符合城乡规划、油库布局规划,在取得省级人民政府商务主管部门核发的油库规划确认文件,并办理相关部门验收手续后,报商务部备案。

成品油零售经营企业迁建、扩建加油站(点)等设施,须符合城乡规划、加油站行业发展规划,在取得省级人民政府商务主管部门核发的加油站(点)规划确认文件,并办理相关部门验收手续后,报省级人民政府商务主管部门备案。

第二十二条　采取国有土地使用权招标、拍卖、挂牌等方式确定经营单位的新建加油站项目,招标方、拍卖委托人等单位应取得所在地省级人民政府商务主管部门关于招标、拍卖标的物的规划确认文件,方可组织招标、拍卖活动;投标申请人和竞买人应当经省级人民政府商务主管部门同意并取得预核准文件后,方可参加投标、竞买。

第二十三条　外商投资企业设立、增加经营范围或外商并购境内企业涉及成品油经营业务的,应当向省级人民政府商务主管部门提出申请,省级人民政府商务主管部门应当自收到全部申请文件之日起 1 个月内完成审查,并将初步审查意见及申请材料上报商务部,商务部在收到全部申请文件之日起 3 个月内作出是否批准的决定。

外商投资企业经商务部核准设立、并购或增加经营范围后,按本办法有关规定申请成品油经营资格。

第二十四条　省级人民政府商务主管部门应当将成品油零售经营企业的批复文件,于 10 个工作日内报商务部备案,同时将成品油零售经营企业基本情况纳入成品油市场管理信息系统企业数据库。

第二十五条　对申请人提出的成品油经营许可申请,接受申请的商务主管部门认为需要举行听证的,应当向社会公告并举行听证。

第二十六条　成品油经营企业设立经营成品油的分支机构,应按照本办法规定,另行办理申请手续。

第四章　成品油经营批准证书的颁发与变更

第二十七条　成品油经营批准证书由商务部统一印制。《成品油批发经营批准证书》、《成品油仓储经营批准证书》由商务部颁发;《成品油零售经营批准证书》由省级人民政府商务主管部门颁发。

第二十八条　成品油批发、仓储经营企业要求变更《成品油批发经营批准证书》或《成品油仓储经营批准证书》事项的,向省级人民政府商务主管部门提出申请。省级人民政府商务主管部门初审合格后,报请商务部审核。对具备继续从事成品油批发或仓储经营条件的,由商务部换发变更的《成品油批发经营批准证书》或《成品油仓储经营批准证书》。

成品油零售经营企业要求变更《成品油零售经营批准证书》事项的,向地市级人民政府商务主管部门提出申请,经地市级人民政府商务主管部门初审合格后,报省级人民政府商务主管部门审核。对具备继续从事成品油零售经营条件的,由省级人民政府商务主管部门换发变更的《成品油零售经营批准证书》。

第二十九条　成品油经营企业要求变更成品油经营批准证书有关事项的,应向申请部门提交下列文件:

经营单位投资主体未发生变化的,属企业名称变更的,应当提供工商行政管理部门出具的《企业名称预先核准通知书》或船籍管理部门的船舶名称变更证明;属法定代表人变更的,应附任职证明和新的法定代表人身份证明;不涉及油库和加油站迁移的经营地址变更,应提供经营场所合法使用权证明。

经营单位投资主体发生变化的,原经营单位应办理相应经营资格的注销手续,新经营单位应重新申办成品油经营资格。

第五章　监督管理

第三十条　各级人民政府商务主管部门应当加强对本辖区成品油市场的监督检查,及时对成品油经营企业的违法违规行为进行查处。

第三十一条　省级人民政府商务主管部门应当依据本办法,每年组织有关部门对从事成品油经营的企业进行成品油经营资格年度检查,并将检查结果报商务部。

年度检查中不合格的成品油经营企业,商务部及省级人民政府商务主管部门应当责令其限期整改;经整改仍不合格的企业,由发证机关撤销其成品油经营资格。

第三十二条　成品油经营企业年度检查的主要内容是:

(一)成品油供油协议的签订、执行情况;

(二)上年度企业成品油经营状况;

(三)成品油经营企业及其基础设施是否符合本办法及有关技术规范要求;

(四)质量、计量、消防、安全、环保等方面情况。

第三十三条　成品油经营企业歇业或终止经营的,应当到发证机关办理经营资格暂停或注销手续。成品油批发和仓储企业停歇业不应超过18个月,成品油零售经营企业停歇业不应超过6个月。无故不办理停歇业手续或停歇业超过规定期限的,由发证机关撤销其成品油经营许可,注销成品油经营批准证书,并通知有关部门。

对因城市规划调整、道路拓宽等原因需拆迁的成品油零售企业,经企业所在地省级人民政府商务主管部门同意,可适当延长歇业时间。

第三十四条　各级人民政府商务主管部门实施成品油经营许可及市场监督管理,不得收取费用。

第三十五条　商务部和省级人民政府商务主管部门应当将取得成品油经营资格的企业名单以及变更、撤销情况进行公示。

第三十六条　成品油经营批准证书不得伪造、涂改,不得买卖、出租、转借或者以任何其他形式转让。

已变更或注销的成品油经营批准证书应交回发证机关,其他任何单位和个人不得私自收存。

第三十七条　成品油专项用户的专项用油,应当按照国家规定的用量、用项及供应范围使用,不得对系统外销售。

第三十八条　成品油经营企业应当依法经营,禁止下列行为:

(一)无证无照、证照不符或超范围经营;

(二)加油站不使用加油机等计量器具加油或不按照规定使用税控装置;

(三)使用未经检定或超过检定周期或不符合防爆要求的加油机,擅自改动加油机或利用其他手段克扣油量;

(四)掺杂掺假、以假充真、以次充好;

(五)销售国家明令淘汰或质量不合格的成品油;

(六)经营走私或非法炼制的成品油;

(七)违反国家价格法律、法规,哄抬油价或低价倾销;

(八)国家法律法规禁止的其他经营行为。

第三十九条　成品油零售企业应当从具有成品油批发经营资格的企业购进成品油。

成品油零售企业不得为不具有成品油批发经营资格的企业代销成品油。

成品油仓储企业为其他单位代储成品油,应当验证成品油的合法来源及委托人的合法证明。

成品油批发企业不得向不具有成品油经营资格的企业销售用于经营用途的成品油。

第四十条　有下列情况之一的,作出成品油经营许可决定的商务主管部门或者上一级商务主管部门,根据利害关系人的请求或依据职权,应当撤销成品油经营许可决定:

(一)对不具备资格或者不符合法定条件的申请人作出准予许可决定的;

(二)超越法定职权作出准予许可决定的;

(三)成品油经营企业不再具备本办法第七条、第八条、第九条相应规定条件的;

(四)未参加或未通过年检的;

(五)以欺骗、贿赂等不正当手段取得经营许可的;

(六)隐瞒有关情况、提供虚假材料或者拒绝提供反映其经营活动真实材料的;

(七)依法应当撤销行政许可的其他情形。

第六章　法律责任

第四十一条　商务主管部门及其工作人员违反本办法规定,有下列情形之一的,由其上级行政机关或监察机关责令改正;情节严重的,对直接负责的主管人员和其他直接责任人员给予行政处分:

(一)对符合法定条件的申请不予受理的;

(二)未向申请人说明不受理申请或者不予许可理由的;

(三)对不符合条件的申请者予以许可或者超越法定职权作出许可的;

(四)对符合法定条件的申请者不予批准或无正当理由不在法定期限内作出批准决定的;

(五)不依法履行监督职责或监督不力,造成严重后果的。

第四十二条　商务主管部门在实施成品油经营许可过程中,擅自收费的,由其上级行政机关或监察机关责令退还非法收取的费用,并对主管人员和直接责任人员给予行政处分。

第四十三条　成品油经营企业有下列行为之一的,法律、法规有具体规定的,从其规定;如法律、法规未做规定的,由所在地县级以上人民政府商务主管部门视情节依法给予警告、责令停业整顿、处违法所得3倍以下或30000元以下罚款处罚:

(一)涂改、倒卖、出租、出借或者以其他形式非法转让成品油经营批准证书的;

(二)成品油专项用户违反规定,擅自将专项用油对系统外销售的;

(三)违反本办法规定的条件和程序,未经许可擅自新建、迁建和扩建加油站或油库的;

(四)采取掺杂掺假、以假充真、以次充好或者以不合格产品冒充合格产品等手段销售成品油,或者销售国家明令淘汰并禁止销售的成品油的;

(五)销售走私成品油的;

(六)擅自改动加油机或利用其他手段克扣油量的;

(七)成品油批发企业向不具有成品油经营资格的企业销售用于经营用途成品油的;

(八)成品油零售企业从不具有成品油批发经营资格的企业购进成品油的;

(九)超越经营范围进行经营活动的;

(十)违反有关技术规范要求的;

(十一)法律、法规、规章规定的其他违法行为。

第四十四条　企业申请从事成品油经营有下列行为之一的,商务主管部门应当作出不予受理或者不予许可的决定,并给予警告;申请人在一年内不得为同一事项再次申请成品油经营许可。

(一)隐瞒真实情况的;

(二)提供虚假材料的;

（三）违反有关政策和申请程序,情节严重的。

第四十五条　已取得省级以上商务主管部门颁发的成品油经营批准证书但尚不符合本办法第七条、第八条、第九条规定条件的企业,成品油批发和仓储企业应于本办法公布实施之日起 18 个月内、成品油零售企业应于 6 个月内进行整改;对于期满尚不符合条件的成品油经营企业,由行政许可机关撤销成品油经营许可,注销成品油经营批准证书。

第七章　附则

第四十六条　本办法颁布前,原有经依法批准的、符合国家政策的炼油企业按本办法规定申领《成品油批发经营批准证书》。

第四十七条　本办法由商务部负责解释。

第四十八条　本办法自 2007 年 1 月 1 日起施行,《成品油市场管理暂行办法》同时废止。

关于印发《企业安全生产费用提取和使用管理办法》的通知

财企〔2012〕16 号

各省、自治区、直辖市、计划单列市财政厅(局)、安全生产监督管理局,新疆生产建设兵团财务局、安全生产监督管理局,有关中央管理企业:

　　为了建立企业安全生产投入长效机制,加强安全生产费用管理,保障企业安全生产资金投入,维护企业、职工以及社会公共利益,根据《中华人民共和国安全生产法》等有关法律法规和国务院有关决定,财政部、国家安全生产监督管理总局联合制定了《企业安全生产费用提取和使用管理办法》。现印发给你们,请遵照执行。

財政部　安全监管总局
二〇一二年二月十四日

企业安全生产费用提取和使用管理办法

第一章　总　则

　　第一条　为了建立企业安全生产投入长效机制,加强安全生产费用管理,保障企业安全生产资金投入,维护企业、职工以及社会公共利益,依据《中华人民共和国安全生产法》等有关法律法规和《国务院关于加强安全生产工作的决定》(国发〔2004〕2 号)和《国务院关于进一步加强企业安全生产工作的通知》(国发〔2010〕23 号),制定本办法。

　　第二条　在中华人民共和国境内直接从事煤炭生产、非煤矿山开采、建设工程施工、危险品生产与储存、交通运输、烟花爆竹生产、冶金、机械制造、武器装备研制生产与试验(含民用航空及核燃料)的企业以及其他经济组织(以下简称企业)适用本办法。

　　第三条　本办法所称安全生产费用(以下简称安全费用)是指企业按照规定标准提取在成本中列支,专门用于完善和改进企业或者项目安全生产条件的资金。

　　安全费用按照"企业提取、政府监管、确保需要、规范使用"的原则进行管理。

　　第四条　本办法下列用语的含义是:

　　煤炭生产是指煤炭资源开采作业有关活动。

　　非煤矿山开采是指石油和天然气、煤层气(地面开采)、金属矿、非金属矿及其他矿产资源的勘探作业和生产、选矿、闭坑及尾矿库运行、闭库等有关活动。

　　建设工程是指土木工程、建筑工程、井巷工程、线路管道和设备安装及装修工程的新建、扩建、改建以及矿山建设。

　　危险品是指列入国家标准《危险货物品名表》(GB12268)和《危险化学品目录》的物品。

烟花爆竹是指烟花爆竹制品和用于生产烟花爆竹的民用黑火药、烟火药、引火线等物品。

交通运输包括道路运输、水路运输、铁路运输、管道运输。道路运输是指以机动车为交通工具的旅客和货物运输;水路运输是指以运输船舶为工具的旅客和货物运输及港口装卸、堆存;铁路运输是指以火车为工具的旅客和货物运输(包括高铁和城际铁路);管道运输是指以管道为工具的液体和气体物资运输。

冶金是指金属矿物的冶炼以及压延加工有关活动,包括:黑色金属、有色金属、黄金等的冶炼生产和加工处理活动,以及炭素、耐火材料等与主工艺流程配套的辅助工艺环节的生产。

机械制造是指各种动力机械、冶金矿山机械、运输机械、农业机械、工具、仪器、仪表、特种设备、大中型船舶、石油炼化装备及其他机械设备的制造活动。

武器装备研制生产与试验,包括武器装备和弹药的科研、生产、试验、储运、销毁、维修保障等。

第二章　安全费用的提取标准

第五条　煤炭生产企业依据开采的原煤产量按月提取。各类煤矿原煤单位产量安全费用提取标准如下:

(一)煤(岩)与瓦斯(二氧化碳)突出矿井、高瓦斯矿井吨煤 30 元;

(二)其他井工矿吨煤 15 元;

(三)露天矿吨煤 5 元。

矿井瓦斯等级划分按现行《煤矿安全规程》和《矿井瓦斯等级鉴定规范》的规定执行。

第六条　非煤矿山开采企业依据开采的原矿产量按月提取。各类矿山原矿单位产量安全费用提取标准如下:

(一)石油,每吨原油 17 元;

(二)天然气、煤层气(地面开采),每千立方米原气 5 元;

(三)金属矿山,其中露天矿山每吨 5 元,地下矿山每吨 10 元;

(四)核工业矿山,每吨 25 元;

(五)非金属矿山,其中露天矿山每吨 2 元,地下矿山每吨 4 元;

(六)小型露天采石场,即年采剥总量 50 万吨以下,且最大开采高度不超过 50 米,产品用于建筑、铺路的山坡型露天采石场,每吨 1 元;

(七)尾矿库按入库尾矿量计算,三等及三等以上尾矿库每吨 1 元,四等及五等尾矿库每吨 1.5 元。

本办法下发之日以前已经实施闭库的尾矿库,按照已堆存尾砂的有效库容大小提取,库容 100 万立方米以下的,每年提取 5 万元;超过 100 万立方米的,每增加 100 万立方米增加 3 万元,但每年提取额最高不超过 30 万元。

原矿产量不含金属、非金属矿山尾矿库和废石场中用于综合利用的尾砂和低品位矿石。

地质勘探单位安全费用按地质勘查项目或者工程总费用的 2% 提取。

第七条　建设工程施工企业以建筑安装工程造价为计提依据。各建设工程类别安全费用提取标准如下:

(一)矿山工程为 2.5%;

(二)房屋建筑工程、水利水电工程、电力工程、铁路工程、城市轨道交通工程为 2.0%;

(三)市政公用工程、冶炼工程、机电安装工程、化工石油工程、港口与航道工程、公路工程、通信工程为 1.5%。

建设工程施工企业提取的安全费用列入工程造价，在竞标时，不得删减，列入标外管理。国家对基本建设投资概算另有规定的，从其规定。

总包单位应当将安全费用按比例直接支付分包单位并监督使用，分包单位不再重复提取。

第八条　危险品生产与储存企业以上年度实际营业收入为计提依据，采取超额累退方式按照以下标准平均逐月提取：

（一）营业收入不超过 1000 万元的，按照 4％提取；

（二）营业收入超过 1000 万元至 1 亿元的部分，按照 2％提取；

（三）营业收入超过 1 亿元至 10 亿元的部分，按照 0.5％提取；

（四）营业收入超过 10 亿元的部分，按照 0.2％提取。

第九条　交通运输企业以上年度实际营业收入为计提依据，按照以下标准平均逐月提取：

（一）普通货运业务按照 1％提取；

（二）客运业务、管道运输、危险品等特殊货运业务按照 1.5％提取。

第十条　冶金企业以上年度实际营业收入为计提依据，采取超额累退方式按照以下标准平均逐月提取：

（一）营业收入不超过 1000 万元的，按照 3％提取；

（二）营业收入超过 1000 万元至 1 亿元的部分，按照 1.5％提取；

（三）营业收入超过 1 亿元至 10 亿元的部分，按照 0.5％提取；

（四）营业收入超过 10 亿元至 50 亿元的部分，按照 0.2％提取；

（五）营业收入超过 50 亿元至 100 亿元的部分，按照 0.1％提取；

（六）营业收入超过 100 亿元的部分，按照 0.05％提取。

第十一条　机械制造企业以上年度实际营业收入为计提依据，采取超额累退方式按照以下标准平均逐月提取：

（一）营业收入不超过 1000 万元的，按照 2％提取；

（二）营业收入超过 1000 万元至 1 亿元的部分，按照 1％提取；

（三）营业收入超过 1 亿元至 10 亿元的部分，按照 0.2％提取；

（四）营业收入超过 10 亿元至 50 亿元的部分，按照 0.1％提取；

（五）营业收入超过 50 亿元的部分，按照 0.05％提取。

第十二条　烟花爆竹生产企业以上年度实际营业收入为计提依据，采取超额累退方式按照以下标准平均逐月提取：

（一）营业收入不超过 200 万元的，按照 3.5％提取；

（二）营业收入超过 200 万元至 500 万元的部分，按照 3％提取；

（三）营业收入超过 500 万元至 1000 万元的部分，按照 2.5％提取；

（四）营业收入超过 1000 万元的部分，按照 2％提取。

第十三条　武器装备研制生产与试验企业以上年度军品实际营业收入为计提依据，采取超额累退方式按照以下标准平均逐月提取：

（一）火炸药及其制品研制、生产与试验企业（包括：含能材料，炸药、火药、推进剂，发动机，弹箭，引信、火工品等）：

1. 营业收入不超过 1000 万元的，按照 5％提取；

2. 营业收入超过 1000 万元至 1 亿元的部分，按照 3％提取；

3. 营业收入超过 1 亿元至 10 亿元的部分，按照 1％提取；

4. 营业收入超过 10 亿元的部分，按照 0.5％提取。

（二）核装备及核燃料研制、生产与试验企业：

1. 营业收入不超过 1000 万元的，按照 3‰提取；

2. 营业收入超过 1000 万元至 1 亿元的部分，按照 2‰提取；

3. 营业收入超过 1 亿元至 10 亿元的部分，按照 0.5‰提取；

4. 营业收入超过 10 亿元的部分，按照 0.2‰提取。

5. 核工程按照 3‰提取（以工程造价为计提依据，在竞标时，列为标外管理）。

（三）军用舰船（含修理）研制、生产与试验企业：

1. 营业收入不超过 1000 万元的，按照 2.5‰提取；

2. 营业收入超过 1000 万元至 1 亿元的部分，按照 1.75‰提取；

3. 营业收入超过 1 亿元至 10 亿元的部分，按照 0.8‰提取；

4. 营业收入超过 10 亿元的部分，按照 0.4‰提取。

（四）飞船、卫星、军用飞机、坦克车辆、火炮、轻武器、大型天线等产品的总体、部分和元器件研制、生产与试验企业：

1. 营业收入不超过 1000 万元的，按照 2‰提取；

2. 营业收入超过 1000 万元至 1 亿元的部分，按照 1.5‰提取；

3. 营业收入超过 1 亿元至 10 亿元的部分，按照 0.5‰提取；

4. 营业收入超过 10 亿元至 100 亿元的部分，按照 0.2‰提取；

5. 营业收入超过 100 亿元的部分，按照 0.1‰提取。

（五）其他军用危险品研制、生产与试验企业：

1. 营业收入不超过 1000 万元的，按照 4‰提取；

2. 营业收入超过 1000 万元至 1 亿元的部分，按照 2‰提取；

3. 营业收入超过 1 亿元至 10 亿元的部分，按照 0.5‰提取；

4. 营业收入超过 10 亿元的部分，按照 0.2‰提取。

第十四条　中小微型企业和大型企业上年末安全费用结余分别达到本企业上年度营业收入的 5%和 1.5%时，经当地县级以上安全生产监督管理部门、煤矿安全监察机构商财政部门同意，企业本年度可以缓提或者少提安全费用。

企业规模划分标准按照工业和信息化部、国家统计局、国家发展和改革委员会、财政部《关于印发中小企业划型标准规定的通知》（工信部联企业［2011］300 号）规定执行。

第十五条　企业在上述标准的基础上，根据安全生产实际需要，可适当提高安全费用提取标准。

本办法公布前，各省级政府已制定下发企业安全费用提取使用办法的，其提取标准如果低于本办法规定的标准，应当按照本办法进行调整；如果高于本办法规定的标准，按照原标准执行。

第十六条　新建企业和投产不足一年的企业以当年实际营业收入为提取依据，按月计提安全费用。

混业经营企业，如能按业务类别分别核算的，则以各业务营业收入为计提依据，按上述标准分别提取安全费用；如不能分别核算的，则以全部业务收入为计提依据，按主营业务计提标准提取安全费用。

第三章　安全费用的使用

第十七条　煤炭生产企业安全费用应当按照以下范围使用：

（一）煤与瓦斯突出及高瓦斯矿井落实"两个四位一体"综合防突措施支出，包括瓦斯区域预抽、保护层开采区域防突措施、开展突出区域和局部预测、实施局部补充防突措施、更新改造防突设备和设施、建立突出防治实验室等支出；

（二）煤矿安全生产改造和重大隐患治理支出，包括"一通三防"（通风，防瓦斯、防煤尘、防灭火）、防治水、供电、运输等系统设备改造和灾害治理工程，实施煤矿机械化改造，实施矿压（冲击地压）、热害、露天矿边坡治理、采空区治理等支出；

（三）完善煤矿井下监测监控、人员定位、紧急避险、压风自救、供水施救和通信联络安全避险"六大系统"支出，应急救援技术装备、设施配置和维护保养支出，事故逃生和紧急避难设施设备的配置和应急演练支出；

（四）开展重大危险源和事故隐患评估、监控和整改支出；

（五）安全生产检查、评价（不包括新建、改建、扩建项目安全评价）、咨询、标准化建设支出；

（六）配备和更新现场作业人员安全防护用品支出；

（七）安全生产宣传、教育、培训支出；

（八）安全生产适用新技术、新标准、新工艺、新装备的推广应用支出；

（九）安全设施及特种设备检测检验支出；

（十）其他与安全生产直接相关的支出。

第十八条　非煤矿山开采企业安全费用应当按照以下范围使用：

（一）完善、改造和维护安全防护设施设备（不含"三同时"要求初期投入的安全设施）和重大安全隐患治理支出，包括矿山综合防尘、防灭火、防治水、危险气体监测、通风系统、支护及防治边帮滑坡设备、机电设备、供配电系统、运输（提升）系统和尾矿库等完善、改造和维护支出以及实施地压监测监控、露天矿边坡治理、采空区治理等支出；

（二）完善非煤矿山监测监控、人员定位、紧急避险、压风自救、供水施救和通信联络等安全避险"六大系统"支出，完善尾矿库全过程在线监控系统和海上石油开采出海人员动态跟踪系统支出，应急救援技术装备、设施配置及维护保养支出，事故逃生和紧急避难设施设备的配置和应急演练支出；

（三）开展重大危险源和事故隐患评估、监控和整改支出；

（四）安全生产检查、评价（不包括新建、改建、扩建项目安全评价）、咨询、标准化建设支出；

（五）配备和更新现场作业人员安全防护用品支出；

（六）安全生产宣传、教育、培训支出；

（七）安全生产适用的新技术、新标准、新工艺、新装备的推广应用支出；

（八）安全设施及特种设备检测检验支出；

（九）尾矿库闭库及闭库后维护费用支出；

（十）地质勘探单位野外应急食品、应急器械、应急药品支出；

（十一）其他与安全生产直接相关的支出。

第十九条　建设工程施工企业安全费用应当按照以下范围使用：

（一）完善、改造和维护安全防护设施设备支出（不含"三同时"要求初期投入的安全设施），包括施工现场临时用电系统、洞口、临边、机械设备、高处作业防护、交叉作业防护、防火、防爆、防尘、防毒、防雷、防台风、防地质灾害、地下工程有害气体监测、通风、临时安全防护等设施设备支出；

（二）配备、维护、保养应急救援器材、设备支出和应急演练支出；

（三）开展重大危险源和事故隐患评估、监控和整改支出；

（四）安全生产检查、评价（不包括新建、改建、扩建项目安全评价）、咨询和标准化建设支出；

（五）配备和更新现场作业人员安全防护用品支出；

（六）安全生产宣传、教育、培训支出；

（七）安全生产适用的新技术、新标准、新工艺、新装备的推广应用支出；

（八）安全设施及特种设备检测检验支出；

（九）其他与安全生产直接相关的支出。

第二十条　危险品生产与储存企业安全费用应当按照以下范围使用：

（一）完善、改造和维护安全防护设施设备支出（不含"三同时"要求初期投入的安全设施），包括车间、库房、罐区等作业场所的监控、监测、通风、防晒、调温、防火、灭火、防爆、泄压、防毒、消毒、中和、防潮、防雷、防静电、防腐、防渗漏、防护围堤或者隔离操作等设施设备支出；

（二）配备、维护、保养应急救援器材、设备支出和应急演练支出；

（三）开展重大危险源和事故隐患评估、监控和整改支出；

（四）安全生产检查、评价（不包括新建、改建、扩建项目安全评价）、咨询和标准化建设支出；

（五）配备和更新现场作业人员安全防护用品支出；

（六）安全生产宣传、教育、培训支出；

（七）安全生产适用的新技术、新标准、新工艺、新装备的推广应用支出；

（八）安全设施及特种设备检测检验支出；

（九）其他与安全生产直接相关的支出。

第二十一条　交通运输企业安全费用应当按照以下范围使用：

（一）完善、改造和维护安全防护设施设备支出（不含"三同时"要求初期投入的安全设施），包括道路、水路、铁路、管道运输设施设备和装卸工具安全状况检测及维护系统、运输设施设备和装卸工具附属安全设备等支出；

（二）购置、安装和使用具有行驶记录功能的车辆卫星定位装置、船舶通信导航定位和自动识别系统、电子海图等支出；

（三）配备、维护、保养应急救援器材、设备支出和应急演练支出；

（四）开展重大危险源和事故隐患评估、监控和整改支出；

（五）安全生产检查、评价（不包括新建、改建、扩建项目安全评价）、咨询和标准化建设支出；

（六）配备和更新现场作业人员安全防护用品支出；

（七）安全生产宣传、教育、培训支出；

（八）安全生产适用的新技术、新标准、新工艺、新装备的推广应用支出；

（九）安全设施及特种设备检测检验支出；

（十）其他与安全生产直接相关的支出。

第二十二条　冶金企业安全费用应当按照以下范围使用：

（一）完善、改造和维护安全防护设施设备支出（不含"三同时"要求初期投入的安全设施），包括车间、站、库房等作业场所的监控、监测、防火、防爆、防坠落、防尘、防毒、防噪声与振动、防辐射和隔离操作等设施设备支出；

（二）配备、维护、保养应急救援器材、设备支出和应急演练支出；

（三）开展重大危险源和事故隐患评估、监控和整改支出；

（四）安全生产检查、评价（不包括新建、改建、扩建项目安全评价）和咨询及标准化建设支出；

（五）安全生产宣传、教育、培训支出；

（六）配备和更新现场作业人员安全防护用品支出；

（七）安全生产适用的新技术、新标准、新工艺、新装备的推广应用支出；

(八)安全设施及特种设备检测检验支出;

(九)其他与安全生产直接相关的支出。

第二十三条 机械制造企业安全费用应当按照以下范围使用:

(一)完善、改造和维护安全防护设施设备支出(不含"三同时"要求初期投入的安全设施),包括生产作业场所的防火、防爆、防坠落、防毒、防静电、防腐、防尘、防噪声与振动、防辐射或者隔离操作等设施设备支出,大型起重机械安装安全监控管理系统支出;

(二)配备、维护、保养应急救援器材、设备支出和应急演练支出;

(三)开展重大危险源和事故隐患评估、监控和整改支出;

(四)安全生产检查、评价(不包括新建、改建、扩建项目安全评价)、咨询和标准化建设支出;

(五)安全生产宣传、教育、培训支出;

(六)配备和更新现场作业人员安全防护用品支出;

(七)安全生产适用的新技术、新标准、新工艺、新装备的推广应用;

(八)安全设施及特种设备检测检验支出;

(九)其他与安全生产直接相关的支出。

第二十四条 烟花爆竹生产企业安全费用应当按照以下范围使用:

(一)完善、改造和维护安全设备设施支出(不含"三同时"要求初期投入的安全设施);

(二)配备、维护、保养防爆机械电器设备支出;

(三)配备、维护、保养应急救援器材、设备支出和应急演练支出;

(四)开展重大危险源和事故隐患评估、监控和整改支出;

(五)安全生产检查、评价(不包括新建、改建、扩建项目安全评价)、咨询和标准化建设支出;

(六)安全生产宣传、教育、培训支出;

(七)配备和更新现场作业人员安全防护用品支出;

(八)安全生产适用新技术、新标准、新工艺、新装备的推广应用支出;

(九)安全设施及特种设备检测检验支出;

(十)其他与安全生产直接相关的支出。

第二十五条 武器装备研制生产与试验企业安全费用应当按照以下范围使用:

(一)完善、改造和维护安全防护设施设备支出(不含"三同时"要求初期投入的安全设施),包括研究室、车间、库房、储罐区、外场试验区等作业场所的监控、监测、防触电、防坠落、防爆、泄压、防火、灭火、通风、防晒、调温、防毒、防雷、防静电、防腐、防尘、防噪声与振动、防辐射、防护围堤或者隔离操作等设施设备支出;

(二)配备、维护、保养应急救援、应急处置、特种个人防护器材、设备、设施支出和应急演练支出;

(三)开展重大危险源和事故隐患评估、监控和整改支出;

(四)高新技术和特种专用设备安全鉴定评估、安全性能检验检测及操作人员上岗培训支出;

(五)安全生产检查、评价(不包括新建、改建、扩建项目安全评价)、咨询和标准化建设支出;

(六)安全生产宣传、教育、培训支出;

(七)军工核设施(含核废物)防泄漏、防辐射的设施设备支出;

(八)军工危险化学品、放射性物品及武器装备科研、试验、生产、储运、销毁、维修保障过程中的安全技术措施改造费和安全防护(不包括工作服)费用支出;

(九)大型复杂武器装备制造、安装、调试的特殊工种和特种作业人员培训支出;

(十)武器装备大型试验安全专项论证与安全防护费用支出;

（十一）特殊军工电子元器件制造过程中有毒有害物质监测及特种防护支出；

（十二）安全生产适用新技术、新标准、新工艺、新装备的推广应用支出；

（十三）其他与武器装备安全生产事项直接相关的支出。

第二十六条 在本办法规定的使用范围内，企业应当将安全费用优先用于满足安全生产监督管理部门、煤矿安全监察机构以及行业主管部门对企业安全生产提出的整改措施或者达到安全生产标准所需的支出。

第二十七条 企业提取的安全费用应当专户核算，按规定范围安排使用，不得挤占、挪用。年度结余资金结转下年度使用，当年计提安全费用不足的，超出部分按正常成本费用渠道列支。

主要承担安全管理责任的集团公司经过履行内部决策程序，可以对所属企业提取的安全费用按照一定比例集中管理，统筹使用。

第二十八条 煤炭生产企业和非煤矿山企业已提取维持简单再生产费用的，应当继续提取维持简单再生产费用，但其使用范围不再包含安全生产方面的用途。

第二十九条 矿山企业转产、停产、停业或者解散的，应当将安全费用结余转入矿山闭坑安全保障基金，用于矿山闭坑、尾矿库闭库后可能的危害治理和损失赔偿。

危险品生产与储存企业转产、停产、停业或者解散的，应当将安全费用结余用于处理转产、停产、停业或者解散前的危险品生产或者储存设备、库存产品及生产原料支出。

企业由于产权转让、公司制改建等变更股权结构或者组织形式的，其结余的安全费用应当继续按照本办法管理使用。

企业调整业务、终止经营或者依法清算，其结余的安全费用应当结转本期收益或者清算收益。

第三十条 本办法第二条规定范围以外的企业为达到应当具备的安全生产条件所需的资金投入，按原渠道列支。

第四章　监督管理

第三十一条 企业应当建立健全内部安全费用管理制度，明确安全费用提取和使用的程序、职责及权限，按规定提取和使用安全费用。

第三十二条 企业应当加强安全费用管理，编制年度安全费用提取和使用计划，纳入企业财务预算。企业年度安全费用使用计划和上一年安全费用的提取、使用情况按照管理权限报同级财政部门、安全生产监督管理部门、煤矿安全监察机构和行业主管部门备案。

第三十三条 企业安全费用的会计处理，应当符合国家统一的会计制度的规定。

第三十四条 企业提取的安全费用属于企业自提自用资金，其他单位和部门不得采取收取、代管等形式对其进行集中管理和使用，国家法律、法规另有规定的除外。

第三十五条 各级财政部门、安全生产监督管理部门、煤矿安全监察机构和有关行业主管部门依法对企业安全费用提取、使用和管理进行监督检查。

第三十六条 企业未按本办法提取和使用安全费用的，安全生产监督管理部门、煤矿安全监察机构和行业主管部门会同财政部门责令其限期改正，并依照相关法律法规进行处理、处罚。

建设工程施工总承包单位未向分包单位支付必要的安全费用以及承包单位挪用安全费用的，由建设、交通运输、铁路、水利、安全生产监督管理、煤矿安全监察等主管部门依照相关法规、规章进行处理、处罚。

第三十七条 各省级财政部门、安全生产监督管理部门、煤矿安全监察机构可以结合本地区实际情况，制定具体实施办法，并报财政部、国家安全生产监督管理总局备案。

第五章　附　则

第三十八条　本办法由财政部、国家安全生产监督管理总局负责解释。

第三十九条　实行企业化管理的事业单位参照本办法执行。

第四十条　本办法自公布之日起施行。《关于调整煤炭生产安全费用提取标准加强煤炭生产安全费用使用管理与监督的通知》（财建〔2005〕168 号）、《关于印发〈烟花爆竹生产企业安全费用提取与使用管理办法〉的通知》（财建〔2006〕180 号）和《关于印发〈高危行业企业安全生产费用财务管理暂行办法〉的通知》（财企〔2006〕478 号）同时废止。《关于印发〈煤炭生产安全费用提取和使用管理办法〉和〈关于规范煤矿维简费管理问题的若干规定〉的通知》（财建〔2004〕119 号）等其他有关规定与本办法不一致的，以本办法为准。

化学工业部安全生产禁令

(1994 年化工部令第 10 号发布)

生产厂区十四个不准

一、加强明火管理,厂区内不准吸烟。

二、生产区内,不准未成年人进入。

三、上班时间,不准睡觉、干私活、离岗和干与生产无关的事。

四、在班前、班上不准喝酒。

五、不准使用汽油等易燃液体擦洗设备、用具和衣物。

六、不按规定穿戴劳动保护用品,不准进入生产岗位。

七、安全装置不齐全的设备不准使用。

八、不是自己分管的设备、工具不准动用。

九、检修设备时安全措施不落实,不准开始检修。

十、停机检修后的设备,未经彻底检查,不准启用。

十一、未办高处作业证,不系安全带,脚手架、跳板不牢,不准登高作业。

十二、石棉瓦上不固定好跳板,不准作业。

十三、未安装触电保安器的移动式电动工具,不准使用。

十四、未取得安全作业证的职工,不准独立作业;特殊工种职工,未经取证,不准作业。

操作工的六严格

一、严格执行交接班制。

二、严格进行巡回检查。

三、严格控制工艺指标。

四、严格执行操作法(票)。

五、严格遵守劳动纪律。

六、严格执行安全规定。

动火作业六大禁令

一、动火证未经批准,禁止动火。

二、不与生产系统可靠隔绝,禁止动火。

三、不清洗,置换不合格,禁止动火。

四、不消除周围易燃物,禁止动火。

五、不按时作动火分析,禁止动火。

六、没有消防措施,禁止动火。

进入容器、设备的八个必须

一、必须申请、办证,并得到批准。

二、必须进行安全隔绝。

三、必须切断动力电，并使用安全灯具。

四、必须进行置换、通风。

五、必须按时间要求进行安全分析。

六、必须佩戴规定的防护用具。

七、必须有人在器外监护，并坚守岗位。

八、必须有抢救后备措施。

机动车辆七大禁令

一、严禁无证、无令开车。

二、严禁酒后开车。

三、严禁超速行车和空档溜车。

四、严禁带病行车。

五、严禁人货混载行车。

六、严禁超标装载行车。

七、严禁无阻火器车辆进入禁火区。

爆炸危险场所安全规定

（劳部发〔1995〕56 号）

第一章　总　则

第一条　为加强对爆炸危险场所的安全管理,防止伤亡事故的发生,依据《中华人民共和国劳动法》的有关规定,制定本规定。

第二条　本规定所称爆炸危险场所是指存在由于爆炸性混合物出现造成爆炸事故危险而必须对其生产、使用、储存和装卸采取预防措施的场所。

第三条　本规定适用于中华人民共和国境内的有爆炸危险场所的企业。

个体经济组织依照本规定执行。

第四条　县级以上各级人民政府劳动行政部门对爆炸危险场所进行监督检查。

第二章　危险等级划分

第五条　爆炸危险场所划分为特别危险场所、高度危险场所和一般危险场所三个等级（划分原则见附件一）。

第六条　特别危险场所是指物质的性质特别危险,储存的数量特别大,工艺条件特殊,一旦发生爆炸事故将会造成巨大的经济损失、严重的人员伤亡,危害极大的危险场所。

第七条　高度危险场所是指物质的危险性较大,储存的数量较大,工艺条件较为特殊,一旦发生爆炸事故将会造成较大的经济损失、较为严重的人员伤亡,具有一定危害的危险场所。

第八条　一般危险场所是指物质的危险性较小,储存的数量较少,工艺条件一般,即使发生爆炸事故,所造成的危害较小的场所。

第九条　在划分危险场所等级时,对周围环境条件较差或发生过重大事故的危险场所应提高一个危险等级。

第十条　爆炸危险场所等级的划分,由企业（依照附件二的各项内容）划定等级后,经上级主管部门审查,报劳动行政部门备案。

第三章　危险场所的技术安全

第十一条　有爆炸危险的生产过程,应选择物质危险性较小、工艺较缓和、较为成熟的工艺路线。

第十二条　生产装置应有完善的生产工艺控制手段,设置具有可靠的温度、压力、流量、液面等工艺参数的控制仪表,对工艺参数控制要求严格的应设双系列控制仪表,并尽可能提高其自动化程度;在工艺布置时应尽量避免或缩短操作人员处于危险场所内的操作时间;对特殊生产工艺应有特殊的工艺控制手段。

第十三条　生产厂房、设备、储罐、仓库、装卸设施应远离各种引爆源和生活、办公区;应布置在全年最小频率风的上风向;厂房的朝向应有利于爆炸危险气体的散发;厂房应有足够的泄压面积和必要的安全通道;以散发比空气重的有爆炸危险气体的场所地面应有不引爆措施;设备、设施的安全间距应符合国家有关规定;生产厂房内的爆炸危险物料必须限量,储罐、仓库的储存量严格按国家有关规定执行。

第十四条 生产过程必须有可靠的供电、供气（汽）、供水等公用工程系统。对特别危险场所应设置双电源供电或备用电源，对重要的控制仪表应设置不间断电源（UPS）。特别危险场所和高度危险场所应设置排除险情的装置。

第十五条 生产设备、储罐和管道的材质、压力等级、制造工艺、焊接质量、检验要求必须执行国家有关规程；其安装必须有良好的密闭性能。对压力管线要有防止高低压窜气、窜液措施。

第十六条 爆炸危险场所必须有良好的通风设施，以防止有爆炸危险气体的积聚。生产装置尽可能采用露天、半露天布置，布置在室内应有足够的通风量；通排风设施应根据气体比重确定位置；对局部易泄漏部位应设置局部符合防爆要求的机械排风设施。

第十七条 危险场所必须按《中华人民共和国爆炸危险场所电气安全规程（试行）》划定危险场所区域等级图，并按危险区域等级和爆炸性混合物的级别、组别配置相应符合国家标准规定的防爆等级的电气设备。防爆电气设备的配置应符合整体防爆要求；防爆电气设备的施工、安装、维护和检修也必须符合规程要求。

第十八条 爆炸危险场所必须设置相应的可靠的避雷设施；有静电积聚危险的生产装置应采用控制流速、导除静电接地、静电消除器、添加防静电等有效的消除静电措施。

第十九条 爆炸危险场所的生产、储存、装卸过程必须根据生产工艺的要求设置相应的安全装置。

第二十条 桶装的有爆炸危险的物质应储存在库房内。库房应有足够的泄压面积和安全通道；库房内不得设置办公和生活用房；库房应有良好的通风设施；对储存温度要求较低的有爆炸危险物质的库房应有降温设施；对储存遇湿易爆物品的库房地面应比周围高出一定的高度；库房的门、窗应有遮雨设施。

第二十一条 装卸有爆炸危险的气体、液体时，连接管道的材质和压力等级等应符合工艺要求，其装卸过程必须采用控制流速等有效的消除静电措施。

第四章　危险场所的安全管理

第二十二条 企业应实行安全生产责任制，企业法定代表人应对本单位爆炸危险场所的安全管理工作负全面责任，以实现整体防爆安全。

第二十三条 新建、改建、扩建有爆炸危险的工程建设项目时，必须实行安全设施与主体工程同时设计、同时施工、同时竣工投产的"三同时"原则。

第二十四条 爆炸危险场所的设备应保持完好，并应定期进行校验、维护保养和检修，其完好率和泄漏率都必须达到规定要求。

第二十五条 爆炸危险场所的管理人员和操作工人，必须经培训考核合格后才能上岗。危险性较大的操作岗位，企业应规定操作人员的文化程度和技术等级。

防爆电气的安装、维修工人必须经过培训、考核合格，持证上岗。

第二十六条 企业必须有安全操作规程。操作工人应按操作规程操作。

第二十七条 爆炸危险场所必须设置标有危险等级和注意事项的标志牌。生产工艺、检修时的各种引爆源，必须采取完善的安全措施予以消除和隔离。

第二十八条 爆炸危险场所使用的机动车辆应采取有效的防爆措施。作业人员使用的工具、防护用品应符合防爆要求。

第二十九条 企业必须加强对防爆电气设备、避雷、静电导除设施的管理，选用经国家指定的防爆检验单位检验合格的防爆电气产品，做好防爆电气设备的备品、备件工作，不准任意降低防爆等级,对在用的防爆电气设备必须定期进行检验。检验和检修防爆电气产品的单位必须经过资格认可。

第三十条　爆炸危险场所内的各种安全设施,必须经常检查,定期校验,保持完好的状态,做好记录。各种安全设施不得擅自解除或拆除。

第三十一条　爆炸危险场所内的各种机械通风设施必须处于良好运行状态,并应定期检测。

第三十二条　仓库内的爆炸危险物品应分类存放,并应有明显的货物标志。堆垛之间应留有足够的垛距、墙距、顶距和安全通道。

第三十三条　仓库和储罐区应建立健全管理制度。库房内及露天堆垛附近不得从事试验、分装、焊接等作业。

第三十四条　爆炸危险物品在装卸前应对储运设备和容器进行安全检查。装卸应严格按操作规程操作,对不符合安全要求的不得装卸。

第三十五条　企业的主管部门应按本规定的要求加强对爆炸危险场所的安全管理,并组织、检查和指导企业爆炸危险场所的安全管理工作。

第五章　罚　　则

第三十六条　对爆炸危险场所存在重大事故隐患的,由劳动行政部门责令整改,并可处以罚款;情节严重的,提请县级以上人民政府决定责令停产整顿。

第三十七条　对劳动行政部门的处罚决定不服的,可申请复议。对复议决定不服,可以向人民法院起诉。逾期不起诉,也不执行处罚决定的,作出处罚决定的机关可以申请人民法院强制执行。

第六章　附　　则

第三十八条　各省、自治区、直辖市劳动行政部门可根据本规定制定实施细则,并报国务院劳动行政部门备案。

第三十九条　国家机关、事业组织和社会团体的爆炸危险场所参照本规定执行。

第四十条　本规定自颁布之日起施行。

国家安全生产监督管理总局令

第 40 号

《危险化学品重大危险源监督管理暂行规定》已经 2011 年 7 月 22 日国家安全生产监督管理总局局长办公会议审议通过，现予公布，自 2011 年 12 月 1 日起施行。

国家安全生产监督管理总局局长　骆琳

二〇一一年八月五日

危险化学品重大危险源监督管理暂行规定

第一章　总　则

第一条　为了加强危险化学品重大危险源的安全监督管理，防止和减少危险化学品事故的发生，保障人民群众生命财产安全，根据《中华人民共和国安全生产法》和《危险化学品安全管理条例》等有关法律、行政法规，制定本规定。

第二条　从事危险化学品生产、储存、使用和经营的单位（以下统称危险化学品单位）的危险化学品重大危险源的辨识、评估、登记建档、备案、核销及其监督管理，适用本规定。

城镇燃气、用于国防科研生产的危险化学品重大危险源以及港区内危险化学品重大危险源的安全监督管理，不适用本规定。

第三条　本规定所称危险化学品重大危险源（以下简称重大危险源），是指按照《危险化学品重大危险源辨识》（GB 18218）标准辨识确定，生产、储存、使用或者搬运危险化学品的数量等于或者超过临界量的单元（包括场所和设施）。

第四条危险化学品单位是本单位重大危险源安全管理的责任主体，其主要负责人对本单位的重大危险源安全管理工作负责，并保证重大危险源安全生产所必需的安全投入。

第五条　重大危险源的安全监督管理实行属地监管与分级管理相结合的原则。

县级以上地方人民政府安全生产监督管理部门按照有关法律、法规、标准和本规定，对本辖区内的重大危险源实施安全监督管理。

第六条　国家鼓励危险化学品单位采用有利于提高重大危险源安全保障水平的先进适用的工艺、技术、设备以及自动控制系统，推进安全生产监督管理部门重大危险源安全监管的信息化建设。

第二章　辨识与评估

第七条　危险化学品单位应当按照《危险化学品重大危险源辨识》标准，对本单位的危险化学品生产、经营、储存和使用装置、设施或者场所进行重大危险源辨识，并记录辨识过程与结果。

第八条　危险化学品单位应当对重大危险源进行安全评估并确定重大危险源等级。危险化学品单位可以组织本单位的注册安全工程师、技术人员或者聘请有关专家进行安全评估,也可以委托具有相应资质的安全评价机构进行安全评估。

依照法律、行政法规的规定,危险化学品单位需要进行安全评价的,重大危险源安全评估可以与本单位的安全评价一起进行,以安全评价报告代替安全评估报告,也可以单独进行重大危险源安全评估。

重大危险源根据其危险程度,分为一级、二级、三级和四级,一级为最高级别。重大危险源分级方法由本规定附件1列示。

第九条　重大危险源有下列情形之一的,应当委托具有相应资质的安全评价机构,按照有关标准的规定采用定量风险评价方法进行安全评估,确定个人和社会风险值:

(一)构成一级或者二级重大危险源,且毒性气体实际存在(在线)量与其在《危险化学品重大危险源辨识》中规定的临界量比值之和大于或等于1的;

(二)构成一级重大危险源,且爆炸品或液化易燃气体实际存在(在线)量与其在《危险化学品重大危险源辨识》中规定的临界量比值之和大于或等于1的。

第十条　重大危险源安全评估报告应当客观公正、数据准确、内容完整、结论明确、措施可行,并包括下列内容:

(一)评估的主要依据;

(二)重大危险源的基本情况;

(三)事故发生的可能性及危害程度;

(四)个人风险和社会风险值(仅适用定量风险评价方法);

(五)可能受事故影响的周边场所、人员情况;

(六)重大危险源辨识、分级的符合性分析;

(七)安全管理措施、安全技术和监控措施;

(八)事故应急措施;

(九)评估结论与建议。

危险化学品单位以安全评价报告代替安全评估报告的,其安全评价报告中有关重大危险源的内容应当符合本条第一款规定的要求。

第十一条　有下列情形之一的,危险化学品单位应当对重大危险源重新进行辨识、安全评估及分级:

(一)重大危险源安全评估已满三年的;

(二)构成重大危险源的装置、设施或者场所进行新建、改建、扩建的;

(三)危险化学品种类、数量、生产、使用工艺或者储存方式及重要设备、设施等发生变化,影响重大危险源级别或者风险程度的;

(四)外界生产安全环境因素发生变化,影响重大危险源级别和风险程度的;

(五)发生危险化学品事故造成人员死亡,或者10人以上受伤,或者影响到公共安全的;

(六)有关重大危险源辨识和安全评估的国家标准、行业标准发生变化的。

第三章　安全管理

第十二条　危险化学品单位应当建立完善重大危险源安全管理规章制度和安全操作规程,并采取有效措施保证其得到执行。

第十三条　危险化学品单位应当根据构成重大危险源的危险化学品种类、数量、生产、使用工艺(方式)或者相关设备、设施等实际情况,按照下列要求建立健全安全监测监控体系,完善控制措施：

（一）重大危险源配备温度、压力、液位、流量、组份等信息的不间断采集和监测系统以及可燃气体和有毒有害气体泄漏检测报警装置，并具备信息远传、连续记录、事故预警、信息存储等功能；一级或者二级重大危险源，具备紧急停车功能。记录的电子数据的保存时间不少于30天；

（二）重大危险源的化工生产装置装备满足安全生产要求的自动化控制系统；一级或者二级重大危险源，装备紧急停车系统；

（三）对重大危险源中的毒性气体、剧毒液体和易燃气体等重点设施，设置紧急切断装置；毒性气体的设施，设置泄漏物紧急处置装置。涉及毒性气体、液化气体、剧毒液体的一级或者二级重大危险源，配备独立的安全仪表系统（SIS）；

（四）重大危险源中储存剧毒物质的场所或者设施，设置视频监控系统；

（五）安全监测监控系统符合国家标准或者行业标准的规定。

第十四条　通过定量风险评价确定的重大危险源的个人和社会风险值，不得超过本规定附件2列示的个人和社会可容许风险限值标准。

超过个人和社会可容许风险限值标准的，危险化学品单位应当采取相应的降低风险措施。

第十五条　危险化学品单位应当按照国家有关规定，定期对重大危险源的安全设施和安全监测监控系统进行检测、检验，并进行经常性维护、保养，保证重大危险源的安全设施和安全监测监控系统有效、可靠运行。维护、保养、检测应当作好记录，并由有关人员签字。

第十六条　危险化学品单位应当明确重大危险源中关键装置、重点部位的责任人或者责任机构，并对重大危险源的安全生产状况进行定期检查，及时采取措施消除事故隐患。事故隐患难以立即排除的，应当及时制定治理方案，落实整改措施、责任、资金、时限和预案。

第十七条　危险化学品单位应当对重大危险源的管理和操作岗位人员进行安全操作技能培训，使其了解重大危险源的危险特性，熟悉重大危险源安全管理规章制度和安全操作规程，掌握本岗位的安全操作技能和应急措施。

第十八条　危险化学品单位应当在重大危险源所在场所设置明显的安全警示标志，写明紧急情况下的应急处置办法。

第十九条　危险化学品单位应当将重大危险源可能发生的事故后果和应急措施等信息，以适当方式告知可能受影响的单位、区域及人员。

第二十条　危险化学品单位应当依法制定重大危险源事故应急预案，建立应急救援组织或者配备应急救援人员，配备必要的防护装备及应急救援器材、设备、物资，并保障其完好和方便使用；配合地方人民政府安全生产监督管理部门制定所在地区涉及本单位的危险化学品事故应急预案。

对存在吸入性有毒、有害气体的重大危险源，危险化学品单位应当配备便携式浓度检测设备、空气呼吸器、化学防护服、堵漏器材等应急器材和设备；涉及剧毒气体的重大危险源，还应当配备两套以上（含本数）气密型化学防护服；涉及易燃易爆气体或者易燃液体蒸气的重大危险源，还应当配备一定数量的便携式可燃气体检测设备。

第二十一条　危险化学品单位应当制定重大危险源事故应急预案演练计划，并按照下列要求进行事故应急预案演练：

（一）对重大危险源专项应急预案，每年至少进行一次；

（二）对重大危险源现场处置方案，每半年至少进行一次。

应急预案演练结束后，危险化学品单位应当对应急预案演练效果进行评估，撰写应急预案演练评估报告，分析存在的问题，对应急预案提出修订意见，并及时修订完善。

第二十二条　危险化学品单位应当对辨识确认的重大危险源及时、逐项进行登记建档。

重大危险源档案应当包括下列文件、资料：

（一）辨识、分级记录；

（二）重大危险源基本特征表；

（三）涉及的所有化学品安全技术说明书；

（四）区域位置图、平面布置图、工艺流程图和主要设备一览表；

（五）重大危险源安全管理规章制度及安全操作规程；

（六）安全监测监控系统、措施说明、检测、检验结果；

（七）重大危险源事故应急预案、评审意见、演练计划和评估报告；

（八）安全评估报告或者安全评价报告；

（九）重大危险源关键装置、重点部位的责任人、责任机构名称；

（十）重大危险源场所安全警示标志的设置情况；

（十一）其他文件、资料。

第二十三条　危险化学品单位在完成重大危险源安全评估报告或者安全评价报告后 15 日内，应当填写重大危险源备案申请表，连同本规定第二十二条规定的重大危险源档案材料（其中第二款第五项规定的文件资料只需提供清单），报送所在地县级人民政府安全生产监督管理部门备案。

县级人民政府安全生产监督管理部门应当每季度将辖区内的一级、二级重大危险源备案材料报送至设区的市级人民政府安全生产监督管理部门。设区的市级人民政府安全生产监督管理部门应当每半年将辖区内的一级重大危险源备案材料报送至省级人民政府安全生产监督管理部门。

重大危险源出现本规定第十一条所列情形之一的，危险化学品单位应当及时更新档案，并向所在地县级人民政府安全生产监督管理部门重新备案。

第二十四条　危险化学品单位新建、改建和扩建危险化学品建设项目，应当在建设项目竣工验收前完成重大危险源的辨识、安全评估和分级、登记建档工作，并向所在地县级人民政府安全生产监督管理部门备案。

第四章　监督检查

第二十五条　县级人民政府安全生产监督管理部门应当建立健全危险化学品重大危险源管理制度，明确责任人员，加强资料归档。

第二十六条　县级人民政府安全生产监督管理部门应当在每年 1 月 15 日前，将辖区内上一年度重大危险源的汇总信息报送至设区的市级人民政府安全生产监督管理部门。设区的市级人民政府安全生产监督管理部门应当在每年 1 月 31 日前，将辖区内上一年度重大危险源的汇总信息报送至省级人民政府安全生产监督管理部门。省级人民政府安全生产监督管理部门应当在每年 2 月 15 日前，将辖区内上一年度重大危险源的汇总信息报送至国家安全生产监督管理总局。

第二十七条　重大危险源经过安全评价或者安全评估不再构成重大危险源的，危险化学品单位应当向所在地县级人民政府安全生产监督管理部门申请核销。

申请核销重大危险源应当提交下列文件、资料：

（一）载明核销理由的申请书；

（二）单位名称、法定代表人、住所、联系人、联系方式；

（三）安全评价报告或者安全评估报告。

第二十八条 县级人民政府安全生产监督管理部门应当自收到申请核销的文件、资料之日起 30 日内进行审查,符合条件的,予以核销并出具证明文书;不符合条件的,说明理由并书面告知申请单位。必要时,县级人民政府安全生产监督管理部门应当聘请有关专家进行现场核查。

第二十九条 县级人民政府安全生产监督管理部门应当每季度将辖区内一级、二级重大危险源的核销材料报送至设区的市级人民政府安全生产监督管理部门。设区的市级人民政府安全生产监督管理部门应当每半年将辖区内一级重大危险源的核销材料报送至省级人民政府安全生产监督管理部门。

第三十条 县级以上地方各级人民政府安全生产监督管理部门应当加强对存在重大危险源的危险化学品单位的监督检查,督促危险化学品单位做好重大危险源的辨识、安全评估及分级、登记建档、备案、监测监控、事故应急预案编制、核销和安全管理工作。

首次对重大危险源的监督检查应当包括下列主要内容:

(一)重大危险源的运行情况、安全管理规章制度及安全操作规程制定和落实情况;

(二)重大危险源的辨识、分级、安全评估、登记建档、备案情况;

(三)重大危险源的监测监控情况;

(四)重大危险源安全设施和安全监测监控系统的检测、检验以及维护保养情况;

(五)重大危险源事故应急预案的编制、评审、备案、修订和演练情况;

(六)有关从业人员的安全培训教育情况;

(七)安全标志设置情况;

(八)应急救援器材、设备、物资配备情况;

(九)预防和控制事故措施的落实情况。

安全生产监督管理部门在监督检查中发现重大危险源存在事故隐患的,应当责令立即排除;重大事故隐患排除前或者排除过程中无法保证安全的,应当责令从危险区域内撤出作业人员,责令暂时停产停业或者停止使用;重大事故隐患排除后,经安全生产监督管理部门审查同意,方可恢复生产经营和使用。

第三十一条 县级以上地方各级人民政府安全生产监督管理部门应当会同本级人民政府有关部门,加强对工业(化工)园区等重大危险源集中区域的监督检查,确保重大危险源与周边单位、居民区、人员密集场所等重要目标和敏感场所之间保持适当的安全距离。

第五章 法律责任

第三十二条 危险化学品单位有下列行为之一的,由县级以上人民政府安全生产监督管理部门责令限期改正;逾期未改正的,责令停产停业整顿,可以并处 2 万元以上 10 万元以下的罚款:

(一)未按照本规定要求对重大危险源进行安全评估或者安全评价的;

(二)未按照本规定要求对重大危险源进行登记建档的;

(三)未按照本规定及相关标准要求对重大危险源进行安全监测监控的;

(四)未制定重大危险源事故应急预案的。

第三十三条 危险化学品单位有下列行为之一的,由县级以上人民政府安全生产监督管理部门责令限期改正;逾期未改正的,责令停产停业整顿,并处 5 万元以下的罚款:

(一)未在构成重大危险源的场所设置明显的安全警示标志的;

(二)未对重大危险源中的设备、设施等进行定期检测、检验的。

第三十四条 危险化学品单位有下列情形之一的,由县级以上人民政府安全生产监督管理

部门给予警告,可以并处 5000 元以上 3 万元以下的罚款:

(一)未按照标准对重大危险源进行辨识的;

(二)未按照本规定明确重大危险源中关键装置、重点部位的责任人或者责任机构的;

(三)未按照本规定建立应急救援组织或者配备应急救援人员,以及配备必要的防护装备及器材、设备、物资,并保障其完好的;

(四)未按照本规定进行重大危险源备案或者核销的;

(五)未将重大危险源可能引发的事故后果、应急措施等信息告知可能受影响的单位、区域及人员的;

(六)未按照本规定要求开展重大危险源事故应急预案演练的;

(七)未按照本规定对重大危险源的安全生产状况进行定期检查,采取措施消除事故隐患的。

第三十五条 承担检测、检验、安全评价工作的机构,出具虚假证明,构成犯罪的,依照刑法有关规定追究刑事责任;尚不够刑事处罚的,由县级以上人民政府安全生产监督管理部门没收违法所得;违法所得在 5000 元以上的,并处违法所得 2 倍以上 5 倍以下的罚款;没有违法所得或者违法所得不足 5000 元的,单处或者并处 5000 元以上 2 万元以下的罚款;同时可对其直接负责的主管人员和其他直接责任人员处 5000 元以上 5 万元以下的罚款;给他人造成损害的,与危险化学品单位承担连带赔偿责任。

对有前款违法行为的机构,撤销其相应资格。

第六章 附 则

第三十六条 本规定自 2011 年 12 月 1 日起施行。

附件:

1. 危险化学品重大危险源分级方法(略)
2. 可容许风险标准(略)

国家安全生产监督管理总局令

第 43 号

《危险化学品输送管道安全管理规定》已经 2011 年 12 月 31 日国家安全生产监督管理总局局长办公会议审议通过，现予公布，自 2012 年 3 月 1 日起施行。

国家安全生产监督管理总局　骆琳
二〇一二年一月十七日

危险化学品输送管道安全管理规定

第一章　总　则

第一条　为了加强危险化学品输送管道的安全管理，预防和减少危险化学品输送管道生产安全事故，保护人民群众生命财产安全，根据《中华人民共和国安全生产法》和《危险化学品安全管理条例》，制定本规定。

第二条　生产、储存危险化学品的单位在厂区外公共区域埋地、地面和架空的危险化学品输送管道及其附属设施（以下简称危险化学品管道）的安全管理，适用本规定。

原油、天然气、煤层气和城镇燃气管道的安全管理，不适用本规定。

第三条　对危险化学品管道享有所有权或者运行管理权的单位（以下简称管道单位）应当依照有关安全生产法律法规和本规定，落实安全生产主体责任，建立、健全有关危险化学品管道安全生产的规章制度和操作规程并实施，接受安全生产监督管理部门依法实施的监督检查。

第四条　各级安全生产监督管理部门负责危险化学品管道安全生产的监督检查，并依法对危险化学品管道建设项目实施安全条件审查。

第五条　任何单位和个人不得实施危害危险化学品管道安全生产的行为。

对危害危险化学品管道安全生产的行为，任何单位和个人均有权向安全生产监督管理部门举报。接受举报的安全生产监督管理部门应当依法予以处理。

第二章　危险化学品管道的规划

第六条　危险化学品管道建设应当遵循安全第一、节约用地和经济合理的原则，并按照相关国家标准、行业标准和技术规范进行科学规划。

第七条　禁止光气、氯气等剧毒气体化学品管道穿（跨）越公共区域。

严格控制氨、硫化氢等其他有毒气体的危险化学品管道穿（跨）越公共区域。

第八条　危险化学品管道建设的选线应当避开地震活动断层和容易发生洪灾、地质灾害的区域；确实无法避开的，应当采取可靠的工程处理措施，确保不受地质灾害影响。

危险化学品管道与居民区、学校等公共场所以及建筑物、构筑物、铁路、公路、航道、港口、市政设施、通讯设施、军事设施、电力设施的距离,应当符合有关法律、行政法规和国家标准、行业标准的规定。

第三章　危险化学品管道的建设

第九条　对新建、改建、扩建的危险化学品管道,建设单位应当依照国家安全生产监督管理总局有关危险化学品建设项目安全监督管理的规定,依法办理安全条件审查、安全设施设计审查、试生产(使用)方案备案和安全设施竣工验收手续。

第十条　对新建、改建、扩建的危险化学品管道,建设单位应当依照有关法律、行政法规的规定,委托具备相应资质的设计单位进行设计。

第十一条　承担危险化学品管道的施工单位应当具备有关法律、行政法规规定的相应资质。施工单位应当按照有关法律、法规、国家标准、行业标准和技术规范的规定,以及经过批准的安全设施设计进行施工,并对工程质量负责。

参加危险化学品管道焊接、防腐、无损检测作业的人员应当具备相应的操作资格证书。

第十二条　负责危险化学品管道工程的监理单位应当对管道的总体建设质量进行全过程监督,并对危险化学品管道的总体建设质量负责。管道施工单位应当严格按照有关国家标准、行业标准的规定对管道的焊缝和防腐质量进行检查,并按照设计要求对管道进行压力试验和气密性试验。

对敷设在江、河、湖泊或者其他环境敏感区域的危险化学品管道,应当采取增加管道压力设计等级、增加防护套管等措施,确保危险化学品管道安全。

第十三条　危险化学品管道试生产(使用)前,管道单位应当对有关保护措施进行安全检查,科学制定安全投入生产(使用)方案,并严格按照方案实施。

第十四条　危险化学品管道试压半年后一直未投入生产(使用)的,管道单位应当在其投入生产(使用)前重新进行气密性试验;对敷设在江、河或者其他环境敏感区域的危险化学品管道,应当相应缩短重新进行气密性试验的时间间隔。

第四章　危险化学品管道的运行

第十五条　危险化学品管道应当设置明显标志。发现标志毁损的,管道单位应当及时予以修复或者更新。

第十六条　管道单位应当建立、健全危险化学品管道巡扩制度,配备专人进行日常巡护。巡护人员发现危害危险化学品管道安全生产情形的,应当立即报告单位负责人并及时处理。

第十七条　管道单位对危险化学品管道存在的事故隐患应当及时排除;对自身排除确有困难的外部事故隐患,应当向当地安全生产监督管理部门报告。

第十八条　管道单位应当按照有关国家标准、行业标准和技术规范对危险化学品管道进行定期检测、维护,确保其处于完好状态;对安全风险较大的区段和场所,应当进行重点监测、监控;对不符合安全标准的危险化学品管道,应当及时更新、改造或者停止使用,并向当地安全生产监督管理部门报告。对涉及更新、改造的危险化学品管道,还应当按照本办法第九条的规定办理安全条件审查手续。

第十九条　管道单位发现下列危害危险化学品管道安全运行行为的,应当及时予以制止,无法处置时应当向当地安全生产监督管理部门报告:

(一)擅自开启、关闭危险化学品管道阀门;

(二)采用移动、切割、打孔、砸撬、拆卸等手段损坏管道及其附属设施;

(三)移动、毁损、涂改管道标志;

(四)在埋地管道上方和巡查便道上行驶重型车辆;

(五)对埋地、地面管道进行占压,在架空管道线路和管桥上行走或者放置重物;

(六)利用地面管道、架空管道、管架桥等固定其他设施缆绳悬挂广告牌、搭建构筑物;

(七)其他危害危险化学品管道安全运行的行为。

第二十条　禁止在危险化学品管道附属设施的上方架设电力线路、通信线路。

第二十一条　在危险化学品管道及其附属设施外缘两侧各 5 米地域范围内,管道单位发现下列危害管道安全运行的行为的,应当及时予以制止,无法处置时应当向当地安全生产监督管理部门报告:

(一)种植乔木、灌木、藤类、芦苇、竹子或者其他根系深达管道埋设部位可能损坏管道防腐层的深根植物;

(二)取土、采石、用火、堆放重物、排放腐蚀性物质、使用机械工具进行挖掘施工、工程钻探;

(三)挖塘、修渠、修晒场、修建水产养殖场、建温室、建家畜棚圈、建房以及修建其他建(构)筑物。

第二十二条　在危险化学品管道中心线两侧及危险化学品管道附属设施外缘两侧 5 米外的周边范围内,管道单位发现下列建(构)物与管道线路、管道附属设施的距离不符合国家标准、行业标准要求的,应当及时向当地安全生产监督管理部门报告:

(一)居民小区、学校、医院、餐饮娱乐场所、车站、商场等人口密集的建筑物;

(二)加油站、加气站、储油罐、储气罐等易燃易爆物品的生产、经营、存储场所;

(三)变电站、配电站、供水站等公用设施。

第二十三条　在穿越河流的危险化学品管道线路中心线两侧 500 米地域范围内,管道单位发现有实施抛锚、拖锚、挖沙、采石、水下爆破等作业的,应当及时予以制止,无法处置时应当向当地安全生产监督管理部门报告。但在保障危险化学品管道安全的条件下,为防洪和航道通畅而实施的养护疏浚作业除外。

第二十四条　在危险化学品管道专用隧道中心线两侧 1000 米地域范围内,管道单位发现有实施采石、采矿、爆破等作业的,应当及时予以制止,无法处置时应当向当地安全生产监督管理部门报告。

在前款规定的地域范围内,因修建铁路、公路、水利等公共工程确需实施采石、爆破等作业的,应当按照本规定第二十五条的规定执行。

第二十五条　实施下列可能危及危险化学品管道安全运行的施工作业的,施工单位应当在开工的 7 日前书面通知管道单位,将施工作业方案报管道单位,并与管道单位共同制定应急预案,采取相应的安全防护措施,管道单位应当指派专人到现场进行管道安全保护指导:

(一)穿(跨)越管道的施工作业;

(二)在管道线路中心线两侧 5 米至 50 米和管道附属设施周边 100 米地域范围内,新建、改建、扩建铁路、公路、河渠,架设电力线路,埋设地下电缆、光缆,设置安全接地体、避雷接地体;

(三)在管道线路中心线两侧 200 米和管道附属设施周边 500 米地域范围内,实施爆破、地震法勘探或者工程挖掘、工程钻探、采矿等作业。

第二十六条　施工单位实施本规定第二十四条第二款、第二十五条规定的作业,应当符合下列条件:

(一)已经制定符合危险化学品管道安全运行要求的施工作业方案;

(二)已经制定应急预案;

（三）施工作业人员已经接受相应的危险化学品管道保护知识教育和培训；

（四）具有保障安全施工作业的设备、设施。

第二十七条　危险化学品管道的专用设施、永工防护设施、专用隧道等附属设施不得用于其他用途；确需用于其他用途的，应当征得管道单位的同意，并采取相应的安全防护措施。

第二十八条　管道单位应当按照有关规定制定本单位危险化学品管道事故应急预案，配备相应的应急救援人员和设备物资，定期组织应急演练。

发生危险化学品管道生产安全事故，管道单位应当立即启动应急预案及响应程序，采取有效措施进行紧急处置，消除或者减轻事故危害，并按照国家规定立即向事故发生地县级以上安全生产监督管理部门报告。

第二十九条　对转产、停产、停止使用的危险化学品管道，管道单位应当采取有效措施及时妥善处置，并将处置方案报县级以上安全生产监督管理部门。

第五章　监督管理

第三十条　省级、设区的市级安全生产监督管理部门应当按照国家安全生产监督管理总局有关危险化学品建设项目安全监督管理的规定，对新建、改建、扩建管道建设项目办理安全条件审查、安全设计审查、试生产（使用）方案备案和安全设施竣工验收手续。

第三十一条　安全生产监督管理部门接到管道单位依照本规定第十七条、第十九条、第二十一条、第二十二条、第二十三条、第二十四条提交的有关报告后，应当及时依法予以协调、移送有关主管部门处理或者报请本级人民政府组织处理。

第三十二条　县级以上安全生产监督管理部门接到危险化学品管道生产安全事故报告后，应当按照有关规定及时上报事故情况，并根据实际情况采取事故处置措施。

第六章　法律责任

第三十三条　新建、改建、扩建危险化学品管道建设项目未经安全条件审查的，由安全生产监督管理部门责令停止建设，限期改正；逾期不改正的，处50万元以上100万元以下的罚款；构成犯罪的，依法追究刑事责任。

危险化学品管道建设单位将管道建设项目发包给不具备相应资质等级的勘察、设计、施工单位或者委托给不具有相应资质等级的工程监理单位的，由安全生产监督管理部门移送建设行政主管部门依照《建设工程质量管理条例》第五十四条规定予以处罚。

第三十四条　有下列情形之一的，由安全生产监督管理部门责令改正，可以处5万元以下的罚款；拒不改正的，处5万元以上10万元以下的罚款；情节严重的，责令停产停业整顿。

（一）管道单位未对危险化学品管道设置明显标志或者未按照本规定对管道进行检测、维护的；

（二）进行可能危及危险化学品管道安全的施工作业，施工单位未按照规定书面通知管道单位，或者未与管道单位共同制定应急预案并采取相应的防护措施，或者管道单位未指派专人到现场进行管道安全保护指导的。

第三十五条　对转产、停产、停止使用的危险化学品管道，管道单位未采取有效措施及时、妥善处置的，由安全生产监督管理部门责令改正，处5万元以上10万元以下的罚款；构成犯罪的，依法追究刑事责任。

对转产、停产、停止使用的危险化学品管道，管道单位未按照本规定将处置方案报县级以上安全生产监督管理部门的，由安全生产监督管理部门责令改正，可以处1万元以下的罚款；拒不改正的，处 1 万元以上 5 万元以下的罚款。

第三十六条 违反本规定，采用移动、切割、打孔、砸撬、拆卸等手段实施危害危险化学品管道安全行为，尚不构成犯罪的，由有关主管部门依法给予治安管理处罚。

第七章 附 则

第三十七条 本规定所称公共区域是指厂区（包括化工园区、工业园区）以外的区域。

第三十八条 本规定所称危险化学品管道附属设施包括：

（一）管道的加压站、计量站、阀室、阀井、放空设施、储罐、装卸栈桥、装卸场、分输站、减压站等站场；

（二）管道的水工保护设施、防风设施、防雷设施、抗震设施、通信设施、安全监控设施、电力设施、管堤、管桥以及管道专用涵洞、隧道等穿跨越设施；

（三）管道的阴极保护站、阴极保护测试桩、阳极地床、杂散电流排流站等防腐设施；

（四）管道的其他附属设施。

第三十九条 本规定施行前在管道保护距离内已经建成的人口密集场所和易燃易爆物品的生产、经营、存储场所，应当由所在地人民政府根据当地的实际情况，有计划、分步骤地搬迁、清理或者采取必要的防护措施。

第四十条 本规定自 2012 年 3 月 1 日起施行。

国家安全生产监督管理总局令

第 57 号

《危险化学品安全使用许可证实施办法》已经 2012 年 10 月 29 日国家安全生产监督管理总局局长办公会议审议通过,现予公布,自 2013 年 5 月 1 日起施行。

国家安全监管总局局长　杨栋梁

2012 年 11 月 16 日

危险化学品安全使用许可证实施办法

第一章　总　则

第一条　为了严格使用危险化学品从事生产的化工企业安全生产条件,规范危险化学品安全使用许可证的颁发和管理工作,根据《危险化学品安全管理条例》和有关法律、行政法规,制定本办法。

第二条　本办法适用于列入危险化学品安全使用许可适用行业目录、使用危险化学品从事生产并且达到危险化学品使用量的数量标准的化工企业(危险化学品生产企业除外,以下简称企业)。

使用危险化学品作为燃料的企业不适用本办法。

第三条　企业应当依照本办法的规定取得危险化学品安全使用许可证(以下简称安全使用许可证)。

第四条　安全使用许可证的颁发管理工作实行企业申请、市级发证、属地监管的原则。

第五条　国家安全生产监督管理总局负责指导、监督全国安全使用许可证的颁发管理工作。

省、自治区、直辖市人民政府安全生产监督管理部门(以下简称省级安全生产监督管理部门)负责指导、监督本行政区域内安全使用许可证的颁发管理工作。

设区的市级人民政府安全生产监督管理部门(以下简称发证机关)负责本行政区域内安全使用许可证的审批、颁发和管理,不得再委托其他单位、组织或者个人实施。

第二章　申请安全使用许可证的条件

第六条　企业与重要场所、设施、区域的距离和总体布局应当符合下列要求,并确保安全:

(一)储存危险化学品数量构成重大危险源的储存设施,与《危险化学品安全管理条例》第十九条第一款规定的八类场所、设施、区域的距离符合国家有关法律、法规、规章和国家标准或者行业标准的规定;

(二)总体布局符合《工业企业总平面设计规范》(GB 50187)、《化工企业总图运输设计规范》(GB 50489)、《建筑设计防火规范》(GB 50016)等相关标准的要求;石油化工企业还应当符合《石油化工企业设计防火规范》(GB 50160)的要求；

（三）新建企业符合国家产业政策、当地县级以上（含县级）人民政府的规划和布局。

第七条　企业的厂房、作业场所、储存设施和安全设施、设备、工艺应当符合下列要求：

（一）新建、改建、扩建使用危险化学品的化工建设项目（以下统称建设项目）由具备国家规定资质的设计单位设计和施工单位建设；其中，涉及国家安全生产监督管理总局公布的重点监管危险化工工艺、重点监管危险化学品的装置，由具备石油化工医药行业相应资质的设计单位设计；

（二）不得采用国家明令淘汰、禁止使用和危及安全生产的工艺、设备；新开发的使用危险化学品从事化工生产的工艺（以下简称化工工艺），在小试、中试、工业化试验的基础上逐步放大到工业化生产；国内首次使用的化工工艺，经过省级人民政府有关部门组织的安全可靠性论证；

（三）涉及国家安全生产监督管理总局公布的重点监管危险化工工艺、重点监管危险化学品的装置装设自动化控制系统；涉及国家安全生产监督管理总局公布的重点监管危险化工工艺的大型化工装置装设紧急停车系统；涉及易燃易爆、有毒有害气体化学品的作业场所装设易燃易爆、有毒有害介质泄漏报警等安全设施；

（四）新建企业的生产区与非生产区分开设置，并符合国家标准或者行业标准规定的距离；

（五）新建企业的生产装置和储存设施之间及其建（构）筑物之间的距离符合国家标准或者行业标准的规定。

同一厂区内（生产或者储存区域）的设备、设施及建（构）筑物的布置应当适用同一标准的规定。

第八条　企业应当依法设置安全生产管理机构，按照国家规定配备专职安全生产管理人员。配备的专职安全生产管理人员必须能够满足安全生产的需要。

第九条　企业主要负责人、分管安全负责人和安全生产管理人员必须具备与其从事生产经营活动相适应的安全知识和管理能力，参加安全资格培训，并经考核合格，取得安全资格证书。

特种作业人员应当依照《特种作业人员安全技术培训考核管理规定》，经专门的安全技术培训并考核合格，取得特种作业操作证书。

本条第一款、第二款规定以外的其他从业人员应当按照国家有关规定，经安全教育培训合格。

第十条　企业应当建立全员安全生产责任制，保证每位从业人员的安全生产责任与职务、岗位相匹配。

第十一条　企业根据化工工艺、装置、设施等实际情况，至少应当制定、完善下列主要安全生产规章制度：

（一）安全生产例会等安全生产会议制度；

（二）安全投入保障制度；

（三）安全生产奖惩制度；

（四）安全培训教育制度；

（五）领导干部轮流现场带班制度；

（六）特种作业人员管理制度；

（七）安全检查和隐患排查治理制度；

（八）重大危险源的评估和安全管理制度；

（九）变更管理制度；

（十）应急管理制度；

（十一）生产安全事故或者重大事件管理制度；

（十二）防火、防爆、防中毒、防泄漏管理制度；

（十三）工艺、设备、电气仪表、公用工程安全管理制度；

（十四）动火、进入受限空间、吊装、高处、盲板抽堵、临时用电、动土、断路、设备检维修等作业安全管理制度；

（十五）危险化学品安全管理制度；

（十六）职业健康相关管理制度；

（十七）劳动防护用品使用维护管理制度；

（十八）承包商管理制度；

（十九）安全管理制度及操作规程定期修订制度。

第十二条　企业应当根据工艺、技术、设备特点和原辅料的危险性等情况编制岗位安全操作规程。

第十三条　企业应当依法委托具备国家规定资质条件的安全评价机构进行安全评价，并按照安全评价报告的意见对存在的安全生产问题进行整改。

第十四条　企业应当有相应的职业病危害防护设施，并为从业人员配备符合国家标准或者行业标准的劳动防护用品。

第十五条　企业应当依据《危险化学品重大危险源辨识》（GB 18218），对本企业的生产、储存和使用装置、设施或者场所进行重大危险源辨识。

对于已经确定为重大危险源的，应当按照《危险化学品重大危险源监督管理暂行规定》进行安全管理。

第十六条　企业应当符合下列应急管理要求：

（一）按照国家有关规定编制危险化学品事故应急预案，并报送有关部门备案；

（二）建立应急救援组织，明确应急救援人员，配备必要的应急救援器材、设备设施，并按照规定定期进行应急预案演练。

储存和使用氯气、氨气等对皮肤有强烈刺激的吸入性有毒有害气体的企业，除符合本条第一款的规定外，还应当配备至少两套以上全封闭防化服；构成重大危险源的，还应当设立气体防护站（组）。

第十七条　企业除符合本章规定的安全使用条件外，还应当符合有关法律、行政法规和国家标准或者行业标准规定的其他安全使用条件。

第三章　安全使用许可证的申请

第十八条　企业向发证机关申请安全使用许可证时，应当提交下列文件、资料，并对其内容的真实性负责：

（一）申请安全使用许可证的文件及申请书；

（二）新建企业的选址布局符合国家产业政策、当地县级以上人民政府的规划和布局的证明材料复制件；

（三）安全生产责任制文件，安全生产规章制度、岗位安全操作规程清单；

（四）设置安全生产管理机构，配备专职安全生产管理人员的文件复制件；

（五）主要负责人、分管安全负责人、安全生产管理人员安全资格证和特种作业人员操作证复制件；

（六）危险化学品事故应急救援预案的备案证明文件；

（七）由供货单位提供的所使用危险化学品的安全技术说明书和安全标签；

(八)工商营业执照副本或者工商核准文件复制件;

(九)安全评价报告及其整改结果的报告;

(十)新建企业的建设项目安全设施竣工验收意见书或备案证明复制件;

(十一)应急救援组织、应急救援人员,以及应急救援器材、设备设施清单。

有危险化学品重大危险源的企业,除应当提交本条第一款规定的文件、资料外,还应当提交重大危险源的备案证明文件。

第十九条 新建企业安全使用许可证的申请,应当在建设项目安全设施竣工验收通过之日起 10 个工作日内提出。

第四章 安全使用许可证的颁发

第二十条 发证机关收到企业申请文件、资料后,应当按照下列情况分别作出处理:

(一)申请事项依法不需要取得安全使用许可证的,当场告知企业不予受理;

(二)申请材料存在可以当场更正的错误的,允许企业当场更正;

(三)申请材料不齐全或者不符合法定形式的,当场或者在 5 个工作日内一次告知企业需要补正的全部内容,并出具补正告知书;逾期不告知的,自收到申请材料之日起即为受理;

(四)企业申请材料齐全、符合法定形式,或者按照发证机关要求提交全部补正申请材料的,立即受理其申请。

发证机关受理或者不予受理行政许可申请,应当出具加盖本机关专用印章和注明日期的书面凭证。

第二十一条 安全使用许可证申请受理后,发证机关应当组织人员对企业提交的申请文件、资料进行审查。对企业提交的文件、资料内容存在疑问,需要到现场核查的,应当指派工作人员对有关内容进行现场核查。工作人员应当如实提出书面核查意见。

第二十二条 发证机关应当在受理之日起 45 日内作出是否准予许可的决定。发证机关现场核查和企业整改有关问题所需时间不计算在本条规定的期限内。

第二十三条 发证机关作出准予许可的决定的,应当自决定之日起 10 个工作日内颁发安全使用许可证。

发证机关作出不予许可的决定的,应当在 10 个工作日内书面告知企业并说明理由。

第二十四条 企业在安全使用许可证有效期内变更主要负责人、企业名称或者注册地址的,应当自工商营业执照变更之日起 10 个工作日内提出变更申请,并提交下列文件、资料:

(一)变更申请书;

(二)变更后的工商营业执照副本复制件;

(三)变更主要负责人的,还应当提供主要负责人经安全生产监督管理部门考核合格后颁发的安全资格证复制件;

(四)变更注册地址的,还应当提供相关证明材料。

对已经受理的变更申请,发证机关对企业提交的文件、资料审查无误后,方可办理安全使用许可证变更手续。

企业在安全使用许可证有效期内变更隶属关系的,应当在隶属关系变更之日起 10 日内向发证机关提交证明材料。

第二十五条 企业在安全使用许可证有效期内,有下列情形之一的,发证机关按照本办法第二十条、第二十一条、第二十二条、第二十三条的规定办理变更手续:

(一)增加使用的危险化学品品种,且达到危险化学品使用量的数量标准规定的;

（二）涉及危险化学品安全使用许可范围的新建、改建、扩建建设项目的；

（三）改变工艺技术对企业的安全生产条件产生重大影响的。

有本条第一款第一项规定情形的企业，应当在增加前提出变更申请。

有本条第一款第二项规定情形的企业，应当在建设项目安全设施竣工验收合格之日起 10 个工作日内向原发证机关提出变更申请，并提交建设项目安全设施竣工验收意见书或备案证明等相关文件、资料。

有本条第一款第一项、第三项规定情形的企业，应当进行专项安全验收评价，并对安全评价报告中提出的问题进行整改；在整改完成后，向原发证机关提出变更申请并提交安全验收评价报告。

第二十六条　安全使用许可证有效期为 3 年。企业安全使用许可证有效期届满后需要继续使用危险化学品从事生产、且达到危险化学品使用量的数量标准规定的，应当在安全使用许可证有效期届满前 3 个月提出延期申请，并提交本办法第十八条规定的文件、资料。

发证机关按照本办法第二十条、第二十一条、第二十二条、第二十三条的规定进行审查，并作出是否准予延期的决定。

第二十七条　企业取得安全使用许可证后，符合下列条件的，其安全使用许可证届满办理延期手续时，经原发证机关同意，可以不提交第十八条第一款第二项、第五项、第九项和第十八条第二款规定的文件、资料，直接办理延期手续：

（一）严格遵守有关法律、法规和本办法的；

（二）取得安全使用许可证后，加强日常安全管理，未降低安全使用条件，并达到安全生产标准化等级二级以上的；

（三）未发生造成人员死亡的生产安全责任事故的。

企业符合本条第一款第二项、第三项规定条件的，应当在延期申请书中予以说明，并出具二级以上安全生产标准化证书复印件。

第二十八条　安全使用许可证分为正本、副本，正本为悬挂式，副本为折页式，正、副本具有同等法律效力。

发证机关应当分别在安全使用许可证正、副本上注明编号、企业名称、主要负责人、注册地址、经济类型、许可范围、有效期、发证机关、发证日期等内容。其中，"许可范围"正本上注明"危险化学品使用"，副本上注明使用危险化学品从事生产的地址和对应的具体品种、年使用量。

第二十九条　企业不得伪造、变造安全使用许可证，或者出租、出借、转让其取得的安全使用许可证，或者使用伪造、变造的安全使用许可证。

第五章　监督管理

第三十条　发证机关应当坚持公开、公平、公正的原则，依照本办法和有关行政许可的法律法规规定，颁发安全使用许可证。

发证机关工作人员在安全使用许可证颁发及其监督管理工作中，不得索取或者接受企业的财物，不得谋取其他非法利益。

第三十一条　发证机关应当加强对安全使用许可证的监督管理，建立、健全安全使用许可证档案管理制度。

第三十二条　有下列情形之一的，发证机关应当撤销已经颁发的安全使用许可证：

（一）滥用职权、玩忽职守颁发安全使用许可证的；

（二）超越职权颁发安全使用许可证的；

(三)违反本办法规定的程序颁发安全使用许可证的;

(四)对不具备申请资格或者不符合法定条件的企业颁发安全使用许可证的;

(五)以欺骗、贿赂等不正当手段取得安全使用许可证的。

第三十三条 企业取得安全使用许可证后有下列情形之一的,发证机关应当注销其安全使用许可证:

(一)安全使用许可证有效期届满未被批准延期的;

(二)终止使用危险化学品从事生产的;

(三)继续使用危险化学品从事生产,但使用量降低后未达到危险化学品使用量的数量标准规定的;

(四)安全使用许可证被依法撤销的;

(五)安全使用许可证被依法吊销的。

安全使用许可证注销后,发证机关应当在当地主要新闻媒体或者本机关网站上予以公告,并向省级和企业所在地县级安全生产监督管理部门通报。

第三十四条 发证机关应当将其颁发安全使用许可证的情况及时向同级环境保护主管部门和公安机关通报。

第三十五条 发证机关应当于每年1月10日前,将本行政区域内上年度安全使用许可证的颁发和管理情况报省级安全生产监督管理部门,并定期向社会公布企业取得安全使用许可证的情况,接受社会监督。

省级安全生产监督管理部门应当于每年1月15日前,将本行政区域内上年度安全使用许可证的颁发和管理情况报国家安全生产监督管理总局。

第六章 法律责任

第三十六条 发证机关工作人员在对危险化学品使用许可证的颁发管理工作中滥用职权、玩忽职守、徇私舞弊,构成犯罪的,依法追究刑事责任;尚不构成犯罪的,依法给予处分。

第三十七条 企业未取得安全使用许可证,擅自使用危险化学品从事生产,且达到危险化学品使用量的数量标准规定的,责令立即停止违法行为并限期改正,处10万元以上20万元以下的罚款;逾期不改正的,责令停产整顿。

企业在安全使用许可证有效期届满后未办理延期手续,仍然使用危险化学品从事生产,且达到危险化学品使用量的数量标准规定的,依照前款规定给予处罚。

第三十八条 企业伪造、变造或者出租、出借、转让安全使用许可证,或者使用伪造、变造的安全使用许可证的,处10万元以上20万元以下的罚款,有违法所得的,没收违法所得;构成违反治安管理行为的,依法给予治安管理处罚;构成犯罪的,依法追究刑事责任。

第三十九条 企业在安全使用许可证有效期内主要负责人、企业名称、注册地址、隶属关系发生变更,未按照本办法第二十四条规定的时限提出安全使用许可证变更申请或者将隶属关系变更证明材料报发证机关的,责令限期办理变更手续,处1万元以上3万元以下的罚款。

第四十条 企业在安全使用许可证有效期内有下列情形之一,未按照本办法第二十五条的规定提出变更申请,继续从事生产的,责令限期改正,处1万元以上3万元以下的罚款:

(一)增加使用的危险化学品品种,且达到危险化学品使用量的数量标准规定的;

(二)涉及危险化学品安全使用许可范围的新建、改建、扩建建设项目,其安全设施已经竣工验收合格的;

(三)改变工艺技术对企业的安全生产条件产生重大影响的。

第四十一条　发现企业隐瞒有关情况或者提供虚假文件、资料申请安全使用许可证的,发证机关不予受理或者不予颁发安全使用许可证,并给予警告,该企业在 1 年内不得再次申请安全使用许可证。

企业以欺骗、贿赂等不正当手段取得安全使用许可证的,自发证机关撤销其安全使用许可证之日起 3 年内,该企业不得再次申请安全使用许可证。

第四十二条　安全评价机构有下列情形之一的,给予警告,并处 1 万元以下的罚款;情节严重的,暂停资质 6 个月,并处 1 万元以上 3 万元以下的罚款;对相关责任人依法给予处理:

(一)从业人员不到现场开展安全评价活动的;

(二)安全评价报告与实际情况不符,或者安全评价报告存在重大疏漏,但尚未造成重大损失的;

(三)未按照有关法律、法规、规章和国家标准或者行业标准的规定从事安全评价活动的。

第四十三条　承担安全评价的机构出具虚假报告和证明,构成犯罪的,依照刑法有关规定追究刑事责任;尚不够刑事处罚的,没收违法所得,违法所得在 5 千元以上的,并处违法所得 2 倍以上 5 倍以下的罚款,没有违法所得或者违法所得不足 5 千元的,单处或者并处 5 千元以上 2 万元以下的罚款,对其直接负责的主管人员和其他直接责任人员处 5 千元以上 5 万元以下的罚款;给他人造成损害的,与企业承担连带赔偿责任。

对有本条第一款违法行为的机构,依法吊销其相应资质;该机构取得的资质由其他部门颁发的,移送相关部门处理。

第四十四条　本办法规定的行政处罚,由安全生产监督管理部门决定;但本办法第三十八条规定的行政处罚,由发证机关决定;第四十二条、第四十三条规定的行政处罚,依照《安全评价机构管理规定》执行。

第七章　附　则

第四十五条　本办法下列用语的含义:

(一)危险化学品安全使用许可适用行业目录,是指国家安全生产监督管理总局根据《危险化学品安全管理条例》和有关国家标准、行业标准公布的需要取得危险化学品安全使用许可的化工企业类别;

(二)危险化学品使用量的数量标准,由国家安全生产监督管理总局会同国务院公安部门、农业主管部门根据《危险化学品安全管理条例》公布;

(三)本办法所称使用量,是指企业使用危险化学品的年设计使用量和实际使用量的较大值;

(四)本办法所称大型化工装置,是指按照原建设部《工程设计资质标准》(建市〔2007〕86 号)中的《化工石化医药行业建设项目设计规模划分表》确定的大型项目的化工生产装置。

第四十六条　危险化学品安全使用许可的文书、危险化学品安全使用许可证的样式、内容和编号办法,由国家安全生产监督管理总局另行规定。

第四十七条　省级安全生产监督管理部门可以根据当地实际情况制定安全使用许可证管理的细则,并报国家安全生产监督管理总局备案。

第四十八条　本办法施行前已经进行生产的企业,应当自本办法施行之日起 18 个月内,依照本办法的规定向发证机关申请办理安全使用许可证;逾期不申请办理安全使用许可证,或者经审查不符合本办法规定的安全使用条件,未取得安全使用许可证,继续进行生产的,依照本办法第三十七条的规定处罚。

第四十九条　本办法自 2013 年 5 月 1 日起施行。

第四部分
国家安监总局及相关部门规范性文件

关于印发《危险化学品事故应急救援预案编制导则(单位版)》的通知

安监管危化字[2004]43号

各省、自治区、直辖市及新疆生产建设兵团安全生产监督管理部门,有关中央管理企业,有关全国性行业协会:

根据《安全生产法》和《危险化学品安全管理条例》的有关规定,国家安全生产监督管理局编制了《危险化学品事故应急救援预案编制导则(单位版)》,现印发给你们,请遵照执行。

国家安全生产监督管理局

二〇〇四年四月八日

危险化学品事故应急救援预案编制导则(单位版)

1. 范围

本导则规定了危险化学品事故应急救援预案编制的基本要求。一般化学事故应急救援预案的编制要求参照本导则。

本导则适用于中华人民共和国境内危险化学品生产、储存、经营、使用、运输和处置废弃危险化学品单位(以下简称危险化学品单位)。主管部门另有规定的,依照其规定。

2. 规范性引用文件

下列文件中的条文通过在本导则的引用而成为本导则的条文。凡是注日期的引用文件,其随后所有修改(不包括勘误的内容)或修订版均不适用本导则,同时,鼓励根据本导则达成协议的各方研究是否可使用这些文件的最新版本。凡是不注日期的引用文件,其最新版本适用于本导则。

《中华人民共和国安全生产法》(中华人民共和国主席令第70号)

《中华人民共和国职业病防治法》(中华人民共和国主席令第60号)

《中华人民共和国消防法》(中华人民共和国主席令第83号)

《危险化学品安全管理条例》(国务院令第344号)

《使用有毒物品作业场所劳动保护条例》(国务院令第352号)

《特种设备安全监察条例》(国务院令第373号)

《危险化学品名录》(国家安全生产监督管理局公告2003第1号)

《剧毒化学品目录》(国家安全生产监督管理局等8部门公告2003第2号)

《化学品安全技术说明书编写规范》(GB 16483)

《重大危险源辨识》(GB 18218)

《建筑设计防火规范》(GBJ 16)

《石油化工企业设计防火规范》(GB 50160)

《常用化学危险品贮存通则》(GB 15603)

《原油和天然气工程设计防火规范》(GB 50183)

《企业职工伤亡事故经济损失统计标准》(GB 6721)

3. 名词解释

3.1 危险化学品

指属于爆炸品、压缩气体和液化气体、易燃液体、易燃固体、自燃物品和遇湿易燃物品、氧化剂和有机过氧化物、有毒品和腐蚀品的化学品。

3.2 危险化学品事故

指由一种或数种危险化学品或其能量意外释放造成的人身伤亡、财产损失或环境污染事故。

3.3 应急救援

指在发生事故时,采取的消除、减少事故危害和防止事故恶化,最大限度降低事故损失的措施。

3.4 重大危险源

指长期地或临时地生产、搬运、使用或者储存危险物品,且危险物品的数量等于或者超过临界量的单元(包括场所和设施)。

3.5 危险目标

指因危险性质、数量可能引起事故的危险化学品所在场所或设施。

3.6 预案

指根据预测危险源、危险目标可能发生事故的类别、危害程度,而制定的事故应急救援方案。要充分考虑现有物质、人员及危险源的具体条件,能及时、有效地统筹指导事故应急救援行动。

3.7 分类

指对因危险化学品种类不同或同一种危险化学品引起事故的方式不同发生危险化学品事故而划分的类别。

3.8 分级

指对同一类别危险化学品事故危害程度划分的级别。

4 编制要求

(1)分类、分级制定预案内容;

(2)上一级预案的编制应以下一级预案为基础;

(3)危险化学品单位根据本导则及本单位实际情况,确定预案编制内容。

5 编制内容

5.1 基本情况

主要包括单位的地址、经济性质、从业人数、隶属关系、主要产品、产量等内容,周边区域的单位、社区、重要基础设施、道路等情况。危险化学品运输单位运输车辆情况及主要的运输产品、运量、运地、行车路线等内容。

5.2 危险目标及其危险特性、对周围的影响

5.2.1 危险目标的确定

可选择对以下材料辨识的事故类别、综合分析的危害程度,确定危险目标:

(1)生产、储存、使用危险化学品装置、设施现状的安全评价报告；

(2)健康、安全、环境管理体系文件；

(3)职业安全健康管理体系文件；

(4)重大危险源辨识结果；

(5)其他。

5.2.2　根据确定的危险目标,明确其危险特性及对周边的影响

5.3　危险目标周围可利用的安全、消防、个体防护的设备、器材及其分布

5.4　应急救援组织机构、组成人员和职责划分

5.4.1　应急救援组织机构设置

依据危险化学品事故危害程度的级别设置分级应急救援组织机构。

5.4.2　组成人员

(1)主要负责人及有关管理人员；

(2)现场指挥人。

5.4.3　主要职责

(1)组织制订危险化学品事故应急救援预案；

(2)负责人员、资源配置、应急队伍的调动；

(3)确定现场指挥人员；

(4)协调事故现场有关工作；

(5)批准本预案的启动与终止；

(6)事故状态下各级人员的职责；

(7)危险化学品事故信息的上报工作；

(8)接受政府的指令和调动；

(9)组织应急预案的演练；

(10)负责保护事故现场及相关数据。

5.5　报警、通讯联络方式

依据现有资源的评估结果,确定以下内容：

(1)24 小时有效的报警装置；

(2)24 小时有效的内部、外部通讯联络手段；

(3)运输危险化学品的驾驶员、押运员报警及与本单位、生产厂家、托运方联系的方式、方法。

5.6　事故发生后应采取的处理措施

(1)根据工艺规程、操作规程的技术要求,确定采取的紧急处理措施；

(2)根据安全运输卡提供的应急措施及与本单位、生产厂家、托运方联系后获得的信息而采取的应急措施。

5.7　人员紧急疏散、撤离

依据对可能发生危险化学品事故场所、设施及周围情况的分析结果,确定以下内容：

(1)事故现场人员清点,撤离的方式、方法；

(2)非事故现场人员紧急疏散的方式、方法；

(3)抢救人员在撤离前、撤离后的报告；

(4)周边区域的单位、社区人员疏散的方式、方法。

5.8　危险区的隔离

依据可能发生的危险化学品事故类别、危害程度级别,确定以下内容：

(1)危险区的设定;

(2)事故现场隔离区的划定方式、方法;

(3)事故现场隔离方法;

(4)事故现场周边区域的道路隔离或交通疏导办法。

5.9　检测、抢险、救援及控制措施

依据有关国家标准和现有资源的评估结果,确定以下内容:

(1)检测的方式、方法及检测人员防护、监护措施;

(2)抢险、救援方式、方法及人员的防护、监护措施;

(3)现场实时监测及异常情况下抢险人员的撤离条件、方法;

(4)应急救援队伍的调度;

(5)控制事故扩大的措施;

(6)事故可能扩大后的应急措施。

5.10　受伤人员现场救护、救治与医院救治

依据事故分类、分级,附近疾病控制与医疗救治机构的设置和处理能力,制订具有可操作性的处置方案,应包括以下内容:

(1)接触人群检伤分类方案及执行人员;

(2)依据检伤结果对患者进行分类现场紧急抢救方案;

(3)接触者医学观察方案;

(4)患者转运及转运中的救治方案;

(5)患者治疗方案;

(6)入院前和医院救治机构确定及处置方案;

(7)信息、药物、器材储备信息。

5.11　现场保护与现场洗消

5.11.1　事故现场的保护措施

5.11.2　明确事故现场洗消工作的负责人和专业队伍

5.12　应急救援保障

5.12.1　内部保障

依据现有资源的评估结果,确定以下内容:

(1)确定应急队伍,包括抢修、现场救护、医疗、治安、消防、交通管理、通讯、供应、运输、后勤等人员;

(2)消防设施配置图、工艺流程图、现场平面布置图和周围地区图、气象资料、危险化学品安全技术说明书、互救信息等存放地点、保管人;

(3)应急通信系统;

(4)应急电源、照明;

(5)应急救援装备、物资、药品等;

(6)危险化学品运输车辆的安全、消防设备、器材及人员防护装备;

(7)保障制度目录

①责任制;

②值班制度;

③培训制度;

④危险化学品运输单位检查运输车辆实际运行制度(包括行驶时间、路线,停车地点等内

容);

⑤应急救援装备、物资、药品等检查、维护制度(包括危险化学品运输车辆的安全、消防设备、器材及人员防护装备检查、维护);

⑥安全运输卡制度(安全运输卡包括运输的危险化学品性质、危害性、应急措施、注意事项及本单位、生产厂家、托运方应急联系电话等内容。每种危险化学品一张卡片;每次运输前,运输单位向驾驶员、押运员告之安全运输卡上有关内容,并将安全卡交驾驶员、押运员各一份);

⑦演练制度。

5.12.2 外部救援

依据对外部应急救援能力的分析结果,确定以下内容:

(1)单位互助的方式;

(2)请求政府协调应急救援力量;

(3)应急救援信息咨询;

(4)专家信息。

5.13 预案分级响应条件

依据危险化学品事故的类别、危害程度的级别和从业人员的评估结果,可能发生的事故现场情况分析结果,设定预案的启动条件。

5.14 事故应急救援终止程序

5.14.1 确定事故应急救援工作结束

5.14.2 通知本单位相关部门、周边社区及人员事故危险已解除

5.15 应急培训计划

依据对从业人员能力的评估和社区或周边人员素质的分析结果,确定以下内容:

(1)应急救援人员的培训;

(2)员工应急响应的培训;

(3)社区或周边人员应急响应知识的宣传。

5.16 演练计划

依据现有资源的评估结果,确定以下内容:

(1)演练准备;

(2)演练范围与频次;

(3)演练组织。

5.17 附件

(1)组织机构名单;

(2)值班联系电话;

(3)组织应急救援有关人员联系电话;

(4)危险化学品生产单位应急咨询服务电话;

(5)外部救援单位联系电话;

(6)政府有关部门联系电话;

(7)本单位平面布置图;

(8)消防设施配置图;

(9)周边区域道路交通示意图和疏散路线、交通管制示意图;

(10)周边区域的单位、社区、重要基础设施分布图及有关联系方式,供水、供电单位的联系方式;

(11)保障制度。

6 编制步骤

6.1 编制准备

(1)成立预案编制小组；

(2)制定编制计划；

(3)收集资料；

(4)初始评估；

(5)危险辨识和风险评价；

(6)能力与资源评估。

6.2 编写预案

6.3 审定、实施

6.4 适时修订预案

7 预案编制的格式及要求

7.1 格式

7.1.1 封面

标题、单位名称、预案编号、实施日期、签发人(签字)、公章。

7.1.2 目录

7.1.3 引言、概况

7.1.4 术语、符号和代号

7.1.5 预案内容

7.1.6 附录

7.1.7 附加说明

7.2 基本要求

(1)使用 A4 白色胶版纸(70 g 以上)；

(2)正文采用仿宋 4 号字；

(3)打印文本。

关于开展重大危险源监督管理工作的指导意见

安监管协调字〔2004〕56 号

各省、自治区、直辖市及新疆生产建设兵团安全生产监督管理部门，各煤矿安全监察局及北京、新疆生产建设兵团煤矿安全监察办事处，中央管理有关企业：

根据《安全生产法》的有关规定，为全面掌握重大危险源的数量、状况及其分布，加强对重大危险源的监督管理，有效防范重、特大事故的发生，2003 年 11 月以来，国家安全生产监督管理局（国家煤矿安全监察局）（以下简称国家局）在河北、辽宁、江苏、浙江、福建、重庆、广西、甘肃开展了重大危险源申报登记试点工作。《国务院关于进一步加强安全生产工作的决定》下发后，各地认真贯彻落实，陆续开展了重大危险源普查登记和监控工作。为加强管理，统一标准，规范运行，现对开展重大危险源监督管理工作提出如下指导意见。

一、意义和依据

以"三个代表"重要思想为指导，全面贯彻《安全生产法》，坚持"安全第一，预防为主"的方针，坚持以人为本，树立全面、协调、可持续的科学发展观，促进经济社会和人的全面发展，坚持"关口前移"、"重心下移"，坚持"科技兴安"，努力实现安全生产工作从被动防范向源头管理转变，遏制和减少重、特大事故的发生。

《安全生产法》第三十三条规定："生产经营单位对重大危险源应当登记建档，进行定期检测、评估、监控，并制定应急预案，告知从业人员和相关人员在紧急情况下应当采取的应急措施。生产经营单位应当按照国家有关规定将本单位重大危险源及有关安全措施、应急措施报有关地方人民政府负责安全生产监督管理的部门和有关部门备案"。《国务院关于进一步加强安全生产工作的决定》（国发〔2004〕2 号）要求"搞好重大危险源的普查登记，加强国家、省（区、市）、市（地）、县（市）四级重大危险源监控工作"。

二、目标和任务

重大危险源的监督管理是一项系统工程，需要合理设计，统筹规划。首先是要开展重大危险源的普查登记；其次是开展重大危险源的检测评估；第三是对重大危险源实施监控防范；第四是对有缺陷和存在事故隐患的危险源实施治理；第五是通过对重大危险源的监控管理，既要促使企业强化内部管理，落实措施，自主保安，又要针对各地实际，有的放矢，便于政府统一领导，科学决策，依法实施监控和安全生产行政执法，以实现重大危险源监督管理工作的科学化、制度化和规范化。

主要任务：

1. 开展重大危险源普查登记，摸清底数，掌握重大危险源的数量、状况和分布情况，建立重大危险源数据库和定期报告制度；

2. 开展重大危险源安全评估，对重要的设备、设施以及生产过程中的工艺参数、危险物质进行定期检测，建立重大危险源评估监控的日常管理体系；

3. 建立国家、省（区、市）、市（地）、县（市）四级重大危险源监控信息管理网络系统，实现对重大危险源的动态监控、有效监控；

4. 对存在缺陷和事故隐患的重大危险源进行治理整顿，督促生产经营单位加大投入，采取有效措施，消除事故隐患，确保安全生产。

5. 建立和完善有关重大危险源监控和存在事故隐患的危险源治理的法规和政策，探索建立长效机制。

三、重大危险源申报登记的范围

重大危险源是指长期地或者临时地生产、搬运、使用或储存危险物品，且危险物品的数量等于或超过临界量的单元（包括场所和设施）。根据国家标准《重大危险源辨识》（GB 18218—2000）和《安全生产法》的规定，以及实际工作的需要，重大危险源申报登记的范围如下：

1. 贮罐区（贮罐）；

2. 库区（库）；

3. 生产场所；

4. 压力管道；

5. 锅炉；

6. 压力容器；

7. 煤矿（井工开采）；

8. 金属非金属地下矿山；

9. 尾矿库。

具体申报登记范围详见附件 1。

四、重大危险源的登记与评估

1. 生产经营单位应当按照《安全生产法》、《重大危险源辨识》（GB 18218—2000）和申报登记范围的要求对本单位的重大危险源进行登记建档，并填写《重大危险源申报表》（见附件 2）报当地安全监管部门（或煤矿安全监察机构）。

2. 生产经营单位应当每两年至少对本单位的重大危险源进行一次安全评估，并出具安全评估报告。安全评估工作应由注册安全评价人员或注册安全工程师主持进行，或者委托具备安全评价资格的评价机构进行。安全评估报告应包括重大危险源的基本情况，危险、有害因素辨识与分析，可能发生的事故类型、严重程度，重大危险源等级，安全对策措施，应急救援措施和评估结论等。安全评估报告应报当地安全监管部门（或煤矿安全监察机构）备案。

3. 重大危险源的生产过程以及材料、工艺、设备、防护措施和环境等因素发生重大变化，或者国家有关法规、标准发生变化时，生产经营单位应当对重大危险源重新进行安全评估，并将有关情况报当地安全监管部门（或煤矿安全监察机构）。

五、重大危险源监督管理的要求

1. 各级安全监管部门、煤矿安全监察机构要进一步提高对重大危险源监督管理工作重要性的认识，自觉从践行"三个代表"和执政为民的高度，加强对重大危险源普查、评估、监控、治理工作的组织领导和监督检查，切实防范重、特大事故，保障人民群众生命财产安全和社会经济的全面、协调、可持续发展；要把强化重大危险源监督管理工作作为安全生产监督检查和考核的一项重要内容，布置好，落实好。

2. 各级安全监管部门、煤矿安全监察机构应当成立重大危险源监督管理工作领导小组和技术指导小组，统一领导、协调和指导辖区内重大危险源的监督管理工作。

3. 各级安全监管部门、煤矿安全监察机构应当进一步加大监督检查和行政执法的力度,督促辖区内存在重大危险源的生产经营单位认真落实国家有关重大危险源监督管理的规定和要求,全面开展重大危险源普查登记和监控管理工作。检查中发现生产经营单位对重大危险源未登记建档,或者未进行评估、监控及未制订应急预案的,要依据《安全生产法》第85条的规定严肃查处。对因重大危险源管理监控不到位、整改不及时而导致重、特大事故的,要依法严肃追究生产经营单位主要负责人和相关人员的责任。

4. 各级安全监管部门、煤矿安全监察机构监督检查中发现重大危险源存在事故隐患的,应当责令生产经营单位立即整改;在整改前或者整改中无法保证安全的,应当责令生产经营单位从危险区域内撤出作业人员,暂时停产、停业或者停止使用;难以立即整改的,要限期完成,并采取切实有效的防范、监控措施。

5. 各级安全监管部门、煤矿安全监察机构要加强重大危险源申报登记的宣传和培训工作,按照国家局组织编写的《重大危险源申报登记与管理》(试行)教材做好培训工作,指导生产经营单位做好重大危险源的申报登记和管理工作。

6. 为规范重大危险源的监督管理,各地区应统一按照国家局组织开发的重大危险源信息管理系统软件,建立本地区重大危险源数据库,并根据重大危险源的分布和危险等级,有针对性地做好日常监督工作,采取措施,切实防范重、特大事故的发生,确保安全生产形势的稳定好转。

附件:1. 重大危险源申报范围
　　　2. 重大危险源申报表

二〇〇四年四月二十七日

附件 1

重大危险源申报范围

本次申报的重大危险源,是指长期地或者临时地生产、搬运、使用或储存危险物品,且危险物品的数量等于或超过临界量的场所和设施,以及其他存在危险能量等于或超过临界量的场所和设施。

重大危险源申报的类别如下:

1) 贮罐区(贮罐);

2) 库区(库);

3) 生产场所;

4) 压力管道;

5) 锅炉;

6) 压力容器;

7) 煤矿(井工开采);

8) 金属非金属地下矿山;

9) 尾矿库。

具体申报范围如下所述。

1. 贮罐区(贮罐)

贮罐区(贮罐)重大危险源是指储存表1中所列类别的危险物品，且储存量达到或超过其临界量的贮罐区或单个贮罐。

储存量超过其临界量包括以下两种情况：

① 贮罐区(贮罐)内有一种危险物品的储存量达到或超过其对应的临界量；

② 贮罐区内储存多种危险物品且每一种物品的储存量均未达到或超过其对应临界量，但满足下面的公式：

$$\frac{q_1}{Q_1} + \frac{q_2}{Q_2} + \cdots + \frac{q_n}{Q_n} \geqslant 1$$

式中，$q_1, q_2, \cdots, q_n$——每一种危险物品的实际储存量。

$Q_1, Q_2, \cdots, Q_n$——对应危险物品的临界量。

表1 贮罐区(贮罐)临界量表

类别	物质特性	临界量	典型物质举例
易燃液体	闪点<28℃	20 t	汽油、丙烯、石脑油等
	28℃≤闪点<60℃	100 t	煤油、松节油、丁醚等
可燃气体	爆炸下限<10%	10 t	乙炔、氢、液化石油气等
	爆炸下限≥10%	20 t	氨气等
毒性物质*	剧毒品	1 kg	氰化钠(溶液)、碳酰氯等
	有毒品	100 kg	三氟化砷、丙烯醛等
	有害品	20 t	苯酚、苯肼等

* 注：毒性物质分级见表2。

表2 毒性物质分级

(GB 15258—1999《化学品安全标签编写规定》)

分级	经口半数致死量 LD_{50} (mg/kg)	经皮接触 24h 半数致死量 LD_{50} (mg/kg)	吸入 1h 半数致死浓度 LC_{50} (mg/l)
剧毒品	$LD_{50} \leqslant 5$	$LD_{50} \leqslant 40$	$LC_{50} \leqslant 0.5$
有毒品	$5 < LD_{50} \leqslant 50$	$40 < LD_{50} \leqslant 200$	$0.5 < LC_{50} \leqslant 2$
有害品	(固体)$50 < LD_{50} \leqslant 500$ (液体)$50 < LD_{50} \leqslant 2000$	$200 < LD_{50} \leqslant 1000$	$2 < LC_{50} \leqslant 10$

2. 库区(库)

库区(库)重大危险源是指储存表3中所列类别的危险物品，且储存量达到或超过其临界量的库区或单个库房。

储存量超过其临界量包括以下两种情况：

① 库区(库)内有一种危险物品的储存量达到或超过其对应的临界量；

② 库区(库)内储存多种危险物品且每一种物品的储存量均未达到或超过其对应临界量，但满足下面的公式：

$$\frac{q_1}{Q_1} + \frac{q_2}{Q_2} + \cdots + \frac{q_n}{Q_n} \geqslant 1$$

式中，$q_1, q_2, \cdots, q_n$——每一种危险物品的实际储存量。

$Q_1, Q_2, \cdots, Q_n$——对应危险物品的临界量。

表3 库区(库)临界量表

类别	物质特性	临界量	典型物质举例
民用爆破器材	起爆器材*	1 t	雷管、导爆管等
	工业炸药	50 t	铵梯炸药、乳化炸药等
	爆炸危险原材料	250 t	硝酸铵等
烟火剂、烟花爆竹		5 t	黑火药、烟火药、爆竹、烟花等
易燃液体	闪点<28℃	20 t	汽油、丙烯、石脑油等
	28℃≤闪点<60℃	100 t	煤油、松节油、丁醚等
可燃气体	爆炸下限<10%	10 t	乙炔、氢、液化石油气等
	爆炸下限≥10%	20 t	氨气等
毒性物质	剧毒品	1 kg	氰化钾、乙撑亚胺、碳酰氯等
	有毒品	100 kg	三氟化砷、丙烯醛等
	有害品	20 t	苯酚、苯肼等

*注:起爆器材的药量,应按其产品中各类装填药的总量计算。

3. 生产场所

生产场所重大危险源是指生产、使用表4中所列类别的危险物质量达到或超过临界量的设施或场所。

包括以下两种情况:

① 单元内现有的任一种危险物品的量达到或超过其对应的临界量;

② 单元内有多种危险物品且每一种物品的储存量均未达到或超过其对应临界量,但满足下面的公式:

$$\frac{q_1}{Q_1} + \frac{q_2}{Q_2} + \cdots + \frac{q_n}{Q_n} \geqslant 1$$

式中,$q_1, q_2, \cdots, q_n$——每一种危险物品的现存量。

$Q_1, Q_2, \cdots, Q_n$——对应危险物品的临界量。

表4 生产场所临界量表

类别	物质特性	临界量	典型物质举例
民用爆破器材	起爆器材*	0.1 t	雷管、导爆管等
	工业炸药	5 t	铵梯炸药、乳化炸药等
	爆炸危险原材料	25 t	硝酸铵等
烟火剂、烟花爆竹		0.5 t	黑火药、烟火药、爆竹、烟花等
易燃液体	闪点<28℃	2 t	汽油、丙烯、石脑油等
	28℃≤闪点<60℃	10 t	煤油、松节油、丁醚等
可燃气体	爆炸下限<10%	1 t	乙炔、氢、液化石油气等
	爆炸下限≥10%	2 t	氨气等
毒性物质	剧毒品	100 g	氰化钾、乙撑亚胺、碳酰氯等
	有毒品	10 kg	三氟化砷、丙烯醛等
	有害品	2 t	苯酚、苯肼等

注:起爆器材的药量,应按其产品中各类装填药的总量计算。

4. 压力管道

符合下列条件之一的压力管道:

(1)长输管道

① 输送有毒、可燃、易爆气体,且设计压力大于1.6 MPa的管道;

② 输送有毒、可燃、易爆液体介质,输送距离大于等于 200 km 且管道公称直径≥300 mm 的管道。

（2）公用管道

中压和高压燃气管道,且公称直径≥200 mm。

（3）工业管道

① 输送 GB 5044 中,毒性程度为极度、高度危害气体、液化气体介质,且公称直径≥100 mm 的管道;

② 输送 GB 5044 中极度、高度危害液体介质、GB 50160 及 GBJ 16 中规定的火灾危险性为甲、乙类可燃气体,或甲类可燃液体介质,且公称直径≥100 mm,设计压力≥4 MPa 的管道;

③ 输送其他可燃、有毒流体介质,且公称直径≥100 mm,设计压力≥4 MPa,设计温度≥400℃的管道。

5. 锅炉

符合下列条件之一的锅炉:

（1）蒸汽锅炉

额定蒸汽压力大于 2.5 MPa,且额定蒸发量大于等于 10 t/h。

（2）热水锅炉

额定出水温度大于等于 120℃,且额定功率大于等于 14 MW。

6. 压力容器

属下列条件之一的压力容器:

（1）介质毒性程度为极度、高度或中度危害的三类压力容器;

（2）易燃介质,最高工作压力≥0.1 MPa,且 PV≥100 MPa·m³ 的压力容器(群)。

7. 煤矿(井工开采)

符合下列条件之一的矿井:

（1）高瓦斯矿井;

（2）煤与瓦斯突出矿井;

（3）有煤尘爆炸危险的矿井;

（4）水文地质条件复杂的矿井;

（5）煤层自然发火期≤6 个月的矿井;

（6）煤层冲击倾向为中等及以上的矿井。

8. 金属非金属地下矿山

符合下列条件之一的矿井:

（1）瓦斯矿井;

（2）水文地质条件复杂的矿井;

（3）有自燃发火危险的矿井;

（4）有冲击地压危险的矿井。

9. 尾矿库

全库容≥100 万 m³ 或者坝高≥30 m 的尾矿库。

附件 2

重大危险源申报表

一、填表说明

1. 重大危险源申报的目的是掌握重大危险源的状况及其分布,为重大危险源评价、分级、监控和管理提供基础数据。

2. 重大危险源申报表分为三类,第一类为生产经营单位基本情况表(表 1),第二类为各类重大危险源基本特征表(表 2-1～表 2-12),第三类为重大危险源周边环境基本情况表(表 3)。

填表时,应根据生产经营单位的实际情况填写生产经营单位基本情况表以及所有符合申报范围的重大危险源基本特征表。生产经营单位存在哪一类别的重大危险源填报相应的重大危险源基本特征表,每个重大危险源填表一份,如存在多个重大危险源,请自行复印表格填报。贮罐区(贮罐)、库区(库)、生产场所及其他可能给周围环境造成严重后果的重大危险源应填写重大危险源周边环境基本情况表。

3. 重大危险源申报表的填报、图文资料,必须坚持实事求是的原则,严格按照规范填写,如实地反映实际情况。

4. 填表应用钢笔,表格内容要认真逐项填写,无此项内容时填写无,因故无法填写的内容应注明原因。

5. 当重大危险源申报涉及保密数据时,应遵守有关保密规定。

二、重大危险源申报表

表 1 生产经营单位基本情况表

法人单位名称		单位代码	
填报单位名称(盖章)			
通讯地址		邮政编码	
填报单位负责人姓名		电 话	
经济类型	1 国有经济 2 集体经济 3 私营经济 4 有限责任公司 5 联营经济 6 股份合作 7 外商投资 8 港澳台投资 9 其它经济		
所在行业	A 农、林、牧、渔业 B 采掘业 C 制造业 D 电力、煤气及水的生成和供应业 E 建筑业 F 地质勘查业、水利管理业 G 交通运输仓储业及邮电通信业 H 批发和零售贸易、餐饮业	I 金融保险业 J 房地产业 K 社会服务业 L 卫生、体育和社会福利业 M 教育文化艺术及广电业 N 科学研究和综合技术服务业 O 国家机关政党机关和社会团体 P 其它行业	
成立时间		占地面积	m²
行业管理部门		职工总数	人

续表

固定资产总值		万元	年总收入		万元	年利润		万元
主要产品								

填表人:＿＿＿＿＿＿＿　　联系电话:＿＿＿＿＿＿＿＿　　填表日期:＿＿＿＿＿＿＿

表 2-1　贮罐区(贮罐)基本特征表

编　号			贮罐区名称		
具体位置					
所处环境 功能区		1 工业区　2 农业区　3 商业区　4 居民区　5 行政办公区　6 交通枢纽区　7 科技文化区 8 水源保护区　9 文物保护区			
贮罐区面积		m²	有无防护堤	1 有　　2 无	防护堤所围面积　　　　m²
贮罐个数			罐间最小距离	m	
贮罐序号			贮罐名称		
贮罐	贮罐形状	1 立式圆筒罐　　2 卧式圆筒罐　　3 球形罐			
	贮罐形式	1 固定顶罐　　2 浮顶罐			
	安装形式	1 地上　　2 地下　　3 半地下			
	贮罐材质		公称直径　　　　m	容积	m³
	贮存物质名称		物质状态	1 液态　2 气态　3 液、气共存	
	日常最大贮存量				
	设计压力	MPa	实际工作压力		MPa
	设计温度	℃	实际工作温度		℃
	设计使用年限	年	投产时间		
	进料方式	1 管道　　2 铁路槽车　　3 槽车			
	出料方式	1 管道　　2 铁路槽车　　3 槽车			
进料管道	直径　　mm	设计压力　　MPa	实际工作压力		MPa
出料管道	直径　　mm	设计压力　　MPa	实际工作压力		MPa

填表人:＿＿＿＿＿＿＿　　联系电话:＿＿＿＿＿＿＿＿　　填表日期:＿＿＿＿＿＿＿

表 2-2　库区(库)基本特征表

编号		库区名称		
具体位置				
所处环境功能区	1 工业区　2 农业区　3 商业区　4 居民区　5 行政办公区　6 交通枢纽区 7 科技文化区　8 水源保护区　9 文物保护区			
库区占地面积		m²	库房个数	
库房序号		库房名称		
库房形式	1 单层　　2 多层 层数:			
库房结构	1 混凝土结构　　2 砖木结构　　3 木质简易库房 4 其他:			
设计使用年限		年	竣工时间	
占地面积		m²	有无防火墙	1 有　　2 无
库房储存物品种类			数量	
民用爆破器材		起爆器材		t
		工业炸药		t
		爆炸危险原材料		t
烟火剂、烟花爆竹				t
易燃液体		闪点<28℃		t
		28℃≤闪点<60℃		t
可燃气体		爆炸下限<10%		t
		爆炸下限≥10%		t
毒性物质		剧毒品		kg
		有毒品		kg
		有害品		t

填表人:＿＿＿＿＿＿＿＿＿　联系电话:＿＿＿＿＿＿＿＿＿　填表日期:＿＿＿＿＿＿＿＿＿

表 2-3　生产场所基本特征表

单元名称		固定资产总值			万元
具体位置					
所处环境功能区	1 工业区　2 农业区　3 商业区　4 居民区　5 行政办公区　6 交通枢纽区　7 科技文化区　8 水源保护区 9 文物保护区				
占地面积		m²	正常当班人数		人

	物质名称	单元内危险物质量			
		现存物质总量 （t）	工艺过程中的物质量 （t）	存储的物质量 （t）	废弃物质量 （t）
1					
2					
3					
4					
5					
6					
7					
8					

填表人：＿＿＿＿＿＿＿＿＿＿　联系电话：＿＿＿＿＿＿＿＿＿＿　填表日期：＿＿＿＿＿＿＿＿＿＿

表 2-4　危险房屋基本特征表

名　　称			
具体位置			
用　　途	1 厂房　2 仓库　3 办公　4 住宅　5 学校　6 其它		
设计单位		施工单位	
竣工日期		设计服役期	
建筑面积	m²	使用面积	m²
层数		最大跨度	m
高度	m	危房类型	1 整幢　2 局部
设计是否满足现行规范并简要说明			
施工是否符合要求并简要说明			
曾受何种灾害	1 火灾　2 水灾　3 地震　4 台风　5 其他＿＿＿＿＿ 简要说明受灾的程度：		
改扩建情况			
危房鉴定等级*			
危房鉴定单位			

＊注：参考《城市危险房屋管理规定》(建设部令 1989 第四号)和《危险房屋鉴定标准》(JGJ 125－99)。

填表人：＿＿＿＿＿＿＿＿＿＿　联系电话：＿＿＿＿＿＿＿＿＿＿　填表日期：＿＿＿＿＿＿＿＿＿＿

表 2-5　压力管道基本特征表

管道名称				管道编号			
管道类别		公称直径		mm	材　质		
壁　厚		mm	管道长度		m	工作压力	MPa
强度试验压力				MPa	严密性试验压力		MPa
输送介质				工作温度			℃
投用日期				敷设方式	1 架空　　2 埋地		
防腐方式	1 阴极保护　　2 无阴极保护			绝热方式	1 绝热措施　　2 无绝热措施		
设计规范				设计单位			
安装规范				安装单位			
管道图号							
管道经过地区(厂区)							
与管道相连的调压站(箱)数量							

填表人：＿＿＿＿＿＿＿＿＿　联系电话：＿＿＿＿＿＿＿＿＿　填表日期：＿＿＿＿＿＿＿＿＿

表 2-6　锅炉基本特征表

锅炉型号		锅炉名称		编　号	
具体位置					
制造厂名			制造日期		
安装完工日期		投入使用日期			
设计工作压力	MPa	许可使用压力			MPa
额定供热量 或额定出力	kCal/h t/h	介质出口温度			℃
水处理方法		锅炉用途			
备注(移装、检 修、改造、事故 记录)					

填表人：＿＿＿＿＿＿＿＿＿　联系电话：＿＿＿＿＿＿＿＿＿　填表日期：＿＿＿＿＿＿＿＿＿

表 2-7　压力容器基本特征表

名　　称			编　　号			注册编号			使用证编号		
类　　别			设计单位			投用年月			使用单位		
制造单位			制造年月			出厂编号					
材料	筒体			封头				内衬			
内径		mm	操作条件	设计压力		/ MPa	安全件	是否有安全阀			
壁厚		mm		最高工作压力		/ MPa		是否有爆破片			
高(长)		mm		设计温度		/ ℃		是否有紧急切断阀			
容积		m³		介质		/		是否有压力表			
有、无保温、绝热								是否有液面计			
安全状况等级			定期检验情况				备注				

注:1. 换热器的换热面积填写在压力容器规格的容积一栏内。

2. 两个压力腔的压力容器的操作条件分别填写在斜线前后并加以说明。

填表人:＿＿＿＿＿＿＿　联系电话:＿＿＿＿＿＿＿＿＿＿　填表日期:＿＿＿＿＿＿＿＿＿

表 2-8　放射性同位素与射线装置基本特征表

射线装置或放射性同位素名称				用途		
具体位置	省市	地市		县		
此射线装置共				台		
型号		工作位置处的剂量当量率				μSv/h
此放射性同位素源共				个		
非密闭型					密闭型	
最大等效日操作量		Bq	最大等效年操作量		Bq	总活度	Bq
生产厂家						
购置日期			是否取得工作许可证		1 是　　2 否	
备注(存在问题等)						

注:放射工作单位或场所填写此表(参见放射卫生防护基本标准 GB 4792—1984)。

填表人:＿＿＿＿＿＿＿　联系电话:＿＿＿＿＿＿＿＿＿＿　填表日期:＿＿＿＿＿＿＿＿＿

表 2-9　煤矿(井工开采)基本特征表

矿井名称				
详细地址				
邮政编码	主要负责人		联系电话	
上级法人单位				
建矿日期	设计能力	万 t/年	实际产量	万 t/年
煤的牌号		矿井可采储量		万 t
从业人数	固定资产	万元	年利润	万元
开拓方式	1 立井　2 斜井　3 平硐			
通风方式	1 中央并列　2 中央分列　3 两翼对角　4 分区对角　5 其它			
反风方式	1 反风道反风　2 主要通风机反转反风　3 备用主要通风机的无反风道反风			
提升方式	1 罐笼　2 箕斗井　3 串车　4 带式输送机　5 其它			
供电方式	1 双回路　2 双电源　3 其它			
主采煤层倾角		主采煤层厚度		m
矿井开采深度	m	生产采区个数		
回采工作面个数		掘进工作面个数		
工作面回采方式	1 前进式　2 后退式	采高		m
主要落煤方式	1 机采　2 炮采　3 水采　4 风镐落煤　5 其它			
主要支护型式	1 液压支架　2 单体液压支柱　3 摩擦式金属支柱			
顶板处理方法	1 全部垮落法　2 充填法　3 煤柱支撑法　4 缓慢下沉法			
矿井瓦斯等级	1 突出矿井　2 高瓦斯矿井　3 低瓦斯矿井			
煤层的自燃倾向性	1 容易自燃　2 自燃　3 不易自燃			
煤层的煤尘爆炸性	1 基本无爆炸性　2 弱爆炸性　3 爆炸性较强　4 爆炸性很强			
煤层顶底板含水层情况	1 无　2 孔隙含水层　3 裂隙含水层　4 岩溶含水层			
水文地质条件复杂程度	1 简单　2 一般　3 复杂			
矿井开采是否受地表水体或洪水的威胁		1 是　　2 否		
煤层冲击地压危害程度	1 无冲击地压　2 一般(弱)冲击地压　3 严重(强)冲击地压			
煤层赋存状况(根据煤层厚度和倾角变化、裂隙发育情况、断层、冲刷带、陷落柱、岩浆岩侵入破坏等判断)		1 煤层赋存状况好　2 一般　3 煤层赋存状况差		
开拓巷道的围岩稳定性	1 围岩为比较稳定的坚硬砂岩或石灰岩等　2 围岩为中等稳定的砂岩、砂页岩或较坚硬页岩等　3 围岩为不稳定的煤、泥质页岩、炭质页岩等			
矿井相对瓦斯涌出量	m³/t	矿井绝对瓦斯涌出量		m³/min
煤层自燃发火期		全矿近三个月瓦斯超限次数		
近三年内瓦斯突出次数		近三年内煤层自燃地点		处
近三年内主扇故障检修次数		近三年内供电系统故障检修次数		
采面粉尘浓度	总粉尘：　　mg/m³	呼吸性粉尘：　　mg/m³		
矿井总进风量	m³/min	矿井有效风量率		
矿井最大涌水量	m³/h	矿井最大综合排水量		m³/h
地面消防水池容量	m³	井下消防水管长度		m
地面爆破材料储存情况	库房数：　炸药：　　t　雷管：　　万发			
井下爆破材料储存情况	硐室数：　炸药：　　t　雷管：　　万发			
有无瓦斯异常涌出区域	1 有　　2 无	有无未熄灭的火区	1 有　　2 无	
全矿通风系统复杂程度	1 简单可靠,易于管理控制,井下风流稳定　2 复杂程度一般　3 通风系统复杂,管理困难,或有些巷道风流不稳			

续表

总进风道和总回风道之间的联络巷道数量	
总进风道和总回风道之间的联络巷道的挡风墙坚固程度	1非常坚固　　2一般　　3差

有无在水淹区积水面以下的采掘工作	1有　　2无
是否是在建筑物下、水体下或铁路下开采	1是　　2否
矿井安全是否受其它小矿乱采乱掘的影响	1是　　2否

近5年内伤亡事故	起数：　轻伤人数：　　重伤人数：　　死亡人数：			
建矿以来曾发生重大事故(指造成3人以上死亡或全矿或部分区域停产)	瓦斯(煤尘)爆炸		火灾	
	水灾		瓦斯突出	
	其他(注明事故类型)：			

主风机型号,台数			
局扇型号,台数			
主排水泵型号,台数			
探放水设备型号,台数			
绞车提升设备型号,台数			
带式输送机型号,部数			
瓦斯抽放系统型号,数量			
安全监测系统型号,数量		传感器使用数量	
闭锁断电装置型号,数量			
瓦检器型号,数量			
自救器型号,数量			

续表

井下固定敷设高压电缆型号,数量					
瓦检员人数		放炮员人数		绞车司机人数	
电工人数		安技管理人员数		安全员人数	
全矿技术人员数	高级:	中级:		初级:	
下井同时作业人数		下井人员中农民工、协议工、外包工所占比例			

影响矿井安全生产的主要问题说明:(不少三条内容)

备注:

填表人:_____　联系电话:_____　填表日期:_____

表 2-10　金属非金属地下矿山基本特征表

矿井名称					
详细地址					
邮政编码		主要负责人		联系电话	
上级法人单位					
建矿日期		设计能力	万 t/年	实际能力	万 t/年
开采矿种			可采储量		万 t
固定资产		万元	年利润		万元
经济类型	1 国有　2 集体　3 私营　4 其它			从业人数	
开拓方式	1 立井　2 斜井　3 平硐　4 混合　5 斜坡道				
通风方式	1 中央并列　2 分区式　3 对角式　4 其它				
提升方式	1 罐笼　2 箕斗井　3 串车　4 皮带　5 其它				
供电方式	1 两回路　2 双电源　3 其它				
同时生产的中段数			准备生产的中段数		
同时生产的采场数			井下同时作业人数		
矿井总进风量		m³/min	矿井有效风量率		
矿井最大涌水量		m³/h	矿井最大综合排水量		m³/h
是否是以下类型的矿井（可多选）	1 瓦斯矿井　2 煤系硫铁矿井　3 其他与煤共生的矿藏开采　4 放射性的矿山　5 有自燃发火危险的矿井　6 高硫矿　7 矿尘有爆炸性				
井下固定敷设的高压电缆型号	竖井或倾角在 45 度及其以上的井巷				
	水平巷道或倾角在 45 度以下的井巷内				
地面爆炸材料储存情况	库房数:　炸药:　t　雷管:　万发				
井下爆炸材料储存情况	硐室数:　炸药:　t　雷管:　万发				
矿井有无下列水文地质资料	1 矿区及其附近地表水流系统和汇水面积、疏水能力、水利工程等情况;			1 有　2 无	
	2 历年最高洪水位,洪水量地面水体、各含水层及井下水的动态;			1 有　2 无	
	3 矿区内小矿井、老井、老采空区;			1 有　2 无	
	4 矿区内的钻孔和封孔质量;			1 有　2 无	
	5 现有生产井中的积水区、含水层、岩溶带、地质构造等详细情况;			1 有　2 无	
	6 矿井水与地下水、地表水和大气降雨的水力联系。			1 有　2 无	
是否是水文地质条件复杂的矿井	1 是　　2 否				
矿体顶底板含水层情况	1 无　2 孔隙含水层　3 裂隙含水层　4 岩溶含水层				
矿体顶底板有无承压含水层	1 有承压含水层　2 无承压含水层				
矿井开采是否受地表水体或洪水的威胁	1 是　　2 否				
冲击地压(岩爆)危害	1 无冲击地压　2 弱冲击地压　3 强冲击地压				
矿区内影响生产与安全的断层数目					
巷道围岩的稳定性	1 围岩为比较稳定的坚硬砂岩或石灰岩等 2 围岩为中等稳定的砂岩、砂页岩或较坚硬页岩等 3 围岩为不稳定的煤、泥质页岩、炭质页岩等				

续表

井下柴油设备数量		井下油压设备数量	
井下各种油类的存放地点及最大存放量	油类名称和存放地点		数量(kg)

带式输送机数量(部)：　　　有哪些防火措施(选择打√)：1 滚筒驱动带式输送机使用阻燃输送带　2 液力偶合器使用不燃性传动介质　3 输送机的机头前后两端 20 m 范围内使用不燃性材料支护　4 配备灭火器材　5 设驱动滚筒防滑保护、堆煤保护、防跑偏装置　6 设温度保护、烟雾保护　7 其他措施(写出措施名称)。

地面消防水池容量		m³	井下消防水管长度		m
井下有何种有害气体大量涌出					
矿井有无未熄灭的火区		1 有　2 无			
矿区内有无威胁矿井安全生产的塌陷区或有塌陷危险的区域			1 有　2 无		
是否是在建筑物下、水体下或铁路下开采		1 是　2 否			
矿井安全是否受其它小矿乱采乱掘的影响		1 是　2 否			
近 5 年内伤亡事故	起数：　　　轻伤人数：　　　重伤人数：　　　死亡人数：				
建矿以来曾发生重大事故(指造成 3 人以上死亡或全矿或部分区域停产)	水灾		火灾		
	大面积冒顶		坠罐或跑车		
	其他(注明事故类型)：				
主扇型号			数量		
局扇型号			数量		
主排水泵型号			数量		
探放水设备型号			数量		
绞车提升设备型号			数量		
技术人员数	高级：　　　中级：　　　初级：				
电工人数		绞车司机人数		放炮员人数	
采矿方法					

影响矿井安全生产的主要问题说明：(不少于三条内容)

备注：

填表人：＿＿＿＿＿＿＿＿＿＿＿联系电话：＿＿＿＿＿＿＿＿＿＿＿填表日期：＿＿＿＿＿＿＿＿＿

表 2-11 露天矿(含采石场)基本特征表

矿井名称				
详细地址				
邮政编码		主要负责人	联系电话	
上级法人单位				
建矿日期		可采储量	万 t	年产量	万 t
固定资产			万元	年利润	万元
经济类型	1 国有 2 集体 3 私营 4 其它		从业人数	
凹陷露天矿垂直深度(m)			山坡露天矿垂直高差	m
开采矿种	1 煤炭 2 金属矿石 3 放射性矿石 4 化工原料 5 建筑材料 6 其他			
选矿厂	个数: 名称:			
尾矿库	个数: 名称:			
爆炸器材厂情况	名称			
	年产量	炸药: t/年 雷管: 万发/年		
地面爆破材料库容量	炸药: t 雷管: 万发			
矿岩性质	1 松软的矿岩 2 较稳固的矿岩 3 坚硬稳固的矿岩			
矿石硬度系数 f		岩石硬度系数 f		
开采方法	1 一般露天开采 2 水力开采 3 挖掘船开采 4 其他			
	1 机械铲装 2 人工开采			
同时生产作业平台数		排土方式		
台阶高度	m	台阶坡面角		
工作平台宽度	m	工作边坡角		
边坡长度	m	边坡高度	m	
台阶数目		边坡废止角(α,β)		
安全平台宽度	m	运输平台宽度	m	
清扫平台宽度	m	排土场总容量	万 m³	
矿石是否有自燃倾向性		采场内有无火区		
开采是否受地下水的影响		采场地下有无塌陷危险区域		
矿山开采是否受地表水体或洪水的威胁	1 是 2 否			
矿山开采是否受地下开采的影响				
近 5 年内伤亡事故	起数: 轻伤人数: 重伤人数: 死亡人数:			
建矿以来曾发生重大事故(指造成 3 人以上死亡或全矿或部分区域停产)	坍塌或滑坡		水灾	
	爆破事故		火灾	
	其他(注明事故类型):			
水泵型号	台数:	总容量		
挖掘机型号		台数		
推土机型号		台数		

续表

穿孔机型号		台数	
压风机型号		台数	
开采方法 简要概述			
影响安全 生产的 主要问题	简要说明：地质结构面的情况、水灾、火灾、山崩、泥石流、洪水淹没等威胁		
违章开采 情况	主要指有无伞檐、根底、空洞（神仙洞）等情况		

填表人：＿＿＿＿＿＿＿＿＿＿　　联系电话：＿＿＿＿＿＿＿＿＿＿　　填表日期：＿＿＿＿＿＿＿＿＿＿

表 2-12　尾矿库基本特征表

企业名称			主要负责人		
详细地址			联系电话		
上级主管			邮政编码		
建厂日期		从业人数		经济类型	
矿　种		固定资产	万元	年利润	万元
尾矿库名称					
地理位置					
尾矿库型式	1 山谷型　2 傍山型　3 河谷型　4 平底型　5 其他(写出名称)				
尾矿库等别	1 一等　2 二等　3 三等　4 四等　5 五等		全库容		万 m³
坝高	m	设计总库容	万 m³	设计总坝高	m
坝长	m	最小干滩长度	m	沉积干滩平均坡度	
尾矿库危害程度分类	1. 一类尾矿设施:一旦发生最大程度的溃坝事故,殃及居民区或重要建(构)筑物等,可能造成死亡 50 人以上或经济损失 1000 万元以上的; 2. 二类尾矿设施:一旦发生最大程度的溃坝事故,殃及居民区或重要建(构)筑物等,可能造成死亡 10 人以上至 50 人以下或经济损失 100 万元以上至 1000 万元以下的; 3. 三类尾矿设施:一旦发生最大程度的溃坝事故,殃及居民区或重要建(构)筑物等,可能造成死亡 10 人以下或经济损失 100 万元以下的。				
尾矿库安全度分类	1 危库　2 险库　3 病库　4 正常库				
如果尾矿库失事是否会使下游重要城镇、工矿企业、重要铁路干线遭受严重灾害			坝址区地震基本烈度		
库区有无滑坡体			库区有无产生泥石流的条件		
库区是否处于岩溶或裂隙发育地区					
库区有无滥伐、滥垦、滥牧现象					
初期坝	坝型	1 透水坝　2 不透水坝			
		1 土坝　2 堆石坝　3 卵石坝　4 混合料坝　5 砌石坝　6 混凝土坝			
	坝高	m	坝长		m
堆坝方法	1 上游式　2 下游式　3 中线式　4 其他		堆高		m
尾矿分级设备型号			数量		
汇水面积	km²	尾矿库防洪标准(洪水重现期)		初期	年
				中、后期	年
尾矿坝安全超高			尾矿库调洪库容		万 m³
排洪系统的型式	1 井—管式　2 井—洞式　3 槽—管式　4 槽—洞式　5 溢洪道				
尾矿粒度 d_{cp}		mm	尾矿比重		t/m³
尾矿坝的观测项目	1 坝体水平位移　2 坝体沉降　3 坝体固结　4 坝体孔隙水压力　5 坝体浸润线　6 坝基扬压力　7 绕坝渗流　8 渗流量　9 渗流水水质　10 其他 (写出具体项目名称)				

尾矿库的尾矿浓缩分级、放矿筑坝、回水排水、防汛度汛、抗震等工作概述	
如果是危库、险库或病库，对危险情况作出概述	
尾矿库曾出现的问题及采取的解决办法	
备　注	

填表人：＿＿＿＿＿＿＿＿＿　联系电话：＿＿＿＿＿＿＿＿＿　填表日期：＿＿＿＿＿＿＿＿＿

表 3　重大危险源周边环境基本情况表

<table>
<tr><td rowspan="6">危险源周边环境情况</td><td rowspan="6">周边地区情况</td><td>单位类型</td><td>数量(个)</td><td>单位名称</td><td>人数</td><td>与危险源最近距离</td></tr>
<tr><td>住宅区</td><td></td><td></td><td></td><td></td></tr>
<tr><td>生产单位</td><td></td><td></td><td></td><td></td></tr>
<tr><td>机关团体</td><td></td><td></td><td></td><td></td></tr>
<tr><td>公共场所</td><td></td><td></td><td></td><td></td></tr>
<tr><td>交通要道</td><td></td><td></td><td></td><td></td></tr>
<tr><td>其它</td><td></td><td></td><td></td><td></td></tr>
<tr><td rowspan="4">周边环境对危险源的影响</td><td colspan="2">类型</td><td>数量(个)</td><td colspan="3">简要说明</td></tr>
<tr><td colspan="2">火源</td><td></td><td colspan="3"></td></tr>
<tr><td colspan="2">输配电装置</td><td></td><td colspan="3"></td></tr>
<tr><td colspan="2">其它</td><td></td><td colspan="3"></td></tr>
</table>

填表人:＿＿＿＿＿＿＿＿＿　联系电话:＿＿＿＿＿＿＿＿＿　填表日期:＿＿＿＿＿＿＿＿＿

危险化学品建设项目安全设施设计专篇编制导则
（试行）

安监总危化〔2007〕225 号

1 适用范围

本导则适用于中华人民共和国境内新建、改建、扩建危险化学品生产、储存装置和设施，以及伴有危险化学品产生的化学品生产装置和设施的建设项目（以下简称建设项目）安全设施设计专篇的编制。

2 术语和定义

2.1 化学品

指各种化学元素、由元素组成的化合物及其混合物，包括天然的或者人造的。

2.2 危险化学品

指具有爆炸、燃烧、助燃、毒害、腐蚀等性质且对接触的人员、设施、环境可能造成伤害或者损害的化学品。

2.3 新建项目

指拟依法设立的企业建设伴有危险化学品产生的化学品或者危险化学品生产、储存装置（设施）和现有企业（单位）拟建与现有生产、储存活动不同的伴有危险化学品产生的化学品或者危险化学品生产、储存装置（设施）的建设项目。

2.4 改建项目

指企业对在役伴有危险化学品产生的化学品或者危险化学品生产、储存装置（设施），在原址或者易地更新技术、工艺和改变原设计的生产、储存危险化学品种类及主要装置（设施、设备）、危险化学品作业场所的建设项目。

2.5 扩建项目

指企业（单位）拟建与现有伴有危险化学品产生的化学品或者危险化学品品种相同且生产、储存装置（设施）相对独立的建设项目。

2.6 安全设施

指企业（单位）在生产经营活动中将危险因素、有害因素控制在安全范围内以及预防、减少、消除危害所配备的装置（设备、装备）和采取的措施。

2.7 作业场所

指可能使从业人员接触危险化学品的任何作业活动场所，包括从事危险化学品的生产、操作、处置、储存、搬运、运输、废弃危险化学品的处置或者处理等场所。

3 主要内容

3.1 建设项目概况

3.1.1 建设项目内部基本情况

3.1.1.1 建设项目的主要技术、工艺（方式）和国内、外同类建设项目水平对比情况。

3.1.1.2　建设项目所在的地理位置、用地面积和生产(储存)规模。

3.1.1.3　建设项目涉及的主要原辅材料和品种(包括产品、中间产品,下同)名称、数量。

3.1.1.4　建设项目的工艺流程和主要装置(设备)和设施的布局及其上下游生产装置的关系。

3.1.1.5　建设项目配套和辅助工程名称、能力(或者负荷)、介质(或者物料)来源。

3.1.1.6　建设项目的主要装置(设备)和设施名称、型号(或者规格)、材质、数量和主要特种设备。

3.1.2　建设项目外部基本情况

3.1.2.1　建设项目所在地的气象、水文、地质、地震等自然情况。

3.1.2.2　建设项目投入生产或者使用后可能出现的最严重事故波及的范围,以及在此范围内的 24 小时生产、经营活动和居民生活的情况。

3.1.2.3　建设项目中危险化学品生产装置和储存数量构成重大危险源的储存设施与下列场所、区域的距离:

1. 居民区、商业中心、公园等人口密集区域;

2. 学校、医院、影剧院、体育场(馆)等公共设施;

3. 供水水源、水厂及水源保护区;

4. 车站、码头(按照国家规定,经批准,专门从事危险化学品装卸作业的除外)、机场以及公路、铁路、水路交通干线、地铁风亭及出入口;

5. 基本农田保护区、畜牧区、渔业水域和种子、种畜、水产苗种生产基地;

6. 河流、湖泊、风景名胜区和自然保护区;

7. 军事禁区、军事管理区;

8. 法律、行政法规规定予以保护的其他区域。

3.2　建设项目涉及的危险、有害因素和危险、有害程度

3.2.1　危险、有害因素

3.2.1.1　建设项目涉及具有爆炸性、可燃性、毒性、腐蚀性的化学品危险类别及数据来源。

3.2.1.2　建设项目可能出现爆炸、火灾、中毒、灼烫事故的危险、有害因素。

3.2.1.3　建设项目可能出现作业人员伤亡的其它危险、有害因素。

3.2.2　危险、有害程度

3.2.2.1　固有危险程度

1. 定量分析建设项目工艺流程中涉及具有爆炸性、可燃性、毒性、腐蚀性的化学品数量、浓度(含量)、状态和所在的作业场所(部位)及其状况(温度、压力)。

2. 定性分析建设项目涉及具有爆炸性、可燃性、毒性、腐蚀性的化学品的固有危险程度。

3. 宜通过下列计算,定量分析建设项目涉及具有爆炸性、可燃性、毒性、腐蚀性的化学品的各个作业场所的固有危险程度:

(1)具有爆炸性的化学品的质量及相当于梯恩梯(TNT)的摩尔量;

(2)具有可燃性的化学品的质量及燃烧后放出的热量;

(3)具有毒性的化学品的浓度及质量;

(4)具有腐蚀性的化学品的浓度及质量。

3.2.2.2　风险程度

1. 通过国内外同类生产或者储存装置、设施发生的事故情况,定性、定量分析和预测建设项目的以下几方面内容:

（1）作业场所出现具有爆炸性、可燃性、毒性、腐蚀性的化学品泄漏的可能性；

（2）涉及具有爆炸性、可燃性的化学品的作业场所出现泄漏后，具备造成爆炸、火灾事故的条件和需要的时间；

（3）涉及具有毒性的化学品的作业场所出现具有毒性的化学品泄漏后扩散速率及达到人的接触最高限值的时间；

（4）涉及具有爆炸性、可燃性、毒性、腐蚀性的化学品的作业场所出现爆炸、火灾、中毒、灼烫事故造成人员伤亡的范围。

2. 预测建设项目涉及具有爆炸性、可燃性的化学品的作业场所出现最大爆炸、火灾事故产生的污水数量和最严重爆炸、火灾事故产生的污水数量。

3.3　建设项目设立安全评价报告中的安全对策和建议采纳情况说明

3.3.1　列出落实建设项目设立安全评价报告中每项安全对策与建议，所采取的全部安全设施及所在作业场所（部位）。

3.3.2　说明未落实或者部分落实的建设项目设立安全评价报告中每项安全对策与建议的论证情况或者理由。

3.4　采用的安全设施和措施

详细列出建设项目设计中所采用（取）的全部安全设施，并对每个安全设施说明符合或者高于国家现行有关安全生产法律、法规和部门规章及标准的具体条款，或者借鉴国内外同类建设项目所采取（用）的安全设施。

3.5　事故预防及应急救援措施

3.5.1　应急救援组织或应急救援人员的设置或配备情况。

3.5.2　消防队伍的依托或者建设情况。

3.5.3　应急救援器材的配备情况。

3.5.4　消防器材的配备情况。

3.5.5　应急救援措施。

3.6　安全管理机构的设置及人员配备

3.6.1　对建设项目投入生产或者使用后设置安全管理机构及其职责的建议。

3.6.2　对建设项目投入生产或者使用后配备安全管理人员的条件和数量的建议。

3.7　安全设施投资概算

3.7.1　建设项目总投资概算。

3.7.2　建设项目中安全设施投资概算和分类投资概算。

3.7.3　建设项目中安全设施投资概算占总投资概算的比例，建设项目中安全设施分类投资概算占安全设施投资概算的比例。

3.8　结论和建议

3.8.1　结论

根据国、内外同类装置（设施）设计发展情况和国家现行有关安全生产法律、法规和部门规章及标准的规定和要求，从下列几方面作出结论：

1. 建设项目所在地的安全条件和与周边的安全防护距离；

2. 建设项目选用的技术、工艺安全性；

3. 建设项目选用的主要装置、设施安全性；

4. 建设项目采用（取）的安全设施水平；

5. 建设项目所达到的安全水平。

3.8.2 建议

根据国、内外建设项目特别是同类装置(设施)建设项目的管理情况和趋势,从下列几方面提出建议:

1. 主要装置、设施和安全设施及特种设备的订购;
2. 施工单位的选择;
3. 主要原辅材料的选择;
4. 投入试生产(使用)后的安全管理;
5. 其它方面。

4 附件

4.1 建设项目区域位置图、工艺流程简图、爆炸危险区域划分图

4.2 建设项目平面布置图,生产和储存装置(设施)、防雷防静电接地、消防设施及消防器材、气体检测平面布置图

4.3 建设项目涉及的特种设备及主要安全附件一览表

4.4 建设项目所在地安全条件的分析情况

4.5 建设项目风险程度的定性、定量分析情况

4.6 建设项目选用的技术、工艺安全性的分析过程

4.7 建设项目安全设施设计依据的国家现行有关安全生产法律、法规和部门规章及标准的目录

5 格式

5.1 格式

5.1.1 封面(参见附件 1)

5.1.2 封二(参见附件 2)

5.1.3 安全设施设计工作人员组成

5.1.4 目录

5.1.5 非常用的术语、符号和代号说明

5.1.6 主要内容

5.1.7 附件

5.2 字号和字体

主要内容的章、节标题分别采用 3 号黑体、楷体字,项目标题采用 4 号黑体字;内容的文字表述部分采用 4 号宋体字,表格表述部分可选择采用 5 号或者 6 号宋体字;附件的图表可选用复印件,附件的标题和项目标题分别采用 3 号和 4 号黑体字,内容的文字和表格表述采用的字体同"主要内容"。

5.3 纸张、排版

采用 A4 白色胶版纸(70g 以上);纵向排版,左边距 28 mm、右边距 20 mm、上边距 25 mm、下边距 20 mm;章、节标题居中,项目标题空两格。

5.4 制作

除附图、复印件等外,双面打印文本。

5.5 封装

建设项目安全设施设计专篇正式文本装订后,用设计单位的公章对进行建设项目安全设施设计专篇封页。

附件 1

（建设项目名称）
安全设施设计专篇

建设单位：

建设单位法定代表人：

建设项目单位：

建设项目单位主要负责人：

建设项目单位联系人：

建设项目单位联系电话：

（建设项目单位公章）

年　月　日

附件 2

（建设项目名称）
安全设施设计专篇

设计单位：

设计单位法定代表人：

设计单位联系人：

设计单位联系电话：

（设计单位公章）

年　月　日

危险化学品建设项目安全评价细则
（试行）

安监总危化〔2007〕255 号

1　目的和依据

为规范危险化学品生产、储存建设项目安全评价工作，依据《中华人民共和国安全生产法》和《危险化学品安全管理条例》及安全生产标准《安全评价通则》（AQ 8001）、《安全预评价导则》（AQ 8002）、《安全验收评价导则》（AQ 8003），制定本细则。

2　适用范围

本细则适用于中华人民共和国境内新建、改建、扩建危险化学品生产、储存装置和设施，以及伴有危险化学品产生的化学品生产装置和设施的建设项目（以下简称建设项目）设立安全评价和建设项目安全设施竣工验收评价。

建设单位也可以根据建设项目安全管理的实际需要，参照本细则对建设项目进行安全评价。

3　术语和定义

3.1　化学品

指各种化学元素、由元素组成的化合物及其混合物，包括天然的或者人造的。

3.2　危险化学品

指具有爆炸、燃烧、助燃、毒害、腐蚀等性质且对接触的人员、设施、环境可能造成伤害或者损害的化学品。

3.3　新建项目

指拟依法设立的企业建设伴有危险化学品产生的化学品或者危险化学品生产、储存装置（设施）和现有企业（单位）拟建与现有生产、储存活动不同的伴有危险化学品产生的化学品或者危险化学品生产、储存装置（设施）的建设项目。

3.4　改建项目

指企业对在役伴有危险化学品产生的化学品或者危险化学品生产、储存装置（设施），在原址或者易地更新技术、工艺和改变原设计的生产、储存危险化学品种类及主要装置（设施、设备）、危险化学品作业场所的建设项目。

3.5　扩建项目

指企业（单位）拟建与现有伴有危险化学品产生的化学品或者危险化学品品种相同且生产、储存装置（设施）相对独立的建设项目。

3.6　安全设施

指企业（单位）在生产经营活动中将危险因素、有害因素控制在安全范围内以及预防、减少、消除危害所配备的装置（设备）和采取的措施。

3.7　作业场所

指可能使从业人员接触危险化学品的任何作业活动场所，包括从事危险化学品的生产、操作、处置、储存、搬运、运输、废弃危险化学品的处置或者处理等场所。

3.8　安全评价单元

根据建设项目安全评价的需要,将建设项目划分为一些相对独立部分,其中每个相对独立部分称为评价单元。

4　安全评价工作程序

4.1　前期准备

4.2　安全评价

4.2.1　辨识危险、有害因素

4.2.2　划分评价单元

4.2.3　确定安全评价方法

4.2.4　定性、定量分析危险、有害程度

4.2.5　分析安全条件和安全生产条件

4.2.6　提出安全对策与建议

4.2.7　整理、归纳安全评价结论

4.3　与建设单位交换意见

4.4　编制安全评价报告

5　前期准备

5.1　确定安全评价对象和范围

根据建设项目的实际情况,与建设单位共同协商确定安全评价对象和范围。

5.2　收集、整理安全评价所需资料

在充分调查研究安全评价对象和范围相关情况后,收集、整理安全评价所需要的各种文件、资料和数据。

6　建设项目设立的安全评价内容

6.1　建设项目概况

6.1.1　简述建设项目设计上采用的主要技术、工艺(方式)和国内、外同类建设项目水平对比情况。

6.1.2　简述建设项目所在的地理位置、用地面积和生产或者储存规模。

6.1.3　阐述建设项目涉及的主要原辅材料和品种(包括产品、中间产品,下同)名称、数量,储存。

6.1.4　描述建设项目选择的工艺流程和选用的主要装置(设备)和设施的布局及其上下游生产装置的关系。

6.1.5　描述建设项目配套和辅助工程名称、能力(或者负荷)、介质(或者物料)来源。

6.1.6　建设项目选用的主要装置(设备)和设施名称、型号(或者规格)、材质、数量和主要特种设备。

6.2　原料、中间产品、最终产品或者储存的危险化学品的理化性能指标

搜集、整理建设项目涉及的原料、中间产品、最终产品或者储存的危险化学品的物理性质、化学性质和危险性和危险类别及数据来源。

6.3 危险化学品包装、储存、运输的技术要求

搜集、整理建设项目涉及的原料、中间产品、最终产品或者储存的危险化学品包装、储存、运输的技术要求及信息来源。

6.4 建设项目的危险、有害因素和危险、有害程度

6.4.1 危险、有害因素

1. 运用危险、有害因素辨识的科学方法,辨识建设项目可能造成爆炸、火灾、中毒、灼烫事故的危险、有害因素及其分布。

2. 分析建设项目可能造成作业人员伤亡的其它危险、有害因素及其分布。

6.4.2 危险、有害程度

6.4.2.1 评价单元的划分

根据建设项目的实际情况和安全评价的需要,可以将建设项目外部安全条件、总平面布置、主要装置(设施)、公用工程划分为评价单元。

6.4.2.2 安全评价方法的确定

1. 可选择国际、国内通行的安全评价方法。

2. 对国内首次采用新技术、工艺的建设项目的工艺安全性分析,除选择其它安全评价方法外,尽可能选择危险和可操作性研究法进行。

6.4.2.3 固有危险程度的分析

1. 定量分析建设项目中具有爆炸性、可燃性、毒性、腐蚀性的化学品数量、浓度(含量)、状态和所在的作业场所(部位)及其状况(温度、压力)。

2. 定性分析建设项目总的和各个作业场所的固有危险程度。

3. 通过下列计算,定量分析建设项目安全评价范围内和各个评价单元的固有危险程度:

(1)具有爆炸性的化学品的质量及相当于梯恩梯(TNT)的摩尔量;

(2)具有可燃性的化学品的质量及燃烧后放出的热量;

(3)具有毒性的化学品的浓度及质量;

(4)具有腐蚀性的化学品的浓度及质量。

6.4.2.4 风险程度的分析

根据已辨识的危险、有害因素,运用合适的安全评价方法,定性、定量分析和预测各个安全评价单元以下几方面内容:

1. 建设项目出现具有爆炸性、可燃性、毒性、腐蚀性的化学品泄漏的可能性;

2. 出现具有爆炸性、可燃性的化学品泄漏后具备造成爆炸、火灾事故的条件和需要的时间;

3. 出现具有毒性的化学品泄漏后扩散速率及达到人的接触最高限值的时间;

4. 出现爆炸、火灾、中毒事故造成人员伤亡的范围。

6.4.2.5 列举与建设项目同样或者同类生产技术、工艺、装置(设施)在生产或者储存危险化学品过程中发生的事故案例的后果和原因。

6.5 建设项目的安全条件

6.5.1 搜集、调查和整理建设项目的外部情况

6.5.1.1 根据4.2.4得出的爆炸、火灾、中毒事故造成人员伤亡的范围,搜集、调查和整理在此范围的建设项目周边24小时内生产经营活动和居民生活的情况。

6.5.1.2 搜集、调查和整理建设项目所在地的自然条件。

6.5.1.3 搜集、调查和整理建设项目中危险化学品生产装置和储存数量构成重大危险源的储存设施与下列场所、区域的距离:

1．居民区、商业中心、公园等人口密集区域；

2．学校、医院、影剧院、体育场（馆）等公共设施；

3．供水水源、水厂及水源保护区；

4．车站、码头（按照国家规定，经批准，专门从事危险化学品装卸作业的除外）、机场以及公路、铁路、水路交通干线、地铁风亭及出入口；

5．基本农田保护区、畜牧区、渔业水域和种子、种畜、水产苗种生产基地；

6．河流、湖泊、风景名胜区和自然保护区；

7．军事禁区、军事管理区；

8．法律、行政法规规定予以保护的其他区域。

6.5.2　分析建设项目的安全条件

6.5.2.1　建设项目内在的危险、有害因素和建设项目可能发生的各类事故，对建设项目周边单位生产、经营活动或者居民生活的影响。

6.5.2.2　建设项目周边单位生产、经营活动或者居民生活对建设项目投入生产或者使用后的影响。

6.5.2.3　建设项目所在地的自然条件对建设项目投入生产或者使用后的影响。

6.6　主要技术、工艺或者方式和装置、设备、设施及其安全可靠性

6.6.1　分析拟选择的主要技术、工艺或者方式和装置、设备、设施的安全可靠性。

6.6.2　分析拟选择的主要装置、设备或者设施与危险化学品生产或者储存过程的匹配情况。

6.6.3　分析拟为危险化学品生产或者储存过程配套和辅助工程能否满足安全生产的需要。

6.7　安全对策与建议

根据上述安全评价的结果，从以下几方面提出采用（取）安全设施的安全对策与建议：

1．建设项目的选址；

2．拟选择的主要技术、工艺或者方式和装置、设备、设施；

3．拟为危险化学品生产或者储存过程配套和辅助工程；

4．建设项目中主要装置、设备、设施的布局；

5．事故应急救援措施和器材、设备。

7　建设项目安全设施竣工验收的安全评价内容

7.1　建设项目概况按照6.1要求进行描述

7.2　危险、有害因素和固有的危险、有害程度

7.2.1　危险、有害因素按照6.4.1的要求进行辨识和分析。

7.2.2　固有的危险、有害程度按照6.4.2.3的要求进行分析。

7.2.3　风险程度按照6.4.2.4的要求进行分析。

7.2.4　建设项目的安全条件按照6.5的要求进行分析。

7.3　安全设施的施工、检验、检测和调试情况

7.3.1　调查、分析建设项目安全设施的施工质量情况。

7.3.2　调查、分析建设项目安全设施在施工前后的检验、检测情况及有效性情况。

7.3.3　调查、分析建设项目安全设施试生产（使用）前的调试情况。

7.4　安全生产条件

7.4.1　评价单元按照6.4.2.1的要求划分。

7.4.2 安全评价方法的选择

对建设项目安全设施竣工验收的安全评价,以安全检查表的方法为主,其他方面的安全评价为辅,可选择国际、国内通行的安全评价方法。

7.4.3 安全生产条件的分析

7.4.3.1 调查、分析建设项目采用(取)的安全设施情况

1. 列出建设项目采用(取)的全部安全设施,并对每个安全设施说明符合或者高于国家现行有关安全生产法律、法规和部门规章及标准的具体条款;

2. 列出借鉴国内外同类建设项目所采取(用)的安全设施,并对每个安全设施说明依据;

3. 列出未采取(用)设计的安全设施。

7.4.3.2 调查、分析下列安全生产管理情况

1. 安全生产责任制的建立和执行情况;

2. 安全生产管理制度的制定和执行情况;

3. 安全技术规程和作业安全规程的制定和执行情况;

4. 安全生产管理机构的设置和专职安全生产管理人员的配备情况;

5. 主要负责人、分管负责人和安全管理人员、其他管理人员安全生产知识和管理能力;

6. 其他从业人员掌握安全知识、专业技术、职业卫生防护和应急救援知识的情况;

7. 安全生产投入的情况;

8. 安全生产的检查情况;

9. 重大危险源的辨识和已确定的重大危险源检测、评估和监控情况;

10. 从业人员劳动防护用品的配备及其检修、维护和法定检验、检测情况。

7.4.3.3 技术、工艺

1. 建设项目试生产(使用)的情况;

2. 危险化学品生产、储存过程控制系统及安全联锁系统等运行情况。

7.4.3.4 装置、设备和设施

1. 装置、设备和设施的运行情况;

2. 装置、设备和设施的检修、维护情况;

3. 装置、设备和设施的法定检验、检测情况。

6.4.3.5 原料、辅助材料和产品

属于危险化学品的原料、辅助材料、产品、中间产品的包装、储存、运输情况。

7.4.3.6 作业场所

1. 职业危害防护设施的设置情况;

2. 职业危害防护设施的检修、维护情况;

3. 作业场所的法定职业危害监测、监控情况;

4. 建(构)筑物的建设情况。

7.4.3.7 事故及应急管理

1. 可能发生的事故应急救援预案的编制情况;

2. 事故应急救援组织的建立和人员的配备情况;

3. 事故应急救援预案的演练情况;

4. 事故应急救援器材、设备的配备情况;

5. 事故调查处理与吸取教训的工作情况。

7.4.3.8　其它方面

1. 与已有生产、储存装置、设施和辅助（公用）工程的衔接情况；

2. 与周边社区、生活区的衔接情况。

7.5　可能发生的危险化学品事故及后果、对策

7.5.1　预测可能发生的各种危险化学品事故及后果、对策。

7.5.2　按照5.4.2.5的要求列举事故案例。

7.6　事故应急救援预案

根据建设项目投入生产（使用）后可能发生的事故预测与对策，分析事故应急救援预案与演练等情况。

7.7　结论和建议

7.7.1　结论

根据上述安全评价结果、国内外同类装置（设施）的设计情况和国家现行有关安全生产法律、法规和部门规章及标准的规定和要求，从以下几方面作出结论：

1. 建设项目所在地的安全条件和与周边的安全防护距离；

2. 建设项目安全设施设计的采纳情况和已采用（取）的安全设施水平；

3. 建设项目试生产（使用）中表现出来的技术、工艺和装置、设备（设施）的安全、可靠性和安全水平；

4. 建设项目试生产（使用）中发现的设计缺陷和事故隐患及其整改情况；

5. 建设项目试生产（使用）后具备国家现行有关安全生产法律、法规和部门规章及标准规定和要求的安全生产条件。

7.7.2　建议

根据国、内外同类危险化学品生产或者储存装置（设施）持续改进的情况和企业管理模式和趋势，以及国家有关安全生产法律、法规和部门规章及标准的发展趋势，从下列几方面提出建议：

1. 安全设施的更新与改进；

2. 安全条件和安全生产条件的完善与维护；

3. 主要装置、设备（设施）和特种设备的维护与保养；

4. 安全生产投入；

5. 其它方面。

8　与建设单位交换意见

8.1　评价机构应当就建设项目安全评价中各个方面的情况，与建设单位反复、充分交换意见。

8.2　评价机构与建设单位对建设项目安全评价中某些内容达不成一致意见时，评价机构在安全评价报告中应当如实说明建设单位的意见及其理由。

9　安全评价报告

9.1　安全评价报告主要内容

9.1.1　安全评价工作经过

包括建设安全评价和前期准备情况、对象及范围、工作经过和程序。

9.1.2　建设项目概况

包括建设项目的投资单位组成及出资比例、建设项目所在单位基本情况和建设项目概况。

9.1.3　危险、有害因素的辨识结果及依据说明

9.1.4　安全评价单元的划分结果及理由说明

9.1.5　采用的安全评价方法及理由说明

9.1.6　定性、定量分析危险、有害程度的结果

包括固有危险程度和风险程度的定性、定量分析结果。

9.1.7　安全条件和安全生产条件的分析结果

包括安全条件、安全生产条件的分析结果和事故案例的后果、原因。

9.1.8　安全对策与建议和结论

9.1.9　与建设单位交换意见的情况结果

9.2　安全评价报告附件

9.2.1　平面布置图、流程简图、装置防爆区域划分图以及安全评价过程制作的图表

9.2.2　选用的安全评价方法简介

9.2.3　定性、定量分析危险、有害程度的过程

9.2.4　安全评价依据的国家现行有关安全生产法律、法规和部门规章及标准的目录

9.2.5　收集的文件、资料目录

9.2.6　法定检测、检验情况的汇总表(建设项目竣工验收的安全评价报告附件)

9.3　安全评价报告格式

9.3.1　结构

9.3.1.1　封面(参见附件1)

9.3.1.2　封二(参见附件2)

9.3.1.3　安全评价工作人员组成

9.3.1.4　安全评价机构资质证书复印件

9.3.1.5　目录

9.3.1.6　非常用的术语、符号和代号说明

9.3.1.7　安全评价报告主要内容

9.3.1.8　安全评价报告附件

9.3.2　字号和字体

安全评价报告主要内容的章、节标题分别采用3号黑体、楷体字,项目标题采用4号黑体字;内容的文字表述部分采用4号宋体字,表格表述部分可选择采用5号或者6号宋体字;附件的图表可选用复印件,附件的标题和项目标题分别采用3号和4号黑体字,内容的文字和表格表述采用的字体同"主要内容"。

9.3.3　纸张、排版

采用A4白色胶版纸(70g以上);纵向排版,左边距28 mm、右边距20 mm、上边距25 mm、下边距20 mm;章、节标题居中,项目标题空两格。

9.3.4　印刷

除附图、复印件等外,双面打印文本。

9.3.5　封装

安全评价报告正式文本装订后,用评价机构的公章对安全评价报告进行封页。

附件 1

（建设单位名称）
（建设项目名称）
安全评价报告

建设单位：

建设单位法定代表人：

建设项目单位：

建设项目单位主要负责人：

建设项目单位联系人：

建设项目单位联系电话：

（建设单位公章）

年　月　日

附件 2

（建设单位名称）
（建设项目名称）
安全评价报告

评价机构名称：

资质证书编号：

法定代表人：

审核定稿人：

评价负责人：

评价机构联系电话：

（安全评价机构公章）

年　月　日

国家安全监管总局关于危险化学品生产企业
安全生产许可证颁发管理有关事项的通知

安监总危化〔2008〕54 号

各省、自治区、直辖市安全生产监督管理局：

《安全生产许可证条例》（国务院令第 397 号）施行以来，经过各级安全生产监督管理部门和广大企业的不懈努力，危险化学品生产企业安全生产许可工作进展顺利，促进了全国危险化学品安全生产形势的稳定好转。但是，各地区在执行《安全生产许可证条例》和《危险化学品生产企业安全生产许可证实施办法》（原国家安全监管局令第 10 号，以下简称《实施办法》）过程中，还存在着对危险化学品的判定不一、危险化学品生产范围的划分不清和安全许可条件把握不准等问题，以及危险化学品生产企业新建、改扩建危险化学品生产、储存项目投入生产或者使用后未办理安全生产许可手续的问题。为进一步规范、指导危险化学品生产企业安全生产许可证颁发管理工作，现就有关事项通知如下：

一、危险化学品的判定，仍以现行危险化学品名录中的危险化学品名称及附带说明为准。化学品的名称及说明与现行危险化学品名录中的危险化学品名称及附带说明不一致的，应不视为危险化学品。

二、以使用和销售为目的，购买危险化学品进行分装（包括充装）或者加入非危险化学品的溶剂稀释的活动，应视同危险化学品使用或经营活动，纳入危险化学品使用许可或经营许可的范畴。

三、取得安全生产许可证的危险化学品生产企业（单位）具备下列条件，方可对其安全生产许可证予以延期：

（一）符合《安全生产许可证条例》及《实施办法》中规定的条件；

（二）对发现的事故隐患和安全生产问题，已全部整改并符合国家有关规定和标准的要求；

（三）安全生产许可证有效期内，其建设的危险化学品建设项目已严格履行安全生产行政许可手续。

四、鉴于《中华人民共和国城乡规划法》配套的法规、规章尚在制定中，危险化学品生产企业申请延期安全生产许可证时，暂不要求其提交规划行政许可证明，但要提供符合《中华人民共和国城乡规划法》的书面承诺。待《中华人民共和国城乡规划法》配套的法规、规章出台后，再要求危险化学品生产企业提供符合城市规划的证明。

五、对不予颁发（或者延期、变更）安全生产许可证的危险化学品生产企业，要按照《国务院安委会办公室关于危险化学品生产经营单位和烟花爆竹生产企业在安全生产行政许可工作中依法予以关闭有关问题的通知》（安委办〔2006〕17 号）要求，提请地方人民政府依法关闭。

六、向危险化学品生产企业颁发安全生产许可证或者延期、变更已取得的安全生产许可证时，要使用国家安全监管总局统一印制的危险化学品生产企业安全生产许可证正、副本。在危险化学品生产企业安全生产许可证副本中，通过粘夹附页载明安全生产许可事项，在附页上要加盖安全生产许可证颁发管理机关公章。

七、要依据《安全生产许可证条例》及《实施办法》的规定，严格危险化学品生产企业安全生产许可证颁发、延期、变更前的审查，加强对危险化学品生产企业安全生产的监督管理，完善危险化学品生产企业安全生产许可证颁发管理情况的档案,并及时公告、通报、上报情况。

八、要通过危险化学品生产企业安全生产许可制度,督促危险化学品生产企业积极开展安全标准化工作,持续改进其安全生产工作;促进危险化学品生产企业认真对其生产的危险化学品进行登记,不断完善危险化学品信息档案。

国家安全生产监督管理总局

二〇〇八年三月十三日

国家安全监管总局办公厅关于
重新明确高危行业企业提取安全生产
费用会计处理有关规定的通知

安监总厅财〔2009〕110 号

各省、自治区、直辖市及新疆生产建设兵团安全生产监督管理局，各省级煤矿安全监察机构：

财政部近期印发了《企业会计准则解释第 3 号》(财会〔2009〕8 号附后)，其中第三条对高危行业企业提取使用安全生产费用会计处理问题作了重新明确。请各单位尽快将文件及有关精神转达到辖区内各高危行业企业。

建立企业提取安全费用制度，是落实安全生产十二项治本之策的一项具体政策措施，是促进企业安全生产投入长效机制的重要手段。各单位要按照财政部、国家安全监管总局《关于印发〈高危行业企业安全生产费用财务管理暂行办法〉的通知》(财企〔2006〕478 号)等文件规定要求，做好监督检查和政策指导工作，对企业在执行安全费用提取使用政策中遇到的有关问题，及时向国家安全监管总局办公厅(财务司)反映，以便及时与财政部协调解决。

二〇〇九年七月七日

国家安全监管总局关于
进一步加强危险化学品企业
安全生产标准化工作的指导意见

安监总管三〔2009〕124 号

各省、自治区、直辖市及新疆生产建设兵团安全生产监督管理局,有关中央企业,有关单位:

为深入贯彻落实《国务院关于进一步加强安全生产工作的决定》(国发〔2004〕2 号)和《国务院安委会办公室关于进一步加强危险化学品安全生产工作的指导意见》(安委办〔2008〕26 号),推动和引导危险化学品生产和储存企业、经营和使用剧毒化学品企业、有固定储存设施的危险化学品经营企业、使用危险化学品从事化工或医药生产的企业(以下统称危险化学品企业)全面开展安全生产标准化工作,改善安全生产条件,规范和改进安全管理工作,提高安全生产水平,提出以下指导意见:

一、指导思想和工作目标

1. 指导思想。以科学发展观为统领,坚持安全发展理念,全面贯彻"安全第一、预防为主、综合治理"的方针,深入持久地开展危险化学品企业安全生产标准化工作,进一步落实企业安全生产主体责任,强化生产工艺过程控制和全员、全过程的安全管理,不断提升安全生产条件,夯实安全管理基础,逐步建立自我约束、自我完善、持续改进的企业安全生产工作机制。

2. 工作目标。2009 年底前,危险化学品企业全面开展安全生产标准化工作。2010 年底前,使用危险工艺的危险化学品生产企业,化学制药企业,涉及易燃易爆、剧毒化学品、吸入性有毒有害气体等企业(以下统称重点危险化学品企业)要达到安全生产标准化三级以上水平。2012 年底前,重点危险化学品企业要达到安全生产标准化二级以上水平,其他危险化学品企业要达到安全生产标准化三级以上水平。

二、把握重点,积极推进安全生产标准化工作

3. 完善和改进安全生产条件。危险化学品企业要根据采用生产工艺的特点和涉及危险化学品的危险特性,按照国家标准和行业标准分类、分级对工艺技术、主要设备设施、安全设施(特别是安全泄放设施、可燃气体和有毒气体泄漏报警设施等),重大危险源和关键部位的监控设施,电气系统、仪表自动化控制和紧急停车系统,公用工程安全保障等安全生产条件进行改造。危险化学品企业安全生产条件达到标准化标准后,本质安全水平要有明显提高,预防事故能力有明显增强。

4. 完善和严格履行全员安全生产责任制。危险化学品企业要建立、完善并严格履行"一岗一责"的全员安全生产责任制,尤其是要完善并严格履行企业领导层和管理人员的安全生产责任制。岗位安全生产责任制的内容要与本人的职务和岗位职责相匹配。

5. 完善和严格执行安全管理规章制度。危险化学品企业要对照有关安全生产法律法规和标准规范,对企业安全管理制度和操作规程符合有关法律法规标准情况进行全面检查和评估。把适用于本企业的法律法规和标准规范的有关规定转化为本企业的安全生产规章制度和安全操作规程,使有关法律法规和标准规范的要求在企业具体化。要建立健全和定期修订各项安全生

产管理规章制度,狠抓安全生产管理规章制度的执行和落实。要经常检查工艺和操作规程;设备、仪表自动化、电气安全管理制度;巡回检查制度;定期(专业)检查等制度;安全作业规程,特别是动火、进入受限空间、拆卸设备管道、登高、临时用电等特殊作业安全规程的执行和落实情况。

6. 建立规范的隐患排查治理工作体制机制。危险化学品企业要建立定期开展隐患排查治理工作制度和工作机制,确定排查周期,明确有关部门和人员的责任,定期排查并及时消除安全生产隐患。

7. 加强全员的安全教育和技能培训。危险化学品企业要定期开展全员安全教育,增强从业人员的安全意识,提高从业人员自觉遵守安全生产规章制度的自觉性。要明确规定从业人员上岗资格条件,持续开展从业人员技能培训,使从业人员操作技能能够满足安全生产的实际需要。

8. 加强重大危险源、关键装置、重点部位的安全监控。危险化学品企业要在完善重要工艺参数监控技术措施的基础上,建立并严格执行重大危险源、关键装置、重点部位安全监控责任制,明确责任人和监控内容。尤其要高度重视危险化学品储罐区的安全监控工作,完善应急预案,防范重特大事故。

9. 加强危险化学品企业应急管理工作。危险化学品企业要编制科学实用、针对性强的安全生产应急预案,并通过定期演练,不断予以完善。危险化学品企业的应急预案要与当地政府的相关应急预案相衔接,涉及周边单位和居民的应急预案,还要与周边单位的相关预案相衔接。要做好应急设备设施、应急器材和物资的储备并及时维护和更新。

10. 认真吸取生产安全事故和安全事件教训。危险化学品企业要认真分析生产安全事故和安全事件发生的真实原因,在此基础上完善有关安全生产管理制度,制定和落实有针对性的整改措施,强化安全管理,确保不再发生类似事故。要认真吸取同类企业发生的事故教训,举一反三,改进管理,提高安全生产水平。

11. 中央企业要在推进安全生产标准化工作中发挥表率作用。有关中央企业总部要组织所属危险化学品企业开展安全生产标准化工作。经中央企业总部自行考核达到安全生产标准化一级标准的所属单位,经所在地省级安全监管局和中央企业总部推荐,可以直接申请安全生产标准化一级企业的达标考评。有关中央企业总部要组织所属企业积极开展重点化工生产装置危险与可操作性分析(HAZOP),全面查找和及时消除安全隐患,提高装置本质安全化水平。

三、建立和完善安全生产标准化工作的标准体系

12. 分级组织开展安全生产标准化工作。危险化学品企业安全生产标准化企业设一级、二级、三级三个等级。国家安全监管总局负责监督和指导全国危险化学品企业安全生产标准化工作,制定危险化学品企业安全生产标准化标准,公告安全生产标准化一级企业名单。省级安全监管局负责监督和指导本辖区危险化学品企业安全生产标准化工作,制定二级、三级危险化学品企业安全生产标准化实施指南,公告本辖区安全生产标准化二级企业名单。设区的市级安全监管局负责组织实施本辖区危险化学品企业安全生产标准化工作,公告安全生产标准化三级企业名单。安全生产标准化一级企业考评办法另行制定。

13. 要加强危险化学品企业安全生产标准化标准制定工作。安全生产标准化标准既要明确规定企业满足安全生产的基本条件,以此促进企业加大安全投入,改进和完善安全生产条件,提高本质安全水平,又要明确规定企业安全生产管理方面的具体要求,以此规范企业安全生产管理工作,不断提高安全管理水平。要统筹安排安全生产标准化标准制定工作,优先制定危险性大和重点行业的企业安全生产标准化标准,加快危险化学品企业安全生产标准化标准制定工作进程,尽快建立科学完备的危险化学品企业安全生产标准化标准体系。

14. 加快修订完善化工装置工程建设标准。要加大化工装置工程建设标准制定工作的力度,尽快改变我国现行化工装置工程建设标准总体落后的状况,规范和提高新建化工装置的安全生产条件。全面清理现行化工装置工程建设标准,制定修订工作计划,完善我国化工装置工程建设标准体系。

15. 各地要加快制定危险化学品企业安全生产标准化地方标准。各省级安全监管局要根据本地区危险化学品企业的行业特点和产业布局,制定安全生产标准化实施指南,尽快制定本地区危险化学品重点行业的安全生产标准化标准,积极推进本地区危险化学品企业安全生产标准化工作。

四、切实加强和改进对安全生产标准化工作的组织和领导

16. 充分认识进一步加强安全生产标准化工作的重要性。危险化学品领域是安全生产监督管理的重点领域,安全生产基础工作比较薄弱,较大以上事故时有发生,安全生产形势依然严峻。全面开展危险化学品企业安全生产标准化工作,是强化危险化学品安全生产基层基础工作、建立安全生产长效机制的重要措施,是加强危险化学品安全生产管理、预防事故的有效途径。各地区要统一思想,提高认识,因地制宜,积极引导危险化学品企业开展安全生产标准化工作,提高安全管理水平。

17. 积极推进危险化学品企业安全生产标准化工作。各地区、各单位要进一步加强组织领导,制定本地区、本单位开展安全生产标准化工作规划,及时协调解决工作中遇到的问题,制定和完善相关配套政策措施,积极推进,务求实效。各省级安全监管局要在 2009 年 9 月底前,制定本地区危险化学品安全生产标准化考评工作的程序和办法。

18. 加大危险化学品企业安全生产标准化宣传和培训工作的力度。各级安全监管部门要把危险化学品安全生产标准纳入本地区安全生产培训工作内容,使危险化学品安全监管人员、危险化学品企业负责人和安全管理人员及时了解安全标准变化和更新情况;采取多种形式,广泛宣传国家安全监管总局制定的危险化学品安全生产标准,搞好培训教育,帮助企业正确理解和把握相关标准的内涵和要求。在此基础上,指导危险化学品企业把适合本企业的危险化学品安全生产标准转化为安全管理制度或安全操作规程。

19. 要因地制宜,制定政策措施,激励危险化学品企业积极开展安全生产标准化工作。危险化学品企业在安全生产许可证有效期内,如果严格遵守了有关安全生产的法律法规,未发生死亡事故,并接受了当地安全监管部门监督检查,经安全生产标准化考评确认加强了日常安全生产管理,未降低安全生产条件的,安全生产许可证有效期满需要延期的可直接办理延期手续;企业风险抵押金缴纳可以按照当地规定的最低标准交纳。各地区可以把安全生产标准化考评结果作为危险化学品企业分级监管的重要依据,达到安全生产标准化二级以上可以作为危险化学品企业安全生产评优的重要条件之一,安全生产标准化等级可以作为缴纳安全生产责任险费率的重要参考依据。

20. 切实加强对安全生产标准化工作的督促检查力度。各级安全监管部门要制定本地区开展安全生产标准化的工作方案,将安全生产标准化纳入本地危险化学品安全监管工作计划。

国家安全生产监督管理总局

二〇〇九年六月二十四日

国家安全监管总局关于
进一步加强企业安全生产规范化建设
严格落实企业安全生产主体责任的指导意见

安监总办〔2010〕139 号

各省、自治区、直辖市及新疆生产建设兵团安全生产监督管理局,各省级煤矿安全监察机构,各中央企业:

近年来,随着企业安全生产保障能力不断增强,生产安全事故逐年减少,全国安全生产状况总体稳定、趋于好转。但是,一些企业安全生产主体责任不落实、管理机构不健全、管理制度不完善、基础工作不扎实、安全管理不到位等问题仍然比较突出,生产安全事故总量仍然很大,重特大事故多发频发,安全生产形势依然十分严峻。为认真贯彻落实《国务院关于进一步加强企业安全生产工作的通知》(国发〔2010〕23 号)精神,进一步加强企业安全生产规范化建设,严格落实企业安全生产主体责任,提高企业安全生产管理水平,实现全国安全生产状况持续稳定好转,提出以下指导意见:

一、总体要求

深入贯彻落实科学发展观,坚持安全发展理念,指导督促企业完善安全生产责任体系,建立健全安全生产管理制度,加大安全基础投入,加强教育培训,推进企业全员、全过程、全方位安全管理,全面实施安全生产标准化,夯实安全生产基层基础工作,提升安全生产管理工作的规范化、科学化水平,有效遏制重特大事故发生,为实现安全生产提供基础保障。

二、健全和完善责任体系

(一)落实企业法定代表人安全生产第一责任人的责任。法定代表人要依法确保安全投入、管理、装备、培训等措施落实到位,确保企业具备安全生产基本条件。

(二)明确企业各级管理人员的安全生产责任。企业分管安全生产的负责人协助主要负责人履行安全生产管理职责,其他负责人对各自分管业务范围内的安全生产负领导责任。企业安全生产管理机构及其人员对本单位安全生产实施综合管理;企业各级管理人员对分管业务范围的安全生产工作负责。

(三)健全企业安全生产责任体系。责任体系应涵盖本单位各部门、各层级和生产各环节,明确有关协作、合作单位责任,并签订安全责任书。要做好相关单位和各个环节安全管理责任的衔接,相互支持、互为保障,做到责任无盲区、管理无死角。

三、健全和完善管理体系

(一)加强企业安全生产工作的组织领导。企业及其下属单位应建立安全生产委员会或安全生产领导小组,负责组织、研究、部署本单位安全生产工作,专题研究重大安全生产事项,制订、实施加强和改进本单位安全生产工作的措施。

(二)依法设立安全管理机构并配齐专(兼)职安全生产管理人员。矿山、建筑施工单位和危险物品的生产、经营、储存单位及从业人员超过 300 人的企业,要设置安全生产管理专职机构或者配备专职安全生产管理人员。其他单位有条件的,应设置安全生产管理机构,或者配备专职或兼职的安全生产管理人员,或者委托注册安全工程师等具有相关专业技术资格的人员提供安全生产管理服务。

(三)提高企业安全生产标准化水平。企业要严格执行安全生产法律法规和行业规程标准,按照《企业安全生产标准化基本规范》(AQ/T 9006—2010)的要求,加大安全生产标准化建设投入,积极组织开展岗位达标、专业达标和企业达标的建设活动,并持续巩固达标成果,实现全面达标、本质达标和动态达标。

四、健全和完善基本制度

(一)安全生产例会制度。建立班组班前会、周安全生产活动日,车间周安全生产调度会,企业月安全生产办公会、季安全生产形势分析会、年度安全生产工作会等例会制度,定期研究、分析、布置安全生产工作。

(二)安全生产例检制度。建立班组班前、班中、班后安全生产检查(即"一班三检")、重点对象和重点部位安全生产检查(即"点检")、作业区域安全生产巡查(即"巡检"),车间周安全生产检查、月安全生产大检查,企业月安全生产检查、季安全生产大检查、复工复产前安全生产大检查等例检制度,对各类检查的频次、重点、内容提出要求。

(三)岗位安全生产责任制。以企业负责人为重点,逐级建立企业管理人员、职能部门、车间班组、各工种的岗位安全生产责任制,明确企业各层级、各岗位的安全生产职责,形成涵盖全员、全过程、全方位的责任体系。

(四)领导干部和管理人员现场带班制度。企业主要负责人、领导班子成员和生产经营管理人员要认真执行现场带班的规定,认真制订本企业领导成员带班制度,立足现场安全管理,加强对重点部位、关键环节的检查巡视,及时发现和解决问题,并据实做好交接。

(五)安全技术操作规程。分专业、分工艺制定安全技术操作规程,并当生产条件发生变化时及时重新组织审查或修订。对实施作业许可证管理的动火作业、受限空间作业、爆破作业、临时用电作业、高空作业等危险性作业,要制定专项安全技术措施,并严格审批监督。企业员工应当熟知并严格执行安全技术操作规程。

(六)作业场所职业安全卫生健康管理制度。积极开展职业健康安全管理体系认证。依照国家有关法律法规及规章标准,完善现场职业安全健康设施、设备和手段。为员工配备合格的职业安全卫生健康防护用品,督促员工正确佩戴和使用,并对接触有毒有害物质的作业人员进行定期的健康检查。

(七)隐患排查治理制度。建立安全生产隐患全员排查、登记报告、分级治理、动态分析、整改销号制度。对排查出的隐患实施登记管理,按照分类分级治理原则,逐一落实整改方案、责任人员、整改资金、整改期限和应急预案。建立隐患整改评价制度,定期分析、评估隐患治理情况,不断完善隐患治理工作机制。建立隐患举报奖励制度,鼓励员工发现和举报事故隐患。

(八)安全生产责任考核制度。完善企业绩效工资制度,加大安全生产挂钩比重。建立以岗位安全绩效考核为重点,以落实岗位安全责任为主线,以杜绝岗位安全责任事故为目标的全员安全生产责任考核办法,加大安全生产责任在员工绩效工资、晋级、评先评优等考核中的权重,重大责任事项实行"一票否决"。

(九)高危行业(领域)员工风险抵押金制度。根据各行业(领域)特点,推广企业内部全员安全风险抵押金制度,加大奖惩兑现力度,充分调动全员安全生产的积极性和主动性。

(十)民主管理监督制度。企业安全生产基本条件、安全生产目标、重大隐患治理、安全生产投入、安全生产形势等情况应以适当方式向员工公开,接受员工监督。充分发挥班组安全管理监督作用。保障工会依法组织员工参加本单位安全生产工作的民主管理和民主监督,维护员工安全生产的合法权益。

(十一)安全生产承诺制度。企业就遵守安全生产法律法规、执行安全生产规章制度、保证安全生产投入、持续具备安全生产条件等签订安全生产承诺书,向企业员工及社会作出公开承诺,自觉接受监督。同时,员工就履行岗位安全责任向企业作出承诺。

各类企业均要建立以上基本制度,同时要依照国家有关法律法规及规章标准规定,结合本单位实际,建立健全适合本单位特点的安全生产规章制度。

五、加大安全投入

(一)及时足额提取并切实管好用好安全费用。煤矿、非煤矿山、建筑施工、危险化学品、烟花爆竹、道路交通运输等高危行业(领域)企业必须落实提取安全费用税前列支政策。其他行业(领域)的企业要根据本地区有关政策规定提足用好安全费用。安全费用必须专项用于安全防护设备设施、应急救援器材装备、安全生产检查评价、事故隐患评估整改和监控、安全技能培训和应急演练等与安全生产直接相关的投入。

(二)确保安全设施投入。严格落实企业建设项目安全设施"三同时"制度,新建、改建、扩建工程项目的安全设施投资应纳入项目建设概算,安全设施与建设项目主体工程同时设计、同时施工、同时投入生产和使用。高危行业(领域)建设项目要依法进行安全评价。

(三)加大安全科技投入。坚持"科技兴安"战略。健全安全管理工作技术保障体系,强化企业技术管理机构的安全职能,按规定配备安全技术人员。切实落实企业负责人安全生产技术管理负责制,针对影响和制约本单位安全生产的技术问题开展科研攻关,鼓励员工进行技术革新,积极推广应用先进适用的新技术、新工艺、新装备和新材料,提高企业本质安全水平。

六、加强安全教育培训

(一)强化企业人员素质培训。落实校企合作办学、对口单招、订单式培养等政策,大力培养企业专业技术人才。有条件的高危行业企业可通过兴办职业学校培养技术人才。结合本企业安全生产特点,制订员工教育培训计划和实施方案,针对不同岗位人员落实培训时间、培训内容、培训机构、培训费用,提高员工安全生产素质。

(二)加强安全技能培训。企业安全生产管理人员必须按规定接受培训并取得相应资格证书。加强新进人员岗前培训工作,新员工上岗前、转岗员工换岗前要进行岗位操作技能培训,保证其具有本岗位安全操作、应急处置等知识和技能。特种作业人员必须取得特种作业操作资格证书方可上岗。

(三)强化风险防范教育。企业要推进安全生产法律法规的宣传贯彻,做到安全宣传教育日常化。要及时分析和掌握安全生产工作的规律和特点,定期开展安全生产技术方法、事故案例及安全警示教育,普及安全生产基本知识和风险防范知识,提高员工安全风险辨析与防范能力。

(四)深入开展安全文化建设。注重企业安全文化在安全生产工作中的作用,把先进的安全文化融入到企业管理思想、管理理念、管理模式和管理方法之中,努力建设安全诚信企业。

七、加强重大危险源和重大隐患的监控预警

(一)实行重大隐患挂牌督办。企业应当实行重大隐患挂牌督办制度,并及时将重大隐患现状、可能造成的危害、消除隐患的治理方案报告企业所在地相关政府有关部门。对政府有关部门

挂牌督办的重大隐患,企业应按要求报告治理进展、治理结果等情况,切实落实企业重大隐患整改责任。

(二)加强重大危险源监控。企业应建立重大危险源辨识登记、安全评估、报告备案、监控整改、应急救援等工作机制和管理办法。设立重大危险源警示标志,并将本单位重大危险源及有关管理措施、应急预案等信息报告有关部门,并向相关单位、人员和周边群众公告。

(三)利用科学的方法加强预警预报。企业应定期进行安全生产风险分析,积极利用先进的技术和方法建立安全生产监测监控系统,进行有效的实时动态预警。遇重大危险源失控或重大安全隐患出现事故苗头时,应当立即预警预报,组织撤离人员、停止运行、加强监控,防止事故发生和事故损失扩大。

八、加强应急管理,提高事故处置能力

(一)加强应急管理。要针对重大危险源和可能突发的生产安全事故,制定相应的应急组织、应急队伍、应急预案、应急资源、应急培训教育、应急演练、应急救援等方案和应急管理办法,并注重与社会应急组织体系相衔接。加强应急预案演练,及时分析查找应急预案及其执行中存在的问题并有针对性地予以修改完善,防止因撤离不及时或救援不适当造成事故扩大。

(二)提高应急救援保障能力。煤矿、非煤矿山和危险化学品企业,应当依法建立专职或兼职人员组成的应急救援队伍;不具备单独建立专业应急救援队伍的小型企业,除建立兼职应急救援队伍外,还应当与邻近建有专业救援队伍的企业或单位签订救援协议,或者联合建立专业应急救援队伍。根据应急救援需要储备一定数量的应急物资,为应急救援队伍配备必要的应急救援器材、设备和装备。

(三)做好事故报告和处置工作。事故发生后,要按照规定的报告时限、报告内容、报告方式、报告对象等要求,及时、完整、客观地报告事故,不得瞒报、漏报、谎报、迟报。发生事故的企业主要负责人必须坚守岗位,立即启动事故应急救援预案,采取措施组织抢救,防止事故扩大,减少人员伤亡和财产损失。

(四)严肃事故调查处理。企业要认真组织或配合事故调查,妥善处理事故善后工作。对于事故调查报告提出的防范措施和整改意见,要认真吸取教训,按要求及时整改,并把落实情况及时报告有关部门。

各地区要根据本指导意见,结合本地区的实际,制定具体实施办法,进一步强化对企业安全生产规范化建设的指导、督促和检查,严格落实企业安全生产主体责任,促进全国安全生产形势实现根本好转。

国家安全生产监督管理总局

二〇一〇年八月二十日

国家安全监管总局　工业和信息化部
关于危险化学品企业贯彻落实《国务院关于
进一步加强企业安全生产工作的通知》的实施意见

安监总管三〔2010〕186 号

各省、自治区、直辖市及新疆生产建设兵团安全生产监督管理局、工业和信息化部门，有关中央企业：

为认真贯彻落实《国务院关于进一步加强企业安全生产工作的通知》（国发〔2010〕23 号，以下简称国务院《通知》）精神，推动危险化学品企业（指生产、储存危险化学品的企业和使用危险化学品从事化工生产的企业）落实安全生产主体责任，全面加强和改进安全生产工作，建立和不断完善安全生产长效机制，切实提高安全生产水平，结合危险化学品企业（以下简称企业）安全生产特点，制定本实施意见。

一、强化安全生产体制、机制建设，建立健全企业全员安全生产责任体系

1. 建立和不断完善安全生产责任体系。坚持"谁主管、谁负责"的原则，明确企业主要负责人、分管负责人、各职能部门、各级管理人员、工程技术人员和岗位操作人员的安全生产职责，做到全员每个岗位都有明确的安全生产职责并与相应的职务、岗位匹配。

企业的主要负责人（包括企业法定代表人等其他主要负责人）是企业安全生产的第一责任人，对安全生产负总责。要认真贯彻落实党和国家安全生产的方针、政策，严格执行国家有关安全生产法律法规和标准，把安全生产纳入企业发展战略和长远规划，领导企业建立并不断完善安全生产的体制机制；建立健全安全生产责任制，建立和不断完善安全生产规章制度和操作规程；保证安全投入满足安全生产的需要；加强全体从业人员的安全教育和技能培训；督促检查安全生产工作，及时消除隐患；制定事故应急救援预案；及时、如实报告生产安全事故；履行安全监督与指导责任；定期听取安全生产工作汇报，研究新情况、解决新问题；大力推进安全管理信息化建设，积极采用先进适用技术。分管负责人要认真履行本岗位安全生产职责。

企业安全生产管理部门要加强对企业安全生产的综合管理，组织贯彻落实国家有关安全生产法律法规和标准；定期组织安全检查，及时排查和治理事故隐患；监督检查安全生产责任制和安全生产规章制度的落实。其他职能部门要按照本部门的职责，在各自的工作范围内，对安全生产负责。

各级管理人员要遵守安全生产规章制度和操作规程，不违章指挥，不违章作业，不强令从业人员冒险作业，对本岗位安全生产负责，发现直接危及人身安全的紧急情况时，要立即组织处理或者人员疏散。

岗位操作人员必须遵守安全生产规章制度、操作规程和劳动纪律，不违章作业、不违反劳动纪律；有权拒绝违章指挥，有权了解本岗位的职业危害；发现直接危及人身安全的紧急情况时，有权停止作业和撤离危险场所。

企业要不断完善安全生产责任制。要建立检查监督和考核奖惩机制，以确保安全生产责任制能够得到有效落实。

企业主要负责人要定期向安全监管部门和企业员工大会通报安全生产工作情况，主动接受

全体员工监督;要充分发挥工会、共青团等群众组织在安全生产中的作用,鼓励并奖励员工积极举报事故隐患和不安全行为,推动企业安全生产全员参与、全员管理。

2. 建立和不断完善安全生产规章制度。企业要主动识别和获取与本企业有关的安全生产法律法规、标准和规范性文件,结合本企业安全生产特点,将法律法规的有关规定和标准的有关要求转化为企业安全生产规章制度或安全操作规程的具体内容,规范全体员工的行为。应建立至少包含以下内容的安全生产规章制度:安全生产例会,工艺管理,开停车管理,设备管理,电气管理,公用工程管理,施工与检维修(特别是动火作业、进入受限空间作业、高处作业、起重作业、临时用电作业、破土作业等)安全规程,安全技术措施管理,变更管理,巡回检查,安全检查和隐患排查治理;干部值班,事故管理,厂区交通安全,防火防爆,防尘防毒,防泄漏,重大危险源,关键装置与重点部位管理;危险化学品安全管理,承包商管理,劳动防护用品管理;安全教育培训,安全生产奖惩等。

要依据国家有关标准和规范,针对工艺、技术、设备设施特点和原材料、辅助材料、产品的特性,根据风险评价结果,及时完善操作规程,规范从业人员的操作行为,防范生产安全事故的发生。

安全生产规章制度、安全操作规程至少每 3 年评审和修订一次,发生重大变更应及时修订。修订完善后,要及时组织相关管理人员、作业人员培训学习,确保有效贯彻执行。

3. 加强安全生产管理机构建设。企业要设置安全生产管理机构或配备专职安全生产管理人员。安全生产管理机构要具备相对独立职能。专职安全生产管理人员应不少于企业员工总数的 2%(不足 50 人的企业至少配备 1 人),要具备化工或安全管理相关专业中专以上学历,有从事化工生产相关工作 2 年以上经历,取得安全管理人员资格证书。

4. 建立和严格执行领导干部带班制度。企业要建立领导干部现场带班制度,带班领导负责指挥企业重大异常生产情况和突发事件的应急处置,抽查企业各项制度的执行情况,保障企业的连续安全生产。企业副总工程师以上领导干部要轮流带班。生产车间也要建立由管理人员参加的车间值班制度。要切实加强企业夜间和节假日值班工作,及时报告和处理异常情况和突发事件。

5. 及时排查治理事故隐患。企业要建立健全事故隐患排查治理和监控制度,逐级建立并落实从主要负责人到全体员工的隐患排查治理和监控机制。要将隐患排查治理纳入日常安全管理,形成全面覆盖、全员参与的隐患排查治理工作机制,使隐患排查治理工作制度化、常态化,做到隐患整改的措施、责任、资金、时限和预案"五到位"。建立事故隐患报告和举报奖励制度,动员、鼓励从业人员及时发现和消除事故隐患。对发现、消除和举报事故隐患的人员,应当给予奖励和表彰。

企业要建立生产工艺装置危险有害因素辨识和风险评估制度,定期开展全面的危险有害因素辨识,采用相应的安全评价方法进行风险评估,提出针对性的对策措施。企业要积极利用危险与可操作性分析(HAZOP)等先进科学的风险评估方法,全面排查本单位的事故隐患,提高安全生产水平。

6. 切实加强职业健康管理。企业要明确职业健康管理机构及其职责,完善职业健康管理制度,加强从业人员职业健康培训和健康监护、个体防护用品配备及使用管理,保障职业危害防治经费投入,完善职业危害防护设施,做好职业危害因素的检测、评价与治理,进行职业危害申报,按规定在可能发生急性职业损伤的场所设置报警、冲洗等设施,建立从业人员上岗前、岗中和离岗时的职业健康档案,切实保护劳动者的职业健康。

7. 建立健全安全生产投入保障机制。企业的安全投入要满足安全生产的需要。要严格执行安全生产费用提取使用管理制度,明确负责人,按时、足额提取和规范使用安全生产费用。安全生产费用的提取和使用要符合《高危行业企业安全生产费用财务管理暂行办法》(财企〔2006〕478号)要求。主要负责人要为安全生产正常运行提供人力、财力、物力、技术等资源保障。企业要积极推行安全生产责任险,实现安全生产保障渠道多样化。

二、强化工艺过程安全管理,提升本质化安全水平

8. 加强建设项目安全管理。企业新建、改建、扩建危险化学品建设项目要严格按照《危险化学品建设项目安全许可实施办法》(国家安全监管总局令第8号)的规定执行,严格执行建设项目安全设施"三同时"制度。新建企业必须在化工园区或集中区建设。

建设项目必须由具备相应资质的单位负责设计、施工、监理。大型和采用危险化工工艺的装置,原则上要由具有甲级资质的化工设计单位设计。设计单位要严格遵守设计规范和标准,将安全技术与安全设施纳入初步设计方案,生产装置设计的自控水平要满足工艺安全的要求;大型和采用危险化工工艺的装置在初步设计完成后要进行HAZOP分析。施工单位要严格按设计图纸施工,保证质量,不得撤减安全设施项目。企业要对施工质量进行全过程监督。

建设项目建成试生产前,建设单位要组织设计、施工、监理和建设单位的工程技术人员进行"三查四定"(三查:查设计漏项、查工程质量、查工程隐患;四定:定任务、定人员、定时间、定整改措施),聘请有经验的工程技术人员对项目试车和投料过程进行指导。试车和投料过程要严格按照设备管道试压、吹扫、气密、单机试车、仪表调校、联动试车、化工投料试生产的程序进行。试车引入化工物料(包括氮气、蒸汽等)后,建设单位要对试车过程的安全进行总协调和负总责。

9. 积极开展工艺过程风险分析。企业要按照《化工企业工艺安全管理实施导则》(AQ/T 3034—2010)要求,全面加强化工工艺安全管理。

企业应建立风险管理制度,积极组织开展危害辨识、风险分析工作。要从工艺、设备、仪表、控制、应急响应等方面开展系统的工艺过程风险分析,预防重特大事故的发生。

新开发的危险化学品生产工艺,必须在小试、中试、工业化试验的基础上逐步放大到工业化生产。国内首次采用的化工工艺,要通过省级有关部门组织专家组进行安全论证。

10. 确保设备设施完整性。企业要制定特种设备、安全设施、电气设备、仪表控制系统、安全联锁装置等日常维护保养管理制度,确保运行可靠;防雷防静电设施、安全阀、压力容器、仪器仪表等均应按照有关法规和标准进行定期检测检验。对风险较高的系统或装置,要加强在线检测或功能测试,保证设备、设施的完整性和生产装置的长周期安全稳定运行。

要加强公用工程系统管理,保证公用工程安全、稳定运行。供电、供热、供水、供气及污水处理等设施必须符合国家标准,要制定并落实公用工程系统维修计划,定期对公用工程设施进行维护、检查。使用外部公用工程的企业应与公用工程的供应单位建立规范的联系制度,明确检修维护、信息传递、应急处置等方面的程序和责任。

11. 大力提高工艺自动化控制与安全仪表水平。新建大型和危险程度高的化工装置,在设计阶段要进行仪表系统安全完整性等级评估,选用安全可靠的仪表、联锁控制系统,配备必要的有毒有害、可燃气体泄漏检测报警系统和火灾报警系统,提高装置安全可靠性。

重点危险化学品企业(剧毒化学品、易燃易爆化学品生产企业和涉及危险工艺的企业)要积极采用新技术,改造提升现有装置以满足安全生产的需要。工艺技术自动控制水平低的重点危险化学品企业要制定技术改造计划,尽快完成自动化控制技术改造,通过装备基本控制系统和安全仪表系统,提高生产装置本质安全化水平。

12. 加强变更管理。企业要制定并严格执行变更管理制度。对采用的新工艺、新设备、新材

料、新方法等,要严格履行申请、安全论证审批、实施、验收的变更程序,实施变更前应对变更过程产生的风险进行分析和控制。任何未履行变更程序的变更,不得实施。任何超出变更批准范围和时限的变更必须重新履行变更程序。

13. 加强重大危险源管理。企业要按有关标准辨识重大危险源,建立健全重大危险源安全管理制度,落实重大危险源管理责任,制定重大危险源安全管理与监控方案,建立重大危险源安全管理档案,按照有关规定做好重大危险源备案工作。

要保证重大危险源安全管理与监控所必需的资金投入,定期检查维护,对存在事故隐患和缺陷的,要立即整改;重大危险源涉及的压力、温度、液位、泄漏报警等重要参数的测量要有远传和连续记录,液化气体、剧毒液体等重点储罐要设置紧急切断装置。要按照有关规定配备足够的消防、气防设施和器材,建立稳定可靠的消防系统,设置必要的视频监控系统,但不能以视频监控代替压力、温度、液位、泄漏报警等自动监控措施。

在重大危险源现场明显处设置安全警示牌、危险物质安全告知牌,并将重大危险源可能发生事故的危害后果、应急措施等信息告知周边单位和有关人员。

14. 高度重视储运环节的安全管理。制订和不断完善危险化学品收、储、装、卸、运等环节安全管理制度,严格产品收储管理。根据危险化学品的特点,合理选用合适的液位测量仪表,实现储罐收料液位动态监控。建立储罐区高效的应急响应和快速灭火系统;加强危险化学品输送管道安全管理,对经过社会公共区域的危险化学品输送管道,要完善标志标识,明确管理责任,建立和落实定期巡线制度。要采取有效措施将危险化学品输送管道危险性告知沿途的所有单位和居民。严防占压危险化学品输送管道。道路运输危险化学品的专用车辆,要在 2011 年底前全部安装使用具有行驶记录功能的卫星定位装置。在危险化学品槽车充装环节,推广使用金属万向管道充装系统代替充装软管,禁止使用软管充装液氯、液氨、液化石油气、液化天然气等液化危险化学品。

15. 加快安全生产先进技术研发和应用。企业应积极开发具有安全生产保障能力的关键技术和装备。鼓励企业采用先进适用的工艺、技术和装备,淘汰落后的技术、工艺和装备。加快对化工园区整体安全、大型油库、事故状态下危害控制技术和危险化学品输送管道安全防护等技术研究。

三、加强作业过程管理,确保现场作业安全

16. 开展作业前风险分析。企业要根据生产操作、工程建设、检维修、维护保养等作业的特点,全面开展作业前风险分析。要根据风险分析的结果采取相应的预防和控制措施,消除或降低作业风险。

作业前风险分析的内容要涵盖作业过程的步骤、作业所使用的工具和设备、作业环境的特点以及作业人员的情况等。未实施作业前风险分析、预防控制措施不落实不得作业。

17. 严格作业许可管理。企业要建立作业许可制度,对动火作业、进入受限空间作业、破土作业、临时用电作业、高处作业、起重作业、抽堵盲板作业、设备检维修作业等危险性作业实施许可管理。

作业前要明确作业过程中所有相关人员的职责,明确安全作业规程或标准,确保作业过程涉及的人员都经过了适当的培训并具备相应资质,参与作业的所有人员都应掌握作业的范围、风险和相应的预防和控制措施。必要时,作业前要进行预案演练。无关人员禁止进入危险作业场所。

企业应加强对作业对象、作业环境和作业过程的安全监管和风险控制,制定相应的安全防范措施,按规定程序进行作业许可证的会签审批。进行作业前,对作业任务和安全措施要进一步确

认,施工过程中要及时纠正违章行为,发现异常现象时要立即停止作业,消除隐患后方可继续作业,认真组织施工收尾前的安全检查确认。

18. 加强作业过程监督。企业要加强对作业过程的监督,对所有作业,特别是需要办理作业许可证的作业,都要明确专人进行监督和管理,以便于识别现场条件有无变化、初始办理的作业许可能否覆盖现有作业任务。进行监督和管理的人员应是作业许可审批人或其授权人员,须具备基本救护技能和作业现场的应急处理能力。

(1)加强动火作业的安全管理。凡在安全动火管理范围内进行动火作业,必须对作业对象和环境进行危害分析和可燃气体检测分析,必须按程序办理和签发动火作业许可证,必须现场检查和确认安全措施的落实情况,必须安排熟悉作业部位及周边安全状况、且具备基本救护技能和作业现场应急处理能力的企业人员进行全过程监护。

(2)加强进入受限空间作业的安全管理。进入受限空间作业前,必须按规定进行安全处理和可燃、有毒有害气体和氧含量检测分析,必须办理进入受限空间作业许可证,必须检查隔离措施、通风排毒、呼吸防护及逃生救护措施的可靠性,防止出现有毒有害气体串入、呼吸防护器材失效、风源污染等危险因素,必须安排具备基本救护技能和作业现场应急处理能力的企业人员进行全过程监护。

(3)加强高处作业、临时用电、破土作业、起重作业、抽堵盲板作业的安全管理。作业人员在2米以上的高处作业时,必须系好安全带,在15米以上的高处作业时,必须办理高处作业许可证,系好安全带,禁止从高处抛扔工具、物体和杂物等。临时用电作业必须办理临时用电作业许可证,在易燃易爆区必须同时办理动火作业许可证,进入受限空间作业必须使用安全电压和防爆灯具。移动式电器具要装有漏电保护装置,做到“一机一闸一保护”。破土作业必须办理破土作业许可证,情况复杂区域尽量避免采用机械破土作业,防止损坏地下电缆、管道,严禁在施工现场堆积泥土覆盖设备仪表和堵塞消防通道,未及时完成施工的地沟、井、槽应悬挂醒目的警示标志。起重作业必须办理起重作业许可证,起重机械必须按规定进行检验,大中型设备、构件或小型设备在特殊条件下起重应编制起重方案及安全措施,吊件吊装必须设置溜绳,防止碰坏周围设施。大件运输时必须对其所经路线的框架、管线、桥涵及其他构筑物的宽度、高度及承重能力进行测量核算,编制运输方案。盲板抽堵作业必须办理盲板抽堵作业许可证,盲板材质、尺寸必须符合设备安全要求,必须安排专人负责执行、确认和标识管理,高处、有毒及有其他危险的盲板抽堵作业,必须根据危害分析的结果,采取防毒、防坠落、防烫伤、防酸碱的综合防护措施。

19. 加强对承包商的管理。企业要加强对承担工程建设、检维修、维护保养的承包商的管理。要对承包商进行资质审查,选择具备相应资质、安全业绩好的企业作为承包商,要对进入企业的承包商人员进行全员安全教育,向承包商进行作业现场安全交底,对承包商的安全作业规程、施工方案和应急预案进行审查,对承包商的作业过程进行全过程监督。

承包商作业时要执行与企业完全一致的安全作业标准。严格控制工程分包,严禁层层转包。

四、实施规范化安全培训管理,提高全员安全意识和操作技能

20. 进一步规范和强化企业安全培训教育管理。企业要制定安全培训教育管理制度,编制年度安全培训教育计划,制定安全培训教育方案,建立培训档案,实施持续不断的安全培训教育,使从业人员满足本岗位对安全生产知识和操作技能的要求。

强化从业人员安全培训教育。企业必须对新录用的员工(包括临时工、合同工、劳务工、轮换工、协议工等)进行强制性安全培训教育,经过厂、车间、班组三级安全培训教育,保证其了解危险化学品安全生产相关的法律法规,熟悉从业人员安全生产的权利和义务;掌握安全生产基本常识

及操作规程;具备对工作环境的危险因素进行分析的能力;掌握应急处置、个人防险、避灾、自救方法;熟悉劳动防护用品的使用和维护,经考核合格后方可上岗作业。对转岗、脱离岗位1年(含)以上的从业人员,要进行车间级和班组级安全培训教育,经考核合格后,方可上岗作业。

新建企业要在装置建成试车前6个月(至少)完成全部管理人员和操作人员的聘用、招工工作,进行安全培训,经考核合格后,方可上岗作业;新工艺、新设备、新材料、新方法投用前,要按新的操作规程,对岗位操作人员和相关人员进行专门教育培训,经考核合格后,方可上岗作业。

21. 企业主要负责人和安全生产管理人员要主动接受安全管理资格培训考核。企业的主要负责人和安全生产管理人员必须接受具有相应资质培训机构组织的培训,参加相关部门组织的考试(考核),取得安全管理资格证书。企业主要负责人应了解国家新发布的法律、法规;掌握安全管理知识和技能;具有一定的企业安全管理经验。安全生产管理人员应掌握国家有关法律法规;掌握风险管理、隐患排查、应急管理和事故调查等专项技能、方法和手段。

22. 加强特种作业人员资格培训。特种作业人员须参加由具有特种作业人员培训资质的机构举办的培训,掌握与其所从事的特种作业相应的安全技术理论知识和实际操作技能,经相关部门考核合格,取得特种作业操作证后,持证上岗。

五、加强应急管理,提高应急响应水平

23. 建立健全企业应急体系。企业要依据国家相关法律法规及标准要求,建立、健全应急组织和专(兼)职应急队伍,明确职责。鼓励企业与周边其他企业签订应急救援和应急协议,提高应对突发事件的能力。

企业应依据对安全生产风险的评估结果和国家有关规定,配置与抵御企业风险要求相适应的应急装备、物资,做好应急装备、物资的日常管理维护,满足应急的需要。

大中型和有条件的企业应建设具有日常应急管理、风险分析、监测监控、预测预警、动态决策、应急联动等功能的应急指挥平台。

24. 完善应急预案管理。企业应依据国家相关法规及标准要求,规范应急预案的编制、评审、发布、备案、培训、演练和修订等环节的管理。企业的应急预案要与周边相关企业(单位)和当地政府应急预案相互衔接,形成应急联动机制。

要在做好风险分析和应急能力评估的基础上分级制定应急预案。要针对重大危险源和危险目标,做好基层作业场所的现场处置方案。现场处置方案的编制要简明、可操作,应针对岗位生产、设备及其次生灾害事故的特点,制定具体的报警报告、生产处理、灾害扑救程序,做到一事一案或一岗一案。在预案编制过程中要始终把从业人员及周边居民的人身安全和环境保护作为事故应急响应的首要任务,赋予企业生产现场的带班人员、班组长、生产调度人员在遇到险情时第一时间下达停产撤人的直接决策权和指挥权,提高突发事件初期处置能力,最大限度地减少或避免事故造成的人员伤亡。

企业要积极进行危险化学品登记工作,落实危害信息告知制度,定期组织开展各层次的应急预案演练、培训和危害告知,及时补充和完善应急预案,不断提高应急预案的针对性和可操作性,增强企业应急响应能力。

25. 建立完善企业安全生产预警机制。企业要建立完善安全生产动态监控及预警预报体系,每月进行一次安全生产风险分析。发现事故征兆要立即发布预警信息,落实防范和应急处置措施。对重大危险源和重大隐患要报当地安全生产监管部门和行业管理部门备案。

六、加强事故事件管理，进一步提升事故防范能力

26. 加强安全事件管理。企业应对涉险事故、未遂事故等安全事件（如生产事故征兆、非计划停工、异常工况、泄漏等），按照重大、较大、一般等级别，进行分级管理，制定整改措施，防患于未然；建立安全事故事件报告激励机制，鼓励员工和基层单位报告安全事件，使企业安全生产管理由单一事后处罚，转向事前奖励与事后处罚相结合；强化事故事前控制，关口前移，积极消除不安全行为和不安全状态，把事故消灭在萌芽状态。

27. 加强事故管理。企业要根据国家相关法律、法规和标准的要求，制定本企业的事故管理制度，规范事故调查工作，保证调查结论的客观完整性；事故发生后，要按照事故等级、分类时限，上报政府有关部门，并按照相关规定，积极配合政府有关部门开展事故调查工作。事故调查处理应坚持"四不放过"和"依法依规、实事求是、注重实效"的原则。

28. 深入分析事故事件原因。企业要根据国家相关法律、法规和标准的规定，运用科学的事故分析手段，深入剖析事故事件的原因，找出安全管理体系的漏洞，从整体上提出整改措施，改善安全管理体系。

29. 切实吸取事故教训。建立事故通报制度，及时通报本企业发生的事故，组织员工学习事故经验教训，完善相应的操作规程和管理制度，共同探讨事故防范措施，防范类似事故的再次发生；对国内外同行业发生的重大事故，要主动收集事故信息，加强学习和研究，对照本企业的生产现状，借鉴同行业事故暴露出的问题，查找事故隐患和类似的风险，警示本企业员工，落实防范措施；充分利用现代网络信息平台，建立事故事件快报制度和案例信息库，实现基层单位、基层员工及时上报、及时查寻、及时共享事故事件资源，促进全员安全意识的提高；充分利用事故案例资源，提高安全教育培训的针对性和有效性；对本单位、相关单位在一段时间内发生的所有事故事件进行统计分析，研究事故事件发生的特点、趋势，制定防范事故的总体策略。

七、严格检查和考核，促进管理制度的有效执行

30. 加强安全生产监督检查。企业要完善安全生产监督检查制度，采取定期和不定期的形式对各项管理制度以及安全管理要求落实情况进行监督检查。

企业安全检查分日常检查、专业性检查、季节性检查、节假日检查和综合性检查。日常检查应根据管理层次、不同岗位与职责定期进行，班组和岗位员工应进行交接班检查和班中不间断地巡回检查，基层单位（车间）和企业应根据实际情况进行周检、月检和季检。专业检查分别由各专业部门负责定期进行。季节性检查和节假日检查由企业根据季节和节假日特点组织进行。综合性检查由厂和车间分别负责定期进行。

中小企业可聘请外部专家对企业进行安全检查，鼓励企业聘请外部机构对企业进行安全管理评估或安全审核。

企业应对检查发现的问题或外部评估的问题及时进行整改，并对整改情况进行验证。企业应分析形成问题的原因，以便采取措施，避免同类或类似问题再次发生。

31. 严格绩效考核。企业应对安全生产情况进行绩效考核。要设置绩效考核指标，绩效考核指标要包含人身伤害、泄漏、着火和爆炸事故等情况，以及内部检查的结果、外部检查的结果和安全生产基础工作情况、安全生产各项制度的执行情况等。要建立员工安全生产行为准则，对员工的安全生产表现进行考核。

八、全面开展安全生产标准化建设,持续提升企业安全管理水平

32. 全面开展安全达标。企业要全面贯彻落实《企业安全生产标准化基本规范》(AQ/T 9006—2010)、《危险化学品从业单位安全标准化通用规范》(AQ 3013—2008),积极开展安全生产标准化工作。要通过开展岗位达标、专业达标,推进企业的安全生产标准化工作,不断提高企业安全管理水平。

要确定"岗位达标"标准,包括建立健全岗位安全生产职责和操作规程,明确从业人员作业时的具体做法和注意事项。从业人员要学习、掌握、落实标准,形成良好的作业习惯和规范的作业行为。企业要依据"岗位达标"标准中的各项要求进行考核,通过理论考试、实际操作考核、评议等方法,全面客观地反映每位从业人员的岗位技能情况,实现岗位达标,从而确保减少人为事故。

要确定"专业达标"标准,明确所涉及的专业定位,进行科学、精细的分类管理。按月评、季评、抽查和年综合考评相结合的方式对专业业绩进行评估,对不具备专业能力的实行资格淘汰,建立优胜劣汰的良性循环机制,使企业专业化管理水平不断提高,提高生产力效率及风险控制水平。

企业在开展安全生产标准化时,要借助有经验的专业人员查找企业安全生产存在的问题,从安全管理制度、安全生产条件、制度执行和人员素质等方面逐项改进,建立完善的安全生产标准化体系,实现企业安全生产标准化达标。通过开展安全生产标准化达标工作,进一步强化落实安全生产"双基"(基层、基础)工作,不断提高企业的安全管理水平和安全生产保障能力。

33. 深入开展安全文化建设。企业要按照《企业安全文化建设导则》(AQ/T 9004—2008)要求,充分考虑企业自身安全生产的特点和内、外部的文化特征,积极开展和加强安全文化建设,提高从业人员的安全意识和遵章守纪的自觉性,逐渐消除"三违"现象。主要负责人是企业安全文化的倡导者和企业安全文化建设的直接责任者。

企业安全文化建设,可以通过建立健全安全生产责任制,系统的风险辨识、评价、控制等措施促进管理层安全意识与管理素质的提高,避免违章指挥,提高管理水平。通过各种安全教育和安全活动,强化作业人员安全意识、规范操作行为,杜绝违章作业、违反劳动纪律的现象和行为,提高安全技能。企业要结合全面开展安全生产标准化工作,大力推进企业安全文化建设,使企业安全生产水平持续提高,从根本上建立安全生产的长效机制。

九、切实加强危险化学品安全生产的监督和指导管理

34. 进一步加大安全监管力度。地方各级政府有关部门要从加强安全生产和保障社会公共安全的角度审视加强危险化学品安全生产工作的重要性,强化对危险化学品安全生产工作的组织领导。安全监管部门、负有危险化学品安全生产监管职责的有关部门和工业管理部门要按职责分工,创新监管思路,监督指导企业建立和不断完善安全生产长效机制。要以监督指导企业主要负责人切实落实安全生产职责、建立和不断完善并严格履行全员安全生产责任制、建立和不断完善并严格执行各项安全生产规章制度、建立安全生产投入保障机制、强化隐患排查治理、加强安全教育与培训、加强重大危险源监控和应急工作、加强承包商管理为重点,推动企业切实履行安全生产主体责任。

35. 制定落实化工行业安全发展规划,严格危险化学品安全生产准入。各地区、各有关部门要把危险化学品安全生产作为重要内容纳入本地区、本部门安全生产总体规划布局,推动各地做好化工行业安全发展规划,规划化工园区(化工集中区),确定危险化学品储存专门区域,新建化工项目必须进入化工园区(化工集中区)。各地区要大力支持有效消除重大安全隐患的技术改造

和搬迁项目,推动现有风险大的化工企业搬迁进入化工园区(化工集中区),防范企业危险化学品事故影响社会公共安全。

严格危险化学品安全生产许可制度。严把危险化学品安全生产许可证申请、延期和变更审查关,逐步提高安全准入条件,持续提高安全准入门槛。要紧紧抓住当前转变经济发展方式和调整产业结构的有利时机,对不符合有关安全标准、安全保障能力差、职业危害严重、危及安全生产等落后的化工技术、工艺和装备要列入产业结构调整指导目录,明令禁止使用,予以强制淘汰。加强危险化学品经营许可的管理,对于带有储存的经营许可申请要严格把关。严格执行《危险化学品建设项目安全许可实施办法》,对新建、改建、扩建危险化学品生产、储存装置和设施项目,进行建设项目设立安全审查、安全设施设计的审查、试生产方案备案和竣工验收。加强对化工建设项目设计单位的安全管理,提高化工建设项目安全设计水平和新建化工装置本质安全度。

36. 加强对化工园区、大型石油储罐区和危险化学品输送管道的安全监管。科学规划化工园区,从严控制化工园区的数量。化工园区要做整体风险评估,化工园区内企业整体布局要统一科学规划。化工园区要有专门的安全监管机构,要有统一的一体化应急系统,提高化工园区管理水平。

要加强大型石油储罐区的安全监管。大型石油储罐区选址要科学合理,储罐区的罐容总量和储罐区的总体布局要满足安全生产的需要,涉及多家企业(单位)大型石油储罐区要建立统一的安全生产管理和应急保障系统。

切实加强危险化学品输送管道的安全监管。各地区要明确辖区内危险化学品输送管道安全监管工作的牵头部门,对辖区内危险化学品输送管道开展全面排查,摸清有关情况。特别是要摸清辖区内穿越公共区域以及公共区域内地下危险化学品输送管道的情况,并建立长期档案。针对地下危险化学品输送管道普遍存在的违章建筑占压和安全距离不够的问题,切实采取有效措施加强监管,要组织开展集中整治,彻底消除隐患。要督促有关企业进一步落实安全生产责任,完善危险化学品管道标志和警示标识,健全有关资料档案;落实管理责任,对危险化学品输送管道定期进行检测,加强日常巡线,发现隐患及时处置。确保危险化学品输送管道及其附属设施的安全运行。

37. 加强城市危险化学品安全监管。各地区要严格执行城市发展规划,严格限制在城市人口密集区周边建立涉及危险化学品的企业(单位)。要督促指导城区内危险化学品重大危险源企业(单位),认真落实危险化学品重大危险源安全管理责任,采用先进的仪表自动监控系统强化监控措施,确保重大危险源安全。要加强对城市危险化学品重大危险源的安全监管,明确责任,加大监督检查的频次和力度。要进一步发挥危险化学品安全生产部门联席会议制度的作用,制定政策措施,积极推动城区内危险化学品企业搬迁工作。

38. 严格执行危险化学品重大隐患政府挂牌督办制度,严肃查处危险化学品生产安全事故。各地要按国务院《通知》的有关要求,对危险化学品重大隐患治理实行下达整改指令和逐级挂牌督办、公告制度。对存在重大隐患限期不能整改的企业,要依法责令停产整改。要按照"四不放过"和"依法依规、实事求是、注重实效"的原则,严肃查处危险化学品生产安全事故。要在认真分析事故技术原因的同时,彻底查清事故的管理原因,不断完善安全生产规章制度和法规标准。要监督企业制定有针对性防范措施并限期落实。对发生的危险化学品事故除依法追究有关责任人的责任外,发生较大以上死亡事故的企业依法要停产整顿;情节严重的要依法暂扣安全生产许可证;情节特别严重的要依法吊销安全生产许可证。对发生重大事故或一年内发生两次以上较大事故的企业,一年内禁止新建和扩建危险化学品建设项目。

企业要认真学习、深刻领会国务院《通知》精神,依据本实施意见并结合企业安全生产实际,制定具体的落实本实施意见的工作方案,并积极采取措施确保工作方案得到有效实施,建立安全生产长效机制,持续改进安全绩效,切实落实企业安全生产主体责任,全面提高安全生产水平。

各地工业和信息化主管部门要切实落实安全生产指导管理职责。制定落实危险化学品布局规划,按照产业集聚和节约用地原则,统筹区域环境容量、安全容量,充分考虑区域产业链的合理性,有序规划化工园区(化工集中区),推动现有风险大的化工企业搬迁进入园区,规范区域产业转移政策,加大安全保障能力低的项目和企业淘汰力度;提高行业准入条件,加快产业重组与淘汰落后,优化产业结构和布局,将安全风险大的落后能力列入淘汰落后产能目录;加大安全生产技术改造的支持力度,优先安排有效消除重大安全隐患的技术改造、搬迁和信息化建设项目。

各级安全监管部门和工业主管部门要根据国务院《通知》和本实施意见,结合当地实际,加强对企业落实国务院《通知》和本实施意见工作的监督和指导,推动企业切实贯彻落实好国务院《通知》和本实施意见的有关要求,努力尽快实现本地区危险化学品安全生产形势根本好转。

国家安全生产监督管理总局

工业和信息化部

二〇一〇年十一月三日

国家安全监管总局关于印发安全评价和
安全生产检测检验机构从业行为规范的通知

安监总规划〔2010〕95号

各省、自治区、直辖市及新疆生产建设兵团安全生产监督管理局，各省级煤矿安全监察机构：

为规范安全评价和安全生产检测检验机构从业行为，提高安全评价和检测检验工作质量，进一步发挥安全评价和检测检验在事故预防中的技术支撑作用，依据有关规定，国家安全监管总局制定了《安全评价和安全生产检测检验机构从业行为规范》（以下简称《行为规范》），现印发给你们，请遵照执行。

各省级安全生产监督管理部门、煤矿安全监察机构要加强对安全评价和检测检验机构的日常监督与管理，对于违反《行为规范》的安全评价和检测检验机构，要按照国家有关规定，严格进行处罚。

国家安全生产监督管理总局
二〇一〇年六月十一日

安全评价和安全生产检测检验机构从业行为规范

一、为规范安全评价和安全生产检测检验机构（以下简称检测检验机构）从业行为，提高安全评价和检测检验工作质量，进一步发挥安全评价和检测检验在事故预防中的技术支撑作用，依据有关法律法规和国家安全监管总局有关规定，制定本规范。

二、本规范适用于国家安全监管总局和省级安全生产监督管理局、煤矿安全监察机构批准的安全评价和检测检验机构从业行为的监督与管理。

三、安全评价和检测检验机构应当依照法律、法规、规章、国家标准或行业标准的规定，遵循客观公正、诚实守信、公平竞争的原则，依法独立开展安全评价和检测检验活动。

四、安全评价和检测检验机构及其从业人员应当遵守执业准则，恪守职业道德，客观、如实地反映所评价和检测检验的安全事项，并对作出的安全评价结论和检测检验结果承担法律责任。

五、安全评价和检测检验机构开展业务活动时，应当遵守下列行为规范要求：

（一）依法与委托方签订技术服务合同，明确评价和检测检验对象、范围，以及双方权利、义务和责任。安全评价和检测检验机构与被评价、检测检验对象存在利害关系的，应当回避；

（二）坚持依法经营，遵守市场竞争规则，不采取欺诈、恶性竞争等不正当手段获取利益；

（三）不得以安全生产监督管理部门、煤矿安全监察机构及其工作人员的名义或以欺骗手段到生产经营单位招揽业务；

（四）做到廉洁自律，坚决杜绝商业贿赂和其他形式的经济犯罪行为，牢固树立社会主义荣辱观，维护社会主义市场经济秩序；

（五）强化从业人员业务培训，不断提高整体素质和业务水平，积极采用科学先进、合理的评价和检测检验方法,坚持技术创新,不断提高装备水平,保证安全评价和检测检验结果的科学性、先进性和准确性,不剽窃、不抄袭他人成果;

(六)技术服务收费符合法律、法规和有关财政收费的规定。法律、法规和有关财政收费没有规定的,按照行业自律标准或指导性收费标准收费;没有行业自律和指导性收费标准的,双方通过合同协商确定;

(七)坚持质量第一,加强内部管理,严格执行安全评价、检测检验质量过程控制制度,精心开展安全评价和检测检验,严格校审,保证安全评价和检测检验报告准确无误;

(八)安全评价和检测检验质量过程控制记录、被评价和检测检验对象现场勘查记录、影像资料及相关证明材料,应及时归档,妥善保管;

(九)认真接受安全生产监督管理部门、煤矿安全监察机构依法监督检查,自觉接受全社会的监督;

(十)落实安全评价和检测检验机构责任,积极服务于基层安全生产工作,帮助企业开展隐患排查和治理,消除事故隐患,为推动企业安全生产标准化和规范化建设积极献计献策。

六、安全评价和检测检验机构及其从业人员在从事安全评价、检测检验活动中,不得有下列行为:

(一)泄露被评价、检测检验对象的技术秘密和商业秘密;

(二)伪造、转让、租借资质、资格证书或冒用签名从事安全评价和检测检验活动;

(三)超出资质证书确认的业务范围从事安全评价、检测检验活动;

(四)出具虚假或者严重失实的安全评价和检测检验报告;

(五)转包安全评价和检测检验项目;

(六)擅自更改、简化安全评价和检测检验程序及内容;

(七)同时在两家以上安全评价或检测检验机构从业;

(八)故意贬低、诋毁其他安全评价和检测检验机构;

(九)应到而不到现场开展安全评价和检测检验活动;

(十)属于被取缔的各种乱收费的行为。

七、对违反上述规范的行为,有关法律法规和国家安全监管总局有关规章有规定的,按其规定处罚;没有明确规定进行处罚的,作为资质考核重大不符合项记录在案,限期整改。

国家安全监管总局关于进一步加强
危险化学品企业安全生产标准化工作的通知

安监总管三〔2011〕24 号

各省、自治区、直辖市及新疆生产建设兵团安全生产监督管理局,有关中央企业:

为深入贯彻落实《国务院关于进一步加强企业安全生产工作的通知》(国发〔2010〕23 号)精神,进一步加强危险化学品企业(以下简称危化品企业)安全生产标准化工作,现就有关要求通知如下:

一、深入开展宣传和培训工作

1. 各地区、各单位要有计划、分层次有序开展安全生产标准化宣传活动。大力宣传开展安全生产标准化活动的重要意义、先进典型、好经验和好做法,以典型企业和成功案例推动安全生产标准化工作;使危化品企业从业人员、各级安全监管人员准确把握危化品企业安全生产标准化工作的主要内容、具体措施和工作要求,形成安全监管部门积极推动、危化品企业主动参与的工作氛围。

2. 各地区、各单位要组织专业人员讲解《企业安全生产标准化基本规范》(AQ/T 9006－2010,以下简称《基本规范》)和《危险化学品从业单位安全标准化通用规范》(AQ 3013—2008,以下简称《通用规范》)两个安全生产标准,重点讲解两个规范的要素内涵及其在企业内部的实现方式和途径。开展培训工作,使危化品企业法定代表人等负责人、管理人员和从业人员正确理解开展安全生产标准化工作的重要意义、程序、方法和要求,提高开展安全生产标准化工作的主动性;使危化品企业安全生产标准化评审人员、咨询服务人员准确理解有关标准规范的内容,正确把握开展标准化的程序,熟练掌握开展评审和提供咨询的方法,提高评审工作质量和咨询服务水平;使基层安全监管人员准确掌握危化品企业安全生产标准化各项要素要求、评审标准和评审方法,提高指导和监督危化品企业开展安全生产标准化工作的水平。

二、全面开展危化品企业安全生产标准化工作

3. 现有危化品企业都要开展安全生产标准化工作。危化品企业开展安全生产标准化工作持续运行一年以上,方可申请安全生产标准化三级达标评审;安全生产标准化二级、三级危化品企业应当持续运行两年以上,并对照相关通用评审标准不断完善提高后,方可分别申请一级、二级达标评审。安全生产条件好、安全管理水平高、工艺技术先进的危化品企业,经所在地省级安全监管部门同意,可直接申请二级达标评审。危化品企业取得安全生产标准化等级证书后,发生死亡责任事故或重大爆炸泄漏事故的,取消该企业的达标等级。

4. 新建危化品企业要按照《基本规范》、《通用规范》的要求开展安全生产标准化工作,建立并运行科学、规范的安全管理工作体制机制。新设立的危化品生产企业自试生产备案之日起,要在一年内至少达到安全生产标准化三级标准。

5. 提出危化品安全生产许可证或危化品经营许可证延期或换证申请的危化品企业,应达到安全生产标准化三级标准以上水平。对达到并保持安全生产标准化二级标准以上的危化品企业,可以优先依法办理危化品安全生产许可证或危化品经营许可证延期或换证手续。

6. 危化品企业开展安全生产标准化工作要把全面提升安全生产水平作为主要目标,切实改变一些企业"重达标形式,轻提升过程"的现象;要按照国家安全监管总局、工业和信息化部《关于危险化学品企业贯彻落实〈国务院关于进一步加强企业安全生产工作的通知〉的实施意见》(安监总管三〔2010〕186 号)的要求,结合开展岗位达标、专业达标,在开展安全生产标准化过程中,注重安全生产规章制度的完善和落实,注重安全生产条件的不断改善,注重从业人员强化安全意识和遵章守纪意识、提高操作技能,注重培育企业安全文化,注重建立安全生产长效机制。通过开展安全生产标准化工作,使危化品企业防范生产安全事故的能力明显提高。

三、严格达标评审标准,规范达标评审和咨询服务工作

7. 国家安全监管总局分别制定危化品企业安全生产标准化一级、二级、三级评审通用标准。三级评审通用标准是将危化品生产企业、经营企业安全许可条件,对照《基本规范》和《通用规范》的要求,逐要素细化为达标条件,作为危化品企业安全生产标准化评审标准。一级、二级评审通用标准是在下一级评审通用标准的基础上,按照逐级提高危化品生产企业、经营企业安全生产条件的要求制定。各省级安全监管部门可根据本地区实际情况,结合本地区危化品企业的行业特点,制定安全生产标准化实施指南,对本地区危化品企业较为集中的特色行业的安全生产条件尤其是安全设施设备、工艺条件等硬件方面提出明确要求,使评审通用标准得以进一步细化和充实。

8. 本通知印发前已经通过安全生产标准化达标考评并取得相应等级证书的危化品企业,要按照评审通用标准持续改进提高安全生产标准化水平,待原有等级证书有效期满时,再重新提出达标评审申请,原则上本通知印发前已取得安全生产标准化达标证书的危化品企业应首先申请三级标准化企业达标评审,已取得一级或二级安全生产标准化达标等级证书的危化品企业可直接申请二级标准化企业达标评审。

9. 国家安全监管总局将依托熟悉危化品安全管理、技术能力强、人员素质高的技术支撑单位对危化品企业开展安全生产标准化工作提供咨询服务,并对各地危化品企业安全生产标准化评审单位和咨询单位进行相关标准宣贯、评审人员培训、信息化管理、专家库建立等工作提供技术支持和指导。各地区也应依托事业单位、科研院所、行业协会、安全评价机构等技术支撑单位建立危化品企业安全生产标准化评审单位、咨询单位。

10. 各级安全监管部门要加强监督和指导危化品企业安全生产标准化评审、咨询单位工作,督促评审、咨询单位建立并执行评审和咨询质量管理机制。评审单位、咨询单位要每半年向服务企业所在地的省级安全监管部门报告本单位开展危化品企业安全生产标准化评审、咨询服务的情况,及时向接受评审或咨询服务的企业所在地的市、县级安全监管部门报告企业存在的重大安全隐患。

四、高度重视、积极推进,提高危险化学品安全监管执法水平

11. 高度重视、积极推进。开展安全生产标准化是危化品企业遵守有关安全生产法律法规规定的有效措施,是持续改进安全生产条件、实现本质安全、建立安全生产长效机制的重要途径;是安全监管部门指导帮助危化品企业规范安全生产管理、提高安全管理水平和改善安全生产条件的有效手段。各级安全监管部门、危化品企业要充分认识安全生产标准化的重要意义,高度重视安全生产标准化对加强危化品安全生产基础工作的重要作用,积极推进,务求实效。

12. 各级安全监管部门要制定本地区开展危化品企业安全生产标准化的工作方案,将安全生产标准化达标工作纳入本地危险化学品安全监管工作计划,确保 2012 年底前所有危化品企业

达到三级以上安全标准化水平。在开展安全生产标准化工作中,各级安全监管部门要指导监督危化品企业把着力点放在运用安全生产标准化规范企业安全管理和提高安全管理能力上,注重实际效果,严防走过场、走形式。要把未开展安全生产标准化或未达到安全生产标准化三级标准的危化品企业作为安全监管重点,加大执法检查频次,督促企业提高安全管理水平。

13. 危化品安全监管人员要掌握并运用好安全生产标准化评审通用标准,提高执法检查水平。安全生产标准化既是企业安全管理的工具,也是安全监管部门开展危化品安全监管执法检查的有效手段。各级安全监管部门特别是市、县级安全监管部门的安全监管人员要熟练掌握危化品安全生产标准化标准和评审通用标准,用标准化标准检查和指导企业安全管理,规范执法行为,统一检查标准,提高执法水平。

国家安全生产监督管理总局

二〇一一年二月十四日

国家安全监管总局关于公布
首批重点监管的危险化学品名录的通知

安监总管三〔2011〕95 号

各省、自治区、直辖市及新疆生产建设兵团安全生产监督管理局,有关中央企业:

为深入贯彻落实《国务院关于进一步加强企业安全生产工作的通知》(国发〔2010〕23 号)和《国务院安委会办公室关于进一步加强危险化学品安全生产工作的指导意见》(安委办〔2008〕26 号)精神,进一步突出重点、强化监管,指导安全监管部门和危险化学品单位切实加强危险化学品安全管理工作,在综合考虑 2002 年以来国内发生的化学品事故情况、国内化学品生产情况、国内外重点监管化学品品种、化学品固有危险特性和近四十年来国内外重特大化学品事故等因素的基础上,国家安全监管总局组织对现行《危险化学品名录》中的 3800 余种危险化学品进行了筛选,编制了《首批重点监管的危险化学品名录》(见附件,以下简称《名录》),现予公布,并就有关事项通知如下:

一、重点监管的危险化学品是指列入《名录》的危险化学品以及在温度 20℃和标准大气压 101.3 kPa 条件下属于以下类别的危险化学品:

1. 易燃气体类别 1(爆炸下限≤13％或爆炸极限范围≥12％的气体);

2. 易燃液体类别 1(闭杯闪点＜23℃并初沸点≤35℃的液体);

3. 自燃液体类别 1(与空气接触不到 5 分钟便燃烧的液体);

4. 自燃固体类别 1(与空气接触不到 5 分钟便燃烧的固体);

5. 遇水放出易燃气体的物质类别 1(在环境温度下与水剧烈反应所产生的气体通常显示自燃的倾向,或释放易燃气体的速度等于或大于每公斤物质在任何 1 分钟内释放 10 升的任何物质或混合物);

6. 三光气等光气类化学品。

二、涉及重点监管的危险化学品的生产、储存装置,原则上须由具有甲级资质的化工行业设计单位进行设计。

三、地方各级安全监管部门应当将生产、储存、使用、经营重点监管的危险化学品的企业,优先纳入年度执法检查计划,实施重点监管。

四、生产、储存重点监管的危险化学品的企业,应根据本企业工艺特点,装备功能完善的自动化控制系统,严格工艺、设备管理。对使用重点监管的危险化学品数量构成重大危险源的企业的生产储存装置,应装备自动化控制系统,实现对温度、压力、液位等重要参数的实时监测。

五、生产重点监管的危险化学品的企业,应针对产品特性,按照有关规定编制完善的、可操作性强的危险化学品事故应急预案,配备必要的应急救援器材、设备,加强应急演练,提高应急处置能力。

六、各省级安全监管部门可根据本辖区危险化学品安全生产状况,补充和确定本辖区内实施重点监管的危险化学品类项及具体品种。在安全监管工作中如发现重点监管的危险化学品存在问题,请认真研究提出处理意见,并及时报告国家安全监管总局。

地方各级安全监管部门在做好危险化学品重点监管工作的同时,要全面推进本地区危险化学品安全生产工作,督促企业落实安全生产主体责任,切实提高企业本质安全水平,有效防范和坚决遏制危险化学品重特大事故发生,促进全国危险化学品安全生产形势持续稳定好转。

请各省级安全监管部门及时将本通知精神传达至本辖区内有关企业。

附件:首批重点监管的危险化学品名录

国家安全生产监督管理总局

二〇一一年六月二十一日

附件

首批重点监管的危险化学品名录

序号	化学品名称	别名	CAS 号
1	氯	液氯、氯气	7782—50—5
2	氨	液氨、氨气	7664—41—7
3	液化石油气		68476—85—7
4	硫化氢		7783—06—4
5	甲烷、天然气		74—82—8(甲烷)
6	原油		
7	汽油(含甲醇汽油、乙醇汽油)、石脑油		8006—61—9(汽油)
8	氢	氢气	1333—74—0
9	苯(含粗苯)		71—43—2
10	碳酰氯	光气	75—44—5
11	二氧化硫		7446—09—5
12	一氧化碳		630—08—0
13	甲醇	木醇、木精	67—56—1
14	丙烯腈	氰基乙烯、乙烯基氰	107—13—1
15	环氧乙烷	氧化乙烯	75—21—8
16	乙炔	电石气	74—86—2
17	氟化氢、氢氟酸		7664—39—3
18	氯乙烯		75—01—4
19	甲苯	甲基苯、苯基甲烷	108—88—3
20	氰化氢、氢氰酸		74—90—8
21	乙烯		74—85—1
22	三氯化磷		7719—12—2
23	硝基苯		98—95—3
24	苯乙烯		100—42—5
25	环氧丙烷		75—56—9

续表

序号	化学品名称	别名	CAS 号
26	一氯甲烷		74—87—3
27	1,3—丁二烯		106—99—0
28	硫酸二甲酯		77—78—1
29	氰化钠		143—33—9
30	1—丙烯、丙烯		115—07—1
31	苯胺		62—53—3
32	甲醚		115—10—6
33	丙烯醛、2—丙烯醛		107—02—8
34	氯苯		108—90—7
35	乙酸乙烯酯		108—05—4
36	二甲胺		124—40—3
37	苯酚	石炭酸	108—95—2
38	四氯化钛		7550—45—0
39	甲苯二异氰酸酯	TDI	584—84—9
40	过氧乙酸	过乙酸、过醋酸	79—21—0
41	六氯环戊二烯		77—47—4
42	二硫化碳		75—15—0
43	乙烷		74—84—0
44	环氧氯丙烷	3—氯—1,2—环氧丙烷	106—89—8
45	丙酮氰醇	2—甲基—2—羟基丙腈	75—86—5
46	磷化氢	膦	7803—51—2
47	氯甲基甲醚		107—30—2
48	三氟化硼		7637—07—2
49	烯丙胺	3—氨基丙烯	107—11—9
50	异氰酸甲酯	甲基异氰酸酯	624—83—9
51	甲基叔丁基醚		1634—04—4
52	乙酸乙酯		141—78—6
53	丙烯酸		79—10—7
54	硝酸铵		6484—52—2
55	三氧化硫	硫酸酐	7446—11—9
56	三氯甲烷	氯仿	67—66—3
57	甲基肼		60—34—4
58	一甲胺		74—89—5
59	乙醛		75—07—0
60	氯甲酸三氯甲酯	双光气	503—38—8

国家安全监管总局关于
印发危险化学品从业单位
安全生产标准化评审标准的通知

安监总管三〔2011〕93 号

各省、自治区、直辖市及新疆生产建设兵团安全生产监督管理局,有关中央企业:

为深入贯彻落实《国务院关于进一步加强企业安全生产工作的通知》(国发〔2010〕23 号)和《国务院安委会关于深入开展企业安全生产标准化建设的指导意见》(安委〔2011〕4 号)精神,进一步促进危险化学品从业单位安全生产标准化工作的规范化、科学化,根据《企业安全生产标准化基本规范(AQ/T 9006—2010)》和《危险化学品从业单位安全生产标准化通用规范(AQ 3013—2008)》的要求,国家安全监管总局制定了《危险化学品从业单位安全生产标准化评审标准》(以下简称《评审标准》),现印发你们,请遵照执行,并就有关事项通知如下:

一、申请安全生产标准化达标评审的条件

(一)申请安全生产标准化三级企业达标评审的条件。

1. 已依法取得有关法律、行政法规规定的相应安全生产行政许可;

2. 已开展安全生产标准化工作 1 年(含)以上,并按规定进行自评,自评得分在 80 分(含)以上,且每个 A 级要素自评得分均在 60 分(含)以上;

3. 至申请之日前 1 年内未发生人员死亡的生产安全事故或者造成 1000 万以上直接经济损失的爆炸、火灾、泄漏、中毒事故。

(二)申请安全生产标准化二级企业达标评审的条件。

1. 已通过安全生产标准化三级企业评审并持续运行 2 年(含)以上,或者安全生产标准化三级企业评审得分在 90 分(含)以上,并经市级安全监管部门同意,均可申请安全生产标准化二级企业评审;

2. 从事危险化学品生产、储存、使用(使用危险化学品从事生产并且使用量达到一定数量的化工企业)、经营活动 5 年(含)以上且至申请之日前 3 年内未发生人员死亡的生产安全事故,或者 10 人以上重伤事故,或者 1000 万元以上直接经济损失的爆炸、火灾、泄漏、中毒事故。

(三)申请安全生产标准化一级企业达标评审的条件。

1. 已通过安全生产标准化二级企业评审并持续运行 2 年(含)以上,或者装备设施和安全管理达到国内先进水平,经集团公司推荐、省级安全监管部门同意,均可申请一级企业评审;

2. 至申请之日前 5 年内未发生人员死亡的生产安全事故(含承包商事故),或者 10 人以上重伤事故(含承包商事故),或者 1000 万元以上直接经济损失的爆炸、火灾、泄漏、中毒事故(含承包商事故)。

二、工作要求

(一)深入宣传和学习《评审标准》。各地区、各单位要加大《评审标准》宣传贯彻力度,使各级安全监管人员、评审人员、咨询人员和从业人员准确把握《评审标准》的基本内容和应用方法;要把宣传贯彻《评审标准》作为危险化学品企业提高安全生产标准化工作水平的有力工具,以及安

全监管部门推动企业落实安全生产主体责任的有效手段。

（二）及时充实完善《评审标准》。考虑到各地区危险化学品安全监管工作的差异性和特殊性，《评审标准》把最后一个要素设置为开放要素，由各地区结合本地实际进行充实。各省级安全监管局要根据本地区危险化学品行业特点，将本地区关于安全生产条件尤其是安全设备设施、工艺条件等方面的有关具体要求纳入其中，形成地方特殊要求。

（三）严格落实《评审标准》。《评审标准》是考核危险化学品企业安全生产标准化工作水平的统一标准。企业要按照《评审标准》的要求，全面开展安全生产标准化工作。评审单位和咨询单位要严格按照《评审标准》开展安全生产标准化评审和咨询指导工作，提高服务质量。各级安全监管人员要依据《评审标准》，对企业进行监管和指导，规范监管行为。

国家安全生产监督管理总局

二〇一一年六月二十日

国家安全监管总局办公厅关于印发
《首批重点监管的危险化学品安全措施和
应急处置原则》的通知

安监总厅管三〔2011〕142 号

各省、自治区、直辖市及新疆生产建设兵团安全生产监督管理局,有关中央企业:

为贯彻落实《国家安全监管总局关于公布首批重点监管的危险化学品名录的通知》(安监总管三〔2011〕95 号)的有关要求,国家安全监管总局组织编制了《首批重点监管的危险化学品安全措施和应急处置原则》(以下简称《措施和原则》),从特别警示、理化特性、危害信息、安全措施、应急处置原则等五个方面,对《首批重点监管的危险化学品名录》中的危险化学品逐一提出了安全措施和应急处置原则。现将《措施和原则》印发给你们,供各级安全监管部门和危险化学品企业在危险化学品安全监管和安全生产管理工作中参考使用,并就有关事项通知如下:

一、生产、储存、使用、经营、运输重点监管危险化学品的企业,要切实落实安全生产主体责任,对照《措施和原则》,全面排查危险化学品安全管理的漏洞和薄弱环节,及时消除安全隐患,提高安全管理水平。要针对本企业安全生产特点和产品特性,从完善安全监控措施、健全安全生产规章制度和各项操作规程、采用先进技术、加强培训教育、加强个体防护等方面,细化并落实《措施和原则》提出的各项安全措施,提高防范危险化学品事故的能力。要按照《措施和原则》提出的应急处置原则,完善本企业危险化学品事故应急预案,配备必要的应急器材,开展应急处置演练和伤员急救培训,提升危险化学品应急处置能力。

二、地方各级安全监管部门要参照《措施和原则》的有关内容,加大对生产、储存、经营及使用重点监管的危险化学品行为的执法检查力度,切实加强对涉及重点监管危险化学品企业的安全监管。要充分发挥安委会办公室和危险化学品安全监管部门联席会议的综合协调作用,督促、支持各有关部门认真履行危险化学品安全监管职责。要参照《措施和原则》有关要求,监督和指导涉及重点监管危险化学品的企业进一步加强对重点监管危险化学品的安全监控,全面加强和改进企业安全管理,有效防范和坚决遏制危险化学品事故的发生,进一步促进全国危险化学品安全生产形势的持续稳定好转。

请各省级安全监管部门及时将本通知精神传达至辖区内各级安全监管部门和有关企业。

国家安全生产监督管理总局办公厅
二〇一一年七月一日

国家安全监管总局关于印发《危险化学品从业单位安全生产标准化评审工作管理办法》的通知

安监总管三〔2011〕145 号

各省、自治区、直辖市及新疆生产建设兵团安全生产监督管理局：

为认真贯彻落实《国务院关于进一步加强企业安全生产工作的通知》（国发〔2010〕23 号）、《国务院安委会关于深入开展企业安全生产标准化建设的指导意见》（安委〔2011〕4 号）精神和《国家安全监管总局关于进一步加强危险化学品企业安全生产标准化工作的通知》（安监总管三〔2011〕24 号）要求，国家安全监管总局制定了《危险化学品从业单位安全生产标准化评审工作管理办法》。现印发给你们，请结合实际情况，认真抓好落实。

国家安全生产监督管理总局

二〇一一年九月十六日

危险化学品从业单位安全生产标准化评审工作管理办法

一、总则

（一）为认真贯彻落实《国务院关于进一步加强企业安全生产工作的通知》（国发〔2010〕23 号）、《国务院安委会关于深入开展企业安全生产标准化建设的指导意见》（安委〔2011〕4 号）精神和《国家安全监管总局关于进一步加强危险化学品企业安全生产标准化工作的通知》（安监总管三〔2011〕24 号）要求，推动和指导危险化学品从业单位（以下简称危化品企业）进一步落实安全生产主体责任，规范和加强危化品企业安全生产标准化（以下简称安全标准化）评审工作，制定本办法。

（二）本办法适用于危化品企业安全标准化评审工作的管理。

（三）国家安全监管总局负责监督指导全国危化品企业安全标准化评审工作。省级、设区的市级（以下简称市级）安全监管部门负责监督指导本辖区危化品企业安全标准化评审工作。

（四）危化品企业安全标准化达标等级由高到低分为一级、二级和三级。

（五）一级企业由安全监管总局公告，证书、牌匾由其确定的评审组织单位发放。二级、三级企业的公告和证书、牌匾的发放，由省级安全监管部门确定。

（六）危化品企业安全标准化达标评审工作按照自评、申请、受理、评审、审核、公告、发证的程序进行。

（七）市级以上安全监管部门应建立安全生产标准化专家库，为危化品企业开展安全生产标准化提供专家支持。

二、机构与人员

（八）国家安全监管总局确定一级企业评审组织单位和评审单位。

省级安全监管部门确定并公告二级、三级企业评审组织单位和评审单位。评审组织单位可以是安全监管部门，也可以是安全监管部门确定的单位。

（九）评审组织单位承担以下工作：

1. 受理危化品企业提交的达标评审申请，审查危化品企业提交的申请材料。

2. 选定评审单位，将危化品企业提交的申请材料转交评审单位。

3. 对评审单位的评审结论进行审核，并向相应安全监管部门提交审核结果。

4. 对安全监管部门公告的危化品企业发放达标证书和牌匾。

5. 对评审单位评审工作质量进行检查考核。

（十）评审单位应具备以下条件：

1. 具有法人资格。

2. 有与其开展工作相适应的固定办公场所和设施、设备，具有必要的技术支撑条件。

3. 注册资金不低于 100 万元。

4. 本单位承担评审工作的人员中取得评审人员培训合格证书的不少于 10 名，且有不少于 5 名具有危险化学品相关安全知识或化工生产实际经验的人员。

5. 有健全的管理制度和安全生产标准化评审工作质量保证体系。

（十一）评审单位承担以下工作：

1. 对本地区申请安全生产标准化达标的企业实施评审。

2. 向评审组织单位提交评审报告。

3. 每年至少一次对质量保证体系进行内部审核，每年 1 月 15 日前和 7 月 15 日前分别对上年度和本年度上半年本单位评审工作进行总结，并向相应安全监管部门报送内部审核报告和工作总结。

（十二）国家安全监管总局化学品登记中心为全国危化品企业安全标准化工作提供技术支撑，承担以下工作：

1. 为各地做好危化品企业安全标准化工作提供技术支撑。

2. 起草危化品企业安全标准化相关标准。

3. 拟定危化品企业安全标准化评审人员培训大纲、培训教材及考核标准，承担评审人员培训工作。

4. 承担危化品企业安全标准化宣贯培训，为各地开展危化品企业安全标准化自评员培训提供技术服务。

（十三）承担评审工作的评审人员应具备以下条件：

1. 具有化学、化工或安全专业大专（含）以上学历或中级（含）以上技术职称。

2. 从事危险化学品或化工行业安全相关的技术或管理等工作经历 3 年以上。

3. 经中国化学品安全协会考核取得评审人员培训合格证书。

（十四）评审人员培训合格证书有效期为 3 年。有效期届满 3 个月前，提交再培训换证申请表（见附件 1），经再培训合格，换发新证。

（十五）评审人员培训合格证书有效期内，评审人员每年至少参与完成对 2 个企业的安全生产标准化评审工作，且应客观公正，依法保守企业的商业秘密和有关评审工作信息。

（十六）安全生产标准化专家应具备以下条件：

1. 经危化品企业安全标准化专门培训。

2. 具有至少 10 年从事化工工艺、设备、仪表、电气等专业或安全管理的工作经历，或 5 年以上从事化工设计工作经历。

（十七）自评员应具备以下条件：

1. 具有化学、化工或安全专业中专以上学历。

2. 具有至少 3 年从事与危险化学品或化工行业安全相关的技术或管理等工作经历。

3. 经省级安全监管部门确定的单位组织的自评员培训，取得自评员培训合格证书。

三、自评与申请

（十八）危化品企业可组织专家或自主选择评审单位为企业开展安全生产标准化提供咨询服务，对照《危险化学品从业单位安全生产标准化评审标准》（安监总管三〔2011〕93 号，以下简称《评审标准》）对安全生产条件及安全管理现状进行诊断，确定适合本企业安全生产标准化的具体要素，编制诊断报告（见附件 2），提出诊断问题、隐患和建议。

危化品企业应对专家组诊断的问题和隐患进行整改，落实相关建议。

（十九）危化品企业安全生产标准化运行一段时间后，主要负责人应组建自评工作组，对安全生产标准化工作与《评审标准》的符合情况和实施效果开展自评，形成自评报告。

自评工作组应至少有 1 名自评员。

（二十）危化品企业自评结果符合《评审标准》等有关文件规定的申请条件的，方可提出安全生产标准化达标评审申请。

（二十一）申请安全生产标准化一级、二级、三级达标评审的危化品企业，应分别向一级、二级、三级评审组织单位申请。

（二十二）危化品企业申请安全生产标准化达标评审时，应提交下列材料：

1. 危险化学品从业单位安全生产标准化评审申请书（见附件 3）。

2. 危险化学品从业单位安全生产标准化自评报告（见附件 4）。

四、受理与评审

（二十三）评审组织单位收到危化品企业的达标评审申请后，应在 10 个工作日内完成申请材料审查工作。经审查符合申请条件的，予以受理并告知企业；经审查不符合申请条件的，不予受理，及时告知申请企业并说明理由。

评审组织单位受理危化品企业的申请后，应在 2 个工作日内选定评审单位并向其转交危化品企业提交的申请材料，由选定的评审单位进行评审。

（二十四）评审单位应在接到评审组织单位的通知之日起 40 个工作日内完成对危化品企业的评审。评审完成后，评审单位应在 10 个工作日内向相应的评审组织单位提交评审报告（见附件 5）。

（二十五）评审单位应根据危化品企业规模及化工工艺成立评审工作组，指定评审组组长。评审工作组至少由 2 名评审人员组成，也可聘请技术专家提供技术支撑。评审工作组成员应按照评审计划和任务分工实施评审。

评审单位应当如实记录评审工作并形成记录文件；评审内容应覆盖专家组确定的要素及企业所有生产经营活动、场所，评审记录应详实、证据充分。

（二十六）评审工作组完成评审后，应编写评审报告。参加评审的评审组成员应在评审报告上签字，并注明评审人员培训合格证书编号。评审报告经评审单位负责人审批后存档，并提交相应的评审组织单位。评审工作组应将否决项与扣分项清单和整改要求提交给企业，并报企业所在地市、县两级安全监管部门。

（二十七）评审计分方法：

1. 每个 A 级要素满分为 100 分，各个 A 级要素的评审得分乘以相应的权重系数（见附件

6),然后相加得到评审得分。评审满分为 100 分,计算方法如下:

$$M = \sum_1^n K_i \cdot M_i$$

式中:M——总分值;

　　　K_i——权重系数;

　　　M_i——各 A 级要素得分值;

　　　n——A 级要素的数量($1 \leqslant n \leqslant 12$)。

　2. 当企业不涉及相关 B 级要素时为缺项,按零分计。A 级要素得分值折算方法如下:

$$M_i = \frac{M_{i实} \times 100}{M_{i满}}$$

式中:$M_{i实}$——A 级要素实得分值;

　　　$M_{i满}$——扣除缺项后的要素满分值。

　3. 每个 B 级要素分值扣完为止。

　4.《评审标准》第 12 个要素(本地区要求)满分为 100 分,每项不符合要求扣 10 分。

　5. 按照《评审标准》评审,一级、二级、三级企业评审得分均在 80 分(含)以上,且每个 A 级要素评审得分均在 60 分(含)以上。

(二十八)评审单位应将评审资料存档,包括技术服务合同、评审通知、诊断报告、评审计划、评审记录、否决项与扣分项清单、评审报告、企业申请资料等。

(二十九)初次评审未达到危化品企业申请等级(申请三级除外)的,评审单位应提出申请企业实际达到等级的建议,将建议和评审报告一并提交给评审组织单位。初次评审未达到三级企业标准的,经整改合格后,重新提出评审申请。

五、审核与发证

(三十)评审组织单位应在接到评审单位提交的评审报告之日起 10 个工作日内完成审核,形成审核报告,报相应的安全监管部门。

对初次评审未达到申请等级的企业,评审单位可提出达标等级建议,经评审组织单位审核同意后,可将审核结果和评审报告转交提出申请的危化品企业。

(三十一)公告单位应定期公告安全标准化企业名单。在公告安全标准化一级、二级、三级达标企业名单前,公告单位应分别征求企业所在地省级、市级、县级安全监管部门意见。

(三十二)评审组织单位颁发相应级别的安全生产标准化证书和牌匾。

安全生产标准化证书、牌匾的有效期为 3 年,自评审组织单位审核通过之日起算。

六、监督管理

(三十三)安全生产标准化达标企业在取得安全生产标准化证书后 3 年内满足以下条件的,可直接换发安全生产标准化证书:

　1. 未发生人员死亡事故,或者 10 人以上重伤事故(一级达标企业含承包商事故),或者造成 1000 万元以上直接经济损失的爆炸、火灾、泄漏、中毒等事故。

　2. 安全生产标准化持续有效运行,并有有效记录。

　3. 安全监管部门、评审组织单位或者评审单位监督检查未发现企业安全管理存在突出问题或者重大隐患。

　4. 未改建、扩建或者迁移生产经营、储存场所,未扩大生产经营许可范围。

5. 每年至少进行 1 次自评。

（三十四）评审组织单位每年应按照不低于 20％的比例对达标危化品企业进行抽查,3 年内对每个达标危化品企业至少抽查一次。

抽查内容应覆盖企业适用的安全生产标准化所有要素,且覆盖企业半数以上的管理部门和生产现场。

（三十五）取得安全生产标准化证书后,危化品企业应每年至少进行一次自评,形成自评报告。危化品企业应将自评报告报评审组织单位审查,对发现问题的危化品企业,评审组织单位应到现场核查。

（三十六）危化品企业抽查或核查不达标,在证书有效期内发生死亡事故或其他较大以上生产安全事故,或被撤销安全许可证的,由原公告部门撤销其安全生产标准化企业等级并进行公告。危化品企业安全生产标准化证书被撤销后,应在 1 年内完成整改,整改后可提出三级达标评审申请。

（三十七）危化品企业安全生产标准化达标等级被撤销的,由原发证单位收回证书、牌匾。

（三十八）评审人员有下列行为之一的,其培训合格证书由原发证单位注销并公告:

1. 隐瞒真实情况,故意出具虚假证明、报告。

2. 未按规定办理换证。

3. 允许他人以本人名义开展评审工作或参与标准化工作诊断等咨询服务。

4. 因工作失误,造成事故或重大经济损失。

5. 利用工作之便,索贿、受贿或牟取不正当利益。

6. 法律、法规规定的其他行为。

（三十九）评审单位有下列行为之一的,其评审资格由授权单位撤销并公告:

1. 故意出具虚假证明、报告。

2. 因对评审人员疏于管理,造成事故或重大经济损失。

3. 未建立有效的质量保证体系,无法保证评审工作质量。

4. 安全监管部门检查发现存在重大问题。

5. 安全监管部门发现其评审的达标企业安全生产标准化达不到《评审标准》及有关文件规定的要求。

七、附则

（四十）本办法印发前已经通过安全生产标准化达标考评并取得相应等级证书的危化品企业,应按照本办法第十八条规定进行诊断,并按照《评审标准》完善和提高安全生产标准化水平,待原有达标等级证书有效期届满 3 个月前重新提出达标评审申请。原已取得一级或二级安全生产标准化达标等级证书的危化品企业,可直接申请新二级安全生产标准化企业达标评审。

（四十一）本办法印发前已取得安全生产标准化考评员证书或考评员培训合格证书的人员,应当于证书有效期届满 3 个月前填写再培训换证申请表,经再培训考试合格,换发评审人员培训合格证书。

（四十二）各省级安全监管部门可以根据本办法制定本地区评审实施细则。

（四十三）本办法自发布之日起施行,《国家安全监管总局关于印发〈危险化学品从业单位安全标准化规范(试行)〉和〈危险化学品从业单位安全标准化考核机构管理办法(试行)〉的通知》(安监总危化字〔2005〕198 号)同时废止。

附件:1. 危险化学品从业单位安全生产标准化评审人员再培训换证申请表
2. 危险化学品从业单位安全生产标准化诊断报告
3. 危险化学品从业单位安全生产标准化评审申请书
4. 危险化学品从业单位安全生产标准化自评报告
5. 危险化学品从业单位安全生产标准化评审报告
6. A 级要素权重系数

附件 1

危险化学品从业单位安全生产标准化评审人员再培训换证申请表

姓名		性别		出生年月		照片
学历		职称/职务		工龄		片 (1寸彩照)
工作单位						
联系电话		手机号码				
通讯地址				传真		
电子信箱				邮政编码		
3 年 评审/诊断 经历						
以上内容由申请人填写						
化学品登记中心意见					盖章　　年　月　日	
发证日期、有效期及证书编号	. 　年　　月　　日发证,有效期至　　　年　月　日。 证书编号:＿＿＿＿＿＿＿＿＿＿＿＿＿。					
备注	提供 3 年内的评审经历记录或诊断经历记录。					

附件 2

危险化学品从业单位安全生产标准化
诊断报告

诊断单位：_____

专家组

专家组	姓名	评审人员培训合格证书编号	专业及经历	签字
组长				
成员				

企业名称：

企业地址：

电话：　　　　　传真：　　　邮编：

诊断日期：_____年_____月_____日至_____年_____月_____日

诊断目的：

诊断范围：

诊断准则：

保密承诺：

企业主要参加人员：

企业的基本情况：

文件诊断综述：

现场诊断综述（安全生产条件、安全管理等）：

	A 级要素	B 级要素
适合本企业的要素项		

《评审标准》B级要素是否存在缺项：

诊断发现的主要问题、隐患和建议概述及纠正要求：

组长： 审批人/日期：

　　　年　　月　　日　　　诊断单位盖章

附件 3

危险化学品从业单位安全生产标准化
评审申请书

企业名称：_____

一、企业信息

单位名称			
地　址			
性　质	□国有　　□集体　　□民营　　□私营　　□合资　　□独资　　□其它		

法人代表		电　话		邮　编	
联 系 人		电　话		传　真	
		手　机		电子信箱	

是否倒班	□是　　□否	倒班人数及方式	
员工总数		厂　休　日		可否占用	

1. 本次申请的评审为：　　□一级企业　　□二级企业　　□三级企业

2. 如果是某集团公司的成员，请注明该集团公司的名称全称：

3. 安全生产标准化牵头部门：

4. 计划在什么时间评审

5. 企业的相关负责人（经理/厂长、主管厂级领导、总工程师、安全生产标准化负责人）

姓名	职务	姓名	职务	姓名	职务

6. 申请企业主要化学品名称、用途、数量：（可另附页）

名称	用途	数量(Kg)	属性

8. 如有分支机构或多个现场（包括临时现场），请填写以下内容

名称	地址	联系人	员工数	电话/传真	主要业务活动描述

二、有关情况说明

1. 近五年(一级企业)或近三年(二级企业)或近一年(三级企业)发生生产安全事故的情况:
2. 可能造成较大安全、职业健康影响的活动、产品和服务:
3. 安全、职业健康主要业绩:
4. 有无特殊危险区域或限制的情况:

三、其他信息、文件资料

1. 是否同意遵守评审要求,并能提供评审所必需的信息? □是　　□否

2. 在提交申请时,请同时提交以下文件:

　　1)企业简介(企业性质、地理位置和交通、生产能力和规模、从业人员、企业下属单位情况等);

　　2)厂区平面示意图;

　　3)安全生产规章制度(电子文档);

　　4)组织机构图;

　　5)重大风险清单;

　　6)重大危险源清单;

　　7)关键装置和重点部位清单;

　　8)自评报告。

企业自评得分:

法定代表人签名:　　　　　　　　　(申请企业盖章)

日期:　　年　　月　　日

附件 4

危险化学品从业单位安全生产标准化

自评报告

企业名称：＿＿＿＿＿＿＿＿＿＿＿＿＿＿＿＿

自评人员

自评组	姓名	自评员证书编号	签字
组长			
成员			
	姓名	评审人员培训合格证书编号	签字
外聘专家			

企业名称： 企业地址： 电话：　　　　　传真：　　　　邮编：
自评日期：_____年_____月_____日至_____年_____月_____日
自评目的：
自评范围：
自评准则：
企业主要参加人员：
企业的基本情况：
文件自评综述：

法律法规符合性综述：
现场自评综述（与《评审标准》的符合情况、有效性、安全责任制体系、安全文化、风险管理、安全生产条件、直接作业环节管理等）：
自评发现的主要问题概述及纠正情况验证结论：
自评结论：
其他：
自评组长：   审批人/日期：   年   月   日   自评单位盖章

附件 5

危险化学品从业单位安全生产标准化
评审报告

评审单位：＿＿＿＿＿＿＿＿＿＿＿＿＿＿＿＿＿

评审人员

评审组	姓名	评审人员培训合格证书编号	签字
组长			
专职评审人员			
兼职评审人员			

评审组	姓名	技术专业	签字
技术专家			

企业名称：

企业地址：

电话：　　　　　传真：　　　邮编：

评审日期：_____年_____月_____日至_____年_____月_____日

评审目的：

评审范围：

评审准则：

保密承诺：

企业主要参加人员：

企业的基本情况：

文件评审综述：

法律法规符合性综述:

现场评审综述(与《评审标准》的符合情况、有效性、安全责任制体系、安全文化、风险管理、安全生产条件、直接作业环节管理等):

评审发现的主要问题概述及纠正要求:

评审结论及等级推荐意见:

建议:

评审组长:　　　　　　审批人/日期:
　　年　　月　　日　　　　评审单位盖章

附件 6

A 级要素权重系数

序号	A 级要素	权重系数
1	法律法规和标准	0.05
2	机构和职责	0.06
3	风险管理	0.12
4	管理制度	0.05
5	培训教育	0.10
6	生产设施及工艺安全	0.20
7	作业安全	0.15
8	职业健康	0.05
9	危险化学品管理	0.05
10	事故与应急	0.06
11	检查与自评	0.06
12	本地区的要求	0.05

国家安全监管总局关于印发
危险化学品安全生产"十二五"规划的通知

安监总管三〔2011〕191 号

各省、自治区、直辖市及新疆生产建设兵团安全生产监督管理局：

《危险化学品安全生产"十二五"规划》已经国家安全监管总局局长办公会议审议通过，现印发给你们，请认真贯彻执行。

国家安全生产监督管理总局

二〇一一年十二月十五日

危险化学品安全生产"十二五"规划

为预防和减少各类危险化学品事故，保障人民群众生命财产安全，促进我国安全生产形势持续稳定好转，依据《安全生产"十二五"规划》，制定本规划。

一、危险化学品安全生产现状与形势

我国是危险化学品生产和使用大国，成品油、乙烯、氯碱、合成树脂、化肥和农药等产品产量位居世界前列，形成了门类较为齐全、品种配套的产业体系。截至 2010 年底，全国共有危险化学品生产企业 2.2 万家、经营企业 28.6 万家。

（一）"十一五"期间危险化学品安全生产工作成效。

1. 危险化学品安全生产法律法规标准体系基本形成。"十一五"期间，修订了《危险化学品安全管理条例》，发布了 1 项部门规章和 36 项安全生产标准；加强了地方立法工作，发布了 23 项地方性法规。

2. 危险化学品安全监管体制机制基本建立。全国所有省（区、市）、大部分市（地）和重点县（市、区）安全监管部门成立了危险化学品安全监管机构，建立了危险化学品部际联席会议和省级部门联席会议制度，推动建立了苏浙沪、环渤海经济圈危险化学品道路运输安全监管联控机制，安全监管工作体制机制初步形成。

3. 通过实施严格的安全许可，逐步提高了危险化学品企业的安全生产条件。实施了危险化学品建设项目安全许可，完成了建设项目设立安全审查、安全设施设计审查、试生产（使用）方案备案和竣工验收共 41366 项次。完成了安全生产许可证发放和第一轮许可证延期换证工作，至 2010 年底，全国有 22296 家危险化学品生产企业取得安全生产许可证，286149 家危险化学品经营企业取得经营许可证，并依法关闭了危险化学品企业 9351 家，依法注销危险化学品安全生产、经营许可证 9759 个。

4. 通过专项整治改善了安全生产薄弱环节。组织开展了危险化学品专项整治和化工企业整治、自动化改造、安全生产"百日督查"等专项行动，对不具备安全生产条件、安全隐患严重的危险化学品企业和化工企业实施了关闭和搬迁。积极推动安全生产标准化达标活动,全国有 5518 家危险化学品生产和经营企业通过安全生产标准化达标评审。

5. 积极推动地方制定化工行业安全发展规划和化工园区建设。截至 2010 年底,全国有 14 个省(区、市)、185 个市(地)、288 个县(市、区)编制了化工行业安全发展规划。各地区积极推进了化工企业"进园入区"和化工园区安全评估工作。

6. 全国危险化学品应急管理工作稳步推进。基本完成了危险化学品登记工作,全国危险化学品生产企业首次登记率达到 96%,规范了以化学品应急为主要内容的"一书一签"编写,初步建立了全国危险化学品生产企业及危险化学品信息数据库。

7. 危险化学品事故总量明显下降。2010 年危险化学品事故起数比 2005 年下降了 58%,事故死亡人数比 2005 年下降了 41%,为实现 2010 年全国安全生产状况明显好转的目标作出了重要贡献。

(二)存在的主要问题。

1. 危险化学品企业安全生产基础依然薄弱,安全保障能力不足。我国 80% 的危险化学品生产企业为中小化工企业,大部分中小化工企业安全投入不足,设备老化陈旧,工艺技术落后,本质安全水平低;安全生产责任制度不健全,安全管理水平参差不齐,懂化工、会管理的专业技术人才缺乏。

2. 危险化学品安全生产监管体制机制尚需进一步完善。危险化学品安全监管力量不足,尤其是基层安全监管机构不健全,专业安全监管和执法人员缺乏;危险化学品行业安全管理缺失,安全监管存在薄弱环节。

3. 危险化学品安全生产法规标准体系仍需完善,技术标准制修订工作亟待加强。化工行业建设标准落后于化工技术进步,新型煤化工等行业领域的设计标准缺失。《危险化学品安全管理条例》修订发布后,配套的部门规章尚在制修订中。地方立法在危险化学品安全生产中的作用尚未充分发挥。

4. 危险化学品安全生产技术支撑能力不足。危险化学品安全生产领域的先进适用的新技术、新装备、新工艺推广应用力度不够。行业组织、中介机构以及专家队伍在危险化学品安全生产和应急救援中发挥的作用不突出。有关化工园区一体化管理、部分危险化工工艺的安全生产关键技术研究尚需加强。危险化学品安全生产信息化水平较低。

5. 化工行业安全规划制定和实施工作进度迟缓。全国尚有一半以上的省(区、市)、市(地),以及 80% 以上有化工企业的县(市、区)没有制定化工行业安全发展规划。部分化工园区总体规划、布局不尽合理,园区企业准入门槛低。部分地区煤化工、光气类建设项目发展无序。

6. 公众的危险化学品安全意识和应急能力亟待提高。危险化学品使用范围越来越广泛,涉及到日常生产生活的各个方面。公众缺少安全使用和处置危险化学品的基本知识,缺乏安全意识和应对能力,由于错误使用危险化学品导致的化学灼伤、化学中毒等人身伤害事故时有发生。

(三)形势与挑战。

"十二五"时期,危险化学品安全生产将面临更大的压力和巨大挑战,形势依然严峻。

1. 化工装置大型化、集约化和一体化给行业安全生产带来新挑战。化工生产装置和储存设施呈大型化、集约化和一体化发展趋势,一旦发生事故,事故后果严重,影响范围大。

2. 新型煤化工行业投资主体多元化给安全生产带来新问题。近年来,我国新型煤化工迅猛发展,其投资主体呈现煤矿企业、电力企业等多元化发展趋势,安全生产相关的标准缺失,安全管理和技术专业人才缺乏。

3. 城镇化进程加快给化工企业安全生产提出更高要求。随着城镇快速扩张,众多老化工企业逐渐被城镇包围,对城镇公共安全构成威胁。城镇建成区内功能不同的危险化学品输送管网纵横交错,地面开挖和公共设施维修等活动严重影响危险化学品输送管网的安全运行,甚至会引发严重的危险化学品事故。

4. 化工园区安全生产一体化管理需要进一步加强。化工园区内企业相对密集,企业规模大小不一,安全管理水平参差不齐,生产、储存、使用和运输的大多为易燃、易爆和有毒物质,一旦发生事故,容易造成连锁反应,需要从规划选址、风险评估、安全监管、应急救援等方面予以规范。

5. 中西部地区化工行业快速发展与人才匮乏的矛盾日益突出。随着中西部地区的快速发展,新建化工项目日益增多,风险也日益增大。由于化工人才成长周期较长,现有的人才培养和储备很难满足化工行业快速发展和安全生产的实际需求。

二、指导思想和规划目标

(一)指导思想。

深入贯彻落实科学发展观,牢固树立以人为本、安全发展的理念,坚持"安全第一、预防为主、综合治理"的方针,按照"合理规划、严格准入,改造提升、固本强基,完善法规、加大投入,落实责任、强化监管"的要求,进一步完善法规标准体系,健全监管体制机制,推动危险化学品企业落实安全生产主体责任,逐步建立危险化学品安全生产长效机制,有效防范危险化学品重特大事故发生,进一步减少事故总量,推动危险化学品安全生产状况持续稳定好转。

(二)规划目标。

到 2015 年底,基本实现危险化学品"生产企业入园区、经营企业进市场、储存企业上监控、运输环节搞联动、使用环节管重点"的工作格局。具体工作目标:

1. 2015 年危险化学品事故起数、死亡人数比 2010 年下降 12.5% 以上。

2. 2015 年化工事故死亡人数比 2010 年下降 12.5% 以上。

3. 到 2012 年,危险化学品企业全部达到安全生产标准化三级以上水平。到 2015 年,涉及危险化工工艺的危险化学品企业达到安全生产标准化二级以上水平。

4. 到 2015 年,城镇内存在高安全风险的危险化学品生产、储存企业实现搬迁、转产或关闭。

5. 到 2015 年,所有重点市(地)、县(市、区)安全生产监管部门都设立危险化学品安全生产监管机构,化工园区或化工集中区设立专门的安全生产管理机构。

三、主要任务

(一)不断强化危险化学品企业安全生产保障体系建设。

1. 提高危险化学品企业本质安全水平。

(1)鼓励危险化学品企业积极采用新技术、新装备和新工艺,改造提升现有装置的安全可靠性,满足安全生产的需要。全面完成危险化工工艺自动化控制改造。

(2)规范危险化学品建设项目安全管理,开展危险与可操作性分析(HAZOP),装备基本过程控制系统和安全仪表系统,提高装置本质安全水平。

(3)继续推动危险化学品企业建立重大危险源安全管理和监控系统,建立企业重大危险源安全管理档案,做好重大危险源备案工作。到 2015 年,80% 以上有危险化学品重大危险源的企业建立运行稳定、满足要求的安全监控系统。

2. 加强危险化学品企业安全生产管理能力建设。

(1)加强危险化学品企业安全生产管理机构建设。企业要建立相对独立的安全生产管理机构,配备符合要求的专职安全生产管理人员。

（2）全面开展危险化学品企业安全生产标准化工作,所有企业达到安全生产标准化三级以上水平;强化落实危险化学品企业安全基层基础工作,不断提高企业安全管理水平和安全生产保障能力。

（3）建立健全事故隐患排查治理和监控制度。危险化学品企业要将隐患排查治理纳入日常安全管理,形成全面覆盖、全员参与的隐患排查治理工作机制,实现隐患排查治理常态化。通过日常督查、集中检查、专项监察、重点抽查,实现隐患排查横向到边、纵向到底,做到全天候、全覆盖、无盲区。

（4）督导危险化学品企业定期开展危险源识别、检查和评估工作,积极推进危险化学品企业开展危害辨识和风险分析工作,从工艺、设备、仪表、控制和应急响应等方面开展系统的工艺过程风险分析,预防重特大事故发生。

3. 加强危险化学品企业安全专业人才培养。

（1）指导监督危险化学品企业健全企业教育培训制度,建立全员教育培训工作机制,开展持续不断的全员教育培训,不断强化全员安全意识,提高操作技能。

（2）鼓励和帮助有能力的大型危险化学品企业自主培养安全管理和技术人才,企业变招工为招生,通过各种形式的专业知识和技能培训,培养懂化工、懂安全、会管理的专业人才。

（3）加强对涉及危险工艺操作人员的培训与考核,进一步提升危险工艺操作人员的整体水平。

（4）鼓励危险化学品企业配备具备专业知识背景的注册安全工程师。

（二）持续完善危险化学品安全生产监管体系建设。

1. 加强安全监管机构体制机制建设。

（1）加强重点地区危险化学品安全监管机构建设,以及规范化工园区和危险化学品交易市场安全监管和执法队伍建设。

（2）强化危险化学品安全监管机构专业人员和技术装备配备,增强部门履职能力,提高队伍执法水平。

（3）建立健全危险化学品安全监管部门联席会议制度和联合执法工作机制,完善分工明确、责任清晰、监管有效的危险化学品安全生产监管机制。

（4）严格执行危险化学品重大隐患政府挂牌督办制度和危险化学品事故政府逐级挂牌督办及公示制度。

2. 加强危险化学品安全生产监管。

（1）继续推动地方政府加快制定和实施化工行业安全发展规划,确定化工园区和危险化学品储存专门区域。科学论证化工园区的选址和布局,严格化工园区企业准入条件,科学制定园区安全容量,合理控制园区数量。推进化工园区开展安全评估和一体化建设。

（2）加强对危险化学品建设项目的安全条件审查。严格危险化学品建设项目设计阶段、试生产阶段和竣工验收安全条件审查,做好危险化学品建设项目试生产备案,强化源头管理。

（3）强化危险化学品安全生产许可审批,突出重点。严格危险化学品安全生产、经营和使用许可,严把危险化学品生产、经营和使用企业许可证申请、延期和变更审查关。进一步细化许可条件,逐步提高准入门槛。

（4）加强对大型石油储罐区、危险化学品输送管道和城镇危险化学品的安全监管。科学论证大型石油储罐区选址和总体布局。全面开展危险化学品输送管道排查工作。推动城区内存在高安全风险的危险化学品企业搬迁进入化工园区。

（5）推进产业结构调整,定期将不符合安全标准、安全保障能力低、职业危害严重、危及安全生产的落后工艺、技术和装备列入国家产业结构调整指导目录,明令禁止使用,实行强制淘汰。进一步淘汰不符合产业规划、周边安全防护距离不符合要求、安全生产没有保障的化工企业。

(6)严格执法检查,严肃事故查处。结合安全生产执法行动,加大安全检查中发现的违法、违规行为的处罚力度。严格按照"四不放过"原则和"科学严谨、依法依规、实事求是、注重实效"的要求,严肃事故查处,依法追究事故单位和相关责任人的责任。

(三)大力推进危险化学品安全科技支撑体系建设。

1. 鼓励企业采用先进适用的工艺、技术和装备。到2012年,全面完成在役涉及危险化工工艺的生产装置自动化改造;到2015年,全面完成生产、储存重点监管的危险化学品设施自动化改造危险化学品重大危险源安装监控系统,实施自动化监控,实现温度、压力、液位等重要参数远程实时监测报警。

2. 积极指导企业采用科学的安全管理方法,提升管理水平。继续推动中央企业开展化工生产装置HAZOP,积极推进新建危险化学品建设项目在设计阶段应用HAZOP,逐渐将HAZOP应用范围扩大至涉及有毒有害、易燃易爆,以及采用危险化工工艺的化工装置。积极推进工艺过程安全管理。

3. 发挥科研机构和大专院校在危险化学品法规标准制定、技术装备研发、检测检验、宣传教育以及日常监管工作中的作用。发挥危险化学品行业组织的积极性,协助各级政府实施行业管理,提高安全管理水平。推动中介机构为化工企业提供安全生产和应急管理技术援助和服务。发挥专家队伍在危险化学品安全监管和应急救援中的作用。

4. 加快安全技术水平的提高,开展化工园区整体安全评价和管控一体化关键技术、大型油库事故状态下危害控制技术和危险化学品输送管道安全防护技术等的研究,研制出一批技术先进、安全可靠的适用技术、工艺和装备。

5. 加快先进适用新工艺、新技术和新装备的推广应用。安全风险大和大型化工装置装备安全仪表系统、紧急停车系统;有毒有害、易燃易爆危险化学品场所安装泄漏报警仪表;危险化学品运输车辆安装具有行驶记录功能的卫星定位装置;液化气体(有毒液体)使用万向节管道充装系统;城区安全距离不够的加油站要增加提高本质安全水平的措施。

6. 积极开展危险化学品安全管理国际交流合作,推进危险化学品领域安全生产国际合作项目的实施。组织开展危险化学品安全管理、化工工艺安全管理和技术标准制定等方面的合作。积极参与我国应对《全球化学品统一分类和标签制度(GHS)》对策与措施的研究和国际合作。

(四)加快危险化学品安全生产法规标准体系建设。

1. 按照法规、规章和标准的层次,健全危险化学品安全生产法规标准体系。建立健全危险化学品安全生产指导性意见、重要安全生产管理规定、重点行业安全生产管理规定。

2. 加快制修订危险化学品安全生产急需的法规规定。完成与《危险化学品安全管理条例》配套的危险化学品建设项目安全条件审查以及安全生产、经营和使用许可登记管理办法等部门规章制修订工作。研究制定化工园区安全管理、重大危险源监控、城镇危险化学品安全管理、化工企业搬迁等相关政策规定。

3. 科学规划危险化学品安全技术标准体系,协调有关部门和行业,建立健全危险化学品安全技术标准。对现行标准进行清理,制定安全技术标准制修订计划,建立标准定期修订机制。制定当前急需的危险化学品从业人员资格、化工企业安全防护距离、化工园区企业安全准入条件和风险评估等安全技术标准。针对非石化化工企业的防火安全距离等问题,制定相关标准规范。

4. 积极推动各地区发挥地方立法优势,加快危险化学品安全生产地方性法规制修订工作。清理本地区现行有关危险化学品安全生产的地方性法规和规范性文件,完成《危险化学品安全管理条例》配套地方法规的制修订工作。

(五)全力推动危险化学品安全生产信息系统建设。

1. 依托国家安全生产信息系统("金安"工程),加快推进全国危险化学品安全监管信息系统建设,增强并扩大"金安"工程对危险化学品安全生产的支撑效能,实现危险化学品动态监管、应急救援和电子政务等功能。

2. 加强危险化学品安全生产监管基础建设。2015年前完成新一轮危险化学品登记工作,推动危险化学品安全标签的全面使用。开展未列入《危险化学品目录》化学品危险性的鉴别、分类与登记工作。建立功能齐全、数据准确的危险化学品信息数据库、监管数据库和基础数据库。

3. 加强信息系统的建设和使用结合,推进信息系统的完善与应用,提高安全监管效率。

4. 推动企业利用物联网技术建立安全监控信息系统。推进危险化学品企业隐患自查自报信息系统建设。

(六)着力构建危险化学品宣传教育培训体系。

1. 建立完善的覆盖政府安全监管执法人员、危险化学品企业安全管理人员和从业人员,以及社会公众的危险化学品安全生产宣传教育和培训体系。

2. 加强对危险化学品安全监管执法人员的教育培训,制定培训考核计划,有计划、分批次地开展安全监管执法人员知识更新教育和现场实操实训。

3. 加强对危险化学品企业安全负责人、安全管理人员和特种作业人员的教育培训,严格执行相关人员持证上岗制度。

4. 加强对危险化学品企业新录用员工,转岗人员,新工艺、新技术、新材料、新设备设施操作人员,以及承包商人员的安全教育和培训的督查。

5. 开展危险化学品安全知识进企业、进社区、进农村、进学校、进家庭活动,建立畅通的危险化学品信息获取渠道,宣传和普及安全防护、自救互救的基本知识和技能,提高公众的自我防护和自救互救能力。

6. 创新危险化学品安全生产宣传、教育和培训方式方法,加强与主流媒体的合作,推进危险化学品网络培训和远程教育系统建设。

四、重点项目与工程

(一)危险化学品企业安全生产标准化达标工程。

1. 制定危险化学品企业安全生产标准化评定标准和考核办法,完善危险化学品安全生产标准化评定标准体系。建立危险化学品安全生产标准化建设信息化管理体系,提高考评工作效率和服务水平。

2. 加强对危险化学品安全生产标准化建设过程中方案制定、组织实施、现场落实及评审和咨询等各环节的监督。将达标结果向社会公告,作为企业绩效考核、评先推优等的重要参考依据。

3. 全面推进危险化学品企业安全生产标准化创建工作。到2012年,危险化学品企业全部达到安全生产标准化三级以上水平。到2015年,涉及危险化工工艺的危险化学品生产企业达到二级以上水平。

(二)城镇危险化学品安全现状普查工程。

1. 进一步明确城镇危险化学品安全监管相关部门的责任和分工,组织开展城镇危险化学品生产、经营、储存和使用企业以及化学品输送管线基本情况普查,掌握城镇危险化学品的分布、品种、数量、状态、周边安全防护和管理责任等有关情况。

2. 建立城镇地下危险化学品输送管网档案管理系统和城镇地下危险化学品输送管网档案管理、报送、更新和查询机制,实现行业主管、规划设计、建设施工、管网所属等有关单位的信息共享。

(三)危险化学品生产企业搬迁工程。

1. 推进城镇现有危险化学品企业搬迁扶持政策的研究和制定。在对企业现状进行安全评价的基础上,按照企业风险大小,制定城镇危险化学品生产企业搬迁计划。

2. 积极推动城镇危险化学品生产储存企业搬迁进入化工园区,不能搬迁的危险化学品生产储存企业限期转产或关闭,妥善处置搬迁企业的地下危险化学品输送管道,彻底消除隐患。到2015年底,完成城镇内存在高安全风险的危险化学品生产储存企业搬迁、转产或关闭,城镇危险化学品安全风险得到初步有效控制。

3. 推动其他威胁公共安全的危险化学品企业搬迁进入化工园区,不能搬迁的危险化学品企业限期转产或关闭。

(四)化工园区规范化建设示范工程。

1. 推动化工园区建立安全生产管理机构,明确并落实化工园区安全管理职责。到2015年,所有化工园区都要建立安全生产管理机构。

2. 组织和推动化工园区开展区域性安全评估工作,到2015年,所有国家、省、市级化工园区完成区域性安全评估。

3. 积极推动化工园区开展安全生产和应急管理一体化建设,提高化工园区安全管理水平。到2015年,建立20个化工园区一体化建设示范工程。

(五)危险化学品安全生产法规标准建设工程。

1. 危险化学品安全生产法规建设。制定《危险化学品安全使用许可证管理办法》、《化学品物理危险性鉴定与分类管理办法》、《危险化学品重大危险源安全监督管理暂行规定》,修订《危险化学品生产企业安全生产许可证实施办法》、《危险化学品经营许可证管理办法》、《危险化学品登记管理办法》、《危险化学品建设项目安全许可实施办法》等部门规章。制定城镇危险化学品、化工园区、危险化学品输送管道安全管理的相关规定,制修订化工安全生产禁令、化工建设项目安全设计管理规定。制定光气、新型煤化工、超大型石化生产储存装置和大型库区等的安全管理办法,编制《首批重点监管的危险化学品名录》、《危险化学品目录》、《化工行业安全发展规划编制导则》。

2. 危险化学品安全生产标准建设。制定危险化学品生产、经营、使用企业及建设项目安全评价细则,开展制定涉及危险工艺的生产安全技术规程、安全设备设施技术标准、重点场所安全监控与事故预警技术要求的研究。制定危险化学品生产、储存装置外部安全防护距离、重大危险源安全评估导则、危险与可操作性分析方法应用指南、化工企业安全保护措施分析应用指南、危险化学品道路运输安全管理导则、加油(气)站视频安防监控系统技术要求等标准。修订易燃易爆罐区安全监控预警系统验收技术要求。

(六)危险化学品安全监管信息化建设工程。

依托"金安"工程,整合重大危险源安全管理信息系统、危险化学品安全监管政务信息系统、安全生产标准化管理信息系统、危险化学品登记信息管理系统,以及地方各级安全监管局网站,建立危险化学品安全监管信息平台和数据库,实现危险化学品安全生产行政许可网上申请、受理和审批,以及重点工作信息化监管。

(七)危险化学品安全生产关键技术研究。

组织开展化工园区安全容量、基于风险的危险化学品装置外部安全距离、高含硫油品加工安全技术、大型油品储罐区安全控制技术、基于云计算的中小化工企业工艺安全管理及监管一体化智能服务平台、基于现场总线和冗余容错机制的分布式 3 级安全完整性等级(SIL3)安全仪表系统等危险化学品安全生产关键技术研究。

五、保障措施

(一)加强规划组织管理。

危险化学品安全生产涉及生产、储存、使用、经营和运输等多个环节,要加强与负有危险化学品安全监督管理职责的有关部门的信息沟通和工作协调,就规划确定的目标和任务与相关部门的规划有机衔接。指导督促危险化学品企业加强安全管理、推进安全生产标准化达标建设、建立重大危险源安全管理和监控系统、开展隐患排查治理、危害辨识和风险分析等,推动危险化学品企业全面落实安全生产主体责任。

(二)加强规划实施管理。

负有危险化学品安全管理职责的各有关部门要按照职责分工,研究制定规划实施方案和年度工作计划,就规划提出的规划目标、主要任务和重点工程,进行分解落实。加快启动企业安全生产标准化达标、危险化学品安全现状普查、危险化学品生产企业搬迁、化工园区规范化建设等重点工作,带动规划的全面实施。

(三)加大安全投入力度。

推进财政、金融、税收等有利于危险化学品安全生产的优惠政策的制定、完善和落实,加大危险化学品安全生产和应急救援建设投入。监督危险化学品企业加大安全投入,严格执行安全生产费用提取使用管理制度,按时、足额提取和规范使用安全生产费用,优先保证危险化工工艺和重点危险化学品储存装置自动化改造、重大危险源自动监控技术改造需要的资金。积极推行安全生产责任险,实现安全生产保障渠道多样化。

(四)加强规划考核评估。

建立规划实施动态考核评估机制,对规划实施的阶段性成果实行动态监测,及时发现、反馈规划实施中存在的问题,适时按程序对规划内容进行调整。规划编制部门要对规划各个阶段的实施情况进行总结评估,并将规划实施情况的评估结果向社会公布,接受各级政府和社会公众的监督

关于《危险化学品经营许可证管理办法》的实施意见

安监管管二字〔2002〕103 号

根据《安全生产法》和《危险化学品安全管理条例》,2002 年 10 月 8 日,国家经贸委公布《危险化学品经营许可证管理办法》(国家经贸委令第 36 号,以下简称《办法》),于 2002 年 11 月 15 日实施。为了进一步规范危险化学品经营单位(以下简称经营单位)的监督管理,保证危险化学品经营许可证(以下简称经营许可证)发放的科学性、公正性和严肃性,便于全国统一实施《办法》,现就《办法》中若干事项提出如下意见:

一、危险化学品用途分类

危险化学品广泛应用于国民经济建设和人民生活的各个领域,其用途主要划分为:工业生产、农业生产、建筑装饰、科教文卫、家庭生活、国防军工等领域使用的危险化学品;运输工具使用的成品油和液化气;特殊用途的监控化学品和易制毒化学品。

二、经营单位类型、经济性质和经营方式

1. 单位类型

(1)企业类型:按照国家统计局和原国家工商行政管理局《关于划分企业登记注册类型的规定》(国统字〔1998〕200 号)划分企业类型。

(2)特别类型:个体工商户、百货商店(场)。

(3)企业主管划分:中央管理企业、省(自治区、直辖市)属企业、其它隶属企业。

(4)企业(公司)分支机构:分公司、办事机构、销售部。

(5)营业执照登记划分:国家工商行政管理总局登记注册、省(自治区、直辖市)级工商行政管理局登记注册、国家工商行政管理总局委托省(自治区、直辖市)级工商行政管理局登记注册、中央管理企业分支机构在省(自治区、直辖市)级工商行政管理局登记注册、其他工商行政管理局登记注册。

2. 经济性质

全民所有制、集体所有制、私有制。

3. 危险化学品经营方式

批发、零售和化工企业在厂外设立销售网点。

三、危险化学品经营限制

1. 禁止经营《淘汰落后生产能力、工艺和产品的目录》中的落后产品中的危险化学品、《禁止进口货物目录》和《禁止出口货物目录》中的危险化学品。

2. 依据《农药管理条例》,下列单位可以经营属于危险化学品的农药:

(1)供销合作社的农业生产资料经营单位;

(2)植物保护站;

(3)土壤肥料站;

(4)农业、林业技术推广机构;

(5)森林病虫害防治机构;

(6)农药生产企业;

(7)国务院规定的其他经营单位。

3. 依据《监控化学品管理条例》的规定,经营具有危险性的监控化学品,须出具国家经贸委或省(自治区、直辖市)经贸部门的批准文件。

4. 个体工商户和百货商店(场)不得经营工业生产、农业生产、国防军工等使用的危险化学品和运输工具用成品油和液化气;个体工商户不得经营建筑装饰、科教文卫、家庭生活等使用的剧毒化学品;百货商店(场)不得经营家庭生活使用的危险化学品以外的危险化学品。

5. 依据《国务院关于整顿和规范市场经济秩序的决定》(国发[2001]11号)及国家经贸委有关规定,经营成品油须出具国家经贸委或省、自治区、直辖市经贸部门的批准文件。此外,经营运输工具用液化气(液化石油气、液化天然气)应当参照成品油管理,出具国家经贸委或省、自治区、直辖市经贸部门的批准文件。

6. 根据国家经贸委、公安部和国家工商行政管理总局《关于加强易制毒化学品生产经营管理的通知》(国经贸产业[2000]1105号)等有关规定,经营属于一类易制毒化学品的危险化学品必须出具有关主管部门的批准文件。

四、经营单位的基本条件

1. 经营用于建筑装饰危险化学品的建筑装饰材料市场,应当符合《办法》第六条规定的条件,在市场内出租经营的店面可以酌情放宽条件。

2. 没有也不租赁储存场所从事批发业务的经营企业,应当符合《办法》第六条(三)、(四)、(五)项规定的条件。

3. 人员培训

(1)经营单位的主要负责人(包括主管人员)、安全生产管理人员(包括专职和兼职人员)和业务人员,应经过专业培训,并经考核合格,取得安全资格证书。

(2)国家安全生产监督管理局(以下简称国家局)依法组织、指导全国经营单位安全生产培训工作,负责组织制订经营单位主要负责人、安全生产管理人员和业务人员的培训大纲及考核标准,推荐使用基本教材。

(3)各省(自治区、直辖市)安全生产监督管理部门(以下简称省级部门)负责本辖区经营单位安全管理培训、考核、发证的综合管理工作,应当制定相应的管理办法并报国家局备案。

4. 经营单位事故应急救援预案

经营单位租赁经营场所或储存场所的,经营单位应当与经营场所或储存场所的所有者共同编制事故应急救援预案。

五、经营单位的安全评价

1. 安全评价报告书

危险化学品经营单位安全评价报告书,要按照国家局印发的《危险化学品经营单位安全评价导则》进行编制。

2. 开展安全评价工作时间

国家局印发《危险化学品经营单位安全评价导则》之后,危险化学品经营单位即可自主选择具有资质的评价机构进行评价。

六、经营单位的申请材料

1.《危险化学品经营许可证申请表》由国家局编制统一格式（见附件1），各省级部门和设区的市负责危险化学品安全管理的部门（以下简称市级部门）自行印制。

2. 经营单位应当向省级部门或市级部门提交《危险化学品经营许可证申请表》一式3份和电子版1份。

七、经营单位的审批

1. 经营单位的审批

《办法》中规定的省级部门和市级部门负责审批并发放经营单位的经营许可证，不得交由下级部门进行审批和发放。

2. 省级部门负责审批剧毒化学品、成品油和运输工具用液化气的经营单位，在国家工商行政管理总局、省（自治区、直辖市）工商行政管理局、国家工商行政管理总局委托省（自治区、直辖市）级工商行政管理局登记注册的经营单位，并发放甲种经营许可证；市级发证机关负责审批上述单位以外的经营单位，并发放乙种经营许可证。

八、经营许可证

1. 经营许可证的印发

根据发证机关需要的数量，国家局统一印制经营许可证（证书式样见附件2），省级部门和市级部门负责发放。

2. 经营许可证的填写

经营许可证用打印机打印（填写说明见附件2），国家局确定打印机型号，省级部门和市级部门自行购买，打印程序由国家局提供。

3. 经营许可证的损坏处理

在填写经营许可证时，如果发现毁坏或填写差错，省级部门或市级部门可将毁坏的经营许可证邮寄到国家局监管二司。

九、经营单位的信息管理

1. 省级部门和市级部门除定期向社会公告经营单位名单以外，还应当向同级公安机关、交通部门、工商部门和环保部门通报。

2. 每年1月15日前，省级部门将经营单位情况书面报国家局，同时将信息数据库新增信息一并报送（用计算机软盘）。

3. 国家局建立经营单位信息数据库。数据库软件由国家局统一编制，提供省级部门和市级部门。

十、经营许可证工本费

经营许可证工本费，由国家局报请国家计委和财政部核准，全国统一执行。

附件：1.《危险化学品经营许可证申请表》（略）
　　　2. 危险化学品经营许可证式样及填写说明（略）

关于开展提升危险化学品领域
本质安全水平专项行动的通知

安监总管三〔2012〕87 号

各省、自治区、直辖市及新疆生产建设兵团安全生产监督管理局、发展改革委、工业和信息化主管部门、住房和城乡建设主管部门：

近年来，全国危险化学品领域相继发生了大连中石油国际储运有限公司"7·16"输油管道爆炸火灾事故、南京"7·28"地下丙烯管道泄漏爆炸事故和河北克尔化工有限公司"2·28"爆炸事故等有较大社会影响的重特大事故，暴露出我国危险化学品领域在规划布局、安全设计、自动化监控、生产管理、人员素质等方面存在的问题还比较突出，本质安全水平不高。为着力提升危险化学品领域本质安全水平，有效防范和坚决遏制危险化学品重特大事故的发生，经研究，国家安全监管总局、国家发展改革委、工业和信息化部、住房和城乡建设部决定于 2012 年 7 月至 2015 年 6 月，在全国组织开展为期 3 年的提升危险化学品领域本质安全水平专项行动(以下简称专项行动)。现将有关要求通知如下：

一、指导思想和工作目标

(一)指导思想。以科学发展观为指导，大力实施安全发展战略，坚持"安全第一、预防为主、综合治理"的方针，深入贯彻落实《国务院关于进一步加强企业安全生产工作的通知》(国发〔2010〕23 号)、《国务院关于坚持科学发展安全发展促进安全生产形势持续稳定好转的意见》(国发〔2011〕40 号)、《国务院办公厅关于继续深入扎实开展"安全生产年"活动的通知》(国办发〔2012〕14 号)和《国务院办公厅关于集中开展安全生产领域"打非治违"专项行动的通知》(国办发明电〔2012〕10 号)要求，推进危险化学品安全生产"十二五"规划、石化和化学工业"十二五"发展规划的有效实施，通过开展专项行动，严厉打击危险化学品领域非法违法生产经营建设行为，坚决维护危险化学品安全生产秩序，完善危险化学品装置、设施的安全设计和自动化监控系统，推动危险化学品企业进一步落实安全生产主体责任，全面消除各类安全隐患，提高危险化学品领域本质安全水平，促进危险化学品安全生产形势持续稳定好转。

(二)工作目标。集中开展危险化学品领域"打非治违"专项行动，规范危险化学品生产经营建设行为；全面完成涉及重点监管危险化工工艺的化工装置、涉及重点监管危险化学品的生产储存装置和危险化学品重大危险源(以下统称"两重点一重大")的自动化控制系统改造，本质安全水平得到明显提升；对未经过正规设计的在役化工装置进行安全设计诊断，全面消除安全设计隐患；开展穿越公共区域的危险化学品输送管道的整治，基本完成城镇人口密集区域内非民用的涉及"两重点一重大"的危险化学品生产储存企业搬迁工作，城镇危险化学品安全风险得到有效控制。

二、重点任务

(一)集中开展危险化学品领域"打非治违"工作。

根据国务院关于集中开展安全生产领域"打非治违"专项行动的统一部署，认真落实国家安全监管总局制定的危险化学品领域"打非治违"专项行动工作方案(安监总办〔2012〕64 号)，并充分发挥危险化学品安全生产监管部门联席会议的作用，集中开展联合执法，严厉打击各类非法违法生产经营建设行为，全面治理违规违章问题，确保在 2012 年 9 月底前危险化学品领域"打非治违"专项行动取得明显成效。

（二）加快涉及"两重点一重大"企业的自动化控制系统改造工作。

1. 全面开展危险化工工艺自动化控制系统改造。涉及已公布的 15 种重点监管危险化工工艺的化工装置，要在 2012 年底前全面完成自动化控制系统改造。将原料和产品中均含有爆炸品的化工生产工艺纳入重点监管危险化工工艺范围，涉及上述工艺的化工装置要在 2014 年底前完成自动化控制系统改造工作。今后新建化工生产装置必须装备自动化控制系统，高度危险和大型生产装置要装备紧急停车系统。

2. 开展涉及重点监管危险化学品的生产储存装置自动化控制系统改造完善工作。涉及重点监管危险化学品的生产储存装置必须在 2014 年底前装备自动化控制系统。将受热、遇明火、摩擦、震动、撞击时可发生爆炸的化学品全部纳入重点监管危险化学品范围。

3. 开展危险化学品重大危险源自动化监控系统改造工作。要按照《危险化学品重大危险源监督管理暂行规定》（国家安全监管总局令第 40 号）的要求，改造危险化学品重大危险源的自动化监测监控系统，完善监控措施，2014 年底前全面实现危险化学品重大危险源温度、压力、液位、流量、可燃有毒气体泄漏等重要参数自动监测监控、自动报警和连续记录。

（三）加强危险化学品生产储存装置设计安全管理。

1. 开展在役装置安全设计诊断，2013 年底前完成所有未经正规设计的在役装置安全设计诊断工作。危险化学品企业要聘请有相应设计资质的设计单位，对未经过正规设计的在役装置进行安全设计诊断，对装置布局、工艺技术及流程、主要设备和管道、自动控制、公用工程等进行设计复核，全面查找并整改装置设计存在的问题，消除安全隐患。

2. 加强对新建项目的设计安全管理。危险化学品建设项目必须由具备相应资质和相关设计经验的设计单位负责设计，设计单位要加强安全设计审查工作，建设项目设计要以保证安全生产为前提，合理布局，选择成熟、可靠的工艺路线、设备设施，配备完善的自动化控制系统。对涉及"两重点一重大"的装置，要按照《化工建设项目安全设计管理导则》（AQ/T3033—2010）的要求，在装置设计阶段进行危险与可操作性分析（HAZOP），消除设计缺陷，提高装置的本质安全水平。

（四）开展穿越公共区域的危险化学品输送管道专项治理。

1. 开展穿越公共区域的危险化学品输送管道现状普查。重点查清城镇危险化学品输送管道设施的分布走向、物料名称、权属单位、安全现状和主管部门。在普查工作中，要组织企业单位、有资质的检验检测机构或科研单位对城镇建成区现有的危险化学品管道管网开展全面检验检测、安全风险评估，确定各类管道管网的安全状况和安全风险等级。2012 年底前，完成城镇危险化学品输送管道安全管理现状普查工作；2013 年底前，要建成统一、完整的危险化学品输送管道安全管理信息化系统，实现各有关部门信息共享。

2. 开展穿越公共区域的危险化学品输送管道集中治理，2013 年底前全面完成治理工作。重点整治危险化学品输送管道违章占压和防护距离不足以及各类管道铺设重叠交叉等突出问题。管道权属单位或主管部门要建立和完善危险化学品输送管道安全管理制度，明确责任单位，落实管理责任。开展停用和废弃危险化学品输送管道设施安全清理工作。在城市拆迁、旧城改造、城镇建设、企业搬迁工作中，管道权属单位或主管部门要在规定的时间内安全拆除废弃管道设施，相关部门要加强监督检查。对不能确定权属单位或主管部门的废弃管道设施，由当地人民政府指定的部门或单位负责实施安全拆除。加强和规范地面开挖作业活动的安全监管，建立地面开挖施工作业证部门联合审批制度和管道设施权属单位作业前安全交底制度，确保地面开挖施工作业安全。

（五）推动城镇人口密集区域危险化学品企业的搬迁。

对城镇人口密集区域内非民用的涉及"两重点一重大"的危险化学品生产储存企业，要限期搬迁、转产或关闭，并于"十二五"期间基本完成，对于一时难以搬迁的企业，要制定切实可行的措施,进一步提高本质安全水平,确保安全生产。要督促指导相关危险化学品企业制定计划和保障措施,平稳、有序地实施搬迁工作,防止引发事故和遗留安全隐患。各地区要结合实际,研究制定项目核准、搬迁用地等方面的鼓励支持政策,综合运用城镇规划、行政许可、环境治理、安全风险防控等措施,有计划地将城镇危险化学品生产储存企业搬迁至合规设立的化工园区。

(六)推动重点工作落实,切实提高危险化学品安全管理水平。

1. 全面开展安全生产标准化建设。以安全生产标准化为抓手,进一步推动企业完善安全生产责任制,健全安全管理机构,完善和严格执行规章制度,加大安全投入,完善安全生产条件,强化重大危险源监控,扎实开展隐患排查治理,加强特殊作业安全管控,严格执行变更管理制度,加强班组建设和作业人员培训教育,细化企业安全管理工作,提高安全管理水平。

2. 进一步加强化工过程安全管理。按照《化工企业工艺安全管理实施导则》(AQ/T3034—2010)的要求,从及时收集危险化学品的安全信息、开展化工过程危害分析、完善操作规程、加强人员培训、加强承包商安全管理、加强动火及进入受限空间等特殊作业管理、机械仪表电气设备完好性、公用工程可靠性、变更管理、试生产安全审查、事故查处及应急管理等方面,全面加强化工企业安全管理,逐步提高化工生产过程安全管理水平。逐步推行化工生产装置定期(每3至5年一次)开展危险与可操作性分析(HAZOP)工作。

3. 进一步加强隐患排查治理工作。督促危险化学品企业明确责任部门、完善工作制度,确保企业隐患排查治理横向到边、纵向到底、全面覆盖、不留死角,实现隐患排查治理工作制度化、规范化、常态化。要尽快建立企业隐患排查治理信息系统,用信息化手段推动隐患排查治理工作落到实处,及时发现、治理隐患,不断提高本质安全水平。

4. 推行化工园区一体化安全管理。按照规划先行、控制容量、统筹协调、一体化管理的要求,严格全面地论证、科学规划化工园区。严格企业入园条件,科学规划化工园区内的产业链,合理确定化工园区安全容量,优化园区内的企业布局。充分利用化工园区内各企业的监测监控、应急救援等资源,构建园区一体化管理信息平台,实施园区安全生产一体化管理。

(七)提高从业人员准入条件和专业素质。

1. 提高危险化学品领域从业人员准入条件。今后,涉及"两重点一重大"装置的专业管理人员必须具有大专以上学历,操作人员必须具有高中以上文化程度。要进一步加强从业人员的安全知识和技能培训,强化危险化学品特种作业人员培训和考核取证工作,提高从业人员操作技能和安全意识。

2. 加快化工专业管理人才和产业工人的培养。要充分利用大专院校、大型企业集团,创新工作机制,建立多层次的化工专业人才培养体系,为化工行业安全发展提供成熟的产业工人和专业管理人才。重点地区要大力发展化工职业教育,加快化工产业工人培养。新建化工企业要及早制定从业人员培养计划,依托大专院校、职业学校的支持,变招工为招生,从源头上保证从业人员专业素质和专业技能。

三、工作安排

(一)部署实施阶段(2012年7月)。

各地区要结合实际,研究制定本地区专项行动工作方案,明确具体的工作计划和重点任务,并认真组织实施。2012年7月底前,各省级安全监管局要牵头将本地区开展专项行动的工作方案报国家安全监管总局。

(二)组织实施阶段(2012年8月至2014年12月)。

1. 集中开展"打非治违"阶段(2012年8月至9月)。各地区要组织有关单位对辖区内涉及"两重点一重大"的化工企业、危险化学品输送管道和危险化学品建设项目进行全面摸底和排查,掌握危险化学品安全管理的基本情况,并根据国务院的统一部署,集中开展危险化学品领域"打非治违"专项行动。

2. 分步实施阶段(2012 年 10 月至 2014 年 12 月)。各地区要按照本地区专项行动工作方案,突出重点,分步实施,确保按时完成阶段性目标。要及时对重点任务完成情况进行检查验收,对不符合要求的地区和企业要责令其限期整改,确保专项行动取得预期效果。

(三)总结提高阶段(2015 年 1 月至 6 月)。

各省级安全监管局要牵头组织开展本地区专项行动总结工作,对照检查重点任务和工作计划完成情况,查找不足,提出进一步加强危险化学品安全管理的措施,并于 2015 年 6 月底前将专项行动总结报告报国家安全监管总局。

四、工作要求

(一)高度重视,加强领导。各地区要把专项行动作为今后 3 年危险化学品安全监管的工作重点,持续深入开展"打非治违"工作,全面提升危险化学品领域本质安全水平。国家安全监管总局、国家发展改革委、工业和信息化部、住房和城乡建设部等部门要在危险化学品安全生产监管部际联席会议制度的框架内加强组织协调,督促、指导各地区开展专项行动。各地区要高度重视,充分发挥危险化学品安全生产监管部门联席会议的作用,切实加强组织领导,统一部署,明确职责,分工负责,周密安排,抓好落实,确保完成专项行动的各项任务。

(二)统筹协调、突出重点。各地区要针对本地区危险化学品安全生产特点,统筹安排为期 3 年的专项行动,与其他各项重点工作共同推进。要制定相应的优惠、扶持政策,从资金、人员、技术等方面加大支持力度,提高企业开展专项行动的主动性和积极性。各有关部门要相互协调配合,共同研究解决影响专项行动开展的突出问题。

(三)加强监管、及时总结。各地区要将专项行动工作任务落实情况纳入年度执法检查计划,定期开展有针对性的检查,及时解决问题。要注意总结推广各地区的好经验、好做法,推动专项行动深入、扎实、有效开展。各省级安全监管局要会同有关部门每季度对本地区专项行动进展情况进行总结,并按时报国家安全监管总局。

(四)加大宣传、营造氛围。各地区要充分利用电视、广播、报纸、互联网等媒体,大力宣传危险化学品领域"打非治违"专项行动成果,及时通报非法违法案件查处情况,始终保持高压态势。要根据专项行动各阶段重点任务的需要,及时组织新闻媒体跟踪报道专项行动中的先进事迹、典型事例,积极引导社会公众参与和支持专项行动。

(五)督导调研、推动深入。各地区、各有关部门要根据专项行动工作计划和进度安排,定期组织督查组,对本地区、本系统专项行动进展情况进行督促、检查,确保按计划完成各项重点任务。要充分发挥专家的作用,组织专家深入基层,帮助中小危险化学品企业解决危险化工工艺自动化改造、化工过程安全管理、重大危险源监控等方面遇到的问题和困难。

国家安全生产监督管理总局

国家发展改革委员会

工业和信息化部

住房和城乡建设部

二〇一二年六月二十九日

国家安全监管总局关于进一步加强
非药品类易制毒化学品监管工作的指导意见

安监总管三〔2012〕79 号

各省、自治区、直辖市及新疆生产建设兵团安全生产监督管理局：

为深入贯彻落实《禁毒法》、《易制毒化学品管理条例》(国务院令第 445 号,以下简称《条例》)、《非药品类易制毒化学品生产、经营许可办法》(国家安全监管总局令第 5 号)等法律法规要求,落实各级安全监管部门非药品类易制毒化学品监管责任,推动非药品类易制毒化学品生产、经营企业(以下简称企业)认真履行社会责任,依法从事生产、经营活动,进一步加强非药品类易制毒化学品管理,现提出以下指导意见：

一、进一步加强非药品类易制毒化学品监管工作的重要意义和总体要求

(一)重要意义。非药品类易制毒化学品品种数量占国家管制的易制毒化学品品种数量的 80％以上。为防止其流入非法渠道用于制造毒品,《条例》赋予安全监管部门履行非药品类易制毒化学品生产、经营许可和监督工作的职责,这是加强非药品类易制毒化学品源头管理的重要环节,在整个禁毒工作中发挥着不可替代的重要作用,对于维护社会秩序、构建和谐社会具有重要现实意义。各级安全监管部门要充分认识非药品类易制毒化学品监管工作的长期性、复杂性,增强大局意识、责任意识、创新意识、法制意识,不断提升监管能力。

(二)总体要求。结合危险化学品安全监管工作,严把非药品类易制毒化学品企业准入关,进一步加强和完善非药品类易制毒化学品生产、经营环节的流向和数量监管工作,建立日常监督检查机制,完善部门联合执法机制,严厉查处各种非法违法行为;加强对非药品类易制毒化学品企业的监督指导,督促企业认真落实非药品类易制毒化学品管理责任,增强自律意识,健全管理制度,自觉遵守《条例》规定,构建非药品类易制毒化学品生产经营法制秩序。

二、严格源头准入,进一步加强非药品类易制毒化学品的监督管理

(三)严格非药品类易制毒化学品生产、经营颁证管理。各级安全监管部门要通过许可证审查和备案证明延期换证等手段,依法依规严格要求,从严把好非药品类易制毒化学品生产经营准入关口。许可证和备案证明载明的易制毒化学品品种、产量、销售量、流向等内容,要反映企业实际生产经营情况,增强许可证和备案证明的约束与引导作用。要结合安全生产监督管理工作,依法淘汰生产条件差、管理水平低的生产企业,关闭无固定经营场所的经营企业,从严查处涉毒案件中的违法企业。许可证或备案证明有效期届满后未按要求提交延期换证申请的企业,应当立即停止相关生产经营活动;继续生产经营的,按非法生产经营行为依法予以严肃查处。发证机关要在非药品类易制毒化学品生产、经营企业许可证或备案证明有效期届满后 3 个月内依法予以注销,并抄报同级公安、工商、商务等有关部门。

(四)加强非药品类易制毒化学品颁证企业的监管工作。各级安全监管部门要针对本地区非药品类易制毒化学品企业分布情况和管理状况,制定年度监管执法工作计划,有计划地开展日常监督检查,做到年度内全覆盖,重点检查企业执行《条例》情况、保持颁证条件情况、制度落实情况、相关人员对非药品类易制毒化学品管理要求的掌握情况等。对检查发现的问题,要限期改

正,严厉查处和打击非法生产经营行为。要与危险化学品安全监管工作有机结合,充分利用安全监管的行政许可手段,加大企业违法成本;对于被暂扣或吊销非药品类易制毒化学品相关许可证或备案证明,又存在违反危险化学品安全法律法规要求的企业,要同时依法暂扣或吊销其相关危险化学品安全许可证。

三、全面落实企业非药品类易制毒化学品管理责任

(五)建立健全非药品类易制毒化学品管理责任体系。企业要认真履行非药品类易制毒化学品管理责任,建立健全包括主要负责人、分管负责人、销售负责人及有关人员在内的责任体系,健全管理机构,至少配备1名专职人员或者以非药品类易制毒化学品管理为主要职责的固定管理人员,切实履行职责,严防非药品类易制毒化学品流入非法渠道造成社会危害。

(六)健全完善各项非药品类易制毒化学品管理制度。企业要建立健全至少包括以下内容的非药品类易制毒化学品管理制度:企业负责人的管理职责和管理人员的岗位职责,非药品类易制毒化学品生产、出入库管理、仓储安全管理制度,购销管理、购销合同管理、销售流向登记、销售记录管理、购买和运输凭证存档等制度,非药品类易制毒化学品信息系统填报制度,从业人员非药品类易制毒化学品知识教育培训制度,违法违规行为举报奖励制度等。

(七)非药品类易制毒化学品生产设备、仓储设施、产品包装要符合国家标准要求或有关规定。不得采用国家明令淘汰的生产工艺装置;仓储设施要符合非药品类易制毒化学品的理化特性要求,符合防盗等安全监控要求;产品包装必须标明产品名称、化学分子式、成分和含量,确保包装可靠,属于危险化学品的,必须符合有关法律法规对危险化学品安全的有关规定。

(八)严格遵守非药品类易制毒化学品生产、经营许可和备案制度。企业要严格依法从事非药品类易制毒化学品生产、经营活动,规范生产和经营行为,严禁超许可范围生产和经营;备案事项发生变化的,应当及时办理重新备案和变更手续;不再生产、经营非药品类易制毒化学品的,应当及时办理许可证或备案证明注销手续。严禁倒卖、出租、转让或以厂房场地转包、租赁等方式变相转让非药品类易制毒化学品生产、经营许可证或备案证明。

(九)强化非药品类易制毒化学品销售管理,做到销售流向清晰、档案记录完整。企业要依法销售非药品类易制毒化学品,按规定查验购买者应持有的由公安机关核发的购买资质证明和购买经办人身份证。对符合条件的购买者,要如实记录销售的品种、数量、日期和购买方的详细地址、联系方式和自述用途等情况,留存上述资质证明和身份证的复印件。记录和留存复印件等销售资料应当保存2年备查。对非药品类易制毒化学品生产、经营的各项记录台账、资料,要逐步建立电子文档,实现信息化、动态化管理。

(十)加强非药品类易制毒化学品法律法规教育培训。企业每年要对全体员工进行一次非药品类易制毒化学品管理方面的遵纪守法教育培训,使全体员工充分认识非药品类易制毒化学品流入非法渠道的社会危害和法律责任。企业主要负责人、技术人员和管理人员要接受非药品类易制毒化学品管理的教育和培训,熟悉相关法律法规和制度规定,掌握非药品类易制毒化学品基本知识。涉及第一类非药品类易制毒化学品的企业主要负责人、技术人员和管理人员,还应当按照有关规定取得考核合格证明。

四、强化非药品类易制毒化学品流向监管,严格追究责任

(十一)加强生产、经营环节非药品类易制毒化学品流向监管。地方各级安全监管部门要监督企业建立健全非药品类易制毒化学品出入库、销售登记等各项管理制度,并检查企业非药品类易制毒化学品存放保管等内部流转是否有明确的记录,对外销售记录和买方购买资质留存资料

是否完整,企业产量、销售量是否平衡,前后记录是否一致,台账和实物是否相符,以及产量、销售量、流向等与企业年报是否相符等情况。对存在问题的,要责令限期改正,依法处罚。

(十二)加强非药品类易制毒化学品信息化管理。地方各级安全监管部门要充分运用非药品类易制毒化学品管理信息系统的统计等功能,全面分析和掌握本地区非药品类易制毒化学品生产和经营的总量、品种、流向、颁证等情况及相关变化。要认真做好非药品类易制毒化学品生产、经营许可和备案颁证季报(以下简称季报)填报工作,督促企业按时上报非药品类易制毒化学品生产、经营年报(以下简称年报),并做到上报数据准确、规范;要于每季度第一个月末前上报上一季度季报,每年4月底前上报上一年度年报。企业不提供年报的,安全监管部门要依法予以处罚;下级安全监管部门不提供季报、年报,数据存在明显错误,季报、年报缺项较多的,上级安全监管部门要予以通报或督办。

(十三)建立非药品类易制毒化学品案件倒查机制。对涉及非药品类易制毒化学品流入非法渠道案件的企业,所在地省级安全监管部门要组织专项检查,查清涉案情况、非药品类易制毒化学品管理情况。对存在管理漏洞的,要责令企业限期整改;存在非法违法销售行为的,依法责令企业停产停业整顿,暂扣或吊销非药品类易制毒化学品生产、经营许可证和备案证明,情节严重的,依法移送公安机关追究法律责任。要举一反三,要求同类企业吸取教训,切实加强管理,防止同类案件再次发生。

五、加强监管能力建设,积极参与部门联动合作

(十四)加强组织领导和监管能力建设。各级安全监管部门要加强组织领导,充实人员力量,落实责任,保障经费,及时检查和总结非药品类易制毒化学品监管工作。各省级安全监管部门以及非药品类易制毒化学品企业数量多的设区的市级安全监管部门要配置专职管理人员;设区的市级以下的安全监管部门要明确固定的管理人员,并保持人员相对稳定,保证工作的连续性。要加强监管人员易制毒化学品法律法规和业务知识的培训。要创新日常监管方法,建立健全约谈、公布"黑名单"、挂牌督办等制度,应用信用记录等措施,不断提高非药品类易制毒化学品监管水平和执法效能。

(十五)加强部门协作与配合。各级安全监管部门要积极参与同级禁毒委员会组织开展的有关工作,开展与易制毒化学品监管相关部门的合作,形成整体监管合力。要会同公安、商务和工商等相关部门,联合开展专项检查,严厉打击非法违法生产、经营非药品类易制毒化学品行为。在换发许可证和备案证明、检查企业非药品类易制毒化学品销售管理情况等工作中,要通过与有关部门沟通信息、加强联动,进一步查证实情,堵塞漏洞,提高执法检查效能,共同推进易制毒化学品监管工作。

国家安全生产监督管理总局

二〇一二年六月十五日

国家安全监管总局关于印发危险化学品企业
事故隐患排查治理实施导则的通知

安监总管三〔2012〕103 号

各省、自治区、直辖市及新疆生产建设兵团安全生产监督管理局,有关中央企业:

隐患排查治理是安全生产的重要工作,是企业安全生产标准化风险管理要素的重点内容,是预防和减少事故的有效手段。为了推动和规范危险化学品企业隐患排查治理工作,国家安全监管总局制定了《危险化学品企业事故隐患排查治理实施导则》(以下简称《导则》,请从国家安全监管总局网站下载),现印发给你们,请认真贯彻执行。

危险化学品企业要高度重视并持之以恒做好隐患排查治理工作。要按照《导则》要求,建立隐患排查治理工作责任制,完善隐患排查治理制度,规范各项工作程序,实时监控重大隐患,逐步建立隐患排查治理的常态化机制。强化《导则》的宣传培训,确保企业员工了解《导则》的内容,积极参与隐患排查治理工作。

各级安全监管部门要督促指导危险化学品企业规范开展隐患排查治理工作。要采取培训、专家讲座等多种形式,大力开展《导则》宣贯,增强危险化学品企业开展隐患排查治理的主动性,指导企业掌握隐患排查治理的基本方法和工作要求;及时搜集和研究辖区内企业隐患排查治理情况,建立隐患排查治理信息管理系统,建立安全生产工作预警预报机制,提升危险化学品安全监管水平。

国家安全监管总局

2012 年 8 月 7 日

附件

危险化学品企业事故隐患排查治理实施导则

1　总则

1.1　为了切实落实企业安全生产主体责任,促进危险化学品企业建立事故隐患排查治理的长效机制,及时排查、消除事故隐患,有效防范和减少事故,根据国家相关法律、法规、规章及标准,制定本实施导则。

1.2　本导则适用于生产、使用和储存危险化学品企业(以下简称企业)的事故隐患排查治理工作。

1.3　本导则所称事故隐患(以下简称隐患),是指不符合安全生产法律、法规、规章、标准、规程和安全生产管理制度的规定,或者因其他因素在生产经营活动中存在可能导致事故发生或导

致事故后果扩大的物的危险状态、人的不安全行为和管理上的缺陷,包括:

(1)作业场所、设备设施、人的行为及安全管理等方面存在的不符合国家安全生产法律法规、标准规范和相关规章制度规定的情况。

(2)法律法规、标准规范及相关制度未作明确规定,但企业危害识别过程中识别出作业场所、设备设施、人的行为及安全管理等方面存在的缺陷。

2　基本要求

2.1　隐患排查治理是企业安全管理的基础工作,是企业安全生产标准化风险管理要素的重点内容,应按照"谁主管、谁负责"和"全员、全过程、全方位、全天候"的原则,明确职责,建立健全企业隐患排查治理制度和保证制度有效执行的管理体系,努力做到及时发现、及时消除各类安全生产隐患,保证企业安全生产。

2.2　企业应建立和不断完善隐患排查体制机制,主要包括:

2.2.1　企业主要负责人对本单位事故隐患排查治理工作全面负责,应保证隐患治理的资金投入,及时掌握重大隐患治理情况,治理重大隐患前要督促有关部门制定有效的防范措施,并明确分管负责人。

分管负责隐患排查治理的负责人,负责组织检查隐患排查治理制度落实情况,定期召开会议研究解决隐患排查治理工作中出现的问题,及时向主要负责人报告重大情况,对所分管部门和单位的隐患排查治理工作负责。

其他负责人对所分管部门和单位的隐患排查治理工作负责。

2.2.2　隐患排查要做到全面覆盖、责任到人,定期排查与日常管理相结合,专业排查与综合排查相结合,一般排查与重点排查相结合,确保横向到边、纵向到底、及时发现、不留死角。

2.2.3　隐患治理要做到方案科学、资金到位、治理及时、责任到人、限期完成。能立即整改的隐患必须立即整改,无法立即整改的隐患,治理前要研究制定防范措施,落实监控责任,防止隐患发展为事故。

2.2.4　技术力量不足或危险化学品安全生产管理经验欠缺的企业应聘请有经验的化工专家或注册安全工程师指导企业开展隐患排查治理工作。

2.2.5　涉及重点监管危险化工工艺、重点监管危险化学品和重大危险源(以下简称"两重点一重大")的危险化学品生产、储存企业应定期开展危险与可操作性分析(HAZOP),用先进科学的管理方法系统排查事故隐患。

2.2.6　企业要建立健全隐患排查治理管理制度,包括隐患排查、隐患监控、隐患治理、隐患上报等内容。

隐患排查要按专业和部位,明确排查的责任人、排查内容、排查频次和登记上报的工作流程。

隐患监控要建立事故隐患信息档案,明确隐患的级别,按照"五定"(定整改方案、定资金来源、定项目负责人、定整改期限、定控制措施)的原则,落实隐患治理的各项措施,对隐患治理情况进行监控,保证隐患治理按期完成。

隐患治理要分类实施:能够立即整改的隐患,必须确定责任人组织立即整改,整改情况要安排专人进行确认;无法立即整改的隐患,要按照评估—治理方案论证—资金落实—限期治理—验收评估—销号的工作流程,明确每一工作节点的责任人,实行闭环管理;重大隐患治理工作结束后,企业应组织技术人员和专家对隐患治理情况进行验收,保证按期完成和治理效果。

隐患上报要按照安全监管部门的要求,建立与安全生产监督管理部门隐患排查治理信息管理系统联网的"隐患排查治理信息系统",每个月将开展隐患排查治理情况和存在的重大事故隐患上报当地安全监管部门,发现无法立即整改的重大事故隐患,应当及时上报。

2.2.7 要借助企业的信息化系统对隐患排查、监控、治理、验收评估、上报情况实行建档登记,重大隐患要单独建档。

3 隐患排查方式及频次

3.1 隐患排查方式

3.1.1 隐患排查工作可与企业各专业的日常管理、专项检查和监督检查等工作相结合,科学整合下述方式进行:

(1)日常隐患排查;

(2)综合性隐患排查;

(3)专业性隐患排查;

(4)季节性隐患排查;

(5)重大活动及节假日前隐患排查;

(6)事故类比隐患排查。

3.1.2 日常隐患排查是指班组、岗位员工的交接班检查和班中巡回检查,以及基层单位领导和工艺、设备、电气、仪表、安全等专业技术人员的日常性检查。日常隐患排查要加强对关键装置、要害部位、关键环节、重大危险源的检查和巡查。

3.1.3 综合性隐患排查是指以保障安全生产为目的,以安全责任制、各项专业管理制度和安全生产管理制度落实情况为重点,各有关专业和部门共同参与的全面检查。

3.1.4 专业隐患排查主要是指对区域位置及总图布置、工艺、设备、电气、仪表、储运、消防和公用工程等系统分别进行的专业检查。

3.1.5 季节性隐患排查是指根据各季节特点开展的专项隐患检查,主要包括:

(1)春季以防雷、防静电、防解冻泄漏、防解冻坍塌为重点;

(2)夏季以防雷暴、防设备容器高温超压、防台风、防洪、防暑降温为重点;

(3)秋季以防雷暴、防火、防静电、防凝保温为重点;

(4)冬季以防火、防爆、防雪、防冻防凝、防滑、防静电为重点。

3.1.6 重大活动及节假日前隐患排查主要是指在重大活动和节假日前,对装置生产是否存在异常状况和隐患、备用设备状态、备品备件、生产及应急物资储备、保运力量安排、企业保卫、应急工作等进行的检查,特别是要对节日期间干部带班

值班、机电仪保运及紧急抢修力量安排、备件及各类物资储备和应急工作进行重点检查。

3.1.7 事故类比隐患排查是对企业内和同类企业发生事故后的举一反三的安全检查。

3.2 隐患排查频次确定

3.2.1 企业进行隐患排查的频次应满足:

(1)装置操作人员现场巡检间隔不得大于2小时,涉及"两重点一重大"的生产、储存装置和部位的操作人员现场巡检间隔不得大于1小时,宜采用不间断巡检方式进行现场巡检。

(2)基层车间(装置,下同)直接管理人员(主任、工艺设备技术人员)、电气、仪表人员每天至少两次对装置现场进行相关专业检查。

(3)基层车间应结合岗位责任制检查,至少每周组织一次隐患排查,并和日常交接班检查和班中巡回检查中发现的隐患一起进行汇总;基层单位(厂)应结合岗位责任制检查,至少每月组织一次隐患排查。

(4)企业应根据季节性特征及本单位的生产实际,每季度开展一次有针对性的季节性隐患排

查;重大活动及节假日前必须进行一次隐患排查。

(5)企业至少每半年组织一次,基层单位至少每季度组织一次综合性隐患排查和专业隐患排查,两者可结合进行。

(6)当获知同类企业发生伤亡及泄漏、火灾爆炸等事故时,应举一反三,及时进行事故类比隐患专项排查。

(7)对于区域位置、工艺技术等不经常发生变化的,可依据实际变化情况确定排查周期,如果发生变化,应及时进行隐患排查。

3.2.2 当发生以下情形之一,企业应及时组织进行相关专业的隐患排查:

(1)颁布实施有关新的法律法规、标准规范或原有适用法律法规、标准规范重新修订的;

(2)组织机构和人员发生重大调整的;

(3)装置工艺、设备、电气、仪表、公用工程或操作参数发生重大改变的,应按变更管理要求进行风险评估;

(4)外部安全生产环境发生重大变化;

(5)发生事故或对事故、事件有新的认识;

(6)气候条件发生大的变化或预报可能发生重大自然灾害。

3.2.3 涉及"两重点一重大"的危险化学品生产、储存企业应每五年至少开展一次危险与可操作性分析(HAZOP)。

4 隐患排查内容

根据危险化学品企业的特点,隐患排查包括但不限于以下内容:

(1)安全基础管理;

(2)区域位置和总图布置;

(3)工艺;

(4)设备;

(5)电气系统;

(6)仪表系统;

(7)危险化学品管理;

(8)储运系统;

(9)公用工程;

(10)消防系统。

4.1 安全基础管理

4.1.1 安全生产管理机构建立健全情况、安全生产责任制和安全管理制度建立健全及落实情况。

4.1.2 安全投入保障情况,参加工伤保险、安全生产责任险的情况。

4.1.3 安全培训与教育情况,主要包括:

(1)企业主要负责人、安全管理人员的培训及持证上岗情况;

(2)特种作业人员的培训及持证上岗情况;

(3)从业人员安全教育和技能培训情况。

4.1.4 企业开展风险评价与隐患排查治理情况,主要包括:

(1)法律、法规和标准的识别和获取情况;

(2)定期和及时对作业活动和生产设施进行风险评价情况;

(3)风险评价结果的落实、宣传及培训情况;

(4)企业隐患排查治理制度是否满足安全生产需要。

4.1.5　事故管理、变更管理及承包商的管理情况。

4.1.6　危险作业和检维修的管理情况,主要包括:

(1)危险性作业活动作业前的危险有害因素识别与控制情况;

(2)动火作业、进入受限空间作业、破土作业、临时用电作业、高处作业、断路作业、吊装作业、设备检修作业和抽堵盲板作业等危险性作业的作业许可管理与过程监督情况。

(3)从业人员劳动防护用品和器具的配置、佩戴与使用情况;

4.1.7　危险化学品事故的应急管理情况。

4.2　区域位置和总图布置

4.2.1　危险化学品生产装置和重大危险源储存设施与《危险化学品安全管理条例》中规定的重要场所的安全距离。

4.2.2　可能造成水域环境污染的危险化学品危险源的防范情况。

4.2.3　企业周边或作业过程中存在的易由自然灾害引发事故灾难的危险点排查、防范和治理情况。

4.2.4　企业内部重要设施的平面布置以及安全距离,主要包括:

(1)控制室、变配电所、化验室、办公室、机柜间以及人员密集区或场所;

(2)消防站及消防泵房;

(3)空分装置、空压站;

(4)点火源(包括火炬);

(5)危险化学品生产与储存设施等;

(6)其他重要设施及场所。

4.2.5　其他总图布置情况,主要包括:

(1)建构筑物的安全通道;

(2)厂区道路、消防道路、安全疏散通道和应急通道等重要道路(通道)的设计、建设与维护情况;

(3)安全警示标志的设置情况;

(4)其他与总图相关的安全隐患。

4.3　工艺管理

4.3.1　工艺的安全管理,主要包括:

(1)工艺安全信息的管理;

(2)工艺风险分析制度的建立和执行;

(3)操作规程的编制、审查、使用与控制;

(4)工艺安全培训程序、内容、频次及记录的管理。

4.3.2　工艺技术及工艺装置的安全控制,主要包括:

(1)装置可能引起火灾、爆炸等严重事故的部位是否设置超温、超压等检测仪表、声和/或光报警、泄压设施和安全联锁装置等设施;

(2)针对温度、压力、流量、液位等工艺参数设计的安全泄压系统以及安全泄压措施的完好性;

(3)危险物料的泄压排放或放空的安全性;

(4)按照《首批重点监管的危险化工工艺目录》和《首批重点监管的危险化工工艺安全控制要求、重点监控参数及推荐的控制方案》(安监总管三〔2009〕116号)的要求进行危险化工工艺的安全控制情况;

(5)火炬系统的安全性;

(6)其他工艺技术及工艺装置的安全控制方面的隐患。

4.3.3 现场工艺安全状况,主要包括:

(1)工艺卡片的管理,包括工艺卡片的建立和变更,以及工艺指标的现场控制;

(2)现场联锁的管理,包括联锁管理制度及现场联锁投用、摘除与恢复;

(3)工艺操作记录及交接班情况;

(4)剧毒品部位的巡检、取样、操作与检维修的现场管理。

4.4 设备管理

4.4.1 设备管理制度与管理体系的建立与执行情况,主要包括:

(1)按照国家相关法律法规制定修订本企业的设备管理制度;

(2)有健全的设备管理体系,设备管理人员按要求配备;

(3)建立健全安全设施管理制度及台账。

4.4.2 设备现场的安全运行状况,包括:

(1)大型机组、机泵、锅炉、加热炉等关键设备装置的联锁自保护及安全附件的设置、投用与完好状况;

(2)大型机组关键设备特级维护到位,备用设备处于完好备用状态;

(3)转动机器的润滑状况,设备润滑的"五定"、"三级过滤";

(4)设备状态监测和故障诊断情况;

(5)设备的腐蚀防护状况,包括重点装置设备腐蚀的状况、设备腐蚀部位、工艺防腐措施,材料防腐措施等。

4.4.3 特种设备(包括压力容器及压力管道)的现场管理,主要包括:

(1)特种设备(包括压力容器、压力管道)的管理制度及台账;

(2)特种设备注册登记及定期检测检验情况;

(3)特种设备安全附件的管理维护。

4.5 电气系统

4.5.1 电气系统的安全管理,主要包括:

(1)电气特种作业人员资格管理;

(2)电气安全相关管理制度、规程的制定及执行情况。

4.5.2 供配电系统、电气设备及电气安全设施的设置,主要包括:

(1)用电设备的电力负荷等级与供电系统的匹配性;

(2)消防泵、关键装置、关键机组等特别重要负荷的供电;

(3)重要场所事故应急照明;

(4)电缆、变配电相关设施的防火防爆;

(5)爆炸危险区域内的防爆电气设备选型及安装;

(6)建构筑、工艺装置、作业场所等的防雷防静电。

4.5.3 电气设施、供配电线路及临时用电的现场安全状况。

4.6 仪表系统

4.6.1 仪表的综合管理,主要包括:

(1)仪表相关管理制度建立和执行情况;

(2)仪表系统的档案资料、台账管理;

(3)仪表调试、维护、检测、变更等记录;

（4）安全仪表系统的投用、摘除及变更管理等。

4.6.2　系统配置，主要包括：

（1）基本过程控制系统和安全仪表系统的设置满足安全稳定生产需要；

（2）现场检测仪表和执行元件的选型、安装情况；

（3）仪表供电、供气、接地与防护情况；

（4）可燃气体和有毒气体检测报警器的选型、布点及安装；

（5）安装在爆炸危险环境仪表满足要求等。

4.6.3　现场各类仪表完好有效，检验维护及现场标识情况，主要包括：

（1）仪表及控制系统的运行状况稳定可靠，满足危险化学品生产需求；

（2）按规定对仪表进行定期检定或校准；

（3）现场仪表位号标识是否清晰等。

4.7　危险化学品管理

4.7.1　危险化学品分类、登记与档案的管理，主要包括：

（1）按照标准对产品、所有中间产品进行危险性鉴别与分类，分类结果汇入危险化学品档案；

（2）按相关要求建立健全危险化学品档案；

（3）按照国家有关规定对危险化学品进行登记。

4.7.2　化学品安全信息的编制、宣传、培训和应急管理，主要包括：

（1）危险化学品安全技术说明书和安全标签的管理；

（2）危险化学品"一书一签"制度的执行情况；

（3）24 小时应急咨询服务或应急代理；

（4）危险化学品相关安全信息的宣传与培训。

4.8　储运系统

4.8.1　储运系统的安全管理情况，主要包括：

（1）储罐区、可燃液体、液化烃的装卸设施、危险化学品仓库储存管理制度以及操作、使用和维护规程制定及执行情况；

（2）储罐的日常和检维修管理。

4.8.2　储运系统的安全设计情况，主要包括：

（1）易燃、可燃液体及可燃气体的罐区，如罐组总容、罐组布置；防火堤及隔堤；消防道路、排水系统等；

（2）重大危险源罐区现场的安全监控装备是否符合《危险化学品重大危险源监督管理暂行规定》（国家安全监管总局令第 40 号）的要求；

（3）天然气凝液、液化石油气球罐或其他危险化学品压力或半冷冻低温储罐的安全控制及应急措施；

（4）可燃液体、液化烃和危险化学品的装卸设施；

（5）危险化学品仓库的安全储存。

4.8.3　储运系统罐区、储罐本体及其安全附件、铁路装卸区、汽车装卸区等设施的完好性。

4.9　消防系统

4.9.1　建设项目消防设施验收情况；企业消防安全机构、人员设置与制度的制定，消防人员培训、消防应急预案及相关制度的执行情况；消防系统运行检测情况。

4.9.2　消防设施与器材的设置情况，主要包括：

（1）消防站设置情况，如消防站、消防车、消防人员、移动式消防设备、通讯等；

(2)消防水系统与泡沫系统,如消防水源、消防泵、泡沫液储罐、消防给水管道、消防管网的分区阀门、消火栓、泡沫栓,消防水炮、泡沫炮、固定式消防水喷淋等;

(3)油罐区、液化烃罐区、危险化学品罐区、装置区等设置的固定式和半固定式灭火系统;

(4)甲、乙类装置、罐区、控制室、配电室等重要场所的火灾报警系统;

(5)生产区、工艺装置区、建构筑物的灭火器材配置;

(6)其他消防器材。

4.9.3　固定式与移动式消防设施、器材和消防道路的现场状况

4.10　公用工程系统

4.10.1　给排水、循环水系统、污水处理系统的设置与能力能否满足各种状态下的需求。

4.10.2　供热站及供热管道设备设施、安全设施是否存在隐患。

4.10.3　空分装置、空压站位置的合理性及设备设施的安全隐患。

各部分具体排查内容详见附件。

5　隐患治理与上报

5.1　隐患级别

5.1.1　事故隐患可按照整改难易及可能造成的后果严重性,分为一般事故隐患和重大事故隐患。

5.1.2　一般事故隐患,是指能够及时整改,不足以造成人员伤亡、财产损失的隐患。对于一般事故隐患,可按照隐患治理的负责单位,分为班组级、基层车间级、基层单位(厂)级直至企业级。

5.1.3　重大事故隐患,是指无法立即整改且可能造成人员伤亡、较大财产损失的隐患。

5.2　隐患治理

5.2.1　企业应对排查出的各级隐患,做到"五定",并将整改落实情况纳入日常管理进行监督,及时协调在隐患整改中存在的资金、技术、物资采购、施工等各方面问题。

5.2.2　对一般事故隐患,由企业(基层车间、基层单位〈厂〉)负责人或者有关人员立即组织整改。

5.2.3　对于重大事故隐患,企业要结合自身的生产经营实际情况,确定风险可接受标准,评估隐患的风险等级。评估风险的方法可参考附录 A。

5.2.4　重大事故隐患的治理应满足以下要求:

(1)当风险处于很高风险区域时,应立即采取充分的风险控制措施,防止事故发生,同时编制重大事故隐患治理方案,尽快进行隐患治理,必要时立即停产治理;

(2)当风险处于一般高风险区域时,企业应采取充分的风险控制措施,防止事故发生,并编制重大事故隐患治理方案,选择合适的时机进行隐患治理;

(3)对于处于中风险的重大事故隐患,应根据企业实际情况,进行成本—效益分析,编制重大事故隐患治理方案,选择合适的时机进行隐患治理,尽可能将其降低到低风险。

5.2.5　对于重大事故隐患,由企业主要负责人组织制定并实施事故隐患治理方案。重大事故隐患治理方案应包括:

(1)治理的目标和任务;

(2)采取的方法和措施;

(3)经费和物资的落实;

(4)负责治理的机构和人员;

（5）治理的时限和要求；

（6）防止整改期间发生事故的安全措施。

5.2.6　事故隐患治理方案、整改完成情况、验收报告等应及时归入事故隐患档案。隐患档案应包括以下信息：隐患名称、隐患内容、隐患编号、隐患所在单位、专业分类、归属职能部门、评估等级、整改期限、治理方案、整改完成情况、验收报告等。事故隐患排查、治理过程中形成的传真、会议纪要、正式文件等，也应归入事故隐患档案。

5.3　隐患上报

5.3.1　企业应当定期通过"隐患排查治理信息系统"向属地安全生产监督管理部门和相关部门上报隐患统计汇总及存在的重大隐患情况。

5.3.2　对于重大事故隐患，企业除依照前款规定报送外，应当及时向安全生产监督管理部门和有关部门报告。重大事故

隐患报告的内容应当包括：

（1）隐患的现状及其产生原因；

（2）隐患的危害程度和整改难易程度分析；

（3）隐患的治理方案。

附录 A

重大事故隐患风险评估方法

表 1　事故隐患后果定性分级方法

	很低后果
人员	轻微伤害或没有受伤；不会损失工作时间。
财产	损失很小。
声誉	企业内部关注；形象没有受损。
	较低后果
人员	人员轻微受伤，不严重；可能会损失工作时间。
财产	损失较小。
声誉	社区、邻居、合作伙伴影响。
	中等后果
人员	3 人以上轻伤，1～2 人重伤。
财产	损失较小。
声誉	本地区内影响；政府管制，公众关注负面后果。
	高后果
人员	1～2 人死亡或丧失劳动能力；3～9 人重伤。
财产	损失较大。
声誉	国内影响；政府管制，媒体和公众关注负面后果。
	非常高的后果
人员	死亡 3 人以上。
财产	损失很大。
声誉	国际影响。

表 2　重大事故隐患风险评估矩阵

后果等级	1E⁻⁶~1E⁻⁷	1E⁻⁵~1E⁻⁶	1E⁻⁴~1E⁻⁵	1E⁻³~1E⁻⁴	1E⁻²~1E⁻³	1E⁻¹~1E⁻²	1~1E⁻¹
5	低	中	中	高	高	很高	很高
4	低	低	中	中	高	高	很高
3	低	低	低	中	中	中	高
2	低	低	低	低	中	中	中
1	低	低	低	低	低	中	中

事故发生的可能性（/a）

附件

各专业隐患排查表

说明：

1. 表中排查频次为最小频次，企业自己安排频次不能少于表中规定频次。

2. 表中排查内容企业可以根据实际增加相关内容，但不能减少。

3. 发生较大以上事故、有关法律法规标准发生变化、企业内外部安全生产环境发生重大变化时及时进行隐患排查。

1　安全基础管理隐患排查表

序号	排查内容	依据	排查频次
一、安全管理机构的建立、安全生产责任制、安全管理制度的健全和落实			
1	企业应当依法设置安全生产管理机构，配备专职安全生产管理人员。配备的专职安全生产管理人员必须能够满足安全生产的需要。	《安全生产法》第 19 条《危险化学品生产企业安全生产许可证实施办法》（国家安全监管总局令第 41 号）第 12 条	1 次/年
2	建立、健全安全生产责任制度，包括单位主要负责人在内的各级人员岗位安全责任制度。	《危险化学品安全管理条例》第 4 条《危险化学品生产企业安全生产许可证实施办法》（国家安全监管总局令第 41 号）第 13 条	
3	企业应设置安委会，建立、健全从安委会到基层班组的安全生产管理网络。	《危险化学品从业单位安全标准化通用规范》（AQ 3013—2008）	

续表

序号	排查内容	依据	排查频次
4	企业应建立安全生产责任制考核机制,对各级管理部门、管理人员及从业人员安全职责的履行情况和安全生产责任制的实现情况进行定期考核,予以奖惩。	《危险化学品从业单位安全标准化通用规范》(AQ 3013—2008)	1次/月
5	企业应当根据化工工艺、装置、设施等实际情况,制定完善下列主要安全生产规章制度: 1. 安全生产例会等安全生产会议制度; 2. 安全投入保障制度; 3. 安全生产奖惩制度; 4. 安全培训教育制度; 5. 领导干部轮流现场带班制度; 6. 特种作业人员管理制度; 7. 安全检查和隐患排查治理制度; 8. 重大危险源评估和安全管理制度; 9. 变更管理制度; 10. 应急管理制度; 11. 安全事故或者重大事件管理制度; 12. 防火、防爆、防中毒、防泄漏管理制度; 13. 工艺、设备、电气仪表、公用工程安全管理制度; 14. 动火、进入受限空间、吊装、高处、盲板抽堵、动土、断路、设备检维修等作业安全管理制度; 15. 危险化学品安全管理制度; 16. 职业健康相关管理制度; 17. 劳动防护用品使用维护管理制度; 18. 承包商管理制度; 19. 安全管理制度及操作规程定期修订制度。	《安全生产法》第17条 《危险化学品生产企业安全生产许可证实施办法》(国家安全监管总局令第41号)第14条	1次/半年
二、企业安全生产费用的提取、使用			
1	企业应当按照国家规定提取与安全生产有关的费用,并保证安全生产所必须的资金投入。危险品生产与储存企业以上年度实际营业收入为计提依据,采取超额累退方式按照以下标准平均逐月提取: 1. 营业收入不超过1000万元的,按照4%提取; 2. 营业收入超过1000万元至1亿元的部分,按照2%提取; 3. 营业收入超过1亿元至10亿元的部分,按照0.5%提取; 4. 营业收入超过10亿元的部分,按照0.2%提取。	《安全生产法》第18条 《危险化学品生产企业安全生产许可证实施办法》(国家安全监管总局令第41号)第17条 《企业安全生产费用提取和使用管理办法》第8条	1次/年
2	企业应按照规定的安全生产费用使用范围,合理使用安全生产费用,建立安全生产费用台账。 安全生产的费用应当按照以下范围使用: 1. 完善、改造和维护安全防护设施设备支出; 2. 配备、维护、保养应急救援器材、设备支出和应急演练支出; 3. 开展重大危险源和事故隐患评估、监控和整改支出; 4. 安全生产检查、评价(不包括新建、改建、扩建项目安全评价)、咨询和标准化建设支出;	危险化学品从业单位安全标准化通用规范(AQ 3013—2008) 《企业安全生产费用提取和使用管理办法》第20条	1次/年

序号	排查内容	依据	排查频次
	5. 配备和更新现场作业人员安全防护用品支出; 6. 安全生产宣传、教育、培训支出; 7. 安全生产适用的新技术、新标准、新工艺、新装备的推广应用支出;(八)安全设施及特种设备检测检验支出; 8. 其他与安全生产直接相关的支出。		
三、安全培训教育管理			
1	企业应当对从业人员进行安全生产教育和培训,保证从业人员具备必要的安全生产知识,熟悉有关的安全生产规章制度和安全操作规程,掌握本岗位的安全操作技能。从业人员应当接受教育和培训,考核合格后上岗作业;对有资格要求的岗位,应当配备依法取得相应资格的人员。	《安全生产法》第21条 《生产经营单位安全培训规定》第4条 《危险化学品安全管理条例》第4条	
2	企业采用新工艺、新技术、新材料或者使用新设备,必须了解、掌握其安全技术特性,采取有效的安全防护措施,并对从业人员进行专门的安全生产教育和培训。	《安全生产法》第22条	
3	企业主要负责人和安全生产管理人员应接受专门的安全培训教育,经安全生产监管部门对其安全生产知识和管理能力考核合格,按照有关法律、行政法规规定,需要取得安全资格证书的,取得安全资格证书后方可任职。主要负责人和安全生产管理人员安全资格培训时间不得少于48学时;每年再培训时间不得少于16学时。	《生产经营单位安全培训规定》第二章	1次/半年
4	企业必须对新上岗的从业人员等进行强制性安全培训,保证其具备本岗位安全操作、自救互救以及应急处置所需的知识和技能后,方能安排上岗作业。新上岗的从业人员安全培训时间不得少于72学时,每年接受再培训的时间不得少于20学时。 从业人员在本企业内调整工作岗位或离岗一年以上重新上岗时,应当重新接受车间(工段、区、队)和班组级的安全培训。	《生产经营单位安全培训规定》第三章	
5	企业特种作业人员应按有关规定参加安全培训教育,取得特种作业操作证,方可上岗作业,并定期复审。	《安全生产法》第23条 《特种作业人员安全技术培训考核管理规定》	
6	企业应当将安全培训工作纳入本单位年度工作计划。保证本单位安全培训工作所需资金。企业应建立健全从业人员安全培训档案,详细、准确记录培训考核情况。	《生产经营单位安全培训规定》第23条、第24条	
7	企业管理部门、班组应按照月度安全活动计划开展安全活动和基本功训练。班组安全活动每月不少于2次,每次活动时间不少于1学时。班组安全活动应有负责人、有计划、有内容、有记录。企业负责人应每月至少参加1次班组安全活动,基层单位负责人及其管理人员应每月至少参加2次班组安全活动。	危险化学品从业单位安全标准化通用规范(AQ 3013—2008)	1次/月

续表

序号	排查内容	依据	排查频次
	四、风险评价与隐患控制		
1	法律、法规和标准的识别和获取方面： 1. 企业应建立识别和获取适用的安全生产法律法规、标准及其他要求的管理制度，明确责任部门，确定获取渠道、方式和时机，及时识别和获取，并定期进行更新。 2. 企业应将适用的安全生产法律、法规、标准及其他要求及时传达给相关方。	危险化学品从业单位安全标准化通用规范（AQ 3013—2008）	1次/年
2	企业应依据风险评价准则，选定合适的评价方法，定期和及时对作业活动和设备设施进行危险、有害因素识别和风险评价，并满足以下要求： 1. 企业各级管理人员应参与风险评价工作，鼓励从业人员积极参与风险评价和风险控制。 2. 企业应根据风险评价结果及经营运行情况等，确定不可接受的风险，制定并落实控制措施，将风险尤其是重大风险控制在可以接受的程度。 3. 企业应将风险评价的结果及所采取的控制措施对从业人员进行宣传、培训，使其熟悉工作岗位和作业环境中存在的危险、有害因素，掌握、落实应采取的控制措施。 4. 企业应定期评审或检查风险评价结果和风险控制效果。 5. 企业应在下列情形发生时及时进行风险评价： (1)新的或变更的法律法规或其他要求； (2)操作条件变化或工艺改变； (3)技术改造项目； (4)有对事件、事故或其他信息的新认识； (5)组织机构发生大的调整。	危险化学品从业单位安全标准化通用规范（AQ 3013—2008）	1次/季度或根据实际情况随时检查
3	在隐患治理方面，应满足： 1. 企业应对风险评价出的隐患项目，下达隐患治理通知，限期治理，做到定治理措施、定负责人、定资金来源、定治理期限。企业应建立隐患治理台账。 2. 企业应对确定的重大隐患项目建立档案，档案内容应包括： (1)评价报告与技术结论； (2)评审意见； (3)隐患治理方案，包括资金概预算情况等； (4)治理时间表和责任人； (5)竣工验收报告； (6)备案文件。 3. 企业无力解决的重大事故隐患，除应书面向企业直接主管部门和当地政府报告外，应采取有效防范措施。 4. 企业对不具备整改条件的重大事故隐患，必须采取防范措施，并纳入计划，限期解决或停产。	危险化学品从业单位安全标准化通用规范（AQ 3013—2008）	1次/季度

续表

序号	排查内容	依据	排查频次
五、事故管理、变更管理与承包商管理			
1	生产经营单位不得以任何形式与从业人员订立协议,免除或者减轻其对从业人员因生产安全事故伤亡依法应承担的责任。	《安全生产法》第 44 条	1 次/半年
2	生产经营单位发生生产安全事故后,事故现场有关人员应当立即报告本单位负责人。单位负责人接到事故报告后,应当迅速采取有效措施,组织抢救并在接到报告后 1 小时内向事故发生地县级以上人民政府安全生产监督管理部门和负有安全生产监督管理职责的有关部门报告。	《安全生产法》第 70 条《生产安全事故报告和调查处理条例》第 9 条	
3	事故调查处理应当按照实事求是、尊重科学的原则,及时、准确地查清事故原因,查明事故性质和责任,提出整改措施,并对事故责任者提出处理意见。	《安全生产法》第 73 条	1 次/半年
4	企业应落实事故整改和预防措施,防止事故再次发生。整改和预防措施应包括: 1. 工程技术措施; 2. 培训教育措施; 3. 管理措施。 企业应建立事故档案和事故管理台帐。	《危险化学品从业单位安全生产标准化通用规范》(AQ 3013—2008)	
5	企业应严格执行变更管理,并满足: 1. 建立变更管理制度,履行下列变更程序: (1)变更申请:按要求填写变更申请表,由专人进行管理; (2)变更审批:变更申请表应逐级上报主管部门,并按管理权限报主管领导审批; (3)变更实施:变更批准后,由主管部门负责实施。不经过审查和批准,任何临时性的变更都不得超过原批准范围和期限; (4)变更验收:变更实施结束后,变更主管部门应对变更的实施情况进行验收,形成报告,并及时将变更结果通知相关部门和有关人员。 2. 企业应对变更过程产生的风险进行分析和控制。	危险化学品从业单位安全标准化通用规范(AQ 3013—2008)	1 次/季度或根据情况随时检查
6	在承包商管理方面,企业应满足: 1. 企业应严格执行承包商管理制度,对承包商资格预审、选择、开工前准备、作业过程监督、表现评价、续用等过程进行管理,建立合格承包商名录和档案。企业应与选用的承包商签订安全协议书。 2. 企业应对承包商的作业人员进行入厂安全培训教育,经考核合格发放入厂证,保存安全培训教育记录。进入作业现场前,作业现场所在基层单位应对施工单位的作业人员进行进入现场前安全培训教育,保存安全培训教育记录。	危险化学品从业单位安全标准化通用规范(AQ 3013—2008)	1 次/季度

序号	排查内容	依据	排查频次
六、作业管理			
1	企业应根据接触毒物的种类、浓度和作业性质、劳动强度，为从业人员提供符合国家标准或者行业标准的劳动防护用品和器具，并监督、教育从业人员按照使用规则佩戴、使用。	《安全生产法》第37条、第39条	
2	企业为从业人员提供的劳动防护用品，不得超过使用期限。企业应当督促、教育从业人员正确佩戴和使用劳动防护用品。从业人员在作业过程中，必须按照安全生产规章制度和劳动防护用品使用规则，正确佩戴和使用劳动防护用品；未按规定佩戴和使用劳动防护用品的，不得上岗作业。	《劳动防护用品监督管理规定》第16条、第19条	
3	企业应在危险性作业活动作业前进行危险、有害因素识别，制定控制措施。在作业现场配备相应的安全防护用品(具)及消防设施与器材，规范现场人员作业行为。		
4	企业作业活动的负责人应严格按照规定要求科学指挥；作业人员应严格执行操作规程，不违章作业，不违反劳动纪律。	危险化学品从业单位安全标准化通用规范（AQ 3013—2008）	1次/天或根据现场作业情况随时检查
5	企业作业人员在进行作业活动时，应持相应的作业许可证作业。		
6	企业作业活动监护人员应具备基本救护技能和作业现场的应急处理能力，持相应作业许可证进行监护作业，作业过程中不得离开监护岗位。		
7	对动火作业、进入受限空间作业、破土作业、临时用电作业、高处作业、断路作业、吊装作业、设备检修作业和抽堵盲板作业等危险性作业实施作业许可管理，严格履行审批手续；并严格按照相关作业安全规程的要求执行。	化学品生产单位吊装作业安全规范（AQ 3021—2008）化学品生产单位动火作业安全规范（AQ 3022—2008）化学品生产单位动土作业安全规范（AQ 3023—2008）化学品生产单位断路作业安全规范（AQ 3024—2008）化学品生产单位高处作业安全规范（AQ 3025—2008）化学品生产单位设备检修作业安全规范（AQ 3026—2008）化学品生产单位盲板抽堵作业安全规范（AQ 3027—2008）化学品生产单位受限空间作业安全规范（AQ 3028—2008）	
七、应急管理			
1	危险物品的生产、经营、储存单位应建立应急救援组织；生产经营规模较小，可以不建立应急救援组织的，应当指定兼职的应急救援人员。企业应建立应急指挥系统，实行厂级、车间级分级管理，建立应急救援队伍；明确各级应急指挥系统和救援队的职责。	《安全生产法》第69条《危险化学品从业单位安全生产标准化通用规范》(AQ 3013—2008)	1次/半年

序号	排查内容	依据	排查频次
2	企业制定并实施本单位的生产安全事故应急救援预案;是否按照国家有关要求,针对不同情况,制定了综合应急预案、专项应急预案和现场处置方案。	《安全生产法》第 17 条 《生产安全事故应急预案管理办法》(国家安全监管总局令第 17 号) 《生产经营单位安全生产事故应急预案编制导则》 (AQ/T 9002—2006)	1 次/半年
3	企业综合应急预案和专项应急预案是否按照规定报政府有关部门备案;是否组织专家对本单位编制的应急预案进行了评审,应急预案经评审后,是否由企业主要负责人签署公布。	《生产安全事故应急预案管理办法》(国家安全监管总局令第 17 号)	
4	危险物品的生产、经营、储存单位应配备必要的应急救援器材、设备,并进行经常性维护、保养并记录,保证其处于完好状态。	《安全生产法》第 69 条 《危险化学品从业单位安全生产标准化通用规范》(AQ 3013—2008)	1 次/月
5	企业应对从业人员进行应急救援预案的培训;企业是否制定了本单位的应急预案演练计划,并且每年至少组织一次综合应急预案演练或者专项应急预案演练,每半年至少组织一次现场处置方案演练。应急预案演练结束后,应急预案演练组织单位是否对应急预案演练效果进行评估,并撰写应急预案演练评估报告。	《生产安全事故应急预案管理办法》(国家安全监管总局令第 17 号)	1 次/半年
6	企业制定的应急预案应当至少每三年修订一次,预案修订情况应有记录并归档。 有下列情形之一的,应急预案应当及时修订: 1. 生产经营单位因兼并、重组、转制等导致隶属关系、经营方式、法定代表人发生变化的; 2. 生产经营单位生产工艺和技术发生变化的; 3. 周围环境发生变化,形成新的重大危险源的; 4. 应急组织指挥体系或者职责已经调整的; 5. 依据的法律、法规、规章和标准发生变化的; 6. 应急预案演练评估报告要求修订的; 7. 应急预案管理部门要求修订的。	《生产安全事故应急预案管理办法》(国家安全监管总局令第 17 号)	1 次/年或根据情况随时检查

2　区域位置及总图布置隐患排查表

序号	排查内容	依据	排查频次
一、区域位置			
1	危险化学品生产装置和储存危险化学品数量构成重大危险源的储存设施,与下列场所、区域的距离是否符合国家相关法律、法规、规章和标准的规定: 1. 居民区、商业中心、公园等人口密集区域; 2. 学校、医院、影剧院、体育场(馆)等公共设施; 3. 供水水源、水厂及水源保护区; 4. 车站、码头(按照国家规定,经批准专门从事危险化学品装卸作业的除外)、机场以及公路、铁路、水路交通干线、地铁风亭及出入口;	《危险化学品安全管理条例》第 10 条、《危险化学品生产企业安全生产许可证实施办法》(国家安全监管总局令第 41 号)第 12 条	1 次/年

续表

序号	排查内容	依据	排查频次
	5. 基本农田保护区、畜牧区、渔业水域和种子、种畜、水产苗种生产基地; 6. 河流、湖泊、风景名胜区和自然保护区; 7. 军事禁区、军事管理区; 8. 法律、行政法规规定予以保护的其他区域。		
2	石油化工装置(设施)与居住区之间的卫生防护距离,应按《石油化工企业卫生防护距离》SH 3093—1999 中表 2.0.1 确定,表中未列出的装置(设施)与居住区之间的卫生防护距离一般不应小于 150 m。卫生防护距离范围内不应设置居住性建筑物,并宜绿化。	《石油化工企业卫生防护距离》 SH 3093—1999	
3	严重产生有毒有害气体、恶臭、粉尘、噪声且目前尚无有效控制技术的工业企业,不得在居住区、学校、医院和其他人口密集的被保护区域内建设。	《工业企业卫生设计标准》GBZ 1—2002 第 4.1.1 条	
4	危险化学品企业与相邻工厂或设施,同类企业及油库的防火间距是否满足 GB 50016、GB 50160、GB 50074、GB 50183 等相关规范的要求。		1 次/年
5	邻近江河、湖、海岸布置的危险化学品装置和罐区,是否采取防止泄漏的危险化学品液体和受污染的消防水进入水域的措施。	《石油化工企业设计防火规范》 GB 50160—2008 第 4.1.5 条	
6	当区域排洪沟通过厂区时: 1. 不宜通过生产区; 2. 应采取防止泄漏的可燃液体和受污染的消防水流入区域排洪沟的措施。	GB 50160—2008 第 4.1.7 条	
7	危险化学品企业对下列自然灾害因素是否采取了有效的防范措施。抗震、抗洪、抗地质灾害等设计标准是否符合要求: 1. 破坏性地震; 2. 洪汛灾害(江河洪水、渍涝灾害、山洪灾害、风暴潮灾害); 3. 气象灾害(强热带风暴、飓风、暴雨、冰雪、海啸、海冰等); 4. 由于地震、洪汛、气象灾害而引发的其他灾害。		1 次/半年
二、总图布置			
1	可能散发可燃气体的工艺装置、罐组、装卸区或全厂性污水处理场等设施,宜布置在人员集中场所,及明火或散发火花地点的全年最小频率风向的上风侧。	GB 50160—2008 第 4.2.2 条	
2	危险化学品生产装置与下列场所防火安全间距是否符合规范要求: 1. 控制室; 2. 变配电室; 3. 点火源(包括火炬); 4. 办公楼; 5. 厂房; 6. 消防站及消防泵房; 7. 空分空压站; 8. 危险化学品生产与储存设施; 9. 其他重要设施及场所。		1 次/半年

序号	排查内容	依据	排查频次
3	液化烃罐组或可燃液体罐组不应毗邻布置在高于工艺装置、全厂性重要设施或人员集中场所的阶梯上。如受条件限制或者工艺要求,可燃液体原料储罐毗邻布置在高于工艺装置的阶梯上时是否采取了防止泄漏的可燃液体流入工艺装置、全厂性重要设施或人员集中场所的措施。	GB 50160—2008 第4.2.3条	1次/半年
4	空分站应布置在空气清洁地段,并宜位于散发乙炔及其他可燃气体、粉尘等场所的全年最小频率风向的下风侧。	GB 50160—2008 第4.2.5条	
5	汽车装卸设施、液化烃灌装站及各类物品仓库等机动车辆频繁进出的设施应布置在厂区边缘或厂区外,并宜设围墙独立成区。	GB 50160—2008 第3.2.7条	
6	下列设施应满足: 1. 公路和地区架空电力线不应穿越生产区; 2. 地区输油(输气)管道不应穿越厂区; 3. 采用架空电力线路进出厂区的总变电所,应布置在厂区边缘。	GB 50160—2008 第4.1.6条 第4.1.8条 第4.2.9条	
7	在布置产生剧毒物质、高温以及强放射性装置的车间时,同时考虑相应事故防范和应急、救援设施和设备的配套并留有应急通道。	GBZ 1—2002 第4.2.1.6条	
8	严禁将泡沫站设置在防火堤内、围堰内、泡沫灭火系统保护区或其他火灾及爆炸危险区内;当泡沫站靠近防火堤设置时,其与各甲、乙、丙类液体储罐罐壁之间的间距应大于20 m,且应具备远程控制功能;当泡沫站设置在室内时,其建筑的耐火等级不应低于二级。		1次/半年
三、道路、建构筑物			
1	装置区、罐区、仓库区、可燃物料装卸区四周是否有环形消防车道;转弯半径、净空高度是否满足规范要求。	GB 50160—2008 GB 50016—2006	
2	原料及产品运输道路与生产设施的防火间距是否符合规范要求。	GB 50160—2008 GB 50016—2006	
3	石油化工企业的主要出入口不应少于两个,并宜位于不同方位;石油库通向公路的车辆出入口(公路装卸区的单独出入口除外)、一、二、三级石油库不宜少于2处;其他厂区面积大于5万 m² 的化工企业应有两个以上的出入口,人流和货运应明确分开,大宗危险货物运输须有单独路线,不与人流及其他货流混行或平交。		1次/半年
4	当大型石油化工装置的设备、建筑物区占地面积大于10000 m² 小于20000 m² 时,在设备、建筑物区四周应设环形道路,道路路面宽度不应小于6 m,设备、建筑物区的宽度不应大于120 m,相邻两设备、建筑物区的防火间距不应小于15 m。	GB 50160—2008 第5.2.11条	
5	两条或两条以上的工厂主要出入口的道路,应避免与同一条铁路平交;若必须平交时,其中至少有两条道路的间距不应小于所通过的最长列车的长度;若小于所通过的最长列车的长度,应另设消防车道。	GB 50160—2008 第4.3.2条	

续表

序号	排查内容	依据	排查频次
6	建、构筑物安全设施是否符合规范要求： 1. 安全通道； 2. 安全出口； 3. 耐火等级。	GB 50016—2006	
7	建、构筑物抗震设计是否满足 GB 50223. GB 50011. GB 50453 等规范要求		
8	建、构筑物防雷(感应雷、直击雷)措施是否符合规范要求	《建筑物防雷设计规范》GB 50057—2010	1次/半年
9	大型机组(压缩机、泵等)、散发油气的生产设备宜采用敞开式或半敞开式厂房。有爆炸危险的甲、乙类厂房泄压设施是否满足规定	GB 50016—2006	
10	生产、储存危险化学品的车间、仓库不得与员工宿舍在同一座建筑物内,且与员工宿舍保持符合规定的安全距离	《安全生产法》第 34 条	
11	贮存化学危险品的建筑物应满足： 1. 不得有地下室或其他地下建筑。甲、乙类仓库不应设置在地下或半地下。 2. 仓库内容严禁设置员工宿舍。甲乙类仓库内严禁设置办公室、休息室。	GB 50016—2006 第 3.3.7 条 3.3.15 条	1次/半年
四、安全警示标志			
1	企业应按照 GB 16179 规定,在易燃、易爆、有毒有害等危险场所的醒目位置设置符合 GB 2894 规定的安全标志。	《危险化学品从业单位安全标准化通用规范》AQ 3013—2008 第 5.2.1 条	
2	企业应在重大危险源现场设置明显的安全警示标志。	AQ 3013—2008 第 5.2.2 条	1次/季度
3	企业应按有关规定,在厂内道路设置限速、限高、禁行等标志。	AQ 3013—2008 第 5.2.3 条	
4	企业应在检维修、施工、吊装等作业现场设置警戒区域和安全标志,在检修现场的坑、井、洼、沟、陡坡等场所设置围栏和警示灯。	AQ 3013—2008 第 5.2.4 条	根据现场情况随时检查
5	企业应在可能产生严重职业危害作业岗位的醒目位置,按照 GBZ 158 设置职业危害警示标识,同时设置告知牌,告知产生职业危害的种类、后果、预防及应急救治措施、作业场所职业危害因素检测结果等。	AQ 3013—2008 第 5.2.5 条	1次/季度
6	企业应按有关规定在生产区域设置风向标	AQ 3013—2008 第 5.2.6 条	

3 工艺隐患排查表

序号	排查内容	依据	排查频次
	一、工艺的安全管理		
1	企业应进行工艺安全信息管理,工艺安全信息文件应纳入企业文件控制系统予以管理,保持最新版本。工艺安全信息包括: 1. 危险品危害信息; 2. 工艺技术信息; 3. 工艺设备信息; 4. 工艺安全安全信息。	《化工企业工艺安全管理实施导则》 AQ/T 3034—2010 第4.1条	
2	企业应建立风险管理制度,积极组织开展危害辨识、风险分析工作。应定期开展系统的工艺过程风险分析。 企业应在工艺装置建设期间进行一次工艺危害分析,识别、评估和控制工艺系统相关的危害,所选择的方法要与工艺系统的复杂性相适应。企业应每三年对以前完成的工艺危害分析重新进行确认和更新,涉及剧毒化学品的工艺可结合法规对现役装置评价要求频次进行。	《危险化学品从业单位安全生产标准化通用规范》(AQ 3013—2008) AQ/T 3034—2010 第4.2.3条	
3	大型和采用危险化工工艺的装置在初步设计完成后要进行HAZOP分析。国内首次采用的化工工艺,要通过省级有关部门组织专家组进行安全论证。	安监总管三〔2010〕186号	
4	企业应编制并实施书面的操作规程,规程应与工艺安全信息保持一致。企业应鼓励员工参与操作规程的编制,并组织进行相关培训。操作规程应至少包括以下内容: 1. 初始开车、正常操作、临时操作、应急操作、正常停车、紧急停车等各个操作阶段的操作步骤; 2. 正常工况控制范围、偏离正常工况的后果;纠正或防止偏离正常工况的步骤; 3. 安全、健康和环境相关的事项。如危险化学品的特性与危害、防止暴露的必要措施、发生身体接触或暴露后的处理措施、安全系统及其功能(联锁、监测和抑制系统)等。	AQ/T 3034—2010 第4.3.1条	1次/半年
5	操作规程的审查、发布等应满足: 1. 企业应根据需要经常对操作规程进行审核,确保反映当前的操作状况,包括化学品、工艺技术设备和设施的变更。企业应每年确认操作规程的适应性和有效性。 2. 企业应确保操作人员可以获得书面的操作规程。通过培训,帮助他们掌握如何正确使用操作规程,并且使他们意识到操作规程是强制性的。 3. 企业应明确操作规程编写、审查、批准、分发、修改以及废止的程序和职责,确保使用最新版本的操作规程。	AQ/T 3034—2010 第4.3.2条	
6	工艺的安全培训应包括: 1. 应建立并实施工艺安全培训管理程序。根据岗位特点和应具备的技能,明确制订各个岗位的具体培训要求,编制落实相应的培训计划,并定期对培训计划进行审查和演练。 2. 培训管理程序应包含培训反馈评估方法和再培训规定。	AQ/T 3034—2010 第4.4条	1次/季度

序号	排查内容	依据	排查频次
	对培训内容、培训方式、培训人员、教师的表现以及培训效果进行评估,并作为改进和优化培训方案的依据;再培训至少每三年举办一次,根据需要可适当增加频次。当工艺技术、工艺设备发生变更时,需要按照变更管理程序的要求,就变更的内容和要求告知或培训操作人员及其他相关人员。 3. 应保存好员工的培训记录。包括员工的姓名、培训时间和培训效果等都要以记录形式保存。		
二、工艺技术及工艺装置的安全控制				
1	生产经营单位不得使用国家明令淘汰、禁止使用的危及生产安全的工艺、设备。	《安全生产法》第31条	
2	危险化工工艺的安全控制应按照《首批重点监管的危险化工工艺目录》和《首批重点监管的危险化工工艺安全控制要求、重点监控参数及推荐的控制方案》的要求进行设置。	安监总管三〔2009〕116号	
3	大型和高度危险化工装置要按照《首批重点监管的危险化工工艺目录》和《首批重点监管的危险化工工艺安全控制要求、重点监控参数及推荐的控制方案》推荐的控制方案装备紧急停车系统。	安监总管三〔2009〕116号	
4	装置可能引起火灾、爆炸等严重事故的部位应设置超温、超压等检测仪表、声和/或光报警、泄压设施和安全联锁装置等设施。	AQ 3013—2008 第5.5.2.2条	
5	在非正常条件下,下列可能超压的设备或管道是否设置可靠的安全泄压措施以及安全泄压措施的完好性: 1. 顶部最高操作压力大于等于0.1 MPa的压力容器; 2. 顶部最高操作压力大于0.03 MPa的蒸馏塔、蒸发塔和汽提塔(汽提塔顶蒸汽通入另一蒸馏塔者除外); 3. 往复式压缩机各段出口或电动往复泵、齿轮泵、螺杆泵等容积式泵的出口(设备本身已有安全阀者除外); 4. 凡与鼓风机、离心式压缩机、离心泵或蒸汽往复泵出口连接的设备不能承受其最高压力时,鼓风机、离心式压缩机、离心泵或蒸汽往复泵的出口; 1. 可燃气体或液体受热膨胀,可能超过设计压力的设备顶部最高操作压力为0.03~0.1 MPa的设备应根据工艺要求设置 2. 两端阀门关闭且因外界影响可能造成介质压力升高的液化烃、甲B、乙A类液体管道。	《石油化工设计防火规范》GB 50160—2008 第5.5.1条 《石油天然气工程设计防火规范》GB 50183—2004 第6.8.1条	1次/半年
6	因物料爆聚、分解造成超温、超压,可能引起火灾、爆炸的反应设备应设报警信号和泄压排放设施,以及自动或手动遥控的紧急切断进料设施。	GB 50160—2008 第5.5.13条	
7	安全阀、防爆膜、防爆门的设置应满足安全生产要求,如: 1. 突然超压或发生瞬时分解爆炸危险物料的反应设备,如设安全阀不能满足要求时,应装爆破片或爆破片和导爆管,导爆管口必须朝向无火源的安全方向;必要时应采取防止二	GB 50160—2008 第5.5.9条 第5.5.12条	1次/半年

序号	排查内容	依据	排查频次
	次爆炸、火灾的措施; 2. 有可能被物料堵塞或腐蚀的安全阀,在安全阀前应设爆破片或在其他出入口管道上采取吹扫、加热或保温等措施; 3. 较高浓度环氧乙烷设备的安全阀前应设爆破片。爆破片入口管道应设氮封,且安全阀的出口管道应充氮。		
8	危险物料的泄压排放或放空的安全性,主要包括: 1. 可燃气体、可燃液体设备的安全阀出口应连接至适宜的设施或系统; 2. 对液化烃或可燃液体设备紧急排放时,液化烃或可燃液体应排放至安全地点,剩余的液化烃应排入火炬; 3. 对可燃气体设备,应能将设备内的可燃气体排入火炬或安全放空系统; 4. 氨的安全阀排放气应经处理后放空。	GB 50160—2008 第 5.5.7 条 第 5.5.10 条	1次/半年
9	无法排入火炬或装置处理排放系统的可燃气体,当通过排气筒、放空管直接向大气排放时,排气筒、放空管的高度应满足 GB 50160、GB 50183 等规范的要求。	GB 50160—2008 第 5.5.11 条 GB 50183 第 6.8.8 条	
10	火炬系统的安全性是否满足以下要求: 1. 火炬系统的能力是否满足装置事故状态下的安全泄放; 2. 火炬系统是否设置了足够的长明灯,并有可靠的点火系统及燃料气源; 3. 火炬系统是否设置了可靠的防回火设施; 4. 火炬气的分液、排凝是否符合要求。	GB 50160—2008 SH 3009—2001	
三、现场工艺安全				
1	企业应严格执行工艺卡片管理,并符合以下要求: 1. 操作室要有工艺卡片,并定期修订; 2. 现场装置的工艺指标应按工艺卡片严格控制; 3. 工艺卡片变更必须按规定履行变更审批手续。		
2	企业应建立联锁管理制度,严格执行,并符合以下要求: 1. 现场联锁装置必须投用,完好; 2. 摘除联锁有审批手续,有安全措施。 3. 恢复联锁按规定程序进行。		1次/月
3	企业应建立操作记录和交接班管理制度,并符合以下要求: 1. 岗位职工严格遵守操作规程;岗位职工严格遵守操作规程,按照工艺卡片参数平稳操作,巡回检查有检查标志。 2. 定时进行巡回检查,要有操作记录;操作记录真实、及时、齐全,字迹工整、清晰、无涂改。 3. 严格执行交接班制度。日志内容完整、真实。		
4	剧毒品部位的巡检、取样、操作、检维修加强监护,有监护制度,并符合 GB/T 3723—1999 的要求。	《工业用化学品采样安全通则》GB/T 3723—1999	

4　设备隐患排查表

序号	排查内容	依据	排查频次
一、设备管理制度及管理体系				
1	按国家相关法规制定和及时修订本企业的设备管理制度。		
2	依据设备管理制度制定检查和考评办法,定期召开设备工作例会,按要求执行并追踪落实整改结果。		
3	有健全的设备管理体系,设备专业管理人员配备齐全。		
4	生产及检维修单位巡回检查制度健全,巡检时间、路线、内容、标识、记录准确、规范,设备缺陷及隐患及时上报处理。		
5	企业应严格执行安全设施管理制度,建立安全设施管理台帐。	AQ 3013—2008 第5.5.2.1条	1次/半年
6	企业的各种安全设施应有专人负责管理,定期检查和维护保养。	AQ 3013—2008 第5.5.2.3条	
7	安全设施应编入设备检维修计划,定期检维修。安全设施不得随意拆除、挪用或弃置不用,因检维修拆除的,检维修完毕后应立即复原。	AQ 3013—2008 第5.5.2.4条	
8	企业应对监视和测量设备进行规范管理,建立监视和测量设备台帐,定期进行校准和维护,并保存校准和维护活动的记录。	AQ 3013—2008 第5.5.2.5条	
9	生产经营单位不得使用国家明令淘汰、禁止使用的危及生产安全的设备。	《安全生产法》第31条	
二、大型机组、机泵的管理和运行状况				
1	各企业应建立健全大型机组的管理体系及制度并严格执行。		1次/半年
2	大型机组联锁保护系统应正常投用,变更、解除时要办理相关手续,并制订相应的防范措施。		1次/季度
3	大型机组润滑油应定期分析,其机组油质按要求定期分析,有分析指标,分析不合格有措施并得到落实。		
4	大型机组的运行管理应符合以下要求: 1. 机组运行参数应符合工艺规程要求; 2. 机组轴(承)振动、温度、转子轴位移小于报警值; 3. 机组轴封系统参数、泄漏等在规定范围内; 4. 机组润滑油、密封油、控制油系统工艺参数等正常; 5. 机组辅机(件)齐全完好; 6. 机组现场整洁、规范。	《石油化工企业设备完好标准》	1次/每班
5	机泵的运行管理应满足以下要求: 1. 机泵运行参数应符合工艺操作规程; 2. 有联锁、报警装置的机泵,报警和联锁系统应投入使用,完好; 3. 机泵运行平稳,振动、温度、泄漏等符合要求; 4. 机泵现场整洁、规范; 5. 机泵辅件要求完好; 6. 建立备用设备相关管理制度并得到落实,备用机泵完好; 7. 重要机泵检修要有针对性的检修规程(方案)要求,机泵技术档案资料齐全符合要求。	《石油化工企业设备完好标准》	1次/每班

续表

序号	排查内容	依据	排查频次
6	机泵电器接线符合电气安全技术要求，有接地线。		
7	易燃介质的泵密封的泄漏量不应大于设计的规定值。	《压缩机、风机、泵安装工程施工及验收规范》GB 50275—98	
8	转动设备应有可靠的安全防护装置并符合有关标准要求。	《生产过程安全卫生要求总则》GB 12801—91	
9	可燃气体压缩机、液化烃、可燃液体泵不得使用皮带传动；在爆炸危险区范围内的其他传动设备若必须使用皮带传动时，应采用防静电皮带。	GB 50160—2008 第5.7.8条	
10	可燃气体压缩机的吸入管道应有防止产生负压的设施。	GB 50160—2008 第7.2.10条	1次/半年
11	离心式可燃气体压缩机和可燃液体泵应在其出口管道上安装止回阀。	GB 50160—2008 第7.2.11条	
12	单个安全阀的起跳压力不应大于设备的设计压力。当一台设备安装多个安全阀时，其中一个安全阀的起跳压力不应大于设备的设计压力；其他安全阀的起跳压力可以提高，但不应大于设备设计压力的1.05倍。	GB 50160—2008 第5.5.1条	
13	可燃气体、可燃液体设备的安全阀出口应连接至适宜的设施或系统。	GB 50160—2008 第5.5.4条	
三、加热炉/工业炉的管理与运行状况			
1	企业应制定加热炉管理规定，建立健全加热炉基础档案资料和运行记录，并照国家标准和当地环保部门规定的指标定期对加热炉的烟气排放进行环保监测。		1次/半年
2	加热炉现场运行管理，应满足： 1. 加热炉应在在设计允许的范围内运行，严禁超温、超压、超负荷运行； 2. 加热炉膛内燃烧状况良好，不存在火焰偏烧、燃烧器结焦等； 3. 燃料油（气）线无泄漏，燃烧器无堵塞、漏油、漏气、结焦，长明灯正常点燃，油枪、瓦斯枪定期清洗、保养和及时更换，备用的燃烧器已将风门、汽门关闭； 4. 灭火蒸汽系统处于完好备用状态； 5. 炉体及附件的隔热、密封状况，检查看火窗、看火孔、点火孔、防爆门、人孔门、弯头箱门是否严密，有无漏风；炉体钢架和炉体钢板是否完好严密； 6. 辐射炉管有无局部超温、结焦、过热、鼓包、弯曲等异常现象； 7. 炉内壁衬无脱落，炉内构件无异常； 8. 有吹灰器的加热炉，吹灰器应正常投用； 9. 加热炉的炉用控制仪表以及检测仪表应正常投用，无故障。并定期对所有氧含量分析仪进行校验。	《石油化工企业设备完好标准》企业标准	1次/每班
3	加热炉基础外观不得有裂纹、蜂窝、露筋、疏松等缺陷。	《石油化工工艺装置布置设计通则》SH 3011—2000 第2.21.4条	

续表

序号	排查内容	依据	排查频次
4	钢结构安装立柱不得向同一方向倾斜。	《管式炉安装工程施工及验收规范》 SH 3506—2000	1次/每班
5	人孔门、观察孔和防爆门安装位置的偏差应小于8mm。人孔门与门框、观察孔与孔盖均应接触严密,转动灵活。	SH 3506—2000	1次/每班
6	烟、风道挡板和烟囱挡板的调节系统应进行试验,检查其启闭是否准确、转动是否灵活,开关位置应与标记相一致。	SH 3506—2000 第5.0.3条	
7	加热炉的烟道和封闭炉膛均应设置爆破门,加热炉机械鼓风的主风管道应设置爆破膜。	《石油化工企业安全卫生设计规范》 SH 3047—93 第2.2.11条	
8	对加热炉有失控可能的工艺过程,应根据不同情况采取停止加入物料、通人惰性气体等应急措施。	SH 3047—93 第2.2.11条	
9	加热炉保护层必须采用不燃材料。	GB 50264—97	
10	设备的外表面温度在50~850℃时,除工艺有散热要求外,均应设置绝热层	《工业设备及管道绝热工程设计规范》 GB 50264—97 第5.2.1条	
11	绝热结构外层应设置保护层,保护层结构应严密和牢固。	GB 50264—97 第5.4.1条	1次/半年
12	明火加热炉附属的燃料气分液罐、燃料气加热器等与炉体的防火间距,不应小于6 m。	GB 50160—2008	
13	烧燃料气的加热炉应设长明灯,并宜设置火焰检测器。	GB 50160—2008 第5.7.8条	
14	加热炉燃料气调节阀前的管道压力等于或小于0.4 MPa,且无低压自动保护仪表时,应在每个燃料气调节阀与加热炉之间设阻火器。	GB 50160—2008 第7.2.12条	
15	加热炉燃料气管道上的分液罐的凝液不应敞开排放。	GB 50160—2008 第7.2.13条	
四、防腐蚀			
1	腐蚀、易磨损的容器及管道,应定期测厚和进行状态分析,有监测记录。		
2	大型、关键容器(如液化气球罐等)中的腐蚀性介质含量的监控措施,如进行定期分析,有无 H_2S 含量超标的情况存在等。		1次/季度
3	重点容器、管道腐蚀状况监测工作的开展情况。如对重点容器和管道是否进行在线的定期、定点测厚或采用腐蚀探针等方法进行监测,以及这些措施的实际效果等。		
4	重点容器、管道腐蚀状况的监测、检查记录,如测厚报告等,以及这方面工作实际开展的情况及效果。		
五、压力容器			
按照《压力容器安全技术监察规程》(质技监局锅发(199(9)154号)开展隐患排查。			
六、压力管道			
按照《压力管道安全技术监察规程》(TSG D0001—200(9)开展隐患排查。			
七、其他特种设备			
按照《特种设备安全监察条例》(国务院令第549号)开展隐患排查。			
八、安全附件管理与运行状况			
按照《压力容器安全技术监察规程》(质技监局锅发(199(9)154号)开展隐患排查。			

5　电气系统隐患排查表

序号	排查内容	依据	排查频次
一、电气安全管理			
1	企业应建立、健全电气安全管理制度和台帐。 三图：系统模拟图、二次线路图、电缆走向图； 三票：工作票、操作票、临时用电票； 三定：定期检修、定期试验、定期清理； 五规程：检修规程、运行规程、试验规程、安全作业规程、事故处理规程； 五记录：检修记录、运行记录、试验记录、事故记录、设备缺陷记录。	《电力生产安全工作规定》；《变配电室安全管理规范》DB 11/527—2008	1次/月
2	"三票"填写清楚，不得涂改、缺项，执行完毕划√或盖已执行章。		
3	从事电气作业中的特种作业人员应经专门的安全作业培训，在取得相应特种作业操作资格证书后，方可上岗。	《用电安全导则》第10.4条	
4	临时用电应经有关主管部门审查批准，并有专人负责管理，限期拆除。	《用电安全导则》第10.6条	
二、供配电系统设置及电气设备设施			
1	企业的供电电源应满足不同负荷等级的供电要求： 1. 一级负荷应由双重电源供电，当一电源发生故障时，另一电源不应同时受到损坏。 2. 一级负荷中特别重要的负荷供电，应符合下列要求：除应由双重电源供电外，尚应增设应急电源，并严禁将其他负荷接入应急供电系统；设备的供电电源的切换时间，应满足设备允许中断供电的要求。 3. 二级负荷的供电系统，宜由两回线路供电。在负荷较小或地区供电条件困难时，二级负荷可由一回 6 kV 及以上专用的架空线路供电。	供配电系统设计规范 GB 50052—2009	1次/半年
2	消防泵、关键装置、关键机组等重点部位以及符合中的特别重要负荷的供电应满足《供配电系统设计规范》GB 50052 所规定的一级负荷供电要求。	《供配电系统设计规范》GB 50052	
3	企业供配电系统设计应按照负荷性质、用电容量、工程特点等条件进行设计。满足相关标准规范的规定： 《供配电系统设计规范》GB 50052—2009 《10kV 及以下变电所设计规范》GB 50053 《低压配电设计规范》GB 50054 《35—110kV 变电所设计规范》GB 50059 《3—110kV 高压配电装置设计规范》GB 50060		
4	企业供配电系统设计应采用符合国家现行有关标准的高效节能、环保、安全、性能先进的电气产品。不应使用国家已经明令淘汰的电气设备设施。	《供配电系统设计规范》GB 50052—2009	

续表

序号	排查内容	依据	排查频次
5	企业变配电室设备设施、配电线路应满足相关标准规范的规定。如： 1. 变配电室的地面应采用防滑、不起尘、不发火的耐火材料。变配电室变压器、高压开关柜、低压开关柜操作面地面应铺设绝缘胶垫。 2. 用电产品的电气线路须具有足够的绝缘强度、机械强度和导电能力并定期检查。 3. 变配电室应设置防止雨、雪和小动物从采光窗、通风窗、门、电缆沟等进入室内的设施。变配电室的电缆夹层、电缆沟和电缆室应采取防水、排水措施。 4. 通往室外的门应向外开。设备间与附属房间之间的门应向附属房间方向开。高压间与低压间之间的门，应向低压间方向开。配电装置室的中间门应采用双向开启门。 5. 变配电室出入口应设置高度不低于 400 mm 的挡板。 6. 变配电室应设置有明显的临时接地点，接地点应采用铜制或钢制镀锌蝶形螺栓。 7. 变配电室内应设有等电位联结板。 8. 变配电室应急照明灯具和疏散指示标志灯的备用充电电源的放电时间不低于 20 min。	《变配电室安全管理规范》DB 11/527—2008 《低压配电设计规范》GB 50054—2011 《用电安全导则》GB/T 13869—2008 6.7	1次/月
6	爆炸危险区域内的防爆电气设备应符合 AQ 3009—2007《危险场所电气防爆安全规范》的要求。	《危险场所电气防爆安全规范》AQ 3009—2007	1次/半年
7	电气设备的安全性能，应满足相关标准规范的规定。如： 设备的金属外壳应采取防漏电保护接地； PE 线若明设时，应选用不小于 4 mm² 的铜芯线，不得使用铝芯线； PE 线若随穿线管接入设备本体时，应选用不小于 2.5 mm² 的铜芯线或不小于 4 mm² 的铝芯线； PE 线不得搭接或串接，接线规范、接触可靠； 明设的应沿管道或设备外壳敷设，暗设的在接线处外部应有接地标志； PE 线接线间不得涂漆或加绝缘垫。	《国家电气设备安全技术规范》GB 19517—2009	1次/月
8	电缆必须有阻燃措施。电缆桥架符合相关设计规范。如《电力工程电缆设计规范》GB 50217—2007		
9	隔离开关与相应的断路器和接地刀闸之间，应装设闭锁装置。屋内的配电装置，应装设防止误入带电间隔的设施。	《35kV～110kV 变电站设计规范》GB 50059—92 3.5.3	1次/半年
10	重要作业场所如消防泵房及其配电室、控制室、变配电室、需人工操作的泡沫站等场所应设置有事故应急照明。	《石油化工企业设计防火规范》GB 50160—2008	
三、防雷防静电设施			
1	工艺装置内露天布置的塔、容器等，当顶板厚度等于或大于 4 mm 时，可不设避雷针保护，但必须设防雷接地。	GB 50160—2008 9.2.2	1次/季度

续表

序号	排查内容	依据	排查频次
2	可燃气体、液化烃、可燃液体的钢罐,必须设防雷接地,并应符合下列规定: 1. 甲 B、乙类可燃液体地上固定顶罐,当顶板厚度小于 4 mm时应设避雷针、线,其保护范围应包括整个储罐; 2. 丙类液体储罐,可不设避雷针、线,但必须设防感应雷接地; 3. 浮顶罐(含内浮顶罐)可不设避雷针、线,但应将浮顶与罐体用两根截面不小于 25 mm² 的软铜线作电气连接; 4. 压力储罐不设避雷针、线,但应作接地。	GB 50160—2008 9.2.3	1次/季度
3	可燃液体储罐的温度、液位等测量装置,应采用铠装电缆或钢管配线,电缆外皮或配线钢管与罐体应作电气连接。	GB 50160—2008 9.2.4	
4	宜按照 SH 9037—2000 在输送易燃物料的设备、管道安装防静电设施。	AQ 3013—2008 第 5.5.2 条	
5	在聚烯烃树脂处理系统、输送系统和料仓区应设置静电接地系统,不得出现不接地的孤立导体。	GB 50160—2008 第 9.3.2 条	
6	可燃气体、液化烃、可燃液体、可燃固体的管道在下列部位应设静电接地设施: 1. 进出装置或设施处; 2. 爆炸危险场所的边界; 3. 管道泵及泵入口永久过滤器、缓冲器等。	GB 50160—2008 第 9.3.3 条	1次/季度
7	汽车罐车、铁路罐车和装卸场所,应设防静电专用接地线。	GB 50160—2008 第 9.3.5 条	
8	可燃液体、液化烃的装卸栈台和码头的管道、设备、建筑物、构筑物的金属构件和铁路钢轨等(作阴极保护者除外),均应作电气连接并接地。	GB 50160—2008 第 9.3.4 条	
四、现场安全			
1	企业变配电设备设施、电气设备、电气线路、及工作接地、保护接地、防雷击、防静电接地系统等应完好有效,功能正常。		
2	主控室有模拟系统图,与实际相符。高压室钥匙按要求配备,严格管理。		
3	用电设备和电气线路的周围应留有足够的安全通道和工作空间。且不应堆放易燃、易爆和腐蚀性物品。	《用电安全导则》第 6.5 条	1次/月
4	电缆必须有阻燃措施。电缆沟防窜油汽、防腐蚀、防水措施落实;电缆隧道防火、防沉陷措施落实。	企业管理制度	
5	临时电源、手持式电动工具、施工电源、插座回路均应采用 TN—S供电方式,并采用剩余电流动作保护装置。	《变配电室安全管理规范》DB 11/527—2008	
6	暂设电源线路,应采用绝缘良好、完整无损的橡皮线,室内沿墙敷设,其高度不得低于 2.5 m,室外跨过道路时,不得低于 4.5 m,不允许借用暖气、水管及其他气体管道架设导线,沿地面敷设时,必须加可靠的保护装置和明显标志。	《电气安全工作规程》	

续表

序号	排查内容	依据	排查频次
7	在爆炸性气体环境内钢管配线的电气线路是否作好隔离密封。	《爆炸和火灾危险环境电力装置设计规范》GB 50058—92 第 2.5.12 条	1次/月
8	防雷防静电接地装置的电阻应符合《石油库设计规范》GB 50074、GB 50057、GB 50183 等相关规范的要求		

6 仪表隐患排查表

序号	排查内容	依据	排查频次
一、仪表安全管理			
1	企业应建立、健全仪表管理制度和台帐。包括检查、维护、使用、检定等制度及各类仪表台账；		
2	仪表调试、维护及检测记录齐全，主要包括： 1. 仪表定期校验、回路调试记录； 2. 检测仪表和控制系统检维护记录等齐全。		
3	控制系统管理满足以下要求： 1. 控制方案变更应办理审批手续； 2. 控制系统故障处理、检修及组态修改记录应齐全； 3. 控制系统建立有事故应急预案。		1次/季度
4	可燃气体、有毒气体检测报警器管理应满足以下要求： 1. 有可燃、有毒气体检测器检测点布置图； 2. 可燃、有毒气体报警按规定周期进行校准和检定，检定人有效资质证书。		
5	联锁保护系统的管理应满足： 1. 联锁逻辑图、定期维修校验记录、临时停用记录等技术资料齐全； 2. 工艺和设备联锁回路调试记录； 3. 联锁保护系统(设定值、联锁程序、联锁方式、取消)变更应办理审批手续； 4. 联锁摘除和恢复应办理工作票，有部门会签和领导签批手续； 5. 摘除联锁保护系统应有防范措施及整改方案。		
二、仪表系统设置			
1	危险化工工艺的安全仪表控制应按照《首批重点监管的危险化工工艺目录》和《首批重点监管的危险化工工艺安全控制要求、重点监控参数及推荐的控制方案》(安监总管三〔2009〕116 号)的要求进行设置。	《国家安全监管总局关于公布首批重点监管的危险化工工艺目录的通知》(安监总管三〔2009〕116 号)	1次/半年
2	危险化学品生产企业应按照相关规范的要求设置过程控制、安全仪表及联锁系统，并满足《石油化工安全仪表系统设计规范》SH 3018—2003要求，重点排查内容： 1. 安全仪表系统配置：安全仪表系统独立于过程控制系统，独立完成安全保护功能。 2. 过程接口：输入输出卡相连接的传感器和最终执行元件	《石油化工安全仪表系统设计规范》SH 3018—2003	

序号	排查内容	依据	排查频次
	应设计成故障安全型;不应采取现场总线通讯方式;若采用三取二过程信号应分别接到三个不同的输入卡; 3. 逻辑控制器:安全仪表系统宜采用经权威机构认证的可编程逻辑控制器; 4. 传感器与执行元件:安全仪表系统的传感器、最终执行元件宜单独设置; 5. 检定与测试:传感器与执行元件应进行定期检定,检定周期随装置检修;回路投用前应进行测试并做好相关记录。		
3	下列情况仪表电源宜采用不间断电源: 1. 大、中型石化生产装置、重要公用工程系统及辅助生产装置; 2. 高温高压、有爆炸危险的生产装置; 3. 设置较多、较复杂信号联锁系统的生产装置; 4. 重要的在线分析仪表(如:参与控制、安全联锁); 5. 大型压缩机、泵的监控系统。 6. 可燃气体和有毒气体检测系统,应采用 UPS 供电。	《石油化工仪表供电设计规范》 SH/T 3082—2003	
4	仪表气源应满足: 1. 应采用清洁、干燥的空气,备用气源也可用干燥的氮气; 2. 为了保证仪表气源装置的安全供气,应设置备用气源。备用气源可采用备用压缩机组、贮气罐或第二气源。	《石油化工仪表供气设计规范》SH 3020—2001 第3.0.1条 第4.3.1条	
5	安装 DCS、PLC、SIS 等设备的控制室、机柜室、过程控制计算机的机房,应考虑防静电接地。这些室内的导静电地面、活动地板、工作台等应进行防静电接地。	《石油化工仪表接地设计规范》 SH/T 3081—2003 第2.4.1条	1次/月
6	可燃气体和有毒气体检测器设置应满足《石油化工可燃气体和有毒气体检测报警设计规范》GB 50493—2009。 排查重点: 1. 检测点的设置:应符合《石油化工可燃气体和有毒气体检测报警设计规范》GB 50493—2009 第 4 章,第 4.1 条至第 4.4 条; 2. 检(探)测器的安装:应符合 GB 50493—2009 第 6.1 条; 3. 检(探)测器的选用:应符合 GB 50493—2009 第 5.2 条; 4. 指示报警设备的选用:应符合 GB 50493—2009 第 5.3.1 条和第 5.3.2 条; 5. 报警点的设置:应符合 GB 50493—2009 5.3.3 条; 6. 检测报警器的定期检定:检定周期一般不超过一年。	《石油化工可燃气体和有毒气体检测报警设计规范》 GB 50493—2009 《可燃气体检测报警器检定规程》JJG 693—2011 第 5.5 条	
7	爆炸危险场所的仪表、仪表线路的防爆等级应满足区域的防爆要求。且应具有国家授权的机构发给的产品防爆合格证。	《爆炸和火灾危险环境电力装置设计规范》 GB 50058—92	1次/月
8	保护管与检测元件或现场仪表之间应采取相应的防水措施。防爆场合,应采取相应防爆级别的密封措施。	《石油化工仪表配管、配线设计规范》 SH/T 3019—2003	

序号	排查内容	依据	排查频次
	三、仪表现场安全		
1	机房防小动物、防静电、防尘及电缆进出口防水措施完好。		
2	联锁系统设备、开关、端子排的标识齐全准确清晰。紧急停车按钮是否有可靠防护措施。		
3	可燃气体检测报警器、有毒气体报警器传感器探头完好，无腐蚀、无灰尘；手动试验声光报警正常，故障报警完好。		1次/月
4	仪表系统维护、防冻、防凝、防水措施落实，仪表完好有效。		
5	SIS的现场检测元件，执行元件应有联锁标志警示牌，防止误操作引起停车。		
6	放射性仪表现场有明显的警示标志，安装使用符合国家规范。		

7　危险化学品管理隐患排查表

序号	排查内容	依据	排查频次
1	企业应对所有危险化学品，包括产品、原料和中间产品进行普查，建立危险化学品档案，包括： 1.名称，包括别名、英文名等； 2.存放、生产、使用地点； 3.数量； 4.危险性分类、危规号、包装类别、登记号； 5.安全技术说明书与安全标签。	《危险化学品从业单位安全生产标准化通用规范》（AQ 3013—2008）	
2	企业应按照国家有关规定对其产品、所有中间产品进行分类，并将分类结果汇入危险化学品档案。	《危险化学品从业单位安全生产标准化通用规范》（AQ 3013—2008）	
3	危险化学品生产企业应当提供与其生产的危险化学品相符的化学品安全技术说明书，并在危险化学品包装（包括外包装件）上粘贴或者拴挂与包装内危险化学品相符的化学品安全标签。化学品安全技术说明书和化学品安全标签所载明的内容应当符合国家标准的要求。 危险化学品生产企业发现其生产的危险化学品有新的危险特性的，应当立即公告，并及时修订其化学品安全技术说明书和化学品安全标签。	《危险化学品安全管理条例》第15条	1次/半年
4	生产企业的产品属危险化学品时，应按GB 16483和GB 15258编制产品安全技术说明书和安全标签，并提供给用户。	GB 16483—2008 化学品安全技术说明书内容和项目顺序 GB 15258—2009 化学品安全标签编写规定	
5	企业采购危险化学品时，应索取危险化学品安全技术说明书和安全标签，不得采购无安全技术说明书和安全标签的危险化学品。	《危险化学品从业单位安全生产标准化通用规范》（AQ 3013—2008）	
6	生产企业应设立24小时应急咨询服务固定电话，有专业人员值班并负责相关应急咨询。没有条件设立应急咨询服务电话的，应委托危险化学品专业应急机构作为应急咨询服务代理。	《危险化学品从业单位安全生产标准化通用规范》（AQ 3013—2008）	

续表

序号	排查内容	依据	排查频次
7	企业应按照国家有关规定对危险化学品进行登记，取得危险化学品登记证书。	《危险化学品从业单位安全生产标准化通用规范》（AQ 3013—2008）	1次/半年
8	对生产过程中危险化学品的危险特性、活性危害、禁配物等，以及采取的预防及应急处理措施，企业应对从业人员及相关方进行了宣传、培训。	《危险化学品从业单位安全生产标准化通用规范》（AQ 3013—2008）	
9	生产、储存剧毒化学品或者国务院公安部门规定的可用于制造爆炸物品的危险化学品（以下简称易制爆危险化学品）的单位，应当如实记录其生产、储存的剧毒化学品、易制爆危险化学品的数量、流向，并采取必要的安全防范措施，防止剧毒化学品、易制爆危险化学品丢失或者被盗；发现剧毒化学品、易制爆危险化学品丢失或者被盗的，应当立即向当地公安机关报告。 生产、储存剧毒化学品、易制爆危险化学品的单位，应当设置治安保卫机构，配备专职治安保卫人员。	《危险化学品安全管理条例》第23条	1次/月
10	危险化学品应当储存在专用仓库、专用场地或者专用储存室（以下统称专用仓库）内，并由专人负责管理；剧毒化学品以及储存数量构成重大危险源的其他危险化学品，应当在专用仓库内单独存放，并实行双人收发、双人保管制度。 危险化学品的储存方式、方法以及储存数量应当符合国家标准或者国家有关规定。	《危险化学品安全管理条例》第24条	
11	储存危险化学品的单位应当建立危险化学品出入库核查、登记制度。 对剧毒化学品以及储存数量构成重大危险源的其他危险化学品，储存单位应当将其储存数量、储存地点以及管理人员的情况，报所在地县级人民政府安全生产监督管理部门（在港区内储存的，报港口行政管理部门）和公安机关备案。	《危险化学品安全管理条例》第25条	
12	危险化学品专用仓库应当符合国家标准、行业标准的要求，并设置明显的标志。储存剧毒化学品、易制爆危险化学品的专用仓库，应当按照国家有关规定设置相应的技术防范设施。 储存危险化学品的单位应当对其危险化学品专用仓库的安全设施、设备定期进行检测、检验。	《危险化学品安全管理条例》第26条	
13	企业应严格执行危险化学品运输、装卸安全管理制度，规范运输、装卸人员行为。	《危险化学品从业单位安全生产标准化通用规范》（AQ 3013—2008）	

8　储运系统隐患排查表

类别	排查内容	排查依据	排查频次
一、储运系统的安全管理制度及执行情况			
1	储运系统的管理制度： 1. 制定了储罐、可燃液体、液化烃的装卸设施、危险化学品仓库储存管理制度； 2. 储运系统基础资料和技术档案齐全； 3. 当储运介质或运行条件发生变化应有审批手续并及时修订操作规程。		1次/半年
2	严格执行储罐的外部检查： 1. 定期进行外部检查； 2. 检查罐顶和罐壁变形、腐蚀情况，有记录、有测厚数据； 3. 检查罐底边缘板及外角焊缝腐蚀情况，有记录、有测厚数据； 4. 检查阀门、人孔、清扫孔等处的紧固件，有记录； 5. 检查罐体外部防腐涂层保温层及防水檐； 6. 检查储罐基础及防火堤，有记录。		1次/月
3	执行储罐的全面检查和压力储罐的法定检测；严格按要求定期进行储罐全面检查；腐蚀严重的储罐已确定合理的全面检查周期。特殊情况无法按期检查的储罐有延期手续并有监控措施。		1次/半年
4	储罐的日常和检维修管理应满足： 1. 有储罐年度检测、修理、防腐计划； 2. 认真按规定的时间、路线和内容进行巡回检查，记录齐全； 3. 对储罐呼吸阀、阻火器、量油孔、泡沫发生器、转动扶梯、自动脱水器、高低液位报警器、人孔、透光孔、排污阀、液压安全阀、通气管、浮顶罐密封装置、罐壁通气孔、液面计等附件定期检查或检测，有储罐附件检查维护记录； 4. 定期进行储罐防雷防静电接地电阻测试，有测试记录。		1次/月
二、储罐区的安全设计			
1	易燃、可燃液体及可燃气体罐区下列方面应符合《石油和天然气工程设计防火规范》GB 50183、《石油化工企业设计防火规范》GB 50160 及《石油库设计规范》GB 50074 等相关规范要求： 1. 防火间距； 2. 罐组总容、罐组布置； 3. 防火堤及隔堤； 4. 放空或转移； 5. 液位报警、快速切断； 6. 安全附件(如呼吸阀、阻火器、安全阀等)； 7. 水封井、排水闸阀。		1次/半年

类别	排查内容	排查依据	排查频次
2	危险化学品重大危险源罐区下列安全监控装备应满足《危险化学品重大危险源罐区现场安全监控装备设置规范》AQ 3036 的规定: 1. 储罐运行参数的监控与重要运行参数的联锁; 2. 储罐区可燃气体或有毒气体监测报警和泄漏控制设备的设置; 3. 罐区气象监测、防雷和防静电装备的设置; 4. 罐区火灾监控装置的设置; 5. 音频视频监控装备的设置。		
3	防火堤应《防火堤设计规范》GB 50351—2005 规范的相关要求: 1. 防火堤的材质、耐火性能以及伸缩缝配置应满足规范要求; 2. 防火堤容积应满足规范要求,并能承受所容纳油品的静压力且不渗漏; 3. 防火堤内不得种植作物或树木,不得有超过 0.15 m 高的草坪; 4. 液化烃罐区防火堤内严禁绿化。		
4	当防火堤容积不能满足"清净下水"的收容要求时,按要求设置事故存液池。	安监总危化字〔2006〕10 号	1次/季度
5	储存、收发甲、乙 A 类易燃、可燃液体的储罐区、泵房、装卸作业等场所可燃气体报警器的设置应满足《石油化工企业可燃气体和有毒气体检测报警设计规范》GB50493 的要求。对于液化烃、甲 B、乙 A 类液体等产生可燃气体的液体储罐的防火堤内,应设检(探)测器,并符合下列规定: 1. 当检(探)测点位于释放源的全年最小频率风向的上风侧时,可燃气体检(探)测点与释放源的距离不宜大于 15 m,有毒气体检(探)测点与释放源的距离不宜大于 2 m; 2. 当检(探)测点位于释放源的全年最小频率风向的下风侧时,可燃气体检(探)测点与释放源的距离不宜大于 5 m,有毒气体检(探)测点与释放源的距离不宜大于 1 m。		
6	易燃、可燃液体及可燃气体罐区消防系统应符合《石油和天然气工程设计防火规范》GB 50183、《石油化工企业设计防火规范》GB 50160 及《石油库设计规范》GB 50074 等规范要求: 1. 消防设施配置(火灾报警装置、灭火器材、消防车等); 2. 消防水源、水质、补水情况; 3. 消防冷却系统配置情况; 4. 泡沫灭火系统(包括泡沫消防水系统及泡沫系统)配置情况; 5. 消防道路; 6. 其他消防设施。	《石油和天然气工程设计防火规范》GB 50183、《石油化工企业设计防火规范》GB 50160 及《石油库设计规范》GB 50074	

续表

类别	排查内容	排查依据	排查频次
7	靠山修建的石油库、覆土隐蔽库应修筑了防止山火侵袭的防火沟、防火墙或防火带等设施。		
8	储罐区、装卸作业区、泵房、消防泵房、锅炉房、配电室等重点部分安全标志和警示牌齐全,安全标志的使用应符合《安全标志使用导则》GB 2894 的规定。	《安全标志使用导则》GB 2894—2008	
9	外浮顶罐浮顶与罐壁之间的环向间隙应安装有效的密封装置。	《立式圆筒形钢制焊接油罐设计规范》GB 50341—2003	
10	3 万及以上大型浮顶储罐浮盘的密封圈处应设置火灾自动检测报警设施,检测报警设施宜为无电检测系统。		
11	石油天然气工程的天然气凝液及液化石油气罐区内可燃气体检测报警装置设置应满足《石油天然气工程可燃气体检测报警系统安全技术规范》SY 6053 的要求,其他天然气凝液及液化石油气罐区内可燃气体检测报警装置应满足《石油化工企业可燃气体和有毒气体检测报警设计规范》GB 50493 的要求。		1 次/季度
12	天然气凝液储罐及液化石油气储罐应设置适应存储介质的液位计、温度计、压力表、安全阀,以及高液位报警装置或高液位自动联锁切断进料措施。对于全冷冻式液化烃储罐还应设真空泄放设施和高、低温温度检测,并与自动控制系统相联。	《石油化工企业设计防火规范》GB 50160 第 6.3.11 条	
13	天然气凝液储罐及液化石油气储罐的安全阀出口管应接至火炬系统,确有困难而采取就地放空时,其排气管口高度应高出 8 m 范围内储罐罐顶平台 3 m 以上。	《石油化工企业设计防火规范》GB 50160 第 6.3.13 条	
14	全压力式液化烃球罐应采取防止液化烃泄漏的注水措施。	《石油化工企业设计防火规范》GB 501608 第 6.3.16 条	
15	全压力式液化烃储罐宜采用有防冻措施的二次脱水系统,储罐根部宜设紧急切断阀。	《石油化工企业设计防火规范》GB 50160 第 6.3.14 条	
16	全压力式天然气凝液储罐及液化石油气储罐进、出口阀门及管件的压力等级不应低于 2.5 MPa,其垫片应采用缠绕式垫片。阀门压盖的密封材料应采用难燃材料。	《石油化工企业设计防火规范》GB 50160 第 6.3.16 条	
三、可燃液体、液化烃的装卸设施			
1	可燃液体的铁路装卸设施应符合下列规定: 1. 装卸栈台两端和沿栈台每隔 60 m 左右应设梯子; 2. 甲B、乙、丙A 类的液体严禁采用沟槽卸车系统; 3. 顶部敞口装车的甲B、乙、丙A 类的液体应采用液下装车鹤管; 4. 在距装车栈台边缘 10 m 以外的可燃液体(润滑油除外)输入管道上应设便于操作的紧急切断阀; 5. 丙B 类液体装卸栈台宜单独设置; 6. 零位罐至罐车装卸线不应小于 6 m; 7. 甲B、乙A 类液体装卸鹤管与集中布置的泵的距离不应小于 8 m; 8. 同一铁路装卸线一侧两个装卸栈台相邻鹤位之间的距离不应小于 24 m。	《石油化工企业设计防火规范》GB 50160 第 6.4.1 条	

类别	排查内容	排查依据	排查频次
2	可燃液体的汽车装卸站应符合下列规定: 1. 装卸站的进、出口宜分开设置;当进、出口合用时,站内应设回车场; 2. 装卸车场应采用现浇混凝土地面; 3. 装卸车鹤位与缓冲罐之间的距离不应小于 5 m,高架罐之间的距离不应小于 0.6 m; 4. 甲$_B$、乙$_A$类液体装卸车鹤位与集中布置的泵的距离不应小于 8 m; 5. 站内无缓冲罐时,在距装卸车鹤位 10 m 以外的装卸管道上应设便于操作的紧急切断阀; 6. 甲$_B$、乙、丙$_A$类液体的装卸车应采用液下装卸车鹤管; 7. 甲$_B$、乙、丙$_A$类液体与其他类液体的两个装卸车栈台相邻鹤位之间的距离不应小于 8 m; 8. 装卸车鹤位之间的距离不应小于 4 m;双侧装卸车栈台相邻鹤位之间或同一鹤位相邻鹤管之间的距离应满足鹤管正常操作和检修的要求。	《石油化工企业设计防火规范》GB 50160 第 6.4.2 条	
3	液化烃铁路和汽车的装卸设施应符合下列规定: 1. 液化烃严禁就地排放; 2. 低温液化烃装卸鹤位应单独设置; 3. 铁路装卸栈台宜单独设置,当不同时作业时,可与可燃液体铁路装卸共台设置; 4. 同一铁路装卸线一侧两个装卸栈台相邻鹤位之间的距离不应小于 24 m; 5. 铁路装卸栈台两端和沿栈台每隔 60 m 左右应设梯子; 6. 汽车装卸车鹤位之间的距离不应小于 4 m;双侧装卸车栈台相邻鹤位之间或同一鹤位相邻鹤管之间的距离应满足鹤管正常操作和检修的要求,液化烃汽车装卸栈台与可燃液体汽车装卸栈台相邻鹤位之间的距离不应小于 8 m; 7. 在距装卸车鹤位 10 m 以外的装卸管道上应设便于操作的紧急切断阀; 8. 汽车装卸车场应采用现浇混凝土地面; 9. 装卸车鹤位与集中布置的泵的距离不应小于 10 m。	《石油化工企业设计防火规范》GB 501608 第 6.4.3 条	1 次/季度
4	液化石油气的灌装站应符合下列规定: 1. 液化石油气的灌瓶间和储瓶库宜为敞开式或半敞开式建筑物,半敞开式建筑物下部应采取防止油气积聚的措施; 2. 液化石油气的残液应密闭回收,严禁就地排放; 3. 灌装站应设不燃烧材料隔离墙。如采用实体围墙,其下部应设通风口; 4. 灌瓶间和储瓶库的室内应采用不发生火花的地面,室内地面应高于室外地坪,其高差不应小于 0.6 m; 5. 液化石油气缓冲罐与灌瓶间的距离不应小于 10 m; 6. 灌装站内应设有宽度不小于 4 m 的环形消防车道,车道内缘转弯半径不宜小于 6 m。	《石油化工企业设计防火规范》GB 50160 第 6.4.4 条	

续表

类别	排查内容	排查依据	排查频次
四、危险化学品仓库			
1	化学品和危险品库区的防火间距应满足国家相关标准规范要求。		
2	仓库的安全出口设置应满足《建筑设计防火规范》GB 50016的有关规定。		
3	有爆炸危险的甲、乙类库房泄压设施应满足 GB 50016 的规定。		
4	仓库内严禁设置员工宿舍。甲、乙类仓库内严禁设置办公室、休息室等,并不应贴邻建造。在丙、丁类仓库内设置的办公室、休息室,应采用耐火极限不低于 2.50 h 的不燃烧隔墙和不低于 1.00 h 的楼板与库房隔开,并应设置独立的安全出口。如隔墙需开设相互连通的门时,应采用乙级防火门。	《石油化工企业设计防火规范》GB 50160第 3.3.15 条	
5	危险化学品应按化学物理特性分类储存,当物料性质不允许相互接触时,应用实体墙隔开,并各设出入口。各种危险化学品储存应满足《常用化学危险品贮存通则》GB 15603 的规定。		
6	压缩气体和液化气体必须与爆炸物品、氧化剂、易燃物品、自燃物品、腐蚀性物品隔离贮存。易燃气体不得与助燃气体、剧毒气体同贮;氧气不得与油脂混合贮存。	《常用化学危险品贮存通则》GB 15603—1995 第 6.6 条	1次/季度
7	易燃液体、遇湿易燃物品、易燃固体不得与氧化剂混合贮存,具有还原性氧化剂应单独存放。	《常用化学危险品贮存通则》GB 15603—1995 第 6.6 条	
8	有毒物品应贮存在阴凉、通风、干燥的场所,不要露天存放,不要接近酸类物质。	《常用化学危险品贮存通则》GB 15603—1995 第 6.8 条	
9	低、中闪点液体、一级易燃固体、自燃物品、压缩气体和液化气体类宜储藏于一级耐火建筑的库房内。遇湿易燃物品、氧化剂和有机过氧化物可储藏于一、二级耐火建筑的库房内。二级易燃固体、高闪点液体可储藏于耐火等级不低于三级的库房内。	《易燃易爆性商品储藏养护技术条件》GB 17914—1999 第 3.2.1 条	
10	易燃气体、不燃气体和有毒气体分别专库储藏。易燃液体均可同库储藏;但甲醇、乙醇、丙酮等应专库贮存。遇湿易燃物品专库储藏。	《易燃易爆性商品储藏养护技术条件》GB 17914—1999 第 3.3.2 条	
11	剧毒品应专库贮存或存放在彼此间隔的单间内,需安装防盗报警器,库门装双锁。	《毒害性性商品储藏养护技术条件》GB 17916—1999 第 3.2.4 条	
12	氯气生产、使用、贮存等厂房结构,应充分利用自然通风条件换气,在环境、气候条件允许下,可采用半敞开式结构;不能采用自然通风的场所,应采用机械通风,但不宜使用循环风。	《氯气安全规程》GB 11984—89 第 4.7 条	

类别	排查内容	排查依据	排查频次
13	生产、使用和储存氯气的作业场所,是否采取了以下安全措施: 1. 设有醒目的警示标志和警示说明; 2. 场所内是否按 GB 11984 的要求配备足够的防毒面具、正压式空气呼吸器和防化服等专用防护用品,同时配置自救、急救药品等; 3. 配置洗眼、冲淋等个体防护设备; 4. 装置高处显眼位置设置风向标; 5. 液氯钢瓶存放处,应设中和吸收装置,真空吸收等事故处理的设施和工具。		1次/季度
14	甲、乙、丙类液体仓库应设置防止液体流散的设施。遇湿会发生燃烧爆炸的物品仓库应设置防止水浸渍的措施。	《建筑设计防火规范》GB 50016—2006 第 3.6.11	
15	化工企业合成纤维、合成树脂及塑料等产品的高架仓库是否满足下列规定: 1. 仓库的耐火等级不应低于二级; 2. 货架应采用不燃烧材料。	《石油化工企业设计防火规范》GB 50160—2008 第 6.6.3 条	
16	化工企业袋装硝酸铵仓库是否满足下列规定: 1. 仓库的耐火等级不应低于二级; 2. 仓库内严禁存放其他物品。	《石油化工企业设计防火规范》GB 50160—2008 第 6.6.5 条	
五、储运系统的安全运行状况				
1	储罐附件如呼吸阀、安全阀、阻火器等齐全完好;		1次/月
	通风管、加热盘管不堵不漏;升降管灵活;排污阀畅通;扶梯牢固;静电消除、接地装置有效;储罐进出口阀门和人孔无渗漏;浮盘、浮梯运行正常,无卡阻;浮盘、浮仓无渗漏;浮盘无积油、排水管畅通。		
2	储罐按规范要求设置防腐措施。 罐体无严重变形,无渗漏,无严重腐蚀。	《钢质石油储罐防腐蚀工程技术规范》GB 50393—2008	
3	罐区环境应满足: 1. 罐区无脏、乱、差、锈、漏,无杂草等易燃物; 2. 消防道路畅通无阻,消防设施齐全完好; 3. 水封井及排水闸完好可靠; 4. 照明设施齐全,符合安全防爆规定; 5. 喷淋冷却设施齐全好用,切水系统可靠好用; 6. 有氮封系统的,氮封系统正常投用、完好; 7. 防雷、防静电设施外观良好。		1次/班
六、汽车、铁路装卸设施				
1	可燃液体、液化烃装卸设施: 1. 流速应符合防静电规范要求; 2. 甲类、乙 A 类液体为密闭装车; 3. 汽车、火车和船装卸应有静电接地安全装置; 4. 装车时采用液下装车。		1次/半年

续表

类别	排查内容	排查依据	排查频次
2	铁路装卸站台应满足： 1. 装卸栈台的金属管架接地装置必须完好、牢固，装卸车线路及整个调车作业区采用轨道绝缘线路； 2. 栈桥照明灯具、导线、信号联络装置等完好，无断落、破损和短路现象。配电要符合防爆要求； 3. 装油鹤管、管道槽罐必须跨接或接地； 4. 消防设施齐全，消防器材的配置符合规定； 5. 安全护栏和防滑设施良好； 6. 轻油罐车进出栈桥加隔离车； 7. 劳保着装、工具等符合安全规定。	《石油化工液体物料铁路装卸车设施设计规范》 SH/T 3107—2007	1次/月
3	汽车装卸站台应满足： 1. 汽车装卸栈台场地分设出、入口，并设置停车场； 2. 液化气装车栈台与灌瓶站分开； 3. 装卸栈台与汽车槽罐静电接地良好； 1. 装运危险品的汽车必须"三证"（驾驶证、危险品准运证、危险品押运证）齐全； 2. 汽车安装阻火器； 3. 液化气槽车定位后必须熄火。充装完毕，确认管线与接头断开后，方能开车； 4. 消防设施齐全； 5. 劳保着装、工具符合安全要求。	《汽车危险货物运输、装卸作业规程》 JT 618—2004	
4	液化石油气、液氨或液氯等的实瓶不应露天堆放。	《石油化工企业设计防火规范》 GB 50160—2008 第 6.5.5 条	

9　公用工程隐患排查表

序号	排查内容	排查依据	排查频次
一、一般规定			
1	公用工程管道与可燃气体、液化烃和可燃液体的管道或设备连接时应符合下列规定： 1. 连续使用的公用工程管道上应设止回阀，并在其根部设切断阀； 2. 在间歇使用的公用工程管道上应设止回阀和一道切断阀或设两道切断阀，并在两切断阀间设检查阀； 3. 仅在设备停用时使用的公用工程管道应设盲板或断开。	《石油化工企业设计防火规范》 GB 50160—2008 第 7.2.7 条	1次/季度
2	新鲜水、蒸汽、压缩空气、药剂、污油等输送管道进（出）口应设置流量、压力和温度等测量仪表。	《石油化工污水处理设计规范》 SH 3095—2000 第 7.5.2 条	
二、给排水			
1	企业供水水源、循环水系统的能力必须满足企业需求，并留有一定余量。输水系统、循环水系统的设置应满足相关标准规范的规定。如《石油化工企业给水排水系统设计规范》 SH 3015—2003		1次/半年

序号	排查内容	依据	排查频次
	《石油化工企业循环水场设计规范》SH 3016—90 1. 循环水场不应靠近加热炉、焦炭塔等热源体和空压站吸入口,不得设在污水处理场、化学品堆场、散装库以及煤焦、灰渣、粉尘等的露天堆场附近; 2. 机械通风冷却塔与生产装置边界线或独立的明火设备的净距不应小于 30 m; 3. 加氯间和氯瓶间应与其他工作间隔开,氯瓶间必须设直接通向室外的外开门;氯瓶和加氯机不应靠近采暖设备;应设每小时换气 8—12 次的通风设备。通风孔应设在外墙下方; 4. 室内建筑装修、电气设备、仪表及灯具应防腐,照明和通风设备的开关应设在室外;应在加氯间附近设防毒面具、抢救器材和工具箱。		
2	污水系统按照环保部门的法律法规开展隐患排查。		
三、供热			
1	供热系统的锅炉。压力容器、压力管道按照《压力管道安全技术监察规程》(TSG D0001—2009)、《特种设备安全监察条例》(国务院令第 549 号)开展隐患排查。		
2	高温蒸汽管道及低温管线应采取防护措施,可防止人员烫伤或冻伤;防护材料应为绝热材料。		
3	寒冷地区是否采用防冻、防凝措施,如: 1. 所有水线、蒸汽线死角加导淋,保持微开长流水、长冒汽。 2. 水线、蒸汽、凝结水保持微开长流水、长冒汽,所有水线阀门必须保温。 3. 水泵加伴热蒸汽,细小管线加伴热导线。		1 次/季度
四、空压站、空分装置			
	空压站、空分装置按照《特种设备安全监察条例》、《压缩空气站设计规范》(GB 50029—2003)、《氧气站设计规范》(GB 50030—2007)及《氧气及相关气体安全技术规程》(GB 16912—97)等相关规定开展隐患排查		1 次/季度
五、泄压排放和火炬系统			
1	全厂性高架火炬的布置,应符合下列要求: 1. 宜位于生产区、全厂性重要设施全年最小频率风向的上风侧,并应符合环保要求; 2. 在符合人身与生产安全要求的前提下宜靠近火炬气的主要排放源; 3. 火炬的防护距离应符合 GB 50160 和 SH 3009 的规定。火炬的辐射热不应影响人身及设备的安全。	《石油化工企业厂区总平面布置设计规范》 SH/T 3053—2002 《石油化工企业燃料气系统和可燃性气体排放系统设计规范》 SH 3009—2001	1 次/半年
2	火炬系统设计应符合相关标准规范的规定。如:《石油化工企业燃料气系统和可燃性气体排放系统设计规范》SH 3009—2001 《石油化工企业设计防火规范》GB 50160—2008 1. 液体、低热值可燃气体、含氧气或卤元素及其化合物的可燃气体、毒性为极度和高度危害的可燃气体、惰性气体、酸性气体及其他腐蚀性气体(如氨、环氧乙烷、硫化氢等)不得		

序号	排查内容	依据	排查频次
	排入全厂性火炬系统,应设独立的排放系统或处理排放系统。 2. 可燃气体放空管道在接入火炬前,应设置分液和阻火等设备。严禁排入火炬的可燃气体携带可燃液体。 3. 可燃气体放空管道内的凝结液应密闭回收,不得随地排放。		
3	受工艺条件或介质特性所限,无法排入火炬或装置处理排放系统的可燃气体,当通过排气筒、放空管直接向大气排放时,排气筒、放空管的高度应满足《石油化工企业设计防火规范》GB 50160—2008 的要求。		
4	火炬应设常明灯和可靠的点火系统。	《石油化工企业设计防火规范》GB 50160—2008 第 5.5.20 条	1次/周

10 消防系统隐患排查表

序号	排查内容	排查依据	排查频次
消防系统按照消防部门的法律法规开展隐患排查。				

第五部分
产业政策

促进产业结构调整暂行规定

国发〔2005〕40 号

第一章　总　则

第一条　为全面落实科学发展观,加强和改善宏观调控,引导社会投资,促进产业结构优化升级,根据国家有关法律、行政法规,制定本规定。

第二条　产业结构调整的目标:

推进产业结构优化升级,促进一、二、三产业健康协调发展,逐步形成农业为基础、高新技术产业为先导、基础产业和制造业为支撑、服务业全面发展的产业格局,坚持节约发展、清洁发展、安全发展,实现可持续发展。

第三条　产业结构调整的原则:

坚持市场调节和政府引导相结合。充分发挥市场配置资源的基础性作用,加强国家产业政策的合理引导,实现资源优化配置。

以自主创新提升产业技术水平。把增强自主创新能力作为调整产业结构的中心环节,建立以企业为主体、市场为导向、产学研相结合的技术创新体系,大力提高原始创新能力、集成创新能力和引进消化吸收再创新能力,提升产业整体技术水平。

坚持走新型工业化道路。以信息化带动工业化,以工业化促进信息化,走科技含量高、经济效益好、资源消耗低、环境污染少、安全有保障、人力资源优势得到充分发挥的发展道路,努力推进经济增长方式的根本转变。

促进产业协调健康发展。发展先进制造业,提高服务业比重和水平,加强基础设施建设,优化城乡区域产业结构和布局,优化对外贸易和利用外资结构,维护群众合法权益,努力扩大就业,推进经济社会协调发展。

第二章　产业结构调整的方向和重点

第四条　巩固和加强农业基础地位,加快传统农业向现代农业转变。加快农业科技进步,加强农业设施建设,调整农业生产结构,转变农业增长方式,提高农业综合生产能力。稳定发展粮食生产,加快实施优质粮食产业工程,建设大型商品粮生产基地,确保粮食安全。优化农业生产布局,推进农业产业化经营,加快农业标准化,促进农产品加工转化增值,发展高产、优质、高效、生态、安全农业。大力发展畜牧业,提高规模化、集约化、标准化水平,保护天然草场,建设饲料草场基地。积极发展水产业,保护和合理利用渔业资源,推广绿色渔业养殖方式,发展高效生态养殖业。因地制宜发展原料林、用材林基地,提高木材综合利用率。加强农田水利建设,改造中低产田,搞好土地整理。提高农业机械化水平,健全农业技术推广、农产品市场、农产品质量安全和动植物病虫害防控体系。积极推行节水灌溉,科学使用肥料、农药,促进农业可持续发展。

第五条　加强能源、交通、水利和信息等基础设施建设,增强对经济社会发展的保障能力。

坚持节约优先、立足国内、煤为基础、多元发展,优化能源结构,构筑稳定、经济、清洁的能源供应体系。以大型高效机组为重点优化发展煤电,在生态保护基础上有序开发水电,积极发展核电,加强电网建设,优化电网结构,扩大西电东送规模。建设大型煤炭基地,调整改造中小煤矿,坚决淘汰不具备安全生产条件和浪费破坏资源的小煤矿,加快实施煤矸石、煤层气、矿井水等资源综合利用,鼓励煤电联营。实行油气并举,加大石油、天然气资源勘探和开发利用力度,扩大境外合作开发,加快油气领域基础设施建设。积极扶持和发展新能源和可再生能源产业,鼓励石油替代资源和清洁能源的开发利用,积极推进洁净煤技术产业化,加快发展风能、太阳能、生物质能等。

以扩大网络为重点,形成便捷、通畅、高效、安全的综合交通运输体系。坚持统筹规划、合理布局,实现铁路、公路、水运、民航、管道等运输方式优势互补,相互衔接,发挥组合效率和整体优势。加快发展铁路、城市轨道交通,重点建设客运专线、运煤通道、区域通道和西部地区铁路。完善国道主干线、西部地区公路干线,建设国家高速公路网,大力推进农村公路建设。优先发展城市公共交通。加强集装箱、能源物资、矿石深水码头建设,发展内河航运。扩充大型机场,完善中型机场,增加小型机场,构建布局合理、规模适当、功能完善、协调发展的机场体系。加强管道运输建设。

加强水利建设,优化水资源配置。统筹上下游、地表地下水资源调配、控制地下水开采,积极开展海水淡化。加强防洪抗旱工程建设,以堤防加固和控制性水利枢纽等防洪体系为重点,强化防洪减灾薄弱环节建设,继续加强大江大河干流堤防、行蓄洪区、病险水库除险加固和城市防洪骨干工程建设,建设南水北调工程。加大人畜饮水工程和灌区配套工程建设改造力度。

加强宽带通信网、数字电视网和下一代互联网等信息基础设施建设,推进"三网融合",健全信息安全保障体系。

第六条　以振兴装备制造业为重点发展先进制造业,发挥其对经济发展的重要支撑作用。

装备制造业要依托重点建设工程,通过自主创新、引进技术、合作开发、联合制造等方式,提高重大技术装备国产化水平,特别是在高效清洁发电和输变电、大型石油化工、先进适用运输装备、高档数控机床、自动化控制、集成电路设备、先进动力装备、节能降耗装备等领域实现突破,提高研发设计、核心元器件配套、加工制造和系统集成的整体水平。

坚持以信息化带动工业化,鼓励运用高技术和先进适用技术改造提升制造业,提高自主知识产权、自主品牌和高端产品比重。根据能源、资源条件和环境容量,着力调整原材料工业的产品结构、企业组织结构和产业布局,提高产品质量和技术含量。支持发展冷轧薄板、冷轧硅钢片、高浓度磷肥、高效低毒低残留农药、乙烯、精细化工、高性能差别化纤维。促进炼油、乙烯、钢铁、水泥、造纸向基地化和大型化发展。加强铁、铜、铝等重要资源的地质勘查,增加资源地质储量,实行合理开采和综合利用。

第七条　加快发展高技术产业,进一步增强高技术产业对经济增长的带动作用。

增强自主创新能力,努力掌握核心技术和关键技术,大力开发对经济社会发展具有重大带动作用的高新技术,支持开发重大产业技术,制定重要技术标准,构建自主创新的技术基础,加快高技术产业从加工装配为主向自主研发制造延伸。按照产业聚集、规模化发展和扩大国际合作的要求,大力发展信息、生物、新材料、新能源、航空航天等产业,培育更多新的经济增长点。优先发展信息产业,大力发展集成电路、软件等核心产业,重点培育数字化音视频、新一代移动通信、高性能计算机及网络设备等信息产业群,加强信息资源开发和共享,推进信息技术的普及和应用。充分发挥我国特有的资源优势和技术优势,重点发展生物农业、生物医药、生物能源和生物化工等生物产业。加快发展民用航空、航天产业,推进民用飞机、航空发动机及机载系统的开发和产业化,进一步发展民用航天技术和卫星技术。积极发展新材料产业,支持开发具有技术特色以及可发挥我国比较优势的光电子材料、高性能结构和新型特种功能材料等产品。

第八条　提高服务业比重,优化服务业结构,促进服务业全面快速发展。坚持市场化、产业化、社会化的方向,加强分类指导和有效监管,进一步创新、完善服务业发展的体制和机制,建立公开、平等、规范的行业准入制度。发展竞争力较强的大型服务企业集团,大城市要把发展服务业放在优先地位,有条件的要逐步形成服务经济为主的产业结构。增加服务品种,提高服务水平,增强就业能力,提升产业素质。大力发展金融、保险、物流、信息和法律服务、会计、知识产权、技术、设计、咨询服务等现代服务业,积极发展文化、旅游、社区服务等需求潜力大的产业,加快教育培训、养老服务、医疗保健等领域的改革和发展。规范和提升商贸、餐饮、住宿等传统服务业,推进连锁经营、特许经营、代理制、多式联运、电子商务等组织形式和服务方式。

第九条 大力发展循环经济,建设资源节约和环境友好型社会,实现经济增长与人口资源环境相协调。坚持开发与节约并重、节约优先的方针,按照减量化、再利用、资源化原则,大力推进节能节水节地节材,加强资源综合利用,全面推行清洁生产,完善再生资源回收利用体系,形成低投入、低消耗、低排放和高效率的节约型增长方式。积极开发推广资源节约、替代和循环利用技术和产品,重点推进钢铁、有色、电力、石化、建筑、煤炭、建材、造纸等行业节能降耗技术改造,发展节能省地型建筑,对消耗高、污染重、危及安全生产、技术落后的工艺和产品实施强制淘汰制度,依法关闭破坏环境和不具备安全生产条件的企业。调整高耗能、高污染产业规模,降低高耗能、高污染产业比重。鼓励生产和使用节约性能好的各类消费品,形成节约资源的消费模式。大力发展环保产业,以控制不合理的资源开发为重点,强化对水资源、土地、森林、草原、海洋等的生态保护。

第十条 优化产业组织结构,调整区域产业布局。提高企业规模经济水平和产业集中度,加快大型企业发展,形成一批拥有自主知识产权、主业突出、核心竞争力强的大公司和企业集团。充分发挥中小企业的作用,推动中小企业与大企业形成分工协作关系,提高生产专业化水平,促进中小企业技术进步和产业升级。充分发挥比较优势,积极推动生产要素合理流动和配置,引导产业集群化发展。西部地区要加强基础设施建设和生态环境保护,健全公共服务,结合本地资源优势发展特色产业,增强自我发展能力。东北地区要加快产业结构调整和国有企业改革改组改造,发展现代农业,着力振兴装备制造业,促进资源枯竭型城市转型。中部地区要抓好粮食主产区建设,发展有比较优势的能源和制造业,加强基础设施建设,加快建立现代市场体系。东部地区要努力提高自主创新能力,加快实现结构优化升级和增长方式转变,提高外向型经济水平,增强国际竞争力和可持续发展能力。从区域发展的总体战略布局出发,根据资源环境承载能力和发展潜力,实行优化开发、重点开发、限制开发和禁止开发等有区别的区域产业布局。

第十一条 实施互利共赢的开放战略,提高对外开放水平,促进国内产业结构升级。加快转变对外贸易增长方式,扩大具有自主知识产权、自主品牌的商品出口,控制高能耗高污染产品的出口,鼓励进口先进技术设备和国内短缺资源。支持有条件的企业"走出去",在国际市场竞争中发展壮大,带动国内产业发展。提高加工贸易的产业层次,增强国内配套能力。大力发展服务贸易,继续开放服务市场,有序承接国际现代服务业转移。提高利用外资的质量和水平,着重引进先进技术、管理经验和高素质人才,注重引进技术的消化吸收和创新提高。吸引外资能力较强的地区和开发区,要着重提高生产制造层次,并积极向研究开发、现代物流等领域拓展。

第三章 产业结构调整指导目录

第十二条 《产业结构调整指导目录》是引导投资方向,政府管理投资项目,制定和实施财税、信贷、土地、进出口等政策的重要依据。

《产业结构调整指导目录》由发展改革委会同国务院有关部门依据国家有关法律法规制订,经国务院批准后公布。根据实际情况,需要对《产业结构调整指导目录》进行部分调整时,由发展改革委会同国务院有关部门适时修订并公布。

《产业结构调整指导目录》原则上适用于我国境内的各类企业。其中外商投资按照《外商投资产业指导目录》执行。《产业结构调整指导目录》是修订《外商投资产业指导目录》的主要依据之一。《产业结构调整指导目录》淘汰类适用于外商投资企业。《产业结构调整指导目录》和《外商投资产业指导目录》执行中的政策衔接问题由发展改革委会同商务部研究协商。

第十三条　《产业结构调整指导目录》由鼓励、限制和淘汰三类目录组成。不属于鼓励类、限制类和淘汰类,且符合国家有关法律、法规和政策规定的,为允许类。允许类不列入《产业结构调整指导目录》。

第十四条　鼓励类主要是对经济社会发展有重要促进作用,有利于节约资源、保护环境、产业结构优化升级,需要采取政策措施予以鼓励和支持的关键技术、装备及产品。按照以下原则确定鼓励类产业指导目录:

(一)国内具备研究开发、产业化的技术基础,有利于技术创新,形成新的经济增长点;

(二)当前和今后一个时期有较大的市场需求,发展前景广阔,有利于提高短缺商品的供给能力,有利于开拓国内外市场;

(三)有较高技术含量,有利于促进产业技术进步,提高产业竞争力;

(四)符合可持续发展战略要求,有利于安全生产,有利于资源节约和综合利用,有利于新能源和可再生能源开发利用、提高能源效率,有利于保护和改善生态环境;

(五)有利于发挥我国比较优势,特别是中西部地区和东北地区等老工业基地的能源、矿产资源与劳动力资源等优势;

(六)有利于扩大就业,增加就业岗位;

(七)法律、行政法规规定的其他情形。

第十五条　限制类主要是工艺技术落后,不符合行业准入条件和有关规定,不利于产业结构优化升级,需要督促改造和禁止新建的生产能力、工艺技术、装备及产品。按照以下原则确定限制类产业指导目录:

(一)不符合行业准入条件,工艺技术落后,对产业结构没有改善;

(二)不利于安全生产;

(三)不利于资源和能源节约;

(四)不利于环境保护和生态系统的恢复;

(五)低水平重复建设比较严重,生产能力明显过剩;

(六)法律、行政法规规定的其他情形。

第十六条　淘汰类主要是不符合有关法律法规规定,严重浪费资源、污染环境、不具备安全生产条件,需要淘汰的落后工艺技术、装备及产品。按照以下原则确定淘汰类产业指导目录:

(一)危及生产和人身安全,不具备安全生产条件;

(二)严重污染环境或严重破坏生态环境;

(三)产品质量低于国家规定或行业规定的最低标准;

(四)严重浪费资源、能源;

(五)法律、行政法规规定的其他情形。

第十七条　对鼓励类投资项目,按照国家有关投资管理规定进行审批、核准或备案;各金融机构应按照信贷原则提供信贷支持;在投资总额内进口的自用设备,除财政部发布的《国内投资项目不予免税的进口商品目录(2000年修订)》所列商品外,继续免征关税和进口环节增值税,在国家出台不予免税的投资项目目录等新规定后,按新规定执行。对鼓励类产业项目的其他优惠政策,按照国家有关规定执行。

第十八条 对属于限制类的新建项目,禁止投资。投资管理部门不予审批、核准或备案,各金融机构不得发放贷款,土地管理、城市规划和建设、环境保护、质检、消防、海关、工商等部门不得办理有关手续。凡违反规定进行投融资建设的,要追究有关单位和人员的责任。

对属于限制类的现有生产能力,允许企业在一定期限内采取措施改造升级,金融机构按信贷原则继续给予支持。国家有关部门要根据产业结构优化升级的要求,遵循优胜劣汰的原则,实行分类指导。

第十九条 对淘汰类项目,禁止投资。各金融机构应停止各种形式的授信支持,并采取措施收回已发放的贷款;各地区、各部门和有关企业要采取有力措施,按规定限期淘汰。在淘汰期限内国家价格主管部门可提高供电价格。对国家明令淘汰的生产工艺技术、装备和产品,一律不得进口、转移、生产、销售、使用和采用。

对不按期淘汰生产工艺技术、装备和产品的企业,地方各级人民政府及有关部门要依据国家有关法律法规责令其停产或予以关闭,并采取妥善措施安置企业人员、保全金融机构信贷资产安全等;其产品属实行生产许可证管理的,有关部门要依法吊销生产许可证;工商行政管理部门要督促其依法办理变更登记或注销登记;环境保护管理部门要吊销其排污许可证;电力供应企业要依法停止供电。对违反规定者,要依法追究直接责任人和有关领导的责任。

第四章 附 则

第二十条 本规定自发布之日起施行。原国家计委、国家经贸委发布的《当前国家重点鼓励发展的产业、产品和技术目录(2000年修订)》、原国家经贸委发布的《淘汰落后生产能力、工艺和产品的目录(第一批、第二批、第三批)》和《工商投资领域制止重复建设目录(第一批)》同时废止。

第二十一条 对依据《当前国家重点鼓励发展的产业、产品和技术目录(2000年修订)》执行的有关优惠政策,调整为依据《产业结构调整指导目录》鼓励类目录执行。外商投资企业的设立及税收政策等执行国家有关外商投资的法律、行政法规规定。

国务院关于加快推进产能过剩行业
结构调整的通知

国发〔2006〕11 号

各省、自治区、直辖市人民政府,国务院各部委、各直属机构:

推进经济结构战略性调整,提升产业国际竞争力,是"十一五"时期重大而艰巨的任务。当前,部分行业盲目投资、低水平扩张导致生产能力过剩,已经成为经济运行的一个突出问题,如果不抓紧解决,将会进一步加剧产业结构不合理的矛盾,影响经济持续快速协调健康发展。为加快推进产能过剩行业的结构调整,现就有关问题通知如下:

一、加快推进产能过剩行业结构调整的重要性和紧迫性

近年来,随着消费结构不断升级和工业化、城镇化进程加快,带动了钢铁、水泥、电解铝、汽车等行业的快速增长。但由于经济增长方式粗放,体制机制不完善,这些行业在快速发展中出现了盲目投资、低水平扩张等问题。2004 年,国家及时采取一系列宏观调控措施,初步遏制了部分行业盲目扩张的势头,投资增幅回落,企业兼并重组、关闭破产、淘汰落后生产能力等取得了一定成效。

但从总体上看,过度投资导致部分行业产能过剩的问题仍然没有得到根本解决。钢铁、电解铝、电石、铁合金、焦炭、汽车等行业产能已经出现明显过剩;水泥、煤炭、电力、纺织等行业目前虽然产需基本平衡,但在建规模很大,也潜在着产能过剩问题。在这种情况下,一些地方和企业仍在这些领域继续上新的项目,生产能力大于需求的矛盾将进一步加剧。还应看到,这些行业不但总量上过剩,在企业组织结构、行业技术结构、产品结构上的不合理问题也很严重。目前,部分行业产能过剩的不良后果已经显现,产品价格下跌,库存上升,企业利润增幅下降,亏损增加。如果任其发展下去,资源环境约束的矛盾就会更加突出,结构不协调的问题就会更加严重,企业关闭破产和职工失业就会显著增加,必须下决心抓紧解决。要充分认识到,加快产能过剩行业的结构调整,既是巩固和发展宏观调控成果的客观需要,也是宏观调控的一项重要而艰巨的任务;既是把经济社会发展切实转入科学发展轨道的迫切需要,也是继续保持当前经济平稳较快增长好势头的重要举措。

部分行业产能过剩,给经济和社会发展带来了负面影响,但同时也为推动结构调整提供了机遇。在供给能力超过市场需求的情况下,市场竞争加剧,企业才有调整结构的意愿和压力,也有条件淘汰一部分落后的生产能力。国家在宏观调控的过程中,已经积累了产业政策与其他经济政策协调配合的经验,形成了相对完善的市场准入标准体系,为推进产业结构调整、淘汰落后生产能力提供了一定的制度规范和手段。各地区、各有关部门要进一步树立和落实科学发展观,加深对统筹协调发展、转变经济增长方式必要性和紧迫性的认识,增强预见性,避免盲目性,提高主动性和自觉性,因势利导,化害为利,加快推进产能过剩行业结构调整。

二、推进产能过剩行业结构调整的总体要求和原则

加快推进产能过剩行业结构调整的总体要求是:坚持以科学发展观为指导,依靠市场,因势利导,控制增能,优化结构,区别对待,扶优汰劣,力争今年迈出实质性步伐,经过几年努力取得明显成效。在具体工作中要注意把握好以下原则:

(一)充分发挥市场配置资源的基础性作用。坚持以市场为导向,利用市场约束和资源约束

增强的"倒逼"机制,促进总量平衡和结构优化。调整和理顺资源产品价格关系,更好地发挥价格杠杆的调节作用,推动企业自主创新、主动调整结构。

(二)综合运用经济、法律手段和必要的行政手段。加强产业政策引导、信贷政策支持、财税政策调节,推动行业结构调整。提高并严格执行环保、安全、技术、土地和资源综合利用等市场准入标准,引导市场投资方向。完善并严格执行相关法律法规,规范企业和政府行为。

(三)坚持区别对待,促进扶优汰劣。根据不同行业、不同地区、不同企业的具体情况,分类指导、有保有压。坚持扶优与汰劣结合,升级改造与淘汰落后结合,兼并重组与关闭破产结合。合理利用和消化一些已经形成的生产能力,进一步优化企业结构和布局。

(四)健全持续推进结构调整的制度保障。把解决当前问题和长远问题结合起来,加快推进改革,消除制约结构调整的体制性、机制性障碍,有序推进产能过剩行业的结构调整,促进经济持续快速健康发展。

三、推进产能过剩行业结构调整的重点措施

推进产能过剩行业结构调整,关键是要发挥市场配置资源的基础性作用,充分利用市场的力量推动竞争,促进优胜劣汰。各级政府在结构调整中的作用,一方面是通过深化改革,规范市场秩序,为发挥市场机制作用创造条件,另一方面是综合运用经济、法律和必要的行政手段,加强引导,积极推动。2006年,要通过重组、改造、淘汰等方法,推动产能过剩行业加快结构调整步伐。

(一)切实防止固定资产投资反弹。这是顺利推进产能过剩行业结构调整的重要前提。一旦投资重新膨胀,落后产能将死灰复燃,总量过剩和结构不合理矛盾不但不能解决,而且会越来越突出。要继续贯彻中央关于宏观调控的政策,严把土地、信贷两个闸门,严格控制固定资产投资规模,为推进产能过剩行业结构调整创造必要的前提条件和良好的环境。

(二)严格控制新上项目。根据有关法律法规,制定更加严格的环境、安全、能耗、水耗、资源综合利用和质量、技术、规模等标准,提高准入门槛。对在建和拟建项目区别情况,继续进行清理整顿;对不符合国家有关规划、产业政策、供地政策、环境保护、安全生产等市场准入条件的项目,依法停止建设;对拒不执行的,要采取经济、法律和必要的行政手段,并追究有关人员责任。原则上不批准建设新的钢厂,对个别结合搬迁、淘汰落后生产能力的钢厂项目,要从严审批。提高煤炭开采的井型标准,明确必须达到的回采率和安全生产条件。所有新建汽车整车生产企业和现有企业跨产品类别的生产投资项目,除满足产业政策要求外,还要满足自主品牌、自主开发产品的条件;现有企业异地建厂,还必须满足产销量达到批准产能80%以上的要求。提高利用外资质量,禁止技术和安全水平低、能耗物耗高、污染严重的外资项目进入。

(三)淘汰落后生产能力。依法关闭一批破坏资源、污染环境和不具备安全生产条件的小企业,分期分批淘汰一批落后生产能力,对淘汰的生产设备进行废毁处理。逐步淘汰立窑等落后的水泥生产能力;关闭淘汰敞开式和生产能力低于1万吨的小电石炉;尽快淘汰5000千伏安以下铁合金矿热炉(特种铁合金除外)、100立方米以下铁合金高炉;淘汰300立方米以下炼铁高炉和20吨以下炼钢转炉、电炉;彻底淘汰土焦和改良焦设施;逐步关停小油机和5万千瓦及以下凝汽式燃煤小机组;淘汰达不到产业政策规定规模和安全标准的小煤矿。

(四)推进技术改造。支持符合产业政策和技术水平高、对产业升级有重大作用的大型企业技术改造项目。围绕提升技术水平、改善品种、保护环境、保障安全、降低消耗、综合利用等,对传统产业实施改造提高。推进火电机组以大代小、上煤压油等工程。支持汽车生产企业加强研发体系建设,在消化引进技术的基础上,开发具有自主知识产权的技术。支持纺织关键技术、成套设备的研发和产业集群公共创新平台、服装自主品牌的建设。支持大型钢铁集团的重大技改和

新产品项目，加快开发取向冷轧硅钢片技术，提升汽车板生产水平，推进大型冷、热连轧机组国产化。支持高产高效煤炭矿井建设和煤矿安全技术改造。

（五）促进兼并重组。按照市场原则，鼓励有实力的大型企业集团，以资产、资源、品牌和市场为纽带实施跨地区、跨行业的兼并重组，促进产业的集中化、大型化、基地化。推动优势大型钢铁企业与区域内其他钢铁企业的联合重组，形成若干年产 3000 万吨以上的钢铁企业集团。鼓励大型水泥企业集团对中小水泥厂实施兼并、重组、联合，增强在区域市场上的影响力。突破现有焦化企业的生产经营格局，实施与钢铁企业、化工企业的兼并联合，向生产与使用一体化、经营规模化、产品多样化、资源利用综合化方向发展。支持大型煤炭企业收购、兼并、重组和改造一批小煤矿，实现资源整合，提高回采率和安全生产水平。

（六）加强信贷、土地、建设、环保、安全等政策与产业政策的协调配合。认真贯彻落实《国务院关于发布实施〈促进产业结构调整暂行规定〉的决定》（国发〔2005〕40 号），抓紧细化各项政策措施。对已经出台的钢铁、电解铝、煤炭、汽车等行业发展规划和产业政策，要强化落实，加强检查，在实践中不断完善。对尚未出台的行业发展规划和产业政策，要抓紧制定和完善，尽快出台。金融机构和国土资源、环保、安全监管等部门要严格依据国家宏观调控和产业政策的要求，优化信贷和土地供应结构，支持符合国家产业政策、市场准入条件的项目和企业的土地、信贷供应，同时要防止信贷投放大起大落，积极支持市场前景好、有效益、有助于形成规模经济的兼并重组；对不符合国家产业政策、供地政策、市场准入条件、国家明令淘汰的项目和企业，不得提供贷款和土地，城市规划、建设、环保和安全监管部门不得办理相关手续。坚决制止用压低土地价格、降低环保和安全标准等办法招商引资、盲目上项目。完善限制高耗能、高污染、资源性产品出口的政策措施。

（七）深化行政管理和投资体制、价格形成和市场退出机制等方面的改革。按照建设社会主义市场经济体制的要求，继续推进行政管理体制和投资体制改革，切实实行政企分开，完善和严格执行企业投资的核准和备案制度，真正做到投资由企业自主决策、自担风险，银行独立审贷；积极稳妥地推进资源性产品价格改革，健全反映市场供求状况、资源稀缺程度的价格形成机制，建立和完善生态补偿责任机制；建立健全落后企业退出机制，在人员安置、土地使用、资产处置以及保障职工权益等方面，制定出台有利于促进企业兼并重组和退出市场，有利于维护职工合法权益的改革政策；加快建立健全维护市场公平竞争的法律法规体系，打破地区封锁和地方保护。

（八）健全行业信息发布制度。有关部门要完善统计、监测制度，做好对产能过剩行业运行动态的跟踪分析。要尽快建立判断产能过剩衡量指标和数据采集系统，并有计划、分步骤建立定期向社会披露相关信息的制度，引导市场投资预期。加强对行业发展的信息引导，发挥行业协会的作用，搞好市场调研，适时发布产品供求、现有产能、在建规模、发展趋势、原材料供应、价格变化等方面的信息。同时，还要密切关注其他行业生产、投资和市场供求形势的发展变化，及时发现和解决带有苗头性、倾向性的问题，防止其他行业出现产能严重过剩。

加快推进产能过剩行业结构调整，涉及面广，政策性强，任务艰巨而复杂，各地区、各有关部门要增强全局观念，加强组织领导，密切协调配合，积极有序地做好工作。要正确处理改革发展稳定的关系，从本地区、本单位实际情况出发，完善配套措施，认真解决企业兼并、破产、重组中出现的困难和问题，做好人员安置和资产保全等工作，尽量减少损失，避免社会震动。各地区、各有关部门要及时将贯彻落实本通知的情况上报国务院。国家发展改革委要会同有关部门抓紧制定具体的政策措施，做好组织实施工作。

国务院

二〇〇六年三月十二日

中华人民共和国国家发展和改革委员会公告

第 70 号

　　为规范电石行业发展,遏制低水平重复建设和盲目扩张趋势,提高资源综合利用效率,确保安全生产,进一步促进产业结构升级,依据国家有关法律法规和产业政策要求,我委会同有关部门对《电石行业准入条件》进行了修订,现将《电石行业准入条件(2007 年修订)》予以公告。

　　各有关部门在对电石生产建设项目进行投资管理、土地供应、环境评估、安全许可、信贷融资、电力供给等工作中要以本准入条件为依据,原《电石行业准入条件》(中华人民共和国国家发展和改革委员会公告 2004 年第 76 号)同时废止。

　　附件:《电石行业准入条件(2007 年修订)》

中华人民共和国国家发展和改革委员会

二〇〇七年十月十二日

附件:

电石行业准入条件

(2007 年修订)

　　为进一步遏制当前电石行业盲目投资,制止低水平重复建设,规范电石行业健康发展,促进产业结构升级,根据国家有关法律法规和产业政策,按照调整结构、有效竞争、降低消耗、保护环境和安全生产的原则,对电石行业提出如下准入条件。

一、生产企业布局

　　根据资源、能源、环境容量状况和市场供需情况,各有关省(自治区、直辖市)要按照国家有关产业政策、行业发展规划等要求编制电石行业结构调整规划,并报国家有关行业主管部门备案,科学合理布局,引导本地区电石行业健康发展,遏制盲目扩张。

　　(一)在国务院、国家有关部门和省(自治区、直辖市)人民政府规定的风景名胜区、自然保护区、饮用水源保护区和其他需要特别保护的区域内,城市规划区边界外 2 公里以内,主要河流两岸、公路、铁路、水路干线两侧,居民聚集区,以及学校、医院和其它严防污染的食品、药品、精密制造产品等企业周边 1 公里以内,不得新建电石生产装置。

　　(二)新建或改扩建电石生产装置必须符合本地区电石行业发展规划。鼓励新建电石生产装置与大型工业企业配套建设,以便做到资源、能源综合利用。在电石生产能力较大的地区,地方政府要按照确保安全的原则,科学规划、合理布局,按照循环经济的理念,建设区域性电石等高耗能、高污染工业生产区，做到集中生产，三废集中治理。

二、规模、工艺与装备

为满足节能环保、资源综合利用和安全生产的要求，实现合理规模经济。规模、工艺与装备应达到以下要求。

（一）新建电石企业电石炉初始总容量必须达到 100000 千伏安及以上，其单台电石炉容量≥25000 千伏安。新建电石生产装置必须采用密闭式电石炉，电石炉气必须综合利用。鼓励新建电石生产装置与大型乙炔深加工企业配套建设。

（二）现有生产能力 1 万吨（单台炉容量 5000 千伏安）以下电石炉和敞开式电石炉必须依法淘汰。2010 年底以前，依法淘汰现有单台炉容量 5000 千伏安以上至 12500 千伏安以下的内燃式电石炉。

（三）鼓励现有单台炉容量 5000 千伏安以上至 12500 千伏安以下的内燃式电石炉改造为密闭式电石炉，也可以改造为 16500 千伏安以上的内燃式电石炉。

（四）现有单台炉容量 12500 千伏安及以上的内燃式电石炉，2010 年底以前必须改造为合格的内燃式电石炉，鼓励改造为密闭式电石炉。改造的电石炉要求采用先进成熟技术，保证电石炉的安全、稳定和长周期运转。合格的内燃式电石炉具体要求如下：

1. 内燃式电石炉炉盖四周仅留有操作孔和观察孔，开孔面积占炉盖表面积的 10% 以下。

2. 采用原料破碎、筛分、烘干设备，确保原料粒度、水分达到工艺要求。

3. 采用自动配料、加料系统。

4. 电极升降、压放、把持系统必须采用先进的液压自动调节系统，使电极操作平稳，安全稳定可靠。

5. 采用微机等先进的控制系统。

三、能源消耗和资源综合利用

（一）新建和扩容改造的电石生产装置执行吨电石（标准）电炉电耗应≤3250 千瓦时；现有电石生产装置未实施扩容改造的吨电石（标准）电炉电耗应≤3400 千瓦时。《电石单位产品能源消耗限额》国家标准实施后，按照新的国家标准执行。

（二）密闭式电石装置的炉气（指 CO 气体）必须综合利用，正常生产时不允许炉气直排或点火炬。

（三）粉状炉料必须回收利用。

四、环境保护

（一）所有电石生产必须达到国家环保要求。电石炉大气污染物排放必须符合《工业炉窑大气污染物排放标准》（国标 GB 9078—1996）中"其它炉窑"的排放标准（国家新的环保标准出台后，按新标准执行），固体废物的处理处置应符合有关法律和国家环境保护标准的规定。

（二）含尘炉气或利用后的再生气必须经除尘处理，达标排放。捕集后的粉尘不能造成二次污染。

（三）原料和产品破碎、储运等过程产生的无组织排放含尘气体，必须集中收集除尘后达标排放。

五、安全生产

电石属危险化学品,应严格执行国家有关危险化学品安全管理条例的各项规定。

(一)电石生产企业应当具备有关安全生产的法律、行政法规、国家标准和行业标准规定的安全生产条件,并遵守危险化学品安全生产监督管理的规定和要求。

(二)电石生产企业的生产装置和构成重大危险源的储存设施与《危险化学品安全管理条例》规定的重要场所、区域的距离,工厂、仓库的周边防护距离,应符合国家标准或者国家有关规定。

(三)新建或改扩建的电石生产装置投产前,必须有重大危险源检测、评估、监控措施和生产安全事故应急救援预案、应急救援组织或者应急救援人员,配备必要的应急救援器材、设备。

六、监督与管理

(一)新建和现有电石生产装置进行改扩建,必须符合上述准入条件,电石生产建设项目的投资管理、土地供应、环境影响评价、安全评价、信贷融资等必须依据本准入条件。新建或改扩建电石项目必须到省级投资主管部门核准或备案。环境影响评价报告必须经省级及以上环境保护行政主管部门审批。项目开工必须获得备案、土地、环保、安全、信贷等有效认可或批复后方可建设。项目建设要由有资质的设计部门和施工单位进行设计和施工。

(二)新建或改扩建电石生产装置建成投产前,要经省级及以上投资、土地、环保、质检、安全监管等部门及有关专家组成的联合检查组,按照本准入条件要求进行监督检查。经检查未达到准入条件的,投资主管部门应责令限期完成符合准入条件(企业备案材料提供)的有关建设内容。环境保护行政执法部门要根据国家有关法律、法规加大处罚力度,同时限期整改。

(三)新建电石生产装置,须经过有关部门验收合格后,按照有关规定办理《安全生产许可证》和《排污许可证》,企业方可进行生产与销售。现有符合条件及改造后经省级有关部门验收合格的电石生产企业,也要按国家有关规定办理《安全生产许可证》和《排污许可证》。

(四)各级电石行业主管部门要加强对电石生产企业执行准入条件情况进行督促检查。中国石油和化学工业协会、各级电石工业协会要宣传国家产业政策,加强行业自律,协助政府有关部门做好行业监督、管理工作。

(五)对不符合准入条件的新建或改扩建电石生产项目,国土资源管理部门不得提供土地,环保部门不得办理环保审批手续,安全监管部门不得实施安全许可,金融机构不得提供信贷支持,电力供应部门依法停止供电。地方人民政府或相关主管部门依法决定撤销或责令关闭的企业,工商行政管理部门依法责令其办理变更登记或注销登记。

七、附则

(一)铁合金矿热炉等矿冶炉改造为电石炉,视同新建电石生产装置。

(二)本准入条件适用于中华人民共和国境内(台湾、香港、澳门特殊地区除外)所有类型的电石生产企业。

(三)本准入条件自 2007 年 10 月 12 日起实施,原《电石行业准入条件》(中华人民共和国国家发展和改革委员会公告 2004 年第 76 号)同时废止。《电石行业准入条件》由国家发展和改革委员会负责解释。国家发展和改革委员会将根据电石行业发展和国家宏观调控要求进行修订。

中华人民共和国国家发展和改革委员会公告

第 74 号

为遏制氯碱行业盲目扩张趋势，促进产业结构升级，规范行业发展，依据国家有关法律法规和产业政策要求，我委会同有关部门制定了《氯碱（烧碱、聚氯乙烯）行业准入条件》，现予以公告。

各有关部门在对氯碱生产建设项目进行投资管理、土地供应、环境评估、信贷融资、电力供给等工作中要以本准入条件为依据。

附件：氯碱（烧碱、聚氯乙烯）行业准入条件

中华人民共和国国家发展和改革委员会
二〇〇七年十一月二日

附件：

氯碱（烧碱、聚氯乙烯）行业准入条件

为促进氯碱行业稳定健康发展，防止低水平重复建设，提高行业综合竞争力，依据国家有关法律法规和产业政策，按照"优化布局、有序发展、调整结构、节约能源、保护环境、安全生产、技术进步"的可持续发展原则，对氯碱（烧碱、聚氯乙烯）行业提出以下准入条件。

一、产业布局

（一）新建氯碱生产企业应靠近资源、能源产地，有较好的环保、运输条件，并符合本地区氯碱行业发展和土地利用总体规划。除搬迁企业外，东部地区原则上不再新建电石法聚氯乙烯项目和与其相配套的烧碱项目。

（二）在国务院、国家有关部门和省（自治区、直辖市）人民政府规定的风景名胜区、自然保护区、饮用水源保护区和其他需要特别保护的区域内，城市规划区边界外 2 公里以内，主要河流两岸、公路、铁路、水路干线两侧，及居民聚集区和其它严防污染的食品、药品、卫生产品、精密制造产品等企业周边 1 公里以内，国家及地方所规定的环保、安全防护距离内，禁止新建电石法聚氯乙烯和烧碱生产装置。

二、规模、工艺与装备

（一）为满足国家节能、环保和资源综合利用要求，实现合理规模经济，新建烧碱装置起始规模必须达到 30 万吨/年及以上（老企业搬迁项目除外），新建、改扩建聚氯乙烯装置起始规模必须达到 30 万吨/年及以上。

（二）新建、改扩建电石法聚氯乙烯项目必须同时配套建设电石渣制水泥等电石渣综合利用

装置,其电石渣制水泥装置单套生产规模必须达到 2000 吨/日及以上。现有电石法聚氯乙烯生产装置配套建设的电石渣制水泥生产装置规模必须达到 1000 吨/日及以上。鼓励新建电石法聚氯乙烯配套建设大型、密闭式电石炉生产装置,实现资源综合利用。

(三)新建、改扩建烧碱生产装置禁止采用普通金属阳极、石墨阳极和水银法电解槽,鼓励采用 30 平方米以上节能型金属阳极隔膜电解槽(扩张阳极、改性隔膜、活性阴极、小极距等技术)及离子膜电解槽。鼓励采用乙烯氧氯化法聚氯乙烯生产技术替代电石法聚氯乙烯生产技术,鼓励干法制乙炔、大型转化器、变压吸附、无汞触媒等电石法聚氯乙烯工艺技术的开发和技术改造。鼓励新建电石渣制水泥生产装置采用新型干法水泥生产工艺。

三、能源消耗

(一)新建、改扩建烧碱装置单位产品能耗标准

新建、改扩建烧碱装置单位产品能耗限额准入值指标包括综合能耗和电解单元交流电耗,其准入值应符合以下要求。

新建、改扩建烧碱装置产品单位能耗限额准入值

产品规格 质量分数(%)	综合能耗准入值 (千克标煤/吨)			电解单元交流电耗准入值 (千瓦时/吨)		
	≤12 个月	≤24 个月	≤36 个月	≤12 个月	≤24 个月	≤36 个月
离子膜法液碱≥30.0	≤350	≤360	≤370			
离子膜法液碱≥45.0	≤490	≤510	≤530	≤2340	≤2390	≤2450
离子膜法固碱≥98.0	≤750	≤780	≤810			
隔膜法液碱≥30.0	≤800					
隔膜法液碱≥42.0	≤950			≤2450		
隔膜法固碱≥95.0	≤1100					

注1:表中离子膜法烧碱综合能耗和电解单元交流电耗准入值按表中数值分阶段考核,新装置投产超过 36 个月后,继续执行 36 个月的准入值。

注2:表中隔膜法烧碱电解单元交流电耗准入值,是指金属阳极隔膜电解槽电流密度为 1700 A/m^2 的执行标准。并规定电流密度每增减 100 A/m^2,烧碱电解单元单位产品交流电耗减增 44 千瓦时/吨。

(二)现有烧碱装置单位产品能耗标准

现有烧碱生产装置单位产品能耗限额指标包括综合能耗和电解单元交流电耗,其限额值应符合以下要求。

现有烧碱装置单位产品能耗限额

产品规格 质量分数(%)	综合能耗限额 (千克标煤/吨)	电解单元交流电耗限额 (千瓦时/吨)
离子膜法液碱≥30.0	≤500	
离子膜法液碱≥45.0	≤600	≤2490
离子膜法固碱≥98.0	≤900	
隔膜法液碱≥30.0	≤980	
隔膜法液碱≥42.0	≤1200	≤2570
隔膜法固碱≥95.0	≤1350	

注:表中隔膜法烧碱电解单元交流电耗限额值,是指金属阳极隔膜电解槽电流密度为 1700 A/m^2 的执行标准。并规定电流密度每增减 100 A/m^2,烧碱电解单元单位产品交流电耗减增 44 千瓦时/吨。

(三)新建、改扩建电石法聚氯乙烯装置,电石消耗应小于1420千克/吨(按折标300升/千克计算)。新建乙烯氧氯化法聚氯乙烯装置乙烯消耗应低于480千克/吨。

(四)推广循环经济理念,提高氯碱行业能源利用率。按照国家有关规定和管理办法,建设热电联产、开展直购电工作,提高能源利用效率。

四、安全、健康、环境保护

新建、改扩建烧碱、聚氯乙烯装置必须由国家认可的有资质的设计单位进行设计和有资质单位组织的环境、健康、安全评价,严格执行国家、行业、地方各项管理规范和标准,并健全自身的管理制度。电石法聚氯乙烯生产装置产生的废汞触煤、废汞活性炭、含汞废酸、含汞废水等必须严格执行国家危险废弃物的管理规定,严格监控。

新建、改扩建烧碱、聚氯乙烯生产企业必须达到国家发展改革委发布的《烧碱/聚氯乙烯清洁生产评价指标体系》所规定的各项指标要求。电石法聚氯乙烯生产企业必须要有电石渣回收及综合利用措施,禁止电石渣堆存、填埋。

五、监督与管理

(一)按照国家投资管理有关规定,严格新建、改扩建烧碱、聚氯乙烯项目的审批、核准或备案程序管理,新建、改扩建烧碱、聚氯乙烯项目必须严格按照国家有关规定实行安全许可、环境影响评价、土地使用、项目备案或核准管理。

(二)新建、改扩建烧碱、聚氯乙烯生产装置建成投产前,要经省级及以上投资、土地、环保、安全、质检等管理部门及有关专家组成的联合检查组,按照本准入条件要求进行检查,在达到准入条件之前,不得进行试生产。经检查未达到准入条件的,应责令限期整改。

(三)对不符合本准入条件的新建、改扩建烧碱、聚氯乙烯生产项目,国土资源管理部门不得提供土地,安全监管部门不得办理安全许可,环境保护管理部门不得办理环保审批手续,金融机构不得提供信贷支持,电力供应单位依法停止供电。地方人民政府或相关主管部门依法决定撤销或责令暂停项目的建设。

(四)各省(区、市)氯碱行业主管部门要加强对氯碱生产企业执行本准入条件情况进行督促检查。中国石油和化学工业协会和中国氯碱工业协会要积极宣传贯彻国家产业政策,加强行业自律,协助政府有关部门做好行业监督、管理工作。

六、附则

(一)本准入条件适用于中华人民共和国境内(台湾、香港、澳门地区除外)所有类型的氯碱生产企业。

(二)本准入条件自2007年12月1日起实施,由国家发展和改革委员会负责解释。国家发展和改革委员会将根据氯碱行业发展情况和国家宏观调控要求进行修订。

中华人民共和国国家发展和改革委员会公告

第 13 号

为加快产业结构调整,促进铅锌工业的持续健康发展,加强环境保护,综合利用资源,进一步提高准入门槛,规范铅锌行业的投资行为,制止盲目投资和低水平重复建设,依据国家有关法律法规和产业政策,我委会同有关部门制定了《铅锌行业准入条件》,现予以公告。

各有关部门在对铅锌矿山、冶炼、再生利用建设项目进行投资核准、备案管理、土地供应、工商注册登记、环境影响评价、信贷融资等工作中要以行业准入条件为依据。

附件:《铅锌行业准入条件》

中华人民共和国国家发展和改革委员会

二〇〇七年三月六日

附件:

铅锌行业准入条件

为加快结构调整,规范铅锌行业的投资行为,促进我国铅锌工业的持续协调健康发展,根据国家有关法律法规和产业政策,制定铅锌行业准入条件。

一、企业布局及规模和外部条件要求

新建或者改、扩建的铅锌矿山、冶炼、再生利用项目必须符合国家产业政策和规划要求,符合土地利用总体规划、土地供应政策和土地使用标准的规定。必须依法严格执行环境影响评价和"三同时"验收制度。

各地要按照生态功能区划的要求,对优化开发、重点开发的地区研究确定不同区域的铅锌冶炼生产规模总量,合理选择铅锌冶炼企业厂址。在国家法律、法规、行政规章及规划确定或县级以上人民政府批准的自然保护区、生态功能保护区、风景名胜区、饮用水水源保护区等需要特殊保护的地区,大中城市及其近郊,居民集中区、疗养地、医院和食品、药品等对环境条件要求高的企业周边 1 公里内,不得新建铅锌冶炼项目,也不得扩建除环保改造外的铅锌冶炼项目。再生铅锌企业厂址选择还要按《危险废物焚烧污染控制标准》(GB 18484—2001)中焚烧厂选址原则要求进行。

新建铅、锌冶炼项目,单系列铅冶炼能力必须达到 5 万吨/年(不含 5 万吨)以上;单系列锌冶炼规模必须达到 10 万吨/年及以上,落实铅锌精矿、交通运输等外部生产条件,新建铅锌冶炼项目企业自有矿山原料比例达到 30％以上。允许符合有关政策规定企业的现有生产能力通过升级改造淘汰落后工艺改建为单系列铅熔炼能力达到 5 万吨/年(不含 5 万吨)以上、单系列锌冶炼规模达到 10 万吨/年及以上。

现有再生铅企业的生产准入规模应大于 10000 吨/年;改造、扩建再生铅项目,规模必须在 2

万吨/年以上;新建再生铅项目,规模必须大于 5 万吨/年。鼓励大中型优势铅冶炼企业并购小型再生铅厂与铅熔炼炉合并处理或者附带回收处理再生铅。

开采铅锌矿资源,应遵守《矿产资源法》及相关管理规定,依法申请采矿许可证。采矿权人应严格按照批准的开发利用方案进行开采,严禁无证勘查开采、乱采滥挖和破坏浪费资源。国土资源管理部门要严格规范铅锌矿勘查采矿审批制度。按照法律法规和有关规定,严格探矿权、采矿权的出让方式和审批权限,严禁越权审批,严禁将整装矿床分割出让。

新建铅锌矿山最低生产建设规模不得低于单体矿 3 万吨/年(100 吨/日),服务年限必须在15 年以上,中型矿山单体矿生产建设规模应大于 30 万吨/年(1000 吨/日)。

采用浮选法选矿工艺的选矿企业处理矿量必须在 1000 吨/日以上。

矿山投资项目,必须按照《国务院关于投资体制改革的决定》中公布的政府核准投资项目目录要求办理,总投资 5 亿元及以上的矿山开发项目由国务院投资主管部门核准,其他矿山开发项目由省级政府投资主管部门核准。

铅锌矿山、冶炼、再生利用项目资本金比例要达到 35% 及以上。

二、工艺和装备

新建铅冶炼项目,粗铅冶炼须采用先进的具有自主知识产权的富氧底吹强化熔炼或者富氧顶吹强化熔炼等生产效率高、能耗低、环保达标、资源综合利用效果好的先进炼铅工艺和双转双吸或其他双吸附制酸系统。新建锌冶炼项目,硫化锌精矿焙烧必须采用硫利用率高、尾气达标的沸腾焙烧工艺;单台沸腾焙烧炉炉床面积必须达到 109 平方米及以上,必须配备双转双吸等制酸系统。

必须有资源综合利用、余热回收等节能设施。烟气制酸严禁采用热浓酸洗工艺。冶炼尾气余热回收、收尘或尾气低二氧化硫浓度治理工艺及设备必须满足国家《节约能源法》、《清洁生产促进法》、《环境保护法》等法律法规的要求。利用火法冶金工艺进行冶炼的,必须在密闭条件下进行,防止有害气体和粉尘逸出,实现有组织排放;必须设置尾气净化系统、报警系统和应急处理装置。利用湿法冶金工艺进行冶炼,必须有排放气体除湿净化装置。

发展循环经济,支持铅锌再生资源的回收利用,提高铅再生回收企业的技术和环保水平,走规模化、环境友好型的发展之路。新建及现有再生铅锌项目,废杂铅锌的回收、处理必须采用先进的工艺和设备。再生铅企业必须整只回收废铅酸蓄电池,按照《危险废物贮存污染控制标准》(GB 18597—2001)中的有关要求贮存,并使用机械化破碎分选,将塑料、铅极板、含铅物料、废酸液分别回收、处理,破碎过程中采用水力分选的,必须做到水闭路循环使用不外泄。对分选出的铅膏必须进行脱硫预处理(或送硫化铅精矿冶炼厂合并处理),脱硫母液必须进行处理并回收副产品。不得带壳直接熔炼废铅酸蓄电池。熔炼、精炼必须采用国际先进的短窑设备或等同设备,熔炼过程中加料、放料、精炼铸锭必须采用机械化操作。禁止对废铅酸蓄电池进行人工破碎和露天环境下进行破碎作业。禁止利用直接燃煤的反射炉建设再生铅、再生锌项目。

强化再生锌资源的回收管理工作,集中处理回收的镀锌铁皮及其他镀锌钢材,有效回收其中的锌、铅、锑等二次金属。鼓励针对回收干电池中二次金属的研发、建厂工作,工厂生产规模暂不设限。

新建大中型铅锌矿山要采用适合矿床开采技术条件的先进采矿方法,尽量采用大型设备,适当提高自动化水平。选矿须采用浮选工艺。

按照《产业结构调整指导目录(2005 年本)》等产业政策规定,立即淘汰土烧结盘、简易高炉、烧结锅、烧结盘等落后方式炼铅工艺及设备,以及用坩埚炉熔炼再生铅工艺,用土制马弗炉、马槽炉、横罐、小竖罐等进行还原熔炼再以简易冷凝设施回收锌等落后方式炼锌或氧化锌的工艺。禁止新建烧结机一鼓风炉炼铅企业,在 2008 年底前淘汰经改造后虽然已配备制酸系统但尾气及铅尘污染仍达不到环保标准的烧结机炼铅工艺。

三、能源消耗

新建铅冶炼综合能耗低于 600 千克标准煤/吨;粗铅冶炼综合能耗低于 450 千克标准煤/吨,粗铅冶炼焦耗低于 350 千克/吨,电铅直流电耗降低到 120 千瓦时/吨。新建锌冶炼电锌工艺综合能耗低于 1700 千克标准煤/吨,电锌生产析出锌电解直流电耗低于 2900 千瓦时/吨,锌电解电流效率大于 88%;蒸馏锌标准煤耗低于 1600 千克/吨。

现有铅冶炼企业:综合能耗低于 650 千克标准煤/吨;粗铅冶炼综合能耗低于 460 千克标准煤/吨,粗铅冶炼焦耗低于 360 千克/吨,电铅直流电耗降低到 121 千瓦时/吨,铅电解电流效率大于 95%。现有锌冶炼企业:精馏锌工艺综合能耗低于 2200 千克标准煤/吨,电锌工艺综合能耗低于 1850 千克标准煤/吨,蒸馏锌工艺标准煤耗低于 1650 千克/吨,电锌直流电耗降低到 3100 千瓦时/吨以下,电解电流效率大于 87%。现有冶炼企业要通过技术改造节能降耗,在"十一五"末达到新建企业能耗水平。

新建及现有再生铅锌项目,必须有节能措施,采用先进的工艺和设备,确保符合国家能耗标准。再生铅冶炼能耗应低于 130 千克标准煤/吨铅,电耗低于 100 千瓦时/吨铅。

铅锌坑采矿山原矿综合能耗要低于 7.1 千克标准煤/吨矿、露采矿山铅锌矿综合能耗要低于 1.3 千克标准煤/吨矿。铅锌选矿综合能耗要低于 14 千克标准煤/吨矿。矿石耗用电量低于 45 千瓦时/吨。

四、资源综合利用

新建铅冶炼项目:总回收率达到 96.5%,粗铅熔炼回收率大于 97%、铅精炼回收率大于 99%;总硫利用率大于 95%,硫捕集率大于 99%;水循环利用率达到 95% 以上。新建锌冶炼项目:冶炼总回收率达到 95%;蒸馏锌冶炼回收率达到 98%,电锌回收率(湿法)达到 95%;总硫利用率大于 96%,硫捕集率大于 99%;水的循环利用率达到 95% 以上。

所有铅锌冶炼投资项目必须设计有价金属综合利用建设内容。回收有价伴生金属的覆盖率达到 95%。

现有铅锌冶炼企业:铅冶炼总回收率达到 95% 以上,粗铅冶炼回收率 96% 以上;总硫利用率达到 94% 以上,硫捕集率达 96% 以上;水循环利用率 90% 以上。锌冶炼蒸馏锌总回收率达到 96%,精馏锌总回收率达到 94%,电锌总回收率达到 93% 以上;硫的利用率达到 96%(ISP 法达到 94%)以上,硫的总捕集率达 99% 以上;水循环利用率 90% 以上。现有铅锌冶炼企业通过技术改造降低资源消耗,在"十一五"末达到新建企业标准。

新建再生铅企业铅的总回收率大于 97%,现有再生铅企业铅的总回收率大于 95%,冶炼弃渣中铅含量小于 2%,废水循环利用率大于 90%。

铅锌采矿损失率坑采(地下矿)不超过 10%、露采(露天矿)不超过 5%,采矿贫化率坑采(地下矿)不超过 10%、露采(露天矿)不超过 4.5%。硫化矿选矿铅金属实际回收率达到 87%、选矿锌金属实际回收率达到 90% 以上,混合(难选)矿铅、锌金属回收率均在 85% 以上,平均每吨矿石耗用电量低于 35 千瓦时,耗用水量低于 4 吨/吨矿,废水循环利用率大于 75%。禁止建设资源利用率低的铅锌矿山及选矿厂。国土资源管理部门在审批采矿权申请时,应严格审查矿产资源开发利用方案,铅锌矿的实际采矿损失率、贫化率和选矿回收率不得低于批准的设计标准。

五、环境保护

铅锌冶炼及矿山采选污染物排放要符合国家《工业炉窑大气污染物排放标准》(GB 9078—

1996）、《大气污染物综合排放标准》（GB 16297—1996）、《污水综合排放标准》（GB 8978—1996）、固体废物污染防治法律法规、危险废物处理处置的有关要求和有关地方标准的规定。防止铅冶炼二氧化硫及含铅粉尘污染以及锌冶炼热酸浸出锌渣中汞、镉、砷等有害重金属离子随意堆放造成的污染。确保二氧化硫、粉尘达标排放。严禁铅锌冶炼厂废水中重金属离子、苯和酚等有害物质超标排放。待《有色金属工业污染物排放标准—铅锌工业》发布后按新标准执行。

铅锌冶炼项目的原料处理、中间物料破碎、熔炼、装卸等所有产生粉尘部位，均要配备除尘及回收处理装置进行处理，并安装经环保总局指定的环境监测仪器检测机构适用性检测合格的自动监控系统进行监测。

新建及现有再生铅锌项目，废杂铅锌的回收、处理必须采用先进的工艺和设备确保符合国家环保标准和有关地方标准的规定，严禁将蓄电池破碎的废酸液不经处理直接排入环境中。排放废水应符合《污水综合排放标准》（GB 8978—1996）；熔炼、精炼工序产生的废气必须有组织排放，送入除尘系统；废气排放应符合《危险废物焚烧污染控制标准》（GB 18484—2001）。熔炼工序的废弃渣，废水处理系统产生的泥渣，除尘系统净化回收的含铅烟尘（灰），防尘系统中废弃的吸附材料，燃煤炉渣等必须进行无害化处理；含铅量较高的水处理泥渣，铅烟尘（灰）必须返回熔炼炉熔炼；作业环境必须满足《工业企业设计卫生标准》（GBZ 1—2002）和《工作场所有害因素职业接触限值》（GBZ 2—2002）的要求；所有的员工都必须定期进行身体检查，并保存记录。企业必须有完善的突发环境事故的应急预案及相应的应急设施和装备；企业应配置完整的废水、废气净化设施，并安装自动监控设备。再生铅生产企业，以及从事收集、利用、处置含铅危险废物企业，均应依法取得危险废物经营许可证。

根据《中华人民共和国环境保护法》等有关法律法规，所有新、改、扩建项目必须严格执行环境影响评价制度，持证排污（尚未实行排污许可证制度的地区除外），达标排放。现有铅锌采选、冶炼企业必须依法实施强制性清洁生产审核。环保部门对现有铅锌冶炼企业执行环保标准情况进行监督检查，定期发布环保达标生产企业名单，对达不到排放标准或超过排污总量的企业决定限期治理，治理不合格的，应由地方人民政府依法决定给予停产或关闭处理。

严禁矿山企业破坏及污染环境。要认真履行环境影响评价文件审批和环保设施"三同时"验收程序。必须严格执行土地复垦规定，履行土地复垦义务。按照财政部、国土资源部、环保总局《关于逐步建立矿山环境治理和生态恢复责任机制的指导意见》要求，逐步建立环境治理恢复保证金制度，专项用于矿山环境治理和生态恢复。矿山投资项目的环保设计，必须按照国家环保总局的有关规定和《国务院关于投资体制改革的决定》中公布的政府核准投资项目目录要求由有权限环保部门组织审查批准。露采区必须按照环保和水土资源保持要求完成矿区环境恢复。对废渣、废水要进行再利用，弃渣应进行固化、无害化处理，污水全部回收利用。地下开采采用充填采矿法，将采矿废石等固体废弃物、选矿尾砂回填采空区，控制地表塌陷，保护地表环境。采用充填采矿法的矿山不允许有地表位移现象；采用其他采矿法的矿山，地表位移程度不得破坏地表植被、自然景观、建（构）筑物等。

六、安全生产与职业危害

铅锌建设项目必须符合《安全生产法》、《矿山安全法》、《职业病防治法》等法律法规规定，具备相应的安全生产和职业危害防治条件，并建立、健全安全生产责任制；新、改、扩建项目安全设施和职业危害防治设施必须与主体工程同时设计、同时施工、同时投入生产和使用，铅锌矿山、铅锌冶炼制酸、制氧系统项目及安全设施设计、投入生产和使用前，要依法经过安全生产管理部门审查、验收。必须建立职业危害防治设施，配备符合国家有关标准的个人劳动防护用品，配备火灾、雷击、设备故障、机械伤害、人体坠落等事故防范设施，以及安全供电、供水装置和消除有毒有害物质设施,建立健全相关制度,必须通过地方行政主管部门组织的专项验收。

铅锌矿山企业要依照《安全生产许可证条例》(国务院令第397号)等有关规定,依法取得安全生产许可证后方可从事生产活动。

七、监督管理

新建和改造铅锌矿山、冶炼项目必须符合上述准入条件。铅锌矿山、冶炼项目的投资管理、土地供应、环境影响评价等手续必须按照准入条件的规定办理,融资手续应当符合产业政策和准入条件的规定。建设单位必须按照国家环保总局有关分级审批的规定报批环境影响报告书。符合产业政策的现有铅锌冶炼企业要通过技术改造达到新建企业在资源综合利用、能耗、环保等方面的准入条件。

新建或改建铅锌矿山、冶炼、再生利用项目投产前,要经省级及以上投资、土地、环保、安全生产、劳动卫生、质检等行政主管部门和有关专家组成的联合检查组监督检查,检查工作要按照准入条件相关要求进行。经检查认为未达到准入条件的,投资主管部门应责令建设单位根据设计要求限期完善有关建设内容。对未依法取得土地或者未按规定的条件和土地使用合同约定使用土地,未按规定履行土地复垦义务或土地复垦措施不落实的,国土资源部门要按照土地管理法规和土地使用合同的约定予以纠正和处罚,责令限期纠正,且不得发放土地使用权证书;依法打击矿山开采中的各种违法行为,构成刑事犯罪的移交司法机关追究刑事责任;对不符合环保要求的,环境保护主管部门要根据有关法律、法规进行处罚,并限期整改。

新建铅锌矿山、冶炼、再生利用的生产能力,须经过有关部门验收合格后,按照有关规定办理《排污许可证》(尚未实行排污许可证的地区除外)后,企业方可进行生产和销售等经营活动。涉及制酸、制氧系统的,应按照有关规定办理《危险化学品生产企业安全生产许可证》。现有生产企业改扩建的生产能力经省级有关部门验收合格后,也要按照规定办理《排污许可证》和《危险化学品生产企业安全生产许可证》等相关手续。

各地区发展改革委、经委(经贸委)、工业办和环保、工商、安全生产、劳动卫生等有关管理和执法部门要定期对本地区铅锌企业执行准入条件的情况进行督查。中国有色金属工业协会协助有关部门做好跟踪监督工作。

对不符合产业政策和准入条件的铅锌矿山、冶炼、再生回收新建和改造项目,投资管理部门不得备案,国土资源部门不得办理用地手续,环保部门不得批准环境影响评价报告,金融机构不得提供授信,电力部门依法停止供电。被依法撤销有关许可证件或责令关闭的企业,要及时到工商行政管理部门依法办理变更登记或注销登记。

国家发展改革委定期公告符合准入条件的铅锌矿山、冶炼、再生铅锌回收生产企业名单。实行社会监督并进行动态管理。

八、附则

本准入条件适用于中华人民共和国境内(港澳台地区除外)所有类型的铅锌矿山、冶炼、再生利用生产企业。

本准入条件也适用于利用其他装备改造成铅锌冶炼设备后从事的冶炼生产行为。

本准入条件中涉及的国家标准若进行了修订,则按修订后的新标准执行。

本准入条件自2007年3月10日起实施,由国家发展改革委负责解释,并根据行业发展情况和宏观调控要求进行修订。

中华人民共和国国家发展和改革委员会公告

第 64 号

为加快产业结构调整，促进铝工业的持续健康发展，加强环境保护，综合利用资源，保证职工安全，进一步提高准入门槛，规范铝行业的投资行为，制止盲目投资。促进节能减排目标的实现，依据国家有关法律法规和产业政策，我委会同有关部门制定了《铝行业准入条件》，现予以公告。

各有关部门在对铝矿山、冶炼、加工、再生利用建设项目进行投资核准、备案管理、土地供应、工商注册登记、环境影响评价、安全许可、信贷融资等工作中要以行业准入条件为依据。

附：《铝行业准入条件》

中华人民共和国国家发展和改革委员会

二○○七年十月二十九日

附件：

铝行业准入条件

为加快铝工业结构调整，规范投资行为，促进行业持续协调健康发展和节能减排目标的实现，根据国家有关法律法规和产业政策，制定铝行业准入条件。

一、企业布局及规模和外部条件要求

新建或者改建的铝土矿开采、铝冶炼（电解铝、氧化铝、再生铝）、加工项目必须符合国家产业政策和规划布局要求，符合土地利用总体规划、土地供应政策和土地使用标准的规定，依法做好征地补偿安置、耕地占补平衡和土地复垦工作。必须依法严格执行环境影响评价和环保、安全设施"三同时"验收制度。

各地要根据国家铝冶炼发展的总体规划布局，按照生态功能区划的要求，对优化开发、重点开发的地区研究确定不同区域的铝冶炼生产规模总量，合理选择铝冶炼企业厂址。在国家法律、法规、行政规章及规划确定或县级以上人民政府批准的饮用水水源保护区、基本农田保护区、自然保护区、风景名胜区、生态功能保护区等需要特殊保护的地区，大中城市及其近郊，居民集中区、疗养地、医院和食品、药品、电子等对环境质量要求高的企业周边1公里内，不得新建铝冶炼（电解铝、氧化铝、再生铝）企业及生产装备。

开采铝土矿资源，应依法取得采矿许可证，遵守矿产资源、安全生产法律法规、矿产资源规划及相关政策。采矿权人应严格按照批准的开发利用方案进行开采，严禁无证开采、乱采滥挖和破坏浪费资源。

新建铝土矿开采项目，必须规范设计、正规开采。矿山投资项目，必须按照《国务院关于投资体制改革的决定》中公布的政府核准投资项目目录要求办理,总投资 5 亿元及以上的矿山开发项目由国务院投资主管部门核准,其他矿山开发项目由省级政府投资主管部门核准。申请核准的矿山投资项目,总生产建设规模不得低于 30 万吨/年,服务年限为 15 年以上。

新建氧化铝项目,必须经过国务院投资主管部门核准。利用国内铝土矿资源的氧化铝项目起步规模必须是年生产能力在 80 万吨及以上,落实铝土矿、交通运输等外部生产条件,自建铝土矿山比例应达到 85％以上,配套矿山的总体服务年限必须在 30 年以上;新建氧化铝企业,必须在矿产资源规划允许的范围内按规定首先申请铝土矿采矿权,按照矿产资源开采登记管理部门批准的开发利用方案,依法开采铝土矿资源,氧化铝生产企业不得收购无证开采的铝土矿。利用进口铝土矿的氧化铝项目起步规模必须是年生产能力在 60 万吨及以上,必须有长期可靠的境外铝土矿资源作为原料保障,通过合资合作方式取得 5 年以上铝土矿长期合同的原料达到总需求的 60％以上,并落实交通运输等外部生产条件。

新增生产能力的电解铝项目,必须经过国务院投资主管部门核准。近期只核准环保改造项目及国家规划的淘汰落后生产能力置换项目。改造的电解铝项目,必须有氧化铝原料供应保证,并落实电力供应、交通运输等内外部生产条件。对于确需建设的环保改造项目及国家规划的淘汰落后生产能力置换项目,必须经过国家投资主管部门同意开展前期工作后,方可办理项目用地和环评审批手续。

新建再生铝项目,规模必须在 5 万吨/年以上;现有再生铝企业的生产准入规模为大于 2 万吨/年;改造、扩建再生铝项目,规模必须在 3 万吨/年以上。

新建铝加工项目产品结构必须以板、带、箔或者挤压管、工业型材为主。多品种综合铝加工项目生产能力必须达到 10 万吨/年以上。单一品种铝加工项目生产能力必须达到:板带材 5 万吨/年、箔材 3 万吨/年、挤压材 5 万吨/年以上。

铝矿山、冶炼、再生利用项目资本金比例要达到 35％及以上。

二、工艺和装备

新建大中型铝土矿山要采用适合矿床开采技术条件的先进采矿方法,尽量采用大型设备,适当提高自动化水平。

氧化铝项目要根据铝土矿资源情况选择采用拜耳法、联合法等生产效率高、工艺先进、能耗低、环保达标、资源综合利用效果好的生产工艺系统。必须有资源综合利用、节能等设施。设计选用余热回收等工艺及设备必须满足国家《节约能源法》《清洁生产促进法》《环境保护法》等法律法规的要求。

报请核准的电解铝淘汰落后生产能力置换项目及环保改造项目,必须采用 200 kA 及以上大型预焙槽工艺,且新建生产线阳极效应系数要小于 0.08 个/槽日。严禁将已经淘汰的自焙槽重新改造。

禁止湿法工艺生产铝用氟化盐。铝用炭阳极项目必须采用连续混捏技术,禁止建设 10 万吨/年以下的独立铝用炭素项目。

发展循环经济,提高铝再生回收企业的技术和环保水平,按照规模化、环保型的发展模式回收利用再生资源。禁止利用直接燃煤的反射炉再生铝项目和 4 吨以下的其他反射炉再生铝项目,禁止采用坩埚炉熔炼再生铝合金。

新建铝加工项目,必须采用连续铸轧或者热连轧等生产效率和自动化程度高、技术先进、产品质量好、综合成品率高的连续加工工艺,严禁利用"二人转"式轧机生产铝加工材。

按照《国务院关于印发节能减排综合性工作方案的通知》(国发〔2007〕15 号)等文件和《产业

结构指导目录(2005 年本)》、《关于加快铝工业结构调整指导意见的通知》等产业政策规定,淘汰落后电解铝生产能力,杜绝已经淘汰的自焙槽电解铝生产能力死灰复燃,力争在"十一五"末期电解铝行业全部采用 160 kA 以上大型预焙槽冶炼工艺,立即淘汰坩埚炉熔炼再生铝合金工艺及二人转轧机生产铝加工材工艺。

三、能源消耗

按照 1 千瓦时电力折 0.1229 千克标准煤的新折标系数,对铝行业能源消耗提出如下准入指标。

铝土矿地下开采原矿综合能耗要低于 25 千克标准煤/吨矿,露天开采原矿综合能耗要低于 13 千克标准煤/吨矿。

新建拜耳法氧化铝生产系统综合能耗必须低于 500 千克标准煤/吨氧化铝,其他工艺氧化铝生产系统综合能耗必须低于 800 千克标准煤/吨氧化铝。现有拜耳法氧化铝生产系统综合能耗必须低于 520 千克标准煤/吨氧化铝,其他工艺氧化铝生产系统综合能耗必须低于 900 千克标准煤/吨氧化铝。

新改造的电解铝生产能力综合交流电耗必须低于 14300 千瓦时/吨铝;电流效率必须高于 94%。现有的电解铝企业综合交流电耗应低于 14450 千瓦时/吨铝;电流效率必须高于 93%。综合交流电耗高于准入水平的不予准入,符合综合交流电耗准入条件的现有企业要通过技术改造节能降耗,在"十一五"末达到新改造企业能耗水平。

新建及现有再生铝合金项目,必须有节能措施,采用先进的工艺和设备,确保符合国家能耗标准。

新建铝加工项目铝加工材综合能耗要低于 350 千克标准煤/吨;综合电耗低于 1150 千瓦时/吨。现有企业铝加工材综合能耗要低于 410 千克标准煤/吨;综合电耗低于 1250 千瓦时/吨。现有企业要通过技术改造节能降耗,在"十一五"末达到新建企业能耗水平。

四、资源消耗及综合利用

铝土矿采矿损失率地下开采不超过 12%、露天开采不超过 8%;采矿贫化率地下开采不超过 10%、露天开采不超过 8%。禁止建设资源利用率低的铝土矿山及选矿厂。矿山企业应按照上述要求编制矿产资源开发利用方案报国土资源主管部门审批。铝土矿的实际采矿损失率和选矿回收率不得低于批准的矿产资源开发利用方案规定的指标及设计标准。

新建拜耳法氧化铝生产系统氧化铝综合回收率达到 81% 以上,新水消耗低于 8 吨/吨氧化铝,占地面积小于 1 平方米/吨氧化铝。新建其他工艺氧化铝生产系统氧化铝综合回收率达到 90% 以上,新水消耗低于 7 吨/吨氧化铝,占地面积小于 1.2 平方米/吨铝。现有氧化铝企业要通过技术改造降低资源消耗,在"十一五"末达到新建系统标准。

新改造的电解铝生产能力,氧化铝单耗要低于 1920 千克/吨铝,原铝液消耗氟化盐低于 25 千克/吨铝,阳极炭素净耗低于 410 千克/吨铝,新水消耗低于 7 吨/吨铝,占地面积小于 3 平方米/吨铝。现有的电解铝企业,氧化铝单耗要低于 1930 千克/吨铝,原铝液消耗氟化盐低于 30 千克/吨铝,阳极炭素净耗低于 430 千克/吨铝,新水消耗低于 7.5 吨/吨铝。现有企业要通过提高技术水平加强管理降低资源消耗,在"十一五"末达到新建企业标准。

新建加工企业铝加工材金属消耗要低于 1025 千克/吨,其中铝型材金属消耗要低于 1015 千克/吨;铝加工材综合成品率要高于 75%,其中加工材成品率高于 78%、熔铸成品率高于 91%;铝板材加工成品率高于 70%、带材加工成品率高于 77%、箔材加工成品率高于 79%、型材加工成品率高于 88%。现有加工企业铝加工材金属消耗要低于 1035 千克/吨,其中铝型材金属消耗要低于 1020 千克/吨;铝加工材综合成品率要高于 72%,其中加工材成品率高于 78%,熔铸成品率高于 91%;铝板材加工成品率高于 69%、带材加工成品率高于 75%、箔材加工成品率高于 78%、型材加工成品率高于 87%。现有加工企业要通过技术改造降低金属消耗,在"十一五"末达到新建企业水平。

五、环境保护和土地复垦

严禁矿山企业破坏土地及污染环境。要认真履行环境影响评价文件审批和环保设施"三同时"验收程序。必须严格执行土地复垦规定,坚持"谁破坏、谁复垦"原则,履行土地复垦法定义务。按照国土资源部、发展改革委等七部门《关于加强生产建设项目土地复垦管理工作的通知》(国土资发〔2006〕225 号)要求,编制土地复垦方案,将土地复垦费列入生产成本并足额预算,依法缴纳土地复垦费并专项用于土地复垦,努力做到"边开发、边复垦"。按照财政部、国土资源部、环保总局《关于逐步建立矿山环境治理和生态恢复责任机制的指导意见》要求,逐步建立环境治理恢复保证金制度,专项用于矿山环境治理和生态恢复。矿山投资项目的环保设计,必须按照国家环保总局的有关规定和《国务院关于投资体制改革的决定》中公布的政府核准投资项目目录要求由有权限环保部门组织审查批准。必须按照环保、土地复垦和水土保持要求完成矿区环境恢复和土地复垦利用。铝冶炼、加工企业污染物排放要符合国家《工业炉窑大气污染物排放标准》(GB 9078—1996)、《大气污染物综合排放标准》(GB 16297—1996)、《污水综合排放标准》(GB 8978—1996)、工业固废和危险废物处理处置的有关要求及有关地方标准的规定,必须符合经合法批复的环境影响评价文件规定的控制值和总量指标要求。氧化铝厂要做到废水"零排放",赤泥的最终处置(包括堆场)应当严格按照环评文件批复的要求执行。防止电解铝冶炼氟化物、粉尘等有害物质污染以及氧化铝赤泥随意堆放造成的污染。电解铝项目吨铝外排氟化物(包括无组织排放量)要低于 1 千克。严禁将电解铝厂的含氟电解渣添加在煤中燃烧。

铝冶炼项目的原料处理、中间物料破碎、冶炼、浇铸、装卸等所有产生粉尘部位,均要配备除尘和回收处理装置进行处理,并安装经环保总局指定的环境监测仪器检测机构适用性检测合格的自动监控系统进行监测。

新建及现有再生铝项目,废杂铝的回收、处理必须采用先进的工艺和设备,禁止采用露天焚烧的方法去除废铝芯电线电缆的塑料、橡胶皮以及废碎料中的杂质;采用火法对废铝芯电线电缆和废铝碎料进行预处理的,其排放的大气污染物应当满足《危险废物焚烧污染控制标准》(GB 18484—2001)中有关要求和有关地方标准的规定。

根据《中华人民共和国环境保护法》等有关法律法规,所有新、改、扩建项目必须严格执行环境影响评价制度,持证排污(尚未实行排污许可证制度的地区除外),达标排放。新建铝土矿山、铝冶炼及加工生产能力,须经过有关部门验收合格后,按照有关规定办理《排污许可证》(尚未实行排污许可证的地区除外)后,企业方可进行生产和销售等经营活动。现有生产企业改扩建的生产能力经省级有关部门验收合格后,也要按照规定办理《排污许可证》等相关手续。环保部门对现有铝冶炼企业执行环保标准情况进行监督检查,定期发布环保不达标生产企业名单,达不到排放标准或超过排污总量的企业,应依法开展强制性清洁生产审核。对达不到排放标准或超过排污总量的企业,由环保部门决定限期治理,治理不合格的,由地方人民政府依法决定给予停产或关闭处理。

六、安全生产与职业危害

矿山、冶炼、加工建设项目必须符合《安全生产法》、《矿山安全法》、《职业病防治法》等法律法规规定,具备相应的安全生产和职业危害防治条件,并建立、健全安全生产责任制和各项规章制度;新、改、扩建项目安全设施和职业危害防治设施必须与主体工程同时设计、同时施工、同时投入生产和使用,铝土矿和氧化铝项目安全设施设计、投入生产和使用前,要依法经过安全生产监督管理部门审查、验收。必须建立职业危害防治设施,配备符合国家有关标准的个人劳动防护用品,配备铝液泄漏、爆炸、火灾、雷击及设备故障、机械伤害、人体坠落、灼烫伤等事故防范设施,以及安全供电、供水装置和消除有毒、有害物质设施,建立健全相关制度,并通过地方行政主管部门组织的专项验收。

矿山企业要依照《安全生产许可证条例》(国务院令第 397 号)等有关规定,依法取得安全生产许可证后方可从事生产活动。氧化铝企业赤泥堆场应符合国家有关尾矿库安全管理规定及技术规程。

七、监督管理

新建和改造铝土矿山、铝冶炼及加工项目必须符合上述准入条件。有关部门办理项目的投资管理、土地供应、环境影响评价和融资等手续必须符合产业政策和准入条件的规定。建设单位必须按照国家环保总局有关分级审批的规定报批环境影响报告书,电解铝和氧化铝项目的环评报告书,必须按照规定向国家环保总局报批。符合产业政策的现有企业要通过技术改造达到新建企业在资源综合利用、能耗、环保等方面的准入条件。

新建或改建铝土矿山、铝冶炼(氧化铝、电解铝、再生铝)及加工项目投产前,要经省级以上投资、国土资源、环保、安全监管、劳动卫生、质检等行政主管部门和有关专家组成的联合检查组监督检查,检查工作要按照准入条件要求进行。经检查认为未达到准入条件的,不允许投产。投资主管部门应责令建设单位根据设计要求限期完善有关建设内容。对未依法取得土地或者未按规定的条件和土地使用合同约定使用土地,未按规定履行土地复垦义务或土地复垦措施不落实的,国土资源管理部门要按照土地管理法规和土地使用合同的约定予以纠正和处罚,责令限期纠正,且不得发放土地使用权证书;依法打击矿山开采中的各种违法行为;对不符合安全、环保要求的,安全监管和环境保护主管部门要根据有关法律、法规进行处罚,并限期整改。

各地区发展改革委、经委(经贸委)、工业办和国土资源、环保、工商、安全监管、劳动卫生等有关管理和执法部门要定期对本地区铝矿山、冶炼和加工企业执行准入条件的情况进行督查。中国有色金属工业协会协助有关部门做好跟踪监督工作。

对不符合产业政策和准入条件的铝土矿山、铝冶炼及加工新建和改造项目,投资管理部门不得核准或者备案,国土资源管理部门不得办理建设用地审批手续,环保部门不得批准环境影响评价报告,金融机构不得提供授信,电力部门依法停止供电。依法撤销或责令关闭的企业,要及时到工商行政管理部门依法办理变更登记或注销登记。

国家发展改革委定期公告符合准入条件的铝土矿山、铝冶炼及铝加工生产企业名单。实行社会监督并进行动态管理。

八、附则

本准入条件适用于中华人民共和国境内(港澳台地区除外)所有类型的铝土矿山、铝冶炼和加工行业生产企业。

本准入条件中涉及的国家标准若进行了修订,则按修订后的新标准执行。

本准入条件自发布之日起实施,由国家发展改革委负责解释,并根据行业发展情况和宏观调控要求进行修订。

中华人民共和国工业和信息化部公告

第 6 号

为贯彻《国务院办公厅关于采取综合措施对耐火粘土萤石的开采和生产进行控制的通知》(国办发〔2010〕1号)精神,优化氟资源配置,提高氟资源综合利用水平,构建资源节约、环境友好、本质安全的氟化工产业体系,促进氟化工产业健康可持续发展,根据国家有关法律法规和产业政策要求,我部制定了《氟化氢行业准入条件》,现予以公告,请有关单位遵照执行。

各有关部门在对氟化氢行业生产建设和科技开发等项目开展投资管理、土地供应、环境评估、节能评估、安全许可、信贷融资等方面工作时要以本准入条件为依据。

附件:氟化氢行业准入条件

二〇一一年二月十四日

(联系电话:原材料工业司　010-68205568　68205592)

附件:

氟化氢行业准入条件

氟化氢是萤石等含氟资源实现化学深加工、发展氟化工的关键中间产品。为优化氟资源配置,提高氟资源综合利用水平,大力构建资源节约、环境友好、本质安全的氟化工产业体系,促进产业健康可持续发展,根据国家有关法律法规和产业政策要求,按照"控制总量,优化配置,节能降耗,安全环保,技术创新,持续发展"原则,制定本准入条件。

一、产业布局

(一)新建氟化氢生产装置、新设立氟化工企业应当符合当地产业发展规划和土地利用总体规划,应当有稳定可靠的萤石等资源保障,必须进入具有环境容量和安全容量、拥有含氟污染物(包括含氟渣料、液体和气体,下同)治理和资源化综合利用设施以及危险化学品存储、运输设施,大力发展循环经济的开发区(包括产业园区、产业聚集区,下同)。

(二)在县级及以上人民政府规定的风景名胜区、自然保护区、饮用水源保护区和其他需要特别保护的区域内,城市规划区边界外2公里以内,主要河流两岸、公路、铁路、水路干线两侧,及居民聚集区和其它严防污染的企业周边1公里以内,国家及地方政府规定的环保、安全防护距离内,禁止新建、改扩建氟化氢生产装置。

(三)虽然满足上述各种边界要求,但不在开发区内的现有氟化氢生产企业,除开展安全环保改造外,不得新增氟化氢产能,鼓励这些企业停产退出或向开发区搬迁。

(四)除开发生产高纯、超净的电子等行业专用氟化氢产品和生产自用的氟化氢原料外,不得新建、扩建非原料用的氟化氢生产装置。

二、规模、工艺与装备

（一）为满足节能、环保以及安全生产要求，提高氟资源利用率，实现合理的规模经济，新建生产企业的氟化氢总规模不得低于 5 万吨/年，新建氟化氢生产装置单套生产能力不得低于 2 万吨/年（资源综合利用方式生产氟化氢的除外）。

（二）新建、改扩建氟化氢生产装置应当采用先进的工艺技术，选用节能、环保、安全的设备，主要工段、关键设备应当实现在线控制和远程视频监控，整个生产线应当建立综合控制性能先进的 DCS 等在线远程自控系统。

（三）新建、改扩建氟化氢生产装置应当同时配套建设含氟粉尘收集利用系统、含氟污水治理系统和含氟渣料资源化系统。

（四）禁止以萤石为原料，采用水直接吸收工艺新建、扩建氢氟酸生产装置。

氢氟酸应用企业应当根据生产平衡实际需要，就地以氟化氢为原料建设氢氟酸生产装置，实现氢氟酸生产的清洁化。

三、节能降耗与资源综合利用

（一）新建、改扩建的氟化氢生产装置，经连续 72 小时生产考核，每吨氟化氢产品萤石（粉）（标准号 YB/T 5217，氟化钙含量不低于 97%）消耗不得高于 2.25 吨、综合水耗不得高于 1 吨、年均综合能耗不得超过 450 千克标煤。

（二）氟化氢生产企业应当发展循环经济，提高能源梯次利用和萤石、含氟石膏渣等资源综合利用水平。

含氟石膏渣硫酸钙含量不得低于 90%、氟化钙含量不得超过 2%、硫酸含量不得超过 0.5%，年综合利用率必须在 90%（包括签订长期合同委托加工利用）以上。

（三）新建、改扩建的氟化氢生产装置，水循环利用率不得低于 95%。

现有氟化氢生产企业应通过改造，在 2013 年年底前达到上述要求；通过改造达不到的，要按期停产或退出。

四、环境保护

新建、改扩建氟化氢生产装置，应当严格遵守环境影响评价制度，采取清洁生产工艺，按照环保"三同时"原则同步建设配套的环境设施和资源化设施。

废渣排放应当达到 GB 18599《一般工业固体废物贮存、处置场污染控制标准》要求，废液排放应当达到 GB 8978《污水综合排放标准》要求，废气排放应当达到 GB 16297《大气污染物综合排放标准》要求。相关地方有更为严格污染物排放标准的，应同时满足地方污染物排放标准要求。

含氟石膏渣应当有效回收并综合利用，禁止随意堆存、填埋。含氟石膏渣应当封闭存放，存放区必须进行防渗漏处理。

现有氟化氢生产企业应当按规定开展清洁生产审核并通过清洁生产评估，应当在 2013 年年底前达到上述要求；通过改造达不到的，要按期停产或退出。

五、主要产品质量

新建、改扩建的氟化氢生产装置，氟化氢产品质量应当满足 GB 7746《工业无水氟化氢》要求。

利用氟化氢生产的氢氟酸产品质量应当达到 GB 7744《工业氢氟酸》或生产企业内控使用要求。

六、安全生产、职业健康和社会责任

（一）新建、改扩建氟化氢生产装置应当由有甲级资质的设计单位进行设计，由具有相应资质的单位组织环境、健康、安全评价和节能评估，由有甲级资质的单位进行施工，严格执行国家、行业、地方各项管理规范和规定，健全管理制度。

（二）氟化氢生产企业应当通过质量管理体系、环境管理体系和职业健康安全管理体系认证；必须建立健全危险化学品安全管理制度和氟骨病等职业病防治制度；积极推进能源管理体系建设。

七、监督与管理

（一）新建、改扩建氟化氢生产项目的投资管理、土地供应、环境评价、安全许可、节能评估、信贷融资、生产许可等，应当依据本准入条件。

对不符合本准入条件的，国土资源管理部门不得办理土地使用手续，环境保护管理部门不得办理环保审批手续，安全监管部门不得办理安全许可，金融机构不得提供信贷支持，质检部门不得办理工业产品生产许可，地方人民政府或相关主管部门可依法决定撤销或责令暂停项目的建设。

（二）新建、改扩建氟化氢生产装置建成投产前，要经省级及以上工业、投资、国土资源、环保、安全、质检等管理部门和有关专家组成的联合检查组，按照本准入条件要求进行检查，经检查未达到准入条件的，应责令限期整改。

（三）省级工业和信息化主管部门要加强对氟化氢生产企业执行本准入条件情况进行督促检查。有关行业协会要积极宣传贯彻国家产业政策，加强行业自律，协助政府有关部门做好行业监督、管理工作。

（四）符合本准入条件的氟化氢生产企业名单，工业和信息化部将定期向社会公告，并实行动态管理。

（五）萤石（粉）生产企业不得向不符合本准入条件的氟化氢生产企业提供萤石（粉）产品；氟化氢生产企业不得向不符合萤石行业准入条件的萤石（粉）生产企业购买萤石（粉）产品。

八、附则

（一）本准入条件适用于中华人民共和国关境内所有类型的氟化氢生产企业。

（二）本准入条件涉及的法律法规、国家标准若进行修订，则按修订后的执行。

（三）本准入条件自发布之日起实施，由工业和信息化部负责解释。工业和信息化部将根据氟化工产业发展状况和经济社会发展要求对本准入条件进行修订。

国家发展改革委关于加强煤化工项目建设管理
促进产业健康发展的通知

发改工业〔2006〕1350 号

国土资源部、环保总局、中国人民银行、各省、自治区、直辖市、计划单列市发展改革委、经贸委（经委）：

我国石油、天然气资源短缺，煤炭资源相对丰富。发展煤化工产业，有利于推动石油替代战略的实施，满足经济社会发展的需要。为统筹规划、合理布局、科学引导和规范煤化工产业的发展，现将有关事项通知如下：

一、当前煤化工产业发展需要认真把握的几个问题

煤化工产业包括煤焦化、煤气化、煤液化和电石等产品。经过几十年的努力，我国煤化工产业取得长足的发展。2005 年我国生产焦炭 23282 万吨，电石 895 万吨，煤制化肥约 2500 万吨（折纯），煤制甲醇约 350 万吨，均位居世界前列。煤化工产业的发展对于缓解我国石油、天然气等优质能源供求矛盾，促进钢铁、化工、轻工和农业的发展，发挥了重要的作用。因此，加快煤化工产业发展是必要的。煤化工产业的发展对煤炭资源、水资源、生态、环境、技术、资金和社会配套条件要求较高。近一时期，煤化工产业在快速发展的同时，也出现了令人担忧的问题。一些地方不顾资源、生态、环境等方面的承载能力，出现了盲目规划、竞相建设煤化工项目的苗头，对经济社会持续、健康、稳步发展将产生潜在的负面影响。

（一）电石和焦炭等传统煤化工产品产能严重过剩。2004 年以来，通过加大宏观调控力度，电石和焦炭等高能耗行业盲目发展的势头得到初步抑制，但产能增长的势头并未得到完全遏制。2005 年底我国电石生产能力是当年产量的 2 倍。焦炭生产能力高出国内市场需求 7000 多万吨。今年 1—5 月电石和焦炭产量同比仍分别增长 33.9％和 24.2％。焦炭价格已较大幅度下跌。根据各地在建和拟建项目情况及未来市场需求预测，2010 年电石和焦炭产能仍将大大高于市场需求。同时现有电石和焦炭生产能力中，很多属于不符合环保要求，无副产品回收装置，污染严重的小电石、小焦炭。

（二）受石油价格不断上涨、高位运行的拉动，煤制甲醇、二甲醚等石油替代产品盲目发展的势头逐渐显现。2005 年我国甲醇产量 536 万吨。据不完全统计，目前在建甲醇规模已接近 900 万吨，拟建和规划产能还有千万吨以上。这些项目若全部付诸实施，一旦甲醇后加工生产技术和应用市场开发滞后，势必造成产能大量过剩。煤制油品和烯烃尚处在工业化试验和示范阶段，还存在技术和工程放大风险。一些地方不顾客观条件，纷纷规划建设煤制油品和烯烃项目，目前开工建设的十几万吨规模的煤制油、煤制烯烃装置多数不够经济规模，技术不够成熟。建成后将类似小炼油、小乙烯属于淘汰之列，且这类装置投资巨大，动辄几十亿，具有较大投资风险。

（三）以牺牲资源为代价，片面追求产业发展速度。一些地区为加快地方经济发展，以资源为手段，大举招商引资，资源配置和开发利用不合理。个别企业以建设煤化工项目之名，行圈占和攫取资源之实，大肆套取煤炭资源。有些地区煤化工产业刚刚起步，现有煤炭资源就被瓜分殆尽。

上述问题对煤化工产业，对经济社会持续、稳定、健康发展均产生了不利的影响。具体是：

（一）持续增加的电石和焦炭过剩产能，不仅造成社会资本大量闲置，产业发展大起大落，而且引发企业间恶性竞争，导致产品价格大幅下滑，经营风险显著上升。今年年初我国焦炭出口价格仅相当于 2004 年的一半，造成较大经济损失。

（二）水资源是煤化工产业发展的重要制约因素，也是我国经济社会发展的制约因素之一。我国水资源远低于世界平均水平。主要煤炭产地人均水资源占有量和单位国土面积水资源保有量仅为全国水平的 1/10。大型煤化工项目年用水量通常高达几千万立方米，吨产品耗水在十吨以上，相当于一些地区十几万人口的水资源占有量或 100 多平方公里国土面积的水资源保有量。一些地区大规模超前规划煤化工项目，一方面有可能形成产能过剩的局面，另一方面会打破本地区脆弱的水资源平衡，直接影响当地经济社会平稳发展和生态环境保护。同时仓促上马尚未实现大规模工业化的煤制油品和烯烃项目，不仅投资风险较大，也给产业健康发展埋下了隐患。

（三）我国煤炭资源比较丰富，但优质、清洁和炼焦煤资源相对较少。煤炭工业承担着支撑经济社会发展的重任。短时间、高强度、大规模占用煤炭资源发展煤化工产业，既影响电力等行业的平稳发展，也加速了煤炭资源消耗，不利于煤炭工业可持续发展。

鉴于上述情况，各地区、各部门特别是主要煤炭生产省要高度重视煤化工产业发展工作，深刻认识盲目发展的危害性，认清形势、准确把握产业发展方向。用科学发展观统领产业发展全局，综合平衡各方面因素，深入开展科学论证，广泛听取各方面意见，正确处理产业发展速度、规模与资源、生态环境承受能力的关系，谨慎决策煤化工项目的建设，努力实现经济社会和谐发展。国土资源、环境保护、银行也要严把准入关，防范贷款风险。

二、"十一五"煤化工产业发展方向

煤化工产业是技术、资金密集型产业，涉及面广，工程建设复杂，实施难度大。煤化工产业又是新兴产业，产业发展中还存在诸多不确定因素和风险。"十一五"期间，煤化工产业要以贯彻落实科学发展观，建立和谐社会为宗旨；以保障国家石油供应安全，满足国内市场需求为出发点，科学规划，合理布局；统筹兼顾资源产地经济发展，环境容量。在有条件的地区适当加快以石油替代产品为重点的煤化工产业的发展；按照上下游一体化发展思路，建设规模化煤化工产业基地；树立循环经济的理念，优化配置生产要素，努力实现经济社会、生态环境和资源的协调发展。

坚持控制产能总量，淘汰落后工艺，合理利用资源，减少环境污染，促进联合重组的原则，加快焦炭和电石行业结构调整。积极采用先进煤气化技术改造以间歇气化技术为主的化肥行业，减少环境污染，推动产业发展和技术升级。以民用燃料和油品市场为导向，支持有条件的地区，采用先进煤气化技术和二步法二甲醚合成技术，建设大型甲醇和二甲醚生产基地，认真做好新型民用燃料和车用燃料使用试验和示范工作。稳步推进工业化试验和示范工程的建设，加快煤制油品和烯烃产业化步伐，适时启动大型煤制油品和烯烃工程的建设。

三、进一步加强产业发展管理

发展煤化工产业对于实施石油替代战略具有十分重要的意义。各地区、各部门要从全局的高度、长远的角度，加强产业发展管理，努力营造和谐发展环境，着力做好以下工作：

（一）产业规划。煤化工产业涉及国民经济众多部门。国家将制定煤化工产业发展规划。各地区要结合当地实际，按照科学发展观的要求，认真做好煤化工产业区域发展规划的编制工作，加强产业发展引导。在规划编制完成并得到国家发展改革部门确认之前，暂停核准或备案煤化工项目。对于煤炭液化项目，在国家煤炭液化发展规划编制完成前，各级投资主管部门应暂停煤炭液化项目核准。

（二）产业布局。我国煤炭资源分布相对集中,消费市场分布较广。为促进煤炭产销区域平衡,鼓励煤炭资源接续区煤化工产业发展,适度安排供煤区煤化工项目的建设,限制调入区煤化工产业的发展(以本地高硫煤或劣质煤为原料的项目,以及二次加工项目除外)。

（三）发展重点。根据国民经济发展和市场供求情况,为满足农业生产需要,缓解石油供求矛盾,扭转相关高耗能产品供过于求的局面,鼓励发展煤制化肥等产品;稳步发展煤制油品、甲醇、二甲醚、烯烃等石油替代产品,其中煤炭液化尚处于示范阶段,应在取得成功后再推广;规范发展电石、焦炭等高耗能产品。按照国发〔2006〕11号文的要求,没有完成焦炭和电石行业清理整顿工作的省、自治区、直辖市,停止核准或备案焦炭和电石项目。

（四）煤炭使用。煤化工产业是煤炭深加工产业。煤化工产业的发展必须统筹兼顾煤炭工业可持续发展和相关产业对煤炭的需要。国家实行煤炭资源分类使用和优化配置政策。炼焦煤(包括气煤、肥煤、焦煤、瘦煤)优先用于煤焦化工业,褐煤和煤化程度较低的烟煤优先用于煤液化工业,优质和清洁煤炭资源优先用作发电、民用和工业炉窑的燃料,高硫煤等劣质煤主要用于煤气化工业。无烟块煤优先用于化肥工业。

（五）水资源平衡。除云南、贵州等地外,我国煤炭资源与水资源呈逆向分布。大部分煤化工产品耗水量较大。煤化工产业发展应"量水而行",严禁挤占生活用水和农业用水发展煤化工产业。严格控制缺水地区煤气化和煤液化项目的建设。限制高耗水工艺和装备的应用,鼓励采用节水型工艺,大力提倡废水、中水、矿井水回用等煤化工技术。

（六）运输安全。我国煤炭资源主要分布在中西部地区,煤化工产品主要消费在东部沿海地区,产销区域分割。大部分液态或气态煤化工产品具有毒性或易燃易爆的性质。煤化工项目必须具有较高的产品安全运输保障。对不具备运输条件的煤化工项目应不予核准或备案。

（七）环境保护。我国煤炭资源主要分布在生态环境比较脆弱的地区。煤化工产业对生态环境影响较大,生产过程要排出相当数量的废渣、废水和废气。按照发展循环经济,建立和谐社会的要求,煤化工项目必须达到废弃物减量化、资源化和无害化标准。对不能实现废弃物综合利用和无害化处理的煤化工项目应不予核准或备案。

（八）技术政策。各地区要加大结构调整力度,促进产业优化升级。严格执行焦炭和电石行业准入条件等产业政策。禁止核准或备案不符合行业准入条件的焦炭项目和电石项目,以及采用固定床间歇气化和直流冷却技术的煤气化项目。煤化工项目各项消耗指标必须达到国家(行业)标准或强制性规范要求。鼓励企业采用拥有自主知识产权的先进技术。一般不应批准年产规模在300万吨以下的煤制油项目,100万吨以下的甲醇和二甲醚项目,60万吨以下的煤制烯烃项目。

（九）项目管理。加强项目建设管理,从严审核煤化工项目。按照《国务院投资体制改革决定》的精神,对煤制油、煤制烯烃和外商投资煤化工项目,按照有关规定严格实行核准制;严禁化整为零,违规审批,或将核准权限逐级下放。对实行备案的煤化工项目,各地区要按照省级人民政府制定的实施办法严把项目审核关。

（十）风险防范。煤化工产业具有规模化、大型化、一体化、基地化的特征;技术含量高,投资强度大;对项目业主实力和社会依托条件要求较高。我国煤炭资源主要分布在经济社会发展水平相对较低的中西部地区,依托条件相对较差。发展煤化工产业不仅要树立牢固的风险防范意识,更要有较强的风险防范能力。对于业主实力较弱的煤化工项目应慎重核准和备案。

各级发展改革部门要按照通知精神,认真做好煤化工产业发展和项目审核工作,同时对拟建和在建项目进行清理,抓紧整改。国土资源、环境保护、金融信贷等部门可依此开展项目审核工作。

二〇〇六年七月七日

国家发展改革委、环保总局关于做好淘汰落后造纸、酒精、味精、柠檬酸生产能力工作的通知

发改运行〔2007〕2775 号

有关省、自治区、直辖市发展改革委、经贸委(经委)、环保局:

为贯彻落实《国务院关于印发节能减排综合性工作方案的通知》(国发〔2007〕15 号,以下简称《通知》)精神和工作部署,完成"十一五"淘汰落后造纸、酒精、味精、柠檬酸产能(以下简称淘汰落后产能)任务,实现减排化学需氧量(COD)目标,推进行业结构调整,促进产业优化升级,现就做好淘汰落后产能工作有关事项通知如下:

一、工作原则

坚持以邓小平理论和"三个代表"重要思想为指导,全面贯彻科学发展观,按照构建社会主义和谐社会和走新型工业化道路的要求,优化行业存量结构、调整改善产业布局,大力推进节能减排、淘汰落后生产能力,增强持续发展后劲,提高综合竞争能力。工作中遵循如下基本原则:

(一)责任主体原则。

认真落实《通知》明确的"地方各级人民政府对本行政区域节能减排负总责,政府主要领导是第一责任人"。强化企业主体责任,企业法人是本企业淘汰落后产能的第一责任人。

(二)目标任务原则。

围绕实现"十一五"淘汰落后产能目标,统筹安排计划,量化年度目标,明确各地任务,落实企业名单。要加强部门协作,形成工作合力,分步组织实施,确保按时完成淘汰落后产能任务。

(三)科学管理原则。

充分发挥市场机制作用,综合运用法律、经济和必要的行政手段淘汰落后产能。坚持依法行政、依规办事,严格执行政策和标准,不断完善政策和措施。强化各级政府对淘汰落后产能的监督管理。

(四)维护稳定原则。

坚持顾全大局意识,树立服从大局观念,准确理解掌握政策,深入细致开展工作,认真研究并妥善解决问题,积极主动化解矛盾,切实维护社会稳定。

二、依据标准

依法对不符合法律法规、产业政策的规定,环保评审不达标、超标或超排污许可证要求排放的落后造纸、酒精、味精、柠檬酸生产能力实施淘汰(包括:落后企业、落后生产线、落后生产工艺技术和装置)。

(一)主要依据。

1.《中华人民共和国水污染防治法》、《中华人民共和国清洁生产促进法》、《中华人民共和国国民经济和社会发展第十一个五年规划纲要》、《国务院关于发布实施〈促进产业结构调整暂行规定〉的决定》(国发〔2005〕40 号)、《国务院关于落实科学发展观加强环境保护的决定》(国发〔2005〕39 号)、《国务院关于印发节能减排综合性工作方案的通知》(国发〔2007〕15 号)等法律、法规。

2. 国家颁布实施的产业政策、行业发展规划,国家环保政策及标准。

3. 地方相关法规。

(二)具体标准。

1. 造纸行业主要淘汰年产 3.4 万吨以下草浆生产装置、年产 1.7 万吨以下化学制浆生产线(适用 GB 3554—2001《造纸工业水污染物排放标准》)、排放不达标的(适用《环保总局关于修订〈造纸工业水污染物排放标准〉的公告》(环发[2003]152 号))年产 1 万吨以下以废纸为原料的纸厂(东部、中部省份可根据本地实际适当提高淘汰落后制浆造纸产能的标准)。

2. 酒精行业主要淘汰高温蒸煮糊化工艺、低浓度发酵工艺等落后生产工艺装置(适用 GB 8978—96《污水综合排放标准》),及年产 3 万吨以下企业(废糖蜜制酒精除外)。《产业结构调整指导目录(2005 年版)》禁止新建的酒精生产线(燃料乙醇项目除外)。

3. 味精行业主要淘汰年产 3 万吨以下生产企业(适用 GB 19431—2004《味精工业污染物排放标准》)。《产业结构调整目录(2005 年版)》禁止新建的使用传统工艺、技术的味精生产线。

4. 柠檬酸行业主要淘汰环保不达标生产企业(适用 GB 19430—2004《柠檬酸工业污染物排放标准》)。

三、目标任务

依据国务院《节能减排综合性工作方案》,综合各地提报和行业产能布局情况,《2006—2010 年各地淘汰落后造纸、酒精、味精、柠檬酸产能计划》(见附表)下达如下:

(一)总体目标任务。

"十一五"期间淘汰落后造纸产能 650 万吨,落后酒精产能 160 万吨,落后味精产能 20 万吨,落后柠檬酸产能 8 万吨;实现减排化学需氧量(COD)124.2 万吨。

(二)分年度目标任务。

2006—2010 年:分别淘汰落后造纸产能 210.5 万吨、230 万吨、106.5 万吨、50.7 万吨和 52.3 万吨;减排化学需氧量(COD)47 万吨。

2006—2010 年:分别淘汰落后酒精产能 10.1 万吨、40 万吨、44.4 万吨、35.5 万吨和 30 万吨;减排化学需氧量(COD)64 万吨。

2006—2009 年:分别淘汰落后味精产能 2.8 万吨、5 万吨、8.7 万吨和 3.5 万吨;减排化学需氧量(COD)10 万吨。

2006—2009 年:分别淘汰落后柠檬酸产能 3.3 万吨、2 万吨、1.9 万吨和 0.8 万吨;减排化学需氧量(COD)3.2 万吨。

四、工作要求

淘汰落后产能是落实国务院关于"十一五"节能减排战略部署的重要措施,是加快行业结构调整的重要内容。各地发展改革、经贸、环保部门必须高度重视,加强领导、落实责任,明确分工、精心组织,密切协作、扎实落实。

(一)提高思想认识,树立全局观念。

真正把思想和行动统一到中央关于节能减排的决策和部署上来。落后生产能力是资源浪费、环境污染的源头,影响经济健康发展,对环境的污染严重危害民生,必须坚决予以淘汰。淘汰落后产能工作能否落实直接影响到行业结构调整和全国节能减排目标的实现。要增强责任感、使命感,顾全大局,积极主动地认真做好工作。

（二）加强组织领导，落实工作责任。

各省（自治区、直辖市）发展改革、经贸、环保部门要督促市、县政府有关部门落实淘汰落后产能工作，按照已明确的分工，领导负责，明确任务，落实责任。要充分发挥相关部门和行业协会的作用，建立强有力的组织保障体系，密切协作，相互配合，形成高效工作机制。做到属地淘汰落后产能工作情况清楚，层层有人负责，事事有人落实，即时掌握进展、及时解决问题，切实落实已明确的工作目标和责任。

（三）精心周密安排，扎实抓好落实。

按照国务院《通知》要求，由省（自治区、直辖市）发展改革委、经贸委（经委）会同环保局制定切实可行的淘汰落后产能工作实施方案，扎实抓好工作落实。

1. 依据《通知》及国家发展改革委、环保总局下达的分年度、分行业淘汰落后产能计划，督促地方政府有关部门进一步确定属地淘汰落后产能企业名单，将计划指标分年度、分行业落实到企业。要与落后产能企业所在地市、县政府有关部门签订淘汰落后生产能力责任书，明确落后产能淘汰时间、淘汰方式（停产、拆除、关闭、转产、重组）和要求，限时按期淘汰。

2. 依据《国务院关于发布实施〈促进产业结构调整暂行规定〉的决定》（国发［2005］40 号）和《通知》，对按规定应予淘汰的落后造纸、酒精、味精、柠檬酸产能（包括：落后企业、落后生产线、落后生产工艺技术和装置），采取措施促其淘汰。各金融机构应停止各种形式的授信支持，并收回已发放的贷款；价格部门对限期淘汰的落后企业在淘汰期限内，应实行差别电价、水价；环保部门对违法排污企业依法按高额实行经济处罚；质检部门应采取有效措施，切实加强生产许可证管理。

3. 对列入淘汰落后产能名单而不按期淘汰的企业（含国家产业政策明令禁止新建的酒精生产线、味精生产线），由地方政府主管部门依法予以关停。供电部门依法停止供电；质检部门依法吊销生产许可证；环保部门依法吊销排污许可证；工商部门依法吊销营业执照并予以公布或依法办理注销登记。要防止落后产能停而不汰，严禁落后产能异地转移，严把企业重组、转产的准入关，坚决杜绝落后产能死灰复燃。

（四）加强督促检查，落实监督责任。

建立淘汰落后产能工作督查和定期报告制度，落实监督责任。国家发展改革委和环保总局对没有完成淘汰落后产能任务的地区，严格控制国家安排投资的项目，实行项目"区域限批"。省（自治区、直辖市）发展改革、经贸、环保部门要履行对市、县淘汰落后产能工作的督查职责，加大监督执法和处罚力度，公开严肃查处典型违法违规案件，依法追究有关人员责任。地方政府主管部门对属地淘汰落后产能工作实施和计划落实情况要开展经常性检查，对落后企业退出情况进行监督，并按管理渠道每月向上一级报告淘汰落后产能工作情况。国家发展改革委、环保总局将按照国务院部署，对各地淘汰落后产能工作组织专项检查，指导和监督各地落实淘汰落后产能工作，每年向社会公告落后产能的企业名单和各地淘汰落后产能计划执行情况。

（五）联系地方实际，建立长效机制。

行业结构调整，产业优化升级是经济和社会发展的客观要求，淘汰落后产能是一项与时俱进的长期任务。要结合淘汰落后产能的实际，在国家法律法规、方针、政策框架下，完善地方性行政法规和政策体系。有条件的地方要安排资金支持落实淘汰落后产能。要研究规律，积累经验，创新模式，建立有效的淘汰落后激励和约束机制、工作联动机制和管理长效机制。国家发展改革委正在会同财政部研究制定中央和地方财政共同促进淘汰落后产能的政策，对淘汰落后产能给予激励和奖惩，实行"奖先罚后"，加大中央财政对经济欠发达地区淘汰落后产能的支持力度。

（六）坚持依法行政，维护安定团结。

准确理解和执行国家出台的各项政策，坚持依法行政，依规办事。要注意做好关闭企业的法人和下岗职工的政策解释工作，协调解决好合规企业关停后职工安置、债务处理、设备拆除费用及企业下岗人员再就业等问题，避免矛盾激化，消除不稳定因素，切实维护安定团结。要随时把握工作中的新情况，注意总结淘汰落后产能工作的好做法，及时协调解决有关问题，推广成熟经验，指导和促进淘汰落后产能工作有序进展。

请各地发展改革委、经贸委（经委）、环保局按照有关要求，认真做好淘汰落后产能工作。国家发展改革委、环保总局将会同有关部门对各地工作落实情况组织督查，并将情况向国务院报告。

附：《2006—2010 年各地淘汰落后造纸、酒精、味精、柠檬酸产能计划》（略）

国家发展改革委
国家环保总局
二○○七年十月二十二日

黄磷行业准入条件

工信产业〔2008〕17 号

为促进产业结构升级，规范市场竞争秩序，控制高耗能、高污染、资源型产业过快增长，制止低水平重复建设，根据我国黄磷行业发展现状，结合国家有关法律法规和产业政策要求，按照"控制总量、节约资源、降低能耗、保护环境、持续发展"原则，制定本准入条件。

一、生产企业布局

（一）新建和改扩建黄磷生产企业厂址要靠近磷矿资源所在地和电力生产中心；必须符合各省、自治区、直辖市工业总体规划或黄磷、磷酸盐（磷化工）等相关行业发展规划；必须符合国家及各级政府制定的环境保护规划或污染防治规划。

（二）在城市规划区边界外 2 公里以内，主要河流两岸、公路干道、铁路干线及重要地下管网两旁 1 公里以内，居民聚集区和其他严防污染的食品、药品等企业周边 1 公里以内，国务院、国家有关部门和省、自治区、直辖市人民政府规定的生态保护区、自然保护区、风景旅游区、文化遗产保护区内，饮用水水源保护区内，不得新建黄磷生产企业。已在上述区域内开工建设、投产运营的黄磷生产企业，要根据《水污染防治法》有关规定及该区域规划，通过搬迁、转产等方式逐步退出。

二、工艺装备

新建黄磷装置（包括小水电、孤网运行地区及自备电厂的黄磷新建项目），单台磷炉变压器容量必须达到 20000 千伏安及以上、折设计生产能力达到 1 万吨/年及以上。新进入企业的起始产能规模必须达到 5 万吨/年及以上。相关配套设施必须符合下列要求：

（一）同步采用全系统收尘技术，在原料运输、破碎、筛分及粉矿造球、烧结等所有产生粉尘的部位，均应配备除尘及回收处理装置；

（二）采用收磷技术，同步建设含磷污水处理系统，并实现含磷污水封闭循环使用，实现零排放；

（三）配套建设粉矿综合利用装置，提高原矿的有效使用率；

（四）同步建设消防、安全设施，在危险作业区必须有远程视频监控装置；

（五）采用先进的自动配料加料、无功补偿、电极升降自动控制、电极节能等技术或设备，提高能源使用效率，降低工人劳动强度，提升系统运行安全可靠性。

现有黄磷装置，单台装置在 10000 千伏安及以上的，如在原料粉尘回收、能耗、尾气综合利用、泥磷回收、污水处理、安全保障和磷渣综合利用等方面没有达到本条件要求，必须在本准入条件实施起两年内完成相关改造，并经相关部门验收合格后方可继续生产。否则，企业所在地（市、县）人民政府必须依法责令其停产。单台装置在 7200 千伏安以下的，须在本准入条件实施起一年内淘汰；单台装置在 7200～10000（不含）千伏安的，如尾气和炉渣不能够实现全部综合利用，须在本准入条件实施起两年内淘汰。

三、环境保护和资源节约综合利用

（一）新建、改扩建黄磷生产装置，必须按照《环境影响评价法》等有关法律法规要求，委托有资质的单位编制建设项目环境评价文件,并按照相关环境保护行政主管部门的审查要求,落实污染防治措施。必须委托专业部门编制节能评估报告。必须按照设计、施工、投产"三同时"原则建设"三废"治理装置和节能降耗装置,依法配套能源计量装置。

(二)黄磷生产企业的大气污染物排放应达到国家《工业炉窑大气污染物综合排放标准》(GB 9078—1996)中"其它炉窑"的排放标准要求。黄磷工业污染物排放标准实施后,按新标准执行。

(三)磷炉尾气不得直排燃烧,必须实现能源化或资源化回收利用,新建黄磷装置尾气综合利用率必须达到 90% 以上。鼓励黄磷生产企业利用黄磷尾气作为热源生产精细磷酸盐或发电,鼓励企业开发应用磷炉尾气生产碳一化学品技术。

(四)含元素磷废水必须实现零排放。必须在生产界区内建设泥磷回收装置,泥磷处理处置应严格执行关于危险废物的管理规定。

(五)黄磷废渣要按照减量化、无害化、资源化原则进行处置和综合利用,不得堆存填埋。新建黄磷装置磷渣利用率必须达到 95%。企业要对当年产生的磷炉渣实施综合利用,企业自身利用困难的,应通过适当方式由其它企业实现综合利用。鼓励企业积极探索磷炉渣制水泥、磷渣微细粉、微晶玻璃、硅肥及白炭黑等。

(六)黄磷生产企业必须根据本地矿产资源状况,利用一定比例的贫矿或(和)粉矿,并配套建设相应规模的贫矿选矿装置或(和)粉矿成球、烧结或其它粉矿综合利用装置。

(七)新建黄磷生产装置未经环保部门验收的,不得投产;现有黄磷装置未满足环保部门相关标准的,必须在本准入条件实施起半年内完成环保设施改造,取得有关许可后方可继续生产。

(八)本准入条件实施前,环保部门连续三年对生产界区周围空气、污水、土壤、植被监测不达标的黄磷生产装置,予以强制淘汰。

四、安全、消防和工业卫生

(一)黄磷属危险化学品,应严格执行国家危险化学品安全管理有关规定。

(二)新建装置必须按照安全生产监管部门的设立和设计审查意见、消防和工业卫生主管部门的评价意见,按照"三同时"原则配套建设相应设施并经现场验收合格后,方能投入生产。现有装置未通过安全、消防或工业卫生主管部门检查的,应依法进行整改。

(三)企业应建立职业病防治措施,定期开展工业卫生检查,定期对职工进行身体检查。

五、经济技术指标

新建、在建和现有黄磷装置必须分别达到以下经济技术指标(电炉电耗不包括贫矿选矿装置或(和)粉矿成球、烧结或其它粉矿综合利用装置能源消耗,数据为吨黄磷消耗值,电力折标系数为 0.1229 千克标煤/千瓦时):

	新建、在建装置	现有装置
综合能耗	≤3.2 吨标准煤	≤3.6 吨标准煤
磷矿消耗(30%折标)	≤8.7 吨	≤8.7 吨
电炉电耗 (按配比炉料 P_2O_5 24%折算)	≤13200 千瓦时	≤13800 千瓦时
磷炉炉渣综合利用率	≥95%	≥90%
尾气综合利用率	≥90%	≥85%
粉矿利用率	100%	100%

六、监督与管理

根据国务院《关于发布实施〈促进产业结构调整暂行规定〉的决定》(国发〔2005〕40 号)和《关于加快推进产能过剩行业结构调整的通知》(国发〔2006〕11 号)要求,本准入条件实施后,新建、改扩建黄磷生产装置,符合准入条件的,须根据《国务院关于投资体制改革的决定》(国发〔2004〕20 号),按照各省具体规定和固定资产投资项目建设程序,经相关主管部门核准或备案。

(一)黄磷建设项目的投资管理、土地供应、环境影响评价、安全生产评价、节能评估、信贷融资等应参照本准入条件。环境影响评价报告必须经省级或以上行业主管部门提出审核意见后报同级环保部门审批;安全评估报告须经省级或以上行业主管部门提出审核意见后报同级安全监督管理部门审批;节能评估报告须经省级或以上行业主管部门审批。

(二)新建、改扩建及整改的黄磷装置工程完工后,必须经省级或以上行业、土地、环保、安全、质检等管理部门及有关专家组成的联合检查组检查。经检查合格的,按照有关规定办理《安全生产许可证》和《排污许可证》,方能投入生产。经检查未达到准入条件的,行业主管部门应责令其在指定期限内整改达到准入要求。

(三)对不符合准入条件的新建或改扩建黄磷生产项目,各级国土资源部门不得提供土地,环保部门不得办理环保审批手续,安全监管部门不得办理安全生产许可,质检部门不得办理工业产品生产许可,金融机构不得提供信贷支持,水电供应部门应依法停止供水供电。地方人民政府或行业主管部门依法决定撤销或责令关闭的企业,有关主管部门应依法撤销有关许可证件,工商行政管理部门依法责令其办理变更登记或注销登记。

(四)各级行业主管部门和安全、环保等执法部门负责对当地黄磷生产企业执行黄磷行业准入条件的情况进行监督检查。中国石油和化学工业协会、中国无机盐工业协会协助国家有关部门做好监督和管理工作。

(五)工业和信息化部定期公告符合准入条件的黄磷企业名单。符合准入条件的企业,可按照有关规定申请执行普通电价、享受资源综合利用企业所得税优惠等优惠政策。

(六)国家相关管理部门可依据本条件制定相应的配套管理措施。

七、附则

(一)其它矿热炉改造为黄磷炉视同新建黄磷装置。单台装置在 10000 千伏安以下的现有黄磷装置因厂址、容量、配套设施等原因进行搬迁或扩能改造,也视同新建。

(二)本准入条件适用于中华人民共和国关境内所有类型黄磷生产企业和有黄磷生产装置的磷肥、磷酸盐和精细磷化工企业。

(三)本准入条件自 2009 年 1 月 1 日起实施,由工业和信息化部负责解释。工业和信息化部将根据国家经济社会发展要求和黄磷行业发展状况对本条件进行修订。

中华人民共和国工业和信息化部中华人民共和国国家发展和改革委员会中华人民共和国环境保护部公告

工联电子〔2010〕137 号

为深入贯彻落实科学发展观，促进多晶硅行业节能降耗、淘汰落后和结构调整，引导行业健康发展，根据国家有关法律法规和产业政策，工业和信息化部、国家发展改革委、环境保护部会同有关部门制定了《多晶硅行业准入条件》，现予以公告。

有关部门在对多晶硅建设项目核准、备案管理、土地审批、环境影响评价、信贷融资、生产许可、产品质量认证等工作中要以本准入条件为依据。

附件：多晶硅行业准入条件

二〇一〇年十二月三十一日

附件：

多晶硅行业准入条件

为深入贯彻落实科学发展观，规范和引导多晶硅行业健康发展，坚决抑制行业重复建设和产能过剩，根据国家有关法律法规和产业政策，按照优化布局、调整结构、节约能源、降低消耗、保护环境、安全生产的原则，特制订多晶硅行业准入条件。

一、项目建设条件和生产布局

（一）多晶硅项目应当符合国家产业政策、用地政策及行业发展规划，新建和改扩建项目投资中最低资本金比例不得低于 30％。严格控制在能源短缺、电价较高的地区新建多晶硅项目，对缺乏综合配套、安全卫生和环保不达标的多晶硅项目不予核准或备案。

（二）在依法设立的基本农田保护区、自然保护区、风景名胜区、饮用水水源保护区，居民集中区、疗养地、食品生产地等环境条件要求高的区域周边 1000 米内或国家、地方规划的重点生态功能区的敏感区域内，不得新建多晶硅项目。已在上述区域内投产运营的多晶硅项目要根据该区域有关规划，依法通过搬迁、转停产等方式逐步退出。

（三）在政府投资项目核准新目录出台前，新建多晶硅项目原则上不再批准。但对加强技术创新、促进节能环保等确有必要建设的项目，报国务院投资主管部门组织论证和核准。

二、生产规模与技术设备

（一）太阳能级多晶硅项目每期规模大于 3000 吨/年，半导体级多晶硅项目规模大于 1000 吨/年。

（二）多晶硅企业应积极采用符合本准入条件要求的先进工艺技术和产污强度小、节能环保的工艺设备以及安全设施，主要工段、设备参数应能实现连续流程在线检测。

三、资源回收利用及能耗

（一）新建多晶硅项目生产占地面积小于 6 公顷/千吨。现有多晶硅项目应当厉行节约集约用地原则。

（二）太阳能级多晶硅还原电耗小于 80 千瓦时/千克，到 2011 年底前小于 60 千瓦时/千克。

（三）半导体级直拉用多晶硅还原电耗小于 100 千瓦时/千克，半导体级区熔用多晶硅还原电耗小于 120 千瓦时/千克。

（四）还原尾气中四氯化硅、氯化氢、氢气回收利用率不低于 98.5%、99%、99%。

（五）引导、支持多晶硅企业以多种方式实现多晶硅—电厂—化工联营，支持节能环保太阳能级多晶硅技术研发，降低成本。

（六）到 2011 年底前，淘汰综合电耗大于 200 千瓦时/千克的太阳能级多晶硅生产线。

（七）水资源实现综合回收利用，水循环利用率≥95%。

四、环境保护

（一）新建和改扩建项目应严格执行《环境影响评价法》，依法向有审批权限的环境保护行政主管部门报批环境影响评价文件。按照环境保护"三同时"的要求，建设项目配套环境保护设施并依法申请项目竣工环境保护验收，验收合格后方可投入生产运行。未通过环境评价审批的项目一律不准开工建设。现有企业应依法定期实施清洁生产审核，并通过评估验收，两次审核的时间间隔不得超过三年。

（二）废气

尾气及 NO_x、HF 酸雾排放部位均应当配备净化装置，采用溶液吸收法或其他方法对其净化处理，废气排放达到《大气污染物综合排放标准》（GB 16297）和污染物排放总量控制要求。项目所在地有地方标准和要求的，应当执行地方标准和要求。

（三）废水

按照法律、行政法规和国务院环境保护主管部门的规定设置排污口。废水排放应符合国家相应水污染物排放标准要求。凡是向已有地方排放标准的水体排放污染物的，应当执行地方标准。

（四）固体废物

一般工业固体废物的贮存应符合《一般工业固体废物贮存、处置场污染控制标准》（GB 18599），对产生的四氯化硅等危险废物，应严格执行危险废物相关管理规定。

（五）噪声

厂界噪声符合《工业企业厂界环境噪声排放标准》（GB 12348）。

五、产品质量

企业应有质量检验机构和专职检验人员，有健全的质量检验管理制度。半导体级多晶硅产品符合国家标准 GB/T 12963 所规定的质量要求，太阳能级多晶硅产品符合国家标准所规定的质量要求。

六、安全、卫生和社会责任

（一）多晶硅项目应当严格遵循职业危害防护设施和安全设施"三同时"制度要求。企业应当遵守《安全生产法》、《职业病防治法》等法律法规，执行保障安全生产的国家标准或行业标准。

（二）企业应当有健全的安全生产组织管理体系，有职工安全生产培训制度和安全生产检查制度。

（三）企业应当遵守《危险化学品安全管理条例》（国务院令第 344 号）、《危险化学品建设项目安全许可实施办法》（国家安全生产监督管理总局令第 8 号）、《安全预评价导则》、《危险化学品建设项目安全评价细则（试行）》（安监总危化〔2007〕255 号）及相关规定，依法实施危险化学品建设项目安全许可和危险化学品生产企业安全生产许可，获取《安全生产许可证》后方可投入运行。

（四）企业应当有职业危害防治措施，对重大危险源有检测、评估、监控措施和应急预案，并配备必要的器材和设备。尘毒作业场所达到国家卫生标准。

（五）企业应当遵守国家法律法规，依法参加养老、失业、医疗、工伤等保险，并为从业人员缴足相关保险费用。

七、监督与管理

（一）工业和信息化部负责多晶硅行业管理，会同国家发展改革委、环境保护部以联合公告形式发布符合准入条件的多晶硅企业名单，形成《多晶硅行业准入名单》，实行社会监督、动态管理。

（二）对现有项目：

1. 企业应对照准入条件编制《多晶硅行业准入申请报告》并通过当地工业和信息化主管部门报送工业和信息化部。

2. 省级工业和信息化主管部门负责受理本地区多晶硅企业的申请，按准入条件要求会同同级发展改革部门、环境保护部门对企业情况进行核实并提出初审意见，附企业申请材料报送工业和信息化部。

3. 工业和信息化部收到申请后，会同有关部门对企业申请材料组织审查，对符合准入条件的企业进行公示，无异议后予以公告。

对不符合准入条件的企业，工业和信息化部通知省级工业和信息化主管部门责令企业整改，整改仍不达标的企业应当逐步退出多晶硅生产。

（三）对新建和改扩建项目：

1. 国务院投资主管部门按照准入条件要求对新建和改扩建项目组织论证和核准。

2. 企业应自投产之日起半年内申请，省级工业和信息化主管部门会同同级发展改革部门对其进行检查并提出检查意见，附企业申请材料报送工业和信息化部。工业和信息化部对企业申请材料组织审查，对符合准入条件的企业进行公示，无异议后予以公告。

对不符合准入条件的企业，工业和信息化部通知省级工业和信息化主管部门责令企业整改，整改仍不达标的企业应当停止多晶硅生产。

（四）地方工业和信息化主管部门每年要会同有关部门对本地区企业生产过程中执行准入条件的情况进行监督检查，工业和信息化部组织有关部门对公告企业进行抽查。

（五）公告企业有下列情况，将撤销其公告资格：

1. 填报资料有弄虚作假行为；

2. 拒绝接受监督检查；

3. 不能保持准入条件要求；

4. 发生重大安全和污染责任事故；

5. 违反法律、法规和国家产业政策规定。

（六）对不符合规划布局、生产规模、资源利用、环境保护、安全卫生等要求的多晶硅项目，投资管理部门不予核准和备案,国土资源管理、环境保护、质检、安监等部门不得办理有关手续,金融机构不得提供贷款和其它形式的授信支持。

(七)有关行业协会、产业联盟、中介机构要协助做好准入条件实施工作,组织企业加强协调和自律管理。

八、附则

(一)本准入条件适用于中华人民共和国境内(台湾、香港、澳门地区除外)所有类型的多晶硅企业和项目。

(二)本准入条件涉及的法律法规、国家标准和行业政策若进行修订,按修订后的规定执行。

(三)本准入条件自发布之日起实施,由工业和信息化部负责解释,并根据行业发展情况和宏观调控要求会同有关部门适时进行修订。

焦化行业准入条件

（2008 年修订）

产业〔2008〕第 15 号

总 则

为促进焦化行业产业结构优化升级，规范市场竞争秩序，依据国家有关法律法规和产业政策要求，按照"总量控制、调整结构、节约能(资)源、保护环境、合理布局"的可持续发展原则，特制定本准入条件。

本准入条件适用于常规机焦炉、半焦(兰炭)焦炉和现有热回收焦炉生产企业及炼焦煤化工副产品加工生产企业。

常规机焦炉系指炭化室、燃烧室分设，炼焦煤隔绝空气间接加热干馏成焦炭，并设有煤气净化、化学产品回收利用的生产装置。装煤方式分顶装和捣固侧装。

半焦(兰炭)炭化炉是以不粘煤、弱粘煤、长焰煤等为原料，在炭化温度 750℃以下进行中低温干馏，以生产半焦(兰炭)为主的生产装置。加热方式分内热式和外热式。

热回收焦炉系指焦炉炭化室微负压操作、机械化捣固、装煤、出焦、回收利用炼焦燃烧废气余热的焦炭生产装置。以生产铸造焦为主。

一、生产企业布局

新建和改扩建焦化生产企业厂址应靠近用户或炼焦煤原料基地。必须符合各省(自治区、直辖市)地区焦化行业发展规划、城市建设发展规划、土地利用规划、环境保护和污染防治规划、矿产资源规划和国家焦化行业结构调整规划要求。

在城市规划区边界外 2 公里(城市居民供气项目、现有钢铁生产企业厂区内配套项目除外)以内，主要河流两岸、公路干道两旁和其他严防污染的食品、药品等企业周边 1 公里以内，居民聚集区《焦化厂卫生防护距离标准》(GB 11661—89)范围内，依法设立的自然保护区、风景名胜区、文化遗产保护区、世界文化自然遗产和森林公园、地质公园、湿地公园等保护地以及饮用水水源保护区内，不得建设焦化生产企业。已在上述区域内投产运营的焦化生产企业要根据该区域规划要求，在一定期限内，通过"搬迁、转产"等方式逐步退出。

二、工艺与装备

新建和改扩建焦化生产企业应满足节能、环保和资源综合利用的要求，实现合理规模经济。

1. 焦炉

常规机焦炉：新建顶装焦炉炭化室高度必须≥6.0 米、容积≥38.5 m³；新建捣固焦炉炭化室高度必须≥5.5 米、捣固煤饼体积≥35 m³，企业生产能力 100 万吨/年及以上。

半焦(兰炭)炭化炉：新建直立炭化炉单炉生产能力≥7.5 万吨/年，每组生产能力≥30 万吨/年，企业生产能力 60 万吨/年及以上。

热回收焦炉：企业生产能力 40 万吨/年及以上。应继续提升热回收炼焦技术。禁止新建热回收焦炉项目。

钢铁企业新建焦炉要同步配套建设干熄焦装置并配套建设相应除尘装置。

2. 煤气净化和化学产品回收

焦化生产企业应同步配套建设煤气净化(含脱硫、脱氰、脱氨工艺)、化学产品回收装置与煤气利用设施。

热回收焦炉应同步配套建设热能回收和烟气脱硫、除尘装置。

3. 化学产品加工与生产

新建煤焦油单套加工装置应达到处理无水煤焦油 15 万吨/年及以上;新建的粗(轻)苯精制装置应采用苯加氢等先进生产工艺,单套装置要达到 5 万吨/年及以上;已有的单套加工规模 10 万吨/年以下的煤焦油加工装置、酸洗法粗(轻)苯精制装置应逐步淘汰。

新建焦炉煤气制甲醇单套装置应达到 10 万吨/年及以上。

4. 环境保护、事故防范与安全

焦化企业应严格执行国家环境保护、节能减排、劳动安全、职业卫生、消防等相关法律法规。应同步建设煤场、粉碎、装煤、推焦、熄焦、筛运焦等抑尘、除尘设施,以及熄焦水闭路循环、废气脱硫除尘及污水处理装置,并正常运行。具体有:

(1)常规机焦炉企业应按照设计规范配套建设含酚氰生产污水二级生化处理设施、回用系统及生产污水事故储槽(池)。

(2)半焦(兰炭)生产的企业氨水循环水池、焦油分离池应建在地面以上。生产污水应配套建设污水焚烧处理或蒸氨、脱酚、脱氰生化等有效处理设施,并按照设计规范配套建设生产污水事故储槽(池),生产废水严禁外排。

(3)热回收焦炉企业应配置烟气脱硫、除尘设施和二氧化硫在线监测、监控装置。

(4)焦化生产企业应采用可靠的双回路供电;焦炉煤气事故放散应设有自动点火装置。

(5)焦化生产企业的化学产品生产装置区及储存罐区和生产污水槽池等应做规范的防渗漏处理,油库区四周设置围堰,杜绝外溢和渗漏。

(6)规范排污口的建设,焦炉烟囱、地面除尘站排气烟囱和废水总排口安装连续自动监测和自动监控系统,并与环保部门联网。

(7)焦化生产企业应建设足够容积事故水池、消防事故水池。

三、主要产品质量

1. 焦炭

冶金焦应达到 GB/T 1996—2003 标准;

铸造焦应达到 GB/T 8729—1988 标准;

半焦(兰炭)应参照 YB/T 034—92 标准。

2. 焦炉煤气

城市民用煤气应达到 GB 13612—92 标准;

工业或其它用煤气 H_2S 含量应≤250mg/m³。

3. 化学工业产品

硫酸铵符合 GB 535—1995 标准(一级品);

粗焦油符合 YB/T 5075—1993 标准(半焦所产焦油应参照执行);

粗苯符合 YB/T 5022—1993 标准;

甲醇、焦油和苯加工等及其他化工产品应达到国标或相关行业产品标准。

四、资(能)源消耗和副产品综合利用

1. 资(能)源消耗

焦化生产企业应达到《焦炭单位产品能耗》标准(GB 21342—2008)和以下指标:

项目	常规焦炉	热回收焦炉	半焦(兰炭)炉
综合能耗(kgce/t 焦)	≤165[*1]	≤165[*1]	≤260[*1](内热) ≤230[*1](外热)
煤耗(干基)t/t 焦	1.33[*2]	1.33	1.65
吨焦耗新水 m³/t 焦	2.5	1.2	2.5
焦炉煤气利用率	≥98	—	≥98
水循环利用率%	≥95	≥95	≥95
炼焦煤烧损率%		≤1.5	

注:[*1]综合能耗引用《焦炭单位产品能耗》标准(GB 21342—2008)当电力折标系数为 0.404 kgce/kW·h 等价值时的现值标准,如采用电力折标系数为 0.1229 kgce/kW·h 的当量值时,应为 155 kgce/t 焦;半焦(兰炭)炉的综合能耗标准相应调整,≤250(内热)、≤220(外热)。

[*2]适于装炉煤挥发分 Vd=24%~27%。若装炉煤挥发分超出此范围时,当予以折算。

热回收焦炉吨焦余热发电量:入炉煤干基挥发分为 17%时,吨焦发电量≥350 kW·h;入炉煤干基挥发分为 23%时,吨焦发电量≥430 kW·h。

2. 焦化副产品综合利用

焦化生产企业生产的焦炉煤气应全部回收利用,不得放散;煤焦油及苯类化学工业产品必须回收,并鼓励集中深加工。

五、环境保护

1. 污染物排放量

焦化生产企业主要污染物排放量不得突破环保部门分配给其排污总量指标。

2. 气、水污染物排放标准

焦炉无组织污染物排放执行《炼焦炉大气污染物排放标准》(GB 16171—1996),其它有组织废气执行《大气污染物综合排放标准》(GB 16297—1996),NH_3、H_2S 执行《恶臭污染物排放标准》(GB 14554—1996)。

酚氰废水处理合格后要循环使用,不得外排。外排废水应执行《污水综合排放标准》(GB 8978—1996)。排入污水处理厂的达到二级,排入环境的达到一级标准。

3. 固(液)体废弃物

备配煤、推焦、装煤、熄焦及筛焦工段除尘器回收的煤(焦)尘、焦油渣、粗苯蒸馏再生器残渣、苯精制酸焦油渣、脱硫废渣(液)以及生化剩余污泥等一切焦化生产的固(液)体废弃物,应按照相关法规要求处理和利用,不得对外排放。

六、技术进步

鼓励焦化生产企业采用煤调湿、风选调湿、捣固炼焦、配型煤炼焦、粉煤制半焦、干法熄焦、低水分熄焦、热管换热、导热油换热、焦炉烟尘治理、焦化废水深度处理回用、焦炉煤气制甲醇、焦炉煤气制合成氨、苯加氢精制、煤沥青制针状焦、焦油加氢处理、煤焦油产品深加工等先进适用技术。

七、监督与管理

1. 焦化生产企业建设项目的投资管理、土地供应、环评审批、能源评价、信贷融资等必须依据本准入条件。环境影响评价报告应由省级行业主管部门提出预审意见后,报省级及以上环境保护行政主管部门审批。

2. 焦化生产企业生产装置建成投产前,应经省级及以上焦化行业、环境保护等行政主管部门组织联合检查组,按照本准入条件中第一、二款要求进行监督检查。经检查未达到准入条件要求的,环境保护行政主管部门不颁发其排污许可证,行业主管部门应责令限期完成符合准入条件的有关建设内容。仍达不到要求的,环境保护行政主管部门依照有关法律法规要求吊销其排污许可证,水电供应部门报请同级行政主管部门批准后,将依法停止供电、供水。

3. 焦化建设项目应在投产 6 个月内达到本准入条件第四、五款中规定的资(能)源消耗、副产品综合利用和环境保护指标。逾期者除按正常规定缴纳相关费用外,环境保护行政主管部门要根据国家有关法律、法规的要求责令限期整改或停产。

4. 各省级焦化行业主管部门会同环境保护行政主管部门应对本地区执行焦化行业准入条件情况进行监督检查,工业和信息化部应组织国家有关部门进行不定期抽查和检查。

5. 中国炼焦行业协会要加强对国内外焦炭市场、焦化工艺技术发展等情况进行分析研究,推广焦化行业环保、节能和资源综合利用新技术;建立符合准入条件的评估体系,科学公正提出评估意见;研究建立清洁生产评价指标体系,在行业内积极推广清洁生产;协助政府有关部门做好监督和管理工作。

6. 工业和信息化部定期公告符合准入条件的焦化生产企业名单。符合准入条件的焦化生产企业可享受政府的相关扶持政策,可按有关程序规定取得焦炭产品出口资格。

7. 对不符合准入条件的新建或改扩建焦化建设项目,环境保护行政管理部门不得办理环保审批手续,金融机构不得提供信贷,电力供应部门依法停止供电。地方人民政府或相关主管部门依法决定撤销或责令关闭的企业,有关管理部门应依法撤销相关许可证件,工商行政管理部门依法责令其办理变更登记或注销登记。

附　则

本准入条件适用于中华人民共和国境内(台湾、香港、澳门特殊地区除外)焦化行业生产企业。

本准入条件中涉及的国家和行业标准若进行了修订,则按修订后的新标准执行。

本准入条件自 2009 年 1 月 1 日起实施,国家发展改革委 2004 年第 76 号公告《焦化行业准入条件》同时废止。

本准入条件由工业和信息化部负责解释,并根据行业发展情况和宏观调控要求进行修订。

中华人民共和国工业和信息化部公告

第 7 号

　　为加快产业结构调整,加强环境保护,综合利用资源,规范镁行业投资行为,制止盲目投资和低水平重复建设,促进镁工业健康发展,依据国家有关法律法规和产业政策,我部会同有关部门制定了《镁行业准入条件》,现予以公告。

　　各有关部门和省、自治区、直辖市在对镁建设项目进行投资核准(备案)管理、国土资源管理、环境影响评价、信贷融资、安全监管等工作中要以行业准入条件为依据。

　　附件:镁行业准入条件

二〇一一年三月七日

附件:

镁行业准入条件

　　为加强镁行业管理,规范生产经营秩序和投资行为,促进镁行业产业结构调整和优化升级,依据国家有关法律法规和产业政策,制定本准入条件。

一、企业布局及规模

　　(一)新建或改扩建的镁冶炼项目应靠近具有资源、能源优势地区,应符合有关法律法规规定,符合国家产业政策和行业规划要求,符合城市建设发展规划、土地利用规划、环境保护和污染防治规划、矿产资源规划等规划要求。

　　(二)在国家法律、法规、行政规章及规划确定或县级以上人民政府批准的饮用水水源保护区、基本农田保护区、自然保护区、风景名胜区、生态功能保护区等需要特殊保护的地区,城市市区及周边、居民集中区、疗养地、医院和食品、药品、电子等对环境质量要求高的企业周边 1 公里内,不得新建镁冶炼项目。已在上述区域内投产运营的镁冶炼企业要根据该区域规划,依法通过搬迁、转产、停产等方式限期退出。

　　(三)开采镁矿资源,应遵守《矿产资源法》等相关规定,应依法取得采矿许可证、安全生产许可证等相关证照,严格按照批准的开发利用方案和开采设计进行开采,严禁无证开采、乱采滥挖和破坏浪费资源。

　　(四)现有镁冶炼企业生产能力准入规模应不低于 1.5 万吨/年;改造、扩建镁冶炼项目,生产能力应不低于 2 万吨/年;新建镁及镁合金项目,生产能力应不低于 5 万吨/年。鼓励大中型优势镁冶炼企业并购小型镁厂。

二、工艺装备

(一)工艺

新建镁及镁合金项目,选择符合镁冶炼要求的白云石资源,采用热法炼镁且生产效率高、工艺先进、能耗低、环保达标、资源综合利用效果好的生产工艺系统。其工艺技术指标为:还原镁收率≥80%、硅铁中硅利用率≥70%、粗镁精炼收率≥95%。必须拥有资源综合利用、节能、冶炼尾气余热回收、收尘和低 SO_2 尾气浓度治理的工艺及设备;创造条件对还原渣进行综合利用。必须满足国家《节约能源法》、《清洁生产促进法》、《环境保护法》等法律法规的要求。

(二)装备

煅烧系统:采用节能环保型回转窑,必须余热利用;以气体为燃料的可控竖窑。

配料制球系统:采用微机配料,实现机械化操作,输料系统全封闭。

还原系统:采用蓄热式高温空气燃烧技术还原炉,用气有计量,实现机械化出渣。

精炼系统:采用坩埚熔化,用气体燃料;合金用电炉保温,连铸机浇注,有气体保护。

所有炉窑均采用 PCL 或 DCS 计算机远程控制系统,使镁冶炼装备高效、节能、环保、安全、自动化控制,达到目前国内先进水平。

鼓励积极研发节能、环保的新技术、新工艺、新装备。

三、产品质量

(一)原生镁锭

原镁质量应达到 GB/T 3499—2003 标准。

(二)铸造镁合金锭

铸造镁合金质量应达到 GB/T 19078—2003 标准。

四、资源、能源消耗

资(能)源消耗 \ 企业准入值	现有企业	改、扩建企业	新建企业
白云石	11.5	11.0	10.5
硅铁(Si>75%)	1.1	1.05	1.04
新水量	15	12	10
吨镁综合能耗 tce/t	6	5.5	5

注:根据气体燃料的热值和用量或煤制气用煤量折成标煤。

禁止用原煤直接加热各种炉窑(部分企业回转窑喷煤粉除外)。应采用清洁能源(焦炉煤气、半焦煤气、天然气、煤层气、两段式发生炉煤气和电等),采用蓄热式高温空气燃烧技术和余热利用技术。

五、资源、能源综合利用

镁还原渣综合利用率≥70%。镁还原渣中氧化镁的含量≤8%。要积极利用镁还原渣生产镁渣硅酸盐水泥等建材产品,减少废渣排放。

生产全过程余热综合利用率≥80%。包括回转窑窑头窑尾的余热及镁还原渣的余热等。

六、环境保护

(一)镁矿山和冶炼生产企业应严格执行环境影响评价制度,按照环境保护主管部门的相关规定报批环境影响评价文件。按照环境保护"三同时"的要求建设矿山、冶炼项目,并经环保部门验收后,方可投入生产。依法履行矿山地质环境恢复治理义务,严格执行矿山地质环境治理恢复制度;严格执行土地复垦规定,履行土地复垦法定义务。严格执行国家和地方污染物总量控制的要求,将污染物排放控制在计划目标内。

(二)废气

在原料处理、转运、熔炼、加工等过程中所有产生粉尘的部位,必须配备收尘及烟气净化装置,安装环保部门认可的烟气在线监测装置。废气排放达到《镁、钛工业污染物排放标准》的要求。

(三)废水

废水排放达到《镁、钛工业污染物排放标准》的要求。

(四)废渣

设有专用的废渣堆存处置场地,并符合《一般工业固体废物贮存、处置场污染控制标准》。危险污染物的产生、收集、贮存、运输及处置应严格执行危险废物相关管理规定。

(五)噪声

厂内噪声符合《工业企业厂界噪声标准》。采用低噪音设备和设置隔声屏障等进行噪声治理。

(六)推行清洁生产,降低产污强度,镁生产企业应依法定期实施清洁生产审核,并通过评估验收。

(七)国家发布行业污染物排放标准后按新的标准执行。向有相关地方污染物标准的地区排放污染物的,应满足地方污染物排放标准要求。

七、安全生产与职业危害防护

(一)遵守《安全生产法》、《矿山安全法》、《职业病防治法》等法律法规,执行保障安全生产和职业危害防护的国家标准或行业标准。遵守安全评价和职业危害评价制度,安全设施和职业卫生"三同时"制度。新、改、扩建镁矿山项目安全设施和职业危害防护设施必须经安全监管部门验收合格并取得安全生产许可证后方可投入生产。

(二)使用危险化学品必须遵守《危险化学品安全管理条例》等相关法规。

八、劳动保险

遵守国家相关法律法规,依法参加养老、失业、医疗、工伤等各类保险,并为从业人员足额缴纳相关保险费用。

九、监督管理

(一)新建和改扩建项目应当符合准入条件要求;现有生产企业要尽快达到准入条件中规定的生产规模、工艺装备、产品质量、资源能源消耗与综合利用、环境保护、安全生产和职业危害防护、劳动保险等方面的要求。

各有关部门在对镁生产企业进行投资管理、土地供应、环保审批、信贷融资等工作要以准入条件为依据。对不符合准入条件的新建和改扩建项目,有关部门不予备案,金融机构不得提供贷款和其它形式的授信支持,土地管理、城市规划和建设、环境保护、消防、安全监管等部门不得办理有关手续。

(二)各级工业主管部门会同有关部门对镁生产企业执行准入条件的情况进行监督检查。行业协会协助国家有关部门做好监督和管理工作。

(三)工业和信息化部负责公告符合准入条件的企业名单。

十、附则

本准入条件适用于中华人民共和国境内(香港、澳门、台湾地区除外)所有硅热法镁冶炼企业,电解法镁冶炼准入条件另行制定。

本准入条件将依据国家法规标准和产业政策进行修订,由工业和信息化部负责解释。

本准入条件自 2011 年 3 月 7 日起实施。

中华人民共和国工业和信息化部公告

工产业〔2010〕122 号

为加快淘汰落后生产能力,促进工业结构优化升级,按照《国务院关于进一步加强淘汰落后产能工作的通知》(国发〔2010〕7 号)要求,依据国家有关法律、法规,我部制定了《部分工业行业淘汰落后生产工艺装备和产品指导目录(2010 年本)》。

一、本目录所列淘汰落后生产工艺装备和产品主要是不符合有关法律法规规定,严重浪费资源、污染环境、不具备安全生产条件,需要淘汰的落后生产工艺装备和产品。按照以下原则确定淘汰落后生产工艺装备和产品目录:

(一)危及生产和人身安全,不具备安全生产条件;

(二)严重污染环境或严重破坏生态环境;

(三)产品不符合国家或行业规定标准;

(四)严重浪费资源、能源;

(五)法律、行政法规规定的其他情形。

二、对本目录所列的落后生产工艺装备和产品,按规定期限淘汰,一律不得转移、生产、销售、使用和采用。

三、按照国发〔2010〕7 号文件要求,对未按规定限期淘汰落后产能的企业吊销排污许可证,银行业金融机构不得提供任何形式的新增授信支持,有关部门不予审批和核准新的投资项目,国土资源管理部门不予批准新增用地,环境保护部门不予审批扩大产能的项目,相关管理部门不予办理生产许可,已颁发生产许可证、安全生产许可证的要依法撤回。对未按规定淘汰落后产能、被地方政府责令关闭或撤销的企业,限期办理工商注销登记,或者依法吊销工商营业执照。必要时,政府相关部门可要求电力供应企业依法对落后产能企业停止供电。

四、工业和信息化部将根据工业结构调整需要适时修订本目录。

五、本目录自发布之日起执行,由工业和信息化部负责解释。

特此公告。

二〇一〇年十月十三日

附件:

部分工业行业淘汰落后生产工艺装备和产品指导目录(2010 年本)

一、钢铁

1. 30 平方米以下烧结机

2. 90 平方米以下烧结机(2013 年)

3. 8 平方米以下球团竖炉

4. 24 平方米及以下铬矿、锰矿带式烧结机

5. 环形烧结机

6. 土烧结矿工艺

7. 热烧结矿工艺

8. 300 立方米及以下的炼铁高炉

9. 300 立方米以上、400 立方米及以下的炼铁高炉(2011 年)

10. 200 立方米及以下的专业铸铁管厂高炉

11. 100 立方米及以下的锰铁高炉

12. 生产地条钢、普碳钢的工频和中频感应炉(机械铸造用钢锭除外);工频和中频感应炉等生产的地条钢、普碳钢及以其为原料生产的钢材产品

13. 20 吨及以下炼钢转炉

14. 20 吨以上、30 吨及以下炼钢转炉(2011 年)

15. 9000 千伏安及以下(公称容量 20 吨及以下)炼钢电炉

16. 9000 千伏安以上、15000 千伏安及以下(公称容量 20 吨以上、30 吨及以下)炼钢电炉(2011 年)

17. 5000 千伏安及以下(公称容量 10 吨及以下)高合金钢电炉

18. 复二重线材轧机

19. 叠轧薄板轧机

20. 横列式棒材及型材轧机

21. 普钢初轧机及开坯用中型轧机

22. 热轧窄带钢(600 毫米及以下)轧机

23. 三辊劳特式中板轧机

24. 直径 76 毫米以下热轧无缝管机组

25. 三辊横列式型线材轧机(不含特殊钢生产)

26. 生产预应力钢丝的单罐拉丝机

27. 预应力钢材生产消除应力处理的铅淬火工艺

28. 环保不达标的冶金炉窑

29. 土法炼焦(含改良焦炉);单炉产能 5 万吨/年以下或无煤气、焦油回收利用和污水处理达不到准入条件要求的半焦(兰炭)生产装置

30. 单炉产能 7.5 万吨/年以下的半焦(兰炭)生产装置(2012 年)

31. 未达到焦化行业准入条件要求的热回收焦炉(2012 年)

32. 炭化室高度 4.3 米(捣固焦炉 3.8 米)以下常规机焦炉(西部地区或城市汽源生产企业的炭化室高度 3.2 米捣固焦炉,2012 年)

33. 单套加工能力 2.5 万吨/年及以下的酸洗蒸馏法苯加工工艺和装置(2012 年)

34. 酸洗蒸馏法苯加工工艺和装置(2015 年)

35. 单套处理无水煤焦油 5 万吨/年及以下的煤焦油加工装置(2012 年)

36. 手工操作的土沥青焦油浸渍装置,矿石原料与固体原料混烧、自然通风、手工操作的土竖窑,以煤为燃料、烟尘净化不能达标的倒焰窑

37. 6300 千伏安以下铁合金矿热电炉

38. 6300 千伏安铁合金矿热电炉(2012 年)(国家级贫困县、利用独立运行的小水电 2014 年)

39. 3000 千伏安以下铁合金半封闭直流电炉和精炼电炉

40. 1500 千伏安以下铁合金硅钙合金电炉和硅钙钡铝合金电炉

41. 5000 千伏安以下铁合金硅钙合金电炉和硅钙钡铝合金电炉(2013 年)

42. 单产 5 吨/炉以下的钛铁熔炼炉、用反射炉焙烧钼精矿的钼铁生产线及用反射炉还原、煅烧红矾钠、铬酐生产金属铬的生产线

43. 还原二氧化锰矿用反射炉(包括硫酸锰厂用反射炉、矿粉厂用反射炉等)

44. 电解金属锰一次压滤用除高压隔膜压滤机以外的板框、箱式压滤机

45. 电解金属锰用 5000 千伏安及以下的整流变压器、150 立方米及以下的化合槽(2011 年)

46. 电解金属锰用 5000 千伏安以上、6000 千伏安及以下的整流变压器;150 立方米以上、170 立方米及以下的化合槽(2014 年)

47. 蒸汽加热混捏、倒焰式焙烧炉、艾奇逊交流石墨化炉、10000 千伏安及以下三相桥式整流艾奇逊直流石墨化炉及其并联机组

48. 有效容积 18 立方米及以下轻烧反射窑

49. 有效容积 30 立方米及以下重烧镁砂竖窑

50. 热轧硅钢片

51. Ⅰ级螺纹钢筋产品

52. Ⅱ级螺纹钢筋产品(按建筑行业用钢标准和建筑规范要求淘汰)

53. 25A 空腹钢窗料

54. 普通松弛级别的钢丝、钢绞线

二、有色金属

1. 烟气制酸干法净化和热浓酸洗涤工艺

2. "二人转"式有色金属轧机

3. 密闭鼓风炉、电炉、反射炉炼铜工艺及设备

4. 电解铝自焙槽

5. 80 千安及以下电解铝预焙槽

6. 80 千安以上、100 千安及以下电解铝预焙槽(2011 年)

7. 采用烧结锅、烧结盘、简易高炉等落后方式炼铅工艺及设备

8. 未配套制酸及尾气吸收系统的烧结机炼铅工艺

9. 烧结—鼓风炉炼铅工艺(2012 年)

10. 采用马弗炉、马槽炉、横罐、小竖罐(单日单罐产量 8 吨以下)等进行焙烧、简易冷凝设施进行收尘等落后方式炼锌或生产氧化锌制品

11. 采用地坑炉、坩埚炉、赫氏炉等落后方式炼锑

12. 采用铁锅和土灶、蒸馏罐、坩埚炉及简易冷凝收尘设施等落后方式炼汞

13. 采用土坑炉或坩埚炉焙烧、简易冷凝设施收尘等落后方式炼制氧化砷或金属砷制品

14. 无烟气治理措施的再生铜焚烧工艺及设备

15. 坩埚炉再生铝合金、再生铅生产工艺及设备(2011 年)

16. 直接燃煤反射炉再生铝、再生铅、再生铜生产工艺及设备(2011 年)

17. 50 吨以下传统固定式反射炉再生铜生产工艺及设备(2012 年)

18. 4 吨以下反射炉再生铝生产工艺及设备(2011 年)

19. 独居石等具有放射性的稀土单一矿种开发生产设施

20. 离子型稀土原矿堆浸、池浸工艺

21. 氨皂化稀土冶炼分离工艺

22. 湿法生产电解用氟化稀土生产工艺

23. 稀土氯化物电解制备金属工艺

24. 规模低于 1500 吨/年,电流效率低于 85％的稀土金属冶炼生产工艺设备(重稀土金属冶炼装置除外)

25. 规模低于 2000 吨(REO)/年的混合型稀土矿冶炼分离生产设施(2013 年)

26. 规模低于 2000 吨(REO)/年的氟碳铈矿冶炼分离生产设施(2013 年)

27. 规模低于 1500 吨(REO)/年的离子型稀土矿冶炼分离生产设施(2013 年)

28. 混汞提金工艺

29. 小氰化池浸工艺、小冶炼提金工艺

30. 处理砂金矿砂 20 万立方米/年以下的砂金开采生产设施

31. 处理矿石规模 50 吨/日以下的金矿采选生产设施

32. 无环保措施的提取线路板中金、银、钯等贵重金属的简易酸浸工艺

33. 有色金属矿物选矿使用重铬酸盐或氰化物等剧毒药剂的分离工艺

34. 高杂质含量、高氧含量铜线杆(黑杆)

35. 辉钼矿和镍钼矿反射炉焙烧工艺

三、化工

1. 10 万吨/年以下的硫铁矿制酸和硫黄制酸生产装置(边远地区除外)

2. 50 万条/年及以下的斜交轮胎生产线,以天然棉帘子布为骨架的轮胎生产线

3. 1.5 万吨/年及以下的干法造粒炭黑生产装置(特种炭黑和半补强炭黑除外)

4. 单台磷炉变压器容量 10000 千伏安以下黄磷生产装置(变压器容量 7200 千伏安及以上、10000 千伏安以下尾气和炉渣能够全部综合利用的除外)(2010 年)

5. 有钙焙烧铬化合物生产工艺(2013 年)

6. 单线产能 1 万吨/年以下三聚磷酸钠、0.5 万吨/年以下六偏磷酸钠、0.5 万吨/年以下三氯化磷、3 万吨/年以下饲料磷酸氢钙

7. 1 万吨以下无水氟化氢(HF)产品达不到 GB 7746、5000 吨/年以下氢氟酸产品达不到 GB 7744 生产装置(综合利用项目以及 4N 以上电子级除外)、5000 吨/年以下湿法氟化铝(综合利用除外)及敞开式结晶氟盐生产装置

8. 汞法烧碱、石墨阳极隔膜法烧碱、未采用节能措施(扩张阳极、改性隔膜等)的普通金属阳极隔膜法烧碱生产装置

9. 电石渣采用堆存处理的 5 万吨/年以下的电石法聚氯乙烯生产装置

10. 开放式电石炉

11. 单台炉变压器容量小于 12500 千伏安的电石炉(2010 年)

12. 生产氰化钠的氨钠法及氰熔体工艺

13. 钠法百草枯生产工艺

14. 农药产品手工包(灌)装工艺及设备(2010 年)

15. 非封闭生产三氯杀螨醇工艺

16. 100 吨/年以下皂素(含水解物)生产装置

17. 盐酸酸解法皂素生产工艺及污染物排放不能达标的皂素生产装置

18. 皂素酸法水解生产工艺

19. KDON—6000/6600 型蓄冷器流程空分设备

20. 用火直接加热的涂料用树脂生产工艺

21. 四氯化碳(CTC)以及所有使用四氯化碳为加工助剂的产品的生产工艺装置(根据国家履行国际公约总体计划要求淘汰)

22. CFC—113 为加工助剂的含氟聚合物的生产工艺装置(根据国家履行国际公约总体计划要求淘汰)

23. 氯氟烃(CFCs)、用于清洗的 1,1,1-三氯乙烷(甲基氯仿)的生产工艺装置(根据国家履行国际公约总体计划要求淘汰)

24. 以六氯苯为原料生产五氯酚(钠)工艺(根据国家履行国际公约总体计划要求淘汰)

25. 甲基溴生产装置(2010 年)

26. 半水煤气氨水液相脱硫工艺技术

27. 一氧化碳常压变换及全中温变换(高温变换)工艺

28. 废旧橡胶土法炼油工艺

29. 橡胶硫化促进剂 N-氧联二(1,2-亚乙基)-2-苯并噻唑次磺酰胺(NOBS)和橡胶防老剂 D 装置(2010 年)

30. 2 万吨/年以下普通级碳酸钡生产装置(2011 年)

31. 3000 吨/年以下普通级硫酸钡、氢氧化钡、氯化钡、硝酸钡生产装置(2011 年)

32. 1.5 万吨/年以下普通级碳酸锶生产装置(2011 年)

33. 农药粉剂雷蒙机法生产工艺

34. 5000 吨/年以下湿法氟化铝生产装置(副产综合利用除外)

35. 四氯化碳溶剂法制取氯化橡胶生产工艺

36. 平炉法高锰酸钾生产工艺

37. 平炉法和大锅蒸发法硫化碱生产工艺

38. 芒硝法硅酸钠(泡化碱)生产工艺

39. 铁粉还原法工艺(4,4-二氨基二苯乙烯-二磺酸[DSD 酸]、2-氨基-4-甲基-5-氯苯磺酸[CLT 酸]、1-氨基-8-萘酚-3,6-二磺酸[H 酸]产品暂缓淘汰)

40. 年产 3 亿只以下的天然胶乳安全套生产装置

41. 轮胎、自行车胎、摩托车胎手工刻花硫化模具

42. 多氯联苯(变压器油)

43. 氯化汞催化剂(氯化汞含量 6.5% 以上)(2015 年)

44. 废物不能有效利用或三废排放不达标的钛白粉生产装置

45. 淀粉糖酸法生产工艺

46. 焦油间歇法生产沥青工艺

47. 敌百虫碱减法生产敌敌畏工艺

48. 国家明令禁止生产的农药产品:除草醚、杀虫脒、毒鼠强、氟乙酰胺、氟乙酸钠、二溴氯丙烷、磷胺、甘氟、毒鼠硅、甲胺磷、对硫磷、甲基对硫磷、久效磷、10%草甘膦水剂

49. 国际公约需要淘汰的农药产品:氯丹、林丹、七氯、毒杀芬、滴滴涕、六氯苯、灭蚁灵、艾氏剂、狄氏剂、异狄氏剂

50. 落后农药产品:治螟磷(苏化 203)、硫环磷(乙基硫环磷)、甲基硫环磷、磷化钙、磷化锌、福美胂、福美甲胂及所有胂制剂

51. 聚乙烯醇及其缩醛类内外墙涂料（106、107 涂料等）

52. 有害物质含量超过《室内装饰装修材料内墙涂料中有害物质限量》（GB 18582）标准的内墙涂料

53. 多彩内墙涂料（树酯以硝化纤维素为主,溶剂以二甲苯为主的 O/W 型涂料）

54. 有害物质含量超过《室内装饰装修材料溶剂型木器涂料中有害物质限量》（GB 18581）标准的溶剂型木器涂料

55. 氯乙烯－偏氯乙烯共聚乳液外墙涂料

56. 聚醋酸乙烯乳液类（含乙烯/醋酸乙烯酯共聚物乳液）外墙涂料

57. 有害物质含量超过《建筑用外墙涂料中有害物质限量》标准的外墙涂料

58. 焦油型聚氨酯防水涂料

59. 水性聚氯乙烯焦油防水涂料

60. 改性淀粉涂料

61. 含有机锡的防污涂料

62. 含三丁基锡、红丹的涂料

63. 含滴滴涕的涂料

64. 含异氰脲酸三缩水甘油酯（TGIC）的粉末涂料

65. 有害物质含量超过《玩具涂料中有害物质限量》标准的玩具涂料

66. 有害物质含量超过《汽车涂料中有害物质限量》标准的汽车涂料

67. 含苯类、苯酚、苯甲醛和二（三）氯甲烷的脱漆剂

68. 聚氯乙烯建筑防水接缝材料（焦油型）

69. 分散黄 3、分散蓝 1、直接红 28、直接蓝 6、直接黑 38、碱性红 9、酸性红 26、酸性紫 49、溶剂黄 1 等九种染料,用于纺织品染色的在还原条件下会裂解产生 24 种有害芳香胺的偶氮染料

70. 高污染、高环境风险染料：C.I. 直接黄 24、C.I. 直接红 1、C.I. 直接红 2、C.I. 直接红 13、C.I. 直接红 28、C.I. 直接紫 1、C.I. 直接紫 12、C.I. 直接绿 1、C.I. 直接绿 6、C.I. 直接绿 85、C.I. 直接蓝 1、C.I. 直接蓝 2、C.I. 直接蓝 6、C.I. 直接蓝 9、C.I. 直接蓝 14、C.I. 直接蓝 15、C.I. 直接蓝 22、C.I. 直接蓝 76、C.I. 直接蓝 151、C.I. 直接蓝 201、C.I. 直接棕 1、C.I. 直接棕 2、C.I. 直接棕 12、C.I. 直接棕 79、C.I. 直接棕 95、C.I. 直接棕 101、C.I. 直接棕 154、C.I. 直接棕 222、C.I. 直接棕 223、C.I. 直接黑 38、C.I. 直接黑 91、C.I. 直接黑 154、C.I. 酸性橙 45、C.I. 酸性红 26、C.I. 酸性红 73、C.I. 酸性红 85、C.I. 酸性红 114、C.I. 酸性红 115、C.I. 酸性红 128、C.I. 酸性红 158、C.I. 酸性紫 12、C.I. 酸性紫 49、C.I. 酸性黑 29、C.I. 酸性黑 94、C.I. 酸性黑 132、C.I. 分散黄 7、C.I. 分散黄 23、C.I. 分散黄 56、C.I. 溶剂红 23、C.I. 溶剂红 24

71. 软边结构自行车胎

72. 以棉帘线为骨架材料的普通输送带和以尼龙帘线为骨架材料的普通 V 带

73. 立德粉

74. 瘦肉精

75. 密闭式包装型乳化炸药基质冷却机

76. 密闭式包装型乳化炸药低温敏化机

77. 小直径手工单头炸药装药机

78. 轴承包覆在药剂中的混药、输送等炸药设备

79. 起爆药干燥工序采用蒸汽烘房干燥的工艺

80. 延期元件（体）制造工序采用手工装药的工艺

81. 雷管装填、装配工序及工序间的传输无可靠防爆措施的工艺

82. 导爆管制造工序加药装置无可靠防爆设施的生产线

83. 危险作业场所未实现远程视频监视的工业炸药和工业雷管生产线(2010 年)

84. 危险作业场所未实现远程视频监视的导爆索生产线(2011 年)

85. 采用传统轮碾方式的炸药制药工艺(2011 年)

86. 起爆药生产废水达不到《兵器工业水污染排放标准火工药剂》(GB 14470.2)要求排放的生产工艺(2011 年)

87. 乳化器出药温度大于 130℃的乳化工艺(2013 年)

88. 小直径含水炸药装药效率低于 1200 kg/h、小直径粉状炸药装药效率低于 800 kg/h 的装药机(2013 年)

89. 有固定操作人员的场所,噪声超过 85 分贝以上的炸药设备(2013 年)

90. 全电阻极差大于 1.5 Ω的电雷管(钢芯脚线长度 2 m)生产技术(2013 年)

91. 装箱产品下线未实现生产数据在线采集、及时传输的生产线(2013 年)

92. 全电阻极差大于 1.0 Ω的电雷管(钢芯脚线长度 2 m)生产工艺(2015 年)

93. 工序间无可靠防传爆措施的导爆索生产线(2013 年)

94. 制索工序无药量在线检测、自动联锁保护装置的导爆索生产线(2013 年)

95. 最大不发火电流小于 0.25 A 的普通型电雷管生产工艺(2015 年)

96. 雷管装填工序未实现人机隔离的生产工艺(2015 年)

97. 雷管卡口、检查工序间需人工传送产品的生产工艺(2015 年)

98. 火雷管

99. 导火索

100. 铵梯炸药

101. 纸壳雷管(2011 年)

四、建材

1. 平拉工艺平板玻璃生产线(含格法)

2. 窑径 2.2 米及以下水泥机械化立窑

3. 窑径 2.2 米以上、3.0 米以下水泥机械化立窑(2012 年)

4. 水泥干法中空窑(生产高铝水泥除外)

5. 水泥干法中空余热发电窑(2012 年)

6. 水泥湿法窑(主要用于处理污泥、电石渣等除外)

7. 直径 2.2 米及以下的磨机(生产特种水泥的除外)

8. 水泥粉磨站直径 3.0 米以下的球磨机(西部省份的边远地区除外)(2012 年)

9. 无覆膜塑编水泥包装袋生产线

10. 年产 70 万平方米以下中低档建筑陶瓷砖、年产 20 万件以下低档卫生陶瓷生产线

11. 年产 400 万平方米及以下纸面石膏板生产线

12. 聚乙烯丙纶类复合防水卷材二次加热复合成型生产工艺

13. 年产 500 万平方米以下改性沥青类防水卷材生产线(2010 年)

14. 年产 500 万平方米以下沥青复合胎柔性防水卷材生产线

15. 年产 100 万卷以下沥青纸胎油毡生产线

16. 建筑卫生陶瓷土窑、倒焰窑、多孔窑、煤烧明焰隧道窑、隔焰隧道窑、匣钵装卫生陶瓷隧

道窑

17. 建筑陶瓷砖成型用摩擦压砖机

18. 石灰土立窑

19. 陶土坩埚玻璃纤维拉丝生产工艺与装备

20. 砖瓦 24 门以下轮窑(2010 年)

21. 砖瓦 18 门以下轮窑以及立窑、无顶轮窑、马蹄窑等土窑

22. 普通挤砖机

23. SJ1580—3000 双轴、单轴搅拌机

24. SQP400500—700500 双辊破碎机

25. 1000 型普通切条机

26. 100 吨以下盘转式压砖机

27. 手工制作墙板生产线

28. 简易移动式混凝土砌块成型机、附着式振动成型台

29. 单班年产 1 万立方米以下的混凝土砌块固定式成型机,单班年产 10 万平方米以下的混凝土铺地砖固定式成型机

30. 人工浇筑、非机械成型的石膏(空心)砌块生产工艺

31. 真空加压法和气炼一步法石英玻璃生产工艺装备

32. 6×600 吨六面顶小型压机生产人造金刚石工艺

33. 非蒸压养护加气混凝土生产线,手工切割加气混凝土生产线

34. 不符合环保、安全生产要求的非金属矿开采,非机械化非金属矿开采

35. 用于制备轻烧氧化镁的土焙烧窑、土煅烧窑

36. 标准煤耗≥330 公斤/吨、容积≤18 立方米轻烧菱镁反射炉

37. 非烧结、非蒸压粉煤灰砖

38. 装饰石材矿山硐室爆破开采技术、吊索式大理石土拉锯

39. 使用非耐碱玻纤或非低碱水泥生产的玻纤增强水泥(GRC)空心条板

40. 陶土坩埚拉丝玻璃纤维和制品及其增强塑料(玻璃钢)制品

41. 25A 空腹钢窗

42. S-2 型混凝土轨枕

43. 一次冲洗用水量 9 升以上的便器

44. 角闪石石棉(即蓝石棉)

45. 非机械生产中空玻璃、双层双框各类门窗及单腔结构型的塑料门窗

46. 聚乙烯芯材厚度在 0.5 mm 以下的聚乙烯丙纶复合防水卷材;聚氯乙烯防水卷材(S型);棉涤玻纤(高碱)网格复合胎基材料

47. 实心粘土砖

48. 湿法模塑成型的混凝土路面砖、路缘石

五、机械

1. 热处理铅浴炉

2. 热处理氯化钡盐浴炉(高温氯化钡盐浴炉,暂缓淘汰)

3. 插入式电极盐浴炉

4. 用重质耐火砖作为炉衬的热处理加热炉

5. 燃煤火焰反射加热炉

6. 重质砖炉衬台车炉

7. 手动燃气煅造炉

8. 燃煤煅造加热炉

9. SX 系列箱式电阻炉

10. 中频发电机感应加热电源

11. 无磁轭(≥0.25 吨)铝壳无芯中频感应电炉(2015 年)

12. 无芯工频感应电炉

13. 以焦炭为燃料的有色金属熔炼炉

14. 小吨位(≤3 吨/小时)铸造冲天炉(2015 年)

15. 粘土砂干型/芯铸造工艺

16. 铸/锻件酸洗工艺

17. 3000 千伏安以下普通棕刚玉冶炼炉

18. 4000 千伏安以下固定式棕刚玉冶炼炉(2011 年)

19. 3000 千伏安以下碳化硅冶炼炉

20. 直径 1.98 米水煤气发生炉

21. 含氰电镀工艺(电镀金、银、铜基合金及予镀铜打底工艺,暂缓淘汰)

22. 含氰沉锌工艺

23. 以氯氟烃(CFCs)作为膨胀剂的烟丝膨胀设备生产线

24. T100、T100A 推土机

25. WP-3 挖掘机

26. KJ1600/1220 单筒提升绞机

27. Q51 汽车起重机

28. QT16、QT20、QT25 井架简易塔式起重机

29. TQ60、TQ80 塔式起重机

30. A571 单梁起重机

31. TD60、TD62、TD72 型固定带式输送机

32. ZP-Ⅱ、ZP-Ⅲ干式喷浆机

33. 0.35 立方米以下的气动抓岩机

34. 矿用钢丝绳冲击式钻机

35. БУ-40 石油钻机

36. J31-250 机械压力机

37. 强制驱动式简易电梯

38. C620、CA630 普通车床

39. C616、C618、C630、C640、C650 普通车床(2015 年)

40. X920 键槽铣床

41. X52、X62W 320×150 升降台铣床

42. B665、B665A、B665-1 牛头刨床

43. D6165、D6185 电火花成型机床

44. D5540 电脉冲机床

45. 无法安装安全保护装置的冲床

46. Q11-1.6×1600 剪板机

47. J53—400、J53—630、J53—1000 双盘摩擦压力机

48. B 型、BA 型单级单吸悬臂式离心泵系列

49. F 型单级单吸耐腐蚀泵系列

50. DG270—140、DG500—140、DG375—185 锅炉给水泵

51. GC 型低压锅炉给水泵

52. JD 型长轴深井泵

53. 各种容量的固定炉排燃煤锅炉（双层固定炉排锅炉除外）

54. KDON—3200/3200 型蓄冷器全低压流程空分设备

55. KDON—1500/1500 型蓄冷器（管式）全低压流程空分设备

56. KDON—1500/1500 型管板式全低压流程空分设备

57. 3W—0.9/7（环状阀）空气压缩机

58. 1-10/8、1-10/7 型动力用往复式空气压缩机

59. 8-18 系列、9-27 系列高压离心通风机

60. BX1—135、BX2—500 交流弧焊机

61. 电动机驱动旋转直流弧焊机（全系列）

62. 动圈式和抽头式硅整流弧焊机

63. 磁放大器式弧焊机

64. AX1—500、AP—1000 直流弧焊电动发电机

65. JDO2、JDO3 系列变极、多速三相异步电动机

66. JO2、JO3 系列小型异步电动机

67. YB 系列（机座号 63—355 毫米,额定电压 660 伏及以下）、YBF 系列（机座号 63—160 毫米,额定电压 380 伏、660 伏或 380/660 伏）、YBK 系列（机座号 100—355 毫米,额定电压 380/660 伏、660/1140 伏）隔爆型三相异步电动机

68. 4146 柴油机

69. E135 二冲程中速柴油机（包括 2、4、6 缸三种机型）

70. TY1100 型单缸立式水冷直喷式柴油机

71. 165 单缸卧式蒸发水冷、预燃室柴油机

72. 低于国 II 排放的车用发动机

73. 以未安装燃油量限制器（简称限油器）的单缸柴油机为动力装置的农用运输车（指生产与销售）

74. 使用单缸柴油机道路车辆（2020 年起）

75. 燃油助力车

76. 3 吨直流架线式井下矿用电机车

77. 单壳油船

78. 船长大于 80 米的船舶整体建造工艺（2011 年）

79. 机动车制动用含石棉材料的摩擦片

80. 位式交流解除器温度控制柜

81. 热电偶（分度号 LL-2、LB-3、EU-2、EA-2、CK）

82. 热电阻（分度号 BA、BA2、G）

83. DDZ-I 型电动单元组合仪表

84. GGP-01A 型皮带秤

85. BLR-31 型称重传感器

86. WFT-081 辐射感温器

87. CER 膜盒系列

88. WDH-1E、WDH-2E 光电温度计

89. BC 系列单波纹管差压计

90. LCH-511、YCH-211、LCH-311、YCH-311、LCH-211、YCH-511 型环称式差压计

91. EWC-01A 型长图电子电位差计

92. PY5 型数字温度计

93. XQWA 型条形自动平衡指示仪

94. ZL3 型 X-Y 记录仪

95. DBU-521,DBU-521C 型液位变送器

96. 快速断路器:DS3-10、DS3-30、DS3-50(1000、3000、5000A)、DS10-10、DS10-20、DS10-30(1000、2000、3000A)

97. DZ10 系列塑壳断路器

98. DW10 系列框架断路器

99. CJ8 系列交流接触器

100. QC10、QC12、QC8 系列启动器

101. JR0、JR9、JR14、JR15、JR16-A、B、C、D 系列热继电器

102. 含汞开关和继电器

103. 单相电度表:DD1、DD5、DD5-2、DD5-6、DD9、DD10、DD12、DD14、DD15、DD17、DD20、DD28

104. SL7-30/10～SL7-1600/10、S7-30/10～S7-1600/10 配电变压器

105. 刀开关:HD6、HD3-100、HD3-200、HD3-400、HD3-600、HD3-1000、HD3-1500

106. 热动力式疏水阀:S15H-16、S19-16、S19-16C、S49H-16、S49-16C、S19H-40、S49H-40、S19H-64、S49H-64

107. 废旧船舶滩涂拆解工艺

六、轻工

1. 北方海盐年产 30 万吨、湖盐年产 20 万吨以下的生产设施;真空制盐单套生产能力年产 10 万吨及以下的生产设备

2. 利用矿盐卤水、油气田水且采用平锅制盐生产设备

3. 2 万吨/年及以下的南方海盐生产设施

4. 年加工生皮能力 5 万标张牛皮以下的生产线

5. 年加工蓝湿皮能力 3 万标张牛皮以下的生产线

6. 300 吨/年以下的油墨生产总装置(利用高新技术、无污染的除外)

7. 含苯类溶剂型油墨生产

8. 用于凹版印刷的苯胺油墨

9. 单条年生产能力 3.4 万吨以下的非木浆生产线

10. 年生产能力 5.1 万吨以下的化学木浆生产线

11. 单条年生产能力 1 万吨及以下以废纸为原料的制浆生产线

12. 幅宽在 1.76 米及以下并且车速为 120 米/分以下的文化纸生产线

13. 幅宽在 2 米及以下并且车速为 80 米/分以下的白板纸、箱板纸及瓦楞纸生产线

14. 石灰法地池制浆设备

15. 以氯氟烃(CFCs)为制冷剂和发泡剂的冰箱、冰柜、汽车空调器、工业商业用冷藏、制冷设备生产线

16. 四氯化碳(CTC)为清洗剂的生产工艺(根据国家履行国际公约总体计划要求进行淘汰)

17. CFC-113 为清洗剂的生产工艺

18. 甲基氯仿(TCA)为清洗剂的生产工艺(根据国家履行国际公约总体计划要求进行淘汰)

19. 自行车盐浴焊接炉

20. 印铁制罐行业中的锡焊工艺

21. 火柴排梗、卸梗生产工艺

22. 火柴理梗机、排梗机、卸梗机

23. 含重铬酸钾火柴

24. 冲击式制钉机

25. 打击式金属丝网织机

26. 年产 3 万吨以下酒精生产线(废糖蜜制酒精除外)

27. 年产 3 万吨以下味精生产线

28. 环保不达标的柠檬酸生产工艺及装置

29. 日处理原料乳能力(两班)20 吨以下浓缩、喷雾干燥等设施;200 千克/小时以下手动及半自动液体乳灌装设备(2010 年)

30. 每分钟生产能力小于 150 瓶(瓶容在 250 毫升及以下)的碳酸饮料生产线

31. 生产能力 12000 瓶/时以下的玻璃瓶啤酒灌装生产线(出口除外)

32. 机械定时行列式制瓶机

33. 燃煤和燃发生炉煤气的坩埚玻璃窑,直火式、无热风循环的玻璃退火炉

34. 用聚氯乙烯(PVC)生产接触饮料和食品的包装(2011 年)

35. 湿法纤维板生产工艺

36. 滴水法松香生产工艺

37. 汞电池(氧化汞原电池及电池组、锌汞电池)

38. 含汞高于 0.0001% 的圆柱形碱锰电池

39. 含汞高于 0.0005% 的扣式碱锰电池(2015)

40. 含镉高于 0.002% 的铅酸蓄电池(2013)

41. 开口式普通铅酸电池

42. 厚度低于 0.025 毫米的商品零售购物塑料袋(可降解的除外)

43. 直排式燃气热水器

44. 螺旋升降式(铸铁)水嘴

45. 铸铁截止阀

46. 进水口低于溢流口水面、上导向直落式便器水箱配件

47. 半自动(卧式)工业用洗衣机

48. 外排式四氯乙烯干洗机,分体式和外排式石油干洗机

49. 脂肪酸法制叔胺工艺,发烟硫酸磺化工艺,搅拌釜式乙氧基化工艺

50. 生猪屠宰桥式劈半锯、敞式生猪烫毛机设备

51. 全部铅印机及相关辅机

52. 照相制版机

53. ZD201、ZD301 型系列单字铸字机

54. TH1 型自动铸条机

55. ZT102 型系列铸条机

56. ZDK101 型字模雕刻机

57. KMD101 型字模刻刀磨床

58. AZP502 型半自动汉文手选铸排机

59. ZSY101 型半自动汉文铸排机

60. ZZP101 型汉文自动铸排机

61. TZP101 型外文条字铸排机

62. QY401、2QY404 型系列电动铅印打样机

63. QYSH401、2QY401、DY401 型手动式铅印打样机

64. YX01、YX02、YX03 型系列压纸型机

65. HX01、HX02、HX03、HX04 型系列烘纸型机

66. PZB401 型平铅版铸版机

67. JB01 型平铅版浇版机

68. YZB02、YZB03、YZB04、YZB05、YZB06、YZB07 型系列铅版铸版机

69. RQ02、RQ03、RQ04 型系列铅泵熔铅炉

70. BB01 型刨版机

71. YGB02、YGB03、YGB04、YGB05 型圆铅版刮版机

72. YTB01 型圆铅版镗版机

73. YJB02 型圆铅版锯版机

74. YXB04、YXB05、YXB302 型系列圆铅版修版机

75. P401、P402 型系列四开平压印刷机

76. P801、P802、P803、P804 型系列八开平压印刷机

77. PE802 型双合页印刷机

78. TY201 型对开单色一回转平台印刷机

79. TY401 型四开单色一回转平台印刷机

80. TY4201 型四开一回转双色印刷机

81. TE102、TE105、TE108 型系列全张自动二回转平台印刷机

82. 手动续纸停回转平台印刷机：TT201、TZ201、DT201 型（对开）

83. 半自动停回转平台印刷机：TZ202 型（对开），TZ401、TZS401、DT401 型（四开）

84. 自动停回转平台印刷机：TT202 型（对开），TT402、TT403、TT405、DT402 型（四开）

85. TR801 型系列立式平台印刷机

86. LP1101、LP1103 型系列平板纸全张单面轮转印刷机

87. LP1201 型平板纸全张双面轮转印刷机

88. LP4201 型平板纸四开双色轮转印刷机

89. LSB201（880 毫米×1230 毫米）及 LS201、LS204（787 毫米×1092 毫米）型系列卷筒纸书刊转轮印刷机

90. LB203、LB205、LB403 型卷筒纸报版轮转印刷机

91. LB2405、LB4405 型卷筒纸双层二组报版轮转印刷机

92. LBS201 型卷筒纸书、报二用轮转印刷机

93. K. M. T 型自动铸字排版机

94. PH-5 型汉字排字机

95. 球震打样制版机(DIA PRESS 清刷机)

96. 1985 年前生产的国产制版照相机

97. 1985 年前生产的手动照排机

98. 离心涂布机

99. 单色胶印机(印刷速度每小时 4000 张及以下):J2101、PZ1920 系列(对开),J1101 系列(全张),PZ1615 系列(四开),YPS1920 系列(双面)

100. W1101 型全张自动凹版印刷机

101. AJ401 型卷筒纸单面四色凹版印刷机

102. DJ01 型平装胶订联动机

103. PRD-01、PRD-02 型平装胶订联动机

104. DBT-01 型平装有线订、包、烫联动机

105. 溶剂型即涂覆膜机

106. QZ101、QZ201、QZ301、QZ401 型切纸机

107. MD103A 型磨刀机

七、纺织

1. "1"字头的纺纱、织造设备

2. A512、A513 型系列细纱机

3. B581、B582 型精纺细纱机

4. BC581、BC582 型粗纺细纱机

5. 辊长 1000 毫米以下的皮辊轧花机

6. 锯片在 80 以下的锯齿轧花机

7. 压力吨位在 400 吨以下的皮棉打包机(不含 160 吨、200 吨短绒棉花打包机)

8. B591 绒线细纱机

9. B601、B601A 型毛捻线机

10. BC272、BC272B 型粗纺梳毛机

11. B751 型绒线成球机

12. B701A 型绒线摇绞机

13. B250、B311、B311C、B311C(CZ)、B311C(DJ)型精梳机

14. H112、H112A 型毛分条整经机

15. H212 型毛织机

16. 使用期限超过 20 年未经改造的各类国产毛纺细纱机

17. ZD647、ZD721、D101A 型自动缫丝机

18. ZD681 型立缫机

19. DJ561 型绢精纺机

20. K251、K251A 型丝织机

21. Z114 型小提花机

22. GE186 型提花毛圈机

23. Z261 型人造毛皮机

24. 使用期限超过 15 年的浴比大于 1∶10 的棉及化纤间歇式染色设备（2011 年）

25. 未经改造的 74 型染整设备（2011 年）

26. 使用年限超过 15 年的国产和使用年限超过 20 年的进口印染前处理设备、拉幅和定形设备、圆网和平网印花机、连续染色机（2011 年）

27. R531 型酸性老式粘胶纺丝机（2011 年）

28. 年产 2 万吨以下常规粘胶短纤维生产线（2011 年）

29. 二甲基甲酰胺（DMF）溶剂法常规氨纶生产工艺（2011 年）

30. 湿法氨纶生产工艺（2011 年）

31. 二甲基甲酰胺（DMF）溶剂法腈纶生产工艺（2013 年）

32. 硝酸法腈纶常规纤维生产工艺

33. 涤纶长丝锭轴长 900 毫米以下的半自动卷绕设备（2011 年）

34. 间歇法常规聚酯产品设备（2011 年）

35. 螺杆挤出机直径小于等于 90 毫米，年产 2000 吨以下的涤纶再生纺短维生产装置

八、医药

1. 手工胶囊填充工艺

2. 软木塞烫蜡包装药品工艺

3. 不符合 GMP 要求的安瓿拉丝灌封机

4. 塔式重蒸馏水器

5. 无净化设施的热风干燥箱

6. 劳动保护、三废治理不能达到国家标准的原料药生产工艺和装置

7. 使用含苯油墨和添加剂进行表面印刷药包材产品的工艺

8. 铁粉还原法对乙酰氨基酚（扑热息痛）、咖啡因装置

9. 使用氯氟烃（CFCs）作为气雾剂、推进剂、抛射剂或分散剂的医药用品生产工艺

10. 安瓿灌装注射用无菌粉末

11. 铅锡软膏管、单层聚烯烃软膏管

12. 药用天然胶塞

13. 非易折安瓿

14. 输液用聚氯乙烯（PVC）软袋（不包括腹膜透析液、冲洗液用）

15. 单层聚烯烃软膏管（肛肠、腔道给药除外）

注：条目后括号内年份为淘汰期限，如淘汰期限为"2010 年"是指最迟应于 2010 年底前淘汰，其余类推；有淘汰计划的条目，根据计划进行淘汰；未标淘汰期限或淘汰计划的条目为已过淘汰期限应立即淘汰。

附录

相关标准与规范

安全标志及其使用导则

GB 2894—2008

前　言

本标准的全部技术内容为强制性。

本标准参照国际标准化组织 ISO 7010 Graphical symbols—safety colours and safety signs—Safety signs used in workplaces and public areas（图形符号——安全颜色和安全标志——工作场所和公共区域安全标志），结合 GB/T 10001《标志用公共信息图形符号》和 GB 13495《消防安全标志》进行了修订、补充。

本标准对现行国家标准 GB 2894—1996《安全标志》、GB 16179—1996《安全标志使用导则》和 GB 18217—2000《激光安全标志》进行合并、修订。

本标准与 GB 2894—1996、GB 16179—1996 和 GB 18217—2000 相比，内容的变化主要有：

——按照 GB/T 1.1 的要求，将 GB 2894—1996、GB 16179—1996 和 GB 18217—2000 进行了合并、补充及修改，重新起草了标准文本；

——调整了标准的适用范围；

——新增加了 38 个图形符号：禁止叉车和厂内机动车辆通行、禁止推动、禁止伸出窗外、禁止倚靠、禁止坐卧、禁止蹬踏、禁止伸入、禁止开启无线移动通讯设备、禁止携带金属物或手表、禁止佩戴心脏起搏器者靠近标志、禁止植入金属材料者靠近、禁止游泳、禁止滑冰、禁止携带武器及仿真武器、禁止携带托运易燃及易爆物品、禁止携带托运毒物品及有害液体、禁止携带托运放射性及磁性物品、当心自动启动、当心碰头、当心挤压、当心夹手、当心有犬、当心高温表面、当心低温、当心磁场、当心叉车、当心跌落、当心落水、当心缝隙、必须配戴遮光护目镜、必须洗手、必须接地、必须拔出插头、应急避难场所、击碎板面、急救点、应急电话、紧急医疗站；

——对 5 个图形符号进行了修改：禁止触摸、禁止饮用、当心吊物、当心障碍物、当心滑倒；

——减少 1 个图形符号：当心瓦斯；

——规定了新增、修改后安全标志图形应设置的范围和地点、型号的选用、设置高度以及使用的要求等内容。

本标准自实施之日起，代替 GB 2894—1996、GB 16179—1996 和 GB 18217—2000。

本标准的附录 A、附录 B、附录 C 是规范性附录。

本标准由国家安全生产监督管理总局提出。

本标准由全国安全生产标准化技术委员会归口。

本标准起草单位：北京市劳动保护科学研究所、北京光电技术研究所。

本标准主要起草人：汪彤、代宝乾、王培怡、吴爱平、吕良海、白永强、陈晓玲、陈虹桥、谢昱姝、宋冰雪、阮继锋、卢永红、张晋、马云飞。

本标准所代替标准的历次版本发布情况为：

——GB 2894—1982、GB 2894、—1988、GB 2894—1996；

——GB 16179—1996；

——GB 18217—2000。

1 范围

本标准规定了传递安全信息的标志及其设置、使用的原则。

本标准适用于公共场所、工业企业、建筑工地和其他有必要提醒人们注意安全的场所。

2 规范性引用文件

下列文件中的条款通过本标准的引用而成为本标准的条款。凡是注日期的引用文件,其随后所有的修改单(不包括勘误的内容)或修订版均不适用于本标准,然而,鼓励根据本标准达成协议的各方研究是否可使用这些文件的最新版本。凡是不注日期的引用文件,其最新版本适用于本标准。

GB 2893 安全色

GB/T 10001(所有部分) 标志用公共信息图形符号

GB 10436 作业场所微波辐射卫生标准

GB 10437 作业场所超高频辐射卫生标准

GB 12268—2005 危险货物品名表

GB/T 15566(所有部分) 公共信息导向系统 设置原则与要求

3 术语和定义

下列术语和定义适用于本标准。

3.1 安全标志 safety sign

用以表达特定安全信息的标志,由图形符号、安全色、几何形状(边框)或文字构成。

3.2 安全色 safety colour

传递安全信息含义的颜色,包括红、蓝、黄、绿四种颜色。

3.3 禁止标志 prohibition sign

禁止人们不安全行为的图形标志。

3.4 警告标志 warning sign

提醒人们对周围环境引起注意,以避免可能发生危险的图形标志。

3.5 指令标志 direction sign

强制人们必须做出某种动作或采用防范措施的图形标志。

3.6 提示标志 information sign

向人们提供某种信息(如标明安全设施或场所等)的图形标志。

3.7 说明标志 explanatory sign

向人们提供特定提示信息(标明安全分类或防护措施等)的标记,由几何图形边框和文字构成。

3.8 环境信息标志 environmental information sign

所提供的信息涉及较大区域的图形标志。标志种类代号:H。

3.9 局部信息标志 partial information sign

所提供的信息只涉及某地点,甚至某个设备或部件的图形标志。标志种类代号:J。

4 标志类型

安全标志分禁止标志、警告标志、指令标志和提示标志四大类型。

4.1 禁止标志

4.1.1 禁止标志的基本形式是带斜杠的圆边框,如图1所示。

4.1.2 禁止标志基本型式的参数:

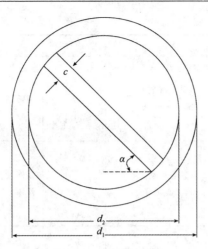

图1 禁止标志的基本型式

外径 $d_1 = 0.025L$；

内径 $d_2 = 0.800d_1$；

斜杠宽 $c = 0.080d_1$；

斜杠与水平线的夹角 $a = 45°$；

L 为观察距离（见附录 A）。

4.1.3 禁止标志，见表1。

表1 禁止标志

编号	图形标志	名称	标志种类	设置范围和地点
1-1		禁止吸烟 No smoking	H	有甲、乙、丙类火灾危险物质的场所和禁止吸烟的公共场所等，如：木工车间、油漆车间、沥青车间、纺织厂、印染厂等
1-2		禁止烟火 No burning	H	有甲类、乙类、丙类火灾危险物质的场所，如：面粉厂、煤粉厂、焦化厂、施工工地等
1-3		禁止带火种 No kindling	H	有甲类火灾危险物质及其他禁止带火种的各种危险场所，如：炼油厂、乙炔站、液化石油气站、煤矿井内、林区、草原等
1-4		禁止用水灭火 No extinguishing with water	H,J	生产、储运、使用中有不准用水灭火的物质的场所，如：变压器室、乙炔站、化工药品库、各种油库等
1-5		禁止放置易燃物 No laying inflammable thing	H,J	具有明火设备或高温的作业场所，如：动火区，各种焊接、切割、锻造、浇注车间等场所

续表

编号	图形标志	名称	标志种类	设置范围和地点
1-6		禁止堆放 No stocking	J	消防器材存放处、消防通道及车间主通道等
1-7		禁止启动 No starting	J	暂停使用的设备附近,如:设备检修、更换零件等
1-8		禁止合闸 No switching on	J	设备或线路检修时,相应开关附近
1-9		禁止转动 No turning	J	检修或专人定时操作的设备附近
1-10		禁止叉车和厂内机动车辆通行 No access for fork lift trucks and other industrial vehicles	J,H	禁止叉车和其他厂内机动车辆通行的场所
1-11		禁止乘人 No riding	J	乘人易造成伤害的设施,如:室外运输吊篮、外操作载货电梯框架等
1-12		禁止靠近 No nearing	J	不允许靠近的危险区域,如:高压试验区、高压线、输变电设备的附近
1-13		禁止入内 No entering	J	易造成事故或对人员有伤害的场所,如:高压设备室、各种污染源等入口处
1-14		禁止推动 No pushing	J	易于倾倒的装置或设备,如车站屏蔽门等

续表

编号	图形标志	名称	标志种类	设置范围和地点
1-15		禁止停留 No stopping	H,J	对人员具有直接危害的场所,如:粉碎场地、危险路口、桥口等处
1-16		禁止通行 No throughfare	H,J	有危险的作业区,如:起重、爆破现场,道路施工工地等
1-17		禁止跨越 No striding	J	禁止跨越的危险地段,如:专用的运输通道、带式输送机和其他作业流水线,作业现场的沟、坎、坑等
1-18		禁止攀登 No climbing	J	不允许攀爬的危险地点,如:有坍塌危险的建筑物、构筑物、设备旁
1-19		禁止跳下 No jumping down	J	不允许跳下的危险地点,如:深沟、深池、车站站台及盛装过有毒物质、易产生窒息气体的槽车、贮罐、地窖等处
1-20		禁止伸出窗外 No stretching out of the window	J	易于造成头手伤害的部位或场所,如公交车窗,火车车窗等
1-21		禁止倚靠 No leaning	J	不能倚靠的地点或部位,如列车车门、车站屏蔽门、电梯轿门等
1-22		禁止坐卧 No sitting	J	高温、腐蚀性、塌陷、坠落、翻转、易损等易于造成人员伤害的设备设施表面
1-23		禁止蹬踏 No stepping on surface	J	高温、腐蚀性、塌陷、坠落、翻转、易损等易于造成人员伤害的设备设施表面

续表

编号	图形标志	名称	标志种类	设置范围和地点
1-24		禁止触摸 No touching	J	禁止触摸的设备或物体附近,如:裸露的带电体,炽热物体,具有毒性、腐蚀性物体等处
1-25		禁止伸入 No reaching in	J	易于夹住身体部位的装置或场所,如有开口的传动机、破碎机等
1-26		禁止饮用 No drinking	J	禁止饮用水的开关处,如;循环水、工业用水、污染水等
1-27		禁止抛物 No tossing	J	抛物易伤人的地点,如:高处作业现场、深沟(坑)等
1-28		禁止戴手套 No putting on gloves	J	戴手套易造成手部伤害的作业地点,如:旋转的机械加工设备附近
1-29		禁止穿化纤服装 No putting on chemical fibre clothings	H	有静电火花会导致灾害或有炽热物质的作业场所,如:冶炼、焊接及有易燃易爆物质的场所等
1-30		禁止穿带钉鞋 No putting on spikes	H	有静电火花会导致灾害或有触电危险的作业场所,如:有易燃易爆气体或粉尘的车间及带电作业场所
1-31		禁止开启无线移动通讯设备 No activated mobile phones	J	火灾、爆炸场所以及可能产生电磁干扰的场所,如加油站、飞行中的航天器、油库、化工装置区等
1-32		禁止携带金属物或手表 No metallic articles or watches	J	易受到金属物品干扰的微波和电磁场所,如磁共振室等

续表

编号	图形标志	名称	标志种类	设置范围和地点
1-33		禁止佩戴心脏起搏器者靠近 No access for persons with pacemakers	J	安装人工起搏器者禁止靠近高压设备、大型电机、发电机、电动机、雷达和有强磁场设备等
1-34		禁止植入金属材料者靠近 No access for persons with metallic implants	J	易受到金属物品干扰的微波和电磁场所,如磁共振室等
1-35		禁止游泳 No swimming	H	禁止游泳的水域
1-36		禁止滑冰 No skating	H	禁止滑冰的场所
1-37		禁止携带武器及仿真武器 No carrying weapons and emulating weapons	H	不能携带和托运武器、凶器及仿真武器的场所或交通工具,如飞机等
1-38		禁止携带托运易燃 及易爆物品 No carrying flammable and explosive materials	H	不能携带和托运易燃、易爆物品及其他危险品的场所或交通工具．如火车、飞机、地铁等
1-39		禁止携带托运有毒物品 及有害液体 No carrying poisonous materials and harmful liquid	H	不能携带托运有毒物品及有害液体的场所或交通工具,如火车、飞机、地铁等
1-40		禁止携带托运放射性 及磁性物品 No carrying radioactive and magnetic materials	H	不能携带托运放射性及磁性物品的场所或交通工具,如火车、飞机、地铁等

4.2 警告标志

4.2.1 警告标志的基本型式是正三角形边框,如图 2 所示:

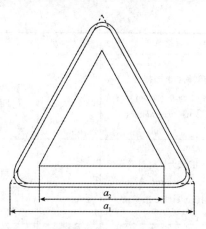

图 2　警告标志的基本型式

4.2.2　警告标志基本型式的参数：

外边 $a_1 = 0.034L$；

内边 $a_2 = 0.700a_1$；

边框外角圆弧半径 $r = 0.080a_2$；

L 为观察距离（见附录 A）。

4.2.3　警告标志，见表 2。

表 2　警告标志

编号	图形标志	名称	标志种类	设置范围和地点
2-1		注意安全 Warning danger	H,J	易造成人员伤害的场所及设备等
2-2		当心火灾 Warning fire	H,J	易发生火灾的危险场所，如：可燃性物质的生产、储运、使用等地点
2-3		当心爆炸 Warning explosion	H,J	易发生爆炸危险的场所，如易燃易爆物质的生产、储运、使用或受压容器等地点
2-4		当心腐蚀 Warning corrosion	J	有腐蚀性物质（GB 12268—2005 中第 8 类所规定的物质）的作业地点
2-5		当心中毒 Warning poisoning	H,J	剧毒品及有毒物质（GB 12268—2005 中第 6 类第 1 项所规定的物质）的生产、储运及使用场所

编号	图形标志	名称	标志种类	设置范围和地点
2-6		当心感染 Warning infection	H,J	易发生感染的场所,如:医院传染病区;有害生物制品的生产、储运、使用等地点
2-7		当心触电 Warning electric shock	J	有可能发生触电危险的电器设备和线路,如:配电室、开关等
2-8		当心电缆 Warning cable	J	在暴露的电缆或地面下有电缆处施工的地点
2-9		当心自动启动 Warning automatic start-up	J	配有自动启动装置的设备
2-10		当心机械伤人 Warning mechanical injury	J	易发生机械卷入、轧压、碾压、剪切等机械伤害的作业地点
2-11		当心塌方 Warning collapse	H,J	有塌方危险的地段、地区,如:堤坝及土方作业的深坑、深槽等
2-12		当心冒顶 Warning roof fall	H,J	具有冒顶危险的作业场所,如:矿井、隧道等
2-13		当心坑洞 Warning hole	J	具有坑洞易造成伤害的作业地点,如:构件的预留孔洞及各种深坑的上方等
2-14		当心落物 Warning falling objects	J	易发生落物危险的地点,如:高处作业、立体交叉作业的下方等
2-15		当心吊物 Warning overhead load	J,H	有吊装设备作业的场所,如:施工工地、港口、码头、仓库、车间等

续表

编号	图形标志	名称	标志种类	设置范围和地点
2-16		当心碰头 Warning overhead obstacles	J	有产生碰头的场所
2-17		当心挤压 Warning crushing	J	有产生挤压的装置、设备或场所,如自动门、电梯门、车站屏蔽门等
2-18		当心烫伤 Warning scald	J	具有热源易造成伤害的作业地点,如:冶炼、锻造、铸造、热处理车间等
2-19		当心伤手 Warning injure hand	J	易造成手部伤害的作业地点．如:玻璃制品、木制加工、机械加工车间等
2-20		当心夹手 Warning hands pinching	J	有产生挤压的装置、设备或场所,如自动门、电梯门、列车车门等
2-21		当心扎脚 Warning splinter	J	易造成脚部伤害的作业地点,如:铸造车间、木工车间、施工工地及有尖角散料等处
2-22		当心有犬 Warning guard dog	H	有犬类作为保卫的场所
2-23		当心弧光 Warning arc	H,J	由于弧光造成眼部伤害的各种焊接作业场所
2-24		当心高温表面 Warning hot surface	J	有灼烫物体表面的场所
2-25		当心低温 Warning low temperature/ freezing conditions	J	易于导致冻伤的场所,如冷库、气化器表面、存在液化气体的场所等

续表

编号	图形标志	名称	标志种类	设置范围和地点
2-26		当心磁场 Warning magnetic field	J	有磁场的区域或场所,如高压变压器、电磁测量仪器附近等
2-27		当心电离辐射 Warning ionizing radiation	H,J	能产生电离辐射危害的作业场所,如:生产、储运、使用 GB 12268—2005 规定的第 7 类物质的作业区
2-28		当心裂变物质 Warning fission matter	J	具有裂变物质的作业场所,如:其使用车间、储运仓库、容器等
2-29		当心激光 Warning laser	H,J	有激光产品和生产、使用、维修激光产品的场所(激光辐射警告标志常用尺寸规格见附录 B)
2-30		当心微波 Warning microwave	H	凡微波场强超过 GB 10436、GB 10437 规定的作业场所
2-31		当心叉车 Warning fork lift trucks	J,H	有叉车通行的场所
2-32		当心车辆 Warning vehicle	J	厂内车、人混合行走的路段,道路的拐角处、平交路口;车辆出入较多的厂房、车库等出入口处
2-33		当心火车 Warning train	J	厂内铁路与道路平交路口,厂(矿)内铁路运输线等
2-34		当心坠落 Warning drop down	J	易发生坠落事故的作业地点,如:脚手架、高处平台、地面的深沟(池、槽)、建筑施工、高处作业场所等
2-35		当心障碍物 Warning obstacles	J	地面有障碍物,绊倒易造成伤害的地点

续表

编号	图形标志	名称	标志种类	设置范围和地点
2-36		**当心跌落** Warning drop(fall)	J	易于跌落的地点,如:楼梯、台阶等
2-37		**当心滑倒** Warning slippery surface	J	地面有易造成伤害的滑跌地点,如:地面有油、冰、水等物质及滑坡处
2-38		**当心落水** Warning falling into water	J	落水后可能产生淹溺的场所或部位,如城市河流、消防水池等
2-39		**当心缝隙** Warning gap	J	有缝隙的装置、设备或场所,如自动门、电梯门、列车等

4.3　指令标志

4.3.1　指令标志的基本型式是圆形边框,如图 3 所示。

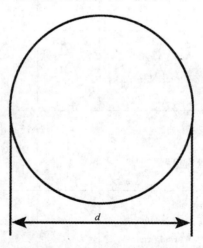

图 3　指令标志的基本型式

4.3.2　指令标志基本型式的参数:

直径 $d=0.025L$;

L 为观察距离(见附录 A)。

4.3.3　指令标志,见表 3。

表3　指令标志

编号	图形标志	名称	标志种类	设置范围和地点
3-1		必须戴防护眼镜 Must wear protective goggles	H,J	对眼睛有伤害的各种作业场所和施工场所
3-2		必须配戴遮光护目镜 Must wear opaque eye protection	J,H	存在紫外、红外、激光等光辐射的场所,如电气焊等
3-3		必须戴防尘口罩 Must wear dustproof mask	H	具有粉尘的作业场所,如:纺织清花车间、粉状物料拌料车间以及矿山凿岩处等
3-4		必须戴防毒面具 Must wear gas defence mask	H	具有对人体有害的气体、气溶胶、烟尘等作业场所,如:有毒物散发的地点或处理有毒物造成的事故现场
3-5		必须戴护耳器 Must wear ear protector	H	噪声超过85 dB的作业场所,如:铆接车间、织布车间、射击场、工程爆破、风动掘进等处
3-6		必须戴安全帽 Must wear safety helmet	H	头部易受外力伤害的作业场所,如:矿山、建筑工地、伐木场、造船厂及起重吊装处等
3-7		必须戴防护帽 Must wear protective cap	H	易造成人体碾绕伤害或有粉尘污染头部的作业场所,如:纺织、石棉、玻璃纤维以及具有旋转设备的机加工车间等
3-8		必须系安全带 Must fastened safety belt	H,J	易发生坠落危险的作业场所,如:高处建筑、修理、安装等地点
3-9		必须穿救生衣 Must wear life jacket	H,J	易发生溺水的作业场所,如:船舶、海上工程结构物等
3-10		必须穿防护服 Must wear protective clothes	H	具有放射、微波、高温及其他需穿防护服的作业场所

续表

编号	图形标志	名称	标志种类	设置范围和地点
3-11		必须戴防护手套 Must wear protective gloves	H,J	易伤害手部的作业场所,如:具有腐蚀、污染、灼烫、冰冻及触电危险的作业等地点
3-12		必须穿防护鞋 Must wear protective shoes	H,J	易伤害脚部的作业场所,如:具有腐蚀、灼烫、触电、砸(刺)伤等危险的作业地点
3-13		必须洗手 Must wash your hands	J	接触有毒有害物质作业后
3-14		必须加锁 Must be locked	J	剧毒品、危险品库房等地点
3-15		必须接地 Must connect an earth terminal to the ground	J	防雷、防静电场所
3-16		必须拔出插头 Must disconnect mains plug from electricl outlet	J	在设备维修、故障、长期停用、无人值守状态下

4.4 提示标志

4.4.1 提示标志的基本型式是正方形边框,如图4所示。

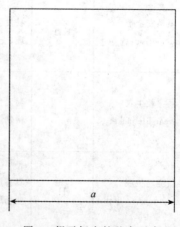

图 4 提示标志的基本型式

4.4.2 提示标志基本型式的参数：

边长 $a=0.025L$，

L 为观察距离（见附录 A）。

4.4.3 提示标志，见表 4。

表 4 提示标志

编号	图形标志	名称	标志种类	设置范围和地点
4-1		紧急出口 Emergent exit	J	便于安全疏散的紧急出口处，与方向箭头结合设在通向紧急出口的通道、楼梯口等处
4-3		避险处 Haven	J	铁路桥、公路桥、矿井及隧道内躲避危险的地点
4-3		应急避难场所 Evacuation assembly point	H	在发生突发事件时用于容纳危险区域内疏散人员的场所，如公园、广场等
4-4		可动火区 Flare up region	J	经有关部门划定的可使用明火的地点
4-5		击碎板面 Break to obtain access	J	必须击开板面才能获得出口
4-6		急救点 First aid	J	设置现场急救仪器设备及药品的地点
4-7		应急电话 Emergency telephone	J	安装应急电话的地点

编号	图形标志	名称	标志种类	设置范围和地点
4-8	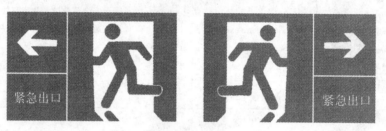	紧急医疗站 Doctor	J	有医生的医疗救助场所

4.4.4　提示标志的方向辅助标志：

提示标志提示目标的位置时要加方向辅助标志。按实际需要指示左向时,辅助标志应放在图形标志的左方;如指示右向时,则应放在图形标志的右方,见图 5。

图 5　应用方向辅助标志示例

4.5　文字辅助标志

4.5.1　文字辅助标志的基本型式是矩形边框。

4.5.2　文字辅助标志有横写和竖写两种形式。

4.5.2.1　横写时,文字辅助标志写在标志的下方,可以和标志连在一起,也可以分开。

禁止标志、指令标志为白色字;警告标志为黑色字。禁止标志、指令标志衬底色为标志的颜色,警告标志衬底色为白色,见图 6。

4.5.2.2　竖写时,文字辅助标志写在标志杆的上部。

禁止标志、警告标志、指令标志、提示标志均为白色衬底,黑色字。

标志杆下部色带的颜色应和标志的颜色相一致。见图 7。

图 6　横写的文字辅助标志

图 7　竖写在标志杆上部的文字辅助标志

4.5.2.3　文字字体均为黑体字。

4.6　激光辐射窗口标志和说明标志

激光辐射窗口标志和说明标志应配合"当心激光"警告标志使用,说明标志包括激光产品辐射分类说明标志和激光辐射场所安全说明标志,激光辐射窗口标志和说明标志的图形、尺寸和使用方法见附录 C。

5　颜色

安全标志所用的颜色应符合 GB 2893 规定的颜色。

6　安全标志牌的要求

6.1　标志牌的衬边

安全标志牌要有衬边。除警告标志边框用黄色勾边外,其余全部用白色将边框勾一窄边,即为安全标志的衬边,衬边宽度为标志边长或直径的 0.025 倍。

6.2　标志牌的材质

安全标志牌应采用坚固耐用的材料制作,一般不宜使用遇水变形、变质或易燃的材料。有触电危险的作业场所应使用绝缘材料。

6.3　标志牌表面质量

标志牌应图形清楚,无毛刺、孔洞和影响使用的任何疵病。

7　标志牌的型号选用(型号见附录 A)

7.1　工地、工厂等的入口处设 6 型或 7 型。

7.2　车间入口处、厂区内和工地内设 5 型或 6 型。

7.3　车间内设 4 型或 5 型。

7.4　局部信息标志牌设 1 型、2 型或 3 型。

无论厂区或车间内,所设标志牌其观察距离不能覆盖全厂或全车间面积时,应多设几个标志牌。

8　标志牌的设置高度

标志牌设置的高度,应尽量与人眼的视线高度相一致。悬挂式和柱式的环境信息标志牌的下缘距地面的高度不宜小于 2 m;局部信息标志的设置高度应视具体情况确定。

9　安全标志牌的使用要求

9.1　标志牌应设在与安全有关的醒目地方,并使大家看见后,有足够的时间来注意它所表示的内容。

环境信息标志宜设在有关场所的入口处和醒目处;局部信息标志应设在所涉及的相应危险地点或设备(部件)附近的醒目处。激光产品和激光作业场所安全标志的使用见附录 C。

9.2　标志牌不应设在门、窗、架等可移动的物体上,以免标志牌随母体物体相应移动,影响认读。标志牌前不得放置妨碍认读的障碍物。

9.3　标志牌的平面与视线夹角应接近 90°,观察者位于最大观察距离时,最小夹角不低于75°,见图 8。

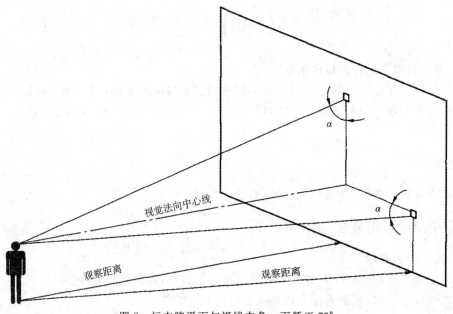

图 8　标志牌平面与视线夹角 α 不低于 75°

9.4　标志牌应设置在明亮的环境中。

9.5　多个标志牌在一起设置时,应按警告、禁止、指令、提示类型的顺序,先左后右、先上后下地排列。

9.6　标志牌的固定方式分附着式、悬挂式和柱式三种。悬挂式和附着式的固定应稳固不倾斜,柱式的标志牌和支架应牢固地联接在一起。

9.7　其他要求应符合 GB/T 15566 的规定。

10　检查与维修

10.1　安全标志牌至少每半年检查一次,如发现有破损、变形、褪色等不符合要求时应及时修整或更换。

10.2　在修整或更换激光安全标志时应有临时的标志替换,以避免发生意外的伤害。

附录 A

安全标志牌的尺寸

（规范性附录）

表 A.1　安全标志牌的尺寸　　　　　　　　　　　　　　　　单位为米

型号	观察距离 L	圆形标志的外径	三角形标志的外边长	正方形标志的边长
1	$0<L\leqslant2.5$	0.070	0.088	0.063
2	$2.5<L\leqslant4.0$	0.110	0.1420	0.100
3	$4.0<L\leqslant6.3$	0.175	0.220	0.160
4	$6.3<L\leqslant10.0$	0.280	0.350	0.250
5	$10.0<L\leqslant16.0$	0.450	0.560	0.400
6	$16.0<L\leqslant25.0$	0.700	0.880	0.630
7	$25.0<L\leqslant40.0$	1.110	1.400	1.000
注:允许有 3% 的误差。				

附录 B

激光辐射警告标志的尺寸

（规范性附录）

激光辐射警告标志如图 B.1 所示,常用尺寸规格见表 B.1。

图 B.1　激光辐射警告标志的图形与尺寸

表 B.1　常用尺寸规格　　　　　　　　　　　　　　　单位为毫米

a	g_1	g_2	r	D_1	D_2	D_3	d
25	0.5	1.5	1.25	10.5	7	3.5	0.5
50	1	3	2.5	21	14	7	1
100	2	6	5	42	28	14	2
150	3	9	7.5	63	42	21	3
200	4	12	10	84	56	28	4
400	8	24	20	168	112	56	8
600	12	36	30	252	168	84	12

注 1:尺寸 D_1、D_2、D_3、g_1 和 d 都是推荐值。

注 2:能够理解标记的最大距离 L 与标记最小面积 A 之间的关系由公式给出:$A=L^2/2000$,式中 A 和 L 分别用平方米和米表示。这个公式适用于 L 小于 50 m 的情况。

注 3:这些尺寸都是推荐值。只要与这些推荐值成比例,符号和边界清晰易读,并与激光产品要求的尺寸相符合。

附录 C

激光辐射窗口标志、说明标志及其使用

(规范性附录)

C.1　激光辐射窗口标志

C.1.1　激光辐射窗口标志为带说明文字的长方形(见图 C.1),其位置应在紧贴"当心激光"警告标志下边界的正下方。

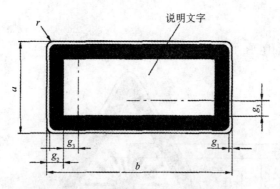

图 C.1　激光辐射窗口标志的图形与尺寸

C.1.2　激光辐射窗口标志说明文字为:

激光窗口

或

避免受到从该窗口出射的

激光辐射

C.1.3　激光辐射窗口标志说明文字应写在激光辐射窗口标志规定的长方形边框中(见图 **C.**1),文字的位置在激光辐射窗口标志 g_3 尺寸规定的虚线框内。

C.1.4　激光辐射窗口的常用尺寸规格见表 **C.**1。

表 C.1　常用尺寸规格　　　　　　　　　单位为毫米

$a \times b$	g_1	g_2	g_3	r	文字的最小字号
26×52	1	4	4	2	
52×105	1.6	5	5	3.2	
74×148	2	6	7.5	4	
100×250	2.5	8	12.5	5	
140×200	2.5	10	10	5	文字的最小字号的大小
140×250	2.5	10	12.5	5	必须能复制清楚
140×400	3	10	20	6	
200×250	3	12	12.5	6	
200×400	3	12	20	6	
250×400	4	15	25	8	

C.2　激光产品辐射分类说明标志

激光产品辐射分类说明标志为带说明文字的长方形(见图 C.1),图形、尺寸、文字位置同 C.1.1、C.1.3、C.1.4 的规定。说明文字的内容必须严格按照不同的辐射分类给予说明。

C.2.1　对可能达到 2 类激光产品辐射分类标志的说明文字为:

激光辐射
勿直视激光束
2 类激光产品

C.2.2　对可能达到 3A 类激光产品辐射标志的说明文字为:

激光辐射
勿直视或通过光学仪器观察激光束
3A 类激光产品

C.2.3　对可能达到 3B 类激光产品辐射标志的说明文字为:

激光辐射
避免激光束照射
3B 类激光产品

C.2.4　对可能达到 4 类激光辐射标志的说明文字为:

激光辐射
避免眼或皮肤受到直射和散射照射
4 类激光产品

C.2.5　2 类以上(包括 2 类)激光产品辐射分类标志的说明文字还应标明激光辐射的发射波长、脉冲宽度(如果脉冲激光输出)等信息。这些信息可以写在激光分类的下方或独立写在说明标志规定的长方形边框内。

C.2.6　说明文字中"激光辐射"一词对于波长在 400 nm～700 nm(可见)范围内的激光辐射注明"可见激光辐射";对于波长在 400 nm～700 nm 范围之外的激光辐射应注明"不可见激光

辐射"。

C.3　激光辐射场所安全说明标志

C.3.1　激光辐射场所安全说明标志为带说明文字的长方形（见图 C.1），图形、尺寸、文字位置同 C.1.1、C.1.3、C.1.4 的规定。说明文字的内容按照不同的辐射分类给予相应的说明。

C.3.2　对可能达到 3B 类激光辐射场所说明标志的说明文字为：

激光辐射

避免激光束照射

或者（也可同时）采用：

激光工作

进入时请戴好防护镜

C.3.3　对可能达到 4 类激光辐射标志的说明文字为：

激光辐射

避免眼或皮肤受到直射和散射激光的照射

或者（也可同时）采用：

激光工作

未经允许不得入内

C.4　激光产品和激光作业场所安全标志的使用

C.4.1　激光产品安全标志的使用

C.4.1.1　对所有可能达到 2 类的激光产品都必须有激光安全标志。每台设备必须同时具有激光警告标志、激光安全分类说明标志和激光窗口标志，激光产品安全标志使用实例见图 C.2。

图 C.2　激光产品安全标志使用实例

　　C.4.1.2　激光安全标志的粘贴位置必须是人员不受到超过 1 类辐射就能清楚看到的地方。激光分类说明标志应置于激光警告标志的正下方,激光窗口标志应置于激光出光口的附近(3 类和 4 类激光产品应在所有可能达到 2 类的激光辐射窗口贴上窗口标志)。

　　C.4.1.3　若激光产品的尺寸或设计不便于装贴,应将标志作为附件一起提供给用户。

　　C.4.2　激光作业场所安全标志的使用

　　C.4.2.1　对所有 3B 类和 4 类激光产品工作的场所都必须有激光安全标志。可以单独使用激光警告标志,或者同时使用激光警告标志与激光辐射场所安全分类说明标志,此时激光辐射场所分类说明标志应置于激光警告标志的正下方。

　　C.4.2.2　在 3A 类激光产品作为测量、准直、调平使用时的场所应设置激光安全标志。

　　C.4.2.3　激光安全标志的装贴位置必须是激光防护区域的明显位置,人员不受到超过 1 类辐射就能够注意到标志并知道所示的内容。在所设标志不能覆盖整个工作区域时,应设置多个标志。

　　C.4.2.4　永久性的激光防护区域应在出入口处设置激光安全标志,在由活动挡板、护栏围成的临时防护区除在出入口处必须设置激光安全标志外,还必须在每一块构成防护围栏和隔挡板的可移动部位或检修接头处设置激光安全标志,以防止这些板块分开或接头断开时人员受到有害激光辐射。

安　全　色

GB 2893—2008

前　言

本标准的全部技术内容为强制性。

本标准修改采用 ISO 3864-1:2002《图形符号——安全色和安全标志——第 1 部分：工作场所和公共区域中安全标志的设计原则》（英文版）。

本标准与 ISO 3864-1:2002 相比，主要存在如下技术性差异：

——补充了安全色和对比色色度性能和光度性能的测量方法；

——补充了安全色的使用导则。

本标准代替 GB 2893—2001《安全色》。

本标准与 GB 2893—2001 相比主要变化如下：

——按照 GB/T 1.1《标准化工作导则 第 1 部分：标准的结构和编写规则》的要求重新起草了标准文本；

——参照 ISO 3864-1:2002《图形符号——安全色和安全标志——第 1 部分：工作场所和公共区域中安全标志的设计原则》，对安全色的颜色表征、技术要求进行了修订、补充；

——根据我国相关标准，对部分术语和定义及附录进行了修订。

本标准的附录 A 为规范性附录。

本标准由国家安全生产监督管理总局提出。

本标准由全国安全生产标准化技术委员会归口。

本标准起草单位：北京市劳动保护科学研究所。

本标准主要起草人：汪彤、宋冰雪、谢昱姝、朱伟、代宝乾、王培怡、吕良海、白永强、陈晓玲、王山、陈虹桥。

本标准 1982 年首次发布，2001 年第一次修订。

1　范围

本标准规定了传递安全信息的颜色、安全色的测试方法和使用方法。

本标准适用于公共场所、生产经营单位和交通运输、建筑、仓储等行业以及消防等领域所使用的信号和标志的表面色。

本标准不适用于灯光信号和航海、内河航运以及其他目的而使用的颜色。

2　规范性引用文件

下列文件中的条款通过本标准的引用而成为本标准的条款。凡是注日期的引用文件，其随后所有的修改单（不包括勘误的内容）或修订版均不适用于本标准，然而，鼓励根据本标准达成协议的各方研究是否可使用这些文件的最新版本。凡是不注日期的引用文件，其最新版本适用于本标准。

GB 2894　安全标志及其使用导则

GB/T 3978　标准照明体和几何条件

GB/T 3979　物体色的测量方法

GB 5768 道路交通标志和标线

GB 13495 消防安全标志

3 术语和定义

下列术语和定义适用于本标准。

3.1 安全色 safety colour

传递安全信息含义的颜色,包括红、蓝、黄、绿四种颜色。

3.2 对比色 contrast colour

使安全色更加醒目的反衬色,包括黑、白两种颜色。

3.3 安全标记 safety marking

采用安全色和(或)对比色传递安全信息或者使某个对象或地点变得醒目的标记。

3.4 色域 colour gamut

能够满足一定条件的颜色集合在色品图或色空间内的范围。

3.5 亮度 luminance

在发光面、被照射面或光传播断面上的某点,从包括该点的微小面元在某方向微小立体面内的光通量除以微小面元的正投影面积与该微小立体角乘积所得的商。

3.6 亮度因数 luminance factor

在规定的照明和观测条件下,非自发光体表面上某一点的给定方向的亮度 L_{vs} 与同一条件下完全反射或完全透射的漫射体的亮度 L_{vn} 之比。亮度因数以 β_v 表示。

$$\beta_v = \frac{L_{vs}}{L_{vn}} \tag{1}$$

3.7 亮度对比度 luminance contrast

对比色亮度 L_1 与安全色亮度 L_2 的比值,其中 L_1 大于 L_2。亮度对比度以 k 表示。

$$k = \frac{L_1}{L_2} \tag{2}$$

3.8 逆反射 retroreflection

反射光线从靠近入射光线的反方向返回的反射。当入射光线的方向在较大范围内变化时,仍能保持这种性质。

3.9 光强度系数 coefficient of luminous intensity

逆反射在观测方向的光强度 I 除以投向逆反射体且落在垂直于入射方向的平面的光照度 $E_\perp$ 之商,即:

$$R = \frac{I}{E_\perp} \tag{3}$$

式中:

R——光强度系数,单位为坎德拉每勒克斯(cd·lx^{-1});

I——光强度,单位为坎德拉(cd);

$E_\perp$——垂直方向照度,单位为勒克斯(lx)。

3.10 逆反射系数 coefficient of retroreflection

逆反射面的逆反射光强度系数 R 除以它的面积 A 之商,即:

$$R' = \frac{R}{A} = \frac{I}{E_\perp \times A} \tag{4}$$

$$I = Ed^2 \tag{5}$$

式中:

R'——逆反射系数,单位为坎德拉每勒克斯平方米$(cd \cdot lx^{-1} \cdot m^{-2})$;

R——光强度系数,单位为坎德拉每勒克斯$(cd \cdot lx^{-1})$;

A——试样被测面积,单位为平方米(m^2);

I——光强度,单位为坎德拉(cd);

$E_\perp$——垂直方向照度,单位为勒克斯(lx);

E——照度,单位为勒克斯(lx);

d——照明光源至接受方向的距离,单位为米(m)。

4 颜色表征

4.1 安全色

4.1.1 红色

传递禁止、停止、危险或提示消防设备、设施的信息。

4.1.2 蓝色

传递必须遵守规定的指令性信息。

4.1.3 黄色

传递注意、警告的信息。

4.1.4 绿色

传递安全的提示性信息。

4.2 对比色

安全色与对比色同时使用时,应按表1规定搭配使用。

表 1　安全色的对比色

安全色	对比色
红色	白色
蓝色	白色
黄色	黑色
绿色	白色

4.2.1 黑色

黑色用于安全标志的文字、图形符号和警告标志的几何边框。

4.2.2 白色

白色用于安全标志中红、蓝、绿的背景色,也可用于安全标志的文字和图形符号。

4.3 安全色与对比色的相间条纹

相间条纹为等宽条纹,倾斜约$45°$。

4.3.1 红色与白色相间条纹

表示禁止或提示消防设备、设施位置的安全标记。

4.3.2 黄色与黑色相间条纹

表示危险位置的安全标记。

4.3.3 蓝色与白色相间条纹

表示指令的安全标记,传递必须遵守规定的信息。

4.3.4 绿色与白色相间条纹

表示安全环境的安全标记。

5 技术要求

安全色的色度范围应如图1和表2所示。

满足精确颜色要求的安全色色度范围应符合表 3 的要求。

磷光色的对比色和亮度因数应如图 1 和表 4 所示。

含有逆反射材料的最小逆反射系数如表 5 所示。

对于透照材料,x 和 y 坐标应在表 2 所给出的颜色范围内,亮度对比度应在表 6 所给出范围内。

满足以下条件,则认为安全色不符合要求:

a)使用中的逆反射材料(表 5):光度值降低到所要求最小值的 50% 以下,或者色度坐标落在表 2 所给定范围的边界之外;

b)使用中的荧光材料:色度坐标落在表 2 所给定范围的边界之外。

表 2　普通材料、发光材料、逆反射材料和组合材料的色度坐标和亮度因数

颜色		许用颜色范围的角点色度坐标（标准照明体 D_{65},2°视场）				亮度因数 β				
		1	2	3	4	普通材料	发光材料	逆反射材料[a]		组合材料
								类型 1	类型 2	
红	x	0.735	0.681	0.579	0.655	≥0.07	≥0.03	≥0.05	>0.03	>70.25
	y	0.265	0.239	0.341	0.345					
蓝	x	0.049	0.172	0.210	0.137	≥0.05	≥0.05	≥0.01	>0.01	>0.03
	y	0.125	0.198	0.160	0.038					
黄	x	0.545	0.494	0.444	0.481	≥0.45	≥0.80	≥0.27	≥0.16	≥0.70
	y	0.454	0.426	0.476	0.518					
绿	x	0.201	0.285	0.170	0.026	≥0.12	≥0.40	≥0.04	≥0.03	≥0.35
	y	0.776	0.441	0.364	0.399					
白	x	0.350	0.305	0.295	0.340	≥0.75	≥1.0	≥0.35	≥0.27	—
	y	0.360	0.315	0.325	0.370					
黑	x	0.385	0.300	0.260	0.345	≤0.03	—	—	—	—
	y	0.355	0.270	0.310	0.395					

a 根据逆反射系数确定逆反射材料的类型。

表 3　普通材料和逆反射材料在色度图中更小范围的色度坐标

颜色		许用颜色范围的角点色度坐标(标准照明体 D_{65},2°视场)											
		普通材料				逆反射材料[a]							
						类型 1				类型 2			
		1	2	3	4	1	2	3	4	1	2	3	4
红	x	0.660	0.610	0.700	0.735	0.660	0.610	0.700	0.735	0.660	0.610	0.700	0.735
	y	0.340	0.340	0.250	0.265	0.340	0.340	0.250	0.265	0.340	0.340	0.250	0.265
蓝	x	0.140	0.160	0.160	0.140	0.130	0.160	0.160	0.130	0.130	0.160	0.160	0.130
	y	0.140	0.140	0.160	0.160	0.086	0.086	0.120	0.120	0.090	0.090	0.140	0.140
黄	x	0.494	0.470	0.493	0.522	0.494	0.470	0.493	0.522	0.494	0.470	0.513	0.545
	y	0.505	0.480	0.457	0.477	0.505	0.480	0.457	0.477	0.505	0.480	0.437	0.454
绿	x	0.230	0.260	0.260	0.230	0.110	0.150	0.150	0.110	0.110	0.170	0.170	0.110
	y	0.440	0.440	0.470	0.470	0.415	0.415	0.455	0.455	0.415	0.415	0.500	0.500
白	x	0.305	0.335	0.325	0.295	0.305	0.335	0.325	0.295	0.305	0,335	0.325	0.295
	y	0.315	0.345	0.355	0.325	0.315	0.345	0.355	0.325	0.315	0.345	0.355	0.325

a 根据逆反射系数确定逆反射材料的类型。

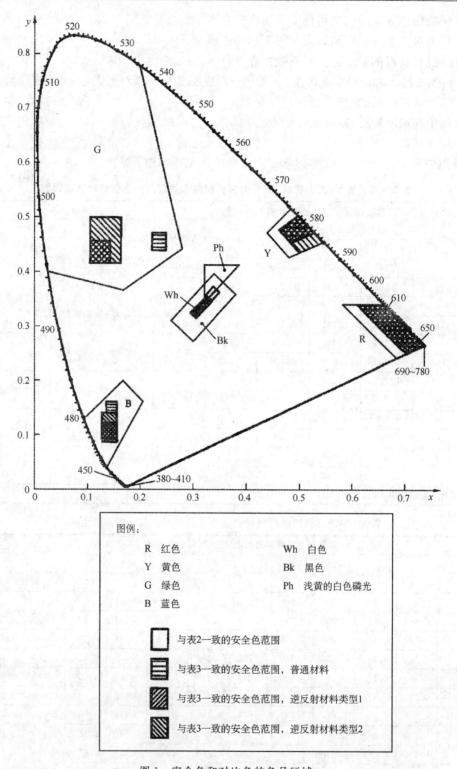

图例:

R 红色   Wh 白色

Y 黄色   Bk 黑色

G 绿色   Ph 浅黄的白色磷光

B 蓝色

□ 与表2一致的安全色范围

▤ 与表3一致的安全色范围,普通材料

▨ 与表3一致的安全色范围,逆反射材料类型1

▨ 与表3一致的安全色范围,逆反射材料类型2

图 1 安全色和对比色的色品区域

表 4　昼光条件下磷光材料对比色的色度坐标

磷光材料的对比色	许用颜色范围的角点色度坐标[标准照明体 D_{65}（几何条件 45/0），2°视场]					亮度因数 β
浅黄的白	x	0.390	0.320	0.320		>0.75
	y	0.410	0.340	0.410		
白	x	0.350	0.305	0.295	0.340	>0.75
	y	0.360	0.315	0.325	0.370	

表 5　最小逆反射系数 R'

观测角	入射角	最小逆反射系数[a]									
		（单位：cd·lx^{-1}·m^{-2}，光源：标准照明体 A）									
		类型 1					类型 2				
		白	黄	红	绿	蓝	白	黄	红	绿	蓝
12′	5°	70	50	14.5	9	4	250	170	45	45	20
	30°	30	22	6	3.5	1.7	150	100	25	25	11
	40°	10	7	2	1.5	0.5	110	70	16	16	8
20′	5°	50	35	10	7	2	180	122	25	21	14
	30°	24	16	4	3	1	100	67	14	11	7
	40°	9	6	1.8	1.2	1	95	64	13	11	7
2°	5°	5	3	0.8	0.6	0.2	5	3	0.8	0.6	0.2
	30°	2.5	1.5	0.4	0.3	0.1	2.5	1.5	0.4	0.3	0.1
	40°	1.5	1.0	0.3	0.2	0.06	1.5	1.0	0.3	0.2	0.06

a 印刷在标志上的彩色部分，其逆反射系数不应小于表 5 中所给数值的 80%。

表 6　透照材料的亮度对比度

安全色	红	蓝	黄	绿
对比色	白	白	黑	白
亮度对比度 k	5<k<15	5<k<15	a	5<k<15

注：在安全色和对比色内部，亮度的均匀度是通过颜色内部最小亮度与最大亮度的比来衡量的，其比值应大于 1∶5。

a 黑色作为对比色或符号色是不透明的。

6　测量方法

安全色和对比色的色度性能测量方法见 6.1，光度性能测量方法见 6.2。

6.1　色度性能

安全色和对比色的色度性能按 GB/T 3979 中规定的方法测出试样的各角点色度坐标。

6.2　光度性能

6.2.1　测量装置

测量原理如图 2 所示。

采用 GB/T 3978 规定的标准 A 光源，光探测器应符合 $V(\lambda)$ 的要求。光探测器安装在光源上方并与光源处于同一平面内。

试样参考中心对光源孔径张角及对光探测器孔径张角应分别不大于 12′。试样整个受照区域内的垂直照度不均匀性小于 5%，试样参考轴相对于光源轴的入射角（β）应能在 0°~40°范围内变化。观测轴相对于照明轴之间的观测角(a)应能在 $0.2°\sim2°$ 范围内改变。

6.2.2　测量过程

a)光探测器置于试样参考中心上正对着光源,测得试样面上的垂直照度 $E_\perp$;

b)再将上述光探测器置于图 2 的位置上,移动光探测器使其观测角为 α,转动试样使入射角等于 β,测出 α 和 β 角上试样的照度 E;

c)测得试样参考中心平面与光探测器孔径面间的距离 d 和被测试样的面积 A;

d)最后将上述 $E_\perp$、E、d 和 A 分别代入式(4)和式(5)中,计算出不同观测角和入射角条件下的逆反射系数值 R'。

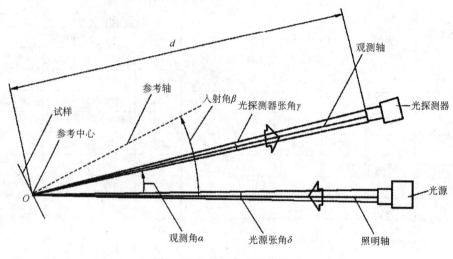

图 2　逆反射系数的测量原理

附录 A

安全色的使用导则

（规范性附录）

A.1　安全色

A.1.1　红色

各种禁止标志(参照 GB 2894);交通禁令标志(参照 GB 5768);消防设备标志(参照 GB 13495);机械的停止按钮、刹车及停车装置的操纵手柄;机械设备转动部件的裸露部位;仪表刻度盘上极限位置的刻度;各种危险信号旗等。

A.1.2　黄色

各种警告标志(参照 GB 2894);道路交通标志和标线中警告标志(参照 GB 5768);警告信号旗等。

A.1.3　蓝色

各种指令标志(参照 GB 2894);道路交通标志和标线中指示标志(参照 GB 5768)等。

A.1.4　绿色

各种提示标志(参照 GB 2894);机器启动按钮;安全信号旗;急救站、疏散通道、避险处、应急避难场所等。

A.2　安全色与对比色相间条纹

A.2.1　红色与白色相间条纹

应用于交通运输等方面所使用的防护栏杆及隔离墩;液化石油气汽车槽车的条纹;固定禁止标志的标志杆上的色带(如图 A.1)等。

A.2.2　黄色与黑色相间条纹

应用于各种机械在工作或移动时容易碰撞的部位,如移动式起重机的外伸腿、起重臂端部、起重吊钩和配重;剪板机的压紧装置;冲床的滑块等有暂时或永久性危险的场所或设备;固定警告标志的标志杆上的色带(如图 A.1)等。

设备所涂条纹的倾斜方向应以中心线为轴线对称,如图 A.2 所示。两个相对运动(剪切或挤压)棱边上条纹的倾斜方向应相反,如图 A.3 所示。

A.2.3　蓝色与白色相间条纹

应用于道路交通的指示性导向标志(如图 A.4);固定指令标志的标志杆上的色带(如图 A.1)等。

A.2.4　绿色与白色相间条纹

应用于固定提示标志杆上的色带(如图 A.1)等。

A.2.5　相间条纹宽度

安全色与对比色相间的条纹宽度应相等,即各占 50%,斜度与基准面成 45°。宽度一般为 100 mm,但可根据设备大小和安全标志位置的不同,采用不同的宽度,在较小的面积上其宽度可适当地缩小,每种颜色不能少于两条。

图 A.1　安全标志杆上的色带

图 A.2　以设备中心为轴线对称的相间条纹示意图

图 A.3　相对运动棱边上条纹的倾斜方向示意图

图 A.4　指示性导向标志

A.3　使用要求

使用安全色时要考虑周围的亮度及同其他颜色的关系，要使安全色能正确辨认。在明亮的环境中，照明光源应接近自然白昼光如 D_{65} 光源；在黑暗的环境中为避免眩光或干扰应减少亮度。

A.4　检查与维修

凡涂有安全色的部位，每半年应检查一次，应保持整洁、明亮，如有变色、褪色等不符合安全色范围，逆反射系数低于 70％ 或安全色的使用环境改变时，应及时重涂或更换，以保证安全色正确、醒目，达到安全警示的目的。

化学品分类和危险性公示 通则

GB 13690—2009

前 言

本标准第 4 章、第 5 章为强制性的,其余为推荐性的。

本标准对应于联合国《化学品分类及标记全球协调制度》(GHS)第二修订版(ST/SG/AC.10/30/Rev.2),与其一致性程度为非等效,其有关技术内容与 GHS 中一致,在标准文本格式上按 GB/T 1.1—2000 做了编辑性修改。

本标准代替 GB 13690—1992《常用危险化学品的分类及标志》。

本标准与 GB 13690—1992 相比主要变化如下:

——标准名称改为"化学品分类和危险性公示 通则";

——本标准按照 GHS 的要求对化学品危险性进行分类;

——本标准按照 GHS 的要求对化学品危险性公示进行了规定。

本标准的附录 A、附录 B、附录 C、附录 D 为资料性附录。

本标准由全国危险化学品管理标准化技术委员会(SAC/TC 251)提出并归口。

本标准参加起草单位:中化化工标准化研究所、山东出入境检验检疫局、上海化工研究院、江苏出入境检验检疫局、湖北出入境检验检疫局。

本标准起草人:张少岩、崔海容、杨一、王晓兵、梅建、汤礼军、车礼东、陈会明、周玮。

本标准所代替标准的历次版本发布情况为:

——GB 13690—1992。

1 范围

本标准规定了有关 GHS 的化学品分类及其危险公示。

本标准适用于化学品分类及其危险公示。本标准适用于化学品生产场所和消费品的标志。

2 规范性引用文件

下列文件中的条款,通过本标准的引用而成为本标准的条款。凡是注日期的引用文件,其随后所有的修改单(不包括勘误的内容)或修订版均不适用于本标准,然而,鼓励根据本标准达成协议的各方研究是否可使用这些文件的最新版本。凡是不注日期的引用文件,其最新版本适用于本标准。

GB/T 16483 化学品安全技术说明书 内容和项目顺序

GB 20576 化学品分类、警示标签和警示性说明安全规范 爆炸物

GB 20577 化学品分类、警示标签和警示性说明安全规范 易燃气体

GB 20578 化学品分类、警示标签和警示性说明安全规范 易燃气溶胶

GB 20579 化学品分类、警示标签和警示性说明安全规范 氧化性气体

GB 20580 化学品分类、警示标签和警示性说明安全规范 压力下气体

GB 20581 化学品分类、警示标签和警示性说明安全规范 易燃液体

GB 20582 化学品分类、警示标签和警示性说明安全规范 易燃固体

GB 20583　化学品分类、警示标签和警示性说明安全规范　自反应物质
GB 20584　化学品分类、警示标签和警示性说明安全规范　自热物质
GB 20585　化学品分类、警示标签和警示性说明安全规范　自燃液体
GB 20586　化学品分类、警示标签和警示性说明安全规范　自燃固体
GB 20587　化学品分类、警示标签和警示性说明安全规范　遇水放出易燃气体的物质
GB 20588　化学品分类、警示标签和警示性说明安全规范　金属腐蚀物
GB 20589　化学品分类、警示标签和警示性说明安全规范　氧化性液体
GB 20590　化学品分类、警示标签和警示性说明安全规范　氧化性固体
GB 20591　化学品分类、警示标签和警示性说明安全规范　有机过氧化物
GB 20592　化学品分类、警示标签和警示性说明安全规范　急性毒性
GB 20593　化学品分类、警示标签和警示性说明安全规范　皮肤腐蚀/刺激
GB 20594　化学品分类、警示标签和警示性说明安全规范　严重眼睛损伤/眼睛刺激性
GB 20595　化学品分类、警示标签和警示性说明安全规范　呼吸或皮肤过敏
GB 20596　化学品分类、警示标签和警示性说明安全规范　生殖细胞突变性
GB 20597　化学品分类、警示标签和警示性说明安全规范　致癌性
GB 20598　化学品分类、警示标签和警示性说明安全规范　生殖毒性
GB 20599　化学品分类、警示标签和警示性说明安全规范　特异性靶器官系统毒性　一次接触
GB 20601　化学品分类、警示标签和警示性说明安全规范　特异性靶器官系统毒性　反复接触
GB 20602　化学品分类、警示标签和警示性说明安全规范　对水环境的危害
GB/T 22272～GB/T 22278　良好实验室规范(GLP)系列标准
ISO 11683:1997　包装　触觉危险警告　要求
国际化学品安全方案/环境卫生标准第 225 号文件"评估接触化学品引起的生殖健康风险所用的原则"

3　术语和定义

GHS 转化的系列国家标准(GB 20576～GB 20599、GB 20601、GB 20602)以及下列术语和定义适用于本标准。

3.1　化学名称 chemical identity

唯一标识一种化学品的名称。这一名称可以是符合国际纯粹与应用化学联合会(IUPAC)或化学文摘社(CAS)的命名制度的名称,也可以是一种技术名称。

3.2　压缩气体 compressed gas

加压包装时在－50℃时完全是气态的一种气体;包括临界温度为≤－50℃的所有气体。

3.3　闪点 flash point

规定试验条件下施用某种点火源造成液体汽化而着火的最低温度(校正至标准大气压 101.3 kPa)。

3.4　危险类别 hazard category

每个危险种类中的标准划分,如口服急性毒性包括五种危险类别而易燃液体包括四种危险类别。这些危险类别在一个危险种类内比较危险的严重程度,不可将它们视为较为一般的危险类别比较。

3.5　危险种类 hazard class

危险种类指物理、健康或环境危险的性质,例如易燃固体、致癌性、口服急性毒性。

3.6　危险性说明 hazard statement

对某个危险种类或类别的说明,它们说明一种危险产品的危险性质,在情况适合时还说明其危险程度。

3.7　初始沸点 initial boiling point

一种液体的蒸气压力等于标准压力(101.3 kPa),第一个气泡出现时的温度。

3.8　标签 label

关于一种危险产品的一组适当的书面、印刷或图形信息要素,因为与目标部门相关而被选定,它们附于或印刷在一种危险产品的直接容器上或它的外部包装上。

3.9　标签要素 label element

统一用于标签上的一类信息,例如象形图、信号词。

3.10　《联合国关于危险货物运输的建议书·规章范本》(以下简称规章范本) recommendations on the transport of dangerous goods, model regulations

经联合国经济贸易理事会认可,以联合国关于危险货物运输建议书附件"关于运输危险货物的规章范本"为题,正式出版的文字材料。

3.11　象形图 pictogram

一种图形结构,它可能包括一个符号加上其他图形要素,例如边界、背景图案或颜色,意在传达具体的信息。

3.12　防范说明 precautionary statement

一个短语/和(或)象形图,说明建议采取的措施,以最大限度地减少或防止因接触某种危险物质或因对它存储或搬运不当而产生的不利效应。

3.13　产品标识符 product identifier

标签或安全数据单上用于危险产品的名称或编号。它提供一种唯一的手段使产品使用者能够在特定的使用背景下识别该物质或混合物,例如在运输、消费时或在工作场所。

3.14　信号词 signal word

标签上用来表明危险的相对严重程度和提醒读者注意潜在危险的单词。GHS 使用"危险"和"警告"作为信号词。

3.15　图形符号 symbol

旨在简明地传达信息的图形要素。

4　分类

4.1　理化危险

4.1.1　爆炸物

爆炸物分类、警示标签和警示性说明见 GB 20576。

4.1.1.1　爆炸物质(或混合物)是这样一种固态或液态物质(或物质的混合物),其本身能够通过化学反应产生气体,而产生气体的温度、压力和速度能对周围环境造成破坏。其中也包括发火物质,即使它们不放出气体。

发火物质(或发火混合物)是这样一种物质或物质的混合物,它旨在通过非爆炸自持放热化学反应产生的热、光、声、气体、烟或所有这些的组合来产生效应。

爆炸性物品是含有一种或多种爆炸性物质或混合物的物品。

烟火物品是包含一种或多种发火物质或混合物的物品。

4.1.1.2 爆炸物种类包括:

a) 爆炸性物质和混合物。

b) 爆炸性物品,但不包括下述装置:其中所含爆炸性物质或混合物由其数量或特性,在意外或偶然点燃或引爆后,不会由于迸射、发火、冒烟、发热或巨响而在装置之外产生任何效应。

c) 在 a)和 b)中未提及的为产生实际爆炸或烟火效应而制造的物质、混合物和物品。

4.1.2 易燃气体

易燃气体分类、警示标签和警示性说明见 GB 20577。

易燃气体是在 20℃和 101.3 kPa 标准压力下,与空气有易燃范围的气体。

4.1.3 易燃气溶胶

易燃气溶胶分类、警示标签和警示性说明见 GB 20578。

气溶胶是指气溶胶喷雾罐,系任何不可重新罐装的容器,该容器由金属、玻璃或塑料制成,内装强制压缩、液化或溶解的气体,包含或不包含液体、膏剂或粉末,配有释放装置,可使所装物质喷射出来,形成在气体中悬浮的固态或液态微粒或形成泡沫、膏剂或粉末或处于液态或气态。

4.1.4 氧化性气体

氧化性气体分类、警示标签和警示性说明见 GB 20579。

氧化性气体是一般通过提供氧气,比空气更能导致或促使其他物质燃烧的任何气体。

4.1.5 压力下气体

压力下气体分类、警示标签和警示性说明见 GB 20580。

压力下气体是指高压气体在压力等于或大于 200 kPa(表压)下装入贮器的气体,或是液化气体或冷冻液化气体。

压力下气体包括压缩气体、液化气体、溶解液体、冷冻液化气体。

4.1.6 易燃液体

易燃液体分类、警示标签和警示性说明见 GB 20581。

易燃液体是指闪点不高于 93℃的液体。

4.1.7 易燃固体

易燃固体分类、警示标签和警示性说明见 GB 20582。

易燃固体是容易燃烧或通过摩擦可能引燃或助燃的固体。

易于燃烧的固体为粉状、颗粒状或糊状物质,它们在与燃烧着的火柴等火源短暂接触即可点燃和火焰迅速蔓延的情况下,都非常危险。

4.1.8 自反应物质或混合物

自反应物质分类、警示标签和警示性说明见 GB 20583。

4.1.8.1 自反应物质或混合物是即使没有氧(空气)也容易发生激烈放热分解的热不稳定液态或固态物质或者混合物。本定义不包括根据统一分类制度分类为爆炸物、有机过氧化物或氧化物质的物质和混合物。

4.1.8.2 自反应物质或混合物如果在实验室试验中其组分容易起爆、迅速爆燃或在封闭条件下加热时显示剧烈效应,应视为具有爆炸性质。

4.1.9 自燃液体

自燃液体分类、警示标签和警示性说明见 GB 20585。

自燃液体是即使数量小也能在与空气接触后 5 min 之内引燃的液体。

4.1.10 自燃固体

自燃固体分类、警示标签和警示性说明见 GB 20586。

自燃固体是即使数量小也能在与空气接触后 5min 之内引燃的固体。

4.1.11 自热物质和混合物

自热物质分类、警示标签和警示性说明见 GB 20584。

自热物质是发火液体或固体以外,与空气反应不需要能源供应就能够自己发热的固体或液体物质或混合物;这类物质或混合物与发火液体或固体不同,因为这类物质只有数量很大(公斤级)并经过长时间(几小时或几天)才会燃烧。

注:物质或混合物的自热导致自发燃烧是由于物质或混合物与氧气(空气中的氧气)发生反应并且所产生的热没有足够迅速地传导到外界而引起的。当热产生的速度超过热损耗的速度而达到自燃温度时,自燃便会发生。

4.1.12 遇水放出易燃气体的物质或混合物

遇水放出易燃气体的物质分类、警示标签和警示性说明见 GB 20587。

遇水放出易燃气体的物质或混合物是通过与水作用,容易具有自燃性或放出危险数量的易燃气体的固态或液态物质或混合物。

4.1.13 氧化性液体

氧化性液体分类、警示标签和警示性说明见 GB 20589。

氧化性液体是本身未必燃烧,但通常因放出氧气可能引起或促使其他物质燃烧的液体。

4.1.14 氧化性固体

氧化性固体分类、警示标签和警示性说明见 GB 20590。

氧化性固体是本身未必燃烧,但通常因放出氧气可能引起或促使其他物质燃烧的固体。

4.1.15 有机过氧化物

有机过氧化物分类、警示标签和警示性说明见 GB 20591。

4.1.15.1 有机过氧化物是含有二价-O-O-结构的液态或固态有机物质,可以看作是一个或两个氢原子被有机基替代的过氧化氢衍生物。该术语也包括有机过氧化物配方(混合物)。有机过氧化物是热不稳定物质或混合物,容易放热自加速分解。另外,它们可能具有下列一种或几种性质:

a) 易于爆炸分解;

b) 迅速燃烧;

c) 对撞击或摩擦敏感;

d) 与其他物质发生危险反应。

4.1.15.2 如果有机过氧化物在实验室试验中,在封闭条件下加热时组分容易爆炸、迅速爆燃或表现出剧烈效应,则可认为它具有爆炸性质。

4.1.16 金属腐蚀剂

金属腐蚀物分类、警示标签和警示性说明见 GB 20588。

腐蚀金属的物质或混合物是通过化学作用显著损坏或毁坏金属的物质或混合物。

4.2 健康危险

4.2.1 急性毒性

急性毒性分类、警示标签和警示性说明见 GB 20592。

急性毒性是指在单剂量或在 24 h 内多剂量口服或皮肤接触一种物质,或吸入接触 4 h 之后出现的有害效应。

4.2.2 皮肤腐蚀/刺激

皮肤腐蚀/刺激分类、警示标签和警示性说明见 GB 20593。

皮肤腐蚀是对皮肤造成不可逆损伤;即施用试验物质达到 4 h 后,可观察到表皮和真皮坏死。

腐蚀反应的特征是溃疡、出血、有血的结痂,而且在观察期 14 d 结束时,皮肤、完全脱发区域和结痂处由于漂白而褪色。应考虑通过组织病理学来评估可疑的病变。

皮肤刺激是施用试验物质达到 4 h 后对皮肤造成可逆损伤。

4.2.3 严重眼损伤/眼刺激

严重眼睛损伤/眼睛刺激性分类、警示标签和警示性说明见 GB 20594。

严重眼损伤是在眼前部表面施加试验物质之后,对眼部造成在施用 21 d 内并不完全可逆的组织损伤,或严重的视觉物理衰退。

眼刺激是在眼前部表面施加试验物质之后,在眼部产生在施用 21 d 内完全可逆的变化。

4.2.4 呼吸或皮肤过敏

呼吸或皮肤过敏分类、警示标签和警示性说明见 GB 20595。

4.2.4.1 呼吸过敏物是吸入后会导致气管超过敏反应的物质。皮肤过敏物是皮肤接触后会导致过敏反应的物质。

4.2.4.2 过敏包含两个阶段:第一个阶段是某人因接触某种变应原而引起特定免疫记忆。第二阶段是引发,即某一致敏个人因接触某种变应原而产生细胞介导或抗体介导的过敏反应。

4.2.4.3 就呼吸过敏而言,随后为引发阶段的诱发,其形态与皮肤过敏相同。对于皮肤过敏,需有一个让免疫系统能学会作出反应的诱发阶段;此后,可出现临床症状,这时的接触就足以引发可见的皮肤反应(引发阶段)。因此,预测性的试验通常取这种形态,其中有一个诱发阶段,对该阶段的反应则通过标准的引发阶段加以计量,典型做法是使用斑贴试验。直接计量诱发反应的局部淋巴结试验则是例外做法。人体皮肤过敏的证据通常通过诊断性斑贴试验加以评估。

4.2.4.4 就皮肤过敏和呼吸过敏而言,对于诱发所需的数值一般低于引发所需数值。

4.2.5 生殖细胞致突变性

4.2.5.1 生殖细胞突变性分类、警示标签和警示性说明见 GB 20596。

4.2.5.2 本危险类别涉及的主要是可能导致人类生殖细胞发生可传播给后代的突变的化学品。但是,在本危险类别内对物质和混合物进行分类时,也要考虑活体外致突变性/生殖毒性试验和哺乳动物活体内体细胞中的致突变性/生殖毒性试验。

4.2.5.3 本标准中使用的引起突变、致变物、突变和生殖毒性等词的定义为常见定义。突变定义为细胞中遗传物质的数量或结构发生永久性改变。

4.2.5.4 "突变"一词用于可能表现于表型水平的可遗传的基因改变和已知的基本 DNA 改性(例如,包括特定的碱基对改变和染色体易位)。引起突变和致变物两词用于在细胞和/或有机体群落内产生不断增加的突变的试剂。

4.2.5.5 生殖毒性的和生殖毒性这两个较具一般性的词汇用于改变。DNA 的结构、信息量、分离试剂或过程,包括那些通过干扰正常复制过程造成 DNA 损伤或以非生理方式(暂时)改变 DNA 复制的试剂或过程。生殖毒性试验结果通常作为致突变效应的指标。

4.2.6 致癌性

4.2.6.1 致癌性分类、警示标签和警示性说明见 GB 20597。

4.2.6.2 致癌物一词是指可导致癌症或增加癌症发生率的化学物质或化学物质混合物。在实施良好的动物实验性研究中诱发良性和恶性肿瘤的物质也被认为是假定的或可疑的人类致癌物,除非有确凿证据显示该肿瘤形成机制与人类无关。

4.2.6.3 产生致癌危险的化学品的分类基于该物质的固有性质,并不提供关于该化学品的使用可能产生的人类致癌风险水平的信息。

4.2.7 生殖毒性

生殖毒性分类、警示标签和警示性说明见 GB 20598。

4.2.7.1 生殖毒性

生殖毒性包括对成年雄性和雌性性功能和生育能力的有害影响,以及在后代中的发育毒性。下面的定义是国际化学品安全方案/环境卫生标准第 225 号文件中给出的。

在本标准中,生殖毒性细分为两个主要标题:

a)对性功能和生育能力的有害影响;

b)对后代发育的有害影响。

有些生殖毒性效应不能明确地归因于性功能和生育能力受损害或者发育毒性。尽管如此,具有这些效应的化学品将划为生殖有毒物并附加一般危险说明。

4.2.7.2 对性功能和生育能力的有害影响

化学品干扰生殖能力的任何效应。这可能包括(但不限于)对雌性和雄性生殖系统的改变,对青春期的开始、配子产生和输送、生殖周期正常状态、性行为、生育能力、分娩怀孕结果的有害影响,过早生殖衰老,或者对依赖生殖系统完整性的其他功能的改变。

对哺乳期的有害影响或通过哺乳期产生的有害影响也属于生殖毒性的范围,但为了分类目的,对这样的效应进行了单独处理。这是因为对化学品对哺乳期的有害影响最好进行专门分类,这样就可以为处于哺乳期的母亲提供有关这种效应的具体危险警告。

4.2.7.3 对后代发育的有害影响

从其最广泛的意义上来说,发育毒性包括在出生前或出生后干扰孕体正常发育的任何效应,这种效应的产生是由于受孕前父母一方的接触,或者正在发育之中的后代在出生前或出生后性成熟之前这一期间的接触。但是,发育毒性标题下的分类主要是为了为怀孕女性和有生殖能力的男性和女性提出危险警告。因此,为了务实的分类目的,发育毒性实质上是指怀孕期间引起的有害影响,或父母接触造成的有害影响。这些效应可在生物体生命周期的任何时间显现出来。

发育毒性的主要表现包括:

a)发育中的生物体死亡;

b)结构异常畸形;

c)生长改变;

d)功能缺陷。

4.2.8 特异性靶器官系统毒性——一次接触

特异性靶器官系统毒性一次接触分类、警示标签和警示性说明见 GB 20599。

4.2.8.1 本条款的目的是提供一种方法,用以划分由于单次接触而产生特异性、非致命性靶器官/毒性的物质。所有可能损害机能的,可逆和不可逆的,即时和/或延迟的并且在 4.2.1~4.2.7 中未具体论述的显著健康影响都包括在内。

4.2.8.2 分类可将化学物质划为特定靶器官有毒物,这些化学物质可能对接触者的健康产生潜在有害影响。

4.2.8.3 分类取决于是否拥有可靠证据,表明在该物质中的单次接触对人类或试验动物产生了一致的、可识别的毒性效应,影响组织/器官的机能或形态的毒理学显著变化,或者使生物体的生物化学或血液学发生严重变化,而且这些变化与人类健康有关。人类数据是这种危险分类的主要证据来源。

4.2.8.4 评估不仅要考虑单一器官或生物系统中的显著变化,而且还要考虑涉及多个器官的严重性较低的普遍变化。

4.2.8.5　特定靶器官毒性可能以与人类有关的任何途径发生，即主要以口服、皮肤接触或吸入途径发生。

4.2.9　特异性靶器官系统毒性——反复接触

特异性靶器官系统毒性反复接触分类、警示标签和警示性说明见 GB 20601。

4.2.9.1　本条款的目的是对由于反复接触而产生特定靶器官/毒性的物质进行分类。所有可能损害机能的，可逆和不可逆的，即时和/或延迟的显著健康影响都包括在内。

4.2.9.2　分类可将化学物质划为特定靶器官/有毒物，这些化学物质可能对接触者的健康产生潜在有害影响。

4.2.9.3　分类取决于是否拥有可靠证据，表明在该物质中的单次接触对人类或试验动物产生了一致的、可识别的毒性效应，影响组织/器官的机能或形态的毒理学显著变化，或者使生物体的生物化学或血液学发生严重变化，而且这些变化与人类健康有关。人类数据是这种危险分类的主要证据来源。

4.2.9.4　评估不仅要考虑单一器官或生物系统中的显著变化，而且还要考虑涉及多个器官的严重性较低的普遍变化。

4.2.9.5　特定靶器官/毒性可能以与人类有关的任何途径发生，即主要以口服、皮肤接触或吸入途径发生。

4.2.10　吸入危险

注：本危险性我国还未转化成为国家标准。

4.2.10.1　本条款的目的是对可能对人类造成吸入毒性危险的物质或混合物进行分类。

4.2.10.2　"吸入"指液态或固态化学品通过口腔或鼻腔直接进入或者因呕吐间接进入气管和下呼吸系统。

4.2.10.3　吸入毒性包括化学性肺炎、不同程度的肺损伤或吸入后死亡等严重急性效应。

4.2.10.4　吸入开始是在吸气的瞬间，在吸一口气所需的时间内，引起效应的物质停留在咽喉部位的上呼吸道和上消化道交界处时。

4.2.10.5　物质或混合物的吸入可能在消化后呕吐出来时发生。这可能影响到标签，特别是如果由于急性毒性，可能考虑消化后引起呕吐的建议。不过，如果物质/混合物也呈现吸入毒性危险，引起呕吐的建议可能需要修改。

4.2.10.6　特殊考虑事项

a)审阅有关化学品吸入的医学文献后发现有些烃类（石油蒸馏物）和某些烃类氯化物已证明对人类具有吸入危险。伯醇和甲酮只有在动物研究中显示吸入危险。

b)虽然有一种确定动物吸入危险的方法已在使用，但还没有标准化。动物试验得到的正结果只能用作可能有人类吸入危险的指导。在评估动物吸入危险数据时必须慎重。

c)分类标准以运动黏度作基准。式(1)用于动力黏度和运动黏度之间的换算：

$$v=\frac{\eta}{\rho} \qquad (1)$$

式中　v——运动黏度，单位为平方毫米每秒(mm^2/s)；

　　　η——动力黏度，单位为毫帕秒($mPa \cdot s$)；

　　　ρ——密度，单位为克每立方厘米(g/cm^3)。

d)气溶胶/烟雾产品的分类

气溶胶/烟雾产品通常分布在密封容器、扳机式和按钮式喷雾器等容器内。这些产品分类的关键是,是否有一团液体在喷嘴内形成,因此可能被吸出。如果从密封容器喷出的烟雾产品是细粒的,那么可能不会有一团液体形成。另一方面,如果密封容器是以气流形式喷出产品,那么可能有一团液体形成然后可能被吸出。一般来说,扳机式和按钮式喷雾器喷出的烟雾是粗粒的,因此可能有一团液体形成然后可能被吸出。如果按钮装置可能被拆除,因此内装物可能被吞咽,那么就应当考虑产品的分类。

4.3　环境危险

4.3.1　危害水生环境

对水环境的危害分类、警示标签和警示性说明见 GB 20602。

4.3.2　急性水生毒性是指物质对短期接触它的生物体造成伤害的固有性质。

a) 物质的可用性是指该物质成为可溶解或分解的范围。对金属可用性来说,则指金属(Mo)化合物的金属离子部分可以从化合物(分子)的其他部分分解出来的范围。

b) 生物利用率是指一种物质被有机体吸收以及在有机体内一个区域分布的范围。它依赖于物质的物理化学性质、生物体的解剖学和生理学、药物动力学和接触途径。可用性并不是生物利用率的前提条件。

c) 生物积累是指物质以所有接触途径(即空气、水、沉积物/土壤和食物)在生物体内吸收、转化和排出的净结果。

d) 生物浓缩是指一种物质以水传播接触途径在生物体内吸收、转化和排出的净结果。

e) 慢性水生毒性是指物质在与生物体生命周期相关的接触期间对水生生物产生有害影响的潜在性质或实际性质。

f) 复杂混合物或多组分物质或复杂物质是指由不同溶解度和物理化学性质的单个物质复杂混合而成的混合物。在大部分情况下,它们可以描述为具有特定碳链长度/置换度数目范围的同源物质系列。

g) 降解是指有机分子分解为更小的分子,并最后分解为二氧化碳、水和盐。

4.3.3　基本要素

a) 基本要素是:

急性水生毒性;

潜在或实际的生物积累;

有机化学品的降解(生物或非生物);

慢性水生毒性。

b) 最好使用通过国际统一试验方法得到的数据。一般来说,淡水和海生物种毒性数据可被认为是等效数据,这些数据建议根据良好实验室规范(GLP)的各项原则,符合 GB/T 22272～GB/T 22278 良好实验室规范(GLP)系列标准。

4.3.4　急性水生毒性

4.3.5　生物积累潜力

4.3.6　快速降解性

a) 环境降解可能是生物性的,也可能是非生物性的(例如水解)。

b) 诸如水解之类的非生物降解、非生物和生物主要降解、非水介质中的降解和环境中已证实的快速降解都可以在定义快速降解性时加以考虑。

4.3.7　慢性水生毒性

慢性毒性数据不像急性数据那么容易得到,而且试验程序范围也未标准化。

5 危险性公示

5.1 危险性公示:标签

5.1.1 标签涉及的范围

制定 GHS 标签的程序:

a) 分配标签要素;

b) 印制符号;

c) 印制危险象形图;

d) 信号词;

e) 危险说明;

f) 防范说明和象形图;

g) 产品和供应商标识;

h) 多种危险和信息的先后顺序;

i) 表示 GHS 标签要素的安排;

j) 特殊的标签安排。

5.1.2 标签要素

关于每个危险种类的各个标准均用表格详细列述了已分配给 GHS 每个危险类别的标签要素(符号、信号词、危险说明)。危险类别反映统一分类的标准。

5.1.3 印制符号

下列危险符号是 GHS 中应当使用的标准符号。除了将用于某些健康危险的新符号,即感叹号及鱼和树之外,它们都是规章范本使用的标准符号集的组成部分,见图 1。

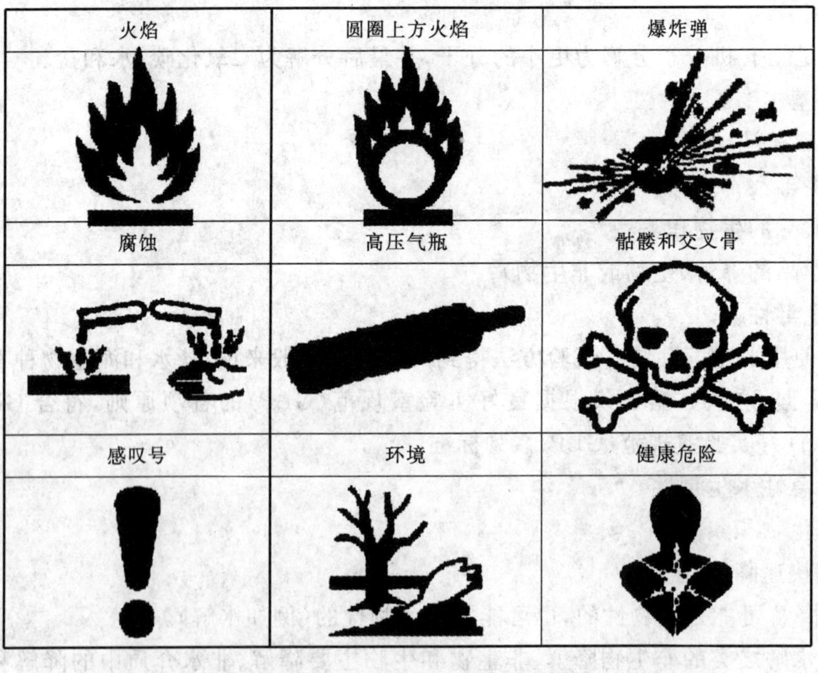

火焰	圆圈上方火焰	爆炸弹
腐蚀	高压气瓶	骷髅和交叉骨
感叹号	环境	健康危险

图 1　GHS 中应当使用的标准符号

5.1.4 印制象形图和危险象形图

5.1.4.1　象形图指一种图形构成,它包括一个符号加上其他图形要素,如边界、背景图样或颜色,意在传达具体的信息。

5.1.4.2　形状和颜色

5.1.4.2.1　GHS 使用的所有危险象形图都应是设定在某一点的方块形状。

5.1.4.2.2　对于运输,应当使用规章范本规定的象形图(在运输条例中通常称为标签)。规章范本规定了运输象形图的规格。包括颜色、符号、尺寸、背景对比度、补充安全信息(如危险种类)和一般格式等。运输象形图的规定尺寸至少为 100 mm×100 mm,但非常小的包装和高压气瓶可以例外,使用较小的象形图。运输象形图包括标签上半部的符号。规章范本要求将运输象形图印刷或附在背景有色差的包装上。以下例子是按照规章范本制作的典型标签,用来标识易燃液体危险,见图 2。

图 2　《联合国规章范本》中易燃液体的象形图

(符号:火焰;黑色或白色;背景:红色;下角为数字 3;最小尺寸 100 mm×100 mm)

5.1.4.2.3　GHS(与规章范本的不同)规定的象形图,应当使用黑色符号加白色背景.红框要足够宽,以便醒目。不过,如果此种象形图用在不出口的包装的标签上,主管当局也可给予供应商或雇主酌情处理权,让其自行决定是否使用黑边。此外,在包装不为规章范本所覆盖的其他使用背景下,主管当局也可允许使用规章范本的象形图。以下例子是 GHS 的一个象形图,用来标识皮肤刺激物(见图 3)。

5.2　分配标签要素

5.2.1　规章范本所覆盖的包装所需要的信息

在出现规章范本象形图的标签上,不应出现 GHS 的象形图。危险货物运输不要求使用的GHS 象形图,象形图不应出现在散货箱、公路车辆或铁路货车/罐车上。

5.2.2　GHS 标签所需的信息(见图 3)

图 3　皮肤刺激物象形图

5.2.2.1　信号词

信号词指标签上用来表明危险的相对严重程度和提醒读者注意潜在危险的单词。GHS 使用的信号词是"危险"和"警告"。"危险"用于较为严重的危险类别(即主要用于第 1 类和第 2类),而"警告"用于较轻的类别。关于每个危险种类的各个章节均以图表详细列出了已分配给GHS 每个危险类别的信号词。

5.2.2.2　危险性说明

危险说明指分配给一个危险种类和类别的短语,用来描述一种危险产品的危险性质,在情况合适时还包括其危险程度。关于每个危险种类的各个章节均以标签要素表详细列出了已分配给

GHS 每个危险类别的危险说明。

危险说明和每项说明专用的标定代码列于《化学品分类、警示标签和警示性说明安全规范》系列标准中。危险说明代码用作参考。此种代码并非危险说明案文的一部分,不应用其替代危险说明案文。

5.2.2.3　防范说明和象形图

防范说明指一个短语(和(或)象形图),说明建议采取的措施,以最大限度地减少或防止因接触某种危险物质或因对它存储或搬运不当而产生的不利效应。GHS 的标签应当包括适当的防范信息,但防范信息的选择权属于标签制作者或主管当局。附录 A 和附录 B 中有可以使用的防范说明的例子和在主管当局允许的情况下可以使用的防范象形图的例子。

5.2.2.4　产品标识符

5.2.2.4.1　在 GHS 标签上应使用产品标识符,而且标识符应与安全数据单上使用的产品标识符相一致。如果一种物质或混合物为规章范本所覆盖,包装上还应使用联合国正确的运输名称。

5.2.2.4.2　物质的标签应当包括物质的化学名称。在急性毒性、皮肤腐蚀或严重眼损伤、生殖细胞突变性、致癌性、生殖毒性、皮肤或呼吸道敏感或靶器官系统毒性出现在混合物或合金标签上时,标签上应当包括可能引起这些危险的所有成分或合金元素的化学名称。主管当局也可要求在标签上列出可能导致混合物或合金危险的所有成分或合金元素。

5.2.2.4.3　如果一种物质或混合物专供工作场所使用,主管当局可选择将处理权交给供应商,让其决定是将化学名称列入安全数据单上还是列在标签上。

5.2.2.4.4　主管当局有关机密商业信息的规则优先于有关产品标识的规则。这就是说,在某种成分通常被列在标签上的情况下,如果它符合主管当局关于机密商业信息的标准,那就不必将它的名称列在标签上。

5.2.2.4.5　供应商标识

标签上应当提供物质或混合物的生产商或供应商的名称、地址和电话号码。

5.3　多种危险和危险信息的先后顺序

在一种物质或混合物的危险不只是 GHS 所列一种危险时,可适用以下安排。因此,在一种制度不在标签上提供有关特定危险的信息的情况下,应相应修改这些安排的适用性。

5.3.1　图形符号分配的先后顺序

对于规章范本所覆盖的物质和混合物,物理危险符号的先后顺序应遵循规章范本的规则。在工作场所的各种情况中,主管当局可要求使用物理危险的所有符号。对于健康危险,适用以下先后顺序原则:

a)如果适用骷髅和交叉骨,则不应出现感叹号;

b)如果适用腐蚀符号,则不应出现感叹号,用以表示皮肤或眼刺激;

c)如果出现有关呼吸道敏感的健康危险符号,则不应出现感叹号,用以表示皮肤敏感或皮肤或眼刺激。

5.3.2　信号词分配的先后顺序

如果适用信号词"危险",则不应出现信号词"警告"。

5.3.3　危险性说明分配的先后顺序

所有分配的危险说明都应出现在标签上。主管当局可规定它们的出现顺序。

5.4　GHS 标签要素的显示安排

5.4.1　GHS 信息在标签上的位置

应将 GHS 的危险象形图、信号词和危险说明一起印制在标签上。主管当局可规定它们以及防范信息的展示布局,主管当局也可让供应商酌情处理。具体的指导和例子载于关于个别危险种类的各个标准中。

5.4.2 补充信息

主管当局对是否允许使用不违反 GHS 中关于对非标准化与补充信息规定的信息拥有处理权。主管当局可规定这种信息在标签上的位置,也可让供应商酌定。不论采用何种方法,补充信息的安排不应妨碍 GHS 信息的识别。

5.4.3 象形图外颜色的使用

颜色除了用于象形图中,还可用于标签的其他区域,以执行特殊的标签要求,如将农药色带用于信号词和危险说明或用作它们的背景,或执行主管当局的其他规定。

5.5 特殊标签安排

主管当局可允许在标签和安全数据单上,或只通过安全数据单公示有关致癌物、生殖毒性和靶器官系统毒性反复接触的某些危险信息(有关这些种类的相关临界值的详细情况,见具体各章)。同样,对于金属和合金,在它们大量而不是分散供应时,主管当局可允许只通过安全数据单公示危险信息。

5.5.1 工作场所的标签

5.5.1.1 属于 GHS 范围内的产品将在供应工作场所的地点贴上 GHS 标签,在工作场所,标签应一直保留在提供的容器上。GHS 的标签或标签要素也应应用于工作场所的容器(见附录C)。不过,主管当局可允许雇主使用替代手段,以不同的书面或显示格式向工人提供同样的信息,如果此种格式更适合于工作场所而且与 GHS 标签能同样有效地公示信息的话。例如,标签信息可显示在工作区而不是在单个容器上。

5.5.1.2 如果危险化学品从原始供应商容器倒入工作场所的容器或系统,或化学品在工作场所生产但不用预定于销售或供应的容器包装,通常需要使用替代手段向工人提供 GHS 标签所载信息。在工作场所生产的化学品可以用许多不同的方法容纳或存储,例如,为了进行试验或分析而收集的小样品、包括阀门在内的管道系统、工艺过程容器或反应容器、矿车、传送带或独立的固体散装存储。采用成批制造工艺过程时,可以使用一个混合容器容纳若干不同的化学混合物。

5.5.1.3 在许多情况下,例如由于容器尺寸的限制或不能使用工艺过程容器,制作完整的GHS 标签并将它附着在容器上是不切实际的。在工作场所的一些情况下,化学品可能会从供应商容器中移出,这方面的部分例子有:用于实际或分析的容器、存储容器、管道或工艺过程反应系统或工人在短时限内使用化学品时使用的临时容器。对于打算立即使用的移出的化学品,可标上其主要组成部分并请使用者直接参阅供应商的标签信息和安全数据单。

5.5.1.4 所有此类制度都应确保危险公示的清楚明确。应当训练工人,使其了解工作场所使用的具体公示方法。替代方法的例子包括:将产品标识符与 GHS 符号和其他象形图结合使用,以说明防范措施;对于复杂系统,将工艺流程图与适当的安全数据单结合使用,以标明管道和容器中所装的化学品;对于管道系统和加工设备,展示 GHS 的符号、颜色和信号词;对于固定管道,使用永久性布告;对于批料混合容器,将批料单或处方贴在它们上面,以及在管道带上印上危险符号和产品标识符。

5.5.2 基于伤害可能性的消费产品标签

所有制度都应使用基于危险的 GHS 分类标准,然而主管当局可授权使用提供基于伤害可能性的信息的消费标签制度(基于风险的标签)。在后一种情况下,主管当局将制定用来确定产品使用的潜在接触和风险的程序。基于这种方法的标签提供有关认定风险的有针对性的信息但可能不包括有关慢性健康效应的某些信息(例如反复接触后的靶器官系统毒性、生殖毒性和致癌性),这些信息将出现在只基于危险的标签上。

5.5.3 触觉警告

如果使用触觉警告应符合 ISO 11683:1997。

5.6 危险性公示:安全数据单(SDS)

5.6.1 确定是否应当制作 SDS 的标准

应当为符合 GHS 中物理、健康或环境危险统一标准的所有物质和混合物及含有符合致癌性、生殖毒性或靶器官系统毒性标准且浓度超过混合物标准所规定的安全数据单临界极限的物质的所有混合物制作安全数据单,见 GB/T 16483。主管当局还可要求为不符合危险类别标准但含有某种浓度的危险物质的混合物制作安全数据单。

5.6.2 关于编制 SDS 的一般指导

5.6.2.1 临界值/浓度极限值

a) 应根据表 1 所示通用临界值/浓度极限值提供安全数据单。

表 1 每个健康和环境危险种类的临界值/浓度极限值

危险种类	临界值/浓度极限值
急性毒性	≥1.0%
皮肤腐蚀/刺激	≥1.0%
严重眼损伤/眼刺激	≥1.0%
呼吸/皮肤过敏作用	≥1.0%
生殖细胞致突变性:第1类	≥0.1%
生殖细胞致突变性:第2类	≥1.0%
致癌性	≥0.1%
生殖毒性	≥0.1%
特定靶器官系统毒性(单次接触)	≥1.0%
特定靶器官系统毒性(重复接触)	≥1.0%
危害水生环境	≥1.0%

b)可能出现这样的情况,即现有的危险数据可能证明,基于其他临界值/浓度极限值的分类比基于关于健康和环境危险种类的各章所规定的通用临界值/浓度极限值的分类更合理。在此类具体临界值用于分类时,它们也应适用于编制 SDS 的义务。

c)主管当局可能要求为这样的混合物编制 SDS:它们由于适用加和性公式而不进行急性毒性或水生毒性分类,但它们含有浓度等于或大于1%的急性有毒物质或对水生环境有毒的物质。

d)主管当局可能决定不对一个危险种类内的某些类别实行管理。在此种情况下,没有义务编制 SDS。

e)一旦弄清某种物质或混合物需要 SDS,那么需要列入 SDS 中的信息在所有情况下都应按照 GHS 的要求提供。

5.6.2.2 SDS 的格式

安全数据单中的信息应按 16 个项目提供,见附录 D。

5.6.2.3 SDS 的内容

a)SDS 应清楚说明用来确定危险的数据。如果可适用和可获得,附录 B 中的最低限度的信息应列在安全数据单的有关标题下。如果在某一特定小标题下具体的信息不能适用或不能获得,则 SDS 应予以明确指出。主管当局可要求提供补充信息。

　　b)有些小标题实际上涉及国家性或区域性信息,如"欧洲联盟委员会编号"和"职业接触极限"。供应商或雇主应将适当的、与 SDS 所针对和产品所供应的国家或区域有关的信息收列在此类小标题下。

　　c)根据 GHS 的要求编制 SDS 的编写见 GB/T 16483。

附录 A

防范说明示例

(资料性附录)

A.1　爆炸物防范说明示例,见图 A.1。

爆炸物

(见 4.1.1)

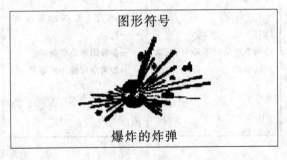

危险类别	信号词	危险性说明
不稳定爆炸物	危险	不稳定爆炸物　**H200**

防范说明			
预防	反应	贮存	处置
P201 在使用前获取特别指示 P202 在读懂所有安全防范措施之前勿搬动 P281 使用所需的个人防护装备	P372 烧到爆炸物时切勿救火。 P373 火灾时可能爆炸。 P380 火灾时,撤离灾区。	P401 贮存…… ……按照地方/区域/国家/国际规章 (待规定)。	P501 处置内装物容器…… ……按照地方/区域/国家/国际规章 (待规定)。

图 A.1

A.2　急性毒性——口服防范说明示例,见图 A.2。

急性毒性——口服

(见 4.2.1)

危险类别	信号词	危险性说明
1	危险	吞咽致命
2	危险	H300

防 范 说 明			
预防	反应	贮存	处置
P264 作业后彻底清洗……。 ……制造商/供应商或主管当局规定作业后需清洗的身体部位。 P270 使用本产品时不得进食、饮水或吸烟。	P301＋P310 如误吞咽:立即呼叫解毒中心或医生。 P321 具体治疗（见本标签上的……）。 ……参看附加急救指示。 ——如需立即施用解毒药。 P330 漱口。	P405 存放处须加锁。	P501 处置内装物/容器……。 ……按照地方/区域/国家/国际规章 (待规定)。

图 A.2

A.3　危害水生环境——急性危险防范说明示例,见图 A.3。

危害水生环境——急性危险

（见 4.3.1）

危险类别	信号词	危险性说明
1	警告	对水生生物毒性极大 H400

防范说明			
预防	反应	贮存	处置
P273 避免释放到环境中。 ——如非其预定用途。	P391 收集溢出物		P501 处置内装物/容器……。 ……按照地方/区域/国家/国际规章 (待规定)。

图 A.3

附录 B

防范象形图

（资料性附录）

B.1 图 B.1 来自欧洲联盟理事会第 92/58/EEC 号指令(1992 年 6 月 24 日)。

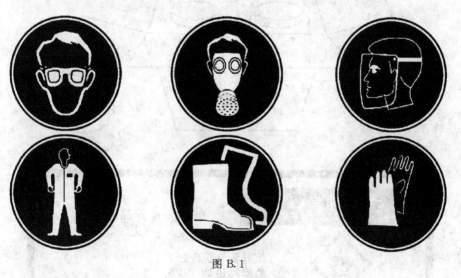

图 B.1

B.2 图 B.2 来自南非标准局(SABS 0265:1999)。

图 B.2

附录 C

GHS 标签样例

（资料性附录）

C.1　例子：第2类易燃液体的组合容器，见图C.1。

C.1.1　外容器：带易燃液体运输标签的箱①。

C.1.2　内容器：带 GHS 危险警告标签的塑料瓶②。

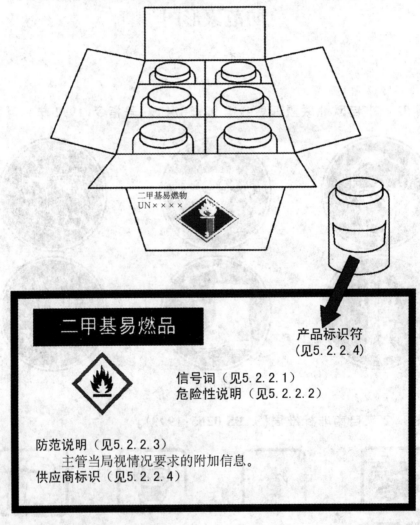

图 C.1

附录 D

安全数据单最低限度的信息

（资料性附录）

1	物质或化合物和 供应商的标识	• GHS 产品标识符。 • 其他标识手段。 • 化学品使用建议和使用限制。 • 供应商的详细情况（包括名称、地址、电话号码等）。 • 紧急电话号码
2	危险标识	• 物质/混合物的 GHS 分类和任何国家或区域信息。 • GHS 标签要素，包括防范说明（危险符号可为黑白两色的符号图形或符号名称，如火焰、骷髅和交叉骨）。 • 不导致分类的其他危险（例如尘爆危险）或不为 GHS 覆盖的其他危险
3	成分构成/成分信息	物质 • 化学名称。 • 普通名称、同物异名等。 • 化学文摘登记号码、欧洲联盟委员会编号等。 • 本身已经分类并有助于物质分类的稳定添加剂。 混合物 • 在 GHS 含义范围内具有危险和存在量超过其临界水平的所有成分的化学 名称和浓度或浓度范围。 注：对于成分信息，主管当局关于机密商业商业信息的规则优先于关于产品标识的规则
4	急救措施	• 注明必要的措施，按不同的接触途径细分，即吸入、皮肤和眼接触及摄入。 • 最重要的急性和延迟症状/效应。 • 必要时注明要立即就医及所需特殊治疗
5	消防措施	• 适当（和不适当）的灭火介质。 • 化学品产生的具体危险（如任何危险燃烧品的性质）。 • 消防人员的特殊保护设备和防范措施
6	事故排除措施	• 人身防范、保护设备和应急程序。 • 环境防范措施。 • 抑制和清洁的方法和材料
7	搬运和存储	• 安全搬运的防范措施。 • 安全存储的条件，包括任何不相容性
8	接触控制/人身保护	• 控制参数，如职业接触极限值或生物极限值。 • 适当的工程控制。 • 个人保护措施，如人身保护设备

9	物理和化学特性	• 外观(物理状态、颜色等)。 • 气味。 • 气味阈值。 • pH 值。 • 熔点/凝固点。 • 初始沸点和沸腾范围。 • 闪点。 • 蒸发速率。 • 易燃性(固态、气态)。 • 上下易燃极限或爆炸极限。 • 蒸气压力。 • 蒸气密度。 • 相对密度。 • 可溶性。 • 分配系数:n—辛醇/水。 • 自动点火温度。 • 分解温度
10	稳定性和反应性	• 化学稳定性。 • 危险反应的可能性。 • 避免的条件(如静态卸载、冲击或振动)。 • 不相容材料。 • 危险的分解产品
11	毒理学信息	简洁但完整和全面地说明各种毒理学(健康)效应和可用来确定这些效应的现有数据。其中包括: • 关于可能的接触途径的信息(吸入、摄入、皮肤和眼接触); • 有关物理、化学和毒理学特点的症状; • 延迟和即时效应以及长期和短期接触引起的慢性效应; • 毒性的数值度量(如急性毒性估计值)
12	生态信息	• 生态毒性(水生和陆生,如果有)。 • 持久性和降解性。 • 生物积累潜力。 • 在土壤中的流动性。 • 其他不利效应
13	处置考虑	• 废物残留的说明和关于它们的安全搬运和处置方法的信息,包括任何污染包装的处置
14	运输信息	1. 联合国编号。 2. 联合国专有的装运名称。 3. 运输危险种类。 4. 包装组,如果适用。 5. 海洋污染物(是/否)。 6. 在其房地内外进行运输或传送时,用户需要遵守的特殊防范措施
15	管理信息	• 针对有关产品的安全、健康和环境条例
16	其他信息,包括关于安全数据单编制和修订的信息	

化学品安全技术说明书　内容和项目顺序

GB/T 16483—2008

前　言

本标准代替 GB/T 17519.1—1998《化学品安全资料表 第一部分 内容和项目顺序》和 GB 16483—2000《化学品安全技术说明书编写规定》。

本标准与 GB/T 17519.1—1998 和 GB 16483—2000 相比,主要差异有:

——16 部分信息的顺序不同;

——增加了物质的定义;

——附录 A 中 A.3 第 2 项危险性概述与《全球化学品统一分类和标签制度》(GHS)中危险性分类一致。

本标准的附录 A 为规范性附录。

本标准由中国石油和化学工业协会提出。

本标准由全国化学标准化技术委员会归口。

本标准起草单位:国家安全生产监督管理总局化学品登记中心、中化化工标准化研究所、上海化工研究院、中国化工经济技术发展中心、中国石油化工股份有限公司青岛安全工程研究院。

本标准主要起草人:魏静、李雪华、李运才、钟之万、杨一、刘刚、陈军、纪国峰。

本标准所代替标准的历次版本发布情况为:

——GB/T 17519.1—1998;

——GB 16483—1996,GB 16483—2000。

引　言

化学品安全技术说明书(safety.data sheet for chemical products,SDS),提供了化学品(物质或混合物)在安全、健康和环境保护等方面的信息,推荐了防护措施和紧急情况下的应对措施。在一些国家,化学品安全技术说明书又被称为物质安全技术说明书(material safety data sheet,MSDS),但在本标准中统一使用化学品安全技术说明书(SDS)。

SDS 是化学品的供应商向下游用户传递化学品基本危害信息(包括运输、操作处置、储存和应急行动信息)的一种载体。同时化学品安全技术说明书还可以向公共机构、服务机构和其他涉及该化学品的相关方传递这些信息。

本标准旨在对化学品的安全、健康、环境方面的信息进行规范,建立统一的格式(例如术语、标题的编号和顺序),对如何提供化学品的信息作出具体规定。

本标准可灵活地应用于不同语言文字之间的信息传播。

ISO 11014—1 标准于 1994 年公布了第一版,之后在全世界范围内被广泛采用。全国化学标准化技术委员会对口将 ISO 11014—1:1994 等同转化为 GB/T 17519.1—1998。

1992 年联合国环境和发展会议(UNCED)通过了第 21 世纪议程,其中(UNCED)推荐了《全球化学品统一分类和标签制度》(GHS)。议程的第 19 章环境中有毒化学品的管理包括 6 项基本措施,安全技术说明书是其中的措施之一。GHS 第一版于 2003 年发布;于 2005 年、2007 年分别进行了第一次、第二次修订,其中包括了 SDS 的编制指南。

一些国家和地区的 SDS 标准已按 GHS 的要求进行了修订。

ISO/TC 47 于 2006 年对 ISO 11014—1:1994 进行了系统的审查,之后决定对该标准进行修订。因此,该国际标准通过对第一版的修订而得以发展,使之与 GHS 对 SDS 危险信息传递的要求一致。全国化学标准化技术委员会决定同步修订 GB/T 17519.1—1998。

ISO/TC 47 对 ISO 11014—1 国际标准的名称也进行了修订,删除了原文的"第 1 部分",因为 1994 年发布第 1 部分以来,计划编制的 ISO 11014 第 2 部分至今一直未发布。

SDS 不必反映或描述不同的国家或地区规章制度的要求。这些要求可能只适用于某些特定的国家和地区,因此,建议 SDS 的编制者要了解不同的国家和地区有关制定 SDS 的规定,这样将有助于使每一种化学品在不同的国家或地区只对应一个 SDS。

SDS 下游用户的责任超出了该国际标准的范围,本标准中描述了一部分下游用户的责任以便明确区分 SDS 供应商和下游用户之间的责任。

1 范围

本标准规定了化学品安全技术说明书(SDS)的结构、内容和通用形式。

本标准适用于化学品安全技术说明书的编制。

本标准既不规定 SDS 的固定格式,也不提供 SDS 的实际样例。

2 术语和定义

下列术语和定义适用于本标准。

2.1 化学品 chemical product

物质或混合物。

2.2 物质 substance

自然状态下或通过任何制造过程获得的化学元素及其化合物,包括为保持其稳定性而有必要的任何添加剂和加工过程中产生的任何杂质,但不包括任何不会影响物质稳定性或不会改变其成分的可分离的溶剂。

2.3 接触控制 exposure control

为保护化学品的接触人员而采取的整套预防措施。

2.4 GHS 分类 GHS classification

根据物质或混合物的物理、健康、环境危害特性,按《全球化学品统一分类和标签制度》(GHS)的分类标准,对物质的危险性进行的分类。

2.5 伤害 harm

是指对人体健康的物理伤害或损害,以及对财产或环境造成的损害。

2.6 危险 hazard

潜在的伤害源。

2.7 危险性说明 hazard statement

对危险种类和类别的说明,描述某种化学品的固有危险,必要时包括危险程度。

2.8 成分 ingredient

组成某种化学品的组分。

2.9 预期用途 intended use

供应商提供的关于产品、工艺和服务的信息中明确可以使用的用途。

2.10　标签 label

用于标示化学品所具有的危险性和安全注意事项的一组文字、图形符号和编码组合,它可粘贴、喷印或挂拴在化学品的外包装或容器上。

2.11　标签要素 label element

标签上用于表示化学品危险性的一类信息,例如图形符号、警示词等。

2.12　防范说明 precautionary statement

用文字或图形符号描述的降低或防止与危险化学品接触,确保正确储存和搬运的有关措施。

2.13　配制品 preparation

含两种或多种物质组成的混合物或溶液。

2.14　象形图 pictogram

由符号及其他图形要素,如边框、背景图案和颜色组成,表述特定信息的图形组合。

2.15　可预见的错误用途 reasonably foreseeable misuse

不在供应商提供的关于产品、工艺和服务的信息中明确可以使用的用途范围之内,但在实际使用过程中,被误用概率非常高的错误用途。

2.16　下游用户 recipient

为工业或专业使用,比如储存、搬运、处理加工或包装而从供应商处接受化学品的中间人员或最终用户。

2.17　风险 risk

能导致伤害发生的概率和伤害的严重程度。

2.18　安全 safety

免除不可接受的风险。

2.19　警示词 signal word

标签上用于表明化学品危险性相对严重程度和提醒接触者注意潜在危险的词语。如:GHS规定,"警示词"使用"危险"和"警告"。

2.20　供应商 supplier

向下游用户供应某种化学品的团体。

2.21　符号 symbol

简明地传达安全信息的图形要素。

3　概况

总体上一种化学品应编制一份 SDS。

3.1　SDS 中包含的信息是与组成有关的非机密信息,其成分可以按照附录 A 中 A.4 第 3 部分的规定,以不同的方式提供。

3.2　供应商应向下游用户提供完整的 SDS,以提供与安全、健康和环境有关的信息。供应商有责任对 SDS 进行更新,并向下游用户提供最新版本的 SDS。

3.3　SDS 的下游用户在使用 SDS 时,还应充分考虑化学品在具体使用条件下的风险评估结果,采取必要的预防措施。SDS 的下游用户应通过合适的途径将危险信息传递给不同作业场所的使用者,当为工作场所提出具体要求时,下游用户应考虑有关的 SDS 的综合性建议。

3.4　由于 SDS 仅和某种化学品有关,它不可能考虑所有工作场所可能发生的情况,所以SDS 仅包含了保证操作安全所必备的一部分信息。

3.5　SDS 应按使用化学品工作场所控制法规总体要求,提供某一种物质或混合物有关的综合性信息。

注:当化学品是一种混合物时,没有必要编制每个相关组分的单独的 SDS。编制和提供混合物的 SDS 即可。当某种成分的信息不可缺少时,应提供该成分的 SDS。

4 SDS 的内容和通用形式

4.1　SDS 将按照下面 16 部分提供化学品的信息,每部分的标题、编号和前后顺序不应随意变更。

1)化学品及企业标识;

2)危险性概述;

3)成分/组成信息;

4)急救措施;

5)消防措施;

6)泄漏应急处理;

7)操作处置与储存;

8)接触控制和个体防护;

9)理化特性;

10)稳定性和反应性;

11)毒理学信息;

12)生态学信息;

13)废弃处置;

14)运输信息;

15)法规信息;

16)其他信息。

注:为方便 SDS 编制者识别不同化学品的 SDS,SDS 应该设定 SDS 编号。

4.2　在 16 部分下面填写相关的信息,该项如果无数据,应写明无数据原因。16 部分中,除第 16 部分"其他信息"外,其余部分不能留下空项。SDS 中信息的来源一般不用详细说明。

注:最好提供信息来源,以便阐明依据。

4.3　对应于 16 部分的内容应依据附录 A 的建议和要求来完成。

4.4　对 16 部分可以根据内容细分出小项,与 16 部分不同的是这些小项不编号。

4.5　16 部分要清楚地分开,大项标题和小项标题的排版要醒目。

4.6　使用小项标题时,应按附录 A 中指定的顺序排列。

4.7　SDS 的每一页都要注明该种化学品的名称,名称应与标签上的名称一致,同时注明日期和 SDS 编号。日期是指最后修订的日期。页码中应包括总的页数,或者显示总页数的最后一页。

注1:化学品的名称应该是化学名称或用在标签上化学品的名称。如果化学名称太长,缩写名称应在第 1 部分或第 3 部分描述。

注2:SDS 编号和修订日期(版本号)写在 SDS 的首页,每页可填写 SDS 编号和页码。

注3:第 1 次修订的修订日期和最初编制日期应写在 SDS 的首页。

4.8　SDS 正文的书写应该简明、扼要、通俗易懂。推荐采用常用词语。SDS 应该使用用户可接受的语言书写。

附录 A

SDS 编写导则

（规范性附录）

A.1　概述

本导则用于指导编写化学品的 SDS，以保证 SDS 中的每项内容都能使下游用户对安全、健康和环境采取必要的防护或保护措施。

——按照本附录的建议和要求编写 SDS。

——本附录列出了 SDS 中 16 部分应包括的主要条目。未列入的条目可以根据需要追加。

——SDS 中这些主要条目称为小项，用下划线突出显示。

——有些信息与 SDS 有关但未作为一条目列入本附录，可在相关项目下追加该条目。

——对于给定化学品，并非所有条目都适用，可以根据具体情况进行选择。

A.2　第 1 部分——化学品及企业标识

主要标明化学品的名称，该名称应与安全标签上的名称一致，建议同时标注供应商的产品代码。应标明供应商的名称、地址、电话号码、应急电话、传真和电子邮件地址。

该部分还应说明化学品的推荐用途和限制用途。

A.3　第 2 部分——危险性概述

该部分应标明化学品主要的物理和化学危险性信息，以及对人体健康和环境影响的信息，如果该化学品存在某些特殊的危险性质，也应在此处说明。

如果已经根据 GHS 对化学品进行了危险性分类，应标明 GHS 危险性类别，同时应注明 GHS 的标签要素，如象形图或符号、防范说明，危险信息和警示词等。象形图或符号如火焰、骷髅和交叉骨可以用黑白颜色表示。GHS 分类未包括的危险性（如粉尘爆炸危险）也应在此处注明。

应注明人员接触后的主要症状及应急综述。

A.4　第 3 部分——成分/组成信息

该部分应注明该化学品是物质还是混合物。

如果是物质，应提供化学名或通用名、美国化学文摘登记号（CAS 号）及其他标识符。

如果某种物质按 GHS 分类标准分类为危险化学品，则应列明包括对该物质的危险性分类产生影响的杂质和稳定剂在内的所有危险组分的化学名或通用名以及浓度或浓度范围。

如果是混合物，不必列明所有组分。

如果按 GHS 标准被分类为危险的组分，并且其含量超过了浓度限值，应列明该组分的名称信息、浓度或浓度范围。对已经识别出的危险组分，也应该提供被识别为危险组分的那些组分的化学名或通用名、浓度或浓度范围。

A.5　第 4 部分——急救措施

该部分应说明必要时应采取的急救措施及应避免的行动，此处填写的文字应该易于被受害人和（或）施救者理解。

根据不同的接触方式将信息细分为：吸入、皮肤接触、眼睛接触和食入。

该部分应简要描述接触化学品后的急性和迟发效应、主要症状和对健康的主要影响，详细资料可在第 11 部分列明。

如有必要,本项应包括对保护施救者的忠告和对医生的特别提示。

如有必要,还要给出及时的医疗护理和特殊的治疗。

A.6 第 5 部分——消防措施

该部分应说明合适的灭火方法和灭火剂,如有不合适的灭火剂也应在此处标明。

应标明化学品的特别危险性(如产品是危险的易燃品)。

标明特殊灭火方法及保护消防人员特殊的防护装备。

A.7 第 6 部分——泄漏应急处理

该部分应包括以下信息:

——作业人员防护措施、防护装备和应急处置程序。

——环境保护措施。

——泄漏化学品的收容、清除方法及所使用的处置材料(如果和第 13 部分不同,列明恢复、中和和清除方法)。

提供防止发生次生危害的预防措施。

A.8 第 7 部分——操作处置与储存

——操作处置

应描述安全处置注意事项,包括防止化学品人员接触、防止发生火灾和爆炸的技术措施和提供局部或全面通风、防止形成气溶胶和粉尘的技术措施等。还应包括防止直接接触不相容物质或混合物的特殊处置注意事项。

——储存

应描述安全储存的条件(适合的储存条件和不适合的储存条件)、安全技术措施、同禁配物隔离储存的措施、包装材料信息(建议的包装材料和不建议的包装材料)。

A.9 第 8 部分——接触控制和个体防护

列明容许浓度,如职业接触限值或生物限值。

列明减少接触的工程控制方法,该信息是对第 7 部分内容的进一步补充。

如果可能,列明容许浓度的发布日期、数据出处、试验方法及方法来源。

列明推荐使用的个体防护设备。例如:

——呼吸系统防护;

——手防护;

——眼睛防护;

——皮肤和身体防护。

标明防护设备的类型和材质。

化学品若只在某些特殊条件下才具有危险性,如量大、高浓度、高温、高压等,应标明这些情况下的特殊防护措施。

A.10 第 9 部分——理化特性

该部分应提供以下信息:

——化学品的外观与性状,例如:物态、形状和颜色;

——气味;

——pH 值,并指明浓度;

——熔点/凝固点;

——沸点、初沸点和沸程;

———闪点；

———燃烧上下极限或爆炸极限；

———蒸气压；

———蒸气密度；

———密度/相对密度；

———溶解性；

———n-辛醇/水分配系数；

———自燃温度；

———分解温度；

如果有必要，应提供下列信息：

———气味阈值；

———蒸发速率；

———易燃性（固体、气体）。

也应提供化学品安全使用的其他资料，例如放射性或体积密度等。

应使用 SI 国际单位制单位，见 ISO1000:1992 和 ISO1000:1992/Amd 1:1998。可以使用非 SI 单位，但只能作为 SI 单位的补充。

必要时，应提供数据的测定方法。

A.11　第 10 部分——稳定性和反应性

该部分应描述化学品的稳定性和在特定条件下可能发生的危险反应。

应包括以下信息：

———应避免的条件（例如：静电、撞击或震动）；

———不相容的物质；

———危险的分解产物，一氧化碳、二氧化碳和水除外。

填写该部分时应考虑提供化学品的预期用途和可预见的错误用途。

A.12　第 11 部分——毒理学信息

A.13　第 12 部分——生态学信息

该部分提供化学品的环境影响、环境行为和归宿方面的信息，如：

———化学品在环境中的预期行为，可能对环境造成的影响/生态毒性；

———持久性和降解性；

———潜在的生物累积性；

———土壤中的迁移性。

如果可能，提供更多的科学实验产生的数据或结果，并标明引用文献资料来源。

如果可能，提供任何生态学限值。

A.14　第 13 部分——废弃处置

该部分包括为安全和有利于环境保护而推荐的废弃处置方法信息。

这些处置方法适用于化学品（残余废弃物），也适用于任何受污染的容器和包装。

提醒下游用户注意当地废弃处置法规。

A.15　第 14 部分——运输信息

该部分包括国际运输法规规定的编号与分类信息，这些信息应根据不同的运输方式，如陆运、海运和空运进行区分。

应包含以下信息：

——联合国危险货物编号(UN 号);

——联合国运输名称;

——联合国危险性分类;

——包装组(如果可能);

——海洋污染物(是/否)。

——提供使用者需要了解或遵守的其他与运输或运输工具有关的特殊防范措施。

可增加其他相关法规的规定。

A.16　第 15 部分——法规信息

该部分应标明使用本 SDS 的国家或地区中,管理该化学品的法规名称。

提供与法律相关的法规信息和化学品标签信息。

提醒下游用户注意当地废弃处置法规。

A.17　第 16 部分——其他信息

该部分应进一步提供上述各项未包括的其他重要信息。

例如:可以提供需要进行的专业培训、建议的用途和限制的用途等。

参考文献可在本部分列出。

化学品安全标签编写规定

GB 15258—2009

前　言

本标准的 4.1、4.2、4.3、5.1、5.2、5.4.1、5.4.2 为强制性的,其余为推荐性的。

本标准对应于联合国《全球化学品统一分类和标签制度》(GHS,第二修订版),与其一致性程度为非等效。

本标准代替 GB 15258—1999《化学品安全标签编写规定》。

本标准与 GB 15258—1999 相比,主要差异如下:

——4.2 中标签内容作了调整;

——5.3 中增加了"标签尺寸";

——4.3 中增加了"简化标签";

——调整了附录 A、附录 B、附录 C,根据 GHS 设计了安全标签样例、安全标签与运输标志粘贴样例,提供了不同类别危险化学品的防范说明。

本标准的附录 A、附录 B、附录 C 为资料性附录。

本标准自实施之日起实施过渡期为 1 年。

本标准由全国危险化学品管理标准化技术委员会(SAC/TC 251)提出并归口。

本标准负责起草单位:国家安全生产监督管理总局化学品登记中心。

本标准参加起草单位:中国石油化工股份有限公司青岛安全工程研究院、化学品安全控制国家重点实验室。

本标准主要起草人:纪国峰、李运才、郭秀云、李永兴、李雪华、陈军、彭湘潍、曹永友、张海峰。

本标准所代替标准的历次版本发布情况为:

——GB/T 15258—1994、GB 15258—1999。

1　范围

本标准规定了化学品安全标签的术语和定义、标签内容、制作和使用要求。

本标准适用于化学品安全标签的编写、制作与使用。

产品安全标签另有标准规定的,例如农药、气瓶等,按其标准执行。

2　规范性引用文件

下列文件中的条款通过本标准的引用而成为本标准的条款。凡是注日期的引用文件,其随后所有的修改单(不包括勘误的内容)或修订版均不适用于本标准,然而,鼓励根据本标准达成协议的各方研究是否可使用这些文件的最新版本。凡是不注日期的引用文件,其最新版本适用于本标准。

GB　12268　危险货物品名表

GB　20576　化学品分类、警示标签和警示性说明安全规范　爆炸物

GB　20577　化学品分类、警示标签和警示性说明安全规范　易燃气体

GB　20578　化学品分类、警示标签和警示性说明安全规范　易燃气溶胶

GB 20579 化学品分类、警示标签和警示性说明安全规范 氧化性气体

GB 20580 化学品分类、警示标签和警示性说明安全规范 压力下气体

GB 20581 化学品分类、警示标签和警示性说明安全规范 易燃液体

GB 20582 化学品分类、警示标签和警示性说明安全规范 易燃固体

GB 20583 化学品分类、警示标签和警示性说明安全规范 自反应性物质

GB 20584 化学品分类、警示标签和警示性说明安全规范 自热物质

GB 20585 化学品分类、警示标签和警示性说明安全规范 自燃液体

GB 20586 化学品分类、警示标签和警示性说明安全规范 自燃固体

GB 20587 化学品分类、警示标签和警示性说明安全规范 遇水放出易燃气体的物质

GB 20588 化学品分类、警示标签和警示性说明安全规范 金属腐蚀物

GB 20589 化学品分类、警示标签和警示性说明安全规范 氧化性液体

GB 20590 化学品分类、警示标签和警示性说明安全规范 氧化性固体

GB 20591 化学品分类、警示标签和警示性说明安全规范 有机过氧化物

GB 20592 化学品分类、警示标签和警示性说明安全规范 急性毒性

GB 20593 化学品分类、警示标签和警示性说明安全规范 皮肤腐蚀/刺激

GB 20594 化学品分类、警示标签和警示性说明安全规范 严重眼睛损伤/眼睛刺激性

GB 20595 化学品分类、警示标签和警示性说明安全规范 呼吸或皮肤过敏

GB 20596 化学品分类、警示标签和警示性说明安全规范 生殖细胞突变性

GB 20597 化学品分类、警示标签和警示性说明安全规范 致癌性

GB 20598 化学品分类、警示标签和警示性说明安全规范 生殖毒性

GB 20599 化学品分类、警示标签和警示性说明安全规范 特异性靶器官系统毒性　一次接触

GB 20601 化学品分类、警示标签和警示性说明安全规范 特异性靶器官系统毒性　反复接触

GB 20602 化学品分类、警示标签和警示性说明安全规范 对水环境的危害

联合国《关于危险货物运输的建议书　规章范本》

3　术语和定义

下列术语和定义适用于本标准。

3.1　标签 label

用于标示化学品所具有的危险性和安全注意事项的一组文字、象形图和编码组合,它可粘贴、挂栓或喷印在化学品的外包装或容器上。

3.2　标签要素 label element

安全标签上用于表示化学品危险性的一类信息,例如象形图、信号词等。

3.3　信号词 signal word

标签上用于表明化学品危险性相对严重程度和提醒接触者注意潜在危险的词语。

3.4　图形符号 symbol

旨在简明地传达安全信息的图形要素。

3.5　象形图 pictogram

由图形符号及其他图形要素,如边框、背景图案和颜色组成,表述特定信息的图形组合。

3.6　危险性说明 hazard statement

对危险种类和类别的说明,描述某种化学品的固有危险,必要时包括危险程度。

3.7 防范说明 precautionary statement

用文字或象形图描述的降低或防止与危险化学品接触,确保正确储存和搬运的有关措施。

3.8 物理危险 physical hazard

化学品所具有的爆炸性、燃烧性(易燃或可燃性、自燃性、遇湿易燃性)、自反应性、氧化性、高压气体危险性、金属腐蚀性等危险性。

3.9 健康危害 health hazard

根据已确定的科学方法进行研究,由得到的统计资料证实,接触某种化学品对人员健康造成的急性或慢性危害。

3.10 环境危害 environmental hazard

化学品进入环境后通过环境蓄积、生物累积、生物转化或化学反应等方式,对环境产生的危害。

4 标签

4.1 标签要素

包括化学品标识、象形图、信号词、危险性说明、防范说明、应急咨询电话、供应商标识、资料参阅提示语等。

4.2 内容

4.2.1 化学品标识

用中文和英文分别标明化学品的化学名称或通用名称。名称要求醒目清晰,位于标签的上方。名称应与化学品安全技术说明书中的名称一致。

对混合物应标出对其危险性分类有贡献的主要组分的化学名称或通用名、浓度或浓度范围。当需要标出的组分较多时,组分个数以不超过 5 个为宜。对于属于商业机密的成分可以不标明,但应列出其危险性。

4.2.2 象形图

采用 GB 20576～GB 20599、GB 20601～GB 20602 规定的象形图。

4.2.3 信号词

根据化学品的危险程度和类别,用"危险"、"警告"两个词分别进行危害程度的警示。信号词位于化学品名称的下方,要求醒目、清晰。根据 GB 20576～GB 20599、GB 20601～GB 20602,选择不同类别危险化学品的信号词。

4.2.4 危险性说明

简要概述化学品的危险特性。居信号词下方。根据 GB 20576～GB 20599、GB 20601～GB 20602,选择不同类别危险化学品的危险性说明。

4.2.5 防范说明

表述化学品在处置、搬运、储存和使用作业中所必须注意的事项和发生意外时简单有效的救护措施等,要求内容简明扼要、重点突出。该部分应包括安全预防措施、意外情况(如泄漏、人员接触或火灾等)的处理、安全储存措施及废弃处置等内容。防范说明详见附录 C。

4.2.6 供应商标识

供应商名称、地址、邮编和电话等。

4.2.7 应急咨询电话

填写化学品生产商或生产商委托的 24 h 化学事故应急咨询电话。

国外进口化学品安全标签上应至少有一家中国境内的 24 h 化学事故应急咨询电话。

4.2.8 资料参阅提示语

提示化学品用户应参阅化学品安全技术说明书。

4.2.9　危险信息先后排序

当某种化学品具有两种及两种以上的危险性时,安全标签的象形图、信号词、危险性说明的先后顺序规定如下:

4.2.9.1　象形图先后顺序

物理危险象形图的先后顺序,根据 GB 12268 中的主次危险性确定,未列入 GB 12268 的化学品,以下危险性类别的危险性总是主危险:爆炸物、易燃气体、易燃气溶胶、氧化性气体、高压气体、自反应物质和混合物、发火物质、有机过氧化物。其他主危险性的确定按照联合国《关于危险货物运输的建议书规章范本》危险性先后顺序确定方法确定。

对于健康危害,按照以下先后顺序:如果使用了骷髅和交叉骨图形符号,则不应出现感叹号图形符号;如果使用了腐蚀图形符号,则不应出现感叹号来表示皮肤或眼睛刺激;如果使用了呼吸致敏物的健康危害图形符号,则不应出现感叹号来表示皮肤致敏物或者皮肤/眼睛刺激。

4.2.9.2　信号词先后顺序

存在多种危险性时,如果在安全标签上选用了信号词"危险",则不应出现信号词"警告"。

4.2.9.3　危险性说明先后顺序

所有危险性说明都应当出现在安全标签上,按物理危险、健康危害、环境危害顺序排列。

4.3　简化标签

对于小于或等于 100 mL 的化学品小包装,为方便标签使用,安全标签要素可以简化,包括化学品标识、象形图、信号词、危险性说明、应急咨询电话、供应商名称及联系电话、资料参阅提示语即可。

4.4　安全标签样例

安全标签样例见附录 A。

5　制作

5.1　编写

标签正文应使用简捷、明了、易于理解、规范的汉字表述,也可以同时使用少数民族文字或外文,但意义必须与汉字相对应,字形应小于汉字。相同的含义应用相同的文字或图形表示。

当某种化学品有新的信息发现时,标签应及时修订。

5.2　颜色

标签内象形图的颜色根据 GB 20576～GB 20599、GB 20601～GB 20602 的规定执行,一般使用黑色图形符号加白色背景,方块边框为红色。正文应使用与底色反差明显的颜色,一般采用黑白色。若在国内使用,方块边框可以为黑色。

5.3　标签尺寸

对不同容量的容器或包装。标签最低尺寸如表 1 所示。

表 1　标签最低尺寸

容器或包装容积/L	标签尺寸/(mm×mm)
≤0.1	使用简化标签
>0.1～≤3	50×75
>3～≤50	75×100
>50～≤500	100×150
>500～≤1000	150×200
>1000	200×300

5.4　印刷

5.4.1　标签的边缘要加一个黑色边框,边框外应留大于或等于 3 mm 的空白,边框宽度大于或等于 1 mm。

5.4.2　象形图必须从较远的距离,以及在烟雾条件下或容器部分模糊不清的条件下也能看到。

5.4.3　标签的印刷应清晰,所使用的印刷材料和胶粘材料应具有耐用性和防水性。

6　使用

6.1　使用方法

6.1.1　安全标签应粘贴、挂栓或喷印在化学品包装或容器的明显位置。

6.1.2　当与运输标志组合使用时,运输标志可以放在安全标签的另一面版,将之与其他信息分开,也可放在包装上靠近安全标签的位置,后一种情况下,若安全标签中的象形图与运输标志重复,安全标签中的象形图应删掉。

6.1.3　对组合容器,要求内包装加贴(挂)安全标签,外包装上加贴运输象形图,如果不需要运输标志可以加贴安全标签。见附录 B。

6.2　位置

安全标签的粘贴、喷印位置规定如下:

a)桶、瓶形包装:位于桶、瓶侧身;

b)箱状包装:位于包装端面或侧面明显处;

c)袋、捆包装:位于包装明显处。

6.3　使用注意事项

6.3.1　安全标签的粘贴、挂栓或喷印应牢固,保证在运输、储存期间不脱落,不损坏。

6.3.2　安全标签应由生产企业在货物出厂前粘贴、挂栓或喷印。若要改换包装,则由改换包装单位重新粘贴、挂栓或喷印标签。

6.3.3　盛装危险化学品的容器或包装,在经过处理并确认其危险性完全消除之后,方可撕下安全标签,否则不能撕下相应的标签。

附录 A

化学品安全标签样例

(资料性附录)

A.1　安全标签样例

化学品名称 A组分:40%;B组分:60%

 危 险

极易燃液体和蒸气,食入致死,对水生生物毒性非常大

【预防措施】
- 远离热源、火花、明火、热表面。使用不产生火花的工具作业。
- 保持容器密闭。
- 采取防止静电措施,容器和接收设备接地、连接。
- 使用防爆电器、通风、照明及其他设备。
- 戴防护手套、防护眼镜、防护面罩。
- 操作后彻底清洗身体接触部位。
- 作业场所不得进食、饮水或吸烟。
- 禁止排入环境。

【事故响应】
- 如皮肤(或头发)接触:立即脱掉所有被污染的衣服。用水冲洗皮肤、淋浴。
- 食入:催吐,立即就医。
- 收集泄漏物。
- 火灾时,使用干粉、泡沫、一氧化碳灭火。

【安全储存】
- 在阴凉、通风良好处储存。
- 上锁保管。

【废弃处置】
- 本品或其容器采用焚烧法处置。

请参阅化学品安全技术说明书

供应商:××××××××××××××   电话:×××××××

地　址:××××××××××××××   邮编:×××××××

化学事故应急咨询电话:×××××××

A.2　简化标签样例

化学品名称

 危 险

极易燃液体和蒸气,食入致死,对
水生生物毒性非常大

请参阅化学品安全技术说明书

供应商:××××××××××   电话:××××××

化学事故应急咨询电话:××××××

附录 B

化学品安全标签与运输标志粘贴样例

（资料性附录）

B.1　单一容器安全标签粘贴样例

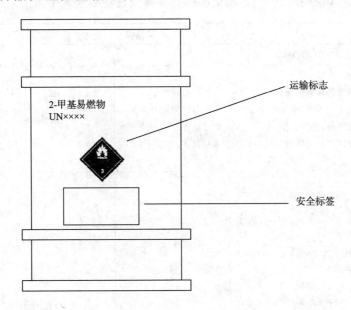

B.2　组合容器安全标签粘贴样例

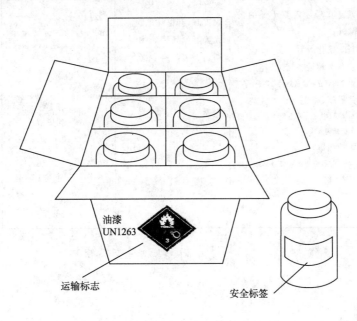

附录 C

化学品安全标签防范说明

（资料性附录）

C.1　本防范说明可以根据化学品的实际情况进行组合、调整。表格中用语是防范说明的核心部分，"注"是解释说明的内容，根据情况选择是否出现在安全标签上。

危险类别		防范说明			
		预防措施	事故响应	安全储存	废弃处置
	不稳定爆炸物	得到专门指导后操作。 在阅读并了解所有安全预防措施之前，切勿操作。 按要求使用个体防护装备。	火灾时有爆炸危险。 火势蔓延到爆炸物时，切勿灭火。 撤离现场。	储存…… 注：……按照地方、区域、国家、国际法规（规定）填写。	本品、容器的处置…… 注：……按照地方、区域、国家、国际法规（规定）填写。
爆炸物	1.1项 1.2项 1.3项	远离热源、火花、明火、热表面。——禁止吸烟。 注：制造商、供应商或主管当局指定适当的点火源。 用……保持湿润 注：……指制造商、供应商或主管当局指定适用的物质。 如果干燥，增加爆炸危险，制造或操作程序需要干燥的情况除外。 （例如：硝化纤维） 容器和接收设备接地、连接 注：爆炸物对静电是敏感时适用。 避免研磨、撞击、……摩擦 注：制造商、供应商或主管当局建议避免的处理方式。 戴防护面罩 注：制造商、供应商或主管当局指定的防护装备。	火灾时，撤离现场。 火灾时，有爆炸危险。 火势蔓延到爆炸物时，切勿灭火。	储存…… 注：……按照地方、区域、国家、国际法规（规定）填写。	本品、容器的处置…… 注：……按照地方、区域、国家、国际法规（规定）填写。

危险类别		防范说明			
		预防措施	事故响应	安全储存	废弃处置
爆炸物	1.4项	远离热源、火花、明火、热表面。——禁止吸烟。 注:制造商、供应商或主管当局指定适当的点火源。 容器和接收设备接地、连接 注:如果爆炸物对静电是敏感的。 避免研磨、撞击、……、摩擦 注:……指制造商、供应商或主管当局建议避免的处理方式。 戴防护面罩 注:制造商、供应商或主管当局指定的防护装备。	火灾时,撤离现场。 火灾时,有爆炸危险。 注:爆炸物是1.4 S的弹药及其组件除外。 火势蔓延到爆炸物时,切勿灭火。 采取通常的预防措施,在适当的距离处灭火。 注:爆炸物是1.4 S弹药及其组件时适用。	储存…… 注:……按照地方、区域、国家、国际法规(规定)填写。	本品、容器的处置…… 注:……按照地方、区域、国家、国际法规(规定)填写。
	1.5项	远离热源、火花、明火、热表面。——禁止吸烟。 注:制造商、供应商或主管当局指定适当的点火源。 用……保湿 注:……指制造商、供应商或主管当局指定适用的物质。 如果干燥,增加爆炸危险,制造或操作程序需要干燥的情况除外(例如,硝化纤维)。 容器和接收设备接地、连接 注:如果爆炸物对静电是敏感时适用。 避免研磨、撞击、…、摩擦 注:制造商、供应商或主管当局建议避免的处理方式。 戴面罩 注:制造商、供应商或主管当局指定的防护装备。	火灾时,撤离现场。 火灾时,有爆炸危险。 火势蔓延到爆炸物时,切勿灭火。	储存…… 注:……按照地方、区域、国家、国际法规(规定)填写。	本品、容器的处置…… 注:……按照地方、区域、国家、国际法规(规定)填写。
易燃气体	1	远离热源、火花、明火、热表面。——禁止吸烟。 注:制造商、供应商或主管当局指定适当的点火源。	泄漏气体着火:切勿灭火,除非能安全地切断泄漏源。 如果没有危险,消除一切点火源。	在通风良好处储存。	
	2	远离热源、火花、明火、热表面。——禁止吸烟。 注:制造商、供应商或主管当局指定适当的点火源。	泄漏气体着火:切勿灭火,除非能安全地切断泄漏源。 如果没有危险,消除一切点火源。	在通风良好处储存。	

续表

危险类别		防范说明			
		预防措施	事故响应	安全储存	废弃处置
易燃气溶胶	1 2	远离热源、火花、明火、热表面。——禁止吸烟。 注:制造商、供应商或主管当局指定适当的点火源。 避免往明火或其他火源上喷射。 压力容器:禁止截穿或烧毁,即使在使用后。		避免日照。不可暴露在超过50℃的温度下。	
氧化性气体	1	远离衣物、……、可燃物保存。 注:……指制造商、供应商或主管当局指定的其他不相容的物质。 减压阀不得带有油脂。	火灾时,如能确保安全,堵漏。	在通风良好处储存。	
压力下气体	压缩气体液化气体溶解气体			避免日照。在通风良好处储存。	
	冷冻液化气体	戴防寒手套、防护面罩、防护眼镜。	用温水使受冻部位复温。 不得搓擦冻伤处。 立即就医。	在通风良好处储存。	
易燃液体	1 2 3	远离热源、火花、明火、热表面。——禁止吸烟。 注:制造商、供应商或主管当局指定适当的点火源。 保持容器密闭。 容器和接收设备接地、连接 注:如果再充装的是静电敏感物料时适用; 如果产品是易挥发的,以致产生危险的环境时适用。 使用防爆电器、通风、照明、……、设备 注:……制造商、供应商或主管当局指定的其他设备。 只能使用不产生火花的工具。 采取防止静电措施。 戴防护手套、防护眼镜、防护面罩。 注:制造商、供应商或主管当局指定的防护装备。	如皮肤(或头发)接触:立即脱掉所有被污染的衣服。用水冲洗皮肤、淋浴。 火灾时,使用……灭火 注:……制造商、供应商或主管当局指定的适当的灭火剂。 如果用水增加危险时适用。	在阴凉、通风良好处储存。	本品、容器的处置…… 注:……按照地方、区域、国家、国际法规(规定)填写。
	4	远离火焰和热表面。——禁止吸烟。 戴防护手套、防护眼镜、防护面罩。 注:制造商、供应商或主管当局指定的防护装备。	火灾时,使用……灭火 注:……指制造商、供应商或主管当局确定的适当的灭火剂。 注:如果用水增加危险时适用。	在阴凉、通风良好处储存。	本品、容器的处置…… 注:……按照地方、区域、国家、国际法规(规定)填写。

危险类别		防范说明			
		预防措施	事故响应	安全储存	废弃处置
易燃固体	1 2	远离热源、火花、明火、热表面。——禁止吸烟。 注:制造商、供应商或主管当局指定适当的点火源。 容器和接收设备接地、连接 注:如果再充装的是静电敏感物料时适用。 使用防爆电器、通风、照明、……、设备 注:制造商、供应商或主管当局指定的其他设备。如能产生粉尘云时适用。 戴防护手套、防护眼镜、防护面罩。 注:制造商、供应商或主管当局指定的防护装备。	火灾时,使用……灭火 注:……制造商、供应商或主管当局指定的适当的灭火剂。如果用水增加危险时适用。		
自反应性物质	A型	远离热源、火花、明火、热表面。——禁止吸烟。 注:制造商、供应商或主管当局指定适当的点火源。 远离……衣物、……、可燃物保存。 注:……指制造商、供应商或主管当局指定的其他不相容的物质。 仅在原容器中保存。 戴防护手套、防护眼镜,防护面罩。 注:制造商、供应商或主管当局指定的防护装备。	火灾时·使用……灭火 注:……制造商、供应商或主管当局指定的适当的灭火剂。 注:如果用水增加危险时适用。 火灾时,撤离现场,因有爆炸危险,应远距离灭火。	在阴凉、通风良好处储存。 储存温度不超过……℃。 注:……制造商、供应商或主管当局指定的温度。 远离其他物质储存。	本品、容器的处置…… 注:……按照地方、区域、国家、国际法规(规定)填写。
	B型	远离热源、火花、明火、热表面。——禁止吸烟。 注:制造商、供应商或主管当局指定适当的点火源。 远离衣物、……、可燃物保存。 注:……指制造商、供应商或主管当局指定的其他不相容的物质。 仅在原容器中保存。 戴防护手套、防护眼镜、防护面罩。 注:制造商、供应商或主管当局的指定的防护装备。	火灾时,使用……灭火 注:……指制造商,供应商或主管当局指定的适当的灭火剂。 如果用水增加危险时适用。 火灾时:撤离现场,因有爆炸危险,应远距离灭火。	在阴凉、通风良好处储存。 储存温度不超过……C。 注:……指制造商、供应商或主管当局指定的温度。 远离其他物质储存。	本品、容器的处置…… 注:……按照地方、区域、国家、国际法规(规定)填写。

危险类别		防范说明			
		预防措施	事故响应	安全储存	废弃处置
自反应性物质	C型 D型 E型 F型	远离热源、火花、明火、热表面。——禁止吸烟。 注:制造商、供应商或主管当局指定适当的点火源。 远离衣物、…、可燃物保存。 注:……指制造商、供应商或主管当局指定的其他不相容的物质。 仅在原容器中保存。 戴防护手套、防护眼镜、防护面罩。 注:制造商、供应商或主管当局指定的防护装备。	火灾时,使用……灭火 注:……指制造商、供应商或主管当局指定的适当的灭火剂。 如果用水增加危险时适用。	在阴凉、通风良好处储存。 储存温度不超过…℃。 注:……指制造商、供应商或主管当局指定的温度。 远离其他物质储存。	本品、容器的处置…… 注:……按照地方、区域、国家、国际法规(规定)填写。
自燃液体	1	远离热源、火花、明火、热表面。——禁止吸烟。 注:制造商、供应商或主管当局指定适当的点火源。 不得与空气接触。 戴防护手套、防护眼镜、防护面罩。 注:制造商、供应商或主管当局指定的防护装备。	如果皮肤接触,将接触部位浸入冷水中、用湿绷带包扎。 火灾时,使用……灭火 注:……指制造商、供应商或主管当局指定的适当的灭火剂。 如果用水增加危险时适用。	在……下储存 注:……指制造商、供应商或主管当局指定适当的液体或惰性气体。	
自燃固体	1	远离热源、火花、明火、热表面。——禁止吸烟。 注:制造商、供应商或主管当局指定适当的点火源。 不得与空气接触。 戴防护手套、防护眼镜、防护面罩。 注:制造商、供应商或主管当局指定的防护装备。	擦掉皮肤上的微粒,将接触部位浸入冷水中、用湿绷带包扎。 火灾时,使用……灭火 注:……指制造商、供应商或主管当局指定的适当的灭火剂。 如果用水增加危险时适用。	在……下储存 注:……指制造商、供应商或主管当局指定适当的液体或惰性气体。	
自热物质	1 2	保持阴凉,避免日照。 戴防护手套和防护眼镜、防护面罩。 注:制造商、供应商或主管当局指定的防护装备。		踩、货架之间留有空隙。 储存散货量大于…千克、…磅时,温度不超过…℃。 注:……指制造商、供应商或主管当局规定的质量和温度。 远离其他物质储存。	

续表

危险类别		防范说明			
		预防措施	事故响应	安全储存	废弃处置
遇水放出易燃气体的物质	1 2	因与水发生剧烈反应和可能发生暴燃,应避免与水接触。在惰性气体中操作。防潮。戴防护手套、防护眼镜、防护面罩。 注:制造商、供应商或主管当局指定的防护装备。	擦掉皮肤上的微粒,将接触部位浸入冷水中、用湿绷带包扎。 火灾时,使用……灭火 注:……指制造商、供应商或主管当局指定的适当的灭火剂。 如果用水增加危险时适用。	在干燥处和密闭的容器中储存。	本品、容器的处置…… 注:……按照地方、区域、国家、国际法规(规定)填写。
	3	在惰性气体中操作。防潮。戴防护手套、防护眼镜、防护面罩 注:制造商、供应商或主管当局指定的防护装备。	火灾时,使用……灭火 注:……指制造商、供应商或主管当局指定的适当的灭火剂。 如果用水增加危险时适用。	在干燥处和密闭的容器中储存。	本品、容器的处置…… 注:……按照地方、区域、国家、国际法规(规定)填写。
氧化性液体	1	远离热源。 远离衣物和其他可燃物保存。 采取一切预防措施,避免与可燃物、……混合 注:……指制造商、供应商或主管当局指定的其他不相容物质。 戴防护手套、防护眼镜,防护面罩 注:制造商、供应商或主管当局指定的防护装备。 穿防火、阻燃服。	如溅到衣服上:立即用大量清水冲洗污染的衣服和皮肤,然后脱去衣服。 如果发生大火和大量物质着火: 撤离现场。因有爆炸危险,应远距离灭火。 火灾时,使用……灭火 注:……指制造商、供应商或主管当局指定的适当的灭火剂。 如果用水增加危险时适用。		本品、容器的处置…… 注:……按照地方、区域、国家、国际法规(规定)填写。
	2 3	远离热源。 远离衣物、……可燃物保存。 注:……指制造商、供应商或主管当局指定的其他不相容的物质。 采取一切预防措施,避免与可燃物、……混合 注:……指制造商、供应商或主管当局指定的其他不相容物质。 戴防护手套、防护眼镜、防护面罩 注:制造商、供应商或主管当局指定的防护装备。	火灾时,使用……灭火 注:……指制造商、供应商或主管当局指定的适当的灭火剂。 如果用水增加危险时适用。		本品、容器的处置…… 注:……按照地方、区域、国家、国际法规(规定)填写。

续表

危险类别		防范说明			
		预防措施	事故响应	安全储存	废弃处置
氧化性固体	1	远离热源。 远离衣物和其他可燃物。 采取一切预防措施，避免与可燃物、……混合 注：……指制造商、供应商或主管当局指定的其他不相容物质。 戴防护手套和防护眼镜、防护面罩。 注：制造商、供应商或主管当局指定的防护装备。 穿防火、阻燃服。	如溅到衣服上：立即用大量清水冲洗污染的衣服和皮肤，然后脱去衣服。 如果发生大火和大量物质着火： 撤离现场。因有爆炸危险，应远距离灭火。 火灾时，使用……灭火 注：……指制造商、供应商或主管当局指定的适当的灭火剂。 如果用水增加危险时适用。		本品、容器的处置…… 注：……按照地方、区域、国家、国际法规（规定）填写。
	2 3	远离热源。 远离衣物、……、可燃物保存。 注：……指制造商、供应商或主管当局指定的其他不相容物质。 采取一切预防措施，避免与可燃物、……混合 注：……指制造商、供应商或主管当局指定的其他不相容物质。 戴防护手套、防护眼镜、防护面罩。 注：制造商、供应商或主管当局指定的防护装备。	火灾时，使用……灭火 注：……指制造商、供应商或主管当局指定的适当的灭火剂。 如果用水增加危险时适用。		本品、容器的处置…… 注：……按照地方、区域、国家、国际法规（规定）填写。
有机过氧化物	A型	远离热源、火花、明火、热表面。——禁止吸烟。 注：制造商、供应商或主管当局指定适用的点火源。 远离衣物、……、可燃物保存。 注：……指制造商、供应商或主管当局指定的不相容物质。 仅在原容器中保存。 戴防护手套、防护眼镜、防护面罩。 注：制造商、供应商或主管当局指定的防护装备。		保持阴凉、储存温度不超过……℃。 注：……指制造商、供应商或主管当局指定的温度。 避免日照。 远离其他物质储存。	本品、容器的处置…… 注：……按照地方、区域、国家、国际法规（规定）填写。

危险类别		防范说明			
		预防措施	事故响应	安全储存	废弃处置
有机过氧化物	B型	远离热源、火花、明火、热表面。——禁止吸烟。 远离衣物、……可燃物保存 <small>注：……指制造商、供应商或主管当局确定的不相容物质。</small> 仅在原容器中保存。 戴防护手套、防护眼镜、防护面罩。 <small>注：制造商、供应商或主管当局指定的防护装备。</small>		保持阴凉。储存温度不超过…℃。 <small>注：……指制造商、供应商或主管当局指定的温度。</small> 避免日照。 远离其他物质储存。	本品、容器的处置…… <small>注：……按照地方、区域、国家、国际法规（规定）填写。</small>
	C型 D型 E型 F型	远离热源、火花、明火、热表面。——禁止吸烟。 <small>注：制造商、供应商或主管当局指定适用的点火源。</small> 远离衣物、……可燃物保存。 <small>注：……指制造商、供应商或主管当局指定的不相容物质。</small> 仅在原容器中保存。 戴防护手套、防护眼镜、防护面罩。 <small>注：制造商、供应商或主管当局指定的防护装备。</small>		保持阴凉。储存温度不超过…℃。 <small>注：……指制造商、供应商或主管当局指定的温度。</small> 避免日照。 远离其他物质储存。	本品、容器的处置…… <small>注：……按照地方、区域、国家、国际法规（规定）填写。</small>
金属腐蚀物	1	仅在原容器中保存。	吸收泄漏物，防止材料损坏。	储存于抗腐蚀、……有抗腐蚀内衬的容器中。 <small>注：……指制造商、供应商或主管当局确定的其他相容材料。</small>	
急性毒性 ——经口	1 2	操作后彻底清洗……。 <small>注：……指制造商、供应商或主管当局确定操作后要清洗的身体部位。</small> 作业场所不得进食、饮水或吸烟。	食入：立即呼叫中毒控制中心或就医。 具体治疗（见本标签……） <small>注：……参见补充急救说明。 如果需要立即服用解毒药。</small> 漱口。	上锁保管。	本品、容器的处置…… <small>注：……按照地方、区域、国家、国际法规（规定）填写。</small>
	3	操作后彻底清洗……。 <small>注：……指制造商、供应商或主管当局确定操作后要清洗的身体部位。</small> 作业场所不得进食、饮水或吸烟。	食入：立即呼叫中毒控制中心或就医。 具体治疗（见本标签……） <small>注：……参见补充急救说明。 如果需要立即服用解毒药。</small> 漱口。	上锁保管。	本品、容器的处置…… <small>注：……按照地方、区域、国家、国际法规（规定）填写。</small>

续表

危险类别		防范说明			
		预防措施	事故响应	安全储存	废弃处置
急性毒性——经口	4	操作后彻底清洗……。 注：……制造商，供应商或主管当局确定操作后要清洗的身体部位。 作业场所不得进食、饮水或吸烟。	食入：如果感觉不适，立即呼叫中毒控制中心或就医。 漱口。		本品、容器…… 注：……按照地方、区域、国家、国际法规（规定）填写。
	5		如果感觉不适，呼叫中毒控制中心或就医。		
急性毒性——经皮	1 2	避免接触眼睛、皮肤或衣服。 操作后彻底清洗……。 注：……制造商，供应商或主管当局确定操作后要清洗的身体部位。 作业场所不得进食、饮水或吸烟。 戴防护手套、穿防护服。 注：制造商、供应商或主管当局指定的防护装备。	皮肤接触：用大量肥皂水和水轻轻地清洗。 立即呼叫中毒控制中心或就医。 具体治疗（见本标签……） 注：……参见补充急救说明。如建议立即采取措施，如使用专用清洁剂。 立即脱去所有被污染的衣服。 被污染的衣服须经洗净后方可重新使用。	上锁保管。	本品、容器的处置…… 注：……按照地方、区域、国家、国际法规（规定）填写。
	3	戴防护手套、穿防护服 注：制造商、供应商或主管当局指定的防护装备。	皮肤接触：用大量肥皂水和水清洗。 如感觉不适，呼叫中毒控制中心或就医。 具体治疗（见本标签……） 注：……参见补充急救说明如建议采取措施，如使用专用的清洁剂。 立即脱去所有被污染的衣服。 被污染的衣服须经洗净后方可重新使用。	上锁保管。	本品、容器的处置…… 注：……按照地方、区域、国家、国际法规（规定）填写。
	4	戴防护手套、穿防护服 注：制造商、供应商或主管当局指定的防护装备。	皮肤接触：用大量肥皂水和水清洗。 如感觉不适。呼叫中毒控制中心或就医。 具体治疗（见本标签……） 注：……参见补充急救说明。如建议采取措施，如使用专用的清洁剂。 被污染的衣服须经洗净后方可重新使用。		本品、容器的处置…… 注：……按照地方、区域、国家、国际法规（规定）填写。

续表

危险类别		防范说明			
		预防措施	事故响应	安全储存	废弃处置
急性毒性——经皮	5		如感觉不适,呼叫中毒控制中心或就医。		
急性毒性——吸入	1 2	避免吸入粉尘、烟气、气体、烟雾、蒸气、喷雾。 仅在室外或通风良好处操作。 戴呼吸防护器具。 注:制造商、供应商或主管当局指定的防护器具。	如吸入:将患者转移到空气新鲜处,休息,保持利于呼吸的体位。 立即呼叫中毒控制中心或就医。 紧急治疗(见本标签……) 注:……参见补充急救说明如果需要立即服用解毒药。	在通风良好处储存。保持容器密闭。 注:如果产品易于挥发,致使造成危险的环境时适用。 上锁保管。	本品、容器的处置…… 注:……按照地方、区域、国家、国际法规(规定)填写。
	3	避免吸入粉尘、烟气、气体、烟雾、蒸气、喷雾。 仅在室外或通风良好处操作。	如吸入:将患者转移到空气新鲜处,休息,保持利于呼吸的体位。 呼叫中毒控制中心或就医。 具体治疗(见本标签……) 注:……参见补充急救说明如果需要立即采取措施时适用。	在通风良好处储存。保持容器密闭。 注:如产品极易于挥发,致使造成危险的环境时适用。 上锁保管。	本品、容器的处置…… 注:……按照地方、区域、国家、国际法规(规定)填写。
	4	避免吸入粉尘、烟气、气体、烟雾、蒸气、喷雾。 仅在室外或通风良好处操作。	如吸入:将患者转移到空气新鲜处,休息,保持利于呼吸的体位。 如感觉不适,呼叫中毒控制中心或就医。		
	5		如吸入:如感觉不适,呼叫中毒控制中心或就医。		
皮肤腐蚀、刺激	1A 至 1C	避免吸入粉尘或烟雾 注:如果在使用中可能产生可吸入性粉尘或烟雾微粒。 操作后彻底清洗……。 注:制造商、供应商或主管当局确定的操作后要清洗的身体部位。 戴防护手套、穿防护服,戴防护眼镜、防护面罩。 注:制造商、供应商或主管当局指定的防护装备。	食入:漱口。不要催吐。 皮肤(或头发)接触:立即脱掉所有被污染的衣服。用水冲洗皮肤、淋浴。 污染的衣服须洗净后方可重新使用。 如吸入:将患者转移到空气新鲜处,休息,保持利于呼吸的体位。 立即呼叫中毒控制中心或就医。 具体治疗(见本标签……) 注:……参见补充急救说明。如果适用,制造商、供应商或主管当局可能指定清洁剂。 眼睛接触:用水细心地冲洗数分钟。如戴隐形眼镜并可方便地取出,则取出隐形眼镜。 继续冲洗。	上锁保管。	本品、容器的处置…… 注:……按照地方、区域、国家、国际法规(规定)填写。

续表

危险类别		防范说明			
		预防措施	事故响应	安全储存	废弃处置
皮肤腐蚀、刺激	2	操作后彻底清洗……。 注:制造商、供应商或主管当局确定的操作后要清洗的身体部位。 戴防护手套 注:制造商、供应商或主管当局指定的防护装备。	皮肤接触:用大量肥皂水和水清洗。 具体治疗(见本标签……) 注:……参见补充急救说明。 如果适用,制造商、供应商或主管当局可能指定清洁剂。 如发生皮肤刺激,就医。 脱去被污染的衣服,洗净后方可重新使用。		
	3		如发生皮肤刺激,就医。		
严重眼睛损伤、眼睛刺激性	1	戴防护眼镜、防护面罩 注:制造商、供应商或主管当局指定的防护装备。	接触眼睛:用水细心冲洗数分钟。如戴隐形眼镜并可方便地取出,取出隐形眼镜。继续冲洗。 立即呼叫中毒控制中心或就医。		
	2A	操作后彻底清洗…… 注:……指制造商、供应商或主管当局确定的操作后要清洗的身体部位。 戴防护眼镜、防护面罩。 注:制造商、供应商或主管当局指定的防护装备。	如接触眼睛:用水细心冲洗数分钟。如戴隐形眼镜并可方便地取出,取出隐形眼镜。继续冲洗。 如果眼睛刺激持续,就医。		
	2B	操作后彻底清洗……。 注:……指制造商、供应商或主管当局确定的操作后要清洗的身体部位。	如接触眼睛,用水细心冲洗数分钟。如戴隐形眼镜并可方便地取出,取出隐形眼镜。继续冲洗。 如果眼睛刺激持续:就医。		
呼吸或皮肤过敏——呼吸	1	避免吸入粉尘、烟气、气体、烟雾、蒸气、喷雾。 注:制造商、供应商或主管当局指定的适当的条件。 通风不良时,戴呼吸防护器具。 注:制造商、供应商或主管当局指定的防护器具。	如吸入:如果呼吸困难,将患者转移到空气新鲜处,休息,保持利于呼吸的体位。 如有呼吸系统症状,呼叫中毒控制中心或就医。		本品、容器的处置…… 注:……按照地方、区域、国家、国际法规(规定)填写。

续表

危险类别		防范说明			
		预防措施	事故响应	安全储存	废弃处置
呼吸或皮肤过敏 ——皮肤	1	避免吸入粉尘、烟气、气体、烟雾、蒸气、喷雾。 注:制造商、供应商或主管当局指定的适当的条件。 污染的工作服不得带出工作场所。 戴防护手套 注:制造商、供应商或主管当局指定的防护装备。	如皮肤接触:用大量肥皂水和水清洗。 如出现皮肤刺激或皮疹,就医。 具体治疗(见本标签……) 注:……参见补充急救说明。 如果适当,制造商、供应商或主管当局可能指定清洁剂。 污染的衣服清洗后方可重新使用。		本品、容器的处置…… 注:……按照地方、区域、国家、国际法规(规定)填写。
生殖细胞致突变性	1 2	得到专门指导后操作。 在阅读并了解所有安全预防措施之前,切勿操作。 按要求使用个体防护装备。	如果接触或有担心,就医。	上锁保管。	本品、容器的处置…… 注:……按照地方、区域、国家、国际法规(规定)填写。
致癌性	1 2	得到专门指导后操作。 在阅读并了解所有安全预防措施之前,切勿操作。 按要求使用个体防护装备。	如果接触或有担心,就医。	上锁保管。	本品、容器的处置…… 注:……按照地方、区域、国家、国际法规(规定)填写。
	1 2	得到专门指导后操作。 在阅读并了解所有安全预防措施之前,切勿操作。 按要求使用个体防护装备。	如果接触或有担心,就医。	上锁保管。	本品、容器的处置…… 注:……按照地方、区域、国家、国际法规(规定)填写。
生殖毒性	(附加的)	得到专门指导后操作。 避免吸入粉尘或烟雾。 注:如果在使用时可能产生可吸入性粉尘或烟雾微粒。 妊娠、哺乳期间避免接触。 操作后彻底清洗。 注:……指制造商、供应商或主管当局确定操作后要清洗的身体部位。 作业场所不得进食、饮水或吸烟。	如果接触或有担心,就医。		

续表

危险类别		防范说明			
		预防措施	事故响应	安全储存	废弃处置
特异性靶器官系统毒性一次接触	1	避免吸入粉尘、烟气、气体、烟雾、蒸气、喷雾。 注:制造商、供应商或主管当局指定的适当的条件。 操作后彻底清洗……。 注:制造商、供应商或主管当局确定操作后要清洗的身体部位。 作业场所不得进食、饮水或吸烟。	如果接触:立即呼叫中毒控制中心或就医。 具体治疗(见本标签……) 注:……参见补充急救说明。如需立即采取措施时适用。	上锁保管。	本品、容器处置…… 注:……按照地方、区域、国家、国际法规(规定)填写。
	2	避免吸入粉尘、烟气、气体、烟雾、蒸气、喷雾。 注:制造商、供应商或主管当局指定适当的条件。 操作后彻底清洗……。 注:……指制造商、供应商或主管当局确定操作后要清洗的身体部位。 工作场所不得进食、饮水或吸烟。	如果接触或感觉不适:呼叫中毒控制中心或就医。	上锁保管。	本品、容器的处置…… 注:……按照地方、区域、国家、国际法规(规定)填写。
	3	避免吸入粉尘、烟气、气体、烟雾、蒸气、喷雾。 注:制造商、供应商或主管当局指定适当的条件。 仅在户外或通风良好处使用。	如吸入:将患者转移至空气新鲜处,休息,保持利于呼吸的体位。 如感觉不适,呼叫中毒控制中心或就医。	在通风良好处储存。保持容器密闭。 注:如果产品品易挥发的,致使产生危险的环境时适用。 上锁保管。	本品、容器的处置…… 注:……按照地方、区域、国家、国际法规(规定)填写。
特异性靶器官系统毒性反复接触	1	避免吸入粉尘、烟气、气体、烟雾、蒸气、喷雾。 注:制造商、供应商或主管当局指定适当的条件。 操作后彻底清洗……。 注:……指制造商、供应商或主管当局确定操作后要清洗的身体部位。 操作现场不得进食、饮水或吸烟。	如感觉不适,就医。		本品、容器的处置…… 注:……按照地方、区域、国家、国际法规(规定)填写。
	2	避免吸入粉尘、烟气、气体、烟雾、蒸气、喷雾。 注:制造商、供应商或主管当局指定适当的条件。	如感觉不适,就医。		本品、容器的处置…… 注:……按照地方、区域、国家、国际法规(规定)填写。

危险类别		防范说明			
		预防措施	事故响应	安全储存	废弃处置
吸入危险	1 2		如果食入:立即呼叫中毒控制中心或就医。不要催吐。	上锁保管。	本品、容器的处置…… 注:……按照地方、区域、国家、国际法规(规定)填写。
危害水生环境——急性危险	1	禁止排入环境 注:如果不是指定用途时适用。	收集泄漏物。		本品、容器的处置…… 注:……按照地方、区域、国家、国际法规(规定)填写。
	2 3	禁止排入环境 注:如果不是指定用途时适用。			本品、容器的处置…… 注:……按照地方、区域、国家、国际法规(规定)填写。
危害水生环境——慢性危险	1 2	禁止排入环境 注:如果不是指定用途时适用。	收集泄漏物。		本品、容器的处置…… 注:……按照地方、区域、国家、国际法规(规定)填写。
	3 4	禁止排入环境 注:如果不是指定用途时适用。			本品、容器的处置…… 注:……按照地方、区域、国家、国际法规(规定)填写。

危险货物分类和品名编号

GB 6944—2005

前　言

本标准的第 4 章和第 5 章为强制性的,其余为推荐性的。

本标准对应于联合国《关于危险货物运输的建议书　规章范本》(第 13 修订版　第 2 部分:分类),与其一致性程度为非等效。其有关技术内容与上述《规章范本》完全一致,在标准文本格式上按 GB/T 1.1—2000 进行了编辑性修改。

本标准代替 GB 6944—1986《危险货物分类和品名编号》。

本标准与 GB 6944—1986 的差异如下:

——修改和补充了原标准中不同危险货物类、项的判据和定义;

——适当调整了原标准中危险货物的类别和项别;

——第 7 类"放射性物品",根据 GB 11806 的规定进行了重新定义;

——修改了原标准中危险货物品名的编号方法。

本标准由中华人民共和国交通部提出。

本标准由全国危险化学品管理标准化技术委员会(SAC/TC 251)归口。

本标准负责起草单位:交通部水运科学研究所。

本标准参加起草单位:中国石油化工集团公司安全工程研究院、中化化工标准化研究所、湖南湘铝有限责任公司。

本标准主要起草人:吴维平、顾慧丽、褚家成、陈正才、张海峰、王小兵、李运才、范贵根、孙庆义。

本标准所代替标准的历次版本发布情况为:GB 6944—1986。

1　范围

本标准规定了危险货物的分类和编号。

本标准适用于危险货物运输、储存、生产、经营、使用和处置。

2　规范性引用文件

下列文件中的条款通过本标准的引用而成为本标准的条款。凡是注日期的引用文件,其随后所有的修改单(不包括勘误的内容)或修订版均不适用于本标准,然而,鼓励根据本标准达成协议的各方研究是否可使用这些文件的最新版本。凡是不注日期的引用文件,其最新版本适用于本标准。

GB 11806 放射性物质安全运输规程

3　术语和定义

下列术语和定义适用于本标准。

3.1　危险货物 dangerous goods

具有爆炸、易燃、毒害、感染、腐蚀、放射性等危险特性,在运输、储存、生产、经营、使用和处置中,容易造成人身伤亡、财产损毁或环境污染而需要特别防护的物质和物品。

3.2　爆炸性物质 explosive substances

固体或液体物质(或这些物质的混合物),自身能够通过化学反应产生气体,其温度、压力和速度高到能对周围造成破坏,包括不放出气体的烟火物质。

3.3　烟火物质 pyrotechnic substances

能产生热、光、声、气体或烟的效果或这些效果加在一起的一种物质或物质混合物,这些效果是由不起爆的自持放热化学反应产生的。

3.4　爆炸性物品 explosive articles

含有一种或几种爆炸性物质的物品。

3.5　整体爆炸 mass detonation or explosion of total contents

指瞬间能影响到几乎全部载荷的爆炸。

3.6　自反应物质 self-reactive substances

即使没有氧(空气)存在时,也容易发生激烈放热分解的热不稳定物质。

3.7　固态退敏爆炸品 solid desensitized explosives

用水或乙醇湿润或用其他物质稀释形成一种均匀的固体混合物,以抑制其爆炸性质的爆炸性物质。

3.8　液态退敏爆炸品 liquid desensitized explosives

溶解或悬浮在水中或其他液态物质中形成一种均匀的液体混合物,以抑制其爆炸性质的爆炸性物质。

3.9　发火物质 pyrophoric substances

指即使只有少量物品与空气接触,在不到 5 min 内便能燃烧的物质,包括混合物和溶液(液体和固体)。

3.10　自热物质 self-heating substances

发火物质以外的与空气接触不需要能源供应便能自己发热的物质。

3.11　口服毒性半数致死量 LD_{50} LD_{50}(median lethal dose)for acute oral toxicity

是经过统计学方法得出的一种物质的单一计量,可使青年白鼠口服后,在 14 d 内死亡一半的物质剂量。

3.12　皮肤接触毒性半数致死量 LD_{50} LD_{50} for acute dermal toxicity

是使白兔的裸露皮肤持续接触 24 h,最可能引起这些试验动物在 14 d 内死亡一半的物质剂量。

3.13　吸入毒性半数致死浓度 LG_{50} LC_{50} for acute toxicity on inhalation

是使雌雄青年白鼠连续吸入 1 h 后,最可能引起这些试验动物在 14 d 内死亡一半的蒸气、烟雾或粉尘的浓度。

3.14　病原体 pathogens

指可造成人或动物感染疾病的微生物(包括细菌、病毒、立克次氏体、寄生虫、真菌)或其他媒介(微生物重组体包括杂交体或突变体)。

3.15　高温物质 elevated temperature substances

指在液态温度达到或超过 100℃,或固态温度达到或超过 240℃条件下运输的物质。

3.16　危害环境物质 environmentally hazardous substances

对环境或生态产生危害的物质,包括对水体等环境介质造成污染的物质以及这类物质的混合物。

3.17　经过基因修改的微生物或组织 genetically modified micro-organisms and organisms

指有目的地通过基因工程,以非自然发生的方式改变基因物质的微生物和组织,该微生物和组织不能满足感染性物质的定义,但可通过非正常天然繁殖结果的方式使动物、植物或微生物发生改变。

3.18　联合国编号 UN number

由联合国危险货物运输专家委员会编制的 4 位阿拉伯数编号,用以识别一种物质或一类特定物质。

4　分类

按危险货物具有的危险性或最主要的危险性分为 9 个类别。有些类别再分成项别。类别和项别的号码顺序并不是危险程度的顺序。

4.1　第 1 类　爆炸品

包括:

a) 爆炸性物质;

b) 爆炸性物品;

c) 为产生爆炸或烟火实际效果而制造的上述 2 项中未提及的物质或物品。

第 1 类划分为 6 项。

4.1.1　第 1.1 项　有整体爆炸危险的物质和物品

4.1.2　第 1.2 项　有进射危险,但无整体爆炸危险的物质和物品

4.1.3　第 1.3 项　有燃烧危险并有局部爆炸危险或局部进射危险或这两种危险都有,但无整体爆炸危险的物质和物品

本项包括:

a) 可产生大量辐射热的物质和物品;或

b) 相继燃烧产生局部爆炸或进射效应或两种效应兼而有之的物质和物品。

4.1.4　第 1.4 项　不呈现重大危险的物质和物品

本项包括运输中万一点燃或引发时仅出现小危险的物质和物品;其影响主要限于包件本身,并预计射出的碎片不大、射程也不远,外部火烧不会引起包件内全部内装物的瞬间爆炸。

4.1.5　第 1.5 项　有整体爆炸危除的非常不敏感物质

本项包括有整体爆炸危险性、但非常不敏感以致在正常运输条件下引发或由燃烧转为爆炸的可能性很小的物质。

4.1.6　第 1.6 项　无整体爆炸危险的极端不敏感物品

本项包括仅含有极端不敏感起爆物质、并且其意外引发爆炸或传播的概率可忽略不计的物品。

注:该项物品的危险仅限于单个物品的爆炸。

4.2　第 2 类　气体

本类气体指:

a) 在 50℃时,蒸气压力大于 300 kPa 的物质;或

b) 20℃时在 101.3 kPa 标准压力下完全是气态的物质。

本类包括压缩气体、液化气体、溶解气体和冷冻液化气体、一种或多种气体与一种或多种其他类别物质的蒸气的混合物、充有气体的物品和烟雾剂。

第 2 类根据气体在运输中的主要危险性分为 3 项。

4.2.1　第 2.1 项　易燃气体

本项包括在 20℃ 和 101.3 kPa 条件下：

a) 与空气的混合物按体积分数占 13％ 或更少时可点燃的气体；或

b) 不论易燃下限如何，与空气混合，燃烧范围的体积分数至少为 12％ 的气体。

4.2.2　第 2.2 项　非易燃无毒气体

在 20℃ 压力不低于 280 kPa 条件下运输或以冷冻液体状态运输的气体，并且是：

a) 窒息性气体——会稀释或取代通常在空气中的氧气的气体；或

b) 氧化性气体——通过提供氧气比空气更能引起或促进其他材料燃烧的气体；或

c) 不属于其他项别的气体。

4.2.3　第 2.3 项　毒性气体

本项包括：

a) 已知对人类具有的毒性或腐蚀性强到对健康造成危害的气体；或

b) 半数致死浓度 LC_{50} 值不大于 $5000 \ mL/m^3$，因而推定对人类具有毒性或腐蚀性的气体。

注：具有两个项别以上危险性的气体和气体混合物，其危险性先后顺序为 2.3 项优先于其他项，2.1 项优先于 2.2 项。

4.3　第 3 类　易燃液体

本类包括：

a) 易燃液体

在其闪点温度（其闭杯试验闪点不高于 60.5℃，或其开杯试验闪点不高于 65.6℃）时放出易燃蒸气的液体或液体混合物，或是在溶液或悬浮液中含有固体的液体；本项还包括：

在温度等于或高于其闪点的条件下提交运输的液体；或

以液态在高温条件下运输或提交运输、并在温度等于或低于最高运输温度下放出易燃蒸气的物质。

b) 液态退敏爆炸品

4.4　第 4 类　易燃固体、易于自燃的物质、遇水放出易燃气体的物质

第 4 类分为 3 项。

4.4.1　第 4.1 项　易燃固体

本项包括：

a) 容易燃烧或摩擦可能引燃或助燃的固体；

b) 可能发生强烈放热反应的自反应物质；

c) 不充分稀释可能发生爆炸的固态退敏爆炸品。

4.4.2　第 4.2 项　易于自燃的物质

本项包括：

a) 发火物质；

b) 自热物质。

4.4.3　第 4.3 项　遇水放出易燃气体的物质

与水相互作用易变成自燃物质或能放出危险数量的易燃气体的物质。

4.5　第 5 类　氧化性物质和有机过氧化物

第 5 类分为 2 项。

4.5.1 第5.1项 氧化性物质

本身不一定可燃,但通常因放出氧或起氧化反应可能引起或促使其他物质燃烧的物质。

4.5.2 第5.2项 有机过氧化物

分子组成中含有过氧基的有机物质,该物质为热不稳定物质,可能发生放热的自加速分解。该类物质还可能具有以下一种或数种性质:

a) 可能发生爆炸性分解;

b) 迅速燃烧;

c) 对碰撞或摩擦敏感;

d) 与其他物质起危险反应:

e) 损害眼睛。

4.6 第6类 毒性物质和感染性物质

第6类分为2项。

4.6.1 第6.1项 毒性物质

经吞食、吸入或皮肤接触后可能造成死亡或严重受伤或健康损害的物质。

毒性物质的毒性分为急性口服毒性、皮肤接触毒性和吸入毒性。分别用口服毒性半数致死量 LD_{50} 皮肤接触毒性半数致死量 LD_{50},吸入毒性半数致死浓度 LC_{50} 衡量。

经口摄取半数致死量:固体 $LD_{50} \leqslant 200 \text{ mg/kg}$,液体 $LD_{50} \leqslant 500 \text{ mg/kg}$;经皮肤接触 24 h,半数致死量 $LD_{50} \leqslant 1\,000 \text{ mg/kg}$;粉尘、烟雾吸入半数致死浓度 $LC_{50} \leqslant 10 \text{ mg/L}$ 的固体或液体。

4.6.2 第6.2项 感染性物质

含有病原体的物质,包括生物制品、诊断样品、基因突变的微生物、生物体和其他媒介,如病毒蛋白等。

4.7 第7类 放射性物质

含有放射性核素且其放射性活度浓度和总活度都分别超过 GB 11806 规定的限值的物质。

4.8 第8类 腐蚀性物质

通过化学作用使生物组织接触时会造成严重损伤、或在渗漏时会严重损害甚至毁坏其他货物或运载工具的物质。

腐蚀性物质包含与完好皮肤组织接触不超过 4 h,在 14 d 的观察期中发现引起皮肤全厚度损毁,或在温度 55℃时,对 S235JR+CR 型或类似型号钢或无覆盖层铝的表面均匀年腐蚀率超过 6.25 mm/a 的物质。

4.9 第9类 杂项危险物质和物品

具有其他类别未包括的危险的物质和物品,如:

a) 危害环境物质;

b) 高温物质;

c) 经过基因修改的微生物或组织。

5 品名编号

危险货物品名编号采用联合国编号。

每一危险货物对应一个编号,但对其性质基本相同,运输、储存条件和灭火、急救、处置方法相同的危险货物,也可使用同一编号。

危险化学品从业单位安全标准化通用规范

AQ 3013—2008

1　范围

本标准规定了危险化学品从业单位(以下简称企业)开展安全标准化的总体原则、过程和要求。本标准适用于中华人民共和国境内危险化学品生产、使用、储存企业及有危险化学品储存设施的经营企业。

2　规范性引用文件

通过本标准的引用而成为本标准的条款。凡是注日期的引用文件,其随后所有的修改单(不包括勘误的内容)或修订版均不适用于本标准,然而,鼓励根据本标准达成协议的各方研究是否可使用这些文件的最新版本。

GB 2894　安全标志

GB 11651　劳动防护用品选用规则

GB 13690　常用危险化学品的分类及标志

GB 15258　化学品安全标签编写规定

GB 16179　安全标志使用导则

GB 16483　化学品安全技术说明书编写规定

GB 18218　重大危险源辨识

GB 50016　建筑设计防火规范

GB 50057　建筑物防雷设计规范

GB 50058　爆炸和火灾危险环境电力装置设计规范

GB 50140　建筑灭火器配置设计规范

GB 50160　石油化工企业设计防火规范

GB 50351　储罐区防火堤设计规范

GBZ 1　工业企业设计卫生标准

GBZ 2　工作场所有害因素职业接触限值

GBZ 158　工作场所职业病危害警示标识

AQ/T 9002　生产经营单位安全生产事故应急预案编制导则

SH 3063—1999　石油化工企业可燃气体和有毒气体检测报警设计规范

SH 3097—2000　石油化工静电接地设计规范

3　术语和定义

3.1　危险化学品从业单位 chemical enterprise

依法设立,生产、经营、使用和储存危险化学品的企业或者其所属生产、经营、使用和储存危险化学品的独立核算成本的单位。

3.2　安全标准化 safety standardization

为安全生产活动获得最佳秩序，保证安全管理及生产条件达到法律、行政法规、部门规章和标准等要求制定的规则。

3.3　关键装置 key facility

在易燃、易爆、有毒、有害、易腐蚀、高温、高压、真空、深冷、临氢、烃氧化等条件下进行工艺操作的生产装置。

3.4　重点部位 key site

生产、储存、使用易燃易爆、剧毒等危险化学品场所，以及可能形成爆炸、火灾场所的罐区、装卸台（站）、油库、仓库等；对关键装置安全生产起关键作用的公用工程系统等。

3.5　资源 resources

实施安全标准化所需的人力、财力、设施、技术和方法等。

3.6　相关方 interested party

关注企业职业安全健康绩效或受其影响的个人或团体。

3.7　供应商 supplier

为企业提供原材料、设备设施及其服务的外部个人或团体。

3.8　承包商 contractor

在企业的作业现场，按照双方协定的要求、期限及条件向企业提供服务的个人或团体。

3.9　事件 incident

导致或可能导致事故的情况。

3.10　事故 accident

造成死亡、职业病、伤害、财产损失或其他损失的意外事件。

3.11　危险、有害因素 hazardous elements

可能导致伤害、疾病、财产损失、环境破坏的根源或状态。

3.12　危险、有害因素识别 hazard identification

识别危险、有害因素的存在并确定其性质的过程。

3.13　风险 risk

发生特定危险事件的可能性与后果的结合。

3.14　风险评价 risk assessment

评价风险程度并确定其是否在可承受范围的过程。

3.15　安全绩效 safe performance

基于安全生产方针和目标，控制和消除风险取得的可测量结果。

3.16　变更 change

人员、管理、工艺、技术、设施等永久性或暂时性的变化。

3.17　隐患 potential accidents

作业场所、设备或设施的不安全状态，人的不安全行为和管理上的缺陷。

3.18　重大事故隐患 serious potential accidents

可能导致重大人身伤亡或者重大经济损失的事故隐患。

4　要求

4.1　概述

本规范采用计划（P）、实施（D）、检查（C）、改进（A）动态循环、持续改进的管理模式。

4.2 原则

4.2.1 企业应结合自身特点,依据本规范的要求,开展安全标准化。

4.2.2 安全标准化的建设,应当以危险、有害因素辨识和风险评价为基础,树立任何事故都是可以预防的理念,与企业其他方面的管理有机地结合起来,注重科学性、规范性和系统性。

4.2.3 安全标准化的实施,应体现全员、全过程、全方位、全天候的安全监督管理原则,通过有效方式实现信息的交流和沟通,不断提高安全意识和安全管理水平。

4.2.4 安全标准化采取企业自主管理,安全标准化考核机构考评、政府安全生产监督管理部门监督的管理模式,持续改进企业的安全绩效,实现安全生产长效机制。

4.3 实施

4.3.1 安全标准化的建立过程,包括初始评审、策划、培训、实施、自评、改进与提高等6个阶段。

4.3.2 初始评审阶段:依据法律法规及本规范要求,对企业安全管理现状进行初始评估,了解企业安全管理现状、业务流程、组织机构等基本管理信息,发现差距。

4.3.3 策划阶段:根据相关法律法规及本规范的要求,针对初始评审的结果,确定建立安全标准化方案,包括资源配置、进度、分工等;进行风险分析;识别和获取适用的安全生产法律法规、标准及其他要求;完善安全生产规章制度、安全操作规程、台账、档案、记录等;确定企业安全生产方针和目标。

4.3.4 培训阶段:对全体从业人员进行安全标准化相关内容培训。

4.3.5 实施阶段:根据策划结果,落实安全标准化的各项要求。

4.3.6 自评阶段:应对安全标准化的实施情况进行检查和评价,发现问题,找出差距,提出完善措施。

4.3.7 改进与提高阶段:根据自评的结果,改进安全标准化管理,不断提高安全标准化实施水平和安全绩效。

5 管理要素

本规范由 10 个一级要素 53 个二级要素组成(见下表)。

一级要素	二级要素	一级要素	二级要素
5.1 负责人与职责	5.1.1 负责人	5.3 法律法规与管理制度	5.3.1 法律法规
	5.1.2 方针目标		5.3.2 符合性评价
	5.1.3 机构设置		5.3.3 安全生产规章制度
	5.1.4 职责		5.3.4 操作规程
	5.1.5 安全生产投入及工伤保险		5.3.5 修订
5.2 风险管理	5.2.1 范围与评价方法	5.4 培训教育	5.4.1 培训教育管理
	5.2.2 风险评价		5.4.2 管理人员培训教育
	5.2.3 风险控制		5.4.3 从业人员培训教育
	5.2.4 隐患治理		5.4.4 新从业人员培训教育
	5.2.5 重大危险源		5.4.5 其他人员培训教育
	5.2.6 风险信息更新		5.4.6 日常安全教育

续表

一级要素	二级要素	一级要素	二级要素
5.5 生产设施及工艺安全	5.5.1 生产设施建设	5.7 产品安全与危害告知	5.7.1 危险化学品档案
	5.5.2 安全设施		5.7.2 化学品分类
	5.5.3 特种设备		5.7.3 化学品安全技术说明书和安全标签
	5.5.4 工艺安全		5.7.4 化学事故应急咨询服务电话
	5.5.5 关键装置及重点部位		5.7.5 危险化学品登记
	5.5.6 检维修		5.7.6 危害告知
	5.5.7 拆除和报废		
5.6 作业安全	5.6.1 作业许可	5.8 职业危害	5.8.1 职业危害申报
	5.6.2 警示标志		5.8.2 作业场所职业危害管理
	5.6.3 作业环节		5.8.3 劳动防护用品
	5.6.4 承包商与供应商		
	5.6.5 变更		

一级要素	二级要素
5.9 事故与应急	5.9.1 事故报告
	5.9.2 抢险与救护
	5.9.3 事故调查和处理
	5.9.4 应急指挥与救援系统
	5.9.5 应急救援器材
	5.9.6 应急救援预案与演练
5.10 检查与自评	5.10.1 安全检查
	5.10.2 安全检查形式与内容
	5.10.3 整改
	5.10.4 自评

5.1 负责人与职责

5.1.1 负责人

5.1.1.1 企业主要负责人是本单位安全生产的第一责任人,应全面负责安全生产工作,落实安全生产基础和基层工作。

5.1.1.2 企业主要负责人应组织实施安全标准化,建设企业安全文化。

5.1.1.3 企业主要负责人应作出明确的、公开的、文件化的安全承诺,并确保安全承诺转变为必需的资源支持。

5.1.1.4 企业主要负责人应定期组织召开安全生产委员会(以下简称安委会)或领导小组会议。

5.1.2 方针目标

5.1.2.1 企业应坚持"安全第一,预防为主"的安全生产方针。主要负责人应依据国家法律法规,结合企业实际,组织制定文件化的安全生产方针和目标。安全生产方针和目标应满足:

1)形成文件,并得到本单位所有从业人员的贯彻和实施;

2)符合或严于相关法律法规的要求;

3)与企业的职业安全健康风险相适应;

4)与企业的其他方针和目标具有同等的重要性;

5)公众易于获得。

5.1.2.2 企业应签订各级组织的安全目标责任书,确定量化的年度安全工作目标,并予以考核。各级组织应制定年度安全工作计划,以保证年度安全目标的有效完成。

5.1.3 机构设置

5.1.3.1 企业应建立安全生产委员会(以下简称安委会)或领导小组,设置安全生产管理机构或配备专职安全生产管理人员,并按规定配备注册安全工程师。

5.1.3.2 企业应根据生产经营规模大小,设置相应的管理部门。

5.1.3.3 企业应建立、健全从安委会或领导小组到基层班组的安全生产管理网络。

5.1.4 职责

5.1.4.1 企业应制定安委会或领导小组和管理部门的安全职责。

5.1.4.2 企业应制定主要负责人、各级管理人员和从业人员的安全职责。

5.1.4.3 企业应建立安全责任考核机制,对各级管理部门、管理人员及从业人员安全职责的履行情况和安全生产责任制的实现情况进行定期考核,予以奖惩。

5.1.5 安全生产投入及工伤保险

5.1.5.1 企业应依据国家、当地政府的有关安全生产费用提取规定,自行提取安全生产费用,专项用于安全生产。

5.1.5.2 企业应按照规定的安全生产费用使用范围,合理使用安全生产费用,建立安全生产费用台账。

5.1.5.3 企业应依法参加工伤社会保险,为从业人员缴纳工伤保险费。

5.2 风险管理

5.2.1 范围与评价方法

5.2.1.1 企业应组织制定风险评价管理制度,明确风险评价的目的、范围和准则。

5.2.1.2 企业风险评价的范围应包括:

1)规划、设计和建设、投产、运行等阶段;

2)常规和异常活动;

3)事故及潜在的紧急情况;

4)所有进入作业场所的人员的活动;

5)原材料、产品的运输和使用过程;

6)作业场所的设施、设备、车辆、安全防护用品;

7)人为因素,包括违反操作规程和安全生产规章制度;

8)丢弃、废弃、拆除与处置;

9)气候、地震及其他自然灾害。

5.2.1.3 企业可根据需要,选择有效、可行的风险评价方法进行风险评价。常用的评价方法有:

1)工作危害分析(JHA);

2)安全检查表分析(SCL);

3)预先危险性分析(PHA);

4)危险与可操作性分析(HAZOP);

5)失效模式与影响分析(FMEA);

6)故障树分析(FTA);

7)事件树分析(ETA);

8)作业条件危险性分析(LEC)等方法。

5.2.1.4 企业应依据以下内容制定风险评价准则：

1)有关安全生产法律、法规；

2)设计规范、技术标准；

3)企业的安全管理标准、技术标准；

4)企业的安全生产方针和目标等。

5.2.2 风险评价

5.2.2.1 企业应依据风险评价准则，选定合适的评价方法，定期和及时对作业活动和设备设施进行危险、有害因素识别和风险评价。企业在进行风险评价时，应从影响人、财产和环境等三个方面的可能性和严重程度分析。

5.2.2.2 企业各级管理人员应参与风险评价工作，鼓励从业人员积极参与风险评价和风险控制。

5.2.3 风险控制

5.2.3.1 企业应根据风险评价结果及经营运行情况等，确定不可接受的风险，制定并落实控制措施，将风险尤其是重大风险控制在可以接受的程度。企业在选择风险控制措施时：1)应考虑：(1)可行性；(2)安全性；(3)可靠性；2)应包括：(1)工程技术措施；(2)管理措施；(3)培训教育措施；(4)个体防护措施。

5.2.3.2 企业应将风险评价的结果及所采取的控制措施对从业人员进行宣传、培训，使其熟悉工作岗位和作业环境中存在的危险、有害因素，掌握、落实应采取的控制措施。

5.2.4 隐患治理

5.2.4.1 企业应对风险评价出的隐患项目，下达隐患治理通知，限期治理，做到定治理措施、定负责人、定资金来源、定治理期限。企业应建立隐患治理台账。

5.2.4.2 企业应对确定的重大隐患项目建立档案，档案内容应包括：l)评价报告与技术结论；2)评审意见；3)隐患治理方案，包括资金概预算情况等；4)治理时间表和责任人；5)竣工验收报告。

5.2.4.3 企业无力解决的重大事故隐患，除采取有效防范措施外，应书面向企业直接主管部门和当地政府报告。

5.2.4.4 企业对不具备整改条件的重大事故隐患，必须采取防范措施，并纳入计划，限期解决或停产。

5.2.5 重大危险源

5.2.5.1 企业应按照 GB 18218 辨识并确定重大危险源，建立重大危险源档案。

5.2.5.2 企业应按照有关规定对重大危险源设置安全监控报警系统。

5.2.5.3 企业应按照国家有关规定，定期对重大危险源进行安全评估。

5.2.5.4 企业应对重大危险源的设备、设施定期检查、检验，并做好记录。

5.2.5.5 企业应制定重大危险源应急救援预案，配备必要的救援器材、装备，每年至少进行1次重大危险源应急救援预案演练。

5.2.5.6 企业应将重大危险源及相关安全措施、应急措施报送当地县级以上人民政府安全生产监督管理部门和有关部门备案。

5.2.5.7 企业重大危险源的防护距离应满足国家标准或规定。不符合国家标准或规定的，应采取切实可行的防范措施，并在规定期限内进行整改。

5.2.6 风险信息更新

5.2.6.1 企业应适时组织风险评价工作，识别与生产经营活动有关的危险、有害因素和隐患。

5.2.6.2　企业应定期评审或检查风险评价结果和风险控制效果。

5.2.6.3　企业应在下列情形发生时及时进行风险评价：

1)新的或变更的法律法规或其他要求；

2)操作条件变化或工艺改变；

3)技术改造项目；

4)有对事件、事故或其他信息的新认识；

5)组织机构发生大的调整。

5.3　法律法规与管理制度

5.3.1　法律法规

5.3.1.1　企业应建立识别和获取适用的安全生产法律法规、标准及其他要求的管理制度，明确责任部门，确定获取渠道、方式和时机，及时识别和获取，并定期进行更新。

5.3.1.2　企业应将适用的安全生产法律、法规、标准及其他要求及时对从业人员进行宣传和培训，提高从业人员的守法意识，规范安全生产行为。

5.3.1.3　企业应将适用的安全生产法律、法规、标准及其他要求及时传达给相关方。

5.3.2　符合性评价

企业应每年至少1次对适用的安全生产法律、法规、标准及其他要求进行符合性评价，消除违规现象和行为。

5.3.3　安全生产规章制度

5.3.3.1　企业应制订健全的安全生产规章制度，规范从业人员的安全行为。

5.3.3.2　企业应制订的安全生产规章制度，至少包括(见下页)。

5.3.3.3　企业应将安全生产规章制度发放到有关的工作岗位。

1)安全生产职责；2)识别和获取适用的安全生产法律法规、标准及其他要求；3)安全生产会议管理；4)安全生产费用；5)安全生产奖惩管理；6)管理制度评审和修订；7)安全培训教育；8)特种作业人员管理；9)管理部门、基层班组安全活动管理；10)风险评价；11)隐患治理；12)重大危险源管理；13)变更管理；14)事故管理；15)防火、防爆管理，包括禁烟管理；16)消防管理；17)仓库、罐区安全管理；18)关键装置、重点部位安全管理；19)生产设施管理，包括安全设施、特种设备等管理；20)监视和测量设备管理；21)安全作业管理，包括动火作业、进入受限空间作业、临时用电作业、高处作业、起重吊装作业、破土作业、断路作业、设备检维修作业、高温作业、抽堵盲板作业管理等；22)危险化学品安全管理，包括剧毒化学品安全管理及危险化学品储存、出入库、运输、装卸等；23)检维修管理；24)生产设施拆除和报废管理；25)承包商管理；26)供应商管理；27)职业卫生管理，包括防尘、防毒管理；28)劳动防护用品(具)和保健品管理；29)作业场所职业危害因素检测管理；30)应急救援管理；31)安全检查管理；32)自评等。

5.3.4　操作规程

5.3.4.1　企业应根据生产工艺、技术、设备设施特点和原材料、辅助材料、产品的危险性，编制操作规程，并发放到相关岗位。

5.3.4.2　企业应在新工艺、新技术、新装置、新产品投产或投用前，组织编制新的操作规程。

5.3.5　修订

5.3.5.1　企业应明确评审和修订安全生产规章制度和操作规程的时机和频次，定期进行评审和修订，确保其有效性和适用性。在发生以下情况时，应及时对相关的规章制度或操作规程进行评审、修订：

1)当国家安全生产法律、法规、规程、标准废止、修订或新颁布时;

2)当企业归属、体制、规模发生重大变化时;

3)当生产设施新建、扩建、改建时;

4)当工艺、技术路线和装置设备发生变更时;

5)当上级安全监督部门提出相关整改意见时;

6)当安全检查、风险评价过程中发现涉及规章制度层面的问题时;

7)当分析重大事故和重复事故原因,发现制度性因素时;

8)其它相关事项。

5.3.5.2　企业应组织相关管理人员、技术人员、操作人员和工会代表参加安全生产规章制度和操作规程评审和修订,注明生效日期。

5.3.5.3　企业应及时组织相关管理人员和操作人员培训学习修订后的安全生产规章制度和操作规程。

5.3.5.4　企业应保证使用最新有效版本的安全生产规章制度和操作规程。

5.4　培训教育

5.4.1　培训教育管理

5.4.1.1　企业应严格执行安全培训教育制度,依据国家、地方及行业规定和岗位需要,制定适宜的安全培训教育目标和要求。根据不断变化的实际情况和培训目标,定期识别安全培训教育需求,制定并实施安全培训教育计划。

5.4.1.2　企业应组织培训教育,保证安全培训教育所需人员、资金和设施。

5.4.1.3　企业应建立从业人员安全培训教育档案。

5.4.1.4　企业安全培训教育计划变更时,应记录变更情况。

5.4.1.5　企业安全培训教育主管部门应对培训教育效果进行评价。

5.4.1.6　企业应确立终身教育的观念和全员培训的目标,对在岗的从业人员进行经常性安全培训教育。

5.4.2　管理人员培训教育

5.4.2.1　企业主要负责人和安全生产管理人员应接受专门的安全培训教育,经安全生产监管部门对其安全生产知识和管理能力考核合格,取得安全资格证书后方可任职,并按规定参加每年再培训。

5.4.2.2　企业其他管理人员,包括管理部门负责人和基层单位负责人、专业工程技术人员的安全培训教育由企业相关部门组织,经考核合格后方可任职。

5.4.3　从业人员培训教育

5.4.3.1　企业应对从业人员进行安全培训教育,并经考核合格后方可上岗。从业人员每年应接受再培训,再培训时间不得少于国家或地方政府规定学时。

5.4.3.2　企业特种作业人员应按有关规定参加安全培训教育,取得特种作业操作证,方可上岗作业,并定期复审。

5.4.3.3　企业从事危险化学品运输的驾驶员、船员、押运人员,必须经所在地设区的市级人民政府交通部门考核合格(船员经海事管理机构考核合格),取得从业资格证,方可上岗作业。

5.4.3.4　企业应在新工艺、新技术、新装置、新产品投产前,对有关人员进行专门培训,经考核合格后,方可上岗。

5.4.4　新从业人员培训教育

5.4.4.1　企业应按有关规定,对新从业人员进行厂级、车间(工段)级、班组级安全培训教育,经考核合格后,方可上岗。

5.4.4.2　企业新从业人员安全培训教育时间不得少于国家或地方政府规定学时。

5.4.5　其他人员培训教育

5.4.5.1　企业从业人员转岗、脱离岗位一年以上(含一年)者,应进行车间(工段)、班组级安全培训教育,经考核合格后,方可上岗。

5.4.5.2　企业应对外来参观、学习等人员进行有关安全规定及安全注意事项的培训教育。

5.4.5.3　企业应对承包商的作业人员进行入厂安全培训教育,经考核合格发放入厂证,保存安全培训教育记录。进入作业现场前,作业现场所在基层单位应对施工单位的作业人员进行进入现场前安全培训教育,保存安全培训教育记录。

5.4.6　日常安全教育

5.4.6.1　企业管理部门、班组应按照月度安全活动计划开展安全活动和基本功训练。

5.4.6.2　班组安全活动每月不少于 2 次,每次活动时间不少于 1 学时。班组安全活动应有负责人、有计划、有内容、有记录。企业负责人应每月至少参加 1 次班组安全活动,基层单位负责人及其管理人员应每月至少参加 2 次班组安全活动。

5.4.6.3　管理部门安全活动每月不少于 1 次,每次活动时间不少于 2 学时。

5.4.6.4　企业安全生产管理部门或专职安全生产管理人员应每月至少 1 次对安全活动记录进行检查,并签字。

5.4.6.5　企业安全生产管理部门或专职安全生产管理人员应结合安全生产实际,制定管理部门、班组月度安全活动计划,规定活动形式、内容和要求。

5.5　生产设施及工艺安全

5.5.1　生产设施建设

5.5.1.1　企业应确保建设项目安全设施与建设项目的主体工程同时设计、同时施工、同时投入生产和使用。

5.5.1.2　企业应按照建设项目安全许可有关规定,对建设项目的设立阶段、设计阶段、试生产阶段和竣工验收阶段规范管理。

5.5.1.3　企业应对建设项目的施工过程实施有效安全监督,保证施工过程处于有序管理状态。

5.5.1.4　企业建设项目建设过程中的变更应严格执行变更管理规定,履行变更程序,对变更全过程进行风险管理。

5.5.1.5　企业应采用先进的、安全性能可靠的新技术、新工艺、新设备和新材料。

5.5.2　安全设施

5.5.2.1　企业应严格执行安全设施管理制度,建立安全设施台账。

5.5.2.2　企业应确保安全设施配备符合国家有关规定和标准,做到:

1)宜按照 SH 3063 在易燃、易爆、有毒区域设置固定式可燃气体和/或有毒气体的检测报警设施,报警信号应发送至工艺装置、储运设施等控制室或操作室;

2)按照 GB 50351 在可燃液体罐区设置防火堤,在酸、碱罐区设置围堤并进行防腐处理;

3)宜按照 SH 3097 在输送易燃物料的设备、管道安装防静电设施;

4)按照 GB 50057 在厂区安装防雷设施;

5)按照 GB 50016、GB 50140 配置消防设施与器材;

6)按照 GB 50058 设置电力装置;

7)按照 GB 11651 配备个体防护设施;

8)厂房、库房建筑应符合 GB 50016、GB 50160;

9)在工艺装置上可能引起火灾、爆炸的部位设置超温、超压等检测仪表、声和/或光报警和安全联锁装置等设施。

5.5.2.3 企业的各种安全设施应有专人负责管理,定期检查和维护保养。

5.5.2.4 安全设施应编入设备检维修计划,定期检维修。安全设施不得随意拆除、挪用或弃置不用,因检维修拆除的,检维修完毕后应立即复原。

5.5.2.5 企业应对监视和测量设备进行规范管理,建立监视和测量设备台账,定期进行校准和维护,并保存校准和维护活动的记录。

5.5.3 特种设备

5.5.3.1 企业应按照《特种设备安全监察条例》管理规定,对特种设备进行规范管理。

5.5.3.2 企业应建立特种设备台账和档案。

5.5.3.3 特种设备投入使用前或者投入使用后 30 日内,企业应当向直辖市或者设区的市特种设备监督管理部门登记注册。

5.5.3.4 企业应对在用特种设备进行经常性日常维护保养,至少每月进行 1 次检查,并保存记录。

5.5.3.5 企业应对在用特种设备及安全附件、安全保护装置、测量调控装置及有关附属仪器仪表进行定期校验、检修,并保存记录。

5.5.3.6 企业应在特种设备检验合格有效期届满前 1 个月向特种设备检验检测机构提出定期检验要求。未经定期检验或者检验不合格的特种设备,不得继续使用。企业应将安全检验合格标志置于或者附着于特种设备的显著位置。

5.5.3.7 企业特种设备存在严重事故隐患,无改造、维修价值,或者超过安全技术规范规定使用年限,应及时予以报废,并向原登记的特种设备监督管理部门办理注销。

5.5.4 工艺安全

5.5.4.1 企业操作人员应掌握工艺安全信息,主要包括:

1)化学品危险性信息:物理特性、化学特性、毒性、职业接触限值;

2)工艺信息:流程图、化学反应过程、最大储存量、工艺参数安全上下限值;

3)设备信息:设备材料、设备和管道图纸、电气类别、调节阀系统、安全设施。

5.5.4.2 企业应保证下列设备设施运行安全可靠、完整:

1)压力容器和压力管道,包括管件和阀门;2)泄压和排空系统;3)紧急停车系统;4)监控、报警系统;5)联锁系统;6)各类动设备,包括备用设备等。

5.5.4.3 企业应对工艺过程进行风险分析:

1)工艺过程中的危险性;2)工作场所潜在事故发生因素;3)控制失效的影响;4)人为因素等。

5.5.4.4 企业生产装置开车前应组织检查,进行安全条件确认。安全条件应满足下列要求:

1)现场工艺和设备符合设计规范;2)系统气密测试、设施空运转调试合格;3)操作规程和应急预案已制订;4)编制并落实了装置开车方案;5)操作人员培训合格;6)各种危险已消除或控制。

5.5.4.5 企业生产装置停车应满足下列要求:

1)编制停车方案;2)操作人员能够按停车方案和操作规程进行操作。

5.5.4.6 企业生产装置紧急情况处理应遵守下列要求:

1)发现或发生紧急情况,应按照不伤害人员为原则,妥善处理,同时向有关方面报告;2)工艺及机电设备等发生异常情况时,采取适当的措施,并通知有关岗位协调处理,必要时,按程序紧急停车。

5.5.4.7 企业生产装置泄压系统或排空系统排放的危险化学品应引至安全地点并得到妥善处理。

5.5.4.8 企业操作人员应严格执行操作规程,对工艺参数运行出现的偏离情况及时分析,保证工艺参数控制不超出安全限值,偏差及时得到纠正。

5.5.5 关键装置及重点部位

5.5.5.1 企业应加强对关键装置、重点部位安全管理,实行企业领导干部联系点管理机制。

5.5.5.2 联系人对所负责的关键装置、重点部位负有安全监督与指导责任,包括:

1)指导安全承包点实现安全生产;2)监督安全生产方针、政策、法规、制度的执行和落实;3)定期检查安全生产中存在的问题;4)督促隐患项目治理;5)监督事故处理原则的落实;6)解决影响安全生产的突出问题等。

5.5.5.3 联系人应每月至少到联系点进行一次安全活动,活动形式包括参加基层班组安全活动、安全检查、督促治理事故隐患、安全工作指示等。

5.5.5.4 企业应建立关键装置、重点部位档案,建立企业、管理部门、基层单位及班组监控机制,明确各级组织、各专业的职责,定期进行监督检查,并形成记录。

5.5.5.5 企业应制定关键装置、重点部位应急预案,至少每半年进行一次演练,确保关键装置、重点部位的操作、检修、仪表、电气等人员能够识别和及时处理各种事件及事故。

5.5.5.6 企业关键装置、重点部位为重大危险源时,还应按 5.2.5 条执行。

5.5.6 检维修

5.5.6.1 企业应严格执行检维修管理制度,实行日常检维修和定期检维修管理。

5.5.6.2 企业应制订年度综合检维修计划,落实"五定",即定检修方案、定检修人员、定安全措施、定检修质量、定检修进度原则。

5.5.6.3 企业在进行检维修作业时,应执行下列程序:

1)检维修前:

(1)进行危险、有害因素识别;

(2)编制检维修方案;

(3)办理工艺、设备设施交付检维修手续;

(4)对检维修人员进行安全培训教育;

(5)检维修前对安全控制措施进行确认;

(6)为检维修作业人员配备适当的劳动保护用品;

(7)办理各种作业许可证;

2)对检维修现场进行安全检查;

3)检维修后办理检维修交付生产手续。

5.5.7 拆除和报废

5.5.7.1 企业应严格执行生产设施拆除和报废管理制度。拆除作业前,拆除作业负责人应与需拆除设施的主管部门和使用单位共同到现场进行对接,作业人员进行危险、有害因素识别,制定拆除计划或方案,办理拆除设施交接手续。

5.5.7.2 企业凡需拆除的容器、设备和管道,应先清洗干净,分析、验收合格后方可进行拆除作业。

5.5.7.3 企业欲报废的容器、设备和管道内仍存有危险化学品的,应清洗干净,分析、验收合格后,方可报废处置。

5.6 作业安全

5.6.1 作业许可

企业应对下列危险性作业活动实施作业许可管理,严格履行审批手续,各种作业许可证中应有危险、有害因素识别和安全措施内容:

1)动火作业;2)进入受限空间作业;3)破土作业;4)临时用电作业;5)高处作业;6)断路作业;7)吊装作业;8)设备检修作业;9)抽堵盲板作业;10)其他危险性作业。

5.6.2 警示标志

5.6.2.1 企业应按照 GB 16179 规定,在易燃、易爆、有毒有害等危险场所的醒目位置设置符合 GB2894 规定的安全标志。

5.6.2.2 企业应在重大危险源现场设置明显的安全警示标志。

5.6.2.3 企业应按有关规定,在厂内道路设置限速、限高、禁行等标志。

5.6.2.4 企业应在检维修、施工、吊装等作业现场设置警戒区域和安全标志,在检修现场的坑、井、洼、沟、陡坡等场所设置围栏和警示灯。

5.6.2.5 企业应在可能产生严重职业危害作业岗位的醒目位置,按照 GBZ 158 设置职业危害警示标识,同时设置告知牌,告知产生职业危害的种类、后果、预防及应急救治措施、作业场所职业危害因素检测结果等。

5.6.2.6 企业应按有关规定在生产区域设置风向标。

5.6.3 作业环节

5.6.3.1 企业应在危险性作业活动作业前进行危险、有害因素识别,制定控制措施。在作业现场配备相应的安全防护用品(具)及消防设施与器材,规范现场人员作业行为。

5.6.3.2 企业作业活动的负责人应严格按照规定要求科学指挥;作业人员应严格执行操作规程,不违章作业,不违反劳动纪律。

5.6.3.3 企业作业人员在进行 5.6.1 中规定的作业活动时,应持相应的作业许可证作业。

5.6.3.4 企业作业活动监护人员应具备基本救护技能和作业现场的应急处理能力,持相应作业许可证进行监护作业,作业过程中不得离开监护岗位。

5.6.3.5 企业应保持作业环境整洁。

5.6.3.6 企业同一作业区域内有两个以上承包商进行生产经营活动,可能危及对方生产安全时,应组织并监督承包商之间签订安全生产协议,明确各自的安全生产管理职责和应当采取的安全措施,并指定专职安全生产管理人员进行安全检查与协调。

5.6.3.7 企业应办理机动车辆进入生产装置区、罐区现场相关手续,机动车辆应佩戴标准阻火器、按指定线路行驶。

5.6.3.8 企业应严格执行危险化学品储存、出入库安全管理制度。危险化学品应储存在专用仓库、专用场地或者专用储存室(以下统称专用仓库)内,并按照相关技术标准规定的储存方法、储存数量和安全距离,实行隔离、隔开、分离储存,禁止将危险化学品与禁忌物品混合储存;危险化学品专用仓库应当符合相关技术标准对安全、消防的要求,设置明显标志,并由专人管理;危险化学品出入库应当进行核查登记,并定期检查。

5.6.3.9 企业的剧毒化学品必须在专用仓库单独存放,实行双人收发、双人保管制度。企业应将储存剧毒化学品的数量、地点以及管理人员的情况,报当地公安部门和安全生产监督管理部门备案。

5.6.3.10 企业应严格执行危险化学品运输、装卸安全管理制度,规范运输、装卸人员行为。

5.6.4 承包商与供应商

5.6.4.1 企业应严格执行承包商管理制度,对承包商资格预审、选择、开工前准备、作业过程监督、表现评价、续用等过程进行管理,建立合格承包商名录和档案。企业应与选用的承包商签订安全协议书。

5.6.4.2 企业应严格执行供应商管理制度,对供应商资格预审、选用和续用等过程进行管理,并定期识别与采购有关的风险。

5.6.5 变更

5.6.5.1 企业应严格执行变更管理制度,履行下列变更程序:

1)变更申请:按要求填写变更申请表,由专人进行管理;

2)变更审批:变更申请表应逐级上报主管部门,并按管理权限报主管领导审批;

3)变更实施:变更批准后,由主管部门负责实施。不经过审查和批准,任何临时性的变更都不得超过原批准范围和期限;

4)变更验收:变更实施结束后,变更主管部门应对变更的实施情况进行验收,形成报告,并及时将变更结果通知相关部门和有关人员。

5.6.5.2 企业应对变更过程产生的风险进行分析和控制。

5.7 产品安全与危害告知

5.7.1 危险化学品档案

企业应对所有危险化学品,包括产品、原料和中间产品进行普查,建立危险化学品档案,包括:

1)名称,包括别名、英文名等;

2)存放、生产、使用地点;

3)数量;

4)危险性分类、危规号、包装类别、登记号;

5)安全技术说明书与安全标签。

5.7.2 化学品分类

企业应按照国家有关规定对其产品、所有中间产品进行分类,并将分类结果汇入危险化学品档案。

5.7.3 化学品安全技术说明书和安全标签

5.7.3.1 生产企业的产品属危险化学品时,应按 GB 16483 和 GB 15258 编制产品安全技术说明书和安全标签,并提供给用户。

5.7.3.2 企业采购危险化学品时,应索取危险化学品安全技术说明书和安全标签,不得采购无安全技术说明书和安全标签的危险化学品。

5.7.4 化学事故应急咨询服务电话

生产企业应设立 24 小时应急咨询服务固定电话,有专业人员值班并负责相关应急咨询。没有条件设立应急咨询服务电话的,应委托危险化学品专业应急机构作为应急咨询服务代理。

5.7.5 危险化学品登记

企业应按照有关规定对危险化学品进行登记。

5.7.6 危害告知

企业应以适当、有效的方式对从业人员及相关方进行宣传,使其了解生产过程中危险化学品的危险特性、活性危害、禁配物等,以及采取的预防及应急处理措施。

5.8　职业危害

5.8.1　职业危害申报

企业如存在法定职业病目录所列的职业危害因素,应及时、如实向当地安全生产监督管理部门申报,接受其监督。

5.8.2　作业场所职业危害管理

5.8.2.1　企业应制定职业危害防治计划和实施方案,建立、健全职业卫生档案和从业人员健康监护档案。

5.8.2.2　企业作业场所应符合 GBZ 1、GBZ 2。

5.8.2.3　企业应确保使用有毒物品作业场所与生活区分开,作业场所不得住人;应将有害作业与无害作业分开,高毒作业场所与其他作业场所隔离。

5.8.2.4　企业应在可能发生急性职业损伤的有毒有害作业场所按规定设置报警设施、冲洗设施、防护急救器具专柜,设置应急撤离通道和必要的泄险区,定期检查,并记录。

5.8.2.5　企业应严格执行生产作业场所职业危害因素检测管理制度,定期对作业场所进行检测,在检测点设置标识牌,告知检测结果,并将检测结果存入职业卫生档案。

5.8.2.6　企业不得安排上岗前未经职业健康检查的从业人员从事接触职业病危害的作业;不得安排有职业禁忌的从业人员从事禁忌作业。

5.8.3　劳动防护用品

5.8.3.1　企业应根据接触危害的种类、强度,为从业人员提供符合国家标准或行业标准的个体防护用品和器具,并监督、教育从业人员正确佩戴、使用。

5.8.3.2　企业各种防护器具应定点存放在安全、方便的地方,并有专人负责保管、检查,定期校验和维护,每次校验后应记录、铅封。

5.8.3.3　企业应建立职业卫生防护设施及个体防护用品管理台账,加强对劳动防护用品使用情况的检查监督,凡不按规定使用劳动防护用品者不得上岗作业。

5.9　事故与应急

5.9.1　事故报告

5.9.1.1　企业应明确事故报告制度和程序。发生生产安全事故后,事故现场有关人员除立即采取应急措施外,应按规定和程序报告本单位负责人及有关部门。情况紧急时,事故现场有关人员可以直接向事故发生地县级以上人民政府安全生产监督管理部门和负有安全生产监督管理职责的有关部门报告。

5.9.1.2　企业负责人接到事故报告后,应当于1小时内向事故发生地县级以上人民政府安全生产监督管理部门和负有安全生产监督管理职责的有关部门报告。

5.9.1.3　企业在事故报告后出现新情况时,应按有关规定及时补报。

5.9.2　抢险与救护

5.9.2.1　企业发生生产安全事故后,应迅速启动应急救援预案,企业负责人直接指挥,积极组织抢救,妥善处理,以防止事故的蔓延扩大,减少人员伤亡和财产损失。安全、技术、设备、动力、生产、消防、保卫等部门应协助做好现场抢救和警戒工作,保护事故现场。

5.9.2.2　企业发生有害物大量外泄事故或火灾事故现场应设警戒线。

5.9.2.3　企业抢救人员应佩戴好相应的防护器具,对伤亡人员及时进行抢救处理。

5.9.3　事故调查和处理

5.9.3.1　企业发生生产安全事故后,应积极配合各级人民政府组织的事故调查,负责人和有关人员在事故调查期间不得擅离职守,应当随时接受事故调查组的询问,如实提供有关情况。

5.9.3.2 未造成人员伤亡的一般事故,县级人民政府委托企业负责组织调查的,企业应按规定成立事故调查组组织调查,按时提交事故调查报告。

5.9.3.3 企业应落实事故整改和预防措施,防止事故再次发生。整改和预防措施应包括:1)工程技术措施;2)培训教育措施;3)管理措施。

5.9.3.4 企业应建立事故档案和事故管理台账。

5.9.4 应急指挥与救援系统

5.9.4.1 企业应建立应急指挥系统,实行分级管理,即厂级、车间级管理。

5.9.4.2 企业应建立应急救援队伍。

5.9.4.3 企业应明确各级应急指挥系统和救援队伍的职责。

5.9.5 应急救援器材

5.9.5.1 企业应按国家有关规定,配备足够的应急救援器材,并保持完好。

5.9.5.2 企业应建立应急通讯网络,保证应急通讯网络的畅通。

5.9.5.3 企业应为有毒有害岗位配备救援器材柜,放置必要的防护救护器材,进行经常性的维护保养并记录,保证其处于完好状态。

5.9.6 应急救援预案与演练

5.9.6.1 企业宜按照 AQ/T 9002,根据风险评价的结果,针对潜在事件和突发事故,制定相应的事故应急救援预案。

5.9.6.2 企业应组织从业人员进行应急救援预案的培训,定期演练,评价演练效果,评价应急救援预案的充分性和有效性,并形成记录。

5.9.6.3 企业应定期评审应急救援预案,尤其在潜在事件和突发事故发生后。

5.9.6.4 企业应将应急救援预案报当地安全生产监督管理部门和有关部门备案,并通报当地应急协作单位,建立应急联动机制。

5.10 检查与自评

5.10.1 安全检查

5.10.1.1 企业应严格执行安全检查管理制度,定期或不定期进行安全检查,保证安全标准化有效实施。

5.10.1.2 企业安全检查应有明确的目的、要求、内容和计划。各种安全检查均应编制安全检查表,安全检查表应包括检查项目、检查内容、检查标准或依据、检查结果等内容。

5.10.1.3 企业各种安全检查表应作为企业有效文件,并在实际应用中不断完善。

5.10.2 安全检查形式与内容

5.10.2.1 企业应根据安全检查计划,开展综合性检查、专业性检查、季节性检查、日常检查和节假日检查;各种安全检查均应按相应的安全检查表逐项检查,建立安全检查台账,并与责任制挂钩。

5.10.2.2 企业安全检查形式和内容应满足:

1)综合性检查应由相应级别的负责人负责组织,以落实岗位安全责任制为重点,各专业共同参与的全面安全检查。厂级综合性安全检查每季度不少于 1 次,车间级综合性安全检查每月不少于 1 次;

2)专业检查分别由各专业部门的负责人组织本系统人员进行,主要是对锅炉、压力容器、危险物品、电气装置、机械设备、构建筑物、安全装置、防火防爆、防尘防毒、监测仪器等进行专业检查。专业检查每半年不少于 1 次;

3)季节性检查由各业务部门的负责人组织本系统相关人员进行,是根据当地各季节特点对防火防爆、防雨防汛、防雷电、防暑降温、防风及防冻保暖工作等进行预防性季节检查。

4)日常检查分岗位操作人员巡回检查和管理人员日常检查。岗位操作人员应认真履行岗位安全生产责任制,进行交接班检查和班中巡回检查,各级管理人员应在各自的业务范围内进行日常检查;

5)节假日检查主要是对节假日前安全、保卫、消防、生产物资准备、备用设备、应急预案等方面进行的检查。

5.10.3　整改

5.10.3.1　企业应对安全检查所查出的问题进行原因分析,制定整改措施,落实整改时间、责任人,并对整改情况进行验证,保存相应记录。

5.10.3.2　企业各种检查的主管部门应对各级组织和人员检查出的问题和整改情况定期进行检查。

5.10.4　自评

企业应每年至少1次对安全标准化运行进行自评,提出进一步完善安全标准化的计划和措施。

安全评价通则

AQ 8001—2007

1 范围

本标准规定了安全评价的管理、程序、内容等基本要求。

本标准适用于安全评价及相关的管理工作。

2 规范性引用文件

下列文件中的条款通过本标准的引用而成为本标准的条款。凡是注明日期的引用文件,其随后所有的修改本(不包括勘误的内容)或修订版不适用于本标准。然而,鼓励根据本标准达成协议的各方研究是否可使用这些文件的最新版本。凡是不注明日期的引用文件,其最新版本适用于本标准。

GB 4754 国民经济行业分类

3 术语和定义

3.1 安全评价 Safety Assessment

以实现安全为目的,应用安全系统工程原理和方法,辨识与分析工程、系统、生产经营活动中的危险、有害因素,预测发生事故或造成职业危害的可能性及其严重程度,提出科学、合理、可行的安全对策措施建议,做出评价结论的活动。安全评价可针对一个特定的对象,也可针对一定区域范围。

安全评价按照实施阶段的不同分为三类:安全预评价、安全验收评价、安全现状评价。

3.2 安全预评价 Safety Assessment Prior to Start

在建设项目可行性研究阶段、工业园区规划阶段或生产经营活动组织实施之前,根据相关的基础资料,辨识与分析建设项目、工业园区、生产经营活动潜在的危险、有害因素,确定其与安全生产法律法规、标准、行政规章、规范的符合性,预测发生事故的可能性及其严重程度,提出科学、合理、可行的安全对策措施建议,做出安全评价结论的活动。

3.3 安全验收评价 Safety Assessment Upon Completion

在建设项目竣工后正式生产运行前或工业园区建设完成后,通过检查建设项目安全设施与主体工程同时设计、同时施工、同时投入生产和使用的情况或工业园区内的安全设施、设备、装置投入生产和使用的情况,检查安全生产管理措施到位情况,检查安全生产规章制度健全情况,检查事故应急救援预案建立情况,审查确定建设项目、工业园区建设满足安全生产法律法规、标准、规范要求的符合性,从整体上确定建设项目、工业园区的运行状况和安全管理情况,做出安全验收评价结论的活动。

3.4 安全现状评价 Safety Assessment In Operation

针对生产经营活动中、工业园区的事故风险、安全管理等情况,辨识与分析其存在的危险、有害因素,审查确定其与安全生产法律法规、规章、标准、规范要求的符合性,预测发生事故或造成职业危害的可能性及其严重程度,提出科学、合理、可行的安全对策措施建议,做出安全现状评价结论的活动。

安全现状评价既适用于对一个生产经营单位或一个工业园区的评价,也适用于某一特定的生产方式、生产工艺、生产装置或作业场所的评价。

3.5　安全评价机构 Safety Assessment Organization

是指依法取得安全评价相应的资质,按照资质证书规定的业务范围开展安全评价活动的社会中介服务组织。

3.6　安全评价人员 Safety Assessment Professional

是指依法取得《安全评价人员资格证书》,并经从业登记的专业技术人员。其中,与所登记服务的机构建立法定劳动关系、专职从事安全评价活动的安全评价人员,称为专职安全评价人员。

4　管理要求

4.1　评价对象

4.1.1　对于法律法规、规章所规定的、存在事故隐患可能造成伤亡事故或其他有特殊要求的情况,应进行安全评价。亦可根据实际需要自愿进行安全评价。

4.1.2　评价对象应自主选择具备相应资质的安全评价机构按有关规定进行安全评价。

4.1.3　评价对象应为安全评价机构创造必备的工作条件,如实提供所需的资料。

4.1.4　评价对象应根据安全评价报告提出的安全对策措施建议及时进行整改。

4.1.5　同一对象的安全预评价和安全验收评价,宜由不同的安全评价机构分别承担。

4.1.6　任何部门和个人不得干预安全评价机构的正常活动,不得指定评价对象接受特定安全评价机构开展安全评价,不得以任何理由限制安全评价机构开展正常业务活动。

4.2　工作规则

4.2.1　资质和资格管理

4.2.1.1　安全评价机构实行资质许可制度。

安全评价机构必须依法取得安全评价机构资质许可,并按照取得的相应资质等级、业务范围开展安全评价。

4.2.1.2　安全评价机构需通过安全评价机构年度考核保持资质。

4.2.1.3　取得安全评价机构资质应经过初审、条件核查、许可审查、公示、许可决定等程序。安全评价机构资质申报、审查程序详见附录A。

a) 条件核查包括:材料核查、现场核查、会审等三个阶段。

b) 条件核查实行专家组核查制度。材料核查2人为1组;现场核查3至5人为1组,并设组长1人。

c) 条件核查应使用规定格式的核查记录文件。核查组独立完成核查、如实记录并做出评判。

d) 条件核查的结论由专家组通过会审的方式确定。

e) 政府主管部门依据条件核查的结论,经许可审查合格,并向社会公示无异议后,做出资质许可决定;对公示期间存在异议或受到举报的申报机构,应在进行调查核实后再做出决定。

f) 政府主管部门依据社会区域经济结构、发展水平和安全生产工作的实际需要,制订安全评价机构发展规划,对总体规模进行科学、合理控制,以利于安全评价工作的有序、健康发展。

4.2.1.4　业务范围

a) 依据国民经济行业分类类别和安全生产监管工作的现状,安全评价的业务范围划分为两大类,并根据实际工作需要适时调整。安全评价业务分类详见附录B。

b）工业园区的各类安全评价按本标准规定的原则实施。

c）安全评价机构的业务范围由政府主管部门。

根据安全评价机构的专职安全评价人员的人数、基础专业条件和其他有关设施设备等条件确定。

4.2.1.5　安全评价人员应按有关规定参加安全评价人员继续教育保持资格。

4.2.1.6　取得《安全评价人员资格证书》的人员，在履行从业登记，取得从业登记编号后，方可从事安全评价工作。安全评价人员应在所登记的安全评价机构从事安全评价工作。

4.2.1.7　安全评价人员不得在两个或两个以上安全评价机构从事安全评价工作。

4.2.1.8　从业的安全评价人员应按规定参加安全评价人员的业绩考核。

4.2.2　运行规则

4.2.2.1　安全评价机构与被评价对象存在投资咨询、工程设计、工程监理、工程咨询、物资供应等各种利益关系的，不得参与其关联项目的安全评价活动。

4.2.2.2　安全评价机构不得以不正当手段获取安全评价业务。

4.2.2.3　安全评价机构、安全评价人员应遵纪守法、恪守职业道德、诚实守信，并自觉维护安全评价市场秩序，公平竞争。

4.2.2.4　安全评价机构、安全评价人员应保守被评价单位的技术和商业秘密。

4.2.2.5　安全评价机构、安全评价人员应科学、客观、公正、独立地开展安全评价。

4.2.2.6　安全评价机构、安全评价人员应真实、准确地做出评价结论，并对评价报告的真实性负责。

4.2.2.7　安全评价机构应自觉按要求上报工作业绩并接受考核。

4.2.2.8　安全评价机构、安全评价人员应接受政府主管部门的监督检查。

4.2.2.9　安全评价机构、安全评价人员应对在当时条件下做出的安全评价结果承担法律责任。

4.3　过程控制

4.3.1　安全评价机构应编制安全评价过程控制文件，规范安全评价过程和行为、保证安全评价质量。

4.3.2　安全评价过程控制文件主要包括机构管理、项目管理、人员管理、内部资源管理和公共资源管理等内容。

4.3.3　安全评价机构开展业务活动应遵循安全评价过程控制文件的规定，并依据安全评价过程控制文件及相关的内部管理制度对安全评价全过程实施有效的控制。

5　安全评价程序

安全评价的程序包括前期准备，辨识与分析危险、有害因素；划分评价单元，定性、定量评价，提出安全对策措施建议，做出评价结论，编制安全评价报告。

安全评价程序框图见附录C。

6　安全评价内容

6.1　前期准备

明确评价对象，备齐有关安全评价所需的设备、工具，收集国内外相关法律法规、标准、规章、规范等资料。

6.2　辨识与分析危险、有害因素

根据评价对象的具体情况,辨识和分析危险、有害因素,确定其存在的部位、方式,以及发生作用的途径和变化规律。

6.3　划分评价单元

评价单元划分应科学、合理、便于实施评价、相对独立且具有明显的特征界限。

6.4　定性、定量评价

根据评价单元的特性,选择合理的评价方法,对评价对象发生事故的可能性及其严重程度进行定性、定量评价。

6.5　对策措施建议

6.5.1　依据危险、有害因素辨识结果与定性、定量评价结果,遵循针对性、技术可行性、经济合理性的原则,提出消除或减弱危险、危害的技术和管理对策措施建议。

6.5.2　对策措施建议应具体翔实、具有可操作性。按照针对性和重要性的不同,措施和建议可分为应采纳和宜采纳两种类型。

6.6　安全评价结论

6.6.1　安全评价机构应根据客观、公正、真实的原则,严谨、明确地做出安全评价结论。

6.6.2　安全评价结论的内容应包括高度概括评价结果,从风险管理角度给出评价对象在评价时与国家有关安全生产的法律法规、标准、规章、规范的符合性结论,给出事故发生的可能性和严重程度的预测性结论,以及采取安全对策措施后的安全状态等。

7　安全评价报告

7.1　安全评价报告是安全评价过程的具体体现和概括性总结。安全评价报告是评价对象实现安全运行的技术行指导文件,对完善自身安全管理、应用安全技术等方面具有重要作用。安全评价报告作为第三方出具的技术性咨询文件,可为政府安全生产监管、监察部门、行业主管部门等相关单位对评价对象的安全行为进行法律法规、标准、行政规章、规范的符合性判别所用。

7.2　安全评价报告应全面、概括地反映安全评价过程的全部工作,文字应简洁、准确,提出的资料清楚可靠,论点明确,利于阅读和审查。

企业安全生产标准化基本规范

AQ/T 9006—2010

1　范围

本标准适用于工矿企业开展安全生产标准化工作以及对标准化工作的咨询、服务和评审;其他企业和生产经营单位可参照执行。

有关行业制定安全生产标准化标准应满足本标准的要求;已经制定行业安全生产标准化标准的,优先适用行业安全生产标准化标准。

2　规范性引用文件

下列文件对本标准的应用是必不可少的,其最新版本(包括所有的修订单)适用于本标准。

GB 2894 安全标志及其使用导则

GBZ 158 工作场所职业病危害警示标识

国家安全生产监督管理总局令第 16 号　安全生产事故隐患排查治理暂行规定

3　术语和定义

下列术语和定义适用于本标准。

3.1　安全生产标准化 work safety standardization

通过建立安全生产责任制,制定安全管理制度和操作规程,排查治理隐患和监控重大危险源,建立预防机制,规范生产行为,使各生产环节符合有关安全生产法律法规和标准规范的要求,人、机、物、环处于良好的生产状态,并持续改进,不断加强企业安全生产规范化建设。

3.2　安全绩效 safety performance

根据安全生产目标,在安全生产工作方面取得的可测量结果。

3.3　相关方 interested party

与企业的安全绩效相关联或受其影响的团体或个人。

3.4　资源 resources

实施安全生产标准化所需的人员、资金、设施、材料、技术和方法等。

4　一般要求

4.1　原则

企业开展安全生产标准化工作,遵循"安全第一、预防为主、综合治理"的方针,以隐患排查治理为基础,提高安全生产水平,减少事故发生,保障人身安全健康,保证生产经营活动的顺利进行。

4.2　建立和保持

企业安全生产标准化工作采用"策划、实施、检查、改进"动态循环的模式,依据本标准的要求,结合自身特点,建立并保持安全生产标准化系统;通过自我检查、自我纠正和自我完善,建立安全绩效持续改进的安全生产长效机制。

4.3　评定和监督

企业安全生产标准化工作实行企业自主评定、外部评审的方式。

企业应当根据本标准和有关评分细则,对本企业开展安全生产标准化工作情况进行评定;自主评定后申请外部评审定级。

安全生产标准化评审分为一级、二级、三级,一级为最高。

安全生产监督管理部门对评审定级进行监督管理。

5　核心要求

5.1　目标

企业根据自身安全生产实际,制定总体和年度安全生产目标。

按照所属基层单位和部门在生产经营中的职能,制定安全生产指标和考核办法。

5.2　组织机构和职责

5.2.1　组织机构

企业应按规定设置安全生产管理机构,配备安全生产管理人员。

5.2.2　职责

企业主要负责人应按照安全生产法律法规赋予的职责,全面负责安全生产工作,并履行安全生产义务。

企业应建立安全生产责任制,明确各级单位、部门和人员的安全生产职责。

5.3　安全生产投入

企业应建立安全生产投入保障制度,完善和改进安全生产条件,按规定提取安全费用,专项用于安全生产,并建立安全费用台账。

5.4　法律法规与安全管理制度

5.4.1　法律法规、标准规范

企业应建立识别和获取适用的安全生产法律法规、标准规范的制度,明确主管部门,确定获取的渠道、方式,及时识别和获取适用的安全生产法律法规、标准规范。

企业各职能部门应及时识别和获取本部门适用的安全生产法律法规、标准规范,并跟踪、掌握有关法律法规、标准规范的修订情况,及时提供给企业内负责识别和获取适用的安全生产法律法规的主管部门汇总。

企业应将适用的安全生产法律法规、标准规范及其他要求及时传达给从业人员。

企业应遵守安全生产法律法规、标准规范,并将相关要求及时转化为本单位的规章制度,贯彻到各项工作中。

5.4.2　规章制度

企业应建立健全安全生产规章制度,并发放到相关工作岗位,规范从业人员的生产作业行为。

安全生产规章制度至少应包含下列内容:安全生产职责、安全生产投入、文件和档案管理、隐患排查与治理、安全教育培训、特种作业人员管理、设备设施安全管理、建设项目安全设施"三同时"管理、生产设备设施验收管理、生产设备设施报废管理、施工和检维修安全管理、危险物品及重大危险源管理、作业安全管理、相关方及外用工管理、职业健康管理、防护用品管理,应急管理,事故管理等。

5.4.3　操作规程

企业应根据生产特点,编制岗位安全操作规程,并发放到相关岗位。

5.4.4　评估

企业应每年至少一次对安全生产法律法规、标准规范、规章制度、操作规程的执行情况进行检查评估。

5.4.5　修订

企业应根据评估情况、安全检查反馈的问题、生产安全事故案例、绩效评定结果等,对安全生产管理规章制度和操作规程进行修订,确保其有效和适用,保证每个岗位所使用的为最新有效版本。

5.4.6　文件和档案管理

企业应严格执行文件和档案管理制度,确保安全规章制度和操作规程编制、使用、评审、修订的效力。

企业应建立主要安全生产过程、事件、活动、检查的安全记录档案,并加强对安全记录的有效管理。

5.5　教育培训

5.5.1　教育培训管理

企业应确定安全教育培训主管部门,按规定及岗位需要,定期识别安全教育培训需求,制定、实施安全教育培训计划,提供相应的资源保证。

应做好安全教育培训记录,建立安全教育培训档案,实施分级管理,并对培训效果进行评估和改进。

5.5.2　安全生产管理人员教育培训

企业的主要负责人和安全生产管理人员,必须具备与本单位所从事的生产经营活动相适应的安全生产知识和管理能力。法律法规要求必须对其安全生产知识和管理能力进行考核的,须经考核合格后方可任职。

5.5.3　操作岗位人员教育培训

企业应对操作岗位人员进行安全教育和生产技能培训,使其熟悉有关的安全生产规章制度和安全操作规程,并确认其能力符合岗位要求。未经安全教育培训,或培训考核不合格的从业人员,不得上岗作业。

新入厂(矿)人员在上岗前必须经过厂(矿)、车间(工段、区、队)、班组三级安全教育培训。

在新工艺、新技术、新材料、新设备设施投入使用前,应对有关操作岗位人员进行专门的安全教育和培训。

操作岗位人员转岗、离岗一年以上重新上岗者,应进行车间(工段)、班组安全教育培训,经考核合格后,方可上岗工作。

从事特种作业的人员应取得特种作业操作资格证书,方可上岗作业。

5.5.4　其他人员教育培训

企业应对相关方的作业人员进行安全教育培训。作业人员进入作业现场前,应由作业现场所在单位对其进行进入现场前的安全教育培训。

企业应对外来参观、学习等人员进行有关安全规定、可能接触到的危害及应急知识的教育和告知。

5.5.5　安全文化建设

企业应通过安全文化建设,促进安全生产工作。

企业应采取多种形式的安全文化活动,引导全体从业人员的安全态度和安全行为,逐步形成为全体员工所认同、共同遵守、带有本单位特点的安全价值观,实现法律和政府监管要求之上的安全自我约束,保障企业安全生产水平持续提高。

5.6　生产设备设施

5.6.1　生产设备设施建设

企业建设项目的所有设备设施应符合有关法律法规、标准规范要求;安全设备设施应与建设项目主体工程同时设计、同时施工、同时投入生产和使用。

企业应按规定对项目建议书、可行性研究、初步设计、总体开工方案、开工前安全条件确认和竣工验收等阶段进行规范管理。

生产设备设施变更应执行变更管理制度,履行变更程序,并对变更的全过程进行隐患控制。

5.6.2　设备设施运行管理

企业应对生产设备设施进行规范化管理,保证其安全运行。

企业应有专人负责管理各种安全设备设施,建立台账,定期检维修。对安全设备设施应制定检维修计划。

设备设施检维修前应制定方案。检维修方案应包含作业行为分析和控制措施。检维修过程中应执行隐患控制措施并进行监督检查。

安全设备设施不得随意拆除、挪用或弃置不用;确因检维修拆除的,应采取临时安全措施,检维修完毕后立即复原。

5.6.3　新设备设施验收及旧设备拆除、报废

设备的设计、制造、安装、使用、检测、维修、改造、拆除和报废,应符合有关法律法规、标准规范的要求。

企业应执行生产设备设施到货验收和报废管理制度,应使用质量合格、设计符合要求的生产设备设施。

拆除的生产设备设施应按规定进行处置。拆除的生产设备设施涉及危险物品的,须制定危险物品处置方案和应急措施,并严格按规定组织实施。

5.7　作业安全

5.7.1　生产现场管理和生产过程控制

企业应加强生产现场安全管理和生产过程的控制。对生产过程及物料、设备设施、器材、通道、作业环境等存在的隐患,应进行分析和控制。对动火作业、受限空间内作业、临时用电作业、高处作业等危险性较高的作业活动实施作业许可管理,严格履行审批手续。作业许可证应包含危害因素分析和安全措施等内容。

企业进行爆破、吊装等危险作业时,应当安排专人进行现场安全管理,确保安全规程的遵守和安全措施的落实。

5.7.2　作业行为管理

企业应加强生产作业行为的安全管理。对作业行为隐患、设备设施使用隐患、工艺技术隐患等进行分析,采取控制措施。

5.7.3　警示标志

企业应根据作业场所的实际情况,按照 GB 2894 及企业内部规定,在有较大危险因素的作业场所和设备设施上,设置明显的安全警示标志,进行危险提示、警示,告知危险的种类、后果及应急措施等。

企业应在设备设施检维修、施工、吊装等作业现场设置警戒区域和警示标志,在检维修现场的坑、井、洼、沟、陡坡等场所设置围栏和警示标志。

5.7.4　相关方管理

企业应执行承包商、供应商等相关方管理制度,对其资格预审、选择、服务前准备、作业过程、

提供的产品、技术服务、表现评估、续用等进行管理。

企业应建立合格相关方的名录和档案，根据服务作业行为定期识别服务行为风险，并采取行之有效的控制措施。

企业应对进入同一作业区的相关方进行统一安全管理。

不得将项目委托给不具备相应资质或条件的相关方。企业和相关方的项目协议应明确规定双方的安全生产责任和义务。

5.7.5　变更

企业应执行变更管理制度，对机构、人员、工艺、技术、设备设施、作业过程及环境等永久性或暂时性的变化进行有计划的控制。变更的实施应履行审批及验收程序，并对变更过程及变更所产生的隐患进行分析和控制。

5.8　隐患排查和治理

5.8.1　隐患排查

企业应组织事故隐患排查工作，对隐患进行分析评估，确定隐患等级，登记建档，及时采取有效的治理措施。

法律法规、标准规范发生变更或有新的公布，以及企业操作条件或工艺改变，新建、改建、扩建项目建设，相关方进入、撤出或改变，对事故、事件或其他信息有新的认识，组织机构发生大的调整的，应及时组织隐患排查。

隐患排查前应制定排查方案，明确排查的目的、范围，选择合适的排查方法。排查方案应依据：

——有关安全生产法律、法规要求；

——设计规范、管理标准、技术标准；

——企业的安全生产目标等。

5.8.2　排查范围与方法

企业隐患排查的范围应包括所有与生产经营相关的场所、环境、人员、设备设施和活动。

企业应根据安全生产的需要和特点，采用综合检查、专业检查、季节性检查、节假日检查、日常检查等方式进行隐患排查。

5.8.3　隐患治理

企业应根据隐患排查的结果，制定隐患治理方案，对隐患及时进行治理。

隐患治理方案应包括目标和任务、方法和措施、经费和物资、机构和人员、时限和要求。重大事故隐患在治理前应采取临时控制措施并制定应急预案。

隐患治理措施包括：工程技术措施、管理措施、教育措施、防护措施和应急措施。

治理完成后，应对治理情况进行验证和效果评估。

5.8.4　预测预警

企业应根据生产经营状况及隐患排查治理情况，运用定量的安全生产预测预警技术，建立体现企业安全生产状况及发展趋势的预警指数系统。

5.9　重大危险源监控

5.9.1　辨识与评估

企业应依据有关标准对本单位的危险设施或场所进行重大危险源辨识与安全评估。

5.9.2　登记建档与备案

企业应当对确认的重大危险源及时登记建档，并按规定备案。

5.9.3　监控与管理

企业应建立健全重大危险源安全管理制度，制定重大危险源安全管理技术措施。

5.10　职业健康

5.10.1　职业健康管理

企业应按照法律法规、标准规范的要求,为从业人员提供符合职业健康要求的工作环境和条件,配备与职业健康保护相适应的设施、工具。

企业应定期对作业场所职业危害进行检测,在检测点设置标识牌予以告知,并将检测结果存入职业健康档案。

对可能发生急性职业危害的有毒、有害工作场所,应设置报警装置,制定应急预案,配置现场急救用品、设备,设置应急撤离通道和必要的泄险区。

各种防护器具应定点存放在安全、便于取用的地方,并有专人负责保管,定期校验和维护。

企业应对现场急救用品、设备和防护用品进行经常性的检维修,定期检测其性能,确保其处于正常状态。

5.10.2　职业危害告知和警示

企业与从业人员订立劳动合同时,应将工作过程中可能产生的职业危害及其后果和防护措施如实告知从业人员,并在劳动合同中写明。

企业应采用有效的方式对从业人员及相关方进行宣传,使其了解生产过程中的职业危害、预防和应急处理措施,降低或消除危害后果。

对存在严重职业危害的作业岗位,应按照 GBZ 158 要求设置警示标识和警示说明。警示说明应载明职业危害的种类、后果、预防和应急救治措施。

5.10.3　职业危害申报

企业应按规定,及时、如实向当地主管部门申报生产过程存在的职业危害因素,并依法接受其监督。

5.11　应急救援

5.11.1　应急机构和队伍

企业应按规定建立安全生产应急管理机构或指定专人负责安全生产应急管理工作。

企业应建立与本单位安全生产特点相适应的专兼职应急救援队伍,或指定专兼职应急救援人员,并组织训练;无须建立应急救援队伍的,可与附近具备专业资质的应急救援队伍签订服务协议。

5.11.2　应急预案

企业应按规定制定生产安全事故应急预案,并针对重点作业岗位制定应急处置方案或措施,形成安全生产应急预案体系。

应急预案应根据有关规定报当地主管部门备案,并通报有关应急协作单位。

应急预案应定期评审,并根据评审结果或实际情况的变化进行修订和完善。

5.11.3　应急设施、装备、物资

企业应按规定建立应急设施,配备应急装备,储备应急物资,并进行经常性的检查、维护、保养,确保其完好、可靠。

5.11.4　应急演练

企业应组织生产安全事故应急演练,并对演练效果进行评估。根据评估结果,修订、完善应急预案,改进应急管理工作。

5.11.5　事故救援

企业发生事故后,应立即启动相关应急预案,积极开展事故救援。

5.12 事故报告、调查和处理

5.12.1 事故报告

企业发生事故后,应按规定及时向上级单位、政府有关部门报告,并妥善保护事故现场及有关证据。必要时向相关单位和人员通报。

5.12.2 事故调查和处理

企业发生事故后,应按规定成立事故调查组,明确其职责与权限,进行事故调查或配合上级部门的事故调查。

事故调查应查明事故发生的时间、经过、原因、人员伤亡情况及直接经济损失等。

事故调查组应根据有关证据、资料,分析事故的直接、间接原因和事故责任,提出整改措施和处理建议,编制事故调查报告。

5.13 绩效评定和持续改进

5.13.1 绩效评定

企业应每年至少一次对本单位安全生产标准化的实施情况进行评定,验证各项安全生产制度措施的适宜性、充分性和有效性,检查安全生产工作目标、指标的完成情况。

企业主要负责人应对绩效评定工作全面负责。评定工作应形成正式文件,并将结果向所有部门、所属单位和从业人员通报,作为年度考评的重要依据。

企业发生死亡事故后应重新进行评定。

5.13.2 持续改进

企业应根据安全生产标准化的评定结果和安全生产预警指数系统所反映的趋势,对安全生产目标、指标、规章制度、操作规程等进行修改完善,持续改进,不断提高安全绩效。

化工企业工艺安全管理实施导则

AQ/T 3034—2010

1　范围

本标准规定了石油化工企业工艺安全管理的要素及要求,还给出了工艺安全管理的应用范例。

本标准适用于石油化工企业工艺过程安全管理。

2　规范性引用文件

下列文件中的条款通过本标准的引用而成为本标准的条款。凡是注明日期的引用文件,其随后所有的修改单(不包括勘误的内容)或修订版均不适用于本标准,然而,鼓励根据本标准达成协议的各方研究是否可使用这些文件的最新版本。凡是不注明日期的引用文件,其最新版本适用于本标准。

　　GB/T 24001—2004　环境管理体系　要求及使用指南
　　GB/T 24004—2004　环境管理体系　原则、体系和支持技术通用指南
　　GB/T 28001—2001　职业健康安全管理体系　规范
　　GB/T 28002—2001　职业健康安全管理体系　指南
　　AQ/T 3012—2008　石油化工企业安全管理体系导则

3　术语和定义

GB/T 24001—2004、GB/T 28001—2001、AQ/T 3012—2008 中确立的以及下列术语和定义适用于本标准。

3.1　要素 element
工艺安全管理中的关键因素。

3.2　工艺 process
工艺是指任何涉及危险化学品的活动过程,包括:危险化学品的生产、储存、使用、处置或搬运,或者与这些活动有关的活动。

注:当任何相互连接的容器组和区域隔离的容器可能发生危险化学品泄漏时,应当作为一个单独的工艺来考虑。

3.3　工艺安全事故 process accident
危险化学品(能量)的意外泄漏(释放),造成人员伤害、财产损失或环境破坏的事件。

3.4　石油化工企业 Petrochemical corporation
以石油、天然气为原料的生产企业。

4　管理要素

4.1　工艺安全信息

4.1.1　化学品危害信息
化学品危害信息至少应包括:

a）毒性；

b）允许暴露限值；

c）物理参数，如沸点、蒸气压、密度、溶解度、闪点、爆炸极限；

d）反应特性，如分解反应、聚合反应；

e）腐蚀性数据，腐蚀性以及材质的不相容性；

f）热稳定性和化学稳定性，如受热是否分解、暴露于空气中或被撞击时是否稳定；与其它物质混合时的不良后果，混合后是否发生反应；

g）对于泄漏化学品的处置方法。

4.1.2　工艺技术信息

工艺技术信息至少应包括：

a）工艺流程简图；

b）工艺化学原理资料；

c）设计的物料最大存储量；

d）安全操作范围（温度、压力、流量、液位或组分等）；

e）偏离正常工况后果的评估，包括对员工的安全和健康的影响。

注：上述工艺技术信息通常包含在技术手册、操作规程、操作法、培训材料或其他类似文件中。

4.1.3　工艺设备信息

工艺设备信息至少应包括：

a）材质；

b）工艺控制流程图（P&ID）；

c）电气设备危险等级区域划分图；

d）泄压系统设计和设计基础；

e）通风系统的设计图；

f）设计标准或规范；

g）物料平衡表、能量平衡表；

h）计量控制系统；

i）安全系统（如：联锁、监测或抑制系统）。

4.1.4　工艺安全信息管理

企业可以通过以下途径获得所需的工艺安全信息：

a）从制造商或供应商处获得物料安全技术说明书（MSDS）；

b）从项目工艺技术包的提供商或工程项目总承包商处可以获得基础的工艺技术信息；

c）从设计单位获得详细的工艺系统信息，包括各专业的详细图纸、文件和计算书等；

d）从设备供应商处获取主要设备的资料，包括设备手册或图纸，维修和操作指南、故障处理等相关的信息；

e）机械完工报告、单机和系统调试报告、监理报告、特种设备检验报告、消防验收报告等文件和资料；

f）为了防止生产过程中误将不相容的化学品混合，宜将企业范围内涉及的化学品编制成化学品互相反应的矩阵表；通过查阅矩阵表确认化学品之间的相容性。

工艺安全信息通常包含在技术手册、操作规程、培训材料或其他工艺文件中。工艺安全信息文件应纳入企业文件控制系统予以管理，保持最新版本。

4.2 工艺危害分析

4.2.1 建立管理程序

企业应建立管理程序,明确工艺危害分析过程、方法、人员以及结论和改进建议。

4.2.2 明确小组成员及负责人

工艺危害分析最好是由一个小组来完成并应明确一名负责人,小组成员由具备工程和生产经验、掌握工艺系统相关知识以及工艺危害分析方法的人员组成。

4.2.3 工艺危害分析频次与更新

企业应在工艺装置建设期间进行一次工艺危害分析,识别、评估和控制工艺系统相关的危害,所选择的方法要与工艺系统的复杂性相适应。企业应每三年对以前完成的工艺危害分析重新进行确认和更新,涉及剧毒化学品的工艺可结合法规对现役装置评价要求频次进行。

4.2.4 文件记录

企业应确保这些建议可以及时得到解决,并且形成相关文件和记录。如:建议采纳情况、改进实施计划、工作方案、时间表、验收、告知相关人员等。

4.2.5 企业可选择采取下列方法的一种或几种,来分析和评价工艺危害:

a) 故障假设分析(What … if);

b) 检查表(Checklist);

c) "如果……怎么样?""What if "+"检查表""Checklist";

d) 预先危险分析(PHA);

e) 危险及可操作性研究(HAZOP);

f) 故障类型及影响分析(FMEA);

g) 事故树分析(FTA);

或者等效的其他方法。

4.2.6 无论选用哪种方法,工艺危害分析都应涵盖以下内容:

a) 工艺系统的危害;

b) 对以往发生的可能导致严重后果的事件的审查;

c) 控制危害的工程措施和管理措施,以及失效时的后果;

d) 现场设施;

e) 人为因素;

f) 失控后可能对人员安全和健康造成影响的范围。

4.2.7 在装置投产后,需要与设计阶段的危害分析比较;由于经常需要对工艺系统进行更新,对于复杂的变更或者变更可能增加危害的情形,需要对发生变更的部分进行危害分析。

在役装置的危害分析还需要审查过去几年的变更、本企业或同行业发生的事故和严重未遂事故。

4.3 操作规程

4.3.1 操作规程编制

企业应编制并实施书面的操作规程,规程应与工艺安全信息保持一致。企业应鼓励员工参与操作规程的编制,并组织进行相关培训。操作规程应至少包括以下内容:

a)初始开车、正常操作、临时操作、应急操作、正常停车、紧急停车等各个操作阶段的操作步骤;

b)正常工况控制范围、偏离正常工况的后果;纠正或防止偏离正常工况的步骤;

c)安全、健康和环境相关的事项。如危险化学品的特性与危害、防止暴露的必要措施、发生身体接触或暴露后的处理措施、安全系统及其功能(联锁、监测和抑制系统)等。

4.3.2　操作规程审查

企业应根据需要经常对操作规程进行审核,确保反映当前的操作状况,包括化学品、工艺技术设备和设施的变更。企业应每年确认操作规程的适应性和有效性。

4.3.3　操作规程的使用和控制

企业应确保操作人员可以获得书面的操作规程。通过培训,帮助他们掌握如何正确使用操作规程,并且使他们意识到操作规程是强制性的。

企业应明确操作规程编写、审查、批准、分发、修改以及废止的程序和职责,确保使用最新版本的操作规程。

4.4　培训

4.4.1　建立并实施培训管理程序

企业应建立并实施工艺安全培训管理程序。根据岗位特点和应具备的技能,明确制订各个岗位的具体培训要求,编制落实相应的培训计划,并定期对培训计划进行审查和演练,确保员工了解工艺系统的危害,以及这些危害与员工所从事工作的关系,帮助员工采取正确的工作方式避免工艺安全事故。

4.4.2　程序内容和培训频次

培训管理程序应包含培训反馈评估方法和再培训规定。对培训内容、培训方式、培训人员、教师的表现以及培训效果进行评估,并作为改进和优化培训方案的依据;再培训至少每三年举办一次,根据需要可适当增加频次。当工艺技术、工艺设备发生变更时,需要按照变更管理程序的要求,就变更的内容和要求告知或培训操作人员及其他相关人员。

4.4.3　培训记录保存

企业应保存好员工的培训记录。包括员工的姓名、培训时间和培训效果等都要以记录形式保存。

为了保证相关员工接触到必需的工艺安全信息和程序,又保护企业利益不受损失,企业可依具体情况与接触商业秘密的员工签订保密协议。

4.5　承包商管理

4.5.1　承包商的界定

承包商为企业提供设备设施维护、维修、安装等多种类型的作业,企业的工艺安全管理应包括对承包商的特殊规定,确保每名工人谨慎操作而不危及工艺过程和人员的安全。

4.5.2　企业责任

企业在选择承包商时,要获取并评估承包商目前和以往的安全表现和目前安全管理方面的信息。企业须告知承包商与他们作业工艺有关的潜在的火灾、爆炸或有毒有害方面的信息,进行相关的培训,全过程控制风险;定期评估承包商表现;保存承包商在工作过程中的伤亡、职业病记录。相关管理要求参照"AQ/T 3012—2008《石油化工企业安全管理体系导则》8.2 承包商管理"执行。

4.5.3　承包商责任

承包商应确保工人接受与工作有关的工艺安全培训;确保工人知道与他们作业有关的潜在的火灾、爆炸或有毒有害方面的信息和应急预案,确保工人了解设备安全手册,包括标准操作规程在内的安全作业规程。

承包商应保存上述培训记录,记录应该包括个人资料、培训时间、考核情况等。

4.6　试生产前安全审查

4.6.1　组建小组并明确职责

试生产前安全审查工作应由一个有组织的小组及责任人来完成,并应明确试生产前安全审查的职责是确保新建项目或重大工艺变更项目安全投用和预防灾难性事故的发生。小组的成员和规模根据具体情况而定。

4.6.2　准备工作

准备工作包括但不限于以下内容:

a)明确试生产前安全检查的范围、日程安排;

b)编制或选择合适的安全检查清单;

c)组建试生产前安全检查小组,明确职责。检查小组应该具备如下知识和技能:

1)熟悉相关的工艺过程;

2)熟悉相关的政策、法规、标准;

3)熟悉相关设备,能够分辨设备的设计与安装是否符合设计意图;

4)熟悉工厂的生产和维修活动;

5)熟悉企业/项目的风险控制目标。

4.6.3　现场检查

检查小组根据检查清单对现场安装好的设备、管道、仪表及其他辅助设施进行目视检查,确认是否已经按设计要求完成了相关设备、仪表的安装和功能测试。

检查小组应确认工艺危害分析报告中的改进措施和安全保障措施是否已经按要求予以落实;员工培训、操作程序、维修程序、应急反应程序是否完成。

4.6.4　编制试生产前安全检查报告

现场检查完成后,检查小组应编制试生产前安全检查报告,记录检查清单中所有要求完成的检查项的状态。

在装置投产后,项目经理或负责人还需要完成“试生产后需要完成检查项”。在检查清单中所有的检查项都完成后,对试生产前安全检查报告进行最后更新,得到最终版本,并予以保留。

4.7　机械完整性

4.7.1　新设备的安装

企业应建立适当的程序确保设备的现场安装符合设备设计规格要求和制造商提出的安装指南,如防止材质误用、安装过程中的检验和测试。检验和测试应形成报告,并予以留存。

压力容器、压力管道、特种设备等国家有强制的设计、制造、安装、登记要求的,必须满足法规要求,并保留相关证明文件和记录。

4.7.2　预防性维修

企业应建立并实施预防性维修程序,对关键的工艺设备进行有计划的测试和检验。及早识别工艺设备存在的缺陷,并及时进行修复或替换,以防止小缺陷和故障演变成灾难性的物料泄漏,酿成严重的工艺安全事故。预防性维修包括但不限于以下内容:

a)检验压力容器和储罐、校验安全阀,对换热器管程测厚或进行压力试验;

b)清理阻火器、更换爆破片、更换泵的密封件;

c)测试消防水系统、对可燃/有毒气体报警系统/紧急切断阀/报警和联锁进行功能测试;

d)监测压缩机的振动状况、对电气设备进行测温分析等。

4.7.3　设备报废和拆除

企业应建立设备报废和拆除程序,明确报废的标准和拆除的安全要求。

4.7.4　机械完整性相关的培训

企业应安排参与设备管理、使用、维修、维护的相关人员接受培训，达到以下目的：

a)了解开展维修作业所设计的工艺的基本情况，包括存在的危害和维修过程中正确的应对措施；

b)掌握作业程序，包括作业许可证、维修、维护程序和要求；

c)熟悉与维修活动相关的其他安全作业程序，如动火程序、变更程序等；

d)检验和测试人员取得法规要求的资质。

4.8　作业许可

企业应建立并保持程序，对可能给工艺活动带来风险的作业进行控制。对具有明显风险的作业实施作业许可管理，如：用火、破土、开启工艺设备或管道、起重吊装、进入防爆区域等，明确工作程序和控制准则，并对作业过程进行监督。

企业应保留作业许可票证，以了解作业许可程序执行的情况，以便持续改进。

4.9　变更管理

4.9.1　企业应建立变更管理程序，强化对化学品、工艺技术、设备、程序以及操作过程等永久性或暂时性的变更进行有计划的控制，确定变更的类型、等级、实施步骤等，确保人身、财产安全，不破坏环境，不损害企业的声誉。

4.9.2　变更管理应考虑以下方面内容：

a)变更的技术基础；

b)变更对员工安全和健康的影响；

c)是否修改操作规程；

d)为变更选择正确的时间；

e)为计划变更授权。

4.9.3　相应的工艺安全信息应进行更新。

4.9.4　有可能受变更影响的企业和承包商的员工必须在开工前被告知变更或者得到相关培训。

4.9.5　工艺变更相关的管理要求可参照"AQ/T 3012－2008《石油化工企业安全管理体系导则》11 变更管理"执行。

4.10　应急管理

4.10.1　建立并执行应急响应系统

企业应建立应急响应系统，执行应急演练计划，并对员工进行培训，使其具备应对紧急情况的意识，并且能够及时采取正确的应对措施。应急演练计划应包括小规模危险化学品泄漏处理的程序。

4.10.2　应急反应的技术准备

企业需要建立一套整体应急预案，预案通常以书面文件的形式规定工厂该如何应对异常或紧急情况。对于规模较大、工艺较复杂的工厂，除整体应急预案外，还需要针对各种具体的假想事故情形制订具体的应对措施。

4.10.3　编制应急预案

应急预案是企业应急反应系统的一个重要组成部分。应急预案编制可参照"AQ/T 3012－2008《石油化工企业安全管理体系导则》13.3 应急预案"。

4.10.4　应急响应

企业应建立应急反应小组，通常是由企业人员组成，也可包括外部人员；每个小组成员的职责应明确,确保成员对于责任和授权不存在疑问。

　　紧急情况发生时,相关的负责人可以根据应急反应手册,确定安全区域,并指挥人员撤离到安全的地方。

　　应急小组成员需要根据以往培训获得的技能,或借助应急反应手册的指导,启动工艺系统的紧急操作,如紧急停车、操作应急阀门、切断电源、开启消防设备、控制无关人员进入控制区域等。企业应授权这些人员,在紧急情况下,有权根据需要将工艺系统停车,并且在他们认为必要时撤离现场。企业还应保证应急人员能在规定时间内到达各自岗位。

　　4.10.5　应急培训和演练

　　4.10.5.1　企业应给予一般员工和承包商员工基本的应急反应培训。培训内容应该有助于他们了解:

　　a)工厂可能发生的紧急情况;

　　b)如何报告所 发生的紧急情况;

　　c)工厂的平面位置、紧急撤离路线和紧急出口;

　　d)安全警报及其应急响应的要求;

　　e)紧急集合点的位置及清点人数的要求。

　　4.10.5.2　企业应定期培训应急反应小组的成员,使其获得和保持应对紧急情况和控制事故的知识及能力,并参与实际的演习。

　　4.10.5.3　企业需要根据实际情况决定,是否有必要针对可能发生的紧急情况与工厂附近的社区进行交流,或给予他们必要的培训。通常使社区了解下列信息,以便在发生紧急情况时,知道如何撤离和保护自己:

　　a)工厂的基本情况;

　　b)工厂生产过程中存在的主要危害;

　　c) 工厂目前采取的主要安全措施;

　　d) 紧急情况或事故发生时,会给周边带来什么影响;

　　e) 紧急情况或事故发生时,周边社区应该如何正确应对。

4.11　工艺事故/事件管理

　　4.11.1　工艺事故/事件调查和处理程序

　　企业应制订工艺事故/事件调查和处理程序,通过事故/事件调查识别性质和原因,制定纠正和预防措施,防止类似事故的再次发生。该程序应能够:

　　a) 准确划分事故的类别;

　　b) 明确调查小组的要求和职责;

　　c) 提出与事故调查有关的培训要求;

　　d) 鼓励员工报告各类事故/事件,包括未遂事故;

　　e) 通过事故调查找出导致事故的直接原因和根源,并提出对应的改进措施,以防止发生类似事故或减轻事故发生时的后果;

　　f) 及时落实事故调查报告中的改进措施;

　　g) 提出事故调查的文件要求。

　　4.11.2　成立调查组

　　调查组要包括至少一名工艺方面的专家,如果事故涉及承包商的工作还要包括承包商员工,还有其他具备相关知识的人员和有调查和分析事故经验的人员。

4.11.3　事故调查时机和方法

事故调查的启动应尽可能迅速,一般不晚于事故发生后 48 h。

可以选择的事故根源分析方法有很多种,如头脑风暴(Brainstorming)、事故树(FTA)等。

4.11.4　证据收集

在事故调查过程中收集的证据包括:

a)物理证据:残余的物料、受损的设备、仪表、管线等;

b)位置证据:事故发生时人、设备等所处的位置,工艺系统的位置状态;

c)电子证据:控制系统中保存的工艺数据、电子版的操作规程、电子文档记录、操作员操作记录等;

d)书面证据:交接班记录、开具的作业许可证、书面的操作规程、培训记录、检验报告、相关标准;

e)相关人员:目击者、受害人、现场作业人员及相关人员面谈、情况说明等。

4.11.5　编制事故报告、落实改进措施

4.11.5.1　事故调查报告

事故调查完成后,需要编制事故调查报告,报告至少包括以下内容:

a)事故发生的日期;

b)调查初始数据;

c)事故过程、损失的描述;

d)造成事故的原因;

e)调查过程中提出的改进措施。

4.11.5.2　跟踪落实改进措施

企业应规定如何跟踪、落实事故调查小组提出的改进措施。在实际执行改进措施的过程中,可能会发现因为客观条件的限制,某些最初提出的改进措施难以实际落实,或者有更好的方案可以采用,都需要有书面的说明和记录。

4.11.5.3　调查报告保存期限

重大事故报告永久保存,一般事故至少保存 5 年。除政府要求的报告外,企业应对事故报告保存的期限予以明确。

4.11.6　未遂事故/事件管理和经验共享

企业应制定未遂事故或事件管理程序,鼓励员工报告未遂事故/事件,组织对未遂事故/事件进行调查、分析,找出事故根源,预防事故发生。

完成事故、未遂事故调查后,企业要组织开展内部经验交流,同时应注重外部事故信息和教训的引入,提高风险意识和控制水平。

4.12　符合性审核

4.12.1　企业应建立并实施工艺安全符合性审核程序,至少每三年进行一次工艺安全的符合性审查,以确保工艺安全管理的有效性。

4.12.2　符合性审核的范围

策划工艺安全符合性审核的范围时,需要考虑以下因素:

a)企业的政策和适用的法规要求;

b)工厂的性质(加工、储存、其他);

c)工厂的地理位置;

d)覆盖的装置、设施、场所;

e)需要审核的工艺安全管理要素；

f)上次审核后相关因素的变更(如:法规、标准、工艺设备相邻建筑、设备或人员等)；

g) 人力资源。

4.12.3　审核组织和审核频次

审核组中至少包括一名工艺方面的专家。如果只是对个别工艺安全系统管理要素进行审核,也可以由一名审核人员完成。审核组成员应接受过相关培训、掌握审核方法,并具有相关经验和良好的沟通能力。

企业的符合性审核程序中应明确如何确定审核的频率。在确定符合性审核频率时需要考虑的因素包括：

a)法规要求、标准规定、企业的政策；

b)工厂风险的大小；

c)工厂的历史情况；

d)工厂安全状况；

e)类似工厂或工艺出现的安全事故。

4.12.4　审核的实施、跟踪和改进

审核过程要形成文件,发现的工艺管理系统及其执行过程中存在的差距,应予以记录,并提出和落实改进措施。

现场审核完成后,审核组需要编制工艺审核报告,提出需要改进的方面。

最近两次的审核报告应存档。

生产经营单位安全生产事故应急预案编制导则

AQ/T 9002—2006

1　范围

本标准规定了生产经营单位编制安全生产事故应急预案(以下简称应急预案)的程序、内容和要素等基本要求。

本标准适用于中华人民共和国领域内从事生产经营活动的单位。

生产经营单位结合本单位的组织结构、管理模式、风险种类、生产规模等特点,可以对应急预案框架结构等要素进行调整。

2　术语和定义

下列术语和定义适用于本标准。

2.1　应急预案　emergency response plan

针对可能发生的事故,为迅速、有序地开展应急行动而预先制定的行动方案。

2.2　应急准备　emergency preparedness

针对可能发生的事故,为迅速、有序地开展应急行动而预先进行的组织准备和应急保障。

2.3　应急响应　emergency response

事故发生后,有关组织或人员采取的应急行动。

2.4　应急救援　emergency rescue

在应急响应过程中,为消除、减少事故危害,防止事故扩大或恶化,最大限度地降低事故造成的损失或危害而采取的救援措施或行动。

2.5　恢复　recovery

事故的影响得到初步控制后,为使生产、工作、生活和生态环境尽快恢复到正常状态而采取的措施或行动。

3　应急预案的编制

3.1　编制准备

编制应急预案应做好以下准备工作:

a)全面分析本单位危险因素,可能发生的事故类型及事故的危害程度;

b)排查事故隐患的种类、数量和分布情况,并在隐患治理的基础上,预测可能发生的事故类型及事故的危害程度;

c)确定事故危险源,进行风险评估;

d)针对事故危险源和存在的问题,确定相应的防范措施;

e)客观评价本单位应急能力;

f)充分借鉴国内外同行业事故教训及应急工作经验。

3.2　编制程序

3.2.1　应急预案编制工作组

结合本单位部门职能分工,成立以单位主要负责人为领导的应急预案编制工作组,明确编制任务、职责分工，制定工作计划。

3.2.2 资料收集

收集应急预案编制所需的各种资料（包括相关法律法规、应急预案、技术标准、国内外同行业事故案例分析、本单位技术资料等）。

3.2.3 危险源与风险分析

在危险因素分析及事故隐患排查、治理的基础上，确定本单位可能发生事故的危险源、事故的类型和后果，进行事故风险分析，并指出事故可能产生的次生、衍生事故，形成分析报告，分析结果作为应急预案的编制依据。

3.2.4 应急能力评估

对本单位应急装备、应急队伍等应急能力进行评估，并结合本单位实际，加强应急能力建设。

3.2.5 应急预案编制

针对可能发生的事故，按照有关规定和要求编制应急预案。应急预案编制过程中，应注重全体人员的参与和培训，使所有与事故有关人员均掌握危险源的危险性、应急处置方案和技能。应急预案应充分利用社会应急资源，与地方政府预案、上级主管单位以及相关部门的预案相衔接。

3.2.6 应急预案评审与发布

应急预案编制完成后，应进行评审。内部评审由本单位主要负责人组织有关部门和人员进行。外部评审由上级主管部门或地方政府负责安全管理的部门组织审查。评审后，按规定报有关部门备案，并经生产经营单位主要负责人签署发布。

4 应急预案体系的构成

应急预案应形成体系，针对各级各类可能发生的事故和所有危险源制订专项应急预案和现场应急处置方案，并明确事前、事发、事中、事后的各个过程中相关部门和有关人员的职责。生产规模小、危险因素少的生产经营单位，综合应急预案和专项应急预案可以合并编写。

4.1 综合应急预案

综合应急预案是从总体上阐述事故的应急方针、政策，应急组织结构及相关应急职责，应急行动、措施和保障等基本要求和程序，是应对各类事故的综合性文件。

4.2 专项应急预案

专项应急预案是针对具体的事故类别（如煤矿瓦斯爆炸、危险化学品泄漏等事故）、危险源和应急保障而制定的计划或方案，是综合应急预案的组成部分，应按照综合应急预案的程序和要求组织制定，并作为综合应急预案的附件。专项应急预案应制定明确的救援程序和具体的应急救援措施。

4.3 现场处置方案

现场处置方案是针对具体的装置、场所或设施、岗位所制定的应急处置措施。现场处置方案应具体、简单、针对性强。现场处置方案应根据风险评估及危险性控制措施逐一编制，做到事故相关人员应知应会，熟练掌握，并通过应急演练，做到迅速反应、正确处置。

5 综合应急预案的主要内容

5.1 总则

5.1.1 编制目的

简述应急预案编制的目的、作用等。

5.1.2 编制依据

简述应急预案编制所依据的法律法规、规章，以及有关行业管理规定、技术规范和标准等。

5.1.3 适用范围

说明应急预案适用的区域范围,以及事故的类型、级别。

5.1.4 应急预案体系

说明本单位应急预案体系的构成情况。

5.1.5 应急工作原则

说明本单位应急工作的原则,内容应简明扼要、明确具体。

5.2 生产经营单位的危险性分析

5.2.1 生产经营单位概况

主要包括单位地址、从业人数、隶属关系、主要原材料、主要产品、产量等内容,以及周边重大危险源、重要设施、目标、场所和周边布局情况。必要时,可附平面图进行说明。

5.2.2 危险源与风险分析

主要阐述本单位存在的危险源及风险分析结果。

5.3 组织机构及职责

5.3.1 应急组织体系

明确应急组织形式,构成单位或人员,并尽可能以结构图的形式表示出来。

5.3.2 指挥机构及职责

明确应急救援指挥机构总指挥、副总指挥、各成员单位及其相应职责。应急救援指挥机构根据事故类型和应急工作需要,可以设置相应的应急救援工作小组,并明确各小组的工作任务及职责。

5.4 预防与预警

5.4.1 危险源监控

明确本单位对危险源监测监控的方式、方法,以及采取的预防措施。

5.4.2 预警行动

明确事故预警的条件、方式、方法和信息的发布程序。

5.4.3 信息报告与处置

按照有关规定,明确事故及未遂伤亡事故信息报告与处置办法。

a)信息报告与通知

明确 24 小时应急值守电话、事故信息接收和通报程序。

b)信息上报

明确事故发生后向上级主管部门和地方人民政府报告事故信息的流程、内容和时限。

c)信息传递

明确事故发生后向有关部门或单位通报事故信息的方法和程序。

5.5 应急响应

5.5.1 响应分级

针对事故危害程度、影响范围和单位控制事态的能力,将事故分为不同的等级。按照分级负责的原则,明确应急响应级别。

5.5.2 响应程序

根据事故的大小和发展态势,明确应急指挥、应急行动、资源调配、应急避险、扩大应急等响应程序。

5.5.3 应急结束

明确应急终止的条件。事故现场得以控制,环境符合有关标准,导致次生、衍生事故隐患消除后,经事故现场应急指挥机构批准后,现场应急结束。应急结束后,应明确:

a)事故情况上报事项;

b)需向事故调查处理小组移交的相关事项;

c)事故应急救援工作总结报告。

5.6　信息发布

明确事故信息发布的部门,发布原则。事故信息应由事故现场指挥部及时准确向新闻媒体通报事故信息。

5.7　后期处置

主要包括污染物处理、事故后果影响消除、生产秩序恢复、善后赔偿、抢险过程和应急救援能力评估及应急预案的修订等内容。

5.8　保障措施

5.8.1　通信与信息保障

明确与应急工作相关联的单位或人员通信联系方式和方法,并提供备用方案。建立信息通信系统及维护方案,确保应急期间信息通畅。

5.8.2　应急队伍保障

明确各类应急响应的人力资源,包括专业应急队伍、兼职应急队伍的组织与保障方案。

5.8.3　应急物资装备保障

明确应急救援需要使用的应急物资和装备的类型、数量、性能、存放位置、管理责任人及其联系方式等内容。

5.8.4　经费保障

明确应急专项经费来源、使用范围、数量和监督管理措施,保障应急状态时生产经营单位应急经费的及时到位。

5.8.5　其他保障

根据本单位应急工作需求而确定的其他相关保障措施(如:交通运输保障、治安保障、技术保障、医疗保障、后勤保障等)。

5.9　培训与演练

5.9.1　培训

明确对本单位人员开展的应急培训计划、方式和要求。如果预案涉及社区和居民,要做好宣传教育和告知等工作。

5.9.2　演练

明确应急演练的规模、方式、频次、范围、内容、组织、评估、总结等内容。

5.10　奖惩

明确事故应急救援工作中奖励和处罚的条件和内容。

5.11　附则

5.11.1　术语和定义

对应急预案涉及的一些术语进行定义。

5.11.2　应急预案备案

明确本应急预案的报备部门。

5.11.3　维护和更新

明确应急预案维护和更新的基本要求,定期进行评审,实现可持续改进。

5.11.4　制定与解释

明确应急预案负责制定与解释的部门。

5.11.5 应急预案实施

明确应急预案实施的具体时间。

6 专项应急预案的主要内容

6.1 事故类型和危害程度分析

在危险源评估的基础上,对其可能发生的事故类型和可能发生的季节及事故严重程度进行确定。

6.2 应急处置基本原则

明确处置安全生产事故应当遵循的基本原则。

6.3 组织机构及职责

6.3.1 应急组织体系

明确应急组织形式,构成单位或人员,并尽可能以结构图的形式表示出来。

6.3.2 指挥机构及职责

根据事故类型,明确应急救援指挥机构总指挥、副总指挥以及各成员单位或人员的具体职责。应急救援指挥机构可以设置相应的应急救援工作小组,明确各小组的工作任务及主要负责人职责。

6.4 预防与预警

6.4.1 危险源监控

明确本单位对危险源监测监控的方式、方法,以及采取的预防措施。

6.4.2 预警行动

明确具体事故预警的条件、方式、方法和信息的发布程序。

6.5 信息报告程序

主要包括:

a)确定报警系统及程序;

b)确定现场报警方式,如电话、警报器等;

c)确定 24 小时与相关部门的通讯、联络方式;

d)明确相互认可的通告、报警形式和内容;

e)明确应急反应人员向外求援的方式。

6.6 应急处置

6.6.1 响应分级

针对事故危害程度、影响范围和单位控制事态的能力,将事故分为不同的等级。按照分级负责的原则,明确应急响应级别。

6.6.2 响应程序

根据事故的大小和发展态势,明确应急指挥、应急行动、资源调配、应急避险、扩大应急等响应程序。

6.6.3 处置措施

针对本单位事故类别和可能发生的事故特点、危险性,制定的应急处置措施(如:煤矿瓦斯爆炸、冒顶片帮、火灾、透水等事故应急处置措施,危险化学品火灾、爆炸、中毒等事故应急处置措施)。

6.7 应急物资与装备保障

明确应急处置所需的物质与装备数量、管理和维护、正确使用等。

7　现场处置方案的主要内容

7.1　事故特征

主要包括：

a)危险性分析,可能发生的事故类型;

b)事故发生的区域、地点或装置的名称;

c)事故可能发生的季节和造成的危害程度;

d)事故前可能出现的征兆。

7.2　应急组织与职责

主要包括：

a)基层单位应急自救组织形式及人员构成情况;

b)应急自救组织机构、人员的具体职责,应同单位或车间、班组人员工作职责紧密结合,明确相关岗位和人员的应急工作职责。

7.3　应急处置

主要包括以下内容：

a)事故应急处置程序。根据可能发生的事故类别及现场情况,明确事故报警、各项应急措施启动、应急救护人员的引导、事故扩大及同企业应急预案的衔接的程序。

b)现场应急处置措施。针对可能发生的火灾、爆炸、危险化学品泄漏、坍塌、水患、机动车辆伤害等,从操作措施、工艺流程、现场处置、事故控制,人员救护、消防、现场恢复等方面制定明确的应急处置措施。

c)报警电话及上级管理部门、相关应急救援单位联络方式和联系人员,事故报告基本要求和内容。

7.4　注意事项

主要包括：

a)佩戴个人防护器具方面的注意事项;

b)使用抢险救援器材方面的注意事项;

c)采取救援对策或措施方面的注意事项;

d)现场自救和互救注意事项;

e)现场应急处置能力确认和人员安全防护等事项;

f)应急救援结束后的注意事项;

g)其他需要特别警示的事项。

8　附件

8.1　有关应急部门、机构或人员的联系方式

列出应急工作中需要联系的部门、机构或人员的多种联系方式,并不断进行更新。

8.2　重要物资装备的名录或清单

列出应急预案涉及的重要物资和装备名称、型号、存放地点和联系电话等。

8.3　规范化格式文本

信息接报、处理、上报等规范化格式文本。

8.4　关键的路线、标识和图纸

主要包括：

a) 警报系统分布及覆盖范围；

b) 重要防护目标一览表、分布图；

c) 应急救援指挥位置及救援队伍行动路线；

d) 疏散路线、重要地点等的标识；

e) 相关平面布置图纸、救援力量的分布图纸等。

8.5　相关应急预案名录

列出与本应急预案相关的或相衔接的应急预案名称。

8.6　有关协议或备忘录

与相关应急救援部门签订的应急支援协议或备忘录。

附录 A

应急预案编制格式和要求

（资料性附录）

A.1　封面

应急预案封面主要包括应急预案编号、应急预案版本号、生产经营单位名称、应急预案名称、编制单位名称、颁布日期等内容。

A.2　批准页

应急预案必须经发布单位主要负责人批准方可发布。

A.3　目次

应急预案应设置目次，目次中所列的内容及次序如下：

——批准页；

——章的编号、标题；

——带有标题的条的编号、标题（需要时列出）；

——附件，用序号表明其顺序。

A.4　印刷与装订

应急预案采用 A4 版面印刷，活页装订。

化工企业安全卫生设计规定

HG 20571—1995

1 总则

1.0.1 化工建设项目工程设计应贯彻"安全第一、预防为主"的方针,职业安全卫生设施必须遵循与主体工程同时设计、同时施工、同时投产的"三同时"方针,以保证生产安全和适度的劳动条件,提高劳动生产水平,促进企业生产发展。为此,特制订本规定。

1.0.2 本规定适用于一切新建、扩建、改建以及技术改造的化工建设项目。外资、中外合资和引进项目可采用经我方同意的国外相应的安全卫生标准。

1.0.3 安全卫生要求应贯彻在各专业设计中,做到安全可靠、技术先进、经济合理,尽可能做到本质安全化。工程设计的各项设施应符合国家和专业有关安全卫生标准规范。

1.0.4 化工建设项目初步设计阶段必须编制安全卫生专篇(章),以保证"安全和卫生评价报告书"及其审批意见所确定的各项措施得到落实,安全卫生篇(章)内容见附录。

1.0.5 化工建设项目施工图设计应根据批准的初步设计文件中安全卫生篇(章)所确定内容和要求进行。

2 一般规定

2.1 厂址选择

2.1.1 化工企业的厂址选择应全面考虑建设地区的自燃环境和社会环境,认真收集拟建地区的地形测量、工程地质、水文、气象、区域规划等基础资料,进行多方案论证、比较,选定技术可靠、经济合理、交通方便、符合环境和安全卫生要求的建设方案。

2.1.2 选择厂址应充分考虑地震、软地基、湿陷性黄土、膨胀土等地质因素以及飓风、雷暴、沙暴等气象危害,采取可靠技术方案,避开断层、滑坡、泥石流、地下溶洞等比较发育的地区。

2.1.3 厂址应不受洪水、潮水和内涝的威胁。凡可能受江、河、湖、海或山洪威胁的化工企业场地高程设计,应符合国家《防洪标准》的有关规定,并采取有效的防洪、排涝措施。

2.1.4 厂址应避开新旧矿产采掘区、水坝(或大堤)溃决后可能淹没地区、地方病严重流行区、国家及省市级文物保护区,并与航空站、气象站、体育中心、文化中心保持有关标准或规范所规定的安全距离。

2.1.5 化工企业之间、化工企业与其它工矿企业、交通线站、港埠之间的距离应符合安全卫生、防火规定。

2.1.6 化工企业的厂址应符合当地城乡规划,按工厂生产类型及安全卫生要求与城镇、村庄和工厂居住区保持足够的间距。

2.1.7 工厂的居住区、水源地等环境质量要求较高的设施与各种有害或危险场所应按有关标准规范设置防护距离,并应位于附近不洁水体、废渣堆场的上风、上游位置。

2.1.8 化工企业厂址必须考虑当地风向因素,一般应位于城镇、工厂居住区全年最小频率风向的上风方向。

2.1.9 厂区具体定位应与当地现有和规划的交通线路、车站、港口进行顺捷合理的联结。

厂前区尽量临靠公路干道;铁路、索道和码头应在厂后、侧部位,避免不同方式的交通线路平面交叉。

2.1.10　集中建设的工厂居住区不宜分散在铁路或公路干道两侧,邻近居住区的线路应保持有关规范所规定的距离。

2.2　厂区总平面布置

2.2.1　化工企业厂区总平面应根据厂内各生产系统及安全、卫生要求进行功能明确合理分区的布置,分区内部和相互之间保持一定的通道和间距。

2.2.2　厂区内火灾危险较高,散发烟尘、水雾和噪声的生产部分应布置在全年最小风频率的上风方位,厂前、机、电、仪修和总变配电等部分应位于全年最小风频率的下风向,厂前区宜面向城镇和工厂居住区一侧。

2.2.3　污水处理场、大型物料堆场、仓库区应分别集中布置在厂区边缘地带。

2.2.4　厂区面积大于 5 万米^2 的化工企业应有两个以上的出入口,大型化工厂的人流和货运应明确分开,大宗危险货物运输须有单独路线,不与人流及其它货流混行或平交。

2.2.5　厂内铁路线群一般应集中布置在后部或侧面,避免伸向厂前、中部位,尽量减少与道路和管线交叉。铁路沿线的建、构筑物必须遵守建筑限界和有关净距的规定。

2.2.6　厂区道路应根据交通、消防和分区和要求合理布置,力求顺通。危险场所应为环行,路面宽度按交通密度及安全因素确定,保证消防、急救车辆畅行无阻。

2.2.6.1　街区道路均应考虑消防车通行,道路中心线间距应符合防火规范的有关规定。

2.2.6.2　道路两侧和上下接近的建、构筑物必须满足有关净距和建筑限界要求。

2.2.7　机、电、仪修等操作人员较多的场所宜布置在厂前附近,避免大量人流经常穿行全厂或化工生产装置区。

2.2.8　循环水冷却塔不宜布置在室外变配电装置冬季风向频率的上风附近,并应与总变电所、道路、铁路和各种建构筑物保持规定的距离。

2.2.9　储存甲、乙类物品的库房、罐区、液化烃储罐宜归类分区布置在厂区边缘地带,其储存量和总平面及交通线路等各项设计内容应符合有关规范的规定。

2.2.10　新建化工企业应根据生产性质、地面上下设施和环境特点进行绿化美化设计,其绿化用地系统应按有关规范并与当地环保部门协同商定。

2.3　化工装置安全卫生设计原则

2.3.1　生产工艺安全卫生设计必须符合人—机工程的原则,以便最大限度地降低操作者的劳动强度以及精神紧张状态。

2.3.2　应尽量采用没有危害或危害较小的新工艺、新技术、新设备。淘汰毒尘严重又难以治理的落后的工艺设备,使生产过程本身为本质安全型。

2.3.3　对具有危险和有害因素的生产过程应合理地采用机械化、自动化和计算机技术,实现遥控或隔离操作。

2.3.4　具有危险和有害因素的生产过程,应设计可靠的监测仪器、仪表,并设计必要的自动报警和自动联锁系统。

2.3.5　对事故后果严重的化工生产装置,应按冗余原则设计备用装置和备用系统,并保证在出现故障时能自动转换到备用装置或备用系统。

2.3.6　生产过程排放的有毒、有害废气、废(液)和废渣应符合国家标准和有关规定。

2.3.7　应防止工作人员直接接触具有危险和有害因素的设备、设施、生产原材料、产品和中间产品。

2.3.8　化工专用设备设计应进行安全性评价,根据工艺要求、物料性质,按照《生产设备安全卫生设计总则》(GB 5083)进行。设备制造任务书应有安全卫生方面内容。选用的通用机械与电气设备应符合国家或行业技术标准。

3　劳动安全

3.1　防火、防爆

3.1.1　具有火灾、爆炸危险的化工生产过程中的防火、防爆设计应符合《石油化工企业设计防火规范》(GB 50160)和《建筑设计防火规范》《GBJ 16》等规范,火灾和爆炸危险场所的电气装置的设计应符合《爆炸和火灾危险环境电力装置设计规范》(GB 50058)。

3.1.2　具有易燃易爆的工艺生产装置、设备、管道,在满足生产要求的条件下,宜按生产特点,集中联合布置,采用露天、敞开或半敞开式的建(构)筑物。

3.1.3　化工生产装置内的设备、管道、建筑(构)筑物之间防火距离应符合 GB 50160 和GBJ 16 中规定。

3.1.4　明火设备应集中布置在装置的边缘,应远离可燃气体和易燃、易爆物质的生产设备及储槽,并应布置在这类设备的上风向。

3.1.5　有可燃气体和粉尘泄漏的封闭作业场所必须设计良好的通风系统,保证作业场所中的危险物质的浓度不超过有关规定,并设计必要的检测和自动报警装置。

3.1.6　有火灾爆炸危险场所的建(构)筑物的结构形式以及选用的材料,必须符合防火防爆要求。

3.1.7　具有火灾爆炸危险的工艺、储槽和管道,根据介质特点,选用氮气、二氧化碳、蒸汽、水等介质置换及保护系统。

3.1.8　化工生产装置区内应准确划定爆炸和火灾危险环境区域范围,并设计和选用相应的仪表、电气设备。

3.1.9　化工生产装置的露天设备,设施及建(构)筑物均应有可靠的防雷电保护措施,防雷电保护系统的设计应符合 3.3 节及其它有关标准和规范。

3.1.10　生产设备、管道的设计应根据生产过程的特点和物料的性质选择合适的材料。设备和管道的设计、制造、安装和试压等应符合国家标准和有关规范要求。

3.1.11　具有火灾爆炸危险的生产设备和管道应设计安全阀、爆破板等防爆泄压系统,对于输送可燃性物料并有可能产生火焰蔓延的放空管和管道间应设置阻火器、水封等阻火设施。

3.1.12　危险性的作业场所,必须设计防火墙和安全通道,出入口不应少于两个,门窗应向外开启,通道和出入口应保持畅通。

3.1.13　消防系统

3.1.13.1　化工装置消防设计必须根据工艺过程特点及火灾危险程度、物料性质、建筑结构,确定相应的消防设计方案。

3.1.13.2　化工企业低压消防给水设施、消防给水宜与生产或生活给水管道系统合并。高压消防给水应设计独立的消防给水管道系统。消防给水管道一般应采用环状管网。

3.1.13.3　化工生产装置的水消防设计应根据设备布置、厂房面积以及火灾危险程度设计相应的消防供水竖管、冷却喷淋、消防水幕、带架水枪等消防设施。

3.1.13.4　化工生产装置、罐区、化学品库应根据生产过程特点、物料性质和火灾危险性质设计相应的泡沫消防及惰性气体灭火设施。

3.1.13.5　化工生产装置区、储罐区、仓库除应设置固定式、半固定式灭火设施外,还应按规定设置小型灭火器材。

3.1.13.6　重点化工生产装置、计算机房、控制室、变配电站、易燃物质仓库、油库应设置火灾自动报警和消防灭火设施。

3.2　防静电

3.2.1　化工装置防静电设计应符合《防止静电事故通用导则》(GB 12518)以及《化工企业静电接地设计技术规程》(HGJ 28)的规定。

3.2.2　化工装置防静电设计,应根据生产工艺要求、作业环境特点和物料的性质采取相应的防静电措施。

3.2.3　化工装置防静电设计,应根据生产特点和物料性质,合理地选择工艺条件、设备和管道的材料以及设备结构,以控制静电的产生,使其不能达到危险程度。

3.2.4　化工生产装置在防爆区域内的所有金属设备、管道、储罐等都必须设计静电接地,不允许设备及设备内部结构,以控制静电的产生,使其不能达到危险程度。

非导体设备、管道、储罐等应设计间接接地,或采用静电屏蔽方法,屏蔽体必须可靠接地。

3.2.5　具有火灾爆炸危险的场所、静电对产品质量有影响的生产过程;以及静电危害人身安全的作业区,所有的金属用具及门窗零部件、移动式金属车辆、梯子等均应设计接地。

3.2.6　根据静电序列表选用原料配方和使用材料,使摩擦或接触两种物质在序列表中的位置接近,减少静电产生。

3.2.7　非导体如橡胶、塑料、纤维、薄膜、纸张、粉体等生产过程设计,应根据工艺特点、作业环境和非导体性质,设计静电消除装置。

3.2.8　在生产工艺许可的条件下,当采用空气增湿、降低亲水性静电非导体的绝缘性能来消除静电的措施时,应保持作业环境中的空气相对湿度大于50％。

3.2.9　采用抗静电添加剂增加非导体材料的吸湿性或离子化来消除静电的措施时,应根据使用对象、目的、物料工艺状态以及成本、毒性、腐蚀性等具体条件进行选择。

3.2.10　对可能产生静电危害的工作场所,应配置个人防静电防护用品。

重点防火、防爆作业区的入口处,应设计人体导除静电装置。

3.2.11　化工建设项目应根据生产特点配置必要的静电检测仪器、仪表。

3.3　防雷

3.3.1　化工装置、设备、设施、储罐以及建(构)筑物,应设计可靠的防雷保护装置,防止雷电对人身、设备及建(构)筑物的危害和破坏。防雷设计应符合国家标准和有关规定。

3.3.2　化工生产装置的防雷设计应根据生产性质、环境特点以及被保护设施的类型,设计相应防雷设施。

3.3.3　有火灾爆炸危险的化工装置、露天设备、储罐、电气设施和建(构)筑物应设计防直击雷装置。

3.3.4　具有易燃、易爆气体生产装置和储罐以及排放易燃易爆气体的排气筒的避雷设计,应高于正常事故状态下气体排放时所形成的爆炸危险范围。

3.3.5　平行布置的间距小于100 mm金属管道或交叉距离小于100 mm的金属管道,应设计防雷电感应装置,防雷电感应装置可与防静电装置联合设置。

3.3.6　化工装置的架空管道以及变配电装置和低压供电线路终端,应设计防雷电波侵入的防护措施。

3.4　触电保护

3.4.1　正常不带电而事故时可能带电的配电装置及电气设备外露可导电部分,均应按《工业与民用电力装置的接地设计规范》(GBJ 65)要求设计可靠接地装置。

3.4.2 移动式电气设备应采用漏电保护装置。

3.4.3 凡应采用安全电压的场所,应采用安全电压,安全电压标准按《安全电压》(GB 3805)。

3.5 化学危险品储运

3.5.1 储存

3.5.1.1 化工企业的化工危险品储存设计必须符合国家标准和有关规定。

3.5.1.2 化工危险品储存设计应根据化学品的性质、危害程度和储存量,设置专业仓库、罐区储存场(所)。并根据生产需要和储存物品火灾危险特征,确定储存方式、仓库结构和选址。

3.5.1.3 化学危险品仓库、罐区、储存场应根据危险品性质设计相应的防火、防爆、防腐、泄压、通风、调节温度、防潮、防雨等设施,并应配备通讯报警装置和工作人员防护物品。

3.5.1.4 化学危险品仓库消防设计应符合 3.1.13 条规定。

3.5.1.5 化学危险品库区设计,必须严格执行危险物品配置规定。应根据化学性质、火灾危险性分类储存,性质相抵触或消防要求不同的化学危险品,应分开储存。

3.5.1.6 放射性物质储存,应设计专用仓库。

3.5.2 装卸运输

3.5.2.1 装运易燃、剧毒、易燃液体、可燃气体等化学危险品,应采用专用运输工具。

3.5.2.2 化学危险品运输线路、中转站、码头应设在郊区或远离市区。

3.5.2.3 化学危险品装卸应配备专用工具、专用装卸器具的电器设备,应符合防火、防爆要求。

3.5.3 化学危险品包装

3.5.3.1 根据化学物品特性和运输方式正确选择容器和包装材料以及包装衬垫,使之适应储运过程中的腐蚀、碰撞、挤压以及运输环境的变化。

3.5.3.2 化学物品包装应标记物品名称、牌号、生产及储存日期。具有危险或有害化学物品,必须附有合格证、明显标志和符合规定的包装。

3.5.3.3 易燃和可燃液体、压缩可燃和助燃气体、有毒、有害液体的灌装,应根据物料性质、危害程度,采用敞开或半敞开式建筑物。灌装设施设计应符合有关防火、防爆、防毒要求。

3.5.3.4 有毒、有害液体的装卸应采用密闭操作技术,并加强作业场所通风,配置局部通风和净化系统以及残液回收系统。

3.6 防机械及坠落等意外伤害

3.6.1 化工装置内有发生坠落危险的操作岗位时应按规定设计便于操作、巡检和维修作业的扶梯、平台、围栏等附属设施。

设计扶梯、平台和栏杆应符合《固定式钢直梯》(GB 4053.1)、《固定式钢斜梯》(GB 4053.2)、《固定式工业防护栏杆》(GB 4053.3)、《固定式工业钢平台》(GB 4053.4)的规定。

3.6.2 高速旋转或往复运动的机械零部件应设计可靠的防护设施、挡板或安全围栏。

3.6.3 传动运输设备、皮带运输线应按规定设计带有栏杆的安全走道和跨越走道。

3.6.4 埋设于建(构)筑物上的安装检修设备或运送物料用吊钩、吊梁等,设计时应考虑必要的安全系数,并在醒目处标出许吊的极限荷载量。

3.6.5 高大的设备、烟囱或其它建(构)筑物的顶部应按有关规定设计红色障碍标志灯。

4　工业卫生

4.1　防尘防毒

4.1.1　对尘毒危害严重的生产装置内的设备和管道,在满足生产工艺要求的条件下,集中布置在半封闭或全封闭建(构)筑物内,并设计合理的通风系统。建(构)筑物的通风换气条件,应保证作业环境空气中的毒尘等有害物质的浓度不超过国家标准和有关规定,并应采取密闭、负压等综合措施。

4.1.2　在生产过程中,对可能逸出含尘毒气体的生产过程,应尽量采用自动化操作,并设计可靠排风和净化回收装置,保证作业环境和排放的有害物质浓度符合国家标准和有关规定。

4.1.3　对于毒性危害严重的生产过程和设备,必须设计可靠的事故处理装置及应急防护措施。

4.1.4　在有毒性危害的作业环境中,应设计必要的淋洗器、洗眼器等卫生防护设施,其服务半径小于 15 m。并根据作业特点和防护要求,配置事故柜、急救箱和个人防护用品。

4.1.5　毒尘危害严重的厂房和仓库建(构)筑物的墙壁、顶棚和地面均应光滑,便于清扫,必要时设计防水、防腐等特殊保护层及专门清洗设施。

4.2　防暑降温与防寒防湿

4.2.1　化工装置的防暑降温设计应符合《工业企业设计卫生标准》(TJ 36)。

4.2.2　化工生产装置热源在满足生产条件下,应采取集中露天布置。封闭厂房内的热源,集中布置在天窗下面,或布置在夏季主导风向的下风向。

4.2.3　化工装置内的各种散发热量的炉窑、设备和管道应采取有效的隔热措施。设备及管道的保温设计应符合《设备及管道保温技术通则》(GB 4272)。

4.2.4　产生大量热的封闭厂房应充分利用自然通风降温,必要时可以设计排风送风降温设施,排、送风降温系统可与尘毒排风系统联合设计。

高温作业点可以采用局部通风降温措施。

4.2.5　重要的高温作业操作室、中央控制室应设计空调装置。

4.2.6　大、中型化工建设项目应设计清凉饮料站。

4.2.7　严寒地区为防止车间大门长时间或频繁开启而受到冷空气侵袭,应设置门斗、外室或热空气幕等。

4.2.8　车间的围护结构应防止雨水渗入,内表面应防止凝结水产生。对用水量较多、产湿量较大的车间,应采取排水防湿设施,防止顶棚滴水和地面积水。

4.3　噪声及振动控制

4.3.1　化工建设项目设计与厂区噪声控制标准应符合《工业企业噪声控制设计规范》(GB J87)。

4.3.2　化工建设项目噪声(或振动)控制设计应根据生产工艺特点和设备性质,采取综合防治措施,采用新工艺、新技术、新设备以及生产过程机械化、自动化和密闭化,实现远距离或隔离操作。

4.3.3　在满足生产的条件下,总图布置应结合声学因素合理规划,宜将高噪声区和低噪声区分开布置,噪声污染区远离生活区,并充分利用地形、地物、建(构)筑物等自然屏障阻滞噪声(或振动)的传播。

4.3.4　化工设计中选定的各类机械设备应有噪声(必要时加振动)指标,设计中应选用低噪声的机械设备,对单机超标的噪声源,在设计中应根据噪声源特性采取有效的防治措施,使噪声

（和振动）符合国家标准和有关规定。

4.3.5 化工设计中，由于较强振动或冲击引起固体声传播及振动辐射噪声的机械设备，或振动对人员、机械设备运行以及周围环境产生影响与干扰时，应采取防振和隔振设计。

4.3.6 在高噪声作业区工作的操作人员必须配备必要的个人噪声防护用具，必要时应设置隔音操作室。

4.4 防辐射

4.4.1 具有电离辐射影响的化工生产过程必须设计可靠的防护措施，电离辐射防护设计应符合《放射性卫生防护基本标准》（GB 4792）的规定。

4.4.2 具有高频、微波、激光、紫外线、红外线等非电离辐射影响的防护设计，应符合相应的国家标准和有关规定。

4.4.3 化工装置设计应根据辐射源性质和危害程度合理布置辐射源。辐射作业区与生活区之间应设置必要的防护距离。

4.4.4 化工装置设计应根据辐射源性质采取相应的屏蔽辐射源措施，必要时设计屏蔽室、屏蔽墙或隔离区。

4.4.5 对封闭性的放射源，应根据剂量强度、照射时间以及照射源距离，采取有效的防护措施。

4.4.6 对生产过程的内辐射，采取生产过程密闭化，设计可靠的监测仪表、自动报警和自动联锁系统，实现自动化和远距离操作。

4.4.7 放射性物料及废料应设计专用的容器和运输工具，在指定路线上运送。放射源库、放射性物料和废物料处理场必须有安全防护措施。

4.4.8 具有辐射作业场所的生产过程应根据危害性质配置必要的监测仪表。操作和使用放射线、放射性同位素仪器和设备的人员应配备个人专用防护器具。

4.5 采光照明

4.5.1 化工生产装置的照明设计应符合《工业企业照明设计标准》（GB 50034）。

4.5.2 化工装置的建（构）筑物及生产装置的布置设计应充分利用自然采光。

4.5.3 具有火灾爆炸、毒尘危害和人身危害的作业区以及企业的供配电站、供水泵房、消防站、气防站、救护站、电话站等公用设施，应设计事故状态时能延续工作的事故照明。

4.5.4 化工生产装置内潮湿和高湿等危害环境以及特殊作业区配置的易触及和无防触电措施的固定式或移动式局部照明，应采用安全电压。

4.6 防化学灼伤

4.6.1 设计具有化学灼伤危害物质的生产过程时，应合理选择流程、设备和管道结构及材料，防止物料外泄或喷溅。

4.6.2 具有化学灼伤危害作业应尽量采用机械化、管道化和自动化，并安装必要的信号报警、安全联锁和保险装置，禁止使用玻璃管道、管件、阀门、流量计、压力计等仪表。

4.6.3 具有化学灼伤危险的生产装置，其设备布置应保证作业场所有足够空间，并保证作业场所畅通，危险作业点装设防护措施。

4.6.4 具有酸碱性腐蚀的作业区中的建（构）筑物地面、墙壁、设备基础，应进行防腐处理。

4.6.5 具有化学灼伤危险的作业区，应设计必要的洗眼器、淋洗器等安全防护措施，并在装置区设置救护箱。工作人员配备必要的个人防护用品。

4.7 生产生活用室

4.7.1 化工企业应按生产特点及实际需要，设置更衣室、厕所、浴室等生活卫生用室。

4.7.2　更衣室

4.7.2.1　更衣室宜设在职工上下班通道附近。

4.7.2.2　车间卫生特征1级的更衣室,应是工作服、便服分室存放,其它级别的可同室分开存放。

4.7.2.3　更衣室的建筑面积应按职工人数及车间卫生特征级别确定。1、2、3、4级宜分别按每职工1.5 m²、1.2 m²、1.0 m²、0.9 m²设计。

4.7.3　厕所

4.7.3.1　厕所与作业地点的距离不宜过远。

4.7.3.2　小型、人数不多的生产装置可不单独设置厕所,可与相邻车间合并使用。

4.7.3.3　厕所宜采用水冲式蹲式大便器。

4.7.3.4　大便器数量按使用人数确定,一般按最大班职工人数93%计。男厕所每100人以下可按25人设一蹲位,女厕所每20人设一蹲位。男厕所内每一蹲位应同时设小便器一具。男女厕所内应增设盥洗水龙头至少一个。

4.7.4　浴室

4.7.4.1　卫生特征1、2级的生产装置应设车间浴室,其它可集中设置。

4.7.4.2　淋浴器数量应根据使用人数及卫生特征级别而定。使用人数可按最大班职工人数93%计,每个淋浴器的使用人数按卫生特征级别1、2、3、4级分别为3～4人、5～8人、9～12人、13～14人。洗面器按4～6套淋浴器设置一具。

4.7.4.3　浴室建筑面积宜按每套淋浴占5.0 m²计算确定。

5　安全色、安全标志

5.1　安全色

5.1.1　化工装置安全色执行《安全色》(GB 2893)规定。

5.1.2　消火栓、灭火器、灭火桶、火灾报警器等消防用具以及严禁人员进入的危险作业区的护栏采用红色。

5.1.3　车间内安全通道、太平门等应采用绿色,工具箱、更衣柜等应为绿色。

5.1.4　化工装置的管道刷色和符号执行《工业管路和基本识别色和识别符号》(GB 7231)的规定。

5.2　安全标志

5.2.1　化工装置安全标志执行《安全标志》(GB 2894)规定。

5.2.2　化工装置区、油库、罐区、化学危险品仓库等危险区应设置永久性"严禁烟火"标志。

5.2.3　在有毒有害的化工生产区域,应设置风向标。

6　安全卫生机构

6.1　安全卫生管理机构及定员

6.1.1　化工生产安全卫生管理机构的任务是对生产过程中安全卫生实行标准化管理,检查和消除生产过程中的各种危险和有害因素,监督、贯彻国家和有关部门下达的指令和规定,制订必要的规章制度,对各类人员进行安全卫生知识的培训、教育,防止发生事故和职业病,避免各种损失。

6.1.2　大型厂矿应设置安全卫生处,中小型厂矿应设安全卫生科。

安全处(科)和卫生处(科)定员各按职工总数2‰～5‰配备。

6.2　安全卫生监测机构

6.2.1　化工建设项目安全卫生监测机构设计是为了保证工程项目建成投产后能全面、准确地反映该工程项目安全卫生状况和变化趋势,为该项目的安全卫生管理、安全卫生防护提供可靠的监测数据和资料。

6.2.2　安全卫生监测的任务是定期监测生产过程的污染源和污染物排放规律、净化设备的净化效率、锅炉和受压容器等设备的运行参数,为安全生产管理提供依据。

6.2.3　大中型化工建设项目和危害性较大的小型建设项目应设置安全卫生监测机构(站、组)。

安全卫生监测机构的建筑面积和定员参照表6.2.3配置。

表 6.2.3

	建筑面积(m²)	定员	备注
大型企业	200～500	10～15	
中型企业	50～200	5～10	
小型企业	<50	<5	

监测人员配置应以技术人员为主,其比例不低于80%。

6.2.4　监测机构装备按表6.2.4配置。

表 6.2.4

序号	仪器设备名称	大型企业	中型企业	小型企业
1	检测车	1	1	
2	气相色谱	1～2	1	
3	X射线探伤仪	1		
4	分光光度计	2	1	
5	分析天平	2～3	1～2	
6	便携式尘毒检测仪	4～6	2～4	2～3
7	便携式气体检测仪	4～6	2～4	2～3
8	超声测量仪	1～2	1～2	
9	声级计	3～5	2～3	2～3
10	电冰箱	根据需要		
11	显微镜	根据需要		
12	计算机	1		1
13	静电检测器	根据需要	根据需要	

6.2.5　安全卫生监测站可以根据企业情况单独设置,也可与环保监测站联合设置。

6.3　气体防护站

6.3.1　大量生产、使用有毒有害气体并危害人身安全的化工建设项目应设计气防站。

6.3.2　气防站的任务是对有毒、窒息性工作场所进行监护和对中毒和其它事故的现场进行抢救工作,以及会同安全卫生部门和生产车间对职工进行防毒知识教育,组织事故抢救演习;负责防毒器具的发放、管理、维护、检验等工作。

6.3.3　化工建设项目的气防站的建筑面积和定员按表6.3.3配置。

表 6.3.3

	建筑面积(m²)	定员	备注
大型企业	250～500	20～30	
中型企业	100～250	10～20	
小型企业	<100	<10	

6.3.4　气防站装备按表 6.3.4 配置。

表 6.3.4

序号	仪器设备名称	大型项目	中型项目	小型项目
1	天平	1～2 台	1～2 台	
2	滤毒罐再生设备	1 套	1 套	
3	维修工具	2 套	1 套	
4	自动电话	2～3 台	1 台	
5	调度电话	1 台	1 台	
6	录音电话	1 套	1 套	根据需要设置
7	对讲机	1～2 对	1 对	
8	事故警铃	1～2 只	1 只	
9	气防作业(救护)车	1～2 辆	1 辆	
10	空气或氧气充装泵	1～2 台	1 台	
11	担架	2～4 套	2～3 套	

6.4　消防站

6.4.1　消防站建筑设计及技术装置配备参照《消防建筑设计标准》(GNJ 1—81)和《城镇消防站布局与技术装备标准》(GNJ 1—82)进行设计。

6.4.2　化工建设项目的消防站设计应根据工程项目规模、火灾危险点及建厂地区消防协作条件等综合考虑,可以设计专职消防站,也可以与地方消防站联合设置,当区域联合消防时,消防车队必须在报警后五分钟内到达火灾现场。

6.4.3　消防站应布置在防护区内火灾危险性大、火灾发生时损失严重的生产装置和设施附近。消防站应靠近厂区内交通干线,便于通往重点保护街区。消防站应远离噪声和毒尘危害严重的场所。

6.5　医疗卫生和职业病防治机构

6.5.1　大中型化工建设项目应根据生产特点和尘毒危害程度设置医疗卫生和职业病医疗防治机构。

6.5.2　医疗卫生防治机构和职业病防治机构的任务是对有毒、有害物质接触者的健康水平进行监护;参加中毒和其它事故现场抢救工作;对职业病患者安排治疗和疗养,以及进行必要的科学研究工作。

6.5.3　医疗卫生和职业病防治机构的设置应符合《工业企业设计卫生标准》(TJ 36)中的规定。

6.6　安全卫生教育室

6.6.1　化工建设项目应设计安全卫生教育室。

6.6.2　安全卫生教育室的任务是企业向职工进行安全卫生教育和技术培训以及进行技术交流的场所。

6.6.3　教育室应由教学室、展览室、实物操作表演室、电影放映室等组成。其建筑面积:大型企业为 500～1000 m²;中型企业 200～500 m²;小型企业为 50～100 m²。

6.6.4　安全卫生教育室配备录像机、收录机、广播器材、照相及洗像设备及展示台板等。

附录

初步设计《安全卫生篇(章)》内容

1. 安全卫生设计依据
2. 设计采用的安全卫生标准
3. 建设地区安全卫生概况
4. 生产过程中主要危害因素分析
5. 设计中采取的安全卫生技术措施
6. 安全卫生技术措施效果及评价
7. 安全卫生管理机构及定员
8. 安全卫生监测
9. 安全卫生投资概算
10. 结论及建议

附加说明

本标准主编单位和主要起草人
主编单位:化工部第一设计院
主要起草人:付均鸠　叶开尧　闫染等

名词解释

1. 人—机工程

是研究人与机器之间关系的一门新科学。研究人机系统中人的因素,如何使机器的设计适合人的心理、生理条件,使机器与人很好地配合,既保持在人机系统中的主导地位和方便而有效地操作控制,又有在合理的一次投资和运行费用的前提下使机器达到尽可能高度的自动化。

2. 冗余

为了提高化工生产装置(设备)的可靠性和效率,有时在系统(设备)中增加一些能代替其作用的系统(设备),使系统(设备)在发生故障时能保证正确地执行其功能。冗余是一个储备或备用问题。冗余分类有多种,按工作特点分有热储备与冷储备,按冗余程度分二重冗余、三重冗余和多重冗余等;按冗余范围分元件级冗余、部件级冗余、子系统冗余和系统冗余。

3. 本质安全型(化)

化工生产中同一种产品可以使用不同的原料和采用不同的生产方法制得。生产过程本质安全化指的是采用无毒或低毒原煤料代替有毒或剧毒原料,采用无危害或危害性比较小的符合安全卫生要求的新工艺、新技术、新设备。此外还包括从原料入库到成品包装出厂整个生产过程中应具有比较高的连续化、自动化和机械化,为提高装置安全可靠性而设计的监测、报警、联锁、安全保护装置,为降低生产过程危险性而采取的各种安全卫生措施和迅速扑救事故装置。化工装置本质安全化是相对的,它随着生产技术和安全技术的发展而发展。

条 文 说 明

1　总则

1.0.1　"安全第一,预防为主"是工业基本建设和技术改造项目必须遵守的方针。化学工业各级领导一贯坚持安全生产,重视尘毒危害的防治工作,但现有生产安全卫生设施欠账比较多。目前伤亡和尘毒危害仍然比较严重。随着现代化科学技术飞速发展和工业生产规模日益大型化,安全卫生也必然引起人们的普遍关注。在化学工业贯彻安全生产方针,加强职业危害的防治工作,对保障职工的安全和健康,促进化学工业的发展具有重要的意义。

化学工业的基本建设和技术改造项目,其职业性危害因素的治理和安全卫生技术措施和设施应与主体工程同时设计、同时施工、同时验收、投产使用,从多年大量经验教训总结出来的"三同时"已在劳动部劳字〔1988〕48号《关于生产性建设工程项目职业安全卫生监察的暂行规定》中作出明确规定。"三同时"反映了劳动保护与经济建设相辅相成的客观规律,贯彻"三同时",设计是关键,只有设计按着规定执行,才能从根本上改善劳动条件。安全卫生设计规定就是使设计人员按照规定设计,使工程设计达到技术先进、经济合理、安全可靠。

1.0.2　根据国标发〔1982〕96号文件《采用国际标准管理办法(试行)》第七条规定"国际标准中有关人身安全、卫生和环境保护等标准要采取措施,尽可能予以等效使用"的原则,本规定对从英、美、日、德、法等工业技术先进国家引进的项目,可以采用国外相应的安全卫生标准,目的是使化工生产装置的设计达到技术先进、经济合理、安全可靠。但采用国外安全卫生标准要经我们国家相应主管部门同意,结合我国国情。

1.0.3　化工工程设计包括多专业,只有各个专业都认真执行安全卫生标准,才能使化工生产装置具有本质安全型。当安全技术措施与经济利益发生矛盾时,则应优先考虑安全技术要求。

1.0.4　安全卫生专篇(章)是初步设计文件的重要内容,在劳动部劳字〔1998〕48号《关于生产性建设工程项目职业安全卫生监察的暂行规定》中规定,在编制初步设计文件时,应同时编制《职业安全卫生专篇》。本规定以附录形式给出了职业安全卫生专篇的内容,同时规定在初步设计会审前必须向劳动部门报送"拟建项目的职业安全卫生专篇"和"建设项目职业安全卫生初步设计审批表"。

1.0.5　本条款包含两方面内容:一是在施工图设计时应不断完善初步设计中的安全卫生方面有关的措施和内容,落实"安全卫生评价报告书"及其审批意见和初步设计审查时提出的安全卫生方面的意见;二是经审查同意的安全卫生设计方案,如有变动要报请有关劳动部门同意。

2　一般规定

2.1　厂址选择

2.1.1　化工企业厂址是化工生产与建厂地区自然及人文等多种条件结合的统一体,必须在掌握各项现状与规划资料的基础上进行几个方案的策划、分析、比较,两利权其重,两害取其轻,经过主管部门和社会认同,方能选出经济、社会和环境三大效益较好的建厂地点。

2.1.2　本条提出建厂地区自然条件对工程建设和生产经营可能造成的影响,以此为厂址比较或选定后采取相应措施的依据。忽视其一方面就有可能加大建设投资或在工厂建成后埋下隐患。

2.1.3 为了保证企业不受洪水和内涝威胁，或实在不能避开时，必须按标准确定场地高程或采取有效的防洪、排洪措施，可按《化工企业总图运输设计规范》（GHJ 1）和《石油化工企业总体布置设计规范》（SH 3032）执行。

2.1.4 考虑化工企业的自身安全，应该避开前三种地区。工厂对附近的文物保护、交通、气象和大型文化、体育设施的不利影响可根据《基本建设项目环境保护管理办法》、《关于加强风景名胜保护管理工作的报告》、《关于保护机场净空和规定（国务院、中央军委〔1982〕38 号）》、《工业企业设计卫生标准》（TJ 36）、SH 3032 规范有关条文确定。

2.1.5 为了减小化工企业之间或对其它工程设施的火灾和卫生影响，可参照《石油化工企业设计防火规范》（GB 50160）执行。

2.1.6 本条是根据《基本建设工作管理暂行办法》等文件中关于建设地点的选择和有关要求并结合我国 40 多年化工企业建设经验教训提出的。安全卫生防护距离按《制定地方大气污染物排放标准的技术方法》（GB/T 13201）确定。

2.1.7 工厂生活居住区是职工及居民安身生息的所在，水源是工厂生产和居民赖以生存的基本物质保证。对外界的安全危害、环境污染必须严加防护，有关规定可参照：TJ 36、《城市居民区规划设计规范》（GB 50180）、《城镇燃气设计规范》（GB 50028）和《化工废渣填料埋场设计规定》（HG 20504）等。

2.1.8 根据《中华人民共和国环境保护法》及 TJ 36 规范等条文制定本条。

2.1.9 厂区具体座向和定位应与城镇规划协调配合进行，交通线路引接顺捷可以减少相互交叉干扰，避免交通事故的发生。

2.1.10 铁路和公路干道车行密度大、速度高，若将成片居民区分割切散，必然带来内部人车通行的不安全和环境紧张嘈杂的后果，在 SH 3032 和 HGJ 1 规范中都有具体规定。

2.2 厂区总平面布置

2.2.1 本条为化工企业厂区总平面布置的基本原则之一，按生产系统、物流行进关系乾地合理集中和功能分区，除可以节约用地，降低工程造价，减少能耗之外。还有利于采取高效消防措施，减少不同等级有相互影响，便于环境管理等等。

2.2.2 为处理好厂区内部各生产分区之间的风向关系，须将火灾危险性高或散发、排出有害烟雾、粉尘及污水的部分放在全年风向的下方位。厂前区和工作人员密集的场所则布置在全年风向的有利位置并且要求大量人流和高压线进出便捷，交通与供电安全。

2.2.3 为了减免污水处理过程中渗溢水、气味和货场装卸、堆存中粉尘飞扬的影响；使大型货场车流取送近便，降低人机作业对工厂其它部位的彼此干扰，特制定本条。

2.2.4 考虑在日常生产中各种人流、货运安全畅；在紧急事故或发生自然灾害时，疏散迅速、营救方便，在规范 HGJ 1 和 GB 50187 中都明文规定。

2.2.5 厂区铁路车辆装卸和行调对人行及无轨运输、管网穿跨的阻隔干扰较大，故宜集中靠厂区边缘铺设，近年来我国化工厂区总图按此方式布置，一改过去铁路伸向厂区各部位的布置风格。沿线接近的建、构筑物必须执行《工业企业标准轨距铁路设计规范》（GBJ 12）和《标准轨距铁路限界国标》（GB 146.2）中的有关规定。

2.2.6 厂区道路布置有交通、消防、平面分区和随铺管线的功能，消防功能尤为重要。

规范 GBJ 16 和 GB 50160 等对道路网络中心线最大距离及防火等级高的街区设环行线均有规定。

与临近道路的建、构筑物相互间距应按《厂矿道路设计规范》（GBJ 22）、《工业企业厂内运输安全规程》(GB 4387)设计。

2.2.7　机、电、仪修部门与化工生产没有直接联系,而且操作人员较多,少受化工生产影响,大量人员便捷到达和离开工作场所即加强了工厂的安全因素。

2.2.8　循环水冷却塔在运行中经常散溢水雾,过去有变配电设施因水雾侵蚀而发生短路酿成事故的情况。

铁路、道路和其它建、构筑物则因水雾结露、结冰而影响行车、损害路面、屋面、墙体等等。所以在规范 HGJ 1 和 GB 50187 中均有所规定。

2.2.9　为减轻甲、乙类库区、罐区和液化烃储罐对厂区其它部位的安全影响,一般都布置在全年最小风频率的上风方位并在边缘地带,其储量和与其它部分的间距在规范 GBJ 16 和 GB 50160中均有严格规定。

2.2.10　根据环保部门和美化厂容及大地绿化的要求,在规范 GB 50187、HGJ 1 和《石油化工企业厂区绿化设计规范》(SHJ 8)中都有具体规定。

2.3　化工装置安全卫生设计原则

2.3.1　根据 GB 5083《生产设备安全卫生设计总则》第1.3 条规定制订。

2.3.2　化工设计中首先采取直接安全技术措施使生产过程和设备具有本质安全性能,保证不会出现任何危险;当直接安全技术措施不能或不完全能实现时则必须设计出一种或多种可靠的安全防护装置。

采用没有危害或危害较小的新工艺、新技术、新设备充分体现了选择最佳设计的基本原则和首先采用直接安全技术措施的基本精神。

化工行业的原料或成品大部分对人体安全和卫生有不同程度的危害,同一种产品往往可能使用不同的原料和采用不同的生产方法进行生产,化工生产中可供选择的工艺路线和设备类型均较多,且在不断进步之中,选择最佳设计方案显得尤为重要。

2.3.3、2.3.4　化工生产具有易燃、易爆、易中毒、高温(或深冷)、高压(或高真空)、有腐蚀等特点,因而化工生产具有更大的危险性。

化工生产正常情况下就有加料、放料、置换和排放等过程,不可避免地有有害物逸出,因此间接安全技术措施和直接性安全技术措施必不可少。要结合生产的具体情况合理地采用机械化、自动化、计算机技术,实现遥控和隔离操作,减轻工人的劳动强度以及尘毒危害。

2.3.5　现代化工生产装置的发展方向是大型化、连续化,开停车频繁将导致巨大的经济损失和对装置本身造成严重损害,发生事故的可能性也随之增大,一旦发生事故其后果更严重,因此在化工装置设计中,为了提高装置的可靠性和效率,对关键部位往往设计备用系统,一旦发生事故能自动地转换到备用系统,并能保证正确地执行功能。

2.3.6　废气排放标准为《工业"三废"排放试行标准》(GBJ 4);废水排放标准为《污水综合排放标准》(GB 8978)。

此外各省、市、自治区以及各部委大都制订有各自的地方排放标准和行业标准。

2.3.7　化工生产中具有危险的有害因素(如剧毒物、工业电源、高温、高压设备及管道、高速运转设备、放射源等)较多,危害程度较高,且目前仍有不少作坊式工厂采用不利于工人健康的手工作业,直接接触有害物,如手工包装剧毒农药等,因此,本条规定对化工行业有较强的必要性和针对性。

2.3.8　根据 GB 5083 第1.6,生产设备在整个使用期限内应符合安全卫生的要求;对非标化专用设备,设备制造任务书应有安全卫生方面的内容;对通用机械设备,由于引进市场机制,设备质量参差不齐。不认真选用符合国家或行业技术标准的通用机械与电气设备将给安全与卫生造成隐患。

3　劳动安全

3.1　防火、防爆

3.1.1　化工行业火灾爆炸危险较其它行业突出,因此,做好防火、防爆设计尤为重要,该条中提到的设计规范是基本和必须遵守的。

3.1.2　露天、敞开布置有利于自然通风,可以减少或防止易燃、易爆和有毒气体的积聚,因此在满足生产要求的条件下,易燃易爆生产装置宜采用露天、敞开布置。

化工设计应根据以下所列各项进行区块化划分:工艺装置区、罐区、公用设施区、接运和发送装卸区、辅助生产设施、管理区。

3.1.4　明火设备在不正常情况下,可能发生爆炸和火灾,所以应集中布置在装置边缘。可燃液体、易燃易爆气体如大量泄漏,有可能扩散至明火设备而引起火灾或爆炸,国内曾发生过类似事故,因此明火设备应布置在可燃液体、易燃、易爆气体设备的全年最大风频的上风向。

3.1.5　生产装置作业区有害物质浓度应符合《工业企业设计卫生标准》(TJ 36)。

3.1.6　建(构)筑物防火防爆应符合 GBJ 16 规定。

3.1.7　氮和二氧化碳气惰性气体保护:一般对具有火灾爆炸危险的工艺装置、储罐、管线等设计惰性气体保护系统,用于开停车或事故状态下系统处理,也可用于可燃固体物料处理和液体物料输送。大量可燃气体或蒸气泄漏发生时在装置周围和内部大量喷水形成水幕或采用蒸汽幕进行隔离或灭火。

3.1.8　爆炸和火灾危险环境区域划分和电气仪表选型按 GB 50058 标准进行。

3.1.10　设备设计应遵守的常用安全、卫生标准及规范如下。

标准号	名称
劳锅字(1990)8 号	压力容器安全技术监督规则
国发(1982)22 号	锅炉压力容器安全监察暂行条例
劳人锅(1982)6 号	锅炉压力容器安全监察暂行条例实施细则
GB 150	钢制压力容器
SHJ 26	常用立式储罐抗震鉴定标准及条文说明
石化抗 14	排塔抗震验算及条文说明
HGJ 15	钢制化工容器材料选用规定
HGJ 14	钢制化工容器设计基础规定
HGJ 16	钢制化工容器强度计算规定
HGJ 17	钢制化工容器结构设计规定
HGJ 19	钢制低温压力容器技术规定
CD 130A2	立式圆筒形钢制焊接储罐设计规范及条文说明
GB 5083	生产设备安全卫生设施总则

管道设计应遵守的常用安全、卫生标准规范如下:

标准号	名称
HGJ 8	化工管道设计规范
GB 8175	设备及管道保温设计导则
GB 11790	设备及管道保冷技术通则
GBJ 34	化工设备、管道外防腐设计规定
SYJ 13	原油长输管道工艺及输油站设计规范
SHJ 22	石油化工企业设备与管道涂料防腐设计与施工规范
SYJ 7	钢制管道及储罐防腐蚀工程设计规范
SYJ 18	埋地钢质管道硬质聚氨酯泡沫塑料防腐技术标准
SHJ 40	石油化工企业蒸汽伴管及夹套管设计规范
SHJ 41	石油化工企业管道柔性设计规范
SHJ 12	石油化工企业管道布置设计通则
HGJ 22	化工厂管架设计规定
SHJ 501	石油化工剧毒、易燃、可燃介质管道施工及验收规范

3.1.11　化工生产中由于物理和化学的原因造成的压力波动是常见的,前者造成的增压一般比较缓慢和有限,采用安全阀泄压比较合适。后者造成的增压往往较急剧增幅较大,采用爆破板泄压比较快。

为防止泄压时有害物造成的二次事故发生,必须根据具体情况设置收集、安全处理、阻火放空、焚烧等安全系统。

水封、阻火器是设备或管道泄压或放空的阻火设施。

3.1.12　根据 GBJ16 标准。

3.1.13　消防系统

本部分内容系依照 GBJ 50160—92《石油化工企业设计防火规范》、GBJ 16—87《建筑设计防火规范》、GB 50151—92《低倍数泡沫灭火系统设计规范》、GBJ 50163—92《卤代烷 1301 灭火系统设计规范》、GBJ 140—90《建筑灭火器配置设计规范》等规范及编制说明中有关内容、条款编制的,在执行中可参照上述规范。

3.1.13.2　与生产生活合用的消防给水管道,应能通过 100％ 的消防用水和 70％ 的生产、生活用水的总量。即要求在发生火灾时,全厂仍能维持生产运行,避免由于全厂紧急停产而再次发生火灾事故,造成更大损失。

3.1.13.5　初起火灾大多数不能直接用水扑救,着火时操作人员用小型灭火器扑救,同时向消防队报警。

3.1.13.6　全厂正常生产的关键部位发生火灾必将影响全厂生产,因此必须设自动火灾报警系统,以及时将火灾消灭在初始阶段。

3.2　防静电

3.2.1　化工企业的防静电设计,应由工艺、配管、设备、电气等专业相互配合,在生产过程中尽量不产生或少产生静电,并采取综合防静电技术,防止事故发生。

3.2.2　为了降低物体的泄漏电阻值,应选择合适的抗静电剂或导电涂料,在生产过程中应采取适当措施确保静止时间和缓和时间;液体的静止时间应符合 HGJ 28 表 2.9.2 的规定,流动物体的缓和时间不应小于 30 秒。此外,在工艺条件允许的情况下,应设置调温调湿设备,以保证相对湿度不低于 50％～65％,或定期向地面洒水。

3.2.3　本条主要提出了对化工设备、管道的要求：

(1)在满足其它条件的情况下,应优先选用相互接触而较少产生静电的材质。

(2)对由摩擦而能持续产生静电的部位、大量产生带电体的容器和移动式装置等,应尽量使用金属材料制作,如需涂漆,漆的电阻率应小于带电体的电阻率。

(3)对于不能使用金属材料的部位,应尽量选用材质均匀、导电性能好的橡胶、树脂或塑料制作。

(4)应做好设备各部位金属部件的连接,不允许存在与地绝缘的金属体。

(5)应根据设备的安装位置,设置静电接地连接端头。

非导体屏蔽接地要求：

(1)屏蔽材料应选用有足够机械强度且较细或较薄的金属线、网、板(如截面为 2.5 mm² 的裸钢软绞线、22 号孔眼为 15 mm 的镀锌钢网)等,也可利用设备、管道上的金属体做屏蔽材料(如橡胶夹布吸引管的金属螺旋线、保温层的金属外壳等)。

(2)屏蔽体应安装牢固、定点固定,不应有位移和颤动。

(3)在屏蔽体的始末端及每隔 20～30 m 的合适位置应做接地。

3.2.7　目前国内生产的静电消防装置有 LJX-A 型离子流静电消除和 JJS-C 型静电消除器(吉林市无线电一厂)以及钋-201 静电消除器(原子能研究院同位素研究所)等。

3.3　防雷

有关防雷问题应全面执行《建筑防雷设计规范》(GBJ 57)。

3.4　触电防护

3.4.3　安全电压为 12～42 V。

其使用范围为：

(1)对于容易触及而又无防止触电措施的固定或移动工灯具,其安装高度距地面为 2.2 m 及以下,且具有下列条件之一时,其使用电压不应超过 24 V：

a. 特别潮湿的场所；

b. 高湿场所；

c. 具有导电灰尘的场所；

d. 具有导电地面的场所。

(2)在工作场所狭窄地点,且作业者接触大块金属面,如锅炉、金属容器内等,使用的手提灯电压不应超过 12 V。

(3)在 42 V 及以下安全电压的局部照明的电源和手提灯电源,输入电路和与输出电路必须实行电路上的隔离。

3.5　化学危险品储存

3.5.1.1　化学危险品储运必须遵守 GBJ 16、GJ 50160、TJ 35、《石油化工企业储运系统罐区设计规范》(SHJ 7),当储存放射性物质时尚须遵守《放射性防护规定》(GBJ 8)和《放射性卫生防护基本标准》(GB 4792)。

3.5.1.2　本条对化工危险品储存提出了一般性要求,即强调分类储存、储存方式、储存地点和选址等,化学危险品储存可按可燃气体、储存方式、储存地点和选址等,化学危险品储存可按可燃气体、液体和固体、爆炸性物质、遇水或空气自燃物质、氧化剂、剧毒物质和放射性物质等分类设计,储存地点和建筑物应符合 GB 50160 和 GBJ 16 等,并应考虑对周围环境的影响。

3.5.1.3、3.5.1.4　对各类化学危险品仓库的温度、湿度、通风以及防潮、防雨等设计是一个不容忽视的安全因素。如爆炸性物质和氧化剂对温、湿度有特殊要求；遇水燃烧物质对湿度更敏感,对这类仓库的防水、防潮更重要。

易燃液体是有易燃、易挥发和受热膨胀特性,其蒸气与空气会形成爆炸性混合物,应储存于通风,阴凉场所。必要时应设计喷淋冷却。

各类化学危险品仓库对消防都有特殊要求,消防设计尤为重要。

3.5.1.5　本条强调化学危险品库设计最基本的原则,即化学危险品的配装原则,一般性质相抵触或消防要求不同的化学危险物质不能同一储存区内储存。

3.5.1.6　放射性物质储存仓库应远离生活区,并根据放射剂量、成品、半成品、原料的种类分别进行储存,库内温度不宜过高。

3.5.2　装卸运输

3.5.2.1　由于化学危险品性质各不相同,对防火、防爆、防毒、防水、保温、保冷等各项安全措施要求相差很大,只有根据不同特点采用专用装卸运输工具才能保证安全生产。如浓硫酸能将铁氧化,在铁表面形成一层紧密的氧化物保护膜使铁不再受硫酸腐蚀,故浓硫酸可用钢制容器运输。而稀硫酸则必须采用陶瓷等耐酸衬里材料的储槽,并且冬季还应考虑保温防冻措施。易燃液体储运夏季大多要考虑防晒。对某些特殊物质还要考虑特殊的安全要求,如对剧毒液体(如丙烯腈)运输的专用槽车要求即使发生火车翻车事故也不会使用物料外泄。

3.5.2.2　本条款只适用于新建工程,对老企业扩、改不受此条限制,但必须要考虑安全措施。

3.5.3　化学危险品包装

3.5.3.1　化学危险物质严密包装可以防止因受大气环境因素影响使物质变质或发生化学反应而造成事故;减少储运过程中的撞击和摩擦,从而保证运输安全;也可防止物料漏损、挥发以及相互接触产生污损和污染储运设施。

从储运事故统计分析可以看出,由于包装不良而造成事故占有较大比重,因此对化学危险品包装应严格要求。

3.5.3.2　为了提示储运作业人员注意安全,并在一旦发生危险时能迅速正确地采取措施,故化学危险品包装应具备国家规定的包装标志,一种化学品具有不同危险性质时,应同时附上相应几种标志,以便采取多种防护措施。

包装标志应当正确、明显、牢固。

3.5.3.3、3.5.3.4　化工危险品灌装设施的安全卫生设计应按工艺装置对待。

3.6　防机械及坠落等意外伤害

为了防止此类伤害,设计应遵守下列安全标准规范:

标准号	名称
GB 5083	生产设备安全卫生设计总则
GB 4053.1	固定式钢直梯
GB 4053.2	固定式钢斜梯
GB 4053.3	固定式工业防护栏杆
GB 4053.4	工业钢平台
GB 6067	起重机械安全规程
JB 3249	工程机械护板和护罩
JB 1646	开式压力机技术条件
JB 3350	机械压力机安全技术条件

4　工业卫生

4.1　防尘防毒

4.1.1　尘毒危害的分级应按《生产性粉尘作业危害程度分级》(GB 5817)和《职业性接触毒性危害程度分级》(GB 5044)划分。

为减少尘毒的扩散,便于采取综合治理措施,要求对尘毒危害严重的生产装置内的设备和管道,在满足工艺要求的条件下,布置在半封闭或全封闭的建(构)筑物内。对产生尘毒的生产装置要求尽量设计成密闭的生产工艺和设备,避免敞开式操作,以免人员直接接触。散发尘毒的房间排风量应比送风量大 10% 以上,使房间保持负压。

4.1.2　生产操作采用集中控制和自动化调节是减少尘毒危害的有效措施。有害物质的主要放散点如装卸料口、搅拌口、落料口等处应装设局部排风装置,使散发的有害物就近排出,对排出浓度较大者尚应进行净化回收处理,以保证作业环境和排放的有害物质浓度符合《工业企业设计卫生标准》(TJ 36)和国家及地方制订的大气排放物等有关规定。

4.1.3　为减少事故危害,缩小事故危害面,对于毒性危害严重的生产和设备,要求设计可靠的事故处理装置如紧急泄料、泄压、排空、回流、综合、水洗等,在事故发生后为使操作人员处理事故时不受或少受危害,应设计应急防护措施,如:防毒面具、防护衣、呼吸供应系统、事故排风系统、洗浴设备等。

4.1.4　紧急防护设施的服务半径应根据工艺布置和操作特点合理配置,服务半径太大有延误抢救时间的可能,服务半径太小则将造成繁锁的重复的浪费,故提出服务半径小于 15m 的要求,

4.1.5　为防止尘毒等有害物渗入到围护结构内部,造成围护结构的破坏和腐蚀,或储存在围护结构内长期缓慢地向室内释放有害物,故要求尘毒危害的厂房和仓库等建(构)筑物的墙壁、顶棚和地面应采用光滑的、不吸收毒物的材料,必要时应设防腐、防水等特殊保护层以便清扫。清扫设施应是吸尘和水洗等,禁止用压缩空气吹扫,造成尘毒二次飞扬。水洗后的废水应纳入工业废水处理系统。

4.2　防暑降温与防寒防湿

4.2.1　化工装置的防暑降温与防寒防湿设计应符合《工业企业设计卫生标准》(TJ 36),主要是指车间工作地点和辅助用室的冬夏季空气温度及应采取的防暑降温、防寒、防湿等主要措施。

4.2.2　充分利用自然通风是防暑降温最经济实用的方法,故提出在满足生产条件下,化工装置的热源应采取集中露天布置。当生产要求布置在半封闭的厂房内时,应布置在天窗下面。无天窗时布置在夏季主导风向的下风侧,以减少热污染,使其从热源处就近排出。

4.2.3　隔热保温是减少热污染的有效方法,故对发热设备和管道应按照《设备及管道保温技术通则》(GB 4272),计算确定保温层的厚度。

4.2.4　产生大量热的封闭厂房,当自然通风降温不能满足工作地点的夏季空气温度要求时,可设计局部通风降温设施。以保证操作岗位工人休息室达到卫生标准的要求。

4.2.5　在生产过程中起重要作用的操作室、中央控制室因周围环境温度较高,不设置空调不能满足《工业企业设计卫生标准》对工作地点的夏季空气温度要求者,无论工艺设备是否要求空调,均应设置空调装置。

4.2.6　大中型化工建设项目因职工人数较多,各岗位对防暑降温要求不同,为确保夏季及时供应符合各岗位要求的清凉饮料,故要求设置清凉饮料站,以便进行卫生管理和提供含盐

饮料。

4.2.7 严寒地区的车间大门选择设置门斗,外室或热空气幕应从使用方便、有利生产、有利车间保暖等全面考虑,并经技术经济比较确定。

4.2.8 为使操作工人不受潮湿危害,故要求车间的围护结构能防止雨水渗入,内表面不产生凝结水。对用水量较多、产湿量较大的车间可设置天窗、天窗热排管、干热风系统等排湿设施,以防止顶棚滴水。对地面水应能及时排出并无积水现象。

4.3 噪声及振动控制

4.3.2、4.3.3 化工企业高噪声如大型压缩机、鼓风机、球磨机、高压气体放散的噪声大多在100 dB 以上,甚至达 130 dB。当噪声超标时,对人体可表现为明显的听觉损伤,并对神经、心脏、消化系统产生不良影响,引起烦躁不安,损害听力,干扰语言,导致意外事故。

减轻以至防止噪声的危害首先应选用低噪声的工艺、设备、技术,在总平面布置上应将生活区、行政办公区与生产区分开布置,高噪声厂房与低噪声厂房分开布置。在高噪声区与低噪声区之间宜布置辅助车间、仓库、堆场等,还应充分利用地形、地物隔挡噪声。主要噪声源宜低位布置,噪声敏感区宜布置在自然屏障的声影区中。在交通干线两侧布置生活、行政设施等建筑物时应与干线保持适当距离。

4.3.4 选用低噪声设备是从噪声源入手的降噪声根本措施,对个别单机超标噪声可采取合理布局,利用屏障、吸声、隔声等措施,使噪声符合国家标准和有关部门规定。

4.3.5 较强的振动源如大型压缩机、离心机等如不采用有效的减震措施,将对正常生产、建筑物和设备、仪表的使用寿命造成危害,因此除土建要在基础设计上采取减震措施外,基础与振动设备间还要加设减振垫等措施,以减轻振动造成的不良影响。

4.3.6 个人噪声防护器具有硅橡胶耳塞、防噪声耳塞、防声棉耳塞、防噪声帽盔等,如果在高噪声区作业时间较长,则应设置隔间操作室。

4.4 防辐射

4.4.2 电磁辐射最高容许照射量应符合《电磁辐射防护规定》(GB 8702);激光的防护应满足 GB 10320 的规定。

4.4.3～4.4.8 化学工业除了化工矿山的采、选加工直接接触天然放射性元素外,在化工生产过程中也越来越多的应用电磁辐射和放射性同位素,如利用放射同位素的能量做质量检测及自动控制等方面的应用。因此辐射对人体的危害及防护是现代工业一个重要问题。产生或使用具有辐射危害的化工生产设施的安全卫生设计,也应该采用直接安全技术措施,使生产过程成为本质安全型。当直接安全技术措施不能满足要求时,可采用间接安全技术措施,如生产过程机械化、自动化、密闭化、隔离、屏蔽等措施,并设计可靠的监测仪表和自动报警及联锁系统等直接性安全技术措施。

4.5 采用照明

4.5.1 本条除应符合《工业企业照明设计标准》(GB 50034)外,尚应符合《爆炸和火灾危险环境装置设计规范》(GB 50058)的有关条款。

4.5.2 化工生产厂设计应充分用自然采光,除生产工艺要求或条件限制外,一般应采用向外开的窗户采光。

4.5.3 对于正常照明发生事故会造成爆炸、火灾和人身伤亡等事故场所,事故工况下便于人员疏散的场所,以及为了检修和继续工作需要的场所,都应设计事故照明。

4.5.4 安全电压设计见 3.4。

4.6 防化学灼伤

4.6.1～4.6.3 化学灼伤往往是伴随着生产事故或设备、管道等腐蚀、断裂时发生的,它与生产管理、操作、工艺和设备等因素有密切关系,因此必须采取综合性安全技术措施才能有效地预防化学灼伤事故。从设计角度,工艺流程、设备、管道布置和材料选择,生产过程实行自动化控制,并安装必要的信号报警、安全联锁装置,对防止化学灼伤是十分必要的。

4.6.2　明确规定禁止使用玻璃管道、管件、阀门、流量计、压力计等。对玻璃液面计未作硬性规定。

4.6.3　强调作业场所与通道要有足够的活动空间,便于事故救援工作。

4.6.4　建筑防腐按《建筑防腐蚀工程施工及验收规范》(GB 50212)。

4.6.5　洗眼器和淋洗器是化学灼伤简便有效的自救设施。在可能产生化学灼伤的工作区应合理设置,并应根据化学灼伤性质设置相应的救护和个人防护用品。

4.7　生产生活用室

4.7.1　生产生活用室是专为化工生产装置(车间)而配置的生活用室,不包括全厂性的食堂、冷饮制作、洗衣房、医疗卫生等生活建筑。根据化工生产的特点,操作人员较少,因此,生产生活用室一般宜由更衣室(有时可兼作休息室)、厕所、浴室等组成。

4.7.2　更衣室

4.7.2.2　车间卫生特征分级可参见《工业企业设计卫生标准》第四章表8。

4.7.2.3　由于生活水平的提高,职工衣着也日益改善,存衣柜的规格需求相应加大,为此更衣室的面积也应适当提高。更衣室面积指标系参考《机械工厂办公室与生活建筑设计标准》中的有关规定而定。计算更衣面积时的职工人数应按车间全员计。

4.7.3　厕所

4.7.3.2　化工企业中有些生产装置较小,人员极少,有时在装置附近未敷设生活下水管道,因此根据实际情况可与邻近车间的厕所(或公厕)合并使用

6　安全卫生机构

6.1　安全卫生管理机构及定员

6.1.1　安全卫生管理机构的任务。

6.1.2　根据我国现行工业企业管理体制和化工企业安全管理制度等有关规定,公司(总厂)、大型厂矿应设安全技术处、中、小型厂应设安全技术科。安全组织机构中的管理人员按企业职工总数的 2‰～5‰ 比例配备。

6.2　安全卫生监测机构

6.2.1、6.2.2　安全卫生监测机构设置的目的及其任务。

6.2.3　安全卫生监测机构规模应根据化工建设项目的危害程度大小等具体情况进行调整。

6.2.4　本条款所规定的仪器设备,特别是气相色谱等大型仪器设备可以和环保监测站、中央化验室共用,以减少工程建设投资和提高仪器设备利用率。

6.2.5　安全卫生监测站可与环保监测站联合设置,以减少仪器设备投资和定员,提高仪器设备的利用率。

6.3　气体防护站

6.3.1、6.3.2　设置气体防护站的范围及防护站任务。

6.3.3　气防站面积包括办公室、休息室及氧气装瓶间。

6.3.4　化工部发布的气防站行业标准《化工企业气体防护站工作和装备标准》(HG/T 23004)中第10条已对气防站的装备配置作了规定,本条沿用该条款。

6.5　医疗卫生和职业病防治机构

本条款按规范 TJ 36 规定。

6.6　安全卫生教育室

本条款没有明确安全卫生教育室的设置模式,只强调职业安全卫生职能的落实,并要求企业卫生教育室面积不应低于 6.6.3 条款中的规定面积。安全卫生教育的设备类型按 6.6.4 条配置。

化学品生产单位吊装作业安全规范

AQ 3021—2008

1　范围

本标准规定了化学品生产单位吊装作业分级、作业安全管理基本要求、作业前的安全检查、作业中安全措施、操作人员应遵守的规定、作业完毕作业人员应做的工作和《吊装安全作业证》的管理。

本标准适用于化学品生产单位的检维修吊装作业。

2　规范性引用文件

下列文件中的条款通过本标准的引用而成为本标准的条款。凡是注日期的引用文件,其随后所有的修改单(不包括勘误的内容)或修订版均不适用于本标准,然而,鼓励根据本标准达成协议的各方研究是否可使用这些文件的最新版本。凡是不注日期的引用文件,其最新版本适用于本标准。

GB 2811　　安全帽

GB 5082　　起重吊运指挥信号

GB 6067　　重机械安全规程(GB/T 6067-1985 NF E52-122:1975,NEQ)

GB 16179　安全标志使用导则

3　术语和定义

本标准采用下列术语和定义。

3.1　吊装作业　lift

在检维修过程中利用各种吊装机具将设备、工件、器具、材料等吊起,使其发生位置变化的作业过程。

3.2　吊装机具　crane lift

系指桥式起重机、门式起重机、装卸机、缆索起重机、汽车起重机、轮胎起重机、履带起重机、铁路起重机、塔式起重机、门座起重机、桅杆起重机、升降机、电葫芦及简易起重设备和辅助用具。

4　吊装作业的分级

吊装作业按吊装重物的质量分为三级:

a)一级吊装作业吊装重物的质量大于 100 t;

b)二级吊装作业吊装重物的质量大于等于 40 t 至小于等于 100 t;

c)三级吊装作业吊装重物的质量小于 40 t。

5　作业安全管理基本要求

5.1　应按照国家标准规定对吊装机具进行日检、月检、年检。对检查中发现问题的吊装机具,应进行检修处理,并保存检修档案。检查应符合 GB 6067。

5.2　吊装作业人员(指挥人员、起重工)应持有有效的《特种作业人员操作证》,方可从事吊装作业指挥和操作。

5.3　吊装质量大于等于 40 t 的重物和土建工程主体结构,应编制吊装作业方案。吊装物体虽不足 40 t,但形状复杂、刚度小、长径比大、精密贵重,以及在作业条件特殊的情况下,也应编制吊装作业方案、施工安全措施和应急救援预案。

5.4　吊装作业方案、施工安全措施和应急救援预案经作业主管部门和相关管理部门审查,报主管安全负责人批准后方可实施。

5.5　利用两台或多台起重机械吊运同一重物时,升降、运行应保持同步;各台起重机械所承受的载荷不得超过各自额定起重能力的 80%。

6　作业前的安全检查

吊装作业前应进行以下项目的安全检查:

6.1　相关部门应对从事指挥和操作的人员进行资质确认。

6.2　相关部门进行有关安全事项的研究和讨论,对安全措施落实情况进行确认。

6.3　实施吊装作业单位的有关人员应对起重吊装机械和吊具进行安全检查确认,确保处于完好状态。

6.4　实施吊装作业单位使用汽车吊装机械,要确认安装有汽车防火罩。

6.5　实施吊装作业单位的有关人员应对吊装区域内的安全状况进行检查(包括吊装区域的划定、标识、障碍)。警戒区域及吊装现场应设置安全警戒标志,并设专人监护,非作业人员禁止入内。安全警戒标志应符合 GB 16179 的规定。

6.6　实施吊装作业单位的有关人员应在施工现场核实天气情况。室外作业遇到大雪、暴雨、大雾及 6 级以上大风时,不应安排吊装作业。

7　作业中安全措施

7.1　吊装作业时应明确指挥人员,指挥人员应佩戴明显的标志;应佩戴安全帽,安全帽应符合 GB 2811 的规定。

7.2　应分工明确、坚守岗位,并按 GB 5082 规定的联络信号,统一指挥。指挥人员按信号进行指挥,其他人员应清楚吊装方案和指挥信号。

7.3　正式起吊前应进行试吊,试吊中检查全部机具、地锚受力情况,发现问题应将工件放回地面,排除故障后重新试吊,确认一切正常,方可正式吊装。

7.4　严禁利用管道、管架、电杆、机电设备等作吊装锚点。未经有关部门审查核算,不得将建筑物、构筑物作为锚点。

7.5　吊装作业中,夜间应有足够的照明。室外作业遇到大雪、暴雨、大雾及 6 级以上大风时,应停止作业。

7.6　吊装过程中,出现故障,应立即向指挥者报告,没有指挥令,任何人不得擅自离开岗位。

7.7　起吊重物就位前,不许解开吊装索具。

7.8　利用两台或多台起重机械吊运同一重物时,升降、运行应保持同步;各台起重机械所承受地载荷不得超过各自额定起重能力的 80%。

8　操作人员应遵守的规定

8.1　按指挥人员所发出的指挥信号进行操作。对紧急停车信号,不论由何人发出,均应立即执行。

8.2　司索人员应听从指挥人员的指挥,并及时报告险情。

8.3 当起重臂吊钩或吊物下面有人，吊物上有人或浮置物时，不得进行起重操作。

8.4 严禁起吊超负荷或重物质量不明和埋置物体；不得捆挂、起吊不明质量，与其他重物相连、埋在地下或与其他物体冻结在一起的重物。

8.5 在制动器、安全装置失灵、吊钩防松装置损坏、钢丝绳损伤达到报废标准等情况下严禁起吊操作。

8.6 应按规定负荷进行吊装，吊具、索具经计算选择使用，严禁超负荷运行。所吊重物接近或达到额定起重吊装能力时，应检查制动器，用低高度、短行程试吊后，再平稳吊起。

8.7 重物捆绑、紧固、吊挂不牢，吊挂不平衡而可能滑动，或斜拉重物，棱角吊物与钢丝绳之间没有衬垫时不得进行起吊。

8.8 不准用吊钩直接缠绕重物，不得将不同种类或不同规格的索具混在一起使用。

8.9 吊物捆绑应牢靠，吊点和吊物的中心应在同一垂直线上。

8.10 无法看清场地、无法看清吊物情况和指挥信号时，不得进行起吊。

8.11 起重机械及其臂架、吊具、辅具、钢丝绳、缆风绳和吊物不得靠近高低压输电线路。在输电线路近旁作业时，应按规定保持足够的安全距离，不能满足时，应停电后再进行起重作业。

8.12 停工和休息时，不得将吊物、吊笼、吊具和吊索吊在空中。

8.13 在起重机械工作时，不得对起重机械进行检查和维修；在有载荷的情况下，不得调整起升变幅机构的制动器。

8.14 下方吊物时，严禁自由下落（溜）；不得利用极限位置限制器停车。

8.15 遇大雪、暴雨、大雾及 6 级以上大风时，应停止露天作业。

8.16 用定型起重吊装机械（例如履带吊车、轮胎吊车、桥式吊车等）进行吊装作业时，除遵守本标准外，还应遵守该定型起重机械的操作规范。

9 作业完毕作业人员应做的工作

9.1 将起重臂和吊钩收放到规定的位置，所有控制手柄均应放到零位，使用电气控制的起重机械，应断开电源开关。

9.2 对在轨道上作业的起重机，应将起重机停放在指定位置有效锚定。

9.3 吊索、吊具应收回放置到规定的地方，并对其进行检查、维护、保养。

9.4 对接替工作人员，应告知设备存在的异常情况及尚未消除的故障。

10 《吊装安全作业证》的管理

10.1 吊装质量大于 10 t 的重物应办理《作业证》，《作业证》由相关管理部门负责管理。《作业证》见表 1、2。

10.2 项目单位负责人从安全管理部门领取《作业证》后，应认真填写各项内容，交作业单位负责人批准。对本标准 5.4 规定的吊装作业，应编制吊装方案，并将填好的《作业证》与吊装方案一并报安全管理部门负责人批准。

10.3 《作业证》批准后，项目单位负责人应将《作业证》交吊装指挥。吊装指挥及作业人员应检查《作业证》，确认无误后方可作业。

10.4 应按《作业证》上填报的内容进行作业，严禁涂改、转借《作业证》，变更作业内容，扩大作业范围或转移作业部位。

10.5 对吊装作业审批手续齐全，安全措施全部落实，作业环境符合安全要求的，作业人员方可进行作业。

附件

吊装安全作业证

1. 应按作业的内容填报《作业证》,见表 1。

2. 严禁涂改、转借吊装安全作业证,严禁变更作业内容、扩大作业范围或转移作业部位。

3. 对吊装作业审批手续不全,安全措施不落实,作业环境不符合安全要求的,作业人员有权拒绝作业。

4. 作业前,应对照吊装安全作业证背面"安全措施"和企业补充的安全措施,在相应方框内画"√",见表 2。

5.《作业证》一式三份,审批后第一联交吊装指挥,第二联交项目单位,第三联交安全管理部门,保存一年。

表 1　吊装安全作业证

吊装地点		吊装工具名称	
吊装人员		特殊工种作业证号	
安全监护人		吊装指挥(负责人)	
作业时间	自　年　月　日　时　分至　年　月　日　时　分		
吊装内容			
起吊重物质量(t)			
危害辨识:			
安全措施(执行背面):			
项目单位安全部门 负责人(签字):		项目单位 负责人(签字):	
作业单位安全部门 负责人(签字):		作业单位 负责人(签字):	
有关管理部门审批意见: 　　　　　　　　　　　有关管理部门负责人:(签字)　　　　　年　月　日			

表 2　吊装安全作业证背面的安全措施

序号	安全措施	打√
1	作业前对作业人员进行安全教育	
2	吊装质量大于等于 40 t 的重物和土建工程主体结构;吊装物体虽不足 40 t,但形状复杂、刚度小、长径比大、精密贵重,作业条件特殊,需编制吊装作业方案,并经作业主管部门和安全管理部门审查,报主管副总经理或总工程师批准后方可实施	
3	指派专人监护,并坚守岗位,非作业人员禁止入内	
4	作业人员已按规定佩戴防护器具和个体防护用品	
5	应事先与分厂(车间)负责人取得联系,建立联系信号	
6	在吊装现场设置安全警戒标志,无关人员不许进入作业现场	
7	夜间作业要有足够的照明	
8	室外作业遇到大雪、暴雨、大雾及 6 级以上大风,停止作业	
9	检查起重吊装设备、钢丝绳、揽风绳、链条、吊钩等各种机具,保证安全可靠	
10	应分工明确、坚守岗位,并按规定的联络信号,统一指挥	
11	将建筑物、构筑物作为锚点,需经工程处审查核算并批准	
12	吊装绳索、揽风绳、拖拉绳等避免同带电线路接触,并保持安全距离	
13	人员随同吊装重物或吊装机械升降,应采取可靠的安全措施,并经过现场指挥人员批准	
14	利用管道、管架、电杆、机电设备等作吊装锚点,不准吊装	
15	悬吊重物下方站人、通行和工作,不准吊装	
16	超负荷或重物质量不明,不准吊装	
17	斜拉重物、重物埋在地下或重物坚固不牢,绳打结、绳不齐,不准吊装	
18	棱角重物没有衬垫措施,不准吊装	
19	安全装置失灵,不准吊装	
20	用定型起重吊装机械(履带吊车、轮胎吊车、轿式吊车等)进行吊装作业,遵守该定型机械的操作规程	
21	作业过程中应先用低高度、短行程试吊	
22	作业现场出现危险品泄漏,立即停止作业,撤离人员	
23	作业完成后清理现场杂物	
24	吊装作业人员持有法定的有效的证件	
25	地下通讯电(光)缆、局域网络电(光)缆、排水沟的盖板,承重吊装机械的负重量已确认,保护措施已落实	
26	起吊物的质量(t)经确认,在吊装机械的承重范围	
27	在吊装高度的管线、电缆桥架已做好防护措施	
28	作业现场围栏、警戒线、警告牌、夜间警示灯已按要求设置	
29	作业高度和转臂范围内,无架空线路	
30	人员出入口和撤离安全措施已落实:A. 指示牌;B. 指示灯	
31	在爆炸危险生产区域内作业,机动车排气管已装火星熄灭器	
32	现场夜间有充足照明: 　　A:36 V、24 V、12 V 防水型灯 　　B:36 V、24 V、12 V 防爆型灯	
33	作业人员已佩戴防护器具	
34	补充措施	

化学品生产单位动火作业安全规范

AQ 3022—2008

1 范围

本标准规定了化学品生产单位动火作业分级、动火作业安全防火要求、动火分析及合格标准、职责要求及《动火安全作业证》的管理。

本标准适用于化学品生产单位禁火区的动火作业。

本标准不适用于化学品生产单位的固定动火区作业和固定用火作业。

2 规范性引用文件

下列文件中的条款通过本标准的引用而成为本标准的条款。凡是注日期的引用文件,其随后所有的修改单(不包括勘误的内容)或修订版均不适用于本标准,然而,鼓励根据本标准达成协议的各方研究是否可使用这些文件的最新版本。凡是不注日期的引用文件,其最新版本适用于本标准。

GB 50016　建筑设计防火规范

AQ 3028—2008　化学品生产单位受限空间作业安全规范

AQ 3025—2008　化学品生产单位高处作业安全规范

3 术语和定义

本标准采用下列术语和定义。

3.1 动火作业 hot work

能直接或间接产生明火的工艺设置以外的非常规作业,如使用电焊、气焊(割)、喷灯、电钻、砂轮等进行可能产生火焰、火花和炽热表面的非常规作业。

3.2 易燃易爆场所 inflammable and explosive area

本标准是指生产和储存物品的场所符合 GB 50016 中火灾危险分类为甲、乙类的区域。

4 动火作业分级

动火作业分为特殊动火作业、一级动火作业和二级动火作业三级。

4.1 特殊动火作业

在生产运行状态下的易燃易爆生产装置、输送管道、储罐、容器等部位上及其它特殊危险场所进行的动火作业。带压不置换动火作业按特殊动火作业管理。

4.2 一级动火作业

在易燃易爆场所进行的除特殊动火作业以外的动火作业。厂区管廊上的动火作业按一级动火作业管理。

4.3 二级动火作业

4.3.1　除特殊动火作业和一级动火作业以外的禁火区的动火作业。

4.3.2　凡生产装置或系统全部停车,装置经清洗、置换、取样分析合格并采取安全隔离措施后，可根据其火灾、爆炸危险性大小，经厂安全（防火）部门批准，动火作业可按二级动火作业管理。

4.4 遇节日、假日或其它特殊情况时，动火作业应升级管理

5 动火作业安全防火要求

5.1 动火作业安全防火基本要求

5.1.1 动火作业应办理《动火安全作业证》（以下简称《作业证》），进入受限空间、高处等进行动火作业时，还须执行 AQ 3028—2008 化学品生产单位受限空间作业安全规范和 AQ 3025—2008 化学品生产单位高处作业安全规范的规定。

5.1.2 动火作业应有专人监火，动火作业前应清除动火现场及周围的易燃物品，或采取其它有效的安全防火措施，配备足够适用的消防器材。

5.1.3 凡在盛有或盛过危险化学品的容器、设备、管道等生产、储存装置及处于 GB 50016 规定的甲、乙类区域的生产设备上动火作业，应将其与生产系统彻底隔离，并进行清洗、置换，取样分析合格后方可动火作业；因条件限制无法进行清洗、置换而确需动火作业时按 5.2 规定执行。

5.1.4 凡处于 GB 50016 规定的甲、乙类区域的动火作业，地面如有可燃物、空洞、窨井、地沟、水封等，应检查分析，距用火点 15 m 以内的，应采取清理或封盖等措施；对于用火点周围有可能泄漏易燃、可燃物料的设备，应采取有效的空间隔离措施。

5.1.5 拆除管线的动火作业，应先查明其内部介质及其走向，并制订相应的安全防火措施。

5.1.6 在生产、使用、储存氧气的设备上进行动火作业，氧含量不得超过 21%。

5.1.7 五级风以上（含五级风）天气，原则上禁止露天动火作业。因生产需要确需动火作业时，动火作业应升级管理。

5.1.8 在铁路沿线（25 m 以内）进行动火作业时，遇装有危险化学品的火车通过或停留时，应立即停止作业。

5.1.9 凡在有可燃物构件的凉水塔、脱气塔、水洗塔等内部进行动火作业时，应采取防火隔绝措施。

5.1.10 动火期间距动火点 30 m 内不得排放各类可燃气体；距动火点 15 m 内不得排放各类可燃液体；不得在动火点 10 m 范围内及用火点下方同时进行可燃溶剂清洗或喷漆等作业。

5.1.11 动火作业前，应检查电焊、气焊、手持电动工具等动火工器具本质安全程度，保证安全可靠。

5.1.12 使用气焊、气割动火作业时，乙炔瓶应直立放置；氧气瓶与乙炔气瓶间距不应小于 5 m，二者与动火作业地点不应小于 10 m，并不得在烈日下曝晒。

5.1.13 动火作业完毕，动火人和监火人以及参与动火作业的人员应清理现场，监火人确认无残留火种后方可离开。

5.2 特殊动火作业的安全防火要求

特殊动火作业在符合 5.1 规定的同时，还应符合以下规定。

5.2.1 在生产不稳定的情况下不得进行带压不置换动火作业。

5.2.2 应事先制定安全施工方案，落实安全防火措施，必要时可请专职消防队到现场监护。

5.2.3 动火作业前，生产车间（分厂）应通知工厂生产调度部门及有关单位，使之在异常情况下能及时采取相应的应急措施。

5.2.4 动火作业过程中，应使系统保持正压，严禁负压动火作业。

5.2.5　动火作业现场的通排风应良好,以便使泄漏的气体能顺畅排走。

6　动火分析及合格标准

6.1　动火作业前应进行安全分析,动火分析的取样点要有代表性。

6.2　在较大的设备内动火作业,应采取上、中、下取样;在较长的物料管线上动火,应在彻底隔绝区域内分段取样;在设备外部动火作业,应进行环境分析,且分析范围不小于动火点 10 m。

6.3　取样与动火间隔不得超过 30 min,如超过此间隔或动火作业中断时间超过 30 min,应重新取样分析。特殊动火作业期间还应随时进行监测。

6.4　使用便携式可燃气体检测仪或其它类似手段进行分析时,检测设备应经标准气体样品标定合格。

6.5　动火分析合格判定

当被测气体或蒸气的爆炸下限大于等于 4%时,其被测浓度应不大于 0.5%(体积百分数);当被测气体或蒸气的爆炸下限小于 4%时,其被测浓度应不大于 0.2%(体积百分数)。

7　职责要求

7.1　动火作业负责人

7.1.1　负责办理《作业证》并对动火作业负全面责任。

7.1.2　应在动火作业前详细了解作业内容和动火部位及周围情况,参与动火安全措施的制定、落实,向作业人员交代作业任务和防火安全注意事项。

7.1.3　作业完成后,组织检查现场,确认无遗留火种后方可离开现场。

7.2　动火人

7.2.1　应参与风险危害因素辨识和安全措施的制定。

7.2.2　应逐项确认相关安全措施的落实情况。

7.2.3　应确认动火地点和时间。

7.2.4　若发现不具备安全条件时不得进行动火作业。

7.2.5　应随身携带《作业证》。

7.3　监火人

7.3.1　负责动火现场的监护与检查,发现异常情况应立即通知动火人停止动火作业,及时联系有关人员采取措施。

7.3.2　应坚守岗位,不准脱岗;在动火期间,不准兼做其它工作。

7.3.3　当发现动火人违章作业时应立即制止。

7.3.4　在动火作业完成后,应会同有关人员清理现场,清除残火,确认无遗留火种后方可离开现场。

7.4　动火部位负责人

7.4.1　对所属生产系统在动火过程中的安全负责。参与制定、负责落实动火安全措施,负责生产与动火作业的衔接。

7.4.2　检查、确认《作业证》审批手续,对手续不完备的《作业证》应及时制止动火作业。

7.4.3　在动火作业中,生产系统如有紧急或异常情况,应立即通知停止动火作业。

7.5　动火分析人

动火分析人对动火分析方法和分析结果负责。应根据动火点所在车间的要求,到现场取样分析,在《作业证》上填写取样时间和分析数据并签字。不得用合格等字样代替分析数据。

7.6 动火作业的审批人

动火作业的审批人是动火作业安全措施落实情况的最终确认人,对自己的批准签字负责。

7.6.1 审查《作业证》的办理是否符合要求。

7.6.2 到现场了解动火部位及周围情况,检查、完善防火安全措施。

8 《动火安全作业证》的管理

8.1 《作业证》的区分

特殊动火、一级动火、二级动火的《作业证》应以明显标记加以区分。《作业证》的格式见表1。

表1 动火安全作业证

生产车间(分厂): 　　　　　　　　　　　　　　　　　　　　　　　　　编号:

动火地点		动火人:
动火方式		
动火时间	年 月 日 时 分 始 至 年 月 日 时 分 止	
动火作业负责人		
动火分析时间	年 月 日 时　　　　年 月 日 时	年 月 日 时
采样地点		
分析数据		
分析人		
危害识别		
安全措施		
动火安全措施编制人		动火部位负责人
监火人		
动火初审人		动火审批人
特殊动火会签:		
动火前,岗位当班班长验票签字:		

8.2 《作业证》的办理和使用要求

8.2.1 办证人须按《作业证》的项目逐项填写,不得空项;根据动火等级,按8.3条规定的审批权限进行办理。

8.2.2 办理好《作业证》后,动火作业负责人应到现场检查动火作业安全措施落实情况,确认安全措施可靠并向动火人和监火人交代安全注意事项后,方可批准开始作业。

8.2.3 《作业证》实行一个动火点、一张动火证的动火作业管理。

8.2.4 《作业证》不得随意涂改和转让,不得异地使用或扩大使用范围。

8.2.5 《作业证》一式三联,二级动火由审批人、动火人和动火点所在车间操作岗位各持一份存查;一级和特殊动火《作业证》由动火点所在车间负责人、动火人和主管安全(防火)部门各持一份存查;《作业证》保存期限至少为1年。

8.3 《作业证》的审批

8.3.1　特殊动火作业的《作业证》由主管厂长或总工程师审批。

8.3.2　一级动火作业的《作业证》由主管安全(防火)部门审批。

8.3.3　二级动火作业的《作业证》由动火点所在车间主管负责人审批。

8.4 《作业证》的有效期限

8.4.1　特殊动火作业和一级动火作业的《作业证》有效期不超过 8 h。

8.4.2　二级动火作业的《作业证》有效期不超过 72 h,每日动火前应进行动火分析。

8.4.3　动火作业超过有效期限,应重新办理《作业证》。

化学品生产单位动土作业安全规范

AQ 3023—2008

1　范围

本标准规定了化学品生产单位的动土作业安全要求和《动土安全作业证》的管理。

本标准适用于化学品生产单位的动土作业。

2　规范性引用文件

下列文件中的条款通过本标准的引用而成为本标准的条款。凡是注日期的引用文件,其随后所有的修改单(不包括勘误的内容)或修订版均不适用于本标准,然而,鼓励根据本标准达成协议的各方研究是否可使用这些文件的最新版本。凡是不注日期的引用文件,其最新版本适用于本标准。

GB 2811　安全帽

GB 7059　便携式木梯安全要求

GB 12142　便携式金属梯安全要求

GB/T 13869　用电安全导则

GB 16179　安全标志使用导则

JCJ 46　施工现场临时用电安全技术规范

3　术语和定义

本标准采用下列定义:

动土作业　excavation work

挖土、打桩、钻探、坑探、地锚入土深度在 0.5 m 以上;使用推土机、压路机等施工机械进行填土或平整场地等可能对地下隐蔽设施产生影响的作业。

4　动土作业安全要求

4.1　动土作业应办理《动土安全作业证》(以下简称《作业证》)没有《作业证》严禁动土作业。《作业证》见表 1、表 2。

4.2　《作业证》经单位有关水、电、汽、工艺、设备、消防、安全、工程等部门会签,由单位动土作业主管部门审批。

4.3　作业前,项目负责人应对作业人员进行安全教育。作业人员应按规定着装并佩戴合适的个体防护用品。施工单位应进行施工现场危害辨识,并逐条落实安全措施。

4.4　作业前,应检查工具、现场支撑是否牢固、完好,发现问题应及时处理。

4.5　动土作业施工现场应根据需要设置护栏、盖板和警告标志,夜间应悬挂红灯示警。

4.6　严禁涂改、转借《作业证》,不得擅自变更动土作业内容、扩大作业范围或转移作业地点。

4.7　动土临近地下隐蔽设施时,应使用适当工具挖掘,避免损坏地下隐蔽设施。

4.8 动土中如暴露出电缆、管线以及不能辨认的物品时,应立即停止作业,妥善加以保护,报告动土审批单位处理,经采取措施后方可继续动土作业。

4.9 挖掘坑、槽、井、沟等作业,应遵守下列规定:

4.9.1 挖掘土方应自上而下进行,不准采用挖底脚的办法挖掘,挖出的土石严禁堵塞下水道和窨井。

4.9.2 在挖较深的坑、槽、井、沟时,严禁在土壁上挖洞攀登,当使用便携式木梯或便携式金属梯时,应符合 GB 7059 和 GB 12142 要求。作业时应戴安全帽,安全帽应符合 GB 2811 的要求。坑、槽、井、沟上端边沿不准人员站立、行走。

4.9.3 要视土壤性质、湿度和挖掘深度设置安全边坡或固壁支撑。挖出的泥土堆放处所和堆放的材料至少应距坑、槽、井、沟边沿 0.8 m,高度不得超过 1.5 m。对坑、槽、井、沟边坡或固壁支撑架应随时检查,特别是雨雪后和解冻时期,如发现边坡有裂缝、疏松或支撑有折断、走位等异常危险征兆,应立即停止工作,并采取可靠的安全措施。

4.9.4 在坑、槽、井、沟的边缘安放机械、铺设轨道及通行车辆时,应保持适当距离,采取有效的固壁措施,确保安全。

4.9.5 在拆除固壁支撑时,应从下而上进行。更换支撑时,应先装新的,后拆旧的。

4.9.6 作业现场应保持通风良好,并对可能存在有毒有害物质的区域进行监测。发现有毒有害气体时,应立即停止作业,待采取了可靠的安全措施后方可作业。

4.9.7 所有人员不准在坑、槽、井、沟内休息。

4.10 作业人员多人同时挖土应相距在 2 m 以上,防止工具伤人。作业人员发现异常时,应立即撤离作业现场。

4.11 在危险场所动土时,应有专业人员现场监护,当所在生产区域发生突然排放有害物质时,现场监护人员应立即通知动土作业人员停止作业,迅速撤离现场,并采取必要的应急措施。

4.12 高处作业涉及临时用电时,应符合 GB/T 13869 和 JCJ 46 的有关要求。

4.13 施工结束后应及时回填土,并恢复地面设施。

5 《作业证》的管理

5.1 《作业证》由动土作业主管部门负责审批、管理。

5.2 动土申请单位在动土作业主管部门领取《作业证》,填写有关内容后交施工单位。

5.3 施工单位接到《作业证》后,填写《作业证》中有关内容后将《作业证》交动土申请单位。

5.4 动土申请单位从施工单位得到《作业证》后交单位动土作业主管部门,并由其牵头组织工程有关部门审核会签后审批。

5.5 动土作业审批人员应到现场核对图纸。查验标志,检查确认安全措施后方可签发《作业证》。

5.6 动土申请单位应将办理好的《作业证》留存,分别送档案室、有关部门、施工单位各一份。

5.7 《作业证》一式三联,第一联交审批单位留存,第二联交申请单位,第三联由现场作业人员随身携带。

5.8 一个施工点、一个施工周期内办理一张作业许可证。

5.9 《作业证》保存期为一年。

表1　动土安全作业证（正面）

编号		申请单位		申请人	
作业单位			作业地点		
电源接入点		电压		填写人	
作业时间	自　年　月　日　时　分至　年　月　日　时　分止				

动土作业范围、内容、方式（包括深度、面积，并附简图）：

项目负责人：　　　年　月　日　时　分

危害辨识：

动土安全措施（执行背面）：

作业负责人：　　　年　月　日　时　分

作业地段 负责人意见	
	负责人：　　　年　月　日　时　分

有关水、电、汽、工艺、设备、消防、安全等部门会签意见：

总图负责人意见：

年　　月　　日　　时　　分

完工验收检查	签字：　年　月　日　时　分

表2　动土安全作业证（背面）

序号	安全措施	打√
1	作业人员作业前已进行了安全教育	
2	作业地点处于易燃易爆场所，需要动火时是否办理了动火证	
3	地下电力电缆已确认保护措施已落实	
4	地下通讯电（光）缆、局域网络电（光）缆已确认保护措施已落实	
5	地下供排水、消防管线、工艺管线已确认保护措施已落实	
6	已按作业方案图画线和立桩	
7	动土地点有电线、管道等地下设施，应向作业单位交代并派人监护；作业时轻挖，禁止使用铁棒、铁镐或抓斗等机械工具	
8	作业现场围栏、警戒线、警告牌夜间警示灯已按要求设置	
9	已进行放坡处理和固壁支撑	
10	人员出入口和撤离安全措施已落实：A. 梯子；B. 修坡道	

续表

序号	安全措施	打√
11	道路施工作业已报:交通、消防、安全监督部门、应急中心	
12	备有可燃气体检测仪、有毒介质检测仪	
13	现场夜间有充足照明: 　　A. 36 V、24 V、12 V 防水型灯 　　B. 36 V、24 V、12 V 防爆型灯	
14	作业人员已佩戴安全帽等防护器具	
15	动土范围(包括深度、面积、并附简图)无障碍物, 已在总图上做标记	

化学品生产单位断路作业安全规范

AQ 3024—2008

1　范围

本标准规定了化学品生产单位断路作业的术语和定义、总则、《断路安全作业证》的办理和安全要求。

本标准适用于化学品生产单位的断路作业。

2　规范性引用文件

下列文件中的条款通过本标准的引用而成为本标准的条款。凡是标注日期的引用文件,其随后所有的修改单(不包括勘误的内容)或修订版均不适用于本标准。然而,鼓励根据本标准达成协议的各方研究是否可使用这些文件的最新版本。凡是未标注日期的引用文件,其最新版本适用于本标准。

GA 182　道路作业交通安全标志

3　术语和定义

下列术语和定义适用于本标准。

3.1　断路作业　work for road breaking

在化学品生产单位内交通主干道、交通次干道、交通支道与车间引道上进行工程施工、吊装吊运等各种影响正常交通的作业。

3.2　断路申请单位　workshop applied for road breaking

需要在化学品生产单位内交通主干道、交通次干道、交通支道与车间引道上进行各种影响正常交通作业的生产、维修、电力、通信等车间级单位。

3.3　断路作业单位　workshop of working on the breaking road

按照断路申请单位要求,在化学品生产单位内交通主干道、交通次干道、交通支道与车间引道上进行各种影响正常交通作业的工程施工、吊装吊运等单位。

3.4　道路作业警示灯　work beacon

设置在作业路段周围以告示道路使用者注意交通安全的灯光装置。

3.5　作业区　work area

为保障道路作业现场的交通安全而用路栏、锥形交通路标等围起来的区域。

4　总则

4.1　进行断路作业应制定周密的安全措施,并办理《断路安全作业证》(以下简称《作业证》),方可作业。

4.2　《作业证》由断路申请单位负责办理。

4.3　断路申请单位负责管理作业现场。

4.4　《作业证》申请单位应由相关部门会签。审批部门在审批《作业证》后,应立即填写《断路作业通知单》,并书面通知相关部门。

4.5 在《作业证》规定的时间内未完成断路作业时,由断路申请单位重新办理《作业证》。

5 《断路安全作业证》管理

5.1 《作业证》由断路申请单位指定专人至少提前一天办理。

5.2 《作业证》由断路申请单位的上级有关管理部门按照本标准规定的《作业证》格式统一印制,一式三联。

5.3 断路申请单位在有关管理部门领取《作业证》后,逐项填写其应填内容后交断路作业单位。

5.4 断路作业单位接到《作业证》后,填写《作业证》中断路作业单位应填写的内容,填写后将《作业证》交断路申请单位。

5.5 断路申请单位从断路作业单位收到《作业证》后,交本单位上级有关管理部门审批。

5.6 办理好的《作业证》第一联交断路作业单位,第二联由断路申请单位留存,第三联留审批部门备案。

5.7 《作业证》应至少保留1年。

6 安全要求

6.1 作业组织

6.1.1 断路作业单位接到《作业证》并向断路申请单位确认无误后,即可在规定的时间内,按《作业证》的内容组织进行断路作业。

6.1.2 断路作业申请单位应制定交通组织方案,设置相应的标志与设施,以确保作业期间的交通安全。

6.1.3 断路作业应按《作业证》的内容进行。

6.1.4 用于道路作业的工作、材料应放置在作业区内或其他不影响正常交通的场所。

6.1.5 严禁涂改、转借《作业证》。

6.1.6 变更作业内容,扩大作业范围,应重新办理《作业证》。

6.2 作业交通警示

6.2.1 断路作业单位应根据需要在作业区相关道路上设置作业标志、限速标志、距离辅助标志等交通警示标志,以确保作业期间的交通安全。

6.2.2 断路作业单位应在作业区附近设置路栏、锥形交通路标、道路作业警示灯、导向标等交通警示设施。

6.2.3 在道路上进行定点作业,白天不超过2 h,夜间不超过1 h即可完工的,在有现场交通指挥人员指挥交通的情况下,只要作业区设置了完善的安全设施,即白天设置了锥形交通路标或路栏,夜间设置了锥形交通路标或路栏及道路作业警示灯,可不设标志牌。

6.2.4 夜间作业应设置道路作业警示灯,道路作业警示灯设置在作业区周围的锥形交通路标处,应能反映作业区的轮廓。

6.2.5 道路作业警示灯应为红色。

6.2.6 警示灯应防爆并采用安全电压。

6.2.7 道路作业警示灯设置高度应符合 GA 182 的规定,离地面1.5 m,不低于1.0 m。

6.2.8 道路作业警示灯遇雨、雪、雾天时应开启,在其他气候条件下应自傍晚前开启,并能发出至少自150 m以外清晰可见的连续、闪烁或旋转的红光。

6.3　应急救援

6.3.1　断路申请单位应根据作业内容会同作业单位编制相应的事故应急措施，并配备有关器材。

6.3.2　动土挖开的路面宜做好临时应急措施，保证消防车的通行。

6.4　恢复正常交通

断路作业结束，应迅速清理现场，尽快恢复正常交通。

表 1　断路安全作业证

编号　　　　　　　　　　　　　　　　　　　　　　　　　　　　　　　　　　　　　第　　联

申请单位		作业单位	
断路时间	年　月　日　时至　年　月　日　时		
断路原因			

断路地段示意图：

断路申请单位应采取的安全措施：

断路申请单位负责人（签字）：

断路作业单位应采取的安全措施：

断路作业单位负责人（签字）：

审批部门意见：

审批部门负责人（签字）：

完工验收：

断路申请单位负责人（签字）：　　　　　　　　　　　　　　　　　　审批部门负责人（签字）：

表 2　断路作业通知单

编号

申请单位		作业单位	
断路时间	年　月　日　时至　年　月　日　时		
断路原因			

断路地段示意图：

审批部门负责人（签字）：

年　月　日

接收单位负责人（签字）：

年　月　日

化学品生产单位高处作业安全规范

AQ 3025—2008

1 范围

本标准规定了化学品生产单位的高处作业分级、安全要求与防护和《高处安全作业证》的管理。

本标准适用于化学品生产单位的生产区域的高处作业。

2 规范性引用文件

下列文件中的条款通过本标准的引用而成为本标准的条款。凡是注日期的引用文件,其随后所有的修改单(不包括勘误的内容)或修订版均不适用于本标准,然而,鼓励根据本标准达成协议的各方研究是否可使用这些文件的最新版本。凡是不注日期的引用文件,其最新版本适用于本标准。

GB 2811 安全帽

GB/T 3608 高处作业分级

GB 4053.1 固定式钢直梯安全技术条件

GB 4053.2 固定式钢斜梯安全技术条件

GB 6095 安全带

GB 7059 便携式木梯安全要求

GB 12142 便携式金属梯安全要求

GB/T 13869 用电安全导则

JCJ 46 施工现场临时用电安全技术规范

3 术语和定义

本标准采用下列术语和定义。

3.1 高处作业 work at height

凡距坠落高度基准面 2m 及其以上,有可能坠落的高处进行的作业,称为高处作业。

3.2 坠落基准面 falling datum plane

从作业位置到最低坠落着落点的水平面,称为坠落基准面。

3.3 坠落高度(作业高度) h falling height(work height)

从作业位置到坠落基准面的垂直距离,称为坠落高度(也称作业高度)。

3.4 异温高处作业 high or low temperature work at height

在高温或低温情况下进行的高处作业。高温是指作业地点具有生产性热源,其气温高于本地区夏季室外通风设计计算温度的气温 2℃ 及以上时的温度。低温是指作业地点的气温低于 5℃。

3.5 带电高处作业 hot-line work at height

作业人员在电力生产和供、用电设备的维修中采取地(零)电位或等(同)电位作业方式,接近或接触带电体对带电设备和线路进行的高处作业。低于表 2-8 距离的,视为接近带电体。

4　高处作业分级

高处作业分为一级、二级、三级和特级高处作业,符合 GB/T 3608 的规定。

(1)作业高度在 2 m≤h<5 m 时,称为一级高处作业。

(2)作业高度在 5 m≤h<15 m 时,称为二级高处作业。

(3)作业高度在 15 m≤h<30 m 时,称为三级高处作业。

(4)作业高度在 h≥30 m 以上时,称为特级高处作业。

表 1　各电压等级下最小接近带电体距离

电压等级(kV)	10 以下	20~35	44	60~110	154	220
距离(m)	1.7	2	2.2	2.5	3	4

5　高处作业安全要求与防护

5.1　高处作业前的安全要求

5.1.1　进行高处作业前,应针对作业内容,进行危险辨识,制定相应的作业程序及安全措施。将辨识出的危害因素写入《高处安全作业证》(以下简称《作业证》),并制定出对应的安全措施。

5.1.2　进行高处作业时,除执行本规范外,应符合国家现行的有关高处作业及安全技术标准的规定。

5.1.3　作业单位负责人应对高处作业安全技术负责,并建立相应的责任制。

5.1.4　高处作业人员及搭设高处作业安全设施的人员,应经过专业技术培训及专业考试合格,持证上岗,并应定期进行体格检查。对患有职业禁忌证(如高血压、心脏病、贫血病、癫痫病、精神疾病等)、年老体弱、疲劳过度、视力不佳及其他不适于高处作业的人员,不得进行高处作业。

5.1.5　从事高处作业的单位应办理《作业证》,落实安全防护措施后方可作业。

5.1.6　《作业证》审批人员应赴高处作业现场检查确认安全措施后,方可批准高处作业。

5.1.7　高处作业中的安全标志、工具、仪表、电气设施和各种设备,应在作业前加以检查,确认其完好后投入使用。

5.1.8　高处作业前要制定高处作业应急预案,内容包括:作业人员紧急状况时的逃生路线和救护方法,现场应配备的救生设施和灭火器材等。有关人员应熟知应急预案的内容。

5.1.9　在紧急状态下(有下列情况下进行的高处作业的)应执行单位的应急预案:

1)遇有 6 级以上强风、浓雾等恶劣气候下的露天攀登与悬空高处作业;

2)在临近有排放有毒、有害气体、粉尘的放空管线或烟囱的场所进行高处作业时,作业点的有毒物浓度不明。

5.1.10　高处作业前,作业单位现场负责人应对高处作业人员进行必要的安全教育,交代现场环境和作业安全要求以及作业中可能遇到意外时的处理和救护方法。

5.1.11　高处作业前,作业人员应查验《作业证》,检查验收安全措施落实后方可作业。

5.1.12　高处作业人员应按照规定穿戴符合国家标准的劳动保护用品,安全带符合 GB 6095 的要求,安全帽符合 GB 2811 的要求等。作业前要检查。

5.1.13　高处作业前作业单位应制定安全措施并填入《作业证》内。

5.1.14　高处作业使用的材料、器具、设备应符合有关安全标准要求。

5.1.15　高处作业用的脚手架的搭设应符合国家有关标准。高处作业应根据实际要求配备符合安全要求的吊笼、梯子、防护围栏、挡脚板等。跳板应符合安全要求,两端应捆绑牢固。作业前,应检查所用的安全设施是否坚固、牢靠。夜间高处作业应有充足的照明。

5.1.16　供高处作业人员上下用的梯道、电梯、吊笼等要符合有关标准要求;作业人员上下时要有可靠的安全措施。固定式钢直梯和钢斜梯应符合 GB 4053.1 和 GB 4053.2 的要求,便携式木梯和便携式金属梯,应符合 GB 7059 和 GB 12142 的要求。

5.1.17　便携式木梯和便携式金属梯梯脚底部应坚实,不得垫高使用。踏板不得有缺档。梯子的上端应有固定措施。立梯工作角度以 75°±5° 为宜。梯子如需接长使用,应有可靠的连接措施,且接头不得超过 1 处。连接后梯梁的强度,不应低于单梯梯梁的强度。折梯使用时上部夹角以 35°～45° 为宜,铰链应牢固,并应有可靠的拉撑措施。

5.2　高处作业中的安全要求与防护

5.2.1　高处作业应设监护人对高处作业人员进行监护,监护人应坚守岗位。

5.2.2　作业中应正确使用防坠落用品与登高器具、设备。高处作业人员应系用与作业内容相适应的安全带,安全带应系挂在作业处上方的牢固构件上或专为挂安全带用的钢架或钢丝绳上,不得系挂在移动或不牢固的物件上;不得系挂在有尖锐棱角的部位。安全带不得低挂高用。系安全带后应检查扣环是否扣牢。

5.2.3　作业场所有坠落可能的物件,应一律先行撤除或加以固定。高处作业所使用的工具、材料、零件等应装入工具袋,上下时手中不得持物。工具在使用时应系安全绳,不用时放入工具袋中。不得投掷工具、材料及其他物品。易滑动、易滚动的工具、材料堆放在脚手架上时,应采取防止坠落措施。高处作业中所用的物料,应堆放平稳,不妨碍通行和装卸。作业中的走道、通道板和登高用具,应随时清扫干净;拆卸下的物件及余料和废料均应及时清理运走,不得任意乱置或向下丢弃。

5.2.4　雨天和雪天进行高处作业时,应采取可靠的防滑、防寒和防冻措施。凡水、冰、霜、雪均应及时清除。对进行高处作业的高耸建筑物,应事先设置避雷设施。遇有 6 级以上强风、浓雾等恶劣气候,不得进行特级高处作业、露天攀登与悬空高处作业。暴风雪及台风暴雨后,应对高处作业安全设施逐一加以检查,发现有松动、变形、损坏或脱落等现象,应立即修理完善。

5.2.5　在临近有排放有毒、有害气体、粉尘的放空管线或烟囱的场所进行高处作业时,作业点的有毒物浓度应在允许浓度范围内,并采取有效的防护措施。在应急状态下,按应急预案执行;

5.2.6　带电高处作业应符合 GB/T 13869 的有关要求。高处作业涉及临时用电时应符合 JCJ 46 的有关要求。

5.2.7　高处作业应与地面保持联系,根据现场配备必要的联络工具,并指定专人负责联系。尤其是在危险化学品生产、储存场所或附近有放空管线的位置高处作业时,应为作业人员配备必要的防护器材(如空气呼吸器、过滤式防毒面具或口罩等),应事先与车间负责人或工长(值班主任)取得联系,确定联络方式,并将联络方式填入《作业证》的补充措施栏内。

5.2.8　不得在不坚固的结构(如彩钢板屋顶、石棉瓦、瓦棱板等轻型材料等)上作业,登不坚固的结构(如彩钢板屋顶、石棉瓦、瓦棱板等轻型材料)作业前,应保证其承重的立柱、梁、框架的受力能满足所承载的负荷,应铺设牢固的脚手板,并加以固定,脚手板上要有防滑措施。

5.2.9　作业人员不得在高处作业处休息。

5.2.10　高处作业与其他作业交叉进行时,应按指定的路线上下,不得上下垂直作业,如果需要垂直作业时应采取可靠的隔离措施。

5.2.11　在采取地(零)电位或等(同)电位作业方式进行带电高处作业时。应使用绝缘工具或穿均压服。

5.2.12　发现高处作业的安全技术设施有缺陷和隐患时,应及时解决;危及人身安全时,应停止作业。

5.2.13　因作业必需,临时拆除或变动安全防护设施时,应经作业负责人同意,并采取相应的措施,作业后应立即恢复。

5.2.14　防护棚搭设时,应设警戒区,并派专人监护。

5.2.15　作业人员在作业中如果发现情况异常,应发出信号,并迅速撤离现场。

5.3　高处作业完工后的安全要求

5.3.1　高处作业完工后,作业现场清扫干净,作业用的工具、拆卸下的物件及余料和废料应清理运走。

5.3.2　脚手架、防护棚拆除时,应设警戒区,并派专人监护。拆除脚手架、防护棚时不得上部和下部同时施工。

5.3.3　高处作业完工后,临时用电的线路应由具有特种作业操作证书的电工拆除。

5.3.4　高处作业完工后,作业人员要安全撤离现场,验收人在《作业证》上签字。

6　《高处安全作业证》的管理

6.1　一级高处作业和在坡度大于45°的斜坡上面的高处作业,由车间负责审批。

6.2　二级、三级高处作业及下列情形的高处作业由车间审核后,报厂相关主管部门审批。

1)在升降(吊装)口、坑、井、池、沟、洞等上面或附近进行高处作业;

2)在易燃、易爆、易中毒、易灼伤的区域或转动设备附近进行高处作业;

3)在无平台、无护栏的塔、釜、炉、罐等化工容器、设备及架空管道上进行高处作业;

4)在塔、釜、炉、罐等设备内进行高处作业;

5)在临近有排放有毒、有害气体、粉尘的放空管线或烟囱及设备高处作业。

6.3　特级高处作业及下列情形的高处作业,由单位安全部门审核后,报主管安全负责人审批。

1)在阵风风力为6级(风速10.8 m/s)及以上情况下进行的强风高处作业;

2)在高温或低温环境下进行的异温高处作业;

3)在降雪时进行的雪天高处作业;

4)在降雨时进行的雨天高处作业;

5)在室外完全采用人工照明进行的夜间高处作业;

6)在接近或接触带电体条件下进行的带电高处作业;

7)在无立足点或无牢靠立足点的条件下进行的悬空高处作业。

6.4　作业负责人应根据高处作业的分级和类别向审批单位提出申请,办理《作业证》。《作业证》一式三份,一份交作业人员,一份交作业负责人,一份交安全管理部门留存,保存期1年。

6.5　《作业证》有效期7天,若作业时间超过7天,应重新审批。对于作业期较长的项目,在作业期内,作业单位负责人应经常深入现场检查,发现隐患及时整改,并做好记录。若作业条件发生重大变化,应重新办理《作业证》。

表1　高处安全作业证(正面)

编号：			申请单位		申请人	
作业时间	自　　年　　月　　日　　时　　分至　　年　　月　　日　　时　　分					
作业地点						
作业内容						
作业高度			作业类别			
作业单位			作业人			

危害辨识：

安全措施(执行背面)：

作业单位现场负责人：

监护人职责	检查安全措施是否完全落实到位，并做好监护。	监护人	签字： 年　　月　　日　　时　　分
作业单位负责人意见	签字： 年　　月　　日　　时　　分		
审核部门意见	签字：　　　　　　　　签字：　　　　　　　　签字：		
审批部门意见	签字：　　　　　　　　签字：　　　　　　　　签字：		
完工验收人	签字： 年　　月　　日　　时　　分		

表2　高处安全作业证(背面)——高处作业安全措施

序号	高处作业安全措施	打√
1	作业人员身体条件符合要求	
2	作业人员着装符合工作要求	
3	作业人员佩戴合格的安全帽	
4	作业人员佩戴安全带，安全带要高挂低用	
5	作业人员携带有工具袋	
6	作业人员佩戴：A. 过滤式防毒面具或口罩　B. 空气呼吸器	
7	现场搭设的脚手架、防护网、围栏符合安全规定	
8	垂直分层作业中间有隔离设施	
9	梯子、绳子符合安全规定	
10	石棉瓦等轻型棚的承重梁、柱能承重负荷的要求	
11	作业人员在石棉瓦等不承重物作业所搭设的承重板稳定牢固	
12	采光不足、夜间作业有充足的照明、安装临时灯、防爆灯	
13	30米以上高处作业配备通讯、联络工具	
14	补充措施	
15	其他	

化学品生产单位设备检修作业安全规范

AQ 3026—2008

1 范围

本标准规定了化学品生产单位设备检修前的安全要求、检修作业中的安全要求及检修结束后的安全要求。

本标准适用于化学品生产单位的设备大、中、小修与抢修作业。

2 规范性引用文件

下列文件中的条款通过本标准的引用而成为本标准的条款。凡是注日期的引用文件,其随后所有的修改单(不包括勘误的内容)或修订版均不适用于本标准,然而,鼓励根据本标准达成协议的各方研究是否可使用这些文件的最新版本。凡是不注日期的引用文件,其最新版本适用于本标准。

GB 2894 安全标志 (GB 2894—1996,ISO 3864—1984,MOD)

AQ 3022—2008 化学品生产单位动火作业安全规范

AQ 3028—2008 化学品生产单位受限空间作业安全规范

AQ 3027—2008 化学品生产单位盲板抽堵作业安全规范

AQ 3025—2008 化学品生产单位高处作业安全规范

AQ 3021—2008 化学品生产单位吊装作业安全规范

AQ 3024—2008 化学品生产单位断路作业安全规范

AQ 3023—2008 化学品生产单位动土作业安全规范

3 术语和定义

本标准采用下列术语和定义。

3.1 设备检修 equipment repair

为了保持和恢复设备、设施规定的性能而采取的技术措施,包括检测和修理。

4 检修前的安全要求

4.1 外来检修施工单位应具有国家规定的相应资质,并在其等级许可范围内开展检修施工业务。

4.2 在签订设备检修合同时,应同时签订安全管理协议。

4.3 根据设备检修项目的要求,检修施工单位应制定设备检修方案,检修方案应经设备使用单位审核。检修方案中应有安全技术措施,并明确检修项目安全负责人。检修施工单位应指定专人负责整个检修作业过程的具体安全工作。

4.4 检修前,设备使用单位应对参加检修作业的人员进行安全教育,安全教育主要包括以下内容:

4.4.1 有关检修作业的安全规章制度。

4.4.2 检修作业现场和检修过程中存在的危险因素和可能出现的问题及相应对策。

4.4.3 检修作业过程中所使用的个体防护器具的使用方法及使用注意事项。

4.4.4　相关事故案例和经验、教训。

4.5　检修现场应根据 GB 2894 的规定设立相应的安全标志。

4.6　检修项目负责人应组织检修作业人员到现场进行检修方案交底。

4.7　检修前施工单位要做到检修组织落实、检修人员落实和检修安全措施落实。

4.8　当设备检修涉及高处、动火、动土、断路、吊装、抽堵盲板、受限空间等作业时,须按相关作业安全规范的规定执行。

4.9　临时用电应办理用电手续,并按规定安装和架设。

4.10　设备使用单位负责设备的隔绝、清洗、置换,合格后交出。

4.11　检修项目负责人应与设备使用单位负责人共同检查,确认设备、工艺处理等满足检修安全要求。

4.12　应对检修作业使用的脚手架、起重机械、电气焊用具、手持电动工具等各种工器具进行检查;手持式、移动式电气工器具应配有漏电保护装置。凡不符合作业安全要求的工器具不得使用。

4.13　对检修设备上的电器电源,应采取可靠的断电措施,确认无电后在电源开关处设置安全警示标牌或加锁。

4.14　对检修作业使用的气体防护器材、消防器材、通信设备、照明设备等应安排专人检查,并保证完好。

4.15　对检修现场的梯子、栏杆、平台、箅子板、盖板等进行检查,确保安全。

4.16　对有腐蚀性介质的检修场所应备有人员应急用冲洗水源和相应防护用品。

4.17　对检修现场存在的可能危及安全的坑、井、沟、孔洞等应采取有效防护措施,设置警告标志,夜间应设警示红灯。

4.18　应将检修现场影响检修安全的物品清理干净。

4.19　应检查、清理检修现场的消防通道、行车通道,保证畅通。

4.20　需夜间检修的作业场所,应设满足要求的照明装置。

4.21　检修场所涉及的放射源,应事先采取相应的处置措施,使其处于安全状态。

5　检修作业中的安全要求

5.1　参加检修作业的人员应按规定正确穿戴劳动保护用品。

5.2　检修作业人员应遵守本工种安全技术操作规程。

5.3　从事特种作业的检修人员应持有特种作业操作证。

5.4　多工种、多层次交叉作业时,应统一协调,采取相应的防护措施。

5.5　从事有放射性物质的检修作业时,应通知现场有关操作、检修人员避让,确认好安全防护间距,按照国家有关规定设置明显的警示标志,并设专人监护。

5.6　夜间检修作业及特殊天气的检修作业,须安排专人进行安全监护。

5.7　当生产装置出现异常情况可能危及检修人员安全时,设备使用单位应立即通知检修人员停止作业,迅速撤离作业场所。经处理,异常情况排除且确认安全后,检修人员方可恢复作业。

6　检修结束后的安全要求

6.1　因检修需要而拆移的盖板、箅子板、扶手、栏杆、防护罩等安全设施应恢复其安全使用功能。

6.2　检修所用的工器具、脚手架、临时电源、临时照明设备等应及时撤离现场。

6.3　检修完工后所留下的废料、杂物、垃圾、油污等应清理干净。

化学品生产单位盲板抽堵作业安全规范

AQ 3027—2008

1　范围

本标准规定了化学品生产单位设备管道的盲板要求、盲板抽堵作业安全要求、职责要求和《盲板抽堵安全作业证》的管理。

本标准适用于化学品生产单位设备管道的盲板抽堵作业。

2　规范性引用文件

下列文件中的条款通过本标准的引用而成为本标准的条款。凡是注日期的引用文件，其随后所有的修改单（不包括勘误的内容）或修订版均不适用于本标准，然而，鼓励根据本标准达成协议的各方研究是否可使用这些文件的最新版本。凡是不注日期的引用文件，其最新版本适用于本标准。

AQ 3025—2008　化学品生产单位高处作业安全规范

3　术语和定义

本标准采用下列术语和定义：

3.1　盲板抽堵作业　blinding-pipeline operation with stop plate

在设备抢修或检修过程中，设备、管道内存有物料（气、液、固态）及一定温度、压力情况时的盲板抽堵，或设备、管道内物料经吹扫、置换、清洗后的盲板抽堵。

4　盲板要求

盲板及垫片应符合以下要求：

4.1　盲板应按管道内介质的性质、压力、温度选用适合的材料。高压盲板应按设计规范设计、制造并经超声波探伤合格。

4.2　盲板的直径应依据管道法兰密封面直径制作，厚度应经强度计算。

4.3　一般盲板应有一个或两个手柄，便于辨识、抽堵，8字盲板可不设手柄。

4.4　应按管道内介质性质、压力、温度选用合适的材料做盲板垫片。

5　盲板抽堵作业安全要求

5.1　盲板抽堵作业实施作业证管理，作业前应办理《盲板抽堵安全作业证》（以下简称《作业证》）。

5.2　盲板抽堵作业人员应经过安全教育和专门的安全培训，并经考核合格。

5.3　生产车间（分厂）应预先绘制盲板位置图，对盲板进行统一编号，并设专人负责。盲板抽堵作业单位应按图作业。

5.4　作业人员应对现场作业环境进行有害因素辨识并制定相应的安全措施。

5.5　盲板抽堵作业应设专人监护，监护人不得离开作业现场。

5.6 在作业复杂、危险性大的场所进行盲板抽堵作业,应制定应急预案。

5.7 在有毒介质的管道、设备上进行盲板抽堵作业时,系统压力应降到尽可能低的程度,作业人员应穿戴适合的防护用具。

5.8 在易燃易爆场所进行盲板抽堵作业时,作业人员应穿防静电工作服、工作鞋;距作业地点 30 m 内不得有动火作业;工作照明应使用防爆灯具;作业时应使用防爆工具,禁止用铁器敲打管线、法兰等。

5.9 在强腐蚀性介质的管道、设备上进行抽堵盲板作业时,作业人员应采取防止酸碱灼伤的措施。

5.10 在介质温度较高、可能对作业人员造成烫伤的情况下,作业人员应采取防烫措施。

5.11 高处盲板抽堵作业应按 AQ 3025—2008 化学品生产单位高处作业安全规范的规定进行。

5.12 不得在同一管道上同时进行两处及两处以上的盲板抽堵作业。

5.13 抽堵盲板时,应按盲板位置图及盲板编号,由生产车间(分厂)设专人统一指挥作业,逐一确认并做好记录。

5.14 每个盲板应设标牌进行标识,标牌编号应与盲板位置图上的盲板编号一致。

5.15 作业结束,由盲板抽堵作业单位、生产车间(分厂)专人共同确认。

6 职责要求

6.1 生产车间(分厂)负责人

6.1.1 应了解管道、设备内介质特性及走向,制定、落实盲板抽堵安全措施,安排监护人,向作业单位负责人或作业人员交代作业安全注意事项。

6.1.2 生产系统如有紧急或异常情况,应立即通知停止盲板抽堵作业。

6.1.3 作业完成后,应组织检查盲板抽堵情况。

6.2 监护人

6.2.1 负责盲板抽堵作业现场的监护与检查,发现异常情况应立即通知作业人员停止作业,并及时联系有关人员采取措施。

6.2.2 应坚守岗位,不得脱岗;在盲板抽堵作业期间,不得兼做其它工作。

6.2.3 当发现盲板抽堵作业人违章作业时应立即制止。

6.2.4 作业完成后,要会同作业人员检查、清理现场,确认无误后方可离开现场。

6.3 作业单位负责人

6.3.1 了解作业内容及现场情况,确认作业安全措施,向作业人员交代作业任务和安全注意事项。

6.3.2 各项安全措施落实后,方可安排人员进行盲板抽堵作业。

6.4 作业人

6.4.1 作业前应了解作业的内容、地点、时间、要求,熟知作业中的危害因素和应采取的安全措施。

6.4.2 要逐项确认相关安全措施的落实情况。

6.4.3 若发现不具备安全条件时不得进行盲板抽堵作业。

6.4.4 作业完成后,会同生产单位负责人检查盲板抽堵情况,确认无误后方可离开作业现场。

6.5　审批人

6.5.1　审查《作业证》的办理是否符合要求。

6.5.2　督促检查各项安全措施的落实情况。

7　《盲板抽堵安全作业证》的管理

7.1　《作业证》由生产车间(分厂)办理,格式见表1。

7.2　盲板抽堵作业宜实行一块盲板一张作业证的管理方式。

7.3　严禁随意涂改、转借《作业证》,变更盲板位置或增减盲板数量时,应重新办理《作业证》。

7.4　《作业证》由生产车间(分厂)负责填写、盲板抽堵作业单位负责人确认、单位生产部门审批。

7.5　经审批的《作业证》一式两份,盲板抽堵作业单位、生产车间(分厂)各一份,生产车间(分厂)负责存档,《作业证》保存期限至少为1年。

表 1　盲板抽堵安全作业证

生产车间(分厂)：　　　　　　　　　　　　　　　　　　　　　　　　　　　　　编号：

设备管道名称	介质	温度	压力	盲板			实施时间		作业人		监护人	
				材质	规格	编号	堵	抽	堵	抽	堵	抽

盲板位置图：

　　　　　　　　　　　　　　　　　　　　　　　　　　　　　　编制人：
　　　　　　　　　　　　　　　　　　　　　　　　　　　　　　　　年　月　日

安全措施：

　　　　　　　　　　　　　　　　　　　　　　　　　　　生产车间(分厂)负责人：
　　　　　　　　　　　　　　　　　　　　　　　　　　　　　　年　月　日

盲板抽堵作业单位确认意见：

　　　　　　　　　　　　　　　　　　　　　　　　　　　　作业单位负责人：
　　　　　　　　　　　　　　　　　　　　　　　　　　　　　　年　月　日

审批意见：

　　　　　　　　　　　　　　　　　　　　　　　　　　　　　批准人：
　　　　　　　　　　　　　　　　　　　　　　　　　　　　　　年　月　日

化学品生产单位受限空间作业安全规范

AQ 3028—2008

1 范围

本标准规定了化学品生产单位受限空间作业安全要求、职责要求和《受限空间安全作业证》的管理。

本标准适用于化学品生产单位的受限空间作业。

2 规范性引用文件

下列文件中的条款通过本标准的引用而成为本标准的条款。凡是注日期的引用文件，其随后所有的修改单（不包括勘误的内容）或修订版均不适用于本标准，然而，鼓励根据本标准达成协议的各方研究是否可使用这些文件的最新版本。凡是不注日期的引用文件，其最新版本适用于本标准。

GB/T 13869　用电安全导则

GBZ 2　工作场所有害因素职业接触限值

AQ 3025—2008　化学品生产单位高处作业安全规范

AQ 3022—2008　化学品生产单位动火作业安全规范

3 术语和定义

本标准采用下列术语和定义：

3.1 受限空间　confined spaces

化学品生产单位的各类塔、釜、槽、罐、炉膛、锅筒、管道、容器以及地下室、窖井、坑（池）、下水道或其它封闭、半封闭场所。

3.2 受限空间作业　operation at confined spaces

进入或探入化学品生产单位的受限空间进行的作业。

4 受限空间作业安全要求

4.1 受限空间作业实施作业证管理，作业前应办理《受限空间安全作业证》（以下简称《作业证》）

4.2 安全隔绝

4.2.1　受限空间与其他系统连通的可能危及安全作业的管道应采取有效隔离措施。

4.2.2　管道安全隔绝可采用插入盲板或拆除一段管道进行隔绝，不能用水封或关闭阀门等代替盲板或拆除管道。

4.2.3　与受限空间相连通的可能危及安全作业的孔、洞应进行严密地封堵。

4.2.4　受限空间带有搅拌器等用电设备时，应在停机后切断电源，上锁并加挂警示牌。

4.3 清洗或置换

受限空间作业前，应根据受限空间盛装（过）的物料的特性，对受限空间进行清洗或置换，并达到下列要求：

4.3.1 氧含量一般为 18%～21%，在富氧环境下不得大于 23.5%。

4.3.2 有毒气体(物质)浓度应符合 GBZ 2 的规定。

4.3.3 可燃气体浓度：当被测气体或蒸气的爆炸下限大于等于 4% 时，其被测浓度不大于 0.5%(体积百分数)；当被测气体或蒸气的爆炸下限小于 4% 时，其被测浓度不大于 0.2%(体积百分数)。

4.4 通风

应采取措施，保持受限空间空气良好流通。

4.4.1 打开人孔、手孔、料孔、风门、烟门等与大气相通的设施进行自然通风。

4.4.2 必要时，可采取强制通风。

4.4.3 采用管道送风时，送风前应对管道内介质和风源进行分析确认。

4.4.4 禁止向受限空间充氧气或富氧空气。

4.5 监测

4.5.1 作业前 30 min 内，应对受限空间进行气体采样分析，分析合格后方可进入。

4.5.2 分析仪器应在校验有效期内，使用前应保证其处于正常工作状态。

4.5.3 采样点应有代表性，容积较大的受限空间，应采取上、中、下各部位取样。

4.5.4 作业中应定时监测，至少每 2 h 监测一次，如监测分析结果有明显变化，则应加大监测频率；作业中断超过 30 min 应重新进行监测分析，对可能释放有害物质的受限空间，应连续监测。情况异常时应立即停止作业，撤离人员，经对现场处理，并取样分析合格后方可恢复作业。

4.5.5 涂刷具有挥发性溶剂的涂料时，应做连续分析，并采取强制通风措施。

4.5.6 采样人员深入或探入受限空间采样时应采取 4.6 中规定的防护措施。

4.6 个体防护措施

受限空间经清洗或置换不能达到 4.3 的要求时，应采取相应的防护措施方可作业。

4.6.1 在缺氧或有毒的受限空间作业时，应佩戴隔离式防护面具，必要时作业人员应拴带救生绳。

4.6.2 在易燃易爆的受限空间作业时，应穿防静电工作服、工作鞋，使用防爆型低压灯具及不发生火花的工具。

4.6.3 在有酸碱等腐蚀性介质的受限空间作业时，应穿戴好防酸碱工作服、工作鞋、手套等护品。

4.6.4 在产生噪声的受限空间作业时，应配戴耳塞或耳罩等防噪声护具。

4.7 照明及用电安全

4.7.1 受限空间照明电压应小于等于 36 V，在潮湿容器、狭小容器内作业电压应小于等于 12 V。

4.7.2 使用超过安全电压的手持电动工具作业或进行电焊作业时，应配备漏电保护器。在潮湿容器中，作业人员应站在绝缘板上，同时保证金属容器接地可靠。

4.7.3 临时用电应办理用电手续，按 GB/T 13869 规定架设和拆除。

4.8 监护

4.8.1 受限空间作业，在受限空间外应设有专人监护。

4.8.2 进入受限空间前，监护人应会同作业人员检查安全措施，统一联系信号。

4.8.3 在风险较大的受限空间作业，应增设监护人员，并随时保持与受限空间作业人员的联络。

4.8.4　监护人员不得脱离岗位,并应掌握受限空间作业人员的人数和身份,对人员和工器具进行清点。

4.9　其它安全要求

4.9.1　在受限空间作业时应在受限空间外设置安全警示标志。

4.9.2　受限空间出入口应保持畅通。

4.9.3　多工种、多层交叉作业应采取互相之间避免伤害的措施。

4.9.4　作业人员不得携带与作业无关的物品进入受限空间,作业中不得抛掷材料、工器具等物品。

4.9.5　受限空间外应备有空气呼吸器(氧气呼吸器)、消防器材和清水等相应的应急用品。

4.9.6　严禁作业人员在有毒、窒息环境下摘下防毒面具。

4.9.7　难度大、劳动强度大、时间长的受限空间作业应采取轮换作业。

4.9.8　在受限空间进行高处作业应按 AQ 3026—2008 化学品生产单位高处作业安全规范的规定进行,应搭设安全梯或安全平台。

4.9.9　在受限空间进行动火作业应按 AQ 3022—2008 化学品生产单位动火作业安全规范的规定进行。

4.9.10　作业前后应清点作业人员和作业工器具。作业人员离开受限空间作业点时,应将作业工器具带出。

4.9.11　作业结束后,由受限空间所在单位和作业单位共同检查受限空间内外,确认无问题后方可封闭受限空间。

5　职责要求

5.1　作业负责人的职责

5.1.1　对受限空间作业安全负全面责任。

5.1.2　在受限空间作业环境、作业方案和防护设施及用品达到安全要求后,可安排人员进入受限空间作业。

5.1.3　在受限空间及其附近发生异常情况时;应停止作业。

5.1.4　检查、确认应急准备情况,核实内外联络及呼叫方法。

5.1.5　对未经允许试图进入或已经进入受限空间者进行劝阻或责令退出。

5.2　监护人员的职责

5.2.1　对受限空间作业人员的安全负有监督和保护的职责。

5.2.2　了解可能面临的危害,对作业人员出现的异常行为能够及时警觉并做出判断。与作业人员保持联系和交流,观察作业人员的状况。

5.2.3　当发现异常时,立即向作业人员发出撤离警报,并帮助作业人员从受限空间逃生,同时立即呼叫紧急救援。

5.2.4　掌握应急救援的基本知识。

5.3　作业人员的职责

5.3.1　负责在保障安全的前提下进入受限空间实施作业任务。作业前应了解作业的内容、地点、时间、要求,熟知作业中的危害因素和应采取的安全措施。

5.3.2　确认安全防护措施落实情况。

5.3.3　遵守受限空间作业安全操作规程,正确使用受限空间作业安全设施与个体防护用品。

5.3.4 应与监护人员进行必要的、有效的安全、报警、撤离等双向信息交流。

5.3.5 服从作业监护人的指挥,如发现作业监护人员不履行职责时,应停止作业并撤出受限空间。

5.3.6 在作业中如出现异常情况或感到不适或呼吸困难时,应立即向作业监护人发出信号,迅速撤离现场。

5.4 审批人员的职责

5.4.1 审查《作业证》的办理是否符合要求。

5.4.2 到现场了解受限空间内外情况。

5.4.3 督促检查各项安全措施的落实情况。

6 《受限空间安全作业证》的管理

6.1 《作业证》由作业单位负责办理,格式见表1。

6.2 《作业证》所列项目应逐项填写,安全措施栏应填写具体的安全措施。

6.3 《作业证》应由受限空间所在单位负责人审批。

6.4 一处受限空间、同一作业内容办理一张《作业证》,当受限空间工艺条件、作业环境条件改变时,应重新办理《作业证》。

6.5 《作业证》一式三联,一、二联分别由作业负责人、监护人持有,第三联由受限空间所在单位存查,《作业证》保存期限至少为1年。

表1 受限空间安全作业证

生产车间(分厂):　　　　　　　　　　　　　　　　　　　　　　　　编号:

受限空间所在单位负责项目栏	受限空间所在单位:	
	受限空间名称:	
	检修作业内容:	
	受限空间主要介质:	
	作业时间: 年 月 日 时起至 年 月 日 时止	
	隔绝安全措施: 确认人签字:	
	负责人:	年 月 日
作业单位负责项目栏	作业单位:	
	作业负责人:	
	作业监护人:	
	作业中可能产生的有害物质:	
	作业安全措施(包括抢救后备措施):	
	负责人:	年 月 日

续表

采样分析	分析项目	有毒有害介质	可燃气	氧含量	取样时间	取样部位	分析人
	分析标准						
	分析数据						

审批意见：

批准人： 年 月 日

危险化学品储罐区作业安全通则

AQ 3018—2008

前　言

本标准第 4 章、第 5 章为强制性的,其余为推荐性的。

危险化学品储罐区作业除应符合本标准的要求外,并应符合国家有关标准、规范的要求。

本标准提出危险化学品储罐区作业安全要求。

本标准由国家安全生产监督管理总局提出。

本标准由全国安全生产标准化技术委员会化学品安全标准化分技术委员会(TC288/SC3)归口。

本标准由江苏省安全生产科学研究院、江苏省科瑞安全技术有限公司起草。

本标准主要起草人:施祖建、王读平、谢建兵、吴龙英、夏尔淳。

本标准由全国安全生产标准化技术委员会化学品安全标准化分技术委员会解释。

本标准为首次制定。

1　范围

本标准规定了危险化学品储罐区作业安全的基本要求。

本标准适用于危险化学品储罐区内的作业,不适用于与装置一同布置的中间罐区、加装防爆材料储罐区、覆土罐区和洞罐区。

2　规范性引用文件

下列文件中的条款,通过本标准的引用而成为本标准的条款。凡是注明日期的引用文件,其随后所有的修改单或修订版均不适用于本标准,然而,鼓励根据本标准达成协议的各方研究是否可使用这些文件的最新版本。凡是不注日期的引用文件,其最新版本适用于本标准。

GB 11651　劳动防护用品选用规则

GB 16179　安全标志使用导则

GB 2894　安全标志

3　术语和定义

3.1　危险化学品　dangerous chemical

指具有爆炸、燃烧、助燃、毒害、腐蚀等性质,或者具有健康和环境危害,对接触的人员、设施、环境可能造成伤害或者损害的化学品。本标准所指危险化学品以国家有关部门公布的危险化学品目录为准。

3.2　危险化学品储罐区　dangerous chemical tank farm

由一个或若干个储存危险化学品储罐组成的区域,本标准中简称罐区。

3.3　检维修作业　maintenance and repair work

指在罐区内动火作业、进入受限空间作业、盲板抽堵作业、高处作业、断路作业、吊装作业、动土作业、设备检修作业、临时用电作业等危险性作业。

3.4　吹扫作业　purging

采用蒸汽、水、空气或惰性气体及有关化学溶液等介质吹扫管线或储罐清除残留或附着其内的物料、杂物的方法。

3.5　清线作业　pipe line cleaning

更换输送品种或维修检测作业之前对管线进行清洗的作业。

3.6　清罐作业　tank cleaning

更换储存品种或维修检测作业之前对储罐进行清洗的作业。

4　基本要求

4.1　作业前应对作业全过程进行风险评估,制定作业方案、安全措施和应急预案。

4.2　作业前应确认作业单位资质和作业人员的操作能力,确认特种作业人员资质。

4.3　应为作业提供必要的安全可靠的机械、工具和设备,并保证完好。

4.4　应按 GB 16179 和 GB 2894 的规定设置安全标志。同时设置危险危害告知牌。

4.5　安全培训

4.5.1　作业人员应定期进行专门的的安全培训,经考试合格后上岗。特种作业人员应按有关规定经专业培训,考试合格后持证上岗,并定期参加复审。

4.5.2　储存的危险化学品品种改变时以及检维修作业前,应根据风险评估的结果及应采取的控制措施对作业人员进行有针对性的培训。

4.5.3　外来作业人员在进入作业现场前,应由作业现场所在单位组织进行进入现场前的安全培训教育。

4.6　个体防护

4.6.1　应根据接触的危险化学品特性和 GB 11651 的要求,选用适宜的劳动防护用品。

4.6.2　作业人员应佩戴适合作业场所安全要求和作业特点的劳动防护用品。

4.6.3　现场定点存放的防护器具应有专人负责保管,经常检查、维护和定期校验。

4.7　应急预案及应急器材

4.7.1　应组织从业人员进行应急培训,定期演练、评审并改进。

4.7.2　应按规定配备足够的应急救援器材,并进行经常性的维护保养,保证其处于完好状态

4.7.3　接触腐蚀性等有毒有害的场所应设置应急冲淋装置。

4.7.4　应经常检查应急通讯设施。

4.8　安全监护

4.8.1　作业时应根据作业方案的要求设立安全监护人,安全监护人应对作业全过程进行现场监护。

4.8.2　安全监护人应经过相关作业安全培训,有该岗位的操作资格;应熟悉安全监护要求。

4.8.3　安全监护人员应告知作业人员危险点,交待安全措施和安全注意事项。

4.8.4　作业前安全监护人应现场逐项检查应急救援器材、安全防护器材和工具的配备及安全措施的落实。

4.8.5　安全监护人应佩戴安全监护标志。

4.8.6　安全监护人发现所监护的作业与作业票不相符合或安全措施不落实时应立即制止作业,作业中出现异常情况时应立即要求停止相关作业,并立即报告。

4.8.7　作业人员发现安全监护人不在现场,应立即停止作业。

4.9　作业前的准备

4.9.1　应确认相关工艺设备符合安全要求。

4.9.2　应确认品种、数量、储罐有效容积和工艺流程。

4.9.3　应确认安全设施、监测监控系统完好。

4.10　输送危险化学品的流速和压力应符合安全要求。

4.11　不得在未采取安全保障措施的情况下采用同一条管道输送不同品种、牌号的危险化学品。

4.12　作业过程中作业人员不得擅离岗位。

4.13　遇到雷雨、六级以上大风（含六级风）等恶劣气候时应停止检维修和需人工上罐的作业。

4.14　未经批准不得在罐区进行收货、发货作业同时进行任何检维修作业。

4.15　实施管线吹扫作业前应办作业票。应根据物料特性选用适用的吹扫工艺。

5　检维修作业

5.1　检维修作业应符合 4.1、4.2、4.3、4.5、4.6、4.7、4.8、4.9、4.13、4.14、4.15 的要求。

5.2　作业前应办理相应的检维修作业的作业票。

5.3　检维修作业应设立现场监护人,作业时现场监护人不得离开作业现场。

5.4　应对检维修作业的作业现场设置警戒区域、警示标志和危险危害告知牌。

5.5　应根据作业场所危险危害的特点,现场配置消防、气体防护等安全器具。

5.6　在作业过程中,如有人员变动,作业负责人必须及时通知作业主管部门,并按规定进行安全教育,办理有关手续后,方可进入施工现场。

5.7　罐区内不宜进行不同的施工作业,如必要时应采取可靠有效的安全控制措施。

5.8　作业前应根据需要采取通风、置换、吹扫、隔断和检测等安全措施,并采取相应的预防措施。

5.9　清线作业

5.9.1　作业前确认并现场复核确认管线号和储罐号。

5.9.2　作业前确认机具符合安全要求。

5.9.3　需要进行盲板封堵作业时应办理作业票,经审批后方可进行作业,作业前作业负责人应对需要进行盲板封堵的部位现场复核确认,盲板处应设有明显标志。

5.9.4　根据物料特性不同选择清线工艺。确认清线工艺符合安全要求。

5.9.5　采取管线吹扫作业时应按照 4.15 执行。

5.10　清罐作业

5.10.1　清罐作业应办理作业票,经审批后方可进行作业。

5.10.2　作业前应现场复核并确认管线号和储罐号。

5.10.3　清罐前清空余料,所有与储罐相连的管线、阀门应加盲板断开。对储罐进行吹扫、蒸煮、置换、通风等工艺处理后,应经分析检测确认符合安全要求。

5.10.4　应由作业负责人进行全面检查复核无误后,方可开始入罐作业。

5.10.5　作业人员进罐作业罐外应有 2 人以上监护。

5.10.6　作业人员应严格按照 GB 11651 规定着装并佩带保证安全要求的劳动防护用品。

5.10.7　清罐作业采用的设备、机具和仪器应满足相应的防火、防爆、防静电的要求。

5.11　作业结束后,所有动用的设备设施应按要求全部复位,并清理现场。

危险化学品重大危险源辨识

GB 18218—2009

前　言

本标准的全部技术内容为强制性的。

本标准代替 GB 18218—2000《重大危险源辨识》。

本标准与 GB 18218—2000 相比主要变化如下：

——将标准名称改为《危险化学品重大危险源辨识》；

——将采矿业中涉及危险化学品的加工工艺和储存活动纳入了适用范围；

——不适用范围增加了海上石油天然气开采活动；

——对部分术语和定义进行了修订；

——对危险化学品的范围进行了修订；

——对危险化学品的临界量进行了修订；

——取消了生产场所与储存区之间临界量的区别。

本标准由国家安全生产监督管理总局提出。

本标准由全国安全生产标准化技术委员会化学品安全标准化分技术委员会(TC288/SC3)归口。

本标准负责起草单位：中国安全生产科学研究院。

本单位参加起草单位：中石化青岛安全工程研究院。

本标准主要起草人：吴宗之、魏利军、刘骥、多英全、师立晨、高进东、孙猛、于立见、张海峰、杨春笋、彭湘潍。

本标准于 2000 年首次发布，本次修订为第一次修订。

1　范围

本标准规定了辨识危险化学品重大危险源的依据和方法。

本标准适用于危险化学品的生产、使用、储存和经营等各企业或组织。

本标准不适用于：

a)核设施和加工放射性物质的工厂，但这些设施和工厂中处理非放射性物质的部门除外；

b)军事设施；

c)采矿业，但涉及危险化学品的加工工艺及储存活动除外；

d)危险化学品的运输；

e)海上石油天然气开采活动。

2　规范性引用文件

下列文件中的条款通过本标准的引用而成为本标准的条款。凡是注日期的引用文件，其随后所有的修改单(不包括勘误的内容)或修订版均不适用于本标准，然而，鼓励根据本标准达成协议的各方研究是否可使用这些文件的最新版本。凡是不注日期的引用文件，其最新版本适用于本标准。

GB 12268　危险货物品名表

GB 20592　化学品分类、警示标签和警示性说明安全规范　急性毒性

3　术语和定义

下列术语和定义适用于本标准。

3.1　危险化学品

具有易燃、易爆、有毒、有害等特性,会对人员、设施、环境造成伤害或损害的化学品。

3.2　单元

一个(套)生产装置、设施或场所,或同属一个生产经营单位的且边缘距离小于 500 m 的几个(套)生产装置、设施或场所。

3.3　临界量

对于某种或某类危险化学品规定的数量,若单元中的危险化学品数量等于或超过该数量,则该单元定为重大危险源。

3.4　危险化学品重大危险源

长期地或临时地生产、加工、使用或储存危险化学品,且危险化学品的数量等于或超过临界量的单元。

4　危险化学品重大危险源辨识

4.1　辨识依据

4.1.1　危险化学品重大危险源的辨识依据是危险化学品的危险特性及其数量,具体见表 1 和表 2。

4.1.2　危险化学品临界量的确定方法如下:

a)在表 1 范围内的危险化学品,其临界量按表 1 确定;

b)未在表 1 范围内的危险化学品,依据其危险性,按表 2 确定临界量;若一种危险化学品具有多种危险性,按其中最低的临界量确定。

表 1　危险化学品名称及其临界量

序号	类别	危险化学品名称和说明	临界量(t)
1		叠氮化钡	0.5
2		叠氮化铅	0.5
3		雷酸汞	0.5
4	爆炸品	三硝基苯甲醚	5
5		三硝基甲苯	5
6		硝化甘油	1
7		硝化纤维素	10
8		硝酸铵(含可燃物>0.2%)	5
9		丁二烯	5
10		二甲醚	50
11	易燃气体	甲烷,天然气	50
12		氯乙烯	50
13		氢	5

续表

序号	类别	危险化学品名称和说明	临界量(t)
14	易燃气体	液化石油气(含丙烷、丁烷及其混合物)	50
15		一甲胺	5
16		乙炔	1
17		乙烯	50
18	毒性气体	氨	10
19		二氟化氧	1
20		二氧化氮	1
21		二氧化硫	20
22		氟	1
23		光气	0.3
24		环氧乙烷	10
25		甲醛(含量>90%)	5
26		磷化氢	1
27		硫化氢	5
28		氯化氢	20
29		氯	5
30		煤气(CO,CO 和 H_2、CH_4 的混合物等)	20
31		砷化三氢(胂)	12
32		锑化氢	1
33		硒化氢	1
34		溴甲烷	10
35	易燃液体	苯	50
36		苯乙烯	500
37		丙酮	500
38		丙烯腈	50
39		二硫化碳	50
40		环己烷	500
41		环氧丙烷	10
42		甲苯	500
43		甲醇	500
44		汽油	200
45		乙醇	500
46		乙醚	10
47		乙酸乙酯	500
48		正己烷	500
49	易于自燃的物质	黄磷	50
50		烷基铝	1
51		戊硼烷	1
52	遇水放出易燃气体的物质	电石	100
53		钾	1
54		钠	10

续表

序号	类别	危险化学品名称和说明	临界量(t)
55	氧化性物质	发烟硫酸	100
56		过氧化钾	20
57		过氧化钠	20
58		氯酸钾	100
59		氯酸钠	100
60		硝酸(发红烟的)	20
61		硝酸(发红烟的除外,含硝酸≥70%)	100
62		硝酸铵(含可燃物≤0.2%)	300
63		硝酸铵基化肥	1000
64	有机过氧化物	过氧乙酸(含量≥60%)	10
65		过氧化甲乙酮(含量≥60%)	10
66	毒性物质	丙酮合氰化氢	20
67		丙烯醛	20
68		氟化氢	1
69		环氧氯丙烷(3-氯-1,2-环氧丙烷)	20
70		环氧溴丙烷(表溴醇)	20
71		甲苯二异氰酸酯	100
72		氯化硫	1
73		氰化氢	1
74		三氧化硫	75
75		烯丙胺	20
76		溴	20
77		乙撑亚胺	20
78		异氰酸甲酯	0.75

表2 未在表1中列举的危险化学品类别及其临界量

类别	危险性分类及说明	临界量(t)
爆炸品	1.1A项爆炸品	1
	除1.1A项外的其他1.1项爆炸品	10
	除1.1项外的其他爆炸品	50
气体	易燃气体:危险性属于2.1项的气体	10
	氧化性气体:危险性属于2.2项非易燃无毒气体且次要危险性为5类的气体	200
	剧毒气体:危险性属于2.3项且急性毒性为类别1的毒性气体	5
	有毒气体:危险性属于2.3项的其他毒性气体	50
易燃液体	极易燃液体:沸点≤35℃且闪点<0℃的液体;或保存温度一直在其沸点以上的易燃液体	10
	高度易燃液体:闪点<23℃的液体(不包括极易燃液体);液态退敏爆炸品	1000
	易燃液体:23℃≤闪点<61℃的液体	5000
易燃固体	危险性属于4.1项且包装为Ⅰ类的物质	200
易于自燃的物质	危险性属于4.2项且包装为Ⅰ或Ⅱ类的物质	200

类别	危险性分类及说明	临界量(t)
遇水放出易燃气体的物质	危险性属于 4.3 项且包装为 Ⅰ 或 Ⅱ 的物质	200
氧化性物质	危险性属于 5.1 项且包装为 Ⅰ 类的物质	50
	危险性属于 5.1 项且包装为 Ⅱ 或 Ⅲ 类的物质	200
有机过氧化物	危险性属于 5.2 项的物质	50
毒性物质	危险性属于 6.1 项且急性毒性为类别 1 的物质	50
	危险性属于 6.1 项且急性毒性为类别 2 的物质	500

注:以上危险化学品危险性类别及包装类别依据 GB 12268 确定,急性毒性类别依据 GB 20592 确定。

4.2　重大危险源的辨识指标

单元内存在危险化学品的数量等于或超过表 1、表 2 规定的临界量,即被定为重大危险源。单元内存在的危险化学品的数量根据处理危险化学品种类的多少区分为以下两种情况:

4.2.1　单元内存在的危险化学品为单一品种,则该危险化学品的数量即为单元内危险化学品的总量,若等于或超过相应的临界量,则定为重大危险源。

4.2.2　单元内存在的危险化学品为多品种时,则按式(1)计算,若满足式(1),则定为重大危险源:

$$q_1/Q_1 + q_2/Q_2 + \cdots + q_n/Q_n \geqslant 1 \tag{1}$$

式中:$q_1, q_2, \cdots, q_n$——每种危险化学品实际存在量,单位为吨(t);

$Q_1, Q_2, \cdots, Q_n$——与各危险化学品相对应的临界量,单位为吨(t)。

危险化学品重大危险源安全监控通用技术规范

AQ 3035—2010

前 言

本标准第 4 章的 4.1、4.2a)、4.2c)、4.6.2.6、4.7.1、4.7.2.3、4.7.2.4、4.7.2.7、4.7.3a)、4.7.4.1、4.7.5、4.7.7.3、4.7.13、4.8.2、4.9.5、4.9.11 为强制性条款，其余为推荐性条款。

本标准由国家安全生产监督管理总局提出。

本标准由全国安全生产标准化技术委员会化学品安全分技术委员会(TC 288/SC 3)归口。

本标准起草单位：中国安全生产科学研究院、北京华瑞科力恒科技有限公司、南京本安仪表系统有限公司、河南汉威电子股份有限公司。

本标准主要起草人：吴宗之、关磊、刘骥、魏利军、马瑞岭、沈磊、董宇、任红军。

本标准是首次发布。

1 范围

本标准规定了危险化学品重大危险源安全监控预警系统的监控项目、组成和功能设计等技术要求。

本标准适用于化工(含石油化工)行业危险化学品重大危险源新建储罐区、库区及生产场所安全监

控预警系统(以下简称系统)的设计、建设和管理，扩建或改建系统可参照执行。其它行业可参照执行。

2 规范性引用文件

下列文件对于本文件的应用是必不可少的。凡是注日期的引用文件，仅注日期的版本适用于本文件。

凡是不注日期的引用文件，其最新版本(包括所有的修改单)适用于本文件。

GB/T 2887 电子计算机场地通用规范

GB/T 8566 信息技术 软件生存周期过程

GB/T 8567 计算机软件文档编制规范

GB/T 12504 计算机软件质量保证计划规范

GB 17626 电磁兼容试验和测量技术

AQ 3036—2010 危险化学品重大危险源 罐区 安全监控装备设置规范

HG/T 20507 化工自控设计规定(一)自动化仪表选型设计规定

HG/T 21581 自控安装图册 总说明、图形符号规定及材料库

SH 3005 石油化工自动化仪表选型设计规范

SH/T 3104 石油化工仪表安装设计规范

3 术语和定义

下列术语和定义适用于本标准。

3.1 重大危险源安全监控预警系统 major hazard installations safety monitoring controlling and early-warning system

由数据采集装置、逻辑控制器、执行机构以及工业数据通讯网络等仪表和器材组成，可采集安全相关信息，并通过数据分析进行故障诊断和事故预警确定现场安全状况，同时配备联锁装备在危险出现时采取相应措施的重大危险源计算机数据采集与监控系统。

3.2 现场监控器 field monitoring and controlling unit

现场接收和传输来自监测器或远程 I/O 的信号或者传输接口的多路复用信号，且可能对其进行分析计算、超限判断等逻辑处理并控制执行机构工作的装置。

3.3 传输接口 transmission interface

实现数据（信息）的传输、转换和交换，保证必要的隔离和信息安全，并可能具有多路复用信号的调制与解调、数据本地存储和系统自检等功能的装置或软件。

3.4 监控计算机 monitoring computer

接收监测信号，实现图形化的实时与历史信息显示、信息处理、报警与预警、统计与分析、存储、输出控制、报表与打印等功能，提供重大危险源安全监控预警系统的人机操作界面的计算机软硬件系统。

4 技术要求

4.1 总则

危险化学品重大危险源涉及生产、使用和储存大量易燃、易爆及毒性物质，易发生燃烧、爆炸和中毒等重大事故，故监控预警系统需解决下列问题：

a)充分考虑生产过程复杂的工艺安全因素、物料危险特性、被保护对象的事故特殊性、事故联锁反应以及环境影响等问题，根据工程危险及有害因素分析完成安全分析和系统设计；

b)通过计算机、通信、控制与信息处理技术的有机结合，建设现场数据采集与监控网络，实时监控与安全相关的监测预警参数，实现不同生产单元或区域、不同安全监控设备的信息融合，并通过人机友好的交互界面提供可视化、图形化的监控平台；

c)通过对现场采集的监控数据和信息的分析处理，完成故障诊断和事故预警，及时发现异常，为操作人员进行现场故障的排除和应急处置提供指导；

d)安全监控预警系统应有与企业级各类安全管理系统及政府各类安全监管系统进行联网预警的接口及网络发布和通讯联网功能；

e)根据现场情况和监控对象的特性，合理选择、设计、安装、调试和维护监控设备和设施；

f)除本标准外，尚应遵守国家现行的有关法律、法规和标准的规定。

4.2 一般要求

a)重大危险源（储罐区、库区和生产场所）应设有相对独立的安全监控预警系统，相关现场探测仪器的数据宜直接接入到系统控制设备中，系统应符合本标准的规定；

b)系统中的设备应符合有关国家法规或标准的规定，按照经规定程序批准的图样及文件制造和成套，并经国家权威部门检测检验认证合格；

c)系统所用设备应符合现场和环境的具体要求，具有相应的功能和使用寿命。在火灾和爆炸危险场所设置的设备，应符合国家有关防爆、防雷、防静电等标准和规范的要求；

d)控制设备应设置在有人值班的房间或安全场所;

e)系统报警等级的设置应同事故应急处置与救援相协调,不同级别的事故分别启动相对应的应急预案;

f)对于容易发生燃烧、爆炸和毒物泄漏等事故的高度危险场所、远距离传输、移动监测、无人值守或其它不宜于采用有线数据传输的应用环境,应选用无线传输技术与装备。

4.3　应用环境

系统中的机房、监控中心,应提供下列工作条件:

a)环境温度:15℃～32℃;

b)相对湿度:40％～70％;

c)温度变化率:小于 10 ℃/h,且不得结露;

d)大气压力:80 kPa～106 kPa;

e)GB/T 2887 规定的尘埃、照明、噪声、电磁场干扰和接地条件。

4.4　供电电源

除非有关标准另行规定,系统供电电源应符合以下要求:

a)交流供电电源:

1)电压:380V/220V,误差应不大于±5％;

2)频率:50Hz,其误差应不大于±0.5Hz;

3)谐波失真系数:应不大于±5％。

b)直流供电电源:

电压:误差应不大于±5％;

4.5　监控项目

4.5.1　监控项目的分类

对于储罐区(储罐)、库区(库)、生产场所三类重大危险源,因监控对象不同,所需要的安全监控预警参数有所不同。主要可分为:

a)储罐以及生产装置内的温度、压力、液位、流量、阀位等可能直接引发安全事故的关键工艺参数;

b)当易燃易爆及有毒物质为气态、液态或气液两相时,应监测现场的可燃/有毒气体浓度;

c)气温、湿度、风速、风向等环境参数;

d)音视频信号和人员出入情况;

e)明火和烟气;

f)避雷针、防静电装置的接地电阻以及供电状况。

4.5.2　储罐区(储罐)

罐区监测预警项目主要根据储罐的结构和材料、储存介质特性以及罐区环境条件等的不同进行选择。一般包括罐内介质的液位、温度、压力,罐区内可燃/有毒气体浓度、明火、环境参数以及音视频信号和其他危险因素等。

4.5.3　库区(库)

库区(库)监测预警项目主要根据储存介质特性、包装物和容器的结构形式和环境条件等的不同进行选择。一般包括库区室内的温度、湿度、烟气以及室内外的可燃/有毒气体浓度、明火、音视频信号以及人员出入情况和其他危险因素等。

4.5.4　生产场所

生产场所监测预警项目主要根据物料特性、工艺条件、生产设备及其布置条件等的不同进行选择。

一般包括温度、压力、液位、阀位、流量以及可燃/有毒气体浓度、明火和音视频信号和其他危险因素等。

4.6　系统设计要求

4.6.1　系统组成

系统一般由监测器、隔离变送器、摄像机、二次仪表、现场监控器、执行机构(包括报警器等)、视频处理设备、监控计算机、传输接口、电源、线缆、防雷装置、防静电装置、其他必要设备等和软件组成。

其中,监控中心硬件一般包括传输接口、监控计算机、显示设备、服务器、网络设备、大容量储存设备、UPS 电源、打印机、空调等其他配套设备等。现场设备包括传感器、隔离变送设备、摄像机、二次仪表、现场监控器、执行机构等。

4.6.2　硬件

4.6.2.1　所用设备应采用主流技术和通用产品,保证系统满足先进性、安全性、可靠性、可扩展性、可维护性、开放性和实时性的要求,并具有实用性和灵活性。

4.6.2.2　可能导致重大事故或标定、检修和维护困难的场所,宜采用高 SIL 等级的安全监控设备,并根据功能安全相关标准建立安全相关系统。

4.6.2.3　传感器及仪表选型可参考 HG/T 20507 和 SH 3005 的规定,主要考虑测量精度、稳定性与可靠性、防爆和防腐、安装、维护及检修、环境要求和经济性等因素。传感器的指示值漂移在 15 d~90 d 之内不得超过其规定的误差值。

4.6.2.4　传感器和仪表的安装可参考 HG/T 21581 和 SH/T 3104 的规定。应选择合适的安装位置和安装方式,符合安全和可靠性要求。

4.6.2.5　由外部本安电源供电的设备应能在 9 V~24 V 范围内正常工作。

4.6.2.6　有关罐区等重大危险源现场监控设备选择、安装和布置的具体规定参照 AQ 3036—2010 危险化学品重大危险源　罐区　安全监控装备设置规范及相关标准。

4.6.3　软件

4.6.3.1　操作系统、数据库和编程语言等系统软件和开发工具应选择通用、开放、可靠、成熟、界面友好、易维护和易操作的主流产品。监控程序、控制算法、逻辑控制和通信等应用软件应经过功能测试,稳定可靠并带有详细的汉字使用帮助和操作指南。

4.6.3.2　系统软件开发应符合下列基本要求:

a)软件设计应采用多任务操作系统;

b)软件开发应符合国标 GB/T 8566;

c)软件文档编制应符合国标 GB/T 8567;

d)软件质量保证应符合国标 GB/T 12504。

4.7　功能设计

4.7.1　数据采集

4.7.1.1　系统应具有温度、压力、液位和可燃/有毒气体浓度等模拟量,以及液位高低报警等开关量的采集功能。

4.7.1.2　数据采集时间的间隔应可调。

4.7.1.3　系统应具有巡检功能。

4.7.2　显示

4.7.2.1　系统应具有模拟动画显示功能,在界面中依据系统实际情况显示各测点的参数及各设备的运行状态。

4.7.2.2 系统应具有监控设备和监控对象平面布置图显示功能。图形包括生产储运装置总平面图、各分系统的系统图和任一分系统内某一部分或设备的局部图以及用户要求的任何其它图形。

4.7.2.3 系统应具有监控参数列表显示功能,同一参数各量值应统一采用标准计算单位,包括模拟量、模拟量累计值和开关量等。

4.7.2.4 系统应具有监控参数图形显示功能:

a)系统应具有模拟量实时曲线和历史曲线显示功能。曲线为点绘图,根据需要可以按照多线图的方式在同一坐标上使用不同颜色同时显示多个变量,或同一变量的最大、最小、平均值等曲线;

b)系统应具有开关量状态图及柱状图显示功能。

4.7.2.5 系统应能在同一时间坐标上同时显示模拟量和开关量及其变化情况等。

4.7.2.6 系统宜具有视频图像显示功能,视频监控画面可以动态配置,可选择全屏、4 分屏及 16 分屏等多种方式,支持图像窗口拖放,可远程进行云台及镜头控制。

4.7.2.7 系统应具有报警信息显示功能,除了报警汇总列表显示外,在界面上应有一个专门的报警区或弹出式界面,用来指示最新的、最高优先级的或其他设定条件的未经确认的系统报警。

4.7.2.8 系统应支持各类统计和查询结果的列表和图形化显示功能,具体显示项目根据实际设定。

4.7.3 存储

系统应具有监控数据的存储功能:

a)将数据加工处理后以数据文件形式存贮在现场或监控中心的外存贮器内并保留一定的时间,包括监控参数、报警及处置、视频图像、故障及排除以及相关系统信息等,所有数据应附带时间信息;

b)系统宜具有事故追忆功能;

c)存储器应支持合法的读取操作,并应采取可靠的软硬件安全设计,防止非法篡改。

4.7.4 统计查询与数据分析

4.7.4.1 系统应提供对实时和历史数据的多条件复合查询和分类统计功能,应支持模糊查询,查询信息包括:

a)模拟量实时监测值及其最大、最小、平均和累计值;

b)开关量状态及变化时刻;

c)视频录像;

d)报警及警报解除信息;

e)系统操作日志;

f)系统故障及恢复情况等。

4.7.4.2 系统宜具有数据分析的功能,包括生产储运装置运行情况、系统运行、报警种类和分布、故障和事故原因以及处置情况等。

4.7.5 报警

系统应具有根据设定的报警条件进行报警及提示的功能:

a)当出现模拟量超限、非正常流程切换操作引起的开关量状态改变以及其他异常情况时实时报送至相关的报警控制设备,由系统实现多种方式的联动报警,包括页面图文报警、报警点声光报警以及必要时可选邮件和短信报警等。在事故现场设置有监控摄像机时,页面图文报警时

应同时显示现场监控视频图像与参数报警信息,并进行现场录像;

b)系统应设有事故远程报警按钮,此按钮应设在适宜部位并带有防护罩和明显标志。

4.7.6　故障诊断与事故预警

系统应具有故障诊断与事故预警功能。对所采集的现场数据进行综合处理,在线智能分析重大危险源的安全状况包括运行状态和安全等级等,提供原因分析和处置的建议,指导有关人员正确迅速地排除设备故障及重大事故隐患,同时及时识别错误报警信号,确保系统可靠稳定运行。

.4.7.7　控制

4.7.7.1　系统的控制对象指的是其所属的安全监控设备或装置以及带有安全功能的执行机构等。

4.7.7.2　系统应具有对系统所属设备或装置进行控制的功能。操作人员或具备相应权限的人员可在系统中的控制点上启停或调节受系统控制的任一设备,包括手动、现场、远程和异地管理。系统也应可以根据设定的条件进行全局自动调度管理。

4.7.7.3　不属于系统但与系统相关联的其它系统或设备,以及不为系统独有的子系统或设备的控制权应明确,不得互相干扰或影响各自系统的运行。

4.7.7.4　气体泄漏报警、紧急停车、安全联锁和故障安全控制等应作为独立的子系统纳入安全监控预警系统的整体设计,并保证其可靠地发挥各自的安全功能。

4.7.7.5　所有自动控制的设备或装置宜同时设计手动控制机构,并可通过切换确保系统控制权的唯一性和有效性。

4.7.8　输出

系统应具有报表和打印的功能:

a)报表输出各种监控参数及设备运行状态在各个时刻的情况,包括模拟量、模拟量统计值历史数据、开关量、报警及处置情况、监控设备及故障和系统日志报表等;

b)应支持班报表、日报表、月报表以及任意时间段内任一参数或诸多参数的数值;

c)报表应可按操作员请求生成,也应可以周期性定时触发或事件触发;

d)允许用户编辑报表内容和格式;

e)报表应可直接送于系统中的打印机,也应可以写入硬盘等存储器,并可按要求传送到其它计算机系统;

f)打印应支持报表、曲线图、柱状图、状态图、模拟图(带当前显示参数)和平面布置图等图表格式。

4.7.9　人机对话

系统应具有人机对话功能,除键盘、鼠标和按钮等输入装置和显示器等输出装置外,提供图形化和可视化界面,方便系统管理、设置、功能调用和命令及文本输入等。

4.7.10　信息发布

系统应具有信息发布的功能。通过传输接口,将允许外部访问的信息进行发布,实现监控预警系统与企业管理系统及重大危险源各级政府监管网络的连接;遵循国内外主流工业网络标准的通讯协议、数据编码或接口规范,完成数据上报或部分界面和功能的授权共享,实现政府和企业对现场工况及视频的实时监管与监控,服务于重大事故预防及应急救援。并应采用防火墙等技术手段确保数据及系统安全。

4.7.11　系统管理与设置

系统应具有管理与设置的功能。包括:

a) 系统参数设置应支持个别或成批修改;

b) 报警设置,应支持多种报警条件的设置。每个模拟量点应有两种以上报警级别,每一种有各自的优先级。任一开关量点的状态均可报警,每一状态应有一个单独的优先级。应支持不同报警级别的分级处置,包括报警地点和报警方式的设定以及数据上报等;

c) 应支持根据时间段设定不同参数值,在不同层次上优化系统设置。

4.7.12　设备管理

系统应具有设备管理功能,建立系统所属监控设备的电子化档案,并可查询、添加、修改和统计相关信息,包括设备名称、唯一编号、型号、主要技术指标、产地、生产厂家、安装地址、开始运行时间、累计运行时间、开关次数(永久性记录)维护、维修、更换记录等。

4.7.13　日志

系统应具有日志管理的功能。系统日志将运行系统的状态信息和通信信息统一管理起来,用户可以通过日志来了解系统的运行情况。

4.7.14　安全管理

系统应提供可设置的安全级,控制级和区域设定,限制用户对系统功能模块、设备和系统资源的访问,通过权限管理确保系统安全。包括:

a) 系统应实现对每个操作员和每台现场监控器的设置;

b) 系统应有不少于 5 个的安全访问级别用来限制操作员对监控计算机功能模块的访问;

c) 系统应有多个控制级,用来限制操作员对各台设备的控制;

d) 系统应有设备区域设定,用来将操作员对系统资源的访问限制在指派给他们的区域;

e) 如系统内存在安全相关系统,应遵循功能安全相关的国际和国内标准保证其安全。

4.7.15　可靠性保障

4.7.15.1　自诊断

系统宜具有自诊断功能:

a) 当组成系统的设备和装置以及传输电缆线等出现故障时,系统可以自动识别,报警并记录故障设备和时间等相关信息;

b) 系统在通电开始工作时,应首先进行自检,自检正常后应指示工作正常,如有故障则应指示故障信息。

4.7.15.2　双机备份

系统监控计算机宜设置双机互为备份,当工作设备发生故障时,通过手动或自动双机切换功能,备份设备投入工作。

4.7.15.3　备用电源

系统宜配备备用电源及自动切换装置。当电网停电后,可保持对重要设备和监控参数继续进行实时监控。推荐采用带隔离的在线式 UPS 供电。

4.7.15.4　数据备份

系统应具有数据备份功能。

4.7.15.5　防雷和防静电

系统防雷功能根据当地雷曝日的情况确定,必要时具有防静电功能。

4.7.15.6　软件自监视和容错

系统应具有软件自监视功能和软件容错功能。

4.7.16　其他

4.7.16.1　系统应具有网络通信功能,支持不同网络和设备间的数据访问和交换。

4.7.16.2　系统应通过算法及控制方法模块支持专业应用。

4.7.16.3　系统应具有多任务功能，能周期地循环运行而不中断。

4.7.16.4　系统应有时间校准功能，系统的时钟误差应≤5秒/24小时。存在多个子系统及远程设备时，宜使用全球时钟同步设备统一时钟。

4.7.16.5　系统应具有数据及软硬件系统恢复的功能。

4.8　软件设计与开发

4.8.1　主菜单

软件主菜单应始终在界面显示或驻留，包括：

a)系统管理：用户管理、权限管理、参数设置和其他；

b)实时监控：各子系统监控如各生产单元、子系统以及罐区或库房等；

c)列表显示：模拟量、开关量、报警信息、设备故障、操作记录和系统日志等；

d)图形显示：实时曲线图、历史曲线、状态图、柱状图、模拟图或系统平面布置图等；

e)编辑：当前列表、曲线、模拟图或其他；

f)查询统计：报警信息、模拟量、开关量、设备故障、操作记录和系统日志等；

g)报警管理：报警条件设置等；

h)数据分析：系统运行状态分析、报警分析和故障分析等；

i)控制：控制逻辑、操作及其他等；

j)报表：设置、模拟量、开关量、报警信息、设备故障、操作记录和系统日志等；

k)打印：打印设置和打印输出等；

l)帮助：系统设置、编辑、控制、列表和图形显示、查询和统计以及报表和打印等。

4.8.2　用户与权限管理

软件应具有用户与权限管理功能：

a)系统用户信息包括姓名、登录名、密码、单位和角色等，应提供管理界面授权用户可以对相关记录进行添加、删除和修改；

b)软件应实现多级权限管理。建立各用户对系统模块、设备和数据库记录的操作权限表，提供操作界面允许对各权限表进行修改维护；

c)软件应提供密码设置功能。操作员应通过密码校验方可进行相关操作，并记录操作人、时间和相关操作记录等。

4.8.3　列表显示

4.8.3.1　模拟量的显示内容包括：①地点；②名称；③监控对象或区域；④监测值；⑤最大值；⑥最小值；⑦平均值及相关信息；⑧报警级别及限值；⑨超限报警及报警时间等；⑩传感器工作状态。

4.8.3.2　模拟量累计值的显示内容包括：①地点；②名称；③监控对象或区域；④监测累计量值；⑤累计时间段；⑥报警级别及限值；⑦超限报警及报警时间等。

4.8.3.3　开关量的显示内容包括：①地点；②名称；③监控对象；④当前状态起始时刻；⑤状态；⑥开停次数；⑦报警及报警解除的时间和状态等；⑧传感器工作状态。

4.8.3.4　报警信息的显示内容包括：①地点；②名称；③监控对象或区域；④监测值或状态；⑤报警时间；⑥报警条件，包括限值或状态等。

4.8.3.5　报警历史记录的显示内容包括：①地点；②名称；③监控对象或区域；④监测值或状态；⑤报警时间；⑥报警条件，包括限值或状态等；⑦报警原因及类型；⑧处置措施；⑨接警人和时间；⑩报警解除人和时间等。

4.8.3.6 故障信息的显示内容包括：①地点；②名称；③故障对象或区域；④故障描述；⑤故障时间等。

4.8.3.7 故障信息历史记录的显示内容包括：①地点；②名称；③故障对象或区域；④故障描述；⑤故障时间；⑥故障原因及类型；⑦排除措施；⑧接警人和时间；⑨故障排除人和时间等。

4.8.3.8 系统日志的显示内容包括：①类型；②时间；③来源；④内容等。

4.8.3.9 操作记录的显示内容包括：①时间；②操作人；③操作对象；④方式等。

4.8.4 图形显示

4.8.4.1 模拟量曲线显示：

a)坐标的竖轴为监测值或统计值,横轴为时间；

b)各级报警限值用平行于横轴的红色虚线表示；

c)实时监测值、最大值、最小值和平均值等用平行于横轴的不同颜色的实线表示；

d)图形上方标明传感器的位置和所测物理量等信息,并在图中适当位置给出图例说明；

e)支持鼠标信息提示。

4.8.4.2 开关量状态图显示：

a)用直线表示开关量状态随时间的变化；

b)图形上方标明传感器的位置和所测物理量等信息；

c)支持鼠标信息提示。

4.8.4.3 开关量柱状图显示：

a)坐标竖轴为开机效率状态,横轴为时间；

b)图形上方标明传感器的位置和所测物理量等信息；

c)支持鼠标信息提示。

4.8.4.4 系统模拟图显示

在表明系统现场布局等情况的背景图上,显示监控对象、监控设备、线缆及其他设施等,标明相对位置、参数与运行状态等。将实时监测到的开关量状态用图样在相应位置模拟显示；将实时监测到的模拟量数值在相应位置显示；用红色图标标注报警点；点击设备、传感器或报警点等,可以提示相关信息或弹出选择菜单；支持通过鼠标完成漫游、分页和缩放等图形操作。

4.8.5 查询统计

a)报警查询:根据报警时间、地点、参数和级别等情况进行复合检索；

b)监控信息查询:根据时间、地点和名称等进行复合检索；

c)设备故障:根据地点、时间、类型和故障对象或区域等进行复合检索；

d)操作记录:根据时间、操作人、对象和方式等进行复合检索；

e)系统日志:根据时间、类型和来源等进行复合检索。

4.8.6 报表

按一定时间段输出的各类报表,除列表显示的内容外,还应包括表头、打印日期和时间、操作人员或单位等信息,模拟量、开关量、报警信息和设备故障的报表应包括给定时间内的累计次数和时间等统计信息。

4.8.7 快捷方式

通过设置的快捷键或常驻工具图标,在任何显示界面均可直接调用所选功能模块,包括参数的列表和图形显示、视频监控显示、系统与子系统模拟图显示、关键设备状态查看、报警信息显示及查询、系统和参数设置、帮助和打印等。

4.8.8　中文显示与打印

软件应支持汉字显示、汉字编辑、汉字提示和汉字打印功能。

4.9　技术指标与性能要求

4.9.1　模拟量输入传输处理误差

模拟量输入传输处理误差应不大于 1.0%。

4.9.2　模拟量输出传输处理误差

模拟量输出传输处理误差应不大于 1.0%。

4.9.3　最大巡检周期

最大巡检周期宜不大于 30 s,并应满足监控要求。

4.9.4　控制执行时间

控制执行时间应不大于最大巡检周期,异地控制执行时间应不大于 2 倍的最大巡检周期,并应满足监控要求。

4.9.5　存储时间

无报警稳定运行期间,重要监测点的实时监控数据应保存 7 d 以上,否则应保存 30 d 以上。音视频信息应保存 7 d 以上。报警信息应保存 1 年以上。

4.9.6　画面响应时间

调出整幅画面 85% 的响应时间应不大于 2 s,其余画面应不大于 5 s。

4.9.7　误码率

误码率应不大于 10—8。

4.9.8　系统余量

系统所能连接的监测器和执行器的数量,应留有至少 20% 的余量。

4.9.9　双机切换时间

从工作设备发生故障到备用设备投入正常工作的时间间隔应不大于 5 min。

4.9.10　备用电源工作时间

在供电失败后,备用交直流电源应能保证系统连续监控时间不小于 30 min,并应满足监控要求。

4.9.11　工作稳定性

系统应进行工作稳定性试验,通电试验时间不小于 7 d。测试期间,系统性能应符合本标准以及各自企业产品标准的规定。

4.9.12　抗干扰性

a)设备应能通过 GB/T 17626.2 规定的 3 级(接触放电)静电放电抗扰度试验,其性能应符合各自企业产品标准的规定;

b)系统应能通过 GB/T 17626.3 规定的 2 级射频电磁场辐射抗扰度试验,其性能应符合各自企业产品标准的规定;

c)系统应能通过 GB/T 17626.4 规定的 3 级电快速瞬变脉冲群抗扰度试验,其性能应符合各自企业产品标准的规定;

d)系统应能通过 GB/T 17626.5 规定的 3 级浪涌(冲击)抗扰度试验,其性能应符合各自企业产品标准的规定。

4.9.13　可靠性

系统平均无故障工作时间(MTBF)应不小于 5000 h,并应满足监控要求。

4.9.14　防爆性能

防爆型设备应符合相关国家标准的规定。

危险化学品重大危险源 罐区现场安全监控装备设置规范

AQ 3036—2010

前 言

本标准第 4 章的 4.2.1、4.2.5、4.2.6，第 5 章的 5.2，第 6 章的 6.1.1.3、6.2.4、6.2.12、6.2.13、6.3.1、6.3.7，第 7 章的 7.1、7.2.1、7.3.2，第 8 章的 8.3、8.4，第 10 章的 10.1，第 12 章的 12.2、12.3.4 为强制性条款，其余为推荐性条款。

本标准是危险化学品重大危险源罐区监控装备设置规范。

本标准由国家安全生产监督管理总局提出。

本标准由全国安全生产标准化技术委员会化学品安全分技术委员会(TC 288/SC 3)归口。

本标准主要起草单位：中国安全生产科学研究院、华瑞科力恒（北京）科技有限公司、北京科学技术研究院安全工程技术研究中心。

本标准主要起草人：吴宗之、关磊、魏利军、刘骥、聂剑红、马瑞岭、孔祥霞。

本标准为首次发布。

1 范围

本标准规定了危险化学品重大危险源罐区现场安全监控装备的设置要求和管理。

本标准适用于化工（含石油化工）行业危险化学品重大危险源罐区现场安全监控设备的设置，其它行业可参照执行。

2 规范性引用文件

下列文件对于本文件的应用是必不可少的。凡是注日期的引用文件，仅注日期的版本适用于本文件。凡是不注日期的引用文件，其最新版本（包括所有的修改单）适用于本文件。

GB 3836　爆炸性气体环境用电气设备

GB 12158　防止静电事故通用导则

GB 12358　作业环境气体监测报警仪通用技术要求

GB 16808　可燃气体报警控制器技术要求和试验方法

GB 17681　易燃易爆罐区安全监控系统验收技术要求

GB 50058　爆炸和火灾危险环境电力装置设计规范

GB 50074　石油库设计规范

GB 50116　火灾自动报警系统设计规范

GB 50160　石油化工企业设计防火规范

GB 50257　电气装置安装工程爆炸和火灾危险环境电气装置施工及验收规范

GB 50493　石油化工可燃气体和有毒气体检测报警设计规范

AQ3035—2010　危险化学品重大危险源安全监控通用技术规范

HG/T 20507　自动化仪表选型设计规定

HG/T 21581　自控安装图册

SH 3005　石油化工自动化仪表选型设计规范

SH/T 3019　石油化工仪表管道线路设计规范

SH 3097　石油化工静电接地设计规范

SH/T 3104　石油化工仪表安装设计规范

3　术语和定义

本标准采用下列术语和定义。

3.1　安全监控装备 safety monitoring and controlling equipments

罐区危险因素(参数)监测报警和控制的相关装备。

3.2　泄漏释放源 leak source

可能释放出可燃或有毒气体(含蒸气)部位。

3.3　封闭或半封闭场所 fully close or half close site

有顶棚、围墙和门窗的房间称封闭场所,有顶棚和半截以上围墙(或花墙)而无门窗,自然通风不良的场所,称半封闭场所。

3.4　露天和半露天场所 fully open and half open site

无顶棚和围墙的场所,称露天场所。只有顶棚而无围墙自然通风良好的场所称半露天场所。

3.5　监控预警参数 safety warning parameter

能够预测、预报,表征事物是否处于安全状态或影响事物安全状态的物理量或化学量参数称为监控预警参数。

3.6　可燃气体 combustible gas

在20℃和标准大气压101.3 kPa时与空气混合有一定易燃范围的气体。

3.7　有毒气体 toxic gas

包括:

a)已知对人类健康造成危害的气体;

b)半数致死浓度LC_{50}值不大于5000 mL/m^3,因而判定对人类具有危害的气体。

3.8　最高容许浓度 maximum allowable concentration,MAC

在工作场所的空气中,一个工作日内的任何时间,均不容许超过的有毒化学物质的浓度。

4　罐区安全监测仪器的设置要求

4.1　监控预警参数

罐区监控预警参数的选择主要以预防和控制重大工业事故为出发点,根据对罐区危险及有害因素的分析,结合储罐的结构和材料、储存介质特性以及罐区环境条件等的不同,选取不同的监控预警参数。

罐区的监控预警参数一般有罐内介质的液位、温度、压力等工艺参数,罐区内可燃/有毒气体的浓度、明火以及气象参数和音视频信号等。主要的预警和报警指标包括与液位相关的高低液位超限,温度、压力、流速和流量超限,空气中可燃和有毒气体浓度、明火源和风速等超限及异常情况。

4.2　监控仪器选择、安装和布置的一般原则

4.2.1　对于监测方法和仪表的选择,主要考虑监测对象、监测范围和测量精度、稳定性与可靠性、防爆和防腐、安装、维护及检修、环境要求和经济性等因素。监控设备的性能应满足应用

要求。

4.2.2　储罐区监测传感器可分为罐内监测传感器和罐外监测传感器两类。罐内监测传感器用于储罐内的液位、压力和温度等工艺参数的监控,防止冒顶或者异常的温度压力变化。罐外监测传感器用于明火、可燃和有毒气体泄漏及相关的环境危险因素等的监控。

4.2.3　罐区监测传感器及仪表选型中的一般问题可参考遵循 HG/T 20507 和 SH 3005 的规定。

4.2.4　罐区传感器和仪表的安装,可执行 HG/T 21581 和 SH/T 3104 的规定,应选择合适的安装位置和安装方式,符合安全和可靠性要求。

4.2.5　对于老罐改造,应优先选择不清罐就可以安装的传感器。应符合安全要求,电线无破皮、露线及发生短路的现象。二次仪表应安装在安全区。传感器盖安装后应严格检查,旋紧装好防拆装置。现场严禁带电开盖检修非本质安全型防爆设备。采用非铠装电缆时,传感器与排线管之间用防爆软性管连接。安装过程中避开焊接和可能产生火花的操作,防止电火花、机械火花及高温等因素引起的燃烧和爆炸。需要罐内安装且可能产生火花或高温的,应进行空气置换后再进入作业。

4.2.6　对于罐区明火和可燃、有毒气体的监测报警仪,应根据监测范围、监测点和环境因素等确定其安装位置,安装应符合有关规定。

4.2.7　罐区应实时监测风速、风向、环境温度等参数。

4.2.8　罐区安全监控预警系统建设中的一般问题可参考 AQ 3035—2010 危险化学品重大危险源安全监控预警通用技术规范。

4.3　报警和预警装置的预(报)警值的确定

4.3.1　温度报警至少分为两级,第一级报警阈值为正常工作温度的上限。第二级为第一级报警阈值的 1.25～2 倍,且应低于介质闪点或燃点等危险值。

4.3.2　液位报警高低位至少各设置一级,报警阈值分别为高位限和低位限。

4.3.3　压力报警高限至少设置两级,第一级报警阈值为正常工作压力的上限,第二级为容器设计压力的 80%,并应低于安全阀设定值。

4.3.4　风速报警高限设置一级,报警阈值为风速 13.8 m/s(相当于 6 级风)。

4.3.5　可燃气体报警至少应分为两级,第一级报警阈值不高于 25%LEL,第二级报警阈值不高于 50%LEL。

4.3.6　有毒气体报警至少应分为两级,第一级报警阈值为最高允许浓度的 75%,当最高允许浓度较低,现有监测报警仪器灵敏度达不到要求的情况,第一级报警阈值可适当提高,其前提是既能有效监测报警,又能避免职业中毒;第二级报警值为最高允许浓度的 2 倍～3 倍。

5　联锁控制装备的设置要求

5.1　可根据实际情况设置储罐的温度、液位、压力以及环境温度等参数的联锁自动控制装备,包括物料的自动切断或转移以及喷淋降温装备等。

5.2　紧急切换装置应同时考虑对上下游装置安全生产的影响,并实现与上下游装置的报警通讯、延迟执行功能。必要时,应同时设置紧急泄压或物料回收设施。

5.3　原则上,自动控制装备应同时设置就地手动控制装置或手动遥控装置备用。就地手动控制装置应能在事故状态下安全操作。

5.4　不能或不需要实现自动控制的参数,可根据储罐的实际情况设置必要的监测报警仪器,同时设置相关的手动控制装置。

5.5　安全控制装备应符合相关产品的技术质量要求和使用场所的防爆等级要求。

6　储罐内安全监控装备的设置

6.1　温度监控装备的设置

6.1.1　一般采用双金属温度计和热电阻温度计,优先采用铂热电阻温度计.测量误差应优于±0.5℃。

6.1.1.1　测温变送一体化温度计及变送器应带4 mA DC～20 mA DC输出,宜带数字式显示表头。

6.1.1.2　在有振动或对精度要求不高的场合可选择压力式温度计。

6.1.1.3　有防爆要求的罐区,应根据所存储的物料进行危险区域的划分,并选择相应防爆类型的仪表。

6.1.2　温度传感器一般安装在储罐壁或者悬挂在储罐顶部,要根据现场情况和传感器特点选用适合的安装方式。安装方式可选无固定装置、可动外螺纹、可动内螺纹、固定螺纹、固定法兰、卡套螺纹和卡套法兰等。

6.1.3　温度传感器在储罐的安装高度一般为1 m～1.3 m(球罐、卧罐除外),插入深度0.5 m～1 m,压力储罐可设置一个温度监测器,监测点深入罐内1 m以上。监测平均温度一般选用6点～10点。

6.1.4　根据储罐的环境条件选择温度计接线盒。普通式和防溅式(防水式)用于条件较好的场所;防爆式用于易燃、易爆场所。根据被测介质条件(腐蚀性和最高使用温度)选择温度计的测温保护管材质。

6.2　压力监控装备的设置

6.2.1　压力监测仪表选型时应主要考虑仪表的类型、型号、量程、精度等级和材质,兼顾气体特性对测量的影响。

6.2.2　仪表的量程根据所测压力的大小确定。当被测压力较稳定时,正常操作压力应为量程的1/3～2/3;当被测压力为脉动压力时,正常操作压力应为量程的1/3～1/2。

6.2.3　仪表的精度等级根据生产过程允许的最大测量误差,以经济、实惠的原则确定。一般工业用压力表可选1.5级或2.5级。

6.2.4　根据生产要求、介质情况、现场环境条件的特殊要求选择耐腐蚀压力表、耐高温压力表、隔膜压力表、防震压力表等。

6.2.5　气动就地式压力指示调节器适宜做就地压力指示调节;对需远距离测量或测量精度要求较高的现场,应选择压力传感器或压力变送器。压力变送器、压力开关应根据安装场所防爆要求合理选择。

6.2.6　储罐区压力储罐应选择符合测量范围要求的电阻式压力传感器、电感式压力传感器、电容式压力传感器、压阻式压力传感器、振筒式压力传感器和霍尔压力传感器,且直接将压力转换成电信号,提高测量精度。

6.2.7　采用螺纹型安装方式时,压力传感器安装在储罐内壁或顶部;选用浸入型从储罐顶部悬浮安装。

6.2.8　压力仪表的安装应注意取压口的开口位置和仪表安装位置的正确以及连接导管的合理铺设等问题。

6.2.9　进行取压口位置选择时,应该:

a)避免处于管路弯曲、分叉及流束形成涡流的区域;

b)当管路中有突出物体(如测温元件)时,取压口应取在其前面;

c)当在调节阀门附近取压时,若取压口在其前,则与阀门距离应不小于 2 倍管径;若取压口在其后,则与阀门距离应不小于 3 倍管径;

d)对于宽广容器,取压口应处于流体流动平稳和无涡流的区域。

6.2.10　进行测压连接导管的铺设时,连接导管的水平段应有一定的斜度,以利于排除冷凝液体或气体。当被测介质为气体时,导管应向取压口方向低倾;当被测介质为液体时,导管则应向测压仪表方向倾斜;当被测参数为较小的差压值时,倾斜度可加大。此外,如导管在上下拐弯处,则应根据导管中的介质情况,在最低点安置排泄冷凝液体装置或在最高处安置排气装置。

6.2.11　测压仪表的安装及使用时应注意:

a)仪表应垂直于水平面安装;

b)仪表测定点与仪表安装处在同一水平位置,要考虑附加高度误差的修正;

c)仪表安装处与测定点之间的距离应尽量短;

d)保证密封性,应进行泄漏测试,不应有泄漏现象出现,尤其是易燃易爆和有毒有害介质。

6.2.12　对于储存介质属于 GB 50160 规范中甲类物料的压力储罐,应设置压力自动报警系统和相应的压力控制设施。

6.2.13　压力储罐的罐顶应安装安全阀和相关的泄压系统,执行 GB 50160 和 GB 17681 的规定。

6.3　液位监控装备的设置

6.3.1　储罐应设置液位监测器,应具备高低位液位报警功能。

6.3.2　新建储罐区宜优先采用雷达等非接触式液位计及磁致伸缩、光纤液位计。

6.3.3　监测和报警精度:≤±5%。有计量功能的,应执行相关规范中的高精度规定。

6.3.4　监测方式

各种介质适用的液位仪表见表 1。

表 1　各种介质适用的液位仪表类型

介质	优先采用	可选
轻油(汽油、煤油、柴油)	力平衡式、伺服式、雷达式、静压式、HIMS、磁致伸缩、光纤	直接式
重油(干点(终馏点)在 365℃ 以上的油品)[①]	力平衡式、雷达式、光纤	直接式、伺服式、静压式、HIMS
原油[②]	力平衡式、伺服式、雷达式、HIMS、光纤	静压式
沥青[③]	雷达式	
LPG(液化气)	伺服式、雷达式[④]、磁致伸缩、光纤	直接式、伺服式、HIMS
液体化学品(易燃、易爆、有毒[⑤]、腐蚀性介质)	雷达式、静压式、磁致伸缩、光纤	HIMS

注:①②③对于重油、原油、沥青等黏度较高的介质,接触式仪表容易挂壁,例如磁致伸缩,时间长了浮子将被粘住不动读数为假读数。④对于易挥发介质例如液化气,应采用特殊功能雷达液位计。⑤对于有毒介质,如果易挥发,易使用密封原理液位计,光纤需要考虑严格密封。最好选用非接触式。

6.3.5　仪表的防爆等级、防腐性能:

应根据 GB 3836 及 GB 50058 进行爆炸危险区域划分并选择相应等级的仪表和电器。

设置在有腐蚀性介质区域的仪器,应从表体本身结构、安装和防护等方面解决防腐问题。

6.3.6 仪表安装、维护及检修

液位传感器可选法兰、螺纹和安装板安装方式。安装时确保传感器外壳良好接地。

6.3.7 大型(5000 m³ 以上)可燃液体储罐、400 m³ 以上的危险化学品压力储罐应另设高高液位监测报警及联锁控制系统。

6.3.8 压力储罐的高高液位监测控制系统,应由软件报警和硬件报警组成。报警控制宜采用或门逻辑结构。

7 罐区可燃气体和有毒气体监测报警仪和泄漏控制装备的设置

7.1 罐区环境可燃气体和有毒气体监测报警仪的设置原则

7.1.1 具有可燃气体释放源,且释放时空气中可燃气体的浓度有可能达到 25%LEL 的场所,应设置相关的可燃气体监测报警仪。

7.1.2 具有有毒气体释放源,且释放时空气中有毒气体浓度可达到最高容许值并有人员活动的场所,应设置有毒气体监测报警仪。

7.1.3 可燃气体和有毒气体释放源同时存在的场所,应同时设置可燃气体和有毒气体监测报警仪。

7.1.4 可燃的有毒气体释放源存在的场所,可只设置有毒气体监测报警仪。

7.1.5 可燃气体和有毒气体混合释放的场所,一旦释放,当空气中可燃气体浓度可能达到 25%LEL,而有毒气体不能达到最高容许浓度时,应设置可燃气体监测报警仪;如果一旦释放,当空气中有毒气体可能达到最高容许值,而可燃气体浓度不能达到 25%LEL 时,应设置毒气体监测报警仪。

7.1.6 一般情况安装固定式可燃气体或有毒气体监测报警仪。但是,若没有相关固定式监测报警仪或无安装固定式检报警测仪的条件,或属于非长期固定的生产场所的,可使用便携式仪器监测,或者采样监测。

7.1.7 可燃气体和(或)有毒气体监测报警的数据采集系统,宜采用专用的数据采集单元或设备,不宜将可燃气体和(或)有毒气体监测器接入其他信号采集单元或设备内,避免混用。

7.2 监测报警点的确定

7.2.1 可燃气体监测报警点的确定

7.2.1.1 可燃气体或易燃液体储罐场所,在防火堤内每隔 20 m~30 m 设置一台可燃气体报警仪,且监测报警器与储罐的排水口、连接处、阀门等易释放物料处的距离不宜大于 15 m。

7.2.1.2 可燃气体或易燃液体鹤管装卸栈台,应按以下规定设置可燃气体监测报警仪:

a)小鹤管铁路装卸栈台,在地面上每隔一个车位设置一台监测报警器,且装卸车口与监测报警器的水平距离不应大于 15 m;

b)大鹤管铁路装卸栈台可设一台可燃气体监测报警器;

c)汽车装卸站,可燃气体监测报警器与装卸车鹤位的水平距离不应大于 10 m。

7.2.1.3 液化烃的灌装站,应按以下规定设置可燃气体监测报警器:

a)封闭或半封闭的灌装间,每隔 15 m 设置一台监测报警器,且灌装口与监测报警器的距离不宜大于 7.5 m:

b)封闭或半封闭储瓶库,每隔 10 m 设置一台可燃气体监测报警器,且储瓶与监测报警器之间的距离不大于 5 m:

c)半露天储瓶库周围每隔 20 m 设置一台可燃气体监测报警器,当周长小于 20 m 时可只在主风向的下风位置设一台;

d)缓冲罐排水口或阀组与监测报警器之间的距离宜为 5 m～7.5 m。

7.2.1.4　封闭或半封闭氢气灌瓶间,应在灌装口上方的室内高点等易于滞留气体处设置监测报警器。

7.2.1.5　压缩机或输送泵所在场所,按以下规定设置可燃气监测报警器。

a)可燃气体释放源处于封闭或半封闭的场所,每隔 15 m 设置一台监测报警器,且任何一个释放源与监测报警器之间的距离不宜大于 7.5 m;

b)可燃气体释放源处于露天或半露天场所,监测报警器应设置在该场所主风向的下风侧,且每个释放源与监测报警器的距离不宜大于 10 m。若不便装于主风向的下风侧时,释放源与监测报警器距离不宜大于 7.5 m。

7.2.1.6　罐区的地沟、电缆沟或其他可能积聚可燃气体处,宜设置可燃气体监测报警器;在未设置可燃气体监测报警器的场所进行相关作业时,可配置便携式可燃气体监测仪进行现场监测。

7.2.2　有毒气体监测报警点的确定

7.2.2.1　有毒气体释放源处于封闭或半封闭场所时,每个释放源与有毒气体监测报警器的距离不大于 1 m。

7.2.2.2　有毒气体释放源处于露天或半露天的场所时,有毒气体监测报警器宜设置在该场所主风向的下风侧,每个释放源距离监测报警器不宜大于 2 m,如设置在上风侧,每个释放源距离监测报警器不宜大于 1 m。

7.3　可燃气体和有毒气体监测报警器的安装要求

7.3.1　可燃气体监测探头安装可采用房顶吊装、墙壁安装或抱管安装等方式,应确保安装牢固可靠,同时应考虑便于维护、标定。

7.3.2　可燃气及有毒气体浓度报警器的安装高度,应按探测介质的比重以及周围状况等因素来确定。当被监测气体的比重小于空气的比重时,可燃气体监测探头的安装位置应高于泄漏源 0.5 m 以上;被监测气体的比重大于空气的比重时,安装位置应在泄漏源下方,但距离地面不得小于 0.3 m。

7.3.3　可燃气体及有毒气体监测探头布线应采用三芯屏蔽电缆,单根线的截面积应大于 1 mm²,接线时屏蔽层应良好接地。

7.3.4　可燃及有毒气体监测探头安装时,应保证传感器垂直朝下固定。

7.3.5　可燃气体监测探头应在断电情况下接线,确定接线正确后通电;应在确定现场无可燃气体泄漏情况下,开盖调试探头。

7.3.6　可燃气体及有毒气体探测器应避开强机械或电磁干扰,避开强风尘及其他自然污染源,且周围应留有不小于 0.3 m 的净空间。

7.4　监测报警传感器的选用原则

7.4.1　根据被监测气体种类和环境条件等因素选择传感器类型,考虑其选择性、抗干扰和抵抗环境能力,特别要避开对传感器有害的物质,可参考 GB 50493 的相关规定。

7.4.2　在满足精度、稳定性和响应时间等技术要求的情况下,可选择经济、安装使用方便的传感器。

7.4.3　可燃气体的监测报警,一般选用催化燃烧式可燃气体监测报警仪,也可选用红外式、半导体式或光纤式等仪器,微量泄漏时可优先选用半导体式。

7.4.4　当可燃气体监测的环境空气中含有少量能使催化燃烧元件中毒的硫、磷、砷、卤素、硅的化合物时,应选择抗中毒的催化燃烧式元件,当引起元件中毒的物质含量较大时,应选择其它类型监测仪。

7.4.5　现场可燃气体以烷烃类为主时,可优先采用红外式可燃气体监测报警仪。

7.4.6　常见无机毒性气体监测报警,可优先采用定电位电解式有毒气体监测报警仪。

7.4.7　电离电位低于紫外光能的有机毒性气体等监测报警,当气体组成明确时,可优先选用光电离有毒气体监测报警仪(PID)。

7.4.8　有毒气体的监测报警,也可选择相应的红外式和光纤式等其他类型的监测报警仪。

7.5　可燃气体和有毒气体监测报警仪的技术性能要求

7.5.1　可燃和有毒气体监测仪的技术性能,应符合 GB 12358 和 GB 16808 要求。

7.5.2　可燃气体的报警控制器和监测报警系统,应符合 GB 16808 的规定。

7.6　泄漏控制装备的设置

7.6.1　配备检漏、防漏和堵漏装备和工具器材,泄漏报警时,可及时控制泄漏。

7.6.2　针对罐区物料的种类和性质,配备相应的个体防护用品,泄漏时用于应急防护。

7.6.3　罐区应设置物料的应急排放设备和场所,以备应急使用。

7.6.4　封闭场所宜设置排风机,并与监测报警仪联网,自动控制空气中有害气体含量。排风机规格和安装地点视现场情况而定。

8　罐区气象监测、防雷和防静电装备的设置

8.1　应设置风力、风向和环境温度等参数的监测仪器,并与罐区安全监控系统联网。

8.2　压力储罐的环境温度监测仪器宜与喷淋水系统联锁(或者手动),抑制储罐压力的升高。

8.3　防雷装备按 GB 50074 设置. 定期监测避雷针(网、带)的接地电阻,不得大于 10 Ω。

8.4　易产生静电的危险化学品装卸系统,应设置接地装置,执行 SH 3097 的规定。

9　罐区火灾监控装置的设置

9.1　监测报警系统的设置

9.1.1　罐区火灾监测报警系统的设置应符合 GB 50116 的规定。

9.1.2　手动报警按钮和声光报警控制装置的设置

易于发生火灾且难以快速报警的场所,应按要求设置火灾报警按钮,控制室、操作室应设置声光报警控制装置。

9.1.3　自动报警控制系统的设置

易于发生火灾的场所,可设置火焰、温度或感光火灾监测器,与火灾自动监控系统联网,实现火灾自动监控报警。

在有 24 小时连续职守的控制室、操作室可不设火焰、温度或感光火灾自动监测器。

9.2　罐区消防灭火装备的设置

9.2.1　罐区消防灭火装备的设置应符合 GB 50160 和 GB 50074 的要求。

9.2.2　自动灭火控制系统

在易于发生火灾并需快速灭火的高风险场所,应根据物料性质选择设置气体、干粉或水的自动灭火控制系统。

9.2.3　远程灭火控制系统

对于在储罐着火后,由于高温和有毒等不易靠近灭火的罐区、罐组,应设置远程灭火控制系统,灭火介质应依危险物料性质而定。

9.2.4　远程水喷淋控制系统

在储罐着火后会引起相邻的储罐受高温辐射影响而产生次生灾害的罐区,应设置远程水喷

淋控制系统,并要求水源充足,能及时快捷喷淋降温。

10　音视频监控装备的设置

10.1　一般原则

10.1.1　罐区应设置音视频监控报警系统,监视突发的危险因素或初期的火灾报警等情况。

10.1.2　摄像头的设置个数和位置,应根据罐区现场的实际情况而定,既要覆盖全面,也要重点考虑危险陸较大的区域。

10.1.3　摄像视频监控报警系统应可实现与危险参数监控报警的联动。

10.1.4　摄像监控设备的选型和安装要符合相关技术标准,有防爆要求的应使用防爆摄像机或采取防爆措施。

10.1.5　摄像头的安装高度应确保可以有效监控到储罐顶部。

10.2　技术要求

10.2.1　音视频编解码标准应符合国家相关标准,图像分辨率支持 QCIF、CIF 和 D1 格式,也支持 NTSC 制。

10.2.2　视频服务器支持多路视频输入,每路可扩展。

10.2.3　视频服务器网络协议采用 TCP/IP,支持固定 IP 及动态 IP 用户联网,支持扩展网络应用,宜带 1 路外接上网 LAN 口,直接上网。

10.3　视频监控系统应与罐区安全监控系统联网,为其提供信息,也可单独配置报警装备。

10.4　根据现场需要,可安装红外摄像报警装备,及时发现不安全因素。

11　罐区安全监控传输电缆的敷设要求

11.1　安全监控传输电缆的敷设可遵照 CB 50257 及 SH/T 3019 的有关规定执行。

11.2　传输电缆的保护措施

11.2.1　电缆明敷设时,应选用钢管加以保护,所用保护管应与相关仪表设备等妥善连接,电缆的连接处需安装防爆接线盒。

11.2.2　如选用钢带铠装电缆埋地敷设时,可不加防护措施,但应遵照电缆埋地敷设的有关规定进行操作。

11.3　本质安全电路和数字回路传输电缆要求

11.3.1　传输电缆线通常选用对绞信号传输电线/电缆,应避免非本质安全电路混触,防止由非本质安全电路引发静电感应和电磁感应。

11.3.2　数字回路传输电路应有屏蔽层,接头处的屏蔽层连接良好,整体屏蔽层要有良好的接地。

11.3.3　本安型监测报警仪在供电或信号连接之间应安装符合要求的安全栅。

11.4　接地保护措施

11.4.1　罐区应设置防止雷电、静电的接地保护系统,接地保护系统应符合 CB 12158 等标准的要求。

11.4.2　安全接地的接地体应设置在非爆炸危险场所,接地干线与接地体的连接点应有两处以上,安全接地电阻应小于 4 Ω。

11.4.3　进入爆炸危险场所的电缆金属外皮或其屏蔽层,应在控制室一端接地,且只允许一端接地。

11.4.4　本质安全电路除安全栅外,原则上不得接地,有特殊要求的按说明书规定执行。

12 罐区安全监控装备的管理

12.1 安全监控装备的可靠性保障

12.1.1 按照相关标准规范的规定,正确设置和施工,避免设置和施工的不规范而造成故障。

12.1.2 在设置时,应考虑安全监控系统的故障诊断和报警功能。

12.1.3 对于重要的监控仪器设备,应有"冗余"设置,以便在监控仪器设备出现故障时,及时切换。

12.1.4 在设置安全监控装备时,要充分考虑仪器设备的安装使用环境和条件,为正确选型提供依据。

12.1.5 对于环境空气中有害物质的自动监测报警仪器,要求正确设置监测报警点的数量和位置。对现场裸露的监控仪器设备采取防水、防尘和抗干扰措施。

12.2 安全监控装备的检查和维护

12.2.1 安全监控装备,应定期进行检查、维护和校验,保持其正常运行。

12.2.2 强制计量检定的仪器和装置,应按有关标准的规定进行计量检定,保持其监控的准确性。

12.2.3 安全监控项目中,对需要定期更换的仪器或设备应根据相关规定处理。

12.3 安全监控装备的日常管理

12.3.1 安全监控项目应建立档案,内容包括:监控对象和监控点所在位置,监控方案及其主要装备的名称,监控装备运行和维修记录。

12.3.2 在安全监控点宜设立醒目的标志。安全监控设备的表面宜涂醒目漆色,包括接线盒与电缆,易于与其它设备区分,利于管理维护。

12.3.3 安全监控装备应分类管理,并根据类级别制定相应的管理方案。

12.3.4 建立安全监控装备的管理责任制,明确各级管理人员、仪器的维护人员及其责任。

道路运输爆炸品和剧毒化学品车辆
安全技术条件

GB 20300—2006

前　言

本标准的附录为推荐性的,其余均为强制性的。

本标准是对爆炸品和剧毒化学品运输车辆特殊性制定的安全技术要求。

本标准对新定型产品自标准实施之日起执行,对在生产产品自发布之日起6个月后执行。

本标准的附录A、附录B和附录C是资料性附录。

本标准由国家发展和改革委员会提出。

本标准由全国汽车标准化技术委员会归口。

本标准起草单位:汉阳专用汽车研究所、东莞市永强汽车制造有限公司、中集车辆(集团)有限公司、中国重型汽车集团有限公司、郑州红宇专用汽车有限责任公司、北汽福田汽车股份有限公司、南京航天晨光股份有限公司、哈尔滨建成北方专用车有限公司、上海化工物品汽车运输公司、机械工业专用汽车产品质量检测中心。

本标准主要起草人:吴跃玲、王虎群、马凯、谭秀卿、侯永华、何王俊、邹志强、燕伟华、刘来祥、王焕民。

1　范围

本标准规定了道路运输爆炸品和剧毒化学品车辆的术语和定义、要求、标志和随车文件。

本标准适用于在道路上运输爆炸品和剧毒化学品的汽车和挂车(以下简称车辆)。

2　规范性引用文件

下列文件中的条款通过本标准的引用而成为本标准的条款。凡是注日期的引用文件,其随后所有的修改单(不包括勘误的内容)或修订版均不适用于本标准,然而,鼓励根据本标准达成协议的各方研究是否可使用这些文件的最新版本。凡是不注日期的引用文件,其最新版本适用于本标准。

GB 1589　道路车辆外廓尺寸、轴荷及质量限值

GB/T 1992—1985　集装箱名词术语

GB 4208　外壳防护等级(IP代码)

GB/T 4606　道路车辆　半挂车牵引座50号牵引销的基本尺寸和安装、互换性尺寸(GD/T 4606—2006,ISO 337:1981,IDT)

GB/T 4607　道路车辆　半挂车牵引座90号牵引销的基本尺寸和安装、互换性尺寸(GB/T 4607—2006,ISO 4086:2001,IDT)

GB 7258　机动车运行安全技术条件

GB/T 8416—2003　视觉信号表面色

GB 12268　危险货物品名表

GB 13365　机动车排气火花熄灭器性能要求和试验方法

GB 13392　道路运输危险货物车辆标志

GB/T 13594　机动车和挂车防抱制动性能和试验方法

GB/T 18833—2002　公路交通标志反光膜

GB/T 19056　汽车行驶记录仪

AQ 3004　危险化学品汽车运输安全监控车载终端

JT 230　汽车导静电橡胶拖地带

QC/T 518　汽车用螺纹紧固件拧紧扭矩规范

国家安全生产监督管理总局公告　剧毒化学品名录

3　术语和定义

下列术语和定义适用于本标准。

3.1　爆炸品　explosive substance

在外界作用下(如受热、撞击等),能发生剧烈的化学反应,瞬时产生大量的气体和热量,使周围压力急骤上升,发生爆炸,对周围环境造成破坏的物品。本标准中爆炸品是指 GB 12268 规定的爆炸品。民用爆破器材除外。

3.2　剧毒化学品　chemical toxic substance

具有非常剧烈毒性危害的化学品,包括人工合成的化学品及其混合物(含农药)和天然毒素。本标准中剧毒化学品是指列入国家安全生产监督管理总局公告《剧毒化学品名录》中的剧毒化学品。

3.3　罐体有效容积　actual capacity of tank

常温下,罐体装满水时所容纳的水的体积。

4　要求

4.1　底盘要求

4.1.1　发动机

总质量大于 2000 kg 的爆炸品运输车辆的发动机应为压燃式。

4.1.2　排气系统

4.1.2.1　车辆发动机燃料系统的安全防护应符合 GB 7258 的规定。

4.1.2.2　车辆发动机排气装置应具备熄灭排气火花的功能。若装用排气火花熄灭器应符合 GB 13365 的要求。

4.1.2.3　总质量大于 2000 kg 的车辆的发动机排气装置应安装在车身前部,排气管与运输货物的距离至少大于 300 mm。其出气口要远离运输货物,距离不得小于 500 mm;总质量小于 2000 kg(含 2000 kg)的车辆的发动机排气装置宜安装在车身前部,如安装在货厢底板下部,排气管与货厢底板之间应加装带有反射热辐射材料的隔热板,排气管与运输货物的距离至少大于 150 mm。

4.1.3　轮胎

车辆应装用子午线轮胎。

4.1.4　限速器

车辆应配备限速装置。限速装置的调定速度不得大于 90 km/h。

4.1.5 防抱制动装置

4.1.5.1 N 类车辆必须装备符合 GB/T 13594 规定的 1 类防抱制动装置;0 类车辆必须装备符合 GB/T 13594 规定的 A 类防抱制动装置。

4.1.5.2 汽车列车的牵引车和挂车,其防抱制动性能应相匹配。

4.1.5.3 所有车辆必须装备制动器自动间隙调整臂。

4.1.6 电气装置

4.1.6.1 导线应有足够的截面积以防止过热,且应可靠绝缘。不经过电源总开关而直接接通蓄电池的线路应采取可靠的过热保护措施。

4.1.6.2 驾驶室内应设置用于电源总开关开、闭操作的控制装置,开关盒应符合 GB 4208 规定的 IP65 防护等级的要求,开关上的线束接头应符合 GB 4208 规定的 IP54 防护等级的要求。

4.1.6.3 蓄电池接线端子应采取可靠的绝缘保护措施或用绝缘的蓄电池箱盖住。

4.2 整车要求

4.2.1 车辆结构

车辆应为罐式车辆或货厢为整体封闭结构的厢式车辆。

4.2.2 尺寸参数

4.2.2.1 车辆的尺寸参数应符合 GB 1589 的规定。

4.2.2.2 罐式车辆满载时,同一车轴的轮胎接地点外侧间距与质心高度的比值不得小于 0.9。

4.2.3 质量参数

4.2.3.1 车辆的质量参数应符合 GB 1589 的规定,且不得超过该底盘的最大允许总质量。

4.2.3.2 非罐式车辆的最大允许装载质量不得超过 10000 kg。

4.2.4 罐体有效容积

运输爆炸品车辆的罐体有效容积不得超过 20 m^3,运输剧毒化学品车辆的罐体有效容积不得超过 10 m^3。

4.2.5 罐体防护要求

4.2.5.1 罐体及罐体上的管路及管路附件不得超出车辆的侧面及后下部防护装置,罐体后封头及罐体后封头上的管路和管路附件与后下部防护装置的纵向距离不得小于 150 mm。

4.2.5.2 罐体顶部应设置具有足够强度的倾覆保护装置,该装置应有能将积聚在其内部的液体排出的排放阀。罐体顶部的管接头、阀门及其他附件的最高点必须低于倾覆保护装置的最高点至少 20 mm。

4.2.6 厢体基本要求

4.2.6.1 货厢结构为封闭式,具有防火、防雨、防盗功能,并具有一定的强度和刚度。货厢内蒙皮应采用有色金属或不易发火的非金属材料。货厢面板内外蒙皮之间采用阻燃隔热材料填充。货厢侧壁或前后壁板应根据需要设置具有防雨功能的通风窗。

4.2.6.2 货厢门应安装密封条。密封条应固定可靠,防雨防尘密封良好。

4.2.6.3 货厢门铰链应固定可靠,旋转自如。锁止结构安全可靠。

4.2.6.4 货厢内不得装设照明灯光,不得敷设电气线路。

4.2.6.5 货厢内应设置货物固定紧固装置,在货厢前壁、侧壁设置一定数量的固定绳钩。

4.2.6.6 货厢内应设置货物起火燃烧报警装置;货厢门上应设置防盗报警装置;总质量大于或等于 9000 kg 的车辆驾驶室内应装监视器,其摄像头应设在货厢后部上端,并应有良好的观察效果。

4.2.7　连接装置的规格强度

4.2.7.1　罐体或厢体应通过焊接或铆接的支架用螺栓固定在底盘上（符合 GB/T 1992 规定的罐式集装箱除外）。

4.2.7.2　连接装置所采用的螺栓的强度等级应不低于 8.8 级，螺栓拧紧力矩应符合 QC/T 518 的要求，并应采取可靠的防松结构和措施。

4.2.7.3　半挂车牵引销应符合 GB/T 4606、GB/T 4607 的规定。

4.2.8　防静电措施

4.2.8.1　底盘、罐体或厢体、管道及其他相关附件等相关装置任意两点间的电阻值应不大于 5 Ω。

4.2.8.2　货厢内底板应铺设阻燃导静电胶板，厚度不小于 5 mm，导静电胶板任意一点与拖地带之间的电阻值为 104 Ω～108 Ω。

4.2.8.3　需配置输送泵的车辆，应采用离心泵、叶片泵或其他不易积聚静电的泵，泵送系统应形成导静电通路。

4.2.8.4　装卸软管所用材质应与所装运介质相适应，应采用防静电胶管，装卸软管两端金属件之间的电阻值应不大于 5 Ω。

4.2.8.5　车辆必须装设接地线，接地线应柔软，展开、收回灵活，末端应装设弹性"鳄鱼夹"，接地线与车架之间的电阻值应不大于 5 Ω。

4.2.8.6　车辆底部必须设置导静电拖地带，其性能应符合 JT 230 的规定。

4.2.9　灭火器

驾驶室内应配备一个干粉灭火器。在车辆两边应配备与所装载介质性能相适应的灭火器各一个，灭火器应固定牢靠、取用方便。

4.2.10　其他要求

驾驶室内部应有放置应急设施的空间和放置应急设施的装置。

5　车辆监控装置

5.1　行驶记录仪

5.1.1　车辆应安装符合 GB/T 19056 规定的行驶记录仪。

5.1.2　行驶记录仪应安装在驾驶室内部并便于使用者查看及提取数据的位置。

5.1.3　行驶记录仪的主电源应为车辆电源。对所有导线均应有适当保护，以保证这些导线不会接触到可能会引起导线绝缘损伤的部件。接线应布置整齐，并固定可靠。

5.2　监控车载终端

5.2.1　车辆应安装符合 AQ 3004 规定的安全监控车载终端。

5.2.2　安全监控车载终端应安装在驾驶室内或根据需要安置在挂车适当位置。

5.2.3　车载终端的主电源应为车辆电源。在无法获得车辆电源时可由车载终端的备用电池组供电，备用电池组可支持正常工作时间不小于 8 h。电源导线应用不同颜色或标号（等距离间隔标出）明确标示。接线应布置整齐，并固定可靠。天线应远离其他敏感的电子设备。车载终端的地线应连接到车辆底盘上。

6　标志

6.1　车辆应安装符合 GB 13392 要求的标志牌（式样见附录 A）和标志灯。

6.2　在车辆后部应安装安全标示牌（式样见附录 B）。安全标示牌为白底黑字，字迹要求清晰完整,安装在车辆后部。安全标示牌为矩形,尺寸为 350 mm×175 mm。

    6.3　在车辆的后部和两侧应粘贴橙色反光带以标示车辆的轮廓(式样见附录 C),橙色反光带的宽度为 150 mm+20 mm。橙色反光材料的亮度因数应符合 GB/T 8416—2003 中表 5 的规定,橙色反光材料色品坐标应符合 GB/T 8416—2003 中表 6 的规定,其逆反射性能应符合GB/T 18833—2002 中表 3 规定的一级红色反光膜。

    6.4　厢式车辆的货厢外部颜色应为浅色。

7　随车文件

车辆应配备车辆使用说明书。使用说明书的编写应包括以下内容:

a)产品名称与型号;

b)生产企业名称、详细地址;

c)技术特点及参数;

d)装运的危险货物品名和应急措施;

e)禁止混装与换装的规定;

f)行驶速度要求;

g)停车熄火要求;

h)车辆维修保养的特殊规定。

附录 A

标志牌
(资料性附录)

见图 A.1 和图 A.2。

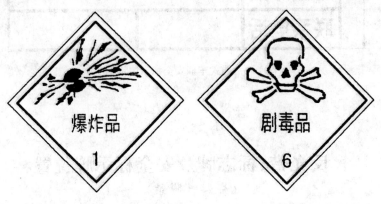

图 A.1　爆炸品标志牌示例　　　图 A.2　剧毒化学品标志牌示例

附录 B

安全标示牌
（资料性附录）

见图 B.1 和图 B.2。

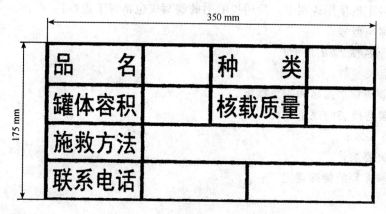

图 B.1　罐式车辆安全标示牌示例

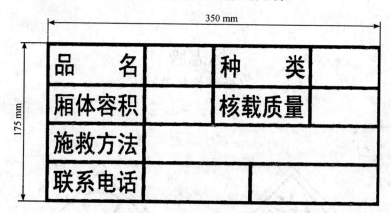

图 B.2　厢式车辆安全标示牌示例

附录 C

反光带、标志牌及安全标示牌位置
（资料性附录）

见图 C.1 和图 C.2。

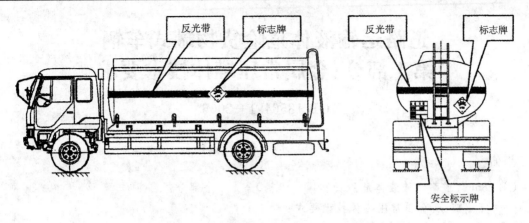

图 C.1 罐式车辆反光带、标志牌及安全标示牌位置示例

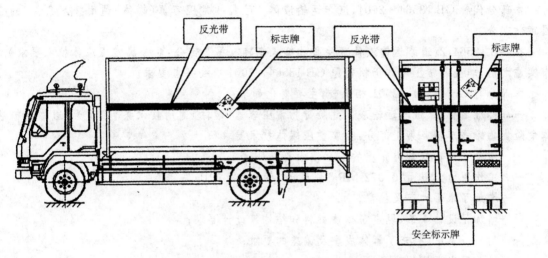

图 C.2 厢式车辆反光带、标志牌及安全标示牌位置示例

道路运输液体危险货物罐式车辆
第1部分:金属常压罐体技术要求

GB 18564.1—2006

前 言

GB 18564《道路运输液体危险货物罐式车辆》分为2个部分:

——第1部分:金属常压罐体技术要求;

——第2部分:非金属常压罐体技术要求。

本部分为 GB 18564《道路运输液体危险货物罐式车辆》的第1部分。

本部分代替 GB 18564—2001《汽车运输液体危险货物常压容器(罐体)通用技术条件》的金属罐体部分。

在 GB 18564.2《道路运输液体危险货物罐式车辆 第2部分:非金属常压罐体技术要求》发布实施之前,非金属常压罐体仍执行原 GB 18564—2001 有关条款要求。

本部分与 GB 18564—2001 相比较,主要变化如下:

——标准名称由"汽车运输液体危险货物常压容器(罐体)通用技术条件"改为"道路运输液体危险货物罐式车辆 第1部分:金属常压罐体技术要求";

——增加了运输剧毒类介质的安全技术要求;

——工作压力上限由"0.072 MPa"修改为"小于 0.1 MPa";

——增加了术语和定义一章;

——增加了设计一章,规定了罐体材料和结构等设计要求;

——制造一章中,补充了罐体成型及偏差的要求;

——修改了出厂检验的要求;

——增加了罐体定期检验一章;

——增加了附录 A"常见液体危险货物介质及其主要设计参数"、附录 C"安全泄放装置的设计计算"和附录 D"非圆形截面罐体";

——将原附录 A"液体危险货物与罐体材质的相容性"改为附录 B"常见液体危险货物介质与罐体材料的相容性";

——取消了原附录 B"危险货物常压年检结果登记表"(提示的附录)。

本部分的附录 B、附录 C 为推荐性的,其余均为强制性的。

本部分由全国锅炉压力容器标准化技术委员会(SAC/TC 262)提出。

本部分由全国锅炉压力容器标准化技术委员会(SAC/TC 262)归口。

本部分由全国锅炉压力容器标准化技术委员会移动式压力容器分技术委员会(SAC/TC 262/SC 4)组织起草。

本部分主要起草单位:中集车辆(集团)有限公司、上海化工装备有限公司、中国石油化工集团公司经济技术研究院、扬州中集通华专用车有限公司、南通中集罐式运输设备制造有限公司、荆门宏图特种飞行器制造有限公司、哈尔滨建成北方专用车有限公司、南京航天晨光股份有限公司、中化国际(控股)股份有限公司、上海霍冶希诺巴克运业有限公司。

本部分主要起草人:刘洪庆、周伟明、寿比南、马凯、孙洪利、孙太平、罗永欣、许子平、张杰、王为国、陈朝晖、邹志强、李军、刘超。

本部分于 2001 年首次发布,2006 年第一次修订。

1 范围

1.1 本部分规定了道路运输液体危险货物罐式车辆金属常压罐体(以下简称罐体)的设计、制造、试验方法、出厂检验、涂装与标志标识以及定期检验项目的技术要求。

1.2 本部分适用于装运介质为液体危险货物,工作压力小于 0.1 MPa,金属材料制造以及与定型汽车底盘或半挂车车架为永久性连接的罐体。

1.3 本部分适用于附录 A 中的介质。对超出附录 A 范围以外的介质,当其物理、化学性质与附录 A 的介质相近时可参照本部分执行。

1.4 本部分不适用于非金属材料罐体、真空绝热结构罐体或有特殊要求的军事装备用罐体。

1.5 对不能采用本部分进行设计的罐体,允许采用以下方法设计,但需经国家主管机构认可的单位进行评定、认可:

——包括有限元法在内的应力分析;

——验证性实验分析(如实验应力分析、验证性液压试验);

——用可比的已投入使用的结构进行对比经验设计。

2 规范性引用文件

下列文件中的条款通过 GB/T 18564 的本部分的引用而成为本部分的条款。凡是注日期的引用文件,其随后所有的修改单(不包括勘误的内容)或修订版均不适用于本部分,然而,鼓励根据本部分达成协议的各方研究是否可使用这些文件的最新版本。凡是不注日期的引用文件,其最新版本适用于本部分。

GB 150 钢制压力容器

GB/T 3730.1—2001 汽车和挂车类型的术语和定义

GB/T 3730.2—1996 道路车辆 质量 词汇和代码(idt ISO 1176:1990)

GB 6944—2005 危险货物分类和品名编号

GB/T 8163—1999 输送流体用无缝钢管(neq ISO 559:1991)

GB 9969.1—1998 工业产品使用说明书 总则

GB 12268—2005 危险货物品名表

GB 13365—2005 机动车排气火花熄灭器

GB 13392—2005 道路运输危险货物车辆标志

GB/T 14976—2002 流体输送用不锈钢无缝钢管

GB 20300—2006 道路运输爆炸品和剧毒化学品车辆安全技术条件

JB 4708 钢制压力容器焊接工艺评定

JB/T 4711 压力容器涂覆与运输包装

JB 4726 压力容器用碳素钢和低合金钢锻件

JB 4727 低温压力容器用低合金钢锻件

JB 4728 压力容器用不锈钢锻件

JB/T 4730.2 承压设备无损检测 第 2 部分:射线检测

JB/T 4730.3 承压设备无损检测 第 3 部分:超声检测

JB/T 4730.4 承压设备无损检测 第 4 部分:磁粉检测

JB/T 4730.5 承压设备无损检测 第5部分:渗透检测

JB/T 4734 铝制焊接容器

JB/T 4735 钢制焊接常压容器

JB/T 4746 钢制压力容器用封头

JB/T 4747 压力容器用钢焊条订货技术条件

QC/T 653—2000 运油车、加油车技术条件

HG 20660—2000 压力容器中化学介质毒性危害和爆炸危险程度分类

HG/T 20678—2000 衬里钢壳设计技术规定

3 术语和定义

GB/T 3730.1、GB/T 3730.2、JB/T 4734、JB/T 4735确立的以及下列术语和定义适用于本部分。

3.1 压力 pressure

除注明者外,压力均指表压力。

3.2 计算压力 calculating pressure

系指在相应设计温度下,用以确定罐体元件厚度的压力,其中包括液柱静压力和动载荷等。当元件所承受的液柱静压力小于5%设计压力时,则可忽略液柱静压力,单位为MPa。

3.3 罐体 tank body

系指由简体、封头、人孔、接管和装卸口等构成的封闭容器。

3.4 安全附件 safety attachments

系指安装于罐体上的安全泄放装置(呼吸阀、安全阀、爆破片装置、安全阀与爆破片串联组合装置和排放系统等)、紧急切断装置、液位测量装置、压力测量装置、温度测量装置及导静电装置等能起安全保护作用的附件的总称。

3.5 排放系统 venting system

系指用于紧急泄放因罐体内部介质的聚合、分解等反应所引起的超压而设置的保护装置。

3.6 道路运输液体危险货物罐式车辆 road tanker for dangerous liquid goods

系指罐体内装运液体危险货物,且与定型汽车底盘或半挂车车架永久性连接的道路运输罐式车辆。

3.7 液体 liquid

系指在50℃时蒸气压不大于0.3 MPa(绝压)或在20℃和0.1013 MPa(绝压)压力下不完全是气态,在0.1013 MPa(绝压)压力下熔点或起始熔点不大于20℃的货物。

3.8 液体危险货物 dangerous liquid goods

系指具有爆炸、易燃、毒害、感染、腐蚀等危险特性,在运输、储存、生产、经营、使用和处置中,容易造成人身伤亡、财产损毁或环境污染而需要特别防护的液体货物。

3.9 标准钢 reference steel

系指标准抗拉强度下限值(R_m)为370 MPa,断后伸长率(A)为27%的碳素钢。

4 总论

4.1 总则

4.1.1 除应符合本部分的规定外,罐体的设计、制造、试验方法、出厂检验、涂装与标志标识及定期检验项目等安全技术要求还应符合国家有关法令、法规和规章的规定。

4.1.2　设计、制造单位应按国家的有关条例规定取得相应的资质后,方可进行罐体的设计和制造。

4.1.3　配装符合本部分要求的罐体的罐车应符合 GB 20300 的有关规定。

4.2　职责

4.2.1　设计单位

4.2.1.1　设计单位应对设计文件的正确性和完整性负责。

4.2.1.2　罐体的设计文件至少应包括下列内容:

a)设计计算书(包括罐体强度计算、罐体容积计算、支座局部应力计算等);

b)设计图样(包括总图、罐体图、管路图等);

c)设计说明书;

d)使用说明书。

4.2.1.3　设计总图至少应注明下列内容:

a)产品名称、型号;

b)底盘型号、发动机功率、满载总质量、整备质量、轴载质量、最大允许充装质量、罐车外廓尺寸、罐体尺寸、罐体设计总容积及分仓容积等主要技术特性参数;

c)罐体设计压力、设计温度、充装介质、焊接接头系数、腐蚀裕量和单位容积充装质量等主要设计参数;

d)罐体安全附件的规格和性能要求;

e)罐体气密性试验要求;

f)罐车产品铭牌的位置。

4.2.1.4　罐体图至少应注明下列内容:

a)产品名称;

b)设计压力、设计温度、充装介质、焊接接头系数、腐蚀裕量和单位容积充装质量等设计参数;

c)罐体主体材料牌号、规格及要求;

d)几何尺寸、设计总容积及分仓容积;

e)封头和筒体设计厚度;

f)制造要求;

g)热处理要求;

h)无损检测要求;

i)防腐蚀处理要求;

j)耐压试验要求。

4.2.2　制造单位

4.2.2.1　制造单位应按经规定程序批准的设计图样进行制造,如需要对原设计进行修改,应取得原设计单位同意修改的书面证明文件,并对改动部位作详细记录。

4.2.2.2　制造单位在制造过程中和完工后,应按本部分和设计图样的规定对罐体(车)进行各项具体检验、检测和试验,出具检验、检测和试验报告,并对报告的正确性和完整性负责。

4.2.2.3　制造单位至少应保存下列文件备查,且保存期一般不得少于 7 年。

a)制造工艺图或制造工艺卡;

b)材料证明文件及材料表;

c)焊接工艺和热处理工艺记录;

d)安全附件的检验记录;

e)标准中规定制造厂选择项目的记录；

f)射线检测底片、报告和其他无损检测报告；

g)制造过程中及完工后的检验、检测和试验报告；

h)设计图和竣工图(至少包括总图、罐体图和管路图等)；

i)产品使用说明书；

j)产品质量证明书。

5 设计

5.1 基本要求

5.1.1 一般要求

5.1.1.1 应选用国家主管部门批准的定型底盘,定型底盘应符合相应国家标准、行业标准的规定,且有必要的技术资料和产品合格证等质量证明文件。

5.1.1.2 罐体材料和外购件应符合有关标准的规定,并有供应商提供的合格证明,装配时应选用经检验合格的零部件。

5.1.1.3 罐体设计时,应根据底盘、罐体和附件等参数,计算整车在空载和满载两种工况下的轴载质量,且不大于底盘或半挂车允许的总质量和轴载质量。

5.1.1.4 装运三氯化磷等剧毒类(毒性程度为极度或高度危害,以下略)介质的罐体,其有效容积等还应符合国家有关法规和规章的规定。

5.1.1.5 附录 A 以外的液体危险货物,其罐体设计可参照本章执行,但需经国家主管部门认可的机构进行技术评审。

5.1.2 防火和防静电要求

装运易燃、易爆类介质的罐车应满足下列基本要求：

a)应配备不少于 2 个与载运介质相适应的灭火器或有效的灭火装置；

b)发动机排气装置应采用防火型或在出气口加装排气火花熄灭器,且排气管出口应安装到车身前部,排气火花熄灭器应符合 GB 13365 的规定；

c)非金属衬里的罐体,应有防静电放电措施；

d)罐体及其附加设备的防静电要求应符合 GB 20300 的有关规定。

5.2 材料

5.2.1 一般要求

5.2.1.1 罐体用材料应当具有良好的耐腐蚀性能、力学性能、焊接性能及其他工艺性能,并能满足罐体的制造、检验及安全使用等基本要求。

5.2.1.2 罐体用材料应符合相应国家标准或行业标准的规定。

5.2.1.3 装运剧毒类介质的罐体用碳素钢或低合金钢钢板时,应在制造前进行复验,复验应至少包括下列内容：

a)应按批号抽取 2 张钢板进行夏比(V 型缺口)低温冲击试验,试验温度按设计图样的规定选取,且应不大于−20℃,试件取样方向为横向。低温冲击功指标应符合 GB 150 的规定。奥氏体不锈钢可免做低温冲击试验；

b)当钢厂未提供经超声检测合格的钢板质量保证书时,制造厂应逐张进行超声检测,合格等级不低于 JB/T 4730.3 中规定的Ⅱ级要求。

5.2.1.4 与介质接触的罐体材料(包括衬里材料)不应与装运介质发生危险化学反应,从而避免降低材料强度或形成危险化合物。

5.2.1.5　罐体用材料应与罐内装运介质相容,其腐蚀速率应不大于 0.5 mm/年,且满足罐车在使用中所遇到的各种工作和环境条件。

5.2.1.6　对于装运附录 A 中介质的罐体,其材料可参考附录 B 选用。

5.2.2　钢制材料选用规定

5.2.2.1　GB 150、JB/T 4735 所列的钢材及其适用范围均适用于本部分。

5.2.2.2　碳素钢或低合金钢应具有良好的塑性,常温下的屈服强度应不大于 460 MPa,抗拉强度上限值应不大于 725 MPa,且屈服强度与抗拉强度下限值之比应不大于 0.85,断后伸长率应不小于 20%。

5.2.2.3　当对罐体材料有特殊要求时,应在设计图样或技术文件中注明。

5.2.3　铝制材料选用规定

铝及铝合金材料应符合 JB/T 4734 的规定,其断后伸长率应不小于 12%。

5.2.4　非金属衬里材料

非金属衬里材料的应不小于罐体金属材料的弹性。

5.2.5　锻件

锻件应符合 JB 4726、JB 4727 及 JB 4728 的规定,装运剧毒类介质的罐体用锻件应不低于Ⅲ级,装运其他类介质罐体用锻件应不低于Ⅱ级。

5.2.6　管材

5.2.6.1　罐体用碳素钢、低合金钢钢管应符合 GB/T 8163 的规定,不锈钢钢管应符合 GB/T 14976 的规定。

5.2.6.2　装运剧毒类介质的罐体应选用按相关标准进行涡流或超声检测的钢管。未进行检测的钢管,制造厂应逐根进行水压试验,试验压力应不小于 1.6 MPa。

5.2.7　焊接材料

5.2.7.1　焊接材料应符合 JB/T 4747 或 JB/T 4734 的规定,且应有清晰、牢固的标志。

5.2.7.2　制造单位应建立并严格执行焊接材料的验收、复验、保管、烘干、发放和回收制度。

5.2.8　保温和保温层外壳材料

5.2.8.1　罐体用保温材料应具有良好的化学稳定性,应对设备和管路无腐蚀作用,火灾时不应大量逸散有毒气体,并能满足工作温度的要求。

5.2.8.2　保温材料的导热系数应符合设计图样的规定。

5.2.8.3　保温层外壳材料应选用金属或玻璃纤维加强的塑料材料。

5.3　连接要求

5.3.1　罐体与底盘的连接应牢固、可靠,除符合相应底盘改装手册的要求外,还应符合下列要求:

a)设计时应避免上装部分的布置对底盘车架造成集中载荷,并尽可能将其转化为均布载荷,以改善受力状况;

b)当车架需加长时,加长部分用材料应考虑其可焊性;

c)应避免在车架应力集中的区域内进行钻孔或焊接;

d)罐体纵向中心平面与底盘纵向中心平面之间的最大偏移量应不大于 6 mm。

5.3.2　半挂车按罐体受力情况及连接方式可分为半承载式和承载式两种,其连接应满足以下要求:

a)半承载式半挂车,应对半挂车车架进行强度校核。

b)承载式半挂车,应按 JB/T 4735 或 JB/T 4734 的规定,对罐体进行整体强度和刚度的校核。

5.4　设计方法

5.4.1　一般规定

5.4.1.1　罐体的设计压力应不小于最高工作压力。

5.4.1.2　确定计算压力时,除应考虑罐体所装运介质的工作压力外,还应考虑罐体在正常的运输和装卸时所产生的静态、动态和热负荷等最大综合载荷。

5.4.1.3　罐体对接焊接接头应采用双面焊或相当于双面焊的全焊透结构,封头与筒体的连接应采用全焊透对接结构。

5.4.1.4　装运剧毒类介质的罐体,其人孔、接管、凸缘等与筒体或封头焊接的焊接接头应采用双面焊或相当于双面焊的全焊透结构。

5.4.1.5　罐体的横截面一般宜采用圆形,其设计应符合本章的规定;对于非圆形截面罐体,其设计应符合附录 D 的规定;罐体横截面形状的选择应遵循以下原则:

a)装运剧毒类介质或附录 A 中试验压力不低于 0.4 MPa 的罐体应采用圆形截面;

b)装运其他介质,且试验压力低于 0.4 MPa 的罐体可采用圆形、椭圆形或带有一定曲率的凸多边形截面。

5.4.2　载荷

5.4.2.1　罐体的设计应考虑下列载荷:

a)内压、外压或最大压差;

b)装载量达到最大装运质量时的液柱静压力;

c)运输时的惯性力;

d)支座与罐体连接部位或支承部位的作用力;

e)连接管道和其他部件的作用力;

f)罐体自重及正常工作条件下或试验条件下装运介质的重力载荷;

g)附件及管道、平台等的重力载荷;

h)温度梯度或热膨胀量不同引起的作用力;

i)冲击力,如由流体冲击引起的作用力等。

5.4.2.2　设计时,罐体在运输工况中所承受的静态力按下列原则确定:

a)纵向:最大充装质量乘以两倍的重力加速度;

b)横向:最大充装质量乘以重力加速度;

c)垂直向上:最大充装质量乘以重力加速度;

d)垂直向下:最大充装质量(包括重力作用的总负荷)乘以两倍的重力加速度。

注:上述载荷施加于罐体的形心,且不造成罐内气相空间压力的升高。

5.4.3　设计压力和计算压力

5.4.3.1　罐体的设计压力取下列工况中的较大值:

a)设计温度时介质的饱和蒸汽压与封罐压力之和;

b)充装、卸料时的操作压力。

5.4.3.2　罐体的计算压力应取下列 a)、b)、c)的最大值或 a)、b)、d)的最大值:

a)设计温度时介质饱和蒸汽压与封罐压力,以及由于 5.4.2.2 所列载荷产生的等效压力之和,等效压力应不小于 0.035 MPa;

b)附录 A 中罐体设计代码已规定的试验压力;

c)当附录 A 中罐体设计代码第二部分为 G 时,表示盛装 50℃ 时饱和蒸汽压不超过 0.01 MPa的介质,其计算压力应按下列原则确定:

——采用重力卸料的,应取罐体底部装运介质的两倍静态压力或两倍静态水压力的较大值;

——采用压力充装或压力卸料的,应取充装压力或卸料压力较大值的 1.3 倍。

d)附录 A 中罐体设计代码第二部分已给定最小计算压力的数值时,其计算压力应按下列原则确定:

——对装运 50℃时饱和蒸汽压超过 0.01 MPa,但不大于 0.075 MPa 的介质,计算压力应取充装或卸料压力较大值的 1.3 倍,且取其与 0.15 MPa 的较大值。

——对装运 50℃时饱和蒸气压大于 0.075 MPa,但小于 0.1 MPa 的介质,计算压力应取充装或卸料压力较大值的 1.3 倍,且取其与 0.4 MPa 的较大值。

5.4.4 外压校核

5.4.4.1 当未装真空阀、呼吸阀或排放系统时,罐体外压稳定性校核压力至少应高出罐体内压力 0.04 MPa。

5.4.4.2 当装有真空阀,但未安装呼吸阀或排放系统时,罐体外压稳定性校核压力至少应高出罐内压力 0.021 MPa。

5.4.4.3 当装有呼吸阀或排放系统时,可免罐体外压稳定性校核。

5.4.5 设计温度

罐体的设计温度应按以下要求确定:

a)罐体结构为裸式或带遮阳罩的,其设计温度为 50℃;

b)罐体结构有保温层的,设计温度应不小于元件金属可能达到的最高温度,对于 0℃以下的金属温度,设计温度应不大于元件金属可能达到的最低温度。

c)罐体设计温度的确定应考虑环境温度的影响。

5.4.6 许用应力

5.4.6.1 当罐体承受内压载荷时,钢材的许用应力应按 JB/T 4735 选取,铝和铝合金材料的许用应力应按 JB/T 4734 选取。

5.4.6.2 当罐体承受 5.4.2.2 所列载荷时,车架与罐体的连接处以及罐体的应力应不大于 JB/T 4735 或 JB/T 4734 中规定的相应材料的许用应力值。

5.4.7 腐蚀裕量

5.4.7.1 材料的腐蚀裕量应由设计单位确定或由用户提供,且满足下列要求:

a)有腐蚀或磨损的零件,应根据预期的罐体设计寿命和介质对材料的腐蚀速率确定;

b)罐体各组件的腐蚀程度不同时,可采用不同的腐蚀裕量;

c)碳素钢或低合金钢制罐体,其腐蚀裕量一般应不小于 1 mm。

5.4.7.2 有下列情形之一者,可不考虑材料的腐蚀裕量:

a)介质对材料无腐蚀作用;

b)有耐腐蚀衬里或涂层。

5.4.8 介质

5.4.8.1 危险货物分类应符合 GB 6944 的规定;

5.4.8.2 介质的品名及编号应符合 GB 12268 的规定;

5.4.8.3 介质的毒性危害和爆炸危险程度的划分应符合 HG 20660 的规定。

5.4.8.4 常见介质见附录 A。

5.4.9 罐体允许最大充装量

5.4.9.1 罐体允许最大充装量应按式(1)计算:

$$W = \Phi_v V \tag{1}$$

式中:W——罐体允许最大充装量,单位为吨(t);

Φ_v——单位容积充装量,单位为吨每立方米(t/m³),按下列原则确定:

a)轻质燃油类介质按 QC/T 653 确定;

b)其他类介质应按罐体设计温度下,其罐内至少留有 5%,且不大于 10%的气相空间及该温度下的介质密度来确定。

V——罐体设计容积,单位为立方米(m³)。

5.4.9.2 罐体允许最大充装质量应不大于罐车的额定载质量。

5.4.10 罐体计算厚度

罐体计算厚度按式(2)计算:

$$\delta = p_c D_i / (2[\sigma]^t \varphi) \tag{2}$$

式中:δ——罐体计算厚度,单位为毫米(mm);

p_c——计算压力,单位为兆帕(MPa);

D_i——罐体内直径,单位为毫米(mm);

$[\sigma]^t$——设计温度下,罐体材料许用应力,单位为兆帕(MPa);

φ——焊接接头系数。

5.4.11 罐体焊接接头系数

5.4.11.1 钢材的焊接接头系数应按 JB/T 4735 选取,铝和铝合金材料的焊接接头系数应按 JB/T 4734 选取。

5.4.11.2 装运剧毒类介质的罐体,钢材的焊接接头系数取 1.0,铝和铝合金材料的焊接接头系数取 0.95。

5.4.12 支座及其局部应力校核

5.4.12.1 罐体与底盘的连接结构和固定装置应牢固可靠,罐体与底盘的支座连接的结构形式可采用 V 形支座或鞍式支座等。

5.4.12.2 罐体上的支座、底座圈及其他型式的支撑件应有足够的刚度和强度,且能承受不小于纵向 $2mg$、垂直向下 $2mg$、横向 $1mg$、垂直向上 $1mg$ 惯性力的作用(其中 m 为罐体、附件与装运介质的质量之和)。

5.4.12.3 罐体与支座连接的部位应进行局部应力校核,其许用应力按 5.4.6.2 的规定。

5.4.13 罐体最小厚度

5.4.13.1 在任何情况下,罐体最小厚度应不小于 5.4.13.2~5.4.13.3 规定,其不包含材料厚度负偏差、腐蚀裕量以及加工制造过程中的工艺减薄量。

5.4.13.2 最小厚度应符合下列要求:

a)对采用标准钢材料的罐体:当直径不大于 1800 mm 时,其最小厚度应不小于 5 mm;当直径大于 1800 mm 时,其最小厚度应不小于 6 mm;

b)对采用其他钢材的罐体,其最小厚度可由式(3)求出;

c)对采用铝或铝合金材料的罐体,其最小厚度可按式(4)求出。

$$\delta_1 = \frac{464\delta_0}{\sqrt[3]{(R_{m1}A_1)^2}} \tag{3}$$

$$\delta_1 = \frac{21.4\delta_0}{\sqrt[3]{(R_{m1}A_1)}} \tag{4}$$

式中:δ_1——所用材料的罐体最小厚度,单位为毫米(mm);

δ_0——a)或 5.4.13.3 中 a)所列的标准钢的罐体最小厚度,单位为毫米(mm);

R_{m1}——所用材料的标准抗拉强度下限值,单位为兆帕(MPa);

A_1——所用材料的断后伸长率,%。

5.4.13.3 在横向冲击或翻倒情况下,当装有防止罐体破坏的保护装置时,在符合 5.4.13.4 规定的条件下,最小厚度可适当减小,且按下列规定选取:

a)对采用标准钢的罐体:当直径不大于 1800 mm 时,其最小厚度应不小于 3 mm;当直径大于 1800 mm 时,其最小厚度应不小于 4 mm;

b)对其他金属材料制作的罐体,其最小厚度分别按式(3)或式(4)求出,且不小于表1的规定。

表1 罐体最小厚度 单位为毫米

罐体的直径	≤1800	>1800
奥氏体不锈钢	≥2.5	≥3
其他钢材	≥3	≥4
铝合金	≥4	≥5
99.60%纯铝	≥6	≥8

5.4.13.4 防止罐体破坏的保护装置的安装应符合下列规定:

a)罐体内装有加强部件,加强部件由隔仓板、防波板、外部或内部加强圈等组成,加强部件的垂直截面,连同罐体的有效加强段,其组合截面模量至少为 10^4 mm³,外部加强件的棱角半径不应低于 2.5 mm;

b)加强部件的布置至少应满足下列条件之一:

——相邻两个加强部件之间的距离不超过 1750 mm;

——相邻两个隔仓板或防波板之间的罐体几何容积不大于 7.5 m³,隔仓板或防波板的厚度不小于罐体壁厚;防波板的有效面积应至少为罐体横截面积的 70%。

c)对固体保温层(如聚氨酯)厚度至少为 50 mm 的双壁罐,当保温层外壳采用低碳钢时,厚度应不小于 0.5 mm,采用玻璃纤维加强的塑料材料时,厚度应不小于 2 mm。

5.4.13.5 封头、隔仓板的形状应为蝶形,其深度应不小于 100 mm,也可采用波状或其他具有相同强度的结构。

5.4.13.6 封头、隔仓板不应采用无折边结构,其最小厚度不小于罐体最小厚度。

5.4.14 罐体设计厚度

罐体设计厚度应取下列情况的较大值:

a)罐体计算厚度与腐蚀裕量之和;

b)罐体最小厚度与腐蚀裕量之和。

5.4.15 防波板设置

5.4.15.1 罐体均应设置防波板。

5.4.15.2 除用于罐体加强件的防波板应满足 5.4.13.4b)中的要求外,其余防波板有效面积应大于罐体横截面积的 40%,且上部弓形面积小于罐体横截面积的 20%,相邻防波板之间的罐体几何容积应不大于 7.5 m³。

5.4.15.3 防波板设置应考虑操作或检修人员方便进出。

5.4.16 人孔设置

5.4.16.1 罐体至少应设置一个人孔,一般可设在罐体顶部。

5.4.16.2 人孔宜采用公称直径不小于 450 mm 的圆孔或 500 mm×350 mm 的椭圆孔。

5.4.16.3 对多仓罐体,人孔设置还应考虑检修人员方便地进出各仓。

5.4.17　耐压试验和气密性试验

5.4.17.1　罐体耐压试验一般采用液压试验。对因结构或介质等原因,以及运行条件不允许残留试验液体的罐体,可按设计图样要求采用气压试验。

5.4.17.2　罐体耐压试验压力按如下规定:

a)罐体的液压试验压力应按附录 A 中表 A.1 的规定选取;

b)当表 A.1 中试验压力为 G 时,耐压试验压力按罐体的计算压力选取;

c)罐体气压试验压力为罐体设计压力的 1.15 倍,且不应低于 0.042 MPa。

5.4.17.3　罐体应进行气密性试验,试验压力为罐体的设计压力,且不低于 0.036 MPa。

5.4.18　其他要求

5.4.18.1　罐体上部的部件应设置保护装置,以防止因碰撞、翻车造成损坏,可设置为加强环或保护顶盖、横向或纵向构件等。

5.4.18.2　衬里罐体的设计,除符合本部分外,还应符合 HG/T 20678 的规定。

5.4.18.3　保温层的设置不应妨碍装卸系统及安全阀等附件的正常工作及维修。

5.5　安全附件和承压元件

5.5.1　一般要求

5.5.1.1　罐体安全附件至少包括安全泄放装置、紧急切断装置、导静电装置、液位计、温度计和压力表等,并应有产品合格证书和产品质量证明书。

5.5.1.2　液位计、温度计和压力表应按介质特性要求设置。

5.5.1.3　罐体承压元件至少包括装卸阀门、快装接头、装卸软管和胶管等,且应有产品合格证书和产品质量证明书。

5.5.1.4　安全附件和承压元件应符合相应国家标准或行业标准的规定。

5.5.2　安全泄放装置

5.5.2.1　安全泄放装置应设置在罐体顶部。安全泄放装置至少包括排放系统、安全阀、爆破片装置、安全阀与爆破片串联组合装置等。

5.5.2.2　除设计图样有特殊要求的,一般不应单独使用爆破片。

5.5.2.3　安全泄放装置的材料应与装运介质相容。

5.5.2.4　安全泄放装置在设计上应能防止任何异物的进入,且能承受罐体内的压力、可能出现的危险超压及包括液体流动力在内的动态载荷。

5.5.2.5　安全泄放装置的排放能力应符合下列规定:

a)安全泄放装置的排放能力应保证在发生火灾和罐内压力出现异常等情况时,能迅速排放;

b)当罐体完全处于火灾环境中时。各个安全泄放装置的组合排放能力应足以将罐体内的压力(包括积累的压力)限制在不大于罐体的试验压力;

c)多个安全泄放装置的排放能力可认为是各个安全泄放装置排放能力之和。

5.5.2.6　安全泄放装置排放能力的设计计算,可参考附录 C。

5.5.2.7　安全泄放装置应有清晰、永久的标记,标记内容应至少包括下列内容:

a)该装置设定的开启压力;

b)安全阀开启压力的允许误差;

c)根据爆破片的标定爆破压力确定的标准温度;

d)该装置额定的排气能力;

e)制造单位的名称和相关的产品目录编号;

f)安全泄放装置需标注的其他内容。

5.5.2.8　当按照附录 A 中的罐体设计代码要求需设置安全阀时,安全阀的开启压力、额定排放压力和回座压力应符合下列要求:

　　a)开启压力应不小于罐体设计压力的 1.05 倍~1.1 倍;

　　b)当装运介质 50℃时饱和蒸汽压大于 0.01 MPa,且不超过 0.076 MPa 时,开启压力不小于 0.15 MPa;

　　c)当装运介质 50℃时饱和蒸汽压大于 0.075 MPa,但不超过 0.1 MPa 时,开启压力不小于 0.3 MPa;

　　d)额定排放压力不大于设计压力的 1.20 倍,且不大于罐体的试验压力;

　　e)回座压力不小于开启压力的 0.90 倍。

5.5.2.9　当装运介质 50℃时饱和蒸汽压不大于 0.01 MPa 时,应设置排放系统。排放系统应配有能防止由于罐体翻倒而引起液体泄漏的保护装置。

5.5.2.10　装运易燃、易爆介质的罐体应设置呼吸阀和紧急泄放装置。紧急泄放装置的开启压力应不小于罐体设计压力的 1.05 倍~1.1 倍,且不小于 0.02 MPa。呼吸阀的设置和功能应符合下列要求:

　　a)罐体的每一分仓应至少设置一个排放系统及一个呼吸阀,分仓容积大于 12 m³ 时,应至少设置 2 个呼吸阀;

　　b)呼吸阀的最小通气直径应不小于 19 mm²;

　　c)呼吸阀的出气阀应在罐内压力高于外界压力 6 kPa~8 kPa 时开启,进气阀应在罐内压力低于外界压力 2 kPa~3 kPa 时开启;

　　d)罐车发生翻倒事故时,呼吸阀不应泄漏介质;

　　e)易燃、易爆介质用呼吸阀应具有阻火功能。

5.5.2.11　当罐体设置安全阀与爆破片串联组合装置时,应符合下列规定:

　　a)安全阀与爆破片串联组合装置应与罐体气相相通,且设置在罐体上方。气体在超压排放时应直接通向大气,排放口方向朝上,以防排放的气体冲击罐体和操作人员;

　　b)组合装置的排放能力应不小于罐体的安全泄放量;

　　c)爆破片的爆破压力应高于安全阀开启压力,且不应超过安全阀开启压力的 10%;

　　d)爆破片应与安全阀串联组合,在非泄放状态下与介质接触的应是爆破片;

　　e)组合装置中爆破片面积应大于安全阀喉径截面积;

　　f)爆破片不应使用脆性材料制作,破裂后不得产生碎片和脱落,用于装运易燃、易爆介质的爆破片在破裂时不应产生火花;

　　g)安全阀与爆破片之间的腔体应设置排气阀、压力表或其他合适的指示器等,用以检查爆破片是否渗漏或破裂,并及时排放腔体内蓄积的压力,避免背压影响爆破片的爆破动作压力。

5.5.3　紧急切断装置

5.5.3.1　紧急切断装置一般应由紧急切断阀、远程控制系统以及易熔塞自动切断装置组成,紧急切断装置应动作灵活、性能可靠、便于检修。

5.5.3.2　紧急切断阀的设置应尽可能靠近罐体的根部,不应兼作它用,在非装卸时紧急切断阀应处于闭合状态。

5.5.3.3　紧急切断阀应能防止任何因冲击或意外动作所致的无意识的打开。为防止在外部配件(管道,外侧切断装置)损坏的情况下罐内液体泄漏,内部截止阀应设计成剪式结构。

5.5.3.4　远程控制系统的关闭操作装置应装在人员易于到达的位置。

5.5.3.5　当环境温度达到规定值时,易熔塞自动切断装置应能自动关闭紧急切断阀。

5.5.3.6　紧急切断装置的设置还应符合下列规定：

a)易熔塞的易熔合金熔融温度应为 75℃±5℃；

b)油压式或气压式紧急切断阀应保证在工作压力下全开，并持续放置 48 h 不致引起自然闭止；

c)紧急切断阀自始闭起，应在 10 s 内闭止；

d)紧急切断阀制成后应经耐压试验和气密性试验合格；

e)受介质直接作用的紧急切断装置部件应进行耐压试验和气密性试验，其耐压试验压力应不低于罐体的耐压试验压力，保压时间应不少于 10 min；气密性试验压力取罐体的设计压力。

5.5.4　装卸软管

5.5.4.1　软管与介质接触部分应与介质相容。

5.5.4.2　软管与快装接头的连接应牢固、可靠。

5.5.4.3　软管在承受 4 倍罐体设计压力时不应破裂。

5.5.4.4　软管不应有变形、老化及堵塞等问题。

5.5.4.5　软管在 1.5 倍装卸系统最高工作压力下，保压 5 min 不应泄漏。

5.5.5　阀门的特殊要求

5.5.5.1　装运易燃、易爆介质的罐体，应采用不产生火花的铜、铝合金或不锈钢材质阀门。

5.5.5.2　装运剧毒类介质和强腐蚀介质的罐体，应采用公称压力不低于 1.6 MPa 的钢质阀门或其他专用阀门。

5.6　管路设计

5.6.1　管路设计时，应考虑人员方便进出罐体。

5.6.2　管路的设计应避免热胀冷缩、机械振动等引起的损坏，必要时应考虑设置温度补偿结构和紧固装置。

5.6.3　管路和阀门用材料应与装运的介质相容，阀体不得采用铸铁或非金属材料。

5.6.4　管路布置时，应尽量减少弯道，缩短总长度，且应符合下列规定：

a)管路连接不得采用螺纹连接；

b)管路与汽车传动轴、回转部分、可动部分之间的间隙应不小于 25 mm；

c)所有管路和管路配件在承受 4 倍罐体设计压力时不应破裂。

5.7　泵送系统

5.7.1　泵送系统应符合下列规定：

a)平均无故障工作时间(T_b)不低于 60 h；

b)平均连续工作时间(T_c)不低于 4 h；

c)可靠性应不小于 92%。

5.7.2　泵送系统压力管路应能承受 1.5 倍泵出口的额定工作压力，保压 5 min 不应渗漏。

5.7.3　泵送系统应形成导静电通路，且不应有开路的孤立导体，车辆与装卸系统和储罐间也应形成导静电通路。

5.7.4　管路最低处应设置残液的放液口。

5.7.5　仪表和操作装置应设在便于观察和操作处。

5.8　装卸口设置及要求

5.8.1　当罐体设计代码第三部分为 A 时，罐体底部装卸口设置应符合下列要求：

a)应设置二道相互独立，且串联的关闭装置；

b)第一道为外部卸料阀；

c)第二道为卸料口处设置的盲法兰或类似的装置,且应有能防止意外打开的功能。

5.8.2 当罐体设计代码第三部分为 B 时,罐体底部装卸口设置应符合下列要求:

a)应设置三道相互独立,且串联的关闭装置;

b)第一道阀门应为紧急切断装置,且应符合 5.5.3.2 的规定;

c)第二道为外部卸料阀;

d)第三道为在卸料口处设置的盲法兰或类似的装置,且应有能防止意外打开的功能。

5.8.3 罐体设计代码第三部分为 C 时,除罐体底部允许有清洁孔外,该孔用盲法兰盖密封。其余开孔应不低于罐内最高液位。

5.8.4 罐体设计代码第三部分为 D 时,罐体上所有开孔均应不低于罐内最高液位。

5.8.5 装卸口应根据介质特性确定。装运剧毒类介质和强腐蚀介质的罐体,其装卸口应设在罐体的顶部。

5.8.6 装卸口应设置阀门箱或防碰撞护栏等保护装置,且应设置有密封盖或密封式集漏器。

5.9 扶梯、罐顶操作平台及护栏

5.9.1 扶梯应便于攀登,连接牢固,可设在罐体两侧或后部。扶梯宽度应不小于 350 mm,步距应不大于 350 mm,且每级梯板能承受 1960 N 的载荷。

5.9.2 罐体顶部可设操作平台,平台应具有防滑功能,且在 600 mm×300 mm 的面积上能承受 3 kN 的均布载荷。当罐体顶部距地面高度大于 2 m 时,平台周围应设置固定或可折叠的护栏。

6 制造

6.1 总则

6.1.1 罐体的制造、检验与验收除符合本章规定外,还应符合设计图样的规定。

6.1.2 罐体的焊接人员应持有相应类别的"特种设备作业(焊接)人员证",无损检测人员应由持有相应方法的"特种设备无损检测人员证"。

6.2 冷热加工成形

6.2.1 应根据制造工艺确定加工裕量,罐体成形后的厚度应不小于罐体的设计厚度。

6.2.2 坡口表面质量应满足下列要求:

a)坡口表面不得有裂纹、分层、夹杂等缺陷;

b)施焊前,应清除坡口两侧表面 20 mm 范围内(以离坡口边缘的距离计)的氧化物、油污、熔渣及其他有害杂质。

6.2.3 圆形截面的碟形、椭圆形封头的制造应符合 JB/T 4746 的规定;

6.2.4 封头拼接焊缝应按图 1 布置,其焊缝距封头中心线应小于封头内径 D_i 的 1/4,中间板的宽度应不小于 200 mm,拼板的总块数应不多于 3 块。

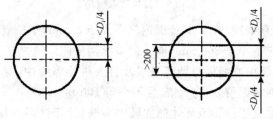

图 1 封头拼接焊缝布置图

6.2.5 先拼板后成形的封头,在成形前应将妨碍成形的拼接焊缝打磨至与母材齐平;

6.2.6 封头拼板对口错边量与成形后的形状误差应符合 JB/T 4746 的相应规定。

6.2.7 罐体对接焊接接头的对口错边量 b(见图 2)应符合表 2 的规定。

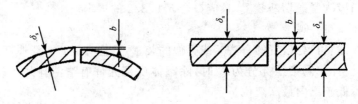

图 2 对接焊接接头对口错边量 b

表 2 对接焊接接头对口错边量   单位为毫米

对口处钢材厚度 δ_s	对口错边量 b	
	纵向焊接接头	环向焊接接头
≤12	≤$\delta_s/4$	≤$\delta_s/4$

注:嵌入式接管与圆筒或封头对接连接焊接接头,按环向焊接接头的对口错边量要求。

6.2.8 在焊接接头环向形成的棱角 E,用弦长等于 1/6 内径 D_i,且不小于 300 mm 的内样板或外样板检查(见图 3),当罐体厚度大于 6 mm 时,其 E 值不得大于($\delta_s/10+2$)mm,且不大于 5 mm;当罐体厚度不大于 6 mm 时,其 E 值不得大于 5 mm。在焊接接头轴向形成的棱角 E(见图 4),用长度不小于 300 mm 的直尺检查,当罐体厚度大于 6 mm 时,其 E 值不得大于($\delta_s/10+2$)mm,且不大于 5 mm;当罐体厚度不大于 6 mm 时,其 E 值不大于 5 mm。

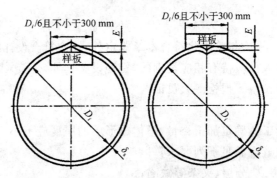

图 3 内样板或外样板检查棱角

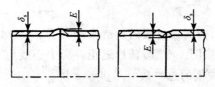

图 4 直尺检查棱角

6.2.9 罐体表面的直线度,在 1 m 范围内应不大于 5 mm,全长范围内应不大于 12 mm。

6.2.10 筒节长度应不小于 300 mm,同一筒节上两纵向焊缝之间的距离应不小于 200 mm。组装时,相邻筒节纵向焊缝中心线间外圆弧长以及封头拼接焊缝中心线与相邻筒节纵向焊缝中心线间外圆弧长应大于钢材厚度 δ_s 的 3 倍,且不小于 100 mm。

6.2.11 法兰面应垂直于接管或罐体的主轴中心线,接管法兰应保证法兰面的水平或垂直(有特殊要求的应按图样规定),其偏差均不得超过法兰外径的 1%(法兰外径小于 100 mm 时按

100 mm 计算)且不大于 3 mm;法兰(含凸缘)的螺栓孔应与罐体主轴线或铅垂线跨中布置(见图 5),特殊要求应在图样上注明。

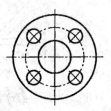

图 5   法兰(含凸缘)的螺栓孔与壳体主轴线或铅垂线跨中布置

6.2.12   罐体内件和罐体焊接的焊缝应尽量避开筒节间对接焊缝及圆筒与封头的对接焊缝。

6.2.13   罐体上凡被补强圈、支承垫板等覆盖的焊缝,均应打磨至与母材齐平。

6.2.14   罐体组装后,应按下列要求检查罐体的圆度:

a)同一断面上最大与最小内径之差 e,应不大于该断面内径 D_i 的 1%且不大于 25 mm(见图 6);

b)当被检断面位于开孔中心一倍开孔内径范围时,则该断面最大与最小内径之差 e,应不大于该断面内径 D_i 的 1%与开孔内径 2%之和,且不大于 25 mm。

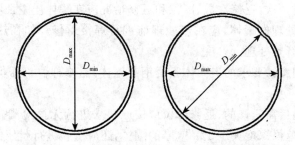

图 6   筒体同一断面上最大内径与最小内径之差 e

6.3   焊接

6.3.1   罐体施焊前,应按 JB 4708 或 JB/T 4734 的规定进行焊接工艺评定。

6.3.2   施焊环境出现下列任一情况且无有效防护措施时,不应施焊:

a)对于手工焊,风速大于 10 m/s;

b)对于气体保护焊,钢制罐体风速大于 2 m/s,铝及铝合金制罐体风速大于 1.5 m/s;

c)相对湿度:钢制罐体大于 90%,铝及铝合金制罐体大于 80%;

d)铝及铝合金焊件温度低于 5℃;

e)雨、雪环境。

6.3.3   当钢制焊件温度低于 0℃、铝及铝合金焊件温度低于 5℃时,应在始焊处 100 mm 范围内预热到 15℃左右。

6.3.4   罐体对接焊接接头的余高 e_1、e_2 应符合表 3 及图 7 的规定。

表 3   对接焊接接头焊缝余高   单位为毫米

钢、铝及铝合金材料			
单面坡口		双面坡口	
e_1	e_2	e_1	e_2
0~15%δ_s 且≤4	≤1.5	0~15%δ_1 且≤3	0~15%δ_2 且≤3

注:表中百分数计算值小于 1.5 时按 1.5 计。

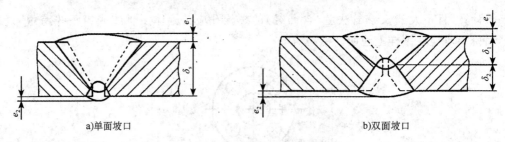

a)单面坡口　　　　　　　　　　　　　b)双面坡口

图 7　对接焊接接头的余高 e_1、e_2

6.3.5　角焊接接头的焊脚,在图样无规定时,取焊件中较薄者之厚度。补强圈的焊脚应不小于补强圈厚度的 70%,且不大于补强圈的名义厚度。角焊接接头与母材应呈平滑过渡。

6.3.6　焊接接头表面不得有裂纹、气孔、弧坑、夹渣和飞溅物等缺陷,装运剧毒类介质及高合金钢制罐体的焊接接头不得有咬边缺陷,其余罐体焊接接头咬边的连续长度不得大于100 mm,焊接接头两侧咬边的总长不得超过该条焊接接头总长的 10%;咬边深度不得大于 0.5 mm。

6.3.7　焊接接头表面缺陷或机械损伤经打磨后,其厚度应不小于母材的厚度。

6.3.8　需返修的焊接接头,其返修工艺应符合6.3.1条的规定。焊缝同一部位的返修次数不宜超过两次。如超过两次,返修次数、部位和返修情况应在罐体质量证明书中说明。

6.3.9　需焊后热处理的罐体,应在热处理前进行焊接返修。如在热处理之后进行焊接返修,则返修后应重新进行热处理。

6.3.10　有抗晶间腐蚀要求的奥氏体不锈钢制罐体,返修部位仍需保证原有的抗晶间腐蚀性能。

6.3.11　耐压试验后需返修的,返修部位应按原要求进行无损检测。由于焊接接头或接管泄漏而进行返修的,或返修深度大于 1/2 壁厚的罐体,还应重新进行耐压试验。

6.3.12　在罐体上焊接临时吊耳和拉筋的垫板时,应采用力学性能和焊接性能与罐体相近的材料,并采用相适应的焊材及焊接工艺。临时吊耳和拉筋的垫板割除后,留下的焊疤应打磨光滑,并应按图样规定进行渗透检测或磁粉检测,表面应无裂纹等缺陷。打磨后的厚度应不小于该部位的设计厚度。

6.3.13　罐体上开孔位置宜避开焊接接头。

6.3.14　施焊后,应在焊接接头的规定部位打上焊工钢印,或以焊缝图等方式注明焊接操作者。有特殊要求者,应按设计图样的规定执行。

6.3.15　筒体纵向焊缝不应在罐体横截面中心与最低点连接半径的左右两侧各 20° 范围内。

6.3.16　罐体不应强力组装。

6.4　热处理

6.4.1　冷成形封头应在成形后进行热处理(除图样另有规定,采用奥氏体不锈钢材料制的封头除外),当制造单位能确保冷成形后的材料性能符合设计、使用要求时,可不受此限制。

6.4.2　有应力腐蚀的罐体,焊后应进行整体消除应力热处理,且焊后热处理应在耐压试验前进行。

6.5　无损检测

6.5.1　罐体焊接接头形状尺寸和外观质量,经检查合格后方可进行无损检测。

6.5.2　罐体对接焊接接头射线检测应按下列要求:

a)进行局部射线检测的焊接接头,其检测长度不少于每条焊接接头长度的 10%,且应包括所有对接焊接接头的交叉部位；

b)对于装运剧毒类介质或需气压试验的罐体的焊接接头,应进行100%射线检测。

6.5.3　除装运剧毒类介质罐体的人孔、接管、凸缘等处的焊接接头,应按 JB/T 4730.4 或 JB/T 4730.5 的规定进行磁粉或渗透检测外,装运其余介质罐体的的人孔、接管、凸缘等处的焊接接头,则应按设计图样的规定进行磁粉或渗透检测。

6.5.4　射线检测发现超标缺陷时,应在该缺陷两端的延伸部位增加检查长度,增加的长度不应小于该焊接接头长度的10%。若仍有超标缺陷,则对该焊接接头做100%的射线检测。

6.5.5　磁粉与渗透检测发现超标缺陷时,应进行修磨及必要的补焊,并对该部位采用原检测方法重新进行检测,直至合格。

6.5.6　焊接接头的射线、磁粉和渗透检测应符合 JB/T 4730.2、JB/T 4730.4 和 JB/T 4730.5 的规定,其合格级别应满足下列要求:

a)进行100%射线检测的,透照质量应不低于 AB 级,合格级别应不低于 JB/T 4730.2 规定的Ⅱ级;

b)进行局部射线检测的,透照质量应不低于 AB 级,合格级别应不低于 JB/T 4730.2 规定的Ⅲ级;

c)进行磁粉、渗透检测的,其合格级别应为 JB/T 4730.4、JB/T 4730.5 规定的Ⅰ级。

7　试验方法

7.1　一般要求

7.1.1　罐体制造完成后,应按设计图样的要求进行盛水试验、耐压试验或气密性试验。

7.1.2　对罐体的开孔补强圈,在耐压试验前,应通入0.1 MPa 的压缩空气检查焊接接头质量。

7.1.3　试验液体一般用水。必要时,也可采用不会导致发生危险的其他液体。对奥氏体不锈钢罐体,用水进行试验后应将水渍消除干净,当无法达到这一要求时,试验用水的氯离子含量不大于25 mg/L。

7.2　盛水试验

7.2.1　试验前,应将焊接接头的外表面清理干净,并使之干燥。

7.2.2　罐体盛满水后,应检查焊接接头有无渗漏,观察的时间不得少于1 h。

7.2.3　盛水试验完毕后,应将罐内水排净,并使之干燥。

7.3　耐压试验

7.3.1　需热处理的罐体,耐压试验应在热处理后进行。

7.3.2　对有保温层的罐体,应在保温层安装前进行耐压试验。

7.3.3　耐压试验时,应采用两个量程相同的并经过校验的压力表。压力表的量程以试验压力的2倍为宜,但应不小于试验压力的1.5倍,且不大于试验压力的4倍。

7.3.4　液压试验

7.3.4.1　碳素钢、低合金钢制的罐体进行液压试验时,液体温度应不低于5℃;其他材料制罐体的液压试验液体温度应符合设计图样的规定。

7.3.4.2　罐体充液时,应将罐内气体排尽,并应保持罐体外表面干燥。试验时压力应缓慢上升,达到试验压力后,保压时间不少于30 min。然后降至设计压力,再保压足够的时间进行检查。检查期间的压力应保持不变,不应采用加压的方式维持压力不变,也不应带压紧固螺栓或向受压元件施加外力。

7.3.4.3　液压试验的整个过程,应以无渗漏、无可见的变形、无异常的响声为合格。

7.3.4.4　液压试验合格后,应排尽罐内液体并使之干燥,应保证罐内无积液和杂物。

7.3.4.5　液压试验时,可进行罐体内容积的测定。

7.3.5　气压试验

7.3.5.1　试验所用的气体应为干燥洁净的空气、氮气或其他惰性气体。

7.3.5.2　气压试验时,应有安全措施,该安全措施需经试验单位技术总负责人批准,且试验单位安全部门应进行现场监督。

7.3.5.3　碳素钢和低合金钢制罐体进行气压试验时,气体温度应不低于 15℃;其他材料制罐体的气压试验温度应符合设计图样的规定。

7.3.5.4　气压试验时,压力应缓慢上升,逐级增压至规定的试验压力,并保压 30 min,然后降至设计压力,再保压足够的时间进行检查。检查期间压力保持不变,不得采用加压的方式维持压力不变,也不得带压紧固螺栓或向受压元件施加外力。

7.3.5.5　气压试验的整个过程,经肥皂液或其他检漏液检查,应以无漏气、无可见的变形、无异常响声为合格。

7.4　气密性试验

7.4.1　罐体经耐压试验合格后,方可进行气密性试验,试验所用的气体应为干燥洁净的空气、氮气或其他惰性气体。

7.4.2　气密性试验应在所有安全附件安装完毕后进行。

7.4.3　对于碳素钢和低合金钢制罐体,试验所用的气体温度应不低于 5℃。

7.4.4　气密性试验时,压力应缓慢上升,达到设计压力后,保压 10 min,对所有的焊接接头和连接部位进行检查,以无泄漏为合格。

7.5　安全附件试验

7.5.1　对装卸软管应进行气压试验,试验压力为装卸系统最高工作压力的 2 倍,保压5 min不得泄漏。

7.5.2　其他安全附件应按本部分第 5 章和相应标准的要求进行安全附件性能试验。

7.6　其他检查

7.6.1　应进行罐体外观质量检查和外廓尺寸测量。

7.6.2　应进行罐体接地电阻测量。

8　出厂检验

罐体应逐台检验合格后方可出厂,出厂至少应检验项目按表4的规定。

表 4　出厂检验项目

序号	检验项目	技术要求	试验方法
1	外观质量检测	9.1	7.6.1
2	外形尺寸检测	设计图样	7.6.1
3	接地电阻检测	5.1.2	7.6.2
4	耐压试验	5.4.17	7.3
5	气密性试验	5.4.17	7.4
6	软管气压试验	5.5.4	7.5.1
7	安全附件性能试验	5.5	7.5.2
8	泵送系统功能试验	5.7	7.5.2

9　涂装与标志标识

9.1　涂装

罐体的涂装及外观质量除符合 JB/T 4711 的规定外,还应满足如下要求:

a)所有外露碳钢或低合金钢表面均应进行除锈处理。

b)碳钢或低合金钢罐体的涂漆颜色应为浅色或不与环形橙色反光带混淆的其他颜色。铝及铝合金或不锈钢制罐体的涂漆要求按设计图样的规定。

c)所涂油漆应色泽鲜明、分界整齐,无皱皮、脱漆、污痕等。

9.2　标志

罐体(车)的标志除应符合 GB 13392 的规定外,还应满足如下要求:

a)罐体应有一条沿通过罐体中心线的水平面与罐体外表面的交线对称均匀粘贴的环形橙色反光带,反光带宽度不小于 150 mm;

b)罐车应标志识别代码(VIN);

c)罐体(车)标志的其余要求应符合 GB 20300 的规定。

9.3　标识

9.3.1　罐体两侧后部色带的上方喷涂装运介质的名称,字高不小于 200 mm,字体为仿宋体,字体颜色按如下要求:

a)易燃、易爆类介质:红色;

b)有毒、剧毒类介质:黄色;

c)腐蚀、强腐蚀介质:黑色;

d)其余介质:蓝色。

9.3.2　罐车产品铭牌应安装在罐体两侧的易见部位。

10　贮存

10.1　如长期存放时,罐体(车)应停放在防潮、通风和具有消防设施的专用场地。

10.2　罐体(车)应按照产品使用说明书进行维护与保养。

11　出厂文件

11.1　罐体(车)出厂时,制造单位至少应向用户提供下列技术文件和资料:

a)产品质量证明书;

b)产品竣工图;

c)产品使用说明书;

d)产品合格证;

e)罐体产品安全性能监督检验证书;

f)罐体安全附件质量证明书。

11.2　罐体产品质量证明书应至少包含下列内容:

a)外观及几何尺寸检查报告;

b)材质证明报告;

c)无损检测报告;

d)热处理报告;

e)耐压试验报告;

f)气密性试验报告。

11.3　除应符合 GB 9969.1 的规定外,罐体(车)产品使用说明书还应至少包含下列内容:

a)主要技术性能参数;

b)罐体结构与管路图,至少应包括安全附件、阀件和仪表的型号和说明;

c)使用说明书,至少应有操作规程、最大允许充装质量的控制要求;

d)使用注意事项,至少应包括装卸料和储运过程中的注意事项;

e)维护和保养要求;

f)常见故障的排除方法;

g)备品和备件清单。

12　定期检验

12.1　从事罐体定期检验的单位及检验人员应取得主管部门规定的资格,并应对检验的结果负责。

12.2　罐体的定期检验应至少包含下列内容:

a)罐体质量技术档案资料审查;

b)检查罐体外表面,有无腐蚀、磨损、凹陷、变形、泄漏及其他可能影响运输安全性的问题;

c)罐体与底盘或行走机构连接部位的检查;

d)罐体壁厚测量;

e)检查管路、阀门、装卸软管、垫圈等,有无腐蚀、泄漏等影响装卸及运输安全的问题;

f)必要时进行焊接接头的无损检测;

g)罐体安全附件及承压件的检查;

h)检查紧急切断装置,不应出现腐蚀变形及其他可能影响正常使用的缺陷;遥控关闭装置应能正常使用;

i)罐体表面漆色、铭牌和标志检查。

附录 A

常见液体危险货物介质及主要设计参数

(规范性附录)

表 A.1　常见液体危险货物介质及主要设计参数

GB 12268 编号	介质名称和说明	浓度%	危险程度分类	罐体设计代码[c]	试验压力 MPa
1090	丙酮	<100 100	易燃	LGBF	G
1114	苯	—	易燃、中度危害[b]	LGBF	G
1120	丁醇	—	易燃	LGBF	G
1123	乙酸丁酯	—	易燃	LGBF	G

续表

GB 12268 编号	介质名称和说明	浓度%	危险程度分类	罐体设计代码[c]	试验压力 MPa
1131	二硫化碳[a]	—	易燃、中度危害	L10CH	0.4
1160	二甲胺水溶液	—	易燃、中度危害	L4BH	0.4
1170	乙醇或乙醇溶液	—	易燃	LGBF	G
1173	乙酸乙酯	—	易燃	LGBF	G
1198	甲醛溶液[a]	<40 50	腐蚀、易燃、高度危害	L4BN	0.4
1203	车用汽油或汽油	—	易燃	LGBF	G
1212	异丁醇	—	易燃	LGBF	G
1219	异丙醇	—	易燃	LGBF	G
1223	煤油	—	易燃	LGBF	G
1230	甲醇	<100 100	易燃、中度危害	L4BH	0.4
1267	石油原油(50℃时饱和蒸气压不大于0.011 MPa)	—	易燃	LGBF	G
1267	石油原油(50℃时饱和蒸气压大于0.011 MPa，不大于0.075 MPa)	—	易燃	L1.5BN	0.15
1294	甲苯	—	易燃	LGBF	G
1307	二甲苯	—	易燃	LGBF	G
1541	丙酮合氰化氢[a]，稳定的	—	极度危害	L10CH	0.4
1754	氯磺酸(含或不含三氧化硫)	20 30 90 100	强腐蚀	L10BH	0.4
1789	氢氯酸	37	腐蚀、中度危害	L4BN	0.4
1791	次氯酸盐溶液	<5 10	腐蚀	L4BV	0.4
1809	三氯化磷[a]	干	强腐蚀 高度危害	L10CH	0.4
1824	氢氧化钠溶液	<30 30~40 50~60	腐蚀	L4BN	0.4
1830	硫酸(含酸高于51%)	<65 65~75 75~100	腐蚀	L4BN	0.4
1831	发烟硫酸	100~102 >102	强腐蚀、中度危害	L10BH	0.4
1832	硫酸废液	<70	腐蚀、中度危害	L4BN	0.4
1849	水合硫化钠(含水不低于30%)	—	腐蚀	L4BN	0.4
1906	淤渣硫酸	—	腐蚀、中度危害	L4BN	0.4
2014	过氧化氢水溶液	20~60	氧化剂、腐蚀	L4BV	0.4

续表

GB 12268 编号	介质名称和说明	浓度%	危险程度分类	罐体设计代码[c]	试验压力 MPa
2031	硝酸(发红烟的除外)	<70	强腐蚀、中度危害	L4BH	0.4
2031	硝酸(发红烟的除外)	70~100	强腐蚀、中度危害	L10BH	0.4
2055	单体苯乙烯,稳定的	—	易燃、中度危害	LGBF	G
2075	无水氯醛,稳定的	—		L4BH	0.4
2581	氯化铝溶液	—	腐蚀	L4BN	0.4
2672	氨水(15℃时水溶液中的相对密度范围为 0.88~0.957)	10~35	腐蚀	L4BN	0.4
2789	冰醋酸	>80	强腐蚀、易燃、中度危害	L4BN	0.4
2790	乙酸溶液	10~50 50~80	强腐蚀、易燃、中度危害	L4BN	0.4

注:a 该介质采用罐式车辆运输时,罐体需进行氮封处理;

　b 该介质当用于确定容器的密封性、致密性技术要求时,应列为毒性为高度危害介质;

　c 罐体设计代码(源自 ADR 规范)分为 4 个部分,说明如下:

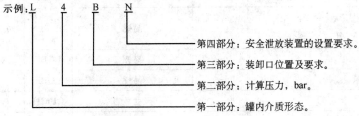

示例:L　4　B　N

第四部分:安全泄放装置的设置要求。
第三部分:装卸口位置及要求。
第二部分:计算压力,bar。
第一部分:罐内介质形态。

第一部分:罐内介质形态

　　L——供液态物质使用的罐。

第二部分:计算压力

　　G 或数值——G 见 5.4.3.2 说明。当为数值时,表示最小计算压力(×0.1MPa),计算压力按 5.4.3.2 确定。

第三部分:装卸口位置及要求

　　A、B、C、D——见 5.8 说明。

第四部分:安全泄放装置的设置要求

　　V——带有排放系统,但不装配阻火器;或非防爆压力罐;

　　F——带有排放系统,并装有阻火器;或防爆压力罐;

　　N——不安装排放系统,不需紧密关闭的罐;

　　H——紧密关闭罐,其计算压力不小于 0.4 MPa,开口密闭含义为如下的任一种情况:

　　1)不安装安全阀、爆破片、其他安全装置或真空阀;

　　2)不安装安全阀、爆破片或其他安全装置,但安装真空阀;

　　3)安装爆破片与安全阀的串联组合装置,但不安装真空阀;

　　4)安装爆破片与安全阀的串联组合装置,同时安装真空安全阀。

附录 B

常见液体危险货物介质与罐体材料的相容性

（资料性附录）

表 B.1 常见液体危险货物介质与罐体材料的相容性

GB 12268 编号	介质名称和说明	浓度%	碳素钢和低合金钢 温度℃				铬18镍9不锈钢 温度℃				铬18镍12钼 不锈钢温度℃				铝和铝合金 温度℃			
			25	50	80	100	25	50	80	100	25	50	80	100	25	50	80	100
1090	丙酮	<100	√	√	√	√	≈	≈	≈	≈	≈	≈	≈	≈				
		100	≈	≈	≈	≈	≈	≈	≈	≈					√	√	√	√
1114	苯		√	√	√	√	≈	≈	≈	≈	≈	≈	≈	≈	√	√	√	√
1120	丁醇		≈	≈	≈	≈	≈	≈	≈	≈	≈	≈	≈	≈	≈	≈	≈	≈
1123	乙酸丁酯		√	√	√	√	≈	≈	≈	≈	≈	≈	≈	≈	≈	≈	≈	≈
1131	二硫化碳		√	√	√	√	√	√	√	√	√	√	√	√	≈	≈	≈	≈
1160	二甲胺水溶液		≈	≈	≈	≈	≈	≈	≈	≈	≈	≈	≈	≈	√			
1170	乙醇或乙醇溶液		≈	≈	≈	≈	≈	≈	≈	≈	≈	≈	≈	≈	√	√	√	√
1173	乙酸乙酯		≈	≈	≈	≈	≈	≈	≈	≈	≈	≈	≈	≈			≈	○
1198	甲醛溶液	<40	×				≈	≈	≈	≈	≈	≈	≈	≈				
		50	○				√	√	√	√		√	√	√		√	√	√
1203	车用汽油或汽油		√	√	√		≈	≈	≈	≈	≈	≈	≈	≈	≈	≈	≈	≈
1212	异丁醇		≈	≈	≈	≈	≈	≈	≈	≈	≈	≈	≈	≈	×	×	×	
1219	异丙醇		≈	≈	≈	≈	√	√	√	√	√	√	√	√	√	√	√	√
1223	煤油		≈	≈	≈	≈	≈	≈	≈	≈	≈	≈	≈	≈	≈	≈	≈	≈
1230	甲醇	<100	√	√			≈	≈	≈	≈	≈	≈	≈	≈			≈	≈
		100	≈	≈	≈	≈	≈	≈	≈	○	≈	≈	≈	≈			≈	≈
1267	石油原油(50℃时饱和蒸气压小于 0.01 MPa)		√	√			√	√	√	√	√	√	√	√	√	√	√	√
1294	甲苯		≈	≈	≈	≈	≈	≈	≈	≈	≈	≈	≈	≈	≈	≈	≈	≈
1307	二甲苯		√	√	√	√	≈	≈	≈	≈	≈	≈	≈	≈	≈	≈	≈	≈
1541	丙酮合氰化氢,稳定的		√	√			√	√			√	√			√	√		
1754	氯磺酸 (含或不含三氧化硫)	20	×				○				×				×			
		30	×				×				×				×			
		90	×				×				√				×			
		100	√	√	○	○	√	√			√	√			√	√	√	
1789	氢氯酸		×				×				×				×			
1791	次氯酸盐溶液	<5	×				×				×				×	×	×	×
		10	×				×				×				×	×	×	×
1809	三氯化磷		≈				≈	≈	≈		≈				×			

续表

GB 12268编号	介质名称和说明	浓度%	碳素钢和低合金钢温度℃				铬18镍9不锈钢温度℃				铬18镍12钼不锈钢温度℃				铝和铝合金温度℃			
			25	50	80	100	25	50	80	100	25	50	80	100	25	50	80	100
1824	氢氧化钠溶液	<30	⌣	√	√	√	⌣	○	○	×	⌣	⌣	√	√	×			
		30~40	⌣	√	√	○	⌣	○	○	×	⌣	⌣	√	×	×			
		50~60	√	√	×	×	⌣	○	○	×	⌣	⌣	√	×	×			
1830	硫酸(含酸高于51%)	<65	×	×			×				×				×			
		65~75	○	○	×	×	×				×				×			
		75~100	√	○	×	×	√	○	×		√	×			×			
1831	发烟硫酸	100~102	×															
		>102	√	√	√	√	×				√				√			
1832	硫酸废液	<70	×	×			×				×				×			
1849	水合硫化钠(含水不低于30%)	10	○	×	×	×	√	√	√		⌣	⌣	⌣	√	×			
		20	×	×	×	×	√	√	√		√	√						
		30~50	○	○	○	○												
1906	淤渣硫酸																	
2014	过氧化氢水溶液	20~60	×				√	√	√	√	√	√	√	√		⌣	⌣	⌣
2031	硝酸(发红烟的除外)	<30	×	×			⌣	⌣	⌣	⌣	⌣	⌣	⌣	⌣	×			
		40~60	×				⌣	√	√		⌣	⌣	√	√	⌣			
		70					⌣	√	√	○	⌣	⌣	√	√				
		80~100	×				⌣	×			⌣	×			√	○	×	
2055	单体苯乙烯,稳定的		⌣	⌣			⌣	⌣	⌣	⌣	⌣	⌣	⌣	⌣	⌣			
2075	无水氯醛,稳定的		×				×				×							
2581	氯化铝溶液	<10	×				×				√	√	√		×			
		>10									○	○	○	×				
2672	氨水(15℃时水溶液中的相对密度范围为0.88~0.957)	<30	⌣	√	√	√	⌣	⌣	⌣	⌣	⌣	⌣	⌣	⌣	⌣			
		<40																
2789	冰醋酸	>80	×	×			⌣	⌣	√	○	⌣	⌣	⌣	√	⌣	⌣	√	×
2790	乙酸溶液	10~50					⌣	⌣	√		⌣	⌣	√		⌣	⌣	○	×
		50~80	×				⌣	√	○		⌣	⌣	√		⌣	√	○	×

注1:本表腐蚀性能仅供设计选材时参考,详细的腐蚀数据可查有关的腐蚀性能手册或根据试验数据确定。

注2:本表符号说明(耐腐蚀情况、腐蚀速率)如下:

⌣—优良,<0.05 mm/年;

√—良好,0.05~0.5 mm/年;

○—可用,但腐蚀较重,0.5~1.5 mm/年;

×—不适用,腐蚀严重,>1.5 mm/年。

附录 C

安全泄放装置的设计计算

（资料性附录）

C.1　罐体安全泄放量的计算

C.1.1　无保温层罐体的安全泄放量按式(C.1)计算：

$$W_s = \frac{2.55 \times 10^5 A_r^{0.82}}{q} \qquad (C.1)$$

C.1.2　有完善保温层罐体的安全泄放量按式(C.2)计算：

$$W_s = \frac{2.61(650 - t)\lambda A_r^{0.82}}{\delta q} \qquad (C.2)$$

式中：

W_s——罐体的安全泄放量，单位为千克每小时(kg/h)；

q——在泄放压力下液体的汽化潜热，单位为千焦每千克(kJ/kg)；

λ——常温下绝热材料的导热系数，单位为千焦每米小时摄氏度[kJ/(m·h·℃)]；

δ——保温层厚度，单位为米(m)；

t——泄放压力下介质的饱和温度，单位为摄氏度(℃)；

A_r——罐体的受热面积，单位为平方米(m²)；

　　椭圆形封头的卧式罐体 $A_r = 3.14 D_o(L + 0.3 D_o)$；

　　　　L——罐体的总长，单位为米(m)；

　　　　D_o——罐体的外直径，单位为米(m)。

C.2　安全泄放装置排放能力的计算

罐体的安全泄放装置应按下列规定进行排放能力计算。

C.2.1　安全阀排放能力按式(C.3)、式(C.4)计算

a)临界条件 $\dfrac{p_o}{p_d} \leqslant \left(\dfrac{2}{k+1}\right)^{\frac{k}{k-1}}$ 时：

$$W_s = 7.6 \times 10^{-2} CK p_d A \sqrt{\frac{M}{ZT}} \qquad (C.3)$$

b)亚临界条件 $\dfrac{p_o}{p_d} > \left(\dfrac{2}{k+1}\right)^{\frac{k}{k-1}}$ 时：

$$W_s = 55.84 K p_d A \sqrt{\frac{k}{k+1}\left[\left(\frac{p_o}{p_d}\right)^{\frac{2}{k}} - \left(\frac{p_o}{p_d}\right)^{\frac{k+1}{k}}\right]} \sqrt{\frac{M}{ZT}} \qquad (C.4)$$

式中：

W_s——安全阀的排放能力，单位为千克每小时(kg/h)；

K——安全阀的额定泄放系数，与安全阀结构有关，应根据实验数据确定。无参考数据时，可按下述规定选取：

全启式安全阀 $K = 0.60 \sim 0.70$；

当采用安全阀与爆破片串联组合装置时，安全阀的额定泄放系数 K 应乘以修正系数 0.9；

A——安全阀最小排气截面积,单位为平方毫米(mm^2);

　　对于全启式安全阀,即 $h \geqslant \frac{1}{4}d_1$ 时:$A = 0.785d_1^2$;

　　h——阀瓣开启高度,单位为毫米(mm);

　　d_1——安全阀的最小流道直径(阀座喉部直径),单位为毫米(mm);

C——气体特性系数,可查表 C.1 或按下式求取;

$$C = 520\sqrt{k\left(\frac{2}{k+1}\right)^{\frac{k+1}{k-1}}}$$

k——k 气体绝热指数,$k = C_p/C_v$;

　　C_p——标准状态下气体定压比热;

　　C_v——标准状态下气体定容比热;

M——气体的摩尔质量,单位为千克每千摩尔(kg/kmol);

T——额定排放压力下,饱和气体绝对温度,单位为开(K);

Z——额定排放压力下,饱和气体的压缩系数,无法确定时取 1;

p_d——安全阀的压力排放(绝压),$p_d = 1.1p_s + 0.1$,单位为兆帕(MPa);

p_o——安全阀出口侧压力(绝压),单位为兆帕(MPa);

P_s——安全阀的开启压力,单位为兆帕(MPa)。

C.2.2　爆破片排放面积按式(C.5)、式(C.6)计算

a)临界条件 $\frac{p_o}{p_d} \leqslant \left(\frac{2}{k+1}\right)^{\frac{k}{k-1}}$ 时:

$$A \geqslant \frac{W_s}{7.6 \times 10^{-2}CK'p_b\sqrt{\frac{M}{ZT}}} \tag{C.5}$$

b)亚临界条件 $\frac{p_o}{p_d} > \left(\frac{2}{k+1}\right)^{\frac{k}{k-1}}$ 时:

$$A \geqslant \frac{W_s}{55.84K'p_b\sqrt{\frac{k}{k-1}\left[\left(\frac{p_o}{p_b}\right)^{\frac{2}{k}} - \left(\frac{p_o}{p_b}\right)^{\frac{k+1}{k}}\right]}\sqrt{\frac{M}{ZT}}} \tag{C.6}$$

式中:

A——爆破片的排放面积,单位为平方毫米(mm^2);

K'——爆破片的额定泄放系数,与爆破片装置入口管道形状有关;

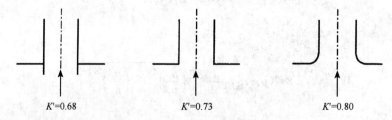

W_s——罐体的安全泄放量,单位为千克每小时(kg/h);

p_b——爆破片的设计爆破压力(绝压),单位为兆帕(MPa);

p_o——泄放侧压力,单位为兆帕(MPa)。

C.2.3　各安全装置的总排放能力的验算

选用的多个泄放装置的安全泄放量(在标准条件下,每秒的空气排放量)之和,不应小于式

(C.7)计算出的罐体中各泄放装置的总排放能力 Q。

$$Q \geqslant 6448 \frac{FA_r^{0.82}}{qC} \sqrt{\frac{ZT}{M}}^{①} \qquad (\text{C.7})$$

式中：

Q——在标准条件(0.1 MPa,0℃)下,安全泄放装置的总排放能力(以每秒空气的最小排放量表示),单位为立方米每秒(m³/s);

F——系数,按下述规定选取：

1)对于无保温层时,$F=1.0$;

2)对于具有能减小罐体安全泄放量的保温层时,$F=\lambda(650-t)/(13.6\times\delta)$,但在任何情况下均不得小于 0.25;

保温层应满足：

a)在不超过 650℃温度下保持有效;

b)用熔点等于或大于 700℃的材料裹覆起来。

表 C.1　气体特性系数

k	C	k	C	k	C	k	C
1.00	315	1.20	337	1.40	356	1.60	372
1.02	318	1.22	339	1.42	358	1.62	374
1.04	320	1.24	341	1.44	359	1.64	376
1.06	322	1.26	343	1.46	361	1.66	377
1.08	324	1.28	345	1.48	363	1.68	379
1.10	327	1.30	347	1.50	364	1.70	380
1.12	329	1.32	349	1.52	366	2.00	400
1.14	331	1.34	351	1.54	368	2.20	412
1.16	333	1.36	352	1.56	369		
1.18	335	1.38	354	1.58	371		

C.3　安全泄放装置排放能力的选用

装运易燃液体介质的罐体,其安全泄放装置的排放能力可根据罐体的受热外表面积,按表 C.2 确定。

表 C.2　安全泄放装置的最小排放能力

罐体受热外表面积	流量		罐体受热外表面积	流量	
m²	m³/h	L/s	m²	m³/h	L/s
2	480	133	9	2160	600
3	750	200	10	2400	667
4	960	267	12	2880	800
5	1200	333	14	3360	933
6	1440	400	16	3840	1067
7	1680	467	18	4230	1200
8	1920	533	20	4800	1333

---

① 该公式仅用于临界温度远在积累条件温度之上的气体。对于临界温度接近或在积累条件温度之下的气体,安全泄放装置的排放能力应进一步考虑气体的热动力学特性。

续表

| 罐体受热外表面积 | 流量 | | 罐体受热外表面积 | 流量 | |
m²	m³/h	L/s	m²	m³/h	L/s
25	6000	1667	65	10300	2861
30	6650	1847	70	10700	2972
35	7260	2017	75	11200	3111
40	7830	2175	80	11600	3222
45	8370	2325	85	12000	3333
50	8880	2467	90	12400	3444
55	9370	2603	95	12800	3556
60	9840	2733	100	13200	3667

注：1. 本表的最小排放能力为安全阀额定排放压力时的空气流量，确定时应考虑额定排放压力下介质汽化潜热及压缩系数的差异。

　　2. 罐体受热外表面积是指单个独立仓筒体表面积与前后封头或隔仓板表面积之和，确定排放能力时，罐体受热外表面积应小于本表的选定罐体受热外表面积值。

附录 D

非圆形截面罐体

（规范性附录）

D. 1　总则

本附录适用于受内压和（或）液柱静压力作用的非圆形截面（两侧面的曲率半径不大于 2000 mm，顶部和底部曲率半径不大于 3000 mm）的金属常压罐体的设计、制造、检验与验收。

D. 2　罐体设计

D. 2.1　罐体强度计算

罐体的厚度（不包括材料厚度负偏差和腐蚀裕量）不应小于式（D.1）的计算值。

$$\delta = p_c D_i / (2[\sigma]^t \varphi) \qquad\qquad (D.1)$$

式中：

δ——罐体计算厚度，单位为毫米（mm）；

p_c——计算压力，单位为兆帕（MPa）；

D_i——罐体当量内直径，单位为毫米（mm）；非圆形罐体横截面折算成等面积的等效圆形截面的直径；

$[\sigma]^t$——设计温度下，罐体材料许用应力，单位为兆帕（MPa）；

φ——焊接接头系数，按 JB/T 4735 或 JB/T 4734 的规定选取。

D. 2.2　罐体最小厚度

D. 2.2.1　在任何情况下，罐体厚度均不应小于 D.2.2.2～D.2.2.5 中的规定值，罐体最小厚度未包括材料厚度负偏差和腐蚀裕量。

D. 2.2.2　当按照 D.2.2.3 采取防止罐体破坏的保护措施时，罐体最小厚度按下列规定选取：

a)对标准钢罐体:当直径不大于 1800 mm 时,其最小厚度应不小于 3 mm;当直径大于 1800 mm时,其最小厚度应不小于 4 mm;

b)对其他金属材料制罐体,其最小厚度可由 5.4.13.2 中式(3)、(4)求出。且不小于表 D.1 的规定。

表 D.1　罐体最小厚度　　　　　　　　　　　　　　　　单位为毫米

罐体当量直径[a]	≤1800	>1800
奥氏体不锈钢	≥2.5	≥3
其他钢材	≥3	≥4
铝合金	≥4	≥5
99.60%纯铝	≥6	≥8

[a]非圆形罐体横截面折算成等面积的等效圆形截面的直径。

D.2.2.3　当罐体选用 D.2.2.2 中的最小厚度时,应有下列保护措施:

a)最大曲率半径小于 2000 mm,横截面为非圆形的罐体,罐体内需装有加强部件,加强部件由隔仓板、防波板、外部或内部加强圈等组成,加强部件的垂直截面,连同罐体的有效加强段,其组合截面模量至少为 10^4 mm³,外部加强件的棱角半径不应低于 2.5 mm;

b)加强部件的布置至少应满足下列条件之一:

——相邻两个加强部件之间的距离不大于 1750 mm;

——相邻两个隔仓板或防波板之间的罐体几何容积不大于 7.5 m³,隔仓板或防波板的厚度不小于罐体壁厚;防波板的面积应至少为罐体横截面积的 70%。

D.2.2.4　当罐体设有保温层时,应符合 5.4.13.4 的规定。

D.2.2.5　对两侧面的曲率半径不大于 2000 mm,顶部和底部曲率半径不大于 3000 mm,横截面为非圆形的罐体,当罐体封头、防波板(防波板为加强部件)、隔仓板或加强环间间距不大于 1750 mm 或相邻隔仓板或防波板之间的罐体几何容积不大于 7.5 m³ 时,罐体最小厚度应符合下列规定:

a)对采用标准钢罐体的最小厚度应符合表 D.2 规定;

b)对采用其他金属材料制罐体,其最小厚度可由 5.4.13.2 中式(3)、(4)求出,且不小于表 D.2 的规定。

表 D.2　罐体最小厚度　　　　　　　　　　　　　　　　单位为毫米

罐体截面积/m²	≤2.1	>2.1且≤2.7	>2.7且≤3.9	>3.9
标准钢	≥3	≥3.5	≥4	≥5
奥氏体不锈钢	≥2.5	≥3	≥3.5	≥4
碳素钢或其他钢材	≥3	≥3.5	≥4	≥5
铝合金	≥4	≥4.5	≥5	≥5.5
99.60%纯铝	≥6	≥8	≥10	≥12

D.2.3　罐体设计的其他要求应符合第 5 章的有关规定。

D.3　制造与验收

D.3.1　非圆形截面罐体的圆弧区(长圆形截面罐体的半圆、椭圆形截面罐体的大小圆弧区),其横截面上最大和最小成品内半径之差应不大于设计内半径的 1%,且不大于 15 mm。

D.3.2　罐体的直线度不大于罐体长度的 2‰,且不大于 20 mm。

D.3.3　罐体其他制造、检验与验收应符合第 6~8 章的有关规定。

道路运输液体危险货物罐式车辆
第2部分:非金属常压罐体技术要求

GB 18564.2—2006

前　言

本部分的全部技术内容为强制性。

GB 18564《道路运输液体危险货物罐式车辆》分为 2 个部分:

——第 1 部分:金属常压罐体技术要求;

——第 2 部分:非金属常压罐体技术要求。

本部分为 GB 18564《道路运输液体危险货物罐式车辆》的第 2 部分。

本部分代替 GB 18564—2001《汽车运输液体危险货物常压容器(罐体)通用技术条件》的非金属罐体部分。

本部分与 GB 18564—2001 相比较,主要变化如下:

——标准名称由"汽车运输液体危险货物常压容器(罐体)通用技术条件"改为"道路运输液体危险货物罐式车辆第 2 部分:非金属常压罐体技术要求";

——工作压力上限由"0.072 MPa"修改为"小于 0.1 MPa";

——增加了术语和定义一章;

——增加了材料一章,规定了罐体用玻璃纤维增强塑料及塑料材料的技术要求;

——增加了设计一章,规定了罐体载荷、设计参数的确定和结构等设计要求;

——制造一章中,增加了罐体成型及偏差的要求;

——修改了原出厂检验要求;

——增加了罐体定期检验一章,规定了基本的检验项目和内容;

——增加了附录 A"非金属罐体适用的常见液体危险货物介质"、附录 C"玻璃纤维增强塑料罐体粘接工艺评定"、附录 D"塑料焊接罐体焊接工艺评定"和附录 E"射线、超声与渗透检测验收规范";

——原附录 A"液体危险货物与罐体材质的相容性"改为附录 B"常见液体危险货物介质与罐体材料的相容性";

——取消了原附录 B"危险货物常压罐体年检结果登记表"(提示的附录)。

本部分的附录 A、附录 B、附录 C、附录 D、附录 E 为资料性附录。

本部分由全国锅炉压力容器标准化技术委员会(SAC/TC262)提出并归口。

本部分由全国锅炉压力容器标准化技术委员会移动式压力容器分技术委员会(SAC/TC262/SC4)组织起草。

本部分起草单位:杭州萧山南方化工设备厂、同济大学航空航天与力学学院、上海市气体工业协会、无锡市海溪防腐设备厂、上海化工装备有限公司、昊华中意玻璃钢有限公司、上海沪光客车厂、上海特种设备监督检验技术研究院、上海市化工物品汽车运输公司、扬州中集通华专用车股份有限公司、广东东莞永强汽车制造有限公司。

本部分主要起草人:周仕刚、倪永泉、许子平、陈晓宇、周伟明、寿比南、王为国、付新兰、吴刚、魏勇彪、夏秋春、张希成、孙家星、丁建勋、王虎群、刘洪庆、沈碧霞。

本部分所代替标准的历次版本发布情况为：

——GB 18564—2001。

1　范围

1.1　本部分规定了道路运输液体危险货物罐式车辆非金属常压罐体（以下简称罐体）的设计、制造、试验方法、出厂检验、涂装与标记标识以及定期检验项目的技术要求。

1.2　本部分适用于装运介质为液体危险货物，工作压力小于 0.1 MPa，罐体材料为聚乙烯塑料、聚氯乙烯塑料、聚丙烯塑料、玻璃纤维增强塑料等，且与定型汽车底盘或半挂车车架为永久性连接的非金属罐体。

1.3　本部分罐体用非金属材料允许的使用温度范围应符合下列要求：

a）聚氯乙烯、聚丙烯塑料：-10℃～50℃；

b）聚乙烯塑料、玻璃纤维增强塑料：-20℃～50℃。

任何情况下，罐体元件的表面温度不应超过材料的允许使用温度范围。

1.4　本部分适用于附录 A 中的介质。对超出附录 A 范围以外的液体危险货物，其罐体设计可参照本部分执行，但需经国家主管机构认可的单位进行技术评审。

1.5　本部分不适用于金属材料的罐体、真空绝热结构的罐体、有特殊要求军事装备用的罐体、容积大于 20 m³ 的罐体，以及装运易燃、易爆或毒性程度为极度或高度危害类介质的罐体。

1.6　对不能采用本部分进行设计的罐体，允许采用以下方法设计，但需经国家主管机构认可的单位评定、认可：

a）包括有限元法在内的应力分析；

b）验证性实验分析（如实验应力分析、验证性液压试验）；

c）用可比的已投入使用的结构进行对比经验设计。

2　规范性引用文件

下列文件中的条款，通过 GB 18564 的本部分的引用而成为本部分的条款。凡是注日期的引用文件，其随后所有的修改单（不包括勘误的内容）或修订版均不适用于本部分。然而，鼓励根据本部分达成协议的各方研究是否可使用这些文件的最新版本。凡是不注日期的引用文件，其最新版本适用于本部分。

GB/T 1033—1986　塑料密度和相对密度试验方法

GB/T 1040.2—2006　塑料　拉伸性能的测定　第 2 部分：模塑和挤塑塑料的试验条件（ISO527—2：1993，IDT）

GB/T 1043—1993　硬质塑料简支梁冲击试验方法（neq ISO179：1982）

GB/T 1447—2005　纤维增强塑料拉伸性能试验方法（ISO527—4：1997，Test condition for iso tropicandortho tropicfiber-reinforced plastics composites，NEQ）

GB 1589　道路车辆外廓尺寸、轴荷及质量限值

GB/T 1633—2000　热塑性塑料维卡软化温度（VST）的测定（idt ISO306：1994）

GB/T 1634.1—2004　塑料　负荷变形温度的测定　第 1 部分：通用试验方法（ISO75—1：2003，IDT）

GB/T 2035—1996　塑料术语及其定义

GB/T 2568—1995　树脂浇铸体拉伸性能试验方法

GB/T 3682—2000　热塑性塑料熔体质量流动速率和熔体体积流动速率的测定(idt ISO1133:1997)

GB/T 3730.1—2001　汽车和挂车类型的术语和定义

GB/T 3730.2—1996　道路车辆　质量　词汇和代码(idt ISO1176:1990)

GB/T 3961—1993　纤维增强塑料术语

GB/T 4454—1996　硬质聚氯乙烯层压板材

GB 6944—2005　危险货物分类和品名编号

GB 7258　机动车运行安全技术条件

GB/T 8237—2005　纤维增强塑料用液体不饱和聚酯树脂

GB/T 9445—2005　无损检测　人员资格鉴定与认证(ISO9712:1999,IDT)

GB 9969.1—1998　工业产品使用说明书　总则

GB 12268—2005　危险货物品名表

GB 13392—2005　道路运输危险货物车辆标志

GB/T 13657—1992　双酚-A 型环氧树脂

GB 16735—2004　道路车辆　车辆识别代号(VIN)

GB/T 18369—2008　玻璃纤维无捻粗纱

GB/T 18411—2001　道路车辆　产品标牌

GB 18564.1　道路运输液体危险货物罐式车辆　第 1 部分:金属常压罐体技术要求

JB/T 4730.1　承压设备无损检测　第 1 部分:通用要求

JB/T 4730.2　承压设备无损检测　第 2 部分:射线检测

JB/T 4730.3　承压设备无损检测　第 3 部分:超声检测

JB/T 4730.5　承压设备无损检测　第 5 部分:渗透检测

GA 406—2002　车身反光标识

HG/T 20640—1997　塑料设备

HG 20660—2000　压力容器中化学介质毒性危害和爆炸危险程度分类

HG/T 20696—1999　玻璃钢化工设备设计规定

3　术语和定义

GB/T 2035、GB/T 3730.1、GB/T 3730.2、GB/T 3961 及 GB 18564.1 确立的以及下列术语和定义适用于本部分。

3.1　工作压力 operating pressure
系指在正常工作情况下,罐体顶部可能达到的最高压力。

3.2　设计压力 design pressure
系指设定的罐体顶部的最高压力,与相应的设计温度一起作为罐体的设计载荷条件,其值不低于工作压力。

3.3　设计温度 design temperature
系指在正常工作情况下,设定的非金属元件的温度(沿非金属元件截面的温度平均值)。设计温度与设计压力一起作为设计载荷条件。

3.4　计算厚度 calculated thickness
系指按本部分第 6 章公式计算得到的厚度。需要时,尚应计入其他载荷所需厚度。

3.5 设计厚度 design thickness

系指计算厚度与腐蚀裕量之和或最小厚度与腐蚀裕量之和两者中的较大值。

3.6 名义厚度 nominal thickness

系指设计厚度圆整至材料标准规格的厚度,即设计图样上标注的厚度。

3.7 安全附件 safely attachment

系指安装于罐体上的通气装置、紧急切断装置、液位测量装置等能起安全保护作用的附件的总称。

3.8 旋转模塑,滚塑 rotational molding

系指将塑料粉末加入模具中,然后加热模具并使之沿两相互垂直的轴连续旋转,模具内塑料粉末在离心力、重力和热量的作用下逐渐均匀地涂布、熔融黏附于模具内表面上,形成所需要的形状。然后冷却模具,脱模得到罐体的一种塑料加工工艺。

4 总论

4.1 总则

4.1.1 除应符合本部分的规定外,罐体的设计、制造、试验方法、出厂检验、涂装与标志标识及定期检验项目等安全技术要求还应符合国家有关法律、法规和规章的规定。

4.1.2 设计、制造单位应按国家有关规定取得相应资质后,方可进行罐体的设计和制造。

4.1.3 配装符合本部分要求的罐体的罐车应符合 GB 7258 的有关规定。

4.2 职责

4.2.1 设计单位

4.2.1.1 设计单位应对设计文件的正确性和完整性负责。

4.2.1.2 罐体的设计文件至少应包括下列内容:

a)设计计算书(包括罐体强度计算、罐体容积计算、支座局部应力计算等);

b)设计图样(包括总图、罐体图、管路图等);

c)设计说明书;

d)使用说明书。

4.2.1.3 设计总图至少应注明下列内容:

a)产品名称、型号;

b)底盘型号、发动机功率、满载总质量、整备质量、轴载质量、最大允许充装质量、罐车外廓尺寸、罐体尺寸、罐体设计总容积、有效容积及分仓容积等主要技术特性参数;

c)罐体设计压力、设计温度、充装介质及危险特性、焊接接头系数、腐蚀裕量和单位容积充装量等主要设计参数;

d)罐体安全附件的规格和性能要求;

e)罐体气密性试验要求;

f)罐车产品铭牌的位置。

4.2.1.4 罐体图至少应注明下列内容:

a)产品名称;

b)设计压力、设计温度、充装介质及危险特性、焊接接头系数、腐蚀裕量和单位容积充装量等设计参数;

c)罐体主体材料牌号、规格及要求;

d)几何尺寸、设计总容积及分仓容积;

　　e)封头和筒体设计厚度；

　　f)制造要求；

　　g)热处理要求；

　　h)无损检测要求；

　　i)防腐蚀处理要求；

　　j)耐压试验要求。

4.2.2　制造单位

　　4.2.2.1　制造单位应按经规定程序批准的设计图样进行制造，如需对原设计进行修改，应取得原设计单位同意修改的书面证明文件，且对改动部位作详细记录。

　　4.2.2.2　制造单位在制造过程中和完工后，应按本部分和设计图样的规定对罐体（车）进行各项检验、检测和试验，出具检验、检测和试验报告，并对报告的正确性和完整性负责。

　　4.2.2.3　制造单位至少应保存下列文件备查，且保存期一般不应少于7年。

　　a)制造工艺图或制造工艺卡；

　　b)材料证明文件及材料表；

　　c)焊接和热处理工艺记录；

　　d)安全附件的检验记录；

　　e)标准中规定制造厂应检验项目的检验记录；

　　f)射线检测底片和报告、其他无损检测报告；

　　g)制造过程中及完工后的检验、检测和试验报告；

　　h)设计图和竣工图（至少包括总图、罐体图和管路图等）；

　　i)产品使用说明书；

　　j)产品质量证明书。

5　材料

5.1　一般要求

　　5.1.1　罐体用材料（包括衬里材料）应当具有良好的耐腐蚀性能、力学性能及相应的工艺性能，并能满足罐体的制造、检验及安全使用等基本要求。

　　5.1.2　罐体及罐体用管材、焊材等材料应符合相应国家标准或行业标准的规定，并应有相应的质量证明文件。

　　5.1.3　罐体用材料应与罐内装运介质相容，与介质接触的罐体材料（包括衬里材料）不应与装运介质发生化学反应，从而避免降低材料强度或污染装运的介质，且满足罐车在使用中所遇到的各种工作和环境条件。

　　5.1.4　装运附录A中介质的罐体，其材料可参考附录B选用。

　　5.1.5　罐体用材料均应进行进厂资料验收和检验，并应达到本章规定的技术要求。

　　5.1.6　罐体用材料有以下情况之一的，应当进行复验：

　　a)设计图样要求的；

　　b)用户要求的；

　　c)材料质量证明书中有缺项的；

　　d)焊接罐体用塑料板材存放时间超过两年或存放时间不清的；

　　e)制造单位不能确定材料真实性或对材料的性能和成分有怀疑的。

5.2 滚塑罐体用材料

5.2.1 当罐体采用滚塑工艺制造时,罐体用聚乙烯的材料性能应满足表1的要求。

5.2.2 罐体用聚乙烯树脂粉末颗粒应在30目～100目之间,小于30目的不超过1%,大于100目的不超过15%。

5.3 焊接罐体用板材

5.3.1 硬聚氯乙烯板材硬聚氯乙烯板材应符合 GB/T 4454—1996 中工业用—A类的规定。

5.3.2 聚丙烯板材

聚丙烯板材的材料性能应满足表2的要求。

表 1 罐体用聚乙烯的材料性能

项目	指标值	试验方法
密度 g/cm³	≥0.934	GB/T 1033
熔体流动速率 g/10 min	4±3	GB/T 3682
拉伸屈服强度 MPa	≥15	GB/T 1040
屈服伸长率%	≥25	
断裂伸长率%	≥200	
维卡软化温度℃	≥80	GB/T 1633

表 2 聚丙烯板材的材料性能

项目	指标值	试验方法
密度 g/cm³	≥0.934	GB/T 1033
拉伸屈服应力 MPa	≥25	
屈服拉伸应变%	≥8	GB/T 1040.2
拉伸弹性模量 MPa	≥1100	
缺口试样简支梁冲击强度 kJ/cm²	≥15	GB/T 1043
维卡软化温度℃	≥80	GB/T 1633

5.4 玻璃纤维增强塑料罐体用材料

5.4.1 增强材料

5.4.1.1 增强材料应采用无碱玻璃纤维及其织物。无碱无捻玻璃纤维纱应符合 GB/T 18369 的规定;无碱玻璃纤维织物应符合相应国家标准或行业标准的规定。

5.4.1.2 有特殊要求的,可采用其他材质的增强材料作为内衬层用增强材料。

5.4.2 热固性树脂

5.4.2.1 热固性树脂应符合下列要求:

a)不饱和聚酯树脂应符合 GB/T 8237 的规定;

b)环氧树脂应符合 GB/T 13657 的规定;

c)乙烯基酯树脂和酚醛树脂等其他树脂应符合相应国家标准或行业标准的规定。

5.4.2.2 内衬层树脂可采用间苯型不饱和聚酯树脂、乙烯基酯树脂、双酚-A型树脂等性能与装运介质相容的树脂。

5.4.2.3 不饱和树脂的力学性能应满足表3或表4的要求。

表 3　内衬层树脂的力学性能要求

项目	指标值	试验方法
拉伸强度 MPa	≥60	
拉伸弹性模量 MPa	≥2500	GB/T 2568
破坏伸长率%	≥3.5	

表 4　结构层树脂的力学性能要求

项目	指标值	试验方法
拉伸强度 MPa	≥60	
拉伸弹性模量 MPa	≥3000	GB/T 2568
破坏伸长率%	≥2.5	
热变形温度℃	≥70	GB/T 1634.1(A 法)

5.4.3　玻璃纤维增强塑料罐体材料的力学性能玻璃纤维增强塑料罐体结构层材料的力学性能应满足表 5 或表 6 的要求。

表 5　筒体结构层材料的力学性能

层板方向	拉伸强度 MPa	试验方法
环向	≥120	
轴向	≥60	GB/T 1447

表 6　封头结构层材料的力学性能

层板厚度 mm	拉伸强度 MPa	试验方法
<5.0	≥60	
5.0～6.5	≥83	
6.5～10.0	≥93	GB/T 1447
>10.0	≥108	

5.5　罐体采用国外材料时,应满足下列要求:

a)应选用国外有关标准或规范允许使用的,且国外已有使用实例的材料,其使用范围应符合材料生产国相应标准或规范的规定,并有该材料的质量证明书;

b)制造单位首次使用前,应按相关标准或规范对材料的化学成分、力学性能进行复验,满足使用要求后,才能投料制造;

c)技术要求应不低于本部分及国内相应材料的技术指标;当不符合要求时,应通过国家主管机构认可的单位进行技术评审。

5.6　罐体采用新研制的材料时,材料的研制生产单位应将试验验证材料和第三方的检测报告提交国家主管机构认可的单位进行技术评审,通过后方可用于罐体的设计和制造。

6　设计

6.1　基本要求

6.1.1　应选用国家主管部门批准的定型底盘,定型底盘应符合相应国家标准、行业标准的规定,且有必要的技术资料和产品合格证等质量证明文件。

6.1.2 罐体(车)用外购件应符合有关国家标准、行业标准的规定,并有供应商提供的产品合格证明,装配时应选用经检验合格的零部件。

6.1.3 车辆的轴荷和质量参数应符合 GB 1589 的规定。

6.1.4 车辆的结构安全要求应符合 GB 7258 的规定。

6.1.5 车辆驾驶室内应配备一个干粉灭火器,在车辆两侧应配备与装运介质性能相适应的灭火器或有效的灭火装置各一个。灭火器或灭火装置应固定牢靠、取用方便。

6.2 罐体设计

6.2.1 一般规定

6.2.1.1 罐体的横截面一般采用圆形。

6.2.1.2 封头采用凹面受压的标准椭圆形或碟形,碟形封头球面部分的内半径应不大于封头的内直径,转角内半径应不小于封头内直径的 10%,且不小于封头名义厚度的 3 倍。

6.2.1.3 罐体的设计压力应不小于最高工作压力。

6.2.1.4 罐体的计算压力除应考虑罐体所装运介质的工作压力外,还应考虑罐体在正常的运输和装卸时所产生的静态、动态和热负荷等最大综合载荷。

6.2.1.5 塑料焊接罐体的对接焊接接头应采用双面焊或相当于双面焊的全焊透结构,封头与筒体的连接应采用全焊透对接结构。

6.2.2 罐壁结构要求

6.2.2.1 塑料制罐体的罐壁应是同种材料。

6.2.2.2 玻璃纤维增强塑料制罐体的罐壁应是层合结构,且符合以下规定:

a)从内到外依次为内表面层、次内层、强度层和外表面层 4 层组成,其中内表面层和次内层总称为内衬层;

b)内表面层厚度为 0.25 mm～0.5 mm,次内层厚度不小于 2 mm,内衬层总厚度不小于2.5 mm;

c)强度层厚度由设计计算确定;

d)外表面层厚度为 0.2 mm～0.5 mm;

e)内表面层由玻璃纤维表面毡和热固性树脂制成,其树脂质量含量为 80%～90%;

f)次内层由切断的玻璃纤维原丝或其织物和热固性树脂制成,其树脂质量含量为 68%～78%;

g)强度层由玻璃纤维及其织物和热固性树脂制成,其树脂质量含量为 25%～50%;

h)外表面层由玻璃纤维表面毡和热固性树脂制成,其树脂质量含量应不低于 70%;

i)罐壁中的内衬层也可以采用热塑性塑料板材制成,其厚度应在 2.5 mm～4.0 mm 之间。

6.2.3 载荷

6.2.3.1 罐体的设计应考虑下列载荷:

a)内压、外压或最大压差;

b)装载量达到最大装运质量时的液柱静压力;

c)运输时的惯性力;

d)支座与罐体连接部位或支承部位的作用力;

e)连接管道和其他部件的作用力;

f)罐体自重及正常工作条件下或试验条件下装运介质的重力载荷;

g)附件及管道、平台等的重力载荷;

h)温度梯度或热膨胀量不同引起的作用力;

i)冲击力,如由流体冲击引起的作用力等。

6.2.3.2　设计时,罐体在运输工况中所承受的静态力按下列原则确定:

a)运动方向:最大充装质量的两倍乘以重力加速度;

b)与运动方向垂直的水平方向:最大充装质量乘以重力加速度;

c)垂直向上:最大充装质量乘以重力加速度;

d)垂直向下:最大充装质量(包括重力在内的总载荷)的两倍乘以重力加速度。

注:上述载荷施加于罐体的形心,且不造成罐内气相空间压力的升高。

6.2.4　设计压力和计算压力

6.2.4.1　设计压力应不小于下列压力的较高值:

a)设计温度时介质的饱和蒸气压;

b)运输工况中有惰性气体(如氮气等)封罐保护时,封罐压力与设计温度时介质饱和蒸气压之和;

c)充装、卸料时的最大工作压力。

6.2.4.2　计算压力应不小于下列压力的较高值:

a)设计温度时介质饱和蒸气压与封罐压力,以及由于6.2.3.2所列静态力而产生的等效压力之和,等效压力应不小于0.035 MPa;

b)重力卸料的,罐体底部装运介质最大充装质量时的两倍静态压力或两倍静态水压力的较大值;

c)压力充装或压力卸料的,充装压力或卸料压力较大值的1.3倍。

6.2.5　外压校核

罐体外压稳定性校核压力至少应高出罐体内压力0.04 MPa。

6.2.6　设计温度

罐体的设计温度应按下列要求确定:

a)罐体结构为裸式或带遮阳罩的,其设计温度为50℃;

b)罐体结构有保温层的,设计温度应不小于非金属元件可能达到的最高温,对于0℃以下的情况,设计温度应不大于非金属元件可能达到的最低温度;

c)罐体设计温度的确定应考虑环境温度的影响。

6.2.7　许用应力

6.2.7.1　塑料板材不同温度下的许用应力按表7选取。

表7　塑料板材许用应力

塑料板材种类	在下列温度下的许用应力 MPa					
	≤23℃	30℃	35℃	40℃	45℃	50℃
聚乙烯	2.14	2.13	2.12	1.96	1.81	1.66
聚氯乙烯	7.01	6.99	6.95	6.44	5.93	5.45
聚丙烯	3.51	3.49	3.48	3.22	2.97	2.73

注:中间温度的许用应力,可按本表的数值用内插法求得。

6.2.7.2　塑料管材不同温度下的许用应力按 HG/T 20640 的规定选取。

6.2.7.3　玻璃纤维增强塑料许用应力

应分别根据罐体环向、轴向和封头的拉伸性能取下列 a)和 b)规定的较小值,对应作为玻璃纤维增强塑料罐体环向$[\sigma_\theta]$、轴向$[\sigma_x]$和封头的许用应力$[\sigma]$:

a)$0.001E_\theta$:

E_θ——玻璃纤维增强塑料板的环向拉伸弹性模量,单位为兆帕(MPa)。

b)$0.1[\sigma_\theta]$：

$[\sigma_\theta]$——玻璃纤维增强塑料板的环向拉伸强度，单位为兆帕（MPa）。

6.2.7.4　封头铺层设计应确定两个方向拉伸强度有明显差异时，应分别确定两个方向的强度和许用应力，且分别确定计算厚度。

6.2.8　焊接接头系数

塑料焊接罐体的焊接接头系数应根据焊接接头型式确定：

a)双面焊对接接头，$\varphi=0.5$；

b)单面焊对接接头，$\varphi=0.4$。

6.2.9　腐蚀裕量

材料的腐蚀裕量应由设计单位确定或由用户提供，且满足下列要求：

a)有腐蚀或磨损的材料，应根据罐体设计寿命和介质对材料的腐蚀速率确定；

b)罐体各组件的腐蚀程度不同时，可采用不同的腐蚀裕量。

6.2.10　介质

6.2.10.1　介质的分类应符合 GB 6944 的规定；

6.2.10.2　介质的品名及编号应符合 GB 12268 的规定；

6.2.10.3　介质的毒性危害的划分应符合 HG 20660 的规定；

6.2.10.4　本部分适用的介质见附录 A。

6.2.11　罐体允许最大充装质量

6.2.11.1　罐体允许最大充装质量按式（1）计算：

$$W = \Phi_v V \tag{1}$$

式中：W——罐体允许最大充装量，t；

　　Φ_v——单位容积充装量，t/m³，按下列原则确定：

应按罐体设计温度下，其罐内至少留有 5％，且不大于 10％的气相空间及该温度下的介质密度来确定。

　　V——罐体有效容积，m³。

6.2.11.2　罐体允许最大充装量应不大于罐车的额定载质量。

6.2.12　罐体计算厚度

6.2.12.1　罐体计算厚度按式（2）计算：

$$\delta = \frac{P_C D_i}{2[\sigma]^t \varphi} \tag{2}$$

式中：δ——罐体计算厚度，单位为毫米（mm）；

　　P_C——计算压力，单位为兆帕（MPa）；

　　D_i——罐体内直径，单位为毫米（mm）；

　　$[\sigma]^t$——设计温度下罐体材料许用应力，单位为兆帕（MPa）；

　　φ——焊接接头系数，若采用非焊接工艺制造罐体时，取 $\varphi=1.0$。

6.2.12.2　玻璃纤维增强塑料制罐体，其罐体计算厚度除按上述式（2）计算外，还应按式（3）计算，并取其式（2）和式（3）的较大值作为罐体的计算厚度：

$$\delta = \frac{P_C D_i}{4[\sigma_x]^t} \tag{3}$$

式中：δ——罐体计算厚度，单位为毫米（mm）；

　　$[\sigma_x]^t$——设计温度下玻璃纤维增强塑料筒体材料轴向许用应力，单位为兆帕（MPa）；

其余符号意义及单位同式(2)。

6.2.13　罐体最小厚度

6.2.13.1　最小厚度应符合表 8 的规定。

表 8　罐体最小厚度　　　　　　　　　　　　单位为毫米

罐体的直径 DN	最小厚度[a]			
	聚乙烯	聚氯乙烯	聚丙烯[b]	玻璃钢[c]
600≤DN≤900	8.3	5.9	9.7	4.8
900<DN≤1200	11.5	7.8	13.5	4.8
1200<DN≤1500	14.6	9.7	17.4	4.8
1500<DN≤1800	17.8	11.6	21.2	4.8
1800<DN≤2100	21.5	13.9	25.7	6.4
DN>2100	28.6	18.2	—	6.4

注:a. 表中给出的罐体最小厚度是基于聚乙烯采用滚塑工艺制造,聚氯乙烯和聚丙烯是采用焊接工艺制造而得出的。

　　b. 聚丙烯罐体最大公称直径应不大于 2100 mm。

　　c. 玻璃纤维增强塑料的最小厚度为罐壁总厚度。

6.2.13.2　在任何情况下,罐体最小厚度应不小于 6.2.13.1 的规定,该最小厚度不包含材料厚度负偏差、腐蚀裕量以及加工制造过程中的工艺减薄量。

6.2.14　封头的厚度

6.2.14.1　封头的厚度应不小于相应罐体的厚度。

6.2.14.2　椭圆形封头的计算厚度按式(4)计算:

$$\delta = \frac{KP_C D_i}{2[\sigma]^t \varphi} \tag{4}$$

式中:δ——封头计算厚度,单位为毫米(mm);

　　　p_C——计算压力,单位为兆帕(MPa);

　　　D_i——封头内直径,单位为毫米(mm);

　　　$[\sigma]^t$——设计温度下封头材料许用应力,单位为兆帕(MPa);

　　　φ——焊接接头系数,若采用非焊接工艺制造封头时,取 $\varphi=1.0$;

　　　K——形状系数,按式(5)计算:

$$K = \frac{1}{6}\left[2 + \left(\frac{D_i}{2h_i}\right)^2\right] \tag{5}$$

式中:h_i——为封头内壁曲面高度,单位为毫米(mm),当 $\frac{D_i}{2h_i}=2$ 时,为标准椭圆形封头。

6.2.14.3　其他形式的封头计算厚度按 HG/T20640 或 HG/T20696 相应部分的规定计算确定。

6.2.15　罐体设计厚度

6.2.15.1　塑料罐体设计厚度应取下列情况的较大值:

a)罐体计算厚度与腐蚀裕量之和;

b)罐体最小厚度与腐蚀裕量之和。

6.2.15.2　玻璃纤维增强塑料罐体设计厚度应取下列情况的较大值:

a)罐体计算厚度与罐壁内衬层和外表面层厚度之和;

b)罐体最小厚度。

6.2.16 罐体隔仓板、防波板的设置

6.2.16.1 为满足罐体外压稳定性要求,当罐体的隔仓板、防波板、外部或内部加强圈等作为加强件使用时,其设置应满足下列要求:

加强件的垂直截面,连同罐体的有效加强段,其组合截面抗弯刚度(EI)应不小于式(6)的计算结果:

$$EI \geqslant 16.48D_o^2L_S \tag{6}$$

式中:EI——组合截面抗弯刚度,单位为牛顿每平方毫米(N/mm²);

D_o——罐体外直径,单位为毫米(mm);

L_S——相邻加强部件间距离或加强部件到封头高度三分之一处的距离,取两者中较大值,单位为米(m)。

6.2.16.2 隔仓板、防波板的设置至少应满足下列条件之一:

a)塑料罐体内相邻两个加强部件之间的距离不超过 1000 mm,玻璃纤维增强塑料罐体内相邻两个加强部件之间的距离不超过 1500 mm,并应与罐体支座位置相对应;

b)相邻两个隔仓板或防波板之间隔开的罐体几何容积应符合下列要求:

——塑料罐体不大于 3 m³;

——玻璃纤维增强塑料罐体不大于 4 m³。

6.2.16.3 隔仓板或防波板的厚度任何情况下不应小于罐体壁厚。

6.2.16.4 防波板有效面积应大于罐体横截面积的 40%,且上部弓形面积小于罐体横截面积的 20%。

6.2.16.5 防波板设置应考虑方便操作或检修人员进出。

6.2.16.6 隔仓板、防波板与罐体的连接应牢固可靠。

6.2.17 人孔设置

6.2.17.1 罐体至少应设置一个人孔,一般设置在罐体顶部。

6.2.17.2 人孔宜采用公称直径不小于 450 mm 的圆孔或 500 mm×350 mm 的椭圆孔。

6.2.17.3 对多仓罐体,人孔设置还应考虑操作、检修人员方便进出各仓。

6.2.18 支座载荷及局部应力校核

a)罐体支座应有足够的刚度和强度,且能承受不小于纵向 2 mg、垂直向下 2 mg、横向 1 mg、垂直向上 1 mg 惯性力的作用(其中 m 为罐体、附件与装运介质的质量之和);

b)罐体与支座的连接部位应进行局部应力校核,罐体的局部应力应不大于罐体材料许用应力的 1.25 倍。

6.2.19 耐压试验

6.2.19.1 罐体耐压试验一般采用液压试验。

6.2.19.2 罐体耐压试验压力为罐体的计算压力。

6.2.20 其他要求

6.2.20.1 罐体上部的部件应设置保护装置。保护装置可设置为加强环或保护顶盖、横向或纵向构件等。

6.2.20.2 保温层的设置不应妨碍装卸系统和附件的正常工作及维修。

6.3 连接设计要求

6.3.1 罐体与底盘连接应采用鞍形支座。鞍形支座对应的圆心包角应不小于 120°。

6.3.2 鞍形支座应采用金属板材。

6.3.3 鞍形支座的制作改造应符合相应底盘改装手册的要求。设计时应避免上装部分的布置对底盘车架造成集中载荷，并尽可能将其转化为均布载荷，以改善受力状况。

6.3.4　当车架需加长时，加长部分用材料应考虑其可焊性。

6.3.5　应避免在车架应力集中的区域内进行钻孔或焊接。

6.3.6　罐体纵向中心平面与底盘纵向中心平面之间的最大偏移量应不大于 6 mm。

6.3.7　在罐体和支座之间应设置橡胶衬垫材料，其宽度应大于鞍形支座与罐体接触的垫板宽度。

6.3.8　鞍形支座与罐体连接用抱箍应采用金属板材。抱箍应具有足够的强度。

6.3.9　罐体与抱箍间应设置橡胶衬垫，其宽度应大于抱箍的宽度，其厚度应不小于 5 mm。

6.3.10　支座、抱箍及连接件应作防腐处理。

6.3.11　抱箍与支座间的连接应符合下列要求：

a）采用螺栓连接；

b）应有可调节张紧程度的间隙；

c）连接应牢固、可靠；

d）连接用螺栓的性能等级应不低于 8.8 级。

6.3.12　应设置防止罐体纵向窜动的装置。

6.4　安全附件和承压元件

6.4.1　一般要求

6.4.1.1　通气装置、紧急切断装置、液位测量装置等安全附件应符合相应国家标准或行业标准。安全附件应有相应资质的单位生产，且有产品质量证明文件。

6.4.1.2　装卸阀门、装卸软管及胶管等承压元件应符合相应国家标准或行业标准，且有产品合格证书和质量证明文件。

6.4.1.3　安全附件和承压元件应按装运介质特性设置，与装运介质接触的材料应与介质相容。

6.4.2　通气装置设置

6.4.2.1　罐体顶部的前、后部位应至少各设置一个通气装置，其通径应不小于 25 mm。

6.4.2.2　通气装置应能防止任何异物的进入，出口应向下，且比顶部装卸口至少高 100 mm。

6.4.2.3　装卸状态时通气装置应处于全开状态，非装卸状态时通气装置应处于闭合状态。

6.4.3　紧急切断装置

6.4.3.1　紧急切断装置一般由内置切断阀、远程控制系统及操纵机构等组成，紧急切断装置应动作灵活、性能可靠、便于检修，其操纵机构应可靠并联接到罐体外部。

6.4.3.2　内置切断阀的设置应尽可能靠近罐体的底部，不应兼作它用。非装卸状态时内置切断阀应处于闭合状态。

6.4.3.3　内置切断阀应能防止因任意冲击或意外动作所致的无意识打开。

6.4.3.4　内置切断阀的启闭应方便人员安全操作。

6.4.4　液位测量装置

6.4.4.1　液位测量装置应灵活准确，结构牢固。

6.4.4.2　液位测量装置的安装应牢固、可靠。

6.4.4.3　不应使用玻璃板（管）或其他易碎材料制造。

6.4.4.4　应设置能防止液位测量装置受到意外损伤的保护装置。

6.4.5　装卸软管

6.4.5.1　软管与快装接头的连接应牢固、可靠。

6.4.5.2　软管在承受 4 倍罐体设计压力时不应破裂。

6.4.5.3　软管应在 1.5 倍装卸系统最高工作压力下进行气压试验。

6.5　装卸口设置及要求

6.5.1　装卸口的设置位置应根据介质特性确定。

6.5.2　罐体底部装卸口设置应符合下列要求：

a)应设置三道相互独立,且串联的关闭装置；

b)第一道阀门应为紧急切断装置；

c)第二道为外部卸料阀；

d)第三道为在卸料口处设置的盲法兰或类似的装置,且应有能防止意外打开的功能。

6.5.3　装卸口应设置阀门箱或防碰撞护栏等保护装置,且设置有密封盖或密封式集漏器。

6.6　扶梯、罐顶操作平台及护栏

6.6.1　扶梯应便于攀登,连接牢固,可设在罐体两侧或后部。扶梯宽度应不小于 350 mm,步距应不大于 350 mm,且每级梯板能承受 1960 N 的载荷。

6.6.2　罐体顶部应设操作平台,平台应具有防滑功能,且在 600 mm×300 mm 的面积上能承受 3 kN 的均布载荷。当罐体顶部距地面高度大于 2 m 时,平台周围应设置固定或可折叠的护栏。

6.6.3　应对扶梯、罐顶操作平台及护栏进行防腐处理。

7　制造

7.1　总则

7.1.1　罐体的制造、检验与验收除符合本章规定外,还应符合设计图样的规定。

7.1.2　玻璃纤维增强塑料罐体的制造人员应经过有关专业培训。

7.1.3　塑料焊接应由经培训考核合格的焊工承担。焊工应熟练掌握焊接工艺,焊接时应遵守焊接工艺规程。焊接结构要求应符合 HG/T 20640 的规定。

7.1.4　罐体的无损检测人员的资质应符合 GB/T 9445 的规定。

7.1.5　玻璃纤维增强塑料罐体和塑料焊接罐体应分别按附录 C 和附录 D 的规定进行工艺评定,评定合格后方可进行制造。

7.1.6　塑料罐体采用滚塑工艺制造时,施工前应编制滚塑工艺指导书,且经验证合格后方可施工。

7.2　塑料焊接罐体要求

7.2.1　封头

7.2.1.1　封头应整体热压成型,成型后不应有裂纹、起泡、分层等缺陷。

7.2.1.2　封头拼接焊缝的布置应按图 1 的规定,其焊缝距封头中心线应小于封头内径 D_i 的 1/4,中间板的宽度应不小于 200 mm,拼板的总块数应不超过 3 块。

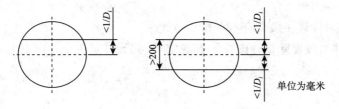

图 1　封头拼接焊缝布置图

7.2.1.3　封头拼接焊缝处不应开孔。

7.2.1.4　出料口等开孔边缘距焊缝中心应不小于 300 mm。

7.2.1.5　封头成形后的几何尺寸偏差应符合 HG/T 20640 的规定。

7.2.2　筒节

7.2.2.1　应采用板材加热模压成形,成形后的壁厚应符合设计图样的规定。

7.2.2.2　纵向对接焊接接头对口错边量 b(见图 2)不大于名义厚度 δ_s 的 10%,且不大于 2 mm。

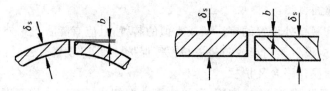

图 2　对接焊接接头对口错边量

7.2.2.3　纵向对接焊接接头形成的棱角 E(见图 3)应不大于 $(0.1\delta_s+2)$ mm,且不大于 4 mm,用弦长等于 $1/6D_i$ 且不小于 300 mm 的内样板或外样板检查。

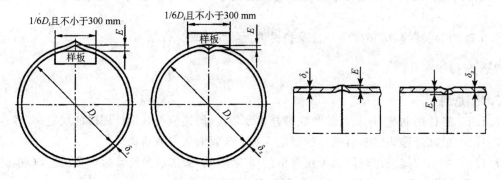

图 3　内样板或外样板检查棱角

7.2.2.4　筒节长度应不小于 200 mm,筒节长度的允许偏差±2 mm。

7.2.2.5　每一筒节只允许一条纵向焊接接头。

7.2.3　组装

7.2.3.1　筒体组装应符合下列要求:

a)各筒段应自然吻合,不应施加外力强行吻合;

b)筋板,防波板,隔仓板等附件可与筒节制作时同时焊接;

c)两筒节组对按下列要求:

1)轴向组对间隙不大于 3 mm;

2)环向对接焊接接头对口错边量 b 不大于 $0.1\delta_s$,且不大于 2 mm。

注:δ_s 为筒节中较薄板厚度。

d)筒节间纵向对接焊接接头应 180°相互错开。

7.2.3.2　筒体直线度除设计图样另有规定外,其允许偏差 ΔL 应不大于 $2L/1000$,且不大于 15 mm。

注 1:L 为筒体总长。

注 2:筒体直线检查是在通过中心线的水平和垂直面,即沿圆周 0°、90°、180°、270° 4 个部位拉 $\Phi 0.5$ mm 的细钢丝测量,测量的位置离筒体纵向对接焊接接头不小于 100 mm,当筒体厚度不同时,计算直线度时应减去厚度差。

7.2.3.3　筒体纵向对接焊接接头不应布置在筒体横截面中心与筒体最低点连接半径的左右各 20°范围内。

7.2.3.4　封头与筒体组装应符合下列要求：

a)封头与筒体组装时，环向对接焊接接头对口错边量 b 不大于 $0.1\delta_s$，且不大于 2 mm；

注：δ_s 为两者中较薄板厚度。

b)封头与筒体组装的轴向组对间隙不大于 3 mm。

7.2.3.5　接管法兰组装应符合下列要求：

a)接管法兰的螺栓孔应对称地分布在筒体轴线的两侧，跨中布置（见图 4），有特殊要求的应在设计图样中注明；

b)法兰端面与内孔开孔表面应垂直，垂直度偏差不大于法兰名义厚度的 1%，且不大于 0.2 mm；

c)筒体上的接管应避开筒体焊缝组装，接管外壁与筒体焊缝距离应不小于 50 mm。

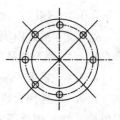

图 4　接管法兰组装

7.2.4　焊接

7.2.4.1　焊接环境应符合下列要求：

a)焊接环境温度应在 10℃～30℃之间；

b)焊接宜在室内进行；

c)不宜在刮风、下雨、下雪的现场露天焊接，若需施焊时应有防护措施。

7.2.4.2　焊接接头质量应符合下列要求：

a)焊接接头应整齐美观，表面不应有过烧、脱焊现象；

b)焊接时焊条排列均匀，焊缝截面不应有空洞，焊接时焊条起点和终点不应落在同处；

c)对接焊接接头余高 e_1 或 e_2（见图 5）应不大于 2.5 mm±0.5 mm；

d)角接接头的焊脚，在图样无规定时，取焊件中较薄者之厚度。角接接头与母材应呈平滑过渡；

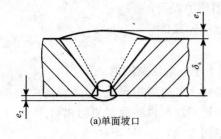

(a)单面坡口

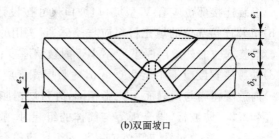

(b)双面坡口

图 5　对接焊接接头的余高 e_1 或 e_2

e)焊接接头表面不应有裂纹、气孔等缺陷；

f)罐体焊接接头不允许咬边。

7.2.4.3　不合格的焊接接头应进行返修，返修次数不应超过一次。焊接接头的返修次数、部位、返修情况应记入产品质量证明书。

7.2.5　热处理

7.2.5.1　塑料焊接罐体及所有与罐体连接的附件焊接且经检验合格后，应进行焊后整体消除应力热处理。

7.2.5.2　塑料焊接罐体应根据塑料牌号、厚度制定热处理工艺。热处理工艺应包括加热方式、进出炉温度、升降温速率、保温温度及偏差、保温时间等参数。

7.2.5.3　热处理炉应具有完好的温控仪表及记录仪，热处理记录应记入产品质量证明书。

7.2.5.4　热处理应在罐体耐压试验前进行。

7.3　滚塑罐体制造要求

7.3.1　罐体尺寸偏差应满足下列要求：

a)圆形筒体的内径允许偏差为±1%内径,且不大于50 mm,圆筒内表面的圆度允许偏差为圆筒内径的±1%;

b)椭圆形筒体的长短轴允许偏差为±1%长短轴;

c)罐体总长度(两封头间的距离)允许偏差为±1%总长度。

7.3.2　树脂添加剂应不对制品的力学性能产生明显的不利影响。

7.3.3　模具内表面应均匀地涂覆脱模剂,且在模具表面形成均匀面层。脱模剂应在产品成型温度下不融入产品中而影响产品质量。

7.3.4　根据产品的大小合理控制加热温度和加热时间。

7.3.5　选用合理的冷却方式和冷却速度。冷却时应先空气强制风冷,再进行水冷或完全采用风冷。冷却速度不宜过快而造成过大的变形。

7.3.6　罐体外观质量经检验符合设计图样要求后,方可进行罐体配件的安装。

7.4　玻璃纤维增强塑料罐体制造要求

7.4.1　基本要求

7.4.1.1　罐体的筒体及封头的制造、检验除满足本节规定外,还应符合设计图样的要求。

7.4.1.2　罐体制造前应进行罐体的铺层工艺设计。

7.4.1.3　筒体强度层的缠绕角度应不大于60°。

7.4.1.4　封头成型时,表面毡、短切原丝毡、无碱喷射纱及无捻粗纱布铺放时,层间接缝应错开,宽度应不小于60 mm,搭接宽为30 mm。树脂质量含量不低于40%。

7.4.2　组装

7.4.2.1　筒体与封头的组装应符合下列要求：

a)组装连接部位应有V型坡口,坡口尺寸按设计图样的规定;

b)组装连接部位的填充材料应与筒体、封头用的材料一致;

c)组装部位的外敷层厚度应不小于内敷层厚度;

d)外敷层宽度应不小于250 mm,内敷层宽度应不小于外敷层宽度的3/4;

e)内敷层树脂与内表面层树脂相同,外敷层树脂与强度层树脂相同。

7.4.2.2　防波板、隔仓板等与筒体的组装时,敷层树脂应与内表面层树脂相同。

7.4.2.3　法兰接管与筒体或封头的组装应符合下列要求：

a)开孔断面处应进行封边处理,所用材料应与内衬层材料相同;

b)开孔均用层合结构补强,开孔补强直径不应小于开孔直径的两倍;当开孔直径小于150 mm时,开孔补强直径应不小于开孔直径与150 mm之和;

c)开孔补强厚度按设计图样规定。

7.4.3　罐体形状尺寸和表面质量

7.4.3.1　筒体形状尺寸应符合下列要求：

a)圆形筒体的内径允许偏差为±1%,且不大于50 mm,圆筒内表面的圆度公差为圆筒内径的±1%;

b)椭圆形筒体的长短轴公差为±1%长短轴;

c)罐体总长度(两封头间的距离)允许偏差为±1%总长度;

d)罐体成形后最小厚度不应小于名义厚度的80%,且不小于设计厚度。

7.4.3.2 内外表面应符合下列要求：

a)罐体内外表面应平整光滑,色泽均匀无泛白,纤维充分浸透树脂,无夹杂物,无纤维外露;

b)不允许有层间分层、脱层、树脂瘤、裂纹等缺陷。

7.4.3.3 罐体内外表面在任取 300 mm×300 mm 面积内,最大直径为 4 mm 的气泡不应超过 5 个。

7.4.3.4 罐体表面的巴氏硬度应不小于 40。

7.5 无损检测

7.5.1 罐体形状、尺寸和外观质量经检查合格后方可进行无损检测。

7.5.2 塑料焊接罐体的对接焊接接头应进行局部射线检测,检测长度应不少于每条焊接接头长度的 10％,且应包括所有对接接头的交叉部位。

7.5.3 滚塑罐体应进行超声检测,超声检测应按下列要求进行:

a)采用聚焦探头按间距不大于 100 mm 的平行线进行罐体表面扫查;

b)检测面积不少于罐体表面积的 10％,且应包括封头顶部、封头圆弧过渡区、人孔接管、人孔法兰及罐体壁厚突变部位。

7.5.4 罐体的人孔、接管、凸缘等处的焊接接头,应按设计图样的规定进行渗透检测。

7.5.5 局部射线检测的焊接接头发现超标缺陷时,应在该缺陷两端的延伸部位增加检查长度,增加的长度应不小于该焊接接头长度的 10％。若仍有超标缺陷,则对该焊接接头做 100％的射线检测。

7.5.6 罐体本体超声检测发现超标缺陷时,应在该缺陷的延伸部位各增加宽度为 200 mm 的检查范围,若仍有超标缺陷,则对该罐体做 100％的超声检测。

7.5.7 无损检测发现超标缺陷时,应进行修磨及必要的补焊或返修,并对该部位采用原检测方法重新进行检测,直至合格。

7.5.8 罐体本体、焊接接头的射线、超声和渗透检测应符合附录 F 的规定,其合格级别应符合下列要求:

a)不允许存在裂纹及未焊合、未焊透类缺陷存在;

b)局部射线检测的,合格级别应不低于Ⅲ级;

c)超声检测的,合格级别应不低于Ⅲ级;

d)渗透检测的,合格级别应不低于Ⅲ级。

8 试验方法

8.1 一般要求

8.1.1 罐体制造完成后应按设计图样的要求进行耐压试验。

8.1.2 罐体的耐压试验可在与罐车底盘或半挂车车架连接安装前进行,试验时罐体的支承条件应与底盘或半挂车车架的设计支撑相同。

8.2 耐压试验

8.2.1 基本要求

8.2.1.1 需热处理的罐体,耐压试验应在热处理后进行。

8.2.1.2 对有保温层的罐体,应在保温层安装前进行耐压试验。

8.2.1.3 耐压试验时,应采用两个量程相同且经过校验合格的压力表。压力表的精度应不低于 2.5 级,表盘直径应不小于 150 mm,压力表的量程以试验压力的 2 倍为宜,应不小于试验压力的 1.5 倍,且应不大于试验压力的 4 倍。

8.2.1.4　耐压试验一般采用液压试验。

8.2.2　液压试验

8.2.2.1　试验液体一般用水。必要时,可采用不会导致发生危险的其他液体。

8.2.2.2　罐体液压试验时,试验液体温度应不低于罐体材料无延性转变温度加 20℃。

8.2.2.3　罐体充液时,应将罐内气体排尽,并应保持罐体外表面干燥。试验时压力应缓慢上升,达到试验压力后,保压时间不少于 30 min,然后降至设计压力,保压足够时间进行检查。检查期间的压力应保持不变,不应采用加压的方式维持压力不变,也不应带压紧固螺栓或向受压元件施加外力。

8.2.2.4　液压试验中,罐体应以无渗漏、无可见的变形、无异常的响声为合格。

8.2.2.5　液压试验合格后,应排尽罐内液体并使之干燥,且罐内无积液和杂物。

8.2.2.6　液压试验时可同时进行罐体内容积的测定。

8.3　罐体力学性能检验

滚塑工艺制造的罐体应进行拉伸性能检验。试样应用人孔处割下的板材制作。试样尺寸和试验方法应符合 GB/T 1040.2 的规定。

8.3.1　玻璃纤维增强塑料罐体的力学性能检验

8.3.1.1　筒体应进行环向和轴向的拉伸强度的试验。试样应用罐体人孔处割下的板材,且保留结构层的材料制作。试样尺寸和试验方法应符合 GB/T 1447 的规定。

8.3.1.2　按照封头结构层铺层要求,制作一块样板,按 GB/T 1447 的要求进行封头的环向和轴向拉伸强度试验。

8.4　安全附件试验

8.4.1　对装卸软管应进行气压试验,保压 5 min 不应泄漏。

8.4.2　其他安全附件应按本部分第 6 章和相应标准的要求进行安全附件性能试验。

8.5　其他检查

8.5.1　外观和尺寸检验

8.5.1.1　采用目视的方法应进行罐体外观质量、内表面质量检查。

8.5.1.2　采用钢尺及直尺进行罐体外廓尺寸的测量。

8.5.1.3　采用游标卡尺或超声波检测仪进行罐壁厚度测量。

9　检验规则

罐体应逐台检验合格后方可出厂,出厂检验项目应符合表 9 的规定。

表 9　出厂检验项目

序号	检验项目	技术要求	试验方法
1	外观质量检测	10 及设计图样	8.5
2	外形尺寸检测	设计图样	8.5
3	罐壁厚度	设计图样	8.5
4	耐压试验	6.2.19 及设计图样	8.2
5	装卸软管气压试验	6.4.5	8.4
6	安全附件性能试验	6.4	8.4
7	滚塑聚乙烯体力学性能	表1	8.3
8	玻璃纤维增强塑料罐体环向和轴向拉伸强度	表5 或设计要求	8.3
9	玻璃纤维增强塑料封头环向和轴向拉伸强度	表6 或设计要求	8.3

10　涂装与标志标识

10.1　涂装

10.1.1　非金属罐体的外表面可不涂装,非金属材料本色应为浅色或不与环形标志带混淆的其他颜色。

10.1.2　当罐体需要涂装时,涂装要求如下:

a)油漆应色泽鲜明、分界整齐,无裂纹、起泡、发粘,无皱皮、脱漆、污痕等劣化现象出现;

b)涂料不应侵蚀罐体非金属材料,且不被装运介质腐蚀;

c)罐体外表面涂层颜色应符合 10.1.1 的规定。

10.1.3　罐体附件中的碳钢或低合金钢表面均应进行防腐处理,合格后方可涂装。

10.2　标志

罐车的标志除应符合 GB 13392 的规定外,还应满足下列要求:

a)罐体应有一条沿通过罐体中心线的水平面与罐体外表面的交线对称均匀粘贴的环形橙色反光带,反光带宽度不小于 150 mm;

b)罐车应按 GB 16735 的规定,标志识别代码(VIN)。

10.3　标识

10.3.1　应在罐体两侧显著位置安装罐体的产品铭牌,其型式和安装要求应符合 GB/T 18411 的规定,铭牌内容应符合 GB 7258 的规定。

10.3.2　按 GA 406 的规定安装罐车车身反光标识。

10.3.3　罐体两侧后部色带的上方喷涂装运介质的名称,字高不小于 200 mm,字体为仿宋体,字体颜色符合下列要求:

a)腐蚀性介质:黑色;

b)毒性程度为中度或轻度危害介质:黄色;

c)其余介质:蓝色。

11·贮存和运输

11.1　如长期存放时,罐车应停放在防潮、通风和具有消防设施的专用场地。

11.2　贮存的罐车应按产品说明书进行定期维护与保养。

11.3　罐体运输时,应加强保护,均匀垫放和捆扎,注意防火。

12　出厂文件

12.1　罐车出厂时,制造单位至少应向用户提供下列技术文件和资料:

a)产品质量证明书;

b)产品竣工图;

c)产品使用说明书;

d)产品合格证;

e)罐体产品安全性能监督检验证书;

f)罐体安全附件质量证明书。

12.2　罐体产品质量证明书应至少包含下列内容:

a)外观及几何尺寸检查报告;

b)材质证明报告;

c）无损检测报告；

d）热处理报告（塑料焊接罐体）；

e）耐压试验报告；

f）气密性试验报告。

12.3　罐车产品使用说明书除应符合 GB 9969.1 的规定外，还应至少包含下列内容：

a）主要技术性能参数；

b）罐体结构与管路图；

c）安全附件、阀件和仪表的型号和说明；

d）操作规程、最大允许充装质量的控制要求；

e）使用注意事项，包括装卸料和储运过程中的注意事项；

f）维护和保养要求；

g）常见故障的排除方法；

h）备品和备件清单。

13　定期检验

13.1　罐体定期检验的单位及检验人员应取得主管部门规定的资格，并应对检验的结果负责。

13.2　罐体的定期检验应至少包含下列内容：

a）罐体质量技术档案资料审查；

b）检查罐体外表面，有无腐蚀、磨损、龟裂、凹陷、变形、泄漏及其他可能影响运输安全性的问题；

c）检查罐体内表面有无明显的损伤、龟裂、分层、腐蚀等问题；

d）检查罐体内隔仓板或防波板、加强圈是否明显移位、与罐体连接失效等可能影响运输安全性的问题；

e）罐体与底盘或半挂车车架连接部位的检查；

f）罐体壁厚测量；

g）检查管路、阀门、装卸软管、垫圈等，有无腐蚀、泄漏等影响装卸及运输安全的问题；

h）必要时进行焊接接头的无损检测；

i）罐体安全附件及承压件的检查；

j）检查紧急切断装置，不应出现腐蚀变形及其他可能影响正常使用的缺陷；遥控关闭装置应能正常使用；

k）罐体表面漆色、铭牌和标志检查。

13.3　罐体定期检验的记录和结果应存档保存。影响运输安全性的内外表面问题应作出可靠的处理。

附录 A

非金属罐体适用的常见液体危险货物介质

（资料性附录）

表 A.1 非金属罐体适用的常见液体危险货物介质

GB 12268 编号	介质名称和说明	质量百分数%	类别和项别	危险程度分类
1789	氢氯酸	<37	8	腐蚀、中度危害
1791	次氯酸盐溶液		8	腐蚀
1824	氢氧化钠溶液	<60	8	腐蚀
1830	硫酸,含酸高于 51%	<100	8	腐蚀
1832	硫酸废液	<70	8	腐蚀、中度危害
1849	水合硫化钠,含水不低于 30%	<20	8	腐蚀
1906	淤渣硫酸		8	腐蚀、中度危害
2581	氯化铝溶液		8	腐蚀
2672	氨水,水溶液在 15℃时的相对密度范围为 0.88~0.975	<35	8	腐蚀

附录 B

常见液体危险货物介质与罐体材料的相容性

（资料性附录）

表 B.1 常见液体危险货物介质与罐体材料的相容性

GB 12268 编号	介质名称和说明	质量百分数%	聚乙烯 温度℃ 25	50	聚氯乙烯 温度℃ 25	50	聚丙烯 温度℃ 25	50	玻璃纤维增强塑料温度℃ 25	50
1789	氢氯酸	<37	≈	√	≈	√	≈	√	≈	√
1791	次氯酸盐溶液		≈	≈			√	√	≈	√
			≈	≈			√	√	≈	√
1824	氢氧化钠溶液	<30	≈	≈	√	√	√	√	√	√
		30~40	√	√	√	√	√	√	√	√
		50~60					√	√	√	√
1830	硫酸,含酸高于 51%	<65	√	√	√	√	√	√	√	√
		65~75	√	○	√	○	√	○	√	○
		75~100	○	○	○	○	○	○	○	○
1832	硫酸废液	<70	√	○	√	○	√	○	√	○

续表

GB 12268 编号	介质名称 和说明	质量百 分数%	聚乙烯 温度℃		聚氯乙烯 温度℃		聚丙烯 温度℃		玻璃纤维增强 塑料温度℃	
			25	50	25	50	25	50	25	50
1849	水合硫化钠， 含水不低于30%	10								
		20								
1906	淤渣硫酸		√	√	√	√	√	√	√	√
2031	硝酸，发红烟的除外		○	×			×	×	○	×
2581	氯化铝溶液								√	
2672	氨水，水溶液在15℃ 时中的相对密度范围 为0.88～0.975	10	⌣		⌣		⌣		⌣	○
		<35	⌣				⌣	⌣	○	

注：1. 本表腐蚀性能仅供设计选材时参考，详细的腐蚀数据可查有关的腐蚀性能手册或根据试验数据确定。

2. 本表符号说明（耐腐蚀情况、腐蚀速率）如下：

⌣—优良，<0.05，mm/年；

√—良好，0.05～0.5，mm/年；

○—可用，但腐蚀较重，0.5～1.5，mm/年；

×—不适用，腐蚀严重，>1.5，mm/年。

附录 C

玻璃纤维增强塑料罐体粘接工艺评定

（资料性附录）

C.1　总则

C.1.1　粘接工艺的评定程序一般为：拟定粘接工艺指导书、制取试件和试样、检验试件和试样、测定试样性能是否具有所要求的使用性能、提出评定报告对拟定的手糊成型和粘接工艺指导书进行评定。

C.1.2　手糊成型和粘接的试样应由本单位技术熟练的粘接操作人员制作，粘接操作人员不应聘用外单位人员。

C.2　评定规则

C.2.1　评定手糊成型工艺时，采用手糊成型试件；评定对接粘接工艺时，采用对接粘接试件。试件形式见图C.1。

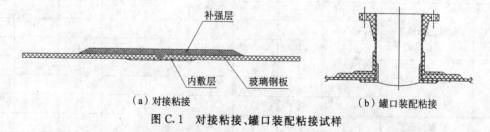

（a）对接粘接　　　　　　　（b）罐口装配粘接

图 C.1　对接粘接、罐口装配粘接试样

C.2.2 对接粘接试件评定合格的粘接工艺亦适用于角粘接和罐口装配粘接工艺。

C.2.3 评定合格的手糊平板工艺适用于罐体、封头的制作。

C.2.4 评定合格的平板接口粘接工艺适用于罐体接缝连接,也适用于罐体内件板连接和管口装配。

C.2.5 评定原则

C.2.5.1 粘接工艺因素分为重要因素和次要因素。

C.2.5.2 重要因素是指影响粘接接头拉伸强度的粘接工艺因素。属下情况之一的为粘接工艺的重要因素:

a)玻璃纤维种类、玻璃纤维表面处理剂种类的改变;

b)树脂类型、树脂性能的改变;

c)玻璃纤维含量、玻璃纤维铺层结构的改变。

C.2.5.3 次要因素是指对要求测定的力学性能无明显影响的粘接工艺因素。属下情况之一的为粘接工艺的次要因素:

a)固化剂类型、固化剂性能的改变;

b)模具材质、脱模剂及脱模方法;

c)固化工艺的改变。

C.2.5.4 当改变任何一个重要因素应重新评定粘接工艺。

C.2.5.5 当变更次要因素时不需重新评定粘接工艺,但应重新编制粘接工艺指导书。

C.3 试验要求和结果评价

C.3.1 试件的制备

C.3.1.1 母材、粘接材料、坡口和试件的粘接应符合粘接工艺指导书的要求。

C.3.1.2 试件的数量和尺寸应满足 GB/T 1447 的要求。

C.3.1.3 玻璃纤维增强塑料板接缝的补强层用材料与玻璃纤维增强塑料母板用材料相同,试样尺寸按图 C.2 的规定。单位为毫米

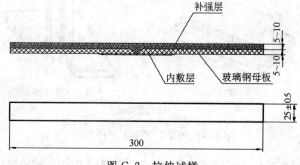

图 C.2 拉伸试样

C.3.2 试件的检验

C.3.2.1 试件检验项目:外观检验、粘接前、后的力学性能试验。

C.3.2.2 外观检验可按 HG/T 20696 的有关要求进行。

C.3.2.3 拉伸强度试验方法应符合 GB/T 1447 的规定。

C.3.3 结果评价

C.3.3.1 每个粘接接头拉伸强度最低值应不低于粘结前母材的拉伸强度值。

C.3.3.2 每个手糊玻璃纤维增强塑料板试样的拉伸强度应不低于设计和标准规定的拉伸强度最低值。

附录 D

塑料焊接罐体焊接工艺评定

（资料性附录）

D.1 总则

D.1.1 焊接工艺评定应以可靠的母材焊接性能为依据，且在产品焊接前完成。

D.1.2 焊接工艺评定程序一般为：拟定焊接工艺指导书、制取试件和试样、检验试件和试样、测定焊接接头是否具有所要求的使用性能；提出评定报告对拟定的焊接工艺指导书进行评定。

D.1.3 焊接工艺评定用设备、仪表应处于正常工作状态，母材、焊接材料应符合相应国家标准或行业标准的规定，由本单位技能熟练的焊接人员使用本单位焊接设备焊接试件。

D.2 对接焊接接头、角接焊接接头焊接工艺评定规则

D.2.1 评定对接焊接接头焊接工艺时，采用对接焊接接头试件。对接焊接接头试件评定合格的焊接工艺亦适用于角接焊接接头。评定非受压角接焊接接头焊接工艺时，可仅采用角焊接接头试件。试件形式示意如图 D.1 所示。

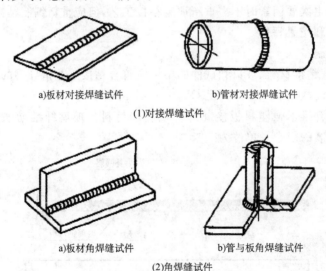

a)板材对接焊缝试件　　　　b)管材对接焊缝试件

(1)对接焊缝试件

a)板材角焊缝试件　　　　b)管与板角焊缝试件

(2)角焊缝试件

图 D.1　焊接工艺评定试件形式

D.2.1.1 板材对接焊接接头试件评定合格的焊接工艺适用于管材的对接焊接接头，反之亦可。

D.2.1.2 管与板角接焊接接头试件评定合格的焊接工艺适用于板材的角接焊接接头，反之亦可。

D.2.2 焊接工艺因素分为重要因素和次要因素。

D.2.2.1 重要因素是指影响焊接接头抗拉强度和弯曲性能的焊接工艺因素。

D.2.2.2 次要因素是指对要求测定的力学性能无明显影响的焊接工艺因素。

D.2.3 评定规则

D.2.3.1 焊接方法

D.2.3.1.1 改变焊接方法，需重新评定。

D.2.3.1.2 各种焊接方法的焊接工艺评定重要因素和次要因素见表 D.1。

D.2.3.1.3 当变更任何一个重要因素时应重新评定焊接工艺。

D.2.3.1.4 当变更次要因素时不需重新评定焊接工艺,但应重新编制焊接工艺指导书。

D.2.3.1.5 当同一种焊接接头使用两种或两种以上焊接方法或重要因素不同的焊接工艺时,可按每种焊接方法或焊接工艺分别进行评定;亦可使用两种或两种以上焊接方法、焊接工艺焊接试件,进行综合评定。综合评定合格后用于焊件时,可以采用其中一种或几种焊接方法、焊接工艺,但应保证其重要因素不变,按相关条款确定每种焊接方法或焊接工艺适用于焊件厚度的有效范围。

表 D.1 各种焊接方法的焊接工艺评定因素

类别	焊接条件	重要因素			次要因素		
		热风焊	挤塑焊	热板焊	热风焊	挤塑焊	热板焊
接头	坡口形式	—	—	○	○	○	○
填充材料	焊条直径	—	—	—	○	○	○
热效应	热风流量	○	—	—	—	○	—
	热风温度	○	○	—	—	—	—
	热板温度	—	—	○	—	—	—
电特性	电压值	—	—	—	○	○	○
技术措施	焊条与母材夹角	—	—	—	—	—	—
	焊枪摆动幅度	—	—	—	○	—	—
	焊接速度	○	○	—	—	—	—
	焊接压力	—	—	○	—	—	—
	加热时间	—	—	○	—	—	—
	加热压力	○	—	—	—	—	—
	切换时间	○	—	—	—	—	—
	焊接时间	○	—	—	—	—	—

D.3 试验要求和结果评定

D.3.1 试件的制备

D.3.1.1 母材、焊接材料、坡口和试件的焊接应符合焊接工艺指导书的要求。

D.3.1.2 试件的数量和尺寸应满足制备试样的要求。

D.3.1.3 对接焊接接头试件尺寸、试件厚度应充分考虑适用于焊件厚度的有效范围。

D.3.1.4 角接焊接接头试件尺寸

D.3.1.4.1 板材角接焊接接头试件尺寸应符合表 D.2 和图 D.2。

表 D.2 板材角接焊接接头试件尺寸　　　　　　　　　　　　　　　　单位为毫米

翼板厚度 T1	腹板厚度 T2
≤20	T1
>20	≤T1,但不小于 20

D.3.1.4.2 管材角接焊接接头试件,可用管—板或管—管试件。如图 D.1 所示。

D.3.2 对接焊接接头试件和试样的检验

D.3.2.1 试件检验项目:外观检查、焊接前、后的力学性能检验。

D.3.2.2 外观检查可按 HG/T 20640 进行。

D.3.2.3　焊接接头试样和母材试样的数量应分别大于 5 个。

D.3.2.4　试样型式可参考图 D.2,试样尺寸可参考表 D.3。

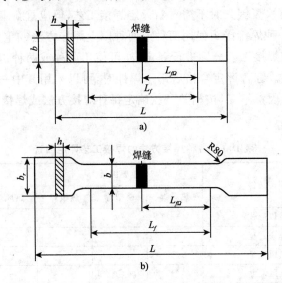

图 D.2　对接焊接接头的拉伸试样

表 D.3　拉伸试样的尺寸　　　　　　　　　　　　　　　　单位为毫米

厚度 h	试样 a			试样 b			
	b	L_f	L	b	L	Dc	L_f
≤10	15	120	≥170	10	≥170	20	125
>20	30	120	≥300	30	≥300	40	125
>20	1.5h	200	≥400	1.5h	≥400	80	200

D.3.2.5　拉伸试验速率可参考表 D.4。

表 D.4　几种常用塑料拉伸试验的推荐速率　　　　　　单位为毫米每分钟

塑料品种	拉伸速率
高密度聚乙烯	50
聚丙烯	20
聚氯乙烯	10

D.3.2.6　焊接接头的合格指标为短时焊接强度系数,且应不小于表 D.5 中列出的最小值。

表 D.5　典型塑料品种的最小焊接接头强度系数 f_z

焊接方法	焊接接头强度系数 f_z 的许用下限值		
	聚乙烯	聚丙烯	聚氯乙烯
热板焊	0.9	0.9	0.9
挤塑焊	0.8	0.8	—
热风焊	0.8	0.8	0.8

a:接头强度系数 f_z=焊缝拉伸强度/母材拉伸强度。

附录 E

射线、超声与渗透检测验收规范

（资料性附录）

E.1　总则

E.1.1　射线、超声与渗透检测工艺性规范可参考 JB/T 4730.1、JB/T 4730.2、JB/T 4730.3 和 JB/T 4730.5 的要求,结合被检非金属材料的特点进行编制。

E.1.2　射线照相检测应选用高梯度噪声比(T1 或 T2)胶片,且应采用低能量 X 射线透照。

E.1.3　超声检测应选用大晶片低频聚焦探头。

E.1.4　渗透检测剂应选用水基型渗透剂。

E.2　焊接接头射线检测质量分级

E.2.1　焊接接头射线检测圆形缺陷(长宽比不大于 3 的缺陷)质量分级见表 E.1。

表 E.1　各级别对接接头允许的圆形缺陷最多点数

级别	评定区(10 mm×10 mm)			
	母材公称厚度 T(mm)			
	≤5	>5~10	>10~20	>20
Ⅰ	3	4	5	6
Ⅱ	10	14	18	21
Ⅲ	21	28	35	42
Ⅳ	缺陷点数大于Ⅲ级或缺陷长径大于 $2/3T$ 或缺陷长径大于 10。			

注:当母材公称厚度不同时,取较薄板的厚度。

E.2.2　焊接接头射线检测条形缺陷(长宽比大于 3 的缺陷)质量分级见表 E.2。

表 E.2　各级别对接接头允许的条形缺陷长度

级别	单个条形缺陷最大长度(mm)	一组单个条形缺陷累计最大长度(mm)
Ⅰ		不允许
Ⅱ	≤T/3(最小可为 4)且≤20	在长度为 12T 的任意选定条形缺陷评定区内,相邻间距不超过 6L 的任一组条形缺陷的累计长度应不超过 T,但最小可为 4
Ⅲ	≤2T/3(最小可为 4)且≤30	在长度为 6T 的任意选定条形缺陷评定区内,相邻间距不超过 3L 的任一组条形缺陷的累计长度应不超过 T,但最小可为 6
Ⅳ		大于Ⅲ级

注 1:L 为该组条形缺陷中最长缺陷本身的长度;T 为母材公称,当母材公称厚度不同时取较薄板的厚度值。

注 2:条形缺陷评定区是指与焊缝方向平行的、具有 4 mm 宽度的矩形区。

E.3　罐体超声检测质量分级

E.3.1　缺陷的测定

以工件无缺陷部位第一次底波高度调整至满刻度的 100%,作为基准灵敏度,发现下列情况应作为缺陷:

a)缺陷第一次反射波(G1)大于或等于满刻度的 30%;

b)底面第一次反射波(B1)波高低于满刻度的30%。

E.3.2 缺陷的评定见表 E.3。

表 E.3 罐体超声检测质量分级

等级	单个缺陷指示长度 /mm	单个缺陷指示面积 /cm²	在任一1 m×1 m 检测面积内存在的缺陷面积百分比%	以下单个缺陷指示面积不计 /cm²
Ⅰ	<80	<25	≤3	<9
Ⅱ	<100	<50	≤5	<15
Ⅲ	<120	<100	≤10	<25
Ⅳ	<150	<100	≤10	<25
Ⅴ	超过Ⅳ级者			

E.4 渗透检测质量分级

E.4.1 长度与宽度之比大于3的缺陷显示,按线性缺陷处理;长度与宽度之比小于或等于3的缺陷显示,按圆形缺陷处理。

E.4.2 渗透检测质量分级见表 E.4。

表 E.4 渗透检测质量分级

等级	线性缺陷/mm	圆形缺陷(评定框尺寸 35 mm×100 mm)/mm
Ⅰ	不允许	$d≤1.5$,且在评定框内少于或等于1个
Ⅱ	不允许	$d≤4.5$,且在评定框内少于或等于4个
Ⅲ	$L≤4$	$d≤8$,且在评定框内少于或等于6个
Ⅳ	大于Ⅲ级者	

注:L 为线性缺陷长度,d 为圆形缺陷在任何方向上的最大尺寸。

道路运输危险货物车辆标志

GB 13392—2005

1　范围

本标准规定了道路运输危险货物车辆标志的分类、规格尺寸、技术要求、试验方法、检验规则、包装、标志、装卸、运输和储存，以及安装悬挂和维护要求。

本标准适用于道路运输危险货物车辆标志的生产、使用和管理。

2　规范性引用文件

下列文件中的条款通过本标准的引用而成为本标准的条款。凡是注日期的引用文件，其随后所有的修改单（不包括勘误的内容）或修订版均不适用于本标准，然而鼓励根据本标准达成协议的各方研究是否可使用这些文件的最新版本。凡是不注日期的引用文件，其最新版本适用于本标准。

GB 190—1990 危险货物包装标志

GB/T 191 包装储运图示标志（GB/T 191—2000，EQV ISO 780:1997）

GB/T 2423.1 电工电子产品环境试验　第 2 部分：试验方法　试验 A：低温（GB/T 2423.1—2001，idt IEC 60068—2—1:1990）

GB/T 2423.2 电工电子产品环境试验　第 2 部分：试验方法　试验 B：高温（GB/T 2423.2—2001，idt IEC 60068—2—2:1974）

GB/T 2423.5 电工电子产品环境试验　第二部分：试验方法　试验 Ea 和导则：冲击（GB/T 2423.5—1995，idt IEC 68—2—27:1987）

GB/T 2423.10 电工电子产品环境试验　第二部分：试验方法　试验 Fc 和导则：振动（正弦）（GB/T 2423.10—1995，idt IEC 68—2—6:1982）

GB 2893 安全色（GB 2893—2001，neq ISO 3864:1984）

GB/T 6543 瓦楞纸箱

GB 6944 危险货物分类和品名编号

GB 11806 放射性物质安全运输规程

GB/T 18833 公路交通标志反光膜

3　产品分类与规格尺寸

3.1　分类

道路运输危险货物车辆标志分为标志灯和标志牌。

3.2　结构与类型

3.2.1　标志灯

3.2.1.1　结构

标志灯包括灯体和安装件。

标志灯灯体正面为等腰三角形状，由灯罩、安装底板或永磁体（A 型标志灯）、橡胶衬垫及紧固件构成。

标志灯正、反面中间印有"危险"字样,侧面印有"!",灯罩正面下沿中间嵌有标志灯编号牌。

3.2.1.2　类型

按车辆载质量、安装方式分型,见表1。

表1　标志灯类型

类型	安装方式	代号	适用车辆
A 型	磁吸式	A	载质量 1 t(含)以下,用于城市配送车辆
B 型	顶檐支撑式	BⅠ	载质量 2 t(含)以下
		BⅡ	载质量 2 t~15 t(含)
		BⅢ	载质量 15 t 以上
C 型	金属托架式	CⅠ*	带导流罩,载质量 2 t(含)以下
		CⅡ*	带导流罩,载质量 2 t~15 t(含)
		CⅢ*	带导流罩,载质量 15 t 以上

* 金属托架为可选件,金属托架按底平面与标志灯基准面的夹角 γ(见图3)分为 3 种,γ 分别为 30°、45°、60°。

3.2.2　标志牌

3.2.2.1　标志牌的材质为金属板材,形状为菱形。

3.2.2.2　标志牌图形应符合 GB 190—1990 的规定,种类、名称和颜色见附录 A。

3.2.2.3　标志牌按 GB 6944 规定的危险货物的类、项和车辆载质量分型。

3.3　规格和尺寸

3.3.1　标志灯

3.3.1.1　A 型标志灯见图 1 和表 2。

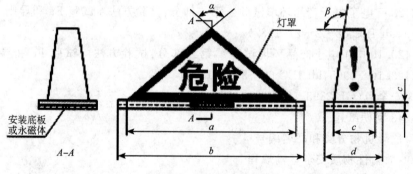

图 1　A 型标志灯

表 2　A 型标志灯尺寸

类型	尺寸						
	a/mm	b/mm	c/mm	d/mm	e/mm	α/(°)	β/(°)
A	400	440	100	140	22	100	100

3.3.1.2　B 型标志灯见图 2 和表 3。标志灯灯体与金属杆用螺栓连接,以弹簧垫圈方式锁紧。

注：尺寸标注见A型标志灯。

图 2　B 型标志灯

表 3　B 型标志灯尺寸

类型	尺寸						
	a/mm	b/mm	c/mm	d/mm	e/mm	α/(°)	β/(°)
BⅠ	400	440	100	140	22	100	100
BⅡ	460	500	120	160	22	100	100
BⅢ	520	560	140	180	22	100	100

3.3.1.3　C 型标志灯见图 3。C 型标志灯灯体尺寸与 B 型相同。标志灯灯体与金属托架、金属托架与汽车导流罩用螺栓连接，以弹簧垫圈方式锁紧。

图 3　C 型标志灯

3.3.2　标志牌

菱形标志牌的 4 个内角均为直角，边长、厚度按车辆载质量分型方式确定，见表 4。

表 4　标志牌类型和尺寸　　　　　　　　　　　　　　　　　　　　　　单位为毫米

类型	代号	边长	厚度	适用车辆
PⅠ	PⅠ×n*	250	≥1	载质量 2 t(含)以下
PⅡ	PⅡ×n*	300	≥1.25	载质量 2 t～15 t(含)
PⅢ	PⅢ×n*	350	≥1.5	载质量 15 t 以上

* 代号中的"n"为数字 1～15，与附录 A 中"编号"栏相一致，图形与附录 A 中"标志牌图形"栏相对应。

3.4　标志灯编号牌

3.4.1　每个标志灯应有一个确定编号。

3.4.2　编号规则见图 4。

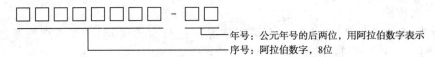

图 4　标志灯编号规则

3.4.3　编号牌为长 100 mm 宽 20 mm 铝质金属牌,编号字体为黑体,用腐蚀工艺制作使边框与编号适量凸出,凹陷部分涂黑色,见图 5。

图 5　标志灯编号牌

3.4.4　编号牌用螺栓或粘贴方式固定于标志灯正面下方、中部,编号牌下沿距灯罩底沿 1 mm。

4　技术要求

4.1　标志灯

4.1.1　标志灯的光源为荧光物质。按照 GB 2893 中安全色与对比色的规定,灯罩为荧光黄色,正反面边框线条为黑色,字体为黑色黑体;侧面"!"为黑色黑体,线条、字体和符号使用反光材料附着或印刷。

4.1.2　灯罩材质为 ABS 树脂,应一次注塑成型,表面光洁无气泡,有较好的耐低温、耐高温、抗振动、抗冲击性。

4.1.3　荧光黄色在正常使用条件下应至少保持两年不褪色,黑色边框线条、字体及符号至少两年不褪色、不剥落。荧光物质的正常使用寿命不少于两年。

4.1.4　灯罩材料内加入荧光物质或表面附着荧光膜,夜间发光的可视距离不少于 150 m,在夜间车辆正常行驶时不少于每 10 min 会车一次情况下可持续达到发光要求。

4.1.5　安装底板的材质为工程塑料,厚度不低于 10 mm。

4.1.6　灯罩、橡胶衬垫、安装底板连接处应涂密封脂,防止腐蚀性气体或雨水侵入。

4.2　标志牌

4.2.1　基板材质为铝合金,工作表面贴覆符合 GB/T 18833 要求的定向反光膜。

4.2.2　采用冲压成形工艺,使图形凸出量不小于 0.5 mm;按附录 A 规定的颜色以反光材料印刷图形。

4.2.3　反光膜、印刷图形能有效地防止酸、碱液或腐蚀性烟雾的侵蚀,使用寿命不少于 2 年。

5　试验方法

5.1　外观质量

5.1.1　目视检测,标志灯灯罩、安装底板表面应平整、无气泡;线条、字体和符号着色应均匀,边缘应清晰、平滑。

5.1.2　目视检测,标志牌反光膜附着应平整、无气泡;冲压图形边缘清晰、反光膜无断裂;印刷图形着色应均匀,边缘应清晰、平滑。

5.2　发光质量

目视检测,标志灯发光应均匀;在全黑暗情况下进行对比试验,以普通小汽车远光灯距离 10 m 直射标志灯 10 s,观测其亮度变化,在 10 min 内应始终不低于内置 21 W 汽车灯泡的对比标志灯亮度。

5.3 低温试验

试验应符合 GB/T 2423.1 的规定。

试验参数：温度－25℃，时间 72 h。

试验后立即检查试样的外观，应无变形或断裂现象。

5.4 高温试验

试验应符合 GB/T 2423.2 的规定。

试验参数：温度 40℃，时间 72 h。

试验后立即检查试样的外观，应无变形或断裂现象。

5.5 振动试验

试验应符合 GB/T 2423.10 的规定。

试验参数：频率范围 10 Hz～150 Hz，扫频速率为每分钟一个倍频程，加速度幅值 10 m/s²，扫频循环数 20，在试样的竖直轴线上试验。

试验后立即检查试样的外观及紧固部位情况，试样应无机械损伤和紧固部位松动现象。

5.6 冲击试验

试验应符合 GB/T 2423.5 的规定。

试验参数：峰值加速度 150 m/s²，持续时间 11 ms，脉冲波形为半正弦或后峰锯齿，在试样的 3 个相互垂直的轴线上各连续冲击 1000 次。

试验后立即检查试样的外观及紧固部位情况，试样应无机械损伤和紧固部位松动现象。

6 检验规则

6.1 出厂检验

6.1.1 产品出厂需经质量检验合格，并签发合格证后方能出厂。

6.1.2 标志灯出厂检验项目包括：外观、发光。标志牌出厂检验项目为外观。

6.2 型式检验

6.2.1 有下列情况之一时，进行型式检验：

a)投入批量生产前；

b)正式生产后，如结构、材料、工艺有较大改变，可能影响产品性能时；

c)出厂检验结果与上次型式检验有较大差异时；

d)国家及部级质量监督机构提出进行型式检验要求时。

6.2.2 型式检验应按第 4 章和第 5 章进行。

7 产品的包装、标志、装卸、运输和储存

7.1 包装

7.1.1 标志灯外包装为瓦楞纸箱。内包装为硬纸盒，以定型吹塑泡沫衬垫保护。每个纸盒内附有产品说明书和产品检验合格证。

7.1.2 标志牌每块用塑料薄膜封装，外包装为瓦楞纸箱，每箱装不超过 50 块。

7.1.3 瓦楞纸箱应符合 GB/T 6543 的要求。

7.2 标志

7.2.1 产品标志

7.2.1.1 标志灯

标志灯应有清新、耐久的产品标志，至少包括下列内容：

a) 产品名称、代号和生产编号；

b) 制造厂名、生产日期、产品有效期及商标、防伪标志。

7.2.1.2　标志牌

标志牌的产品标志至少包括下列内容：

a) 产品名称、代号和生产编号；

b) 制造厂名、生产日期及商标、防伪标志。

7.2.2　包装标志

外包装件上应印有 GB/T 191 规定的"防雨"、"向上"、"易碎"（标志牌除外）图示标志，正反两面印有产品标志，两侧面印有包装件的外形尺寸、重量、内装数量。

7.3　装卸和运输

装卸时应轻装轻卸、堆码整齐；运输时应捆扎牢固，使用厢式车辆运载。

7.4　储存

库内存放，注意防潮。标志灯储存期不超过 2 年，标志牌储存期不超过 4 年。

8　安装悬挂要求

8.1　标志灯

8.1.1　标志灯安装于驾驶室顶部外表面中前部（从车辆侧面看）中间（从车辆正面看）位置，以磁吸或顶檐支撑、金属托架方式安装固定。安装位置参见附录 B。

8.1.2　对于带导流罩车辆，可视导流罩表面流线型和选择的金属托架角度确定安装位置，允许自制金属托架，允许在金属托架与导流罩间加衬垫，应保证标志灯安装正直。

8.2　标志牌

8.2.1　标志牌一般悬挂于车辆后厢板或罐体后面的几何中心部位附近，避开车辆放大号；对于低栏板车辆可视情选择适当悬挂位置。悬挂位置参见附录 C。

8.2.2　运输爆炸、剧毒危险货物的车辆，应在车辆两侧面厢板几何中心部位附近的适当位置各增加一块悬挂标志牌。

8.2.3　运输放射性危险货物的车辆，标志牌的悬挂位置和数量应符合 GB 11806 的规定。

8.2.4　根据车辆结构或用途，选择螺栓固定、铆钉固定、粘合剂粘贴固定或插槽固定（可按使用需要随时更换）等方式安装固定标志牌。

8.2.5　对于罐式车辆，可选择按规定位置悬挂标志牌或以反光材料按 3.2.2.2 和 3.2.2.3 的规定在罐体上喷绘标志。

8.2.6　悬挂的标志牌应按 GB 6944 与所运载危险货物（一种危险货物具有多重危险性时与主要危险性，多种危险货物混装时与主要危险货物的主要危险性）的类、项相对应，与标志灯同时使用。

9　车辆标志的维护

9.1　车辆驾驶员应对使用中的车辆标志进行经常性检查和维护，保持车辆标志的清洁和完好。

9.2　车辆在装、卸载可能导致车辆标志腐蚀、失效的化学危险品后，应及时对车辆标志进行检查，必要时对车辆标志进行清洗和擦拭。

9.3　标志灯正常使用期限为 2 年，标志牌正常使用期限为 4 年。在使用期限内车辆标志发生破损、失效时，应及时更换。

附录 A

标示牌图形

（规范性附录）

A.1　标志牌图形见表 A.1。

表 A.1　标志牌图形

编号	名称	标志牌图形	对应的危险货物类项号
1	爆炸品	 （底色：橙红色，图案：黑色）	1.1 1.2 1.3
2	爆炸品	 （底色：橙红色，图案：黑色）	1.4
3	爆炸品	 （底色：橙红色，图案：黑色）	1.5
4	易燃气体	 （底色：红色，图案：黑色）	2.1
5	不燃气体	 （底色：绿色，图案：黑色）	2.2

编号	名称	标志牌图形	对应的危险货物类项号
6	有毒气体	（底色：白色，图案：黑色）	2.3
7	易燃液体	（底色：红色，图案：黑色）	3
8	易燃固体	（底色：白色红条，图案：黑色）	4.1
9	自燃物品	（底色：上白下红色，图案：黑色）	4.2
10	遇湿易燃物品	（底色：蓝色，图案：黑色）	4.3
11	氧化剂	（底色：柠檬黄色，图案：黑色）	5.1
12	有机过氧化物	（底色：柠檬黄色，图案：黑色）	5.2

续表

编号	名称	标志牌图形	对应的危险货物类项号
13	剧毒品	（底色：白色，图案：黑色）	6.1
14	有毒品	（底色：白色，图案：黑色）	6.1
15	有害品 （远离食品）	（底色：白色，图案：黑色）	6.1
16	感染性物品	（底色：白色，图案：黑色）	6.2
17	腐蚀品	（底色：上白下黑色，图案：上黑下白色）	8
18	杂类	（底色：白色，图案：黑色）	9

附录 B

标示灯安装位置

（资料性附录）

B.1　A 型标志灯安装位置见图 B.1。

图 B.1　A 型标志灯安装位置

B.2　B 型标志灯安装位置见图 B.2。

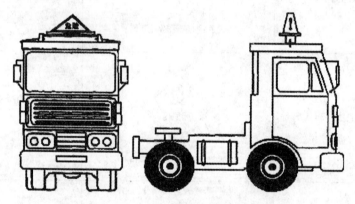

图 B.2　B 型标志灯安装位置

B.3　C 型标志灯安装位置见图 B.3。

图 B.3　C 型标志灯安装位置

附录 C

标志牌悬挂位置

（资料性附录）

C.1　低栏板车辆标志牌悬挂位置，推荐悬挂于栏板上，必要时重新布置放大号。见图 C.1。

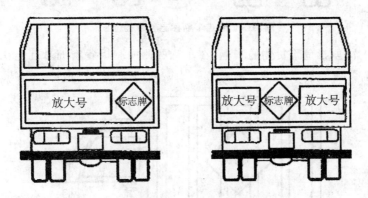

图 C.1　低栏板式车辆标志牌悬挂位置

C.2　厢式车辆标志牌悬挂位置一般在车辆放大号的下方或上方，推荐首选下方；左右尽量居中。集装箱车、集装罐车、高栏板车类同。见图 C.2。

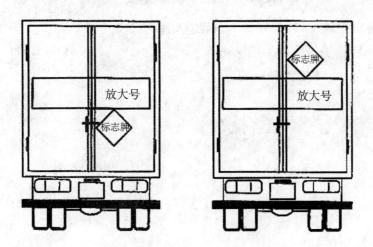

图 C.2　厢式车辆标志牌悬挂位置

C.3　罐式车辆标志牌悬挂位置一般在车辆放大号下方或上方，推荐首选下方；左右尽量居中。见图 C.3。

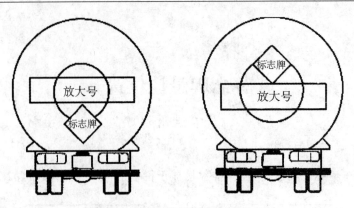

图 C.3　罐式车辆标志牌悬挂位置

C.4　运输爆炸、剧毒危险货物的车辆,在车辆两侧面厢板各增加悬挂一块标志牌,悬挂位置一般居中,见图 C.4。

图 C.4　标志牌侧面悬挂位置

危险化学品汽车运输安全监控系统通用规范

AQ 3003—2005

前　言

本标准 4.1.1.1、4.1.2、4.2.1、4.2.2、4.2.3.1～4.2.3.15、4.2.4、4.2.5、4.3、4.4、4.6 和 4.7 为强制性条款,其余为推荐性条款。

本标准对危险化学品汽车运输安全监控系统的组成及结构、功能及性能、系统运行环境和系统测试方法等内容做出了规定。系统应能实时监控危险化学品运输车辆,具有车辆的定位信息查询、安全状态监测、行驶路线和区域控制、信息指挥调度、告警响应处理、车辆优化管理等功能。危险化学品汽车运输安全监控系统对于提高危险化学品汽车运输的安全性,保障国家和人民生命及财产的安全具有重大意义。

本标准由国家安全生产监督管理总局提出并归口。

本标准负责起草单位:中国航天科技集团天泰雷兹科技(北京)有限公司、中国化工集团化工标准化研究所。

本标准主要起草人:富斌、何学秋、高晖、梅建、钟云、朱凤山、王琦、刘健。

1　范围

本标准规定了危险化学品汽车运输安全监控系统的组成、结构、功能、性能、系统运行环境和系统测试方法等内容。

本标准适用于危险化学品汽车运输安全监控系统的全国性、区域性、行业级或企业级的建设和应用,其他汽车安全运输监控系统可参照本标准建设和应用。

2　规范性引用文件

下列文件中的条款通过本标准的引用而成为本标准的条款。凡是注日期的引用文件,其随后所有的修改单(不包括勘误的内容)或修订版均不适用于本标准,然而,鼓励根据本标准达成协议的各方研究是否可使用这些文件的最新版本。凡是不注日期的引用文件,其最新版本适用于本标准。

GB/T 8566　信息技术　软件生存周期过程

GB/T 8567　计算机软件产品开发文件编制指南

GB/T 12504　计算机软件质量保证计划规范

GB/T 13989　国家基本比例尺地形图分幅和编号

GB/T 17941.1　数字测绘产品质量要求

GB/T 18578　城市地理信息系统设计规范

GB/T 19391　全球定位系统(GPS)术语及定义

GB/T 19392　汽车(GPS)导航系统通用规范

3　术语和缩略语

3.1　术语

固件 firmware

运行在设备终端中的嵌入式软件。

地理栅栏 geo-fence

以车辆熄火位置为中心，以一定的距离为半径，设定一个限定区域。

3.2　缩略语

本标准使用的缩略语符合国标 GB/T 19391 和 GB/T 19392 的规定。

不间断电源　uninterruptible power supply　UPS

差分全球定位系统　differential global positioning system　DGPS

传输控制协议　transport control protocol　TCP

地理信息系统　geographic information system　GIS

电磁兼容性　electromagnetic compatibility　EMC

电路交换数据业务　circuit-switched data　CSD

短消息点对点协议　short message peer to peer　SMPP

短消息服务　short message service　SMS

短消息服务中心　short message service center　SMSC

基于 internet 的地理信息系统　web geographic information system　WEBGIS

客户端/服务器　client/server　C/S

浏览器/服务器　browser/server　B/S

码分多址技术　code division multiple access　CDMA

全球定位系统　global positioning system　GPS

全球移动通信系统　global system for mobile communications　GSM

通用分组无线业务　general packet radio service　GPRS

兴趣点　point of interest　POI

用户数据包协议　user datagram protocol　UDP

运营控制中心　operation control center　OCC

中国联通短消息网关系统接口协议　China Unicom short message gateway interface protocol　SGIP

中国移动点对点协议　China Mobile peer to peer　CMPP

4　要求

4.1　一般要求

4.1.1　系统组成及结构

4.1.1.1　系统组成

系统组成应包括如下几个主要部分：

a)通信处理中心：通信处理中心提供外部与内部的通信接口，是本系统进行信息分发处理的通信处理核心部分，应采用主从模式构成。

b)运营控制中心：应能对系统全局进行业务与数据的实时监控和管理。

c)客户端车队管理系统：应能通过 C/S 和 B/S 两种方式提供实时的车辆远程监控信息服

务,实现对车辆的位置查询、跟踪监测、调度等综合管理。

d)车载终端:应由 GPS、无线数据传输、天线、电源模块、微处理器、数据存储介质、外部接口、固件等设备单元组成,应能为政府安全监管部门和运输企业提供车辆准确的定位和状态信息。

4.1.1.2　系统结构

系统结构如图 1 所示。

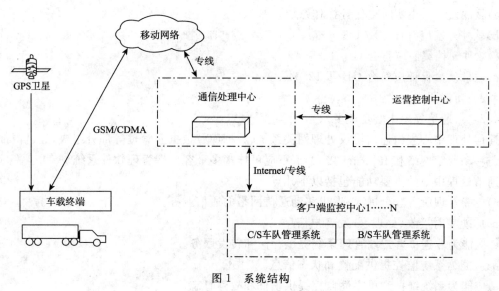

图 1　系统结构

4.1.2　系统功能

系统应具有下列功能。

4.1.2.1　车辆定位信息查询

系统应具有对车辆等移动目标的位置、速度、状态等信息查询的功能,并应提供包括实时查询和定时唤醒两种查询方式。

4.1.2.2　车辆安全状态监测

系统应能实时采集车辆状态信息以及状态信息的变化事件,如速度、方向、告警信息等;还可以处理车载终端上报的多种传感器信息数据,如针对危险化学品运输过程中的碰撞、丢失、泄漏等严重事故时上报的告警信息。

4.1.2.3　行驶路线和区域监控

a)路线监控:系统应能根据管理需求设定车辆行驶监控路线,当车辆行驶偏离预定路线时,系统应记录并显示路线偏离告警信息。

b)区域监控:系统应能根据管理需求设定 1 个禁止驶出区域和若干个禁止驶入区域,并将设置下发到车载终端。当车辆驶出禁止驶出区域或驶入禁止驶入区域时,系统应显示区域违规告警信息,必要时,可将告警信息发送至车载终端。

4.1.2.4　报警响应处理

a)紧急报警:在紧急情况下,驾驶员可主动触发紧急按钮请求中心救援,系统应能显示紧急报警信息。

b)碰撞报警:车辆在行驶过程中发生碰撞事故,车载终端的碰撞传感器触发自动事故报警,系统应能显示碰撞报警信息。

4.1.2.5 报表管理

系统应能提供报表软件,能自行生成各种车辆统计报表。

4.1.2.6 信息指挥调度

系统可通过语音或文本显示方式实现信息指挥调度功能。

4.1.3 软件设计要求

系统软件设计应符合下列要求:

a)软件设计采用实时多任务操作系统。

b)软件开发应符合 GB/T 8566。

c)软件文档编制应符合 GB/T 8567。

d)软件质量保证应符合 GB/T 12504。

4.2 功能要求

4.2.1 通信处理中心功能要求

通信处理中心应由通信协议处理网关系统、数据库及数据库管理等部分组成,通过内部协议接口与移动通信网络和 Internet 接入,下行应可挂接多个客户端管理软件系统。

通信处理中心的主要功能包括以下几点:

a)应能管理所有登录进入、退出移动通信网络的通信业务。

b)应能实时接收、处理、分发客户信息。

c)应能为非连接客户端管理系统提供存储和转发服务。

d)应能为系统监控提供配置和状态信息。

e)应能为系统维护和可靠性监控提供事件和故障日志。

f)应能向用户提供计费和统计信息。

g)应能提供车载终端软件的远程升级。

4.2.2 运营控制中心功能要求

运营控制中心应能对系统全局进行业务与数据实时监控。运营控制中心的主要功能包括:

a)应能为用户提供车载终端安装信息。

b)应能为新用户提供入网注册服务。

c)应能为用户提供报警响应服务。

d)应能为用户提供数据存储、查询和管理服务。

e)应具有用户权限管理和身份认证功能。

f)应能为用户提供统计报表生成服务。

g)应能为用户提供计费、账单生成服务。

4.2.3 客户端车队管理系统功能要求

4.2.3.1 地图显示功能

a)基本显示内容:道路网、背景地物、注记、兴趣点(POI)图标和能够表示车头方向的位置图标等,并应能在地图图层中设置显示内容。

b)地图缩放:系统应具有地图的无级放大和缩小功能。

c)地图漫游:系统应具有平滑移动地图的漫游功能。

d)多窗口显示:系统应具有多窗口显示和鸟瞰图的功能。

e)图层配置:系统应具有地图图层的添加和删减,以及预先定义各图层的缩放显示比例范围等配置的功能。

f)中心视图:系统应具有点击当前视图窗口的任何位置,窗口以所选择的视点位置为中心,自动刷新并显示视图的功能。

g）车辆状态信息显示：系统应能通过车辆列表或图标来显示车辆最新上报的状态。

h）注记显示：应能避免注记文本的重叠显示；并在地图的各个缩放等级下，注记显示应与之相同的缩放等级。

4.2.3.2　图素属性编辑

a）兴趣点（POI）：

——矢量地图应包含标准类型的 POI 和 POI 组。

——系统应能提供用户生成新的 POI 类型和 POI 点的功能。

——应具有编辑已有 POI 类型及其属性的功能。

——POI 导入：系统应能从外部的兼容格式文件向已有的 POI 类型导入 POI 点。

b）客户点：

——系统应具有让用户新增、编辑、删除客户组的功能。

——系统应具有让用户新增、编辑、删除客户点的功能。

——客户点定义的内容应主要包括：名称、地理位置、客户组、地址、邮政编码、街道、联系人、电话号码、手机号码等。

——应能在地图上用图标或名称显示客户点或在地图上隐藏客户点。

c）区域和线路设置：

——系统应能新增、编辑、删除车辆的驶入/驶出区域。

——系统应能新增、编辑、删除车辆的行驶路线。

4.2.3.3　检索功能

系统应能提供客户点、道路、区域、城市或兴趣点等分类检索功能。

4.2.3.4　车辆信息查询

系统应能实现车辆的位置、速度、方向、时间和其他状态等信息的查询功能。

4.2.3.5　检测点监控

系统应能对车辆行驶路径上的关键指定位置做时间上的监控，当车辆未按照规定时间内到达或离开指定位置时，系统应具有违规告警的功能。

4.2.3.6　停车地点及时间监控

系统应具有对车辆点火状况、停车地点和停驶时间的监视功能。

4.2.3.7　路线监控

系统应具有监视车辆按照规定路线行驶过程的功能，当车辆行驶偏离规定路线时，系统应显示路线偏离告警信息。

4.2.3.8　区域监控

当车辆驶出禁出区域或驶入禁入区域时，系统应显示区域违规告警信息。

4.2.3.9　轨迹回放

系统应具有在任意指定时间范围，以行程重放的形式显示车辆的行驶轨迹；并应能提供关于行程重放信息的总结表格，表格内信息主要包括：车辆的时间、速度、行驶方向和状态等信息。

4.2.3.10　地理栅栏

当车载终端检测到车辆在未点火状态下从此区域移出后发送告警信息，并应能显示地理栅栏告警信息。

4.2.3.11　告警

系统应能提供碰撞告警、断电告警、应急告警、违规告警等多种告警响应服务。

4.2.3.12　车辆管理

系统应具有车辆管理功能,允许用户新增、编辑、删除车辆及车辆编组,并可以设置用户的车辆管理权限和口令。

4.2.3.13　数据下载

系统应能将车载终端存储的多个位置信息数据,通过 CSD 等方式下载数据。

4.2.3.14　信息查询

系统应具有对所监控车辆当前运载的危险化学品信息进行查询的功能。

4.2.3.15　信息指挥调度

系统应具有基于语音或文本方式的信息指挥调度功能。

4.2.3.16　驾驶员身份验证

系统应具有驾驶员驾驶相应车辆的验证功能,如果不一致则发出提示信息,并将车辆锁定,禁止驾驶。同时,系统还应具有远程解锁功能。

4.2.4　报表软件功能要求

a)系统应能提供报表软件,该软件可自动生成各种车辆统计报表。

b)对于通用的报表数据库和数据库的域,应可由标准报表编辑软件读取。

c)提供表格和图形两种方式显示报表。

4.2.5　地图数据库要求

系统使用的地图数据应满足 GB/T 18578、GB/T 13989 和 GB/T 17941.1 的规定,并符合以下要求:

4.2.5.1　数据格式

应能与各类通用 GIS 软件支持的数据格式进行交换。

4.2.5.2　覆盖范围

a)全国公路网图和国家行政区划图。

b)省级行政区划图需涵盖所辖地级市、县级市等详细地理信息数据。

c)市级行政区划图需涵盖所辖县市、区界等详细地理信息数据。

4.2.5.3　数据质量

地图数据应来源于具有国家测绘资质的专业地图数据公司或国家测绘主管部门。

4.3　系统性能要求

a)应具有高并发大容量处理能力,能达到 1000 个信息/s 的处理指标。

b)应能同时至少支持两个短消息服务中心(SMSC)的连接。

c)应具备高稳定性和高可靠性,确保全天候全天时不间断运行。

d)应具有大容量数据存储和备份能力。

e)应具有可扩展性,以便于整个系统在未来的平滑升级。

f)应具有开放性,应提供符合国际标准的软件、硬件、通信、网络、操作系统和数据库管理系统等诸多方面的接口。

4.4　接口

通信处理中心应提供外部与内部的通信接口,主要包括数据网关和短信网关,差分 DGPS 为可选功能。通信处理中心及接口的逻辑结构如图 2 所示。

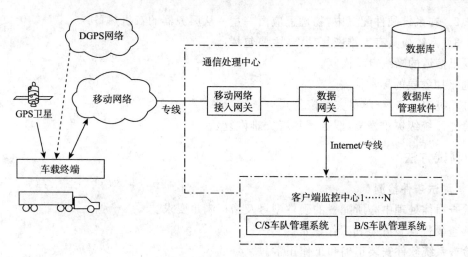

图 2　通信处理中心及接口的逻辑结构

4.4.1　数据网关接口

主要包括：

a)应能接收车辆的压缩 SMS 或 GPRS 或 CDMA 信息并转换为客户的数据信息。

b)应能接受车辆的电路交换数据连接(CSD)。

c)应能向连接客户传送数据协议信息。

d)应能读取系统事件用于系统调试分析。

4.4.2　移动网接入网关接口

移动网接入网关接口应能完全支持 SMPP、CMPP、SGIP、TCP、UDP 等网络接口协议,提供与不同短信中心接入的通信接口。

4.5　系统环境要求

4.5.1　通信处理中心

通信处理中心应采用通用的计算机平台。通信处理中心主机和网络设备应采用双机热备集群方式,主从工作模式,主要包括以下硬件:

a)网关服务器。

b)数据库服务器。

c)磁盘阵列存储设备。

d)网络设备。

e)不间断电源 UPS。

4.5.2　客户端车队管理系统

客户端车队管理软件运行应基于通用的标准计算机平台。WEBGIS 运行应基于通用的浏览器,并应具备 Internet 接入功能。

4.6　安全性

4.6.1　系统在网络结构设计上,应将子系统划分在不同的子网,不同的子网间安装防火墙,通过设置不同的安全策略来保证各个子网的安全。

4.6.2　所有的服务器和网络设备均应具有防毒功能。

4.6.3　当用户连接中断时,系统平台应对用户信息进行可靠的收集及存储。

4.7　可靠性

4.7.1　系统应能为用户提供全天候全天时的不间断服务,应具备长期和稳定的工作能力。

4.7.2　在系统硬件配置中,物理上应由一主一从服务器的双机热备。

4.7.3　系统应具有灾难恢复功能,主要包括:

a)通讯信道的断线自动恢复。

b)通讯抽象层的异常检测。

c)进程级灾难恢复(单机灾难恢复)。

d)操作系统级灾难恢复(服务器集群灾难恢复)。

5　测试方法

5.1　测试条件检测

a)检查通信处理中心所配置的硬件型号及指标满足要求。

b)检查硬件配置齐全和工作正常。

c)检查系统软件安装正确和工作正常。

d)检查安装客户端系统的计算机工作正常。

5.1.1　测试环境检测

a)检测已安装多套客户端车队管理系统,设置相应的使用权限,客户端车队管理系统工作正常。

b)已安装车载终端的车辆。

c)指定参加测试的车辆,在自然气候环境下,按照测试内容的要求在指定路线参加测试。

5.1.2　系统软/硬件配置检测

a)车载终端:检测装在车辆上的车载终端安装正确和工作正常。

b)通信处理中心:检测通信服务器和数据服务器采用主、从备份和工作正常。

c)网络:检测处理中心和运营控制中心(OCC)的网络环境,以及之间的网络互联,各自的Internet接入。

d)软件:检测数据库、远程诊断软件、管理工具软件、软件升级软件,车队管理系统、终端通信工具软件、车载终端产品模拟软件齐备。

e)检测电子地图。

5.2　通信处理中心功能和性能测试

5.2.1　功能测试

检查网关主服务器和网关从服务器的运行工况,测试数据网关和移动接入网关工作正常;检查数据库主服务器和数据库从服务器的运行工况,测试数据库系统工作正常。

a)数据网关和短信网关工作正常,满足管理所有登录和退出移动通信网络的通信业务功能。

b)当客户端处于中断时,系统应能对信息进行收集及存档,满足存储—转发服务功能。

c)通过管理工具软件,完成对车辆配置信息的修改,满足为系统监控提供配置和状态信息功能。

d)通过远程诊断软件查询被测车辆信息,提供操作事件和故障日志,满足系统远程诊断的功能。

e)测试可生成各种计费账单和各种统计报表,满足向用户提供计费和统计信息功能。

f)完成对被测车辆进行基于无线通信方式的车载终端在线软件升级功能的测试,满足车载终端软件的远程升级功能。

5.2.2　可靠性测试

a)断开数据库主服务器的外部网络连接,检查车载终端在此情况下应能通过冗余配置保持正常工作,网关主服务器能否将数据库工作机在数据库主服务器故障时及时将连接切换到备份的数据库从服务器,并确保数据不丢失。

b)断开网关主服务器的外部网络连接,检查通信处理中心在此情况下应能通过冗余配置保持正常工作,检查网关从服务器应能自动成为工作机,正常与数据库工作机和消息队列服务器工作,保证运营业务不受影响。

c)在安全备份好数据库主服务器和数据库从服务器的数据后,断开数据库主服务器和网关主服务器的外部网络连接,检查通信处理中心在此情况下应能通过冗余配置保证运营业务正常工作。

5.2.3 性能指标测试

a)通过车载终端产品模拟软件模拟车载终端发送短信,调节发送频度起到在线车载终端个数的变化的作用,从而测试通信处理中心的短信处理能力。

b)设置若干个与通信处理中心连接的客户端车队管理系统,并改变其连接数量,测试连接数量对通信处理中心处理能力的影响。

5.3 客户端车队管理系统功能测试

5.3.1 基本功能测试

5.3.1.1 地图显示功能
完成对电子地图的各项基本操作测试,满足各项地图基本功能的要求。

5.3.1.2 兴趣点功能测试
完成兴趣点的增加、删除、编辑等设置功能和兴趣点的查询功能测试。

5.3.1.3 检索功能
完成按照客户点、道路、区域、城市、兴趣点条件检索的功能测试。

5.3.1.4 统计报表功能测试
生成各种分析统计报表。

5.3.1.5 车辆管理功能测试
完成添加、修改和删除用户、车辆等功能的测试。

5.3.2 定位功能测试

5.3.2.1 定位查询功能测试
完成车辆的跟踪、位置查询、系统参数设置等功能的测试。

5.3.2.2 车辆实时监控
通过采用 SMS、CSD、GPRS 或 CDMA 分别对车辆进行监控。应实现车辆从 1 s 到 15 s 范围内上报频度。

5.3.2.3 位置状态查询
对单个车辆或者多个车辆进行实时查询,显示车辆当前状态。

5.3.2.4 越线告警
当车辆运输过程中驶离规定路线时,系统发出越线告警。

5.3.2.5 越区告警
当车辆运输过程中驶入禁入区域或驶出禁出区域时,系统发出越区告警。

5.3.2.6 短信息调度
通过系统的短消息调度软件,对驾驶员进行短信息调度。

5.3.2.7 地理栅栏
在系统勾选启动地理栅栏功能时,移动车载终端超过域值,系统发出地理栅栏告警。

5.3.2.8 告警

安装车载终端配件实现附加功能。

a)车载终端安装 2 个按钮,按钮 1 为驾驶员应急告警、按钮 2 为空/重载识别。

b)碰撞传感器:撞击碰撞传感器模拟碰撞事件。

c)系统在上述情况发生时,都应按照定义的处理程序发送告警,并向指定手机发送短信告警。

危险化学品汽车运输安全监控车载终端

AQ 3004—2005

1 范围

本标准规定了危险化学品汽车运输安全监控车载终端(以下简称车载终端)的要求、测试方法、包装、运输、储存和安装等内容。

本标准适用于基于全球定位系统(以下简称 GPS)和无线移动通信技术的危险化学品汽车运输安全监控车载终端。

2 规范性引用文件

下列文件中的条款通过本标准的引用而成为本标准的条款。凡是注日期的引用文件,其随后所有的修改单(不包括勘误的内容)或修订版均不适用于本标准,然而,鼓励根据本标准达成协议的各方研究是否可使用这些文件的最新版本。凡是不注日期的引用文件,其最新版本适用于本标准。

GB 4768 防霉包装技术要求

GB 4879 防锈包装

GB 5048 防潮包装

GB 6833.6—1987 电子测量仪器电磁兼容性试验规范

GB/T 8566 信息技术软件生存周期过程

GB/T 8567 计算机软件产品开发文件编制指南

GB 9254—1998 信息技术设备的无线电骚扰限值和测量方法

GB/T 12504 计算机软件质量保证计划规范

GB 15540—1995 陆地移动通信设备电磁兼容技术要求和测量方法

GB/T 19056—2003 汽车行驶记录仪

GB/T 19392—2003 汽车 GPS 导航系统通用规范

3 术语与缩略语

3.1 术语

固件 firmware

运行在车载终端微处理器中的嵌入式软件。

地理栅栏 geo-fence

以车辆熄火位置为中心,以一定的距离为半径,设定一个限定区域。

3.2 缩略语

232 异步串行通讯接口 RS232

485 异步串行通讯接口 RS485

电磁兼容性 electromagnetic compatibility EMC

电路交换数据 circuit-switched data CSD

短消息服务　short message service　SMS

精度几何扩散因子　geometry dilution of precision　GDOP

码分多址　code division multiple access　CDMA

全球定位系统　global positioning system　GPS

全球移动通信系统　global system for mobile communications　GSM

输入/输出　input/output　I/O

通用分组无线业务　general packet radio service　GPRS

通用串行总线　universal serial bus　USB

圆概率误差　circular error probability　CEP

运营控制中心　operation control center　OCC

4　要求

4.1　一般要求

4.1.1　设备组成

车载终端包括车载终端主机及附属设备。车载终端应包括下列装置和设备单元：

a)天线；

b)GPS 接收模块；

c)无线数据传输模块；

d)电源模块；

e)微处理器；

f)数据存储介质；

g)外部接口；

h)固件。

4.1.2　外观质量

4.1.2.1　外观：应达到表面无凹痕、划伤、裂缝、变形、锈蚀、霉斑等缺陷；涂（镀）层不应起泡、龟裂或脱落；文字符号及标志应清楚、美观。

4.1.2.2　材质：应符合绝缘、无毒害、无放射性的要求。

4.1.3　天线与输入/输出的连接

天线外形设计应尽量具有隐藏性，以防止人为屏蔽使其失效。应采取相应的保护措施，即使由于天线或天线输入、输出接头或车载终端的输入、输出端发生短暂短路或接地也不会带来永久性的损坏。连接部分应牢固可靠，不易脱落。

4.1.4　其他

4.1.4.1　外形尺寸：设计合理、主机易于隐蔽安装。

4.1.4.2　印刷电路装配：符合相关国际通用标准。

4.1.4.3　制造流程：符合相关国际通用标准。

4.2　性能要求

4.2.1　整体性能要求

a)车载终端应工作可靠、功耗低和操作维修方便；

b)车载终端及固件应设计为每天 24 h 持续稳定工作，在正常运行时无须外部干预。不受通信网络故障的影响，在网络恢复正常时能及时将存储的正确信息重新发送至运营控制中心；

c)可靠性：车载终端的平均无故障时间（MTBF）最低为 8000 h；

d)可扩展性:应能支持 RS232 或 RS485 或 USB 外部数据通信接口,以及支持危险化学品运输所需的各种传感器或仪器(装置于车辆危险部位的各种传感器或仪器应经过国家相关部门的防爆测试)的车辆信号接口;

e)可维护性:支持远程设置和配置;固件应支持远程升级。

4.2.2　定位部件性能要求

4.2.2.1　系统定位精度应优于 15 m。

4.2.2.2　系统速度精度应优于 0.2 m/s。

4.2.2.3　位置更新频率 1 次/s。

4.2.2.4　首次定位时间:

a)首次捕获(冷启动):从系统加电运行到实现捕获时间不应超过 120 s;

b)捕获(热启动):实现捕获时间应小于 10 s。

4.2.3　通信部件性能要求

a)应能支持基于 GSM 或 CDMA 等多种通信网络传输机制下的通信模式,如 SMS、GPRS、CSD 和 CDMA-1X 等;

b)通信模块应采用工业级模块;

c)发射功率:最大发射功率小于 2 W。

4.2.4　电气部件性能要求

4.2.4.1　电源

车载终端的主供电应为车辆电源。在无法获得车辆电源时可由车载终端的备用电池组供电,备用电池组可支持正常工作时间不小于 8 h。

4.2.4.2　连接导线

车载终端连接线要整齐布置,并用线夹、电缆套、电缆圈固定,线束内的导线要有序编扎。电源导线应用不同颜色或标号(等距离间隔标出)明确标示。

4.2.4.3　插接器

使用插接器时,插头两端的线色应一致。若有两个以上插头,插头间应不能互换。

4.2.5　接口性能要求

a)车辆信号接口:至少应具有三路数字开关量输入信号,其中需有高电平有效和低电平有效的检测线路,可以检测所需的车辆信号,如紧急告警、碰撞告警、门禁告警等;

b)数据通信接口:至少应具有一个数据通信接口,以便能输出位置或其他系统信息,并接收其他外部设备所获取的状态信息;

c)输出信号:系统至少应具有一路数字开关量输出信号,以便对车辆上的设备进行控制。

4.2.6　电气性能要求

4.2.6.1　电源电压的适应性

在表 1 给出的电源电压波动范围时,车载终端的定位、无线通信、输入信号检测、输出控制信号、数据通信等功能均应正常。

表 1　电气性能试验参数

标称电源电压	电源电压波动范围	极性反接试验电压	过电压
12	9~16	14±0.1	24
24	18~32	28±0.2	36
36	27~48	14±0.2	54

4.2.6.2　耐电源极性反接性能

在表 1 规定的标称电源电压极性反接时,车载终端应能承受 1 min 的极性反接试验,除熔断器外(允许更换烧坏的熔断器)不应有其他电气故障。试验后车载终端的定位、无线通信、输入信号检测、输出控制信号、数据通信等功能均应正常。

4.2.6.3　耐电源过电压性能

在表 1 规定的过电压下,车载终端应能承受 1 min 的电源过电压试验。试验后车载终端的定位、无线通信、输入信号检测、输出控制信号、数据通信等功能均应正常。

4.2.6.4　断电保护性能

当车载终端断电时,断电前存储的数据应能保存。

4.2.7　电磁兼容性要求

4.2.7.1　干扰限值

a)电源端子干扰电压的限值:系统电源端子干扰电压的限值应满足 GB 9254—1998 A 级 ITE(信息技术设备)所规定的极限要求。

b)辐射干扰场强的极限值:系统应满足 GB 9254—1998 A 级 ITE(信息技术设备)所规定的极限要求。

4.2.7.2　敏感度

电源线尖峰信号传导敏感度应满足 GB/T 15540—1995 中 5.6 的要求。

4.2.8　固件设计要求

固件设计应符合下列要求:

a)软件开发应符合 GB/T 8566;

b)软件文档编制应符合 GB/T 8567;

c)软件质量保证应符合 GB/T 12504。

4.3　功能要求

4.3.1　基本功能

4.3.1.1　自检

车载终端应提供自检开关,自检时通过自检信号能明确表示车载终端的当前主要状态。主要应有:GPS 及通信模块工作状态、点火状态、车辆信号接口、电源等。若有故障,可以指示出故障的类型。

4.3.1.2　定位信息采集

a)车载终端应能提供实时的时间、位置、速度和方向等定位信息,可根据需要存储到内部存储介质中,或通过选定的无线通讯方式传送到指定的接收器上;

b)车载终端应能对连续驾驶时间进行记录;

c)记录时间精度要求在 24 h 内累计时间允许误差在 ±4 s 以内;

d)车辆速度的测量范围为 0 km/h～220 km/h,测量分辨率等于或优于 5 km/h;

e)车载终端应能持续记录从指定统计时间开始的累计行驶里程。车辆行驶里程记录单位为 km,行驶里程的测量范围为 0 km～999999.9 km,分辨率应等于或优于 0.1 km。

4.3.1.3　状态信息采集

车载终端应能实时采集状态信息以及状态信息的变化事件,可根据需要存储到内部存储介质中,并通过选定的无线通讯方式传送到指定的接收器上。

4.3.1.4　多种条件上报

车载终端可根据时间、距离或外部事件等条件记录并回传信息。时间和距离的间隔是可以设定的。

4.3.1.5　区域监控

对运送剧毒、易燃易爆、爆炸物、放射性等危险化学品的车辆需要进行区域监控。

a)在车载终端上应存储有不少于 15 个的区域,每个区域应是由 10 个边界点以上(含)构成的多边形区域。当车辆进入该区域后应及时报警,提示车辆进入了违禁区域。

b)在车载终端上应存储至少 1 个的区域,此区域应是由 10 个边界点以上(含)构成的多边形区域。当车辆离开该区域后应及时报警,提示车辆离开了行驶范围。

4.3.1.6　路线监控

对运送剧毒、易燃易爆、爆炸物、放射性等危险化学品的车辆需要进行路线监控。

车载终端应支持对车辆行驶路径上的关键点做时间上的监控。即当车辆未按照规定时间到达或离开指定位置时实时提示。

4.3.1.7　碰撞报警

车辆发生碰撞时应能及时上报告警信息并自动记录事故前至少 20 s 的车辆每一秒行驶的位置、速度和方向信息。

4.3.1.8　地理栅栏

车载终端应具有地理栅栏的功能。车辆熄火后,以车辆熄火位置为中心,以不大于 600 m 的距离为直径,设定一个电子栅栏,当车载终端检测到车辆在未点火状态下从此区域移出后发送告警信息。

4.3.1.9　断电报警

车载终端在被切断主供电电源时应自动发出告警。

4.3.1.10　应急报警

遇到危机情况,驾驶员可通过外接紧急按钮发送应急告警信息。

4.3.1.11　自动报警

车载终端具有 SMS 自动报警功能,在告警事件发生时,除向运营控制中心自动报警外,应能根据设置将 SMS 告警信息自动发送至多部指定的手机。

4.3.1.12　数据通信

通过数据通信接口传输的信息应包括如下内容:

a)车载终端的设置信息;

b)车载终端的实时运行状况信息;

c)经传感器采集后按照规定格式处理的相关信息;

d)运营控制中心的调度信息。

4.3.1.13　信息加密

车载终端应对传送的数据进行加密,每个车载终端有各自不同的加密密钥。

4.3.1.14　多种无线传输方式

车载终端应支持多种无线传输方式,当车辆所在地无线网络支持分组数据传输时,车载终端应首先选择分组数据传输方式。当所在地不支持分组数据传输时,将自动切换到短信方式传送数据。如果车载终端无法注册到所在地的无线网络时,应将数据保存,直至注册到无线网络时一并传送。

4.3.1.15　停止发送信息

当运送危险化学品的车辆进入到加油站等易燃易爆区域时,车载终端应具有自动关闭通信模块、停止通讯的功能。

4.3.2 扩展功能

4.3.2.1 驾驶员身份验证

车载终端可实现驾驶员身份验证功能,能记录驾驶员代码,并和车载终端中设置的驾驶员代码进行比较,如果一致则可以驾驶车辆,如果不一致则发出提示信息,并将车辆锁定禁止驾驶。

4.3.2.2 信息显示

车载终端可外接显示设备,提供短信息调度信息显示。

4.3.2.3 语音

车载终端可外接不需要驾驶员手动操作的语音设备,提供语音监听功能。

4.4 环境要求

4.4.1 工作温度

工作温度为 $-25℃\sim+75℃$。

4.4.2 贮存温度

贮存温度为 $40℃\sim+85℃$。

4.4.3 振动

车载终端在表 2 的振动条件下,应能正常工作。

表 2 振动条件

振动范围(Hz)	振幅(mm)	加速度(m/s²)	交越频率(Hz)	每一轴线上的扫频循环次数	要求
5~300	10	20	13	20	应按工作位置在 3 个互相垂直的轴线上依次振动

4.4.4 冲击

车载终端应能承受峰值加速度为 $200\ m/s^2$、脉冲持续时间为 $11\ ms$、3 次的半正弦波的冲击试验。

4.4.5 湿热

设备应能承受温度为 $40℃$、相对湿度为 95%非冷凝、试验周期为 $48\ h$ 的恒定湿热试验。

5 测试方法

5.1 试验条件

5.1.1 除另行规定外,所有实验应在如下条件下进行:

a)温度:$15℃\sim35℃$;

b)相对湿度:$25\%\sim75\%$;

c)大气压力:$86\ kPa\sim106\ kPa$。

5.1.2 试验期间施加于车载终端的电源电压为额定电压 $(100\pm5)\%$ 范围内。

5.1.3 除另行规定外,一般利用空中实际的 GPS 卫星信号进行测试。当利用 GPS 模拟发生器作为标准测试信号源时,其产生的信号应具有和 GPS 卫星信号相同的特性。

5.1.4 所有的测试设备应有足够的分辨率、准确度和稳定度,其性能应满足被测技术性能指标的要求。

5.1.5 所有的测试设备应经过计量检定合格并在有效期内。

5.2 一般要求

第 4 章中的一般要求,在本章中没有规定具体试验方法的可以通过目测,图、文、物核对,操作演示或按产品规范中规定的方法进行。

5.2.1 组成检查

车载终端设备的组成应符合 4.1.1 的规定。

5.2.2 外观质量

用目测和手感法进行检查,亦可借助放大倍数不超过 10 倍的放大镜进行。

5.3 性能测试

以下测试是对车载终端的系统测试。

5.3.1 系统定位精度

将车载终端按使用状态固定在一个已知的位置,选择至少有四颗可见星,每秒钟取一个定位数据,连续 1 h,按照格拉布斯准则剔除野点后,算出 CEP 值。

5.3.2 系统速度精度

将车载终端和伪距差分 GPS 接收机同时装在载体(车)上,同时将两部接收机的速度和时间打印并进行处理。

5.3.3 位置更新率

在车载终端以不小于 40 km/h 的速度连续移动并保持定位的情况下,用秒表测量行驶 2 min,查询记录的位置数据为 120 组,且每组数据时间间隔为 1 s。

5.3.4 首次定位时间

在空旷地域直接捕获卫星,或在实验室利用卫星信号转发器进行测试。

a)冷启动:从系统加电运行到实现定位,时间不应超过 120 s;

b)热启动:实现定位时间应小于 10 s。

5.3.5 电源和功耗

按产品规范的规定进行。

5.3.6 可靠性

可靠性试验可参照 GB/T 19392—2003 中 5.6 条规定进行。

5.3.7 电磁兼容性

电磁兼容性试验可参照 GB 6833.6 规定进行。

5.3.8 通信测试

通信测试通过 5.3.9 功能测试完成。

5.4 功能测试

按照 4.3.1 所列基本功能要求,结合产品规范和操作说明逐条进行测试。

5.4.1 自检功能测试

将车载设备置于空旷场地,并检查移动通信网的信号强度满足正常通信要求,保证车载设备正常工作电压,确保车载设备天线连接正确。待车载设备获得定位后,按照下列情况进行测试。每项测试前先将车载设备恢复到上述状态后,按下自检按钮。

a)保持上述状态;

b)拔掉 GPS 天线;

c)拔掉通信模块天线;

d)断开车载设备电源;

e)点火线、输入检测线状态变化。

车载设备在自检过程中应可检测到上述情况,并能给出正确提示信息。对上述 5 种情况进行组合测试,车载设备在自检过程中应可检测到上述情况的发生。

5.4.2 定位信息采集测试

a)定位信息采集测试通过 5.4.4 完成;

b)测试车载终端在无 GPS 信号的条件下运行 24 h,与 GPS 授时设备输出的时间信号偏差应小于 4 s;

c)检查车载终端速度输出的最小变化值应小于等于 5 km/h;

d)检查车载终端累计行驶里程输出的最小变化值应小于等于 0.1 km。

5.4.3 状态信息采集测试

a)设置实时采集状态信息以及状态信息的变化事件发生时立即传送,改变车载终端的状态(如点火线状态),检测车载终端在状态改变后是否立即上报状态变化的信息;

b)设置实时采集状态信息以及状态信息的变化事件发生时记录到内部存储器中,改变车载终端的状态(如点火线状态),通过车载终端的数据通信方式下载数据,进行检测。

5.4.4 多种条件上报测试

a)设置车载终端采取定时上报方式,设置时间间隔为 5 s,测试 20 min,分析上报数据;

b)设置车载终端采取定距上报方式,设置距离为 1 km,测试沿已知长度约为 10 km 的直线路段行驶,分析上报数据;

c)设置外部事件条件(如紧急按钮触发),分析上报数据。

5.4.5 区域监控测试

a)编辑 15 个互不重叠的区域,每个区域是由 10 个边界点构成的多边形区域,下载到车载终端上。查询车载终端是否存储有设置的 15 个区域。选取一个区域检测当车辆进入该区域后是否提示车辆进入了违禁区域。

b)编辑 1 个由 10 个边界点构成的多边形区域,下载到车载终端上,检测当车辆离开该区域后是否提示车辆离开了行驶范围。

5.4.6 路线监控测试

在车辆将要行驶的路径上设置 3 个关键点,并为每个测试点设置时间。测试时车辆应按照提前到达、正点到达和推迟到达 3 种情况分别经过 3 个测试点,记录车载终端上报信息的状态。

5.4.7 碰撞报警测试

按碰撞传感器产品指标,在实验环境下模拟碰撞。车载终端应发出告警信息,并记录碰撞前不少于 20 s 的数据。

5.4.8 地理栅栏测试

车载终端检测到熄火后,将车载终端移到距离熄火位置为 320 m 的区域,5 min 后车载终端应可发送告警信息。

5.4.9 断电报警测试

断开车载终端外部供电,车载终端应及时发出断电告警信息。

5.4.10 应急报警测试

车载终端连接外部紧急按钮传感器,手动按下按钮。车载终端应及时发出告警信息。

5.4.11 自动报警测试

向车载终端设置 2 个指定手机号码并选择自动报警的事件类型,监测在相应的告警事件发生时,指定的手机应收到告警短信信息。

5.4.12 数据通信测试

通过车载终端数据通信接口连接外部测试设备,使用测试软件读取车载终端的设置、状态等信息。

5.4.13　信息加密功能测试

按产品规范检查是否有相应的加密机制,且加密密钥和车载终端一一对应。

5.4.14　多种无线传输方式测试

按产品规范中规定的方法进行。在所选通信网络中,检测车载终端是否可以支持两种以上传输方式,并在车载终端无法注册到所在地的无线网络时,应将数据保存,直至注册到无线网络时一并传送。

5.4.15　停止发送信息测试

设置车载终端在到达一个选定的地点熄火后自动关闭发送信息的功能,检测车辆到达该地点后是否有信息发送。

5.5　环境测试

a)气象环境适应性测试可参照 GB/T 19056—2003 中 5.12 条规定进行;

b)机械环境测试可参照 GB/T 19056—2003 中 5.13 的规定方法进行。

6　包装、运输、储存和安装

6.1　包装

6.1.1　纸箱要求

a)纸箱应满足包装强度的要求;

b)纸箱成型后,箱形方正,四角坚挺,无叠角,无漏洞,不脱胶,箱盖对口齐整,纸箱含水量不应大于 14％,制箱用瓦楞纸板的面纸采用牛皮箱板纸。

6.1.2　防护包装要求

6.1.2.1　防震包装

车载终端应采用有效的防震措施,如衬垫缓冲材料、泡沫塑料成型盒等。

6.1.2.2　防水包装

在包装箱表面或内壁用防水材料进行涂覆或衬贴。常用的防水材料主要有油质、塑料薄膜等。

6.1.2.3　防潮包装

应符合 GB 5048 的规定。

6.1.2.4　防锈包装

应符合 GB 4879 的规定。

6.1.2.5　防霉包装

应符合 GB 4768 的规定。

6.1.3　包装箱内随带的文件

a)产品合格证;

b)产品说明书;

c)装箱单、随机备/附件清单。

6.2　运输

包装好的车载终端应在不受雨、雪和烈日的直接影响下,适用于公路、铁路、水路、空中等单一运输或上述任何一种组合运输。

6.3　储存

包装好的车载终端应储存在环境温度为 35℃,相对湿度不大于 80％,无酸碱腐蚀、无强烈机械振动和无强磁场作用的库房里。

6.4　终端安装

安装前后均需对车况进行检验。

6.4.1　车载终端的安装

a)安装区域应选择在远离碰撞、过热、阳光直射、废气、水和灰尘的地方,尽量隐蔽、不容易被人发现;

b)设备的安装固定由自攻螺丝或由双面胶布或电缆线加以固定,保证设备不会松动。

6.4.2　天线的安装

天线应远离其他敏感的电子设备,天线到车载终端的线路直接连接。

6.4.3　安装布线

a)车载终端的连接线路都应保证整齐安全地连接,用线夹固定好,走线固定在波纹管里。安装完毕后,电线不外露。

b)车载终端点火线的连接应保证不受车辆附件(如加热器、空调器、后车屏等)开/关的影响。

c)车载终端不应利用车上自带的保险丝做保护,所接电源线的额定电流值要远大于车载终端电源的实际工作电流值。

d)运输物品属于易燃物时,车载终端连接线应采用阻燃的辅助材料,如黄蜡管、热缩管等。

e)车载终端地线应连接到车辆底盘。

6.4.4　配件的安装

配件的选择应根据实际需要

a)碰撞传感器的安装:应牢固地固定在车体框架上以免引起误告警;

b)紧急按钮的安装:既要便于使用,又要避免无意碰到和被无关人员发现。

6.4.5　安装完成后的测试

将所有设备安装就绪后,应进行远程测试和车辆初始化设置,测试包括:车载终端、天线、碰撞传感器、紧急按钮等。

常用化学危险品贮存通则

GB 15603—1995

1 主题内容与适用范围

本标准规定了常用化学危险品(以下简称化学危险品)贮存的基本要求。

本标准适用于常用化学危险品(以下简称化学危险品)出、入库,贮存及养护。

2 引用标准

GB 190 危险货物包装标志

GB 13690 常用危险化学品的分类及标志

GB J16 建筑设计防火规范

3 定义

3.1 隔离贮存 segregated storage 在同一房间或同一区域内,不同的物料之间分开一定的距离,非禁忌物料间用通道保持空间的贮存方式。

3.2 隔开贮存 cut-off storage 在同一建筑或同一区域内,用隔板或墙,将其与禁忌物料分离开的贮存方式。

3.3 分离贮存 detached-storage 在不同的建筑物或远离所有建筑的外部区域内的贮存方式。

3.4 禁忌物料 incinpatible-inaterals 化学性质相抵触或灭火方法不同的化学物料。

4 化学危险品贮存的基本要求

4.1 贮存化学危险品必须遵照国家法律、法规和其他有关的规定。

4.2 化学危险品必须贮存在经公安部门批准设置的专门的化学危险品仓库中,经销部门自管仓库贮存化学危险品及贮存数量必须经公安部门批准。未经批准不得随意设置化学危险品贮存仓库。

4.3 化学危险品露天堆放,应符合防火、防爆的安全要求,爆炸物品、一级易燃物品、遇湿燃烧物品、剧毒物品不得露天堆放。

4.4 贮存化学危险品的仓库必须配备有专业知识的技术人员,其库房及场所应设专人管理,管理人员必须配备可靠的个人安全防护用品。

4.5 化学危险品按 GB 13690 的规定分为八类:

a. 爆炸品;

b. 压缩气体和液化气体;

c. 易燃液体;

d. 易燃固体、自燃物品和遇湿易燃物品;

e. 氧化剂和有机过氧化物;

f. 毒害品;

g. 放射性物品；

h. 腐蚀品。

4.6　标志

贮存的化学危险品应有明显的标志，标志应符合 GB 190 的规定。同一区域贮存两种或两种以上不同级别的危险品时，应按最高等级危险物品的性能标志。

4.7　贮存方式化学危险品贮存方式分为三种：

a. 隔离贮存；

b. 隔开贮存；

c. 分离贮存。

4.8　根据危险品性能分区、分类、分库贮存。各类危险品不得与禁忌物料混合贮存，禁忌物料配置见附录 A(参考件)。

4.9　贮存化学危险品的建筑物、区域内严禁吸烟和使用明火。

5　贮存场所的要求

5.1　贮存化学危险品的建筑物不得有地下室或其他地下建筑，其耐火等级、层数、占地面积、安全疏散和防火间距，应符合国家有关规定。

5.2　贮存地点及建筑结构的设置，除了应符合国家的有关规定外，还应考虑对周围环境和居民的影响。

5.3　贮存场所的电气安装

5.3.1　化学危险品贮存建筑物、场所消防用电设备应能充分满足消防用电的需要；并符合 GBJ 16 第十章第一节的有关规定。

5.3.2　化学危险品贮存区域或建筑物内输配电线路、灯具、火灾事故照明和疏散指示标志，都应符合安全要求。

5.3.3　贮存易燃、易爆化学危险品的建筑，必须安装避雷设备。

5.4　贮存场所通风或温度调节

5.4.1　贮存化学危险品的建筑必须安装通风设备，并注意设备的防护措施。

5.4.2　贮存化学危险品的建筑通排风系统应设有导除静电的接地装置。

5.4.3　通风管应采用非燃烧材料制作。

5.4.4　通风管道不宜穿过防火墙等防火分隔物，如必须穿过时应用非燃烧材料分隔。

5.4.5　贮存化学危险品建筑采暖的热媒温度不应过高，热水采暖不应超过 80℃，不得使用蒸汽采暖和机械采暖。

5.4.6　采暖管道和设备的保温材料，必须采用非燃烧材料。

6　贮存安排及贮存量限制

6.1　化学危险品贮存安排取决于化学危险品分类、分项、容器类型、贮存方式和消防的要求。

6.2　贮存量及贮存安排见表1。

6.3　遇火、遇热、遇潮能引起燃烧、爆炸或发生化学反应，产生有毒气体的化学危险品不得在露天或在潮湿、积水的建筑物中贮存。

6.4　受日光照射能发生化学反应引起燃烧、爆炸、分解、化合或能产生有毒气体的化学危险品应贮存在一级建筑物中。其包装应采取避光措施。

表 1

贮存类别 贮存要求	露天贮存	隔离贮存	隔开贮存	分离贮存
平均单位面积贮存量,t/m²	1.0～1.5	0.5	0.7	0.7
单一贮存区最大贮量,t	2000～2400	200～300	200～300	400～600
垛距限制,m	2	0.3～0.5	0.3～0.5	0.3～0.5
通道宽度,m	4～6	1～2	1～2	5
墙距宽度,m	2	0.3～0.5	0.3～0.5	0.3～0.5
与禁忌品距离,m	10	不得同库贮存	不得同库贮存	7～10

6.5 爆炸物品不准和其他类物品同贮,必须单独隔离限量贮存,仓库不准建在城镇,还应与周围建筑、交通干道、输电线路保持一定安全距离。

6.6 压缩气体和液化气体必须与爆炸物品、氧化剂、易燃物品、自燃物品、腐蚀性物品隔离贮存。易燃气体不得与助燃气体、剧毒气体同贮;氧气不得与油脂混合贮存,盛装液化气体的容器属压力容器的,必须有压力表、安全阀、紧急切断装置,并定期检查,不得超装。

6.7 易燃液体、遇湿易燃物品、易燃固体不得与氧化剂混合贮存,具有还原性氧化剂应单独存放。

6.8 有毒物品应贮存在阴凉、通风、干燥的场所,不要露天存放,不要接近酸类物质。

6.9 腐蚀性物品,包装必须严密,不允许泄漏,严禁与液化气体和其他物品共存。

7 化学危险品的养护

7.1 化学危险品入库时,应严格检验物品质量、数量、包装情况、有无泄漏。

7.2 化学危险品入库后应采取适当的养护措施,在贮存期内,定期检查,发现其品质变化、包装破损、渗漏、稳定剂短缺等,应及时处理。

7.3 库房温度、湿度应严格控制、经常检查,发现变化及时调整。

8 化学危险品出入库管理

8.1 贮存化学危险品的仓库,必须建立严格的出入库管理制度。

8.2 化学危险品出入库前均应按合同进行检查验收、登记、验收内容包括:

a. 数量;

b. 包装;

c. 危险标志。经核对后方可入库、出库,当物品性质未弄清时不得入库。

8.3 进入化学危险品贮存区域的人员、机动车辆和作业车辆,必须采取防火措施。

8.4 装卸、搬运化学危险品时应按有关规定进行,做到轻装、轻卸。严禁摔、碰、撞、击、拖拉、倾倒和滚动。

8.5 装卸对人身有毒害及腐蚀性的物品时,操作人员应根据危险性,穿戴相应的防护用品。

8.6 不得用同一车辆运输互为禁忌的物料。

8.7 修补、换装、清扫、装卸易燃、易爆物料时,应使用不产生火花的铜制、合金制或其他工具。

9 消防措施

9.1 根据危险品特性和仓库条件,必须配置相应的消防设备、设施和灭火药剂。并配备经过培训的兼职和专职的消防人员。

9.2　贮存化学危险品建筑物内应根据仓库条件安装自动监测和火灾报警系统。

9.3　贮存化学危险品的建筑物内,如条件允许,应安装灭火喷淋系统(遇水燃烧化学危险品,不可用水扑救的火灾除外),其喷淋强度和供水时间如下:喷淋强度 15 L/(min · m^2);持续时间 90 min。

10　废弃物处理

10.1　禁止在化学危险品贮存区域内堆积可燃废弃物品。

10.2　泄漏或渗漏危险品的包装容器应迅速移至安全区域。

10.3　按化学危险品特性,用化学的或物理的方法处理废弃物品,不得任意抛弃、污染环境。

11　人员培训

11.1　仓库工作人员应进行培训,经考核合格后持证上岗。

11.2　对化学危险品的装卸人员进行必要的教育,使其按照有关规定进行操作。

11.3　仓库的消防人员除了具有一般消防知识之外,还应进行在危险品库工作的专门培训,使其熟悉各区域贮存的化学危险品种类、特性、贮存地点、事故的处理程序及方法。

危险化学品经营企业开业条件和技术要求

GB 18265—2000

1 范围

本标准规定了危险化学品经营企业条件和技术要求。

本标准适用于中华人民共和国境内从事危险化学品交易和配送的任何经营企业。

2 引用标准

下列标准包含的条文,通过在本标准中引用而构成为本标准的条文。本标准出版时,所示版本均为有效。所有标准都会被修,使用本标准的各方应探讨使用下标准最新版本的可能性。

GB 190—1990 危险货物包装标志

GB 12463—1990 危险货物运输包装通用技术条件

GB 13690—1992 常用危险化学品的分类及标志

GB 15603—1995 常用化学危险品贮存通则

GB/T 175519.1—1998 化学品安装资料表 第 1 部分 内容和项目顺序

GB 17914—1999 易燃易爆性商品储藏养护技术条件

GB 17915—1999 腐蚀性商品储藏养护技术条件

GB 17916—1999 毒害性商品储藏养护技术条件

GB J16—1987 建筑设计防火规范

GA 58—1993 剧毒物品名表

3 定义

本标准采用下列定义。

3.1 危险化学品 dangerous chemical

GB 13690 规定的危险化学品,分为八类:

a)爆炸品;

b)压缩气体和液化气体;

c)易燃液体;

d)易燃固体、自燃物品和遇湿易燃物品;

e)氧化剂和有机过氧化物;

f)毒害品;

g)放射性物品;

h)腐蚀品。

3.2 剧毒物品 hypertoxic

GB 58 列入的物品。

3.3 禁忌物料 incinpatible inaterals

化学性质相抵触来灭火方法不同的化学物料[GB 15603—1995 中 3.4]。

3.4　隔离储存 segregated storage

在同一房间或同一区域内,不同的物料之间分开一定的距离,非禁忌物料间用通道保持空间的储存方式[GB 15603—1995 中 3.1]。

3.5　隔开储存 cut-off storage

在同一建筑物或同一区域内,用隔板或墙,将禁忌物料分开的储存方式[BG 15603—1995 中 3.2]。

3.6　分离储存 detached storage

在不同的建筑物或远离所有的外部区域内的储存方式[GB 15603—1995 中 3.3]

4　从业人员技术要求

4.1　危险化学品经营企业的法定代表人或经理应经过国家授权部门的专业培训,取得合格证书方能从事经营活动。

4.2　企业业务经营人员应经国家授权部门的专业培训,取得合格证书方能上岗。

4.3　经营剧毒物品企业的人员,除满足 4.1、4.2 要求外,还应经过县级以上(含县级)公安部门的专门培训,取得合格证书方可上岗。

5　经营条件

5.1　危险化学品经营企业的经营场所应坐落在交通便利、便于疏散处。

5.2　危险化学品经营企业的经营场所的建筑物应符合 GBJ 16 的要求。

5.3　从事危险化学品批发业务的企业,应具备经县级以上(含县级)公安、消防部门批准的专用危险品仓库(自有或租用)。所经营的危险化学品不得放在业务经营场所。

5.4　零售业务只许经营除爆炸品、放射性物品、剧毒物品以外的危险化学品。

5.4.1　零售业管的店面应与繁华商业区或居住人口稠密区保持 500 m 以上距离。

5.4.2　零售业务的店面经营面积(不含库房)应不小于 60 m²,其店面内不得设有生活设施。

5.4.3　零售业务的店面内只许存放民用小包装的危险化学品,其存放总质量不得超过 1 t。

5.4.4　零售业管的店面内危险化学品的摆放应布局合理,禁忌物料不能混放。

综合性商场(含建材市场)所经营的危险化学品应有专柜存放。

5.4.5　零售业务的店面内显著位置应设有"禁止明火"等警示标志。

5.4.6　零售业务的店面内应放置有效的消防、急求安全设施。

5.4.7　零售业务的店面与存放危险化学品的库房(或罩棚)应有实墙相隔。单一品种存放量不能超过 500 kg,总质量不能超过 2 t。

5.4.8　零售店面备货库房应根据危险化学品的性质与禁忌分别采用隔离储存或隔开储存或分离储存等不同方式进行储存。

5.4.9　零售业务的店面备货库房应报公安、消防部门批准。

5.4.10　经营易燃易爆品的企业,应向县级以上(含县级)公安、消防部门申领易燃易爆品消防安全经营许可证。

5.4.11　危险化学品经营企业,应向供货方索取并向用户提供 GB/T 17519.1—1998 第 5 章 SDS 的内容和一般形式所规定的 16 个项目的有关信息。

6　储运条件

6.1　仓储

6.1.1　地点设置

a)危险化学品仓库按其使用性质和经营规模分为三种类型:大型仓库(库房或货场总面大于 9000 m²);中型仓库(库房或货场总面积在 550 m²～9000 m² 之间);小型仓库(库房或货场总面积小于 550 m²);

b)大中型危险化学品仓库应选址在远离市区和居民区的当在主导风向的下风向和河流下游的地域;

c)大中型危险化学品仓库应与周围公共建筑物、交通干线(公路、铁路、水路)、工矿企业等距离至少保持 1000 m;

d)大中型危险化学品仓库内应设库区和生活区,两区之间应有 2 m 以上的实体围墙,围墙与库区内建筑的距离不宜小于 5 m,并应满足围墙建筑物之间的防火距离要求;

e)大型仓库应符合本标准 5.4.7、5.4.8 、5.4.9 的规定;

f)危险化学品专用仓库应向县级以上(含县级)公安、消防部门申领消防安全储存许可证。

6.1.2　建筑结构

a)危险化学品的库房建筑应符合 GBJ 16—1987 第 4 章的要求;

b)危险化学品仓库的建筑屋架应根据所存危险化学品的类别和危险等级采用木结构、钢结构或装配式钢筋混凝土结构。砌砖墙、石墙、混凝土墙及钢筋混凝土墙;

c)库房门应为钛门或木质外包铁皮,采用外开式。设置高侧窗(剧毒物品仓库的窗户应加高铁护栏);

d)毒害性、腐蚀性危险化学品库房的耐火等级不得低于二级。易燃易爆性危险化学品库房的耐火等级不得低于三级。爆炸品应储存于一级轻顶耐火建筑内,低、中闪点液体、一级易燃固体、自燃物品、压缩气体和液化气体类应储存于一级耐火建筑的库房内。

6.1.3　储存管理

a)危险化学品仓库储存的危险化学品应符合 GB 15603、GB 17901、GB 17915、GB 17916 的规定;

b)入库的危险化学品应符合产品标准,收货保管员应严格按 GB 190 的规定验收内外标志、包装、容器等,并做到账、货、卡相符;

c)库存危险化学品应根据其化学性质分区、分类、分库储存,禁忌物料不能混存。灭火方法不同的危险化学品不能同库储存(见附录 A);

d)库存危险化学品应保持相应的垛距、墙距、柱距。垛与垛间距不小于 0.8 m,垛与墙、柱的间距不小 0.3 m。主要通道的宽度不于小 1.8 m;

e)危险化学品仓库的保管员应经过岗前和定期培训,持证上岗,做到一日两检,并做好检查记录。检查中发现危险化学品存在质量变质、包装破损、渗漏等问题应及时通知货主或有关部门,采取应急措施解决;

f)危险化学品仓库应设有专职或兼职的危险化学品养护员,负责危险化学品的技术养护、管理和监测工作;

g)各类危险化学品均应按其性质储存在适宜的温湿度内。

6.2　运输

6.2.1　运输危险化学品的车辆应专车专用,并有明显标志。

6.2.2　危险化学品在运输中,包装应牢固。各类危险化学品包装应符合 GB 12463 的规定。

6.2.3　运输剧毒物品时,应持有公安部门签发的《剧毒物品运输证》。应有专人押运,防止被盗、丢失现象。

6.2.4　互为禁忌物料不能装在同一车、船内运输。

6.2.5　易燃、易爆品不能装在铁帮、铁底车、船内运输。

6.2.6　易燃液体闪点在 28℃ 以下的,气温高于 28℃ 时应在夜间运输。

6.2.7　禁止无关人员搭乘运输危险化学品的车、船和其他运输工具。

6.2.8　运输危险化学品的车、船应有消防安全设施。

6.3　安全保证

6.3.1　安全设施

a)危险化学品仓库应根据经营规模的大小设置、配备足够的消防设施和器材,应有消防水池、消防管网和消防栓等消防水源设施。大型危险物品仓库应设有专职消防队,并配有消防车。消防器材应当设置在明显和便于取用的地点,周围不准放物品和杂物。仓库的消防设施、器材应当有专人管理,负责检查、保养、更新和添置,确保完好有效。对于各种消防设施、器材严禁圈占、埋压和挪用;

b)危险化学品仓库应设有避雷设施,并每年至少检测一次,使之安全有效;

c)对于易产生粉尘、蒸气、腐蚀性气体的库房,应使用密闭的防护措施,有爆炸危险的库房应当使用防爆型电气设备。剧毒物品的库房还应安装机械通风排毒设备;

d)危险化学品仓库应设有消防、治安报警装置。有供对报警、联络的通讯设备。

6.3.2　安全组织

危险化学品经营企业应设有安全保卫组织。危险化学品仓库应有专职或义务消防、警卫队伍。无论专职还是义务消防、警卫队伍,都应制定灭火预案并经常进行消防演练。

6.3.3　安全制度

a)危险化学品仓库应有完善的安全管理制度和逐级安全检查制度,对查出的安全隐患应及时整改;

b)进入危险化学品库区的机动车辆应安装防火罩。机动车装卸货物后,不准在库区、库房、货场内停放和修理;

c)汽车、拖拉机不准进入甲、乙、丙类物品库房。进入甲、乙类物品库房的电瓶车、铲车应是防爆型的;进入丙类物品库房的电瓶车、铲车,应装有防止火花溅出的安全装置;

d)对剧毒物品的管理应执行"五双"制度,即:双人验收、双人保管、双人发货、双把锁、双本账;

e)储存危险化学品的建筑物、区域内严禁吸烟和使用明火。

6.3.4　安全操作

a)装卸毒害品人员应具有操作毒品一般知识。操作时轻拿轻放,不得碰撞、倒置,防止包装破损,商品外溢。

作业人员应佩戴手套和相应的防毒口罩或面具,穿防护服。

作业中不得饮食,不得用手擦嘴、脸、眼睛。每次作业完毕,应及时用肥皂(或专用洗涤剂)洗净面部、手部,用清水漱口,防护用具应及时清洗,集中存放。

b)装卸易燃易爆品人员应穿工作服、戴手套、口罩等必需的防护用具,操作中轻搬轻放、防止摩擦和撞击。

各项操作不得使用能产生火花的工具,作业现场应远离热源和火源。

装卸易燃液体须穿防静电工作服。禁止穿带钉鞋。大桶不得在水泥地面滚动。

桶装各种氧化剂不得在水泥地面滚动。

c)装卸腐蚀人员应穿工作服、戴护目镜、胶皮手套、胶皮围裙等必需的防护用具。

操作时,应轻搬轻放,严禁背负肩扛,防止摩擦震动和撞击。

不能使用沾染异物和能产生火花机具,作业现场须远离热源和火源。

d)各类危险化学品分装、改装、开箱(桶)检查等应在库房外进行。

e)在操作各类危险化学品时,企业应在经营店面和仓库,针对各类危险化学品的性质,准备相应的急救药品和制定急救预案。

7　废弃物处理

7.1　禁止在危险化学品储存区域内堆积可燃性废弃物。

7.2　泄漏或渗漏危险化学品的包装容器应迅速转移至安全区域。

7.3　按危险化学品特性,用化学的或物理的方法处理废弃物品,不得任意抛弃,防止污染水源或环境。

8　危险化学品经营许可证

8.1　企业从事危险化学品经营活动必须取得危险化学品经营许可证。

8.2　危险化学品经营许可证由国家授权的部门统一制作、发放。

8.3　危险化学品经营企业应符合本标准第 4、5、6、7 章的要求,并取得消防安全许可证后,方可申领《危险化学品经营许可证》。并凭《危险化学品经营许可证》申办营业执照。

危险化学品经营单位安全生产管理人员
安全生产培训大纲及考核标准

AQ/T 3032—2010

1　范围

本标准规定了危险化学品经营单位安全生产管理人员安全生产培训的要求,培训和再培训的内容及学时安排,以及安全生产考核的方法、内容,再培训考核的方法、要求与内容。

本标准适用于危险化学品经营单位安全生产管理人员的安全生产培训与考核。

2　规范性引用文件

下列文件对于本文件的应用是必不可少的。凡是注日期的引用文件,仅注日期的版本适用于本文件。凡是不注日期的引用文件,其最新版本(包括所有的修改单)适用于本文件。

GB 12268　危险货物品名表

GB 12463　危险货物运输包装通用技术条件

GB 13690　常用危险化学品的分类及标志

GB 15258　化学品安全标签编写规定

GB 15603　常用危险化学品储存通则

GB 17914　易燃易爆性商品储藏养护技术条件

GB 17915　腐蚀性商品储藏养护技术条件

GB 17916　毒害性商品储藏养护技术条件

GB 18218　危险化学品重大危险源辨识

GB 18265　危险化学品经营企业开业条件和技术要求

GB 20576　化学品分类、警示标签和警示性说明 安全规范 爆炸物

GB 20577　化学品分类、警示标签和警示性说明 安全规范 易燃气体

GB 20578　化学品分类、警示标签和警示性说明 安全规范 易燃气溶胶

GB 20579　化学品分类、警示标签和警示性说明 安全规范 氧化性气体

GB 20580　化学品分类、警示标签和警示性说明 安全规范 压力下气体

GB 20581　化学品分类、警示标签和警示性说明 安全规范 易燃液体

GB 20582　化学品分类、警示标签和警示性说明 安全规范 易燃固体

GB　20583　化学品分类、警示标签和警示性说明 安全规范 自反应物质

GB　20584　化学品分类、警示标签和警示性说明 安全规范 自热物质

GB　20585　化学品分类、警示标签和警示性说明 安全规范 自燃液体

GB　20586　化学品分类、警示标签和警示性说明 安全规范 自燃固体

GB　20587　化学品分类、警示标签和警示性说明 安全规范 遇水放出易燃气体的物质

GB　20588　化学品分类、警示标签和警示性说明 安全规范 金属腐蚀物

GB　20589　化学品分类、警示标签和警示性说明 安全规范 氧化性液体

GB　20590　化学品分类、警示标签和警示性说明 安全规范 氧化性固体

GB 20591　化学品分类、警示标签和警示性说明 安全规范 有机过氧化物

GB 20592　化学品分类、警示标签和警示性说明 安全规范 急性毒性

GB 20593　化学品分类、警示标签和警示性说明 安全规范 皮肤腐蚀/刺激

GB 20594　化学品分类、警示标签和警示性说明 安全规范 严重眼睛损伤/眼睛刺激性

GB 20595　化学品分类、警示标签和警示性说明 安全规范 呼吸或皮肤过敏

GB 20596　化学品分类、警示标签和警示性说明 安全规范 生殖细胞突变性

GB 20597　化学品分类、警示标签和警示性说明 安全规范 致癌性

GB 20598　化学品分类、警示标签和警示性说明 安全规范 生殖毒性

GB 20599　化学品分类、警示标签和警示性说明 安全规范 特异性靶器官系统毒性　一次接触

GB 20601　化学品分类、警示标签和警示性说明 安全规范 特异性靶器官系统毒性　反复接触

GB 20602　化学品分类、警示标签和警示性说明 安全规范 对水环境的危害

GB/T 16483　化学品安全技术说明书 内容和项目顺序

3　术语和定义

下列术语和定义适用于本标准。

3.1 危险化学品经营单位安全生产管理人员 safety manager in hazardous chemicals operating agency

危险化学品经营单位中分管安全生产的负责人、安全生产管理机构负责人及其管理人员,以及未设安全生产管理机构的危险化学品经营单位的专职、兼职安全生产管理人员。

4　培训大纲

4.1　培训要求

4.1.1　危险化学品经营单位安全生产管理人员应接受安全培训,具备与所从事的生产经营活动相适应的安全生产知识和安全生产管理能力。

4.1.2　培训应按照国家有关安全生产培训的规定组织进行。

4.1.3　培训工作应坚持理论与实践相结合,采用多种有效的培训方式,加强案例教学;应注重提高安全生产管理人员的职业道德、安全意识、法律知识,加强安全生产基础知识和安全生产管理技能等内容的综合培训。

4.2　培训内容

4.2.1　危险化学品安全生产法律法规

4.2.1.1　法律法规基本知识。

4.2.1.2　安全生产立法的必要性和意义。

4.2.1.3　国家安全生产方针、政策和危险化学品安全生产法律法规体系简介。

4.2.1.4　我国危险化学品安全生产监管体制。

4.2.1.5　危险化学品经营管理相关法律法规及标准。法律法规主要包括《中华人民共和国安全生产法》、《安全生产许可证条例》、《危险化学品安全管理条例》、《危险化学品经营许可证管理办法》、《危险化学品登记管理办法》等。

4.2.1.6　危险化学品经营的法律责任。

4.2.1.7　从业人员安全生产的权利和义务。

4.2.1.8　国外危险化学品安全管理概况:

a)美国、日本、欧共体等对化学品的管理概况;

b)国际组织对化学品的安全管理,如《作业场所安全使用化学品公约》(《170号公约》)等。

4.2.1.9　案例分析。

4.2.2　危险化学品经营单位安全生产管理

4.2.2.1　加强危险化学品经营管理的重要意义。

4.2.2.2　危险化学品经营单位的安全生产管理,主要包括安全管理体系、安全生产责任制、安全生产管理规章制度,以及生产安全事故分类、事故报告、调查处理的基本程序和要求。

4.2.2.3　危险化学品经营单位安全标准化的有关规定。

4.2.2.4　案例分析。

4.2.3　危险化学品基本知识

4.2.3.1　概念和分类:

a)危险化学品的概念与分类,包括GB 20576~GB 20599、GB 20601、GB 20602的分类;

b)危险货物的概念与分类,包括GB 12268、GB 13690的分类。

4.2.3.2　各类危险化学品的定义、特性与分项,储存和运输要求。

4.2.3.3　GB 13690中规定的危险化学品标志。

4.2.3.4　案例分析。

4.2.4　危险化学品经营、储存、运输和包装的安全管理

4.2.4.1　化学品安全技术说明书、安全标签:

a)化学品安全技术说明书,GB/T 16483的相关规定;

b)化学品安全标签,GB 15258的相关规定;

c)经营中对安全技术说明书和安全标签的使用与管理。

4.2.4.2　危险化学品经营的安全管理:

a)经营单位的条件和要求,包括危险化学品经营许可制度和GB 18265中关于经营条件、经营危险化学品的相关规定;

b)剧毒化学品的经营,包括购买剧毒化学品应遵守的规定,销售剧毒化学品应遵守的规定;

c)经营许可证的管理办法。

4.2.4.3　危险化学品储存的安全管理:

a)储存企业的审批,包括危险化学品储存规划的原则和要求,储存危险化学品的审批条件,申请和审批程序;

b)储存的安全要求,包括储存危险化学品的基本要求,危险货物配装表,储存易燃易爆品的要求,储存毒害品的要求,储存腐蚀性物品的要求,废弃物处置,危险化学品储存发生火灾的主要原因分析,GB15603、GB 17914、GB 17915、GB 17916的相关规定;

c)储存装置的安全评价。

4.2.4.4　危险化学品运输、包装的安全管理:

a)运输安全管理概述;

b)运输安全要求,包括资质认定、托运人的规定、剧毒化学品的运输、危险化学品的运输;

c)包装,包括包装分类与包装性能试验,包装的基本要求,GB 12463对包装的规定。

4.2.4.5　案例分析。

4.2.5　危险化学品经营的安全生产技术

4.2.5.1　防火防爆:

a)基本概念;

b)燃烧,包括燃烧的条件,燃烧过程及形成;

c)爆炸,包括爆炸的分类,爆炸极限及影响因素,可燃气体爆炸,粉尘爆炸,蒸气爆炸等;

d)火灾爆炸的预防,包括防止可燃可爆系统的形成,消除点火源,限制火灾爆炸蔓延扩散的措施。

4.2.5.2 压力容器:

a)基础知识;

b)压力容器,包括压力容器的分类、使用与安全管理。

4.2.5.3 电气安全:

a)电气安全技术,包括电气防火防爆,保护接地、接零等;

b)静电、雷电的危害及消除,包括静电的产生,防静电、防雷措施。

4.2.6 工作场所职业危害及预防

4.2.6.1 工作场所毒物及危害:

a)工作场所毒物与职业中毒;

b)工作场所毒物分类;

c)最高容许浓度。

4.2.6.2 综合防毒措施:

a)通风排毒;

b)个体防护;

c)有毒气体的测定。

4.2.7 危险化学品重大危险源与危险化学品事故应急管理

4.2.7.1 危险化学品重大危险源管理:

a)危险化学品重大危险源的概念与辨识方法,遵照 GB 18218 的规定执行;

b)危险化学品重大危险源的评价、监控与管理。

4.2.7.2 危险化学品事故应急管理

a)危险化学品事故应急救援的基本原则,包括定义、基本任务、基本形式、组织与实施等;

b)危险化学品事故应急预案,包括目的、基本要求、编制的过程、主要内容、预案编写提纲等。

4.2.7.3 常用危险化学品事故处置:

a)发生危险化学品火灾的事故处置;

b)发生人身中毒事故的急救处理,包括人身中毒的途径、人身中毒的主要临床表现及现场急救处理、危险化学品烧伤的现场处理等。

4.2.7.4 案例分析。

4.2.8 安全管理技能培训

4.2.8.1 各种安全管理要领。

4.2.8.2 各种安全管理技能。

4.3 再培训要求与内容

4.3.1 再培训要求

4.3.1.1 凡已取得安全生产管理人员安全资格的人员,若继续从事原岗位的工作,在资格证书有效期内,每年应进行一次再培训。再培训的内容按本标准4.3.2的要求进行。

4.3.1.2 再培训按照有关规定,由具有相应资质的安全培训机构组织进行。

4.3.2 再培训内容

再培训包括以下内容:

a)有关安全生产方面的新的法律、法规、标准、规范;

b)有关危险化学品新产品及储存、包装、运输新方法安全技术要求;

c)有关危险化学品经营安全生产管理先进经验;

d)危险化学品安全生产形势及危险化学品典型案例分析。

4.4 学时安排

4.4.1 危险化学品经营单位安全生产管理人员安全管理资格培训不少于48学时,其中第一单元培训时间为8学时,第二单元培训时间为12学时,第三单元培训时间为20学时,第四单元培训时间为4学时。具体培训内容课时安排见表1。

表1 危险化学品经营单位安全生产管理人员培训课时安排

项目		培训内容	学时
培训	第一单元 (共8学时)	危险化学品安全生产法律法规	6
		案例分析	2
	第二单元 (共12学时)	危险化学品安全管理	2
		危险化学品经营、储存、运输和包装的安全管理	4
		危险化学品重大危险源与危险化学品事故应急管理	4
		案例分析	2
	第三单元 (共20学时)	危险化学品基本知识	4
		危险化学品经营的安全技术	10
		职业危害及预防	4
		案例分析	2
	第四单元 (共4学时)	安全管理技能	4
		复习	2
		考试	2
		合计	48
再培训		有关安全生产方面的新的法律、法规、标准、规范; 有关危险化学品新产品及储存、包装、运输安全技术要求; 有关危险化学品经营安全生产管理先进经验; 危险化学品安全生产形势及危险化学品经营典型事故案例分析。	12
		复习	2
		考试	2
		合计	16

4.4.2 安全生产管理人员每年再培训时间不少于16学时。

5　安全生产考核标准

5.1　考核办法

5.1.1　考核分为基础知识考试和安全管理技能考核两部分。

5.1.2　安全生产知识考试为闭卷笔试。考试内容应符合本标准5.2规定的范围,其中第一单元占总分数的20%,第二单元占总分数的30%,第三单元占总分数的50%。考试时间为120分钟。考试采用百分制,60分及以上为合格。

5.1.3　安全管理技能考核可由安全生产监管部门进行,采用实地考核、写论文、答辩等方式。考核内容应符合本标准5.3规定的范围,成绩评定分为合格、不合格。

5.1.4　安全生产知识考试及安全管理技能考核均合格者,方为合格。考试(核)不合格允许补考一次,补考仍不合格者需要重新培训。

5.1.5　考试(核)要点的深度分为了解、熟悉和掌握三个层次,三个层次由低到高,高层次的要求包含低层次的要求。

了解:能正确理解本标准所列知识的含义、内容并能够应用。

熟悉:对本标准所列知识有较深的认识,能够分析、解释并应用相关知识解决问题。

掌握:对本标准所列知识有全面、深刻的认识,能够综合分析、解决较为复杂的相关问题。

5.2　安全生产知识考试要点

5.2.1　危险化学品安全生产法律法规

危险化学品安全生产法律法规有:

a)了解法律法规基本知识,安全生产立法的必要性和意义;

b)熟悉我国安全生产方针、政策,了解有关安全生产的主要法律、法规、规章、标准和规范;

c)了解我国危险化学品安全生产监管体制;

d)熟悉危险化学品经营的法律法规和标准;

e)了解危险化学品经营的法律责任;

f)了解从业人员安全生产的权利和义务。

5.2.2　危险化学品经营单位的安全产生管理

危险化学品经营单位的安全产生管理内容包括:

a)了解危险化学品经营管理的重要意义;

b)了解安全生产管理体系;

c)熟悉安全生产责任制和熟悉安全管理规章制度;

d)掌握生产安全事故的分类,事故报告、调查处理的基本程序和要求;

e)熟悉危险化学品经营单位安全标准化的要点。

5.2.3　危险化学品基本知识

危险化学品基本知识包括:

a)了解危险化学品分类原则、各类定义和各类界定标准;

b)熟悉危险化学品各类的分项;

c)熟悉危险化学品各类的危险特性;

d)掌握常用危险化学品的标志。

5.2.4　危险化学品经营、储存、运输和包装的安全管理

5.2.4.1　化学品安全技术说明书、化学品安全标签:

a)掌握化学品安全技术说明书的主要内容;

b)掌握化学品安全标签的主要内容;

c)熟悉危险化学品经营单位对安全技术说明书的使用和管理。

5.2.4.2　危险化学品经营的安全管理:

a)了解危险化学品经营企业必须具备的条件;

b)了解危险化学品经营企业的经营场所的建筑物,批发、零售业务店面的规定;

c)熟悉危险化学品经营的规定;

d)熟悉危险化学品零售业务范围的规定;

e)掌握销售、购买剧毒品的规定;

f)熟悉危险化学品经营许可证管理办法。

5.2.4.3　危险化学品储存的安全管理:

a)了解危险化学品储存企业必须具备的条件;

b)掌握储存危险化学品的基本要求,熟悉危险货物配装表;

c)掌握储存易燃易爆品的要求;

d)掌握储存毒害品的要求;

e)掌握储存腐蚀性物品的要求;

f)掌握危险化学品储存发生火灾的主要原因。

5.2.4.4　危险化学品运输、包装的安全管理:

a)了解国家对危险化学品的托运人和邮寄人的规定;

b)熟悉办理铁路危险货物运输及铁路发运剧毒品的规定;

c)熟悉公路运输危险化学品的规定;

d)掌握危险化学品运输的注意事项;

e)熟悉危险化学品包装的规定。

5.2.5　危险化学品经营的安全生产技术

5.2.5.1　防火防爆:

a)了解基本概念;

b)了解燃烧的条件、燃烧过程及形成;

c)熟悉爆炸的分类、爆炸极限及影响因素、可燃气体爆炸、蒸气爆炸、粉尘爆炸;

d)掌握火灾爆炸的基本预防措施。

5.2.5.2　压力容器:

a)了解基础知识;

b)熟悉压力容器的分类、压力容器的使用与安全管理。

5.2.5.3　电气安全:

a)掌握电气防火防爆技术措施;

b)熟悉保护接地、接零;

c)了解静电的产生;

d)掌握防静电措施;

e)掌握防雷措施。

5.2.6　职业危害及预防

职业危害及预防的基本知识包括:

a)了解工作场所毒物与职业中毒;

b)熟悉工作场所毒物分类;

c)熟悉最高容许浓度；

d)掌握通风排毒措施；

e)熟悉个体防护用品的使用；

f)熟悉有毒气体的监测。

5.2.7 危险化学品重大危险源与危险化学品事故应急管理

5.2.7.1 危险化学品重大危险源管理：

a)了解危险化学品重大危险源的概念与辨识方法；

b)掌握危险化学品重大危险源的评价方法和管理要求。

5.2.7.2 危险化学品事故应急救援：

a)了解危险化学品事故应急救援的原则；

b)熟悉危险化学品事故应急救援预案的编写程序与编写方法；

c)掌握发生危险化学品火灾的事故处置；

d)熟悉化学品事故的报告和上报程序。

5.3 安全管理技能考核要点

安全管理技能考核要点包括：

a)贯彻执行国家的安全生产方针、政策和安全生产法规的要点；

b)开展安全管理工作的程序和基本要求和要点；

c)制定、实施安全管理规章制度的要点；

d)开展安全教育培训的基本要求、方法和内容；

e)进行危险化学品安全生产检查和隐患排查与整改的程序、方法和内容；

f)生产安全事故报告的要求，事故调查处理的程序和要点；

g)会阅读和使用安全技术说明书和安全标签，并能表述出经营过程安全管理的要点；

h)对一个给定的危险化学品仓库（或经营场所），能分析其存在的事故隐患或者对其进行危险分析，并在编写的书面报告中提出应采取的安全对策。

5.4 再培训考核要求与内容

5.4.1 再培训考核要求

5.4.1.1 对已取得安全生产资格证的安全生产管理人员，在证书有效期内，每年再培训完毕都应进行考核，考核内容按本标准5.4.2的要求进行，并将考核结果在安全生产资格证书上做好记录。

5.4.1.2 再培训考核可只进行笔试，考试办法可参照5.1.2。

5.4.2 再培训考核要点

再培训考核包括以下内容：

a)了解安全生产方面的新的法律、法规、国家标准、行业标准、规程和规范；

b)掌握新的危险化学品的性能及其安全技术要求，以及危险化学品储存、包装、运输新技术及安全技术要求；

c)了解危险化学品经营的安全生产管理先进经验；

d)熟悉危险化学品储存、经营单位常见典型事故发生的原因；

e)了解危险化学品安全生产形势及危险化学品典型事故案例分析。

危险化学品经营单位主要负责人安全 生产培训大纲及考核标准

AQ/T 3031—2010

1 范围

本标准规定了危险化学品经营单位主要负责人安全生产培训的要求,培训和再培训的内容及学时安排,以及安全生产考核的方法、内容,再培训考核的方法、要求与内容。

本标准适用于危险化学品经营单位主要负责人的安全生产培训与考核。

2 规范性引用文件

下列文件对于本文件的应用是必不可少的。凡是注日期的引用文件,仅注日期的版本适用于本文件。凡是不注日期的引用文件,其最新版本(包括所有的修改单)适用于本文件。

GB 12268 危险货物品名表

GB 12463 危险货物运输包装通用技术条件

GB 13690 常用危险化学品的分类及标志

GB 15258 化学品安全标签编写规定

GB 15603 常用危险化学品储存通则

GB 17914 易燃易爆性商品储藏养护技术条件

GB 17915 腐蚀性商品储藏养护技术条件

GB 17916 毒害性商品储藏养护技术条件

GB 18218 危险化学品重大危险源辨识

GB 18265 危险化学品经营企业开业条件和技术要求

GB 20576 化学品分类、警示标签和警示性说明 安全规范 爆炸物

GB 20577 化学品分类、警示标签和警示性说明 安全规范 易燃气体

GB 20578 化学品分类、警示标签和警示性说明 安全规范 易燃气溶胶

GB 20579 化学品分类、警示标签和警示性说明 安全规范 氧化性气体

GB 20580 化学品分类、警示标签和警示性说明 安全规范 压力下气体

GB 20581 化学品分类、警示标签和警示性说明 安全规范 易燃液体

GB 20582 化学品分类、警示标签和警示性说明 安全规范 易燃固体

GB 20583 化学品分类、警示标签和警示性说明 安全规范 自反应物质

GB 20584 化学品分类、警示标签和警示性说明 安全规范 自热物质

GB 20585 化学品分类、警示标签和警示性说明 安全规范 自燃液体

GB 20586 化学品分类、警示标签和警示性说明 安全规范 自燃固体

GB 20587 化学品分类、警示标签和警示性说明 安全规范 遇水放出易燃气体的物质

GB 20588 化学品分类、警示标签和警示性说明 安全规范 金属腐蚀物

GB 20589 化学品分类、警示标签和警示性说明 安全规范 氧化性液体

GB 20590 化学品分类、警示标签和警示性说明 安全规范 氧化性固体

GB 20591 化学品分类、警示标签和警示性说明 安全规范 有机过氧化物

GB 20592　化学品分类、警示标签和警示性说明 安全规范 急性毒性

GB 20593　化学品分类、警示标签和警示性说明 安全规范 皮肤腐蚀/刺激

GB 20594　化学品分类、警示标签和警示性说明 安全规范 严重眼睛损伤/眼睛刺激性

GB 20595　化学品分类、警示标签和警示性说明 安全规范 呼吸或皮肤过敏

GB 20596　化学品分类、警示标签和警示性说明 安全规范 生殖细胞突变性

GB 20597　化学品分类、警示标签和警示性说明 安全规范 致癌性

GB 20598　化学品分类、警示标签和警示性说明 安全规范 生殖毒性

GB 20599　化学品分类、警示标签和警示性说明 安全规范 特异性靶器官系统毒性 一次接触

GB 20601　化学品分类、警示标签和警示性说明 安全规范 特异性靶器官系统毒性 反复接触

GB 20602　化学品分类、警示标签和警示性说明 安全规范 对水环境的危害

GB/T 16483　化学品安全技术说明书 内容和项目顺序

3　术语和定义

下列术语和定义适用于本标准。

3.1　危险化学品经营单位主要负责人 principals in hazardous chemicals operating agency

从事危险化学品经营的单位的董事长、总经理(含实际控制人),加油站及加气站的站长,以及其他单位中负责危险化学品经营的负责人。

4　安全生产培训大纲

4.1　培训要求

4.1.1　危险化学品经营单位主要负责人应接受安全生产培训,具备与所从事的生产经营活动相适应的安全生产知识和安全管理能力。

4.1.2　培训应按照国家有关安全生产培训的规定组织进行。

4.1.3　培训工作应坚持理论与实践相结合,采用多种有效的培训方式,加强案例教学;应注重提高主要负责人的职业道德、安全意识、法律知识,加强安全生产基础知识和安全生产管理技能等内容的综合培训。

4.2　培训内容

4.2.1　危险化学品经营有关安全生产法律法规

4.2.1.1　法律法规基本知识。

4.2.1.2　安全生产立法的必要性和意义。

4.2.1.3　国家安全生产方针、政策和危险化学品安全生产法律法规体系简介。

4.2.1.4　我国危险化学品安全生产监管体制。

4.2.1.5　危险化学品经营相关的法律法规及标准。主要包括《中华人民共和国安全生产法》、《安全生产许可证条例》、《危险化学品安全管理条例》、《危险化学品经营许可证管理办法》、《危险化学品登记管理办法》等。

4.2.1.6　危险化学品经营的法律责任,主要负责人安全生产的责任和义务。

4.2.1.7　国外危险化学品安全管理概况:

a)美国、日本、欧共体等对化学品管理概况;

b)国际组织对化学品的管理要求,如《作业场所安全使用化学品公约》(《170 号公约》)等。

4.2.1.8　案例分析。

4.2.2　危险化学品经营单位安全生产管理

4.2.2.1　加强危险化学品经营安全管理的重要意义。

4.2.2.2　危险化学品经营单位的安全生产管理,主要包括安全管理体系、安全生产责任制、安全生产管理规章制度,生产安全事故分类,事故报告、调查处理基本要求等。

4.2.2.3　危险化学品经营单位安全标准化的有关规定。

4.2.2.4　案例分析。

4.2.3　危险化学品基本知识

4.2.3.1　概念和分类:

a)危险化学品的概念与分类,有关化学品分类标准,GB 20576～GB 20599、GB 20601、GB 20602 的分类;

b)危险货物的概念与分类,有关危险货物的分类标准,GB 12268、GB 13690 的分类。

4.2.3.2　各类危险化学品的定义、特性与分项。

4.2.3.3　危险化学品标志,GB 13690 的相关规定。

4.2.3.4　案例分析。

4.2.4　危险化学品经营、储存、运输和包装的安全管理

4.2.4.1　化学品安全技术说明书、安全标签:

a)化学品安全技术说明书,GB/T 16483 的相关规定;

b)化学品安全标签,GB 15258 的相关规定;

c)经营过程中对安全技术说明书和安全标签的使用与管理。

4.2.4.2　危险化学品经营的安全管理:

a)经营单位的条件和要求,包括危险化学品经营许可制度和 GB 18265 中关于经营条件、经营危险化学品的规定;

b)剧毒化学品的经营,包括购买剧毒化学品应遵守的规定、销售剧毒化学品应遵守的规定;

c)经营许可证的管理办法;

d)危险化学品登记办法。

4.2.4.3　危险化学品储存的安全管理:

a)储存企业的审批,包括危险化学品储存规划的原则和要求,储存危险化学品的审批条件,申请和审批程序;

b)储存的安全要求,包括储存危险化学品的基本要求,GB 15603、GB 17914～GB 17916 规定的要求;

c)储存装置的安全评价。

4.2.4.4　危险化学品运输、包装的安全管理:

a)运输安全管理概述;

b)运输安全要求,包括资质认定,托运人的规定,剧毒品的运输要求,危险化学品的运输要求;

c)包装,包括包装分类与基本要求,GB 12463 对包装的规定。

4.2.4.5　案例分析。

4.2.5　危险化学品经营安全生产知识

4.2.5.1　防火防爆:

a)基本概念;

b)燃烧,包括燃烧的条件,燃烧过程及形成;

c)爆炸,包括爆炸的分类,爆炸极限及影响因素;

d)火灾爆炸的预防,包括防范火灾爆炸事故的基本措施及管理要求。

4.2.5.2　压力容器:

a)基础知识;

b)压力容器,包括压力容器的分类、使用与安全管理。

4.2.5.3　电气安全:

a)电气安全技术措施,包括电气防火防爆,保护接地接零等;

b)静电、雷电的危害,静电的消除,防雷措施。

4.2.5.4　案例分析。

4.2.6　职业危害及其预防

4.2.6.1　工作场所毒物及危害,包括工作场所毒物与职业中毒,工作场所毒物分类,最高容许浓度等。

4.2.6.2　综合防毒措施,包括通风排毒、个体防护等。

4.2.6.3　案例分析。

4.2.7　危险化学品重大危险源与危险化学品事故应急管理

4.2.7.1　危险化学品重大危险源管理:

a)危险化学品重大危险源的概念与辨识方法,遵照 GB 18218 的规定执行;

b)危险化学品重大危险源的管理要求。

4.2.7.2　危险化学品事故应急管理:

a)危险化学品事故应急救援的基本原则,包括应急救援的定义、基本任务、基本形式、组织与实施等;

b)危险化学品事故应急预案,包括应急救援的目的、主要内容、基本要求等;

c)危险化学品事故应急预案演练。

4.2.7.3　案例分析。

4.2.8　安全管理技能培训

4.2.8.1　各种安全管理要领。

4.2.8.2　各种安全管理技能。

4.3　再培训要求

4.3.1　再培训要求

4.3.1.1　凡已取得主要负责人安全资格证书的人员,若继续从事原岗位的工作,在资格证书有效期内,每年应进行一次再培训。再培训的内容按本标准4.3.2的要求进行。

4.3.1.2　再培训按照有关规定,由具有相应资质的安全培训机构组织进行。

4.3.2　再培训内容

再培训包括以下内容:

a)有关安全生产新的法律、法规、标准、规范与政策;

b)有关危险化学品新产品及储存、包装、运输新技术、新设备、新材料及其安全技术要求;

c)有关危险化学品经营安全生产管理先进经验;

d)危险化学品安全生产形势及危险化学品典型事故案例分析。

4.4　学时安排

4.4.1　危险化学品经营单位主要负责人安全管理资格培训不少于48学时,其中第一单元培训时间不少于12学时,第二单元培训时间不少于14学时,第三单元培训时间不少于14学时,第四单元培训时间不少于 4 学时。具体课时安排见表 1。

表 1　危险化学品经营单位主要负责人培训课时安排

项目		培训内容	学时
培训	第一单元 （共 12 学时）	危险化学品经营有关的安全生产法律法规	10
		案例分析	2
	第二单元 （共 14 学时）	危险化学品经营单位安全管理	4
		危险化学品经营、储存、运输和包装的安全管理	4
		危险化学品重大危险源与危险化学品事故应急管理	4
		案例分析	2
	第三单元 （共 14 学时）	危险化学品基本知识	2
		危险化学品经营的安全生产知识	8
		职业危害及预防	2
		案例分析	2
	第四单元 （共 4 学时）	安全管理技能	4
		复习	2
		考试	2
		合计	48
再培训		有关安全生产方面的新的法律、法规、标准、规范与政策； 有关危险化学品新产品及储存、包装、运输新技术、新设备、新材料的安全技术要求； 有关危险化学品经营安全生产管理先进经验； 危险化学品安全生产形势及危险化学品经营典型事故案例分析。	12
		复习	2
		考试	2
		合计	16

4.4.2　危险化学品经营单位主要负责人每年再培训的学时不少于 16 学时。

5　安全生产考核标准

5.1　考核办法

5.1.1　考核分为安全生产知识考试和安全管理技能考核两部分。

5.1.2　安全生产知识考试为闭卷笔试。考试内容应符合本标准 5.2 规定的范围，其中第一单元占分数比重 30％，第二单元占总分数的 30％，第三单元占总分数的 40％。考试时间为 120 分钟。考试采用百分制，60 分及以上为合格。

5.1.3　安全管理技能考核可由安全生产监管部门进行，采用实地考核、写论文、答辩等方式。考核内容应符合本标准 5.3 规定的范围，成绩评定分为合格与不合格。

5.1.4　安全生产知识考试及安全管理技能考核均合格者,方为合格。考试(核)不合格者允许补考一次,补考仍不合格者需重新培训。

5.1.5　考核要点的深度分为了解、熟悉和掌握三个层次,三个层次由低到高,高层次的要求包含低层次的要求。

了解:能正确理解本标准所列知识的含义、内容并能够应用;

熟悉:对本标准所列知识有较深的认识,能够分析、解释并应用相关知识解决问题;

掌握:对本标准所列知识有全面、深刻的认识,能够综合分析、解决较为复杂的相关问题。

5.2　安全生产知识考试要点

5.2.1　危险化学品经营相关法律法规

a)了解法律法规基本知识,以及安全生产立法的意义和重要性;

b)了解我国安全生产方针、政策和有关危险化学品安全生产的主要法律法规标准体系;

c)熟悉危险化学品经营相关法律法规及标准;

d)掌握危险化学品经营的法律责任,以及主要负责人安全生产的责任和义务。

5.2.2　危险化学品经营单位安全生产管理

a)了解危险化学品经营管理的重要意义;

b)了解安全管理体系;

c)熟悉安全生产责任制和安全生产管理规章制度;

d)熟悉生产安全事故的报告程序及要求;

e)了解危险化学品经营单位安全标准化的要求与要点。

5.2.3　危险化学品基本知识

a)了解危险化学品分类原则、各类定义和各类界定标准;

b)了解各类危险化学品的分项;

c)熟悉各类危险化学品的危险特性。

5.2.4　危险化学品经营、储存、运输和包装的安全管理

5.2.4.1　化学品安全技术说明书、安全标签:

a)熟悉化学品安全技术说明书的主要内容;

b)熟悉化学品安全标签的主要内容;

c)掌握危险化学品经营单位对安全技术说明书的使用和管理。

5.2.4.2　危险化学品经营的安全管理:

a)了解危险化学品经营企业必须具备的条件;

b)了解危险化学品经营企业经营场所的建筑物,批发、零售业务店面的规定;

c)熟悉危险化学品经营的规定;

d)熟悉危险化学品零售业务范围的规定;

e)熟悉销售、购买剧毒品的规定;

f)熟悉危险化学品经营许可证管理办法。

5.2.4.3　危险化学品储存的安全管理:

a)了解危险化学品储存企业必须具备的条件;

b)掌握储存危险化学品的基本要求。

5.2.4.4　危险化学品运输、包装的安全管理:

a)了解国家对危险化学品的托运人和邮寄人的规定;

b)了解办理铁路危险货物运输及铁路发运剧毒品的规定;

c)熟悉公路运输危险化学品的规定；

d)了解危险化学品运输的注意事项；

e)了解危险化学品包装的规定。

5.2.5　危险化学品经营安全生产知识

5.2.5.1　防火防爆：

a)了解基本概念,燃烧的条件；

b)熟悉防火防爆措施,防火管理要求。

5.2.5.2　压力容器：

a)了解基础知识；

b)熟悉压力容器的安全防护知识及管理要求。

5.2.5.3　电气安全：

a)掌握电气防火防爆技术措施；

b)熟悉防静电、防雷措施。

5.2.6　职业危害及预防

a)了解工作场所毒物与职业中毒；

b)熟悉工作场所毒物分类；

c)掌握工作场所防毒技术。

5.2.7　危险化学品重大危险源与危险化学品事故应急管理

5.2.7.1　危险化学品重大危险源管理：

a)了解危险化学品重大危险源的概念与辨识方法；

b)掌握危险化学品重大危险源的管理要求。

5.2.7.2　危险化学品事故应急管理：

a)了解危险化学品事故应急救援的原则；

b)了解危险化学品事故应急预案的编制要求；

c)掌握发生化学品火灾的事故处置。

5.3　安全管理技能考核要点

安全管理技能考核要点包括：

a)贯彻执行国家的安全生产方针、政策和安全生产法律法规、标准、规程的要点；

b)组织危险化学品经营的程序和方法；

c)主持制定、实施安全管理规章制度的程序和要点；

d)组织安全检查和隐患排除与整改的基本程序及要点；

e)组织制定危险化学品事故应急预案的程序和要点；

f)使用《危险货物品名表》、《常用危险化学品的分类及标志》,查阅指定品种的归类、归项和危险特性,并能表述出经营的安全管理要点；

g)会阅读和使用安全技术说明书和安全标签,并能表述出经营的安全管理要点。

5.4　再培训考核要求与内容

5.4.1　再培训考核要求

5.4.1.1　对已取得经营单位安全生产资格证的主要负责人,在证书有效期内,每年再培训完毕都应进行考核,考核内容按本标准5.4.2的要求进行,并将考核结果在安全生产资格证书上做好记录；

5.4.1.2　再培训考核可只进行笔试,考试办法可参照5.1.2。

5.4.2 再培训考核要点

再培训考核要点包括以下内容：

a)了解有关安全生产方面的新的法律、法规、国家标准、行业标准、规程和规范；

b)掌握新的危险化学品的性能及其安全技术要求，以及危险化学品储存、包装、运输新技术、新设备、新材料及其安全技术要求；

c)了解危险化学品经营的安全生产管理先进经验；

d)熟悉危险化学品储存、经营单位典型事故发生的原因；

e)了解危险化学品安全生产形势及危险化学品典型事故案例。